Methode der finiten Elemente für Ingenieure

Michael Jung · Ulrich Langer

Methode der finiten Elemente für Ingenieure

Eine Einführung in die numerischen Grundlagen und Computersimulation

2., überarbeitete und erweiterte Auflage

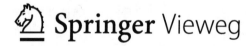 Springer Vieweg

Michael Jung
Hochschule für Technik und Wirtschaft
Dresden, Deutschland

Ulrich Langer
Johannes Kepler Universität
Linz, Österreich

ISBN 978-3-658-01100-0
DOI 10.1007/978-3-658-01101-7

ISBN 978-3-658-01101-7 (eBook)

Die Deutsche Nationalbibliothek verzeichnet diese Publikation in der Deutschen Nationalbibliografie; detaillierte bibliografische Daten sind im Internet über http://dnb.d-nb.de abrufbar.

Springer Vieweg
© Springer Fachmedien Wiesbaden 2013

Gedruckt auf säurefreiem und chlorfrei gebleichtem Papier.

Springer Vieweg ist eine Marke von Springer DE. Springer DE ist Teil der Fachverlagsgruppe Springer Science+Business Media
www.springer-vieweg.de

Vorwort zur zweiten Auflage

Die zweite Auflage unseres Buches erscheint nicht nur im neuen LaTeX-Design des Verlages, sondern stellt auch eine gründliche Überarbeitung und Erweiterung der ersten Auflage dar. Insbesondere flossen zahlreiche Anregungen von Kollegen, die unser Lehrbuch referiert beziehungsweise in ihren Lehrveranstaltungen genutzt haben, in die Überarbeitung ein. Für diese wertvollen Hinweise sind wir den Kollegen sehr dankbar. Unser besonderer Dank gilt Herrn J. Siegert und Herrn G. Stoyan. Für die Anregungen und Hinweise, die wir von unseren eigenen Studierenden an der Technischen Universität Dresden (Deutschland), an der Hochschule für Technik und Wirtschaft Dresden (Deutschland) und an der Johannes Kepler Universität Linz (Österreich) seit dem Erscheinen der ersten Auflage des Buches im Jahre 2001 erhalten haben, sind wir ebenfalls sehr dankbar.

Im einführenden Kapitel 1 haben wir vor allem den Abschnitt 1.3 überarbeitet. Die Beschreibung von elektrischen und magnetischen Feldern sowie entsprechende Rechenbeispiele werden jetzt in einem Unterabschnitt zusammengeführt und aus den vollen Maxwellschen Gleichungen hergeleitet.

Im Kapitel 2 beschreiben wir jetzt neben der Modellierung typischer stationärer und instationärer Wärmeleitprobleme auch die mathematische Modellierung charakteristischer Probleme aus der linearen Elastostatik und Elastodynamik.

Die Gliederung des Kapitels 3 zur Finite-Elemente-Methode für Randwertprobleme in eindimensionalen Gebieten entspricht der aus der ersten Auflage des Buches. Einzelne Teilschritte wie zum Beispiel bei der Erläuterung des Assemblierungsalgorithmus oder bei der Herleitung von Diskretisierungsfehlerabschätzungen sind jetzt detaillierter ausgeführt. Zur Demonstration des elementweisen Aufbaus des FE-Gleichungssystem wurde im Abschnitt 3.4 ein Beispiel eingefügt. Den Abschnitt 3.8 zu den Diskretisierungsfehlerabschätzungen haben wir durch ein Beispiel ergänzt, anhand dessen der Einfluss der Glattheit der Lösung und des Polynomgrades der Ansatzfunktionen auf die Konvergenzordnung verdeutlicht wird.

Das Kapitel 4 zur FEM für mehrdimensionale Randwertprobleme wurde wesentlich überarbeitet und erweitert. Der Abschnitt 4.5.1 enthält jetzt ein weiteres Beispiel zur Netzgenerierung mittels Produktmethoden. Außerdem wird der Advancing-Front-Algorithmus durch weitere Abbildungen demonstriert. Zusätzlich sind Erläuterungen zu Delaunay-Vernetzungen in diesen Abschnitt aufgenommen worden. Bei den Netzverfeinerungstechniken wurde die Bisektionsmethode hinzugefügt. Der Abschnitt 4.5.4 enthält jetzt ein Beispiel anhand dessen die Anhängigkeit des Diskretisierungsfehlers von der verwendeten Diskretisierungsschrittweite und dem Polynomgrad der Ansatzfunktionen gezeigt wird. Außerdem wird eine Möglichkeit diskutiert, wie zum Beispiel bei Gebieten mit einspringenden Ecken im Gebietsrand mit Hilfe sogenannter graduiert verfeinerter Netze die Konvergenz verbessert werden kann. Anhand numerischer Beispiele wird dies dann demonstriert. Seit mehreren Jahren finden adaptive FE-Algorithmen auf der Basis von a posteriori Fehlerschätzungen eine immer breitere Anwendung. Deshalb erläutern wir detailliert die Konstruktion eines sogenannten residuenbasierten Fehlerschätzers und geben andere Fehlerschätzer überblicksartig an. Der Abschnitt 4.5.6 zur Approximation krummliniger Ränder wurde durch ein Beispiel ergänzt, welches die Konvergenz der FE-Lösung in Abhängigkeit von der verwendeten Randapproximation zeigt. Der Abschnitt 4.5.7 wurde wesentlich erweitert. Er enthält jetzt vier vollständig vorgerechnete Beispiele, nämlich die Lösung eines Wärmeleitproblems in einem ebenen Gebiet unter Verwendung von Dreieckelementen mit stückweise linearen und stückweise quadratischen Ansatzfunktionen, die Lösung eines Wärmeleitproblems in einem dreidimensionalen Gebiet unter Einsatz von Hexaederelementen sowie die Lösung eines ebenen linearen Elastizitätsproblems unter Nutzung von Viereckselementen mit bilinearen Ansatzfunktionen.

Der Beschreibung von direkten und iterativen Lösungsverfahren für lineare Gleichungssysteme im Kapitel 5 ist jetzt ein Abschnitt vorangestellt, in welchem Grundbegriffe aus der linearen Algebra zusammengestellt sind, die später bei der Diskussion der Eigenschaften der Lösungsverfahren benötigt werden. Außerdem werden Eigenschaften der FE-Gleichungssysteme diskutiert. Der Abschnitt zu den direkten Lösungsverfahren wurde wesentlich erweitert. Zunächst werden Lösungsverfahren zur Lösung von Gleichungssystemen mit einer Dreiecksmatrix als Systemmatrix beschrieben. Anschließend erläutern wir die Grundidee des Gaußschen Eliminationsverfahrens. Neben dem Cholesky-Verfahren zur Lösung von Gleichungssystemen mit einer symmetrischen, positiv definiten Systemmatrix beschreiben wir auch ein Lösungsverfahren basierend auf der LDL^T-Faktorisierung der Systemmatrix. Neu in diesem Kapitel ist auch die Beschreibung von Profilminimierungsalgorithmen wie des Cuthill-McKee-Algorithmus und des Minimalgrad-Algorithmus. Bezüglich der iterativen Lösung linearer Gleichungssysteme haben wir im Abschnitt 5.3.4 eine Motivation für die Idee von Mehrgitterverfahren hinzugefügt.

Im Kapitel 6 studieren wir im neuen Abschnitt 6.4.5 das numerische Verhalten von exakten und inexakten Newton-Verfahren zur Lösung nichtlinearer, zweidimensionaler Magnetfeldprobleme, wie sie bei der Berechnung elektrischer Maschinen auftreten.

Abgesehen von der Aktualisierung der Literaturreferenzen ist das Kapitel 7 im Wesentlichen unverändert geblieben.

Die Stabilitätsbegriffe spielen insbesondere bei der numerischen Lösung von Systemen gewöhnlicher Differentialgleichungen eine zentrale Rolle. Bei expliziten Verfahren führt die Verletzung der Stabilitätsbedingung zu unbrauchbaren Lösungen. Wir haben im Kapitel 8 einfache numerische Beispiele in den Text aufgenommen, um das Stabilitätsphänomen numerisch erlebbar zu machen. Neu sind auch die Abschnitte 8.2.5 und 8.3. Im Abschnitt 8.2.5 geben wir praktische Hinweise zu einfachen Zeitschrittsteuerungen, die auf Schätzungen des lokalen Fehlers beruhen. Der Abschnitt 8.3 gibt eine kompakte Einführung in die große Klasse der Mehrschrittverfahren.

Natürlich ist auch das Literaturverzeichnis gewachsen, da viele neue Publikationen zur Methode der finiten Elemente erschienen sind. Darunter sind neue Lehrbücher und Monographien, die einerseits die Methode weiterentwickeln und andererseits neue Anwendungsfelder im Wissenschaftlichen Rechnen erschließen.

Das Buch enthält eine Vielzahl von vorgerechneten oder numerischen Beispielen, aber keine Übungsaufgaben. Eine Sammlung von Übungsaufgaben zu den Kapiteln 2 bis 8 kann von unserer privaten Buch-Homepage

http://www.informatik.htw-dresden.de/~mjung/fem-simu/

an der Hochschule für Technik und Wirtschaft Dresden (Deutschland) heruntergeladen werden. Damit ist es uns möglich, die Sammlung der Übungsaufgaben jederzeit dynamisch zu erweitern und zu verbessern. Auf der privaten Buch-Homepage findet der Leser außerdem Lehrsoftware und aktuelle Informationen zum Buch wie zum Beispiel neue Literaturreferenzen.

Wie schon erwähnt, haben viele Kollegen und unsere Studenten zur Verbesserung dieses Lehrbuchs beigetragen. Viele Anregungen und Hinweise sind in die zweite Auflage eingeflossen. Besonders möchten wir uns an dieser Stelle nochmals bei S. Beuchler, B. Jung, M. Kohlbauer, C. Pechstein und W. Zulehner für das Korrekturlesen bedanken.

Die numerischen Beispiele aus dem Kapitel 6 zu den nichtlinearen Magnetfeldproblemen wurden von C. Pechstein mit dem Programm ParMax gerechnet (siehe auch http://www.numa.uni-linz.ac.at/P19255/software.shtml). M. Kohlbauer hat alle numerischen Experimente zu den Ein- und Mehrschrittverfahren aus dem Kapitel 8 durchgeführt.

Unser Dank gilt auch allen, die an der Erstellung der Lehrprogramme mitgearbeitet haben. Das FE-Demonstrationsprogramm für Randwertprobleme in eindimensionalen Gebieten haben die Studenten St. Höhlig, S. Knobloch, M. Meinert, S. Poschenrieder und F. Rath von der Fakultät Informatik/Mathematik der Hochschule für Technik und Wirtschaft Dresden erarbeitet. Die Lehrprogramme zur Demonstration der FE-Methode für Randwertprobleme in zwei- und dreidimensionalen Gebieten haben die Studenten A. Boffy, J. Simon, D. Benoit und A. Vogt-Schilb von der École Nationale des Ponts et Chaussés in Paris während ihres Praktikums am Institut für Wissenschaftliches Rechnen der TU Dresden erstellt.

Besonders bedanken möchten wir uns auch bei Frau K. Hoffmann und Herrn U. Sandten vom Verlag Springer Vieweg für die stets freundliche und konstruktive Zusammenarbeit.

Über Hinweise und Verbesserungsvorschäge der Leser würden wir uns wieder freuen. Schicken Sie diese bitte direkt per Email an

    mjung@informatik.htw-dresden.de

oder

    ulanger@numa.uni-linz.ac.at .

Dresden und Linz, Oktober 2012   M. Jung und U. Langer

Vorwort

Das vorliegende Lehrbuch entstand auf der Grundlage von Vorlesungen zum Thema „Numerik partieller Differentialgleichungen", welche die Autoren in den letzten Jahren für Ingenieurstudenten an der Technischen Universität Chemnitz (Deutschland) und an der Johannes Kepler Universität Linz (Österreich) im Umfang von 3 bis 4 Semesterwochenstunden gehalten haben.

Das Lehrbuch ist als eine Einführung in die numerische Lösung partieller Differentialgleichungen und in das dazu notwendige Handwerkszeug aus der Numerischen Mathematik, das an den entsprechenden Stellen eingespielt wird, gedacht. Ein derartiges Buch kann natürlich keine umfassende Darlegung aller bekannten Diskretisierungsmethoden beinhalten und es kann erst recht nicht alle numerischen Verfahren darstellen. Wir haben uns auf die Beschreibung der Finite-Elemente-Methode (FEM) konzentriert, da diese die wohl am häufigsten genutzte Methode in Ingenieuranwendungen ist.

Im ersten Kapitel beschreiben wir verschiedene physikalische Sachverhalte, welche durch partielle Differentialgleichungen modelliert werden können. Mit der Auswahl von Problemen aus der Thermodynamik, der Elektrostatik, der Magnetostatik und der Festkörpermechanik soll dem Leser verdeutlicht werden, dass in vielen Anwendungsgebieten partielle Differentialgleichungen bei der Modellierung entstehen.

Während im ersten Kapitel verschiedene physikalische Erscheinungen und ihre mathematische Formulierung nur zusammenfassend dargelegt sind, wird im zweiten Kapitel der Weg von der physikalischen Erscheinung zum mathematischen Modell am Beispiel der stationären und der instationären Wärmeleitung beschrieben. Die hergeleiteten Differentialgleichungen dienen in den folgenden Kapiteln als Modellbeispiele bei der Beschreibung der FEM.

Um einen ersten Einstieg in die Idee von Diskretisierungsverfahren zu erhalten, wird im Kapitel 3 die FEM für eindimensionale Probleme erläutert. Dabei beschreiben wir ausgehend von der Wärmeleitgleichung in differentieller Form alle Schritte, die bei einer Finite-Elemente-Diskretisierung erforderlich sind, d.h. den Übergang zur verallgemeinerten Formulierung (Variationsformulierung), die Diskretisierung des Rechengebietes (Intervall), die Wahl der Ansatzfunktionen, den Aufbau des Finite-Elemente-Gleichungssystems, die Lösung dieser Gleichungssysteme und Fehlerabschätzungen.

Das Kapitel 4 ist der FEM für elliptische Randwertaufgaben (RWA) in mehrdimensionalen Gebieten gewidmet. Zunächst beschreiben wir allgemein das Ritz- und das Galerkin-Verfahren als mögliche Diskretisierungsverfahren. Anschließend wird die Finite-Elemente-Methode als spezielles Ritz-Galerkin-Verfahren erläutert. Wir beschreiben die Teilschritte der Finite-Elemente-Diskretisierung im Detail und illustrieren sie ausführlich am Beispiel der linearen Dreieckselemente.

Da jede Finite-Elemente-Diskretisierung letztendlich auf ein im Allgemeinen großdimensioniertes lineares Gleichungssystem führt, haben wir einen Schwerpunkt auf die Diskussion verschiedener Auflösungsmethoden gelegt. Mit dem Kapitel 5 geben wir einen Überblick über verschiedene Möglichkeiten zur Lösung großdimensionierter Gleichungssysteme. Wir beschreiben die Algorithmen klassischer direkter Verfahren, klassischer iterativer Verfahren sowie moderner iterativer Verfahren und zeigen ihre Vorteile und Nachteile auf.

Im sechsten Kapitel stellen wir die in der Praxis am häufigsten genutzten Iterationsverfahren zur Lösung nichtlinearer Gleichungssysteme, wie sie etwa bei der Finite-Elemente-Diskretisierung von nichtlinearen RWA entstehen, vor.

Das siebente Kapitel ist der Diskretisierung von Anfangsrandwertaufgaben (ARWA) für parabolische und hyperbolische partielle Differentialgleichungen gewidmet. Mit Hilfe der (horizontalen) Linienmethode wird die ARWA auf eine Anfangswertaufgabe (AWA) für ein großdimensioniertes System gewöhnlicher Differentialgleichungen geführt, das wir zunächst mit Standardmethoden lösen.

Im Kapitel 8 geben wir dann einen systematischen Überblick über die wichtigsten numerischen Verfahren zur Lösung von AWA unter besonderer Berücksichtigung von steifen AWA wie sie typischerweise bei der Diskretisierung parabolischer und hyperbolischer ARWA durch die Linienmethode entstehen.

Auf der Homepage http://www.tu-chemnitz.de/mathematik/fem-simu unseres Lehrbuchs findet der an der Implementierung der FEM interessierte Leser die Finite-Elemente-Programme **FEM1D** und **FEM2D** zum Herunterladen sowie eine Sammlung von Übungs- und Praktikumsaufgaben zur Vorlesung.

Besonders bedanken möchten wir uns bei R. Unger für die Erstellung der FEM-Demonstrationsprogramme. Außerdem danken wir unseren Kollegen S. Eckstein, G. Haase, B. Heise, B. Jung, M. Kuhn, P. Piess, W. Queck, J. Schöberl, T. Steidten, A. Vogel, O. Vogel und W. Zulehner für zahlreiche Hinweise bezüglich der Gestaltung des Buches und für das Korrekturlesen. Dem Verlag gilt unser Dank für die stets freundliche Zusammenarbeit.

Dresden und Linz, April 2001   M. Jung und U. Langer

Inhaltsverzeichnis

Symbolverzeichnis

$[a,b]$	abgeschlossenes Intervall
(a,b)	offenes Intervall
$(a,b]$	halboffenes Intervall
Ω	d-dimensionales Gebiet ($d = 1, 2, 3$)
$\Gamma = \partial\Omega$	Rand des Gebietes Ω
$\overline{\Omega}$	Gebiet Ω einschließlich seines Randes ($\overline{\Omega} = \partial\Omega \cup \Omega$)
Γ_1	Randstück mit Randbedingungen 1. Art
Γ_2	Randstück mit Randbedingungen 2. Art
Γ_3	Randstück mit Randbedingungen 3. Art
$\overline{\Gamma}_i$	Randstück Γ_i, $i = 1, 2, 3$, einschließlich seiner Berandung
$\text{meas}(\Omega)$	Flächeninhalt bzw. Volumen des Gebietes Ω
$\text{meas}(\Gamma)$	Länge bzw. Flächeninhalt des Randstücks Γ
$\text{int}(M)$	Inneres einer abgeschlossenen Menge ($\text{int}(M) = M \setminus \partial M$)
$\mathcal{T}_h$	Vernetzung (Triangularisierung) des Gebietes Ω
$T^{(i)}, T^{(r)}$	Element (z.B. Dreieck) der Vernetzung
$\widehat{T}$	Referenzelement
$E_i^{(e_i)}$	Kante bzw. Fläche eines Elementes, die auf dem Randstück Γ_i, $i = 2, 3$, liegt
P_j	Knoten mit der globalen Nummer j
$P_\alpha^{(r)}$	Knoten mit der lokalen Nummer α im Element mit der Nummer r
$x_i^{(r,\alpha)}$	Koordinate x_i, $i = 1, \ldots, d$, des Knotens mit der lokalen Nummer α im Element mit der Nummer r
$x_{j,i}$	Koordinate x_i, $i = 1, \ldots, d$, des Knotens mit der globalen Knotennummer j
R_h	Anzahl der Elemente in der Vernetzung $\mathcal{T}_h$
$\bar{N}_h$	Anzahl der Knoten in der Vernetzung $\mathcal{T}_h$
N_h	Anzahl der Knoten, die in $\Omega \cup \Gamma_2 \cup \Gamma_3$ liegen
$\widehat{N}$	Anzahl der Knoten pro Element
$\overline{\omega}_h$	Indexmenge, welche die Nummern aller Knoten enthält
ω_h	Indexmenge, welche die Nummern der Knoten in $\Omega \cup \Gamma_2 \cup \Gamma_3$ enthält
γ_h	Indexmenge, welche die Nummern der Knoten auf $\overline{\Gamma}_1$ enthält
$\overline{\omega}_h^{(r)}$	Indexmenge, welche die globalen Knotennummern aller Knoten enthält, die zum finiten Element $\overline{T}^{(r)}$ gehören
$\overline{\omega}_h^{(e)}$	Indexmenge, welche die globalen Knotennummern aller Knoten enthält, die zur Randkante bzw. Randfläche eines finiten Elements gehören

$S_{i,h}$	Indexmenge, welche die Nummern der Kanten (Flächen) enthält, die auf dem Rand Γ_i, $i = 2, 3$, liegen
$\widehat{\omega}$	Indexmenge, welche die lokalen Knotennummern eines Elementes enthält
$\widehat{\gamma}$	Indexmenge, welche die lokalen Knotennummern einer Randkante bzw. Randfläche enthält
$\mathbb{C}$	Menge der komplexen Zahlen
$\mathbb{C}^-$	Menge der komplexen Zahlen mit nichtpositivem Realteil
$\mathbb{R}$	Menge der reellen Zahlen
$\mathbb{R}^n$	Raum der Vektoren mit n Komponenten
v	skalare reellwertige Funktion
$\vec{v}$	Vektorfunktion, d.h. ein Vektor $\vec{v} = (v_1 \ \ldots \ v_d)^T$, dessen Komponenten skalare Funktionen sind
$\underline{v}$	Element des $\mathbb{R}^n$
u	exakte Lösung eines Randwertproblems
u_h	FE-Näherungslösung
p_i	FE-Ansatzfunktion
$p_\alpha^{(i)}, p_\alpha^{(r)}$	Formfunktionen über dem Element $T^{(i)}$ bzw. $T^{(r)}$
φ_α	Formfunktionen über dem Referenzelement $\widehat{T}$
$\dfrac{\partial v}{\partial x_i}$	(verallgemeinerte) Ableitung der Funktion v nach x_i
$\dfrac{\partial v}{\partial N}$	Konormalenableitung von v
$\dot{u} = \dfrac{\partial u}{\partial t}$	1. Ableitung von u nach der Zeit t
$\ddot{u} = \dfrac{\partial^2 u}{\partial t^2}$	2. Ableitung von u nach der Zeit t
Δv	Laplace-Operator angewendet auf eine Funktion v
$\operatorname{grad} v$	Gradient einer Funktion v
$\operatorname{div} \vec{v}$	Divergenz einer Vektorfunktion $\vec{v}$
$\operatorname{rot} \vec{v}$	Rotor einer Vektorfunktion $\vec{v}$
$C[a,b]$	Raum der im Intervall $[a,b]$ stetigen Funktionen
$C(a,b)$	Raum der im Intervall (a,b) stetigen Funktionen
$C^m[a,b]$	Raum der im Intervall $[a,b]$ m-mal stetig differenzierbaren Funktionen
$C^m(a,b)$	Raum der im Intervall (a,b) m-mal stetig differenzierbaren Funktionen
$C(\overline{\Omega})$	Raum der in $\overline{\Omega}$ stetigen Funktionen
$C(\Omega)$	Raum der in Ω stetigen Funktionen
$C^m(\overline{\Omega})$	Raum der in $\overline{\Omega}$ m-mal stetig differenzierbaren Funktionen
$C^m(\Omega)$	Raum der in Ω m-mal stetig differenzierbaren Funktionen
$L_2(a,b)$	Raum der über dem Intervall (a,b) quadratisch integrierbaren Funktionen
$L_2(\Omega)$	Raum der über Ω quadratisch integrierbaren Funktionen

$H^1(a,b)$	Raum der L_2-Funktionen, deren erste verallgemeinerte Ableitung existiert und ebenfalls Element des Raumes $L_2(a,b)$ ist
$H^1(\Omega)$	Raum der L_2-Funktionen, deren ersten verallgemeinerten Ableitungen existieren und ebenfalls Element des Raumes $L_2(\Omega)$ sind
$H^m(a,b)$	Raum der L_2-Funktionen, deren verallgemeinerten Ableitungen bis zur Ordnung m existieren und ebenfalls Element des Raumes $L_2(a,b)$ sind
$H^m(\Omega)$	Raum der L_2-Funktionen, deren verallgemeinerten Ableitungen bis zur Ordnung m existieren und ebenfalls Element des Raumes $L_2(\Omega)$ sind
V	Raum der Grundfunktionen
V_{g_1}	Menge der Funktionen aus V, welche die Randbedingungen 1. Art erfüllen (lineare Mannigfaltigkeit)
V_0	Raum der Funktionen aus V, welche auf dem Randstück Γ_1 gleich Null sind (Teilraum von V)
V_h	Raum aller Linearkombinationen der Finite-Elemente-(FE-)Ansatzfunktionen
$V_{g_1 h}$	Menge der Funktionen aus V_h, welche die Randbedingungen 1. Art (näherungsweise) erfüllen (lineare Mannigfaltigkeit)
V_{0h}	Raum der Funktionen aus V_h, welche auf dem Randstück Γ_1 gleich Null sind (Teilraum von V_h)
$\mathscr{P}_m$	Raum aller Polynome m-ten Grades
$\mathscr{Q}_m$	Raum aller Funktionen, die in jeder Raumrichtung Polynome m-ten Grades sind
$\mathscr{P}_{\widehat{T}}$	Raum der Funktionen, die durch die Formfunktionen über dem Referenzelement aufgespannt wird
$\text{supp}(p)$	Träger der Funktion p, d.h. Bereich, über dem die Funktion p von Null verschieden ist
$\text{span}\{p_i : i \in \omega_h\}$	Menge aller Linearkombinationen der Funktionen p_i, $i \in \omega_h$
$\lvert . \rvert$	Betrag einer reellen Zahl
$(.,.)$	Euklidisches Skalarprodukt zweier Vektoren aus $\mathbb{R}^n$
$(K.,.)$	K-energetisches Skalarprodukt zweier Vektoren aus $\mathbb{R}^n$
$\lVert . \rVert$, $\lVert . \rVert_2$	Euklidische Norm eines Vektors aus $\mathbb{R}^n$
$\lVert . \rVert_K = \sqrt{(K.,.)}$	K-energetische Norm eines Vektors aus $\mathbb{R}^n$
$\lVert . \rVert_{0,2,(a,b)}$, $\lVert . \rVert_0$	Norm in $L_2(a,b)$
$\lVert . \rVert_{0,2,\Omega}$, $\lVert . \rVert_0$	Norm in $L_2(\Omega)$
$\lVert . \rVert_{1,2,(a,b)}$, $\lVert . \rVert_1$	Norm in $H^1(a,b)$
$\lVert . \rVert_{1,2,\Omega}$, $\lVert . \rVert_1$	Norm in $H^1(\Omega)$
$\lVert . \rVert_{m,2,(a,b)}$, $\lVert . \rVert_m$	Norm in $H^m(a,b)$
$\lVert . \rVert_{m,2,\Omega}$, $\lVert . \rVert_m$	Norm in $H^m(\Omega)$
$a(.,.)$	Bilinearform
$\langle F,. \rangle$	Linearform (rechte Seite)

K_h $K_h = [K_{ij}]_{i,j\in\omega_h} = [K_{ij}]_{i,j=1}^{N_h}$ Steifigkeitsmatrix mit den Komponenten K_{ij}

$\bar{K}_h$ Steifigkeitsmatrix ohne Berücksichtigung der Randbedingungen

$\widehat{K}_h$ Steifigkeitsmatrix nach Assemblierung der Elementsteifigkeitsmatrizen und Einarbeitung der Randbedingungen 3. Art

M_h $M_h = [M_{ij}]_{i,j\in\omega_h} = [M_{ij}]_{i,j=1}^{N_h}$ Massenmatrix mit den Komponenten M_{ij}

$\underline{f}_h$ $\underline{f}_h = [f_i]_{i\in\omega_h} = [f_i]_{i=1}^{N_h}$ Lastvektor mit den Komponenten f_i

$\bar{\underline{f}}_h$ Lastvektor ohne Berücksichtigung der Randbedingungen

$\widehat{\underline{f}}_h$ Lastvektor nach Assemblierung der Elementlastvektoren und Einarbeitung der Randbedingungen 2. und 3. Art

$K^{(i)}, K^{(r)}$ Elementsteifigkeitsmatrix für das Element $T^{(i)}$ bzw. $T^{(r)}$

$\underline{f}^{(i)}, \underline{f}^{(r)}$ Elementlastvektor für das Element $T^{(i)}$ bzw. $T^{(r)}$

$\underline{u}_h$ $\underline{u}_h = [u_i]_{i\in\omega_h} = [u_i]_{i=1}^{N_h}$ Lösungsvektor des FE-Gleichungssystems

$\underline{u}_h^{(k)}$ k-te Iterierte bei iterativen Auflösungsverfahren bzw. Lösungsvektor im k-ten Zeitschritt bei instationären Problemen

$C^{(r)}$ Elementzusammenhangsmatrix

$J^{(r)}$ Matrix aus der Vorschrift für die Abbildung eines finiten Elements auf das entsprechende Referenzelement

$\det(K)$ Determinante der Matrix K

$\kappa(K)$ Konditionszahl der Matrix K

$\lambda_{\min}(K)$ kleinster Eigenwert der Matrix K

$\lambda_{\max}(K)$ größter Eigenwert der Matrix K

1 Einführung

Viele technische und physikalische Prozesse, wie z.B. die Wärmeleitung in festen Körpern, die Deformation von Bauteilen unter vorgegebenen Belastungen, Strömungen von Flüssigkeiten und Gasen sowie elektrische und magnetische Felder können durch gewöhnliche und partielle Differentialgleichungen bzw. Integralgleichungen beschrieben werden. Die Lösung dieser Gleichungen, d.h. die Bestimmung der unbekannten Größen Temperatur, Verschiebung, Strömungsgeschwindigkeit, elektrisches Skalarpotential und magnetisches Vektorpotential, kann nur in sehr wenigen Spezialfällen auf analytischem Wege erfolgen. Daher ist der Einsatz von Computertechnik unumgänglich. Dies erfordert den Übergang vom kontinuierlichen Feldproblem (Differentialgleichung, Integralgleichung) zu einem endlichdimensionalen Ersatzproblem. Dieser Übergang wird als Diskretisierungsprozess bezeichnet. Häufig genutzte Diskretisierungsverfahren sind die

- FEM – Finite-Elemente-Methode (Finite Element Method) [Cia78, Bra97, Zie75],

- FDM – Differenzenverfahren (Finite Difference Method) [GR05, Sam84],

- FVM – Finite-Volumen-Methode (Finite Volume Method) [GR05, Hei87a],

- FIT – Finite-Integrations-Technik (Finite Integration Technique) [vR00],

- BEM – Randelemente-Methode (Boundary Element Method) [Grü91, Hac89, Ste03, SS04].

Die FEM hat sich seit Mitte der 1950er Jahre zum wohl meist verwendeten Diskretisierungsverfahren entwickelt. Ein Vorteil dieser Methode besteht darin, dass sie bei der Diskretisierung sowohl von linearen als auch nichtlinearen Problemen in beliebigen beschränkten Gebieten erfolgreich angewendet werden kann. Klassische Einsatzgebiete der FEM sind z.B. Berechnungen in der Automobilindustrie, im Flugzeug- und Schiffbau sowie bei der Konstruktion elektrischer Energiewandler. Inzwischen gehören FE-Computersimulationen zu einem Standardwerkzeug zur Untersuchung komplizierter Vorgänge in den Naturwissenschaften und in der Technik. Der englische Zusatz „Computational" zu vielen Wissenschaftsgebieten (Computational Biology, Computational Chemistry, Computational Electromagnetics, Computational Finance, Computational Medicine, Computational Physics usw.) macht dies deutlich. Die FDM und die FVM haben als Diskretisierungstechnik ihr Anwendungsgebiet insbesondere in der Strömungsmechanik. Die FIT wurde sehr erfolgreich in der Elektrotechnik zur Diskretisierung der Maxwell-Gleichungen eingesetzt. Die Randelemente-Methode ist besonders zur Lösung von Feldproblemen in unbeschränkten Gebieten geeignet wie z.B. zur Berechnung der Fernwirkung von elektrischen und magnetischen Feldern. Die Kopplung von FEM und BEM innerhalb von Gebietsdekompositionstechniken ist ein besonders eleganter Zugang, um die Vorteile beider Methoden zu nutzen (siehe z.B. [LS07] und die dort zitierte Literatur). O. C. Zienkiewicz, D. M. Kelly und P. Bettes nannten diese Zusammenführung bereits 1979 zurecht „Marriage a la mode" [ZKB79].

Im Weiteren werden wir uns mit der Lösung stationärer und instationärer Probleme 2. Ordnung beschäftigen. Ein erstes Beispiel für ein stationäres Problem ist die folgende Randwertaufgabe (RWA):

Gesucht ist die Funktion u, für welche die partielle Differentialgleichung

$$-\Delta u(x_1, x_2, x_3) = f(x_1, x_2, x_3) \quad \text{für alle} \quad x = (x_1, x_2, x_3) \in \Omega$$

gilt und welche die sogenannte Dirichletsche Randbedingung

$$u(x_1, x_2, x_3) = g(x_1, x_2, x_3) \quad \text{für alle} \quad x = (x_1, x_2, x_3) \in \Gamma = \partial\Omega$$

erfüllt.

Dabei bezeichnen

$$\Delta = \frac{\partial^2}{\partial x_1^2} + \frac{\partial^2}{\partial x_2^2} + \frac{\partial^2}{\partial x_3^2} \tag{1.1}$$

den Laplace-Operator und $\Gamma = \partial\Omega$ den Rand des beschränkten, hinreichend glatten Rechengebietes $\Omega \subset \mathbb{R}^3$. Die Funktionen f sowie g sind vorgegeben.

Diese Dirichletsche Randwertaufgabe für die sogenannte *Poisson-Gleichung* ist der Prototyp eines elliptischen Randwertproblems 2. Ordnung. Mit einer derartigen Randwertaufgabe kann zum Beispiel die stationäre Temperaturverteilung in einem Körper Ω bei gegebener Wärmequelle f und vorgegebener Randtemperatur g beschrieben werden (siehe Abschnitt 2.1).

Allgemein bedeutet die Lösung einer elliptischen *Randwertaufgabe 2. Ordnung* die Ermittlung der Lösung einer partiellen Differentialgleichung 2. Ordnung in einem bestimmten Gebiet, wobei die gesuchte Lösung am Rand des Gebietes noch gewissen Bedingungen, den *Randbedingungen*, unterliegt. In einer elliptischen partiellen Differentialgleichung 2. Ordnung hängt die gesuchte Funktion u von mehreren Veränderlichen, d.h. $x_1, x_2, \ldots, x_d$, ab, und die höchste Ordnung der auftretenden partiellen Ableitungen ist 2 [MV01b].

Als ein erstes Beispiel für ein instationäres Problem formulieren wir hier die folgende Anfangsrandwertaufgabe (ARWA):

Gesucht ist die Funktion u, für welche die partielle Differentialgleichung

$$\frac{\partial u}{\partial t}(x_1, x_2, x_3, t) - \Delta u(x_1, x_2, x_3, t) = f(x_1, x_2, x_3, t) \quad \text{in} \quad \Omega \times (t_0, T)$$

gilt und für welche die Dirichletsche Randbedingung

$$u(x_1, x_2, x_3, t) = g(x_1, x_2, x_3, t) \quad \text{auf} \quad \Gamma \times (t_0, T)$$

sowie die Anfangsbedingung

$$u(x_1, x_2, x_3, t_0) = u_0(x_1, x_2, x_3) \quad \text{in} \quad \overline{\Omega}$$

erfüllt sind, wobei f, g und u_0 gegebene Funktionen sind.

Dieses soeben beschriebene instationäre Problem ist ein Prototyp einer parabolischen Anfangsrandwertaufgabe. Mittels dieser Anfangsrandwertaufgabe kann das zeitlich veränderliche Temperaturfeld im Gebiet Ω während der Zeitspanne (t_0, T) beschrieben werden (siehe auch Abschnitt 2.1.4). Dabei bezeichnen die Funktion f eine zeitlich veränderliche, gegebene Wärmequelle, g eine vorgegebene Randtemperatur und u_0 ein vorgegebenes Temperaturfeld zum Zeitpunkt $t = t_0$.

Die Lösung einer parabolischen *Anfangsrandwertaufgabe* 2. *Ordnung* bedeutet allgemein die Bestimmung der Lösung einer partiellen Differentialgleichung 2. Ordnung in einem bestimmten Gebiet Ω im Verlaufe eines Zeitintervalls (t_0, T), wobei die gesuchte Lösung am Rand des Gebietes noch gewissen Bedingungen, den *Randbedingungen*, sowie zum Zeitpunkt $t = t_0$ der *Anfangsbedingung* genügt [MV01b].

Als zweites Beispiel für ein instationäres Problem formulieren wir eine hyperbolische Anfangsrandwertaufgabe:

Gesucht ist die Funktion u, für welche die partielle Differentialgleichung

$$\frac{\partial^2 u}{\partial t^2}(x_1, x_2, x_3, t) - \Delta u(x_1, x_2, x_3, t) = f(x_1, x_2, x_3, t) \quad \text{in} \quad \Omega \times (t_0, T)$$

gilt und für welche die Randbedingung

$$u(x_1, x_2, x_3, t) = g(x_1, x_2, x_3, t) \quad \text{auf} \quad \Gamma \times (t_0, T)$$

sowie die Anfangsbedingungen

$$u(x_1, x_2, x_3, t_0) = u_0(x_1, x_2, x_3) \quad \text{in} \quad \overline{\Omega}$$

und

$$\frac{\partial u}{\partial t}(x_1, x_2, x_3, t_0) = v_0(x_1, x_2, x_3) \quad \text{in} \quad \overline{\Omega}$$

erfüllt sind, mit vorgegebenen Funktionen f, g, u_0 und v_0.

Im Unterschied zu parabolischen Anfangsrandwertaufgaben kommen im hyperbolischen Fall zweite Zeitableitungen in der partiellen Differentialgleichung vor. Eine korrekte Formulierung erfordert somit die Vorgabe von Anfangswerten sowohl für die Funktion (Anfangsauslenkung) als auch für die erste Zeitableitung (Anfangsgeschwindigkeit) [MV01b]. In der Akustik wird durch diese hyperbolische ARWA die Ausbreitung von Druckwellen beschrieben. Die Transversalschwingungen einer fest eingespannten Saite ($g = 0$) oder die Longitudinalschwingungen eines Stabes werden ebenfalls durch hyperbolische Anfangsrandwertprobleme beschrieben (siehe Abschnitt 2.2.2).

Ein analoges System hyperbolischer Differentialgleichungen beschreibt in der Festkörpermechanik das dynamische Verhalten deformierbarer Körper. Im Fall statischer Belastungen eines elastischen Körpers durch Volumen- und Oberflächenkräfte erhalten wir ein elliptisches System zur Bestimmung der Verschiebungen (siehe Abschnitt 2.2.3).

Die zunehmende Leistungsfähigkeit von Hochleistungsrechnern ermöglicht die Simulation von immer komplexeren Problemen, die durch verschiedene physikalische Felder beschrieben werden können. Beispiele dafür sind die Berechnung von Deformationen infolge von Temperaturänderungen, d.h. sogenannter thermomechanischer Probleme, und die Kopplung von mechanischen mit elektromagnetischen Feldern. Thermomechanische Probleme sind beispielsweise bei der Simulation von Verbrennungsprozessen in Motoren zu lösen. Elektromechanische und magnetomechanische Probleme treten in der Mechatronik auf, zum Beispiel bei der Simulation von mechatronischen Sensoren und Aktuatoren [Kal07].

Im nächsten Abschnitt zeigen wir, welche Schritte notwendig sind, um einen physikalischen Prozess oder eine technische Erscheinung auf dem Computer simulieren zu können.

1.1 Vom technischen Prozess zur Computersimulation

Eine erfolgreiche Computersimulation komplexer Problemstellungen aus der Praxis erfordert eine enge Zusammenarbeit zwischen Mechatronikern, Ingenieuren, Physikern, Mathematikern, Informatikern usw. Den Ausgangspunkt der Computersimulation bilden das Aufstellen eines der Problemstellung adäquaten physikalisch-technischen Modells unter Nutzung von Erhaltungssätzen, Minimalprinzipien, Stoffgesetzen u.a. sowie die anschließende mathematische Modellierung mittels Differential- oder Integralgleichungen.

Bei der Modellierung werden in den meisten Fällen gewisse Vereinfachungen des Ausgangsproblems vorgenommen, um das Problem überhaupt mathematisch beschreiben zu können bzw. um die Computersimulation zu beschleunigen. Daher ist zunächst die Frage zu beantworten, ob das mathematische Modell korrekt gestellt ist, d.h. ob es überhaupt eine eindeutige Lösung besitzt und ob diese Lösung stetig von den Eingangsdaten abhängt. Später ist zu verifizieren, inwieweit die mittels Computersimulation erhaltene Lösung mit Erfahrungen bzw. Messungen übereinstimmt. Falls das mathematische Modell nicht korrekt gestellt ist, zum Beispiel keine eindeutige Lösung besitzt, muss eine Verbesserung des Modells vorgenommen werden, sonst erfolgt der nächste Schritt der Computersimulation, die Diskretisierung des mathematischen Modells. Hierzu stehen eine Reihe verschiedener Methoden zur Verfügung, zum Beispiel die Finite-Elemente-Methode, das Differenzenverfahren, Finite-Volumen-Methoden oder verschiedene Randelemente-Methoden. In den Kapiteln 3 und 4 dieses Lehrbuchs erläutern wir ausführlich die Diskretisierung stationärer Randwertprobleme mittels der Finite-Elemente-Methode. Für das im Ergebnis des Diskretisierungsprozesses erhaltene diskrete Ersatzmodell (lineare bzw. nichtlineare Gleichungssystem) muss ebenfalls überprüft werden, ob es eine eindeutige Lösung hat. Die Lösung dieser linearen bzw. nichtlinearen Gleichungssysteme ist eine weitere Komponente bei der Computersimulation physikalisch-technischer Prozesse, die ganz wesentlich die Gesamteffizienz der Simulationsrechnung bestimmt. Um einen Überblick über verschiedene Auflösungsverfahren und deren Vor- und Nachteile zu erhalten, beschreiben wir eine Vielzahl von derartigen Verfahren in den Kapiteln 5 und 6. Weiterhin ist es wünschenswert, a priori und a posteriori Abschätzungen des Fehlers, d.h. der Differenz zwischen der exakten Lösung des mathematischen Modells und der in Folge des Diskretisierungsprozesses erhaltenen Näherungslösung, zu ermitteln. Diese Abschätzungen können beispielsweise genutzt werden, um Diskretisierungsparameter so zu wählen, dass die Genauigkeit der Näherungslösung erhöht werden kann.

Der algorithmischen Aufbereitung und Implementierung des ausgewählten Diskretisierungsverfahrens schließt sich die Phase der Simulationsrechnungen an. Die erhaltenen numerischen Resultate müssen gemeinsam von allen Bearbeitern der zu lösenden Aufgabe beurteilt werden. Falls erforderlich, sind Verbesserungen der verwendeten Modelle abzuleiten und erneute Simulationsrechnungen durchzuführen. Im folgenden Schema sind alle Schritte, die bei der Computer-simulation einer physikalischen Erscheinung oder eines technischen Prozesses notwendig sind, zusammengefasst.

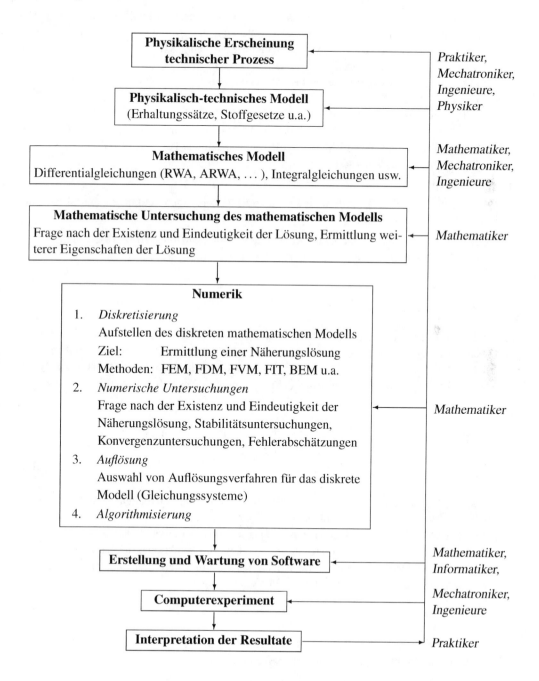

1.2 Zur Geschichte der Finite-Elemente-Methode

Vorgeschichte

In der Arbeit [Sch51] beschreibt K. Schellbach die Lösung eines Minimalflächenproblems. Bei einem solchen Problem wird die kleinste Fläche gesucht, deren äußerer Rand eine im Raum gegebene geschlossene Kurve ist. Der von K. Schellbach im Jahr 1851 beschriebene Lösungsweg beinhaltet Teilschritte, wie sie für die FEM charakteristisch sind. Seine Vorgehensweise kann als FEM mit linearen Dreieckselementen auf einem regelmäßigen Gitter interpretiert werden (siehe auch Abschnitt 4.4.3).

Weiterhin zählen die in den Jahren 1909, 1915 und 1940 von W. Ritz [Rit09], B. G. Galerkin [Gal15] und G. I. Petrov [Pet40] publizierten Arbeiten zur unmittelbaren Vorgeschichte der Finite-Elemente-Methode. Die FEM ist nämlich ein spezielles Ritz- bzw. Galerkin-Verfahren (siehe die Abschnitte 4.3 und 4.4).

1. W. Ritz (1909)

   Es ist ein Funktional $J(v)$ zu minimieren, wobei v alle zulässigen Funktionen durchläuft, zum Beispiel:

   Gesucht ist eine Funktion u aus der Menge aller über dem Intervall $[0,1]$ stetigen und auf $(0,1)$ differenzierbaren Funktionen v mit $v(0) = v(1) = 0$, die das Funktional

$$J(v) = \frac{1}{2} \int_0^1 (v'(x))^2 \, dx - \int_0^1 f(x)v(x) \, dx \qquad (1.2)$$

minimiert. Dabei ist f eine gegebene Funktion. Eine Näherungslösung für u wird beim Ritzschen Verfahren auf die folgende Weise bestimmt. Man wählt ein System linear unabhängiger Funktionen $p_i(x)$, $i = 1, 2, \ldots, N$, die alle differenzierbar sind und in den Randpunkten $x = 0$ und $x = 1$ verschwinden, zum Beispiel die polynomialen Ansatzfunktionen

$$p_i(x) = (1-x)x^i. \qquad (1.3)$$

Die Näherungslösung u_N für u wird in Form einer Linearkombination

$$u_N(x) = \sum_{i=1}^{N} u_i p_i(x) \qquad (1.4)$$

der Ansatzfunktionen $p_i(x)$, $i = 1, 2, \ldots, N$, mit noch unbekannten reellen Koeffizienten u_i gesucht. Zur Bestimmung dieser unbekannten Koeffizienten setzen wir den Ansatz (1.4) in das Funktional $J(.)$ ein. Damit hängt das Funktional nur von den reellen Zahlen u_i, $i = 1, 2, \ldots, N$, ab. Die Koeffizienten u_i der Funktion $u_N(x)$, welche das Funktional über allen Funktionen, die sich gemäß der Beziehung (1.4) darstellen lassen, minimiert, können somit aus den notwendigen Extremalbedingungen, d.h. aus den Gleichungen

$$\frac{\partial J(u_N(x))}{\partial u_1} = 0, \quad \frac{\partial J(u_N(x))}{\partial u_2} = 0, \quad \ldots, \quad \frac{\partial J(u_N(x))}{\partial u_N} = 0, \qquad (1.5)$$

ermittelt werden. Die Güte der Näherung u_N an die Lösungsfunktion u hängt sicherlich von N und von der Wahl der N linear unabhängigen Funktionen p_i ab.

2. B. G. Galerkin (1915)

   Betrachtet wird eine Randwertaufgabe, zum Beispiel:

   Gesucht ist eine im Intervall $[0,1]$ stetige und in $(0,1)$ zweimal stetig differenzierbare Funktion u, für welche die Differentialgleichung

   $$-u''(x) = f(x) \quad \text{für alle } x \in (0,1)$$

   gilt und welche den Randbedingungen

   $$u(0) = u(1) = 0$$

   genügt.

   Zur Berechnung einer Näherungslösung wird wieder ein Ansatz der Gestalt (1.4) gewählt. Es wird die Funktion $u_N(x)$ gesucht, welche die Beziehungen

   $$\int_0^1 [-u_N''(x) - f(x)]\, p_i(x)\, dx = 0$$

   bzw. die nach partieller Integration erhaltenen äquivalenten Beziehungen

   $$\int_0^1 \left[u_N'(x) p_i'(x) - f(x) p_i(x) \right] dx = 0 \tag{1.6}$$

   für alle Testfunktionen $p_i(x)$, $i = 1, 2, \ldots, N$, erfüllt. Aus den N linearen Gleichungen (1.6) können die Koeffizienten u_i, $i = 1, 2, \ldots, N$, im Ansatz (1.4) eindeutig berechnet werden. Die Extremalbedingungen (1.5) aus dem Ritz-Verfahren führen auf dasselbe lineare Gleichungssystem (1.6) zur Bestimmung der Koeffizienten im Ansatz (1.4). N. Bubnov hat bereits 1913 für spezielle Anwendungen diese Idee zur Bestimmung einer Nährungslösung beschrieben [Bub13]. Das Galerkin-Verfahren wird deshalb auch oft Bubnov-Galerkin-Verfahren oder Bubnov-Galerkin-Ritz-Verfahren genannt. In der Ingenieurliteratur findet man für dieses Verfahren häufig den Namen *Methode der gewichteten Residuen*.

3. G. I. Petrov (1940)

   G. I. Petrov hat gesehen, dass es unter Umständen vorteilhaft sein kann, wenn die Testfunktionen in (1.6) verschieden von den Ansatzfunktionen im Ansatz (1.4) gewählt werden. Heute weiß man, dass die Ansatzfunktionen für die Approximationsgüte und die Testfunktionen für die Stabilität verantwortlich sind.

Geschichte

- R. Courant (1943) „*Variational methods for the solution of problems of equilibrium and vibrations*" [Cou43]:

  Erstmals wurden im Ritzschen Verfahren Ansatzfunktionen mit lokalem Träger (sogenannte *Hütchen-Funktionen*, siehe Abschnitt 4.4.3) verwendet und FEM-Rechnungen durchgeführt, d.h. es wurden im Unterschied zu den Ansatzfunktionen (1.3), die im gesamten Gebiet (Intervall $(a,b) = (0,1)$) von Null verschieden sind, solche Ansatzfunktionen gewählt, die nur in einem „kleinen" Teilgebiet nicht identisch Null sind. Die Arbeit von Courant fand zunächst keine besondere Beachtung bei Ingenieuren.

- In den 1950er Jahren wurde die FEM von Mechanikern neu entdeckt. Im Jahr 1956 beschrieben M. J. Turner, R. W. Clough, H. C. Martin und L. J. Topp eine Methode, die charakteristische Grundgedanken der FEM beinhaltet [TCMT56]. Die Grundidee bestand darin, einen festen Körper (Kontinuum) in endlich viele finite Elemente (Teilkörper) zu unterteilen und die Verschiebungen bei einer vorgegebenen Belastung in den Knoten der finiten Elemente zu berechnen, d.h. letztendlich die Berechnung der Verschiebungen auf die Lösung eines Gleichungssystems zurückzuführen (siehe auch [Arg55]).

- In den 1960er Jahren erfolgte die theoretische Absicherung der FEM durch Mathematiker. Die ersten mathematisch fundierten Untersuchungen stammen von K. O. Friedrichs (1962) [Fri62], L. A. Oganesjan (1966) [Oga66], V. G. Korneev (1967) [Kor67], M. Zlámal (1968) [Zlá68] u.a.

- Im Jahr 1967 wurde die erste Ingenieur-Monographie (Mechanik) zur FEM publiziert [Zie67]:

  O. C. Zienkiewicz und Y. K. Cheung: *„The Finite Element Method in Structural and Continuum Mechanics"*.

  Diese Monographie initiierte eine rasche Verbreitung der FEM in ingenieurtechnischen Anwendungen.

  Die erste Monographie zur mathematischen Fundierung der FEM erschien 1973 [SF73]:

  G. Strang und G. J. Fix: *„An Analysis of the Finite Element Method"*.

Gegenwart und Zukunft

Die FEM ist die Standarddiskretisierungsmethode für Feldprobleme. Sie wird in allen Ingenieurwissenschaften angewendet und ist das Kernstück von CAD-Systemen. Es existiert eine Vielzahl von FE-Programmsystemen zur Lösung von Problemen der Festkörpermechanik, der Strömungsmechanik, der Elektrotechnik u.a. Die Entwicklung und Optimierung von Produkten ist ohne Computersimulationen nicht mehr denkbar. Auf dem Markt sind kommerzielle FE-Programme für verschiedene ingenieurtechnische Anwendungen verfügbar. Die FE-Programme ABAQUS, ADINA, ANSYS, LS-DYNA, MARC, NASTRAN und PATRAN sind nur eine kleine Auswahl aus der kommerziell angebotenen FE-Software. Im akademischen Bereich sind eine Reihe von sehr innovativen Finite-Elemente-Programmen für verschiedene Anwendungen entwickelt worden. Diese Software ist zumindest teilweise frei verfügbar. In der Gruppe des zweiten Autors wurden zunächst in Linz und später in Aachen und Wien der Netzgenerator Netgen und das Finite-Elemente-Programm NGSolve für Anwendungen im Wissenschaftlichen Rechnen von J. Schöberl entwickelt. NGSolve verwendet finite Elemente höherer Ordnung und verbindet Adaptivität mit schnellen Lösungsverfahren.

Die FEM hat sich in den letzten Jahren neue Anwendungsgebiete erschlossen. Dazu gehören die sogenannten Lebenswissenschaften wie die Biologie und Medizin. Die Simulation der Entwicklung von Produkten auf den Finanzmärkten, zum Beispiel von Optionen, basiert ebenfalls auf partiellen Differentialgleichungen.

Auf der Basis von FE-Modellen und unter Einsatz modernster Rechentechnik (Parallelrechner) wird die Simulation immer komplexerer Prozesse möglich [Bas96, Haa99, DHL03, TW05, Pec13]. Die Verbesserung der Effizienz der Simulation durch die Steigerung der Leistungsfähigkeit der Hardware und Software wird es immer besser erlauben, Produkte und Prozesse virtuell zu optimieren bevor sie überhaupt produziert beziehungsweise realisiert werden [Ben95, BS03]. Die FEM hat neue Diskretisierungstechnologien wie die IGA (Isogemetric Analysis) hervorgebracht, welche die in den CAD Modellen verwendeten Geometriebeschreibungen mit der Diskretisierung durch Splines und NURBS auf eine elegante Art und Weise verbinden [CHB09].

Literatur

In der Ingenieur-FE-Literatur hat sich das Buch [Zie71] (deutsche Übersetzung siehe [Zie75])

O. C. Zienkiewicz (1971) : *„The Finite Element Method"*

in den 1970er und 1980er Jahren zum Standardwerk entwickelt und dient auch heute noch vielen Ingenieuren als Lehrbuch und Nachschlagewerk. Die gleiche Rolle spielt die Monographie [Cia78]

P. G. Ciarlet (1978): *„The Finite Element Method for Elliptic Problems"*

in der mathematischen FE-Literatur.

Inzwischen ist die Literatur zur FEM nahezu unermesslich gewachsen. Weitere wichtige Literaturquellen sind zum Beispiel die Bücher von Axelsson/Barker [AB84], Babuška/Whiteman/Strouboulis [BWS11], Bathe [Bat81], Braess [Bra97], Brenner/Scott [BS94], Dankert [Dan77], Deuflhard/Weiser [DW12], Fischer [Fis87], Gallagher [Gal75], Goering/Roos/Tobiska [GRT10], Girault/Raviart [GR79], Griffiths [Gri84], Grossmann/Roos [GR05], Hackbusch [Hac87], Hinton/Owen [HO79], Johnson [Joh90], Kikuchi [Kik86], Korneev [Kor77], Křížek/Neitaanmäkki [KN90], Korneev/Langer [KL84], Meißner/Maurial [MM00], Mercier [Mer79], Mitchell/Wait [MW77], Norrie/de Vries [NdV78], Oden [Ode72], Oden/Becker/Carey [OBC82, OC82a, OC82b, OC82c, OC82e, OC82d], Oden/Reddy [OR76], Oganesjan/Ruchovec [OR79], Pechstein [Pec13], Quarteroni/Valli [QV97], Schwab [Sch98], Schwarz [Sch80, Sch81], Shaidurov [Sha95], Simo/Hughes [SH98], Steinbach [Ste03], Strang/Fix [SF73], Szabó/Babuška [SB91], Toselli/Widlund [TW05], Whiteman [Whi82], Wriggers [Wri01], Ženíšek [Žen90], Zienkiewicz [Zie77], Zienkiewicz/Morgan [ZM83], Zienkiewicz/Taylor [ZT91], Zulehner [Zul08, Zul11] u.a.

Die Anzahl der Zeitschriftenartikel und Proceedings ist fast unüberschaubar. Eine wichtige Fachzeitschrift ist das von Zienkiewicz 1968 gegründete *International Journal for Numerical Methods in Engineering*. In den Bänden II und IV des Handbuchs zur Numerischen Analysis findet der mathematisch interessierte Leser Beiträge zu verschiedenen theoretischen Aspekten, zu Anwendungen und zur Geschichte der FEM [CL89]. Einen umfassenden Überblick über theoretische als auch praktische Aspekte der Anwendung der FEM in der Mechanik gibt die Enzyklopädie der Numerischen Mechanik (Encyclopedia of Computational Mechanics) [SdBH04].

Dem an der Geschichte interessierten Leser empfehlen wir den Artikel *„Courant Element: Before and After"* von I. Babuška [Bab94] und den Artikel *„From Euler, Ritz and Galerkin to modern computing"* von M. Gander und G. Wanner [GW12].

1.3 Finite-Elemente-Simulation: Beispiele

In diesem Abschnitt stellen wir anhand konkreter Problemstellungen vor, wie stationäre und instationäre Temperaturfelder, elektrische und magnetische Felder, mechanische Felder sowie Kopplungen verschiedener Felder mittels partieller Differentialgleichungen beschrieben werden können. Alle Anwendungsbeispiele stammen aus unserer realen dreidimensionalen Welt. Um Rechenaufwand und damit notwendige Rechenzeit bei der numerischen Lösung der entsprechenden Differentialgleichungen einsparen zu können, ist es sinnvoll, Besonderheiten in der Aufgabenstellung zu berücksichtigen. Solche sind zum Beispiel zugrundeliegende Symmetrien (siehe z.B. Abschnitte 1.3.1, 1.3.3 und 1.3.4) oder Unabhängigkeiten der physikalischen Größen von gewissen Raumrichtungen. In solchen Fällen kann die Lösung des Randwertproblems auf die Lösung in einem Teilgebiet oder in einer Schnittebene reduziert werden.

1.3.1 Temperaturfelder

Die Temperaturverteilung in einem Körper (Gebiet) $\Omega \subset \mathbb{R}^3$ im Zeitintervall (t_a, t_e) kann durch die Lösung eines Anfangsrandwertproblems bestimmt werden. Die Temperatur $u(x,t)$ genügt der Differentialgleichung

$$c\rho \frac{\partial u}{\partial t} - \frac{\partial}{\partial x_1}\left(\lambda \frac{\partial u}{\partial x_1}\right) - \frac{\partial}{\partial x_2}\left(\lambda \frac{\partial u}{\partial x_2}\right) - \frac{\partial}{\partial x_3}\left(\lambda \frac{\partial u}{\partial x_3}\right) = f \qquad (1.7)$$

für alle $x = (x_1, x_2, x_3)$ aus dem Gebiet Ω und für alle t aus dem Zeitintervall (t_a, t_e). Dabei bezeichnen $c(x)$ die spezifische Wärmekapazität, $\rho(x)$ die Dichte, $\lambda(x)$ die Wärmeleitzahl und $f(x,t)$ die Intensität der Wärmequelle. Wir haben hier der Einfachheit halber vorausgesetzt, dass c, ρ und λ unabhängig von der Zeit t sind. Nutzen wir die Differentialoperatoren Divergenz (div) eines Vektorfeldes und Gradient (grad) einer Funktion mit

$$\operatorname{div} \vec{w} = \frac{\partial w_1}{\partial x_1} + \frac{\partial w_2}{\partial x_2} + \frac{\partial w_3}{\partial x_3} \qquad (\vec{w} = (w_1 \ w_2 \ w_3)^T) \qquad (1.8)$$

sowie

$$\operatorname{grad} v = \left(\frac{\partial v}{\partial x_1} \ \frac{\partial v}{\partial x_2} \ \frac{\partial v}{\partial x_3}\right)^T, \qquad (1.9)$$

dann kann die Gleichung (1.7) in der kompakteren Form

$$c(x)\rho(x)\frac{\partial u}{\partial t}(x,t) - \operatorname{div}(\lambda(x)\operatorname{grad} u(x,t)) = f(x,t) \qquad (1.10)$$

aufgeschrieben werden.

Die Temperatur zum Anfangszeitpunkt $t = t_a$ wird durch die Vorgabe einer Anfangstemperaturverteilung $g_0(x)$, der sogenannten Anfangsbedingung,

$$u(x, t_a) = g_0(x) \qquad \text{für alle } x \in \overline{\Omega},$$

im mathematischen Modell berücksichtigt.

Der Einfluss der Umgebung auf die Temperaturverteilung im Körper wird durch die Vorgabe sogenannter Randbedingungen modelliert. Man unterscheidet die drei folgenden Möglichkeiten:

1. Vorgabe der Temperatur $u(x,t)$ auf dem Rand Γ des Gebietes Ω, d.h.

$$u(x,t) = g_1(x,t) \quad \text{für alle } x \in \Gamma \text{ und für alle } t \in (t_a, t_e)$$

mit einer vorgegebenen Temperaturverteilung $g_1(x,t)$.

2. Vorgabe eines Wärmestromes (Wärmeflusses), d.h.

$$\frac{\partial u}{\partial N}(x,t) = g_2(x,t) \quad \text{für alle } x \in \Gamma \text{ und für alle } t \in (t_a, t_e).$$

Hierbei bezeichnet

$$\frac{\partial u}{\partial N} = \lambda(x) \left(\frac{\partial u}{\partial x_1} n_1 + \frac{\partial u}{\partial x_2} n_2 + \frac{\partial u}{\partial x_3} n_3 \right)$$

die Konormalenableitung. Der Vektor $\vec{n}(x) = (n_1(x) \; n_2(x) \; n_3(x))^T$ ist der Vektor der äußeren Einheitsnormalen im Punkt x auf dem Rand Γ (siehe auch S. 39 und Abbildung 2.5, S. 41). Die Funktion $g_2(x,t)$ beschreibt einen Wärmestrom. Mit $g_2(x,t) \equiv 0$ kann beispielsweise eine Wärmeisolation modelliert werden.

3. Beschreibung des Wärmeaustausches mit der Umgebung, d.h.

$$\frac{\partial u}{\partial N}(x,t) + \alpha(x,t)u(x,t) = \alpha(x,t)u_A(x,t)$$

für alle $x \in \Gamma$ und für alle $t \in (t_a, t_e)$. Dabei bezeichnen $\alpha(x,t)$ den Wärmeaustauschkoeffizienten und $u_A(x,t)$ die Umgebungstemperatur.

Natürlich ist es auch möglich, bei der Formulierung des Wärmeleitproblems eine Kombination der oben beschriebenen Randbedingungen zu nutzen, d.h., dass auf einem Randstück Γ_1 eine Temperaturverteilung und auf einem Randstück Γ_2 ein Wärmestrom vorgegeben werden sowie auf einem Randstück Γ_3 der Wärmeaustausch mit der Umgebung modelliert wird. Für die Teilränder Γ_i, $i = 1,2,3$, muss dabei gelten $\Gamma = \overline{\Gamma}_1 \cup \overline{\Gamma}_2 \cup \overline{\Gamma}_3$, $\Gamma_i \cap \Gamma_j = \emptyset$ für $i \neq j$.

Im Kapitel 2 werden wir ausgehend vom physikalischen Modell die Differentialgleichung (1.7) herleiten (siehe auch [CH02, Els85, HK71, JT08]).

Im Weiteren stellen wir zwei konkrete Beispiele für Wärmeleitprobleme vor. Zuerst betrachten wir das folgende stationäre Problem:

Gesucht ist die Temperaturverteilung in einem Kühlkörper (siehe Abbildung 1.1). Am Boden (Rand Γ_2'') fließt der Wärmestrom $g_2(x)$ in den Kühlkörper hinein, und über seine große Oberfläche wird die Wärme an die Umgebung abgegeben. Aufgrund des konstanten Querschnitts in x_3-Richtung und unter der Voraussetzung, dass die Umgebungstemperatur, die Wärmeübergangszahl, die Wärmeleitzahl sowie der Wärmestrom von der x_3-Richtung unabhängig sind, kann man das Wärmeleitproblem als ein zweidimensionales Problem in der (x_1, x_2)-Ebene betrachten. Der Querschnitt ist symmetrisch bezüglich der x_2-Achse. Gehen wir davon aus, dass dies auch für die Eingangsdaten wie Umgebungstemperatur, Wärmeübergangszahl, Wärmeleitzahl und Wärmestrom gilt, können wir unsere Berechnungen auf die Bestimmung des Temperaturfeldes in

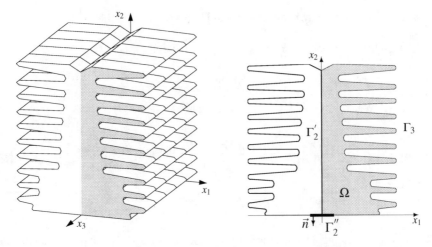

Abbildung 1.1: Kühlkörper und Schnitt durch den Kühlkörper parallel zur (x_1,x_2)-Ebene

dem in der Abbildung 1.1 grau markierten Gebiet reduzieren. Es ist somit die folgende Rand-wertaufgabe zu lösen:

Gesucht ist das Temperaturfeld $u(x_1,x_2)$, für das

$$-\frac{\partial}{\partial x_1}\left(\lambda\frac{\partial u}{\partial x_1}\right) - \frac{\partial}{\partial x_2}\left(\lambda\frac{\partial u}{\partial x_2}\right) = 0 \qquad \text{für alle } x \in \Omega,$$

$$\frac{\partial u}{\partial N} = 0 \qquad \text{für alle } x \in \Gamma_2',$$

$$\frac{\partial u}{\partial N} = g_2(x) \qquad \text{für alle } x \in \Gamma_2'',$$

$$\frac{\partial u}{\partial N} + \alpha(x)u(x) = \alpha(x)u_\text{A}(x) \qquad \text{für alle } x \in \Gamma_3$$

gilt.

Dabei sei $\lambda = 232.6$ W(mK)$^{-1}$, $\alpha = 58.15$ W(m^{2}K)$^{-1}$, $u_\text{A} = 273.15$ K und $g_2 = 659400$ Wm^{-2}. Die Konormalenableitung ist hier durch

$$\frac{\partial u}{\partial N} = \lambda\left(\frac{\partial u}{\partial x_1}n_1 + \frac{\partial u}{\partial x_2}n_2\right)$$

definiert.

Die Randbedingung auf dem Rand Γ_2' ist eine „künstlich" eingeführte Randbedingung. Sie ergibt sich aus der zugrunde liegenden Symmetrie bezüglich der x_2-Achse.

Die Abbildung 1.2 zeigt Niveaulinien des Temperaturfeldes, d.h. Linien mit gleicher Tempe-ratur. Berechnet haben wir nur das Temperaturfeld in der rechten Hälfte des Gebietes. Aufgrund der Symmetrie bezüglich der x_2-Achse können wir aber auch sofort die Temperaturverteilung in der linken Hälfte des Gebietes angeben und daher die Niveaulinien des Temperaturfeldes im gesamten Gebiet darstellen.

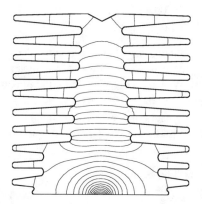

Abbildung 1.2: Niveaulinien des Temperaturfeldes im Kühlkörper

Im Folgenden betrachten wir den Abkühlungsprozess in einer abgesetzten Welle (siehe Abbildung 1.3) als Beispiel für ein instationäres Wärmeleitproblem. Die Welle hat zum Zeitpunkt $t_a = 0$ eine Temperatur von 1073.15 K (800° C), und die Umgebungstemperatur ist 293.15 K (20° C). Wir wollen das zeitlich veränderliche Temperaturfeld $u(x,t)$ berechnen, d.h. wir bestimmen zu verschiedenen Zeitpunkten $t > 0$ die Temperaturverteilung in der Welle. Da die Welle rotationssymmetrisch ist, nutzen wir zur Beschreibung des Problems Zylinderkoordinaten (r, φ, z). Die Meridianebene, d.h. die Fläche, welche durch Rotation um die z-Achse den Körper (Welle) erzeugt, ist in der Abbildung 1.3 dargestellt.

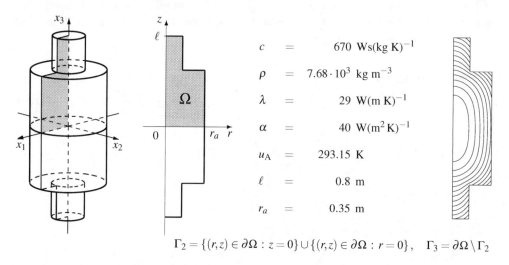

$$c = 670 \text{ Ws(kg K)}^{-1}$$
$$\rho = 7.68 \cdot 10^3 \text{ kg m}^{-3}$$
$$\lambda = 29 \text{ W(m K)}^{-1}$$
$$\alpha = 40 \text{ W(m}^2 \text{ K)}^{-1}$$
$$u_A = 293.15 \text{ K}$$
$$\ell = 0.8 \text{ m}$$
$$r_a = 0.35 \text{ m}$$

$$\Gamma_2 = \{(r,z) \in \partial\Omega : z = 0\} \cup \{(r,z) \in \partial\Omega : r = 0\}, \quad \Gamma_3 = \partial\Omega \setminus \Gamma_2$$

Abbildung 1.3: Welle, Meridianebene der Welle und Niveaulinien des Temperaturfeldes

Die Wärmeleitgleichung (1.7) lautet in Zylinderkoordinaten: Gesucht ist das Temperaturfeld $u(r,\varphi,z,t)$, welches der Differentialgleichung

$$c\rho\frac{\partial u}{\partial t} - \lambda\left[\frac{1}{r}\frac{\partial}{\partial r}\left(r\frac{\partial u}{\partial r}\right) + \frac{1}{r^2}\frac{\partial^2 u}{\partial\varphi^2} + \frac{\partial^2 u}{\partial z^2}\right] = f \qquad (1.11)$$

genügt, wobei wir hier genutzt haben, dass die Wärmeleitzahl λ eine Konstante ist. Da das Gebiet, d.h. die Welle, rotationssymmetrisch ist sowie alle Eingangsdaten wie spezifische Wärmekapazität, Dichte, Wärmeleitzahl, Wärmeübergangszahl und Umgebungstemperatur konstant sind, ist das Temperaturfeld unabhängig vom Winkel φ. Deshalb sind in der Gleichung (1.11) alle Ableitungen nach φ identisch Null. Beachten wir außerdem noch die Symmetrie der Meridianebene bezüglich der r-Achse (siehe Abbildung 1.3), dann ergibt sich die folgende Anfangsrandwertaufgabe zur Bestimmung der Temperaturverteilung in der Welle im Zeitintervall $(0,t_e)$:

Gesucht ist das Temperaturfeld $u(r,z,t)$, für das

$$\frac{\partial u}{\partial t} - a^2\left[\frac{1}{r}\frac{\partial}{\partial r}\left(r\frac{\partial u}{\partial r}\right) + \frac{\partial^2 u}{\partial z^2}\right] = 0 \quad \text{für alle } (r,z) \in \Omega \text{ und für alle } t \in (0,t_e),$$

$$u(r,z,0) = 800 \quad \text{für alle } (r,z) \in \Omega,$$

$$\frac{\partial u}{\partial N} = 0 \quad \text{für alle } (r,z) \in \Gamma_2 \text{ und für alle } t \in (0,t_e),$$

$$\frac{\partial u}{\partial N} + \kappa u = \kappa u_A \quad \text{für alle } (r,z) \in \Gamma_3 \text{ und für alle } t \in (0,t_e)$$

gilt, mit

$$a^2 = \frac{\lambda}{c\rho}, \quad \kappa = \frac{\alpha}{c\rho} \quad \text{und} \quad \frac{\partial u}{\partial N} = a^2\frac{\partial u}{\partial r}n_r + a^2\frac{\partial u}{\partial z}n_z.$$

In der Abbildung 1.3 sind Niveaulinien des Temperaturfeldes zum Zeitpunkt $t = 1$ h dargestellt. Die Temperatur am äußeren Rand beträgt zu diesem Zeitpunkt $460°$ C, und in der Mitte hat die Welle noch eine Temperatur von $739°$C.

1.3.2 Elektromagnetische Felder

Den Ausgangspunkt zur Beschreibung elektromagnetischer Phänomene bilden die Maxwellschen Feldgleichungen:

Faradaysches Induktionsgesetz:	$\dfrac{\partial \vec{B}}{\partial t} + \operatorname{rot}\vec{E} = \vec{0},$	(1.12)
Ampèresches Gesetz:	$\dfrac{\partial \vec{D}}{\partial t} - \operatorname{rot}\vec{H} = -\vec{J},$	(1.13)
elektrisches Gaußsches Gesetz:	$\operatorname{div}\vec{D} = \rho,$	(1.14)
magnetisches Gaußsches Gesetz:	$\operatorname{div}\vec{B} = 0,$	(1.15)

welche die elektrische und magnetische Feldstärke $\vec{E}$ und $\vec{H}$ mit der magnetischen und elektrischen Induktion (Flussdichte) $\vec{B}$ und $\vec{D}$ verbinden. Die Stromdichte $\vec{J}$ und Ladungsdichte ρ sind die Quellen für die elektromagnetischen Felder (siehe auch [HK71, LL73, DL90, Sch02]). Der Differentialoperator div ist durch die Gleichung (1.8) und der Operator rot (Rotation) durch die Beziehung

$$\mathrm{rot}\,\vec{w} = \mathrm{grad} \times \vec{w} = \left(\frac{\partial w_3}{\partial x_2} - \frac{\partial w_2}{\partial x_3} \quad \frac{\partial w_1}{\partial x_3} - \frac{\partial w_3}{\partial x_1} \quad \frac{\partial w_2}{\partial x_1} - \frac{\partial w_1}{\partial x_2} \right)^T$$

mit $\vec{w} = (w_1 \ w_2 \ w_3)^T$ definiert.

Die Anwendung des Divergenzoperators auf das Ampèresche Gesetz ergibt wegen $\mathrm{div}\,\mathrm{rot}\,\vec{H} = 0$ und $\mathrm{div}\,\vec{D} = \rho$ (siehe (1.14)) die Ladungserhaltungsgleichung

$$\frac{\partial \rho}{\partial t} + \mathrm{div}\,\vec{J} = 0$$

als notwendige Bedingung für die Existenz einer Lösung der Maxwellschen Gleichungen.

Die Feldstärken $\vec{E}$ und $\vec{H}$ und die Flussdichten $\vec{B}$ und $\vec{D}$ sind durch die konstitutiven Beziehungen

$$\vec{D} = \varepsilon \vec{E} \tag{1.16}$$

und

$$\vec{B} = \mu(\vec{H} + \vec{H}_0) \tag{1.17}$$

verbunden, wobei ε und μ die elektrische Permitivität und die magnetische Permeabilität sind. Das Vektorfeld $\vec{H}_0$ bezeichnet die Feldstärke einer zum Beispiel durch Permanentmagneten gegebenen Magnetisierung. In ferromagnetischen Materialien kann $\mu = \mu(\vec{B})$ selbst wieder von der magnetischen Induktion $\vec{B}$ abhängen, was zu einer materialbedingten Nichtlinearität in den beschreibenden Gleichungen führt. In elektrisch leitenden Materialien erzeugt das elektrische Feld einen Leitungsstrom mit der Leitungsstromdichte $\vec{J}_c$, die durch das Ohmsche Gesetz

$$\vec{J}_c = \sigma \vec{E} \tag{1.18}$$

gegeben ist, wobei σ die elektrische Leitfähigkeit bezeichnet. Die totale Stromdichte $\vec{J} = \vec{J}_c + \vec{J}_i$ ist dann gleich der Summe aus der Leitungsstromdichte $\vec{J}_c$ und der eingeprägten Stromdichte $\vec{J}_i$.

Zu den Maxwellschen Gleichungen und den konstitutiven Beziehungen kommen noch Anfangs- und Randbedingungen hinzu. Im Fall unbeschränkter Gebiete müssen die Silver-Müllerschen Abstrahlbedingungen berücksichtigt werden. Die Maxwellschen Gleichungen gelten nur in homogenen Materialien. In der Praxis treten aber oft verschiedene Materialien mit unterschiedlichen magnetischen und elektrischen Eigenschaften auf. Dann müssen an den Materialübergängen die Interface-Bedingungen (Übergangsbedingungen) erfüllt werden.

In der Literatur gibt es verschiedene Formulierungen der Maxwellschen Gleichungen. Neben der $\vec{E}$-basierten Formulierung erfreut sich die Vektorpotentialformulierung einer besonderen Beliebtheit. Da die magnetische Induktion $\vec{B}$ divergenzfrei ist (siehe (1.15)), kann ein Vektorpotential $\vec{A}$ so eingeführt werden, dass

$$\vec{B} = \operatorname{rot}\vec{A} \qquad (1.19)$$

gilt. Wegen des Faradayschen Gesetzes (1.12) und $\operatorname{rot}\operatorname{grad}\varphi = \vec{0}$ existiert ein elektrisches Skalarpotential φ, sodass

$$\vec{E} + \frac{\partial \vec{A}}{\partial t} = -\operatorname{grad}\varphi \qquad (1.20)$$

zumindest im Fall einfachzusammenhängender Rechengebiete gilt. Wenn wir nun das *geeichte Vektorpotential*

$$\vec{A}^* = \vec{A} + \int\limits_0^t \operatorname{grad}\varphi\, dt \qquad (1.21)$$

einführen, erhalten wir aus der konstitutiven Beziehung (1.16) und den Beziehungen (1.20), (1.21)

$$
\begin{aligned}
\vec{D} &= \varepsilon\vec{E} = \varepsilon\left(-\operatorname{grad}\varphi - \frac{\partial \vec{A}}{\partial t}\right) = \varepsilon\left[-\operatorname{grad}\varphi - \frac{\partial}{\partial t}\left(\vec{A}^* - \int\limits_0^t \operatorname{grad}\varphi\, dt\right)\right] \\
&= \varepsilon\left[-\operatorname{grad}\varphi - \left(\frac{\partial \vec{A}^*}{\partial t} - \frac{\partial}{\partial t}\int\limits_0^t \operatorname{grad}\varphi\, dt\right)\right] = \varepsilon\left[-\operatorname{grad}\varphi - \left(\frac{\partial \vec{A}^*}{\partial t} - \operatorname{grad}\varphi\right)\right] \\
&= -\varepsilon\frac{\partial \vec{A}^*}{\partial t}.
\end{aligned}
$$

Mit der konstitutiven Beziehung (1.17) sowie den Beziehungen (1.19), (1.21) und $\operatorname{rot}\operatorname{grad}\varphi = \vec{0}$ folgt

$$
\begin{aligned}
\vec{H} &= \frac{1}{\mu}\vec{B} - \vec{H}_0 = \frac{1}{\mu}\operatorname{rot}\vec{A} - \vec{H}_0 = \frac{1}{\mu}\operatorname{rot}\left(\vec{A}^* - \int\limits_0^t \operatorname{grad}\varphi\, dt\right) - \vec{H}_0 \\
&= \frac{1}{\mu}\left(\operatorname{rot}\vec{A}^* - \int\limits_0^t \operatorname{rot}\operatorname{grad}\varphi\, dt\right) - \vec{H}_0 \\
&= \frac{1}{\mu}\operatorname{rot}\vec{A}^* - \vec{H}_0,
\end{aligned}
$$

sowie mit den Beziehungen (1.18), (1.20), (1.21)

$$
\begin{aligned}
\vec{J}_c &= \sigma\vec{E} = \sigma\left(-\operatorname{grad}\varphi - \frac{\partial \vec{A}}{\partial t}\right) = \sigma\left[-\operatorname{grad}\varphi - \frac{\partial}{\partial t}\left(\vec{A}^* - \int\limits_0^t \operatorname{grad}\varphi\, dt\right)\right] \\
&= \sigma\left[-\operatorname{grad}\varphi - \left(\frac{\partial \vec{A}^*}{\partial t} - \frac{\partial}{\partial t}\int\limits_0^t \operatorname{grad}\varphi\, dt\right)\right] = \sigma\left[-\operatorname{grad}\varphi - \left(\frac{\partial \vec{A}^*}{\partial t} - \operatorname{grad}\varphi\right)\right] \\
&= -\sigma\frac{\partial \vec{A}^*}{\partial t}.
\end{aligned}
$$

Setzen wir diese Beziehungen in die Maxwellsche Gleichung (1.13) ein, so ergibt sich

$$-\varepsilon\frac{\partial^2 \vec{A}^*}{\partial t^2} - \text{rot}\left(\frac{1}{\mu}\,\text{rot}\,\vec{A}^* - \vec{H}_0\right) = -\left(-\sigma\frac{\partial \vec{A}^*}{\partial t} + \vec{J}_i\right).$$

Mit der *Reluktivität* $v = 1/\mu$ und $\vec{J}^* = \vec{J}_i + \text{rot}\,\vec{H}_0$ erhalten wir daraus das System partieller Differentialgleichungen

$$\varepsilon\frac{\partial^2 \vec{A}}{\partial t^2} + \sigma\frac{\partial \vec{A}}{\partial t} + \text{rot}(v\,\text{rot}\,\vec{A}) = \vec{J}^* \qquad (1.22)$$

zur Bestimmung des geeichten Vektorpotentials $\vec{A}$. Der Einfachheit halber haben wir die Stern-kennzeichnung des geeichten Vektorpotentials weggelassen. Die rechte Seite in diesem Differentialgleichungssystem setzt sich aus der eingeprägten Stromdichte $\vec{J}_i$ und der Rotation der eingeprägten Magnetisierungsfeldstärke $\vec{H}_0$ zusammen. Das gesuchte Vektorpotential $\vec{A}$ muss natürlich auch die entsprechenden Anfangs- und Randbedingungen beziehungsweise Abstrahl-bedingungen erfüllen. Im Fall inhomogener Materialien kommen die entsprechenden Interface-bedingungen dazu.

Bei einer zeitharmonischen Erregung der Form

$$\vec{J}^*(x,t) = \vec{J}^*(x)\exp(i\omega t)$$

mit der Erregerfrequenz ω und der Amplitude $\vec{J}^*(x)$ (wir nutzen für die nur von der Ortskoordina-te x abhängige Amplitude die gleiche Bezeichnung wie für die von x und t abhängige Erregung) kann im Fall linearer Probleme vom Zeitbereich in den Frequenzbereich übergegangen werden. Mit dem Ansatz

$$\vec{A}(x,t) = \vec{A}(x)\exp(i\omega t) \qquad (1.23)$$

erhalten wir für die Amplitude $\vec{A}(x)$ des eingeschwungenen Zustands (1.23) das nur von der Ortskoordinate x abhängige System partieller Differentialgleichungen

$$\text{rot}(v(x)\,\text{rot}\,\vec{A}(x)) - (\omega^2\varepsilon(x) - i\omega\sigma(x))\vec{A}(x) = \vec{J}^*(x) \qquad \text{für alle } x \text{ im Rechengebiet } \Omega.$$

Dazu kommen die entsprechenden Randbedingungen beziehungsweise die Abstrahlbedingungen im Fall eines unbeschränkten Rechengebietes Ω. Bei heterogenen Materialien müssen außerdem die Interfacebedingungen erfüllt werden. Für nichtlineare Probleme, die zum Beispiel dann auf-treten, wenn die Abhängigkeit der Reluktivität $v(x)$ von der Induktion $\vec{B} = \text{rot}\,\vec{A}$ berücksichtigt werden muss, ist der oben beschriebene, einfache Übergang zum Frequenzbereich inkorrekt, da der Ansatz so nicht richtig ist. Hier hilft der multiharmonische Zugang weiter, wo das Vektorpo-tential als Fourierreihe angesetzt wird [BLS05, BLS06].

Wirbelstromprobleme

In Anwendungen mit niedrigfrequenten Erregungen, wie sie zum Beispiel bei elektrischen Ma-schinen und Transformatoren vorkommen, können die Verschiebungsströme $\partial \vec{D}/\partial t$ wegen

$$\left|\frac{\partial \vec{D}}{\partial t}\right| \ll |\vec{J}|$$

in den Maxwellschen Gleichungen weggelassen werden. Damit vereinfachen sich sofort die Gleichungen zur Bestimmung des Vektorpotentials. Im Zeitbereich erhalten wir zur Bestimmung des Vektorpotentials $\vec{A} = \vec{A}(x,t)$ das System partieller Differentialgleichungen

$$\sigma \frac{\partial \vec{A}(x,t)}{\partial t} + \mathrm{rot}(\nu \, \mathrm{rot} \vec{A}(x,t)) = \vec{J_i^*}(x,t) \qquad (1.24)$$

für alle $x \in \Omega$ und für alle t aus dem Zeitintervall $(0,T)$. Dazu kommen wieder geeignete Rand- und Anfangsbedingungen und gegebenenfalls Interface- und Abstrahlbedingungen. Im Fall harmonisch erregter linearer Probleme kann mit dem Ansatz (1.23) in den Frequenzbereich übergegangen werden. Die Amplitude $\vec{A}(x)$ des eingeschwungenen Zustands (1.23) genügt dann dem partiellen Differentialgleichungssystem

$$\mathrm{rot}(\nu(x)\,\mathrm{rot}\vec{A}(x)) + i\omega\sigma(x)\vec{A}(x) = \vec{J^*}(x) \quad \text{für alle } x \text{ aus dem Rechengebiet } \Omega.$$

Dazu kommen die entsprechenden Randbedingungen beziehungsweise die Abstrahlbedingungen im Fall eines unbeschränkten Rechengebietes Ω und gegebenenfalls Interfacebedingungen im Fall heterogener Materialien.

In der Abbildung 1.4 ist die euklidische Norm $\|\omega\sigma\vec{A}(x)\|$ der Wirbelströme dargestellt, die in einer Stromschiene eines Transformators bei harmonischer Erregung entstehen. Das Rechengebiet Ω, das aus der Stromschiene und einem umgebenden Luftgebiet besteht, wurde in 26094 Tetraederelemente zerlegt und es wurden kubische Kantenelemente (Nédélec-Elemente) zur Finite-Elemente-Approximation des Vektorpotentials genutzt. Der Skineffekt hat dünne Grenzschichten der Wirbelströme zur Folge (siehe Abbildung 1.4), die eine intelligente Adaption des Finite-Elemente-Netzes an die Grenzschicht erfordern. Im Kapitel 4 werden wir die Ingredienzien der adaptiven Finite-Elemente-Methode, nämlich Netzgenerierungs- und Netzadaptionsmethoden sowie a posteriori Fehlerabschätzungen, ausführlich diskutieren. Die Rechnungen wurden mit dem Programm NGSolve durchgeführt, das von J. Schöberl an der Johannes Kepler Universität Linz und später an der RWTH Aachen und der TU Wien entwickelt wurde [Sch, Zag06].

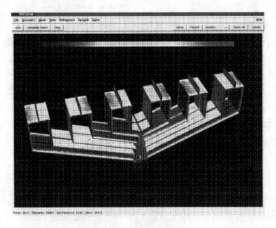

Abbildung 1.4: Simulation der Wirbelströme in einer Stromschiene mit NGSolve

Magnetostatik

Im Magnetostatikfall werden alle Felder als zeitunabhängig angenommen. Damit erhalten wir sofort aus den Maxwellschen Gleichungen (1.13) und (1.15) die Differentialgleichungen

$$\mathrm{rot}\,\vec{H} = \vec{J}_i \tag{1.25}$$

und

$$\mathrm{div}\,\vec{B} = 0 \tag{1.26}$$

für die unbekannten magnetischen Felder $\vec{H}$ und $\vec{B}$ (siehe auch [LL73, Bos98]). Aufgrund der Gültigkeit von (1.26) kann wieder das magnetische Vektorpotential $\vec{A}$ durch

$$\mathrm{rot}\,\vec{A} = \vec{B} \tag{1.27}$$

eingeführt werden. Das Vektorpotential $\vec{A}$ ist durch die Beziehung (1.27) nicht eindeutig bestimmt. Um Eindeutigkeit zu erreichen, nutzen wir in der Magnetostatik die Coulombsche Eichbedingung

$$\mathrm{div}\,\vec{A} = 0. \tag{1.28}$$

Der Zusammenhang zwischen der magnetischen Induktion $\vec{B}$ und der magnetischen Feldstärke $\vec{H}$ ist durch

$$\vec{B} = \mu(\vec{H} + \vec{H}_0), \quad \mu = \mu_0\mu_r,$$

mit der magnetischen Feldkonstanten μ_0 und der materialabhängigen Permeabilitätszahl μ_r gegeben. Für nicht permanentmagnetische Materialien wird $\vec{H}_0 = \vec{0}$ vorausgesetzt. Bei Permanentmagneten bezeichnet $-\vec{H}_0$ die magnetische Feldstärke, bei der die Induktion verschwindet (siehe auch [Hei87b]). Besteht für den Permanentmagneten ein linearer Zusammenhang zwischen $\vec{B}$ und $\vec{H}$, d.h.

$$\vec{B} = \mu_0\mu_r\vec{H} + \vec{J}_0,$$

so ist

$$\vec{H}_0 = (\mu_0\mu_r)^{-1}\vec{J}_0,$$

wobei $\vec{J}_0$ die Permanentmagnetisierung bezeichnet. Für nicht ferromagnetische Materialien ist die relative Permeabilitätszahl μ_r eine Konstante, und für Ferromagnetika besteht bei Vernachlässigung der Hysterese ein eineindeutiger Zusammenhang zwischen $\vec{B}$ und $\vec{H}$, so dass sich μ_r als

$$\mu_r = \mu_r(|\vec{B}|) \tag{1.29}$$

aufschreiben lässt. Damit ergibt sich aus den Beziehungen (1.25) – (1.29) (siehe auch [Hei91]) die Gleichung

$$\mathrm{rot}\left(\frac{1}{\mu_0\mu_r(|\mathrm{rot}\,\vec{A}|)}\mathrm{rot}\,\vec{A}\right) = \vec{J}_i + \mathrm{rot}\,\vec{H}_0, \tag{1.30}$$

die sich auch aus (1.22) beziehungsweise (1.24) durch Weglassen der Zeitableitung ergibt. Zusätzlich ist noch die Eichbedingung (1.28) zu erfüllen, d.h. zur Bestimmung der Komponenten des Vektorpotentials $\vec{A}$ muss das System der drei gekoppelten nichtlinearen partiellen Differentialgleichungen (1.30) mit der Nebenbedingung (1.28) gelöst werden [KLS00].

Wir wollen im Weiteren das magnetische Potential in einer Gleichstrommaschine berechnen (siehe [Hei91]). Die Erregung erfolgt durch radial magnetisierte Permanentmagnete und die Stromdichten in den einzelnen Nuten sind jeweils vorgegeben (siehe Abbildung 1.5). Außerdem sind die Magnetisierungskennlinien für die ferromagnetischen Materialien Dynamoblech und Walzstahl für gewisse Wertepaare ($|\vec{H}|, |\vec{B}|$) tabellarisch gegeben (siehe Tabelle 1.1).

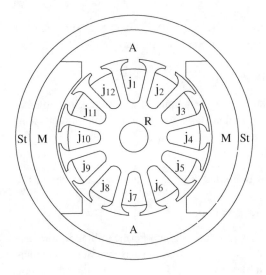

R – Rotor (Dynamoblech),

St – Gehäuse (Walzstahl),

A – Luft ($\mu_r = 1$)

M – Permanentmagneten,

    Magnetisierung radial

    $((\vec{J_0})_r = 0.4 \text{ Vs m}^{-2}, \mu_r = 1.15)$

$j_1, j_2, \ldots, j_{12}$ – Wicklungen (Kupfer)

Stromdichten in den Nuten

    $j_2, j_3, j_4, j_5, j_6 \quad : -3.75 \cdot 10^6 \text{ A m}^{-2}$

    $j_8, j_9, j_{10}, j_{11}, j_{12} : \quad 3.75 \cdot 10^6 \text{ A m}^{-2}$

    $j_1, j_7 \qquad\qquad\quad : \qquad 0 \text{ A m}^{-2}$

    $\mu_0 = 1.256637 \cdot 10^{-6} \text{ Vs(A m)}^{-1}$

Abbildung 1.5: Querschnitt des Gleichstrommotors

Tabelle 1.1: Magnetisierungskennlinien für Dynamoblech und Walzstahl

Dynamoblech		Walzstahl	
$|\vec{H}|$ [Am^{-1}]	$|\vec{B}|$ [Vs m^{-2}]	$|\vec{H}|$ [Am^{-1}]	$|\vec{B}|$ [Vs m^{-2}]
1000	1.381	1000	1.0
2500	1.618	2500	1.40
5000	1.750	5000	1.61
10000	1.892	10000	1.78
20000	2.062	20000	1.95

In einer ersten Näherung betrachten wir das Problem als ebenes Problem in der (x_1, x_2)-Ebene. Der Querschnitt der Gleichstrommaschine ist in der Abbildung 1.5 dargestellt. Wir setzen voraus, dass die x_1- und x_2-Komponenten des Potentials $\vec{A}$ und der eingeprägten Stromdichte $\vec{J_i}$ identisch Null sind, d.h.

$$\vec{A} = (0 \ 0 \ A_3)^T \quad \text{und} \quad \vec{J_i} = (0 \ 0 \ J_{i,3})^T \tag{1.31}$$

mit $A_3 = A_3(x_1, x_2)$, $J_{i,3} = J_{i,3}(x_1, x_2)$. Weiterhin sei

$$\vec{H}_{03} = 0 \quad \text{sowie} \quad \frac{\partial H_{01}}{\partial x_3} = \frac{\partial H_{02}}{\partial x_3} = 0$$

und folglich

$$\mathrm{rot}\,\vec{H}_0 = \left(0 \quad 0 \quad \frac{\partial H_{02}}{\partial x_1} - \frac{\partial H_{01}}{\partial x_2} \right)^T.$$

Dann erhalten wir aus dem Differentialgleichungssystem (1.30) die nichtlineare Differentialgleichung

$$-\mathrm{div}\left(\frac{1}{\mu_0 \mu_r(|\mathrm{grad}\,A_3|)} \,\mathrm{grad}\,A_3 \right) = J_{i,3} + (\mathrm{rot}\,\vec{H}_0)_3\,,$$

die in den einzelnen Materialbereichen von Ω gilt. An den Materialübergängen (Interfaces) gelten die Interfacebedingungen, welche die Stetigkeit der gesuchten Funktion A_3 und des Flusses vorschreiben. Als Randbedingung stellen wir die Forderung

$$A_3 = 0 \quad \text{für alle } x \in \Gamma = \partial\Omega,$$

die praktisch durch die Abschirmeigenschaften des aus Walzstahl bestehenden Motorgehäuses gerechtfertigt ist. Wegen (1.31) ist die Eichbedingung (1.28) automatisch erfüllt.

In der Abbildung 1.6 sind die berechneten Äquipotentiallinien der A_3-Komponente des Vektorpotentials dargestellt.

Abbildung 1.6: Feldlinienbild für die Gleichstrommaschine

Elektrostatik

Die Berechung der elektrischen Felder $\vec{E}$ und $\vec{D}$ führt im elektrostatischen Fall auf die partiellen Differentialgleichungen

$$\mathrm{rot}\,\vec{E} = \vec{0} \tag{1.32}$$

und

$$\operatorname{div} \vec{D} = \rho \,, \tag{1.33}$$

die direkt aus den Maxwellschen Gleichungen (1.12) und (1.14) unter Weglassen der Zeitableitung von $\vec{B}$ im Faradayschen Gesetz folgen [HK71, LL73, Sch02]).

Aufgrund der Gültigkeit der Gleichung (1.32) existiert eine skalare Funktion φ, für die

$$\vec{E} = -\operatorname{grad} \varphi \tag{1.34}$$

gilt [HK71, Sch02]. Diese Funktion wird als *elektrisches Potential* bezeichnet. Wegen $\vec{D} = \varepsilon \vec{E}$ (siehe auch (1.16)) mit $\varepsilon = \varepsilon_0 \varepsilon_r$ (ε_0 elektrische Feldkonstante, ε_r Dielektrizitätszahl des Mediums in Ω) folgt aus den Gleichungen (1.33) und (1.34) die skalare Differentialgleichung

$$-\varepsilon \operatorname{div}(\operatorname{grad} \varphi) = \rho\,. \tag{1.35}$$

Nutzen wir die Beziehung $\Delta = \operatorname{div} \operatorname{grad}$ mit dem Laplace-Operator

$$\Delta \varphi = \frac{\partial^2 \varphi}{\partial x_1^2} + \frac{\partial^2 \varphi}{\partial x_2^2} + \frac{\partial^2 \varphi}{\partial x_3^2}\,,$$

so kann die Differentialgleichung (1.35) auch in der Form

$$-\Delta \varphi = \frac{\rho}{\varepsilon}$$

geschrieben werden.

Als Beispiel betrachten wir die Berechnung des elektrischen Feldes in einem Elektronenstrahlverdampfer. Dabei reduzieren wir die Berechnungen wieder auf die Lösung eines Randwertproblems in einem zweidimensionalen Gebiet. In der Abbildung 1.7 ist ein Schnitt parallel zur (x_1, x_2)-Ebene dargestellt. In dem mit ▨ gekennzeichneten Gebiet wird der Elektronenstrahl erzeugt. Die durch ■ markierten Gebiete sind Abschirmplatten. Gesucht ist das elektrische Potential in der gesamten (x_1, x_2)-Ebene, d.h. in einem unbeschränkten Gebiet. Da wir zur numerischen Bestimmung des Potentials die Methode der finiten Elemente nutzen wollen, müssen wir unsere Untersuchungen auf ein beschränktes Gebiet reduzieren. Wir legen den Berechnungen ein Gebiet Ω zugrunde, dessen äußerer Rand hinreichend weit von dem Gebiet entfernt ist, in dem der Elektronenstrahl erzeugt wird. Auf diesem äußeren Rand wird das elektrische Potential als identisch Null angenommen.

In unserem Beispiel ist $\rho = 0$. Auf Γ_{11}, dem Rand des Gebietes ▨ , ist ein Potential g_{11} vorgegeben, und auf dem Rand der Abschirmplatten sowie dem äußeren Gebietsrand ist das Potential identisch Null. Gesucht wird das elektrische Potential im Gebiet Ω (□). Somit ist die folgende Randwertaufgabe zu lösen:

Gesucht ist das elektrische Potential $\varphi(x_1, x_2)$, so dass

$$
\begin{aligned}
-\Delta \varphi &= 0 &&\text{für alle } x \in \Omega, \\
\varphi &= g_{11} &&\text{für alle } x \in \Gamma_{11}, \\
\varphi &= 0 &&\text{für alle } x \in \partial\Omega \setminus \Gamma_{11}
\end{aligned}
$$

gilt.

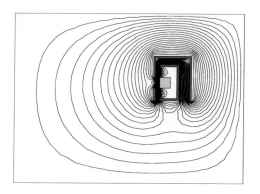

Abbildung 1.7: Äquipotentiallinien des elektrischen Potentials

Die Abbildung 1.7 zeigt den Verlauf von Äquipotentiallinien des berechneten elektrischen Potentials.

1.3.3 Mechanische Felder

Das Verschiebungsfeld $\vec{u}(x) = (u_1(x)\ u_2(x)\ u_3(x))^T$ unter vorgegebenen Belastungen wird in der linearen Elastizitätstheorie als Lösung eines Differentialgleichungssystems bestimmt (siehe [Göl79, Göl92, GHSS05, IRH97, KL84, WNB+06]). Die Verschiebungskomponenten $u_i(x)$, $i = 1, 2, 3$, beschreiben die Verschiebung des Punktes $P(x_1, x_2, x_3)$ in der i-ten Raumrichtung. Bezeichnen wir mit $\vec{f} = (f_1\ f_2\ f_3)^T$ den Vektor der Volumenkräfte, $\vec{g}_1 = (g_{11}\ g_{12}\ g_{13})^T$ den Vektor der vorgegebenen Randverschiebungen, $\vec{g}_2 = (g_{21}\ g_{22}\ g_{23})^T$ den Vektor der vorgegebenen Oberflächenkräfte und mit $\vec{n} = (n_1\ n_2\ n_3)^T$ den Vektor der äußeren Einheitsnormalen, dann kann die Randwertaufgabe der linearen Elastizitätstheorie bei einem homogenen isotropen Material in kartesischen Koordinaten folgendermaßen aufgeschrieben werden (siehe auch Abschnitt 2.2.3):

Gesucht ist das Verschiebungsfeld $\vec{u}(x)$, für das

$$-\mu_e\left(\frac{\partial^2 u_1}{\partial x_1^2} + \frac{\partial^2 u_1}{\partial x_2^2} + \frac{\partial^2 u_1}{\partial x_3^2}\right) - (\lambda_e + \mu_e)\frac{\partial}{\partial x_1}\left(\frac{\partial u_1}{\partial x_1} + \frac{\partial u_2}{\partial x_2} + \frac{\partial u_3}{\partial x_3}\right) = f_1(x),$$

$$-\mu_e\left(\frac{\partial^2 u_2}{\partial x_1^2} + \frac{\partial^2 u_2}{\partial x_2^2} + \frac{\partial^2 u_2}{\partial x_3^2}\right) - (\lambda_e + \mu_e)\frac{\partial}{\partial x_2}\left(\frac{\partial u_1}{\partial x_1} + \frac{\partial u_2}{\partial x_2} + \frac{\partial u_3}{\partial x_3}\right) = f_2(x), \quad (1.36)$$

$$-\mu_e\left(\frac{\partial^2 u_3}{\partial x_1^2} + \frac{\partial^2 u_3}{\partial x_2^2} + \frac{\partial^2 u_3}{\partial x_3^2}\right) - (\lambda_e + \mu_e)\frac{\partial}{\partial x_3}\left(\frac{\partial u_1}{\partial x_1} + \frac{\partial u_2}{\partial x_2} + \frac{\partial u_3}{\partial x_3}\right) = f_3(x)$$

für alle $x \in \Omega$ gilt und das die Randbedingungen

$$\vec{u}(x) = \vec{g}_1(x) \quad \text{für alle } x \in \Gamma_1,$$

$$\sigma_{1i}n_1 + \sigma_{2i}n_2 + \sigma_{3i}n_3 = g_{2i}(x) \quad \text{für alle } x \in \Gamma_2, i = 1, 2, 3,$$

erfüllt.

Dabei bezeichnen λ_e und μ_e die *Laméschen Elastizitätskonstanten*, die durch

$$\lambda_e = \frac{Ev}{(1+v)(1-2v)} \quad \text{und} \quad \mu_e = \frac{E}{2(1+v)}$$

mit dem *Elastizitätsmodul E* und der *Poissonschen Querkontraktionszahl* v definiert sind. Das *Hookesche Gesetz* beschreibt den Zusammenhang zwischen den Komponenten des Spannungstensors und denen des Verzerrungstensors (siehe z.B. [Göl79, Göl92, GHSS05, IRH97, KL84, WNB$^+$06] und S. 54). Für die Komponenten σ_{ij} des Spannungstensors gilt

$$\begin{aligned} \sigma_{ii} &= \lambda_e(\varepsilon_{11}+\varepsilon_{22}+\varepsilon_{33})+2\mu_e\varepsilon_{ii}, & i=1,2,3, \\ \sigma_{ij} &= \sigma_{ji} = 2\mu_e\varepsilon_{ij}, & i,j=1,2,3,\, i\neq j, \end{aligned} \tag{1.37}$$

mit den Verzerrungen

$$\varepsilon_{ij} = \frac{1}{2}\left(\frac{\partial u_i}{\partial x_j}+\frac{\partial u_j}{\partial x_i}\right), \quad i,j=1,2,3. \tag{1.38}$$

Nutzen wir wieder die Differentialoperatoren div und grad aus (1.8) bzw. (1.9) sowie den Laplace-Operator eines Vektorfeldes $\vec{w}=(w_1\ w_2\ w_3)^T$, d.h.

$$\Delta\vec{w} = (\Delta w_1\ \Delta w_2\ \Delta w_3)^T, \tag{1.39}$$

dann kann das Differentialgleichungssystem der linearen Elastizitätstheorie (1.36) in der Form

$$-\mu_e\Delta\vec{u} - (\lambda_e+\mu_e)\,\text{grad}(\text{div}\,\vec{u}) = \vec{f} \tag{1.40}$$

aufgeschrieben werden. Im Abschnitt 2.2.3 werden wir die Modellierung mehrdimensionaler linearer Elastizitätsprobleme diskutieren und dabei dieses Differentialgleichungssystem herleiten.

Im Folgenden stellen wir zwei Anwendungsbeispiele vor. Zuerst betrachten wir folgende Problemstellung. Gegeben sei ein Profilträger (siehe Abbildung 1.8), auf den eine Kraft wirkt und der am Boden (hellgraue Fläche) fest verankert ist.

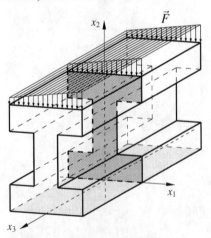

Abbildung 1.8: Profilträger

Die Schnittflächen, welche parallel zur (x_1,x_2)-Ebene liegen, sind konstant in x_3-Richtung. Außerdem wirkt die Kraft $\vec{F}$ in Ebenen senkrecht zur x_3-Achse, und sie ist unabhängig von der x_3-Richtung. Deshalb können wir annehmen, dass

$$\frac{\partial u_1}{\partial x_3} = \frac{\partial u_2}{\partial x_3} = u_3 = 0 \tag{1.41}$$

gilt, und folglich ist

$$\varepsilon_{13} = \varepsilon_{23} = \varepsilon_{33} = 0$$

(siehe (1.38)). Unter Beachtung der Beziehung (1.41) erhalten wir aus der Randwertaufgabe (1.36) das folgende ebene lineare Elastizitätsproblem (*ebener Verzerrungszustand*):

Gesucht ist das Verschiebungsfeld $\vec{u}(x) = (u_1(x)\ u_2(x))^T$, für das

$$-\mu_e\left(\frac{\partial^2 u_1}{\partial x_1^2} + \frac{\partial^2 u_1}{\partial x_2^2}\right) - (\lambda_e + \mu_e)\frac{\partial}{\partial x_1}\left(\frac{\partial u_1}{\partial x_1} + \frac{\partial u_2}{\partial x_2}\right) = 0,$$

$$-\mu_e\left(\frac{\partial^2 u_2}{\partial x_1^2} + \frac{\partial^2 u_2}{\partial x_2^2}\right) - (\lambda_e + \mu_e)\frac{\partial}{\partial x_2}\left(\frac{\partial u_1}{\partial x_1} + \frac{\partial u_2}{\partial x_2}\right) = 0 \tag{1.42}$$

für alle $x \in \Omega$ gilt und das die Randbedingungen

$$\vec{u}(x) = \vec{0} \qquad \text{für alle } x \in \Gamma_1,$$

$$\sigma_{11}n_1 + \sigma_{21}n_2 = 0 \qquad \text{für alle } x \in \Gamma_2 = \partial\Omega \setminus \Gamma_1,$$

$$\sigma_{12}n_1 + \sigma_{22}n_2 = g_{22} \qquad \text{für alle } x \in \Gamma_2$$

erfüllt. Dabei bezeichnet Ω die Querschnittsfläche (siehe auch Abbildung 1.9).

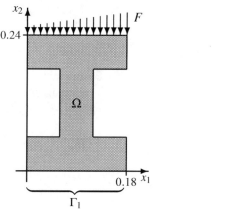
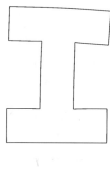

Abbildung 1.9: Querschnitt des Trägers parallel zur (x_1,x_2)-Ebene und die Deformation der Kontur (stark überhöht dargestellt)

In unserem Beispiel ist $E = 1.96 \cdot 10^{11}$ N m^{-2}, $\nu = 0.3$ und

$$g_{22} = \begin{cases} F = -10^6 x_1 - 4 \cdot 10^5 \text{ N m}^{-2} & \text{auf der Oberseite des Trägers} \\ & (x_1 \in [0.0, 0.18], x_2 = 0.24) \\ 0 \text{ N m}^{-2} & \text{sonst.} \end{cases}$$

In der Abbildung 1.9 sind eine zur (x_1, x_2)-Ebene parallele Schnittfläche Ω und die bei der Lösung des ebenen linearen Elastizitätsproblems erhaltene Verschiebung der Randpunkte der Schnittfläche, d.h. die Deformation der Kontur, dargestellt.

Als zweites Beispiel betrachten wir Deformation eines dickwandigen Rohrs unter Innendruck. Der Querschnitt des Rohres ist in der Abbildung 1.10 dargestellt.

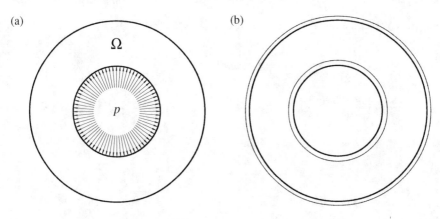

Innenradius r_I	:	0.1 m	Elastizitätsmodul E	:	$6.87 \cdot 10^7$ N m^{-2}
Außenradius r_A	:	0.2 m	Querkontraktionszahl ν	:	0.3
			Druck p	:	$1 \cdot 10^6$ N m^{-2}

Abbildung 1.10: (a) Geometrie des Rohres und (b) Darstellung der verformten Kontur (dünne Kreise)

Aufgrund der Rotationssymmetrie des Rohres ist es sinnvoll, zur Bestimmung des Verschiebungsfeldes die Randwertaufgabe der linearen Elastizitätstheorie in Zylinderkoordinaten (r, φ, z) zu formulieren. In diesem Koordinatensystem sind die Komponenten des Verzerrungstensors durch die Beziehungen

$$\varepsilon_{rr} = \frac{\partial u_r}{\partial r}, \; \varepsilon_{\varphi\varphi} = \frac{1}{r}\left(\frac{\partial u_\varphi}{\partial \varphi} + u_r\right), \; \varepsilon_{zz} = \frac{\partial u_z}{\partial z},$$

$$\varepsilon_{r\varphi} = \frac{1}{2}\left(\frac{1}{r}\frac{\partial u_r}{\partial \varphi} + \frac{\partial u_\varphi}{\partial r} - \frac{1}{r}u_\varphi\right), \; \varepsilon_{rz} = \frac{1}{2}\left(\frac{\partial u_r}{\partial z} + \frac{\partial u_z}{\partial r}\right), \; \varepsilon_{\varphi z} = \frac{1}{2}\left(\frac{\partial u_\varphi}{\partial z} + \frac{1}{r}\frac{\partial u_z}{\partial \varphi}\right)$$

$$(1.43)$$

definiert (siehe auch [Göl92, KL84]), und gemäß dem *Hookeschen Gesetz* bestehen zwischen den Komponenten des Spannungstensors und den Komponenten des Verzerrungstensors die Beziehungen

$$
\begin{aligned}
\sigma_{rr} &= \lambda_e\left(\varepsilon_{rr} + \varepsilon_{\varphi\varphi} + \varepsilon_{zz}\right) + 2\mu_e\,\varepsilon_{rr}, \\
\sigma_{\varphi\varphi} &= \lambda_e\left(\varepsilon_{rr} + \varepsilon_{\varphi\varphi} + \varepsilon_{zz}\right) + 2\mu_e\,\varepsilon_{\varphi\varphi}, \\
\sigma_{zz} &= \lambda_e\left(\varepsilon_{rr} + \varepsilon_{\varphi\varphi} + \varepsilon_{zz}\right) + 2\mu_e\,\varepsilon_{zz}, \\
\sigma_{r\varphi} &= \sigma_{\varphi r} = 2\mu_e\,\varepsilon_{r\varphi}, \\
\sigma_{rz} &= \sigma_{zr} = 2\mu_e\,\varepsilon_{rz}, \\
\sigma_{\varphi z} &= \sigma_{z\varphi} = 2\mu_e\,\varepsilon_{\varphi z}.
\end{aligned}
\tag{1.44}
$$

Die Randwertaufgabe der linearen Elastizitätstheorie zur Bestimmung des Verschiebungsfeldes $\vec{u}(r,\varphi,z)$ lautet in Zylinderkoordinaten wie folgt:

Gesucht ist der Verschiebungsvektor $\vec{u}(r,\varphi,z) = (u_r(r,\varphi,z)\ u_\varphi(r,\varphi,z)\ u_z(r,\varphi,z))^T$, so dass

$$
\begin{aligned}
-\mu_e&\left(\frac{\partial^2 u_r}{\partial r^2} + \frac{1}{r}\frac{\partial u_r}{\partial r} + \frac{1}{r^2}\frac{\partial^2 u_r}{\partial \varphi^2} + \frac{\partial^2 u_r}{\partial z^2} - \frac{u_r}{r^2} - \frac{2}{r^2}\frac{\partial u_\varphi}{\partial \varphi}\right) \\
&\quad -(\lambda_e + \mu_e)\frac{\partial}{\partial r}\left(\frac{\partial u_r}{\partial r} + \frac{u_r}{r} + \frac{1}{r}\frac{\partial u_\varphi}{\partial \varphi} + \frac{\partial u_z}{\partial z}\right) = f_r, \\[2ex]
-\mu_e&\left(\frac{\partial^2 u_\varphi}{\partial r^2} + \frac{1}{r}\frac{\partial u_\varphi}{\partial r} + \frac{1}{r^2}\frac{\partial^2 u_\varphi}{\partial \varphi^2} + \frac{\partial^2 u_\varphi}{\partial z^2} - \frac{u_\varphi}{r^2} + \frac{2}{r^2}\frac{\partial u_r}{\partial \varphi}\right) \\
&\quad -(\lambda_e + \mu_e)\frac{1}{r}\frac{\partial}{\partial \varphi}\left(\frac{\partial u_r}{\partial r} + \frac{u_r}{r} + \frac{1}{r}\frac{\partial u_\varphi}{\partial \varphi} + \frac{\partial u_z}{\partial z}\right) = f_\varphi, \\[2ex]
-\mu_e&\left(\frac{\partial^2 u_z}{\partial r^2} + \frac{1}{r}\frac{\partial u_z}{\partial r} + \frac{1}{r^2}\frac{\partial^2 u_z}{\partial \varphi^2} + \frac{\partial^2 u_z}{\partial z^2}\right) \\
&\quad -(\lambda_e + \mu_e)\frac{\partial}{\partial z}\left(\frac{\partial u_r}{\partial r} + \frac{u_r}{r} + \frac{1}{r}\frac{\partial u_\varphi}{\partial \varphi} + \frac{\partial u_z}{\partial z}\right) = f_z
\end{aligned}
\tag{1.45}
$$

für alle $(r,\varphi,z) \in \Omega$ gilt und welcher die Randbedingungen

$$
\begin{aligned}
\vec{u} &= \vec{g}_1 && \text{für alle } (r,\varphi,z) \in \Gamma_1, \\
\sigma_{rr}n_r + \sigma_{\varphi r}n_\varphi + \sigma_{zr}n_z &= g_{2r} && \text{für alle } (r,\varphi,z) \in \Gamma_2, \\
\sigma_{r\varphi}n_r + \sigma_{\varphi\varphi}n_\varphi + \sigma_{z\varphi}n_z &= g_{2\varphi} && \text{für alle } (r,\varphi,z) \in \Gamma_2, \\
\sigma_{rz}n_r + \sigma_{\varphi z}n_\varphi + \sigma_{zz}n_z &= g_{2z} && \text{für alle } (r,\varphi,z) \in \Gamma_2
\end{aligned}
$$

erfüllt.

Hierbei bezeichnen $\vec{g}_1 = (g_{1r} \; g_{1\varphi} \; g_{1z})^T$ den Vektor der vorgegebenen Randverschiebungen, $\vec{g}_2 = (g_{2r} \; g_{2\varphi} \; g_{2z})^T$ den Vektor der vorgegebenen Oberflächenkräfte, $\vec{f} = (f_r \; f_\varphi \; f_z)^T$ den Vektor der Volumenkräfte und $\vec{n} = (n_r \; n_\varphi \; n_z)^T$ den Vektor der äußeren Einheitsnormalen.

Zwischen den Verschiebungen $(u_r \; u_\varphi \; u_z)^T$ in Zylinderkoordinaten und dem Verschiebungsfeld $(u_1 \; u_2 \; u_3)^T$ in kartesischen Koordinaten besteht der Zusammenhang

$$
\begin{aligned}
u_1 &= u_r \cos\varphi \;-\; u_\varphi \sin\varphi, \\
u_2 &= u_r \sin\varphi \;+\; u_\varphi \cos\varphi, \\
u_3 &= u_z
\end{aligned}
$$

sowie zwischen den Zylinderkoordinaten (r, φ, z) und den kartesischen Koordinaten die Beziehung

$$
x_1 = r\cos\varphi, \quad x_2 = r\sin\varphi, \quad x_3 = z.
$$

Aufgrund der Geometrie des Rohres und der Wirkung des Druckes gilt

$$
u_\varphi = u_z = \frac{\partial u_r}{\partial \varphi} = \frac{\partial u_r}{\partial z} = 0,
$$

so dass sich das Differentialgleichungssystem (1.45) auf eine eindimensionale Randwertaufgabe reduziert, d.h.:

Gesucht ist die Verschiebungskomponente u_r, für die

$$
-(\lambda_e + 2\mu_e)\left(\frac{\partial^2 u_r}{\partial r^2} + \frac{1}{r}\frac{\partial u_r}{\partial r} - \frac{u_r}{r^2} \right) = 0 \tag{1.46}
$$

für alle $r \in (r_I, r_A)$ gilt und welche die Randbedingungen

$$
\begin{aligned}
\sigma_{rr} &= -p \quad \text{für } r = r_I, \\
\sigma_{rr} &= 0 \quad\; \text{für } r = r_A
\end{aligned}
$$

erfüllt.

Die Differentialgleichung (1.46) kann auch in der Form

$$
r^2 \frac{\partial^2 u_r}{\partial r^2} + r \frac{\partial u_r}{\partial r} - u_r = 0 \tag{1.47}
$$

aufgeschrieben werden. Dies ist eine Eulersche Differentialgleichung (siehe z.B. [BHWM09]). Die allgemeine Lösung dieser Differentialgleichung ist

$$
u_r = C_1 r + \frac{C_2}{r}. \tag{1.48}
$$

Dies können wir durch Einsetzen dieser Funktion in die Differentialgleichung (1.46) bzw. (1.47) nachprüfen. Die unbekannten Konstanten C_1 und C_2 werden unter Nutzung der Randbedingungen bestimmt. Aus den Beziehungen (1.43) und (1.44) ergibt sich

$$
\sigma_{rr} = \lambda_e \left(\frac{\partial u_r}{\partial r} + \frac{u_r}{r_I} \right) + 2\mu_e \frac{\partial u_r}{\partial r}.
$$

Wir setzen die allgemeine Lösung (1.48) in diese Beziehung für σ_{rr} ein und erhalten für $r = r_I$ bzw. $r = r_A$:

$$\lambda_e\left(C_1 - \frac{C_2}{r_I^2} + C_1 + \frac{C_2}{r_I^2}\right) + 2\mu_e\left(C_1 - \frac{C_2}{r_I^2}\right) = -p, \qquad 2(\lambda_e + \mu_e)C_1 - 2\mu_e\frac{C_2}{r_I^2} = -p,$$

$$\Leftrightarrow$$

$$\lambda_e\left(C_1 - \frac{C_2}{r_I^2} + C_1 + \frac{C_2}{r_A^2}\right) + 2\mu_e\left(C_1 - \frac{C_2}{r_A^2}\right) = 0 \qquad 2(\lambda_e + \mu_e)C_1 - 2\mu_e\frac{C_2}{r_A^2} = 0.$$

Dieses Gleichungssystem hat die Lösungen

$$C_1 = \frac{p}{2}\frac{1}{\lambda_e + \mu_e}\frac{r_I^2}{r_A^2 - r_I^2} \quad \text{und} \quad C_2 = \frac{p}{2}\frac{1}{\mu_e}\frac{r_I^2 r_A^2}{r_A^2 - r_I^2}.$$

Damit ergibt sich schließlich die gesuchte Verschiebungskomponente

$$u_r = \frac{p}{2}\left(\frac{1}{\lambda_e + \mu_e}\frac{r_I^2}{r_A^2 - r_I^2}r + \frac{1}{\mu_e}\frac{r_I^2 r_A^2}{r_A^2 - r_I^2}\frac{1}{r}\right).$$

Die deformierte Kontur des Querschnitts des Rohrs ist in der Abbildung 1.10(b) dargestellt.

Das Verschiebungsfeld für das Rohr unter Innendruck konnten wir analytisch berechnen. Bei allen anderen bisher vorgestellten Beispielen ist eine analytische Berechnung der gesuchten Größen nicht möglich. Für eine näherungsweise Bestimmung dieser Größen müssen wir eine Diskretisierung des jeweiligen Problems vornehmen, wie wir es im Kapitel 4 erläutern werden.

1.3.4 Gekoppelte Felder

Im Weiteren diskutieren wir die Berechnung thermomechanischer Felder. Wir berechnen zuerst ein stationäres Temperaturfeld und bestimmen dann die durch den Temperaturgradienten verursachten Verschiebungen. Somit sind die folgenden Randwertaufgaben zu lösen:

Gesucht ist das Temperaturfeld $T(x)$, für das

$$-\operatorname{div}(\lambda(x)\operatorname{grad}T(x)) = f^T(x) \qquad \text{für alle } x \in \Omega,$$

$$T(x) = g_1^T(x) \qquad \text{für alle } x \in \Gamma_1^T,$$

$$\frac{\partial T}{\partial N} = g_2^T(x) \qquad \text{für alle } x \in \Gamma_2^T,$$

$$\frac{\partial T}{\partial N} + \alpha(x)T(x) = \alpha(x)T_A(x) \qquad \text{für alle } x \in \Gamma_3^T$$

gilt, sowie das Verschiebungsfeld $\bar{u}(x)$, welches das Differentialgleichungssystem

$$-\mu_e \Delta \vec{u}(x) - (\lambda_e + \mu_e)\,\mathrm{grad}\,(\mathrm{div}\,\vec{u}(x))$$

$$= \vec{f}^e(x) - (3\lambda_e + 2\mu_e)\,\alpha_\ell(x)\,\mathrm{grad}\,T(x) \quad \text{für alle } x \in \Omega$$

und die Randbedingungen

$$\vec{u}(x) = \vec{g}_1^e(x) \quad \text{für alle } x \in \Gamma_1^e,$$

$$\sigma_{11}n_1 + \sigma_{21}n_2 + \sigma_{31}n_3 = g_{21}^e(x) \quad \text{für alle } x \in \Gamma_2^e,$$

$$\sigma_{12}n_1 + \sigma_{22}n_2 + \sigma_{32}n_3 = g_{22}^e(x) \quad \text{für alle } x \in \Gamma_2^e,$$

$$\sigma_{13}n_1 + \sigma_{23}n_2 + \sigma_{33}n_3 = g_{23}^e(x) \quad \text{für alle } x \in \Gamma_2^e$$

erfüllt.

Für den Rand des Gebietes Ω gilt $\partial\Omega = \overline{\Gamma}_1^T \cup \overline{\Gamma}_2^T \cup \overline{\Gamma}_3^T = \overline{\Gamma}_1^e \cup \overline{\Gamma}_2^e$ mit $\Gamma_i^T \cap \Gamma_j^T = \Gamma_1^e \cap \Gamma_2^e = \emptyset$ für $i,j = 1,2,3$. Außerdem bezeichnen $\lambda(x)$ den Wärmeleitkoeffizienten, $\alpha(x)$ die Wärmeüber-gangszahl, $f^T(x)$ die Intensität der Wärmequelle, $T_A(x)$ die Umgebungstemperatur, λ_e und μ_e die Laméschen Elastizitätskonstanten, $\vec{f}^e(x) = (f_1^e(x)\ f_2^e(x)\ f_3^e(x))^T$ den Vektor der Volumenkräfte, $\vec{g}_1^e = (g_{11}^e\ g_{12}^e\ g_{13}^e)^T$ den Vektor der vorgegebenen Randverschiebungen, $\vec{g}_2^e = (g_{21}^e\ g_{22}^e\ g_{23}^e)^T$ den Vektor der vorgegebenen Oberflächenkräfte, α_ℓ den linearen Wärmeausdehnungskoeffizien-ten und $\vec{n} = (n_1\ n_2\ n_3)^T$ den Vektor der äußeren Einheitsnormalen. Die Spannungskomponenten bei thermomechanischen Feldern sind durch

$$\sigma_{ii} = \lambda_e(\varepsilon_{11} + \varepsilon_{22} + \varepsilon_{33}) + 2\mu_e\,\varepsilon_{ii} - (3\lambda_e + 2\mu_e)\,\alpha_\ell T,$$

$$\sigma_{ij} = \sigma_{ji} = 2\mu_e\,\varepsilon_{ij},\ i,j = 1,2,3,\ i \neq j,$$

mit den in den Beziehungen (1.38) eingeführten Komponenten ε_{ij} des Verzerrungstensors (siehe auch [Göl79, Göl92, GHSS05, IRH97, KL84, WNB$^+$06]) definiert.

Wir berechnen im Weiteren das Verschiebungsfeld im oberen Teil des Kolbens eines Verbren-nungsmotors. Die Verschiebungen werden durch die Temperaturänderungen infolge des Verbren-nungsprozesses hervorgerufen. Wir nehmen an, dass der obere Teil des Kolbens rotationssym-metrisch ist. In der Abbildung 1.11 sind der obere Teil des Kolbens und die Meridianebene des Kolbens, d.h. die Ebene, welche bei Rotation um die z-Achse den Kolben erzeugt, dargestellt.

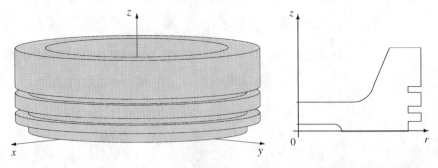

Abbildung 1.11: Oberer Teil des Kolbens eines Verbrennungsmotors und Meridianebene

Weiterhin setzen wir voraus, dass alle Eingangsdaten wie zum Beispiel die Wärmeleitzahl, die Wärmeübergangszahl, die Umgebungstemperatur, die Laméschen Konstanten, die vorgegebenen Oberflächenkräfte und der lineare Wärmeausdehnungskoeffizient vom Rotationswinkel unabhängig sind.

Zur Bestimmung des Temperatur- und Verschiebungsfeldes nutzen wir die Formulierung des Wärmeleitproblems und des Elastizitätsproblems in Zylinderkoordinaten. Aufgrund der getroffenen Annahmen sind alle partiellen Ableitungen nach dem Rotationswinkel φ sowie die Verschiebungskomponente u_φ identisch Null. Wir erhalten die folgenden Randwertprobleme (siehe auch die Beziehungen (1.11) und (1.45)):

Gesucht ist das Temperaturfeld $T(r,z)$, für das

$$-\lambda(r,z)\left[\frac{1}{r}\frac{\partial}{\partial r}\left(r\frac{\partial T}{\partial r}\right)+\frac{\partial^2 T}{\partial z^2}\right] = 0 \qquad \text{für alle } (r,z)\in\Omega,$$

$$T(r,z) = g_1^T(r,z) \qquad \text{für alle } (r,z)\in\Gamma_1^T,$$

$$\frac{\partial T}{\partial N} = 0 \qquad \text{für alle } (r,z)\in\Gamma_2^T$$

gilt, mit $\Gamma_2^T=\{(r,z)\in\partial\Omega: r=0\}\cup\{(r,z)\in\partial\Omega: z=0\}$ und $\Gamma_1^T=\partial\Omega\setminus\Gamma_2^T$. Die Funktion $g_1^T(r,z)$ beschreibt ein vorgegebenes Temperaturfeld auf Γ_1^T.

Das Verschiebungsfeld $\vec{u}(r,z)=(u_r(r,z)\ \ u_z(r,z))^T$ wird durch die Lösung der folgenden Randwertaufgabe bestimmt.

Gesucht ist das Verschiebungsfeld $\vec{u}=(u_r\ \ u_z)^T$, das die Differentialgleichungen

$$-\mu_e\left(\frac{\partial^2 u_r}{\partial r^2}+\frac{1}{r}\frac{\partial u_r}{\partial r}+\frac{\partial^2 u_r}{\partial z^2}-\frac{u_r}{r^2}\right)$$

$$-(\lambda_e+\mu_e)\frac{\partial}{\partial r}\left(\frac{\partial u_r}{\partial r}+\frac{u_r}{r}+\frac{\partial u_z}{\partial z}\right) = -(3\lambda_e+2\mu_e)\alpha_\ell\frac{\partial T}{\partial r},$$

$$-\mu_e\left(\frac{\partial^2 u_z}{\partial r^2}+\frac{1}{r}\frac{\partial u_z}{\partial r}+\frac{\partial^2 u_z}{\partial z^2}\right)$$

$$-(\lambda_e+\mu_e)\frac{\partial}{\partial z}\left(\frac{\partial u_r}{\partial r}+\frac{u_r}{r}+\frac{\partial u_z}{\partial z}\right) = -(3\lambda_e+2\mu_e)\alpha_\ell\frac{\partial T}{\partial z}$$

für alle $(r,z)\in\Omega$ erfüllt und den Randbedingungen

$$u_r = 0 \qquad \text{für alle } (r,z)\in\Gamma_{1r}^e,$$

$$u_z = 0 \qquad \text{für alle } (r,z)\in\Gamma_{1z}^e,$$

$$\sigma_{rr}n_r+\sigma_{zr}n_z = g_{2r}^e \qquad \text{für alle } (r,z)\in\Gamma_{2r}^e,$$

$$\sigma_{rz}n_r+\sigma_{zz}n_z = g_{2z}^e \qquad \text{für alle } (r,z)\in\Gamma_{2z}^e$$

genügt.

Die Komponenten des Spannungstensors sind durch die Beziehungen

$$\sigma_{rr} = \lambda_e(\varepsilon_{rr} + \varepsilon_{zz}) + 2\mu_e\,\varepsilon_{rr} - (3\lambda_e + 2\mu_e)\,\alpha_\ell\,T\,,$$

$$\sigma_{zz} = \lambda_e(\varepsilon_{rr} + \varepsilon_{zz}) + 2\mu_e\,\varepsilon_{zz} - (3\lambda_e + 2\mu_e)\,\alpha_\ell\,T\,,$$

$$\sigma_{rz} = \sigma_{zr} = 2\mu_e\,\varepsilon_{rz}$$

mit den Verzerrungen (1.43) definiert.

Die Ränder Γ^e_{1r}, Γ^e_{1z}, Γ^e_{2r} und Γ^e_{2z} sind durch

$$\Gamma^e_{1r} = \{(r,z) \in \partial\Omega : r = 0\},$$

$$\Gamma^e_{2r} = \partial\Omega \setminus \Gamma^e_{1r} = \Gamma^e_{21r} \cup \Gamma^e_{22r}, \quad \Gamma^e_{21r} = \{(r,z) \in \partial\Omega : z = 0\},$$

$$\Gamma^e_{1z} = \{(r,z) \in \partial\Omega : z = 0\},$$

$$\Gamma^e_{2z} = \partial\Omega \setminus \Gamma^e_{1z} = \Gamma^e_{21z} \cup \Gamma^e_{22z}, \quad \Gamma^e_{21z} = \{(r,z) \in \partial\Omega : r = 0\}$$

gegeben. Weiterhin gilt

$$g^e_{2r} = 0 \quad \text{auf} \quad \Gamma^e_{21r} \quad \text{und} \quad g^e_{2z} = 0 \quad \text{auf} \quad \Gamma^e_{21z}.$$

Auf den Teilrändern Γ^e_{22r} und Γ^e_{22z} sind die Funktionen g^e_{2r} sowie g^e_{2z} durch den Gasdruck vorgegeben.

In der Abbildung 1.12 sind Niveaulinien des Temperaturfeldes sowie die Kontur der Meridianebene des Kolbens und ihre Deformation dargestellt.

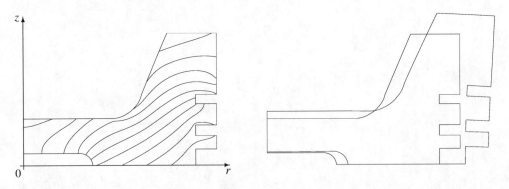

Abbildung 1.12: Meridianebene des Kolbens, Temperaturverteilung und Darstellung der Deformation der Kontur (stark überhöht)

2 Modellierungsbeispiele

In diesem Kapitel beschreiben wir für verschiedene physikalische Probleme, wie man zu deren mathematischer Formulierung gelangt. Wir diskutieren dies anhand der stationären und instationären Wärmeleitung. Außerdem betrachten wir eindimensionale Deformations- und Schwingungsprobleme sowie mehrdimensionale Elastizitätsprobleme. Um ein entsprechendes mathematisches Modell zu erhalten, nutzen wir Energiebilanzen, Erhaltungssätze, Kräfte- und Momentengleichgewichte sowie Stoffgesetze. Als Resultat dieser Modellierung entstehen Randwertprobleme und Anfangsrandwertprobleme, deren näherungsweise Lösung in den folgenden Kapiteln ausführlich diskutiert wird.

2.1 Wärmeleitprobleme

Wir betrachten zuerst ein einfaches, räumlich eindimensionales Beispiel, nämlich die stationäre Wärmeleitung in einem dünnen Stab. Danach wenden wir die Modellierungstechniken auf stationäre Wärmeleitprobleme in dreidimensionalen Körpern an. Außerdem betrachten wir einige Spezialfälle, die auf räumlich zweidimensionale Randwertprobleme zurückgeführt werden können. In der Praxis sind Wärmeleitprobleme im Allgemeinen instationär, d.h. das gesuchte Temperaturfeld hängt nicht nur von der Ortsvariablen x, sondern auch von der Zeit t ab. Wir beginnen bei der Modellierung zeitabhängiger (instationärer) Wärmeleitprobleme wieder mit dem räumlich eindimensionalen Fall. Danach verallgemeinern wir die Vorgehensweise auf den räumlich mehrdimensionalen Fall und auf Wärmeleit-Wärmetransport-Probleme.

2.1.1 Stationäres Wärmeleitproblem in einem eindimensionalen Gebiet

Physikalisches Problem

Gesucht ist das Temperaturfeld $u(x_1)$, $x_1 \in (a,b)$, in einem dünnen Stab mit der Länge $\ell = b - a$ und konstantem Querschnitt Q. Die Länge ℓ sei viel größer als der Durchmesser des Querschnitts. Ein Beispiel für ein derartiges Problem ist die Ermittlung des Temperaturfeldes in einem Draht, der sich infolge der Umwandlung von elektrischer Energie in Wärme aufheizt.

Die Temperaturverteilung im Stab wird durch Wärmequellen im Stab und den Kontakt mit der Umgebung beeinflusst. Diese Einflussfaktoren sind in der Abbildung 2.1 schematisch dargestellt. Wir setzen in diesem Abschnitt voraus, dass alle Einflussgrößen nur von der Koordinatenrichtung längs der Achse des Stabes abhängen. Unter dieser Voraussetzung hängt die Temperaturverteilung auch nur von dieser Koordinatenrichtung ab. Deshalb kann das Problem aus der realen räumlich dreidimensionalen Welt als räumlich eindimensionales Problem (1D-Problem) betrachtet werden.

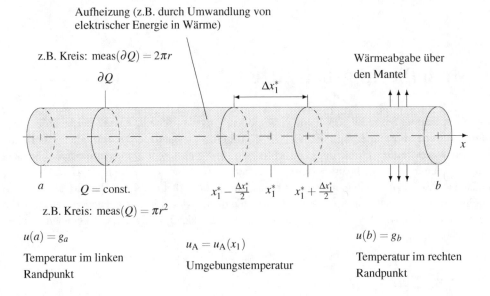

Aufheizung (z.B. durch Umwandlung von
elektrischer Energie in Wärme)

z.B. Kreis: $\mathrm{meas}(\partial Q) = 2\pi r$

∂Q

Δx_1^*

Wärmeabgabe über
den Mantel

x

a $Q = \mathrm{const.}$

z.B. Kreis: $\mathrm{meas}(Q) = \pi r^2$

$x_1^* - \frac{\Delta x_1^*}{2}$ x_1^* $x_1^* + \frac{\Delta x_1^*}{2}$

b

$u(a) = g_a$

Temperatur im linken
Randpunkt

$u_A = u_A(x_1)$

Umgebungstemperatur

$u(b) = g_b$

Temperatur im rechten
Randpunkt

Abbildung 2.1: Einflüsse auf die Temperaturverteilung im Stab

Im Folgenden stellen wir die Wärmemengenbilanz an einem Teilstück des Stabes der Länge Δx_1^* auf (siehe Abbildung 2.2). Aus dieser Wärmemengenbilanz erhalten wir eine Wärmeleitgleichung in integraler Form. Hieraus werden wir durch den Grenzübergang $\Delta x^* \to 0$ die
Wärmeleitgleichung in differentieller Form ableiten.

Wärmemengenbilanz an einem „kleinen" Stabstück S der Länge Δx_1^*

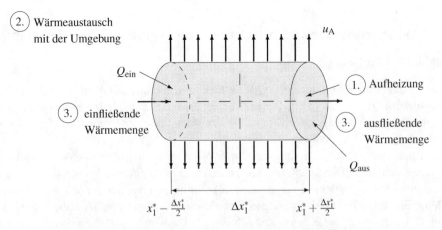

2. Wärmeaustausch
mit der Umgebung

u_A

Q_{ein}

1. Aufheizung

3. einfließende
Wärmemenge

3. ausfließende
Wärmemenge

Q_{aus}

$x_1^* - \frac{\Delta x_1^*}{2}$ Δx_1^* $x_1^* + \frac{\Delta x_1^*}{2}$

Abbildung 2.2: Wärmemengenbilanz an einem „kleinen" Stabstück

1. Wärmemenge, die durch Aufheizung entsteht:

$$W_H = \int\limits_S f(x_1)\,dx_1 dx_2 dx_3 = \text{meas}(Q) \int\limits_{x_1^* - \frac{\Delta r_1^*}{2}}^{x_1^* + \frac{\Delta r_1^*}{2}} f(x_1)\,dx_1 \,.$$

Die Funktion f charakterisiert die Intensität der Wärmequelle. Der Flächeninhalt von Q ist mit $\text{meas}(Q)$ bezeichnet.

2. Transportierte Wärmemenge beim Wärmeaustausch mit der Umgebung über den Mantel:

$$W_A = \int\limits_{\partial Q \times \left[x_1^* - \frac{\Delta r_1^*}{2}, x_1^* + \frac{\Delta r_1^*}{2}\right]} q(x_1)\,(u(x_1) - u_A(x_1))\,dO \,.$$

Dieses Oberflächenintegral über den Mantel des Stabes $\partial S = \partial Q \times \left[x_1^* - \frac{\Delta r_1^*}{2}, x_1^* + \frac{\Delta r_1^*}{2}\right]$ kann aufgrund der Tatsache, dass alle Größen nur von der Variablen x_1 abhängen, wie folgt vereinfacht werden:

$$W_A = \text{meas}(\partial Q) \int\limits_{x_1^* - \frac{\Delta r_1^*}{2}}^{x_1^* + \frac{\Delta r_1^*}{2}} q(x_1)\,(u(x_1) - u_A(x_1))\,dx_1 \tag{2.1}$$

$$= \text{meas}(Q) \int\limits_{x_1^* - \frac{\Delta r_1^*}{2}}^{x_1^* + \frac{\Delta r_1^*}{2}} \underbrace{\frac{\text{meas}(\partial Q)}{\text{meas}(Q)}\, q(x_1)}_{\bar{q}(x_1)} (u(x_1) - u_A(x_1))\,dx_1 \,.$$

Dabei bezeichnet die Funktion q den Wärmeaustauschkoeffizienten und $\text{meas}(\partial Q)$ den Umfang des Querschnitts Q. Der Wärneaustauschkoeffizient ist eine materialabhängige Größe.

3. Wärmemenge, die am linken Rand des Stabstückes, d.h. bei $x_1^* - \frac{\Delta r_1^*}{2}$, in „$\Delta r_1^*$" hineinfließt bzw. am rechten Rand, d.h. bei $x_1^* + \frac{\Delta r_1^*}{2}$, aus „$\Delta r^*$" herausfließt:

Nach dem *Fourierschen Erfahrungsgesetz der Wärmeleitung* (siehe [CH02, JT08, Stö05]) ist der Wärmefluss $\sigma(x_1)$ proportional zum negativen Temperaturgradienten $-u'(x_1)$. Führen wir als Proportionalitätsfaktor die Wärmeleitzahl $\lambda(x_1)$ ein, dann gilt

$$\sigma(x_1) = -\lambda(x_1)\,u'(x_1)\,.$$

Somit ergibt sich für die einfließende Wärmemenge

$$W\left(x_1^* - \tfrac{\Delta r_1^*}{2}\right) = \int\limits_{Q_{\text{ein}}} -\lambda\left(x_1^* - \tfrac{\Delta r_1^*}{2}\right) u'\left(x_1^* - \tfrac{\Delta r_1^*}{2}\right) dx_2 dx_3$$

$$= -\lambda\left(x_1^* - \tfrac{\Delta r_1^*}{2}\right) u'\left(x_1^* - \tfrac{\Delta r_1^*}{2}\right) \text{meas}(Q)$$

und für die ausfließende Wärmemenge

$$W\left(x_1^* + \tfrac{\Delta x_1^*}{2}\right) \;=\; \int\limits_{Q_{\text{aus}}} -\lambda\left(x_1^* + \tfrac{\Delta x_1^*}{2}\right) u'\left(x_1^* + \tfrac{\Delta x_1^*}{2}\right) dx_2 dx_3$$

$$=\; -\lambda\left(x_1^* + \tfrac{\Delta x_1^*}{2}\right) u'\left(x_1^* + \tfrac{\Delta x_1^*}{2}\right) \text{meas}(Q)\,.$$

Aus der Wärmemengenbilanz

Wärmemenge, die am linken Rand, d.h. bei $x_1^* - \tfrac{\Delta x_1^*}{2}$, in „$\Delta x_1^*$" hineinfließt	Wärmemenge, die am rechten Rand, d.h. bei $x_1^* + \tfrac{\Delta x_1^*}{2}$, aus „$\Delta x^*$" herausfließt	Wärmemenge die über den Mantel abgegeben wird	Wärmemenge, die durch Aufheizung entsteht	$= 0$
$W\left(x_1^* - \tfrac{\Delta x_1^*}{2}\right)$ $-$	$W\left(x_1^* + \tfrac{\Delta x_1^*}{2}\right)$ $-$	W_{A} $+$	W_{H}	$= 0$

erhalten wir die integrale Form der Wärmeleitgleichung.

Die Wärmeleitgleichung in integraler Form

Für alle $x_1^* \in (a,b)$ und für alle $\Delta x_1^* > 0$ mit $\left[x_1^* - \tfrac{\Delta x_1^*}{2}, x_1^* + \tfrac{\Delta x_1^*}{2}\right] \subset (a,b)$ gilt die Gleichung

$$-\lambda\left(x_1^* - \tfrac{\Delta x_1^*}{2}\right) u'\left(x_1^* - \tfrac{\Delta x_1^*}{2}\right) \text{meas}(Q) + \lambda\left(x_1^* + \tfrac{\Delta x_1^*}{2}\right) u'\left(x_1^* + \tfrac{\Delta x_1^*}{2}\right) \text{meas}(Q)$$

$$- \text{meas}(Q) \int\limits_{x_1^* - \tfrac{\Delta x_1^*}{2}}^{x_1^* + \tfrac{\Delta x_1^*}{2}} \bar{q}(x_1)(u(x_1) - u_{\text{A}}(x_1))\, dx_1 \;+\; \text{meas}(Q) \int\limits_{x_1^* - \tfrac{\Delta x_1^*}{2}}^{x_1^* + \tfrac{\Delta x_1^*}{2}} f(x_1)\, dx_1 \;=\; 0\,. \tag{2.2}$$

Der Einfluss der Umgebung der Randpunkte $x_1 = a$ und $x_1 = b$ auf die Temperaturverteilung kann auf verschiedene Weise im mathematischen Modell berücksichtigt werden. Im Moment betrachten wir nur den Fall, dass die Temperaturen vorgegeben sind, d.h. $u(a) = g_a$ sowie $u(b) = g_b$ mit gegebenen Temperaturwerten g_a und g_b. Andere Möglichkeiten der Vorgabe von Bedingungen in den Randpunkten diskutieren wir am Ende dieses Abschnitts.

Ausgehend von der Wärmeleitgleichung (2.2) in integraler Form leiten wir im Folgenden die differentielle Form der Wärmeleitgleichung her.

Die differentielle Form der Wärmeleitgleichung bei homogenem Material und stetiger Wärmequelle

Wir gehen zunächst von folgenden Voraussetzungen aus:

(i) $q \in C(a,b)$, d.h. q ist eine stetige Funktion im Intervall (a,b), $q \geq 0$, z.B. $q = \text{konst.} \geq 0$ ($q = 0$ entspricht einer Isolation),

(ii) $\lambda \in C^1(a,b)$, d.h. λ ist eine stetig differenzierbare Funktion im Intervall (a,b), $\lambda(x_1) \geq \lambda_0 = \text{konst.} > 0$, z.B. $\lambda = \text{konst.}$,

(iii) $f \in C(a,b)$, d.h. f ist eine stetige Funktion im Intervall (a,b),

(iv) $u_A \in C(a,b)$, d.h. u_A ist eine stetige Funktion im Intervall (a,b).

Diese Voraussetzungen sind allgemeiner als sie für homogene Materialien benötigt werden. Die folgenden Betrachtungen gelten deshalb sogar für eine breitere Klasse von Materialien. Im Fall homogener Materialien wird $\lambda = $ konst. > 0 und $q = $ konst. ≥ 0 vorausgesetzt.

Aus dem Mittelwertsatz der Integralrechnung (siehe [MV01a, Zei13]) folgt, dass für eine beliebige Funktion $v \in C\left[x_1^* - \frac{\Delta x_1^*}{2}, x_1^* + \frac{\Delta x_1^*}{2}\right]$ die Beziehung

$$\lim_{\Delta x_1^* \to 0} \frac{1}{\Delta x_1^*} \int_{x_1^* - \frac{\Delta x_1^*}{2}}^{x_1^* + \frac{\Delta x_1^*}{2}} v(x_1)\, dx_1 = v(x_1^*) \tag{2.3}$$

gilt. Multiplizieren wir die Gleichung (2.2) mit -1 und dividieren sie durch Δx_1^* sowie meas(Q), dann erhalten wir

$$-\frac{\lambda\left(x_1^* + \frac{\Delta x_1^*}{2}\right)u'\left(x_1^* + \frac{\Delta x_1^*}{2}\right) - \lambda\left(x_1^* - \frac{\Delta x_1^*}{2}\right)u'\left(x_1^* - \frac{\Delta x_1^*}{2}\right)}{\Delta x_1^*} + \frac{1}{\Delta x_1^*} \int_{x_1^* - \frac{\Delta x_1^*}{2}}^{x_1^* + \frac{\Delta x_1^*}{2}} \bar{q}(x_1)u(x_1)\, dx_1$$

$$= \frac{1}{\Delta x_1^*} \int_{x_1^* - \frac{\Delta x_1^*}{2}}^{x_1^* + \frac{\Delta x_1^*}{2}} f(x_1)\, dx_1 + \frac{1}{\Delta x_1^*} \int_{x_1^* - \frac{\Delta x_1^*}{2}}^{x_1^* + \frac{\Delta x_1^*}{2}} \bar{q}(x_1)u_A(x_1)\, dx_1.$$

Mit $\Delta x_1^* \to 0$ ergibt sich aufgrund der Voraussetzungen (i) – (iv) und der Beziehung (2.3) die Differentialgleichung

$$-(\lambda(x_1^*)u'(x_1^*))' + \bar{q}(x_1^*)u(x_1^*) = f(x_1^*) + \bar{q}(x_1^*)u_A(x_1^*) \quad \text{für alle } x_1^* \in (a,b).$$

Bemerkung 2.1

Aus den Voraussetzungen (i) – (iv) folgt, dass $u \in C^2(a,b)$, d.h. die Temperatur ist eine im Intervall (a,b) zweimal stetig differenzierbare Funktion und $\sigma \in C^1(a,b)$, d.h. der Wärmefluss ist eine im Intervall (a,b) stetig differenzierbare Funktion.

Als Endergebnis unserer bisherigen Betrachtungen erhalten wir die folgende differentielle Form der Wärmeleitgleichung.

Gesucht ist $u(x) \in C^2(a,b) \cap C[a,b]$, so dass die Differentialgleichung

$$-(\lambda(x)u'(x))' + \bar{q}(x)u(x) = f(x) + \bar{q}(x)u_A(x) \quad \text{für alle } x \in (a,b) \tag{2.4}$$

gilt sowie die Randbedingungen $u(a) = g_a$ und $u(b) = g_b$ erfüllt werden.

Zur Vereinfachung der Schreibweise haben wir in der Differentialgleichung (2.4) die Ortskoordinate mit x anstelle von x_1 bezeichnet. Diese verkürzte Schreibweise werden wir auch im Weiteren nutzen, wenn eindeutig ist, welche Raumdimension gerade betrachtet wird.

Bisher haben wir vorausgesetzt, dass die Eingangsdaten wie der Wärmeaustauschkoeffizient, die Funktion zur Charakterisierung der Intensität der Wärmequelle und die Wärmeleitzahl stetige bzw. stetig differenzierbare Funktionen sind. Im Folgenden werden wir diese Voraussetzungen abschwächen. Wir betrachten den Fall, dass die Eingangsdaten nur stückweise diese Eigenschaften besitzen, z.B. wenn der betrachtete Stab aus mehreren Materialien zusammengesetzt ist.

Die differentielle Form der Wärmeleitgleichung bei stückweise homogenem Material und stückweise stetiger Wärmequelle

Wir betrachten o.B.d.A. einen Stab, bestehend aus zwei Materialien (siehe Abbildung 2.3).

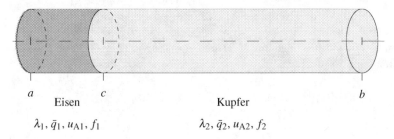

a
Eisen
c

$\lambda_1, \bar{q}_1, u_{A1}, f_1$

Kupfer

$\lambda_2, \bar{q}_2, u_{A2}, f_2$

b

Abbildung 2.3: Stab, bestehend aus zwei verschiedenen Materialien

Es wird vorausgesetzt, dass λ_1, $\bar{q}_1$, u_{A1} und f_1 im Intervall (a,c) den auf der Seite 36 angegebenen Voraussetzungen (i) – (iv) sowie λ_2, $\bar{q}_2$, u_{A2} und f_2 diesen Voraussetzungen im Intervall (c,b) genügen.

Eine zur Herleitung der Wärmeleitgleichung (2.4) analoge Vorgehensweise liefert die Randwertaufgabe für die Wärmeleitung bei stückweise homogenem Material und stückweise stetiger Wärmequelle.

Gesucht ist das Temperaturfeld $u(x)$, für das die folgenden Beziehungen gelten:

Randbedingung:
$$u(a) = g_a,$$

Differentialgleichung:
$$-(\lambda_1 u')' + \bar{q}_1 u = f_1 + \bar{q}_1 u_{A1} \quad \text{für alle } x \in (a,c),$$

Interfacebedingungen:
$$u(c-0) = u(c+0),$$
$$-\lambda_1(c-0)u'(c-0) = -\lambda_2(c+0)u'(c+0),$$

Differentialgleichung:
$$-(\lambda_2 u')' + \bar{q}_2 u = f_2 + \bar{q}_2 u_{A2} \quad \text{für alle } x \in (c,b),$$

Randbedingung:
$$u(b) = g_b.$$

Die Interfacebedingungen (Übergangsbedingungen) erhalten wir unmittelbar aus dem Erhaltungsprinzip, dass der Wärmefluss und die Temperatur stetig sind.

Die Schreibweise $u(c-0) = u(c+0)$ bedeutet, dass der linksseitige und der rechtsseitige Grenzwert der Funktion u an der Stelle $x = c$ übereinstimmen, d.h. $\lim_{x \to c-0} u(x) = \lim_{x \to c+0} u(x)$.

Bisher haben wir nur den Fall betrachtet, dass am linken und rechten Rand des Stabes Werte für die Temperatur vorgegeben sind. Diese Art der Randbedingung, d.h. die Vorgabe von Funktionswerten der gesuchten Funktion, wird als *Randbedingung 1. Art* oder auch als *Dirichletsche Randbedingung* bzw. als *wesentliche Randbedingung* bezeichnet. Es können jedoch auch andere Situationen bei der Modellierung von Wärmeleitproblemen auftreten. Beispielsweise kann an einem oder an beiden Stabenden ein Wärmefluss in den Stab erfolgen oder man möchte an den Stabenden den Wärmeaustausch mit der Umgebung modellieren, welcher durch die Temperaturdifferenz an den Stabenden und der Umgebungstemperatur verursacht wird.

Wir betrachten zuerst die Situation, dass am linken und rechten Stabende ein gegebener Wärmefluss mathematisch modelliert werden soll. Bevor wir die entsprechende mathematische Beschreibung angeben, erläutern wir kurz die Vorgehensweise bei räumlich dreidimensionalen Körpern und diskutieren die daraus resultierende Vereinfachung im räumlich eindimensionalen Fall. Bei der mathematischen Beschreibung des Wärmeflusses über einen Teil der Oberfläche des Körpers gibt man den Wärmefluss in Richtung der äußeren Einheitsnormalen in den Punkten dieses Teils der Oberfläche vor. Dabei ist der *Vektor der äußeren Einheitsnormalen* $\vec{n}$ ein Vektor, der senkrecht auf der Tangentialebene im entsprechenden Punkt der Oberfläche steht, nach außen zeigt und dessen Betrag gleich Eins ist. Der Wärmefluss in Richtung der äußeren Einheitsnormalen $\vec{n}$ wird dann bei einem homogenen Material durch

$$\vec{n}^T \vec{\sigma} = \sigma_1 n_1 + \sigma_2 n_2 + \sigma_3 n_3 = -\lambda \frac{\partial u}{\partial x_1} n_1 - \lambda \frac{\partial u}{\partial x_2} n_2 - \lambda \frac{\partial u}{\partial x_3} n_3 \quad \text{mit} \quad \vec{n} = \begin{pmatrix} n_1 \\ n_2 \\ n_3 \end{pmatrix} \quad (2.5)$$

beschrieben.

An den Stabenden (siehe Abbildung 2.4) ist der Vektor der äußeren Einheitsnormalen parallel zur x_1-Achse und er zeigt am Stabanfang bei $x_1 = a$ in Richtung der negativen x_1-Achse und am Stabende bei $x_1 = b$ in Richtung der positiven x_1-Achse. Somit lautet der Vektor der äußeren Einheitsnormalen $\vec{n}_a$ bei $x_1 = a$ und $\vec{n}_b$ bei $x_1 = b$

$$\vec{n}_a = \begin{pmatrix} -1 \\ 0 \\ 0 \end{pmatrix} \quad \text{und} \quad \vec{n}_b = \begin{pmatrix} 1 \\ 0 \\ 0 \end{pmatrix}.$$

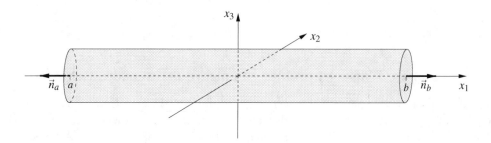

Abbildung 2.4: Vektor der äußeren Einheitsnormalen am Stabanfang und Stabende

Damit ergibt sich aus (2.5) am linken Rand des Stabes

$$\vec{n}^T \vec{\sigma} = \sigma_1 n_1 = -\lambda \frac{du}{dx_1} \cdot (-1) = \lambda \frac{du}{dx_1}$$

und am rechten Rand

$$\vec{n}^T \vec{\sigma} = \sigma_1 n_1 = -\lambda \frac{du}{dx_1} \cdot 1 = -\lambda \frac{du}{dx_1}.$$

Ein vorgegebener Wärmefluss am linken bzw. rechten Stabende wird somit wie folgt mathematisch beschrieben:

$$\lambda(a)u'(a) = g_a \quad \text{und} \quad -\lambda(b)u'(b) = g_b.$$

Derartige Randbedingungen werden als *Randbedingungen 2. Art* oder *Neumannschen Randbedingungen* oder *natürliche Randbedingungen* bezeichnet.

Der freie Wärmeaustausch mit der Umgebung an den Stabenden wird analog wie der Wärmeaustausch mit der Umgebung über den Mantel modelliert. Aufgrund der Tatsache, dass der Wärmefluss proportional zur Differenz zwischen dem Wert der Temperatur am Rand und der Umgebungstemperatur ist, muss gelten

$$\lambda(a)u'(a) = \alpha_a(u(a) - u_a) \quad \text{und} \quad -\lambda(b)u'(b) = \alpha_b(u(b) - u_b).$$

Dabei bezeichnen α_a und α_b die Wärmeübergangszahlen sowie u_a und u_b die Außentemperatur am linken bzw. rechten Rand. Derartige Randbedingungen nennt man *Randbedingungen 3. Art* oder *Robinsche Randbedingungen*.

Natürlich muss nicht an beiden Stabenden die gleiche Situation hinsichtlich des Kontakts zur Umgebung vorliegen, sondern es sind beliebige Kombinationen der obigen Situationen denkbar, z.B. kann am linken Rand eine bestimmte Temperatur anliegen und das rechte Stabende wärmeisoliert sein, d.h.

$$u(a) = g_a, \ u'(b) = 0,$$

oder es kann das linke Stabende wärmeisoliert sein und am rechten Stabende erfolgt der freie Wärmeaustausch mit der Umgebung, d.h.

$$u'(a) = 0, \ -\lambda(b)u'(b) = \alpha_b(u(b) - u_b).$$

In solchen Fällen spricht man von *gemischten Randbedingungen*.

2.1.2 Stationäre Wärmeleitprobleme in mehrdimensionalen Gebieten

Im vorangegangenen Abschnitt haben wir ausführlich die Herleitung der stationären Wärmeleitgleichung im eindimensionalen Fall diskutiert. In diesem Abschnitt leiten wir die stationäre Wärmeleitgleichung für den allgemeinen räumlich dreidimensionalen Fall her. Außerdem betrachten wir einige Spezialfälle, die sich auf räumlich zweidimensionale Probleme reduzieren lassen.

Physikalisches Problem

Gesucht ist das stationäre Temperaturfeld $u(x)$ in einem dreidimensionalen Körper, der ein beschränktes Gebiet $\Omega \subset \mathbb{R}^3$ einnimmt (siehe z.B. Abbildung 2.5).

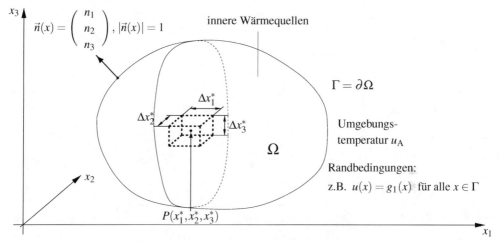

Abbildung 2.5: Skizze eines 3D-Körpers

Analog wie im eindimensionalen Fall führen wir zunächst eine Wärmemengenbilanz an einem kleinen Teilgebiet des Körpers durch.

Wärmemengenbilanz an einem „kleinen" Quader „$\Delta x_1^* \times \Delta x_2^* \times \Delta x_3^*$" mit dem Schwerpunkt im Punkt $P(x^*) = P(x_1^*, x_2^*, x_3^*) \in \Omega$

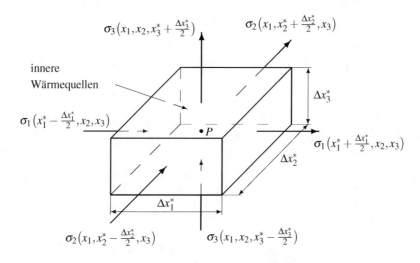

Abbildung 2.6: Wärmemengenbilanz an einem Quader „$\Delta x_1^* \times \Delta x_2^* \times \Delta x_3^*$"

Für alle $x^* = (x_1^*, x_2^*, x_3^*) \in \Omega$ und für alle $\Delta x_1^*, \Delta x_2^*, \Delta x_3^* > 0$ mit $\{(x_1, x_2, x_3) : x_i^* - \frac{\Delta x_i^*}{2} \leq x_i \leq x_i^* + \frac{\Delta x_i^*}{2}, i = 1,2,3\} \subset \Omega$ gilt

$$\int\limits_{x_2^* - \frac{\Delta x_2^*}{2}}^{x_2^* + \frac{\Delta x_2^*}{2}} \int\limits_{x_3^* - \frac{\Delta x_3^*}{2}}^{x_3^* + \frac{\Delta x_3^*}{2}} \sigma_1\left(x_1^* - \frac{\Delta x_1^*}{2}, x_2, x_3\right) dx_3 dx_2 \; - \; \int\limits_{x_2^* - \frac{\Delta x_2^*}{2}}^{x_2^* + \frac{\Delta x_2^*}{2}} \int\limits_{x_3^* - \frac{\Delta x_3^*}{2}}^{x_3^* + \frac{\Delta x_3^*}{2}} \sigma_1\left(x_1^* + \frac{\Delta x_1^*}{2}, x_2, x_3\right) dx_3 dx_2$$

$$+ \int\limits_{x_3^* - \frac{\Delta x_3^*}{2}}^{x_3^* + \frac{\Delta x_3^*}{2}} \int\limits_{x_1^* - \frac{\Delta x_1^*}{2}}^{x_1^* + \frac{\Delta x_1^*}{2}} \sigma_2\left(x_1, x_2^* - \frac{\Delta x_2^*}{2}, x_3\right) dx_1 dx_3 \; - \; \int\limits_{x_3^* - \frac{\Delta x_3^*}{2}}^{x_3^* + \frac{\Delta x_3^*}{2}} \int\limits_{x_1^* - \frac{\Delta x_1^*}{2}}^{x_1^* + \frac{\Delta x_1^*}{2}} \sigma_2\left(x_1, x_2^* + \frac{\Delta x_2^*}{2}, x_3\right) dx_1 dx_3$$

$$+ \int\limits_{x_1^* - \frac{\Delta x_1^*}{2}}^{x_1^* + \frac{\Delta x_1^*}{2}} \int\limits_{x_2^* - \frac{\Delta x_2^*}{2}}^{x_2^* + \frac{\Delta x_2^*}{2}} \sigma_3\left(x_1, x_2, x_3^* - \frac{\Delta x_3^*}{2}\right) dx_2 dx_1 \; - \; \int\limits_{x_1^* - \frac{\Delta x_1^*}{2}}^{x_1^* + \frac{\Delta x_1^*}{2}} \int\limits_{x_2^* - \frac{\Delta x_2^*}{2}}^{x_2^* + \frac{\Delta x_2^*}{2}} \sigma_3\left(x_1, x_2, x_3^* + \frac{\Delta x_3^*}{2}\right) dx_2 dx_1$$

$$+ \int\limits_{x_3^* - \frac{\Delta x_3^*}{2}}^{x_3^* + \frac{\Delta x_3^*}{2}} \int\limits_{x_2^* - \frac{\Delta x_2^*}{2}}^{x_2^* + \frac{\Delta x_2^*}{2}} \int\limits_{x_1^* - \frac{\Delta x_1^*}{2}}^{x_1^* + \frac{\Delta x_1^*}{2}} f(x_1, x_2, x_3) \, dx_1 dx_2 dx_3 \;\; = \;\; 0. \tag{2.6}$$

In der Beziehung (2.6) und in Abbildung 2.6 bezeichnet σ_i, $i = 1,2,3$, den Wärmefluss in Richtung x_i. Auf dem Rand $\partial\Omega$ müssen noch Randbedingungen formuliert werden, die den Einfluss der Umgebung auf die Temperaturverteilung im Körper beschreiben. Beispielsweise kann die Temperatur am Rand vorgegeben sein.

Aufgrund des *Fourierschen Erfahrungsgesetzes der Wärmeleitung* gelten für ein orthotropes Material die Beziehungen

$$\sigma_i = -\lambda_i \frac{\partial u}{\partial x_i}, \; i = 1,2,3.$$

Unter den Voraussetzungen:

(i) $\lambda_i(x) \in C^1(\Omega)$, $i = 1,2,3$, d.h. die λ_i sind einmal stetig differenzierbare Funktionen im Gebiet Ω, $\lambda_i \geq \lambda_0 = $ konst. > 0 und

(ii) $f(x) \in C(\Omega)$, d.h. f ist eine stetige Funktion in Ω,

erhalten wir nach Multiplikation der Gleichung (2.6) mit $-1/(\Delta x_1^* \Delta x_2^* \Delta x_3^*)$ und dem Grenzübergang $\Delta x_1^* \to 0$, $\Delta x_2^* \to 0$ sowie $\Delta x_3^* \to 0$ analog zum eindimensionalen Fall die Wärmeleitgleichung in differentieller Form (Zur Vereinfachung der Schreibweise ersetzen wir x^* durch x.):

Gesucht ist $u \in C^2(\Omega) \cap C(\overline{\Omega})$, so dass

$$-\sum_{i=1}^{3} \frac{\partial}{\partial x_i}\left(\lambda_i(x) \frac{\partial u(x)}{\partial x_i}\right) \;\; = \;\; f(x) \quad \text{für alle } x = (x_1, x_2, x_3) \in \Omega, \tag{2.7}$$

$$u(x) \;\; = \;\; g(x) \quad \text{für alle } x \in \partial\Omega$$

gilt.

Wie bereits im Abschnitt 1.3 erwähnt wurde, kann die Gleichung (2.7) unter Nutzung der Differentialoperatoren div und grad (siehe (1.8) und (1.9), S. 10) in der kompakteren Form

$$- \operatorname{div} \left(\Lambda(x) \operatorname{grad} u(x) \right) = f(x) \quad \text{mit} \quad \Lambda(x) = \begin{pmatrix} \lambda_1(x) & 0 & 0 \\ 0 & \lambda_2(x) & 0 \\ 0 & 0 & \lambda_3(x) \end{pmatrix} \tag{2.8}$$

aufgeschrieben werden.

In Analogie zum eindimensionalen Wärmeleitproblem (siehe Abschnitt 2.1.1) können neben den bisher betrachteten Randbedingungen 1. Art, d.h. der Vorgabe der Temperatur am Rand, auch Randbedingungen 2. Art (Vorgabe des Wärmeflusses)

$$- \frac{\partial u}{\partial N} := - \underbrace{\sum_{i=1}^{3} \lambda_i(x) \frac{\partial u}{\partial x_i} n_i(x)}_{\text{Konormalenableitung}} = -g_2(x) \quad \text{für alle } x \in \Gamma = \partial\Omega,$$

Randbedingungen 3. Art (freier Wärmeaustausch mit der Umgebung)

$$- \frac{\partial u}{\partial N} = \alpha(x) \left(u(x) - u_A(x) \right) \quad \text{für alle } x \in \Gamma$$

oder gemischte Randbedingungen

$$\begin{aligned} u(x) &= g_1(x) & \text{für alle } x \in \Gamma_1, \\ - \frac{\partial u}{\partial N} &= -g_2(x) & \text{für alle } x \in \Gamma_2, \\ - \frac{\partial u}{\partial N} &= \alpha(x) \left(u(x) - u_A(x) \right) & \text{für alle } x \in \Gamma_3 \end{aligned}$$

vorgegeben werden. Dabei ist $\partial\Omega = \Gamma = \overline{\Gamma}_1 \cup \overline{\Gamma}_2 \cup \overline{\Gamma}_3$, $\Gamma_i \cap \Gamma_j = \emptyset$ für $i \neq j$, $i, j = 1, 2, 3$. Weiterhin bezeichnen $\vec{n}(x)$ den Vektor der äußeren Einheitsnormalen im Punkt $x \in \partial\Omega$ (siehe Abbildung 2.5), $\alpha(x)$ die Wärmeübergangszahl und $u_A(x)$ die Umgebungstemperatur.

Für ein homogenes, isotropes Material, d.h. $\lambda_1 = \lambda_2 = \lambda_3 = \lambda = $ konst. in Ω, geht die Gleichung (2.7) in die Poisson-Gleichung

$$\begin{aligned} -\Delta u &= \bar{f}(x) & \text{für alle } x \in \Omega \\ u(x) &= g(x) & \text{für alle } x \in \Gamma = \partial\Omega \end{aligned}$$

mit dem Laplace-Operator $\Delta = \dfrac{\partial^2}{\partial x_1^2} + \dfrac{\partial^2}{\partial x_2^2} + \dfrac{\partial^2}{\partial x_3^2}$ und $\bar{f}(x) = f(x)/\lambda$ über.

Im Fall eines inhomogenen Materials, z.B. wenn der betrachtete Körper aus verschiedenen Materialen zusammengesetzt ist, gilt auch die Wärmeleitgleichung (2.6) in integraler Form. Die Differentialgleichung gilt nur in Teilgebieten mit „glatten" Daten. Zusätzlich müssen an den Materialgrenzen Übergangsbedingungen (Interfacebedingungen) gestellt werden, d.h. Stetigkeit der Temperatur und des Wärmeflusses (siehe auch Abschnitt 2.1.1).

Bemerkung 2.2

Die Wärmeleitgleichung (2.7) kann auch mit Hilfe des Gaußschen Integralsatzes (siehe [MV01a, Zei13]) hergeleitet werden. Wir betrachten ein beliebiges Teilgebiet $G \subset \Omega$ mit $\overline{G} \subset \Omega$. Falls $\partial G \subset \Gamma_2 \cup \Gamma_3$ gilt, sind Sonderbetrachtungen notwendig, auf deren Darlegung wir hier verzichten.

Aus der Wärmemengenbilanz

$$-\int\limits_{\partial G} \left(-\sum_{i=1}^{3} \lambda_i \frac{\partial u}{\partial x_i} n_i \right) dO + \int\limits_{G} f(x)\,dx = 0$$

folgt nach dem Gaußschen Integralsatz

$$-\int\limits_{G} \left(\sum_{i=1}^{3} \frac{\partial}{\partial x_i} \left(\lambda_i \frac{\partial u}{\partial x_i} \right) \right) dx = \int\limits_{G} f(x)\,dx \quad \text{für alle } G \subset \Omega \text{ mit } \overline{G} \subset \Omega.$$

Wegen der Beliebigkeit des Gebietes G folgt daraus sofort die Differentialgleichung

$$-\sum_{i=1}^{3} \frac{\partial}{\partial x_i} \left(\lambda_i \frac{\partial u}{\partial x_i} \right) = f(x) \quad \text{für alle } x \in \Omega.$$

Im Folgenden betrachten wir einige Spezialfälle hinsichtlich der Geometrie des Körpers Ω und der Abhängigkeit der Eingangsdaten von den verschiedenen Raumrichtungen. In diesen Fällen ist es möglich, anstelle des Wärmeleitproblems im dreidimensionalen Gebiet ein entsprechendes Wärmeleitproblem in einem zweidimensionalen Gebiet zu lösen. Somit kann bei der numerischen Lösung des Problems der Rechenaufwand wesentlich reduziert werden.

1. Lange „zylinderartige" Körper mit von der x_3-Richtung unabhängigen Daten (siehe Abbildung 2.7):

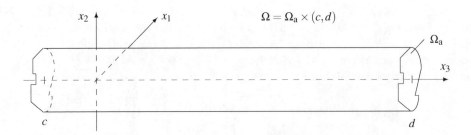

Abbildung 2.7: Beispiel für einen „zylinderartigen" Körper

Es sei die Länge $\ell = d - c$ viel größer als der Durchmesser der Querschnittsfläche Ω_a. Auf dem Rand des Gebietes sei eine Temperatur $g_1(x_1, x_2)$ vorgegeben. Da alle Querschnittsflächen parallel zur (x_1, x_2)-Ebene kongruent sind und vorausgesetzt wird, dass alle Eingangsdaten unabhängig von der x_3-Koordinate sind, muss die Lösung von x_3 unabhängig sein. Aus der Aufgabe (2.7) ergibt sich deshalb das folgende Randwertproblem:

Gesucht ist $u(x) \in C^2(\Omega_a) \cap C(\overline{\Omega}_a)$, so dass

$$-\sum_{i=1}^{2} \frac{\partial}{\partial x_i}\left(\lambda_i(x)\frac{\partial u}{\partial x_i}\right) = f(x) \qquad \text{für alle } x = (x_1, x_2) \in \Omega_a,$$

$$u(x) = g_1(x) \qquad \text{für alle } x = (x_1, x_2) \in \partial\Omega_a$$

gilt.

2. „Dünne" Körper mit konstanter Dicke h, z.B. in x_3-Richtung:

Es wird vorausgesetzt, dass h viel kleiner ist als die Ausdehnungen des Körpers in der x_1- und x_2-Richtung (siehe Abbildung 2.8). Außerdem seien alle Eingangsdaten unabhängig von der x_3-Richtung.

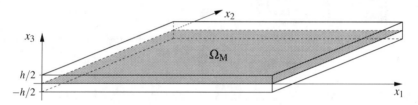

Abbildung 2.8: „Dünner" Körper mit konstanter Dicke h

Ausgehend von der Wärmemengenbilanz an einem „kleinen" Teilkörper erhalten wir bei glatten Eingangsdaten analog zum eindimensionalen Fall – wir betrachten hier nur anstelle des Stabstückes Δx^* einen Quader $\Delta x_1^* \times \Delta x_2^* \times h$ – die folgende Randwertaufgabe:

Gesucht ist $u(x) \in C^2(\Omega_M) \cap C(\overline{\Omega}_M)$, so dass

$$-\sum_{i=1}^{2} \frac{\partial}{\partial x_i}\left(\lambda_i(x)\frac{\partial u}{\partial x_i}\right) + \bar{q}(x)u(x) = f(x) + \bar{q}(x)u_A(x)$$

$$\text{für alle } x = (x_1, x_2) \in \Omega_M, \qquad (2.9)$$

$$u(x) = g_1(x) \quad \text{für alle } x = (x_1, x_2) \in \partial\Omega_M$$

gilt.

Ω_M bezeichnet die Mittelfläche des Körpers. Die Terme $\bar{q}(x)u(x)$ und $\bar{q}(x)u_A(x)$ resultieren aus der Modellierung des Wärmeaustauschs mit der Umgebung über die Grund- und Deckfläche des Körpers, d.h. über die beiden Begrenzungsflächen bei $x_3 = \pm\frac{h}{2}$. Dies ist analog zur Modellierung des Wärmeaustauschs über den Mantel des Stabes (siehe Abschnitt 2.1.1). Die Funktion $\bar{q}$ ist durch $\bar{q} = 2q/h$ definiert, wobei q den Wärmeaustauschkoeffizienten bezeichnet.

3. Rotationssymmetrische Probleme, d.h. rotationssymmetrisches Gebiet und Unabhängigkeit der Eingangsdaten vom Rotationswinkel:

In diesem Fall ist es zweckmäßig, bei der mathematischen Beschreibung des Problems von den bisher verwendeten kartesischen Koordinaten (x_1, x_2, x_3) zu Zylinderkoordinaten (r, φ, z) überzugehen. Das rotationssymmetrische Gebiet Ω lässt sich dann durch $\Omega_a \times [0, 2\pi)$ beschreiben, wobei Ω_a die sogenannte Meridianebene ist, die bei Rotation um die z-Achse den Körper Ω erzeugt (siehe Abbildung 2.9).

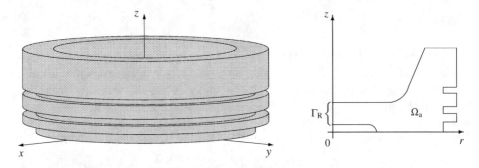

Abbildung 2.9: Rotationssymmetrischer Körper und Meridianebene

Wir setzen weiterhin voraus, dass für die Wärmeleitzahlen $\lambda_1 = \lambda_2 = \lambda_3 = \lambda = $ konst. gilt. Aufgrund der Rotationssymmetrie des Gebietes und der vorausgesetzten Unabhängigkeit aller Eingangsdaten vom Rotationswinkel φ muss die Lösung des Wärmeleitproblems unabhängig vom Rotationswinkel sein. Nutzen wir die Definition der Operatoren div und grad in Zylinderkoordinaten [Zei13] und beachten wir die Unabhängigkeit des Temperaturfeldes u von der φ-Koordinate, dann erhalten wir aus der Aufgabe (2.7) bzw. (2.8) das Randwertproblem:

Gesucht ist $u(r,z)$, so dass

$$-\frac{1}{r}\frac{\partial}{\partial r}\left(r\lambda\frac{\partial u}{\partial r}\right) - \frac{\partial}{\partial z}\left(\lambda\frac{\partial u}{\partial z}\right) = f(r,z) \quad \text{für alle } (r,z) \in \Omega_a,$$

$$u(r,z) = g_1(r,z) \quad \text{für alle } (r,z) \in \Gamma_1 = \partial\Omega_a \setminus \Gamma_R,$$

$$-\lambda\frac{\partial u}{\partial r}n_r(r,z) - \lambda\frac{\partial u}{\partial z}n_z(r,z) = 0 \quad \text{für alle } (r,z) \in \Gamma_R$$

gilt.

Die Randbedingung auf dem Rand Γ_R (siehe Abbildung 2.9) ist eine künstlich eingeführte Randbedingung. Sie ergibt sich aus der zugrunde liegenden Symmetrie des Gebietes.

Bisher haben wir Wärmeleitprobleme betrachtet, bei denen alle Eingangsdaten unabhängig von der Zeit sind und folglich eine bezüglich der Zeit konstante Temperaturverteilung hervorrufen.

In den folgenden Abschnitten lassen wir zeitlich veränderliche Eingangsdaten wie zum Beispiel zeitlich veränderliche Wärmequellen oder zeitlich veränderliche Randtemperaturen zu. Folglich entsteht eine sich zeitlich verändernde Temperaturverteilung.

Analog zum Abschnitt 2.1 beginnen wir unsere Betrachtungen wieder mit einem eindimensionalen Problem.

2.1.3 Instationäres 1D-Wärmeleitproblem

Physikalisches Problem

Gesucht ist ein sich zeitlich änderndes (instationäres) Temperaturfeld $u(x_1,t)$ in einem hinreichend dünnen Stab der Länge $\ell = b - a$, d.h. $x_1 \in (a,b)$, während der Zeit $t \in (0,T)$.

Zuerst leiten wir wieder eine Wärmeleitgleichung in integraler Form her. Den Ausgangspunkt bildet die Wärmemengenbilanz.

Wärmemengenbilanz in Raum und Zeit

Wir stellen die Wärmemengenbilanz an einem „kleinen" Stabstück der Länge Δx_1^* während der Zeitspanne Δt^* (später: „Momentaufnahme", d.h. $\Delta t^* \to 0$ und $\Delta x_1^* \to 0$) auf (siehe Abbildung 2.10).

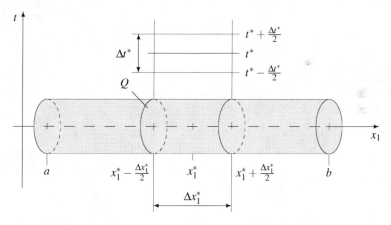

Abbildung 2.10: Instationäre Wärmeleitung im Stab

Wärmemenge, die am linken Rand, d.h. bei $x_1^* - \frac{\Delta x_1^*}{2}$, in „$\Delta x_1^*$" während der Zeitspanne Δt^* hineinfließt	$-$	Wärmemenge, die am rechten Rand, d.h. bei $x_1^* + \frac{\Delta x_1^*}{2}$, aus „$\Delta x_1^*$" während der Zeitspanne Δt^* herausfließt

$$- \operatorname{meas}(Q) \int_{t^* - \frac{\Delta t^*}{2}}^{t^* + \frac{\Delta t^*}{2}} \lambda\left(x_1^* - \frac{\Delta x_1^*}{2}\right) \frac{du}{dx_1}\left(x_1^* - \frac{\Delta x_1^*}{2}, t\right) dt \; + \; \operatorname{meas}(Q) \int_{t^* - \frac{\Delta t^*}{2}}^{t^* + \frac{\Delta t^*}{2}} \lambda\left(x_1^* + \frac{\Delta x_1^*}{2}\right) \frac{\partial u}{\partial x_1}\left(x_1^* - \frac{\Delta x_1^*}{2}, t\right) dt$$

$-$ Wärmemenge, die über den Mantel während der Zeitspanne Δt^* abgegeben wird $\quad+\quad$ Wärmemenge, die durch Aufheizung während der Zeitspanne Δt^* entsteht

$$-\quad \text{meas}(Q)\int\limits_{t^*-\frac{\Delta t^*}{2}}^{t^*+\frac{\Delta t^*}{2}}\int\limits_{x_1^*-\frac{\Delta x_1^*}{2}}^{x_1^*+\frac{\Delta x_1^*}{2}}\bar{q}(x_1,t)(u-u_{\mathrm{A}})\,dx_1\,dt\quad+\quad \text{meas}(Q)\int\limits_{t^*-\frac{\Delta t^*}{2}}^{t^*+\frac{\Delta t^*}{2}}\int\limits_{x_1^*-\frac{\Delta x_1^*}{2}}^{x_1^*+\frac{\Delta x_1^*}{2}}f(x_1,t)\,dx_1\,dt$$

$=$ Wärmemengendifferenz in „Δx_1^*" zwischen End- und Anfangszeit

$$=\quad \text{meas}(Q)\int\limits_{x_1^*-\frac{\Delta x_1^*}{2}}^{x_1^*+\frac{\Delta x_1^*}{2}}c\rho\left(u\left(x_1,t^*+\tfrac{\Delta t^*}{2}\right)-u\left(x_1,t^*-\tfrac{\Delta t^*}{2}\right)\right)dx_1\,.$$

Hier bezeichnen ρ die Dichte, c die spezifische Wärmekapazität, λ den Wärmeleitkoeffizienten und $\bar{q}=\frac{\text{meas}(\partial Q)}{\text{meas}(Q)}q$ den spezifischen Wärmeaustauschkoeffizienten.

Die Wärmemengenbilanz liefert die instationäre Wärmeleitgleichung in integraler Form:
Für alle $x_1^*\in(a,b)$ und alle $\Delta x_1^*>0$ mit $\left[x_1^*-\frac{\Delta x_1^*}{2},x_1^*+\frac{\Delta x_1^*}{2}\right]\subset(a,b)$ sowie für alle $t^*\in(0,T)$ und alle $\Delta t^*>0$ mit $\left[t^*-\frac{\Delta t^*}{2},t^*+\frac{\Delta t^*}{2}\right]\subset(0,T)$ gilt

$$\int\limits_{x_1^*-\frac{\Delta x_1^*}{2}}^{x_1^*+\frac{\Delta x_1^*}{2}}c\rho\left(u\left(x_1,t^*+\tfrac{\Delta t^*}{2}\right)-u\left(x_1,t^*-\tfrac{\Delta t^*}{2}\right)\right)dx_1$$

$$-\int\limits_{t^*-\frac{\Delta t^*}{2}}^{t^*+\frac{\Delta t^*}{2}}\left(\lambda\left(x_1^*+\tfrac{\Delta x_1^*}{2}\right)\frac{\partial u}{\partial x_1}\left(x_1^*+\tfrac{\Delta x_1^*}{2},t\right)-\lambda\left(x_1^*-\tfrac{\Delta x_1^*}{2}\right)\frac{\partial u}{\partial x_1}\left(x_1^*-\tfrac{\Delta x_1^*}{2},t\right)\right)dt \qquad (2.10)$$

$$+\int\limits_{t^*-\frac{\Delta t^*}{2}}^{t^*+\frac{\Delta t^*}{2}}\int\limits_{x_1^*-\frac{\Delta x_1^*}{2}}^{x_1^*+\frac{\Delta x_1^*}{2}}\bar{q}(x_1,t)\left(u(x_1,t)-u_{\mathrm{A}}(x_1,t)\right)dx_1\,dt=\int\limits_{t^*-\frac{\Delta t^*}{2}}^{t^*+\frac{\Delta t^*}{2}}\int\limits_{x_1^*-\frac{\Delta x_1^*}{2}}^{x_1^*+\frac{\Delta x_1^*}{2}}f(x_1,t)\,dx_1\,dt\,.$$

Der Einfluss der Umgebung der Randpunkte bei $x_1=a$ und $x_1=b$ auf die Temperaturverteilung im Stab wird analog wie im stationären Fall durch die Vorgabe von Randbedingungen beschrieben, zum Beispiel Randbedingungen 1. Art

$$u(a,t)=g_a(t)\quad\text{und}\quad u(b,t)=g_b(t)\qquad\text{für alle }t\in(0,T)\,.$$

Die Temperaturverteilung zum Zeitpunkt $t=0$ wird durch eine sogenannte *Anfangsbedingung*

$$u(x_1,0)=u_0(x_1)\qquad\text{für alle }x_1\in[a,b]$$

charakterisiert.

Mit $\Delta x_1^* \to 0$ und $\Delta t^* \to 0$ erhalten wir aus der Wärmeleitgleichung in integraler Form die differentielle Form der Wärmeleitgleichung.

Übergang zur differentiellen Form der Wärmeleitgleichung

Multiplizieren wir die Gleichung (2.10) mit $1/(\Delta t^* \Delta x_1^*)$ und lassen Δx_1^* sowie Δt^* gegen Null streben, dann erhalten wir bei glatten Eingangsdaten (z.B. homogenes Material, stetig verteilte Wärmequelle – Voraussetzungen analog zu den Voraussetzungen (i) – (iv) auf S. 36) die differentielle Form der instationären Wärmeleitgleichung. (Um im Weiteren die Schreibweise zu vereinfachen, ersetzen wir x_1^* und t^* wieder durch x und t.)

Gesucht ist $u \in C^{2,1}(Q_T) \cap C(\overline{Q}_T)$, so dass

$$c(x)\rho(x)\frac{\partial u}{\partial t} - \frac{\partial}{\partial x}\left(\lambda(x)\frac{\partial u}{\partial x}\right) + \bar{q}(x,t)u(x,t)$$

$$= f(x,t) + \bar{q}(x,t)u_A(x,t) \quad \text{für alle } (x,t) \in Q_T \tag{2.11}$$

gilt und die Randbedingungen (z.B. 1. Art)

$$\left.\begin{array}{rcl} u(a,t) & = & g_a(t) \\ u(b,t) & = & g_b(t) \end{array}\right\} \quad \text{für alle } t \in (0,T)$$

sowie die Anfangsbedingung

$$u(x,0) = u_0(x) \quad \text{für alle } x \in [a,b]$$

erfüllt werden.

Die Funktionenmenge $C^{2,1}(Q_T)$ umfasst alle Funktionen, die zweimal stetig differenzierbar bezüglich des Ortes $x \in (a,b)$ und einmal stetig differenzierbar bezüglich der Zeit $t \in (0,T)$ sind. Mit Q_T wird das Gebiet $(a,b) \times (0,T)$, der sogenannte *Raum-Zeit-Zylinder*, bezeichnet (siehe Abbildung 2.11). Zu $C(\overline{Q}_T) = C^{0,0}(\overline{Q}_T)$ gehören alle Funktionen die stetig bezüglich des Ortes $x \in [a,b]$ und stetig bezüglich der Zeit $t \in [0,T]$ sind.

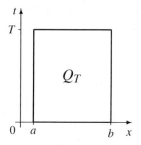

Abbildung 2.11: Raum-Zeit-Zylinder $Q_T = (a,b) \times (0,T)$

Die instationäre Wärmeleitgleichung (2.11) ist eine typische Vertreterin aus der Klasse der parabolischen Differentialgleichungen zweiter Ordnung.

Bemerkung 2.3

Analog zur stationären Wärmeleitgleichung können auch bei der instationären Wärmeleitgleichung Randbegingungen 2. Art oder 3. Art bzw. gemischte Randbedingungen gestellt werden.

Bemerkung 2.4

Für die Existenz einer *klassischen* Lösung, d.h. einer Lösung der Aufgabe (2.11), ist die *Kompatibilität* zwischen der Anfangsbedingung und den Randbedingungen notwendig. Es muss

$$\lim_{t \to +0} g_a(t) = u_0(a) \quad , \quad \lim_{t \to +0} g_b(t) = u_0(b)$$

gelten.

Bemerkung 2.5

Für $c, \rho, \lambda = konst.$ und $q = 0$ erhalten wir

$$\frac{\partial u}{\partial t} - k^2 \frac{\partial^2 u}{\partial x^2} = \bar{f} \quad \text{mit} \quad k^2 = \frac{\lambda}{c\rho}, \quad \bar{f} = \frac{f}{c\rho}.$$

Nach der Substitution

$$x' = \frac{x}{k} \quad \text{und somit} \quad \frac{\partial}{\partial x} = \frac{\partial}{\partial x'} \frac{\partial x'}{\partial x} = \frac{1}{k} \frac{\partial}{\partial x'}$$

ergibt sich die einfachste Form einer instationären Wärmeleitgleichung

$$\frac{\partial u}{\partial t} - \frac{\partial^2 u}{\partial x'^2} = \bar{f}.$$

2.1.4 Verallgemeinerung auf den mehrdimensionalen Fall und auf Wärmeleit-Wärmetransportprobleme

Der mehrdimensionale Fall (2D, 3D): $\Omega \subset \mathbb{R}^d, d = 2, 3$

Die Herleitung der instationären Wärmeleitgleichung in differentieller Form erfolgt analog zum 1D-Fall, vgl. Abschnitt 2.1.3, und zur Herleitung stationärer Wärmeleitprobleme in mehrdimensionalen Gebieten (siehe Abschnitt 2.1.2). Man erhält das folgende Anfangsrandwertproblem.

Gesucht ist $u \in C^{2,1}(Q_T) \cap C^{1,0}((\Omega \cup \Gamma_2 \cup \Gamma_3) \times (0,T)) \cap C(\overline{Q}_T)$, so dass

$$c(x)\rho(x)\frac{\partial u}{\partial t} - \sum_{i=1}^{d} \frac{\partial}{\partial x_i}\left(\lambda_i(x)\frac{\partial u}{\partial x_i}\right) = f(x,t) \quad \text{für alle } (x,t) \in Q_T = \Omega \times (0,T) \quad (2.12)$$

gilt und die Randbedingungen

$$u(x,t) = g_1(x,t) \qquad \text{für alle } (x,t) \in \Gamma_1 \times (0,T)$$

$$\frac{\partial u}{\partial N} = g_2(x,t) \qquad \text{für alle } (x,t) \in \Gamma_2 \times (0,T)$$

$$\frac{\partial u}{\partial N} + \alpha(x,t)u(x,t) = \alpha(x,t)u_A(x,t) \qquad \text{für alle } (x,t) \in \Gamma_3 \times (0,T)$$

mit $\partial\Omega = \overline{\Gamma}_1 \cup \overline{\Gamma}_2 \cup \overline{\Gamma}_3$, $\Gamma_i \cap \Gamma_j = \emptyset$, $i \neq j$, $i,j = 1,2,3$, sowie die Anfangsbedingung

$$u(x,0) \;=\; u_0(x) \quad \text{für alle } x \in \overline{\Omega}$$

erfüllt werden ($x = (x_1,x_2)$ bzw. $x = (x_1,x_2,x_3)$).

Die Funktionenmenge $C^{2,1}(Q_T)$ umfasst alle Funktionen, die zweimal stetig differenzierbar bezüglich des Ortes $x \in \Omega$ sowie einmal stetig differenzierbar bezüglich der Zeit $t \in (0,T)$ sind, und $C^{1,0}((\Omega \cup \Gamma_2 \cup \Gamma_3) \times (0,T))$ alle Funktionen, die einmal stetig differenzierbar bezüglich des Ortes $x \in \Omega \cup \Gamma_2 \cup \Gamma_3$ sowie stetig bezüglich der Zeit $t \in (0,T)$ sind.

Instationäre (stationäre) Wärmeleit-Wärmetransportprobleme

Eine weitere wichtige Klasse von Randwertproblemen sind Wärmeleit-Wärmetransportprobleme. Hierbei wird das Gebiet Ω als eine fixierte Teilmenge des Raumes $\mathbb{R}^d$ betrachtet, durch welche Material mit einer Geschwindigkeit $\vec{b} = (b_1(x,t) \ldots b_d(x,t))^T$ fließt. Das den Vorgang beschreibende Anfangsrandwertproblem lautet wie folgt:

Gesucht ist $u \in C^{2,1}(Q_T) \cap C^{1,0}((\Omega \cup \Gamma_2 \cup \Gamma_3) \times (0,T)) \cap C(\overline{Q}_T)$, so dass

$$c(x)\rho(x)\frac{\partial u}{\partial t} - \underbrace{\sum_{i=1}^d \frac{\partial}{\partial x_i}\left(\lambda_i(x)\frac{\partial u}{\partial x_i}\right)}_{\text{Wärmeleitung}} + \underbrace{\sum_{i=1}^d b_i(x,t)\frac{\partial u}{\partial x_i}}_{\text{Wärmetransport}} + \underbrace{\bar{q}(x,t)u(x,t)}_{\text{nur im 1D- bzw. im 2D-Fall}}$$

$$= f(x,t) + \underbrace{\bar{q}(x,t)u_A(x,t)}_{\text{nur im 1D- bzw. im 2D-Fall}} \qquad \text{für alle } (x,t) \in Q_T = \Omega \times (0,T)$$

(2.13)

gilt und die Randbedingungen

$$u(x,t) \;=\; g_1(x,t) \qquad \text{für alle } (x,t) \in \Gamma_1 \times (0,T)$$

$$\frac{\partial u}{\partial N} \;=\; g_2(x,t) \qquad \text{für alle } (x,t) \in \Gamma_2 \times (0,T)$$

$$\frac{\partial u}{\partial N} + \alpha(x,t)u(x,t) \;=\; \alpha(x,t)u_A(x,t) \qquad \text{für alle } (x,t) \in \Gamma_3 \times (0,T)$$

sowie die Anfangsbedingung

$$u(x,0) = u_0(x) \qquad \text{für alle } x \in \overline{\Omega}$$

erfüllt werden.

Bemerkung 2.6

Bei der stationären Wärmeleit-Wärmetransportgleichung wird die Lösung u als eine Funktion $u(x)$ im Gebiet Ω gesucht. Gleichzeitig sind alle Eingangsdaten von t unabhängig. Weiterhin entfallen der Term $c\rho\frac{\partial u}{\partial t}$ in der Differentialgleichung sowie die Anfangsbedingung.

2.2 Problemstellungen aus der Festkörpermechanik

Genauso wie bei der Modellierung von Wärmeleitproblemen beginnen wir wieder die Beschreibung der Modellierungsschritte anhand eines einfachen, örtlich eindimensionalen Beispiels. Wir
betrachten die statische Deformation und die dynamischen Schwingungen eines longitudinal belasteten, linear elastischen Stabes unter der Voraussetzung kleiner Verschiebungen und Deformationen. Wie im Fall der Wärmeleitung lassen sich die Modellierungstechniken dann wieder
einfach auf den 3D Fall übertragen.

2.2.1 Ein statisches 1D Problem: Deformation eines Stabes

Mechanisches Problem

Gesucht ist die Längsverschiebung $u(x_1)$, $x_1 \in [0, \ell]$, eines longitudinal belasteten, materialhomogenen, linear elastischen Stabes mit der Länge ℓ und konstantem Querschnitt Q. Wir setzen
kleine Verschiebungen und Deformationen voraus und nehmen an, dass die Länge ℓ des Stabes
sehr viel größer ist als der Durchmesser seines Querschnitts Q. Die longitudinal wirkende Volu-
menkraft (z.B. Schwerkraft) sei durch die Kraftdichtefunktion f gegeben. Der Stab sei im Punkt
$P(x_1) = P(0)$ fest eingespannt, so dass dort die Verschiebung gleich Null ist, d.h. dass $u(0) = 0$
gilt. Dies ist wieder eine *Randbedingung 1. Art* oder *Dirichletsche Randbedingung*. Am anderen
Ende des Stabes im Punkt $P(x_1) = P(\ell)$ greife eine Flächenkraft mit der Kraftdichte t_ℓ an.

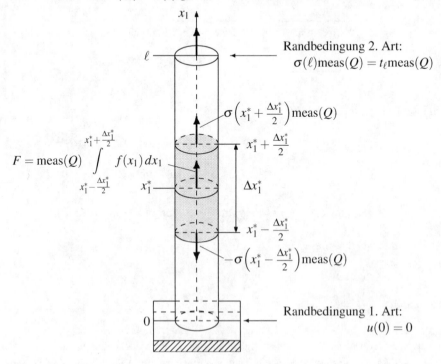

Abbildung 2.12: Stab im statischen Kräftegleichgewicht

Wir führen nun die Spannung σ als Schnittgröße, welche die Kraft pro Schnittfläche wiedergibt, ein. Aus dem Kräftegleichgewicht folgt dann sofort, dass $\sigma(\ell)$ gleich t_ℓ sein muss. Wir werden sehen, dass dies eine *Randbedingung 2. Art* oder *Neumannsche Randbedingung* ist. Die Abbildung 2.12 veranschaulicht das soeben beschriebene mechanische Problem.

Kräftegleichgewicht an einem „kleinen" Stabstück S der Länge Δx_1^*

Die Schnittkräfte, die am virtuell herausgeschnittenen Stabstück $S = \left(x_1^* - \frac{\Delta x_1^*}{2}, x_1^* + \frac{\Delta x_1^*}{2}\right) \times Q$ an der unteren und oberen Schnittfläche angreifen (siehe Abbildung 2.12), müssen im Gleichgewicht mit den Volumenkräften stehen, d.h. für alle $x_1^* \in (0, \ell)$ und für alle $\Delta x_1^* > 0$ mit $\left[x_1^* - \frac{\Delta x_1^*}{2}, x_1^* + \frac{\Delta x_1^*}{2}\right] \subset [0, \ell]$ gilt die Kräftegleichgewichtsbeziehung

$$-\sigma\left(x_1^* - \frac{\Delta x_1^*}{2}\right) \operatorname{meas}(Q) + \sigma\left(x_1^* + \frac{\Delta x_1^*}{2}\right) \operatorname{meas}(Q) + \operatorname{meas}(Q) \int_{x_1^* - \frac{\Delta x_1^*}{2}}^{x_1^* + \frac{\Delta x_1^*}{2}} f(x_1)\,dx_1 = 0. \quad (2.14)$$

Geometrische Beziehung zwischen Deformation und Verschiebung

Die Deformation ε eines Stabes wird durch die relative Längenänderung eines virtuell herausgeschnittenen, beliebig kleinen Stabstückes definiert (siehe Abbildung 2.13).

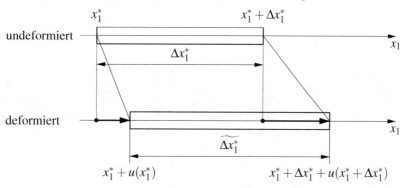

Abbildung 2.13: Geometrische Beziehungen

Durch Grenzwertbildung erhalten wir unter entsprechenden Glattheitsvoraussetzungen an die Verschiebung die geometrische Beziehung

$$\begin{aligned}
\varepsilon(x_1) &= \lim_{\Delta x_1 \to 0} \frac{[(x_1 + \Delta x_1 + u(x_1 + \Delta x_1)) - (x_1 + u(x_1))] - \Delta x_1}{\Delta x_1} \\
&= \lim_{\Delta x_1 \to 0} \frac{u(x_1 + \Delta x_1) - u(x_1)}{\Delta x_1} \\
&= u'(x_1)
\end{aligned} \quad (2.15)$$

zwischen der Deformation und der Verschiebung.

Das Hookesche Gesetz

Das *Hookesche Gesetz* spielt in der Mechanik die gleiche Rolle wie das Fouriersche Gesetz in der Wärmeleitung. Es ist ein Erfahrungsgesetz und besagt, dass die Spannung σ proportional zur Deformation ε ist (siehe Abbildung 2.14).

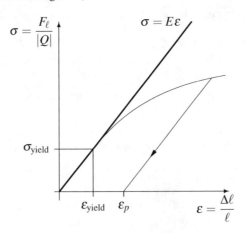

Abbildung 2.14: σ–ε-Diagramm

Damit ergibt sich die Beziehung

$$\sigma = E\varepsilon \tag{2.16}$$

zwischen der Spannung σ und der Deformation ε. Der Proportionalitätsfaktor E heißt Youngscher Elastizitätsmodul. Über den Youngschen Elastizitätsmodul gehen die Materialeigenschaften in das Modell ein. Der Elastizitätsmodul E wird experimentell bestimmt. Dazu kann das in den Abbildungen 2.12 und 2.14 dargestellte Experiment mit einem reinen Zugstab ($f = 0$) verwendet werden. Die lineare Abhängigkeit der Spannung σ von der Deformation ε ist idealisiert. Falls die Spannung σ die Anfangsfließspannung σ_{yield} überschreitet, beginnt das Material zu fließen und es bleiben auch nach völliger Zurücknahme der Belastung plastische Deformationen ε_{p} zurück (siehe zum Beispiel [KL84], [SH98] oder [Wri01]).

Randbedingungen

Wie wir schon anfangs für unser Modellbeispiel festgestellt haben (siehe auch Abbildung 2.12), liegt im Punkt $P(x_1) = P(0)$ die homogene Dirichletsche Randbedingung (wesentliche Randbedingung, Randbedingungen 1. Art)

$$u(0) = 0 \tag{2.17}$$

vor. Unter Benutzung des Hookschen Gesetzes und der Beziehung (2.15) sehen wir nun, dass im Punkt $P(x_1) = P(\ell)$ die inhomogene Neumannsche Randbedingung (natürliche Randbedingung, Randbedingung 2. Art)

$$\sigma(\ell) = E(\ell)u'(\ell) = t_\ell \tag{2.18}$$

vorliegt. Natürlich sind auch andere Randbedingungen beziehungsweise andere Konstellationen der Randbedingungen möglich. Zum Beispiel kann der Stab im Punkt $P(x_1) = P(0)$ elastisch gebettet sein. Dann ergibt sich eine Randbedingung der Art $-\sigma(\ell) = \alpha(u(0) - 0) = \alpha u(0)$ mit der Bettungszahl α. Das ist eine *Randbedingung* 3. *Art* oder *Robinsche Randbedingung*. Diese Art von Randbedingungen zählt ebenfalls zu den natürlichen Randbedingungen.

Integrale Form

Zusammen mit den geometrischen Beziehungen (2.15), dem Hookschen Gesetz (2.16) und den Randbedingungen (2.17) – (2.18) gibt die integrale Form des Kräftegleichgewichts (2.14) ein komplettes mathematisch-mechanisches Modell zur Beschreibung der statischen Deformation eines Stabes. Dieses erlaubt es uns, die auftretenden Verschiebungen, Deformationen und Spannungen eindeutig zu bestimmen.

Differentielle Form

Aus den geometrischen Beziehungen (2.15) und dem Hookschen Gesetz (2.16) ergibt sich die Beziehung $\sigma(x_1) = E(x_1)u'(x_1)$. Setzen wir dies in die integrale Form (2.14) des Kräftegleichgewichts ein und multiplizieren wir die dadurch erhaltene Gleichung mit $-1/(\Delta x_1^* \mathrm{meas}(Q))$, dann erhalten wir unter Beachtung der entsprechenden Differenzierbarkeitsvoraussetzungen durch den Grenzübergang $\Delta x_1^* \to 0$ wieder, wie im Falle der Wärmeleitung (siehe Abschnitt 2.1.1), die differentielle Form. Zusammen mit den Randbedingungen ergibt sich das folgende Randwertproblem (2.19).

Gesucht ist die Verschiebung $u(x) \in C^2(0,\ell) \cap C^1(0,\ell] \cap C[0,\ell]$, so dass die Differentialgleichung

$$- (E(x)u'(x))' = f(x) \quad \text{für alle } x \in (0,\ell) \tag{2.19}$$

gilt sowie die Randbedingungen $u(0) = 0$ und $E(\ell)u'(\ell) = t_\ell$ erfüllt werden.

(Zur Vereinfachung der Schreibweise haben wir für die Ortsvariable x anstelle von x_1 geschrieben.) Aus der Verschiebung $u(x)$ erhalten wir über die geometrischen Beziehungen (2.15) die Deformation $\varepsilon(x)$ und schließlich über das Hooksche Gesetz (2.16) die Spannung $\sigma(x)$. Damit sind alle mechanischen Grundgrößen bekannt. Falls der Stab aus einem homogenen Material besteht, wie wir das oben angenommen haben, dann ist der Youngsche Elastizitätsmodul E für den gesamten Stab konstant, d.h. $E(x) = E = \mathrm{konst.} > 0$ für alle $x \in [0,\ell]$. Damit nimmt die gewöhnliche Differentialgleichung (2.19) die einfache Form $-E u''(x) = f(x)$ an.

Die Differentialgleichung (2.19) ist eine typische Vertreterin aus der Klasse der elliptischen Differentialgleichungen zweiter Ordnung.

2.2.2 Der dynamische Fall: Longitudinalschwingungen eines Stabes

Mechanisches Problem

Gesucht sind die durch das Verschiebungsfeld $u(x_1,t)$ mit $x_1 \in [0,\ell]$ und $t \in [0,T]$ beschriebenen Längsschwingungen (Longitudinalschwingungen) eines longitudinal, durch zeitabhängige Volumenkräfte $f(x_1,t)$ (Volumenkraftdichte) und durch eine Flächenkraft $t_\ell(t)$ im Punkt $P(x_1) = P(\ell)$ dynamisch belasteten, materialhomogenen, linear elastischen Stabes der Länge ℓ mit konstantem Querschnitt Q. Wir setzen wieder kleine Verschiebungen und Deformationen voraus. Wie im statischen Fall nehmen wir an, dass die Länge ℓ sehr viel größer ist als der Durchmesser des Querschnitts Q des Stabes. Der Stab sei wieder im Punkt $P(x_1) = P(0)$ fest eingespannt, d.h. $u(0,t) = 0$ für alle $t \in [0,T]$. Das oben beschriebene mechanische Problem ist offenbar das dynamische Analogon des statisch belasteten Stabes aus dem Abschnitt 2.2.1.

Das dynamische Kräftegleichgewicht an einem „kleinen" Stabstück S der Länge Δx_1^*

Aus dem zweiten Newtonschen Gesetz (Kraft = Masse mal Beschleunigung) ergibt sich sofort, dass an jedem virtuell herausgeschnittenen Stabstück $S = \left(x_1^* - \frac{\Delta x_1^*}{2}, x_1^* + \frac{\Delta x_1^*}{2}\right) \times Q$ die resultierenden Volumen- und Oberflächenkräfte im Gleichgewicht mit den Trägheitskräften stehen, d.h.

$$-\sigma\left(x_1^* - \frac{\Delta x_1^*}{2}, t\right) \mathrm{meas}(Q) + \sigma\left(x_1^* + \frac{\Delta x_1^*}{2}, t\right) \mathrm{meas}(Q)$$

$$+ \ \mathrm{meas}(Q) \int\limits_{x_1^* - \frac{\Delta x_1^*}{2}}^{x_1^* + \frac{\Delta x_1^*}{2}} f(x_1,t)\,dx_1 = \ \mathrm{meas}(Q) \int\limits_{x_1^* - \frac{\Delta x_1^*}{2}}^{x_1^* + \frac{\Delta x_1^*}{2}} a(x_1,t)\rho(x_1)\,dx_1, \qquad (2.20)$$

wobei ρ die Dichte bezeichnet. Die Beschleunigung

$$a(x_1,t) = \frac{\partial v}{\partial t}(x_1,t) = \frac{\partial^2 u}{\partial t^2}(x_1,t)$$

ergibt sich aus der ersten partiellen zeitlichen Ableitung der Geschwindigkeit v, die sich ihrerseits aus der ersten partiellen Zeitableitung der Verschiebungen u ergibt.

Integrale Form

Durch Integration von (2.20) über ein beliebiges Zeitintervall $\left[t^* - \frac{\Delta t^*}{2}, t^* + \frac{\Delta t^*}{2}\right] \subset [0,T]$ und unter Verwendung der geometrischen Beziehungen (2.15) und des Hookschen Gesetzes (2.16) erhalten wir die integrale Form

$$\int\limits_{t^* - \frac{\Delta t^*}{2}}^{t^* + \frac{\Delta t^*}{2}} \left[E\left(x_1^* + \frac{\Delta x_1^*}{2}\right) \frac{\partial u}{\partial x}\left(x_1^* + \frac{\Delta x_1^*}{2}, t\right) - E\left(x_1^* - \frac{\Delta x_1^*}{2}\right) \frac{\partial u}{\partial x}\left(x_1^* - \frac{\Delta x_1^*}{2}, t\right) \right] dt$$

$$+ \int\limits_{t^* - \frac{\Delta t^*}{2}}^{t^* + \frac{\Delta t^*}{2}} \int\limits_{x_1^* - \frac{\Delta x_1^*}{2}}^{x_1^* + \frac{\Delta x_1^*}{2}} f(x_1,t)\,dx_1\,dt = \int\limits_{x_1^* - \frac{\Delta x_1^*}{2}}^{x_1^* + \frac{\Delta x_1^*}{2}} \left[\frac{\partial^2 u}{\partial t^2}\left(x_1, t^* + \frac{\Delta t^*}{2}\right) - \frac{\partial^2 u}{\partial t^2}\left(x_1, t^* - \frac{\Delta t^*}{2}\right) \right] \rho(x_1)\,dx_1, \qquad (2.21)$$

die für alle $x_1^* \in (0,\ell)$ und alle $\Delta x_1^* > 0$ mit $\left[x_1^* - \frac{\Delta x_1^*}{2}, x_1^* + \frac{\Delta x_1^*}{2}\right] \subset [0,\ell]$ sowie für alle $t^* \in (0,T)$ und alle $\Delta t^* > 0$ mit $\left[t^* - \frac{\Delta t^*}{2}, t^* + \frac{\Delta t^*}{2}\right] \subset [0,T]$ gelten muss. Dazu kommen noch die oben angegebenen Randbedingungen und die Anfangsbedingungen. Zum Anfangszeitpunkt $t = 0$ sind die Anfangsverschiebungen $u_0(x_1)$ und die Anfangsgeschwindigkeiten $v_0(x_1)$ in jedem Punkt $P(x_1)$, $x_1 \in [0, \ell]$, des Stabes vorgegeben.

Differentielle Form

Multiplizieren wir die Gleichung (2.21) mit $1/(\Delta t^* \Delta x_1^*)$ und lassen Δx_1^* sowie Δt^* gegen Null streben, dann erhalten wir bei glatten Eingangsdaten die differentielle Form der Schwingungsgleichung. (Zur Vereinfachung der Schreibweise lassen wir bei der Ortsvariablen wieder den Index 1 weg.)

Gesucht ist $u \in C^{2,2}(Q_T) \cap C(\overline{Q}_T) \cap C^{1,0}((0, \ell] \times (0, T)) \cap C^{0,1}([0, \ell] \times [0, T))$, so dass

$$\rho(x) \frac{\partial^2 u}{\partial t^2}(x,t) - \frac{\partial}{\partial x} \left(E(x) \frac{\partial u}{\partial x}(x,t) \right) = f(x,t) \quad \text{für alle } (x,t) \in Q_T = (0, \ell) \times (0, T)$$

$$(2.22)$$

gilt und die Randbedingungen

$$\left. \begin{array}{rcl} u(0,t) & = & 0 \\[2mm] E(\ell) \dfrac{\partial u}{\partial x}(\ell,t) & = & t_\ell(t) \end{array} \right\} \quad \text{für alle } t \in (0, T)$$

sowie die Anfangsbedingungen

$$u(x,0) = u_0(x) \quad \text{und} \quad \frac{\partial u}{\partial t}(x,0) = v_0(x) \quad \text{für alle } x \in [0, \ell]$$

erfüllt werden.

Die Schwingungsgleichung (2.22) ist eine typische Vertreterin aus der Klasse der hyperbolischen Differentialgleichungen zweiter Ordnung.

2.2.3 Mehrdimensionale lineare Elastizitätsprobleme

Mechanische Problemstellungen in der Statik und Dynamik

Gesucht ist das Verschiebungsfeld $\vec{u}(x) = (u_1(x)\ u_2(x)\ u_3(x))^T$, $x = (x_1, x_2, x_3) \in \overline{\Omega}$, eines statisch, durch Volumen- und Oberflächenkräfte belasteten, materialhomogenen, isotropen, linear elastischen Körpers, der im undeformierten Zustand das beschränkte Gebiet $\Omega \subset \mathbb{R}^3$ einnimmt. Dabei setzen wir wieder kleine Verschiebungen und Deformationen voraus. Die Volumenkräfte sind durch die Volumenkraftdichtefunktion $\vec{f}(x) = (f_1(x)\ f_2(x)\ f_3(x))^T$ mit $x \in \Omega$ gegeben. Die Oberflächenkräfte, die durch die Oberflächenkräftedichtefunktion $\vec{g}_2 = (g_{21}\ g_{22}\ g_{23})^T$ definiert sind, greifen am Randstück Γ_2 an (Neumannsche Randbedingung), während auf Γ_1 die Verschiebungen $\vec{g}_1 = (g_{11}\ g_{12}\ g_{13})^T$ vorgegeben sind (Dirichletsche Randbedingung). Für den Rand $\partial\Omega$ des Gebietes Ω gilt $\partial\Omega = \overline{\Gamma}_1 \cup \overline{\Gamma}_2$ mit $\Gamma_1 \cap \Gamma_2 = \emptyset$. In der Elastodynamik lassen wir zu, dass die Volumen- und Oberflächenkräfte sowie die vorgegebenen Randverschiebungen sich zeitlich ändern können und die Trägheitskräfte nicht mehr vernachlässigbar sind.

Spannungszustand (Kinetik)

Der Spannungszustand in einem Punkt $x \in \overline{\Omega}$ wird durch die Menge $\{\vec{t}^{(n)}(x) = (t_1^{(n)} \ t_2^{(n)} \ t_3^{(n)})^T :$ $n = \vec{n} \in \mathcal{N} = \{n \in \mathbb{R}^3 : |n| = 1\}\}$ aller totalen Spannungen $\vec{t}^{(n)}(x)$ definiert. Unter der totalen Spannung $\vec{t}^{(n)}(x)$ verstehen wir die Spannung, die im Punkt x auf eine Schnittfläche mit der Normalen $\vec{n}(x)$ wirkt. Die Komponenten der totalen Spannungen $\vec{t}^{(e^{(i)})}(x) = (\sigma_{i1} \ \sigma_{i2} \ \sigma_{i3})^T$ für die Einheitsvektoren $e^{(i)} = (e_1^{(i)} \ e_2^{(i)} \ e_3^{(i)})^T$ mit $e_j^{(i)} = \delta_{ij}, i, j = 1, 2, 3$, definieren den Spannungstensor

$$\sigma = \sigma(x) = \begin{pmatrix} \sigma_{11} & \sigma_{12} & \sigma_{13} \\ \sigma_{21} & \sigma_{22} & \sigma_{23} \\ \sigma_{31} & \sigma_{32} & \sigma_{33} \end{pmatrix}.$$

(δ_{ij} bezeichnet das *Kronecker-Symbol*. Es gilt $\delta_{ij} = 1$ für $i = j$ und $\delta_{ij} = 0$ für $i \neq j$.)
Sind die Komponenten σ_{ij} des Spannungstensors σ im Punkt $x \in \overline{\Omega}$ bekannt, dann lassen sich die totalen Spannungen $\vec{t}^{(n)}(x)$ mit der Transformationsformel

$$t_i^{(n)}(x) = \sigma_{1i} n_1 + \sigma_{2i} n_2 + \sigma_{3i} n_3, \quad i = 1, 2, 3, \tag{2.23}$$

für jede Einheitsnormale $n = (n_1 \ n_2 \ n_3)^T \in \mathcal{N}$ berechnen. Die Transformationsformel (2.23) kann mechanisch leicht verifiziert werden, indem das Kräftegleichgewicht an einem geeignet gewählten Tetraeder betrachtet wird.

Analog zur Herleitung der stationären Wärmeleitgleichung (2.7) aus der Wärmemengenbilanz an einem aus Ω virtuell herausgeschnitten Quader „$\Delta x_1^* \times \Delta x_2^* \times \Delta x_3^*$" (siehe Abbildung 2.6) können wir nun wie folgt vorgehen. Wir schneiden virtuell einen Quader aus einem sich im statischen Kräftegleichgewicht befindlichen Körper aus und betrachten an diesem Quader das Kräftegleichgewicht. Dann können wir das folgende System von partiellen Differentialgleichungen ableiten:

$$-\frac{\partial \sigma_{1i}}{\partial x_1}(x) - \frac{\partial \sigma_{2i}}{\partial x_2}(x) - \frac{\partial \sigma_{3i}}{\partial x_3}(x) = f_i(x) \quad \text{für alle } x \in \Omega, \ i = 1, 2, 3. \tag{2.24}$$

Dieses Differentialgleichungssystem kann auch kurz in der Form

$$-\operatorname{div} \sigma = \vec{f} \quad \text{in } \Omega \tag{2.25}$$

geschrieben werden. Mathematisch eleganter lassen sich die Differentialgleichungen (2.24) bzw. (2.25) mit Hilfe des Gaußschen Integralsatzes ableiten (vergleiche auch Bemerkung 2.2). Tatsächlich, für alle, aus einem im statischen Gleichgewicht befindlichen Körper Ω, virtuell herausgeschnittenen, hinreichend regulären Teilgebiete G müssen die resultierenden Kräfte und Momente gleich Null sein, d.h.

$$-\int_{\partial G} t_i^{(n)}(x) \, dO + \int_G f_i(x) \, dx = 0, \quad i = 1, 2, 3, \tag{2.26}$$

und

$$-\int_{\partial G} x \times \vec{t}^{(n)}(x) \, dO + \int_G x \times \vec{f}(x) \, dx = 0. \tag{2.27}$$

Aus der integralen Form des Kräftegleichgewichtes (2.26) erhalten wir mit Hilfe der Transformationsformel (2.23) und des Gaußschen Integralsatzes (siehe [MV01a, Zei13]) die Integralbeziehungen

$$\int_G \sum_{j=1}^{3} \frac{\partial \sigma_{ji}}{\partial x_j}(x)\,dx + \int_G f_i(x)\,dx = 0, \quad i = 1,2,3,$$

die wegen der Beliebigkeit von G und der vorausgesetzten Stetigkeit der Integranden sofort auf die Differentialgleichungen (2.24) bzw. (2.25) führen. Analog erhalten wir aus der integralen Form des Momentengleichgewichts (2.26) die Integralbeziehungen

$$\int_G x \times (\vec{f}(x) + \operatorname{div}\sigma(x))\,dx + \int_G \begin{pmatrix} \sigma_{23}(x) - \sigma_{32}(x) \\ \sigma_{31}(x) - \sigma_{13}(x) \\ \sigma_{12}(x) - \sigma_{21}(x) \end{pmatrix} dx = 0,$$

die wegen (2.25) die Symmetrie des Spannungstensors zur Folge haben, d.h.

$$\sigma_{ij} = \sigma_{ji} \quad \text{für alle } i,j = 1,2,3.$$

Im dynamischen Fall muss wieder die Trägheitskraft berücksichtigt werden. Analog zum statischen Fall ergibt das dynamische Kräftegleichgewicht die Integralbeziehung

$$\int_{\partial G} \vec{t}^{(n)}(x,t)\,ds + \int_G \vec{f}(x,t)\,dx = \int_G \rho\,\vec{a}(x,t)\,dx, \tag{2.28}$$

und das dynamische Momentengleichgewicht die Integralbeziehung

$$\int_{\partial G} x \times \vec{t}^{(n)}(x,t)\,ds + \int_G x \times \vec{f}(x,t)\,dx = \int_G \rho\, x \times \vec{a}(x,t)\,dx. \tag{2.29}$$

Dabei bezeichnen wieder $\vec{a}$ die Beschleunigung und ρ die Dichte. Aus der integralen Form des dynamischen Kräftegleichgewichts (2.28) folgen die Differentialgleichungen

$$\rho\,\vec{a} - \operatorname{div}\sigma = \vec{f}, \tag{2.30}$$

die im gesamten Raum-Zeit-Zylinder $Q_T = \Omega \times (0,T)$ erfüllt sein müssen. Die integrale Form des dynamischen Momentengleichgewichts (2.29) hat wieder die Symmetrie des Spannungstensors zur Folge.

Verzerrungszustand (Kinematik)

Unter der Wirkung externer Kräfte bewegt sich ein materieller Punkt $P(x) = P(x_1, x_2, x_3)$ eines deformierbaren Körpers $\overline{\Omega}$ in eine andere Position $x + \vec{u}(x)$. Dabei ist $\vec{u} = (u_1(x)\ u_2(x)\ u_3(x))^T$ der Verschiebungsvektor.

Der Abstand ds des Punkts $P(x)$ zu einem benachbarten Punkt $P(x + dx)$ ändert sich durch die Deformation zu $\widetilde{ds}$ (siehe Abbildung 2.15). Für die Längenänderung erhalten wir im differenti-

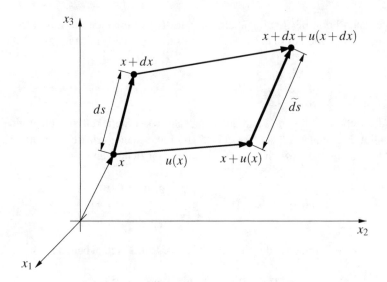

Abbildung 2.15: Geometrische Beziehungen

ellen Rechnungskalkül die Beziehungen

$$(\widetilde{ds})^2 - (ds)^2 = 2\sum_{i=1}^{3} dx_i du_i + \sum_{i=1}^{3} (du_i)^2$$

$$= 2\sum_{i=1}^{3} dx_i \sum_{j=1}^{3} \frac{\partial u_i}{\partial x_j} dx_j + \sum_{i=1}^{3} \left(\sum_{j=1}^{3} \frac{\partial u_i}{\partial x_j} dx_j \right)^2$$

$$= 2\sum_{i,j=1}^{3} e_{ij} dx_i dx_j.$$

Der symmetrische Tensor zweiter Ordnung

$$e = e(x) = (e_{ij})_{i,j=1,2,3} \quad \text{mit} \quad e_{ij} = \frac{1}{2} \left(\frac{\partial u_i}{\partial x_j} + \frac{\partial u_j}{\partial x_i} + \sum_{k=1}^{3} \frac{\partial u_k}{\partial x_i} \frac{\partial u_k}{\partial x_j} \right) \qquad (2.31)$$

heißt *Greenscher Verzerrungstensor*.

Im folgenden setzen wir voraus, dass

$$\left| \frac{\partial u_i}{\partial x_j} \right| \ll 1 \quad \text{für alle } i,j = 1,2,3$$

gilt. Dann können in (2.31) die quadratischen Terme vernachlässigt werden. Der symmetrische Tensor zweiter Ordnung

$$\varepsilon = \varepsilon(x) = (\varepsilon_{ij})_{i,j=1,2,3} \quad \text{mit} \quad \varepsilon_{ij} = \varepsilon_{ij}(\vec{u}) = \frac{1}{2} \left(\frac{\partial u_i}{\partial x_j} + \frac{\partial u_j}{\partial x_i} \right) \qquad (2.32)$$

heißt *Cauchyscher Verzerrungstensor*. Aus den obigen Betrachtungen folgt, dass die Komponenten ε_{ii} die relative Längenänderung des Linienelementes "dx_i" widerspiegeln, während $\gamma_{ij} = 2\varepsilon_{ij}$ mit $i \neq j$ die Änderung des Winkels zwischen den Linienelementen „dx_i" und „dx_j" beschreibt (Schubwinkel).

Ein Verschiebungsfeld $\vec{u}$ produziert genau dann keine Deformationen, wenn es eine Starrkörperverschiebung ist, d.h.

$$\varepsilon = 0 \Longleftrightarrow \vec{u} \in \mathscr{R} = \{\vec{u} = a \times x + b : a, b \in \mathbb{R}^3\}.$$

Dabei ist

$$\mathscr{R} = \text{span}\left\{\begin{pmatrix} 1 \\ 0 \\ 0 \end{pmatrix}, \begin{pmatrix} 0 \\ 1 \\ 0 \end{pmatrix}, \begin{pmatrix} 0 \\ 0 \\ 1 \end{pmatrix}, \begin{pmatrix} -x_2 \\ x_1 \\ 0 \end{pmatrix}, \begin{pmatrix} 0 \\ -x_3 \\ x_2 \end{pmatrix}, \begin{pmatrix} x_3 \\ 0 \\ -x_1 \end{pmatrix}\right\}$$

der Unterraum der Starrkörperverschiebungen, der durch jeweils drei Translationen und Rotationen aufgespannt wird, ist.

Das Hookesche Gesetz (Stoffgesetz)

Im Mehrdimensionalen wird ein linear-elastisches Materialverhalten durch das Hookesche Gesetz

$$\sigma_{ij} = \sum_{k,l=1}^{3} D_{ijkl}\varepsilon_{kl}, \quad i,j = 1,2,3, \tag{2.33}$$

beschrieben, d.h. es wird wie in (2.16) eine lineare Beziehung zwischen σ und ε angenommen. Die Koeffizienten D_{ijkl} heißen elastische Koeffizienten. Das Material wird homogen genannt, falls die elastischen Koeffizienten D_{ijkl} nicht von x abhängen. Andernfalls wird von einem inhomogenen, linear-elastischen Material gesprochen. Aus den Symmetrieeigenschaften des Spannungs- und Verzerrungstensors folgt, dass von den 81 elastischen Koeffizienten nur 21 Koeffizienten unabhängig voneinander gewählt werden können. Orthotrope Materialien können durch 9 unabhängige elastische Koeffizienten beschrieben werden. Im Falle isotroper Materialien sind die Materialeigenschaften nicht mehr richtungsabhängig. Dann bleiben 2 unabhängige elastische Koeffizienten übrig. Mit den positiven Laméschen Elastizitätskonstanten λ_e und μ_e ergibt sich die Darstellung

$$D_{ijkl} = \lambda_e \delta_{ij}\delta_{kl} + \mu_e(\delta_{ik}\delta_{jl} + \delta_{il}\delta_{jk}), \quad i,j,k,l = 1,2,3. \tag{2.34}$$

Setzen wir diese Beziehungen in die Gleichungen (2.33) ein, erhalten wir für $i = 1,2,3$

$$\begin{aligned}
\sigma_{ii} &= \sum_{k,l=1}^{3} D_{iikl}\varepsilon_{kl} \\
&= D_{ii11}\varepsilon_{11} + D_{ii22}\varepsilon_{22} + D_{ii33}\varepsilon_{33} \\
&\quad + D_{ii12}\varepsilon_{12} + D_{ii21}\varepsilon_{21} + D_{ii13}\varepsilon_{13} + D_{ii31}\varepsilon_{31} + D_{ii23}\varepsilon_{23} + D_{ii32}\varepsilon_{32} \\
&= \lambda_e(\varepsilon_{11} + \varepsilon_{22} + \varepsilon_{33}) + 2\mu_e\varepsilon_{ii}
\end{aligned} \tag{2.35}$$

und für $i,j = 1,2,3,\ i \neq j$,

$$
\begin{aligned}
\sigma_{ij} &= \sum_{k,l=1}^{3} D_{ijkl}\varepsilon_{kl} \\
&= D_{ij11}\varepsilon_{11} + D_{ij22}\varepsilon_{ij22} + D_{ij33}\varepsilon_{33} \\
&\quad + D_{ij12}\varepsilon_{12} + D_{ij21}\varepsilon_{21} + D_{ij13}\varepsilon_{13} + D_{ij31}\varepsilon_{31} + D_{ij23}\varepsilon_{23} + D_{ij32}\varepsilon_{32} \\
&= \mu_{e}\varepsilon_{ij} + \mu_{e}\varepsilon_{ji} \\
&= 2\mu_{e}\varepsilon_{ij}\,.
\end{aligned}
\tag{2.36}
$$

Im letzten Schritt haben wir die Symmetrie des Cauchyschen Verzerrungstensors genutzt (siehe (2.32)).

Anstelle der Laméschen Elastizitätskonstanten λ_e und μ_e werden in der Literatur auch der Elastizitätsmodul E und die Poissonsche Querkontraktionszahl ν verwendet, die durch die Beziehung

$$
\lambda_e = \frac{E\nu}{(1+\nu)(1-2\nu)} \qquad \text{und} \qquad \mu_e = \frac{E}{2(1+\nu)}
\tag{2.37}
$$

mit den Laméschen Elastizitätskonstanten verknüpft sind. Die Elastizitätskonstanten werden experimentell bestimmt.

Die Laméschen Gleichungen der Elastostatik

Das statische Kräftegleichgewicht (2.24) bzw. (2.25), die Verzerrungs-Verschiebungsbeziehungen (2.32), das Hookesche Gesetz (2.33), die Dirichletschen Randbedingungen auf Γ_1 und die Neumannschen Randbedingungen auf Γ_2 geben eine komplette mathematische Beschreibung des am Anfang gestellten elastostatischen mechanischen Problems in divergenter Form.

Gesucht ist das Verschiebungsfeld $\vec{u} = (u_1 \ u_2 \ u_3)^T$ mit $u_1, u_2, u_3 \in C^2(\Omega) \cap C^1(\Omega \cup \Gamma_2) \cap C(\overline{\Omega})$, so dass die Laméschen partiellen Differentialgleichungen

$$
-\sum_{j=1}^{3} \frac{\partial}{\partial x_j} \sum_{k,l=1}^{3} D_{jikl}\varepsilon_{kl}(\vec{u}(x)) = f_i(x),\ i=1,2,3, \quad \text{für alle } x = (x_1,x_2,x_3) \in \Omega \tag{2.38}
$$

gelten und die Randbedingungen

$$
\vec{u}(x) = \vec{g}_1(x) \quad \text{für alle } x \in \Gamma_1,
$$

$$
t_i^{(n)}(x) := \sum_{j=1}^{3} \sigma_{ji}(x)n_j(x) := \sum_{j=1}^{3}\sum_{k,l=1}^{3} D_{jikl}\varepsilon_{kl}(\vec{u}(x))n_j(x) = g_{2i}(x),\ i=1,2,3, \text{ für alle } x \in \Gamma_2
$$

auf Γ_1 (Dirichlet) bzw. Γ_2 (Neumann) erfüllt werden. Die Komponenten $\varepsilon_{kl}(\vec{u}(x))$ des Cauchyschen Verzerrungstensors werden über die Beziehung (2.32) aus dem Verschiebungsfeld $\vec{u}$ berechnet und die elastischen Koeffizienten D_{jikl} für isotrope Materialien sind durch die Beziehung (2.34) definiert.

Die divergente Form (2.38) der Laméschen Gleichungen ist Ausgangspunkt für die Variationsformulierung, die wir im Kapitel 4 herleiten werden.

Ausgehend vom obigen Randwertproblem leiten wir noch eine äquivalente Formulierung dieses Randwertproblems im Fall eines isotropen Materials her. Die linke Seite der Differentialgleichung (2.38) lautet für $i = 1$ unter Nutzung des Hookeschen Gesetzes (2.33)

$$-\sum_{j=1}^{3}\frac{\partial}{\partial x_j}\sum_{k,l=1}^{3}D_{j1kl}\varepsilon_{kl}(\vec{u}(x)) = -\frac{\partial}{\partial x_1}\sum_{k,l=1}^{3}D_{11kl}\varepsilon_{kl}(\vec{u}(x)) - \frac{\partial}{\partial x_2}\sum_{k,l=1}^{3}D_{21kl}\varepsilon_{kl}(\vec{u}(x))$$

$$-\frac{\partial}{\partial x_3}\sum_{k,l=1}^{3}D_{31kl}\varepsilon_{kl}(\vec{u}(x)) \tag{2.39}$$

$$= -\frac{\partial\sigma_{11}}{\partial x_1} - \frac{\partial\sigma_{21}}{\partial x_2} - \frac{\partial\sigma_{31}}{\partial x_3} = -\sum_{j=1}^{3}\frac{\partial\sigma_{j1}}{\partial x_j}.$$

Daraus ergibt sich mittels der Beziehungen (2.35) und (2.36)

$$-\sum_{j=1}^{3}\frac{\partial}{\partial x_j}\sum_{k,l=1}^{3}D_{j1kl}\varepsilon_{kl}(\vec{u}(x)) = -\frac{\partial}{\partial x_1}\left(\lambda_e(\varepsilon_{11}+\varepsilon_{22}+\varepsilon_{33})+2\mu_e\varepsilon_{11}\right)$$

$$-\frac{\partial}{\partial x_2}\left(2\mu_e\varepsilon_{21}\right) - \frac{\partial}{\partial x_3}\left(2\mu_e\varepsilon_{31}\right).$$

Aufgrund der Definition (2.32) der Komponenten ε_{ij}, $i,j = 1,2,3$, des Cauchyschen Verzerrungstensors folgt

$$-\sum_{j=1}^{3}\frac{\partial}{\partial x_j}\sum_{k,l=1}^{3}D_{j1kl}\varepsilon_{kl}(\vec{u}(x)) = -\frac{\partial}{\partial x_1}\left(\lambda_e\left(\frac{\partial u_1}{\partial x_1}+\frac{\partial u_2}{\partial x_2}+\frac{\partial u_3}{\partial x_3}\right)+2\mu_e\frac{\partial u_1}{\partial x_1}\right)$$

$$-\frac{\partial}{\partial x_2}\left(2\mu_e\cdot\frac{1}{2}\left(\frac{\partial u_2}{\partial x_1}+\frac{\partial u_1}{\partial x_2}\right)\right)$$

$$-\frac{\partial}{\partial x_3}\left(2\mu_e\cdot\frac{1}{2}\left(\frac{\partial u_3}{\partial x_1}+\frac{\partial u_1}{\partial x_3}\right)\right)$$

$$= -\lambda_e\frac{\partial}{\partial x_1}\left(\frac{\partial u_1}{\partial x_1}+\frac{\partial u_2}{\partial x_2}+\frac{\partial u_3}{\partial x_3}\right)-2\mu_e\frac{\partial^2 u_1}{\partial x_1^2}$$

$$-\mu_e\frac{\partial^2 u_2}{\partial x_2\partial x_1}-\mu_e\frac{\partial^2 u_1}{\partial x_2^2}-\mu_e\frac{\partial^2 u_3}{\partial x_3\partial x_1}-\mu_e\frac{\partial^2 u_1}{\partial x_3^2}.$$

Unter der Voraussetzung, dass die Verschiebungskomponenten u_i, $i = 1,2,3$, zweimal stetig differenzierbar sind, können wir die Reihenfolge der Ableitungsbildung bei den zweiten partiellen Ableitungen vertauschen. Damit gilt

$$-\sum_{j=1}^{3}\frac{\partial}{\partial x_j}\sum_{k,l=1}^{3}D_{j1kl}\varepsilon_{kl}(\vec{u}(x)) = -\lambda_e\frac{\partial}{\partial x_1}\left(\frac{\partial u_1}{\partial x_1}+\frac{\partial u_2}{\partial x_2}+\frac{\partial u_3}{\partial x_3}\right)-2\mu_e\frac{\partial^2 u_1}{\partial x_1^2}$$

$$-\mu_e\frac{\partial^2 u_2}{\partial x_1\partial x_2}-\mu_e\frac{\partial^2 u_1}{\partial x_2^2}-\mu_e\frac{\partial^2 u_3}{\partial x_1\partial x_3}-\mu_e\frac{\partial^2 u_1}{\partial x_3^2}$$

und weiter

$$-\sum_{j=1}^{3}\frac{\partial}{\partial x_j}\sum_{k,l=1}^{3}D_{j1kl}\varepsilon_{kl}(\vec{u}(x)) = -\lambda_e\frac{\partial}{\partial x_1}\left(\frac{\partial u_1}{\partial x_1}+\frac{\partial u_2}{\partial x_2}+\frac{\partial u_3}{\partial x_3}\right)-\mu_e\frac{\partial^2 u_1}{\partial x_1^2}-\mu_e\frac{\partial}{\partial x_1}\left(\frac{\partial u_1}{\partial x_1}\right)$$

$$-\mu_e\frac{\partial}{\partial x_1}\left(\frac{\partial u_2}{\partial x_2}\right)-\mu_e\frac{\partial^2 u_1}{\partial x_2^2}-\mu_e\frac{\partial}{\partial x_1}\left(\frac{\partial u_3}{\partial x_3}\right)-\mu_e\frac{\partial^2 u_1}{\partial x_3^2}$$

$$= -(\lambda_e+\mu_e)\frac{\partial}{\partial x_1}\left(\frac{\partial u_1}{\partial x_1}+\frac{\partial u_2}{\partial x_2}+\frac{\partial u_3}{\partial x_3}\right)$$

$$-\mu_e\left(\frac{\partial^2 u_1}{\partial x_1^2}+\frac{\partial^2 u_1}{\partial x_2^2}+\frac{\partial^2 u_1}{\partial x_3^2}\right)$$

$$= -(\lambda_e+\mu_e)\frac{\partial}{\partial x_1}(\operatorname{div}\vec{u})-\mu_e\Delta u_1.$$

Somit lautet für $i=1$ die Differentialgleichung in (2.38)

$$-\mu_e\Delta u_1-(\lambda_e+\mu_e)\frac{\partial}{\partial x_1}(\operatorname{div}\vec{u})=f_1. \tag{2.40}$$

Auf analoge Weise erhält man für $i=2$ und $i=3$

$$-\mu_e\Delta u_2-(\lambda_e+\mu_e)\frac{\partial}{\partial x_2}(\operatorname{div}\vec{u})=f_2,$$

$$-\mu_e\Delta u_3-(\lambda_e+\mu_e)\frac{\partial}{\partial x_3}(\operatorname{div}\vec{u})=f_3. \tag{2.41}$$

Mittels der Beziehungen (2.40) und (2.41) lässt sich das Differentialgleichungssystem (2.38) in Form der Laméschen Gleichungen

$$-\mu_e\Delta\vec{u}-(\lambda_e+\mu_e)\operatorname{grad}(\operatorname{div}\vec{u})=\vec{f}$$

zur Bestimmung des Verschiebungsfeldes $\vec{u}$ (siehe auch (1.36)) schreiben. Zusammen mit den Randbedingungen erhalten wir die folgende gemischte Randwertaufgabe der Elastostatik in der klassischen Formulierung.

Gesucht ist das Verschiebungsfeld $\vec{u}=(u_1\ u_2\ u_3)^T$ mit $u_1,u_2,u_3\in C^2(\Omega)\cap C^1(\Omega\cup\Gamma_2)\cap C(\overline{\Omega})$, so dass die Laméschen partiellen Differentialgleichungen

$$-\mu_e\Delta\vec{u}(x)-(\lambda_e+\mu_e)\operatorname{grad}(\operatorname{div}\vec{u}(x)) = \vec{f}(x)\quad\text{für alle } x=(x_1,x_2,x_3)\in\Omega \tag{2.42}$$

gelten und die Randbedingungen

$$\vec{u}(x) = \vec{g}_1(x)\quad\text{für alle } x\in\Gamma_1,$$

$$\vec{t}^{(n)}(x):=\sigma(x)\vec{n}(x) = \vec{g}_2(x)\quad\text{für alle } x\in\Gamma_2$$

auf Γ_1 (Dirichlet) bzw. Γ_2 (Neumann) erfüllt werden..

Beide Formulierungen sind natürlich im klassischen Sinne äquivalent.

Die Navier-Laméschen Gleichungen der Elastodynamik

Das dynamische Kräftegleichgewicht (2.30), die Verzerrungs-Verschiebungsbeziehungen (2.32), das Hookesche Gesetz (2.33), die Dirichletschen Randbedingungen auf Γ_1, die Neumannschen Randbedingungen auf Γ_2 sowie geeignete Anfangsbedingungen für die Verschiebungen $\vec{u}$ und die Geschwindigkeiten $\vec{v} = \partial \vec{u}/\partial t$ zum Zeitpunkt $t = 0$ geben eine komplette mathematische Beschreibung des am Anfang dieses Abschnitts gestellten elastodynamischen mechanischen Problems.

Wenn wir wieder, wie im elastostatischen Fall, die entsprechenden Beziehungen ineinander einsetzen und nutzen, dass die Beschleunigung $\vec{a} = \partial^2 \vec{u}/\partial t^2$ gleich der zweiten partiellen Ableitung der Verschiebungen nach der Zeit ist, dann erhalten wir zusammen mit den Rand- und Anfangsbedingungen das folgende gemischte Anfangsrandwertproblem der Elastodynamik.

Gesucht ist das Verschiebungsfeld $\vec{u} = (u_1 \ u_2 \ u_3)^T$ mit $u_1, u_2, u_3 \in C^{2,2}(Q_T) \cap C(\overline{Q_T}) \cap C^{1,0}((\Omega \cup \Gamma_2) \times (0,T)) \cap C^{0,1}(\overline{\Omega} \times [0,T))$, so dass die Navier-Laméschen partiellen Differentialgleichungen

$$\rho \frac{\partial^2 \vec{u}}{\partial t^2}(x,t) - \mu_e \Delta \vec{u}(x,t) - (\lambda_e + \mu_e)\,\mathrm{grad}(\mathrm{div}\,\vec{u}(x,t)) = \vec{f}(x,t) \quad \text{für alle } (x,t) \in Q_T \quad (2.43)$$

gelten und die Randbedingungen

$$\left.\begin{array}{rcll} \vec{u}(x,t) &=& \vec{g}_1(x,t) & \text{für alle } x \in \Gamma_1 \\ \vec{t}^{(n)}(x) &=& \vec{g}_2(x,t) & \text{für alle } x \in \Gamma_2 \end{array}\right\} \quad \text{für alle } t \in (0,T) \quad (2.44)$$

sowie die Anfangsbedingungen

$$\vec{u}(x,0) = \vec{u}_0(x) \quad \text{und} \quad \frac{\partial \vec{u}}{\partial t}(x,0) = \vec{v}_0(x) \quad \text{für alle } x \in \overline{\Omega} \quad (2.45)$$

erfüllt werden.

Zeitharmonische Erregungen

Falls die Erregungen in der Elastodynamik zeitharmonisch sind, d.h. in (2.43) und (2.44) die gegebenen Kräfte und die eingeprägten Randverschiebungen die Form

$$\vec{f}(x,t) = \vec{f}(x)\exp(i\omega t), \quad \vec{g}_2(x,t) = \vec{g}_2(x)\exp(i\omega t) \quad \text{und} \quad \vec{g}_1(x,t) = \vec{g}_1(x)\exp(i\omega t) \quad (2.46)$$

haben, dann können wir mit dem Verschiebungsansatz

$$\vec{u}(x,t) = \vec{u}(x)\exp(i\omega t) \quad (2.47)$$

vom Zeitbereich in den Frequenzbereich übergehen. Hierbei bezeichnen ω die Erregerfrequenz und $\vec{f}(x)$, $\vec{g}_2(x)$, $\vec{g}_1(x)$ sowie $\vec{u}(x)$ die entsprechenden Amplituden. Wenn wir nun die Beziehungen (2.46) und (2.47) in (2.43) und (2.44) einsetzen, dann erhalten wir zur Bestimmung der unbekannten Verschiebungsamplitude $\vec{u}(x)$ das folgende Randwertproblem.

Gesucht ist das Verschiebungsamplitudenfeld $\vec{u} = (u_1 \ u_2 \ u_3)^T$ mit $u_1, u_2, u_3 \in C^2(\Omega) \cap C(\overline{\Omega}) \cap C^1(\Omega \cup \Gamma_2)$, so dass die partiellen Differentialgleichungen

$$-\mu_e \Delta \vec{u}(x) - (\lambda_e + \mu_e) \operatorname{grad}(\operatorname{div} \vec{u}(x)) - \omega^2 \vec{u}(x) = \vec{f}(x) \quad \text{für alle } x \in \Omega \qquad (2.48)$$

gelten und die Randbedingungen

$$\begin{aligned} \vec{u}(x) &= \vec{g}_1(x) \quad \text{für alle } x \in \Gamma_1, \\ \vec{t}^{(n)}(x) &= \vec{g}_2(x) \quad \text{für alle } x \in \Gamma_2 \end{aligned}$$

erfüllt werden.

Die partiellen Differentialgleichungen (2.48) sind vom Helmholtz-Typ und nur dann eindeutig lösbar, wenn ω kein Eigenwert (Eigenfrequenz) ist, d.h. wenn das Elastizitätseigenwertproblem

$$\begin{aligned} -\mu_e \Delta \vec{u}(x) - (\lambda_e + \mu_e) \operatorname{grad}(\operatorname{div} \vec{u}(x)) &= \lambda \vec{u}(x) \quad \text{für alle } x \in \Omega, \\ \vec{u}(x) &= 0 \quad \text{für alle } x \in \Gamma_1, \\ \vec{t}^{(n)}(x) &= 0 \quad \text{für alle } x \in \Gamma_2 \end{aligned}$$

für $\lambda = \omega^2$ keine nichttrivialen, d.h. von identisch Null verschiedene Lösungen $\vec{u}$ hat. Der eben beschriebene Übergang vom Zeitbereich zum Frequenzbereich erlaubt es uns, in der numerischen Praxis eine aufwändige Zeitintegration durch die numerische Lösung eines Randwertproblems vom Helmholtz-Typ zu ersetzen.

Strukturmechanische Modelle

In den Abschnitten 2.2.1 und 2.2.2 haben wir mit dem Stab bereits eines der einfachsten strukturmechanischen Modelle behandelt. Die spezielle Geometrie und die spezielle Belastung führten auf örtlich eindimensionale elliptische Randwertprobleme beziehungsweise örtlich eindimensionale hyperbolische Anfangsrandwertprobleme im statischen beziehungsweise dynamischen Belastungsfall. Im Folgenden betrachten wir zweiachsige Verzerrungs- und Spannungszustände, die auf örtlich zweidimensionale Probleme führen. Diese Probleme können formal aus den Gleichungen der dreidimensionalen linearen Elastizitätstheorie abgeleitet werden. Wir können uns dabei ohne Beschränkung der Allgemeinheit auf den statischen Belastungsfall beschränken.

Im Abschnitt 1.3.3 haben wir einen Profilträger $\Omega = Q \times (-\ell/2, \ell/2)$ betrachtet (siehe Abbildung 1.8, S. 24), dessen Querschnitt Q in Längsrichtung (x_3-Richtung) konstant ist und der orthogonal zur x_3-Achse belastet wird, wobei die Belastungen sich in x_3-Richtung nicht ändern. Außerdem setzen wir voraus, dass die Länge ℓ des Profilträgers sehr viel größer ist als der Durchmesser der Querschnittsfläche Q. Diese Konstellation ist typisch für den *ebenen Verzerrungszustand*. Wie bereits im Abschnitt 1.3.3 dargestellt, kann dann angenommen werden, dass das Verschiebungsfeld $\vec{u}$ die Form

$$\vec{u}(x) = \begin{pmatrix} u_1(x_1, x_2) \\ u_2(x_1, x_2) \\ 0 \end{pmatrix}$$

hat und die Verzerrungen ε_{ij} mit $i = 3$ oder $j = 3$ verschwinden. Das Verschwinden der Verzerrungen ε_{ij} mit $i = 3$ oder $j = 3$ ist für die Namensgebung „ebener Verzerrungszustand" verantwortlich. Für isotrope Materialien hat das Verschwinden der Verzerrungen ε_{ij} mit $i = 3$ oder $j = 3$ zur Folge, dass

$$\sigma_{32} = \sigma_{23} = \sigma_{31} = \sigma_{13} = 0. \tag{2.49}$$

Außerdem gilt wegen (2.35) und $\varepsilon_{33} = 0$

$$\sigma_{11} = \lambda_e(\varepsilon_{11} + \varepsilon_{22}) + 2\mu_e\varepsilon_{11}, \quad \sigma_{22} = \lambda_e(\varepsilon_{11} + \varepsilon_{22}) + 2\mu_e\varepsilon_{22} \tag{2.50}$$

und

$$\sigma_{33} = \lambda_e(\varepsilon_{11} + \varepsilon_{22}). \tag{2.51}$$

Addition der beiden Beziehungen in (2.50) liefert

$$\sigma_{11} + \sigma_{22} = 2(\lambda_e + \mu_e)(\varepsilon_{11} + \varepsilon_{22}).$$

Damit erhalten wir aus (2.51)

$$\sigma_{33} = \frac{\lambda_e}{2(\lambda_e + \mu_e)}(\sigma_{11} + \sigma_{22}) = \nu(\sigma_{11} + \sigma_{22}).$$

Im letzten Schritt haben wir den Zusammenhang (2.37) zwischen den Laméschen Elastizitätskonstanten und dem Elastizitätsmodul E sowie der Poissonschen Querkontraktionszahl ν genutzt. Folglich kann σ_{33} durch σ_{11} und σ_{22} ausgedrückt und somit eliminiert werden. Für die restlichen Komponenten des Spannungstensors erhalten wir die Beziehungen

$$\sigma_{11} = \lambda_e(\varepsilon_{11} + \varepsilon_{22}) + 2\mu_e\varepsilon_{11} = \frac{E}{(1+\nu)(1-2\nu)}((1-\nu)\varepsilon_{11} + \nu\varepsilon_{22}), \tag{2.52}$$

$$\sigma_{22} = \lambda_e(\varepsilon_{11} + \varepsilon_{22}) + 2\mu_e\varepsilon_{22} = \frac{E}{(1+\nu)(1-2\nu)}((1-\nu)\varepsilon_{22} + \nu\varepsilon_{11}), \tag{2.53}$$

$$\sigma_{12} = \sigma_{21} = 2\mu_e\varepsilon_{12} = 2G\varepsilon_{12}. \tag{2.54}$$

Hierbei bezeichnet $G = \mu_e = E/(2(1+\nu))$ den sogenannten Gleitmodul. Unter Benutzung der Veraussetzungen des ebenen Verzerrungzustandes und der daraus folgenden Beziehungen erhalten wir aus den Gleichungen (2.38) der dreidimensionalen Elastostatik die folgende Randwertaufgabe zur Bestimmung der unbekannten Verschiebungskomponenten $u_1(x_1, x_2)$ und $u_2(x_1, x_2)$ in divergenter Form.

Gesucht sind die Verschiebungskomponenten $u_1(x_1,x_2)$ und $u_2(x_1,x_2)$ mit $u_1,u_2 \in C^2(Q) \cap$ $C^1(Q \cup \Gamma_2) \cap C(\overline{Q})$, so dass die Laméschen partiellen Differentialgleichungen

$$-\sum_{j=1}^{2} \frac{\partial}{\partial x_j} \sigma_{ji}(\vec{u}(x)) = f_i(x), \quad i = 1,2, \quad \text{für alle } x = (x_1,x_2) \in Q \qquad (2.55)$$

gelten und die Randbedingungen

$$u_i(x) = g_{1i}(x), \quad i = 1,2, \quad \text{für alle } x \in \Gamma_1,$$

$$t_i^{(n)}(x) := \sum_{j=1}^{2} \sigma_{ji}(\vec{u}(x))n_j(x) = g_{2i}(x), \quad i = 1,2, \quad \text{für alle } x \in \Gamma_2$$

auf Γ_1 (Dirichlet) bzw. Γ_2 (Neumann) erfüllt werden, wobei die Komponeneten $\sigma_{ji}(\vec{u}(x))$ des Spannungstensors durch die Beziehungen (2.52) – (2.54) und (2.32) definiert sind.

Die divergente Form ist äquivalent zu der im Kapitel 1 gegebenen klassischen Form (1.42) der Laméschen Gleichungen für den ebenen Verzerrungszustand, wobei im Kapitel 1 die rechte Seite (keine Volumenkräfte) und die Randbedingungen für das dort betrachtete Beispiel eines Profilträgers angegeben wurden.

In scheibenartigen Bauteilen, deren Dicke in einer Koordinatenrichtung, beispielsweise in x_3-Richtung, konstant ist und die wesentlich kleiner ist als die übrigen Abmessungen, entsteht bei Belastung in der Bauteilebene näherungsweise ein *ebener Spannungszustand* (siehe Abbildung 2.16).

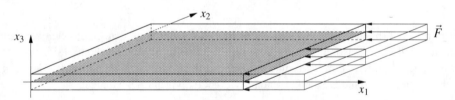

Abbildung 2.16: Scheibenartiges Bauteil unter Belastung

Es wird dann angenommen, dass die Spannungskomponenten σ_{11}, σ_{22} und σ_{12} nur von x_1 und x_2 abhängen und dass $\sigma_{33} = \sigma_{13} = \sigma_{23} = 0$ gilt. Das entsprechende Randwertproblem für den *ebenen Spannungszustand* erhält man aus den Beziehungen (1.42) für den ebenen Verzerrungszustand, wenn in den Laméschen Konstanten (2.37) der Elastizitätsmodul E und die Poissonsche Querkontraktionszahl v durch

$$v = \frac{\bar{v}}{1+\bar{v}} \quad \text{und} \quad E = \frac{\bar{E}(1+2\bar{v})}{(1+\bar{v})^2} \qquad (2.56)$$

substituiert werden. Dabei sind $\bar{E}$ und $\bar{v}$ der Elastizitätsmodul und die Querkontraktionszahl des Materials, aus dem das betrachtete dünne Bauteil (Scheibe) besteht. Mit diesem Substitutionstrick kann das Randwertproblem für den ebenen Spannungszustand wieder durch das Randwertproblem (2.55) beschrieben werden. Wir werden dies im Abschnitt 4.5.7, S. 387, wenn wir die

Lösung eines ebenen linearen Elastizitätsproblems mittels der Finite-Elemente-Methode erläutern, ausführlich diskutieren.

Wenn die Geometrie und die Belastungen rotationssymmetrisch sind, dann kann das Problem durch den Übergang auf Zylinderkoordinaten ebenfalls reduziert werden. Im Kapitel 1 haben wir diesen Fall für das dickwandige Rohr unter Innendruck demonstriert. Balken, Platten und Schalen sowie Stab- und Flächentragwerke sind weitere strukturmechanische Modelle, die in der Praxis, vor allem im Bauingenieurwesen, eine wichtige Rolle spielen (siehe z.B. [BK85]).

Nichtlineare Probleme der Festkörpermechanik

In der Festkörpermechanik können Nichtlinearitäten in verschiedenen Formen auftreten. *Stoffliche* oder *physikalische Nichtlinearitäten* folgen aus einem nichtlinearen Materialverhalten. Das Hooksche Gesetz (2.33), das eine lineare Beziehung zwischen Spannungen und Verzerrungen beschreibt, muss durch ein nichtlineares Stoffgesetz, welches das nichtlineare Matrialverhalten adäquat beschreibt, ersetzt werden. Zum Beispiel verhält sich Gummi nichtlinear elastisch. Andere Materialien, wie zum Beispiel Stahl oder Boden, können bleibende Deformationen aufweisen, die mit elastisch-plastischen Materialgesetzen modelliert werden können (siehe z.B. [KL84]). *Geometrische Nichtlinearitäten* treten in Verbindung mit großen Verschiebungen und Verdehungen bei kleinen Verzerrungen sowie bei großen Deformationen auf. Kontaktprobleme führen selbst dann auf nichtlineare Problemstellungen, wenn das physikalische und geometrische Verhalten linear ist. Die meisten gekoppelten Feldprobleme sind nichtlinear (siehe z.B. [Kal07]).

Die FE-Diskretisierung nichtlinearer Feldprobleme führt üblicherweise auf großdimensionierte, nichtlineare Gleichungssysteme, deren iterative Lösung im Kapitel 6 betrachtet wird. Das Lehrbuch [Wri01] von P. Wriggers gibt einen exzellenten Überblick über die numerische Behandlung typischer nichtlinearer Probleme der Festkörpermechanik. Der interessierte Leser sei auch auf die englischsprachige Monographie [SH98] von J.C. Simon und T.J.R. Hughes verwiesen.

3 Grundprinzipien der FEM: Ein 1D-Beispiel

In diesem Kapitel beschreiben wir die grundlegenden Schritte, die bei einer FE-Diskretisierung eines Randwertproblems durchzuführen sind. Dabei beschränken wir uns auf eindimensionale Randwertprobleme. FE-Diskretisierungen im räumlich mehrdimensionalen Fall werden im Kapitel 4 diskutiert. Im ersten Abschnitt werden einige mathematische Grundlagen angegeben, welche im Weiteren benötigt werden. Im Abschnitt 3.2 leiten wir ausgehend von der klassischen Formulierung des Wärmeleitproblems (siehe Randwertproblem (2.4), S. 37) die Variationsformulierung dieses Randwertproblems her. Diese Variationsformulierung ist der Ausgangspunkt der FE-Diskretisierung. Die Grundidee der FEM wird im Abschnitt 3.3 erläutert. Man bestimmt bei der FEM eine stückweise polynomiale Funktion als Näherungslösung für die Lösung des Randwertproblems in Variationsformulierung. Zunächst betrachten wir den Fall einer stückweise linearen Näherungslösung. Wir lernen kennen, wie stückweise lineare Funktionen definiert werden und wie die näherungsweise Lösung des Randwertproblems auf die Lösung eines linearen Gleichungssystems, des sogenannten FE-Gleichungssystems, zurückgeführt wird. Anschließend diskutieren wir im Abschnitt 3.4 den elementweisen Aufbau des FE-Gleichungssystems. Diese elementweise Vorgehensweise wird in nahezu allen FE-Programmen genutzt. Im Abschnitt 3.5 beschäftigen wir uns mit dem Einsatz stückweise polynomialer Funktionen höheren Grades bei der FE-Diskretisierung. Wie wir in den Abschnitten 3.3 und 3.4 sehen werden, sind bei der Berechnung der Einträge der Matrix und des Vektors der rechten Seite des FE-Gleichungssystems Integrale zu berechnen. Dies ist nur in einigen Fällen mit analytischen Mitteln möglich. Oft können diese Integrale nur näherungsweise mittels numerischer Integration berechnet werden. Deshalb beschäftigen wir uns im Abschnitt 3.6 mit der numerischen Integration. Im Abschnitt 3.7 beschreiben wir einen Algorithmus zur Lösung des FE-Gleichungssystms und im Abschnitt 3.8 analysieren wir den Fehler, welcher entsteht, wenn wir anstelle des Randwertproblems das mittels der FE-Diskretisierung erhaltene Näherungsproblem lösen. Zum Abschluss dieses Kapitels demonstrieren wir den FE-Diskretisierungsprozess anhand von Beispielen und stellen ein FE-Programm vor.

3.1 Die Funktionenräume $L_2(a,b)$ und $H^1(a,b)$

In diesem Abschnitt werden einige mathematische Grundlagen zusammengestellt, die wir für die Beschreibung der FEM benötigen. Insbesondere werden die Funktionenräume $L_2(a,b)$ und $H^1(a,b)$ eingeführt. Wir beschreiben nur jene Eigenschaften der Funktionen dieser Räume, die für die Erläuterung der FEM erforderlich sind. Eine systematische Einführung der Funktionenräume $L_2(a,b)$ und $H^1(a,b)$ würde den Rahmen dieses Buches sprengen. Den interessierten Leser verweisen wir dafür zum Beispiel auf die Bücher [Ada75, Wlo82].

Wir definieren zuerst den Raum $L_2(a,b)$.

Definition 3.1 ($L_2(a,b)$ – Raum der quadratisch integrierbaren Funktionen)
Die Menge aller Funktionen u, für die das Integral

$$\int_a^b (u(x))^2\, dx$$

existiert und endlich ist, bezeichnet man als den Raum $L_2(a,b)$.

Beispiel 3.1

(i) Jede über dem Intervall $[a,b]$ stetige Funktion u gehört zu $L_2(a,b)$. Dies gilt aufgrund folgender Über-legungen. Jede über einem abgeschlossenen Intervall $[a,b]$ stetige Funktion ist beschränkt, d.h. es gilt

$$\max_{x\in[a,b]} |u(x)| \leq M < \infty$$

mit einer nichtnegativen Konstanten M. Damit folgt

$$\int_a^b (u(x))^2\, dx \leq \int_a^b M^2\, dx = M^2(b-a) < \infty.$$

(ii) Jede über dem Intervall $[a,b]$ stückweise stetige Funktion gehört zu $L_2(a,b)$. Eine Funktion u heißt auf dem Intervall $[a,b]$ *stückweise stetig*, wenn u auf $[a,b]$ bis auf endlich viele Unstetigkeitsstellen stetig ist und bei jeder Unstetigkeitsstelle ξ die beiden Grenzwerte $\lim_{x\to\xi-0} u(x)$ sowie $\lim_{x\to\xi+0} u(x)$ existieren.

Zum Beispiel ist die in der Abbildung 3.1 dargestellte Funktion stückweise stetig, denn sie hat nur eine Unstetigkeitstelle bei $\xi = 0$ und für den links- und rechtsseitigen Grenzwert bei $\xi = 0$ gilt

$$\lim_{x\to0-0} u(x) = -1 \quad \text{und} \quad \lim_{x\to0+0} u(x) = 1,$$

d.h. beide Grenzwerte existieren. Folglich gehört diese Funktion als stückweise stetige Funktion zum Raum $L_2(-2,2)$.

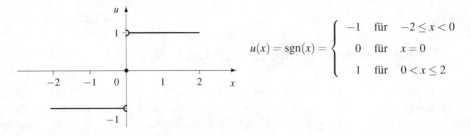

$$u(x) = \mathrm{sgn}(x) = \begin{cases} -1 & \text{für} \quad -2 \leq x < 0 \\ 0 & \text{für} \quad x = 0 \\ 1 & \text{für} \quad 0 < x \leq 2 \end{cases}$$

Abbildung 3.1: Funktion $u(x) = \mathrm{sgn}(x) \in L_2(-2,2)$

(iii) Die Funktion $u(x) = x^\alpha$ ist für $\alpha > -\frac{1}{2}$ ein Element des Raumes $L_2(0,1)$ und gehört für $\alpha \le -\frac{1}{2}$ nicht zu diesem Funktionenraum, denn:

- Für $\alpha > -\frac{1}{2}$ gilt $2\alpha + 1 > 0$ und somit

$$
\begin{aligned}
\int_0^1 (x^\alpha)^2 \, dx &= \int_0^1 x^{2\alpha} \, dx = \lim_{\varepsilon \to 0+0} \int_\varepsilon^1 x^{2\alpha} \, dx = \lim_{\varepsilon \to 0+0} \left[\frac{x^{2\alpha+1}}{2\alpha+1} \right]_\varepsilon^1 = \lim_{\varepsilon \to 0+0} \left[\frac{1}{2\alpha+1} - \frac{\varepsilon^{2\alpha+1}}{2\alpha+1} \right] \\
&= \frac{1}{2\alpha+1} < \infty.
\end{aligned}
$$

- Für $\alpha = -\frac{1}{2}$ gilt

$$
\int_0^1 (x^{-1/2})^2 \, dx = \int_0^1 \frac{1}{x} \, dx = \lim_{\varepsilon \to 0+0} \int_\varepsilon^1 \frac{1}{x} \, dx = \lim_{\varepsilon \to 0+0} [\ln x]_\varepsilon^1 = \lim_{\varepsilon \to 0+0} [\ln 1 - \ln \varepsilon] = \infty.
$$

- Für $\alpha < -\frac{1}{2}$ ist $2\alpha + 1 < 0$ und $-2\alpha - 1 > 0$. Damit folgt

$$
\begin{aligned}
\int_0^1 (x^\alpha)^2 \, dx &= \int_0^1 x^{2\alpha} \, dx = \lim_{\varepsilon \to 0+0} \int_\varepsilon^1 x^{2\alpha} \, dx = \lim_{\varepsilon \to 0+0} \left[\frac{x^{2\alpha+1}}{2\alpha+1} \right]_\varepsilon^1 = \lim_{\varepsilon \to 0+0} \left[\frac{1}{2\alpha+1} - \frac{\varepsilon^{2\alpha+1}}{2\alpha+1} \right] \\
&= \lim_{\varepsilon \to 0+0} \left[\frac{1}{2\alpha+1} - \frac{1}{2\alpha+1} \cdot \frac{1}{\varepsilon^{-2\alpha-1}} \right] = \infty.
\end{aligned}
$$

Bemerkung 3.1

Die Elemente des Raumes $L_2(a,b)$ sind Klassen äquivalenter quadratisch integrierbarer Funktionen u. Zwei Funktionen u und $\hat{u}$ sind äquivalent, wenn die Werte von $u(x)$ und $\hat{u}(x)$ für fast alle $x \in (a,b)$, d.h. grob gesprochen für alle $x \in (a,b)$ mit Ausnahme von abzählbar unendlich vielen Punkten, übereinstimmen. Für die Differenz zweier äquivalenter Funktionen gilt $\int_a^b (u(x) - \hat{u}(x))^2 \, dx = 0$. Deshalb sieht man in $L_2(a,b)$ äquivalente Funktionen als gleich an. Die in der Abbildung 3.2 dargestellten Funktionen

$$
u(x) = \begin{cases} 1 & \text{für } x \le 0 \\ -1 & \text{für } x > 0 \end{cases}, \quad \hat{u}(x) = \begin{cases} 1 & \text{für } x < 0 \\ -1 & \text{für } x \ge 0 \end{cases}, \quad \tilde{u}(x) = \begin{cases} 1 & \text{für } x < 0 \\ 0 & \text{für } x = 0 \\ -1 & \text{für } x > 0 \end{cases} \tag{3.1}
$$

sind äquivalente Funktionen.

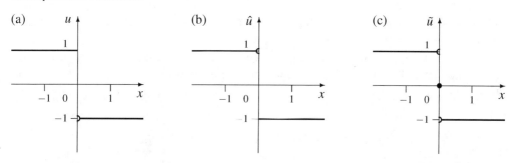

Abbildung 3.2: Die drei äquivalenten Funktionen (a) u, (b) $\hat{u}$ und (c) $\tilde{u}$ aus (3.1)

Sind u_i, $i = 1, 2, \ldots, n$, Funktionen aus dem Raum $L_2(a,b)$, dann ist auch jede Linearkombination

$$u(x) = \sum_{i=1}^{n} \alpha_i u_i(x)$$

mit beliebigen reellen Zahlen α_i Element des Raumes $L_2(a,b)$, d.h. $L_2(a,b)$ ist ein linearer Vektorraum.

Um beispielsweise beurteilen zu können, wie groß der Fehler $e_h = u - u_h$ ist, wenn wir ein Randwertproblem näherungsweise lösen und somit anstelle der exakten Lösung u eine Näherungslösung u_h ermitteln, benötigen wir ein Maß für den Fehler. Als ein Maß für eine Funktion u führt man eine Norm $\|u\|$ ein, d.h. eine Abbildung, die jeder Funktion u aus einer Funktionenmenge V eine nichtnegative reelle Zahl zuordnet. Diese Abbildung muss die folgenden drei Bedingungen erfüllen:

(i) $\|u\| \geq 0$, $\|u\| = 0$ genau dann, wenn $u = 0$,

(ii) $\|\lambda u\| = |\lambda| \|u\|$ für alle $u \in V$, für alle $\lambda \in \mathbb{R}$,

(iii) $\|u+v\| \leq \|u\| + \|v\|$ für alle $u, v \in V$ (Dreiecksungleichung) .

Im Raum $L_2(a,b)$ ist durch

$$\|u\|_0 = \|u\|_{0,2,(a,b)} = \sqrt{\int_a^b (u(x))^2 \, dx}$$

eine Norm definiert.

Für beliebige Funktionen u und v aus $L_2(a,b)$ gilt die *Cauchy-Schwarzsche Ungleichung*

$$\left| \int_a^b u(x)v(x) \, dx \right| \leq \sqrt{\int_a^b (u(x))^2 \, dx} \sqrt{\int_a^b (v(x))^2 \, dx}. \tag{3.2}$$

Im Folgenden definieren wir den Sobolev–Raum $H^1(a,b)$. Dazu führen wir zunächst einen neuen Ableitungsbegriff ein.

Ist $u \in C^1[a,b]$, d.h. ist die Funktion u im abgeschlossenen Intervall $[a,b]$ stetig und besitzt sie dort eine stetige 1. Ableitung u', dann gilt nach der Formel der partiellen Integration für jede Funktion $\varphi \in C^1[a,b]$ mit $\varphi(a) = \varphi(b) = 0$

$$\int_a^b u(x)\varphi'(x) \, dx = - \int_a^b u'(x)\varphi(x) \, dx + \underbrace{u(b)\varphi(b) - u(a)\varphi(a)}_{=0} .$$

Wir definieren mit Hilfe dieser Formel Ableitungen für Funktionen, die im üblichen klassischen

Sinne nicht überall differenzierbar sind.

Definition 3.2 (verallgemeinerte Ableitung nach SOBOLEV)
Sind u sowie w integrierbare Funktionen und gilt

$$\int_a^b u(x)\varphi'(x)\,dx = -\int_a^b w(x)\varphi(x)\,dx$$

für alle Funktionen $\varphi \in C^1[a,b]$ mit $\varphi(a) = \varphi(b) = 0$, dann heißt w *verallgemeinerte Ableitung von u nach x.*

Wir werden anstelle von w auch oft die Bezeichnung u' nutzen.

Zum besseren Verständnis der Definition 3.2 betrachten wir ein Beispiel.

Beispiel 3.2
Die durch die Beziehung (3.3) über dem Intervall $[-1,1]$ definierte Funktion u (siehe Abbildung 3.3) ist wegen des „Knicks" bei $x = 0$ im klassischen Sinne bei $x = 0$ nicht differenzierbar.

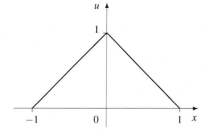

$$u(x) = \begin{cases} x+1 & \text{für} \quad -1 \le x \le 0 \\ 1-x & \text{für} \quad\ \ 0 < x \le 1 \end{cases} \qquad (3.3)$$

Abbildung 3.3: Beispiel einer Funktion aus dem Raum $H^1(a,b)$

Wir berechnen die verallgemeinerte Ableitung dieser Funktion. Für stetig differenzierbare Funktionen φ mit $\varphi(-1) = \varphi(1) = 0$ erhalten wir mittels der Formel der partiellen Integration

$$\begin{aligned} \int_{-1}^1 u(x)\,\varphi'(x)\,dx &= \int_{-1}^0 (x+1)\,\varphi'(x)\,dx + \int_0^1 (1-x)\,\varphi'(x)\,dx \\ &= -\int_{-1}^0 1\cdot\varphi(x)\,dx + \Big[(x+1)\varphi(x)\Big]_{-1}^0 - \int_0^1 (-1)\cdot\varphi(x)\,dx + \Big[(1-x)\varphi(x)\Big]_0^1 \\ &= -\left[\int_{-1}^0 \varphi(x)\,dx + \int_0^1 (-1)\,\varphi(x)\,dx\right] + \underbrace{\varphi(0) - \varphi(0)}_{=0}. \end{aligned}$$

Damit ist im verallgemeinerten Sinne

$$w(x) = u'(x) = \begin{cases} \ \ 1 & \text{für} \quad -1 \le x < 0 \\ -1 & \text{für} \quad\ \ 0 < x \le 1. \end{cases}$$

Bei $x = 0$ kann u' beliebig festgesetzt werden (siehe Bemerkung 3.1 und Abbildung 3.2).

Beispiel 3.3

Die Funktion

$$u(x) = \begin{cases} 1 & \text{für} \quad -1 \leq x \leq 0 \\ -1 & \text{für} \quad 0 < x \leq 1 \end{cases} \tag{3.4}$$

besitzt keine erste verallgemeinerte Ableitung $w(x)$. Dies gilt aufgrund folgender Überlegungen. Gäbe es eine solche Ableitung, dann würde

$$\int_{-1}^{1} u(x)\varphi'(x)\,dx = -\int_{-1}^{1} w(x)\varphi(x)\,dx$$

für alle $\varphi \in C^1[-1,1]$ mit $\varphi(-1) = \varphi(1) = 0$ gelten, d.h.

$$\begin{aligned} -\int_{-1}^{1} w(x)\varphi(x)\,dx &= \int_{-1}^{0} 1 \cdot \varphi'(x)\,dx + \int_{0}^{1}(-1) \cdot \varphi'(x)\,dx = \varphi(0) - \varphi(-1) - \varphi(1) + \varphi(0) \\ &= 2\varphi(0). \end{aligned} \tag{3.5}$$

Für eine beliebige Funktion $\varphi \in C^1[-1,1]$ mit $\varphi(-1) = \varphi(1) = 0$ und

$$\varphi(x) \begin{cases} \neq 0 & \text{für} \quad -1 < x < 0 \\ = 0 & \text{für} \quad 0 \leq x < 1 \end{cases}$$

folgt aus (3.5)

$$\int_{-1}^{0} w(x)\varphi(x) = 0,$$

woraus sich

$$w(x) = 0 \quad \text{fast überall in } [-1,0] \tag{3.6}$$

ergibt. Analog erhalten wir für eine beliebige Funktion $\varphi \in C^1[-1,1]$ mit $\varphi(-1) = \varphi(1) = 0$ und

$$\varphi(x) \begin{cases} = 0 & \text{für} \quad -1 < x \leq 0 \\ \neq 0 & \text{für} \quad 0 < x < 1, \end{cases}$$

dass

$$w(x) = 0 \quad \text{fast überall in } [0,1] \tag{3.7}$$

gilt. Die beiden Beziehungen (3.6) und (3.7) bedeuten, dass

$$w(x) = 0 \quad \text{fast überall in } [-1,1]$$

gelten müsste. Daraus folgt

$$\int_{-1}^{1} w(x)\varphi(x)\,dx = 0.$$

Dies steht im Widerspruch zu (3.5), wenn wir eine Funktion $\varphi(x)$ mit $\varphi(0) \neq 0$ wählen. Folglich besitzt die Funktion u(x) aus (3.4) im Intervall $(-1,1)$ keine erste verallgemeinerte Ableitung.

Der neue Ableitungsbegriff erlaubt es zum Beispiel, stetige, stückweise polynomiale Funktionen im verallgemeinerten Sinne zu differenzieren. Derartige Funktionen werden gerade in der FEM genutzt (siehe Abschnitte 3.3 und 3.5).

Wir definieren nun den Raum $H^1(a,b)$. In der Literatur findet man auch manchmal die Bezeichnung $W_2^1(a,b)$ oder $W^{1,2}(a,b)$.

Definition 3.3 (Sobolev-Raum $H^1(a,b)$)
Der Raum $H^1(a,b)$ ist die Menge aller Funktionen des Raumes $L_2(a,b)$, die eine erste verallgemeinerte Ableitung u' besitzen, welche ebenfalls Element des $L_2(a,b)$ ist.

Im Raum $H^1(a,b)$ ist durch

$$\|u\|_1 = \|u\|_{1,2,(a,b)} = \sqrt{\int_a^b [(u(x))^2 + (u'(x))^2]\,dx} \tag{3.8}$$

eine Norm definiert.

Für alle Funktionen $u \in H^1(a,b)$, die wenigstens in einem der beiden Randpunkte $x=a$ und $x=b$ den Wert Null annehmen, gilt die *Friedrichssche Ungleichung*

$$\int_a^b (u(x))^2\,dx \le c_F^2 \int_a^b (u'(x))^2\,dx \quad \text{mit} \quad c_F^2 = \frac{(b-a)^2}{2}. \tag{3.9}$$

Wir zeigen die Gültigkeit dieser Ungleichung für den Fall $u(a)=0$. Wegen

$$\int_a^x u'(y)\,dy = u(x) - \underbrace{u(a)}_{=0} = u(x)$$

gilt

$$\int_a^b (u(x))^2\,dx = \int_a^b \left(\int_a^x u'(y)\,dy\right)^2 dx = \int_a^b \left(\int_a^x u'(y)\cdot 1\,dy\right)^2 dx.$$

Die Anwendung der Cauchy-Schwarzschen Ungleichung (3.2) auf das innere Integral liefert die Abschätzung

$$\int_a^b (u(x))^2\,dx \le \int_a^b \left(\int_a^x (u'(y))^2\,dy \int_a^x 1^2\,dy\right) dx.$$

Das zweite innere Integral lässt sich leicht berechnen. Wir erhalten

$$\int_a^x 1^2\,dy = x-a.$$

Damit ergibt sich

$$\int_a^b (u(x))^2\,dx \le \int_a^b \left(\int_a^x (u'(y))^2\,dy \cdot (x-a)\right) dx.$$

Da der Integrand $(u'(y))^2$ nichtnegativ ist, wird der Wert des inneren Integrals größer, wenn wir anstelle der oberen Grenze $x \in [a, b]$ als obere Grenze b einsetzen. Weil außerdem der Term $x - a$ im Intervall $[a, b]$ nichtnegativ ist, vergrößert sich somit der Term in der runden Klammer, d.h. der Integrand des äußeren Integrals. Dadurch wird der Wert des äußeren Integrals größer. Wir können daher wie folgt weiter nach oben abschätzen:

$$\int\limits_a^b (u(x))^2 \, dx \ \leq \ \int\limits_a^b \left(\int\limits_a^b (u'(y))^2 \, dy \cdot (x - a) \right) dx \, .$$

Der Wert des inneren Integrals ist von x unabhängig und folglich können wir dieses Integral als Faktor vor das Integral mit der Integration bezüglich x schreiben:

$$\int\limits_a^b (u(x))^2 \, dx \ \leq \ \int\limits_a^b (u'(y))^2 \, dy \int\limits_a^b (x - a) \, dx \, .$$

Im ersten Integral ersetzen wir nun die Integrationsvariable y durch die Variable x. Das zweite Integral kann leicht berechnet werden. Wir erhalten schließlich

$$\int\limits_a^b (u(x))^2 \, dx \leq \int\limits_a^b (u'(x))^2 \, dx \cdot \left[\frac{(x - a)^2}{2} \right]_a^b = \frac{(b - a)^2}{2} \int\limits_a^b (u'(x))^2 \, dx \, ,$$

d.h. die Friedrichssche Ungleichung (3.9) mit $c_F^2 = (b - a)^2 / 2$.

Wie in der Bemerkung 3.1 erläutert wurde, sind die Elemente des Raumes $L_2(a, b)$ Klassen äquivalenter Funktionen. Aufgrund der Definition des Funktionenraums $H^1(a, b)$ gehören alle Funktionen aus dem Raum $H^1(a, b)$ auch zum Raum $L_2(a, b)$. Folglich sind die Elemente des Raumes $H^1(a, b)$ auch Klassen äquivalenter Funktionen. Im räumlich eindimensionalen Fall enthält jede dieser Klassen aus $H^1(a, b)$ eine stetige Funktion u_c als Repräsentanten. Die Formulierung: „Die Funktion $u(x) \in H^1(a, b)$ nimmt im Randpunkt $x = a$ bzw. $x = b$ einen vorgegebenen Wert g_a bzw. g_b an" bedeutet: $u_c(a) = g_a$ bzw. $u_c(b) = g_b$.

Bemerkung 3.2

Analog zur ersten verallgemeinerten Ableitung lassen sich verallgemeinerte Ableitungen höherer Ordnung definieren, z.B. die zweite verallgemeinerte Ableitung einer Funktion u als erste verallgemeinerte Ableitung von u'. Der Sobolev-Raum $H^m(a, b)$ umfasst alle Funktionen $u \in L_2(a, b)$, die verallgemeinerte Ableitungen bis zur Ordnung m besitzen, wobei diese ebenfalls Elemente des Raumes $L_2(a, b)$ sein müssen.

3.2 Variationsformulierung von Randwertaufgaben

Die Grundidee der FEM beschreiben wir im Weiteren anhand eines stationären 1D-Wärmeleitproblems (siehe Abschnitt 2.1.1). Um die Beschreibung so einfach wie möglich zu halten und dennoch alle wesentlichen Charakteristika berücksichtigen zu können, setzen wir voraus, dass die Wärmeleitzahl $\lambda(x)$, der Wärmeaustauschkoeffizient $\bar{q}(x)$ und die Umgebungstemperatur $u_A(x)$ konstant sind, z.B. $\lambda = 1$, $\bar{q} = c \geq 0$ und $u_A = 0$. Die Wärmequelle werde durch eine stetige Funktion f beschrieben. Weiterhin sei am linken Rand des Intervalls $[a,b]$ die Temperatur vorgegeben und am rechten Rand erfolge ein freier Wärmeaustausch mit der Umgebung. Die klassische Formulierung des Wärmeleitproblems lautet somit:

Gesucht ist $u \in C^2(a,b) \cap C^1(a,b] \cap C[a,b]$, so dass

$$
\begin{aligned}
-u''(x) + cu(x) &= f(x) && \text{für alle } x \in \Omega = (a,b), \\
u(a) &= g_a, \\
-u'(b) &= \alpha_b(u(b) - u_b)
\end{aligned}
\tag{3.10}
$$

gilt. Dabei sind g_a, α_b und u_b vorgegebene Werte und f ist eine gegebene Funktion.

Da die rechte Seite f der Differentialgleichung als stetig vorausgesetzt wird, muss auch die linke Seite der Differentialgleichung eine stetige Funktion sein. Dies gilt, wenn die Funktion u im offenen Intervall (a,b) zweimal stetig differenzierbar ist. Die Randbedingung 3. Art am rechten Rand erfordert, dass die Funktion u an der Stelle $x = b$ einmal stetig differenzierbar ist. Die Vorgabe des Funktionswertes am linken Rand heißt, dass die Funktion u an der Stelle $x = a$ stetig sein muss. Wir suchen deshalb eine Funktion u aus dem Raum $C^2(a,b) \cap C^1(a,b] \cap C[a,b]$, d.h. eine Funktion, welche im offenen Intervall (a,b) zweimal stetig differenzierbar, im Intervall $(a,b]$ einmal stetig differenzierbar und im Intervall $[a,b]$ stetig ist.

Den Ausgangspunkt der FE-Diskretisierung bildet nicht wie bei den klassischen Differenzenverfahren (siehe z.B. [Sam84]) die *klassische Formulierung* (3.10) des stationären Wärmeleitproblems, sondern die *Variationsformulierung* (auch *verallgemeinerte* bzw. *schwache Formulierung* genannt). Diese wird wie folgt hergeleitet.

1. Wir definieren den Raum der Testfunktionen V_0. Als Testfunktionen wählen wir alle Funktionen $v \in H^1(a,b)$, welche in den Randpunkten mit Randbedingungen 1. Art gleich Null sind, d.h. in unserem Beispiel muss $v(a) = 0$ gelten. Wir nutzen deshalb im Weiteren als Raum der Testfunktionen die Funktionenmenge

$$
V_0 = \{v \in H^1(a,b) : v(a) = 0\}.
$$

2. Wir multiplizieren die Differentialgleichung (3.10) mit einer solchen *Testfunktion* v. Anschließend integrieren wir über (a,b) und erhalten

$$
\int_a^b \left[-u''(x)v(x) + cu(x)v(x) \right] dx = \int_a^b f(x)v(x)\, dx.
\tag{3.11}
$$

3. Nach Anwendung der Formel der partiellen Integration

$$
\int_a^b w'(x)v(x)\, dx = w(b)v(b) - w(a)v(a) - \int_a^b w(x)v'(x)\, dx
$$

auf den ersten Summanden im Integral auf der linken Seite der Beziehung (3.11) ergibt sich mit $w(x) = -u'(x)$

$$\int\limits_a^b -u''(x)v(x)\,dx = \int\limits_a^b (-u'(x))'v(x)\,dx = -u'(b)v(b) - (-u'(a))v(a) - \int\limits_a^b -u'(x)v'(x)\,dx$$

und somit aus (3.11)

$$-u'(b)v(b) + u'(a)v(a) + \int\limits_a^b \left[u'(x)v'(x) + cu(x)v(x)\right]dx = \int\limits_a^b f(x)v(x)\,dx.$$

4. Unter Beachtung der Randbedingung 3. Art $-u'(b) = \alpha_b(u(b) - u_b) = \alpha_b u(b) - \alpha_b u_b$ am rechten Rand sowie der Bedingung $v(a) = 0$ folgt daraus

$$\alpha_b u(b)v(b) - \alpha_b u_b v(b) + \int\limits_a^b \left[u'(x)v'(x) + cu(x)v(x)\right]dx = \int\limits_a^b f(x)v(x)\,dx. \qquad (3.12)$$

5. Wir legen die Menge der zulässigen Funktionen V_g fest, d.h. die Menge, in welcher wir die Lösung suchen. Da in der Beziehung (3.12) die Funktion u und deren erste (verallgemeinerte) Ableitung vorkommen, müssen wir die Lösung im Raum $H^1(a,b)$ suchen. Außerdem muss die Lösung u die Randbedingung 1. Art am linken Rand erfüllen. Als Funktionenmenge V_g nutzen wir deshalb

$$V_g = \{u \in H^1(a,b) : u(a) = g_a\}.$$

Bringen wir noch den Term $\alpha_b u_b v(b)$, welcher die unbekannte Funktion u nicht enthält, auf die rechte Seite der Beziehung (3.12), so ergibt sich schließlich die *Variationsformulierung* des Randwertproblems (3.10). Diese lautet:

Gesucht ist $u \in V_g = \{u \in H^1(a,b) : u(a) = g_a\}$, so dass

$$a(u,v) = \langle F,v \rangle \quad \text{für alle } v \in V_0 = \{v \in H^1(a,b) : v(a) = 0\} \qquad (3.13)$$

gilt, wobei

$$a(u,v) = \int\limits_a^b \left[u'(x)v'(x) + cu(x)v(x)\right]dx + \alpha_b u(b)v(b),$$

$$\langle F,v \rangle = \int\limits_a^b f(x)v(x)\,dx + \alpha_b u_b v(b).$$

Bemerkung 3.3

Wie aus der Aufgabe (3.13) ersichtlich ist, gehen wesentliche Randbedingungen (Randbedingungen 1. Art) und natürliche Randbedingungen (Randbedingungen 2. bzw. 3. Art) auf verschiedene Weise in die Variationsformulierung ein. Die wesentlichen Randbedingungen haben Einfluss auf die Definition der Menge der zulässigen Funktionen $V_g \subset H^1(a,b)$ (lineare Mannigfaltigkeit) sowie der Menge der Testfunktionen $V_0 \subset H^1(a,b)$ (Teilraum). Die Randbedingung 3. Art führt zu den zusätzlichen Termen $\alpha_b u(b)v(b)$ bzw. $\alpha_b u_b v(b)$ in $a(.,.)$ bzw. $\langle F,. \rangle$. Bei Randbedingungen 2. Art entsteht nur ein zusätzlicher Term in der rechten Seite $\langle F,. \rangle$

3.3 FEM zur näherungsweisen Lösung des Variationsproblems

Der Begriff der finiten Funktion

Bei der Finite-Elemente-Methode wird die Näherungslösung des Randwertproblems in Variationsformulierung als Linearkombination finiter Funktionen gesucht. Eine finite Funktion ist eine Funktion, die nur in einem „kleinen" endlichen Intervall (α, β) von Null verschieden ist (siehe z.B. Abbildung 3.4). Das Intervall $[\alpha, \beta]$ bezeichnet man als Träger der Funktion und man schreibt dafür $[\alpha, \beta] = \mathrm{supp}(\varphi(x))$ (supp steht für die englische Bezeichnung support).

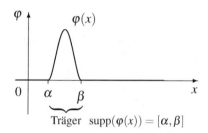

Abbildung 3.4: Beispiel einer finiten Funktion

Die Idee der FEM: Wie wird die Näherungslösung konstruiert?

1. *Diskretisierung des Intervalls $[a, b]$*

Wir diskretisieren (unterteilen) das Intervall $[a, b]$ in n nichtüberlappende Teilintervalle (finite Elemente) mit im Allgemeinen verschiedener Länge (siehe Abbildung 3.5). Die Begrenzungspunkte P_j, $j = 0, 1, \dots, n$, der Teilintervalle bezeichnet man als *Knoten*.

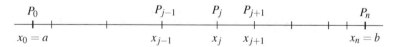

Abbildung 3.5: Unterteilung des Intervalls $[a, b]$

Der Einfachheit halber wählen wir zunächst eine gleichmäßige Unterteilung, d.h. für die Koordinate des j-ten Knotens P_j, $j = 0, 1, \dots n$, gilt

$$x_j = x_0 + jh$$

mit dem Diskretisierungsparameter

$$h = \frac{b - a}{n}.$$

2. *Definition der Ansatzfunktionen*

Jedem Knoten P_j ordnen wir eine im Intervall $[a,b]$ stetige, finite Funktion p_j, eine sogenannte *Ansatzfunktion*, zu. Diese ist nur über den Teilintervallen von Nul verschieden, zu denen der Knoten P_j gehört. Ein Beispiel für Ansatzfunktionen p_j, $j = 0, 1, \ldots, n$, sind die in der Abbildung 3.6 dargestellten stückweise linearen Funktionen.

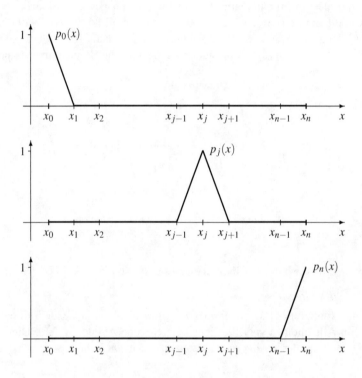

Abbildung 3.6: Stückweise lineare Funktionen p_j

Diese Funktionen p_j, $j = 1, 2, \ldots, n-1$, sind durch

$$p_j(x) = \begin{cases} 0 & \text{für } a \leq x \leq x_{j-1} \\[2mm] \dfrac{x - x_{j-1}}{x_j - x_{j-1}} = \dfrac{x - x_{j-1}}{h} & \text{für } x_{j-1} < x \leq x_j \\[2mm] \dfrac{x_{j+1} - x}{x_{j+1} - x_j} = \dfrac{x_{j+1} - x}{h} & \text{für } x_j < x \leq x_{j+1} \\[2mm] 0 & \text{für } x_{j+1} < x \leq b \end{cases} \tag{3.14}$$

definiert und für die Funktion p_0 bzw. p_n gilt

$$p_0(x) = \begin{cases} \dfrac{x_1 - x}{x_1 - x_0} = \dfrac{x_1 - x}{h} & \text{für } a \le x \le x_1 \\ 0 & \text{für } x_1 < x \le b \end{cases} , \qquad (3.15)$$

$$p_n(x) = \begin{cases} 0 & \text{für } a \le x \le x_{n-1} \\ \dfrac{x - x_{n-1}}{x_n - x_{n-1}} = \dfrac{x - x_{n-1}}{h} & \text{für } x_{n-1} < x \le b \end{cases} . \qquad (3.16)$$

Jede Funktion p_j ist im Knoten P_j gleich 1 und in allen anderen Knoten gleich 0, d.h. für die Ansatzfunktionen p_j, $j = 0, 1, \dots, n$, gilt

$$p_j(x_i) = \delta_{ij} = \begin{cases} 1 & \text{für } i = j \\ 0 & \text{für } i \ne j \end{cases} , \quad i, j = 0, 1, \dots, n, \qquad (3.17)$$

(δ_{ij} ist das *Kronecker-Symbol*).

3. *Bestimmung der Näherungslösung*

Wir suchen eine *Näherungslösung* u_h der Aufgabe (3.13), die sich als Linearkombination

$$u_h(x) = \sum_{j=0}^{n} u_j p_j(x) \qquad (3.18)$$

der Ansatzfunktionen p_j darstellen lässt (siehe z.B. Abbildung 3.7). Dabei sind die Funktionen p_j vorgegeben und die sogenannten *Knotenparameter* u_j sind zunächst unbekannt.

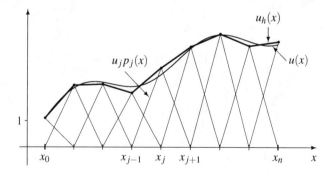

Abbildung 3.7: Exakte Lösung u und Näherungslösung u_h

Aufgrund der Eigenschaft (3.17) gilt

$$\begin{aligned} u_h(x_j) &= u_0 p_0(x_j) + \cdots + u_{j-1} p_{j-1}(x_j) + u_j p_j(x_j) + u_{j+1} p_{j+1}(x_j) + \cdots + u_n p_n(x_j) \\ &= u_0 \cdot 0 + \cdots + u_{j-1} \cdot 0 + u_j \cdot 1 + u_{j+1} \cdot 0 + \cdots + u_n \cdot 0 = u_j, \end{aligned}$$

d.h. für die Knotenparameter u_j gilt die Beziehung

$$u_j = u_h(x_j). \tag{3.19}$$

Der Parameter $u_0 = u_h(x_0) = u_h(a)$ ist in unserer Aufgabe aufgrund der vorgegebenen Randbedingung 1. Art $u(a) = g_a$ bekannt, so dass als Ansatz für die Näherungslösung

$$u_h(x) = \sum_{j=1}^{n} u_j p_j(x) + g_a p_0(x)$$

genutzt wird. Die unbekannten Knotenparameter u_j, $j = 1,2,\ldots,n$, werden durch die Lösung eines linearen Gleichungssystems bestimmt. Sie sind Näherungswerte für die Funktionswerte $u(x_j)$ der exakten Lösung u der Aufgabe (3.13). Im Allgemeinen gilt nicht $u_h(x_j) = u(x_j)$. Dies gilt nur in wenigen Ausnahmefällen (siehe z.B. Bemerkung 3.16).

Das Aufstellen des Gleichungssystems zur Bestimmung der Knotenparameter u_j wird im Folgenden beschrieben. Wir setzen den Lösungsansatz (3.18) in die Variationsformulierung (3.13) ein und wählen als Testfunktion eine beliebige stückweise lineare Funktion v_h, die bei $x = x_0 = a$ gleich Null ist, d.h.

$$v_h(x) = \sum_{i=1}^{n} v_i p_i(x) + 0 \cdot p_0(x) = \sum_{i=1}^{n} v_i p_i(x).$$

Dies liefert die *diskrete Ersatzaufgabe*:

Gesucht ist $u_h \in V_{gh} = \left\{ u_h(x) : u_h(x) = \sum_{j=1}^{n} u_j p_j(x) + g_a p_0(x) \right\}$, so dass

$$a(u_h, v_h) = \langle F, v_h \rangle \quad \text{für alle } v_h \in V_{0h} = \left\{ v_h(x) : v_h(x) = \sum_{i=1}^{n} v_i p_i(x) \right\} \tag{3.20}$$

gilt, wobei

$$a(u_h, v_h) = \int_a^b \left[u_h'(x)v_h'(x) + c u_h(x)v_h(x) \right] dx + \alpha_b u_h(b)v_h(b),$$

$$\langle F, v_h \rangle = \int_a^b f(x)v_h(x)\,dx + \alpha_b u_b v_h(b).$$

Aufgrund der Definition der Funktionenmenge V_{gh} und des Funktionenraumes V_{0h} gilt

$$V_{gh} \subset V_g \quad \text{und} \quad V_{0h} \subset V_0$$

mit V_g und V_0 aus dem Variationsproblem (3.13).

Da die Funktionen p_j bekannt sind, müssen nur noch die unbekannten Knotenparameter u_j, $j = 1,2,\ldots,n$, bestimmt werden, um die Lösung der Aufgabe (3.20) zu ermitteln. Diese Knotenparameter erhalten wir durch Lösen des FE-Gleichungssystems, welches aus der Ersatzaufgabe (3.20) auf die im Weiteren beschriebene Weise entsteht.

Bestimmung der Knotenparameter $u_1, u_2, \ldots, u_n$

Wir wählen die Funktionen p_i, $i = 1, 2, \ldots, n$, nacheinander als Testfunktion v_h in der Aufgabe (3.20). Mit

$$u_h = \sum_{j=0}^{n} u_j p_j(x) = \sum_{j=1}^{n} u_j p_j(x) + u_0 p_0(x) = \sum_{j=1}^{n} u_j p_j(x) + g_a p_0(x)$$

und $v_h = p_i$ erhalten wir

$$\int_a^b [u_h'(x) p_i'(x) + c u_h(x) p_i(x)]\, dx$$

$$= \int_a^b \left[\left(\sum_{j=1}^{n} u_j p_j(x) + g_a p_0(x) \right)' p_i'(x) + c \left(\sum_{j=1}^{n} u_j p_j(x) + g_a p_0(x) \right) p_i(x) \right] dx$$

$$= \int_a^b \left[\left(\sum_{j=1}^{n} u_j p_j'(x) + g_a p_0'(x) \right) p_i'(x) + c \left(\sum_{j=1}^{n} u_j p_j(x) + g_a p_0(x) \right) p_i(x) \right] dx$$

$$= \int_a^b \left[\sum_{j=1}^{n} u_j p_j'(x) p_i'(x) + g_a p_0'(x) p_i'(x) + c \sum_{j=1}^{n} u_j p_j(x) p_i(x) + c g_a p_0(x) p_i(x) \right] dx$$

$$= \int_a^b \left[\sum_{j=1}^{n} u_j (p_j'(x) p_i'(x) + c p_j(x) p_i(x)) \right] dx + \int_a^b g_a [p_0'(x) p_i'(x) + c p_0(x) p_i(x)]\, dx$$

$$= \sum_{j=1}^{n} u_j \int_a^b [p_j'(x) p_i'(x) + c p_j(x) p_i(x)]\, dx + g_a \int_a^b [p_0'(x) p_i'(x) + c p_0(x) p_i(x)]\, dx.$$

Somit ergeben sich aus (3.20) mit $v_h = p_i$, $i = 1, 2, \ldots, n$, die Gleichungen

$v_h = p_1$:

$$\sum_{j=1}^{n} u_j \int_a^b [p_j'(x) p_1'(x) + c p_j(x) p_1(x)]\, dx + g_a \int_a^b [p_0'(x) p_1'(x) + c p_0(x) p_1(x)]\, dx + \alpha_b u_h(b) p_1(b)$$

$$= \int_a^b f(x) p_1(x)\, dx + \alpha_b u_b p_1(b)\,,$$

$\vdots$

$v_h = p_{n-1}$:

$$\sum_{j=1}^{n} u_j \int_a^b \left[p_j'(x)p_{n-1}'(x) + cp_j(x)p_{n-1}(x) \right] dx + g_a \int_a^b \left[p_0'(x)p_{n-1}'(x) + cp_0(x)p_{n-1}(x) \right] dx$$

$$+ \alpha_b u_h(b)p_{n-1}(b) = \int_a^b f(x)p_{n-1}(x)\,dx + \alpha_b u_b p_{n-1}(b) \,,$$

$v_h = p_n$:

$$\sum_{j=1}^{n} u_j \int_a^b \left[p_j'(x)p_n'(x) + cp_j(x)p_n(x) \right] dx + g_a \int_a^b \left[p_0'(x)p_n'(x) + cp_0(x)p_n(x) \right] dx + \alpha_b u_h(b)p_n(b)$$

$$= \int_a^b f(x)p_n(x)\,dx + \alpha_b u_b p_n(b) \,.$$

Aufgrund der Definition der Funktionen p_i (siehe (3.14) - 3.16)) und der Eigenschaft (3.19) gilt

$$p_i(b) = 0 \text{ für } i = 1, 2, \dots, n-1, \quad p_n(b) = p_n(x_n) = 1 \text{ und } u_h(b) = u_h(x_n) = u_n \,.$$

Damit ergibt sich aus den obigen Gleichungen das zur Aufgabe (3.20) äquivalente FE-Gleichungssystem

$$\sum_{j=1}^{n} u_j \int_a^b \left[p_j'(x)p_1'(x) + cp_j(x)p_1(x) \right] dx$$

$$= \int_a^b f(x)p_1(x)\,dx - g_a \int_a^b \left[p_0'(x)p_1'(x) + cp_0(x)p_1(x) \right] dx$$

$$\vdots$$

$$\sum_{j=1}^{n} u_j \int_a^b \left[p_j'(x)p_{n-1}'(x) + cp_j(x)p_{n-1}(x) \right] dx \qquad (3.21)$$

$$= \int_a^b f(x)p_{n-1}(x)\,dx - g_a \int_a^b \left[p_0'(x)p_{n-1}'(x) + cp_0(x)p_{n-1}(x) \right] dx$$

$$\sum_{j=1}^{n} u_j \int_a^b \left[p_j'(x)p_n'(x) + cp_j(x)p_n(x) \right] dx + \alpha_b u_n$$

$$= \int_a^b f(x)p_n(x)\,dx + \alpha_b u_b - g_a \int_a^b \left[p_0'(x)p_n'(x) + cp_0(x)p_n(x) \right] dx \,.$$

Wir wollen dieses Gleichungssystem in Matrixschreibweise angeben, d.h. in der Form

$$K_h \underline{u}_h = \underline{f}_h, \tag{3.22}$$

mit $K_h = [K_{ij}]_{i,j=1}^n$, $\underline{f}_h = [f_i]_{i=1}^n$ und $\underline{u}_h = [u_j]_{j=1}^n = (u_1 \; u_2 \; \ldots \; u_n)^T \in \mathbb{R}^n$ ist der *Vektor der Knotenparameter*.
Durch Vergleich der i-ten Gleichung, $i = 1, 2, \ldots, n-1$,

$$\sum_{j=1}^n u_j \int_a^b \left[p_j'(x) p_i'(x) + c p_j(x) p_i(x) \right] dx$$

$$= \int_a^b f(x) p_i(x)\, dx - g_a \int_a^b \left[p_0'(x) p_i'(x) + c p_0(x) p_i(x) \right] dx$$

des Gleichungssystems (3.21) und der i-ten Gleichung

$$K_{i1} u_1 + K_{i2} u_2 + \cdots + K_{in} u_n = f_i \iff \sum_{j=1}^n K_{ij} u_j = \sum_{j=1}^n u_j K_{ij} = f_i$$

des Gleichungssystems (3.22) können wir die Matrixeinträge der Matrix K_h und die Komponenten der rechten Seite $\underline{f}_h$ ablesen. Es gilt für $i = 1, 2, \ldots, n-1$ und $j = 1, 2, \ldots, n$

$$K_{ij} = \int_a^b \left[p_j'(x) p_i'(x) + c p_j(x) p_i(x) \right] dx$$

und

$$f_i = \int_a^b f(x) p_i(x)\, dx - g_a \int_a^b \left[p_0'(x) p_i'(x) + c p_0(x) p_i(x) \right] dx.$$

Im Fall $i = n$ muss noch der Term $\alpha_b u_n$ bzw. $\alpha_b u_b$ bei der Definition der Matrixeinträge in der n-ten Zeile bzw. der n-ten Komponente der rechten Seite berücksichtigt werden. Wir erhalten schließlich für die Matrix K_h und den Vektor $\underline{f}_h$:

$$K_h = [K_{ij}]_{i,j=1}^n = \left[\int_a^b \left[p_j'(x) p_i'(x) + c p_j(x) p_i(x) \right] dx + \alpha_b \delta_{ij} \delta_{nj} \right]_{i,j=1}^n, \tag{3.23}$$

$$\underline{f}_h = [f_i]_{i=1}^n = \left[\int_a^b f(x) p_i(x)\, dx - g_a \int_a^b \left[p_0'(x) p_i'(x) + c p_0(x) p_i(x) \right] dx + \alpha_b u_b \delta_{in} \right]_{i=1}^n \tag{3.24}$$

(δ_{ij} ist das Kronecker-Symbol (siehe 3.17)). Die Matrix K_h wird als *Steifigkeitsmatrix* und die rechte Seite $\underline{f}_h$ als *Lastvektor* bezeichnet. Der Lösungsvektor $\underline{u}_h$ enthält die Knotenparameter, d.h. Näherungswerte für die gesuchte Funktion u in den Knoten P_i.

Die Aufgaben (3.20) und (3.21) – (3.24) sind aufgrund der folgenden Überlegungen äquivalent. In der Aufgabe (3.20) suchen wir eine Funktion $u_h \in V_{gh}$, so dass die Beziehung $a(u_h, v_h) = \langle F, v_h \rangle$ für jede Funktion $v_h \in V_{0h}$ gilt, also auch für jede Funktion p_i, $i = 1, 2, \ldots n$. Mittels dieser Forderung erhielten wir aus der Aufgabe (3.20) die Gleichungen (3.21). Wenn wir den Lösungsvektor $\underline{u}_h = (u_1 \ u_2 \ \ldots \ u_n)^T$ des Gleichungssystems (3.21) – (3.24) bestimmt haben, dann erhalten wir damit die Funktion $u_h = \sum_{j=0}^{n} u_j p_j$, die den Gleichungen (3.21) genügt. Diese Funktion erfüllt auch für alle $v_h \in V_{0h}$ die Gleichung $a(u_h, v_h) = \langle F, v_h \rangle$ in (3.20), da sich jede Funktion $v_h \in V_{0h}$ als Linearkombination $v_h = \sum_{i=1}^{n} v_i p_i$ darstellen lässt.

Eigenschaften des Finite-Elemente-Gleichungssystems

1. Bei der Diskretisierung des Randwertproblems (3.10) gilt für die Einträge der Steifigkeitsmatrix $K_{ij} = K_{ji}$ für alle $i, j = 1, 2, \ldots, n$, denn wir können in (3.23) die Funktionen p_i und p_j miteinander vertauschen ohne dass sich der Wert des Integrals ändert. Folglich ist K_h eine *symmetrische Matrix*. Man schreibt dafür auch kurz $K_h = K_h^T$, wobei K_h^T die zu K_h transponierte Matrix ist.
   Eine Steifigkeitsmatrix ist nicht generell symmetrisch. Betrachten wir beispielsweise ein Wärmeleit-Wärmetransportproblem (siehe (2.13)), d.h. eine Differentialgleichung, welche einen Term der Gestalt bu' enthält, dann ist die Steifigkeitsmatrix unsymmetrisch.

2. Sehr viele Einträge der Matrix K_h sind identisch Null. Aufgrund der Definitionen (3.14) – (3.16) der Funktionen p_j ist der Integrand in der Definition der Matrixeinträge

$$K_{ij} = \int_a^b \left[p_j'(x) p_i'(x) + c p_j(x) p_i(x) \right] dx + \alpha_b \delta_{ij} \delta_{nj} \tag{3.25}$$

(siehe auch (3.23)) und somit das Integral gleich Null, wenn die Bereiche, über denen p_i und p_j von Null verschieden sind, nicht überlappen. Mit anderen Worten heißt dies: Der Matrixeintrag K_{ij} ist gleich Null, wenn

$$\text{int}(\text{supp}(p_i)) \cap \text{int}(\text{supp}(p_j)) = \emptyset,$$

d.h. wenn der Durchschnitt des Inneren der Träger der Funktionen p_i und p_j leer ist (siehe Abbildung 3.8).

Falls die Bereiche, über denen die Ansatzfunktionen p_i und p_j von Null verschieden sind, überlappen, ist der Integrand in (3.25) von Null verschieden und somit kann der Matrixeintrag K_{ij} ungleich Null sein. In unserem Beispiel überlappen nur die Bereiche $\text{supp}(p_{i-1})$ und $\text{supp}(p_i)$ sowie $\text{supp}(p_i)$ und $\text{supp}(p_{i+1})$ (siehe Abbildung 3.8). Folglich gilt

$$K_{ij} = \begin{cases} 0 & \text{für } j \notin \{i-1, i, i+1\} \\ \neq 0 & \text{für } j \in \{i-1, i, i+1\} \end{cases}. \tag{3.26}$$

Eine Matrix, in welcher die Anzahl der Nicht-Nulleinträge sehr viel kleiner ist als die Gesamtanzahl der Matrixeinträge, bezeichnet man als *dünnbesetzt* oder *schwach besetzt*.

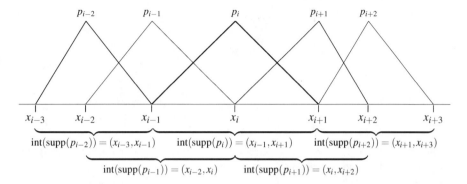

Abbildung 3.8: Teilweise Überlappung der Träger der Ansatzfunktionen

In K_h sind pro Zeile maximal drei Einträge ungleich Null. Daher sind nur maximal $3n$ der n^2 Matrixeinträge von Null verschieden. Für große n ist $3n$ viel kleiner als n^2. Folglich ist die Steifigkeitsmatrix K_h eine dünnbesetzte Matrix.

3. Wegen (3.26) ist K_h eine *tridiagonale* Matrix, d.h. sie hat die Besetztheitsstruktur

$$\begin{pmatrix} * & * & 0 & 0 & \cdots & 0 \\ * & * & * & 0 & \cdots & 0 \\ 0 & * & \ddots & \ddots & \ddots & \vdots \\ \vdots & \ddots & \ddots & \ddots & * & 0 \\ 0 & \cdots & 0 & * & * & * \\ 0 & \cdots & 0 & 0 & * & * \end{pmatrix} .$$

Dabei sind die Nicht-Nulleinträge mit $*$ gekennzeichnet. Wir haben hier vorausgesetzt, dass die Knoten fortlaufend von links, d.h bei $x = a$, beginnend nummeriert sind (siehe auch Abbildung 3.5). Bei einer anderen Nummerierungsreihenfolge der Knoten hat die Matrix eine andere Struktur. Dies werden wir im Abschnitt 5.2 genauer diskutieren.

Berechnung der Steifigkeitsmatrix und des Lastvektors

Für die in (3.14) – (3.16) definierten Funktionen p_j, $j = 0, 1, \ldots, n$, erhält man analog zu Beispiel 3.2 aus Abschnitt 3.1 die folgenden ersten verallgemeinerten Ableitungen:

$$p_j'(x) = \begin{cases} 0 & \text{für } a \leq x < x_{j-1} \\ \dfrac{1}{x_j - x_{j-1}} = \dfrac{1}{h} & \text{für } x_{j-1} < x < x_j \\ -\dfrac{1}{x_{j+1} - x_j} = -\dfrac{1}{h} & \text{für } x_j < x < x_{j+1} \\ 0 & \text{für } x_{j+1} < x \leq b \end{cases} , \quad j = 1, 2, \ldots, n-1, \quad (3.27)$$

$$p_0'(x) \;=\; \begin{cases} -\dfrac{1}{x_1 - x_0} = -\dfrac{1}{h} & \text{für } a \le x < x_1 \\[2mm] 0 & \text{für } x_1 < x \le b \end{cases}, \qquad (3.28)$$

$$p_n'(x) \;=\; \begin{cases} 0 & \text{für } a \le x < x_{n-1} \\[2mm] \dfrac{1}{x_n - x_{n-1}} = \dfrac{1}{h} & \text{für } x_{n-1} < x \le b \end{cases}. \qquad (3.29)$$

In den Punkten P_j, $j = 1, 2, \ldots, n-1$, mit den Koordinaten $x = x_j$ kann die erste verallgemeinerte Ableitung beliebig festgelegt werden (siehe auch die Bemerkung 3.1, S. 73).

Wie haben oben festgestellt, dass die Matrix K_h in jeder Zeile nur maximal drei von Null verschiedene Einträge hat, nämlich $K_{i,i-1}$, K_{ii} und $K_{i,i+1}$ (siehe (3.26)). Diese werden wir im Folgenden berechnen.

Für $i = 2, 3, \ldots, n$ gilt gemäß der Definition (3.25) der Einträge der Matrix K_h

$$K_{i,i-1} = \int_a^b [p_{i-1}'(x)p_i'(x) + c\,p_{i-1}(x)p_i(x)]\,dx. \qquad (3.30)$$

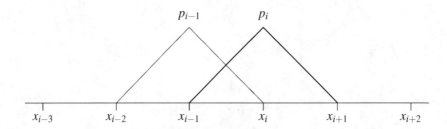

Abbildung 3.9: Ansatzfunktionen p_{i-1} und p_i

Da die beiden Funktionen p_{i-1} und p_i über dem Intervall (x_{i-1}, x_i) gleichzeitig von Null verschieden sind (siehe Abbildung 3.9), ist der Integrand in (3.30) über diesem Intervall von Null verschieden. Über den Intervallen (a, x_{i-1}) und (x_i, b) ist wenigstens eine der beiden Funktionen p_{i-1} und p_i identisch Null, so dass über diesen Intervallen der gesamte Integrand gleich Null ist. Folglich reduziert sich die Integration in (3.30) auf die Integration über dem Intervall (x_{i-1}, x_i). Somit erhalten wir unter Nutzung der Definition der Ansatzfunktionen p_i (siehe (3.14), (3.16)) und ihrer verallgemeinerten Ableitungen (siehe (3.27), (3.29))

$$\begin{aligned} K_{i,i-1} &= \int_{x_{i-1}}^{x_i} [p_{i-1}'(x)p_i'(x) + c\,p_{i-1}(x)p_i(x)]\,dx \\[2mm] &= \int_{x_{i-1}}^{x_i} \left[\left(-\frac{1}{h}\right)\left(\frac{1}{h}\right) + c\left(\frac{x_i - x}{h}\right)\left(\frac{x - x_{i-1}}{h}\right) \right] dx \end{aligned}$$

und weiter

$$
\begin{aligned}
K_{i,i-1} &= \int_{x_{i-1}}^{x_i} \left[-\frac{1}{h^2} + c \frac{-x^2 + (x_i + x_{i-1})x - x_i x_{i-1}}{h^2} \right] dx \\[2mm]
&= \left[-\frac{x}{h^2} + c \left(-\frac{x^3}{3h^2} + \frac{(x_i + x_{i-1})x^2}{2h^2} - \frac{x_i x_{i-1} x}{h^2} \right) \right]_{x_{i-1}}^{x_i} \\[2mm]
&= -\frac{x_i - x_{i-1}}{h^2} + c \left(-\frac{x_i^3 - x_{i-1}^3}{3h^2} + \frac{(x_i + x_{i-1})(x_i^2 - x_{i-1}^2)}{2h^2} - \frac{x_i x_{i-1}(x_i - x_{i-1})}{h^2} \right) \\[2mm]
&= -\frac{x_i - x_{i-1}}{h^2} + c \left(\frac{x_i^3 - 3x_i^2 x_{i-1} + 3x_i x_{i-1}^2 - x_{i-1}^3}{6h^2} \right) \\[2mm]
&= -\frac{x_i - x_{i-1}}{h^2} + c \frac{(x_i - x_{i-1})^3}{6h^2} = -\frac{h}{h^2} + c \frac{h^3}{6h^2} = -\frac{1}{h} + \frac{ch}{6}.
\end{aligned}
$$

Für $i = 1, 2, \ldots, n-1$ gilt (siehe (3.23))

$$
K_{ii} = \int_a^b [p_i'(x) p_i'(x) + c p_i(x) p_i(x)] \, dx = \int_a^b [(p_i'(x))^2 + c(p_i(x))^2] \, dx.
$$

Da die Funktion p_i nur über dem Intervall (x_{i-1}, x_{i+1}) nicht identisch Null ist, müssen wir auch nur über diesem Intervall integrieren. Damit folgt unter Nutzung der Beziehungen (3.27) und (3.14) für p_i' und p_i

$$
\begin{aligned}
K_{ii} &= \int_{x_{i-1}}^{x_{i+1}} [(p_i'(x))^2 + c(p_i(x))^2] \, dx \\[2mm]
&= \int_{x_{i-1}}^{x_i} \left[\left(\frac{1}{h} \right)^2 + c \left(\frac{x - x_{i-1}}{h} \right)^2 \right] dx + \int_{x_i}^{x_{i+1}} \left[\left(-\frac{1}{h} \right)^2 + c \left(\frac{x_{i+1} - x}{h} \right)^2 \right] dx \\[2mm]
&= \left[\frac{x}{h^2} + c \frac{(x - x_{i-1})^3}{3h^2} \right]_{x_{i-1}}^{x_i} + \left[\frac{x}{h^2} - c \frac{(x_{i+1} - x)^3}{3h^2} \right]_{x_i}^{x_{i+1}} \\[2mm]
&= \left[\frac{x_i - x_{i-1}}{h^2} + c \frac{(x_i - x_{i-1})^3}{3h^2} - c \frac{(x_{i-1} - x_{i-1})^3}{3h^2} \right] \\[2mm]
&\quad + \left[\frac{x_{i+1} - x_i}{h^2} - c \frac{(x_{i+1} - x_{i+1})^3}{3h^2} + c \frac{(x_{i+1} - x_i)^3}{3h^2} \right] \\[2mm]
&= \frac{1}{h} + \frac{ch}{3} + \frac{1}{h} + \frac{ch}{3} = \frac{2}{h} + \frac{2ch}{3}.
\end{aligned}
$$

Da die Funktion $p_n(x)$ nur im Intervall (x_{n-1}, x_n) von Null verschieden ist, ergibt sich aus (3.23) für $i = j = n$

$$K_{nn} = \int_{x_{n-1}}^{x_n} [(p_n'(x))^2 + c(p_n(x))^2] \, dx + \alpha_b = \int_{x_{n-1}}^{x_n} \left[\left(\frac{1}{h}\right)^2 + c\left(\frac{x - x_{n-1}}{h}\right)^2 \right] dx + \alpha_b$$

$$= \frac{1}{h} + \frac{ch}{3} + \alpha_b = \frac{1}{h}(1 + \alpha_b h) + \frac{ch}{3}.$$

Aufgrund der Symmetrie der Steifigkeitsmatrix K_h müssen wir die Elemente $K_{i,i+1}$, $i = 1, 2,$ $\dots, n-1$, nicht extra berechnen. Es gilt

$$K_{i,i+1} = K_{i+1,i} = -\frac{1}{h} + \frac{ch}{6}.$$

Die Einträge

$$f_i = \int_a^b f(x) p_i(x) \, dx - g_a \int_a^b \left[p_0'(x) p_i'(x) + c p_0(x) p_i(x) \right] dx + \alpha_b u_b \delta_{in}$$

des Lastvektors des FE-Gleichungssystems (siehe auch (3.24)) werden wie folgt berechnet. Da die Funktion p_i, $i = 1, 2, \dots, n-1$, nur über dem Intervall (x_{i-1}, x_{i+1}) und die Funktion p_n nur über dem Intervall (x_{n-1}, x_n) von Null verschieden ist, gilt

$$\tilde{f}_i = \int_a^b f(x) \, p_i(x) \, dx = \int_{x_{i-1}}^{x_{i+1}} f(x) \, p_i(x) \, dx$$

und

$$\tilde{f}_n = \int_a^b f(x) \, p_n(x) \, dx = \int_{x_{n-1}}^{x_n} f(x) \, p_n(x) \, dx.$$

Eine analytische Berechnung dieser Integrale ist nur für gewisse Funktionen f möglich. In den meisten Fällen können diese Integrale nur näherungsweise mittels numerischer Integration berechnet werden. Dies diskutieren wir im Abschnitt 3.6.

Weiterhin erhalten wir analog zur Berechnung der Matrixeinträge $K_{i,i-1}$ für die Integrale mit dem Vorfaktor g_a in (3.24)

$$\int_a^b \left[p_0'(x) p_i'(x) + c p_0(x) p_i(x) \right] dx = \begin{cases} -\dfrac{1}{h} + \dfrac{ch}{6} & \text{für } i = 1 \\[2mm] 0 & \text{für } i = 2, 3, \dots, n. \end{cases} \qquad (3.31)$$

Aufgrund der vorangegangenen Berechnungen ergibt sich das tridiagonale FE-Gleichungssystem

$$(K_{h,1} + c K_{h,2}) \underline{u}_h = \underline{f}_h \qquad (3.32)$$

mit

$$K_{h,1} = \frac{1}{h} \begin{pmatrix} 2 & -1 & 0 & 0 & \cdots & 0 \\ -1 & 2 & -1 & 0 & \cdots & 0 \\ 0 & -1 & \ddots & \ddots & \ddots & \vdots \\ \vdots & \ddots & \ddots & \ddots & -1 & 0 \\ 0 & \cdots & 0 & -1 & 2 & -1 \\ 0 & \cdots & 0 & 0 & -1 & 1+\alpha_b h \end{pmatrix},$$

$$K_{h,2} = \frac{h}{6} \begin{pmatrix} 4 & 1 & 0 & 0 & \cdots & 0 \\ 1 & 4 & 1 & 0 & \cdots & 0 \\ 0 & 1 & \ddots & \ddots & \ddots & \vdots \\ \vdots & \ddots & \ddots & \ddots & 1 & 0 \\ 0 & \cdots & 0 & 1 & 4 & 1 \\ 0 & \cdots & 0 & 0 & 1 & 2 \end{pmatrix},$$

$$\underline{u}_h = (u_1 \ u_2 \ \ldots \ u_n)^T$$

und

$$\underline{f}_h = \left(\tilde{f}_1 + g_a\left(\frac{1}{h} - \frac{ch}{6}\right) \ \ \tilde{f}_2 \ \ \ldots \ \ \tilde{f}_{n-1} \ \ \tilde{f}_n + \alpha_b u_b \right)^T .$$

Bemerkung 3.4
Die Matrix

$$K_{h,2} = \left[\int_a^b p_j(x) p_i(x)\, dx \right]_{i,j=1}^n$$

in (3.32) wird auch als *Massenmatrix* bezeichnet.

3.4 Der elementweise Aufbau der Steifigkeitsmatrix und des Lastvektors

Im vorangegangenen Abschnitt haben wir ausführlich beschrieben, wie das FE-Gleichungssystem aufgestellt werden kann. Die dabei genutzte Vorgehensweise ist aus der Sicht der Programmierung jedoch nicht am effizientesten. Vielmehr verwendet man in den meisten FE-Programmen die Technik der elementweisen Berechnung der Steifigkeitsmatrix und des Lastvektors. Wir beschreiben diese Technik in diesem Abschnitt. Die elementweise Berechnung der Steifigkeitsmatrix und des Lastvektors kann auf analoge Weise bei FE-Diskretisierungen mit Ansatzfunktionen höheren Grades (siehe Abschnitt 3.5) und bei FE-Diskretisierungen von Randwertproblemen in mehrdimensionalen Gebieten (siehe Abschnitt 4.5.3) eingesetzt werden. Es ist somit eine universell einsetzbare Methode. Wie wir später sehen werden, bietet die elementweise Vorgehensweise auch den Vorteil, dass einige Ausdrücke, die für die Berechnung der Einträge der Steifigkeitsmatrix und des Lastvektors notwendig sind, nicht mehrfach berechnet werden müssen. Somit wird der Rechenaufwand reduziert.

Bei der elementweisen Berechnung der Steifigkeitsmatrix K_h und des Lastvektors $\underline{f}_h$ werden zuerst eine Steifigkeitsmatrix $\bar{K}_h$ und ein Lastvektor $\bar{\underline{f}}_h$ generiert, in denen die Randbedingungen noch nicht berücksichtigt sind. Die Beachtung der Randbedingungen erfolgt in einem nachfolgenden Schritt.

Berechnung der Elementbeziehungen

Wie wir im Abschnitt 3.3 beschrieben haben, wird das Intervall $[a,b]$ in nichtüberlappende Teilintervalle zerlegt, so dass

$$[a,b] = \bigcup_{i=1}^{n} [x_{i-1},x_i] \quad \text{mit} \quad (x_{i-1},x_i) \cap (x_{j-1},x_j) = \emptyset \quad \text{für} \quad i \neq j, \, i,j = 1,2,\ldots,n,$$

gilt. Damit erhalten wir für das Integral auf der linken Seite der Ersatzaufgabe (3.20), S. 84,

$$\int_a^b \left[u_h'(x)v_h'(x) + cu_h(x)v_h(x)\right] dx = \sum_{i=1}^{n} \int_{x_{i-1}}^{x_i} \left[u_h'(x)v_h'(x) + cu_h(x)v_h(x)\right] dx.$$

Mit

$$u_h = \sum_{j=0}^{n} u_j p_j(x) \quad \text{und} \quad v_h = \sum_{k=0}^{n} v_k p_k(x)$$

(siehe (3.18)) folgt

$$\int_a^b \left[u_h'(x)v_h'(x) + cu_h(x)v_h(x)\right] dx$$

$$= \sum_{i=1}^{n} \int_{x_{i-1}}^{x_i} \left[\left(\sum_{j=0}^{n} u_j p_j(x)\right)'\left(\sum_{k=0}^{n} v_k p_k(x)\right)' + c\left(\sum_{j=0}^{n} u_j p_j(x)\right)\left(\sum_{k=0}^{n} v_k p_k(x)\right)\right] dx$$

$$= \sum_{i=1}^{n} \int_{x_{i-1}}^{x_i} \left[\left(\sum_{j=0}^{n} u_j p_j'(x)\right)\left(\sum_{k=0}^{n} v_k p_k'(x)\right) + c\left(\sum_{j=0}^{n} u_j p_j(x)\right)\left(\sum_{k=0}^{n} v_k p_k(x)\right)\right] dx.$$

Da gemäß der Definition der Ansatzfunktionen (siehe (3.14) – (3.16)) nur die Funktionen p_{i-1} und p_i über dem Intervall $[x_{i-1},x_i]$ von Null verschieden sind, reduziert sich über diesem Intervall die Summation im Integranden auf die beiden Summanden $u_{i-1}p_{i-1}'$ und $u_i p_i'$ sowie $u_{i-1}p_{i-1}$ und $u_i p_i$ bzw. $v_{i-1}p_{i-1}'$ und $v_i p_i'$ sowie $v_{i-1}p_{i-1}$ und $v_i p_i$. Damit folgt

$$\int_a^b \left[u_h'(x)v_h'(x) + cu_h(x)v_h(x)\right] dx$$

$$= \sum_{i=1}^{n} \int_{x_{i-1}}^{x_i} \left[\left(u_{i-1}p_{i-1}'(x) + u_i p_i'(x)\right)\left(v_{i-1}p_{i-1}'(x) + v_i p_i'(x)\right)\right.$$

$$\left. + c\left(u_{i-1}p_{i-1}(x) + u_i p_i(x)\right)\left(v_{i-1}p_{i-1}(x) + v_i p_i(x)\right)\right] dx.$$

Ausmultiplizieren der Klammerausdrücke und anschließendes Vertauschen von Summation und Integration liefert

$$\int_a^b \left[u_h'(x)v_h'(x) + cu_h(x)v_h(x) \right] dx$$

$$= \sum_{i=1}^n \int_{x_{i-1}}^{x_i} \left[u_{i-1}v_{i-1}\left(p_{i-1}'(x)p_{i-1}'(x) + cp_{i-1}(x)p_{i-1}(x)\right) \right.$$
$$+ u_{i-1}v_i\left(p_{i-1}'(x)p_i'(x) + cp_{i-1}(x)p_i(x)\right) + u_iv_{i-1}\left(p_i'(x)p_{i-1}'(x) + cp_i(x)p_{i-1}(x)\right)$$
$$\left. + u_iv_i\left(p_i'(x)p_i'(x) + cp_i(x)p_i(x)\right) \right] dx$$

$$= \sum_{i=1}^n \left[u_{i-1}v_{i-1} \int_{x_{i-1}}^{x_i} [p_{i-1}'(x)p_{i-1}'(x) + cp_{i-1}(x)p_{i-1}(x)]\,dx \right.$$

$$+ u_{i-1}v_i \int_{x_{i-1}}^{x_i} [p_{i-1}'(x)p_i'(x) + cp_{i-1}(x)p_i(x)]\,dx$$

$$\left. + u_iv_{i-1} \int_{x_{i-1}}^{x_i} [p_i'(x)p_{i-1}'(x) + cp_i(x)p_{i-1}(x)]\,dx + u_iv_i \int_{x_{i-1}}^{x_i} [p_i'(x)p_i'(x) + cp_i(x)p_i(x)]\,dx \right].$$

Mit den Bezeichnungen

$$K_{11}^{(i)} = \int_{x_{i-1}}^{x_i} [p_{i-1}'(x)p_{i-1}'(x) + cp_{i-1}(x)p_{i-1}(x)]\,dx,$$

$$K_{21}^{(i)} = \int_{x_{i-1}}^{x_i} [p_{i-1}'(x)p_i'(x) + cp_{i-1}(x)p_i(x)]\,dx,$$

$$K_{12}^{(i)} = \int_{x_{i-1}}^{x_i} [p_i'(x)p_{i-1}'(x) + cp_i(x)p_{i-1}(x)]\,dx,$$

$$K_{22}^{(i)} = \int_{x_{i-1}}^{x_i} [p_i'(x)p_i'(x) + cp_i(x)p_i(x)]\,dx$$

(3.33)

ergibt sich

$$\int_a^b \left[u_h'(x)v_h'(x) + cu_h(x)v_h(x) \right] dx$$

$$= \sum_{i=1}^n \left[u_{i-1}v_{i-1}K_{11}^{(i)} + u_{i-1}v_iK_{21}^{(i)} + u_iv_{i-1}K_{12}^{(i)} + u_iv_iK_{22}^{(i)} \right]$$

(3.34)

$$= \sum_{i=1}^n \left[\left(K_{11}^{(i)}u_{i-1} + K_{12}^{(i)}u_i\right)v_{i-1} + \left(K_{21}^{(i)}u_{i-1} + K_{22}^{(i)}u_i\right)v_i \right] = \sum_{i=1}^n (v_{i-1}\ \ v_i)K^{(i)}\begin{pmatrix} u_{i-1} \\ u_i \end{pmatrix}.$$

Die Matrizen

$$K^{(i)} = \begin{pmatrix} K_{11}^{(i)} & K_{12}^{(i)} \\ K_{21}^{(i)} & K_{22}^{(i)} \end{pmatrix}, \tag{3.35}$$

$i = 1, 2, \ldots, n$, mit $K_{11}^{(i)}$, $K_{12}^{(i)}$, $K_{21}^{(i)}$ und $K_{22}^{(i)}$ aus (3.33) werden als *Elementsteifigkeitsmatrizen* bezeichnet.

Analog zu der soeben beschriebenen Vorgehensweise erhalten wir für das Integral auf der rechten Seite der Ersatzaufgabe (3.20)

$$\int_a^b f(x)\,v_h(x)\,dx = \sum_{i=1}^n \int_{x_{i-1}}^{x_i} f(x)v_h(x)\,dx = \sum_{i=1}^n \int_{x_{i-1}}^{x_i} \left[f(x) \sum_{k=0}^n v_k p_k(x) \right] dx$$

$$= \sum_{i=1}^n \int_{x_{i-1}}^{x_i} f(x)\left[v_{i-1}p_{i-1}(x) + v_i p_i(x) \right] dx$$

$$= \sum_{i=1}^n \left[v_{i-1} \int_{x_{i-1}}^{x_i} f(x)p_{i-1}(x)\,dx + v_i \int_{x_{i-1}}^{x_i} f(x)p_i(x)\,dx \right].$$

Mit den Bezeichnungen

$$f_1^{(i)} = \int_{x_{i-1}}^{x_i} f(x)p_{i-1}(x)\,dx \quad \text{und} \quad f_2^{(i)} = \int_{x_{i-1}}^{x_i} f(x)p_i(x)\,dx \tag{3.36}$$

erhalten wir dann

$$\int_a^b f(x)\,v_h(x)\,dx = \sum_{i=1}^n [v_{i-1}f_1^{(i)} + v_i f_2^{(i)}] = \sum_{i=1}^n (v_{i-1}\ \ v_i)\underline{f}^{(i)}. \tag{3.37}$$

Die Vektoren

$$\underline{f}^{(i)} = \begin{pmatrix} f_1^{(i)} \\ f_2^{(i)} \end{pmatrix}, \tag{3.38}$$

$i = 1, 2, \ldots, n$, mit $f_1^{(i)}$ und $f_2^{(i)}$ aus (3.36) nennt man *Elementlastvektoren*.

Assemblierung des FE-Gleichungssystems

Das Zusammensetzen der Elementsteifigkeitsmatrizen $K^{(i)}$ und Elementlastvektoren $\underline{f}^{(i)}$ zur Matrix $\bar{K}_h$ und zum Vektor $\bar{\underline{f}}_h$ wird als *Assemblierung* bezeichnet.

Wie bereits im Abschnitt 3.3 beschrieben wurde, nummerieren wir alle bei der Diskretisierung generierten Knoten P_i. Die Nummerierung wird als *globale Knotennummerierung* bezeichnet. Außerdem werden in jedem finiten Element die jeweils zugehörigen Knoten *lokal* nummeriert.

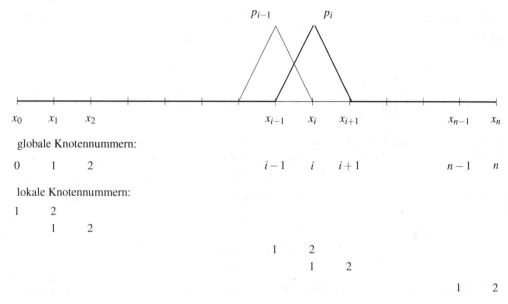

Abbildung 3.10: Zusammenhang zwischen globaler und lokaler Knotennummerierung

Da wir bisher nur stückweise lineare Ansatzfunktionen betrachtet haben, enthält jedes finite Element, d.h. jedes Teilintervall $[x_{i-1}, x_i]$, nur zwei Knoten, nämlich den Anfangsknoten P_{i-1} und den Endknoten P_i. Folglich gibt es nur die lokalen Knotennummern 1 und 2. Im Abschnitt 3.5 werden wir lernen, dass bei der Verwendung von stückweise polynomialen Ansatzfunktionen mit einem Polynomgrad größer als Eins zu jedem finiten Element mehr als zwei Knoten gehören.

Wir stellen den Zusammenhang zwischen der globalen und der lokalen Knotennummerierung her (siehe Abbildung. 3.10). Dieser Zusammenhang wird in einer sogenannten Elementzusammenhangstabelle gespeichert (siehe Tabelle 3.1).

Tabelle 3.1: Elementzusammenhangstabelle

Elementnummer	globale Knotennummer des Knotens mit der lokalen Knotennummer	
	1	2
1	0	1
2	1	2
⋮	⋮	⋮
n	$n-1$	n

Bevor wir den Assemblierungsalgorithmus angeben, erläutern wir, warum der Algorithmus so wie er auf der Seite 103 beschrieben wird, durchgeführt werden kann. Leser, die nur am Assemblierungsalgorithmus interessiert sind, können die folgenden Betrachtungen überspringen und ab Seite 103 weiterlesen.

Zur Erläuterung des Assemblierungsprozesses definieren wir für jedes finite Element eine Elementzusammenhangsmatrix $C^{(i)} = [C^{(i)}_{\alpha j}]^{2\quad,n}_{\alpha=1,j=0}$ mit

$$
C^{(i)}_{\alpha j} = \left\{ \begin{array}{ll} 1 & \text{falls } j \text{ die globale Knotennummer des Knotens mit der} \\ & \text{lokalen Knotennummer } \alpha \text{ im } i\text{-ten Element ist} \\ 0 & \text{sonst}. \end{array} \right. \tag{3.39}
$$

Zum Beispiel hat die Matrix $C^{(1)}$ die folgende Gestalt. Im Element mit der Nummer 1 hat der Knoten mit der lokalen Nummer $\alpha = 1$ die globale Nummer $j = 0$ und der Knoten mit der lokalen Nummer $\alpha = 2$ die globale Nummer $j = 1$ (siehe Tabelle 3.1). Deshalb sind die Elemente $C^{(1)}_{10}$ und $C^{(1)}_{21}$ der Matrix $C^{(1)}$ gleich 1 und alle anderen Einträge gleich Null, d.h.

$$
C^{(1)} = \left. \begin{pmatrix} 1 & 0 & 0 & \cdots & 0 \\ 0 & 1 & 0 & \cdots & 0 \end{pmatrix} \begin{matrix} 1 \\ 2 \end{matrix} \right\} \text{lokale Knotennummern} .
$$

$$
\underbrace{\begin{matrix} 0 & 1 & 2 & \cdots & n \end{matrix}}_{\text{globale Knotennummern}}
$$

Allgemein hat die Matrix $C^{(i)}$ bei dem in der Tabelle 3.1 festgelegten Zusammenhang zwischen der lokalen und der globalen Knotennummerierung die Gestalt

$$
C^{(i)} = \left. \begin{pmatrix} 0 & \cdots & 0 & 1 & 0 & 0 & \cdots & 0 \\ 0 & \cdots & 0 & 0 & 1 & 0 & \cdots & 0 \end{pmatrix} \begin{matrix} 1 \\ 2 \end{matrix} \right\} \text{lokale Knotennummern} .
$$

$$
\underbrace{\begin{matrix} 0 & \cdots & i-2 & i-1 & i & i+1 & \cdots & n \end{matrix}}_{\text{globale Knotennummern}}
\tag{3.40}
$$

Zum besseren Verständnis des im Folgenden beschriebenen Assemblierungsalgorithmus führen wir noch die folgenden Überlegungen durch:

Für Vektoren $\bar{u}_h = (u_0 \ u_1 \ \ldots \ u_n)^T$ und $\bar{v}_h = (v_0 \ v_1 \ \ldots \ v_n)^T$ gilt

$$
C^{(i)}\bar{u}_h = \begin{pmatrix} 0 & \cdots & 0 & 1 & 0 & 0 & \cdots & 0 \\ 0 & \cdots & 0 & 0 & 1 & 0 & \cdots & 0 \end{pmatrix} \begin{pmatrix} u_0 \\ \vdots \\ u_{i-2} \\ u_{i-1} \\ u_i \\ u_{i+1} \\ \vdots \\ u_n \end{pmatrix} = \begin{pmatrix} u_{i-1} \\ u_i \end{pmatrix} \tag{3.41}
$$

$$
(i-1)\text{-te, } i\text{-te Spalte}
$$

und analog

$$
\bar{v}_h^T (C^{(i)})^T = (C^{(i)} \bar{v}_h)^T = \begin{pmatrix} v_{i-1} \\ v_i \end{pmatrix}^T = (v_{i-1} \ v_i) .
$$

Damit kann die Beziehung (3.34) wie folgt aufgeschrieben werden:

$$\int_a^b \left[u_h'(x)v_h'(x) + cu_h(x)v_h(x) \right] dx = \sum_{i=1}^n (v_{i-1} \ v_i) K^{(i)} \begin{pmatrix} u_{i-1} \\ u_i \end{pmatrix}$$

$$= \sum_{i=1}^n \underline{\bar{v}}_h^T (C^{(i)})^T K^{(i)} C^{(i)} \underline{\bar{u}}_h$$

$$= \underline{\bar{v}}_h^T \left(\sum_{i=1}^n (C^{(i)})^T K^{(i)} C^{(i)} \right) \underline{\bar{u}}_h \qquad (3.42)$$

$$= \underline{\bar{v}}_h^T \bar{K}_h \underline{\bar{u}}_h$$

mit

$$\bar{K}_h = \sum_{i=1}^n (C^{(i)})^T K^{(i)} C^{(i)}. \qquad (3.43)$$

Auf analoge Weise lässt sich die Beziehung (3.37) als

$$\int_a^b f(x) v_h(x)\, dx = \sum_{i=1}^n (v_{i-1} \ v_i) \underline{f}^{(i)}$$

$$= \sum_{i=1}^n \underline{\bar{v}}_h^T (C^{(i)})^T \underline{f}^{(i)} = \underline{\bar{v}}_h^T \sum_{i=1}^n (C^{(i)})^T \underline{f}^{(i)} \qquad (3.44)$$

$$= \underline{\bar{v}}_h^T \underline{\bar{f}}_h$$

mit

$$\underline{\bar{f}}_h = \sum_{i=1}^n (C^{(i)})^T \underline{f}^{(i)} \qquad (3.45)$$

schreiben.

Für die Matrizen $(C^{(i)})^T K^{(i)} C^{(i)}$ gilt (vgl. (3.40) und (3.35))

$$(C^{(i)})^T K^{(i)} C^{(i)}$$

$$= \begin{array}{c} \\ \\ (i-1)\text{-te Zeile} \rightarrow \\ i\text{-te Zeile} \rightarrow \\ \\ \\ \end{array} \begin{pmatrix} 0 & 0 \\ \vdots & \vdots \\ 0 & 0 \\ 1 & 0 \\ 0 & 1 \\ 0 & 0 \\ \vdots & \vdots \\ 0 & 0 \end{pmatrix} \begin{pmatrix} K_{11}^{(i)} & K_{12}^{(i)} \\ K_{21}^{(i)} & K_{22}^{(i)} \end{pmatrix} \begin{pmatrix} 0 & \cdots & 0 & 1 & 0 & 0 & \cdots & 0 \\ 0 & \cdots & 0 & 0 & 1 & 0 & \cdots & 0 \end{pmatrix}.$$

$$\begin{array}{c} \uparrow \quad \nwarrow \\ (i-1)\text{-te,} \quad i\text{-te Spalte} \end{array}$$

Nach Multiplikation dieser Matrizen erhalten wir

$$
(C^{(i)})^T K^{(i)} C^{(i)} \;=\;
\begin{array}{c}
\\[3.5em]
(i-1)\text{-te Zeile} \rightarrow \\[0.8em]
i\text{-te Zeile} \rightarrow \\[3em]
\end{array}
\begin{pmatrix}
0 & 0 \\
\vdots & \vdots \\
0 & 0 \\
K_{11}^{(i)} & K_{12}^{(i)} \\
K_{21}^{(i)} & K_{22}^{(i)} \\
0 & 0 \\
\vdots & \vdots \\
0 & 0
\end{pmatrix}
\begin{pmatrix}
0 & \cdots & 0 & 1 & 0 & 0 & \cdots & 0 \\
0 & \cdots & 0 & 0 & 1 & 0 & \cdots & 0 \\
& & & \uparrow & \nwarrow & & & \\
& & & \multicolumn{2}{c}{(i-1)\text{-te},\ i\text{-te Spalte}} & & &
\end{pmatrix}
$$

$$
=\;
\begin{pmatrix}
0 & \cdots & 0 & 0 & 0 & 0 & \cdots & 0 \\
\vdots & \ddots & \vdots & \vdots & \vdots & \vdots & \ddots & \vdots \\
0 & \cdots & 0 & 0 & 0 & 0 & \cdots & 0 \\
0 & \cdots & 0 & K_{11}^{(i)} & K_{12}^{(i)} & 0 & \cdots & 0 \\
0 & \cdots & 0 & K_{21}^{(i)} & K_{22}^{(i)} & 0 & \cdots & 0 \\
0 & \cdots & 0 & 0 & 0 & 0 & \cdots & 0 \\
\vdots & \ddots & \vdots & \vdots & \vdots & \vdots & \ddots & \vdots \\
0 & \cdots & 0 & 0 & 0 & 0 & \cdots & 0
\end{pmatrix}
\begin{array}{l}
\\[7.2em]
\leftarrow (i-1)\text{-te Zeile} \\[0.8em]
\leftarrow i\text{-te Zeile} \\[5em]
\end{array}\quad,
$$

$$
\underset{\quad(i-1)\text{-te},\ i\text{-te Spalte}}{\uparrow\quad\uparrow}
$$

d.h. die Matrizen $(C^{(i)})^T K^{(i)} C^{(i)}$ haben die vier Nicht-Nulleinträge

$$
\begin{aligned}
&((C^{(i)})^T K^{(i)} C^{(i)})_{\ell_1 \ell_1} = K_{11}^{(i)}, \quad ((C^{(i)})^T K^{(i)} C^{(i)})_{\ell_1 \ell_2} = K_{12}^{(i)}, \\
&((C^{(i)})^T K^{(i)} C^{(i)})_{\ell_2 \ell_1} = K_{21}^{(i)} \quad \text{und} \quad ((C^{(i)})^T K^{(i)} C^{(i)})_{\ell_2 \ell_2} = K_{22}^{(i)}
\end{aligned}
\tag{3.46}
$$

mit $\ell_1 = i - 1$ und $\ell_2 = i$. Dabei sind ℓ_1 und ℓ_2 die globalen Knotennummern der Knoten mit den lokalen Nummern 1 und 2 im i-ten Element (siehe Tabelle 3.1).

Für die Assemblierung der Matrix $\bar{K}_h$ und des Vektors $\bar{\underline{f}}_h$, d.h. die Durchführung der Summation in (3.43) und (3.45) werden die Matrizen $(C^{(i)})^T K^{(i)} C^{(i)}$ und die Vektoren $(C^{(i)})^T \underline{f}^{(i)}$ nicht direkt berechnet, sondern es wird, wie im Folgenden beschrieben, vorgegangen.

Wir setzen die Matrix $\bar{K}_h$ vom Typ $((n+1) \times (n+1))$ und den Vektor $\bar{\underline{f}}_h \in \mathbb{R}^{n+1}$ identisch Null. Danach bauen wir Element für Element die Elementsteifigkeitsmatrizen $K^{(i)}$ und die Elementlastvektoren $\underline{f}^{(i)}$,

$$
K^{(i)} = \begin{pmatrix} K_{11}^{(i)} & K_{12}^{(i)} \\ K_{21}^{(i)} & K_{22}^{(i)} \end{pmatrix} \begin{matrix} 1 \\ 2 \end{matrix} \;,
\qquad
\underline{f}^{(i)} = \begin{pmatrix} f_1^{(i)} \\ f_2^{(i)} \end{pmatrix} \begin{matrix} 1 \\ 2 \end{matrix} \;,
$$

$$
\underset{1 \qquad 2 \;\rule{2em}{0.4pt}\; \text{lokale Knotennummern}}{}
$$

in $\bar{K}_h$ bzw. $\bar{\underline{f}}_h$ ein.

Aus der Tabelle 3.1 entnehmen wir, dass im ersten finiten Element der Knoten mit der lokalen Nummer 1 die globale Nummer $\ell_1 = 0$ und der Knoten mit der lokalen Nummer 2 die globale Nummer $\ell_2 = 1$ hat. Aus den vorangegangenen Überlegungen wissen wir (siehe (3.46)), dass somit

$$((C^{(1)})^T K^{(1)} C^{(1)})_{00} = K_{11}^{(1)}, \quad ((C^{(1)})^T K^{(1)} C^{(1)})_{01} = K_{12}^{(1)},$$
$$((C^{(1)})^T K^{(1)} C^{(1)})_{10} = K_{21}^{(1)}, \quad ((C^{(1)})^T K^{(1)} C^{(1)})_{11} = K_{22}^{(1)}$$

gilt. Auf analoge Weise erhält man

$$((C^{(1)})^T \underline{f}^{(1)})_0 = f_1^{(1)} \quad \text{und} \quad ((C^{(1)})^T \underline{f}^{(1)})_1 = f_2^{(1)}.$$

Wir addieren diese vier Nicht-Nulleinträge der Matrix $(C^{(1)})^T K^{(1)} C^{(1)}$ zu den entsprechenden Einträgen der Matrix $\bar{K}_h$ sowie die zwei Nicht-Nulleinträge des Vektors $(C^{(1)})^T \underline{f}^{(1)}$ zum Vektor $\underline{\bar{f}}_h$. Mit anderen Worten bedeutet dies: Da der Knoten mit der lokalen Nummer 1 die globale Nummer 0 und der Knoten mit der lokalen Nummer 2 die globale Nummer 1 hat, addieren wir das Element $K_{11}^{(1)}$ der Elementsteifigkeitsmatrix zum Element $\bar{K}_{00}$ der Matrix $\bar{K}_h$ sowie die Elemente $K_{12}^{(1)}$, $K_{21}^{(1)}$ und $K_{22}^{(1)}$ zu $\bar{K}_{01}$, $\bar{K}_{10}$ und $\bar{K}_{11}$. Außerdem addieren wir das Element $f_1^{(1)}$ bzw. $f_2^{(1)}$ des Elementlastvektors $\underline{f}^{(1)}$ zum Element $\bar{f}_0$ bzw. $\bar{f}_1$ des Vektors $\underline{\bar{f}}_h$. Damit erhalten wir die folgende Matrix sowie den folgenden Vektor:

$$\bar{K}_h = \begin{array}{c} 0 \\ 1 \\ 2 \\ \vdots \\ n \end{array} \begin{pmatrix} K_{11}^{(1)} & K_{12}^{(1)} & 0 & \cdots & 0 \\ K_{21}^{(1)} & K_{22}^{(1)} & 0 & \cdots & 0 \\ 0 & 0 & 0 & \cdots & 0 \\ \vdots & \vdots & \vdots & \ddots & \vdots \\ 0 & 0 & 0 & \cdots & 0 \end{pmatrix} \quad \text{und} \quad \underline{\bar{f}}_h = \begin{pmatrix} f_1^{(1)} \\ f_2^{(1)} \\ 0 \\ \vdots \\ 0 \end{pmatrix}.$$

$$0 \quad 1 \quad 2 \quad \cdots \quad n$$

globale Knotennummern

Im zweiten Element hat der Knoten mit der lokalen Nummer 1 die globale Nummer $\ell_1 = 1$ und der Knoten mit der lokalen Nummer 2 die globale Nummer $\ell_2 = 2$ (siehe Tabelle 3.1). Dementsprechend kennen wir die Positionen der Nicht-Nulleinträge in der Matrix $(C^{(2)})^T K^{(2)} C^{(2)}$ und im Vektor $(C^{(2)})^T \underline{f}^{(2)}$, d.h. es gilt

$$((C^{(2)})^T K^{(2)} C^{(2)})_{11} = K_{11}^{(2)}, \quad ((C^{(2)})^T K^{(2)} C^{(2)})_{12} = K_{12}^{(2)},$$
$$((C^{(2)})^T K^{(2)} C^{(2)})_{21} = K_{21}^{(2)}, \quad ((C^{(2)})^T K^{(2)} C^{(2)})_{22} = K_{22}^{(2)},$$
$$((C^{(2)})^T \underline{f}^{(2)})_1 = f_1^{(2)}, \quad ((C^{(2)})^T \underline{f}^{(2)})_2 = f_2^{(2)}.$$

Folglich müssen wir das Element $K_{11}^{(2)}$ der Elementsteifigkeitsmatrix $K^{(2)}$ zum Element $\bar{K}_{11}$ der Matrix $\bar{K}_h$ sowie die Elemente $K_{12}^{(2)}$, $K_{21}^{(2)}$ bzw. $K_{22}^{(2)}$ zu $\bar{K}_{12}$, $\bar{K}_{21}$ bzw. $\bar{K}_{22}$ addieren. Weiterhin muss das Element $f_1^{(2)}$ bzw. $f_2^{(2)}$ des Elementlastvektors $\underline{f}^{(2)}$ zum Element $\bar{f}_1$ bzw. $\bar{f}_2$ des Vektors $\underline{\bar{f}}_h$ addiert werden. Damit ergibt sich

$$
\bar{K}_h = \begin{pmatrix}
K_{11}^{(1)} & K_{12}^{(1)} & 0 & 0 & \cdots & 0 \\
K_{21}^{(1)} & K_{22}^{(1)} + K_{11}^{(2)} & K_{12}^{(2)} & 0 & \cdots & 0 \\
0 & K_{21}^{(2)} & K_{22}^{(2)} & 0 & \cdots & 0 \\
0 & 0 & 0 & 0 & \cdots & 0 \\
\vdots & \vdots & \vdots & \vdots & \ddots & \vdots \\
0 & 0 & 0 & 0 & \cdots & 0
\end{pmatrix}
\quad \text{und} \quad
\underline{\bar{f}}_h = \begin{pmatrix}
f_1^{(1)} \\
f_2^{(1)} + f_1^{(2)} \\
f_2^{(2)} \\
0 \\
\vdots \\
0
\end{pmatrix}.
$$

Auf analoge Weise verfahren wir mit allen weiteren Elementsteifigkeitsmatrizen $K^{(i)}$ und Elementlastvektoren $\underline{f}^{(i)}$, $i = 3, 4, \ldots, n$, d.h. wir entnehmen der Elementzusammenhangstabelle die globalen Knotennummern der Knoten mit den lokalen Nummern 1 und 2 im i-ten Element. Daraus bestimmen wir die Positionen, an denen die Einträge von $K^{(i)}$ bzw. $\underline{f}^{(i)}$ in der Matrix $(C^{(i)})^T K^{(i)} C^{(i)}$ bzw. im Vektor $(C^{(i)})^T \underline{f}^{(i)}$ stehen und addieren diese Nicht-Nulleinträge zu den Einträgen in den entsprechenden Positionen der Matrix $\bar{K}_h$ und des Vektors $\underline{\bar{f}}_h$.

Nach der Assemblierung aller $K^{(i)}$ bzw. $\underline{f}^{(i)}$, $i = 1, 2, \ldots n$, erhalten wir die Matrix

$$
\bar{K}_h = \begin{pmatrix}
K_{11}^{(1)} & K_{12}^{(1)} & 0 & 0 & \cdots & & 0 \\
K_{21}^{(1)} & K_{22}^{(1)} + K_{11}^{(2)} & K_{12}^{(2)} & 0 & \cdots & & 0 \\
0 & K_{21}^{(2)} & \ddots & \ddots & & \ddots & \vdots \\
\vdots & & \ddots & \ddots & & K_{12}^{(n-1)} & 0 \\
0 & \cdots & & 0 & K_{21}^{(n-1)} & K_{22}^{(n-1)} + K_{11}^{(n)} & K_{12}^{(n)} \\
0 & \cdots & & 0 & 0 & K_{21}^{(n)} & K_{22}^{(n)}
\end{pmatrix}
$$

sowie den Vektor

$$
\underline{\bar{f}}_h = \begin{pmatrix}
f_1^{(1)} \\
f_2^{(1)} + f_1^{(2)} \\
\vdots \\
f_2^{(n-1)} + f_1^{(n)} \\
f_2^{(n)}
\end{pmatrix}.
$$

Wir fassen diesen Assemblierungsalgorithmus zur Berechnung von

$$
\bar{K}_h = [\bar{K}_{\ell_1 \ell_2}]_{\ell_1, \ell_2 = 0}^n = \sum_{i=1}^n (C^{(i)})^T K^{(i)} C^{(i)} \quad \text{und} \quad \underline{\bar{f}}_h = [\bar{f}_{\ell_1}]_{\ell_1 = 0}^n = \sum_{i=1}^n (C^{(i)})^T \underline{f}^{(i)}
$$

zusammen:

Seien $\hat{N}$ die Anzahl der lokalen Knoten pro Element (bei unserer Diskretisierung ist $\hat{N} = 2$) und R_h die Anzahl der finiten Elemente.

Algorithmus 3.1 (Assemblierungsalgorithmus)

Setze $\bar{K}_h := 0$ und $\underline{\bar{f}}_h := 0$.

for $i = 1$ step 1 until R_h do

    Berechne $K^{(i)}$ und $\underline{f}^{(i)}$.

    for $\alpha = 1$ step 1 until $\hat{N}$ do

        Suche aus der Elementzusammenhangstabelle die globale Knotennummer ℓ_1 des Knotens mit der lokalen Nummer α im Element i.

        Setze $\bar{f}_{\ell_1} := \bar{f}_{\ell_1} + f_\alpha^{(i)}$

        for $\beta = 1$ step 1 until $\hat{N}$ do

            Suche aus der Elementzusammenhangstabelle die globale Knotennummer ℓ_2 des Knotens mit der lokalen Nummer β im Element i.

            Setze $\bar{K}_{\ell_1\ell_2} := \bar{K}_{\ell_1\ell_2} + K_{\alpha\beta}^{(i)}$.

        enddo

    enddo

enddo

Um die Steifigkeitsmatrix K_h und den Lastvektor $\underline{f}_h$ des zur Ersatzaufgabe (3.20) äquivalenten FE-Gleichungssystems $K_h \underline{u}_h = \underline{f}_h$ zu erhalten, müssen noch die vorgegebenen Randbedingungen berücksichtigt werden.

Einbau der Randbedingungen

Im Beispiel aus dem Abschnitt 3.2, siehe Randwertproblem (3.10), sind die folgenden Randbedingungen vorgegeben:

  (a) Randbedingungen 1. Art bei $x = a$: $u(a) = g_a$

  (b) Randbedingungen 3. Art bei $x = b$: $-u'(b) = \alpha_b(u(b) - u_b)$

Infolge der Gleichungen (3.42) und (3.44) sowie der Beziehungen $u_h(b) = u_n$ und $v_h(b) = v_n$ können wir die Ersatzaufgabe (3.20) folgendermaßen aufschreiben:

Gesucht ist $\underline{\bar{u}}_h \in \mathbb{R}^{n+1}$, so dass

$$\underline{\bar{v}}_h^T \bar{K}_h \underline{\bar{u}}_h + \alpha_b u_n v_n = \underline{\bar{v}}_h^T \underline{\bar{f}}_h + \alpha_b u_b v_n \quad \text{für alle } \bar{v}_h \tag{3.47}$$

mit $\underline{\bar{u}}_h = (g_a \; u_1 \; \dots \; u_n)^T$ und $\underline{\bar{v}}_h = (0 \; v_1 \; \dots \; v_n)^T$ gilt.

Wegen $v_0 = 0$ gilt

$$\underline{\bar{v}}_h^T \underline{\bar{f}}_h = v_0 \bar{f}_0 + v_1 \bar{f}_1 + \dots + v_n \bar{f}_n = v_1 \bar{f}_1 + \dots + v_n \bar{f}_n = \underline{v}_h^T \underline{\tilde{f}}_h$$

mit $\underline{\tilde{f}}_h = [\bar{f}_i]_{i=1}^n$ und $\underline{v}_h = [v_i]_{i=1}^n$. Auf analoge Weise erhalten wir

$$\underline{\bar{v}}_h^T \bar{K}_h \underline{\bar{u}}_h = \underline{v}_h^T \widetilde{K}_h \underline{\bar{u}}_h \quad \text{mit} \quad \widetilde{K}_h = [\bar{K}_{ij}]_{i=1,j=0}^n \,.$$

Folglich ist die Beziehung (3.47) äquivalent zu

$$\underline{v}_h^T \widetilde{K}_h \underline{\bar{u}}_h + \alpha_b u_n v_n = \underline{v}_h^T \underline{\tilde{f}}_h + \alpha_b u_b v_n \quad \text{für alle} \quad \underline{v}_h = (v_1 \ v_2 \ \dots \ v_n)^T \in \mathbb{R}^n. \tag{3.48}$$

Da die Identität (3.48) für einen beliebigen Vektor $\underline{v}_h \in \mathbb{R}^n$ gültig ist, muss sie auch für die Einheitsvektoren $\underline{v}_h = \underline{e}_i$ ($i = 1,2,\dots,n$), deren i-te Komponente gleich 1 ist und alle anderen Komponenten gleich 0 sind, gelten. Setzen wir nacheinander für $\underline{v}_h$ die Vektoren $\underline{e}_1, \underline{e}_2, \dots, \underline{e}_n$ ein, so ergeben sich die Gleichungen

$$
\begin{array}{cccccccc}
\bar{K}_{10}g_a & + & \bar{K}_{11}u_1 & + & \bar{K}_{12}u_2 & & & = & \bar{f}_1 \\
& & \bar{K}_{21}u_1 & + & \bar{K}_{22}u_2 & + & \bar{K}_{23}u_3 & = & \bar{f}_2 \\
& & & \ddots & & \ddots & & \vdots & \vdots \\
& & \bar{K}_{n-1,n-2}u_{n-2} & + & \bar{K}_{n-1,n-1}u_{u-1} & + & \bar{K}_{n-1,n}u_n & = & \bar{f}_{n-1} \\
& & & & \bar{K}_{n,n-1}u_{u-1} & + & (\bar{K}_{n,n}+\alpha_b)u_n & = & \bar{f}_n + \alpha_b u_b.
\end{array}
$$

Beachten wir noch, dass g_a wegen der Randbedingung $u(a) = g_a$ bekannt ist, so können wir $\bar{K}_{10}g_a$ als bekannten Term auf die rechte Seite der ersten Gleichung des Gleichungssystems bringen. Damit erhalten wir schließlich das FE-Gleichungssystem

$$
\begin{pmatrix}
\bar{K}_{11} & \bar{K}_{12} & 0 & 0 & \cdots & 0 \\
\bar{K}_{21} & \bar{K}_{22} & \bar{K}_{23} & 0 & \cdots & 0 \\
0 & \bar{K}_{32} & \ddots & \ddots & & \vdots \\
\vdots & \ddots & \ddots & \ddots & \bar{K}_{n-2,n-1} & 0 \\
0 & \cdots & 0 & \bar{K}_{n-1,n-2} & \bar{K}_{n-1,n-1} & \bar{K}_{n-1,n} \\
0 & \cdots & 0 & 0 & \bar{K}_{n,n-1} & \bar{K}_{nn}+\alpha_b
\end{pmatrix}
\begin{pmatrix}
u_1 \\ u_2 \\ \vdots \\ u_{n-2} \\ u_{n-1} \\ u_n
\end{pmatrix}
=
\begin{pmatrix}
\bar{f}_1 - \bar{K}_{10}g_a \\ \bar{f}_2 \\ \vdots \\ \bar{f}_{n-2} \\ \bar{f}_{n-1} \\ \bar{f}_n + \alpha_b u_b
\end{pmatrix}. \tag{3.49}
$$

Zur Einarbeitung der Randbedingungen 1. Art in das Gleichungssystem gibt es noch andere Möglichkeiten. Diese werden im Abschnitt 4.5.3 diskutiert.

Bemerkung 3.5

Der oben beschriebene Algorithmus zur Einarbeitung der Randbedingungen 1. Art kann praktisch wie folgt realisiert werden: Wir streichen aus der Matrix, die nach Assemblierung der Elementsteifigkeitsmatrizen und Berücksichtigung der Randbedingungen 3. Art entstanden ist, die Zeilen, deren Nummer der globalen Nummer eines Knotens mit Randbedingungen 1. Art entspricht. Dies ergibt die Matrix $\widetilde{K}_h$. Ebenso streichen wir die entsprechenden Zeilen aus dem Lastvektor. Damit erhalten wir den Vektor $\underline{\tilde{f}}_h$ (siehe Beziehung (3.48)). Anschließend generieren wir einen Vektor $\underline{u}_g$, indem wir in den Komponenten, deren Nummer der Knotennummer eines Knotens mit Randbedingungen 1. Art entspricht, den vorgegebenen Wert aus der Randbedingung 1. Art einsetzen. Alle anderen Einträge dieses Vektors sind gleich Null. Danach berechnen wir $\underline{f}_h = \underline{\tilde{f}}_h - \widetilde{K}_h \underline{u}_g$ und erhalten somit den gesuchten globalen Lastvektor des FE-Gleichungssystems. Die Steifigkeitsmatrix K_h ergibt sich schließlich, indem wir aus der Matrix $\widetilde{K}_h$ noch alle Spalten streichen, deren Nummer gleich der globalen Knotennummer eines Knotens mit Randbedingungen 1. Art ist.

Zusammenfassung der Schritte zur Generierung des FE-Gleichungssystems

Für das Randwertproblem (3.13) in Variationsformulierung erfolgt die Generierung des FE-Gleichungssystems in den folgenden Teilschritten:

1. Zerlegung des Intervalls $[a,b]$ in nichtüberlappende Teilintervalle $[x_{i-1},x_i]$, $i = 1,\ldots,n$.

2. Für alle Elemente $[x_{i-1},x_i]$, $i = 1,2,\ldots,n$:
   - Berechnung der Elementsteifigkeitsmatrizen

   $$K^{(i)} = \begin{pmatrix} \int\limits_{x_{i-1}}^{x_i} [p'_{i-1}(x)p'_{i-1}(x) + cp_{i-1}(x)p_{i-1}(x)]\,dx & \int\limits_{x_{i-1}}^{x_i} [p'_i(x)p'_{i-1}(x) + cp_i(x)p_{i-1}(x)]\,dx \\ \int\limits_{x_{i-1}}^{x_i} [p'_{i-1}(x)p'_i(x) + cp_{i-1}(x)p_i(x)]\,dx & \int\limits_{x_{i-1}}^{x_i} [p'_i(x)p'_i(x) + cp_i(x)p_i(x)]\,dx \end{pmatrix}$$

   - Berechnung der Elementlastvektoren

   $$\underline{f}^{(i)} = \begin{pmatrix} \int\limits_{x_{i-1}}^{x_i} f(x)p_{i-1}(x)\,dx & \int\limits_{x_{i-1}}^{x_i} f(x)p_i(x)\,dx \end{pmatrix}^T$$

   - Einbau von $K^{(i)}$ bzw. $\underline{f}^{(i)}$ in die globale Steifigkeitsmatrix bzw. den globalen Lastvektor (siehe Assemblierungsalgorithmus auf S. 103).

3. Einbau der Randbedingungen in das FE-Gleichungssystem.

Beispiel

Wir betrachten die stationäre Wärmeleitung in einem Stab, bestehend aus zwei Materialien mit verschiedener Wärmeleitfähigkeit (siehe auch Abschnitt 2.1.1, S.38).

Gesucht ist die Temperatur u in einem Stab der Länge 1 m. Dieser Stab besteht zu einem Drittel aus Stahl (Wärmeleitzahl $\lambda_1 = 50$ W/mK) und zu zwei Dritteln aus Kupfer ($\lambda_2 = 371$ W/mK). Im Stab befinden sich keine Wärmequellen oder -senken. Außerdem ist der Mantel des Stabes wärmeisoliert, so dass über den Mantel kein Wärmeaustausch mit der Umgebung erfolgt. Die Temperatur am linken Stabende ist $g_a = 313.15$ K. Am rechten Stabende erfolgt der freie Wärmeaustausch mit der Umgebung bei einer Umgebungstemperatur von $u_b = 283.15$ K. Die Wärmeübergangszahl ist $\alpha_b = 6$ W/m^{2}K.

Dieses physikalische Problem wird durch die folgende Randwertaufgabe beschrieben (siehe auch Abschnitt 2.1.1), S. 38:

Gesucht ist das Temperaturfeld $u(x)$, für das

$$\begin{aligned} -(50\,u')' &= 0 \quad \text{für alle } x \in \left(0, \frac{1}{3}\right), \\ -(371\,u')' &= 0 \quad \text{für alle } x \in \left(\frac{1}{3}, 1\right) \end{aligned} \tag{3.50}$$

gilt und an der Materialgrenze die Interfacebedingungen

$$u\left(\frac{1}{3}-0\right) = u\left(\frac{1}{3}+0\right),$$

$$-50u'\left(\frac{1}{3}-0\right) = -371u'\left(\frac{1}{3}+0\right) \tag{3.51}$$

sowie die Randbedingungen

$$u(0) = 313.15,$$

$$-371u'(1) = 6(u(1)-283.15) \tag{3.52}$$

erfüllt werden. Dabei bedeutet $u\left(\frac{1}{3}-0\right)=u\left(\frac{1}{3}+0\right)$, dass der links- und rechtsseitige Grenzwert übereinstimmen, d.h. dass

$$\lim_{x\to 1/3-0} u(x) = \lim_{x\to 1/3+0} u(x)$$

gilt. Analog steht $-50u'\left(\frac{1}{3}-0\right) = -371u'\left(\frac{1}{3}+0\right)$ für

$$\lim_{x\to 1/3-0} [-50u'(x)] = \lim_{x\to 1/3+0} [-371u'(x)].$$

Im Folgenden lösen wir das Randwertproblem (3.50) – (3.52) mittels der Methode der finiten Elemente. Deshalb stellen wir zuerst die Variationsformulierung auf. Da am linken Rand des Stabes, d.h. bei $x=0$, eine Randbedingung 1. Art vorgegeben ist, wählen wir eine Testfunktion mit der Eigenschaft $v(0)=0$. Weil wir später außerdem die erste verallgemeinerte Ableitung der Testfunktion benötigen, muss die Testfunktion v einmal verallgemeinert differenzierbar sein. Mittels einer Testfunktion v, welche diese beiden Eigenschaften besitzt, d.h. einer beliebigen Funktion $v(x) \in V_0 = \{v(x) \in H^1(0,1) : v(0)=0\}$, multiplizieren wir die Differentialgleichungen in (3.50) und integrieren über $\left(0,\frac{1}{3}\right)$ bzw. $\left(\frac{1}{3},1\right)$. Dies ergibt

$$\int_0^{1/3} [-(50u'(x))'v(x)]\,dx + \int_{1/3}^1 [-(371u'(x))'v(x)]\,dx = \int_0^{1/3} 0\cdot v(x)\,dx + \int_{1/3}^1 0\cdot v(x)\,dx.$$

Mit der Formel der partiellen Integration folgt

$$-50u'\left(\frac{1}{3}\right)v\left(\frac{1}{3}\right) - \left(-50u'(0)v(0)\right) - \int_0^{1/3} -50u'(x)v'(x)\,dx$$

$$- 371u'(1)v(1) - \left(-371u'\left(\frac{1}{3}\right)v\left(\frac{1}{3}\right)\right) - \int_{1/3}^1 -371u'(x)v'(x)\,dx = 0$$

oder in äquivalenter Schreibweise

$$\int\limits_0^{1/3} 50u'(x)v'(x)\,dx + \int\limits_{1/3}^1 371u'(x)v'(x)\,dx + \left(-50u'\left(\frac{1}{3}-0\right)+371u'\left(\frac{1}{3}+0\right)\right)v\left(\frac{1}{3}\right)$$

$$+50u'(0)v(0)-371u'(1)v(1) \;=\; 0.$$

Beachten wir noch die Interfacebedingung $-50u'\left(\frac{1}{3}-0\right)=-371u'\left(\frac{1}{3}+0\right)$, die Bedingung $v(0)=0$ sowie die Randbedingung 3. Art am rechten Rand $-371u'(1)=6(u(1)-283.15)$, so erhalten wir

$$\int\limits_0^{1/3} 50u'(x)v'(x)\,dx \;+\; \int\limits_{1/3}^1 371u'(x)v'(x)\,dx \;+\; (6(u(1)-283.15))v(1) \;=\; 0.$$

Damit lautet die Variationsformulierung:

Gesucht ist $u(x)\in V_g=\{w(x)\in H^1(0,1)\,:\,u(0)=313.15\}$, so dass

$$\int\limits_0^1 \lambda(x)u'(x)v'(x)\,dx+6u(1)v(1)=1698.9\,v(1) \tag{3.53}$$

mit

$$\lambda(x)=\begin{cases} \lambda_1 \;=\; 50 & \text{für } x<\dfrac{1}{3}\\[2ex] \lambda_2 \;=\; 371 & \text{für } x>\dfrac{1}{3} \end{cases}$$

für alle $v\in V_0=\{v(x)\in H^1(0,1)\,:\,v(0)=0\}$ gilt.

Zur Diskretisierung des Variationsproblems zerlegen wir das Intervall $[0,1]$ in zwei Teilintervalle:

$$[0,1]=[x_0,x_1]\cup[x_1,x_2]=\left[0,\frac{1}{3}\right]\cup\left[\frac{1}{3},1\right]. \tag{3.54}$$

Wesentlich ist dabei, dass die Materialgrenze, d.h. der Punkt, in dem die Interfacebedingung gegeben ist, als Knoten und damit als End- bzw. Anfangspunkt eines Teilintervalls gewählt wird.

Bei der Zerlegung (3.54) haben wir bereits eine globale Knotennummerierung vorgenommen. Der Knoten mit der Koordinate $x=0$ hat die globale Nummer 0, der Knoten mit der Koordinate $x=\frac{1}{3}$ die globale Nummer 1 und der Knoten mit der Koordinate $x=1$ die globale Nummer 2. Außerdem nummerieren wir in jedem der beiden finiten Elemente die Knoten lokal. Dabei legen wir fest, dass der Knoten am linken Intervallende eines jeden Teilintervalls die lokale Nummer 1 erhält und der Knoten am rechten Intervallende die lokale Nummer 2 (siehe Abbildung 3.11).

Der entsprechende Zusammenhang zwischen der globalen und der lokalen Knotennummerierung wird in einer Elementzusammenhangstabelle gespeichert. In unserem Beispiel ist dies die Tabelle 3.2.

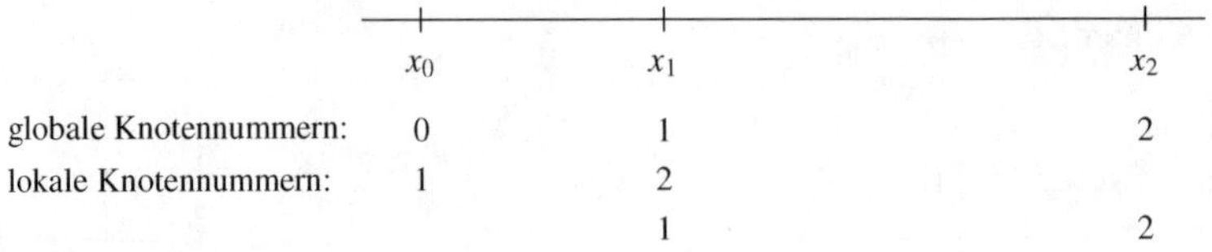

	x_0	x_1		x_2
globale Knotennummern:	0	1		2
lokale Knotennummern:	1	2		
		1		2

Abbildung 3.11: Globale und lokale Knotennummerierung

Tabelle 3.2: Elementzusammenhangstabelle

Elementnummer	globale Knotennummer des Knotens mit der lokalen Knotennummer	
	1	2
1	0	1
2	1	2

Als Ansatzfunktionen p_j wählen wir stückweise lineare Funktionen. Diese sind durch (siehe auch (3.14) – (3.16))

$$p_0(x) = \begin{cases} -\dfrac{x-x_1}{x_1-x_0} = -\dfrac{x-\frac{1}{3}}{\frac{1}{3}-0} = -3x+1 & \text{für } 0 \le x \le \dfrac{1}{3} \\[3mm] 0 & \text{für } \dfrac{1}{3} < x \le 1, \end{cases}$$

$$p_1(x) = \begin{cases} \dfrac{x-x_0}{x_1-x_0} = \dfrac{x-0}{\frac{1}{3}-0} = 3x & \text{für } 0 \le x \le \dfrac{1}{3} \\[3mm] -\dfrac{x-x_2}{x_2-x_1} = -\dfrac{x-1}{1-\frac{1}{3}} = -\dfrac{3}{2}x+\dfrac{3}{2} & \text{für } \dfrac{1}{3} < x \le 1, \end{cases} \qquad (3.55)$$

$$p_2(x) = \begin{cases} 0 & \text{für } 0 \le x \le \dfrac{1}{3} \\[3mm] \dfrac{x-x_1}{x_2-x_1} = \dfrac{x-\frac{1}{3}}{1-\frac{1}{3}} = \dfrac{3}{2}x-\dfrac{1}{2} & \text{für } \dfrac{1}{3} < x \le 1, \end{cases}$$

definiert. Für die ersten verallgemeinerten Ableitungen der Funktionen p_j gilt (siehe auch (3.27)

– (3.29))

$$p_0'(x) = \begin{cases} -\dfrac{1}{x_1 - x_0} = -3 & \text{für } 0 \leq x < \dfrac{1}{3} \\[3mm] 0 & \text{für } \dfrac{1}{3} < x \leq 1, \end{cases}$$

$$p_1'(x) = \begin{cases} \dfrac{1}{x_1 - x_0} = 3 & \text{für } 0 \leq x < \dfrac{1}{3} \\[3mm] -\dfrac{1}{x_2 - x_1} = -\dfrac{3}{2} & \text{für } \dfrac{1}{3} < x \leq 1, \end{cases} \qquad (3.56)$$

$$p_2'(x) = \begin{cases} 0 & \text{für } 0 \leq x < \dfrac{1}{3} \\[3mm] \dfrac{1}{x_2 - x_1} = \dfrac{3}{2} & \text{für } \dfrac{1}{3} < x \leq 1. \end{cases}$$

Unter Verwendung dieser Ansatzfunktionen erhalten wir als Ersatzaufgabe des Randwertproblems (3.53) die Aufgabe:

Gesucht ist $u_h(x) \in V_{gh}$, so dass

$$\int_0^1 \lambda(x) u_h'(x) v_h'(x)\, dx + 6 u_h(1) v_h(1) = 1698.9\, v_h(1) \qquad \text{für alle } v_h \in V_{0h} \qquad (3.57)$$

mit

$$\lambda(x) = \begin{cases} \lambda_1 = \quad 50 & \text{für } x < \dfrac{1}{3} \\[3mm] \lambda_2 = \quad 371 & \text{für } x > \dfrac{1}{3} \end{cases},$$

$$V_{gh} = \left\{ u_h(x) : u_h(x) = \sum_{j=1}^{2} u_j p_j(x) + 313.15\, p_0(x) \right\}$$

und

$$V_{0h} = \left\{ v_h(x) : v_h(x) = \sum_{i=1}^{2} v_i p_i(x) \right\}$$

gilt.

Wir stellen nun das zu dieser Ersatzaufgabe äquivalente FE-Gleichungssystem auf. Analog zu der in diesem Abschnitt beschriebenen Herangehensweise werden die Elementsteifigkeitsmatrizen $K^{(i)}$ und die Elementlastvektoren $\underline{f}^{(i)}$ berechnet (siehe (3.33) – (3.35) und (3.36) – (3.38)). Dabei müssen wir beachten, dass im derzeit betrachteten Beispiel $c = 0$ gilt und dass wir im Term mit dem Produkt der verallgemeinerten Ableitungen der Ansatzfunktionen zusätzlich den Faktor $\lambda(x)$ haben. Mit den oben berechneten verallgemeinerten Ableitungen $p_j'(x)$ (siehe (3.56)) erhalten wir für das erste finite Element, d.h. $i = 1$, die Elementsteifigkeitsmatrix (siehe auch (3.33)

mit $c = 0$ und $\lambda(x)$ als zusätzlichen Faktor im Term mit dem Produkt der ersten verallgemeinerten Ableitungen der Ansatzfunktionen)

$$
K^{(1)} = \begin{pmatrix} \displaystyle\int_{x_0}^{x_1} \lambda(x)p_0'(x)p_0'(x)\,dx & \displaystyle\int_{x_0}^{x_1} \lambda(x)p_1'(x)p_0'(x)\,dx \\[2em] \displaystyle\int_{x_0}^{x_1} \lambda(x)p_0'(x)p_1'(x)\,dx & \displaystyle\int_{x_0}^{x_1} \lambda(x)p_1'(x)p_1'(x)\,dx \end{pmatrix}
$$

$$
= \begin{pmatrix} \displaystyle\int_{x_0}^{x_1} \lambda_1 \left(-\frac{1}{x_1-x_0}\right)^2 dx & \displaystyle\int_{x_0}^{x_1} \lambda_1 \frac{1}{x_1-x_0}\left(-\frac{1}{x_1-x_0}\right) dx \\[2em] \displaystyle\int_{x_0}^{x_1} \lambda_1 \left(-\frac{1}{x_1-x_0}\right)\frac{1}{x_1-x_0}\,dx & \displaystyle\int_{x_0}^{x_1} \lambda_1 \left(\frac{1}{x_1-x_0}\right)^2 dx \end{pmatrix}
$$

$$
= \begin{pmatrix} \displaystyle\int_0^{1/3} 50\cdot(-3)^2\,dx & \displaystyle\int_0^{1/3} 50\cdot 3\cdot(-3)\,dx \\[2em] \displaystyle\int_0^{1/3} 50\cdot(-3)\cdot 3\,dx & \displaystyle\int_0^{1/3} 50\cdot 3^2\,dx \end{pmatrix} = \begin{pmatrix} 150 & -150 \\ -150 & 150 \end{pmatrix}
$$

und den Elementlastvektor (siehe auch (3.36))

$$
\underline{f}^{(1)} = \begin{pmatrix} \displaystyle\int_{x_0}^{x_1} f(x)p_0(x)\,dx \\[2em] \displaystyle\int_{x_0}^{x_1} f(x)p_1(x)\,dx \end{pmatrix} = \begin{pmatrix} \displaystyle\int_{x_0}^{x_1} 0\cdot p_0(x)\,dx \\[2em] \displaystyle\int_{x_0}^{x_1} 0\cdot p_1(x)\,dx \end{pmatrix} = \begin{pmatrix} 0 \\ 0 \end{pmatrix}.
$$

Auf analoge Weise ergibt sich für das zweite Element

$$
K^{(2)} = \begin{pmatrix} \displaystyle\int_{x_1}^{x_2} \lambda(x)p_1'(x)p_1'(x)\,dx & \displaystyle\int_{x_1}^{x_2} \lambda(x)p_2'(x)p_1'(x)\,dx \\[2em] \displaystyle\int_{x_1}^{x_2} \lambda(x)p_1'(x)p_2'(x)\,dx & \displaystyle\int_{x_1}^{x_2} \lambda(x)p_2'(x)p_2'(x)\,dx \end{pmatrix}
$$

und damit

$$
K^{(2)} = \begin{pmatrix} \int\limits_{x_1}^{x_2} \lambda_2 \left(-\frac{1}{x_2-x_1}\right)^2 dx & \int\limits_{x_1}^{x_2} \lambda_2 \frac{1}{x_2-x_1}\left(-\frac{1}{x_2-x_1}\right) dx \\[4mm] \int\limits_{x_1}^{x_2} \lambda_2 \left(-\frac{1}{x_2-x_1}\right)\frac{1}{x_2-x_1} dx & \int\limits_{x_1}^{x_2} \lambda_2 \left(\frac{1}{x_2-x_1}\right)^2 dx \end{pmatrix}
$$

$$
= \begin{pmatrix} \int\limits_{1/3}^{1} 371 \cdot \left(-\frac{3}{2}\right)^2 dx & \int\limits_{1/3}^{1} 371 \cdot \frac{3}{2} \cdot \left(-\frac{3}{2}\right) dx \\[4mm] \int\limits_{1/3}^{1} 371 \cdot \left(-\frac{3}{2}\right) \cdot \frac{3}{2} dx & \int\limits_{1/3}^{1} 371 \cdot \left(\frac{3}{2}\right)^2 dx \end{pmatrix} = \begin{pmatrix} \dfrac{1113}{2} & -\dfrac{1113}{2} \\[4mm] -\dfrac{1113}{2} & \dfrac{1113}{2} \end{pmatrix}.
$$

Der Elementlastvektor $\underline{f}^{(2)}$ ist der Vektor

$$
\underline{f}^{(2)} = \begin{pmatrix} \int\limits_{x_1}^{x_2} f(x)p_1(x)\,dx \\[4mm] \int\limits_{x_1}^{x_2} f(x)p_2(x)\,dx \end{pmatrix} = \begin{pmatrix} \int\limits_{x_1}^{x_2} 0 \cdot p_1(x)\,dx \\[4mm] \int\limits_{x_1}^{x_2} 0 \cdot p_2(x)\,dx \end{pmatrix} = \begin{pmatrix} 0 \\ 0 \end{pmatrix}.
$$

Im nächsten Schritt führen wir die Assemblierung der Elementsteifigkeitsmatrizen und Elementlastvektoren durch. Zuerst setzen wir die globale Steifigkeitsmatrix $\bar{K}_h$ und den globalen Lastvektor $\bar{f}_h$ gleich Null. Danach bauen wir die Elementsteifigkeitsmatrix $K^{(1)}$ und den Elementlastvektor $\underline{f}^{(1)}$ ein. Aus der Elementzusammenhangstabelle 3.2 entnehmen wir, dass im ersten Element der Knoten mit der lokalen Nummer 1 die globale Knotennummer 0 und der Knoten mit der lokalen Nummer 2 die globale Knotennummer 1 hat. Deshalb addieren wir das Matrixelement $K_{11}^{(1)}$ zum Matrixelement $\bar{K}_{00}$. Analog wird das Matrixelement $K_{12}^{(1)}$, $K_{21}^{(1)}$ bzw. $K_{22}^{(1)}$ der Elementsteifigkeitsmatrix $K^{(1)}$ zum Element $\bar{K}_{01}$, $\bar{K}_{10}$ bzw. $\bar{K}_{11}$ der globalen Steifigkeitsmatrix addiert. Da der Elementlastvektor $\underline{f}^{(1)}$ gleich dem Nullvektor ist, muss dieser nicht zum globalen Lastvektor addiert werden. Wir erhalten

$$
\bar{K}_h = \begin{pmatrix} 150 & -150 & 0 \\ -150 & 150 & 0 \\ 0 & 0 & 0 \end{pmatrix} \begin{matrix} 0 \\ 1 \\ 2 \end{matrix} \qquad \text{und} \quad \bar{f}_h = \begin{pmatrix} 0 \\ 0 \\ 0 \end{pmatrix}.
$$

$$
\begin{matrix} 0 & 1 & 2 \end{matrix} \quad \longleftarrow \text{ globale Knotennummern}
$$

Im zweiten Element hat der Knoten mit der lokalen Nummer 1 die globale Knotennummer 1 und der Knoten mit der lokalen Nummer 2 die globale Knotennummer 2 (siehe Tabelle 3.2).

Wir müssen deshalb das Matrixelement $K_{11}^{(2)}$ zum Matrixelement $\bar{K}_{11}$ addieren. Analog ist das Matrixelement $K_{12}^{(2)}$, $K_{21}^{(2)}$ bzw. $K_{22}^{(2)}$ zum Element $\bar{K}_{12}$, $\bar{K}_{21}$ bzw. $\bar{K}_{22}$ zu addieren. Da der Elementlastvektor $\underline{f}^{(2)}$ ebenfalls gleich dem Nullvektor ist, muss auch dieser nicht zum globalen Lastvektor addiert werden. Damit ergeben sich die globale Steifigkeitsmatrix und der globale Lastvektor

$$
\bar{K}_h = \begin{pmatrix} 150 & -150 & 0 \\ -150 & 150+\frac{1113}{2} & -\frac{1113}{2} \\ 0 & -\frac{1113}{2} & \frac{1113}{2} \end{pmatrix} \begin{matrix} 0 \\ 1 \\ 2 \end{matrix} = \begin{pmatrix} 150 & -150 & 0 \\ -150 & \frac{1413}{2} & -\frac{1113}{2} \\ 0 & -\frac{1113}{2} & \frac{1113}{2} \end{pmatrix}
$$

$$
\begin{matrix} 0 & 1 & 2 \end{matrix} \quad \longleftarrow \text{globale Knotennummern}
$$

und

$$
\underline{\bar{f}}_h = \begin{pmatrix} 0 \\ 0 \\ 0 \end{pmatrix},
$$

in denen die Randbedingungen noch nicht berücksichtigt sind. Die Randbedingung 3. Art am rechten Rand berücksichtigen wir in der Matrix $\bar{K}_h$ und im Vektor $\underline{\bar{f}}_h$, indem wir zum Hauptdiagonalelement $\bar{K}_{22}$ von $\bar{K}_h$ und zur Komponente $\bar{f}_2$ von $\underline{\bar{f}}_h$ die Zahl $\alpha_b = 6$ bzw. $\alpha_b u_b = 1698.9$ addieren (siehe auch (3.49)). Da am linken Rand die Randbedingung $u(0) = 313.15$ vorgegeben ist, gilt für die erste Komponente des Vektors des FE-Gleichungssystems $u_0 = u_h(0) = 313.15$. Damit erhalten wir das FE-Gleichungssystem

$$
\begin{pmatrix} 150 & -150 & 0 \\ -150 & \frac{1413}{2} & -\frac{1113}{2} \\ 0 & -\frac{1113}{2} & \frac{1113}{2}+6 \end{pmatrix} \begin{pmatrix} 313.15 \\ u_1 \\ u_2 \end{pmatrix} = \begin{pmatrix} 0 \\ 0 \\ 1698.9 \end{pmatrix}.
$$

Da im Knoten mit der globalen Knotennummer 0, dem Knoten am linken Rand, eine Randbedingung 1. Art vorgegeben ist, streichen wir aus dem obigen Gleichungssystem die Zeile mit der Zeilennummer Null (siehe Bemerkung 3.5). Dies ergibt das Gleichungssystem

$$
\begin{pmatrix} -150 & \frac{1413}{2} & -\frac{1113}{2} \\ 0 & -\frac{1113}{2} & \frac{1113}{2}+6 \end{pmatrix} \begin{pmatrix} 313.15 \\ w_1 \\ w_2 \end{pmatrix} = \begin{pmatrix} 0 \\ 1698.9 \end{pmatrix}.
$$

Die linke Seite der ersten Gleichung dieses Gleichungssystems enthält den bekannten Term $\bar{K}_{10} u_0 = -150 \cdot 313.15 = -46972.5$. Diesen subtrahieren wir von der linken und rechten Seite der ersten Gleichung. Damit erhalten wir schließlich das FE-Gleichungssystem

$$
\begin{pmatrix} \frac{1413}{2} & -\frac{1113}{2} \\ -\frac{1113}{2} & \frac{1125}{2} \end{pmatrix} \begin{pmatrix} u_1 \\ u_2 \end{pmatrix} = \begin{pmatrix} 46972.5 \\ 1698.9 \end{pmatrix}
$$

zur Bestimmung der unbekannten Knotenparameter u_1 und u_2. Dieses Gleichungssystem hat die Lösung

$$u_1 = \frac{30408299}{97460} \approx 312.01 \quad \text{und} \quad u_2 = \frac{30378299}{97460} \approx 311.70.$$

Mit Hilfe dieser Knotenparameter und der Definition der Ansatzfunktionen (3.55) erhalten wir als Lösung der Ersatzaufgabe (3.57) die Funktion

$$u_h(x) = u_0 p_0(x) + u_1 p_1(x) + u_2 p_2(x)$$

$$= \begin{cases} 313.15 \cdot (-3x+1) + \dfrac{30408299}{97460} \cdot 3x = -\dfrac{16695}{4873}x + 313.15 & \text{für } 0 \leq x \leq \dfrac{1}{3}, \\[2ex] \dfrac{30408299}{97460} \cdot \left(-\dfrac{3}{2}x+\dfrac{3}{2}\right) + \dfrac{30378299}{97460} \cdot \left(\dfrac{3}{2}x-\dfrac{1}{2}\right) = -\dfrac{2250}{4873}x + \dfrac{30423299}{97460} \\[2ex] & \text{für } \dfrac{1}{3} < x \leq 1. \end{cases}$$

$$(3.58)$$

Diese Näherungslösung ist in der Abbildung 3.12 dargestellt.

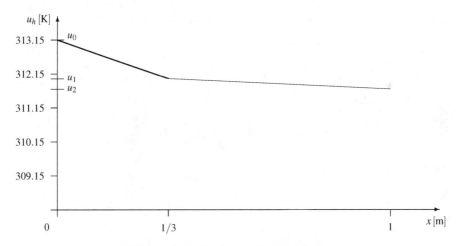

Abbildung 3.12: Darstellung der FE–Lösung

Die Näherungslösung $u_h(x)$ ist sogar die exakte Lösung des Randwertproblems (3.50) – (3.52). Davon können wir uns leicht überzeugen.

- Da $u_h(x)$ in den beiden Intervallen $\left(0, \dfrac{1}{3}\right)$ und $\left(\dfrac{1}{3}, 1\right)$ eine lineare Funktion ist, gilt in beiden Teilintervallen $u_h''(x) = 0$. Folglich erfüllt $u_h(x)$ die beiden Differentialgleichungen in (3.50).

- Es gilt

$$u_h\left(\frac{1}{3}-0\right) = \lim_{x \to 1/3-0} \left[-\frac{16695}{4873}x + 313.15\right] = \frac{30408299}{97460}$$

und

$$u_h\left(\frac{1}{3}+0\right) = \lim_{x\to 1/3+0}\left[-\frac{2250}{4873}x+\frac{30423299}{97460}\right] = \frac{30408299}{97460},$$

d.h.

$$u_h\left(\frac{1}{3}-0\right) = u_h\left(\frac{1}{3}+0\right).$$

Weiterhin gilt

$$-50\,u_h'\left(\frac{1}{3}-0\right) = \lim_{x\to 1/3-0}\left[-50\cdot\left(-\frac{16695}{4873}\right)\right] = \frac{834750}{4873}$$

und

$$-371\,u_h'\left(\frac{1}{3}+0\right) = \lim_{x\to 1/3+0}\left[-371\cdot\left(-\frac{2250}{4873}\right)\right] = \frac{834750}{4873},$$

d.h.

$$-50\,u_h'\left(\frac{1}{3}-0\right) = -371\,u_h'\left(\frac{1}{3}+0\right).$$

Somit erfüllt die Funktion $u_h(x)$ die beiden Interfacebedingungen in (3.51).

• Am linken Rand gilt

$$u_h(0) = 313.15 = u(0)$$

und am rechten Rand

$$-371u_h'(1) = -371\cdot\left(-\frac{2250}{4873}\right) = \frac{834750}{4873}$$

sowie

$$6(u_h(1)-u_b) = 6\left(-\frac{2250}{4873}\cdot 1+\frac{30423299}{97460}-283.15\right) = \frac{834750}{4873},$$

d.h.

$$-371u_h'(1) = 6(u_h(1)-283.15).$$

Die Näherungslösung $u_h(x)$ genügt also auch den Randbedingungen aus (3.52).

Folglich haben wir tatsächlich die exakte Lösung des Randwertproblems (3.50) – (3.52) ermittelt.

Dass eine FE-Diskretisierung mit nur zwei finiten Elementen die exakte Lösung eines Randwertproblems liefert, ist nur sehr selten der Fall. In der Regel benötigt man feinere Diskretisierungen um zumindest eine gute Näherungslösung zu erhalten. Die Näherungslösung kann überhaupt nur dann mit der exakten Lösung des Randwertproblems übereinstimmen, wenn die exakte Lösung des Randwertproblems auch zur Menge V_{gh} gehört, d.h. eine stückweise polynomiale Funktion ist, wobei der Polynomgrad kleiner oder gleich dem Polynomgrad der verwendeten Ansatzfunktionen ist.

3.5 1D-Lagrange-Elemente höherer Ordnung und Interpolation

Bisher haben wir bei der FE-Diskretisierung des Variationsproblems (3.13) stückweise lineare Ansatzfunktionen genutzt, genauer gesagt, stetige Funktionen, die über jedem finiten Element $[x_{i-1}, x_i]$ linear sind. In diesem Abschnitt wird die Konstruktion stetiger, stückweise polynomialer Ansatzfunktionen mit einem Polynomgrad $m \geq 1$ diskutiert. Die mathematischen Ausdrücke (3.14) – (3.16) zur Definition der stückweise linearen Funktionen p_j wurden im Abschnitt 3.3 ohne genaue Herleitung angegeben. Im Weiteren erläutern wir ein allgemeines Prinzip zur Definition stetiger, stückweise polynomialer Ansatzfunktionen.

Das Intervall $[a, b]$ sei, wie im Abschnitt 3.3 beschrieben, in n finite Elemente $\overline{T}^{(i)} = [x_{i-1}, x_i]$ zerlegt, d.h. es gilt

$$[a, b] = \bigcup_{i=1}^{n} \overline{T}^{(i)} \quad \text{und} \quad T^{(i)} \cap T^{(i')} = \emptyset \text{ für } i \neq i'$$

mit $T^{(i)} = (x_{i-1}, x_i)$. In jedem Teilintervall definieren wir zusätzlich zu den Knoten im Anfangs- und Endpunkt $m - 1$ innere Knoten mit den Koordinaten $x_k = x_{i-1} + \frac{k}{m}(x_i - x_{i-1})$, $k = 1, 2, \ldots$, $m - 1$. Beispielsweise definieren wir im Fall $m = 2$ zusätzlich zu den Knoten in den Anfangs- und Endpunkten der Teilintervalle Knoten in den Mittelpunkten der Intervalle $[x_{i-1}, x_i]$ (siehe Abbildung 3.13).

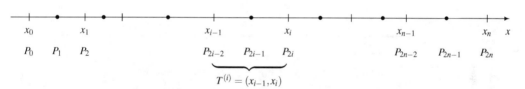

Abbildung 3.13: Unterteilung des Intervalls $[a, b]$ beim Einsatz stückweise quadratischer Ansatzfunktionen

Somit enthält die Diskretisierung des Intervalls $[a, b]$ neben den $n + 1$ Anfangs- bzw. Endknoten der Teilintervalle $[x_{i-1}, x_i]$ noch $n(m - 1)$ Knoten im Inneren der Teilintervalle. Folglich haben wir insgesamt $nm + 1$ Knoten festgelegt.

Wir führen zur Definition der Ansatzfunktionen p_j die folgenden Schritte durch:

1. Definition der Abbildung eines beliebigen Elements $\overline{T}^{(i)} = [x_{i-1}, x_i]$ auf das sogenannte *Referenzelement* (*Referenzintervall*) $\overline{\overline{T}} = [0, 1]$ (siehe Abbildung 3.14):

Mittels der Transformationsvorschrift

$$\xi = \xi_{T^{(i)}}(x) = \frac{x - x_{i-1}}{x_i - x_{i-1}} \tag{3.59}$$

wird das finite Element $\overline{T}^{(i)} = [x_{i-1}, x_i]$ auf das Referenzintervall $\overline{\overline{T}} = [0, 1]$ abgebildet. Beispielsweise gilt

$$\xi_{T^{(i)}}(x_{i-1}) = 0, \quad \xi_{T^{(i)}}(x_i) = 1 \quad \text{und} \quad \xi_{T^{(i)}}\left(\frac{x_{i-1} + x_i}{2}\right) = \frac{1}{2},$$

d.h. der Anfangspunkt des Intervalls $\overline{T}^{(i)} = [x_{i-1}, x_i]$ wird auf den Anfangspunkt des Intervalls $\overline{\overline{T}} = [0,1]$ abgebildet. Ebenso wird der End- bzw. Mittelpunkt des Intervalls $\overline{T}^{(i)}$ auf den End- bzw. Mittelpunkt des Intervalls $\overline{\overline{T}}$ abgebildet.

Die Umkehrabbildung der Abbildung (3.59) lautet:

$$x = x_{T^{(i)}}(\xi) = (x_i - x_{i-1})\xi + x_{i-1}. \tag{3.60}$$

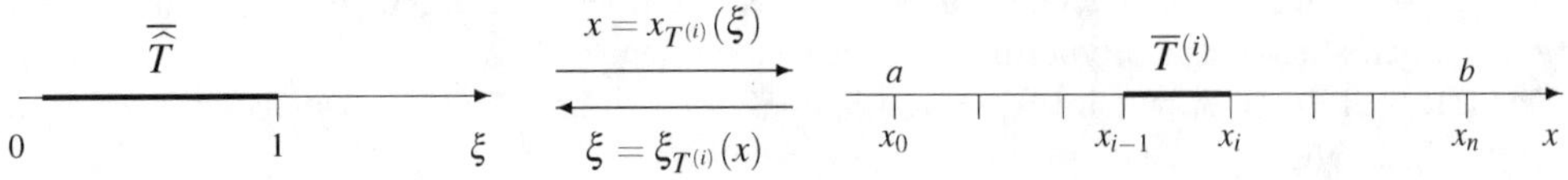

Abbildung 3.14: Abbildung des Elements $\overline{T}^{(i)}$ auf das Referenzelement $\overline{\overline{T}} = [0,1]$ und Umkehrabbildung

2. Definition der *Formfunktionen* φ_β auf dem Referenzelement $\overline{\overline{T}}$:

Wir legen im Referenzelement $\overline{\overline{T}}$ genauso wie in den finiten Elementen $\overline{T}^{(i)}$ neben den Knoten im Anfangs- und Endpunkt zusätzlich $m - 1$ innere Knoten fest. Diese haben die Koordinaten $\xi_\alpha = \dfrac{\alpha - 1}{m}$, $\alpha = 2, 3 \ldots, m$ (siehe Abbildung 3.15).

ξ_1 ξ_2 ξ_{m+1}

0   1

Abbildung 3.15: Unterteilung des Referenzelements $\overline{\overline{T}}$

Dann bestimmen wir $m + 1$ Polynome m-ten Grades, welche den Bedingungen

$$\varphi_\beta(\xi_\alpha) = \delta_{\alpha\beta} = \begin{cases} 1 & \text{für } \alpha = \beta \\ 0 & \text{für } \alpha \neq \beta \end{cases}, \quad \alpha, \beta = 1, 2, \ldots, m+1, \tag{3.61}$$

genügen ($\delta_{\alpha\beta}$ ist das Kronecker-Symbol). Es lässt sich leicht nachprüfen, dass die *Lagrange- schen Basispolynome*

$$\begin{aligned} \varphi_\beta(\xi) &= \prod_{\substack{\alpha=1 \\ \alpha \neq \beta}}^{m+1} \frac{\xi - \xi_\alpha}{\xi_\beta - \xi_\alpha} \\ &= \frac{\xi - \xi_1}{\xi_\beta - \xi_1} \cdot \frac{\xi - \xi_2}{\xi_\beta - \xi_2} \cdots \frac{\xi - \xi_{\beta-1}}{\xi_\beta - \xi_{\beta-1}} \cdot \frac{\xi - \xi_{\beta+1}}{\xi_\beta - \xi_{\beta+1}} \cdots \frac{\xi - \xi_{m+1}}{\xi_\beta - \xi_{m+1}}, \end{aligned} \tag{3.62}$$

$\beta = 1, 2, \ldots m + 1$, die Bedingungen (3.61) erfüllen und dass sie Polynome m-ten Grades sind. Die durch (3.62) definierten Funktionen werden als *Formfunktionen über dem Referenzintervall* bezeichnet.

Für $m = 1$ ergeben sich aus den Lagrangeschen Basispolynomen (3.62) mit $\xi_1 = 0$ und $\xi_2 = 1$ die linearen Formfunktionen

$$\varphi_1(\xi) = \frac{\xi - \xi_2}{\xi_1 - \xi_2} = \frac{\xi - 1}{0 - 1} = 1 - \xi \quad \text{und} \quad \varphi_2(\xi) = \frac{\xi - \xi_1}{\xi_2 - \xi_1} = \frac{\xi - 0}{1 - 0} = \xi$$

(siehe auch Abbildung 3.16).

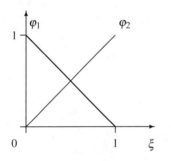

$$\varphi_1(\xi) = 1 - \xi$$
$$\varphi_2(\xi) = \xi$$
(3.63)

Abbildung 3.16: Lineare Formfunktionen

Im Fall $m = 2$ erhalten wir mit der Formel (3.62) und

$$\xi_1 = 0, \ \xi_2 = \frac{1}{2}, \ \xi_3 = 1 \tag{3.64}$$

die Formfunktionen

$$\varphi_1(\xi) = \frac{\xi - \xi_2}{\xi_1 - \xi_2} \cdot \frac{\xi - \xi_3}{\xi_1 - \xi_3} = \frac{\xi - \frac{1}{2}}{0 - \frac{1}{2}} \cdot \frac{\xi - 1}{0 - 1} = 2\left(\xi - \frac{1}{2}\right)(\xi - 1) = 2\xi^2 - 3\xi + 1,$$

$$\varphi_2(\xi) = \frac{\xi - \xi_1}{\xi_2 - \xi_1} \cdot \frac{\xi - \xi_3}{\xi_2 - \xi_3} = \frac{\xi - 0}{\frac{1}{2} - 0} \cdot \frac{\xi - 1}{\frac{1}{2} - 1} = -4\xi(\xi - 1) = -4\xi^2 + 4\xi,$$

$$\varphi_3(\xi) = \frac{\xi - \xi_1}{\xi_3 - \xi_1} \cdot \frac{\xi - \xi_2}{\xi_3 - \xi_2} = \frac{\xi - 0}{1 - 0} \cdot \frac{\xi - \frac{1}{2}}{1 - \frac{1}{2}} = 2\xi\left(\xi - \frac{1}{2}\right) = 2\xi^2 - \xi.$$

Diese Funktionen sind in der Abbildung 3.17 dargestellt.

Auf analoge Weise lassen sich im Fall $m = 3$ die kubischen Formfunktionen berechnen (siehe auch Abbildung 3.18).

3. Definition der Formfunktionen $p_\beta^{(i)}$ und der Ansatzfunktionen p_j:

Werden bei der FE-Diskretisierung stückweise polynomiale Funktionen mit dem Polynomgrad m gewählt, so definieren wir, wie oben beschrieben, $m + 1$ Knoten in jedem der n Teilintervalle $\overline{T}^{(i)}$ und somit insgesamt $nm + 1$ Knoten im Intervall $[a, b]$. Wie bereits in den Abschnitten 3.3 und 3.4 erläutert wurde, werden die Knoten global und in jedem Teilintervall lokal nummeriert

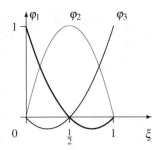

$$\varphi_1(\xi) = 2\xi^2 - 3\xi + 1$$

$$\varphi_2(\xi) = -4\xi^2 + 4\xi \tag{3.65}$$

$$\varphi_3(\xi) = 2\xi^2 - \xi$$

Abbildung 3.17: Quadratische Formfunktionen

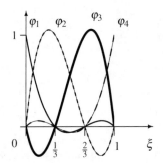

$$\varphi_1(\xi) = -\tfrac{9}{2}\xi^3 + 9\xi^2 - \tfrac{11}{2}\xi + 1$$

$$\varphi_2(\xi) = \tfrac{27}{2}\xi^3 - \tfrac{45}{2}\xi^2 + 9\xi$$

$$\varphi_3(\xi) = -\tfrac{27}{2}\xi^3 + 18\xi^2 - \tfrac{9}{2}\xi \tag{3.66}$$

$$\varphi_4(\xi) = \tfrac{9}{2}\xi^3 - \tfrac{9}{2}\xi^2 + \xi$$

Abbildung 3.18: Kubische Formfunktionen

(siehe Abbildung 3.10, S. 97, für den Fall $m = 1$ sowie Abbildungen 3.13 und 3.20, S. 115 und S. 121, für den Fall $m = 2$). Der Zusammenhang zwischen der globalen und der lokalen Knoten-nummerierung wird in einer Elementzusammenhangstabelle gespeichert. Ein Beispiel für eine solche Tabelle haben wir schon im Abschnitt 3.4 angegeben (Tabelle 3.1, S. 97). Ein weiteres Beispiel ist die Elementzusammenhangstabelle 3.4, S. 121, für die in der Abbildung 3.13 darge-stellte Zerlegung des Intervalls $[a, b]$.

Die Ansatzfunktionen p_j, $j = 0, 1, \ldots, mn$, werden mittels Formfunktionen $p_\beta^{(i)}$ definiert. Diese Formfunktionen erhalten wir durch Transformation der Formfunktionen über dem Referenzinter-vall auf Funktionen über dem Element $\overline{T}^{(i)}$. Wir setzen

$$p_j(x) = \begin{cases} p_\beta^{(i)}(x) = \varphi_\beta(\xi_{T^{(i)}}(x)), & \text{falls } x \in \overline{T}^{(i)},\ i \in B_j \\ 0 & \text{sonst .} \end{cases} \tag{3.67}$$

Die Menge B_j enthält die Nummern aller finiten Elemente $\overline{T}^{(i)}$, in denen der Knoten P_j liegt, β ist die lokale Knotennummer des Knotens P_j im Element $\overline{T}^{(i)}$ und $\xi_{T^{(i)}}(x)$ ist die in (3.59) definierte Abbildungsvorschrift.

Im Folgenden demonstrieren wir die obige Definition der Ansatzfunktionen anhand der Defi-nition stückweise linearer und stückweise quadratischer Ansatzfunktionen.

Zuerst betrachten wir stückweise lineare Ansatzfunktionen. Als Ausgangspunkt unserer Erläuterungen nutzen wir die in der Abbildung 3.19 dargestellte Diskretisierung des Intervalls $[a,b]$. Die globale Knotennummerierung ist aus dieser Abbildung ersichtlich. Lokal, d.h. in jedem finiten Element $\overline{T}^{(i)} = [x_{i-1}, x_i]$, nummerieren wir die Knoten wie folgt: Der Knoten an der Stelle x_{i-1} erhält die lokale Nummer 1 und der Knoten an der Stelle x_i die lokale Nummer 2. Der Zusammenhang zwischen der lokalen und der globalen Knotennummerierung ist in der Tabelle 3.3 angegeben.

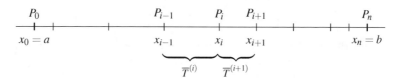

Abbildung 3.19: Diskretisierung des Intervalls $[a,b]$ beim Einsatz stückweise linearer Ansatzfunktionen

Tabelle 3.3: Elementzusammenhangstabelle

Elementnummer	globale Knotennummer des Knotens mit der lokalen Knotennummer	
	1	2
1	0	1
$\vdots$	$\vdots$	$\vdots$
i	$i-1$	i
$i+1$	i	$i+1$
$\vdots$	$\vdots$	$\vdots$
n	$n-1$	n

Es gilt $B_0 = \{1\}$, denn der Knoten mit der globalen Nummer 0 gehört nur zum Element $\overline{T}^{(1)}$. Der Knoten P_0 hat in diesem Element die lokale Nummer $\beta = 1$. Unter Nutzung der Formfunktion $\varphi_1(\xi) = 1 - \xi$ und der Vorschrift

$$\xi_{T^{(1)}}(x) = \frac{x - x_0}{x_1 - x_0}$$

zur Abbildung des Elements $\overline{T}^{(1)} = [x_0, x_1]$ auf das Referenzintervall (siehe (3.59)) ergibt sich gemäß der Definition (3.67) der Ansatzfunktionen

$$p_0(x) = \begin{cases} p_1^{(1)}(x) = \varphi_1(\xi_{T^{(1)}}(x)) = 1 - \dfrac{x - x_0}{x_1 - x_0} = \dfrac{x_1 - x}{x_1 - x_0}, & x \in \overline{T}^{(1)} = [x_0, x_1] = [a, x_1] \\ 0, & x \in [x_1, b]. \end{cases}$$

Für $j = i = 1, 2, \ldots, n-1$ ist $B_j = \{i, i+1\}$ denn der Knoten P_i gehört zu den beiden Elementen $\overline{T}^{(i)}$ und $\overline{T}^{(i+1)}$ (siehe Tabelle 3.3). Im Element $\overline{T}^{(i)}$ hat der Knoten P_i die lokale Nummer $\beta = 2$

und im Element $\overline{T}^{(i+1)}$ die lokale Nummer 1. Gemäß der Definition (3.67) erhalten wir unter Nutzung der linearen Formfunktionen

$$\varphi_1(\xi) = 1 - \xi, \quad \varphi_2(\xi) = \xi$$

(siehe (3.63)) und der Abbildungsvorschriften

$$\xi_{T^{(i)}}(x) = \frac{x - x_{i-1}}{x_i - x_{i-1}} \quad \text{bzw.} \quad \xi_{T^{(i+1)}}(x) = \frac{x - x_i}{x_{i+1} - x_i}$$

zur Abbildung des Elements $\overline{T}^{(i)} = [x_{i-1}, x_i]$ bzw. $\overline{T}^{(i+1)} = [x_i, x_{i+1}]$ auf das Referenzintervall (siehe (3.59)) für $j = i = 1, 2, \ldots, n-1$ die Ansatzfunktionen

$$p_j(x) = \begin{cases} p_2^{(i)}(x) = \varphi_2(\xi_{T^{(i)}}(x)) = \dfrac{x - x_{i-1}}{x_i - x_{i-1}}, & x \in \overline{T}^{(i)} = [x_{i-1}, x_i] \\[2mm] p_1^{(i+1)}(x) = \varphi_1(\xi_{T^{(i+1)}}(x)) = 1 - \dfrac{x - x_i}{x_{i+1} - x_i} = \dfrac{x_{i+1} - x}{x_{i+1} - x_i}, & x \in \overline{T}^{(i+1)} = [x_i, x_{i+1}] \\[2mm] 0 & x \in [a, x_{i-1}) \cup (x_{i+1}, b]. \end{cases}$$

Die Ansatzfunktion p_n ergibt sich wie folgt. Da der Knoten P_n nur zum Element $\overline{T}^{(n)} = [x_{n-1}, x_n]$ gehört ist $B_n = \{n\}$ und der Knoten P_n hat in diesem Element die lokale Knotennummer $\beta = 2$. Mittels der Formfunktion $\varphi_2(\xi) = \xi$ und der Vorschrift

$$\xi_{T^{(n)}}(x) = \frac{x - x_{n-1}}{x_n - x_{n-1}}$$

zur Abbildung des Elements $\overline{T}^{(n)} = [x_{n-1}, x_n]$ auf das Referenzintervall erhalten wir die Ansatzfunktion

$$p_n(x) = \begin{cases} p_2^{(n)}(x) = \varphi_2(\xi_{T^{(n)}}(x)) = \dfrac{x - x_{n-1}}{x_n - x_{n-1}}, & x \in \overline{T}^{(n)} = [x_{n-1}, x_n] = [x_{n-1}, b] \\[2mm] 0 & x \in [a, x_{n-1}). \end{cases}$$

Diese stückweise linearen Ansatzfunktion haben wir bereits in (3.14) – (3.16) angegeben.

Die Definition stückweise quadratischer Ansatzfunktionen wird in der Abbildung 3.20 illustriert. Bei der Definition dieser Ansatzfunktionen nutzen wir den in der Tabelle 3.4 angegebenen Zusammenhang zwischen der lokalen und der globalen Knotennummerierung. Für die Mengen B_j, $j = 0, 1, \ldots, 2n$, gilt

$$B_0 = \{1\}, \quad B_{2i-1} = \{i\}, \ i = 1, 2, \ldots, n, \quad B_{2i} = \{i, i+1\}, \ i = 1, 2, \ldots, n-1, \quad B_{2n} = \{n\},$$

da die Knoten mit geradzahliger Nummer $2i$, $i = 1, 2, \ldots, n-1$, zu den beiden Elementen $\overline{T}^{(i)}$ und $\overline{T}^{(i+1)}$ gehören. Die Knoten mit ungeradzahliger Nummer $2i - 1$, $i = 1, 2, \ldots, n$, liegen nur im Element $\overline{T}^{(i)}$, der Knoten P_0 gehört nur zum Element $\overline{T}^{(1)}$ und der Knoten P_{2n} nur zum Element $\overline{T}^{(n)}$.

Tabelle 3.4: Elementzusammenhangstabelle   für   Diskretisierung   mit   stückweise   quadratischen
Ansatzfunktionen

Elementnummer	globale Knotennummer des Knotens mit der lokalen Knotennummer		
	1	2	3
1	0	1	2
$\vdots$	$\vdots$	$\vdots$	$\vdots$
i	$2i-2$	$2i-1$	$2i$
$\vdots$	$\vdots$	$\vdots$	$\vdots$
n	$2n-2$	$2n-1$	$2n$

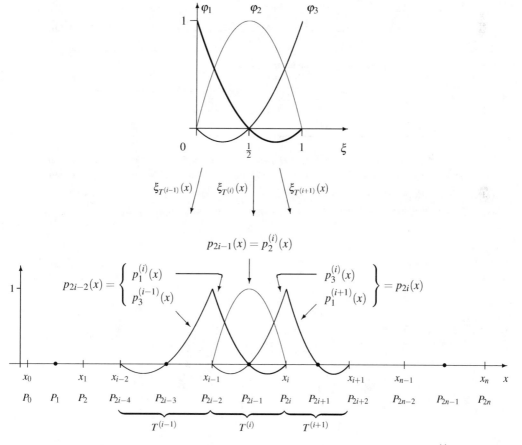

Abbildung 3.20: Definition der Ansatzfunktionen p_j und der Formfunktionen $p_\beta^{(i)}$

Nachdem wir anhand der Abbildung 3.20 die Definition der stückweise quadratischen Ansatzfunktionen demonstriert haben, betrachten wir noch ein Beispiel, in welchem wir stückweise quadratische Ansatzfunktionen formelmäßig angeben.

Beispiel 3.4

Gegeben seien die in der Abbildung 3.21 dargestellte Diskretisierung des Intervalls $[0,2]$ und die zugehörige Elementzusammenhangstabelle 3.5.

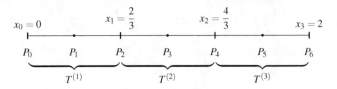

Abbildung 3.21: Zerlegung des Intervalls $[0,2]$

Tabelle 3.5: Elementzusammenhangstabelle zur Zerlegung des Intervalls $[0,2]$ aus der Abbildung 3.21

Elementnummer	globale Knotennummer des Knotens mit der lokalen Knotennummer		
	1	2	3
1	0	1	2
2	2	3	4
3	4	5	6

Wir demonstrieren die Definition der stückweise quadratischen Ansatzfunktionen anhand der beiden Funktionen p_3 und p_4. Die anderen Ansatzfunktionen können auf analoge Weise bestimmt werden.

Da der Knoten P_3 nur zum Element $\overline{T}^{(2)} = [x_1, x_2] = \left[\frac{2}{3}, \frac{4}{3}\right]$ gehört, gilt $B_3 = \{2\}$. Der Knoten P_3 hat im Element $\overline{T}^{(2)}$ die lokale Nummer $\beta = 2$ (siehe Tabelle 3.5). Mittels der Formfunktion

$$\varphi_2(\xi) = -4\xi^2 + 4\xi$$

(siehe (3.65)) und der Vorschrift

$$\xi = \xi_{T^{(2)}}(x) = \frac{x - x_1}{x_2 - x_1} = \frac{x - \frac{2}{3}}{\frac{4}{3} - \frac{2}{3}} = \frac{3}{2}x - 1$$

zur Abbildung des finiten Elements $\overline{T}^{(2)}$ auf das Referenzintervall erhalten wir gemäß der Definition (3.67) der Ansatzfunktionen

$$p_3(x) = \begin{cases} p_2^{(2)}(x) = \varphi_2(\xi_{T^{(2)}}(x)) = -4 \cdot \left(\frac{3}{2}x - 1\right)^2 + 4 \cdot \left(\frac{3}{2}x - 1\right) \\ \qquad\qquad\qquad = -9x^2 + 18x - 8, & x \in \overline{T}^{(2)} = \left[\frac{2}{3}, \frac{4}{3}\right] \\ 0, & x \in \left[0, \frac{2}{3}\right] \cup \left[\frac{4}{3}, 2\right]. \end{cases}$$

Als nächstes bestimmen wir die Ansatzfunktion p_4. Der Knoten P_4 gehört zu den beiden Elementen $\overline{T}^{(2)}$ und $\overline{T}^{(3)}$. Folglich gilt $B_2 = \{2, 3\}$. Da der Knoten P_4 im Element $\overline{T}^{(2)}$ die lokale Nummer 3 und im Element

$\overline{T}^{(3)}$ die lokale Nummer 1 hat, gilt gemäß der Definition (3.67) unter Nutzung der Abbildungsvorschriften

$$\xi = \xi_{T^{(2)}}(x) = \frac{x-x_1}{x_2-x_1} = \frac{x-\frac{2}{3}}{\frac{4}{3}-\frac{2}{3}} = \frac{3}{2}x-1\,, \qquad \xi = \xi_{T^{(3)}}(x) = \frac{x-x_2}{x_3-x_2} = \frac{x-\frac{4}{3}}{2-\frac{4}{3}} = \frac{3}{2}x-2$$

und der Formfunktionen über dem Referenzintervall

$$\varphi_1(\xi) = 2\xi^2 - 3\xi + 1\,, \quad \varphi_3(\xi) = 2\xi^2 - \xi$$

für die Funktion p_4

$$p_4(x) = \begin{cases} \begin{aligned} p_3^{(2)}(x) &= \varphi_3(\xi_{T^{(2)}}(x)) = 2\cdot\left(\frac{3}{2}x-1\right)^2 - \left(\frac{3}{2}x-1\right) \\ &= \frac{9}{2}x^2 - \frac{15}{2}x + 3\,, & x\in\overline{T}^{(2)} = \left[\frac{2}{3},\frac{4}{3}\right] \\[2mm] p_1^{(3)}(x) &= \varphi_1(\xi_{T^{(3)}}(x)) = 2\cdot\left(\frac{3}{2}x-2\right)^2 - 3\cdot\left(\frac{3}{2}x-2\right) + 1 \\ &= \frac{9}{2}x^2 - \frac{33}{2}x + 15\,, & x\in\overline{T}^{(3)} = \left[\frac{4}{3},2\right] \\[2mm] 0,\hspace{4.5cm} & & x\in\left[0,\frac{2}{3}\right)\,. \end{aligned} \end{cases}$$

Die Ansatzfunktionen p_j besitzen folgende Eigenschaften:

(i)   Die Ansatzfunktion p_j aus (3.67) ist im Knoten P_j gleich Eins und in allen anderen Knoten gleich Null. Dies gilt aufgrund folgender Überlegungen: Der Knoten P_j habe im Element $\overline{T}^{(i)}$ die lokale Knotennummer β. Somit folgt

$$x_{T^{(i)}}(\xi_\beta) = x_j \;\Leftrightarrow\; \xi_\beta = \xi_{T^{(i)}}(x_j)\,.$$

Damit erhalten wir aufgrund der Definition (3.67) der Ansatzfunktionen p_j und der Eigenschaft (3.61) der Formfunktionen

$$p_j(x_j) = p_\beta^{(i)}(x_j) = \varphi_\beta(\xi_{T^{(i)}}(x_j)) = \varphi_\beta(\xi_\beta) = 1\,, \quad i\in B_j\,.$$

Für $k \neq j$ gilt

$$p_j(x_k) = \begin{cases} p_\beta^{(i)}(x_k) = \varphi_\beta(\xi_{T^{(i)}}(x_k)) = \varphi_\beta(\xi_\alpha) = 0\,, & x_k\in\overline{T}^{(i)}\,,\ i\in B_j\,, \\ 0\,, & \text{sonst}\,. \end{cases}$$

Dabei ist α die lokale Knotennummer des Knotens P_k im Element $\overline{T}^{(i)}$.

(ii) Die Funktionen p_j, $j = 0,1,\dots,mn$, sind linear unabhängig, d.h. es gilt

$$0 = \sum_{j=0}^{mn} v_j p_j(x)$$

dann und nur dann, wenn alle v_j identisch Null sind. Mit 0 ist hier die Funktion bezeichnet, die im gesamten Intervall $[a,b]$ identisch Null ist.

(iii) Die Funktionen p_j sind Elemente des Raumes $H^1(a,b)$. Dies lässt sich analog zu dem im Abschnitt 3.1 betrachteten Beispiel 3.2 zeigen.

Aufgrund der Eigenschaften (ii) und (iii) können die Funktionen p_j als Basis eines endlichdimensionalen Teilraumes des Raumes $H^1(a,b)$ genutzt werden, zum Beispiel

$$V_h = \left\{ v_h(x) : v_h(x) = \sum_{j=0}^{mn} v_j p_j(x) \right\} \subset H^1(a,b).$$

Wegen der Eigenschaft (i) der Ansatzfunktionen nennt man die Basis auch *Knotenbasis*.
Werden in der Ersatzaufgabe (3.20) die Funktionenmengen

$$V_{gh} = \left\{ u_h(x) : u_h(x) = \sum_{j=1}^{mn} u_j p_j(x) + g_a p_0(x) \right\} \subset V_h$$

und

$$V_{0h} = \left\{ v_h(x) : v_h(x) = \sum_{i=1}^{mn} v_i p_i(x) \right\} \subset V_h$$

mit $m > 1$ eingesetzt, dann können die Steifigkeitsmatrix K_h und der Lastvektor $\underline{f}_h$ genauso elementweise berechnet werden, wie wir es für den Fall $m = 1$ im Abschnitt 3.4 beschrieben haben. Die Elementsteifigkeitsmatrizen $K^{(i)}$ sind $(m+1) \times (m+1)$ Matrizen

$$K^{(i)} = [K^{(i)}_{\alpha\beta}]_{\alpha,\beta=1}^{m+1}$$

mit den Einträgen

$$K^{(i)}_{\alpha\beta} = \int_{x_{i-1}}^{x_i} \left[p'_{m(i-1)-1+\beta}(x) p'_{m(i-1)-1+\alpha}(x) + c p_{m(i-1)-1+\beta}(x) p_{m(i-1)-1+\alpha}(x) \right] dx. \quad (3.68)$$

Die Elementlastvektoren sind Vektoren mit $m+1$ Komponenten, d.h.

$$\underline{f}^{(i)} = [f^{(i)}_\alpha]_{\alpha=1}^{m+1},$$

deren Komponenten wie folgt definiert sind:

$$f^{(i)}_\alpha = \int_{x_{i-1}}^{x_i} f(x) p_{m(i-1)-1+\alpha}(x) dx. \quad (3.69)$$

Hierbei haben wir vorausgesetzt, dass die Knoten fortlaufend von links nach rechts nummeriert sind, so dass zwischen der lokalen und der globalen Knotennummerierung der Zusammenhang

$$\beta \leftrightarrow m(i-1) - 1 + \beta, \ i = 1,2,\ldots,n, \ \beta = 1,2\ldots,m, \quad (3.70)$$

besteht. Beispielsweise erhalten wir damit für $m = 2$ zur lokalen Knotennummer $\beta = 1$ im Element $\overline{T}^{(i)}$ die globale Knotennummer $j = 2(i-1) - 1 + 1 = 2i - 2$. Analog ergibt sich zur lokalen Knotennummer $\beta = 2$ bzw. $\beta = 3$ die globale Knotennummer $j = 2(i-1) - 1 + 2 = 2i - 1$

bzw. $j = 2(i-1) - 1 + 3 = 2i$. Folglich wird durch (3.70) der Zusammenhang zwischen der lokalen und der globalen Knotennummerierung beschrieben, welchen wir in der Elementzusammenhangstabelle 3.4 angegeben haben.

Bei der Berechnung der Einträge der Elementsteifigkeitsmatrizen und -lastvektoren führen wir eine Variablensubstitution durch, so dass Integrale über dem Referenzintervall $\overline{\overline{T}} = [0,1]$ zu berechnen sind. Wie wir sehen werden, benötigen wir dann nur die Formfunktionen über dem Referenzintervall und deren ersten verallgemeinerten Ableitungen. Die Kenntnis der Ansatzfunktionen p_j ist letztendlich zur Berechnung der Elementsteifigkeitsmatrizen und Elementlastvektoren gar nicht erforderlich. Aufgrund der Definition der Ansatzfunktionen (3.67) und des festgelegten Zusammenhangs zwischen der globalen und der lokalen Knotennummerierung (3.70) gilt

$$
\begin{aligned}
K^{(i)}_{\alpha\beta} &= \int_{x_{i-1}}^{x_i} \left[p'_{m(i-1)-1+\beta}(x) p'_{m(i-1)-1+\alpha}(x) + c\, p_{m(i-1)-1+\beta}(x) p_{m(i-1)-1+\alpha}(x) \right] dx \\
&= \int_{x_{i-1}}^{x_i} \left[(p^{(i)}_{\beta}(x))' (p^{(i)}_{\alpha}(x))' + c\, p^{(i)}_{\beta}(x) p^{(i)}_{\alpha}(x) \right] dx .
\end{aligned}
\tag{3.71}
$$

Wir führen in diesem Integral eine Variablensubstitution durch, so dass wir ein Integral über dem Referenzintervall $\overline{\overline{T}} = [0,1]$ erhalten. Dazu nutzen wir die Abbildungsvorschrift

$$
x(\xi) = x_{T^{(i)}}(\xi) = (x_i - x_{i-1})\xi + x_{i-1}, \quad \xi \in [0,1],
\tag{3.72}
$$

(siehe (3.60)). Damit gilt

$$
\frac{dx}{d\xi} = (x_i - x_{i-1}), \quad \text{d.h.} \quad dx = (x_i - x_{i-1})d\xi .
\tag{3.73}
$$

Mittels der Kettenregel erhalten wir

$$
\frac{dp^{(i)}_{\beta}(x(\xi))}{d\xi} = \frac{dp^{(i)}_{\beta}(x(\xi))}{dx} \frac{dx}{d\xi}
$$

und somit

$$
(p^{(i)}_{\beta}(x(\xi)))' = \frac{dp^{(i)}_{\beta}(x(\xi))}{dx} = \frac{\dfrac{dp^{(i)}_{\beta}(x(\xi))}{d\xi}}{\dfrac{dx}{d\xi}} = \frac{\dfrac{dp^{(i)}_{\beta}(x(\xi))}{d\xi}}{x_i - x_{i-1}} = \frac{dp^{(i)}_{\beta}(x(\xi))}{d\xi} \cdot \frac{1}{x_i - x_{i-1}}.
\tag{3.74}
$$

Setzen wir die Beziehungen (3.72), (3.73) und (3.74) in die Beziehung (3.71) ein, folgt

$$
\begin{aligned}
K^{(i)}_{\alpha\beta} = \int_0^1 \Bigg[& \frac{dp^{(i)}_{\beta}(x_{T^{(i)}}(\xi))}{d\xi} \frac{1}{x_i - x_{i-1}} \cdot \frac{dp^{(i)}_{\alpha}(x_{T^{(i)}}(\xi))}{d\xi} \frac{1}{x_i - x_{i-1}} \\
& + c\, p^{(i)}_{\beta}(x_{T^{(i)}}(\xi)) p^{(i)}_{\alpha}(x_{T^{(i)}}(\xi)) \Bigg] (x_i - x_{i-1})d\xi .
\end{aligned}
$$

Beachten wir noch die Definition der Formfunktionen $p_\beta^{(i)}$, d.h. $p_\beta^{(i)}(x) = \varphi_\beta(\xi_{T^{(i)}}(x))$ (siehe (3.67)), und die Beziehung $\varphi_\beta(\xi_{T^{(i)}}(x_{T^{(i)}}(\xi))) = \varphi_\beta(\xi)$, so erhalten wir

$$p_\beta^{(i)}(x_{T^{(i)}}(\xi)) = \varphi_\beta(\xi), \quad p_\alpha^{(i)}(x_{T^{(i)}}(\xi)) = \varphi_\alpha(\xi)$$

und somit

$$
\begin{aligned}
K_{\alpha\beta}^{(i)} &= \int_0^1 \left[\frac{d\varphi_\beta(\xi)}{d\xi} \frac{1}{x_i - x_{i-1}} \cdot \frac{d\varphi_\alpha(\xi)}{d\xi} \frac{1}{x_i - x_{i-1}} + c\,\varphi_\beta(\xi)\varphi_\alpha(\xi) \right] (x_i - x_{i-1})\,d\xi \\
&= \int_0^1 \left[\frac{1}{(x_i - x_{i-1})^2} \frac{d\varphi_\beta(\xi)}{d\xi} \frac{d\varphi_\alpha(\xi)}{d\xi} + c\,\varphi_\beta(\xi)\varphi_\alpha(\xi) \right] (x_i - x_{i-1})\,d\xi .
\end{aligned}
$$

(3.75)

Die Komponenten $f_\alpha^{(i)}$ der Elementlastvektoren können unter Nutzung der Variablensubstitution (3.72) wie folgt berechnet werden:

$$
\begin{aligned}
f_\alpha^{(i)} &= \int_{x_{i-1}}^{x_i} f(x)\,p_{m(i-1)-1+\alpha}(x)\,dx &&= \int_{x_{i-1}}^{x_i} f(x)\,p_\alpha^{(i)}(x)\,dx \\
&= \int_0^1 f(x_{T^{(i)}}(\xi))\varphi_\alpha(\xi_{T^{(i)}}(x_{T^{(i)}}(\xi)))(x_i - x_{i-1})\,d\xi &&= \int_0^1 f(x_{T^{(i)}}(\xi))\varphi_\alpha(\xi)(x_i - x_{i-1})\,d\xi .
\end{aligned}
$$

(3.76)

Für die Elementsteifigkeitsmatrizen und Elementlastvektoren gilt somit

$$K^{(i)} = [K_{\alpha\beta}^{(i)}]_{\alpha,\beta=1}^{m+1} = \left[\int_0^1 \left[\frac{1}{(x_i - x_{i-1})^2} \frac{d\varphi_\beta(\xi)}{d\xi} \frac{d\varphi_\alpha(\xi)}{d\xi} + c\,\varphi_\beta(\xi)\varphi_\alpha(\xi) \right] (x_i - x_{i-1})\,d\xi \right]_{\alpha,\beta=1}^{m+1}$$

und

$$\underline{f}^{(i)} = [f_\alpha^{(i)}]_{\alpha=1}^{m+1} = \left[\int_0^1 f(x_{T^{(i)}}(\xi))\varphi_\alpha(\xi)(x_i - x_{i-1})\,d\xi \right]_{\alpha=1}^{m+1} .$$

Aus diesen Beziehungen ist ersichtlich, dass zur Berechnung der Einträge der Elementsteifigkeitsmatrizen und der Komponenten der Elementlastvektoren nur die Formfunktionen über dem Referenzintervall, deren Ableitungen und die Transformationsvorschriften (3.59) sowie (3.60) benötigt werden. Die Formeln für die Ansatzfunktionen (3.67) werden letztendlich bei der Generierung des FE-Gleichungssystems gar nicht genutzt. Die formelmäßige Darstellung der Ansatzfunktionen p_j benötigt man aber beispielsweise für eine grafische Darstellung der ermittelten Näherungslösung u_h. Wir haben außerdem die Beziehungen (3.67) genutzt, um die Integrale über dem Referenzintervall zu erhalten.

Eine analytische Berechnung der Integrale in (3.76) kann nur in wenigen Fällen durchgeführt werden (dies hängt insbesondere von der Gestalt der Funktion f ab). Ist dies nicht möglich, müssen die Integrale näherungsweise mittels numerischer Integration berechnet werden. Gleiches gilt für die Integrale in (3.75), falls der Koeffizient c keine Konstante ist oder wenn Probleme mit ortsabhängigen Wärmeleitzahlen $\lambda(x)$ betrachtet werden (siehe die Wärmeleitgleichung (2.4)). Möglichkeiten der numerischen Integration werden im folgenden Abschnitt behandelt.

Die Assemblierung der Elementsteifigkeitsmatrizen und -lastvektoren sowie der Einbau der Randbedingungen erfolgt analog zu der im Abschnitt 3.4 beschriebenen Vorgehensweise im Fall stückweise linearer Ansatzfunktionen, d.h. $m = 1$. Aufgrund der in diesem Abschnitt verwendeten Knotennummerierung (siehe Abbildungen 3.20 und 3.21) ist die Steifigkeitsmatrix K_h im Fall $m = 2$ eine fünfdiagonale Matrix. Sie hat die folgende Struktur

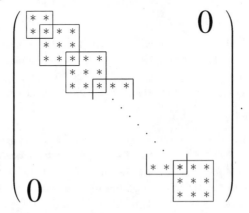

Die eingerahmten (3×3)-Blöcke kennzeichnen die Beiträge der Elementsteifigkeitsmatrizen $K^{(i)}$ zur Matrix K_h. Aufgrund der in unserem Modellbeispiel vorgegebenen Randbedingungen 1. Art am linken Rand des Intervalls $[a,b]$ (siehe Abschnitt 3.2) steht in der linken oberen Ecke der Matrix nur ein (2×2)-Block. Im Fall $m = 3$ ist die Steifigkeitsmatrix eine siebendiagonale Matrix.

Im Abschnitt 3.9 demonstrieren wir anhand eines Beispiels den in diesem Abschnitt beschriebenen Einsatz von Ansatzfunktionen höheren Grades.

Bemerkung 3.6
Bisher haben wir stets den Fall betrachtet, dass bei der Konstruktion der Ansatzfunktionen über allen Teilintervallen Polynome gleichen Grades genutzt werden. Es ist aber auch möglich, bei der Diskretisierung stetige stückweise polynomiale Ansatzfunktionen einzusetzen, die nicht über allen Teilintervallen den gleichen Polynomgrad haben. Beispiele für derartige Ansatzfunktionen sind in der Abbildung 3.22 dargestellt. Im Abschnitt 3.10 werden wir die Anwendung solcher Ansatzfunktionen anhand einer konkreten Aufgabenstellung diskutieren.

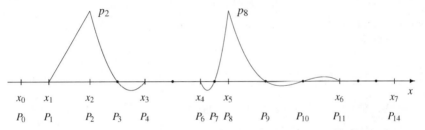

Abbildung 3.22: Kombination linearer, quadratischer und kubischer Formfunktionen

Nachdem wir in diesem Abschnitt die Konstruktion von Ansatzfunktionen höheren Grades diskutiert haben, erläutern wir noch, wie Lagrangesche Basispolynome zur Konstruktion von Interpolationspolynomen für beliebige stetige Funktionen w genutzt werden können.
Wir betrachten die folgende Interpolationsaufgabe.

Gegeben seien von einer Funktion w die Funktionswerte $w_i = w(x_i)$, $i = 1, 2, \ldots, m+1$, an $m+1$ verschiedenen Stellen x_i. Die $m+1$ Wertepaare (x_i, w_i) werden als *Stützpunkte* bezeichnet und die x_i als *Stützstellen*. Gesucht ist ein *Interpolationspolynom* höchstens m-ten Grades p_m, für das

$$p_m(x_i) = w_i \quad \text{für alle} \quad i = 1, 2, \ldots, m+1 \tag{3.77}$$

gilt.

Diese Aufgabe ist eindeutig lösbar, d.h. es gibt genau ein Polynom höchstens m-ten Grades, welches den Interpolationsbedingungen (3.77) genügt. Wären nämlich für zwei verschiedene Polynome höchstens m-ten Grades p_m und $\hat{p}_m$ die Bedingungen (3.77) erfüllt, so würden für das Polynom $\bar{p} = p_m - \hat{p}_m$, dessen Polynomgrad höchstens gleich m ist, die Beziehungen

$$\bar{p}(x_i) = p_m(x_i) - \hat{p}_m(x_i) = w_i - w_i = 0, \ i = 1, 2, \ldots, m+1,$$

gelten. Folglich hätte das Polynom $\bar{p}$ vom Grad $\leq m$ mindestens $m+1$ verschiedene Nullstellen. Da aber jedes Polynom m-ten Grades höchstens m verschiedene Nullstellen besitzt, muss $\bar{p} = p_m - \hat{p}_m = 0$ und somit $p_m = \hat{p}_m$ gelten. Damit haben wir die Eindeutigkeit der Lösung der obigen Interpolationsaufgabe gezeigt. Dass die Interpolationsaufgabe überhaupt lösbar ist, zeigen wir konstruktiv, in dem wir einen konkreten Weg beschreiben, wie man das gesuchte Interpolationspolynom berechnen kann.

Zur Konstruktion des eindeutig bestimmten Interpolationspolynoms p nutzen wir die *Lagrangeschen Basispolynome*

$$L_i(x) = \prod_{\substack{j=1 \\ j \neq i}}^{m+1} \frac{x - x_j}{x_i - x_j} = \frac{x - x_1}{x_i - x_1} \cdots \frac{x - x_{i-1}}{x_i - x_{i-1}} \cdot \frac{x - x_{i+1}}{x_i - x_{i+1}} \cdots \frac{x - x_{m+1}}{x_i - x_{m+1}} \tag{3.78}$$

mit der Eigenschaft

$$L_i(x_j) = \delta_{ij} = \begin{cases} 1 & \text{für } i = j \\ 0 & \text{für } i \neq j \end{cases}. \tag{3.79}$$

Das interpolierende Polynom p_m für eine Funktion w wird durch

$$p_m(x) = \sum_{i=1}^{m+1} w_i L_i(x) = \sum_{i=1}^{m+1} w(x_i) L_i(x) = w(x_1) L_1(x) + \cdots + w(x_{m+1}) L_{m+1}(x) \tag{3.80}$$

definiert. Das so definierte Polynom p_m ist vom Grad m und aufgrund der Eigenschaft (3.79) der Lagrangeschen Basispolynome gilt

$$
\begin{aligned}
p_m(x_j) &= \sum_{i=1}^{m+1} w_i L_i(x_j) \\
&= w_0 L_0(x_j) + \cdots + w_{j-1} L_{j-1}(x_j) + w_j L_j(x_j) + w_{j+1} L_{j+1}(x_j) + \cdots + w_{m+1} L_{m+1}(x_j) \\
&= w_1 \cdot 0 + \cdots + w_{j-1} \cdot 0 + w_j \cdot 1 + w_{j+1} \cdot 0 + \cdots + w_{m+1} \cdot 0 = w_j,
\end{aligned}
$$

d.h. die Interpolationsbedingungen (3.77) sind erfüllt.

Neben der soeben beschriebenen Methode zur Konstruktion eines Interpolationspolynoms gibt es noch andere Konstruktionsmöglichkeiten, zum Beispiel die *Newtonschen Interpolationsformeln* (siehe zum Beispiel [QSS02b, Sto94]). Die Anwendung der Lagrangeschen Basispolynome ist insbesondere dann geeignet, wenn man verschiedene Funktionen unter Verwendung der gleichen Stützstellen interpolieren möchte. Da die Lagrangeschen Basispolynome nur von den Stützstellen und nicht von der zu interpolierenden Funktion abhängen, braucht man die Basispolynome nur einmal zu berechnen und es ist lediglich für jede neue Funktion w die Formel (3.80) anzuwenden. Will man hingegen zu gegebenen Stützstellen noch weitere hinzufügen und damit ein Interpolationspolynom höheren Grades berechnen, dann sind die Newtonschen Interpolationsformeln besser geeignet, weil bereits berechnete Terme wieder genutzt werden können.

Da das Interpolationspolynom eindeutig bestimmt ist, liefern alle Interpolationsformeln das gleiche Polynom p_m, nur die Berechnungsvorschriften sind unterschiedlich.

Um die Konstruktion von Interpolationspolynomen zu illustrieren, betrachten wir folgendes Beispiel.

Beispiel 3.5
Es soll die Funktion

$$w(x) = \frac{1}{1+x^2}$$

im Intervall $[0,2]$ mittels eines Polynoms ersten, zweiten, dritten bzw. vierten Grades interpoliert werden. Zur Interpolation mittels eines Polynoms ersten Grades, d.h. einer linearen Funktion, nutzen wir die beiden Stützstellen $x_1 = 0$ und $x_2 = 2$ und somit die Stützpunkte

$$(x_1, w_1) = (x_1, w(x_1)) = (0,1) \quad \text{und} \quad (x_2, w_2) = (x_2, w(x_2)) = \left(2, \frac{1}{5}\right).$$

Gemäß der Beziehungen (3.80) und (3.78) erhalten wir

$$p_1(x) = w_1 L_1(x) + w_2 L_2(x) = w_1 \cdot \frac{x-x_2}{x_1-x_2} + w_2 \cdot \frac{x-x_1}{x_2-x_1} = 1 \cdot \frac{x-2}{0-2} + \frac{1}{5} \cdot \frac{x-0}{2-0} = -\frac{2}{5}x + 1.$$

Mit den Stützpunkten

$$(x_1, w_1) = (x_1, w(x_1)) = (0,1), \ (x_2, w_2) = (x_2, w(x_2)) = \left(2, \frac{1}{5}\right) \ \text{und} \ (x_3, w_3) = (x_3, w(x_3)) = \left(1, \frac{1}{2}\right)$$

ergibt sich das quadratische Interpolationspolynom

$$\begin{aligned}
p_2(x) &= w_1 L_1(x) + w_2 L_2(x) + w_3 L_3(x) \\
&= w_1 \cdot \frac{x-x_2}{x_1-x_2} \cdot \frac{x-x_3}{x_1-x_3} + w_2 \cdot \frac{x-x_1}{x_2-x_1} \cdot \frac{x-x_3}{x_2-x_3} + w_3 \cdot \frac{x-x_1}{x_3-x_1} \cdot \frac{x-x_2}{x_3-x_2} \\
&= 1 \cdot \frac{x-2}{0-2} \cdot \frac{x-1}{0-1} + \frac{1}{5} \cdot \frac{x-0}{2-0} \cdot \frac{x-1}{2-1} + \frac{1}{2} \cdot \frac{x-0}{1-0} \cdot \frac{x-2}{1-2} = \frac{1}{10}x^2 - \frac{3}{5}x + 1.
\end{aligned}$$

Die Formeln (3.78) und (3.80) liefern mit den Stützpunkten

$$(x_1, w_1) = (0,1), \ (x_2, w_2) = \left(2, \frac{1}{5}\right), \ (x_3, w_3) = \left(\frac{2}{3}, \frac{9}{13}\right) \quad \text{und} \quad (x_4, w_4) = \left(\frac{4}{3}, \frac{9}{25}\right)$$

das Interpolationspolynom dritten Grades

$$
\begin{aligned}
p_3(x) &= w_1 L_1(x) + w_2 L_2(x) + w_3 L_3(x) + w_4 L_4(x) \\[2mm]
&= w_1 \cdot \frac{x-x_2}{x_1-x_2} \cdot \frac{x-x_3}{x_1-x_3} \cdot \frac{x-x_4}{x_1-x_4} + w_2 \cdot \frac{x-x_1}{x_2-x_1} \cdot \frac{x-x_3}{x_2-x_3} \cdot \frac{x-x_4}{x_2-x_4} \\[2mm]
&\quad + w_3 \cdot \frac{x-x_1}{x_3-x_1} \cdot \frac{x-x_2}{x_3-x_2} \cdot \frac{x-x_4}{x_3-x_4} + w_4 \cdot \frac{x-x_1}{x_4-x_1} \cdot \frac{x-x_2}{x_4-x_2} \cdot \frac{x-x_3}{x_4-x_3} \\[2mm]
&= 1 \cdot \frac{x-2}{0-2} \cdot \frac{x-\frac{2}{3}}{0-\frac{2}{3}} \cdot \frac{x-\frac{4}{3}}{0-\frac{4}{3}} + \frac{1}{5} \cdot \frac{x-0}{2-0} \cdot \frac{x-\frac{2}{3}}{2-\frac{2}{3}} \cdot \frac{x-\frac{4}{3}}{2-\frac{4}{3}} \\[2mm]
&\quad + \frac{9}{13} \cdot \frac{x-0}{\frac{2}{3}-0} \cdot \frac{x-2}{\frac{2}{3}-2} \cdot \frac{x-\frac{4}{3}}{\frac{2}{3}-\frac{4}{3}} + \frac{9}{25} \cdot \frac{x-0}{\frac{4}{3}-0} \cdot \frac{x-2}{\frac{4}{3}-2} \cdot \frac{x-\frac{2}{3}}{\frac{4}{3}-\frac{2}{3}} \\[2mm]
&= \frac{36}{325}x^3 - \frac{81}{325}x^2 - \frac{112}{325}x + 1.
\end{aligned}
$$

Auf analoge Weise ergibt sich mit den Stützpunkten

$$
(x_1, w_1) = (0, 1), \quad (x_2, w_2) = \left(2, \frac{1}{5}\right), \quad (x_3, w_3) = \left(\frac{1}{2}, \frac{4}{5}\right), \quad (x_4, w_4) = \left(1, \frac{1}{2}\right), \quad (x_5, w_5) = \left(\frac{3}{2}, \frac{4}{13}\right)
$$

das Interpolationspolynom 4. Grades

$$
p_4(x) = -\frac{2}{13}x^4 + \frac{48}{65}x^3 - \frac{27}{26}x^2 - \frac{3}{65}x + 1.
$$

Die Interpolationspolynome p_1, p_2, p_3 und p_4 sind in der Abbildungen 3.23 und 3.24 dargestellt.

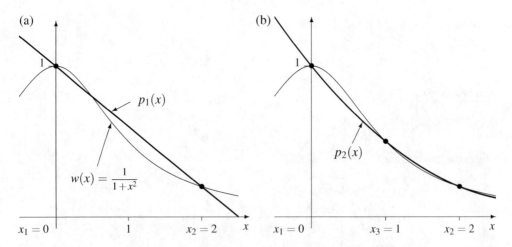

Abbildung 3.23: Funktion $w(x) = (1+x^2)^{-1}$ und Interpolationspolynome (a) p_1, (b) p_2

Wir geben im Folgenden den Fehler an, welcher bei der Ersetzung einer gegebenen Funktion w durch ein Interpolationspolynom m-ten Grades entsteht. Ist w eine $(m+1)$-mal differenzierbare

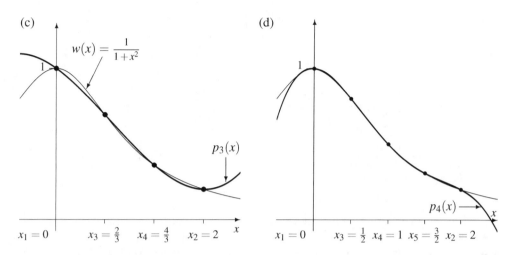

Abbildung 3.24: Funktion $w(x) = (1 + x^2)^{-1}$ und Interpolationspolynome (c) p_3, (d) p_4

Funktion, dann gibt es zu jedem x ein $x^*(x)$ aus dem kleinsten Intervall I, welches alle Stützstellen x_i und x enthält, so dass für den Interpolationsfehler

$$w(x) - p_m(x) = \left(\frac{d^{m+1}w}{dx^{m+1}}(x^*(x)) \right) \frac{(x - x_1) \cdots (x - x_{m+1})}{(m+1)!} \tag{3.81}$$

gilt (siehe [Sto94]).

Für $x \notin I$ wird der Term $(x - x_1) \cdots (x - x_{m+1})$ in (3.81) größer, je weiter x vom Intervall I entfernt ist. Folglich wird dann der Interpolationsfehler $|w(x) - p_m(x)|$ entsprechend größer (siehe auch Abbildungen 3.23 und 3.24 für $x \notin [0, 2]$). Die Verwendung des Interpolationspolynoms p_m zur Approximation von w an einer Stelle $x \notin I$, d.h. zu einer sogenannten *Extrapolation*, sollte deshalb vermieden werden.

Eine Erhöhung des Polynomgrades führt häufig zu einer Verringerung des Interpolationsfehlers. Dies gilt aber nicht generell, wie das Beispiel von Runge zeigt [QSS02b]. In diesem Beispiel wird die Funktion $w(x) = \frac{1}{1 + x^2}$ im Intervall $[-5, 5]$ unter Nutzung der Stützstellen $x_i = -5 + i \cdot \frac{10}{m}$, $i = 0, 1, \ldots, m$, mittels eines Polynoms m-ten Grades interpoliert. In der Abbildung 3.25 ist deutlich erkennbar, dass der Interpolationsfehler mit dem Polynom 10. Grades p_{10} wesentlich größer ist als beim Interpolationspolynom 6. Grades p_6.

Die Anwendung von Interpolationspolynomen mit einem hohen Polynomgrad hat einige Nachteile:

- Mit wachsendem Polynomgrad m steigt der Rechenaufwand bei der Bestimmung des Interpolationspolynoms stark an. Er liegt in der Größenordnung von m^2 (siehe auch die obigen Berechnungen der Interpolationspolynome $p_1, \ldots, p_4$).
- Die Interpolationspolynome oszillieren um die zu interpolierende Funktion und neigen insbesondere an den Intervallenden zum Überschwingen (siehe Abbildung 3.25).
- Es kann zu numerischen Instabiltäten kommen, d.h. kleine Fehler in den Eingangsdaten $w(x_i)$ können zu großen Fehlern im Interpolationspolynom führen.

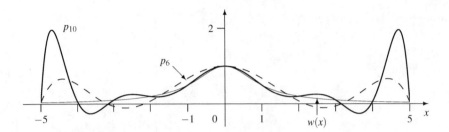

Abbildung 3.25: Interpolation der Funktion $w(x) = \dfrac{1}{1+x^2}$ mit Polynom 6. Grades (gestrichelte Linie) und Polynom 10. Grades (fette Linie)

Deshalb diskutieren wir im Folgenden eine andere Möglichkeit zur Verringerung des Interpolationsfehlers.

Wir zerlegen das Intervall, über welchem die Funktion w interpoliert werden soll, in nichtüberlappende Teilintervalle $T^{(i)}$, $i = 1, 2, \ldots, n$. In den Teilintervallen $\overline{T}^{(i)}$ wählen wir $m + 1$ Stützstellen und nutzen diese zur Berechnung eines Interpolationspolynoms m-ten Grades über dem jeweiligen Teilintervall. Damit entsteht eine stetige, stückweise polynomiale Interpolation der Funktion $w(x)$.

Wir demonstrieren dies wieder anhand der Funktion $w(x) = (1 + x^2)^{-1}$ im Intervall $[0, 2]$.

Beispiel 3.6

Wir zerlegen das Intervall $[0, 2]$ in die beiden Teilintervalle $\overline{T}^{(1)} = [0, 1]$ und $\overline{T}^{(2)} = [1, 2]$. und bestimmen über jedem dieser Teilintervalle ein lineares Interpolationspolynom der Funktion $w(x) = (1 + x^2)^{-1}$, so dass wir über dem Intervall $[0, 2]$ eine stückweise lineare Interpolation erhalten.

Unter Verwendung der Stützpunkte

$$(x_1^{(1)}, w(x_1^{(1)})) = (0, 1) \quad \text{und} \quad (x_2^{(1)}, w(x_2^{(1)})) = \left(1, \frac{1}{2}\right)$$

ergibt sich im Intervall $\overline{T}^{(1)} = [0, 1]$ der lineare Interpolant

$$
\begin{aligned}
p_1^{(1)}(x) &= w(x_1^{(1)}) \cdot \frac{x - x_2^{(1)}}{x_1^{(1)} - x_2^{(1)}} + w(x_2^{(1)}) \cdot \frac{x - x_1^{(1)}}{x_2^{(1)} - x_1^{(1)}} \\
&= w(0) \cdot \frac{x - 1}{0 - 1} + w(1) \cdot \frac{x - 0}{1 - 0} = 1 \cdot (-(x - 1)) + \frac{1}{2} x = -\frac{x}{2} + 1.
\end{aligned}
$$

Im Intervall $\overline{T}^{(2)} = [1, 2]$ erhalten wir unter Nutzung der Stützpunkte

$$(x_1^{(2)}, w(x_1^{(2)})) = \left(1, \frac{1}{2}\right) \quad \text{und} \quad (x_2^{(2)}, w(x_2^{(2)})) = \left(2, \frac{1}{5}\right)$$

das lineare Interpolationspolynom

$$
\begin{aligned}
p_1^{(2)}(x) &= w(x_1^{(2)}) \cdot \frac{x - x_2^{(2)}}{x_1^{(2)} - x_2^{(2)}} + w(x_2^{(2)}) \cdot \frac{x - x_1^{(2)}}{x_2^{(2)} - x_1^{(2)}} \\
&= w(1) \cdot \frac{x - 2}{1 - 2} + w(2) \cdot \frac{x - 1}{2 - 1} = \frac{1}{2} \cdot (-(x - 2)) + \frac{1}{5} \cdot (x - 1) = -\frac{3}{10} x + \frac{4}{5}.
\end{aligned}
$$

Damit haben wir die stückweise lineare Interpolation

$$p_{1s}(x) = \begin{cases} -\dfrac{x}{2} + 1 & \text{für } 0 \leq x \leq 1 \\[2mm] -\dfrac{3}{10}x + \dfrac{4}{5} & \text{für } 1 \leq x \leq 2 \end{cases}$$

erhalten (siehe Abbildung 3.26(a)). Auf analoge Weise lassen sich stückweise lineare Interpolationspolynome unter Verwendung von mehr als zwei Teilintervallen berechnen. Das stückweise lineare Interpolationspolynom bei Nutzung der vier Teilintervalle

$$\overline{T}^{(1)} = \left[0, \frac{1}{2}\right], \quad \overline{T}^{(2)} = \left[\frac{1}{2}, 1\right], \quad \overline{T}^{(3)} = \left[1, \frac{3}{2}\right] \quad \text{und} \quad \overline{T}^{(4)} = \left[\frac{3}{2}, 2\right]$$

ist in der Abbildung 3.26(b) dargestellt.

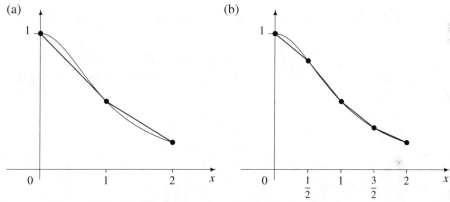

Abbildung 3.26: (a) stückweise lineare Interpolation mit den Teilintervallen $[0,1]$, $[1,2]$,
(b) stückweise lineare Interpolation mit den Teilintervallen $\left[0, \frac{1}{2}\right]$, $\left[\frac{1}{2}, 1\right]$, $\left[1, \frac{3}{2}\right]$, $\left[\frac{3}{2}, 2\right]$

Nutzen wir im Intervall $\overline{T}^{(1)} = [0, 1]$ die Stützpunkte

$$(x_1^{(1)}, w(x_1^{(1)})) = (0, 1), \quad (x_2^{(1)}, w(x_2^{(1)})) = \left(\frac{1}{2}, \frac{4}{5}\right), \quad (x_3^{(1)}, w(x_3^{(1)})) = \left(1, \frac{1}{2}\right)$$

und im Intervall $\overline{T}^{(2)} = [1, 2]$ die Stützpunkte

$$(x_1^{(2)}, w(x_1^{(2)})) = \left(1, \frac{1}{2}\right), \quad (x_2^{(2)}, w(x_2^{(2)})) = \left(\frac{3}{2}, \frac{4}{13}\right), \quad (x_3^{(2)}, w(x_3^{(2)})) = \left(2, \frac{1}{5}\right),$$

dann ergibt sich das stückweise quadratische Interpolationspolynom

$$p_{2s}(x) = \begin{cases} 1 \cdot \dfrac{x - \frac{1}{2}}{0 - \frac{1}{2}} \cdot \dfrac{x - 1}{0 - 1} + \dfrac{4}{5} \cdot \dfrac{x - 0}{\frac{1}{2} - 0} \cdot \dfrac{x - 1}{\frac{1}{2} - 1} + \dfrac{1}{2} \cdot \dfrac{x - 0}{1 - 0} \cdot \dfrac{x - \frac{1}{2}}{1 - \frac{1}{2}} = -\dfrac{1}{5}x^2 - \dfrac{3}{10}x + 1 & \text{für } 0 \leq x \leq 1 \\[4mm] \dfrac{1}{2} \cdot \dfrac{x - \frac{3}{2}}{1 - \frac{3}{2}} \cdot \dfrac{x - 2}{1 - 2} + \dfrac{4}{13} \cdot \dfrac{x - 1}{\frac{3}{2} - 1} \cdot \dfrac{x - 2}{\frac{3}{2} - 2} + \dfrac{1}{5} \cdot \dfrac{x - 1}{2 - 1} \cdot \dfrac{x - \frac{3}{2}}{2 - \frac{3}{2}} = \dfrac{11}{65}x^2 - \dfrac{21}{26}x + \dfrac{74}{65} & \text{für } 1 \leq x \leq 2 \end{cases}$$

(siehe Abbildung 3.27).

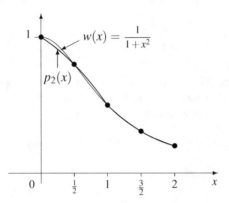

Abbildung 3.27: Stückweise quadratische Interpolation mit den Teilintervallen $[0,1]$, $[1,2]$

Bei einer stückweise polynomialen Interpolation einer Funktion w über dem Intervall $[a,b]$, die eine beschränkte $(m+1)$-te Ableitung hat, erhalten wir aus (3.81) die Interpolationsfehlerabschätzung

$$\max_{x\in[a,b]} |w(x) - p(x)| \leq \frac{M_{m+1}}{(m+1)!}\, h^{m+1} \quad \text{mit} \quad M_{m+1} = \max_{x\in[a,b]} \left| \frac{d^{m+1}w}{dx^{m+1}} \right|. \tag{3.82}$$

Dabei ist h die maximale Länge der verwendeten Teilintervalle $\overline{T}^{(i)}$, $i = 1,2,\ldots,n$. Aus dieser Abschätzung ist ersichtlich, wie bei einer Verkleinerung der Intervalllängen der Interpolationsfehler kleiner wird. Aus der Abschätzung (3.82) folgt zum Beispiel, dass sich bei einer stückweise linearen Interpolation einer zweimal stetig differenzierbaren Funktion $w(x)$, d.h. bei $m = 1$, der Interpolationsfehler viertelt, wenn alle Intervalle halbiert werden. Bei der stückweise quadratischen Interpolation ($m = 2$) einer dreimal stetig differenzierbaren Funktion fällt der Interpolationsfehler mit dem Faktor 1/8, wenn alle Intervalle halbiert werden.

Wir zeigen anhand eines Beispiels, dass diese aus der Fehlerabschätzung abgeleiteten theoretischen Aussagen tatsächlich beobachtet werden können. Dazu betrachten wir die stückweise lineare bzw. stückweise quadratische Interpolation p_{1s} bzw. p_{2s} der Funktion $w(x) = (1+x^2)^{-1}$ im Intervall $[0,2]$ und ermitteln den tatsächlich entstandenen Interpolationsfehler

$$e_h = \max_{x\in[0,2]} |w(x) - p_{1s}| \quad \text{bzw.} \quad e_h = \max_{x\in[0,2]} |w(x) - p_{2s}|.$$

In der Tabelle 3.6 sind diese tatsächlichen Interpolationsfehler in Abhängigkeit von der Schrittweite h angegeben. Bei der Konstruktion der Interpolationspolynome wurden gleichlange Teilintervalle $\overline{T}^{(i)}$, $i = 1,2,\ldots,n$, der Länge $h = \dfrac{b-a}{n} = \dfrac{2-0}{n} = \dfrac{2}{n}$ verwendet. Die 4. bzw. 7. Spalte der Tabelle 3.6 enthält den Quotienten der tatsächlichen Interpolationsfehler bei den Schrittweiten h und $\frac{h}{2}$. Gemäß der Abschätzung (3.82) müssten wir bei der stückweise linearen Interpolation den Quotienten 4 und bei der stückweise quadratischen Interpolation den Quotienten 8 erhalten. Aus der Tabelle wird deutlich, dass wir tatsächlich ab einer gewissen Schrittweite h_0 (in unserem

Beispiel ist $h_0 = 1/32$) diesen Quotienten beobachten. Aus der Tabelle 3.6 ist auch ersichtlich, dass bei gleicher Schrittweite der Fehler bei der stückweise quadratischen Interpolation kleiner ist als bei der stückweise linearen Interpolation. Ebenfalls ist erkennbar, dass ab 5 Stützstellen bei der gleichen Anzahl verwendeter Stützstellen der Fehler bei der stückweise quadratischen Interpolation kleiner ist als bei der stückweise linearen Interpolation.

Tabelle 3.6: Interpolationsfehler bei stückweise linearer und stückweise quadratischer Interpolation

h	Anz. der Stützstellen	$e_h = \max_{x \in [0,2]} |w(x) - p_{1s}(x)|$	$\dfrac{e_h}{e_{h/2}}$	Anz. der Stützstellen	$e_h = \max_{x \in [0,2]} |w(x) - p_{2s}(x)|$	$\dfrac{e_h}{e_{h/2}}$
2	2	$0.1102 \cdot 10^0$	1.63	3	$0.8891 \cdot 10^{-1}$	3.01
1	3	$0.6744 \cdot 10^{-1}$	1.61	5	$0.2958 \cdot 10^{-1}$	6.89
1/2	5	$0.4183 \cdot 10^{-1}$	2.98	9	$0.4292 \cdot 10^{-2}$	7.51
1/4	9	$0.1404 \cdot 10^{-1}$	3.69	17	$0.5718 \cdot 10^{-3}$	7.85
1/8	17	$0.3801 \cdot 10^{-2}$	3.92	33	$0.7281 \cdot 10^{-4}$	7.99
1/16	33	$0.9699 \cdot 10^{-3}$	3.98	65	$0.9114 \cdot 10^{-5}$	7.98
1/32	65	$0.2437 \cdot 10^{-3}$	3.99	129	$0.1142 \cdot 10^{-5}$	8.00
1/64	129	$0.6101 \cdot 10^{-4}$	4.00	257	$0.1428 \cdot 10^{-6}$	8.00
1/128	257	$0.1525 \cdot 10^{-4}$	4.00	513	$0.1784 \cdot 10^{-7}$	8.00
1/256	513	$0.3812 \cdot 10^{-5}$	4.00	1025	$0.2231 \cdot 10^{-8}$	
1/512	1025	$0.9531 \cdot 10^{-6}$				

Bemerkung 3.7
Während wir bei der polynomialen Interpolation die Funktion w mittels einer unendlich oft differenzierbaren Funktion, nämlich eines Polynoms m-ten Grades, annähern, erhalten wir bei der hier vorgestellten Vorgehensweise zur Konstruktion stückweise polynomialer Interpolationsfunktionen nur eine stetige Interpolationsfunktion p. Um glattere stückweise polynomiale Interpolationsfunktionen zu bestimmen, beispielsweise $p \in C^k[a,b]$, muss in den Stützstellen x_i neben dem Übereinstimmen der Funktionswerte von w und p auch die Übereinstimmung der Ableitungen bis zur Ordnung k gefordert werden. Diese *Spline-Interpolation* soll hier nicht näher beschrieben werden. Wir verweisen zum Beispiel auf [QSS02b, SK91, Sto94].

3.6 Numerische Integration

Bei der Berechnung der Elemente der Steifigkeitsmatrix und der Komponenten des Lastvektors sind jeweils Integrale über den Intervallen $[x_{i-1}, x_i]$ (siehe Beziehungen (3.33), (3.35) und (3.36), (3.38)) bzw. dem Referenzintervall $[0,1]$ (siehe S. 126) zu berechnen. In den Abschnitten 3.3, 3.4 und 3.5 haben wir vorausgesetzt, dass die Koeffizienten im betrachteten Randwertproblem konstant sind, zum Beispiel $\lambda(x) = 1$ und $\bar{q}(x) = c$. Dann können die Integrale in der Definition der Matrixeinträge mittels entsprechender Integrationsregeln exakt berechnet werden. Bei ortsveränderlichen Koeffizienten $\lambda(x)$, $\bar{q}(x)$ sowie bei der Berechnung der Integrale für die Komponenten des Lastvektors ist eine analytische Integration nur in seltenen Fällen durchführbar. Die Integrale müssen dann näherungsweise mittels *numerischer Integration* (*numerischer Quadratur*) berechnet werden. In diesem Abschnitt erläutern wir Grundideen zur Konstruktion von Integrationsformeln (Quadraturformeln) und diskutieren, wie gut mittels dieser Formeln der exakte Wert des zu berechnenden Integrals angenähert wird.

Zuerst beschreiben wir die Herleitung der *Integrationsformeln von Newton und Cotes*. Es sei das Integral

$$I(w) = \int_s^t w(x)\,dx \qquad (3.83)$$

zu berechnen. Die Grundidee der Konstruktion der Newton-Cotes-Formeln besteht darin, den Integranden w durch ein Interpolationspolynom m-ten Grades p_m zu ersetzen und das Integral

$$Q(w) = \int_s^t p_m(x)\,dx \qquad (3.84)$$

exakt zu berechnen. Der Wert dieses Integrals ist ein Näherungswert für das Integral in (3.83).

Wir wählen im Intervall $[s,t]$ eine äquidistante Verteilung von Stützstellen

$$x_i = s + (i-1)h,\ i = 1,2,\ldots,m+1,\ h = \frac{t-s}{m} \qquad (3.85)$$

und konstruieren mittels der Langrangeschen Basispolynome (3.78) das Interpolationspolynom

$$p_m(x) = \sum_{i=1}^{m+1} w(x_i)L_i(x) = \sum_{i=1}^{m+1} w(x_i)\left(\prod_{\substack{j=1\\j\neq i}}^{m+1} \frac{x-x_j}{x_i-x_j}\right) \qquad (3.86)$$

bzw.

$$p_{m-2}(x) = \begin{cases} \sum_{i=2}^{m} w(x_i)L_i(x) = \sum_{i=2}^{m} w(x_i)\left(\prod_{\substack{j=2\\j\neq i}}^{m} \frac{x-x_j}{x_i-x_j}\right) & \text{für } m > 2 \\ w(x_2) & \text{für } m = 2. \end{cases} \qquad (3.87)$$

Die Anwendung des Interpolationspolynoms (3.86) führt zu *Newton-Cotes-Formeln vom geschlossenen Typ*. Wird das Polynom (3.87) angewendet, bei dessen Konstruktion keine Stützstellen in den Intervallendpunkten genutzt werden, erhält man *Newton-Cotes-Formeln vom offenen Typ*.

Wir berechnen das Integral (3.84) für das Interpolationspolynom (3.86) bzw. (3.87) und erhalten

$$Q(w) = \int_s^t \left(\sum_{i=1}^{m+1} w(x_i)L_i(x)\right)dx = \sum_{i=1}^{m+1} w(x_i)\int_s^t L_i(x)\,dx$$

bzw. eine analoge Beziehung für das Polynom (3.87). Mit der Substitution $x = s + (t-s)z$, $z \in [0,1]$ und wegen

$$x_j = s + (j-1)h = s + (j-1)\frac{t-s}{m} = s + (t-s)\frac{j-1}{m}$$

sowie

$$\frac{x-x_j}{x_i-x_j} = \frac{s+(t-s)z - \left(s+(t-s)\frac{j-1}{m}\right)}{\left(s+(t-s)\frac{i-1}{m}\right) - \left(s+(t-s)\frac{j-1}{m}\right)} = \frac{mz-(j-1)}{i-j}$$

lassen sich die Basispolynome in der Form

$$L_i(x) = \hat{L}_i(z) = \prod_{\substack{j=1 \\ j \neq i}}^{m+1} \frac{mz - (j-1)}{i-j} \tag{3.88}$$

darstellen. Damit erhalten wir

$$Q(w) = \sum_{i=1}^{m+1} w(x_i) \int_0^1 \hat{L}_i(z) (t-s) dz = (t-s) \sum_{i=1}^{m+1} w(x_i) \int_0^1 \hat{L}_i(z) dz = (t-s) \sum_{i=1}^{m+1} w(x_i) \alpha_i .$$

Dabei hängen die *Quadraturgewichte*

$$\alpha_i = \int_0^1 \hat{L}_i(z) dz, \; i = 1, 2, \ldots, m+1, \tag{3.89}$$

weder von der zu integrierenden Funktion w noch von den Integrationsgrenzen s und t ab. Da für die Funktion $w(x) = 1$ das Polynom $p(x) = 1$ das eindeutig bestimmte Interpolationspolynom ist und da aufgrund der obigen Konstruktion der Integrationsformeln die Funktion $w(x) = p(x) = 1$ exakt integriert wird, folgt

$$(t-s) = I(1) = \int_s^t 1 dx = Q(1) = (t-s) \sum_{i=1}^{m+1} 1 \cdot \alpha_i = (t-s) \sum_{i=1}^{m+1} \alpha_i, \; \text{d.h.} \; \sum_{i=1}^{m+1} \alpha_i = 1 .$$

Als Ergebnis unserer Herleitung erhalten wir die Newton-Cotes-Formeln vom geschlossenen Typ

$$I(w) \approx Q(w) = (t-s) \sum_{i=1}^{m+1} w(x_i) \alpha_i = (t-s) \sum_{i=1}^{m+1} w(x_i) \int_0^1 \hat{L}_i(z) dz \tag{3.90}$$

mit $\hat{L}_i(z)$ aus (3.88) bzw. die Newton-Cotes-Formeln vom offenen Typ

$$I(w) \approx Q(w) = (t-s) \sum_{i=2}^{m} w(x_i) \alpha_i = (t-s) \sum_{i=2}^{m} w(x_i) \int_0^1 \hat{L}_i(z) dz \tag{3.91}$$

mit

$$\hat{L}_i(z) = \prod_{\substack{j=2 \\ j \neq i}}^{m} \frac{mz - (j-1)}{i-j} \; \text{für} \; m > 2 \quad \text{und} \quad \hat{L}_2(z) = 1 \; \text{für} \; m = 2 .$$

Im Weiteren betrachten wir einige Spezialfälle genauer. Für $m = 1$ erhalten wir gemäß (3.88) und (3.89) die Quadraturgewichte

$$\alpha_1 = \int_0^1 \frac{z - (2-1)}{1-2} dz = \frac{1}{2}, \quad \alpha_2 = \int_0^1 \frac{z - (1-1)}{2-1} dz = \frac{1}{2}$$

und somit aus (3.90) mit den Stützstellen $x_1 = s$, $x_2 = t$ (siehe (3.85)) die Quadraturformel

$$Q_{TR}(w) = (t-s)\left(\frac{1}{2}w(x_1) + \frac{1}{2}w(x_2)\right) = \frac{t-s}{2}\left(w(s) + w(t)\right), \qquad (3.92)$$

die als *Trapezregel* bezeichnet wird. $Q(w)$ ist der Flächeninhalt des Trapezes unter der Sehne durch die Punkte $(s, w(s))$ und $(t, w(t))$ auf dem Graph der Funktion $w(x)$ (siehe Abbildung 3.28, S. 140).

Falls die Funktion w im Intervall $[s,t]$ zweimal stetig differenzierbar ist, folgt für den Integrationsfehler unter Nutzung der Beziehung (3.81) für den Interpolationsfehler

$$R_{TR}(w) = I(w) - Q_{TR}(w) = \int_s^t \left(w(x) - p_1(x)\right) dx$$
$$= \int_s^t \left(\frac{d^2w}{dx^2}(x^*(x))\right)\frac{(x-x_1)(x-x_2)}{2}\,dx = \int_s^t \left(\frac{d^2w}{dx^2}(x^*(x))\right)\frac{(x-s)(x-t)}{2}\,dx. \qquad (3.93)$$

Um eine Abschätzung des Integrationsfehlers zu erhalten, wenden wir den verallgemeinerten ersten Mittelwertsatz der Integralrechnung an (siehe [MV01a, Zei13]). Sind u und v über dem Intervall $[s,t]$ stetige Funktionen und gilt $v(x) \geq 0$ oder $v(x) \leq 0$ für alle $x \in [s,t]$, dann gibt es mindestens ein $\hat{x} \in [s,t]$, so dass

$$\int_s^t u(x)v(x)\,dx = u(\hat{x})\int_s^t v(x)\,dx$$

gilt.

Da im Integranden in der Beziehung (3.93) $x \in [x_1, x_2] = [s,t]$, folgt $x - x_1 \geq 0$ sowie $x - x_2 \leq 0$ und somit $v(x) = (x - x_1)(x - x_2) \leq 0$ für alle $x \in [s,t]$. Setzen wir außerdem

$$u(x) = \frac{1}{2}\frac{d^2w}{dx^2}(x^*(x)),$$

dann ergibt sich aus (3.93) mittels des verallgemeinerten Mittelwertsatzes der Integralrechnung

$$R_{TR}(w) = \frac{1}{2}\frac{d^2w}{dx^2}(x^*(\hat{x}))\int_s^t (x-s)(x-t)\,dx = -\frac{1}{12}\frac{d^2w}{dx^2}(x^*(\hat{x}))(t-s)^3 \qquad (3.94)$$

und somit

$$|R_{TR}(w)| \leq \frac{(t-s)^3}{12}\max_{x\in[s,t]}\left|\frac{d^2w}{dx^2}(x)\right|.$$

Folglich ist der Integrationsfehler klein, wenn $t - s$ und/oder das Maximum des Betrags der zweiten Ableitung von w im Intervall $[s,t]$ klein ist. Der Fehler ist Null, d.h. die Trapezregel integriert exakt, falls die zweite Ableitung von w über dem Intervall $[s,t]$ identisch Null ist. Dies ist der Fall, wenn w ein Polynom ersten Grades ist.

Für $m = 2$, d.h. bei Verwendung eines Interpolationspolynoms zweiten Grades, erhalten wir aus der Newton-Cotes-Formel (3.90) vom geschlossenen Typ die *Simpson-Regel* oder auch *Keplersche Fassregel* genannt. Kepler entwickelte diese Formel zur näherungsweisen Berechnung des Volumens von Fässern. Gemäß (3.88) und (3.89) gilt für die Quadraturgewichte im Fall $m = 2$

$$\alpha_1 = \int_0^1 \frac{2z - (2-1)}{1-2} \cdot \frac{2z - (3-1)}{1-3} \, dz = \frac{1}{6},$$

$$\alpha_2 = \int_0^1 \frac{2z - (1-1)}{2-1} \cdot \frac{2z - (3-1)}{2-3} \, dz = \frac{4}{6},$$

$$\alpha_3 = \int_0^1 \frac{2z - (1-1)}{3-1} \cdot \frac{2z - (2-1)}{3-2} \, dz = \frac{1}{6}.$$

Damit erhält man aus (3.90) die Simpson-Regel

$$
\begin{aligned}
Q_{SR}(w) &= (t-s)\left(\frac{1}{6} w(x_1) + \frac{4}{6} w(x_2) + \frac{1}{6} w(x_3)\right) \\
&= \frac{t-s}{6}\left(w(s) + 4w\left(\frac{s+t}{2}\right) + w(t)\right).
\end{aligned}
\tag{3.95}
$$

In Analogie zur Vorgehensweise bei der Trapezregel lässt sich der Integrationsfehler bei der Simpson-Regel im Falle einer viermal stetig differenzierbaren Funktion w durch

$$|I(w) - Q_{SR}(w)| = |R_{SR}(w)| \leq \frac{(t-s)^5}{2880} \max_{x \in [s,t]} \left|\frac{d^4 w}{dx^4}(x)\right|$$

abschätzen (siehe auch [QSS02b, Sto94]). Der Integrationsfehler ist klein, falls $t - s$ und/oder das Maximum des Betrags der vierten Ableitung von w im Intervall $[s,t]$ klein ist. Ist die vierte Ableitung von w identisch Null, dann integriert die Simpson-Regel diese Funktion exakt, d.h. insbesondere auch, dass Polynome dritten Grades exakt integriert werden. Entsprechend dem bei der Konstruktion dieser Quadraturformel verwendeten Interpolationspolynom zweiten Grades hätten wir nur erwartet, dass Polynome zweiten Grades exakt integriert werden.

Im Fall $m = 2$ hat die Newton-Cotes-Formel (3.91) vom offenen Typ eine besonders einfache Gestalt. Das Interpolationspolynom ist hier durch

$$p_0(x) = w_2 L_2(x) = w_2 \quad \text{mit} \quad w_2 = w(x_2) = w\left(\frac{s+t}{2}\right)$$

gegeben. Die Integrationsformel (3.91) lautet somit

$$Q_{MR}(w) = (t-s)w(x_2) = (t-s)w\left(\frac{s+t}{2}\right). \tag{3.96}$$

Diese Integrationsformel wird als *Mittelpunktsregel* oder *Rechteckregel* bezeichnet.

Für den Integrationsfehler der Mittelpunktsregel gilt die Abschätzung

$$|I(w) - Q_{MR}(w)| = |R_{MR}(w)| \leq \frac{(t-s)^3}{24} \max_{x \in [s,t]} \left| \frac{d^2 w}{dx^2}(x) \right|$$

(siehe zum Beispiel [QSS02b]). Die Mittelpunktsregel integriert genauso wie die Trapezregel Polynome ersten Grades exakt, obwohl wir bei der Konstruktion der Mittelpunktsregel nur ein Interpolationspolynom nullten Grades verwendet haben.

Eine geometrische Interpretation der beschriebenen Newton-Cotes-Formeln wird in der Abbildung 3.28 am Beispiel der Funktion $w(x) = (1 + x^2)^{-1}$ gegeben. Die Näherungswerte $Q_{TR}(w)$, $Q_{SR}(w)$ und $Q_{MR}(w)$ für das Integral $I(w)$ sind gleich dem Flächeninhalt der grau schattierten Flächen. Der Wert des Integrals $I(w)$ ist gleich dem Flächeninhalt der Fläche unter dem Graph der Funktion w. Wie wir in der Abbildung 3.28 sehen, wird bei der Trapezregel der Flächeninhalt eines Trapezes und bei der Mittelpunktsregel (Rechteckregel) der Flächeninhalt eines Rechtecks berechnet. Daher kommen auch die Bezeichnungen für diese Integrationsformeln.

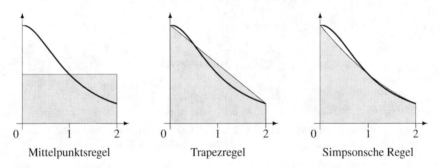

| Mittelpunktsregel | Trapezregel | Simpsonsche Regel |

Abbildung 3.28: Mittelpunktsregel, Trapezregel und Simpson-Regel

Bemerkung 3.8

Bei der Konstruktion der Newton-Cotes-Formeln haben wir die Stützstellen x_i vorgegeben und die Quadraturgewichte α_i so bestimmt, dass bei $m + 1$ Stützstellen Polynome m-ten Grades exakt integriert werden. Man kann aber auch nur die Anzahl der zu verwendenden Stützstellen vorgeben und die Lage dieser Stützstellen sowie die Quadraturgewichte so bestimmen, dass Polynome mit möglichst hohem Grad exakt integriert werden. Dieser Zugang liefert *Gaußsche Quadraturformeln*, die bei Verwendung von m Stützstellen Polynome vom Grad $2m - 1$ exakt integrieren. Beispiele für Gaußsche Integrationsformeln sind in der Tabelle 3.7 angegeben (siehe auch [Sto94]).

Die Einträge der Elementsteifigkeitsmatrizen und -lastvektoren werden durch Integrale über dem Intervall $[x_{i-1}, x_i]$ definiert (siehe die Abschnitte 3.4 und 3.5). Wie wir im Abschnitt 3.5 erläutert haben, wird bei der Berechnung dieser Integrale eine Transformation auf Integrale über dem Referenzintervall $[0, 1]$ durchgeführt. Wir fassen deshalb in der Tabelle 3.7 die in diesem Abschnitt hergeleiteten Quadraturformeln (3.90), (3.91) für den Fall der numerischen Integration über dem Intervall $[s, t] = [0, 1]$ zusammen und geben einige weitere Integrationsformeln an.

Wir haben die Mittelpunktsformel als Newton-Cotes-Formel hergeleitet. Man erhält sie auch, wenn man das Konstruktionsprinzip der Gaußschen Formeln nutzt. Daher hätten wir diese Formeln in der Tabelle 3.7 auch bei den Gauß-Formeln einordnen können.

Tabelle 3.7: Quadraturformeln über dem Referenzintervall $[s,t] = [0,1]$

Formel	Lage der Stützstellen	Stützstellen x_i	Gewichte α_i	exakt für Polynome vom Grad k
Newton-Cotes-Formel vom offenen Typ: $\int_0^1 w(x)\,dx \approx (1-0)\sum_{i=2}^m \alpha_i w(x_i) = \sum_{i=2}^m \alpha_i w(x_i)$				
1D-1 Mittelpunkts-regel (Gauß 1)	⊢———•———⊣	$\dfrac{1}{2}$	1	$k = 1$
Newton-Cotes-Formeln vom geschlossenen Typ: $\int_0^1 w(x)\,dx \approx (1-0)\sum_{i=1}^{m+1} \alpha_i w(x_i) = \sum_{i=1}^{m+1} \alpha_i w(x_i)$				
1D-2 Trapezregel	•————————•	$0, 1$	$\dfrac{1}{2}, \dfrac{1}{2}$	$k = 1$
1D-3 Simpson-Regel	•————•————•	$0, \dfrac{1}{2}, 1$	$\dfrac{1}{6}, \dfrac{4}{6}, \dfrac{1}{6}$	$k = 3$
1D-4 Newtonsche $\frac{3}{8}$-Regel	•——•——•——•	$0, \dfrac{1}{3}, \dfrac{2}{3}, 1$	$\dfrac{1}{8}, \dfrac{3}{8}, \dfrac{3}{8}, \dfrac{1}{8}$	$k = 3$
Gaußsche Formeln: $\int_0^1 w(x)\,dx \approx \sum_{i=1}^m \alpha_i w(x_i)$				
1D-5 Gauß 2	⊢—•———•—⊣	$\dfrac{3-\sqrt{3}}{6}, \dfrac{3+\sqrt{3}}{6}$	$\dfrac{1}{2}, \dfrac{1}{2}$	$k = 3$
1D-6 Gauß 3	⊢•——•——•⊣	$\dfrac{5-\sqrt{15}}{10}, \dfrac{1}{2}, \dfrac{5+\sqrt{15}}{10}$	$\dfrac{5}{18}, \dfrac{8}{18}, \dfrac{5}{18}$	$k = 5$

Gemäß dem Konstruktionsprinzip der Newton-Cotes-Formeln integrieren diese bei Verwendung von $m+1$ *Quadraturstützstellen* x_i Polynome vom Grad m exakt. Für $m > 7$ treten in den Quadraturformeln auch negative Quadraturgewichte auf, z.B. für $m = 8$

$$\alpha_1 = \alpha_9 = \frac{989}{28350}, \quad \alpha_2 = \alpha_8 = \frac{2944}{14175}, \quad \alpha_3 = \alpha_7 = -\frac{464}{14175},$$

$$\alpha_4 = \alpha_6 = \frac{5248}{14175}, \quad \alpha_5 = -\frac{2270}{14175}.$$

Dadurch werden die Integrationsformeln numerisch instabil, d.h. durch Stellenauslöschung können kleine Änderungen Δw im Integranden w stärkere Änderungen im berechneten Näherungswert $Q(w + \Delta w)$ als im Integral $I(w + \Delta w)$ bewirken. Deshalb werden derartige Integrationsformeln in der Praxis nicht verwendet.

Man kann Integrationsformeln entwickeln, mit denen das zu berechnende Integral $I(w)$ beliebig genau angenähert werden kann. Wir wenden hierzu die bisher vorgestellten Integrationsformeln nicht für das Integral über dem Intervall $[s,t]$ an, sondern zerlegen das Intervall $[s,t]$ in Teilintervalle und nutzen die Integrationsformeln über jedem Teilintervall. Die auf diese Weise erhaltenen Integrationsformeln werden als *summierte Integrationsformeln* oder auch *verallge-meinerte* bzw. *zusammengesetzte Integrationsformeln* bezeichnet.

Wir diskutieren diese Vorgehensweise zuerst für die Trapezregel. Den Ausgangspunkt bildet die äquidistante Zerlegung

$$[s,t] = \bigcup_{i=1}^{n} [x_{i-1}, x_i] \quad \text{mit} \quad x_i = s + ih, \ i = 0, 1, \ldots, n, \ h = x_i - x_{i-1} = \frac{t-s}{n}. \tag{3.97}$$

Gemäß der Trapezregel (3.92) erhalten wir für die Teilintervalle

$$\int_{x_{i-1}}^{x_i} w(x)\,dx \approx \frac{x_i - x_{i-1}}{2}\left(w(x_{i-1}) + w(x_i)\right) = \frac{h}{2}\left(w(x_i) + w(x_{i+1})\right).$$

Die Summation über alle Teilintervalle liefert die *summierte Trapezregel*

$$\int_s^t w(x)\,dx \approx Q_{\text{sTR}}(w) = \sum_{i=1}^{n} \frac{h}{2}\left(w(x_{i-1}) + w(x_i)\right)$$

$$= h\left(\frac{1}{2} w(x_0) + w(x_1) + \cdots + w(x_{n-1}) + \frac{1}{2} w(x_n)\right).$$

Unter Nutzung des Integrationsfehlers bei der Trapezregel (3.94) erhalten wir für den Fehler der summierten Trapezregel die Darstellung

$$R_{\text{sTR}}(w) = I(w) - Q_{\text{sTR}}(w) = \sum_{i=1}^{n} \left(-\frac{1}{12} \frac{d^2 w}{dx^2}(x^*(\hat{x}_i))(x_i - x_{i-1})^3 \right) = -\frac{h^3}{12} \sum_{i=1}^{n} \frac{d^2 w}{dx^2}(x^*(\hat{x}_i)).$$

Daraus ergibt sich unter Nutzung der Dreiecksungleichung die Abschätzung

$$|R_{\text{sTR}}(w)| = \left| -\frac{h^3}{12} \sum_{i=1}^{n} \frac{d^2 w}{dx^2}(x^*(\hat{x}_i)) \right| = \frac{h^3}{12} \left| \sum_{i=1}^{n} \frac{d^2 w}{dx^2}(x^*(\hat{x}_i)) \right|$$

$$\leq \frac{h^3}{12} \sum_{i=1}^{n} \left| \frac{d^2 w}{dx^2}(x^*(\hat{x}_i)) \right| \leq \frac{h^3}{12} \sum_{i=1}^{n} \max_{x \in [s,t]} \left| \frac{d^2 w}{dx^2}(x) \right|$$

$$= \frac{nh^3}{12} \max_{x \in [s,t]} \left| \frac{d^2 w}{dx^2}(x) \right|.$$

Damit gilt wegen $nh = t - s$ (siehe (3.97))

$$|R_{\text{sTR}}(w)| \leq \frac{t-s}{12} h^2 \max_{x \in [s,t]} \left| \frac{d^2 w}{dx^2}(x) \right|. \tag{3.98}$$

Folglich kann der Fehler $R_{\text{sTR}}(w)$ durch die Wahl einer entsprechenden Länge $h = (t-s)/n$ der Teilintervalle, d.h. durch die Nutzung entsprechend vieler Teilintervalle, beliebig klein gemacht werden.

Bei der Konstruktion der summierten Simpson-Regel und der summierten Mittelpunktsregel gehen wir analog zur Konstruktion der summierten Trapezregel vor, d.h. wir nutzen die Zerlegung (3.97) des Intervalls $[s,t]$ und wenden in jedem Teilintervall $[x_{i-1},x_i]$ die Simpson-Regel bzw. die Mittelpunktsregel an. Nutzen wir in jedem Teilintervall die Simpson-Regel, dann ergibt sich die *summierte Simpson-Regel*

$$
\begin{aligned}
Q_{\text{sSR}}(w) &= \sum_{i=1}^{n} \frac{h}{6}\left(w(x_{i-1}) + 4w\left(\tfrac{x_{i-1}+x_i}{2}\right) + w(x_i)\right) \\
&= \frac{h}{6}\left(w(x_0) + 4w\left(\tfrac{x_0+x_1}{2}\right) + 2w(x_1) + 4w\left(\tfrac{x_1+x_2}{2}\right) + 2w(x_2) \right. \\
&\qquad \left. + \cdots + 2w(x_{n-1}) + 4w\left(\tfrac{x_{n-1}+x_n}{2}\right) + w(x_n)\right).
\end{aligned}
$$

Wird in jedem Teilintervall $[x_{i-1},x_i]$ die Mittelpunktsregel verwendet, erhalten wir die *summierte Mittelpunktsregel (summierte Rechteckregel)*

$$
Q_{\text{sMR}}(w) = h\sum_{i=1}^{n} w\left(\tfrac{x_{i-1}+x_i}{2}\right) = h\left(w\left(\tfrac{x_0+x_1}{2}\right) + w\left(\tfrac{x_1+x_2}{2}\right) + \cdots + w\left(\tfrac{x_{n-1}+x_n}{2}\right)\right).
$$

Für den Integrationsfehler der summierten Simpson-Regel gilt

$$
|R_{\text{sSR}}(w)| \le \frac{nh^5}{2880}\max_{x\in[s,t]}\left|\frac{d^4 w}{dx^4}(x)\right| = \frac{t-s}{2880}h^4\max_{x\in[s,t]}\left|\frac{d^4 w}{dx^4}(x)\right| \tag{3.99}
$$

und für den Integrationsfehler der summierten Mittelpunktsregel

$$
|R_{\text{sMR}}(w)| \le \frac{nh^3}{24}\max_{x\in[s,t]}\left|\frac{d^2 w}{dx^2}(x)\right| = \frac{t-s}{24}h^2\max_{x\in[s,t]}\left|\frac{d^2 w}{dx^2}(x)\right|, \tag{3.100}
$$

wobei wir voraussetzen, dass die Funktion w im Intervall $[s,t]$ vier- bzw. zweimal stetig differenzierbar ist.

Die Abbildung 3.29 zeigt eine grafische Interpretation der summierten Integrationsformeln. Dabei werden jeweils zwei Teilintervalle genutzt. Der Flächeninhalt der grau schattierten Flächen ist gleich den berechneten Näherungswerten $Q_{\text{sMR}}(w)$, $Q_{\text{sTR}}(w)$ bzw. $Q_{\text{sSR}}(w)$ für das Integral $I(w)$.

Wir demonstrieren anhand eines Beispiels die Abhängigkeit des Integrationsfehlers der summierten Integrationsformeln von der Länge h der Teilintervalle. Wir nutzen die in diesem Abschnitt beschriebenen summierten Integrationsformeln zur näherungsweisen Berechnung des Integrals

$$
I(w) = \int_0^2 \frac{1}{1+x^2}\,dx.
$$

Dieses Integral ist exakt berechenbar. Es gilt $I(w) = \arctan 2$. Somit können wir die tatsächlichen Integrationsfehler berechnen. Diese sind in der Tabelle 3.8 für verschiedene Schrittweiten h angegeben. Aufgrund der Fehlerabschätzungen (3.100) bzw. (3.98) für die summierte Mittelpunkts- bzw. Trapezregel erwarten wir, dass sich der Integrationsfehler viertelt, wenn die Schrittweite h

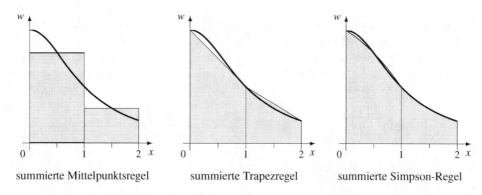

summierte Mittelpunktsregel   summierte Trapezregel   summierte Simpson-Regel

Abbildung 3.29: Summierte Quadraturformeln mit $h = 1$

halbiert wird, d.h. dass die Quotienten $R_{sMR.h}/R_{sMR.h/2}$ und $R_{sTR.h}/R_{sTR.h/2}$ gleich 4 sind. Bei der Simpson-Regel ist aufgrund der Fehlerabschätzung (3.99) zu erwarten, dass bei Halbierung der Schrittweite $R_{sTR.h}/R_{sTR.h/2} = 16$ gilt, d.h. dass der Fehler mit dem Faktor $\frac{1}{16}$ fällt. Dieses Fehlerverhalten wird in der Tabelle 3.8 ab einer gewissen Schrittweite h_0 ($h_0 = 2^{-2}$ bei der summierten Mittelpunktsregel, $h_0 = 2^{-2}$ bei der summierten Trapezregel und $h_0 = 2^{-3}$ bei der summierten Simpson-Regel) deutlich. Die Fehlerabschätzungen (3.98) – (3.100) liefern asymptotische Aussagen über das Fehlerverhalten, d.h. sie charakterisieren das Fehlerverhalten für h gegen Null. Deshalb beobachtet man das theoretisch ermittelte Fehlerverhalten in der Regel erst ab einer gewissen kleinen Schrittweite h_0.

Tabelle 3.8: Vergleich des Integrationsfehlers anhand eines Beispiels

h	Mittelpunktsregel			summierte Trapezregel			Simpson-Regel		
	Stütz-stellen	Fehler $R_{sMR.h}$	$\dfrac{R_{sMR.h}}{R_{sMR.h/2}}$	Stütz-stellen	Fehler $R_{sTR.h}$	$\dfrac{R_{sTR.h}}{R_{sTR.h/2}}$	Stütz-stellen	Fehler $R_{sSR.h}$	$\dfrac{R_{sSR.h}}{R_{sSR.h/2}}$
2	1	$0.1071 \cdot 10^0$	197.02	2	$0.9285 \cdot 10^{-1}$	12.91	3	$0.4048 \cdot 10^{-1}$	20.02
1	2	$0.5436 \cdot 10^{-3}$	0.33	3	$0.7149 \cdot 10^{-2}$	2.16	5	$0.2021 \cdot 10^{-2}$	235.19
2^{-1}	4	$0.1638 \cdot 10^{-2}$	3.94	5	$0.3303 \cdot 10^{-2}$	3.97	9	$0.8593 \cdot 10^{-5}$	27.58
2^{-2}	8	$0.4156 \cdot 10^{-3}$	3.99	9	$0.8321 \cdot 10^{-3}$	3.99	17	$0.3116 \cdot 10^{-6}$	15.96
2^{-3}	16	$0.1041 \cdot 10^{-3}$	4.00	17	$0.2083 \cdot 10^{-3}$	4.00	33	$0.1952 \cdot 10^{-7}$	16.00
2^{-4}	32	$0.2604 \cdot 10^{-4}$	4.00	33	$0.5208 \cdot 10^{-4}$	4.00	65	$0.1220 \cdot 10^{-8}$	16.00
2^{-5}	64	$0.6510 \cdot 10^{-5}$	4.00	65	$0.1302 \cdot 10^{-4}$	4.00	129	$0.7629 \cdot 10^{-10}$	16.00
2^{-6}	128	$0.1628 \cdot 10^{-5}$	4.00	129	$0.3255 \cdot 10^{-5}$	4.00	257	$0.4768 \cdot 10^{-11}$	15.97
2^{-7}	256	$0.4069 \cdot 10^{-6}$	4.00	257	$0.8138 \cdot 10^{-6}$	4.00	513	$0.2986 \cdot 10^{-12}$	
2^{-8}	512	$0.1017 \cdot 10^{-6}$		513	$0.2035 \cdot 10^{-6}$				

Man kann erkennen, dass bei gleicher Schrittweite h der Integrationsfehler der summierten Mittelpunktsregel etwa halb so groß ist wie der Integrationsfehler der summierten Trapezregel. Dabei ist die Anzahl der verwendeten Stützstellen fast gleich, so dass etwa die gleiche Anzahl von Funktionswertberechnungen der Funktion w erforderlich ist. Folglich ist bei gleicher

Schrittweite der Rechenaufwand bei beiden Formeln nahezu gleich. Weiterhin können wir aus der Tabelle 3.8 ablesen, dass bei fast gleicher Anzahl von Stützstellen und damit bei fast gleichem Rechenaufwand der Integrationsfehler der summierten Simpson-Regel ab einer gewissen Schrittweite deutlich kleiner ist als der Integrationsfehler bei der summierten Mittelpunkts- und Trapezregel.

3.7 Auflösung des FE-Gleichungssystems

Bei der Diskretisierung eines 1D-Randwertproblems 2. Ordnung mit linearen Ansatzfunktionen hat das FE-Gleichungssystem bei entsprechender globaler Knotennummerierung eine tridiagonale Systemmatrix (siehe Abschnitt 3.3). In diesem Abschnitt diskutieren wir die Lösung derartiger Gleichungssysteme,

Die allgemeine Gestalt des Gleichungssystems $K\underline{u} = \underline{f}$ sei

$$
\begin{pmatrix}
c_1 & b_1 & 0 & 0 & \cdots & 0 \\
a_2 & c_2 & b_2 & 0 & \cdots & 0 \\
0 & a_3 & \ddots & \ddots & \ddots & \vdots \\
\vdots & \ddots & \ddots & \ddots & b_{n-2} & 0 \\
0 & \cdots & 0 & a_{n-1} & c_{n-1} & b_{n-1} \\
0 & \cdots & 0 & 0 & a_n & c_n
\end{pmatrix}
\begin{pmatrix}
u_1 \\ u_2 \\ \vdots \\ u_{n-2} \\ u_{n-1} \\ u_n
\end{pmatrix}
=
\begin{pmatrix}
f_1 \\ f_2 \\ \vdots \\ f_{n-2} \\ f_{n-1} \\ f_n
\end{pmatrix}
$$

oder in der äquivalenten Schreibweise

$$
\begin{aligned}
c_1 u_1 \;+\; b_1 u_2 &= f_1, \\
a_i u_{i-1} \;+\; c_i u_i \;+\; b_i u_{i+1} &= f_i, \quad i = 2, \dots, n-1, \\
a_n u_{n-1} \;+\; c_n u_n &= f_n.
\end{aligned}
\tag{3.101}
$$

Direktes Auflösungsverfahren basierend auf der Gaußschen Eliminationsidee

Eliminationsschritte (LR-Faktorisierung)

Wir eliminieren die Unbekannte u_1 aus der zweiten Gleichung. Dazu multiplizieren wir die erste Gleichung mit $\ell_2 = \frac{a_2}{c_1}$, d.h.

$$
\frac{a_2}{c_1} c_1 u_1 + \frac{a_2}{c_1} b_1 u_2 = \frac{a_2}{c_1} f_1,
$$

und subtrahieren danach diese Gleichung von der zweiten Gleichung $a_2 u_1 + c_2 u_2 + b_2 u_3 = f_2$. Dies ergibt

$$
a_2 u_1 - \frac{a_2}{c_1} c_1 u_1 + c_2 u_2 - \frac{a_2}{c_1} b_1 u_2 + b_2 u_3 = f_2 - \frac{a_2}{c_1} f_1 \;\Leftrightarrow\; \left(c_2 - \frac{a_2}{c_1} b_1 \right) u_2 + b_2 u_3 = f_2 - \frac{a_2}{c_1} f_1.
$$

Diese Gleichung schreiben wir in der Form

$$
\bar{c}_2 u_2 + b_2 u_3 = \bar{f}_2 \quad \text{mit} \quad \bar{c}_2 = c_2 - \ell_2 b_1, \; \bar{f}_2 = f_2 - \ell_2 f_1, \; \ell_2 = \frac{a_2}{c_1}.
\tag{3.102}
$$

Im nächsten Schritt eliminieren wir die Unbekannte u_2 aus der dritten Gleichung des Gleichungssystems (3.101), d.h. aus der Gleichung $a_3u_2 + c_3u_3 + b_3u_4 = f_3$. Dazu wird die Gleichung
(3.102) mit dem Faktor $\ell_3 = \frac{a_3}{\bar{c}_2}$ multipliziert und von der dritten Gleichung subtrahiert. Wir
erhalten

$$a_3u_2 - \frac{a_3}{\bar{c}_2}\bar{c}_2u_2 + c_3u_3 - \frac{a_3}{\bar{c}_2}b_2u_3 + b_3u_4 = f_3 - \frac{a_3}{\bar{c}_2}\bar{f}_2 \Leftrightarrow \left(c_3 - \frac{a_3}{\bar{c}_2}b_2\right)u_3 + b_3u_4 = f_3 - \frac{a_3}{\bar{c}_2}\bar{f}_2$$

bzw. in äquivalenter Schreibweise

$$\bar{c}_3u_3 + b_3u_4 = \bar{f}_3 \quad \text{mit} \quad \bar{c}_3 = c_3 - \ell_3b_2, \; \bar{f}_3 = f_3 - \ell_3\bar{f}_2, \; \ell_3 = \frac{a_3}{\bar{c}_2}.$$

Dieser Eliminationsprozess wird analog für alle weiteren Gleichungen durchgeführt. Im letzten
Schritt eliminieren wir die Unbekannte u_{n-1} aus der letzten Gleichung $a_nu_{n-1} + c_nu_n = f_n$ des
Gleichungssytems (3.101). Wir multiplizieren dafür die aus dem vorangegangenen Eliminations-
schritt erhaltene Gleichung

$$\bar{c}_{n-1}u_{n-1} + b_{n-1}u_n = \bar{f}_{n-1}$$

mit dem Faktor $\frac{a_n}{\bar{c}_{n-1}}$. Die so erhaltene Gleichung subtrahieren wir von der letzten Gleichung des
Gleichungssystems (3.101). Dies ergibt die Gleichung

$$a_nu_{n-1} - \frac{a_n}{\bar{c}_{n-1}}\bar{c}_{n-1}u_{n-1} + c_nu_n - \frac{a_n}{\bar{c}_{n-1}}b_{n-1}u_n = f_n - \frac{a_n}{\bar{c}_{n-1}}\bar{f}_{n-1}$$

$$\Leftrightarrow \left(c_n - \frac{a_n}{\bar{c}_{n-1}}b_{n-1}\right)u_n = f_n - \frac{a_n}{\bar{c}_{n-1}}\bar{f}_{n-1}$$

oder in äquivalenter Schreibweise

$$\bar{c}_nu_n = \bar{f}_n \quad \text{mit} \quad \bar{c}_n = c_n - \ell_nb_{n-1}, \; \bar{f}_n = f_n - \ell_n\bar{f}_{n-1}, \; \ell_n = \frac{a_n}{\bar{c}_{n-1}}.$$

Infolge des Eliminationsprozesses haben wir das tridiagonale Gleichungssystem (3.101) in ein
Gleichungssystem mit einer Systemmatrix in Dreiecksgestalt überführt, d.h.

$$\begin{aligned}
\bar{c}_1u_1 + b_1u_2 &= \bar{f}_1, \quad \bar{c}_1 = c_1, \bar{f}_1 = f_1, \\
\bar{c}_iu_i + b_iu_{i+1} &= \bar{f}_i, \quad \bar{c}_i = c_i - \ell_ib_{i-1}, \; \bar{f}_i = f_i - \ell_i\bar{f}_{i-1}, \\
&\ell_i = \frac{a_i}{\bar{c}_{i-1}}, \; i = 2,3,\ldots,n-1, \\
\bar{c}_nu_n &= \bar{f}_n, \quad \bar{c}_n = c_n - \ell_nb_{n-1}, \; \bar{f}_n = f_n - \ell_n\bar{f}_{n-1}, \; \ell_n = \frac{a_n}{\bar{c}_{n-1}}.
\end{aligned} \tag{3.103}$$

Dieses Gleichungssystem hat in Matrixschreibweise die Form $R\underline{u} = \underline{\bar{f}}$:

$$\begin{pmatrix} \bar{c}_1 & b_1 & 0 & \cdots & 0 \\ 0 & \ddots & \ddots & \ddots & \vdots \\ \vdots & \ddots & \ddots & \ddots & 0 \\ 0 & \cdots & 0 & \bar{c}_{n-1} & b_{n-1} \\ 0 & \cdots & 0 & 0 & \bar{c}_n \end{pmatrix} \begin{pmatrix} u_1 \\ u_2 \\ \vdots \\ u_{n-1} \\ u_n \end{pmatrix} = \begin{pmatrix} \bar{f}_1 \\ \bar{f}_2 \\ \vdots \\ \bar{f}_{n-1} \\ \bar{f}_n \end{pmatrix}. \tag{3.104}$$

Rückwärtseinsetzen

Das Gleichungssystem (3.103), (3.104) lässt sich gemäß der Beziehungen

$$u_n = \frac{\bar{f}_n}{\bar{c}_n}$$

$$u_i = \frac{1}{\bar{c}_i} \left(\bar{f}_i - b_i u_{i+1} \right), \quad i = n-1, n-2, \ldots, 1, \tag{3.105}$$

auflösen.

Bemerkung 3.9

Der Eliminationsprozess und das Rückwärtseinsetzen können auch als Lösung des Gleichungssystems (3.101) unter Nutzung der Faktorisierung $K = LR$ interpretiert werden. Dabei ist L eine untere Dreiecksmatrix mit Einsen auf der Hauptdiagonalen, d.h.

$$L = \begin{pmatrix} 1 & 0 & 0 & \cdots & 0 \\ \ell_2 & 1 & 0 & \cdots & 0 \\ 0 & \ddots & \ddots & \ddots & \vdots \\ \vdots & \ddots & \ddots & \ddots & 0 \\ 0 & \cdots & 0 & \ell_n & 1 \end{pmatrix}, \quad \ell_i = \frac{a_i}{\bar{c}_{i-1}}, \, i = 2, 3, \ldots, n,$$

und R eine obere Dreiecksmatrix (siehe (3.104)).

Anzahl der notwendigen arithmetischen Operationen

Aus den Beziehungen (3.103) und (3.105) können wir den Aufwand an arithmetischen Operationen im Eliminationsprozess und beim Rückwärtseinsetzen bestimmen. Die Anzahl der notwendigen arithmetischen Operationen ist in der Tabelle 3.9 angegeben.

Tabelle 3.9: Anzahl arithmetischer Operationen bei Lösung tridiagonaler Gleichungssysteme

	Elimination	Rückwärtseinsetzen	gesamt
Divisionen	$n-1$	n	$2n-1$
Multiplikationen	$2n-2$	$n-1$	$3n-3$
Additionen/Subtraktionen	$2n-2$	$n-1$	$3n-3$
insgesamt	$5n-5$	$3n-2$	$8n-7$

Die Gesamtanzahl an notwendigen arithmetischen Operationen ist mit $8n-7$ proportional zur Anzahl der Unbekannten des zu lösenden Gleichungssystems (3.101). Verfahren mit dieser Eigenschaft werden als *asymptotisch optimale Verfahren* bezüglich des Arithmetikaufwandes bezeichnet.

Durchführbarkeit und Stabilität

Im Satz 3.1 werden hinreichende Bedingungen für die Durchführbarkeit und Stabilität des beschriebenen Auflösungsalgorithmus formuliert.

Satz 3.1

Unter den Voraussetzungen

$$|c_1| > 0, \ |c_n| > 0,$$ (3.106)

$$|a_i| > 0, \ |b_i| > 0 \quad \text{für alle } i=2,3,\dots,n-1,$$ (3.107)

$$|c_i| \geq |a_i| + |b_i| \quad \text{für alle } i=2,3,\dots,n-1,$$ (3.108)

$$|c_1| \geq |b_1|, \ |c_n| \geq |a_n|,$$ (3.109)

wobei für wenigstens eine der Ungleichungen (3.108) und (3.109) die strenge Ungleichung, d.h. die Ungleichung mit „>", erfüllt sein soll, gelten die Behauptungen

$$\bar{c}_i = c_i - \ell_i b_{i-1} \neq 0 \quad \text{für alle } i=2,3,\dots,n, \ \ell_i = \frac{a_i}{\bar{c}_{i-1}},$$ (3.110)

$$\left|\frac{b_i}{\bar{c}_i}\right| \leq 1 \quad \text{für alle } i=1,2,\dots,n-1.$$ (3.111)

Einen Beweis dieses Satzes kann der interessierte Leser zum Beispiel in [SW05] finden. Wir geben hier nur eine Interpretation des Satzes.

Die Beziehungen (3.110) sichern die Berechenbarkeit von ℓ_i und damit von $\bar{c}_i$ und $\bar{f}_i$ in den Eliminationsschritten. Somit ist die Durchführbarkeit der Eliminationsschritte gesichert. Aus (3.111) folgt die Stabilität des Algorithmus, d.h. dass Rundungsfehler, die in einem Rechenschritt auftreten, beim Übergang zum nächsten Schritt nicht anwachsen. Es sei zum Beispiel beim Rückwärtseinsetzen für ein $i=i_0$ anstelle von u_{i_0} ein Wert $\tilde{u}_{i_0} = u_{i_0} + \delta_{i_0}$ mit dem Fehler δ_{i_0} berechnet worden. Dann gilt im nächsten Rechenschritt, d.h. für $i=i_0-1$, anstelle von

$$u_{i_0-1} = \frac{1}{\bar{c}_{i_0-1}}(\bar{f}_{i_0-1} - b_{i_0-1}u_{i_0})$$

die Beziehung

$$\tilde{u}_{i_0-1} = \frac{1}{\bar{c}_{i_0-1}}(\bar{f}_{i_0-1} - b_{i_0-1}(u_{i_0}+\delta_{i_0})) = \frac{1}{\bar{c}_{i_0-1}}(\bar{f}_{i_0-1} - b_{i_0-1}u_{i_0}) - \frac{b_{i_0-1}}{\bar{c}_{i_0-1}}\delta_{i_0} = u_{i_0-1} - \frac{b_{i_0-1}}{\bar{c}_{i_0-1}}\delta_{i_0}.$$

Aufgrund der Eigenschaft (3.111), d.h. $\left|\frac{b_{i_0-1}}{\bar{c}_{i_0-1}}\right| \leq 1$, erhalten wir daraus für den Fehler δ_{i_0-1}

$$|\delta_{i_0-1}| = |\tilde{u}_{i_0-1} - u_{i_0-1}| = \left|-\frac{b_{i_0-1}}{\bar{c}_{i_0-1}}\delta_{i_0}\right| \leq \left|\frac{b_{i_0-1}}{\bar{c}_{i_0-1}}\right||\delta_{i_0}| \leq |\delta_{i_0}|.$$

Bemerkung 3.10

Wir überprüfen die Voraussetzungen des Satzes 3.1 für unser Beispiel aus dem Abschnitt 3.3 (siehe Gleichungssystem (3.32), S. 92). Die Ungleichungen (3.106) – (3.109) lauten dann

$$|c_1| = \left| \frac{2}{h} + \frac{2ch}{3} \right| > 0 \quad \text{und} \quad |c_n| = \left| \frac{1}{h} + \alpha_b + \frac{ch}{3} \right| > 0,$$

$$|a_i| = |b_i| = \left| -\frac{1}{h} + \frac{ch}{6} \right| > 0, \quad i = 2, 3, \ldots, n-1,$$

$$|c_i| = \left| \frac{2}{h} + \frac{2ch}{3} \right| \geq \left| -\frac{1}{h} + \frac{ch}{6} \right| + \left| -\frac{1}{h} + \frac{ch}{6} \right| = |a_i| + |b_i|, \quad i = 2, 3, \ldots, n,$$

$$|c_1| = \left| \frac{2}{h} + \frac{2ch}{3} \right| \geq \left| -\frac{1}{h} + \frac{ch}{6} \right| = |b_1| \quad \text{und} \quad |c_n| = \left| \frac{1}{h} + \alpha_b + \frac{ch}{3} \right| \geq \left| -\frac{1}{h} + \frac{ch}{6} \right| = |a_n|.$$

Im Fall $c = 0$ sind alle Ungleichungen erfüllt. Die letzten beiden Ungleichungen gelten sogar mit „>". Falls $c > 0$, dann lässt sich ebenfalls leicht nachprüfen, dass diese Ungleichungen für $h \neq \sqrt{6/c}$ erfüllt sind, wobei alle Ungleichungen sogar mit „>" gelten. Folglich sind die Voraussetzungen des Satzes 3.1 erfüllt. Deshalb ist der vorgestellte Lösungsalgorithmus zur Lösung des FE-Gleichungssystems (3.32) anwendbar. Im Fall $h = \sqrt{6/c}$ sind die a_i, $i = 2, 3, \ldots, n$, und b_i, $i = 1, 2, \ldots, n-1$, identisch Null. Folglich ist die Systemmatrix eine Diagonalmatrix, so dass die Lösung dieses Gleichungssystems besonders einfach ist und der vorgestellte Algorithmus gar nicht benötigt wird.

Speicherplatzbedarf

Die Hauptdiagonale sowie die beiden Nebendiagonalen der tridiagonalen Systemmatrix von (3.101) können als drei Vektoren $\underline{a}$, $\underline{c}$ und $\underline{b}$ der Länge n abgespeichert werden. Zusätzlich benötigt man noch einen Vektor der Länge n zur Abspeicherung der rechten Seite $\underline{f}$. Im Eliminationsprozess können die Komponenten c_i, $i = 2, 3, \ldots, n$, des Vektors $\underline{c}$ mit den Größen $\bar{c}_i$ und die Komponenten a_i bzw. f_i der Vektoren $\underline{a}$ und $\underline{f}$ mit ℓ_i bzw. $\bar{f}_i$, $i = 2, 3, \ldots, n$, überschrieben werden, vorausgesetzt, dass die Steifigkeitsmatrix nicht weiter benötigt wird. Beim Rückwärtseinsetzen können die Speicherplätze der Komponenten $\bar{f}_{n-i}$ für die Abspeicherung der berechneten Lösungskomponenten u_{n-i}, $i = 0, 1, \ldots, n-1$, genutzt werden. In der Abbildung 3.30 ist diese Abspeicherungstechnik schematisch dargestellt.

$\underline{a}$	$\underline{c}$	$\underline{b}$	$\underline{f}$			$\underline{a}$	$\underline{c}$	$\underline{b}$	$\underline{f}$	
0	c_1	b_1	f_1			0	c_1	b_1	$f_1,$	u_1
a_2	c_2	b_2	f_2	über-		ℓ_2	$\bar{c}_2$	b_2	$\bar{f}_2,$	u_2
a_3	c_3	b_3	f_3	schreiben		ℓ_3	$\bar{c}_3$	b_3	$\bar{f}_3,$	u_3
$\vdots$	$\vdots$	$\vdots$	$\vdots$	$\Longrightarrow$		$\vdots$	$\vdots$	$\vdots$	$\vdots$	$\vdots$
a_{n-1}	c_{n-1}	b_{n-1}	f_{n-1}			ℓ_{n-1}	$\bar{c}_{n-1}$	b_{n-1}	$\bar{f}_{n-1},$	u_{n-1}
a_n	c_n	0	f_n			ℓ_n	$\bar{c}_n$	0	$\bar{f}_n,$	u_n

Abbildung 3.30: Abspeicherung des tridiagonalen Gleichungssystems

Ist die Systemmatrix K symmetrisch, dann wird der Speicherplatz für die Matrixeinträge b_i, $i = 2, 3, \ldots, n$, nicht benötigt, denn es gilt $b_i = a_{i+1}$.

Es sind also insgesamt $4n$ bzw. $3n$ Speicherplätze erforderlich, d.h. auch der Speicherplatzbedarf ist proportional zur Anzahl der Unbekannten des zu lösenden FE-Gleichungssystems. Folglich ist der vorgestellte Lösungsalgorithmus auch ein asymptotisch optimales Verfahren bezüglich des benötigten Speicherplatzbedarfs.

Bemerkung 3.11

Für fünfdiagonale (bei stückweise quadratischen Ansatzfunktionen) und siebendiagonale (bei stückweise kubischen Ansatzfunktionen) Gleichungssysteme (siehe Abschnitt 3.5) können analoge asymptotisch optimale Auflösungsalgorithmen hergeleitet werden [SN89a].

3.8 Diskretisierungsfehlerabschätzungen

Nachdem wir bisher kennengelernt haben, wie das FE-Gleichungssystem aufgestellt wird und wie es gelöst werden kann, interessieren wir uns nun für den Fehler, welcher auftritt, wenn wir anstelle des Randwertproblems in Variationsformulierung (3.13) die Ersatzaufgabe (3.20) lösen. In diesem Abschnitt geben wir Abschätzungen für den Diskretisierungsfehler $\|u - u_h\|$ in verschiedenen Normen an. Hierbei bezeichnen u die exakte Lösung des Randwertproblems in Variationsformulierung (3.13) und u_h die FE-Näherungslösung der Ersatzaufgabe (3.20).

Exakte Lösung u des Randwertproblems und FE-Näherungslösung u_h

Die Variationsformulierung des Wärmeleitproblems aus dem Abschnitt 3.2 lautet (siehe (3.13)):

Gesucht ist $u \in V_g$, so dass

$$a(u,v) = \langle F,v \rangle \quad \text{für alle } v \in V_0 \tag{3.112}$$

mit

$$a(u,v) = \int_a^b \left[u'(x)v'(x) + cu(x)v(x) \right] dx + \alpha_b u(b)v(b),$$

$$\langle F,v \rangle = \int_a^b f(x)v(x)\,dx + \alpha_b u_b v(b), \tag{3.113}$$

$$V_g = \{u \in H^1(a,b) : u(a) = g_a\} \quad \text{und} \quad V_0 = \{v \in H^1(a,b) : v(a) = 0\}$$

gilt.

Der Ausdruck $a(.,.)$ aus (3.113) ist eine Bilinearform auf $V = H^1(a,b)$, d.h. es gilt

$$a(\beta_1 u_1 + \beta_2 u_2, v) = \beta_1 a(u_1,v) + \beta_2 a(u_2,v) \quad \text{für alle } u_1,u_2 \in V, \text{ für alle } v \in V,$$
$$\text{für alle } \beta_1,\beta_2 \in \mathbb{R},$$

$$a(u,\beta_1 v_1 + \beta_2 v_2) = \beta_1 a(u,v_1) + \beta_2 a(u,v_2) \quad \text{für alle } u \in V, \text{ für alle } v_1,v_2 \in V,$$
$$\text{für alle } \beta_1,\beta_2 \in \mathbb{R}.$$

Davon können wir uns wie folgt überzeugen:

$$
\begin{aligned}
a(\beta_1 u_1 + \beta_2 u_2, v) &= \int_a^b \left[(\beta_1 u_1(x) + \beta_2 u_2(x))'v'(x) + c(\beta_1 u_1(x) + \beta_2 u_2(x))v(x) \right] dx \\
&\quad + \alpha_b(\beta_1 u_1(b) + \beta_2 u_2(b))v(b) \\
&= \int_a^b \left[\beta_1 u_1'(x)v'(x) + \beta_2 u_2'(x)v'(x) + c\beta_1 u_1(x)v(x) + c\beta_2 u_2(x)v(x) \right] dx \\
&\quad + \alpha_b \beta_1 u_1(b)v(b) + \alpha_b \beta_2 u_2(b)v(b) \\
&= \int_a^b \beta_1 \left[u_1'(x)v'(x) + cu_1(x)v(x) \right] dx + \beta_1 \alpha_b u_1(b)v(b) \\
&\quad + \int_a^b \beta_2 \left[u_2'(x)v'(x) + cu_2(x)v(x) \right] dx + \beta_2 \alpha_b u_2(b)v(b) \\
&= \beta_1 \left(\int_a^b \left[u_1'(x)v'(x) + cu_1(x)v(x) \right] dx + \alpha_b u_1(b)v(b) \right) \\
&\quad + \beta_2 \left(\int_a^b \left[u_2'(x)v'(x) + cu_2(x)v(x) \right] dx + \alpha_b u_2(b)v(b) \right) \\
&= \beta_1 a(u_1, v) + \beta_2 a(u_2, v).
\end{aligned}
$$

Auf analoge Weise kann man die Beziehung $a(u, \beta_1 v_1 + \beta_2 v_2) = \beta_1 a(u, v_1) + \beta_2 a(u, v_2)$ zeigen.

Die FE-Näherungslösung erhalten wir aus der Ersatzaufgabe (siehe auch (3.20)):

Gesucht ist $u_h \in V_{gh}$, so dass

$$ a(u_h, v_h) = \langle F, v_h \rangle \quad \text{für alle} \quad v_h \in V_{0h} \tag{3.114} $$

mit

$$ V_{gh} = \left\{ u_h : u_h(x) = \sum_{j=1}^n u_j p_j(x) + g_a p_0(x) \right\} \quad \text{und} \quad V_{0h} = \left\{ v_h : v_h(x) = \sum_{i=1}^n v_i p_i(x) \right\} $$

gilt.

Beurteilung des Fehlers $e_h(x) = u(x) - u_h(x) \in V_0$

Zur Beurteilung des Fehlers benötigen wir eine Norm (siehe Abschnitt 3.1). In der Praxis sind folgende Normen interessant:

1. C-Norm $\|.\|_C$

$$ \|u - u_h\|_C = \max_{x \in [a,b]} |u(x) - u_h(x)| $$

2. L_2-Norm $\|\cdot\|_0 = \|\cdot\|_{0,2,(a,b)}$

$$\|u - u_h\|_0 = \sqrt{\int_a^b (u(x) - u_h(x))^2\, dx}$$

3. H^1-Norm $\|\cdot\|_1 = \|\cdot\|_{1,2,(a,b)}$

$$\|u - u_h\|_1 = \sqrt{\int_a^b \left[(u(x) - u_h(x))^2 + ((u(x) - u_h(x))')^2 \right] dx}$$

4. Energienorm $\|\|\cdot\|\|$

$$\|\|u - u_h\|\| = \sqrt{a(u - u_h, u - u_h)}$$

Bemerkung 3.12

Durch $\|\|v\|\| = \sqrt{a(v,v)}$ kann nur dann eine Norm in V_0 definiert werden, wenn die Bilinearform $a(.,.)$ auf V_0 symmetrisch und positiv ist, d.h. wenn

$$a(w,v) = a(v,w) \quad \text{für alle } w, v \in V_0 \text{ und } a(v,v) > 0 \quad \text{für alle } v \in V_0, \, v \not\equiv 0$$

gilt.

Hinsichtlich der Fehlerabschätzungen unterscheidet man *a priori* und *a posteriori Fehlerabschätzungen*.

1. a priori Fehlerabschätzungen:
$$\|u - u_h\| \leq c(u)\, h^\beta$$

mit $\beta > 0$ und $c(u) = $ konst. > 0. Die Exponent β hängt von der Glattheit der Lösung u, d.h. vom größten k mit $u \in H^k(a,b)$, sowie dem Polynomgrad der FE-Ansatzfunktionen ab und ist daher a priori bekannt. Die Konstante $c(u)$ ist jedoch im Allgemeinen unbekannt.

2. a posteriori Fehlerabschätzungen:

$$\|u - u_h\| \leq c(u_h, h),$$

wobei $c(u_h, h)$ eine berechenbare Größe ist. Derartige Fehlerabschätzungen werden wir für Randwertprobleme in zweidimensionalen Gebieten im Abschnitt 4.5.4 diskutieren. Außerdem verweisen wir auf die Bücher [Ver96, Bra97, BWS11, DW12].

Voraussetzungen an die Bilinearform $a(.,.)$

Um Fehlerabschätzungen beweisen zu können, setzen wir voraus, dass die Bilinearform $a(.,.)$ V_0-elliptisch und V_0-beschränkt ist. Die Bilinearform heißt V_0-*elliptisch*, wenn

ein $\mu_1 = $ konst. > 0 existiert, so dass $a(v,v) \geq \mu_1 \|v\|_1^2$ für alle $v \in V_0, \, v \neq 0$ (3.115) gilt und V_0-*beschränkt*, wenn

ein $\mu_2 = $ konst. > 0 existiert, so dass $|a(u,v)| \leq \mu_2 \|u\|_1 \|v\|_1$ für alle $u,v \in V_0$ (3.116)

gilt.

Die Bilinearform (3.113) in unserem Beispiel ist V_0-elliptisch und V_0-beschränkt. Wir zeigen zuerst die V_0-Elliptizität. Dabei unterscheiden wir die beiden Situationen $c = 0$ und $c > 0$. Im Fall $c > 0$ gilt für alle $v \in V_0$:

$$
\begin{aligned}
a(v,v) &= \int_a^b \left[(v'(x))^2 + c(v(x))^2 \right] dx + \alpha_b(v(b))^2 \\
&\geq \min\{1,c\} \int_a^b \left[(v'(x))^2 + (v(x))^2 \right] dx + \alpha_b(v(b))^2
\end{aligned}
$$

Da $\alpha_b(v(b))^2 \geq 0$ gilt, können wir den letzten Summanden weglassen, um eine Abschätzung nach unten zu erhalten. Somit folgt

$$
a(v,v) \geq \min\{1,c\} \int_a^b \left[(v'(x))^2 + (v(x))^2 \right] dx = \mu_1 \|v\|_1^2
$$

mit $\mu_1 = \min\{1,c\}$, d.h. die Beziehung (3.115).

Wir zeigen nun die V_0-Elliptizität im Fall $c = 0$. Wegen $\alpha_b(v(b))^2 \geq 0$ gilt zunächst

$$
a(v,v) = \int_a^b (v'(x))^2 dx + \alpha_b(v(b))^2 \geq \int_a^b (v'(x))^2 dx. \tag{3.117}
$$

Für die weiteren Abschätzungen benötigen wir die Friedrichssche Ungleichung

$$
\int_a^b (v(x))^2 dx \leq c_F^2 \int_a^b (v'(x))^2 dx \quad \text{für alle } v \in V_0
$$

(siehe auch (3.9), S. 77). Wir wählen zwei Zahlen α_1 und α_2 mit $\alpha_1 + \alpha_2 = 1$, $\alpha_1, \alpha_2 > 0$. Damit können wir (3.117) in der Form

$$
a(v,v) \geq \alpha_1 \int_a^b (v'(x))^2 dx + \alpha_2 \int_a^b (v'(x))^2 dx
$$

schreiben. Den zweiten Summanden schätzen wir mittels der Friedrichsschen Ungleichung nach unten ab. Wir erhalten

$$
\begin{aligned}
a(v,v) &\geq \alpha_1 \int_a^b (v'(x))^2 dx + \frac{\alpha_2}{c_F^2} \int_a^b (v(x))^2 dx \\
&\geq \min\left\{ \alpha_1, \frac{\alpha_2}{c_F^2} \right\} \int_a^b \left[(v'(x))^2 + (v(x))^2 \right] dx = \min\left\{ \alpha_1, \frac{\alpha_2}{c_F^2} \right\} \|v\|_1^2.
\end{aligned}
$$

Um den größtmöglichen Faktor vor $\|v\|_1^2$ zu erhalten, wählen wir α_1 und α_2 so, dass $\alpha_1 = \alpha_2 c_F^{-2}$ gilt. Wegen $\alpha_2 = 1 - \alpha_1$ erhalten wir aus $\alpha_1 = \alpha_2 c_F^{-2}$ den Wert $\alpha_1 = (1 + c_F^2)^{-1}$. Folglich gilt

$$a(v,v) \geq \mu_1 \|v\|_1^2 \text{ mit } \mu_1 = \frac{1}{1 + c_F^2}.$$

Man ist aufgrund folgender Tatsache an einem größtmöglichen Wert für μ_1 interessiert. In die Abschätzung des Diskretisierungsfehlers geht die Konstante μ_1^{-1} ein (siehe Satz 3.3, S. 161). Je größer μ_1 ist, desto kleiner wird die rechte Seite in der Fehlerabschätzung (3.131) bzw. (3.132), so dass die Abschätzung genauer wird.

Nachdem wir die V_0-Elliptizität der Bilinearform aus (3.113) nachgewiesen haben, zeigen wir nun deren V_0-Beschränktheit (siehe (3.116)). Zunächst gilt

$$|a(u,v)| = \left| \int_a^b \left[u'(x)v'(x) + cu(x)v(x) \right] dx + \alpha_b u(b)v(b) \right|$$

$$= \left| \int_a^b u'(x)v'(x)\,dx + c\int_a^b u(x)v(x)\,dx + \alpha_b u(b)v(b) \right|.$$

Mittels zweimaliger Anwendung der Dreiecksungleichung $|s+t| \leq |s| + |t|$ folgt daraus

$$a(u,v) \leq \left| \int_a^b u'(x)v'(x)\,dx \right| + \left| c\int_a^b u(x)v(x)\,dx \right| + |\alpha_b u(b)v(b)|.$$

Zur weiteren Abschätzung nach oben nutzen wir die Cauchy-Schwarzsche Ungleichung

$$\left| \int_a^b u(x)v(x)\,dx \right| \leq \sqrt{\int_a^b (u(x))^2\,dx} \sqrt{\int_a^b (v(x))^2\,dx}$$

(siehe auch (3.2), S. 74), diese Ungleichung mit u' anstelle von u sowie v' anstelle von v, d.h.

$$\left| \int_a^b u'(x)v'(x)\,dx \right| \leq \sqrt{\int_a^b (u'(x))^2\,dx} \sqrt{\int_a^b (v'(x))^2\,dx},$$

sowie die Beziehung $|st| = |s||t|$. Außerdem beachten wir, dass $c \geq 0$ und $\alpha_b > 0$ gilt. Damit folgt für alle $u, v \in V_0$

$$|a(u,v)| \leq \left| \int_a^b u'(x)v'(x)\,dx \right| + c\left| \int_a^b u(x)v(x)\,dx \right| + |\alpha_b u(b)v(b)|$$

$$\leq \sqrt{\int_a^b (u'(x))^2\,dx} \sqrt{\int_a^b (v'(x))^2\,dx} + c\sqrt{\int_a^b (u(x))^2\,dx} \sqrt{\int_a^b (v(x))^2\,dx}$$

$$+ \alpha_b |u(b)||v(b)|$$

Addieren wir unter der ersten bzw. zweiten Wurzel den nichtnegativen Term $\int_a^b (u(x))^2\,dx$ bzw. $\int_a^b (v(x))^2\,dx$ und unter der dritten bzw. vierten Wurzel den nichtnegativen Term $\int_a^b (u'(x))^2\,dx$ bzw. $\int_a^b (v'(x))^2\,dx$, dann vergrößern wir die Radikanden und somit die Wurzelausdrücke. Wir können damit wie folgt weiter nach oben abschätzen:

$$|a(u,v)| \leq \sqrt{\int_a^b (u(x))^2\,dx + \int_a^b (u'(x))^2\,dx} \sqrt{\int_a^b (v(x))^2\,dx + \int_a^b (v'(x))^2\,dx}$$

$$+ c\sqrt{\int_a^b (u(x))^2\,dx + \int_a^b (u'(x))^2\,dx} \sqrt{\int_a^b (v(x))^2\,dx + \int_a^b (v'(x))^2\,dx}$$

$$+ \alpha_b |u(b)||v(b)|.$$

Mittels der Definition der Norm im Raum $H^1(a,b)$ (siehe (3.8), S. 77) erhalten wir dann

$$|a(u,v)| \leq \|u\|_1 \|v\|_1 + c\|u\|_1\|v\|_1 + \alpha_b |u(b)||v(b)| = (1+c)\|u\|_1\|v\|_1 + \alpha_b |u(b)||v(b)|. \quad (3.118)$$

Es verbleibt noch, den letzten Summanden in dieser Beziehung abzuschätzen. Für alle $v \in V_0$ gilt $v(a) = 0$ (siehe (3.113)) und somit

$$|v(b)| = |v(b) - v(a)| = \left| \int_a^b v'(x)\,dx \right| = \left| \int_a^b [1 \cdot v'(x)]\,dx \right|.$$

Die Anwendung der Cauchy-Schwarzschen-Ungleichung liefert die Abschätzung

$$|v(b)| \leq \sqrt{\int_a^b 1^2\,dx} \sqrt{\int_a^b (v'(x))^2\,dx} = \sqrt{b-a}\sqrt{\int_a^b (v'(x))^2\,dx}.$$

Addieren wir analog wie oben den nichtnegativen Term $\int_a^b (v(x))^2\, dx$ zum Radikanden der letzten Wurzel, dann ergibt sich die Abschätzung nach oben

$$|v(b)| \ \leq \ \sqrt{b-a}\sqrt{\int_a^b \left[(v'(x))^2 + (v(x))^2\right] dx} \ = \ \sqrt{b-a}\,\|v\|_1.$$

Mittels dieser Ungleichung folgt aus (3.118) für alle $u, v \in V_0$

$$
\begin{aligned}
|a(u,v)| \ &\leq \ (1+c)\|u\|_1\|v\|_1 + \alpha_b|u(b)||v(b)| \\
&\leq \ (1+c)\|u\|_1\|v\|_1 + \alpha_b\sqrt{b-a}\,\|u\|_1\sqrt{b-a}\,\|v\|_1 \\
&= \ (1+c+\alpha_b(b-a))\|u\|_1\|v\|_1 \ = \ \mu_2\|u\|_1\|v\|_1
\end{aligned}
$$

mit $\mu_2 = 1 + c + \alpha_b(b-a)$.

Im Folgenden leiten wir eine a priori Abschätzung des Diskretisierungsfehlers in der $H^1(a,b)$-Norm her. Aufgrund des Satzes von Céa kann die Diskretisierungsfehlerabschätzung auf eine Approximationsfehlerabschätzung zurückgeführt werden.

Satz 3.2 (Satz von Céa)
Die Bilinearform $a(.,.)$ sei V_0-elliptisch und V_0-beschränkt. Dann gilt die Fehlerabschätzung

$$\|u - u_h\|_1 \leq \frac{\mu_2}{\mu_1}\inf_{w_h \in V_{gh}}\|u - w_h\|_1. \tag{3.119}$$

Dabei ist u die Lösung der Aufgabe *(3.112)* und u_h die Lösung der Ersatzaufgabe *(3.114)*.

Beweis: Wegen $V_{0h} \subset V_0$ gilt (3.112) auch für alle $v_h \in V_{0h}$, d.h.

$$a(u, v_h) = \langle F, v_h\rangle \quad \text{für alle } v_h \in V_{0h}. \tag{3.120}$$

Subtrahieren wir die Gleichung (3.114), d.h. $a(u_h, v_h) = \langle F, v_h\rangle$, von der Gleichung (3.120), dann ergibt sich

$$a(u, v_h) - a(u_h, v_h) = 0 \quad \text{für alle } v_h \in V_{0h}$$

und aufgrund der Bilinearität von $a(.,.)$ schließlich die sogenannte *Galerkin-Orthogonalität*

$$a(u - u_h, v_h) = 0 \quad \text{für alle } v_h \in V_{0h}. \tag{3.121}$$

Für $v_h = u - u_h - (u - w_h) = w_h - u_h \in V_{0h}$ mit einer beliebigen Funktion $w_h \in V_{gh}$ gilt wegen der Beziehung (3.121)

$$a(u - u_h, u - u_h - (u - w_h)) = 0 \quad \text{für alle } w_h \in V_{gh}.$$

Da $a(.,.)$ eine Bilinearform ist folgt daraus $a(u - u_h, u - u_h) - a(u - u_h, u - w_h) = 0$ und somit

$$a(u - u_h, u - u_h) = a(u - u_h, u - w_h) \quad \text{für alle } w_h \in V_{gh}. \tag{3.122}$$

Unter Nutzung der V_0-Elliptizität und V_0-Beschränktheit der Bilinearform kann die linke Seite in (3.122) nach unten und die rechte Seite nach oben abgeschätzt werden. Wir erhalten

$$\mu_1 \|u - u_h\|_1^2 \leq a(u - u_h, u - u_h) = a(u - u_h, u - w_h) \leq \mu_2 \|u - u_h\|_1 \|u - w_h\|_1 \quad \text{für alle } w_h \in V_{gh}.$$

Division dieser Ungleichung durch $\|u - u_h\|_1$ und μ_1 liefert

$$\|u - u_h\|_1 \leq \frac{\mu_2}{\mu_1} \|u - w_h\|_1 \quad \text{für alle } w_h \in V_{gh}.$$

Da w_h eine beliebige Funktion aus V_{gh} ist, erhalten wir schließlich

$$\|u - u_h\|_1 \leq \frac{\mu_2}{\mu_1} \inf_{w_h \in V_{gh}} \|u - w_h\|_1 .$$

Damit ist der Satz von Céa bewiesen.   □

Bemerkung 3.13
Die rechte Seite in (3.119) kann wie folgt interpretiert werden. Der Ausdruck $\|u - w_h\|_1$ ist ein Maß dafür, wie gut die Funktion u durch die Funktion $w_h \in V_{gh}$ angenähert (approximiert) wird; $\inf_{w_h \in V_{gh}} \|u - w_h\|_1$ ist also ein Maß für die bestmögliche Approximation von u durch eine Funktion $w_h \in V_{gh}$.

Abschätzung durch den Interpolationsfehler

Wir schätzen den Approximationsfehler $\inf_{w_h \in V_{gh}} \|u - w_h\|_1$ nach oben ab, indem für w_h der stückweise lineare Interpolant

$$\text{Int}_h(u) = \sum_{j=0}^{n} u(x_j) \, p_j(x) \in V_{gh} \tag{3.123}$$

der unbekannten Lösung $u \in H^1(a,b) \subset C[a,b]$ gewählt wird (siehe Abbildung 3.31).

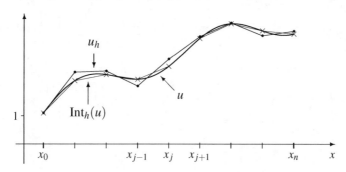

Abbildung 3.31: Exakte Lösung u, Interpolant $\text{Int}_h(u)$ und FE-Lösung u_h

Damit folgt aus (3.119)

$$\|u - u_h\|_1 \leq \frac{\mu_2}{\mu_1} \inf_{w_h \in V_{gh}} \|u - w_h\|_1 \leq \frac{\mu_2}{\mu_1} \|u - \text{Int}_h(u)\|_1 . \tag{3.124}$$

Im Weiteren setzen wir voraus, dass bei der FE-Diskretisierung stückweise lineare Ansatzfunktionen auf einem äquidistanten Gitter mit der Schrittweite $h = x_i - x_{i-1}$, $i = 1, 2, \ldots, n$, verwendet werden und dass $u'' \in L_2(T^{(i)})$ für alle finiten Elemente $T^{(i)} = (x_{i-1}, x_i)$ gilt.

Lemma 3.1 (Interpolationsfehlerabschätzung)

Die FE-Ansatzfunktionen p_i seien stückweise linear, d.h. Polynome ersten Grades über den finiten Elementen $T^{(i)}$, $i = 1, 2, \ldots, n$. Für die exakte Lösung u der Aufgabe *(3.112)* gelte $u'' \in L_2(T^{(i)})$ für alle $i = 1, 2, \ldots, n$. Dann gilt die Interpolationsfehlerabschätzung

$$\|u - Int_h(u)\|_1 \leq \sqrt{1 + c_F^2} \, h \sqrt{\sum_{i=1}^{n} \|u''\|_{0,2,(x_{i-1}, x_i)}^2} \tag{3.125}$$

und falls $u \in H^2(a, b)$

$$\|u - Int_h(u)\|_1 \leq \sqrt{1 + c_F^2} \, h \|u''\|_0. \tag{3.126}$$

Beweis: Wegen $z_h(a) = u(a) - (Int_h(u))(a) = 0$ ist der Fehler $z_h = u - Int_h(u)$ ein Element des Raumes V_0. Mit der Friedrichsschen Ungleichung (3.9) erhalten wir

$$
\begin{aligned}
\|u - Int_h(u)\|_1^2 &= \int_a^b [u - Int_h(u)]^2 \, dx + \int_a^b [(u - Int_h(u))']^2 \, dx \\
&\leq c_F^2 \int_a^b [(u - Int_h(u))']^2 \, dx + \int_a^b [(u - Int_h(u))']^2 \, dx \\
&= (c_F^2 + 1) \int_a^b [(u - Int_h(u))']^2 \, dx.
\end{aligned}
\tag{3.127}
$$

Folglich muss nur noch der Interpolationsfehler

$$|z_h|_1^2 = \int_a^b (z_h'(x))^2 \, dx = \int_a^b [(u - Int_h(u))']^2 \, dx = \sum_{i=1}^{n} \int_{x_{i-1}}^{x_i} (z_h'(x))^2 \, dx$$

abgeschätzt werden. Aufgrund der Definition (3.123) des Interpolanten $Int_h(u)$ gilt

$$z_h(x_i) = u(x_i) - (Int_h(u))(x_i) = 0$$

für alle $i = 0, 1, \ldots, n$. Damit erhalten wir

$$0 = z_h(x_i) - z_h(x_{i-1}) = \int_{x_{i-1}}^{x_i} z_h'(\xi) \, d\xi$$

womit sich

$$\int_{x_{i-1}}^{x_i} (z_h'(x))^2 \, dx = \int_{x_{i-1}}^{x_i} \left\{ z_h'(x) - \frac{1}{h} \underbrace{\int_{x_{i-1}}^{x_i} z_h'(\xi) \, d\xi}_{z_h(x_i) - z_h(x_{i-1}) = 0} \right\}^2 dx \tag{3.128}$$

ergibt. Weiterhin gilt

$$\frac{1}{h} \int\limits_{x_{i-1}}^{x_i} z'_h(x)\,d\xi = \frac{z'_h(x)}{h} \int\limits_{x_{i-1}}^{x_i} 1\,d\xi = \frac{z'_h(x)}{h} \left[\xi\right]\Big|_{x_{i-1}}^{x_i} = \frac{z'_h(x)}{h}\left[x_i - x_{i-1}\right] = \frac{z'_h(x)}{h}\,h = z'_h(x).$$

Mittels dieser Beziehungen ergibt sich aus (3.128)

$$\int\limits_{x_{i-1}}^{x_i} (z'_h(x))^2\,dx = \int\limits_{x_{i-1}}^{x_i} \left\{ z'_h(x) - \frac{1}{h} \int\limits_{x_{i-1}}^{x_i} z'_h(\xi)\,d\xi \right\}^2 dx$$

$$= \int\limits_{x_{i-1}}^{x_i} \left\{ \frac{1}{h} \int\limits_{x_{i-1}}^{x_i} z'_h(x)\,d\xi - \frac{1}{h} \int\limits_{x_{i-1}}^{x_i} z'_h(\xi)\,d\xi \right\}^2 dx$$

und daraus

$$\int\limits_{x_{i-1}}^{x_i} (z'_h(x))^2\,dx = \int\limits_{x_{i-1}}^{x_i} \left\{ \frac{1}{h} \int\limits_{x_{i-1}}^{x_i} [z'_h(x) - z'_h(\xi)]\,d\xi \right\}^2 dx$$

$$= \int\limits_{x_{i-1}}^{x_i} \left\{ \frac{1}{h^2} \left[\int\limits_{x_{i-1}}^{x_i} [z'_h(x) - z'_h(\xi)]\,d\xi \right]^2 \right\} dx.$$

Wegen $z'_h(x) - z'_h(\xi) = \int\limits_{\xi}^{x} z''_h(\eta)\,d\eta$ folgt

$$\int\limits_{x_{i-1}}^{x_i} (z'_h(x))^2\,dx = \int\limits_{x_{i-1}}^{x_i} \left\{ \frac{1}{h^2} \left[\int\limits_{x_{i-1}}^{x_i} \left(\int\limits_{\xi}^{x} z''_h(\eta)\,d\eta \right) d\xi \right]^2 \right\} dx$$

$$= \int\limits_{x_{i-1}}^{x_i} \left\{ \frac{1}{h^2} \left[\int\limits_{x_{i-1}}^{x_i} \left(1 \cdot \int\limits_{\xi}^{x} z''_h(\eta)\,d\eta \right) d\xi \right]^2 \right\} dx.$$

Die Anwendung der Cauchy-Schwarzschen Ungleichung bei der Integration bezüglich ξ liefert

$$\int\limits_{x_{i-1}}^{x_i} (z'_h(x))^2\,dx \leq \int\limits_{x_{i-1}}^{x_i} \left\{ \frac{1}{h^2} \left[\int\limits_{x_{i-1}}^{x_i} 1^2\,d\xi \int\limits_{x_{i-1}}^{x_i} \left(\int\limits_{\xi}^{x} z''_h(\eta)\,d\eta \right)^2 d\xi \right] \right\} dx$$

$$= \int\limits_{x_{i-1}}^{x_i} \left\{ \frac{1}{h^2} \left[(x_i - x_{i-1}) \int\limits_{x_{i-1}}^{x_i} \left(\int\limits_{\xi}^{x} z''_h(\eta)\,d\eta \right)^2 d\xi \right] \right\} dx$$

und mit $h = x_i - x_{i-1}$

$$
\int\limits_{x_{i-1}}^{x_i} (z_h'(x))^2\, dx \;\le\; \int\limits_{x_{i-1}}^{x_i} \left\{ \frac{1}{h^2} \left[h \int\limits_{x_{i-1}}^{x_i} \left(\int\limits_{\xi}^{x} z_h''(\eta)\, d\eta \right)^2 d\xi \right] \right\} dx
$$

$$
= \int\limits_{x_{i-1}}^{x_i} \left\{ \frac{1}{h} \left[\int\limits_{x_{i-1}}^{x_i} \left(\int\limits_{\xi}^{x} 1 \cdot z_h''(\eta)\, d\eta \right)^2 d\xi \right] \right\} dx.
$$

Die erneute Anwendung der Cauchy-Schwarzschen Ungleichung, jetzt bei der Integration bezüglich η, ergibt

$$
\int\limits_{x_{i-1}}^{x_i} (z_h'(x))^2\, dx \;\le\; \int\limits_{x_{i-1}}^{x_i} \left\{ \frac{1}{h} \left[\int\limits_{x_{i-1}}^{x_i} \left(\int\limits_{\xi}^{x} 1^2\, d\eta \int\limits_{\xi}^{x} (z_h''(\eta))^2\, d\eta \right) d\xi \right] \right\} dx
$$

$$
= \int\limits_{x_{i-1}}^{x_i} \left\{ \frac{1}{h} \left[\int\limits_{x_{i-1}}^{x_i} \left((x-\xi) \int\limits_{\xi}^{x} (z_h''(\eta))^2\, d\eta \right) d\xi \right] \right\} dx.
$$

Wegen $x - \xi \le |x - \xi|$ und $|x - \xi| \le |x_i - x_{i-1}| = h$, da $x \in [x_{i-1}, x_i]$ und $\xi \in [x_{i-1}, x_i]$, d.h.

$$
\frac{|x - \xi|}{h} \le 1,
$$

sowie $\int_{\xi}^{x} (z_h''(\eta))^2\, d\eta \ge 0$ können wir wie folgt weiter nach oben abschätzen

$$
\int\limits_{x_{i-1}}^{x_i} (z_h'(x))^2\, dx \;\le\; \int\limits_{x_{i-1}}^{x_i} \left\{ \frac{1}{h} \left[\int\limits_{x_{i-1}}^{x_i} \left(|x-\xi| \int\limits_{x_{i-1}}^{x_i} (z_h''(\eta))^2\, d\eta \right) d\xi \right] \right\} dx
$$

$$
= \int\limits_{x_{i-1}}^{x_i} \left\{ \int\limits_{x_{i-1}}^{x_i} \left(\underbrace{\frac{|x-\xi|}{h}}_{\le 1} \int\limits_{x_{i-1}}^{x_i} (z_h''(\eta))^2\, d\eta \right) d\xi \right\} dx
$$

$$
\le\; \int\limits_{x_{i-1}}^{x_i} \left\{ \int\limits_{x_{i-1}}^{x_i} \left(\int\limits_{x_{i-1}}^{x_i} (z_h''(\eta))^2\, d\eta \right) d\xi \right\} dx
$$

Da das Integral $\int_{x_{i-1}}^{x_i} (z_h''(\eta))^2\, d\eta$ weder von ξ noch von x abhängt, können wir es als Faktor vor die Integrale mit der Integration bezüglich ξ und x schreiben. Dann folgt

$$
\int_{x_{i-1}}^{x_i} (z_h'(x))^2 \, dx \;=\; \int_{x_{i-1}}^{x_i} (z_h''(\eta))^2 \, d\eta \cdot \int_{x_{i-1}}^{x_i} \left\{ \int_{x_{i-1}}^{x_i} 1 \, d\xi \right\} dx
$$

$$
=\; \int_{x_{i-1}}^{x_i} (z_h''(\eta))^2 \, d\eta \cdot \int_{x_{i-1}}^{x_i} (x_i - x_{i-1}) \, dx \;=\; \int_{x_{i-1}}^{x_i} (z_h''(\eta))^2 \, d\eta \cdot h \int_{x_{i-1}}^{x_i} 1 \, dx
$$

$$
=\; \int_{x_{i-1}}^{x_i} (z_h''(\eta))^2 \, d\eta \cdot h(x_i - x_{i-1}) \;=\; h^2 \int_{x_{i-1}}^{x_i} (z_h''(\eta))^2 \, d\eta \,.
$$

Damit haben wir die Abschätzung

$$
|z_h|_1^2 \;=\; \int_a^b [(u - \mathrm{Int}_h(u))']^2 \, dx \;=\; \sum_{i=1}^n \int_{x_{i-1}}^{x_i} (z_h'(x))^2 \, dx \;\le\; h^2 \sum_{i=1}^n \int_{x_{i-1}}^{x_i} (z_h''(\eta))^2 \, d\eta \tag{3.129}
$$

bewiesen. Da laut Voraussetzung der Interpolant von u stückweise linear ist, gilt

$$
(\mathrm{Int}_h(u))'' = 0 \,.
$$

Somit erhalten wir

$$
\int_{x_{i-1}}^{x_i} (z_h''(\eta))^2 \, d\eta = \int_{x_{i-1}}^{x_i} [(u - \mathrm{Int}_h(u))'']^2 \, d\eta = \int_{x_{i-1}}^{x_i} [u'' - (\mathrm{Int}_h(u))'']^2 \, d\eta = \int_{x_{i-1}}^{x_i} (u'')^2 \, d\eta
$$

und schließlich aus (3.129) die Abschätzung

$$
\int_a^b [(u - \mathrm{Int}_h(u))']^2 \, dx \;\le\; h^2 \sum_{i=1}^n \int_{x_{i-1}}^{x_i} (u''(\eta))^2 \, d\eta = h^2 \sum_{i=1}^n \|u''\|_{0,2,(x_{i-1},x_i)}^2 \,. \tag{3.130}
$$

Zusammen mit der Beziehung (3.127) ergibt sich daraus die Interpolationsfehlerabschätzung (3.125) des Lemmas 3.1. Mittels dieser Interpolationsfehlerabschätzung und der Abschätzung (3.124) folgt sofort der folgende Konvergenzsatz.

Satz 3.3 (H^1-Konvergenzsatz)

Die Bilinearform $a(.,.)$ sei V_0-elliptisch und V_0-beschränkt, die FE-Ansatzfunktionen seien stückweise linear und die exakte Lösung $u \in V_g$ der Aufgabe *(3.112)* besitze zweite verallgemeinerte Ableitungen u'' mit $u'' \in L_2(x_{i-1}, x_i)$ für alle $i = 1, 2, \ldots, n$. Dann gilt die Diskretisierungsfehlerabschätzung

$$
\|u - u_h\|_1 \;\le\; \frac{\mu_2}{\mu_1} \sqrt{1 + c_{\mathrm{F}}^2} \, h \sqrt{\sum_{i=1}^n \|u''\|_{0,2,(x_{i-1},x_i)}^2} \,. \tag{3.131}
$$

Ist $u \in V_g \cap H^2(a,b)$, so gilt

$$
\|u - u_h\|_1 \;\le\; \frac{\mu_2}{\mu_1} \sqrt{1 + c_{\mathrm{F}}^2} \, h \, \|u''\|_0 \,. \tag{3.132}
$$

Aus dem Satz 3.3 folgt, dass sich bei Halbierung der Schrittweite h, d.h. bei Verdopplung der

Anzahl der Teilintervalle, der Fehler in der H^1-Norm halbiert. Dies demonstrieren wir anhand zweier Beispiele im Abschnitt 3.9, siehe Tabelle 3.14, S. 179, und Tabelle 3.18, S. 190.

Bemerkung 3.14

Unter den Voraussetzungen des Satzes 3.3 kann die L_2-Interpolationsfehlerabschätzung

$$\|u - \text{Int}_h(u)\|_0 = \sqrt{\int_a^b [u - \text{Int}_h(u)]^2 \, dx} \leq \frac{1}{\sqrt[4]{3}} h^2 \sqrt{\sum_{i=1}^n \|u''\|_{0.2.(x_{i-1},x_i)}^2}$$

bzw. falls $u \in H^2(a,b)$

$$\|u - \text{Int}_h(u)\|_0 \leq \frac{1}{\sqrt[4]{3}} h^2 \|u''\|_0$$

bewiesen werden. Zusammen mit (3.130) erhält man

$$\|u - \text{Int}_h(u)\|_1^2 = \|u - \text{Int}_h(u)\|_0^2 + \|(u - \text{Int}_h(u))'\|_0^2$$

$$= \int_a^b [u - \text{Int}_h(u)]^2 \, dx + \int_a^b [(u - \text{Int}_h(u))']^2 \, dx$$

$$\leq \left(\frac{1}{\sqrt[4]{3}} h^2 \sqrt{\sum_{i=1}^n \|u''\|_{0.2.(x_{i-1},x_i)}^2} \right)^2 + h^2 \sum_{i=1}^n \|u''\|_{0.2.(x_{i-1},x_i)}^2$$

$$= \left(\frac{h^2}{\sqrt{3}} + 1 \right) h^2 \sum_{i=1}^n \|u''\|_{0.2.(x_{i-1},x_i)}^2.$$

Mit dieser Abschätzung folgt aus (3.124), dass die Konstante $\sqrt{c_F^2 + 1}$ in den H^1-Diskretisierungsfehlerabschätzungen (3.131) bzw. (3.132) durch den Ausdruck $\sqrt{h^2/\sqrt{3} + 1}$ ersetzt werden kann. Dieser konvergiert gegen die Konstante 1, wenn sich h an 0 annähert.

Werden bei der FE-Diskretisierung stetige, stückweise polynomiale Ansatzfunktionen m-ten Grades verwendet (siehe Abschnitt 3.5), dann kann die folgende Konvergenzaussage bewiesen werden (siehe z.B. [Cia78, GR05]).

Satz 3.4 (H^1-Konvergenzsatz)

Die Bilinearform $a(.,.)$ sei V_0-elliptisch und V_0-beschränkt, die FE-Ansatzfunktionen seien stetige, stückweise polynomiale Funktionen m-ten Grades. Die exakte Lösung $u \in V_g$ der Aufgabe *(3.112)* besitze verallgemeinerte Ableitungen bis zur Ordnung $m + 1$ mit $u^{(m+1)} \in L_2(x_{i-1}, x_i)$ für alle $i = 1, 2, \ldots, n$. Dann gilt die Diskretisierungsfehlerabschätzung

$$\|u - u_h\|_1 \leq \frac{\mu_2}{\mu_1} a_{1,m+1} h^m \sqrt{\sum_{i=1}^n \|u^{(m+1)}\|_{0,2,(x_{i-1},x_i)}^2}. \tag{3.133}$$

Ist $u \in V_g \cap H^{m+1}(a,b)$, so gilt

$$\|u - u_h\|_1 \leq \frac{\mu_2}{\mu_1} a_{1,m+1} h^m \|u^{(m+1)}\|_0. \tag{3.134}$$

Dabei ist $a_{1,m+1}$ eine von h unabhängige Konstante.

Besitzt die exakte Lösung u der Aufgabe (3.112) nur quadratisch integrierbare verallgemeinerte

Ableitungen $u^{(k)}$ bis zur Ordnung $k < m + 1$, dann erhält man in der Fehlerabschätzung (3.133) bzw. (3.134) nur h^β, $k - 1 \leq \beta < k$, anstelle von h^m (siehe Beispiel 3.7). Außerdem muss $u^{(m+1)}$ durch $u^{(k)}$ in den Fehlerabschätzungen ersetzt werden.

Aus dem Satz 3.4 folgt zum Beispiel, dass sich bei einer Diskretisierung eines Randwertproblems mit stückweise quadratischen Ansatzfunktionen der Diskretisierungsfehler viertelt, wenn die Schrittweite h halbiert wird (siehe auch Tabelle 3.17, S. 190). Dies gilt allerdings nur, wenn die Lösung des Randwertproblems quadratisch integrierbare verallgemeinerte Ableitungen bis zur Ordnung 3 zumindest elementweise besitzt.

Eine Erhöhung des Polynomgrades der Ansatzfunktionen führt nur dann zu einer Erhöhung der Konvergenzordnung in h, wenn für die Lösung u verallgemeinerte Ableitungen entsprechend hoher Ordnung existieren.

Beispiel 3.7
Wir betrachten das Randwertproblem:

Gesucht ist die Funktion $u(x)$, für welche

$$
\begin{aligned}
-u''(x) &= -\alpha(\alpha - 1)x^{\alpha-2} \quad \text{für alle } x \in (0,1), \\
u(0) &= 0, \\
u(1) &= 1
\end{aligned}
$$

gilt. Die Lösung dieser Aufgabe ist die Funktion

$$u(x) = x^\alpha. \tag{3.135}$$

Die dritte Ableitung dieser Funktion lautet

$$u'''(x) = \alpha(\alpha - 1)(\alpha - 2)x^{\alpha-3}.$$

Für $\alpha = \dfrac{13}{4}$ erhalten wir $u'''(x) = \dfrac{585}{64}x^{1/4}$ und für $\alpha = \dfrac{9}{4}$ ergibt sich $u'''(x) = \dfrac{45}{64}x^{-3/4}$. Aus dem Beispiel 3.1(iii) wissen wir, dass die Funktion x^α zum Raum $L_2(0,1)$ gehört, wenn $\alpha > -\dfrac{1}{2}$ gilt. Folglich besitzt unsere Lösung für $\alpha = \dfrac{13}{4}$ eine dritte Ableitung, welche Element des Raumes $L_2(0,1)$ ist, für $\alpha = \dfrac{9}{4}$ ist die dritte Ableitung nicht quadratisch integrierbar und somit gilt dann $u \notin H^3(0,1)$. Entsprechend der Aussage des Satzes 3.4 und der Eigenschaft $u^{13/4} \in H^3(0,1)$ bzw. $u^{9/4} \notin H^3(0,1)$ erwarten wir, dass sich bei einer Diskretisierung mit stückweise quadratischen Ansatzfunktionen im Fall $\alpha = \dfrac{13}{4}$ der Diskretisierungsfehler in der H^1-Norm viertelt, wenn die Schrittweite halbiert wird, und dass der Fehler im Fall $\alpha = \dfrac{9}{4}$ langsamer fällt. In der Tabelle 3.10 sind die Diskretisierungsfehler in der H^1- und L_2-Norm angegeben. Außerdem enthält die Tabelle jeweils den Quotienten der Fehler aus den Diskretisierungen mit der Schrittweite h und $\dfrac{h}{2}$. Entsprechend der Aussage des Konvergenzsatzes muss im Fall $\alpha = \dfrac{13}{4}$ der Quotient $\|e_h\|_1 / \|e_{h/2}\|_1$ gleich 4 und für $\alpha = \dfrac{9}{4}$ kleiner als 4 sein. Dies wird in der Tabelle 3.10 auch deutlich.

Bemerkung 3.15
Unter gewissen Voraussetzungen an die Glattheit der Lösung u der Aufgabe (3.112) können auch Diskretisierungsfehlerabschätzungen in anderen Normen bewiesen werden. Mittels des *Nitsche-Tricks* kann zum Beispiel beim Einsatz von stetigen, stückweise polynomialen FE-Ansatzfunktionen mit Polynomgrad m die L_2-Fehlerabschätzung

$$\|u - u_h\|_0 \leq c_1 h^{m+1} \tag{3.136}$$

Tabelle 3.10: Diskretisierungsfehler in verschiedenen Normen, Diskretisierung mit stückweise quadratischen Ansatzfunktionen

h	$\alpha = \dfrac{13}{4}$, $u(x) = x^\alpha \in H^3(0,1)$				$\alpha = \dfrac{9}{4}$, $u(x) = x^\alpha \notin H^3(0,1)$			
	$\|e_h\|_1$	$\dfrac{\|e_h\|_1}{\|e_{h/2}\|_1}$	$\|e_h\|_0$	$\dfrac{\|e_h\|_0}{\|e_{h/2}\|_0}$	$\|e_h\|_1$	$\dfrac{\|e_h\|_1}{\|e_{h/2}\|_1}$	$\|e_h\|_0$	$\dfrac{\|e_h\|_0}{\|e_{h/2}\|_0}$
2^{-1}	$0.7018 \cdot 10^{-1}$	4.02	$0.5397 \cdot 10^{-2}$	8.03	$0.1641 \cdot 10^{-1}$	3.22	$0.1238 \cdot 10^{-2}$	6.43
2^{-2}	$0.1744 \cdot 10^{-1}$	4.01	$0.6721 \cdot 10^{-3}$	8.01	$0.5090 \cdot 10^{-2}$	3.27	$0.1927 \cdot 10^{-3}$	6.53
2^{-3}	$0.4353 \cdot 10^{-2}$	4.00	$0.8390 \cdot 10^{-4}$	8.00	$0.1557 \cdot 10^{-2}$	3.30	$0.2953 \cdot 10^{-4}$	6.59
2^{-4}	$0.1087 \cdot 10^{-2}$	4.00	$0.1048 \cdot 10^{-4}$	8.00	$0.4723 \cdot 10^{-3}$	3.32	$0.4480 \cdot 10^{-5}$	6.63
2^{-5}	$0.2718 \cdot 10^{-3}$	4.00	$0.1310 \cdot 10^{-5}$	8.00	$0.1423 \cdot 10^{-3}$	3.33	$0.6754 \cdot 10^{-6}$	6.66
2^{-6}	$0.6794 \cdot 10^{-4}$	4.00	$0.1637 \cdot 10^{-6}$	8.00	$0.4271 \cdot 10^{-4}$	3.34	$0.1014 \cdot 10^{-6}$	6.68
2^{-7}	$0.1699 \cdot 10^{-4}$	4.00	$0.2047 \cdot 10^{-7}$	8.00	$0.1278 \cdot 10^{-4}$	3.35	$0.1517 \cdot 10^{-7}$	6.69
2^{-8}	$0.4246 \cdot 10^{-5}$		$0.2558 \cdot 10^{-8}$		$0.3817 \cdot 10^{-5}$		$0.2266 \cdot 10^{-8}$	

gezeigt werden. Dabei hängt c_1 von der Funktion u, aber nicht von der Diskretisierungsschrittweite h ab (siehe z.B. [Cia78, GR05]). Im Beispiel 3.7 werden zur Diskretisierung stückweise quadratische Ansatzfunktionen ($m = 2$) eingesetzt und es gilt im Fall $\alpha = 13/4$ für die Lösung $u \in H^3$ (siehe auch (3.135)). Folglich erwarten wir entsprechend der Diskretisierungsfehlerabschätzung (3.136), dass sich der Fehler wie $h^{2+1} = h^3$ verhält, d.h. dass sich der Fehler in der L_2-Norm achtelt, wenn die Schrittweite halbiert wird. Dieses Verhalten können wir tatsächlich beobachten (siehe Tabelle 3.10). Das entsprechend der obigen L_2-Diskretisierungsfehlerabschätzung zu erwartende Fehlerverhalten werden wir auch in den Beispielen im Abschnitt 3.9 erhalten (siehe Tabelle 3.14, S. 179, und Tabelle 3.18, S. 190).

Wegen der vorausgesetzten V_0-Elliptizität der Bilinearform erhält man mit $|||u - u_h||| \leq \sqrt{\mu_2} \|u - u_h\|_1$ und dem H^1-Konvergenzsatz 3.3 sofort auch eine Diskretisierungsfehlerabschätzung in der Energienorm $|||\cdot|||$.

In der C-Norm gilt

$$\|u - u_h\|_C \leq c_2 h^{m+0.5}$$

und in den Intervallendpunkten x_i

$$\max_{i=0,1,\dots,n} |u(x_i) - u_h(x_i)| \leq \bar{c}_2 h^{2m}. \tag{3.137}$$

Bemerkung 3.16

Wir betrachten das folgende Randwertproblem:

Gesucht ist $u \in V_g$, so dass

$$a(u,v) = \langle F, v \rangle \quad \text{für alle } v \in V_0 \tag{3.138}$$

mit

$$a(u,v) = \int_a^b u'(x)v'(x)\,dx, \quad \langle F,v \rangle = \int_a^b f(x)v(x)\,dx + g_b v(b),$$

$$V_g = \{u \in H^1(a,b) : u(a) = g_a\} \quad \text{und} \quad V_0 = \{v \in H^1(a,b) : v(a) = 0\} \tag{3.139}$$

gilt.

Falls der FE-Raum V_{0h} die stückweise linearen Funktionen enthält, dann ist bei diesem Randwertproblem der Fehler $e_h(x) = u(x) - u_h(x)$ in den Intervallenden der Elemente $[x_{i-1}, x_i]$, $i = 1, 2, \dots, n$, gleich Null. Dies bedeutet, dass wir in den Anfangs- und Endpunkten der finiten Elemente $[x_{i-1}, x_i]$ den exakten

Wert der Lösung u des Randwertproblems (3.138) – (3.139) erhalten (siehe auch das zweite Beispiel im Abschnitt 3.9, S. 189). Dies wollen wir kurz begründen. Den Ausgangspunkt unserer Überlegungen bildet die Variationsformulierung (3.138) mit der Bilinearform aus (3.139). Die zugehörige diskrete Ersatzaufgabe ist unter Verwendung der Bilinearform und der rechten Seite (3.139) analog zur Aufgabe (3.114) gegeben. Die Basisfunktionen p_i aus den Funktionenmengen V_{gh} und V_{0h} seien stetige Funktionen, die über den finiten Elementen $[x_{i-1}, x_i]$ Polynome m-ten Grades sind. Aufgrund der Galerkin-Orthogonalität

$$a(u - u_h, v_h) = 0 \quad \text{für alle } v_h \in V_{0h}$$

(siehe auch (3.121)) gilt mit der Bilinearform aus (3.139)

$$\int_a^b (u(x) - u_h(x))' v_h'(x)\, dx = 0$$

oder in äquivalenter Schreibweise

$$\sum_{i=1}^n \int_{x_{i-1}}^{x_i} u'(x) v_h'(x)\, dx = \sum_{i=1}^n \int_{x_{i-1}}^{x_i} u_h'(x) v_h'(x)\, dx. \tag{3.140}$$

Wir wählen als Testfunktion $v_h \in V_{0h}$ nacheinander Funktionen $v_h^{(i)}$, $i = 1, 2, \ldots, n$, welche die folgenden Eigenschaften besitzen:

(i) Die Funktion $v_h^{(i)}$ ist linear im Intervall $[x_{i-1}, x_i]$, d.h. $(v_h^{(i)})'$ ist konstant in $[x_{i-1}, x_i]$,

(ii) $v_h^{(i)}(x_{i-1}) = 0$, $v_h^{(i)}(x_i) = v_i$,

(iii) $v_h^{(i)}(x) = 0$ für alle $x \in [x_0, x_{i-1})$, d.h. $(v_h^{(i)})'(x) = 0$ für alle $x \in [x_0, x_{i-1})$ und

(iv) $v_h^{(i)}(x) = v_i$ für alle $x \in (x_i, x_n]$, d.h. $(v_h^{(i)})'(x) = 0$ für alle $x \in (x_i, x_n]$.

Für eine derartige Funktion folgt aus (3.140)

$$\int_{x_{i-1}}^{x_i} u'(x)(v_h^{(i)})'(x)\, dx = \int_{x_{i-1}}^{x_i} u_h'(x)(v_h^{(i)})'(x)\, dx.$$

Da $(v_h^{(i)})'(x) = \text{konst.}$ in $[x_{i-1}, x_i]$ gilt, ist dies äquivalent zu

$$\int_{x_{i-1}}^{x_i} u'(x)\, dx = \int_{x_{i-1}}^{x_i} u_h'(x)\, dx,$$

d.h.

$$u(x_i) - u(x_{i-1}) = u_h(x_i) - u_h(x_{i-1}). \tag{3.141}$$

Für $i = 1$ erhalten wir wegen der vorgegebenen Randbedingung $u(x_0) = u_h(x_0) = g_a$

$$u(x_1) - u(x_0) = u_h(x_1) - u_h(x_0) \iff u(x_1) - g_a = u_h(x_1) - g_a, \text{ d.h. } u(x_1) = u_h(x_1).$$

Für $i > 1$ folgt

$$u(x_i) = u_h(x_i)$$

aus (3.141) aufgrund der vorher gezeigten Beziehung $u(x_{i-1}) = u_h(x_{i-1})$.

Aus der soeben bewiesenen Eigenschaft folgt, dass bei Verwendung stückweise linearer Ansatzfunktionen der Interpolant $\text{Int}_h(u)$ (siehe (3.123)) mit der FE-Lösung u_h zusammenfällt, wenn wir das Randwertproblem (3.138) mit der Bilinearform (3.139) lösen. Diese Eigenschaft gilt zum Beispiel aber nicht, wenn in der Bilinearform auch der Term $cu(x)v(x)$ auftritt.

Bei FE-Diskretisierungen mit Ansatzfunktionen höheren Grades sind im Allgemeinen die exakte Lösung des Randwertproblems und die FE-Näherungslösung in den Knoten innerhalb der finiten Elemente verschieden (siehe auch das zweite Beispiel im Abschnitt 3.9).

3.9 Beispiele

In diesem Abschnitt demonstrieren wir an konkreten Beispielen alle Teilschritte, die bei einer FE-Diskretisierung durchzuführen sind.

Als erstes Beispiel betrachten wir die stationäre Wärmeleitung in einem Stab mit einem kreisförmigen Querschnitt (Radius $r = \frac{1}{375}$ m). und der Länge $\ell = 0.5$ m . Am linken Rand des Stabes ist eine Temperatur $g_a = 273.15$ K und am rechten Rand eine Temperatur $g_b = 323.15$ K vorgegeben. Über den Mantel des Stabes erfolgt ein Wärmeaustausch mit der Umgebung. Die Umgebungstemperatur ist $u_A = 293.15$ K. Die Wärmeleitzahl und der Wärmeaustauschkoeffizient sind für einen Stab aus Kupfer $\lambda = 375$ W/mK und $q = 5$ W/m^{2}K. Für $\bar{q}$ aus (2.1), S. 35, ergibt sich mit $r = \frac{1}{375}$ m der Wert $\bar{q} = \frac{2\pi r}{\pi r^2} q = \frac{2}{r} q = 2 \cdot 375$ m$^{-1} \cdot 5$ W/m^{2}K $= 3750$ W/m^{3}K. Im Inneren des Stabes befinden sich keine Wärmequellen oder -senken.

Dieses physikalische Problem wird durch die folgende Randwertaufgabe beschrieben (siehe Randwertproblem (2.4), S. 37):

Gesucht ist $u \in C^2(0,0.5) \cap C[0,0.5]$, so dass

$$
\begin{aligned}
-(375\,u'(x))' + 3750\,u(x) &= 0 + 3750 \cdot 293.15 \quad \text{für alle } x \in (0,0.5)\,,\\
u(0) &= 273.15\,,\\
u(0.5) &= 323.15
\end{aligned}
\tag{3.142}
$$

gilt.

Zur Vereinfachung der weiteren Berechnungen führen wir die Substitution

$$
u(x) = w(x) + u_A = w(x) + 293.15
\tag{3.143}
$$

durch. Wir wir im Folgenden sehen werden, erhalten wir damit als rechte Seite der Differentialgleichung die Funktion, welche identisch Null ist. Somit müssen die Elementlastvektoren beim Aufbau des FE-Gleichungssystems nicht berechnet werden, denn wir wissen sofort, dass diese gleich dem Nullvektor sind. Man muss die obige Substitution nicht unbedingt durchführen. Um Rechenaufwand zu reduzieren und damit kürzere Rechenzeiten bei Simulationsrechnungen zu erhalten, sollte man jedoch generell mögliche Vereinfachungen nutzen.

Setzen wir die Beziehung (3.143) in die Differentialgleichung in (3.142) ein, dann ergibt sich

$$-(375(w(x)+293.15)')' + 3750(w(x)+293.15) = 3750 \cdot 293.15$$
$$\Leftrightarrow \quad -375w''(x) + 3750w(x) + 3750 \cdot 293.15 = 3750 \cdot 293.15$$
$$\Leftrightarrow \quad -375w''(x) + 3750w(x) = 0$$
$$\Leftrightarrow \quad -w''(x) + 10w(x) = 0.$$

Beachten wir noch, dass aus

$$u(0) = w(0) + 293.15 = 273.15 \quad \text{und} \quad u(0.5) = w(0.5) + 293.15 = 323.15$$

die Bedingungen

$$w(0) = -20 \quad \text{und} \quad w(0.5) = 30$$

folgen, so erhalten wir das zum Randwertproblem (3.142) äquivalente Randwertproblem:
Gesucht ist $w \in C^2(0,0.5) \cap C[0,0.5]$, so dass

$$-w''(x) + 10w(x) \;=\; 0 \qquad \text{für alle } x \in (0,0.5), \tag{3.144}$$

$$w(0) \;=\; -20, \tag{3.145}$$

$$w(0.5) \;=\; 30 \tag{3.146}$$

gilt.

Wir lösen im Folgenden das Randwertproblem (3.144) – (3.146) mittels der Methode der finiten Elemente. Zuerst stellen wir die Variationsformulierung des Randwertproblems auf (siehe Abschnitt 3.2). Da sowohl am linken als auch am rechten Rand des Intervalls $[0,0.5]$ Randbedingungen 1. Art vorgegeben sind, nutzen wir Testfunktionen v, die in den beiden Randpunkten gleich Null ist. Außerdem benötigen wir bei der Herleitung der Variationsformulierung die Eigenschaft, dass die Testfunktionen eine erste verallgemeinerte Ableitung besitzen. Als Menge der Testfunktionen wählen wir deshalb den Funktionenraum

$$V_0 = \{v \in H^1(0,0.5) : v(0) = v(0.5) = 0\}.$$

Wir multiplizieren die Differentialgleichung (3.144) mit einer beliebigen Funktion $v \in V_0$ und integrieren anschließend über das Intervall $[0,0.5]$. Dies ergibt

$$\int_0^{0.5} \left[-w''(x) + 10w(x) \right] v(x)\,dx = \int_0^{0.5} 0\,v(x)\,dx$$

Nach Anwendung der Formel der partiellen Integration erhalten wir

$$(-w'(0.5)v(0.5)) - (-w'(0)v(0)) - \int_0^{0.5} \left[-w'(x)v'(x) \right] dx + \int_0^{0.5} 10w(x)v(x)\,dx = 0.$$

Beachten wir noch die Bedingungen $v(0) = v(0.5) = 0$, so folgt

$$-\int_0^{0.5} \left[-w'(x)v'(x)\right]dx + \int_0^{0.5} 10w(x)v(x)\,dx = \int_0^{0.5} \left[w'(x)v'(x) + 10w(x)v(x)\right]dx = 0.$$

Somit lautet die Variationsformulierung des Randwertproblems (3.144) – (3.146):

Gesucht ist $w \in V_g = \{w \in H^1(0,0.5) : w(0) = -20 \text{ und } w(0.5) = 30\}$, so dass

$$\int_0^{0.5} \left[w'(x)v'(x) + 10w(x)v(x)\right]dx = 0 \qquad\qquad (3.147)$$

für alle $v \in V_0 = \{v \in H^1(0,0.5) : v(0) = v(0.5) = 0\}$ gilt.

Diese Variationsformulierung ist der Ausgangspunkt der FE-Diskretisierung. Um die Demonstration des FE-Algorithmus so einfach wie möglich zu halten, nutzen wir eine sehr grobe Diskretisierung. Wir zerlegen das Intervall $(0,0.5)$ in vier Teilintervalle. Da der Fall einer nicht äquidistanten Unterteilung erläutert werden soll, wählen wir die folgende Zerlegung:

$$[0,0.5] = \bigcup_{i=1}^{4} \overline{T}^{(i)} = \bigcup_{i=1}^{4} [x_{i-1}, x_i] = [0,0.1] \cup [0.1,0.25] \cup [0.25,0.4] \cup [0.4,0.5] \qquad (3.148)$$

(siehe Abbildung 3.32).

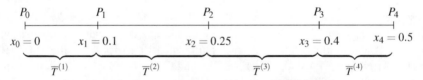

Abbildung 3.32: Diskretisierung des Intervalls $[0,0.5]$

Wie in der Abbildung 3.32 dargestellt, nummerieren wir die Knoten global fortlaufend von links nach rechts. In jedem finiten Element $\overline{T}^{(i)} = [x_{i-1}, x_i]$ nutzen wir die folgende lokale Knotennummerierung. Der Knoten P_{i-1} im linken Randpunkt erhält die lokale Nummer 1 und der Knoten im rechten Randpunkt P_i die lokale Nummer 2. Der Zusammenhang zwischen der lokalen und der globalen Knotennummerierung wird in einer Elementzusammenhangstabelle gespeichert (siehe Tabelle 3.11).

Tabelle 3.11: Zuordnungstabelle zwischen globaler und lokaler Knotennummerierung

Elementnummer	globale Knotennummer des Knotens mit der lokalen Knotennummer	
	1	2
1	0	1
2	1	2
3	2	3
4	3	4

Bei der Definition der Funktionenmengen

$$V_{gh} = \left\{ w_h(x) : w_h(x) = \sum_{j=1}^{3} u_j p_j(x) - 20 p_0(x) + 30 p_4(x) \right\} \tag{3.149}$$

und

$$V_{0h} = \left\{ v_h(x) : v_h(x) = \sum_{i=1}^{3} v_i p_i(x) \right\}, \tag{3.150}$$

welche wir in der diskreten Ersatzaufgabe des Variationsproblems (3.147) benötigen, nutzen wir in diesem Beispiel stückweise lineare Ansatzfunktionen.

Zur Definition der Ansatzfunktionen p_j, $j = 0, 1, \ldots, 4$, wenden wir die im Abschnitt 3.5 beschriebene Vorgehensweise an. Die Vorschrift zur Abbildung des finiten Elements $\overline{T}^{(i)}$ auf das Referenzintervall $\overline{\overline{T}} = [0, 1]$

$$\xi = \xi_{T^{(i)}}(x) = \frac{x - x_{i-1}}{x_i - x_{i-1}}$$

(siehe (3.59)) lautet für die vier finiten Elemente aus (3.148)

$$\xi = \xi_{T^{(1)}}(x) = \frac{x - x_0}{x_1 - x_0} = \frac{x - 0}{0.1 - 0} = 10x,$$

$$\xi = \xi_{T^{(2)}}(x) = \frac{x - x_1}{x_2 - x_1} = \frac{x - 0.1}{0.25 - 0.1} = \frac{20}{3}x - \frac{2}{3},$$

$$\xi = \xi_{T^{(3)}}(x) = \frac{x - x_2}{x_3 - x_2} = \frac{x - 0.25}{0.4 - 0.25} = \frac{20}{3}x - \frac{5}{3},$$

$$\xi = \xi_{T^{(4)}}(x) = \frac{x - x_3}{x_4 - x_3} = \frac{x - 0.4}{0.5 - 0.4} = 10x - 4.$$

Die linearen Formfunktionen über dem Referenzintervall sind die beiden Funktionen

$$\varphi_1(\xi) = 1 - \xi \quad \text{und} \quad \varphi_2(\xi) = \xi$$

(siehe (3.63)).

Da der Knoten P_0 nur zum Element $\overline{T}^{(1)}$ gehört und in diesem Element die lokale Nummer $\beta = 1$ hat, erhalten wir gemäß der Definition (3.67) der Ansatzfunktionen

$$p_0(x) = \begin{cases} \varphi_1(\xi_{T^{(1)}}(x)) = 1 - \xi_{T^{(1)}}(x) = 1 - 10x & \text{für } x \in \overline{T}^{(1)} = [0, 0.1] \\ 0 & \text{für } x \notin [0, 0.1]. \end{cases}$$

Die Knoten P_i, $i = 1, 2, 3$, gehören jeweils zu den beiden finiten Elementen $\overline{T}^{(i)}$ und $\overline{T}^{(i+1)}$. In diesen Elementen haben sie die lokale Knotennummer 2 bzw. 1. Deshalb erhalten wir gemäß der

Definition (3.67) der Ansatzfunktionen

$$p_1(x) = \begin{cases} \varphi_2(\xi_{T^{(1)}}(x)) = \xi_{T^{(1)}}(x) = 10x & \text{für } x \in \overline{T}^{(1)} = [0,0.1] \\[2ex] \varphi_1(\xi_{T^{(2)}}(x)) = 1 - \xi_{T^{(2)}}(x) \\[1ex] \qquad = 1 - \left(\dfrac{20}{3}x - \dfrac{2}{3}\right) = \dfrac{5}{3} - \dfrac{20}{3}x & \text{für } x \in \overline{T}^{(2)} = [0.1,0.25] \\[2ex] 0 & \text{für } x \notin \overline{T}^{(1)} \cup \overline{T}^{(2)} = [0,0.25], \end{cases}$$

$$p_2(x) = \begin{cases} \varphi_2(\xi_{T^{(2)}}(x)) = \xi_{T^{(2)}}(x) = \dfrac{20}{3}x - \dfrac{2}{3} & \text{für } x \in \overline{T}^{(2)} = [0.1,0.25] \\[2ex] \varphi_1(\xi_{T^{(3)}}(x)) = 1 - \xi_{T^{(3)}}(x) \\[1ex] \qquad = 1 - \left(\dfrac{20}{3}x - \dfrac{5}{3}\right) = \dfrac{8}{3} - \dfrac{20}{3}x & \text{für } x \in \overline{T}^{(3)} = [0.25,0.4] \\[2ex] 0 & \text{für } x \notin \overline{T}^{(2)} \cup \overline{T}^{(3)} = [0.1,0.4], \end{cases}$$

$$p_3(x) = \begin{cases} \varphi_2(\xi_{T^{(3)}}(x)) = \xi_{T^{(3)}}(x) = \dfrac{20}{3}x - \dfrac{5}{3} & \text{für } x \in \overline{T}^{(3)} = [0.25,0.4] \\[2ex] \varphi_1(\xi_{T^{(4)}}(x)) = 1 - \xi_{T^{(4)}}(x) \\[1ex] \qquad = 1 - (10x - 4) = 5 - 10x & \text{für } x \in \overline{T}^{(4)} = [0.4,0.5] \\[2ex] 0 & \text{für } x \notin \overline{T}^{(3)} \cup \overline{T}^{(4)} = [0.25,0.5]. \end{cases}$$

Der Knoten P_4 liegt nur im finiten Element $\overline{T}^{(4)}$ und hat in diesem die lokale Knotennummer 2. Deshalb erhalten wir gemäß der Beziehung (3.67) die Ansatzfunktion

$$p_4(x) = \begin{cases} \varphi_2(\xi_{T^{(4)}}(x)) = \xi_{T^{(4)}}(x) = 10x - 4 & \text{für } x \in \overline{T}^{(4)} = [0.4,0.5] \\[2ex] 0 & \text{für } x \notin \overline{T}^{(4)} = [0.4,0.5]. \end{cases}$$

Die Ansatzfunktionen $p_1,\dots,p_4$ sind in der Abbildung 3.33 dargestellt.

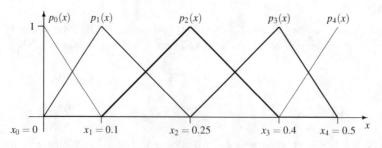

Abbildung 3.33: Ansatzfunktionen p_j, $j = 0,1,\dots,4$

Diese Ansatzfunktionen nutzen wir beispielsweise zur grafischen Darstellung der ermittelten Näherungslösung. Wie wir im Abschnitt 3.5 beschrieben haben, werden die Ansatzfunktionen über den finiten Elementen $\overline{T}^{(i)}$ bei der Berechnung der Steifigkeitsmatrix und des Lastvektors nicht benötigt, da die auftretenden Integrale auf Integrale über dem Referenzintervall zurückgeführt werden.

Eine diskrete Ersatzaufgabe für die Aufgabe (3.147) erhalten wir, wenn die Funktionenmengen V_g und V_0 in der Variationsformulierung (3.147) durch die Funktionenmengen V_{gh} und V_{0h} aus (3.149) und (3.150) ersetzt werden (siehe auch Abschnitt 3.3). Es ist somit die folgende Ersatzaufgabe zu lösen:

Gesucht ist $w_h(x) \in V_{gh}$, so dass

$$\int_0^{0.5} \left[w_h'(x) v_h'(x) + 10 w_h(x) v_h(x) \right] dx = 0 \quad \text{für alle } v_h \in V_{0h} \tag{3.151}$$

gilt mit V_{gh} und V_{0h} aus (3.149) und (3.150).

Wie wir in den Abschnitten 3.3 und 3.4 beschrieben haben, ist die Bestimmung der Näherungslösung w_h der Aufgabe (3.151) äquivalent zur Lösung des FE-Gleichungssystems

$$K_h \underline{w}_h = \underline{f}_h .$$

Die Steifigkeitsmatrix K_h ist analog zur Beziehung (3.23), S. 87, definiert. Da wir aber jetzt keine Randbedingungen 3. Art vorgegeben haben, entfällt der Term $\alpha_b \delta_{ij} \delta_{nj}$. Es gilt

$$K_h = [K_{ij}]_{i,j=1}^3 = \left[\int_0^{0.5} \left[p_j'(x) p_i'(x) + 10 p_j(x) p_i(x) \right] dx \right]_{i,j=1}^3 .$$

Da die rechte Seite f identisch Null ist und keine Randbedingungen 3. Art am rechten Rand vorgegeben sind, entfallen in (3.24) die beiden Terme

$$\int_a^b f(x) p_i(x) \, dx \quad \text{und} \quad \alpha_b u_b \delta_{in} .$$

Dafür muss aber die Randbedingung 1. Art am rechten Rand berücksichtigt werden. Dies erfolgt genauso wie die Berücksichtigung der Randbedingungen 1. Art am linken Rand. Damit ergibt sich für den Lastvektor

$$\underline{f}_h = [f_i]_{i=1}^3$$

$$= \left[20 \int_0^{0.5} \left[p_0'(x) p_i'(x) + 10 p_0(x) p_i(x) \right] dx - 30 \int_0^{0.5} \left[p_4'(x) p_i'(x) + 10 p_4(x) p_i(x) \right] dx \right]_{i=1}^3 .$$

Analog zu der im Abschnitt 3.4 beschriebenen Herangehensweise berechnen wir die Einträge der Steifigkeitsmatrix und des Lastvektors elementweise. Bei der Berechnung der jeweiligen

Integrale führen wir eine Transformation auf das Referenzintervall durch. Die Elementsteifigkeitsmatrizen und Elementlastvektoren sind dann durch

$$K^{(i)} = [K_{\alpha\beta}^{(i)}]_{\alpha,\beta=1}^2 = \left[\int_0^1 \left[\frac{1}{(x_i-x_{i-1})^2} \frac{d\varphi_\beta(\xi)}{d\xi} \frac{d\varphi_\alpha(\xi)}{d\xi} + 10\varphi_\beta(\xi)\varphi_\alpha(\xi) \right] (x_i-x_{i-1}) d\xi \right]_{\alpha,\beta=1}^2$$

und

$$\underline{f}^{(i)} = [f_\alpha^{(i)}]_{\alpha=1}^{m+1} = \left[\int_0^1 f(x_{T^{(i)}}(\xi))\varphi_\alpha(\xi)(x_i-x_{i-1}) d\xi \right]_{\alpha=1}^2 .$$

definiert (siehe auch Abschnitt 3.5, S. 126, wobei hier $c=10$ und $m=1$ gilt). Dabei sind $\varphi_\alpha(\xi)$
und $\varphi_\beta(\xi)$ die linearen Formfunktionen über dem Referenzintervall $\overline{\widehat{T}} = [0,1]$.

Zur Vereinfachung der weiteren Berechnungen stellen wir die Elementsteifigkeitsmatrizen $K^{(i)}$
als Summe

$$K^{(i)} = K_1^{(i)} + K_2^{(i)} = \begin{pmatrix} K_{1,11}^{(i)} & K_{1,12}^{(i)} \\ K_{1,21}^{(i)} & K_{1,22}^{(i)} \end{pmatrix} + \begin{pmatrix} K_{2,11}^{(i)} & K_{2,12}^{(i)} \\ K_{2,21}^{(i)} & K_{2,22}^{(i)} \end{pmatrix}$$

mit

$$K_{1,\alpha\beta}^{(i)} = \int_0^1 \left[\frac{1}{(x_i-x_{i-1})^2} \frac{d\varphi_\beta(\xi)}{d\xi} \frac{d\varphi_\alpha(\xi)}{d\xi} (x_i-x_{i-1}) \right] d\xi = \frac{1}{x_i-x_{i-1}} \int_0^1 \frac{d\varphi_\beta(\xi)}{d\xi} \frac{d\varphi_\alpha(\xi)}{d\xi} d\xi$$

und

$$K_{2,\alpha\beta}^{(i)} = 10(x_i-x_{i-1}) \int_0^1 \varphi_\beta(\xi)\varphi_\alpha(\xi) d\xi ,$$

$\alpha,\beta = 1,2$, dar. Folglich haben die beiden Matrizen $K_1^{(i)}$ und $K_2^{(i)}$ die Gestalt

$$K_1^{(i)} = \frac{1}{x_i-x_{i-1}} \begin{pmatrix} \int_0^1 \frac{d\varphi_1(\xi)}{d\xi} \frac{d\varphi_1(\xi)}{d\xi} d\xi & \int_0^1 \frac{d\varphi_2(\xi)}{d\xi} \frac{d\varphi_1(\xi)}{d\xi} d\xi \\ \int_0^1 \frac{d\varphi_1(\xi)}{d\xi} \frac{d\varphi_2(\xi)}{d\xi} d\xi & \int_0^1 \frac{d\varphi_2(\xi)}{d\xi} \frac{d\varphi_2(\xi)}{d\xi} d\xi \end{pmatrix}, \tag{3.152}$$

$$K_2^{(i)} = 10(x_i-x_{i-1}) \begin{pmatrix} \int_0^1 \varphi_1(\xi)\varphi_1(\xi) d\xi & \int_0^1 \varphi_2(\xi)\varphi_1(\xi) d\xi \\ \int_0^1 \varphi_1(\xi)\varphi_2(\xi) d\xi & \int_0^1 \varphi_2(\xi)\varphi_2(\xi) d\xi \end{pmatrix}. \tag{3.153}$$

Mit den beiden Formfunktionen $\varphi_1(\xi) = 1 - \xi$, $\varphi_2(\xi) = \xi$ und deren ersten Ableitungen

$$\frac{d\varphi_1(\xi)}{d\xi} = -1, \quad \frac{d\varphi_2(\xi)}{d\xi} = 1$$

ergibt sich aus (3.152) und (3.153)

$$K_1^{(i)} = \frac{1}{x_i - x_{i-1}} \begin{pmatrix} \int_0^1 (-1) \cdot (-1)\, d\xi & \int_0^1 1 \cdot (-1)\, d\xi \\ \int_0^1 (-1) \cdot 1\, d\xi & \int_0^1 1 \cdot 1\, d\xi \end{pmatrix} = \frac{1}{x_i - x_{i-1}} \begin{pmatrix} 1 & -1 \\ -1 & 1 \end{pmatrix}$$

$$K_2^{(i)} = 10(x_i - x_{i-1}) \begin{pmatrix} \int_0^1 (1-\xi)^2\, d\xi & \int_0^1 \xi(1-\xi)\, d\xi \\ \int_0^1 (1-\xi)\xi\, d\xi & \int_0^1 \xi^2\, d\xi \end{pmatrix} = 10(x_i - x_{i-1}) \begin{pmatrix} \frac{1}{3} & \frac{1}{6} \\ \frac{1}{6} & \frac{1}{3} \end{pmatrix}.$$

Mit $x_0 = 0$, $x_1 = 0.1$, $x_2 = 0.25$, $x_3 = 0.4$, $x_5 = 0.5$ erhalten wir daraus die in der Tabelle 3.12 angegebenen Matrizen $K_1^{(i)}$ und $K_2^{(i)}$, $i = 1, 2, 3, 4$.

Tabelle 3.12: Elementsteifigkeitsmatrizen

$T^{(i)}$	$K_1^{(i)}$	$K_2^{(i)}$	$K^{(i)} = K_1^{(i)} + K_2^{(i)}$
$(0, 0.1)$	$\begin{pmatrix} 10 & -10 \\ -10 & 10 \end{pmatrix}$	$\begin{pmatrix} \frac{1}{3} & \frac{1}{6} \\ \frac{1}{6} & \frac{1}{3} \end{pmatrix}$	$\begin{pmatrix} \frac{31}{3} & -\frac{59}{6} \\ -\frac{59}{6} & \frac{31}{3} \end{pmatrix}$
$(0.1, 0.25)$	$\begin{pmatrix} \frac{20}{3} & -\frac{20}{3} \\ -\frac{20}{3} & \frac{20}{3} \end{pmatrix}$	$\begin{pmatrix} \frac{1}{2} & \frac{1}{4} \\ \frac{1}{4} & \frac{1}{2} \end{pmatrix}$	$\begin{pmatrix} \frac{43}{6} & -\frac{77}{12} \\ -\frac{77}{12} & \frac{43}{6} \end{pmatrix}$
$(0.25, 0.4)$	$\begin{pmatrix} \frac{20}{3} & -\frac{20}{3} \\ -\frac{20}{3} & \frac{20}{3} \end{pmatrix}$	$\begin{pmatrix} \frac{1}{2} & \frac{1}{4} \\ \frac{1}{4} & \frac{1}{2} \end{pmatrix}$	$\begin{pmatrix} \frac{43}{6} & -\frac{77}{12} \\ -\frac{77}{12} & \frac{43}{6} \end{pmatrix}$
$(0.4, 0.5)$	$\begin{pmatrix} 10 & -10 \\ -10 & 10 \end{pmatrix}$	$\begin{pmatrix} \frac{1}{3} & \frac{1}{6} \\ \frac{1}{6} & \frac{1}{3} \end{pmatrix}$	$\begin{pmatrix} \frac{31}{3} & -\frac{59}{6} \\ -\frac{59}{6} & \frac{31}{3} \end{pmatrix}$

Die Assemblierung der Elementsteifigkeitsmatrizen $K^{(i)}$ zur globalen Matrix $\bar{K}_h$ haben wir im

Abschnitt 3.4 ausführlich beschrieben. Für den Assemblierungsalgorithmus wird die Elementzusammenhangstabelle 3.11, S. 168, benötigt.

Zuerst wird die globale Steifigkeitsmatrix $\bar{K}_h$ gleich Null gesetzt. Anschließend werden die Elementsteifigkeitsmatrizen $K^{(i)}$ eingebaut. Da der Knoten mit der lokalen Nummer 1 im ersten Element die globale Knotennummer 0 und der Knoten mit der lokalen Nummer 2 die globale Knotennummer 1 hat (siehe Tabelle 3.11), wird der Matrixeintrag $K^{(1)}_{11}$ zum Matrixelement $\bar{K}_{00}$, der Matrixeintrag $K^{(1)}_{12}$ zum Matrixelement $\bar{K}_{01}$, der Matrixeintrag $K^{(1)}_{21}$ zum Matrixelement $\bar{K}_{10}$ und der Matrixeintrag $K^{(1)}_{22}$ zum Matrixelement $\bar{K}_{11}$ der globalen Steifigkeitsmatrix addiert. Dies ergibt die Matrix

$$\bar{K}_h = \begin{pmatrix} \frac{31}{3} & -\frac{59}{6} & 0 & 0 & 0 \\ -\frac{59}{6} & \frac{31}{3} & 0 & 0 & 0 \\ 0 & 0 & 0 & 0 & 0 \\ 0 & 0 & 0 & 0 & 0 \\ 0 & 0 & 0 & 0 & 0 \end{pmatrix} \begin{matrix} 0 \\ 1 \\ 2 \\ 3 \\ 4 \end{matrix} \cdot$$

$$\begin{matrix} 0 & 1 & 2 & 3 & 4 \end{matrix} \quad \longleftarrow \text{ globale Knotennummern}$$

Auf analoge Weise werden die Elementsteifigkeitsmatrizen $K^{(i)}$, $i = 2, 3, 4$, zur Matrix $\bar{K}_h$ addiert. Als Ergebnis des Assemblierungsprozesses ergibt sich die globale Matrix

$$\bar{K}_h = \begin{pmatrix} \frac{31}{3} & -\frac{59}{6} & 0 & 0 & 0 \\ -\frac{59}{6} & \frac{31}{3} + \frac{43}{6} & -\frac{77}{12} & 0 & 0 \\ 0 & -\frac{77}{12} & \frac{43}{6} + \frac{43}{6} & -\frac{77}{12} & 0 \\ 0 & 0 & -\frac{77}{12} & \frac{43}{6} + \frac{31}{3} & -\frac{59}{6} \\ 0 & 0 & 0 & -\frac{59}{6} & \frac{31}{3} \end{pmatrix} \begin{matrix} 0 \\ 1 \\ 2 \\ 3 \\ 4 \end{matrix},$$

$$\begin{matrix} 0 & 1 & 2 & 3 & 4 \end{matrix} \quad \longleftarrow \text{ globale Knotennummern}$$

d.h.

$$\bar{K}_h = \begin{pmatrix} \frac{31}{3} & -\frac{59}{6} & 0 & 0 & 0 \\ -\frac{59}{6} & \frac{35}{2} & -\frac{77}{12} & 0 & 0 \\ 0 & -\frac{77}{12} & \frac{43}{3} & -\frac{77}{12} & 0 \\ 0 & 0 & -\frac{77}{12} & \frac{35}{2} & -\frac{59}{6} \\ 0 & 0 & 0 & -\frac{59}{6} & \frac{31}{3} \end{pmatrix} \cdot$$

Da die rechte Seite in der Differentialgleichung (3.144) gleich Null ist, sind alle Elementlastvektoren $\underline{f}^{(i)}$ gleich dem Nullvektor. Somit ist auch der globalen Vektor $\underline{\tilde{f}}_h$ gleich dem Nullvektor.

Es müssen noch die Randbedingungen 1. Art in der Steifigkeitsmatrix und im Lastvektor berücksichtigt werden. Wie im Abschnitt 3.4 erläutert wurde (siehe Bemerkung 3.5, S. 104), streichen wir zuerst aus der Matrix $\bar{K}_h$ und dem Vektor $\underline{\bar{f}}_h$ die Zeilen, deren Nummer gleich der globalen Knotennummer eines Knotens mit Randbedingungen 1. Art ist. Da in unserem Beispiel in den beiden Knoten P_0 und P_4 Randbedingungen 1. Art vorgegeben sind, müssen folglich die Zeilen mit der Nummer 0 und 4 gestrichen werden. Dies ergibt die Matrix $\widetilde{K}_h$ und den Vektor $\underline{\tilde{f}}_h$:

$$\widetilde{K}_h = \begin{pmatrix} -\frac{59}{6} & \frac{35}{2} & -\frac{77}{12} & 0 & 0 \\ 0 & -\frac{77}{12} & \frac{43}{3} & -\frac{77}{12} & 0 \\ 0 & 0 & -\frac{77}{12} & \frac{35}{2} & -\frac{59}{6} \end{pmatrix}, \quad \underline{\tilde{f}}_h = \begin{pmatrix} 0 \\ 0 \\ 0 \end{pmatrix}.$$

Dann generieren wir einen Vektor $\underline{w}_g$, in welchem in Komponenten, deren Nummer der Knotennummer eines Knotens mit Randbedingungen 1. Art entspricht, der vorgegebene Wert aus der Randbedingung 1. Art eingesetzt wird. Alle anderen Komponenten sind gleich Null. Folglich hat der Vektor $\underline{w}_g$ in unserem Beispiel die Gestalt

$$\underline{w}_g = \begin{pmatrix} -20 \\ 0 \\ 0 \\ 0 \\ 30 \end{pmatrix}.$$

Wir multiplizieren die Matrix $\widetilde{K}_h$ mit diesem Vektor und subtrahieren den dadurch erhaltenen Vektor vom Vektor $\underline{\tilde{f}}_h$. Dies ergibt den Lastvektor $\underline{f}_h$:

$$\underline{f}_h = \underline{\tilde{f}}_h - \widetilde{K}_h \underline{w}_g = \begin{pmatrix} 0 \\ 0 \\ 0 \end{pmatrix} - \begin{pmatrix} -\frac{59}{6} & \frac{35}{2} & -\frac{77}{12} & 0 & 0 \\ 0 & -\frac{77}{12} & \frac{43}{3} & -\frac{77}{12} & 0 \\ 0 & 0 & -\frac{77}{12} & \frac{35}{2} & -\frac{59}{6} \end{pmatrix} \begin{pmatrix} -20 \\ 0 \\ 0 \\ 0 \\ 30 \end{pmatrix} = \begin{pmatrix} -\frac{590}{3} \\ 0 \\ 295 \end{pmatrix}.$$

Nach Streichen der Spalten der Matrix $\widetilde{K}_h$, deren Nummer mit der globalen Knotennummer eines Knotens mit Randbedingungen 1. Art übereinstimmt, d.h. in unserem Beispiel der Spalten mit den Nummern 0 und 4, erhalten wir das FE-Gleichungssystem

$$\begin{pmatrix} \frac{35}{2} & -\frac{77}{12} & 0 \\ -\frac{77}{12} & \frac{43}{3} & -\frac{77}{12} \\ 0 & -\frac{77}{12} & \frac{35}{2} \end{pmatrix} \begin{pmatrix} w_1 \\ w_2 \\ w_3 \end{pmatrix} = \begin{pmatrix} -\frac{590}{3} \\ 0 \\ 295 \end{pmatrix}.$$

Zur Lösung dieses Gleichungssystems verwenden wir den im Abschnitt 3.7 beschriebenen Algorithmus zur Lösung tridiagonaler Gleichungssysteme. Mittels der Beziehungen (3.103), S. 146, und

$$\begin{pmatrix} c_1 & b_1 & 0 \\ a_2 & c_2 & b_2 \\ 0 & a_3 & c_3 \end{pmatrix} = \begin{pmatrix} \frac{35}{2} & -\frac{77}{12} & 0 \\ -\frac{77}{12} & \frac{43}{3} & -\frac{77}{12} \\ 0 & -\frac{77}{12} & \frac{35}{2} \end{pmatrix}, \quad \begin{pmatrix} f_1 \\ f_2 \\ f_3 \end{pmatrix} = \begin{pmatrix} -\frac{590}{3} \\ 0 \\ 295 \end{pmatrix}$$

erhalten wir

$$\bar{c}_1 = c_1 = \frac{35}{2}, \qquad\qquad \bar{f}_1 = f_1 = -\frac{590}{3},$$

$$\ell_2 = \frac{a_2}{\bar{c}_1} = \frac{-\frac{77}{12}}{\frac{35}{2}} = -\frac{11}{30}, \qquad \bar{c}_2 = c_2 - \ell_2 b_1 = \frac{43}{3} - \left(-\frac{11}{30}\right)\left(-\frac{77}{12}\right) = \frac{4313}{360},$$

$$\bar{f}_2 = f_2 - \ell_2 \bar{f}_1 = 0 - \left(-\frac{11}{30}\right)\left(-\frac{590}{3}\right) = -\frac{649}{9},$$

$$\ell_3 = \frac{a_3}{\bar{c}_2} = \frac{-\frac{77}{12}}{\frac{4313}{360}} = -\frac{2310}{4313}, \quad \bar{c}_3 = c_3 - \ell_3 b_2 = \frac{35}{2} - \left(-\frac{2310}{4313}\right)\left(-\frac{77}{12}\right) = \frac{60655}{4313},$$

$$\bar{f}_3 = f_3 - \ell_3 \bar{f}_2 = 295 - \left(-\frac{2310}{4313}\right)\left(-\frac{649}{9}\right) = \frac{3317275}{12939}.$$

Das Rückwärtseinsetzen liefert (siehe Beziehungen (3.105), S. 147)

$$w_3 = \frac{\bar{f}_3}{\bar{c}_3} = \frac{\frac{3317275}{12939}}{\frac{60655}{4313}} = \frac{663455}{36393} \approx 18.23,$$

$$w_2 = \frac{1}{\bar{c}_2}(\bar{f}_2 - b_2 w_3) = \frac{1}{\frac{4313}{360}}\left(-\frac{649}{9} - \left(-\frac{77}{12}\right)\frac{663455}{36393}\right) = \frac{6490}{1733} \approx 3.74, \qquad (3.154)$$

$$w_1 = \frac{1}{\bar{c}_1}(\bar{f}_1 - b_1 w_2) = \frac{1}{\frac{35}{2}}\left(-\frac{590}{3} - \left(-\frac{77}{12}\right)\frac{6490}{1733}\right) = -\frac{359015}{36393} \approx -9.86.$$

Die Lösung der diskreten Ersatzaufgabe (3.151) ist folglich

$$w_h(x) = \sum_{i=0}^{4} w_i p_i(x)$$

mit $w_0 = -20$, w_i, $i = 1, 2, 3$, aus (3.154) und $w_4 = 30$. Die Ansatzfunktionen p_i sind auf der Seite 170 bereitgestellt worden. Beachten wir noch die Substitution (3.143), dann erhalten wir als Näherung für die exakte Lösung (3.159) des Randwertproblems (3.142)

$$u_h(x) = w_h(x) + 293.15.$$

Bemerkung 3.17

Wir haben bei der Berechnung der Elementsteifigkeitsmatrizen und Elementlastvektoren sowie bei der Lösung des FE-Gleichungssystems gebrochen rationale Zahlen verwendet, um die Berechnungen ohne Rundungsfehler ausführen zu können. Solche Berechnungen können mit Hilfe von Computeralgebrasystemen wie zum Beispiel Maple [KBK01] oder Mathematica [GK08] bzw. mit Taschenrechnern mit Computeralgebrasystemen durchgeführt werden. ticaIn einem FE-Programm wird natürlich mit Gleitkommaarithmetik gerechnet. Die ermittelte Näherungslösung ist dann zusätzlich noch mit Rundungsfehlern behaftet.

Wir hätten das Randwertproblem (3.144) – (3.146) auch exakt lösen können. Die Differentialgleichung (3.144) ist eine lineare homogene Differentialgleichung zweiter Ordnung mit konstanten Koeffizienten. Eine derartige Differentialgleichung kann mit analytischen Mitteln gelöst werden, so dass die Anwendung der FE-Methode eigentlich nicht erforderlich ist. Wir haben aber dieses Beispiel für die Demonstration der durchzuführenden Schritte bei einer FE-Diskretisierung gewählt, weil wir auch den Diskretisierungsfehler $e_h = u - u_h$ genau angeben wollen. Dafür benötigen wir die exakte Lösung des Randwertproblems.

Wir ermitteln nun die exakte Lösung des Randwertproblems (3.144) – (3.146) (siehe z.B. [MV01b]). Zur Bestimmung einer allgemeinen Lösung der Differentialgleichung (3.144) stellen wir das zugehörige charakteristische Polynom

$$q(z) = -z^2 + 10$$

auf und ermitteln dessen Nullstellen. Diese sind

$$z_1 = -\sqrt{10} \quad \text{und} \quad z_2 = \sqrt{10}.$$

Die allgemeine Lösung der Differentialgleichung (3.144) hat somit die Gestalt

$$w(x) = c_1 \, e^{z_1 x} + c_2 \, e^{z_2 x} = c_1 \, e^{-\sqrt{10}x} + c_2 \, e^{\sqrt{10}x} \tag{3.155}$$

mit reellen Konstanten c_1 und c_2. Die unbekannten Konstanten c_1 und c_2 bestimmen wir unter Nutzung der Randbedingungen. Aus der Randbedingung (3.145) folgt für die allgemeine Lösung w aus (3.155)

$$w(0) = c_1 + c_2 = -20 \tag{3.156}$$

und aus der Randbedingung (3.146)

$$w(0.5) = c_1 \, e^{-0.5\sqrt{10}} + c_2 \, e^{0.5\sqrt{10}} = 30. \tag{3.157}$$

Die Beziehungen (3.156) und (3.157) bilden ein lineares Gleichungssystem zur Bestimmung der Konstanten c_1 und c_2. Die Lösungen dieses Gleichungssystems sind

$$c_1 = -\frac{20 + 30 e^{-0.5\sqrt{10}}}{1 - e^{-\sqrt{10}}} \quad \text{und} \quad c_2 = \frac{20 e^{-\sqrt{10}} + 30 e^{-0.5\sqrt{10}}}{1 - e^{-\sqrt{10}}}. \tag{3.158}$$

Wegen (3.143), (3.155) und (3.158) hat das Randwertproblem (3.142) die Lösung

$$
\begin{aligned}
u(x) \;=\;& w(x) + 293.15 \\[2mm]
=\;& -\frac{20 + 30 e^{-0.5\sqrt{10}}}{1 - e^{-\sqrt{10}}} \, e^{-\sqrt{10}x} + \frac{20 e^{-\sqrt{10}} + 30 e^{-0.5\sqrt{10}}}{1 - e^{-\sqrt{10}}} \, e^{\sqrt{10}x} + 293.15.
\end{aligned}
\tag{3.159}
$$

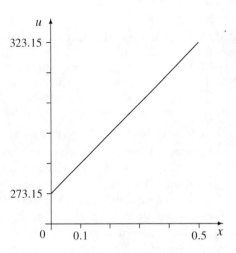

Abbildung 3.34: Exakte Lösung u

In der Abbildung 3.34 ist diese exakte Lösung dargestellt.

Da wir nun die exakte Lösung kennen, können wir den Diskretisierungsfehler der berechneten Näherungslösung ermitteln. In der Tabelle 3.13 ist der Fehler $|e_h(x_i)| = |u(x) - u_h(x)|$ in den Knoten $P_i(x_i)$, $i = 0, 1, \ldots, 4$ angegeben.

Tabelle 3.13: Diskretisierungsfehler $e_h(x_i)$, $i = 0, 1, \ldots, 4$

x_i	0.0	0.1	0.25	0.4	0.5
$e_h(x_i)$	0.0	$1.005644 \cdot 10^{-5}$	$1.693962 \cdot 10^{-2}$	$2.084147 \cdot 10^{-2}$	0.0

Wir wollen anhand dieses Beispiels außerdem noch die Abhängigkeit des Diskretisierungsfehlers von der Diskretisierungsschrittweite (Länge der Teilintervalla $[x_{i-1}, x_i]$) in verschiedenen Normen demonstrieren. Dazu betrachten wir äquidistante Zerlegungen des Intervalls $[0, 0.5]$, d.h.

$$[0, 0.5] = \bigcup_{i=1}^{n} [x_{i-1}, x_i], \quad x_0 = 0, \quad x_i = x_{i-1} + h, \quad i = 1, 2, \ldots, n, \quad h = \frac{0.5}{n}.$$

Die Diskretisierungsfehler in der H^1-Norm $\|e_h\|_1$, in der L_2-Norm $\|e_h\|_0$ und in der C-Norm $\|e_h\|_C$ mit

$$\|e_h\|_1 = \sqrt{\int_0^{0.5} \left[(u(x) - u_h(x))^2 + ((u(x) - u_h(x))')^2 \right] dx},$$

$$\|e_h\|_0 = \sqrt{\int_0^{0.5} (u(x) - u_h(x))^2 \, dx},$$

$$\|e_h\|_C \quad = \quad \max_{x \in [0,0.5]} |u(x) - u_h(x)|$$

sowie der Norm

$$\|e_h\|_{C,d} \quad = \quad \max_{i=0,1,\dots,n} |u(x_i) - u_h(x_i)| \tag{3.160}$$

sind in Tabelle 3.14 angegeben. Zusätzlich enthält die Tabelle zu jeder Norm noch eine Spalte in welcher der Quotient der Fehlernormen bezüglich der Diskretisierung mit den Schrittweiten h und $\frac{h}{2}$ angegeben ist. Da die exakte Lösung (3.159) im Intervall $[0,0.5]$ unendlich oft stetig differenzierbar ist, gilt $u \in H^2(0,0.5)$. Entsprechend der Aussage des Konvergenzsatzes 3.3, S. 161, erwarten wir dann, dass sich der Fehler in der H^1-Norm halbiert, wenn die Schrittweite h halbiert wird, d.h. dass der Quotient $\|e_h\|_1/\|e_{h/2}\|_1$ gleich 2 ist. Gemäß der Diskretisierungsfehlerabschätzung (3.136) bzw. (3.137) muss sich beim Einsatz stückweise linearer Ansatzfunktionen (d.h. $m = 1$) der Fehler in der L_2-Norm bzw. in der Norm aus (3.160) vierteln, wenn die Schrittweite h halbiert wird. Dieses Verhalten wird in der Tabelle 3.14 deutlich.

Tabelle 3.14: Diskretisierungsfehler in verschiedenen Normen

h	$\|e_h\|_1$	$\dfrac{\|e_h\|_1}{\|e_{h/2}\|_1}$	$\|e_h\|_0$	$\dfrac{\|e_h\|_0}{\|e_{h/2}\|_0}$	$\|e_h\|_C$	$\dfrac{\|e_h\|_C}{\|e_{h/2}\|_C}$	$\|e_h\|_{C,d}$	$\dfrac{\|e_h\|_{C,d}}{\|e_{h/2}\|_{C,d}}$
2^{-2}	$0.6588 \cdot 10^1$	1.83	$0.5012 \cdot 10^0$	3.66	$0.1236 \cdot 10^1$	2.88	$0.5499 \cdot 10^{-1}$	2.56
2^{-3}	$0.3598 \cdot 10^1$	1.96	$0.1368 \cdot 10^0$	3.92	$0.4297 \cdot 10^0$	3.42	$0.2145 \cdot 10^{-1}$	4.06
2^{-4}	$0.1836 \cdot 10^1$	1.99	$0.3490 \cdot 10^{-1}$	3.98	$0.1255 \cdot 10^0$	3.70	$0.5286 \cdot 10^{-2}$	4.01
2^{-5}	$0.9227 \cdot 10^0$	2.00	$0.8767 \cdot 10^{-2}$	4.00	$0.3389 \cdot 10^{-1}$	3.85	$0.1317 \cdot 10^{-2}$	4.00
2^{-6}	$0.4619 \cdot 10^0$	2.00	$0.2194 \cdot 10^{-2}$	4.00	$0.8807 \cdot 10^{-2}$	3.92	$0.3293 \cdot 10^{-3}$	3.99
2^{-7}	$0.2310 \cdot 10^0$	2.00	$0.5487 \cdot 10^{-3}$	4.00	$0.2245 \cdot 10^{-2}$	3.96	$0.8246 \cdot 10^{-4}$	4.00
2^{-8}	$0.1155 \cdot 10^0$	2.00	$0.1372 \cdot 10^{-3}$	4.00	$0.5666 \cdot 10^{-3}$	3.98	$0.2061 \cdot 10^{-4}$	4.00
2^{-9}	$0.5777 \cdot 10^{-1}$	2.00	$0.3430 \cdot 10^{-4}$	4.00	$0.1423 \cdot 10^{-3}$	3.99	$0.5153 \cdot 10^{-5}$	4.00
2^{-10}	$0.2888 \cdot 10^{-1}$	2.00	$0.8575 \cdot 10^{-5}$	4.00	$0.3567 \cdot 10^{-4}$	4.00	$0.1288 \cdot 10^{-5}$	4.00
2^{-11}	$0.1444 \cdot 10^{-1}$		$0.2144 \cdot 10^{-5}$		$0.8929 \cdot 10^{-5}$		$0.3218 \cdot 10^{-6}$	

Als zweites Beispiel betrachten wir das folgende Randwertproblem:

Gesucht ist die Funktion $u \in C^2(0,2) \cap C^1(0,2] \cap C[0,2]$, für die

$$-u''(x) \quad = \quad 6 - 6x + 12x^2 - 20x^3 \quad \text{für alle } x \in (0,2), \tag{3.161}$$

$$u(0) \quad = \quad 1, \tag{3.162}$$

$$-u'(2) \quad = \quad -50 \tag{3.163}$$

gilt.

Im Folgenden lösen wir dieses Randwertproblem näherungsweise mittels der Methode der finiten Elemente. Dazu benötigen wir die Variationsformulierung der Aufgabe (3.161) – (3.163). Diese erhalten wir wie folgt: Wir multiplizieren zuerst die Differentialgleichung (3.161) mit einer beliebigen Testfunktion $v \in V_0 = \{v \in H^1(0,2) : v(0) = 0\}$. Da am linken Rand, d.h. bei $x = 0$, eine Randbedingung 1. Art vorgegeben ist, muss die Testfunktion die Bedingung $v(0) = 0$ erfüllen.

Anschließend integrieren wir über das Intervall $[0,2]$. Dies ergibt

$$\int_0^2 [-u''(x)v(x)]\,dx = \int_0^2 (6 - 6x + 12x^2 - 20x^3)v(x)\,dx.$$

Die Anwendung der Formel der partiellen Integration liefert dann die Gleichung

$$(-u'(2)v(2)) - (-u'(0)v(0)) - \int_0^2 [-u'(x)v'(x)]\,dx = \int_0^2 (6 - 6x + 12x^2 - 20x^3)v(x)\,dx.$$

Beachten wir noch die Randbedingung 2. Art $-u'(2) = -50$ am rechten Rand und die Bedingung $v(0) = 0$, so erhalten wir die Variationsformulierung:

Gesucht ist $u \in V_g = \{u \in H^1(0,2) : u(0) = 1\}$, so dass

$$\int_0^2 u'(x)v'(x)\,dx = \int_0^2 (6 - 6x + 12x^2 - 20x^3)v(x)\,dx + 50v(2) \tag{3.164}$$

für alle $v \in V_0$ mit $V_0 = \{v \in H^1(0,2) : v(0) = 0\}$ erfüllt ist.

Bei der FE-Diskretisierung der Aufgabe (3.164) wollen wir die im Abschnitt 3.5 definierten stückweise quadratischen Ansatzfunktionen nutzen. Wir zerlegen das Intervall $[0,2]$ in drei gleich-große Teilintervalle (siehe Abbildung 3.35), d.h.

$$[0,2] = \bigcup_{i=1}^3 \overline{T}^{(i)} = \bigcup_{i=1}^3 [x_{i-1},x_i] = \left[0,\frac{2}{3}\right] \cup \left[\frac{2}{3},\frac{4}{3}\right] \cup \left[\frac{4}{3},2\right]. \tag{3.165}$$

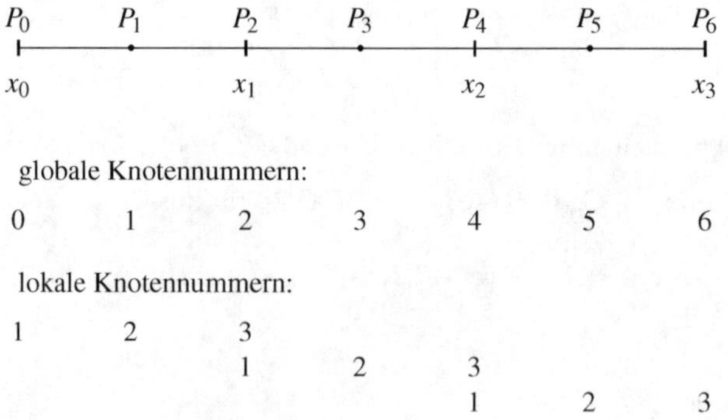

Abbildung 3.35: Zerlegung des Intervalls $[0,2]$ und die Zuordnung zwischen globaler und lokaler Knotennummerierung

Der zu dieser Zerlegung gehörende Zusammenhang zwischen der lokalen und der globalen Knotennummerierung wird in Form einer Elementzusammenhangstabelle (siehe Tabelle 3.15) gespeichert.

Tabelle 3.15: Zuordnungstabelle zwischen lokaler und globaler Knotennummerierung

Elementnummer	globale Knotennummer des Knotens mit der lokalen Knotennummer		
	1	2	3
1	0	1	2
2	2	3	4
3	4	5	6

Die stückweise quadratischen Ansatzfunktionen p_j, $j = 0, 1, \ldots, 6$, definieren wir, indem wir die auf dem Referenzintervall $\widehat{T} = (0, 1)$ definierten Formfunktionen (siehe Abschnitt 3.5) auf das jeweilige Element transformieren. Dazu verwenden wir die Transformationsvorschrift

$$\xi_{T^{(i)}}(x) = \frac{x - x_{i-1}}{x_i - x_{i-1}} = \frac{3}{2}(x - x_{i-1})$$

und die quadratischen Formfunktionen über dem Referenzintervall (siehe (3.65))

$$\varphi_1(\xi) = 2\xi^2 - 3\xi + 1, \; \varphi_2(\xi) = -4\xi^2 + 4\xi, \; \varphi_3(\xi) = 2\xi^2 - \xi.$$

Unter Nutzung der in der Abbildung 3.35 und in der Elementzusammenhangstabelle 3.15 angegebenen Zuordnung zwischen der globalen und lokalen Knotennummerierung erhalten wir gemäß der Definition (3.67) die Ansatzfunktionen (siehe auch Beispiel 3.4, S. 122)

$$p_0(x) = \begin{cases} \varphi_1(\xi_{T^{(1)}}(x)) = \frac{9}{2}x^2 - \frac{9}{2}x + 1 & \text{für} \quad 0 \leq x \leq \frac{2}{3} \\ 0 & \text{für} \quad \frac{2}{3} < x \leq 2 \end{cases},$$

$$p_1(x) = \begin{cases} \varphi_2(\xi_{T^{(1)}}(x)) = -9x^2 + 6x & \text{für} \quad 0 \leq x \leq \frac{2}{3} \\ 0 & \text{für} \quad \frac{2}{3} < x \leq 2 \end{cases},$$

$$p_2(x) = \begin{cases} \varphi_3(\xi_{T^{(1)}}(x)) = \frac{9}{2}x^2 - \frac{3}{2}x & \text{für} \quad 0 \leq x \leq \frac{2}{3} \\ \varphi_1(\xi_{T^{(2)}}(x)) = \frac{9}{2}x^2 - \frac{21}{2}x + 6 & \text{für} \quad \frac{2}{3} < x \leq \frac{4}{3} \\ 0 & \text{für} \quad \frac{4}{3} < x \leq 2 \end{cases},$$

$$p_3(x) = \begin{cases} 0 & \text{für} \quad 0 \leq x \leq \frac{2}{3} \\ \varphi_2(\xi_{T^{(2)}}(x)) = -9x^2 + 18x - 8 & \text{für} \quad \frac{2}{3} < x \leq \frac{4}{3} \\ 0 & \text{für} \quad \frac{4}{3} < x \leq 2 \end{cases},$$

$$
p_4(x) = \begin{cases} 0 & \text{für} \quad 0 \le x \le \frac{2}{3} \\ \varphi_3(\xi_{T^{(2)}}(x)) = \frac{9}{2}x^2 - \frac{15}{2}x + 3 & \text{für} \quad \frac{2}{3} < x \le \frac{4}{3} \\ \varphi_1(\xi_{T^{(3)}}(x)) = \frac{9}{2}x^2 - \frac{33}{2}x + 15 & \text{für} \quad \frac{4}{3} < x \le 2 \end{cases},
$$

$$
p_5(x) = \begin{cases} 0 & \text{für} \quad 0 \le x \le \frac{4}{3} \\ \varphi_2(\xi_{T^{(3)}}(x)) = -9x^2 + 30x - 24 & \text{für} \quad \frac{4}{3} < x \le 2 \end{cases},
$$

$$
p_6(x) = \begin{cases} 0 & \text{für} \quad 0 \le x \le \frac{4}{3} \\ \varphi_3(\xi_{T^{(3)}}(x)) = \frac{9}{2}x^2 - \frac{27}{2}x + 10 & \text{für} \quad \frac{4}{3} < x \le 2 \end{cases}.
$$

Mittels dieser Ansatzfunktionen p_j definieren wir die Funktionenmengen V_{gh} und V_{0h}, die für die Formulierung der diskreten Ersatzaufgabe des Variationsproblems (3.164) benötigt werden. Die Ersatzaufgabe lautet:

Gesucht ist $u_h \in V_{gh} = \left\{ u_h : u_h(x) = \sum_{j=1}^{6} u_j p_j(x) + p_0(x) \right\}$, so dass

$$
\int_0^2 u_h'(x) v_h'(x)\, dx = \int_0^2 (6 - 6x + 12x^2 - 20x^3) v_h(x)\, dx + 50 v_h(2) \tag{3.166}
$$

für alle $v_h \in V_{0h} = \left\{ v_h : v_h(x) = \sum_{i=1}^{6} v_i p_i(x) \right\}$ gilt.

Wie wir allgemein im Abschnitt 3.5 erläutert haben und im Folgenden nochmals anhand des jetzt betrachteten Beispiels demonstrieren, ist die Kenntnis der konkreten Gestalt der Ansatzfunktionen p_j für die Berechnung der Elementsteifigkeitsmatrizen und Elementlastvektoren gar nicht erforderlich. Man benötigt sie aber beispielsweise zur grafischen Darstellung der FE-Näherungslösung (siehe Abbildung 3.36).

Analog zum vorangegangenen Beispiel und zu der in den Abschnitten 3.4 und 3.5 beschriebenen Vorgehensweise stellen wir das FE-Gleichungssystem auf. Dazu müssen die Elementsteifigkeitsmatrizen

$$
K^{(i)} = [K_{\alpha\beta}^{(i)}]_{\alpha,\beta=1}^{3} = \left[\int_{x_{i-1}}^{x_i} p_{2i-3+\beta}'(x) p_{2i-3+\alpha}'(x)\, dx \right]_{\alpha,\beta=1}^{3}
$$

und die Elementlastvektoren

$$
\underline{f}^{(i)} = [f_\alpha^{(i)}]_{\alpha=1}^{3} = \left[\int_{x_{i-1}}^{x_i} (6 - 6x + 12x^2 - 20x^3) p_{2i-3+\alpha}(x)\, dx \right]_{\alpha=1}^{3}
$$

berechnet werden (siehe auch (3.68), S. 124 und (3.69), S. 124 für den Fall $m = 2$). Wie wir im Abschnitt 3.5 ausführlich erläutert haben, werden bei der Berechnung der Einträge der Elementsteifigkeitsmatrizen und Elementlastvektoren die Integrale über den Intervallen $[x_{i-1}, x_i]$ auf

Integrale über dem Referenzintervall $[0, 1]$ zurückgeführt. Unter Nutzung der elementweisen Definition der Ansatzfunktionen (3.67) und der Koordinatentransformation

$$x = x_{T(i)}(\xi) = (x_i - x_{i-1})\xi + x_{i-1} = \frac{2}{3}\xi + x_{i-1} \tag{3.167}$$

erhalten wir für die Elementsteifigkeitsmatrizen

$$
\begin{aligned}
K^{(i)} &= \left[\int_0^1 \left[\frac{1}{(x_i - x_{i-1})^2} \frac{d\varphi_\beta(\xi)}{d\xi} \frac{d\varphi_\alpha(\xi)}{d\xi} \right] (x_i - x_{i-1})\, d\xi \right]_{\alpha,\beta=1}^3 \\
&= \left[\int_0^1 \left[\frac{1}{(\frac{2}{3})^2} \frac{d\varphi_\beta(\xi)}{d\xi} \frac{d\varphi_\alpha(\xi)}{d\xi} \right] \left(\frac{2}{3} \right) d\xi \right]_{\alpha,\beta=1}^3 = \left[\frac{3}{2} \int_0^1 \frac{d\varphi_\beta(\xi)}{d\xi} \frac{d\varphi_\alpha(\xi)}{d\xi}\, d\xi \right]_{\alpha,\beta=1}^3
\end{aligned}
$$

(siehe auch S. 126). Mit der Abbildungsvorschrift (3.167) ergibt sich für die rechte Seite der Differentialgleichung (3.161)

$$
\begin{aligned}
& 6 - 6x_{T(i)}(\xi) + 12(x_{T(i)}(\xi))^2 - 20(x_{T(i)}(\xi))^3 \\
&= 6 - 6\left(\frac{2}{3}\xi + x_{i-1} \right) + 12\left(\frac{2}{3}\xi + x_{i-1} \right)^2 - 20\left(\frac{2}{3}\xi + x_{i-1} \right)^3 \\
&= -\frac{160}{27}\xi^3 + \left(\frac{16}{3} - \frac{80}{3}x_{i-1} \right)\xi^2 - \left(4 - 16x_{i-1} + 40x_{i-1}^2 \right)\xi + 6 - 6x_{i-1} + 12x_{i-1}^2 - 20x_{i-1}^3.
\end{aligned}
$$

Damit gilt für die Elementlastvektoren

$$
\begin{aligned}
\underline{f}^{(i)} = [f_\alpha^{(i)}]_{\alpha=1}^3 &= \left[\int_0^1 (6 - 6x_{T(i)}(\xi) + 12(x_{T(i)}(\xi))^2 - 20(x_{T(i)}(\xi))^3)\varphi_\alpha(\xi)(x_i - x_{i-1})\, d\xi \right]_{\alpha=1}^3 \\
&= \left[\frac{2}{3} \int_0^1 \left[-\frac{160}{27}\xi^3 + \left(\frac{16}{3} - \frac{80}{3}x_{i-1} \right)\xi^2 - \left(4 - 16x_{i-1} + 40x_{i-1}^2 \right)\xi \right.\right. \\
& \qquad\qquad\qquad \left.\left. + 6 - 6x_{i-1} + 12x_{i-1}^2 - 20x_{i-1}^3 \right]\varphi_\alpha(\xi)\, d\xi \right]_{\alpha=1}^3
\end{aligned}
$$

(siehe auch die Herleitung der Beziehungen (3.75) und (3.76) im Abschnitt 3.5).

Für die drei finiten Elemente aus der Zerlegung (3.165) des Intervalls $(0,2)$ ergeben sich auf die soeben beschriebene Weise die in der Tabelle 3.16 angegebenen Elementsteifigkeitsmatrizen und Elementlastvektoren. Die Berechnung der Einträge der Elementsteifigkeitsmatrizen und der

Elementlastvektoren demonstrieren wir anhand des Eintrages $K_{12}^{(1)}$ und $f_1^{(1)}$ ausführlich. Es gilt

$$
\begin{aligned}
K_{12}^{(1)} &= \int_0^1 \left[\frac{1}{(x_1-x_0)^2} \frac{d\varphi_2(\xi)}{d\xi} \frac{d\varphi_1(\xi)}{d\xi} \right] (x_1-x_0)\, d\xi \\[2mm]
&= \int_0^1 \left[\frac{1}{(\frac{2}{3}-0)^2} \frac{d(-4\xi^2+4\xi)}{d\xi} \frac{d(2\xi^2-3\xi+1)}{d\xi} \right] \left(\frac{2}{3}-0 \right) d\xi \\[2mm]
&= \frac{3}{2} \int_0^1 (-8\xi+4)(4\xi-3)\,d\xi = -4
\end{aligned}
$$

und

$$
\begin{aligned}
f_1^{(1)} &= \int_0^1 (6-6x_{T^{(1)}}(\xi)+12(x_{T^{(1)}}(\xi))^2-20(x_{T^{(1)}}(\xi))^3)\varphi_1(\xi)(x_1-x_0)\,d\xi \\[2mm]
&= \int_0^1 \left(-\frac{160}{27}\xi^3 + \left(\frac{16}{3}-\frac{80}{3}\cdot 0 \right)\xi^2 - (4-16\cdot 0+40\cdot 0^2)\xi \right. \\[2mm]
&\qquad\qquad \left. +6-6\cdot 0+12\cdot 0^2-20\cdot 0^3 \right)(2\xi^2-3\xi+1)\cdot\frac{2}{3}\,d\xi \\[2mm]
&= \frac{2}{3}\int_0^1 \left(-\frac{160}{27}\xi^3 + \frac{16}{3}\xi^2 - 4\xi + 6 \right)(2\xi^2-3\xi+1)\,d\xi = \frac{818}{1215}.
\end{aligned}
$$

Tabelle 3.16: Elementsteifigkeitsmatrizen und Elementlastvektoren

$[x_{i-1},x_i]$	$K^{(i)}$	$f^{(i)}$
$\left[0,\frac{2}{3}\right]$	$\frac{1}{2}\begin{pmatrix} 7 & -8 & 1 \\ -8 & 16 & -8 \\ 1 & -8 & 7 \end{pmatrix}$	$\begin{pmatrix} \frac{818}{1215} \\ \frac{2384}{1215} \\ \frac{278}{1215} \end{pmatrix}$
$\left[\frac{2}{3},\frac{4}{3}\right]$	$\frac{1}{2}\begin{pmatrix} 7 & -8 & 1 \\ -8 & 16 & -8 \\ 1 & -8 & 7 \end{pmatrix}$	$\begin{pmatrix} \frac{146}{405} \\ -\frac{544}{135} \\ -\frac{1154}{405} \end{pmatrix}$
$\left[\frac{4}{3},2\right]$	$\frac{1}{2}\begin{pmatrix} 7 & -8 & 1 \\ -8 & 16 & -8 \\ 1 & -8 & 7 \end{pmatrix}$	$\begin{pmatrix} -\frac{3302}{1215} \\ -\frac{35216}{1215} \\ -\frac{15362}{1215} \end{pmatrix}$

Zur Assemblierung der Elementsteifigkeitsmatrizen und Elementlastvektoren nutzen wir den im Abschnitt 3.4, S. 103, beschriebenen Assemblierungsalgorithmus, welcher die Informationen aus der Zuordnungstabelle 3.15 benötigt. Zuerst setzen wir die Matrix $\bar{K}_h$ gleich der Nullmatrix und den Vektor $\bar{f}_h$ gleich dem Nullvektor. Anschließend addieren wir die Einträge der Elementsteifigkeitsmatrizen und Elementlastvektoren zu $\bar{K}_h$ und $\bar{f}_h$. Im ersten Element hat der Knoten mit der lokalen Nummer 1, 2 bzw. 3 die globale Knotennummer 0, 1 bzw. 2. Deshalb werden die Matrixelemente $K_{11}^{(1)}$, $K_{12}^{(1)}$, $K_{13}^{(1)}$, $K_{21}^{(1)}$, $K_{22}^{(1)}$, $K_{23}^{(1)}$, $K_{31}^{(1)}$, $K_{32}^{(1)}$, $K_{33}^{(1)}$ zu den Matrixeinträgen $\bar{K}_{00}$, $\bar{K}_{01}$, $\bar{K}_{02}$, $\bar{K}_{10}$, $\bar{K}_{11}$, $\bar{K}_{12}$, $\bar{K}_{20}$, $\bar{K}_{21}$, $\bar{K}_{22}$ der globalen Matrix $\bar{K}_h$ addiert. Außerdem addieren wir die Komponenten $f_1^{(1)}$, $f_2^{(1)}$, $f_3^{(1)}$ des Elementlastvektors $\underline{f}^{(1)}$ zu den Komponenten $\bar{f}_0$, $\bar{f}_1$, $\bar{f}_2$ des Vektors $\bar{f}$. Wir erhalten die Matrix

$$\bar{K}_h = \frac{1}{2}\begin{pmatrix} 7 & -8 & 1 & 0 & 0 & 0 & 0 \\ -8 & 16 & -8 & 0 & 0 & 0 & 0 \\ 1 & -8 & 7 & 0 & 0 & 0 & 0 \\ 0 & 0 & 0 & 0 & 0 & 0 & 0 \\ 0 & 0 & 0 & 0 & 0 & 0 & 0 \\ 0 & 0 & 0 & 0 & 0 & 0 & 0 \\ 0 & 0 & 0 & 0 & 0 & 0 & 0 \end{pmatrix}\begin{matrix} 0 \\ 1 \\ 2 \\ 3 \\ 4 \\ 5 \\ 6 \end{matrix} \quad,\quad \begin{matrix} 0 \\ 1 \\ 2 \\ 3 \\ 4 \\ 5 \\ 6 \end{matrix}\begin{pmatrix} \frac{818}{1215} \\ \frac{2384}{1215} \\ \frac{278}{1215} \\ 0 \\ 0 \\ 0 \\ 0 \end{pmatrix} = \underline{f}_h.$$

$$\begin{matrix} 0 & 1 & 2 & 3 & 4 & 5 & 6 \end{matrix} \leftarrow \text{globale Knotennummern}$$

Im zweiten Element hat der Knoten mit der lokalen Nummer 1, 2 bzw. 3 die globale Nummer 2, 3 bzw. 4. Wir addieren folglich die Einträge $K_{11}^{(2)}$, $K_{12}^{(2)}$, $K_{13}^{(2)}$, $K_{21}^{(2)}$, $K_{22}^{(2)}$, $K_{23}^{(2)}$, $K_{31}^{(2)}$, $K_{32}^{(2)}$, $K_{33}^{(2)}$ der Elementsteifigkeitsmatrix $K^{(2)}$ zu den Matrixeinträgen $\bar{K}_{22}$, $\bar{K}_{23}$, $\bar{K}_{24}$, $\bar{K}_{32}$, $\bar{K}_{33}$, $\bar{K}_{34}$, $\bar{K}_{42}$, $\bar{K}_{43}$, $\bar{K}_{44}$ der globalen Matrix $\bar{K}_h$. Da im dritten Element der Knoten mit der lokalen Nummer 1, 2 bzw. 3 die globale Nummer 4, 5 bzw. 6 hat, werden die Einträge $K_{11}^{(3)}$, $K_{12}^{(3)}$, $K_{13}^{(3)}$, $K_{21}^{(3)}$, $K_{22}^{(3)}$, $K_{23}^{(3)}$, $K_{31}^{(3)}$, $K_{32}^{(3)}$, $K_{33}^{(3)}$ der Elementsteifigkeitsmatrix $K^{(3)}$ zu den Einträgen $\bar{K}_{44}$, $\bar{K}_{45}$, $\bar{K}_{46}$, $\bar{K}_{54}$, $\bar{K}_{55}$, $\bar{K}_{56}$, $\bar{K}_{64}$, $\bar{K}_{65}$, $\bar{K}_{66}$ der Matrix $\bar{K}_h$ addiert. Die Assemblierung aller drei Elementsteifigkeitsmatrizen $K^{(i)}$, $i = 1, 2, 3$, liefert somit die globale Matrix

$$\bar{K}_h = \frac{1}{2}\begin{pmatrix} 7 & -8 & 1 & 0 & 0 & 0 & 0 \\ -8 & 16 & -8 & 0 & 0 & 0 & 0 \\ 1 & -8 & 7+7 & -8 & 1 & 0 & 0 \\ 0 & 0 & -8 & 16 & -8 & 0 & 0 \\ 0 & 0 & 1 & -8 & 7+7 & -8 & 1 \\ 0 & 0 & 0 & 0 & -8 & 16 & -8 \\ 0 & 0 & 0 & 0 & 1 & -8 & 7 \end{pmatrix}\begin{matrix} 0 \\ 1 \\ 2 \\ 3 \\ 4 \\ 5 \\ 6 \end{matrix} \quad.$$

$$\begin{matrix} 0 & 1 & 2 & 3 & 4 & 5 & 6 \end{matrix} \leftarrow \text{globale Knotennummern}$$

Auf analoge Weise ergibt sich der Lastvektor. Nachdem wir bereits den Elementlastvektor $\underline{f}^{(1)}$ zum Vektor $\bar{f}_h$ addiert haben, addieren wir noch die Komponenten $f_1^{(2)}$, $f_2^{(2)}$, $f_3^{(2)}$ des Elementlastvektors $\underline{f}^{(2)}$ zu den Komponenten $\bar{f}_2$, $\bar{f}_3$, $\bar{f}_4$ des Vektors $\underline{\bar{f}}_h$ und die Komponenten $f_1^{(3)}$, $f_2^{(3)}$, $f_3^{(3)}$ des Elementlastvektors $\underline{f}^{(3)}$ zu den Komponenten $\bar{f}_4$, $\bar{f}_5$, $\bar{f}_6$ von $\underline{\bar{f}}_h$. Damit ergibt sich der globale Lastvektor

$$
\underline{\bar{f}}_h = \begin{pmatrix} \dfrac{818}{1215} \\[2mm] \dfrac{2384}{1215} \\[2mm] \dfrac{278}{1215} + \dfrac{146}{405} \\[2mm] -\dfrac{544}{135} \\[2mm] -\dfrac{1154}{405} - \dfrac{3302}{1215} \\[2mm] -\dfrac{35216}{1215} \\[2mm] -\dfrac{15362}{1215} \end{pmatrix} .
$$

Aufgrund der Randbedingung 2. Art am rechten Rand muss zur letzten Komponente des Vektors $\underline{\bar{f}}_h$ der vorgegebene Wert 50 addiert werden (siehe Abschnitt 3.4). Zur Berücksichtigung der Randbedingung 1. Art gehen wir, wie in der Bemerkung 3.5 beschrieben, vor. Da am linken Rand, d.h. im Punkt P_0, Randbedingungen 1. Art vorgegeben sind, streichen wir aus der Matrix $\bar{K}_h$ und dem Vektor $\underline{\bar{f}}_h$ die nullte Zeile. Wir erhalten somit die Matrix $\tilde{K}_h$ und den Vektor $\underline{\tilde{f}}_h$:

$$
\tilde{K}_h = \frac{1}{2} \begin{pmatrix} -8 & 16 & -8 & 0 & 0 & 0 & 0 \\ 1 & -8 & 14 & -8 & 1 & 0 & 0 \\ 0 & 0 & -8 & 16 & -8 & 0 & 0 \\ 0 & 0 & 1 & -8 & 14 & -8 & 1 \\ 0 & 0 & 0 & 0 & -8 & 16 & -8 \\ 0 & 0 & 0 & 0 & 1 & -8 & 7 \end{pmatrix} , \quad \underline{\tilde{f}}_h = \begin{pmatrix} \dfrac{2384}{1215} \\[2mm] \dfrac{716}{1215} \\[2mm] -\dfrac{544}{135} \\[2mm] -\dfrac{6764}{1215} \\[2mm] -\dfrac{35216}{1215} \\[2mm] -\dfrac{15362}{1215} + 50 \end{pmatrix} .
$$

Wir multiplizieren die Matrix $\tilde{K}_h$ mit einem Vektor $\underline{u}_g$, in welchem die nullte Komponente gleich 1 gesetzt wird, da im Knoten P_0 die Randbedingung $u(0) = 1$ vorgegeben ist. Alle anderen Komponenten des Vektors $\underline{u}_g$ werden gleich Null gesetzt, d.h.

$$
\underline{u}_g = \begin{pmatrix} 1 \\ 0 \\ 0 \\ 0 \\ 0 \\ 0 \\ 0 \end{pmatrix} .
$$

Anschließend subtrahieren wir den nach dieser Multiplikation erhaltenen Vektor vom Vektor $\tilde{\underline{f}}_h$. Damit erhalten wir den Lastvektor

$$\underline{f}_h = \tilde{\underline{f}}_h - \tilde{K}_h \underline{u}_g = \begin{pmatrix} \frac{2384}{1215} \\ \frac{716}{1215} \\ -\frac{544}{135} \\ -\frac{6764}{1215} \\ -\frac{35216}{1215} \\ -\frac{15362}{1215} + 50 \end{pmatrix} - \frac{1}{2}\begin{pmatrix} -8 & 16 & -8 & 0 & 0 & 0 & 0 \\ 1 & -8 & 14 & -8 & 1 & 0 & 0 \\ 0 & 0 & -8 & 16 & -8 & 0 & 0 \\ 0 & 0 & 1 & -8 & 14 & -8 & 1 \\ 0 & 0 & 0 & 0 & -8 & 16 & -8 \\ 0 & 0 & 0 & 0 & 1 & -8 & 7 \end{pmatrix}\begin{pmatrix} 1 \\ 0 \\ 0 \\ 0 \\ 0 \\ 0 \\ 0 \end{pmatrix}$$

$$= \begin{pmatrix} \frac{2384}{1215} + 4 \\ \frac{716}{1215} - \frac{1}{2} \\ -\frac{544}{135} \\ -\frac{6764}{1215} \\ -\frac{35216}{1215} \\ -\frac{15362}{1215} + 50 \end{pmatrix}$$

des FE-Gleichungssystems. Schließlich streichen wir aus der Matrix $\tilde{K}_h$ noch die Spalten, deren Nummer einer globalen Knotennummer eines Knotens mit Randbedingungen 1. Art entspricht. In unserem Beispiel ist dies die nullte Spalte. Damit ergibt sich das FE-Gleichungssystem

$$\frac{1}{2}\begin{pmatrix} 16 & -8 & 0 & 0 & 0 & 0 \\ -8 & 14 & -8 & 1 & 0 & 0 \\ 0 & -8 & 16 & -8 & 0 & 0 \\ 0 & 1 & -8 & 14 & -8 & 1 \\ 0 & 0 & 0 & -8 & 16 & -8 \\ 0 & 0 & 0 & 1 & -8 & 7 \end{pmatrix}\begin{pmatrix} u_1 \\ u_2 \\ u_3 \\ u_4 \\ u_5 \\ u_6 \end{pmatrix} = \begin{pmatrix} \frac{2384}{1215} + 4 \\ \frac{716}{1215} - \frac{1}{2} \\ -\frac{544}{135} \\ -\frac{6764}{1215} \\ -\frac{35216}{1215} \\ -\frac{15362}{1215} + 50 \end{pmatrix}$$

zur Bestimmung der unbekannten Knotenparameter u_i, $i = 1, 2, \ldots, 6$. Dieses Gleichungssystem hat die Lösung

$$(u_1\ u_2\ u_3\ u_4\ u_5\ u_6)^T = \left(\frac{551}{405}\ \frac{299}{243}\ \frac{401}{405}\ \frac{427}{243}\ \frac{259}{45}\ 17\right)^T. \tag{3.168}$$

Die Näherung für die exakte Lösung des Randwertproblems (3.161) – (3.163) ist somit die Funktion

$$u_h(x) = \sum_{i=0}^{6} u_i p_i(x)$$

mit $u_0 = 1$, u_i, $i = 1, 2, \ldots, 6$, aus (3.168) und den Ansatzfunktionen p_i gemäß der Definition auf Seite 181. Wir erhalten also die Näherungslösung

$$u_h(x) = \begin{cases} \begin{aligned} & u_0 p_0(x) + u_1 p_1(x) + u_2 p_2(x) \\ &= 1 \cdot \left(\frac{9}{2} x^2 - \frac{9}{2} x + 1 \right) + \frac{551}{405} \cdot (-9x^2 + 6x) + \frac{299}{243} \cdot \left(\frac{9}{2} x^2 - \frac{3}{2} x \right) \\ &= -\frac{298}{135} x^2 + \frac{736}{405} x + 1 && \text{für } x \in \left[0, \frac{2}{3} \right] \\[2em] & u_2 p_2(x) + u_3 p_3(x) + u_4 p_4(x) \\ &= \frac{299}{243} \cdot \left(\frac{9}{2} x^2 - \frac{21}{2} x + 6 \right) + \frac{401}{405} \cdot (-9x^2 + 18x - 8) + \frac{427}{243} \cdot \left(\frac{9}{2} x^2 - \frac{15}{2} x + 3 \right) \\ &= \frac{68}{15} x^2 - \frac{3352}{405} x + \frac{71}{15} && \text{für } x \in \left[\frac{2}{3}, \frac{4}{3} \right] \\[2em] & u_4 p_4(x) + u_5 p_5(x) + u_6 p_6(x) \\ &= \frac{427}{243} \cdot \left(\frac{9}{2} x^2 - \frac{33}{2} x + 15 \right) + \frac{259}{45} \cdot (-9x^2 + 30x - 24) + 17 \cdot \left(\frac{9}{2} x^2 - \frac{27}{2} x + 10 \right) \\ &= \frac{4402}{135} x^2 - \frac{6952}{81} x + \frac{23581}{405} && \text{für } x \in \left[\frac{4}{3}, 2 \right]. \end{aligned} \end{cases}$$

Bei der Angabe dieser Näherungslösung haben wir genutzt, dass die Ansatzfunktionen p_3, p_4, p_5, p_6 im Intervall $\left[\frac{2}{3}, 2 \right]$, die Ansatzfunktionen p_0, p_1, p_5, p_6 im Intervall $\left[\frac{2}{3}, \frac{4}{3} \right]$ sowie die Ansatzfunktionen p_0, p_1, p_2, p_3 im Intervall $\left[\frac{4}{3}, 2 \right]$ identisch Null sind.

Wir wollen nun noch den Diskretisierungsfehler ermitteln. Dazu benötigen wir die exakte Lösung des Randwertproblems (3.161) – (3.163). Die Bestimmung der exakten Lösung ist relativ einfach. Wir integrieren die linke und rechte Seite der Differentialgleichung zweimal. Dies ergibt nach erstmaliger Integration

$$-u'(x) = \int (6 - 6x + 12x^2 - 20x^3) \, dx = 6x - 3x^2 + 4x^3 - 5x^4 + c_1 \qquad (3.169)$$

und nach nochmaliger Integration

$$-u(x) = \int (6x - 3x^2 + 4x^3 - 5x^4 + c_1) \, dx = 3x^2 - x^3 + x^4 - x^5 + c_1 x + c_2,$$

d.h.

$$u(x) = -3x^2 + x^3 - x^4 + x^5 - c_1 x - c_2 \qquad (3.170)$$

mit zunächst unbekannten Konstanten c_1 und c_2. Diese Konstanten bestimmen wir unter Nutzung der Randbedingungen (3.162) und (3.163). Wegen der Randbedingung (3.162) am linken Rand muss

$$1 = u(0) = -3 \cdot 0^2 + 0^3 - 0^4 + 0^5 - c_1 \cdot 0 - c_2 = -c_2$$

gelten, d.h. $c_2 = -1$. Zur Bestimmung der Konstanten c_1 nutzen wir die Randbedingung (3.163) am rechten Rand und die Beziehung (3.169):

$$-50 = -u'(2) = 6 \cdot 2 - 3 \cdot 2^2 + 4 \cdot 2^3 - 5 \cdot 2^4 + c_1 = -48 + c_1, \text{ d.h. } c_1 = -2.$$

Aus (3.170) ergibt sich somit

$$u(x) = 1 + 2x - 3x^2 + x^3 - x^4 + x^5 \tag{3.171}$$

als exakte Lösung des Randwertproblems (3.161) – (3.163).

In der Abbildung 3.36 sind die exakte Lösung u und die vorher berechnete FE-Näherungslösung u_h grafisch dargestellt. Außerdem ist der Fehler $e_h(x_j) = u(x_j) - u_h(x_j)$ in den Knoten P_j angegeben. Es ist ersichtlich, dass der Fehler $e_h(x_j)$ in den Intervallenden der finiten Elemente gleich Null ist. Diese Tatsache haben wir bereits in der Bemerkung 3.16, S. 164, bewiesen.

x_j	$u(x_j)$	$u_h(x_j)$	$e_h(x_j)$
0	1	1	0
$\dfrac{1}{3}$	$\dfrac{331}{243}$	$\dfrac{551}{405}$	$\dfrac{2}{1215}$
$\dfrac{2}{3}$	$\dfrac{299}{243}$	$\dfrac{299}{243}$	0
1	1	$\dfrac{401}{405}$	$\dfrac{4}{405}$
$\dfrac{4}{3}$	$\dfrac{427}{243}$	$\dfrac{427}{243}$	0
$\dfrac{5}{3}$	$\dfrac{1403}{243}$	$\dfrac{259}{45}$	$\dfrac{22}{1215}$
2	17	17	0

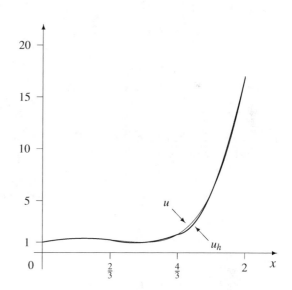

Abbildung 3.36: Vergleich der exakten Lösung u und der Näherungslösung u_h

Im Folgenden demonstrieren wir noch das Verhalten des Diskretisierungsfehlers in Abhängigkeit von der verwendeten Schrittweite h. Dazu betrachten wir äquidistante Zerlegungen des Intervalls $[0,2]$, d.h.

$$[0,2] = \bigcup_{i=1}^{n} [x_{i-1}, x_i], \quad x_0 = 0, \quad x_i = x_{i-1} + h, \quad i = 1, 2, \ldots, n, \quad h = \frac{2}{n}.$$

Die Diskretisierungsfehler in der H^1-Norm $\|e_h\|_1$, in der L_2-Norm $\|e_h\|_0$ und in der C-Norm $\|e_h\|_C$ sind in Tabelle 3.17 angegeben. Zusätzlich enthält die Tabelle zu jeder Norm noch eine Spalte in welcher der Quotient der Fehlernormen bezüglich der Diskretisierung mit den Schrittweiten h und $\frac{h}{2}$ angegeben ist. Da die exakte Lösung u aus (3.171) als Polynom fünften Grades unendlich oft im Intervall $[0,2]$ stetig differenzierbar ist, gilt auch $u \in H^3(0,2)$. Aufgrund der Aussage des Konvergenzsatzes 3.4 erwarten wir dann, dass sich der Fehler in der H^1-Norm viertelt, wenn die Schrittweite halbiert wird, d.h. dass der Quotient $\|e_h\|_1/\|e_{h/2}\|_1$ gleich 4 ist. Entsprechend der Beziehung (3.136) muss sich der Fehler in der L_2-Norm bei Halbierung der Schrittweite achteln. Dieses Verhalten der Diskretisierungsfehler erkennen wir tatsächlich in der Tabelle 3.17.

Tabelle 3.17: Diskretisierungsfehler in verschiedenen Normen bei stückweise quadratischen Ansatzfunktionen

h	Anzahl Knoten	$\|e_h\|_1$	$\dfrac{\|e_h\|_1}{\|e_{h/2}\|_1}$	$\|e_h\|_0$	$\dfrac{\|e_h\|_0}{\|e_{h/2}\|_0}$	$\|e_h\|_C$	$\dfrac{\|e_h\|_C}{\|e_{h/2}\|_C}$
2^0	5	$0.4096 \cdot 10^1$	3.73	$0.6208 \cdot 10^0$	7.37	$0.8979 \cdot 10^0$	5.93
2^{-1}	9	$0.1097 \cdot 10^1$	3.93	$0.8425 \cdot 10^{-1}$	7.84	$0.1514 \cdot 10^0$	6.96
2^{-2}	17	$0.2788 \cdot 10^0$	3.98	$0.1074 \cdot 10^{-1}$	7.96	$0.2174 \cdot 10^{-1}$	7.48
2^{-3}	33	$0.6999 \cdot 10^{-1}$	4.00	$0.1349 \cdot 10^{-2}$	7.96	$0.2905 \cdot 10^{-2}$	7.74
2^{-4}	65	$0.1752 \cdot 10^{-1}$	4.00	$0.1688 \cdot 10^{-3}$	8.00	$0.3753 \cdot 10^{-3}$	7.87
2^{-5}	129	$0.4380 \cdot 10^{-2}$	4.00	$0.2111 \cdot 10^{-4}$	8.00	$0.4768 \cdot 10^{-4}$	7.94
2^{-6}	257	$0.1095 \cdot 10^{-2}$	4.00	$0.2639 \cdot 10^{-5}$	8.00	$0.6008 \cdot 10^{-5}$	7.97
2^{-7}	513	$0.2738 \cdot 10^{-3}$	4.00	$0.3299 \cdot 10^{-6}$	8.00	$0.7540 \cdot 10^{-6}$	7.98
2^{-8}	1025	$0.6844 \cdot 10^{-4}$	4.00	$0.4123 \cdot 10^{-7}$	7.99	$0.9446 \cdot 10^{-7}$	7.79
2^{-9}	2049	$0.1711 \cdot 10^{-4}$		$0.5163 \cdot 10^{-8}$		$0.1213 \cdot 10^{-7}$	

Zum Vergleich geben wir in der Tabelle 3.18 noch die Diskretisierungsfehler an, welche man bei der Diskretisierung des Randwertproblems (3.161) – (3.163) mittels stückweise linearer Funktionen erhält.

Tabelle 3.18: Diskretisierungsfehler in verschiedenen Normen bei stückweise linearen Ansatzfunktionen

h	Anzahl Knoten	$\|e_h\|_1$	$\dfrac{\|e_h\|_1}{\|e_{h/2}\|_1}$	$\|e_h\|_0$	$\dfrac{\|e_h\|_0}{\|e_{h/2}\|_0}$	$\|e_h\|_C$	$\dfrac{\|e_h\|_C}{\|e_{h/2}\|_C}$
2^0	3	$0.1494 \cdot 10^2$	1.80	$0.4361 \cdot 10^1$	3.39	$0.6053 \cdot 10^1$	2.54
2^{-1}	5	$0.8292 \cdot 10^1$	1.95	$0.1285 \cdot 10^1$	3.84	$0.2388 \cdot 10^1$	3.21
2^{-2}	9	$0.4250 \cdot 10^1$	1.99	$0.3343 \cdot 10^0$	3.96	$0.7445 \cdot 10^0$	3.59
2^{-3}	17	$0.2138 \cdot 10^1$	2.00	$0.8440 \cdot 10^{-1}$	3.99	$0.2073 \cdot 10^0$	3.79
2^{-4}	33	$0.1071 \cdot 10^1$	2.00	$0.2115 \cdot 10^{-1}$	4.00	$0.5466 \cdot 10^{-1}$	3.90
2^{-5}	65	$0.5355 \cdot 10^0$	2.00	$0.5291 \cdot 10^{-2}$	4.00	$0.1403 \cdot 10^{-1}$	3.95
2^{-6}	129	$0.2678 \cdot 10^0$	2.00	$0.1323 \cdot 10^{-2}$	4.00	$0.3554 \cdot 10^{-2}$	3.97
2^{-7}	257	$0.1339 \cdot 10^0$	2.00	$0.3307 \cdot 10^{-3}$	4.00	$0.8943 \cdot 10^{-3}$	3.99
2^{-8}	513	$0.6695 \cdot 10^{-1}$	2.00	$0.8269 \cdot 10^{-4}$	4.00	$0.2243 \cdot 10^{-3}$	3.99
2^{-9}	1025	$0.3347 \cdot 10^{-1}$		$0.2067 \cdot 10^{-4}$		$0.5617 \cdot 10^{-4}$	

Aus den Tabellen 3.17 und 3.18 erkennen wir, dass die Diskretisierung mit den stückweise quadratischen Ansatzfunktionen bei gleicher Anzahl von Knoten eine Näherungslösung mit einem kleineren Fehler liefert als die Diskretisierung mit stückweise linearen Ansatzfunktionen.

Bei beiden vorgestellten Beispielen liegt schon mit einer relativ großen Schrittweite eine gute Approximation der exakten Lösung vor. Dies ist darin begründet, dass die exakten Lösungen (3.159) und (3.170) eine besonders einfache Struktur haben, d.h. dass sie fast linear bzw. ein Polynom fünften Grades sind. Einige der im Abschnitt 3.10 vorgestellten Beispiele zeigen aber, dass es im Allgemeinen notwendig ist, die Diskretisierungsschrittweite bzw. den Polynomgrad der Ansatzfunktionen dem Lösungsverhalten anzupassen. Das ist auch der typische Fall in praktischen Anwendungen.

3.10 FE-Demonstrationsprogramm

Das auf der Webseite zu diesem Lehrbuch bereitgestellte FE-Programm für eindimensionale Randwertprobleme kann zur Demonstration des algorithmischen Ablaufs der FE-Diskretisierung eingesetzt werden. Dabei besteht insbesondere die Möglichkeit, den Aufbau des FE-Gleichungssystems grafisch zu verfolgen sowie die FE-Näherungslösung und, falls bekannt, die exakte Lösung der betrachteten Aufgabe zu veranschaulichen. Auf eine Beschreibung der Handhabung dieses Programms wird hier verzichtet. Eine Programmdokumentation ist im Internet verfügbar.

Mit dem bereitgestellten Programm sind stationäre Wärmeleitprobleme in Gebieten, die aus verschiedenen Materialien bestehen, lösbar. Diese Probleme werden durch die folgende Randwertaufgabe beschrieben (siehe auch Abschnitt 2.1.1):

Gesucht ist die Funktion u, welche in den Teilgebieten Ω_i, $i = 1, 2, \ldots, M$, der Differentialgleichung

$$-(k(x)u'(x))' + c(x)u'(x) + b(x)u(x) = f(x)$$

genügt. Dabei wird vorausgesetzt, dass die Eingangsdaten $k(x)$, $c(x)$ und $b(x)$ stückweise konstant sind, d.h. konstant in jedem der Teilgebiete Ω_i. In den Unstetigkeitsstellen z_j der Koeffizientenfunktion k müssen die Interfacebedingungen:

$$u(z_j - 0) = u(z_j + 0),$$

$$-k(z_j - 0)u'(z_j - 0) = -k(z_j + 0)u'(z_j + 0)$$

erfüllt werden. In den Randpunkten $x = a$ und $x = b$ können Randbedingungen

$$u(a) = g_a \quad \text{oder} \quad k(a)u'(a) = g_a \quad \text{oder} \quad k(a)u'(a) = \alpha_a(u(a) - u_a)$$

sowie

$$u(b) = g_b \quad \text{oder} \quad -k(b)u'(b) = g_b \quad \text{oder} \quad -k(b)u'(b) = \alpha_b(u(b) - u_b)$$

vorgegeben werden.

Im Weiteren stellen wir zwei Beispiele vor, die als Demonstrationsbeispiele genutzt werden können. Die entsprechenden Eingabefiles sind im Internet bereitgestellt.

Beispiel 1

Wir betrachten die folgende Randwertaufgabe:

Gesucht ist die Funktion u, für die

$$
\begin{aligned}
-u''(x) &= 6 && \text{für alle } x \in (0,1), \\
u(0) &= 1, \\
-u'(1) &= 4
\end{aligned}
\tag{3.172}
$$

gilt.

Die exakte Lösung dieser Aufgabe ist $u(x) = 1 + 2x - 3x^2$.

Bei der näherungsweisen Lösung der Randwertaufgabe (3.172) wählen wir die folgenden drei Diskretisierungen:

- *1. Variante*: 3 finite Elemente mit stückweise linearen Ansatzfunktionen
- *2. Variante*: 9 finite Elemente mit stückweise linearen Ansatzfunktionen
- *3. Variante*: 1 finites Element mit quadratischen Ansatzfunktionen

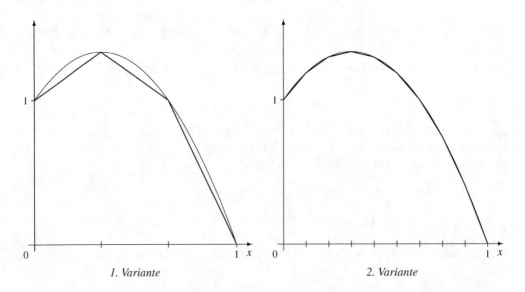

1. Variante   *2. Variante*

Abbildung 3.37: Vergleich der exakten Lösung u (dünne Linie) mit der FE-Lösung u_h (fette Linie)

Aus der Abbildung 3.37 ist deutlich erkennbar, dass mit der zweiten Variante eine wesentlich bessere Approximation der exakten Lösung erreicht wird als mit der ersten Variante. Die dritte Variante liefert eine FE-Lösung u_h, die mit der exakten Lösung u übereinstimmt. Dies wird erreicht, weil die exakte Lösung eine quadratische Funktion ist und wir quadratische Ansatzfunktionen nutzen.

Beispiel 2

Das folgende Randwertproblem beschreibt die Temperaturverteilung in einem dünnen Draht, der mit einer Geschwindigkeit v bewegt wird.

Gesucht ist die Funktion u, für die

$$
\begin{aligned}
-(ku'(x))' + c\rho v u'(x) &= 0 \qquad \text{für alle } x \in (0,1), \\
u(0) &= 0, \\
u(1) &= 1
\end{aligned}
\tag{3.173}
$$

gilt. Dabei bezeichnen u die Temperatur, ρ die Dichte des Drahtes, c die spezifische Wärmekapazität, k die Wärmeleitzahl und v die Geschwindigkeit.

Die Aufgabe (3.173) ist mit der Substitution $p = c\rho v/k$ äquivalent zur folgenden Aufgabe:

Gesucht ist die Funktion u, für die

$$
\begin{aligned}
-u''(x) + p u'(x) &= 0 \qquad \text{für alle } x \in (0,1), \\
u(0) &= 0, \\
u(1) &= 1
\end{aligned}
\tag{3.174}
$$

gilt.

Die exakte Lösung der Aufgabe (3.174) ist die Funktion

$$
u(x) = \frac{e^{px} - 1}{e^p - 1}.
$$

Eine Variationsformulierung dieser Aufgabe lautet:

Gesucht ist die Funktion $u \in V_g = \{u \in H^1(0,1) : u(0) = 0,\ u(1) = 1\}$, für welche

$$
\int_0^1 [u'(x)v'(x) + pu'(x)v(x)]\,dx = 0 \quad \text{für alle } v \in V_0 = \{v \in H^1(0,1) : v(0) = v(1) = 0\}
$$

gilt

Wir untersuchen für verschiedene Werte des Parameters p, welche FE-Diskretisierungen durchgeführt werden können, um eine gute Näherungslösung zu erhalten. Dabei wählen wir die folgenden Diskretisierungen:

- *1. Variante:* $p = 10$, 10 gleichgroße Elemente mit linearen Ansatzfunktionen

  In der Abbildung 3.38 sind die exakte Lösung u und die Näherungslösung u_h dargestellt. Es zeigt sich, dass die exakte Lösung bei dieser Diskretisierung gut approximiert wird.

- *2. Variante:* $p = 70$, 10 gleichgroße Elemente mit linearen Ansatzfunktionen

- *3. Variante:* $p = 70$, 36 gleichgroße Elemente mit linearen Ansatzfunktionen

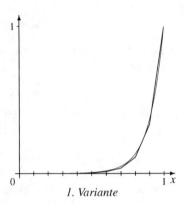

1. Variante

Abbildung 3.38: Exakte und FE-Lösung für $p = 10$

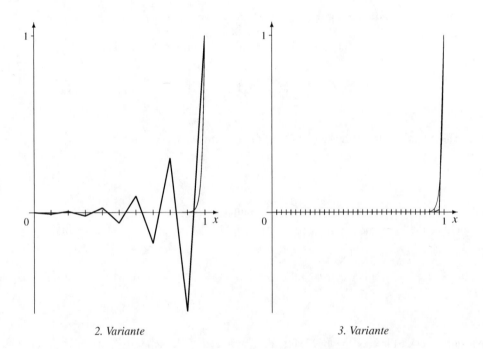

2. Variante   3. Variante

Abbildung 3.39: Exakte und FE-Lösung bei verschiedener Feinheit der Diskretisierung im Fall $p = 70$

Die Näherungslösung bei der zweiten Variante weist ein stark oszillierendes Verhalten auf (siehe Abbildung 3.39). Sie spiegelt das richtige Lösungsverhalten überhaupt nicht wider. Dieser Oszillationseffekt ist mit der schlechten Approximation des Konvektionsterms $p u'(x)$ verbunden. Eine genaue Erklärung dafür findet der interessierte Leser auf den Seiten 106-112 von [Kik86]. Um zumindest keine Oszillationen in der Näherungslösung zu erhalten, sollte die Schrittweite

h kleiner als $\dfrac{2}{p}$ sein. Wegen $\dfrac{2}{p} = \dfrac{1}{35}$ haben wir in der dritten Variante die Schrittweite $h = \dfrac{1}{36}$ gewählt. Die dritte Variante liefert dann eine FE-Lösung, welche die exakte Lösung nur noch in der Nähe des rechten Gebietsrandes schlecht approximiert.

- 4. *Variante:* $p = 70$, 70 gleichgroße Elemente mit linearen Ansatzfunktionen

Diese Variante liefert eine sehr gute Approximation der exakten Lösung (siehe Abbildung 3.40). Die exakte Lösung des betrachteten Randwertproblems ist außer in der Nähe des rechten Randes fast konstant. Diese fast konstante Funktion lässt sich mit Funktionen, die über relativ großen Teilintervallen stückweise linear sind, gut annähern. Deshalb ist es ausreichend, bei der Diskretisierung nur in der Umgebung des rechten Gebietsrandes kleine Teilintervalle zu verwenden. Wir zeigen mit der 5. Variante, dass durch eine derartige lokale Netzverdichtung eine gute Approximation der exakten Lösung erreicht wird (siehe Abbildung 3.40). Der Aufwand zur Generierung des FE-Gleichungssystems und dessen Auflösung ist aufgrund der niedrigen Anzahl von FE-Knoten natürlich wesentlich geringer als bei der Diskretisierung mit 70 gleichgroßen Elementen.

- 5. *Variante:* $p = 70$, 10 Elemente mit linearen Ansatzfunktionen, wobei

$$[0,1] = [0,0.5] \cup [0.5,0.8] \cup [0.8,0.85] \cup [0.85,0.9] \cup [0.9,0.925] \cup [0.925,0.95]$$
$$\cup [0.95,0.9625] \cup [0.9625,0.975] \cup [0.975,0.9875] \cup [0.9875,1]$$

ist.

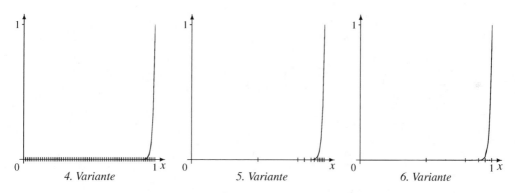

Abbildung 3.40: FE-Diskretisierungen mit gleichmäßigem Netz, mit lokaler Netzverdichtung und mit linearen, quadratischen sowie kubischen Ansatzfunktionen ($p = 70$)

Eine weitere Möglichkeit zur Anpassung der FE-Diskretisierung an das Lösungsverhalten ist eine geeignete Wahl des Polynomgrades der Ansatzfunktionen. Die folgende Diskretisierung zeigt, dass auf diese Weise ebenfalls eine Näherungslösung mit einem kleinen Diskretisierungsfehler erzeugt werden kann.

- 6. *Variante:* $p = 70$, Element $[0,0.5]$ mit linearen Ansatzfunktionen, Elemente $[0.5,0.8]$, $[0.8,0.9]$ und $[0.9,0.95]$ mit quadratischen Ansatzfunktionen sowie das Element $[0.95,1]$ mit kubischen Ansatzfunktionen

4 FEM für mehrdimensionale Randwertprobleme 2. Ordnung

In diesem Kapitel werden FE-Diskretisierungen im räumlich mehrdimensionalen Fall behandelt. Zuerst geben wir ein Modellbeispiel an, anhand dessen im Folgenden die Schritte bei einer FE-Diskretisierung erläutert werden. Danach stellen wir einige mathematische Grundlagen bereit, welche wir bei der Herleitung der Variationsformulierung von Randwertproblemen benötigen. Außerdem sind diese Grundlagen notwendig, um die Frage der Existenz und Eindeutigkeit der Lösung eines Randwertproblems in Variationsformulierung zu diskutieren. Im Abschnitt 4.3 leiten wir die Variationsformulierung für stationäre Wärmeleitprobleme sowie lineare Elastizitätsprobleme her und untersuchen die Existenz und Eindeutig der Lösung der entsprechenden Randwertprobleme in Variationsformulierung. Weiterhin formulieren wir die betrachteten Randwertprobleme als Minimumprobleme. Das Galerkin- und das Ritz-Verfahren sind zwei allgemeine Verfahren zur näherungsweisen Lösung von Randwertproblemen in Variationsformulierung bzw. in Form eines Minimumproblems. Mit diesen beiden Verfahren beschäftigen wir uns im Abschnitt 4.4. Wir werden sehen, dass die Methode der finiten Elemente als ein spezielles Galerkin bzw. Ritz-Verfahren angesehen werden kann. Den Hauptinhalt dieses Kapitels bildet der Abschnitt 4.5, in welchem wir ausführlich die Schritte einer FE-Diskretisierung von Randwertproblemen in zwei- und dreidimensionalen Gebieten diskutieren. Zuerst formulieren wir Forderungen an eine Vernetzung (Zerlegung) des Gebietes, in welchem das Randwertproblem betrachtet wird. Wie wir bereits im Kapitel 3 kennengelernt haben, wird bei der Methode der finiten Elemente eine stückweise polynomiale Näherungslösung des Randwertproblems gesucht. Mittels eines Lösungsansatzes in Form einer Linearkombination stückweise polynomialer Ansatzfunktionen, wird die näherungsweise Lösung des Randwertproblems auf die Lösung eines linearen Gleichungssystems, des sogenannten FE-Gleichungssystems zurückgeführt. Die Konstruktion der für einen derartigen Lösungsansatz erforderlichen Ansatzfunktionen ist Gegenstand des Abschnitts 4.5.2. Im Abschnitt 4.5.3 wird der Aufbau des FE-Gleichungssystems ausführlich beschrieben. Danach beschäftigen wir uns im Abschnitt 4.5.4 mit Diskretisierungsfehlerabschätzungen, d.h. Abschätzungen des Fehlers, welcher auftritt, wenn wir anstelle der exakten Lösung des Randwertproblems nur die FE-Näherungslösung bestimmt haben. Wir unterscheiden dabei zwei Typen von Fehlerabschätzungen, sogenannte a priori bzw. a posteriori Abschätzungen. Eine a priori Abschätzung erhält man ohne Kenntnis der FE-Näherungslösung. Man benötigt lediglich Informationen über die Eingangsdaten wie die rechte Seite im Randwertproblem und die Koeffzienten (z.B. die Wärmeleitzahl) in der Differentialgleichung. Zur Gewinnung von a posteriori Abschätzungen nutzt man Informationen aus FE-Näherungslösungen. Die beiden Abschnitte 4.5.5 und 4.5.6 sind spezielleren Fragestellungen gewidmet. Im Abschnitt 4.5.5 stellen wir Möglichkeiten der numerischen Integration bei der Berechnung der Einträge der Steifigkeitsmatrix und des Lastvektors des FE-Gleichungssystems vor. Während in den vorangegangenen Abschnitten davon ausgegangen wird, dass das betrachtete Gebiet polygonal berandet bzw. ein

Polyedergebiet ist, untersuchen wir im Abschnitt 4.5.6 Möglichkeiten zur Behandlung krummliniger Gebietsränder bei einer FE-Diskretisierung. Wir lernen dabei sogenannte isoparametrische Elemente kennen. Im Abschnitt 4.5.7 demonstrieren wir den Ablauf einer FE-Diskretisierung anhand verschiedener Beispiele.

4.1 Modellproblem

Im Abschnitt 2.1.2 haben wir die stationäre Wärmeleitgleichung in mehrdimensionalen Gebieten $\Omega \subset \mathbb{R}^d$, $d = 2,3$, hergeleitet. Wie die Beispiele aus dem Abschnitt 1.3.2 zeigen, können auch elektrische und magnetische Felder durch eine derartige Gleichung beschrieben werden. Wir geben nochmals die klassische Formulierung dieser Randwertaufgaben an. Bei der Formulierung des Randwertproblems nutzen wir hier und im Weiteren die kompakte Schreibweise mit den Differentialoperatoren div und grad (siehe (1.8), (1.9) und (2.8)).

Klassische Formulierung (siehe auch Abschnitt 2.1.2)

Gesucht ist $u \in C^2(\Omega) \cap C^1(\Omega \cup \Gamma_2 \cup \Gamma_3) \cap C(\overline{\Omega})$, so dass

$$
\begin{aligned}
-\mathrm{div}\,(\Lambda(x)\,\mathrm{grad}\,u(x)) &= f(x) & \text{für alle } x \in \Omega, \\
u(x) &= g_1(x) & \text{für alle } x \in \Gamma_1, \\
\frac{\partial u}{\partial N} &= g_2(x) & \text{für alle } x \in \Gamma_2, \\
\frac{\partial u}{\partial N} + \tilde{\alpha}(x)u(x) &= \tilde{\alpha}(x)u_\mathrm{A}(x) & \text{für alle } x \in \Gamma_3
\end{aligned}
\tag{4.1}
$$

gilt mit $\Gamma = \partial\Omega = \overline{\Gamma}_1 \cup \overline{\Gamma}_2 \cup \overline{\Gamma}_3$ und $\Gamma_i \cap \Gamma_j = \emptyset$ für $i \neq j$.

Hierbei bezeichnet $\partial\Omega$ den Rand des Gebietes Ω. Mit $\overline{\Gamma}_i$ wird ein abgeschlossenes Teilstück des Randes bezeichnet, d.h. ein Randstück einschließlich der Begrenzungspunkte des Randstücks. Γ_i hingegen enthält die Begrenzungspunkte nicht.
Im Unterschied zum Kapitel 2 haben wir jetzt die Wärmeübergangszahl $\alpha(x)$ mit $\tilde{\alpha}(x)$ bezeichnet, damit später keine Verwechslungen mit lokalen Knotennummern α entstehen.

Modellbeispiel
Zur Beschreibung der einzelnen bei einer FE-Diskretisierung durchzuführenden Schritte werden wir in diesem Kapitel oft das folgende Beispiel nutzen.

Gesucht ist das Temperaturfeld $u(x_1,x_2)$ in einem dünnen, plattenförmigen Körper, der aus zwei verschiedenen Materialien zusammengesetzt ist. In der Abbildung 4.1 ist die Mittelfläche des Körpers dargestellt. Für die Wärmeleitzahlen der beiden Materialien gelte

$$
\lambda_1(x) = \lambda_2(x) = \lambda(x) = \begin{cases} \lambda_\mathrm{I} = 1\ \mathrm{W(mK)}^{-1} & \text{für } x \in \Omega_\mathrm{I} \\ \lambda_\mathrm{II} = 371\ \mathrm{W(mK)}^{-1} & \text{für } x \in \Omega_\mathrm{II}. \end{cases}
$$

Die Matrix $\Lambda(x)$ in (4.1) hat somit die Gestalt

$$
\Lambda(x) = \Lambda_\mathrm{I}(x) = \begin{pmatrix} \lambda(x) & 0 \\ 0 & \lambda(x) \end{pmatrix} = \begin{pmatrix} \lambda_\mathrm{I} & 0 \\ 0 & \lambda_\mathrm{I} \end{pmatrix} \quad \text{für } x \in \Omega_\mathrm{I}
$$

und analog gilt

$$\Lambda(x) = \Lambda_{II}(x) = \begin{pmatrix} \lambda(x) & 0 \\ 0 & \lambda(x) \end{pmatrix} = \begin{pmatrix} \lambda_{II} & 0 \\ 0 & \lambda_{II} \end{pmatrix} \text{ für } x \in \Omega_{II}.$$

Im Inneren des Gebietes befinden sich keine Wärmequellen und -senken. Wir nehmen der Einfachheit halber an, dass über die Grund- und Deckfläche kein Wärmeaustausch mit der Umgebung erfolgt. Deshalb enthält die Differentialgleichung in (4.1) keinen Term der Form $\bar{q}(x)u(x)$ (siehe Randwertproblem (2.9), S. 45, und Anfangsrandwertproblem (2.13), S. 51). Am Rand Γ_1 ist eine Temperatur von 500 K vorgegeben. Das Randstück Γ_2 ist wärmeisoliert, d.h. $g_2 = 0$. Über Γ_3 erfolgt der Wärmeaustausch mit der Umgebung. Die Wärmeübergangszahl und die Umgebungstemperatur sind $\widetilde{\alpha} = 5.6\ \text{W(m}^2\text{K)}^{-1}$ und $u_A = 300$ K. Entlang $\Gamma_3 = \{(x_1, x_2) : 0 < x_1 < 1, x_2 = 0\}$ ist $\vec{n} = (n_1\ \ n_2)^T = (0\ \ -1)^T$ der Vektor der äußeren Einheitsnormalen, so dass

$$\frac{\partial u}{\partial N} = \lambda_I \frac{\partial u}{\partial x_1} n_1 + \lambda_I \frac{\partial u}{\partial x_2} n_2 = -\lambda_I \frac{\partial u}{\partial x_2}$$

gilt.

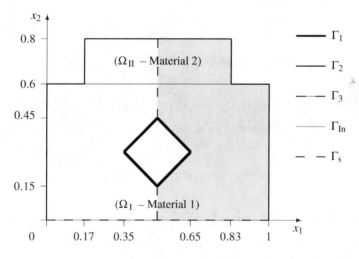

Abbildung 4.1: Gebiet Ω, bestehend aus zwei verschiedenen Materialien

Da in diesem Beispiel die Wärmeleitkoeffizienten unstetig sind, kann die Differentialgleichung aus (4.1) nur in den Teilgebieten Ω_I und Ω_{II} formuliert werden. An der Materialgrenze, d.h. am inneren Rand Γ_{In}, müssen Interfacebedingungen (Übergangsbedingungen) gestellt werden. Aufgrund der Symmetrie des Gebietes Ω und aller Eingangsdaten bezüglich der Geraden $x_1 = 0.5$ muss auch das gesuchte Temperaturfeld symmetrisch bezüglich dieser Geraden sein. Daher ist es ausreichend, das Temperaturfeld nur in einer Hälfte des Gebietes, zum Beispiel in der in der Abbildung 4.1 grau schattierten Hälfte, zu berechnen. Wir bezeichnen die Einschränkung der Teilgebiete Ω_I, Ω_{II} und der Randstücke Γ_i, $i = 1, 2, 3$, auf die rechte Hälfte des Gebietes mit Ω_I^r, Ω_{II}^r und Γ_i^r. Auf dem Randstück Γ_s, welches zu den Teilgebieten Ω_I^r und Ω_{II}^r gehört, ergibt sich aus physikalischen Überlegungen die Symmetrierandbedingung $\frac{\partial u}{\partial N} = 0$., d.h. es erfolgt kein Wärmefluss über Γ_s. Somit erhalten wir das folgende Randwertproblem:

Gesucht ist das Temperaturfeld $u(x)$ mit $u(x) = u_I(x)$ in Ω_I^r, $u(x) = u_{II}(x)$ in Ω_{II}^r, für das die Differentialgleichungen

$$
\begin{aligned}
-\operatorname{div}\left(\Lambda_I(x)\operatorname{grad}u(x)\right) &= 0 &\qquad& \text{für alle } x \in \Omega_I^r, \\
-\operatorname{div}\left(\Lambda_{II}(x)\operatorname{grad}u(x)\right) &= 0 &\qquad& \text{für alle } x \in \Omega_{II}^r
\end{aligned}
\tag{4.2}
$$

gelten und das die Randbedingungen

$$
\begin{aligned}
u(x) &= g_1(x) &\qquad& \text{für alle } x \in \Gamma_1^r, \\
\frac{\partial u}{\partial N} &= 0 &\qquad& \text{für alle } x \in \Gamma_2^r \cup \Gamma_s, \\
-\lambda_I \frac{\partial u_1}{\partial x_2} + \tilde{\alpha}(x)u_1(x) &= \tilde{\alpha}(x)u_A(x) &\qquad& \text{für alle } x \in \Gamma_3^r
\end{aligned}
$$

sowie die Interfacebedingungen

$$
\begin{aligned}
u_I(x) &= u_{II}(x) &\qquad& \text{für alle } x \in \Gamma_{In}^r, \\
\lambda_I \frac{\partial u_I}{\partial x_2} &= \lambda_{II} \frac{\partial u_{II}}{\partial x_2} &\qquad& \text{für alle } x \in \Gamma_{In}^r
\end{aligned}
$$

erfüllt. Dabei ist $x = (x_1, x_2)$, $\partial(\Omega_I^r \cup \Omega_{II}^r) = \overline{\Gamma}_1^r \cup \overline{\Gamma}_2^r \cup \overline{\Gamma}_3^r \cup \overline{\Gamma}_s$, und $\Gamma_i^r \cap \Gamma_j^r = \emptyset$ für $i \neq j$, $\Gamma_i^r \cap \Gamma_s = \emptyset$, $i, j = 1, 2, 3$.

Den Ausgangspunkt der FE-Diskretisierung des Randwertproblems (4.1) bildet die Variationsformulierung des Randwertproblems. Diese wird analog wie im Fall eines Randwertproblems in einem eindimensionalen Gebiet (siehe Abschnitt 3.2) hergeleitet.

4.2 Die Funktionenräume $L_2(\Omega)$ und $H^m(\Omega)$

Bevor wir im Abschnitt 4.3 die Variationsformulierung der Aufgabe (4.1) herleiten, führen wir die Funktionenräume $L_2(\Omega)$ und $H^m(\Omega)$ ein, welche wir in der Variationsformulierung bzw. bei der Untersuchung der Existenz und Eindeutigkeit der Lösung des Variationsproblems benötigen. Im eindimensionalen Fall haben wir diese Funktionenräume bereits im Abschnitt 3.1 kennengelernt.

Definition 4.1 ($L_2(\Omega)$ - Raum der quadratisch integrierbaren Funktionen)
Der Raum $L_2(\Omega)$ ist die Menge aller Funktionen u, für welche das Integral

$$
\int_\Omega (u(x))^2\, dx
$$

existiert und endlich ist.

Auf analoge Weise lassen sich auch die Räume $L_2(\Gamma)$ und $L_2(\Gamma_i)$, $i = 1,2,3$, definieren.
Durch die Beziehung

$$\|u\|_{0,2,\Omega} = \sqrt{\int_\Omega (u(x))^2\, dx} \qquad (4.3)$$

wird im Raum $L_2(\Omega)$ eine Norm definiert. Manchmal werden wir anstelle von $\|u\|_{0,2,\Omega}$ die kürzere Schreibweise $\|u\|_0$ verwenden.

Für beliebige Funktionen u und v aus dem Raum $L_2(\Omega)$ gilt die *Cauchy-Schwarzsche Ungleichung*

$$\left| \int_\Omega u(x)v(x)\, dx \right| \le \sqrt{\int_\Omega (u(x))^2\, dx}\, \sqrt{\int_\Omega (v(x))^2\, dx}. \qquad (4.4)$$

Die Cauchy-Schwarzsche Ungleichung gilt natürlich auch in den Räumen $L_2(\Gamma)$ und $L_2(\Gamma_i)$, $i = 1,2,3$. In den Integralen in der Ungleichung (4.4) muss nur Ω durch Γ bzw. Γ_i sowie dx durch das Bogen- bzw. Oberflächenelement ds ersetzt werden.

Zur Definition des Raumes $H^1(\Omega)$ benötigen wir den Begriff der verallgemeinerten Ableitung.

Definition 4.2 (verallgemeinerte Ableitung nach SOBOLEV)

Die integrierbare Funktion $w = \dfrac{\partial u}{\partial x_i}$ heißt *verallgemeinerte Ableitung von u nach x_i*, falls

$$\int_\Omega u(x)\frac{\partial \varphi}{\partial x_i}\, dx = -\int_\Omega w(x)\varphi(x)\, dx$$

für alle Funktionen $\varphi \in \overset{\circ}{C}{}^1(\overline{\Omega})$ gilt. Der Raum $\overset{\circ}{C}{}^1(\overline{\Omega})$ umfasst alle über $\overline{\Omega}$ stetig differenzierbaren φ, die auf dem Rand $\partial\Omega$ identisch Null sind.

Auf analoge Weise definiert man verallgemeinerte Ableitungen höherer Ordnung. Die integrierbare Funktion

$$w = \frac{\partial^\alpha u}{\partial x^\alpha} = \frac{\partial^\alpha u}{\partial x_1^{\alpha_1}\cdots\partial x_d^{\alpha_d}} \quad \text{mit } \alpha = (\alpha_1,\cdots,\alpha_d)$$

heißt verallgemeinerte Ableitung der Ordnung $m = |\alpha| = \alpha_1 + \cdots + \alpha_d$, wenn

$$\int_\Omega u(x)\frac{\partial^\alpha \varphi}{\partial x^\alpha}\, dx = (-1)^{|\alpha|}\int_\Omega w(x)\varphi(x)\, dx \quad \text{für alle } \varphi \in \overset{\circ}{C}{}^m(\overline{\Omega})$$

gilt. Der Funktionenraum $\overset{\circ}{C}{}^m(\overline{\Omega})$ umfasst alle über $\overline{\Omega} \subset \mathbb{R}^d$ m-mal stetig differenzierbaren Funktionen φ, deren partielle Ableitungen bis zur Ordnung $m-1$ auf dem Rand $\partial\Omega$ identisch Null sind.

Definition 4.3 (Sobolev-Raum $H^1(\Omega)$)
Der Sobolev-Raum $H^1(\Omega)$ ist die Menge aller Funktionen $u \in L_2(\Omega)$, welche verallgemeinerte Ableitungen erster Ordnung $\dfrac{\partial u}{\partial x_i}$, $i = 1,2,\ldots,d$, besitzen, die ebenfalls zum Raum $L_2(\Omega)$ gehören.

In der Literatur findet man für den Raum $H^1(\Omega)$ auch die Bezeichnung $W_2^1(\Omega)$ oder $W^{1,2}(\Omega)$.

Im Raum $H^1(\Omega)$ ist durch

$$\|u\|_{1,2,\Omega} \;=\; \sqrt{\|u\|_{0,2,\Omega}^2 + |u|_{1,2,\Omega}^2} \;=\; \sqrt{\int\limits_{\Omega} (u(x))^2\,dx + \int\limits_{\Omega} |\operatorname{grad} u(x)|^2\,dx} \qquad (4.5)$$

mit

$$|\operatorname{grad} u(x)|^2 = \sum_{i=1}^{d} \left(\frac{\partial u}{\partial x_i}\right)^2$$

eine Norm gegeben. Zur Bezeichnung dieser Norm werden wir anstelle von $\|u\|_{1,2,\Omega}$ manchmal auch die kürzere Schreibweise $\|u\|_1$ nutzen.

Da der Raum $H^1(\Omega)$ ein Teilraum des Raumes $L_2(\Omega)$ ist, gilt für beliebige Funktionen u und v aus $H^1(\Omega)$ ebenfalls die Cauchy-Schwarzsche Ungleichung (4.4). Sei $\widetilde{\Gamma} \subset \Gamma = \partial\Omega$ ein Randtsück mit

$$\operatorname{meas}(\widetilde{\Gamma}) = \int\limits_{\widetilde{\Gamma}} ds > 0,$$

d.h. mit positiver Länge ($d = 2$) bzw. positivem Flächeninhalt ($d = 3$). Dann gilt für eine beliebige Funktion $u \in H^1(\Omega)$, die auf dem Randstück $\widetilde{\Gamma}$ identisch Null ist, die *Friedrichssche Ungleichung*

$$\int\limits_{\Omega} (u(x))^2\,dx \le c_{\mathrm{F}}^2 \int\limits_{\Omega} |\operatorname{grad} u(x)|^2\,dx \qquad (4.6)$$

mit einer vom Gebiet Ω abhängigen positiven Konstanten c_{F}. Unter gewissen Voraussetzungen an die Geometrie des Gebietes Ω (für eine detailliertere Aussage siehe z.B. [Wlo82]) ist für beliebige Funktionen $u \in H^1(\Omega)$ die *Poincaré-Ungleichung*

$$\int\limits_{\Omega} (u(x))^2\,dx \le c_{\mathrm{P}}^2 \left\{ \left(\int\limits_{\Omega} u(x)\,dx\right)^2 + \int\limits_{\Omega} |\operatorname{grad} u(x)|^2\,dx \right\}$$

gültig. Dabei ist c_{P} eine vom Gebiet Ω abhängige, positive Konstante. Weiterhin erhält man aus dem Satz über äquivalente Normen [GZZZ03, Mic81] die Beziehungen

$$\underline{c}\,\|u\|_{1,2,\Omega}^2 \le \left(\int\limits_{\widetilde{\Gamma}} u(x)\,dx\right)^2 + \int\limits_{\Omega} |\operatorname{grad} u(x)|^2\,dx \le \overline{c}\,\|u\|_{1,2,\Omega}^2 \qquad (4.7)$$

mit positiven Konstanten $\underline{c}, \overline{c}$ und $\widetilde{\Gamma} \subset \partial\Omega$, $\operatorname{meas}(\widetilde{\Gamma}) > 0$.

Durch

$$u(x) = \lim_{\Omega \ni y \to x} u(y) \quad \text{für} \quad x \in \Gamma$$

erhält man die *Spur* einer Funktion $u \in H^1(\Omega)$ auf dem Rand $\Gamma = \partial\Omega$. Die L_2-Norm der Spur einer Funktion $u \in H^1(\Omega)$ auf einem Randstück $\widetilde{\Gamma}$ mit $\operatorname{meas}(\widetilde{\Gamma}) > 0$ kann durch die H^1-Norm der Funktion u wie folgt abgeschätzt werden:

$$\|u\|_{0,2,\widetilde{\Gamma}} \le c_{\widetilde{\Gamma}}\,\|u\|_{1,2,\Omega}. \qquad (4.8)$$

Wir benötigen bei der Herleitung der Variationsformulierung des Randwertproblems (4.1) und anderer Randwertprobleme die Formel der partiellen Integration und einige weitere Beziehungen wie zum Beispiel den Gaußschen Integralsatz oder die Greenschen Formeln. Diese werden im Folgenden angegeben. Wir gehen von der Grundformel

$$\int_\Omega \frac{\partial w}{\partial x_i}\,dx = \int_{\partial\Omega} w(x)n_i(x)\,ds \tag{4.9}$$

aus. Dabei sind n_i, $i = 1,\dots,d$, die Komponenten des Vektors der äußeren Einheitsnormalen $\vec{n}(x) = (n_1(x)\dots n_d(x))^T$, $|\vec{n}| = 1$, im Punkt $x \in \partial\Omega$ (siehe auch Abbildung 2.5, S. 41). Diese Formel ist für $\Omega = [a,b]$ als Grundformel der Differential- und Integralrechnung wohl bekannt. Es gilt

$$\int_a^b \frac{dw}{dx_1}\,dx_1 = w(b)n_b + w(a)n_a = w(b) - w(a)$$

(siehe auch Abbildung 2.4, S. 39).

Wird in (4.9) $w = uv$ gesetzt, dann erhalten wir mittels der Produktregel für partielle Ableitungen

$$\int_\Omega \left[\frac{\partial u}{\partial x_i}v + \frac{\partial v}{\partial x_i}u \right]dx = \int_{\partial\Omega} u(x)v(x)n_i(x)\,ds$$

und daraus die *Formel der partiellen Integration*

$$\int_\Omega \frac{\partial u}{\partial x_i}v\,dx = -\int_\Omega \frac{\partial v}{\partial x_i}u\,dx + \int_{\partial\Omega} u(x)v(x)n_i(x)\,ds. \tag{4.10}$$

Ersetzen wir in (4.9) die Funktion w durch eine Funktion w_i und addieren wir die Gleichungen für $i = 1,\dots,d$, so ergibt sich der *Gaußsche Integralsatz*

$$\int_\Omega \sum_{i=1}^d \frac{\partial w_i}{\partial x_i}\,dx = \int_{\partial\Omega} \sum_{i=1}^d w_i n_i\,ds$$

oder in kompakterer Schreibweise

$$\int_\Omega \operatorname{div}\vec{w}\,dx = \int_{\partial\Omega} \vec{w}^T\vec{n}\,ds \quad \text{mit} \quad \vec{w}^T = (w_1 \dots w_d)^T.$$

Aus der Formel der partiellen Integration (4.10) folgt nach Ersetzen von u durch $\frac{\partial u}{\partial x_i}$ und anschließender Summation über alle $i = 1,\dots,d$ die *Greensche Formel*

$$\int_\Omega \sum_{i=1}^d \frac{\partial}{\partial x_i}\left(\frac{\partial u}{\partial x_i}\right)v\,dx = -\int_\Omega \left(\sum_{i=1}^d \frac{\partial u}{\partial x_i}\frac{\partial v}{\partial x_i}\right)dx + \int_{\partial\Omega} \left(\sum_{i=1}^d \frac{\partial u}{\partial x_i}n_i\right)v\,ds. \tag{4.11}$$

Die Greensche Formel (4.11) kann wegen der Beziehung

$$\text{div}(\text{grad}\,u) = \Delta u = \sum_{i=1}^{d} \frac{\partial}{\partial x_i}\left(\frac{\partial u}{\partial x_i}\right),$$

der Definition der Normalenableitung

$$\frac{\partial u}{\partial \vec{n}} = \vec{n}^T \text{grad}\,u = \sum_{i=1}^{d} \frac{\partial u}{\partial x_i} n_i \qquad (4.12)$$

und

$$\int_{\Omega} (\text{grad}\,v)^T \text{grad}\,u\,dx = \int_{\Omega} \left(\sum_{i=1}^{d} \frac{\partial u}{\partial x_i} \frac{\partial v}{\partial x_i}\right) dx$$

auch in der Form

$$\int_{\Omega} \text{div}(\text{grad}\,u)\,v\,dx = -\int_{\Omega} (\text{grad}\,v)^T \text{grad}\,u\,dx + \int_{\partial\Omega} \frac{\partial u}{\partial \vec{n}} v\,ds$$

bzw.

$$\int_{\Omega} \Delta u\,v\,dx = -\int_{\Omega} (\text{grad}\,v)^T \text{grad}\,u\,dx + \int_{\partial\Omega} \frac{\partial u}{\partial \vec{n}} v\,ds \qquad (4.13)$$

aufgeschrieben werden. Wird in (4.10) die Funktion u durch $\lambda_i \dfrac{\partial u}{\partial x_i}$ ersetzt, ergibt sich auf analoge Weise die Formel

$$\int_{\Omega} \text{div}(\Lambda\,\text{grad}\,u)\,v\,dx = -\int_{\Omega} (\text{grad}\,v)^T \Lambda\,\text{grad}\,u\,dx + \int_{\partial\Omega} \frac{\partial u}{\partial N} v\,ds \qquad (4.14)$$

mit

$$\Lambda = \Lambda(x) = \begin{pmatrix} \lambda_1(x) & 0 & 0 \\ 0 & \ddots & 0 \\ 0 & 0 & \lambda_d(x) \end{pmatrix} \quad \text{und} \quad \frac{\partial u}{\partial N} = \sum_{i=1}^{d} \lambda_i \frac{\partial u}{\partial x_i} n_i.$$

Wenn wir Differentialgleichungssysteme wie zum Beispiel das Randwertproblem (1.36) der linearen Elastizitätstheorie betrachten, dann benötigen wir die Räume $[L_2(\Omega)]^d$ und $[H^1(\Omega)]^d$. Die Elemente dieser Räume sind Vektorfunktionen, deren Komponenten Elemente des Raumes $L_2(\Omega)$ bzw. $H^1(\Omega)$ sind.

Ausgehend von den Definitionen (4.3) und (4.5) der Norm in den Räumen $L_2(\Omega)$ und $H^1(\Omega)$ definieren wir Normen in den Räumen $[L_2(\Omega)]^d$ und $[H^1(\Omega)]^d$ durch

$$\|\vec{u}\|_{0,2,\Omega} = \sqrt{\sum_{i=1}^{d} \|u_i\|_{0,2,\Omega}^2} \quad \text{mit} \quad \vec{u} = \begin{pmatrix} u_1 \\ \vdots \\ u_d \end{pmatrix}$$

und

$$\|\vec{u}\|_{1,2,\Omega} = \sqrt{\sum_{i=1}^{d} \|u_i\|_{1,2,\Omega}^2} = \sqrt{\sum_{i=1}^{d}\left[\int_{\Omega} u_i^2\, dx + \int_{\Omega} |\text{grad}\, u_i|^2\, dx\right]}. \qquad (4.15)$$

Ersetzen wir in der Formel der partiellen Integration (4.10) die Funktion u durch $\text{div}\,\vec{u}$ sowie v durch v_i und addieren wir die entsprechenden Gleichungen für $i = 1, \ldots, d$, so erhalten wir die Beziehung

$$\int_{\Omega} \sum_{i=1}^{d} \frac{\partial}{\partial x_i}(\text{div}\,\vec{u})\, v_i\, dx = -\int_{\Omega} \sum_{i=1}^{d} \frac{\partial v_i}{\partial x_i}(\text{div}\,\vec{u})\, dx + \int_{\partial\Omega} \sum_{i=1}^{d} (\text{div}\,\vec{u}) v_i n_i\, ds$$

oder in äquivalenter Schreibweise

$$\int_{\Omega} \vec{v}^T \text{grad}(\text{div}\,\vec{u})\, dx = -\int_{\Omega} \text{div}\,\vec{u}\,\text{div}\,\vec{v}\, dx + \int_{\partial\Omega} \text{div}\,\vec{u}\,\vec{v}^T \vec{n}\, ds. \qquad (4.16)$$

Zum Abschluss dieses Abschnitts definieren wir noch den Raum $H^m(\Omega)$ für $m > 1$.

Definition 4.4 (Sobolev-Raum $H^m(\Omega) = W_2^m(\Omega) = W^{m,2}(\Omega)$)

Die Menge aller Funktionen $u \in L_2(\Omega)$, für welche alle verallgemeinerten Ableitungen $\dfrac{\partial^\alpha u}{\partial x_1^{\alpha_1} \ldots \partial x_d^{\alpha_d}}$ der Ordnung α mit $1 \le |\alpha| = \alpha_1 + \cdots + \alpha_d \le m$ existieren und ebenfalls Elemente des Raumes $L_2(\Omega)$ sind, bildet den Raum $H^m(\Omega)$.

Eine Norm im Raum $H^m(\Omega)$ wird durch

$$\|u\|_{m,2,\Omega} = \sqrt{\int_{\Omega} \sum_{0 \le |\alpha| = \alpha_1 + \cdots + \alpha_d \le m} \left(\frac{\partial^\alpha u}{\partial x_1^{\alpha_1} \ldots \partial x_d^{\alpha_d}}\right)^2 dx} \qquad (4.17)$$

definiert. Analog erfolgt die Definition der Norm für Vektorfunktionen $\vec{u} \in [H^m(\Omega)]^d$.

4.3 Variationsformulierung von Randwertproblemen

Herleitung der Variationsformulierung

Zur Herleitung der Variationsformulierung (verallgemeinerten Formulierung, schwachen Formulierung) des Randwertproblems (4.1) werden analog wie bei Randwertproblemen in eindimensionalen Gebieten (siehe Abschnitt 3.2) die folgenden Schritte durchgeführt.

1. Wir definieren zunächst den Raum V_0 der Testfunktionen v durch

$$V_0 = \{v \in H^1(\Omega) : v = 0 \text{ auf } \Gamma_1\}.$$

Als Testfunktionen v werden grundsätzlich Funktionen gewählt, die auf dem Randstück Γ_1, d.h. dem Randstück auf welchem die Randbedingungen 1. Art vorgegeben werden, identisch Null sind.

2. Wir multiplizieren die Differentialgleichung (4.1) mit einer Testfunktion $v \in V_0$ und integrieren über Ω. Dies ergibt

$$-\int_\Omega \operatorname{div}(\Lambda(x)\operatorname{grad}u(x))v(x)\,dx = \int_\Omega f(x)v(x)\,dx. \qquad (4.18)$$

3. Die Anwendung der Formel der partiellen Integration (siehe auch die Beziehung (4.14)) liefert die zu (4.18) äquivalente Beziehung

$$\int_\Omega (\operatorname{grad}v(x))^T \Lambda(x)\operatorname{grad}u(x)\,dx - \int_{\partial\Omega} \frac{\partial u}{\partial N}v\,ds = \int_\Omega f(x)v(x)\,dx. \qquad (4.19)$$

4. Wir arbeiten die auf Γ_2 und Γ_3 vorgegebenen Randbedingungen 2. und 3. Art ein und beachten, dass $v = 0$ auf Γ_1 gilt. Wegen

$$\int_{\partial\Omega} \frac{\partial u}{\partial N}v\,ds = \underbrace{\int_{\Gamma_1} \frac{\partial u}{\partial N}v\,ds}_{} + \underbrace{\int_{\Gamma_2} \frac{\partial u}{\partial N}v\,ds}_{} + \underbrace{\int_{\Gamma_3} \frac{\partial u}{\partial N}v\,ds}_{}$$

$$= \int_{\Gamma_1} \frac{\partial u}{\partial N}0\,ds + \int_{\Gamma_2} g_2 v\,ds + \int_{\Gamma_3} \widetilde{\alpha}(u_A - u)v\,ds$$

erhalten wir aus (4.19)

$$\int_\Omega (\operatorname{grad}v(x))^T \Lambda(x)\operatorname{grad}u(x)\,dx - \int_{\Gamma_2} g_2 v\,ds - \left[\int_{\Gamma_3} \widetilde{\alpha}u_A v\,ds - \int_{\Gamma_3} \widetilde{\alpha}uv\,ds\right] = \int_\Omega f(x)v(x)\,dx.$$

Schreiben wir diese Beziehung so, dass auf der linken Seite nur Terme stehen, in welchen die unbekannte Funktion u vorkommt, und dass alle anderen Terme die rechte Seite der Gleichung bilden, dann ergibt sich die Beziehung

$$\int_\Omega (\operatorname{grad}v(x))^T \Lambda(x)\operatorname{grad}u(x)\,dx + \int_{\Gamma_3} \widetilde{\alpha}(x)u(x)v(x)\,ds$$

$$= \int_\Omega f(x)v(x)\,dx + \int_{\Gamma_2} g_2(x)v(x)\,ds + \int_{\Gamma_3} \widetilde{\alpha}(x)u_A(x)v(x)\,ds. \qquad (4.20)$$

5. Wir legen unter Beachtung der vorgegebenen Randbedingungen 1. Art die Menge der zulässigen Funktionen, d.h. die Menge, in der wir die Lösung u suchen, fest:

$$V_{g_1} = \{u \in H^1(\Omega) : u(x) = g_1(x) \text{ auf } \Gamma_1\}.$$

Bemerkung 4.1

Sowohl der Raum der Testfunktionen V_0 (siehe 1. Schritt) als auch die Menge der zulässigen Funktionen V_{g_1} (siehe 5. Schritt) sind Teilmengen des Funktionenraums $H^1(\Omega)$. Wir müssen Teilmengen des Raumes $H^1(\Omega)$ wählen, weil in der Gleichung (4.20) die Funktionen u und v sowie deren erste partiellen Ableitungen vorkommen.

Die Schritte 1. bis 5. führen zur Variationsformulierung der Aufgabe (4.1):

Gesucht ist $u \in V_{g_1}$, so dass

$$a(u,v) = \langle F,v \rangle \qquad \text{für alle } v \in V_0 \tag{4.21}$$

gilt mit

$$a(u,v) = \int_{\Omega} (\operatorname{grad} v(x))^T \Lambda(x) \operatorname{grad} u(x)\, dx + \int_{\Gamma_3} \tilde{\alpha}(x) u(x) v(x)\, ds,$$

$$\langle F,v \rangle = \int_{\Omega} f(x) v(x)\, dx + \int_{\Gamma_2} g_2(x) v(x)\, ds + \int_{\Gamma_3} \tilde{\alpha}(x) u_A(x) v(x)\, ds,$$

$$V_{g_1} = \{ u \in H^1(\Omega) : u(x) = g_1(x) \text{ auf } \Gamma_1 \},$$

$$V_0 = \{ v \in H^1(\Omega) : v(x) = 0 \text{ auf } \Gamma_1 \}.$$

Bemerkung 4.2

Die linke Seite in der Gleichung (4.21) ist eine *Bilinearform* auf $V = H^1(\Omega)$, d.h. es gilt

$$a(c_1 u_1 + c_2 u_2, v) = c_1 a(u_1, v) + c_2 a(u_2, v) \qquad \text{für alle } u_1, u_2 \in V, \text{ für alle } v \in V$$
$$\text{und für alle } c_1, c_2 \in \mathbb{R},$$

$$a(u, c_1 v_1 + c_2 v_2) = c_1 a(u, v_1) + c_2 a(u, v_2) \qquad \text{für alle } u \in V, \text{ für alle } v_1, v_2 \in V$$
$$\text{und für alle } c_1, c_2 \in \mathbb{R}.$$

Die rechte Seite in (4.21) ist eine *Linearform*, denn es gilt

$$\langle F, c_1 v_1 + c_2 v_2 \rangle = c_1 \langle F, v_1 \rangle + c_2 \langle F, v_2 \rangle \quad \text{für alle } v_1, v_2 \in V \text{ und für alle } c_1, c_2 \in \mathbb{R}.$$

Diese beiden Eigenschaften werden wir auf den Seiten 213 und 214 nachweisen.

Bemerkung 4.3

Die Variationsformulierung (4.21) ist eine Verallgemeinerung der klassischen Formulierung (4.1). Um die Existenz der Integrale in der Variationsformulierung zu sichern, sind geringere Glattheitsforderungen an die Eingangsdaten λ_i, $\tilde{\alpha}$, f, g_2 und u_A erforderlich als in der klassischen Formulierung. Beispielsweise brauchen diese Funktionen nur stückweise stetig und beschränkt sein. Von der Lösung u der Aufgabe (4.21) wird ebenfalls eine geringere Glattheit gefordert. Es müssen nur die verallgemeinerten Ableitungen $\partial u / \partial x_i$ existieren und quadratisch integrierbar sein. Falls die verallgemeinerte Lösung der Aufgabe (4.21) die klassischen Glattheitsforderungen erfüllt, d.h. $u \in V_{g_1} \cap H^2(\Omega) \cap (C^2(\Omega) \cap C^1(\Omega \cup \Gamma_2 \cup \Gamma_3) \cap C(\overline{\Omega}))$, dann ist sie auch Lösung der klassischen Aufgabe (4.1).

Bemerkung 4.4

Für theoretische Untersuchungen betrachtet man oft die Variationsformulierung des Randwertproblems mit homogenisierten Randbedingungen 1. Art. Dazu setzen wir die Funktion g_1, die zunächst nur auf dem Randstück Γ_1 definiert ist, zu einer Funktion $\tilde{g}_1 \in H^1(\Omega)$ ins Innere des Gebietes Ω und auf die Randstücke Γ_2 sowie Γ_3 geeignet fort. Mit dem Ansatz

$$u = w + \tilde{g}_1, \quad w \in V_0,$$

erhalten wir das zur Aufgabe (4.21) äquivalente Randwertproblem:

Gesucht ist $w \in V_0$, so dass

$$a(w,v) = \langle \widetilde{F},v \rangle \qquad \text{für alle} \quad v \in V_0$$

gilt mit

$$a(w,v) \;=\; \int_{\Omega} (\operatorname{grad} v(x))^T \Lambda(x)\operatorname{grad} w(x)\,dx + \int_{\Gamma_3} \widetilde{\alpha}(x)w(x)v(x)\,ds,$$

$$\langle \widetilde{F},v \rangle \;=\; \langle F,v \rangle - a(\widetilde{g}_1,v),$$

$$V_0 = \{v \in H^1(\Omega) : v(x) = 0 \text{ auf } \Gamma_1\}.$$

Aufgrund dieser einfachen Überführung eines Randwertproblems mit inhomogenen Randbedingungen 1. Art in ein Randwertproblem mit homogenen Randbedingungen 1. Art können wir im Weiteren bei theoretischen Untersuchungen homogene Randbedingungen 1. Art voraussetzen.

Neben dem Wärmeleitproblem (4.1) betrachten wir als weiteres Beispiel das im Abschnitt 2.2.3 hergeleitete lineare Elastizitätsproblem (siehe Gleichung (2.42), S. 64). Wir geben hier nochmals die klassische Formulierung des Randwertproblems der linearen Elastizitätstheorie an.

Gesucht ist $\vec{u} \in [C^2(\Omega) \cap C^1(\Omega \cup \Gamma_2) \cap C(\overline{\Omega})]^d$, so dass

$$
\begin{aligned}
-\mu_{\mathrm{e}}\Delta\vec{u}(x) - (\lambda_{\mathrm{e}} + \mu_{\mathrm{e}})\operatorname{grad}(\operatorname{div}\vec{u}(x)) &= \vec{f}(x) &&\text{für alle} \quad x \in \Omega, \\
\vec{u}(x) &= \vec{g}_1(x) &&\text{für alle} \quad x \in \Gamma_1, \\
\sum_{j=1}^{d}\sigma_{ji}n_j &= g_{2i}(x) &&\text{für alle} \quad x \in \Gamma_2,\ i=1,\dots,d,
\end{aligned}
\tag{4.22}
$$

gilt.

Für den räumlich dreidimensionalen Fall ist $d = 3$, im Falle des ebenen Verzerrungs- bzw. des ebenen Spannungszustandes (siehe Abschnitt *Strukturmechanische Modelle*, S. 66) ist $d = 2$. Die Lamé-Konstanten λ_{e} und μ_{e} sind in (2.37) definiert und die Komponenten σ_{ij} des Spannungstensors bei dreidimensionalen Problemen sowie beim ebenen Verzerrungszustand in (1.37) bzw. (2.35), (2.36). Für den ebenen Spannungszusatnd erhält man mittels der Substitution (2.56) die entsprechenden Beziehungen aus den Beziehungen für den ebenen Verzerrungszustand. Die Funktionenmenge $[C^2(\Omega) \cap C^1(\Omega \cup \Gamma_2) \cap C(\overline{\Omega})]^d$ enthält alle Vektorfunktionen $\vec{u}$, deren Komponenten u_i, $i = 1,\dots,d$, Elemente der Funktionenmenge $C^2(\Omega) \cap C^1(\Omega \cup \Gamma_2) \cap C(\overline{\Omega})$ sind.

Bei der Herleitung der Variationsformulierung linearer Elastizitätsproblemedes können wir vom Randwertproblem (4.22) ausgehen. Einfacher lässt sich die Variationsformulierung jedoch bestimmen, wenn wir als Ausgangspunkt die äquivalente Formulierung

Gesucht ist das Verschiebungsfeld $\vec{u}$ mit $\vec{u} \in [C^2(\Omega) \cap C^1(\Omega \cup \Gamma_2) \cap C(\overline{\Omega})]^d$, so dass die Lamé-schen partiellen Differentialgleichungen

$$-\sum_{j=1}^{d}\frac{\partial \sigma_{ji}}{\partial x_j} = f_i(x),\ i=1,\dots,d, \qquad \text{für alle } x \in \Omega \tag{4.23}$$

gelten und die Randbedingungen

$$
\begin{aligned}
\vec{u}(x) &= \vec{g}_1(x) &&\text{für alle } x \in \Gamma_1, \\
\sum_{j=1}^{d}\sigma_{ji}(x)n_j(x) &= g_{2i}(x),\ i=1,\dots,d, &&\text{für alle } x \in \Gamma_2
\end{aligned}
\tag{4.24}
$$

erfüllt werden.

(siehe Randwertproblem (2.38), S. 62, und die Beziehung (2.39)).

Die Variationsformulierung des Randwertproblems (4.22) bzw. des äquivalenten Randwert-problems (4.23) erhalten wir auf analoge Weise wie beim Randwertproblem (4.1). Wir multipli-zieren die linke und rechte Seite des Differentialgleichungssystems in (4.23) mit einer Vektor-funktion $\vec{v} \in V_0$, $V_0 = \{\vec{v} \in [H^1(\Omega)]^d : \vec{v} = \vec{0} \text{ auf } \Gamma_1\}$ und integrieren über das Gebiet Ω. Da $\vec{v}$ eine Vektorfunktion ist, bedeutet die Multiplikation mit $\vec{v}$, dass wir das Skalarprodukt berechnen müssen. Wir erhalten

$$\int_\Omega \vec{v}^T \left[-\sum_{j=1}^d \frac{\partial \sigma_{ji}}{\partial x_j} \right]_{i=1}^d dx = \int_\Omega \vec{v}^T [f_i]_{i=1}^d dx$$

oder in äquivalenter Schreibweise

$$-\int_\Omega \sum_{i=1}^d \sum_{j=1}^d \frac{\partial \sigma_{ji}}{\partial x_j} v_i dx = \int_\Omega \sum_{i=1}^d f_i v_i dx.$$

Die Anwendung der Formel der partiellen Integration (4.10) auf der linken Seite dieser Gleichung liefert die Beziehung

$$\int_\Omega \sum_{i=1}^d \sum_{j=1}^d \sigma_{ji} \frac{\partial v_i}{\partial x_j} dx - \int_{\partial\Omega} \sum_{j=1}^d \sum_{i=1}^d \sigma_{ji} n_j v_i ds = \int_\Omega \sum_{i=1}^d f_i v_i dx.$$

Da die Testfunktion $\vec{v}$ auf dem Rand Γ_1 identisch Null ist, reduziert sich die Integration bei dem Oberflächenintegral (Kurvenintegral) auf die Integration über dem Randstück Γ_2. Beachten wir dann die natürliche Randbedingung (4.24) auf Γ_2, so erhalten wir

$$\int_\Omega \sum_{i=1}^d \sum_{j=1}^d \sigma_{ji} \frac{\partial v_i}{\partial x_j} dx - \int_{\Gamma_2} \sum_{i=1}^d g_{2i} v_i ds = \int_\Omega \sum_{i=1}^d f_i v_i dx.$$

Diese Beziehung kann auch in der Form

$$\int_\Omega \left[\sum_{i=1}^d \sigma_{ii} \frac{\partial v_i}{\partial x_i} + \sum_{\substack{i,j=1 \\ i\neq j}}^d \sigma_{ji} \frac{\partial v_i}{\partial x_j} \right] dx = \int_\Omega \sum_{i=1}^d f_i v_i dx + \int_{\Gamma_2} \sum_{i=1}^d g_{2i} v_i ds$$

aufgeschrieben werden. Mittels der Definition (2.35) und (2.36) der Komponenten σ_{ji} des Span-nungstensors und der Definition (2.32) der Komponenten ε_{ij} des Cauchyschen Verzerrungsten-sors ergibt sich daraus

$$\int_\Omega \left[\sum_{i=1}^d \left(\lambda_e(\varepsilon_{11}(\vec{u}) + \varepsilon_{22}(\vec{u}) + \varepsilon_{33}(\vec{u})) + 2\mu_e \varepsilon_{ii}(\vec{u}) \right) \varepsilon_{ii}(\vec{v}) + \sum_{\substack{i,j=1 \\ i\neq j}}^d 2\mu_e \varepsilon_{ij}(\vec{u}) \frac{\partial v_i}{\partial x_j} \right] dx$$

$$= \int_\Omega \sum_{i=1}^d f_i v_i dx + \int_{\Gamma_2} \sum_{i=1}^d g_{2i} v_i ds. \tag{4.25}$$

Wegen

$$\varepsilon_{11}(\vec{u}) + \varepsilon_{22}(\vec{u}) + \varepsilon_{33}(\vec{u}) = \frac{\partial u_1}{\partial x_1} + \frac{\partial u_2}{\partial x_2} + \frac{\partial u_3}{\partial x_3} = \text{div } \vec{u} \tag{4.26}$$

erhalten wir aus (4.25)

$$\int_{\Omega} \left[\sum_{i=1}^{d} \left(\lambda_e \operatorname{div} \vec{u} + 2\mu_e \varepsilon_{ii}(\vec{u}) \right) \varepsilon_{ii}(\vec{v}) + \sum_{\substack{i,j=1 \\ i \neq j}}^{d} 2\mu_e \varepsilon_{ij}(\vec{u}) \frac{\partial v_i}{\partial x_j} \right] dx = \int_{\Omega} \sum_{i=1}^{d} f_i v_i \, dx + \int_{\Gamma_2} \sum_{i=1}^{d} g_{2i} v_i \, ds$$

oder in äquivalenter Form

$$\int_{\Omega} \left[\lambda_e \operatorname{div} \vec{u} \sum_{i=1}^{d} \varepsilon_{ii}(\vec{v}) + 2\mu_e \sum_{i=1}^{d} \varepsilon_{ii}(\vec{u}) \varepsilon_{ii}(\vec{v}) + 2\mu_e \sum_{\substack{i,j=1 \\ i \neq j}}^{d} \varepsilon_{ij}(\vec{u}) \frac{\partial v_i}{\partial x_j} \right] dx$$

$$= \int_{\Omega} \sum_{i=1}^{d} f_i v_i \, dx + \int_{\Gamma_2} \sum_{i=1}^{d} g_{2i} v_i \, ds.$$

Die Anwendung der Beziehung (4.26) mit $\vec{v}$ anstelle von $\vec{u}$ liefert die Beziehung

$$\int_{\Omega} \left[\lambda_e \operatorname{div} \vec{u} \operatorname{div} \vec{v} + 2\mu_e \sum_{i=1}^{d} \varepsilon_{ii}(\vec{u}) \varepsilon_{ii}(\vec{v}) + 2\mu_e \sum_{\substack{i,j=1 \\ i \neq j}}^{d} \varepsilon_{ij}(\vec{u}) \frac{\partial v_i}{\partial x_j} \right] dx = \int_{\Omega} \sum_{i=1}^{d} f_i v_i \, dx + \int_{\Gamma_2} \sum_{i=1}^{d} g_{2i} v_i \, ds.$$

Aufgrund der Symmetrie des Cauchyschen Verzerrungstensors gilt

$$2\varepsilon_{ij} = \varepsilon_{ij} + \varepsilon_{ij} = \varepsilon_{ij} + \varepsilon_{ji}.$$

Damit folgt

$$\int_{\Omega} \left[\lambda_e \operatorname{div} \vec{u} \operatorname{div} \vec{v} + 2\mu_e \sum_{i=1}^{d} \varepsilon_{ii}(\vec{u}) \varepsilon_{ii}(\vec{v}) + \mu_e \sum_{\substack{i,j=1 \\ i \neq j}}^{d} (\varepsilon_{ij}(\vec{u}) + \varepsilon_{ji}(\vec{u})) \frac{\partial v_i}{\partial x_j} \right] dx$$

$$= \int_{\Omega} \sum_{i=1}^{d} f_i v_i \, dx + \int_{\Gamma_2} \sum_{i=1}^{d} g_{2i} v_i \, ds,$$

d.h.

$$\int_{\Omega} \left[\lambda_e \operatorname{div} \vec{u} \operatorname{div} \vec{v} + 2\mu_e \sum_{i=1}^{d} \varepsilon_{ii}(\vec{u}) \varepsilon_{ii}(\vec{v}) + \mu_e \sum_{\substack{i,j=1 \\ i \neq j}}^{d} \varepsilon_{ij}(\vec{u}) \frac{\partial v_i}{\partial x_j} + \mu_e \sum_{\substack{i,j=1 \\ i \neq j}}^{d} \varepsilon_{ji}(\vec{u}) \frac{\partial v_i}{\partial x_j} \right] dx$$

$$= \int_{\Omega} \sum_{i=1}^{d} f_i v_i \, dx + \int_{\Gamma_2} \sum_{i=1}^{d} g_{2i} v_i \, ds.$$

Da in der zweiten und dritten Summe im Integranden auf der linken Seite sowohl $i = 1, \ldots, d$ als auch $j = 1, \ldots, d$ und $i \neq j$ gilt, können wir die Bezeichnung der Indizes auch vertauschen. Vertauschen wir beispielsweise in der dritten Summe i und j, so ergibt dies

$$\int_{\Omega} \left[\lambda_e \operatorname{div} \vec{u} \operatorname{div} \vec{v} + 2\mu_e \sum_{i=1}^{d} \varepsilon_{ii}(\vec{u}) \varepsilon_{ii}(\vec{v}) + \mu_e \sum_{\substack{i,j=1 \\ i \neq j}}^{d} \varepsilon_{ij}(\vec{u}) \frac{\partial v_i}{\partial x_j} + \mu_e \sum_{\substack{i,j=1 \\ i \neq j}}^{d} \varepsilon_{ij}(\vec{u}) \frac{\partial v_j}{\partial x_i} \right] dx$$

$$= \int_{\Omega} \sum_{i=1}^{d} f_i v_i \, dx + \int_{\Gamma_2} \sum_{i=1}^{d} g_{2i} v_i \, ds$$

und nach Zusammenfassung der beiden letzten Summen auf der linken Seite

$$\int_\Omega \left[\lambda_e \operatorname{div}\vec{u}\operatorname{div}\vec{v} + 2\mu_e \sum_{i=1}^d \varepsilon_{ii}(\vec{u})\,\varepsilon_{ii}(\vec{v}) + \mu_e \sum_{\substack{i,j=1\\i\neq j}}^d \varepsilon_{ij}(\vec{u})\left(\frac{\partial v_i}{\partial x_j} + \frac{\partial v_j}{\partial x_i}\right) \right] dx$$

$$= \int_\Omega \sum_{i=1}^d f_i v_i\,dx + \int_{\Gamma_2} \sum_{i=1}^d g_{2i} v_i\,ds.$$

Aufgrund der Definition (2.32) der Komponenten ε_{ij} des Cauchyschen Verzerrungstensors folgt daraus

$$\int_\Omega \left[\lambda_e \operatorname{div}\vec{u}\operatorname{div}\vec{v} + 2\mu_e \sum_{i=1}^d \varepsilon_{ii}(\vec{u})\,\varepsilon_{ii}(\vec{v}) + \mu_e \sum_{\substack{i,j=1\\i\neq j}}^d \varepsilon_{ij}(\vec{u})\cdot 2\varepsilon_{ij}(\vec{v}) \right] dx = \int_\Omega \sum_{i=1}^d f_i v_i\,dx + \int_{\Gamma_2} \sum_{i=1}^d g_{2i} v_i\,ds.$$

Nun können noch die beiden Summen auf der linken Seite als eine Summe geschrieben werden und wir erhalten

$$\int_\Omega \left[\lambda_e \operatorname{div}\vec{u}\operatorname{div}\vec{v} + 2\mu_e \sum_{i,j=1}^d \varepsilon_{ij}(\vec{u})\,\varepsilon_{ij}(\vec{v}) \right] dx = \int_\Omega \sum_{i=1}^d f_i v_i\,dx + \int_{\Gamma_2} \sum_{i=1}^d g_{2i} v_i\,ds.$$

Damit haben wir die folgende Variationsformulierung des Randwertproblems der linearen Elastizitätstheorie (4.22) bzw. (4.23) hergeleitet.

Gesucht ist $\vec{u} \in V_{g_1}$, so dass

$$a(\vec{u},\vec{v}) = \langle F,\vec{v}\rangle \qquad \text{für alle } \vec{v}\in V_0 \tag{4.27}$$

gilt mit

$$a(\vec{u},\vec{v}) = \int_\Omega \left[2\mu_e \sum_{i,j=1}^d \varepsilon_{ij}(\vec{u})\varepsilon_{ij}(\vec{v}) + \lambda_e \operatorname{div}\vec{u}(x)\operatorname{div}\vec{v}(x) \right] dx,$$

$$\langle F,\vec{v}\rangle = \int_\Omega \vec{v}^T(x)\vec{f}(x)\,dx + \int_{\Gamma_2} \vec{v}^T(x)\vec{g}_2(x)\,ds,$$

$$V_{g_1} = \{\vec{u}\in [H^1(\Omega)]^d : \vec{u}(x) = \vec{g}_1(x) \text{ auf } \Gamma_1\},$$

$$V_0 = \{\vec{v}\in [H^1(\Omega)]^d : \vec{v}(x) = \vec{0} \text{ auf } \Gamma_1\}.$$

Existenz und Eindeutigkeit der verallgemeinerten Lösung

Im Folgenden werden wir untersuchen, unter welchen Voraussetzungen das Variationsproblem (4.21) bzw. (4.27) eine Lösung besitzt und ob diese eindeutig ist. Der Satz von Lax und Milgram gibt dazu eine allgemeine Aussage. Bevor wir diesen Satz formulieren, wiederholen wir die Definitionen der Begriffe V_0-*elliptische* und V_0-*beschränkte Bilinearform*, welche bereits im Abschnitt 3.8 (Beziehungen (3.115) und (3.116)) eingeführt worden sind.

Definition 4.5

Die Bilinearform $a(.,.)$ heißt V_0-*elliptisch*, wenn eine positive Konstante μ_1 existiert, so dass die Ungleichung

$$a(v,v) \geq \mu_1 \|v\|^2 \quad \text{für alle } v \in V_0$$

gilt. Dabei ist $\|.\|$ eine Norm im Raum V_0.

Die Bilinearform $a(.,.)$ heißt V_0-*beschränkt*, wenn eine positive Konstante μ_2 existiert, so dass die Ungleichung

$$|a(u,v)| \leq \mu_2 \|u\| \|v\| \quad \text{für alle } u,v \in V_0$$

erfüllt ist.

Weiterhin benötigen wir den Begriff eines beschränkten, linearen Funktionals auf V_0.

Definition 4.6

F ist ein beschränktes, lineares Funktional auf V_0, wenn

$$|\langle F,v \rangle| \leq c \|v\| \quad \text{für alle } v \in V_0$$

und

$$\langle F, c_1 v_1 + c_2 v_2 \rangle = c_1 \langle F, v_1 \rangle + c_2 \langle F, v_2 \rangle \quad \text{für alle } v_1, v_2 \in V_0 \text{ und für alle } c_1, c_2 \in \mathbb{R}$$

gilt, wobei c eine positive Konstante ist.

Wir formulieren nun den Satz von Lax und Milgram. Einen Beweis des Satzes kann der interessierte Leser zum Beispiel in [GR05, Cia78] finden.

Satz 4.1 (Satz von Lax und Milgram)

Sei $a(.,.) : V_0 \times V_0 \to \mathbb{R}$ eine V_0-beschränkte und V_0-elliptische Bilinearform. Sei außerdem F ein beschränktes, lineares Funktional auf V_0. Dann existiert genau ein $u \in V_0$, so dass

$$a(u,v) = \langle F,v \rangle \quad \text{für alle } v \in V_0$$

gilt.

Für den Nachweis der Existenz und Eindeutigkeit der Lösung eines Randwertproblems in Variationsformulierung müssen wir also prüfen, ob die Voraussetzungen des Satzes von Lax und Milgram erfüllt sind.

Im Folgenden zeigen wir die Existenz und Eindeutigkeit der Lösung des Variationsproblems (4.21), d.h. des stationären Wärmeleitproblems. Dazu werden noch Voraussetzungen an die Eingangsdaten, d.h. an die Funktionen λ_i, f, g_1, g_2, $\tilde{\alpha}$ und u_A benötigt. Wir setzen voraus, dass

$$0 < \underline{\lambda} \leq \lambda_i(x) \leq \overline{\lambda} \quad \text{für alle } x \in \Omega,\ i = 1,\ldots,d\,,$$

und

$$0 < \underline{\alpha} \leq \tilde{\alpha}(x) \leq \overline{\alpha} \quad \text{für alle } x \in \Gamma_3$$

mit positiven Konstanten $\underline{\lambda}$, $\overline{\lambda}$, $\underline{\alpha}$ und $\overline{\alpha}$ gilt. Weiterhin seien $f \in L_2(\Omega)$, $g_2 \in L_2(\Gamma_2)$ und $u_A \in L_2(\Gamma_3)$. Außerdem gelte meas$(\Gamma_1) > 0$, d.h. die Länge des Randstücks Γ_1 im Fall $d = 2$

bzw. der Flächeninhalt des Randstücks Γ_1 im Fall $d = 3$ sei größer als Null. Die Funktion g_1 sei so glatt, dass sie zu einer Funktion $\tilde{g}_1 \in H^1(\Omega)$ fortsetzbar ist und folglich die Randbedingungen 1. Art homogenisiert werden können (siehe Bemerkung 4.4). Wir betrachten deshalb im Folgenden nur Randwertprobleme mit homogenen Randbedingungen 1. Art.

Wir zeigen zuerst, dass die rechte Seite in (4.21) ein beschränktes, lineares Funktional auf V_0 ist. Die Linearität (siehe Bemerkung 4.2) folgt sofort aus der Vertauschbarkeit von Summation und Integration, d.h.

$$
\begin{aligned}
\langle F, c_1 v_1 + c_2 v_2 \rangle &= \int_\Omega f(x)(c_1 v_1(x) + c_2 v_2(x))\, dx + \int_{\Gamma_2} g_2(x)(c_1 v_1(x) + c_2 v_2(x))\, ds \\
&\quad + \int_{\Gamma_3} \tilde{\alpha}(x) u_A(x)(c_1 v_1(x) + c_2 v_2(x))\, ds \\
&= c_1 \int_\Omega f(x) v_1(x)\, dx + c_2 \int_\Omega f(x) v_2(x)\, dx \\
&\quad + c_1 \int_{\Gamma_2} g_2(x) v_1(x)\, ds + c_2 \int_{\Gamma_2} g_2(x) v_2(x)\, ds \\
&\quad + c_1 \int_{\Gamma_3} \tilde{\alpha}(x) u_A(x) v_1(x)\, ds + c_2 \int_{\Gamma_3} \tilde{\alpha}(x) u_A(x) v_2(x)\, ds \\
&= c_1 \langle F, v_1 \rangle + c_2 \langle F, v_2 \rangle
\end{aligned}
$$

für alle $v_1, v_2 \in V_0$ und für alle $c_1, c_2 \in \mathbb{R}$.

Die Tatsache, dass die rechte Seite in (4.21) unter den getroffenen Voraussetzungen an die Funktionen f, g_2, $\tilde{\alpha}$ und u_A ein beschränktes Funktional auf V_0 ist, ergibt sich aus den folgenden Überlegungen. Mittels der Dreiecksungleichung $|a + b| \le |a| + |b|$ und der Cauchy-Schwarzschen Ungleichung (4.4) erhalten wir für eine beliebige Funktion $v \in V_0$ die Abschätzungen

$$
\begin{aligned}
|\langle F, v \rangle| &= \left| \int_\Omega f v\, dx + \int_{\Gamma_2} g_2 v\, ds + \int_{\Gamma_3} \tilde{\alpha} u_A v\, ds \right| \\
&\le \left| \int_\Omega f v\, dx \right| + \left| \int_{\Gamma_2} g_2 v\, ds \right| + \left| \int_{\Gamma_3} \tilde{\alpha} u_A v\, ds \right| \\
&\le \sqrt{\int_\Omega f^2\, dx} \sqrt{\int_\Omega v^2\, dx} + \sqrt{\int_{\Gamma_2} g_2^2\, ds} \sqrt{\int_{\Gamma_2} v^2\, ds} + \sqrt{\int_{\Gamma_3} (\tilde{\alpha} u_A)^2\, ds} \sqrt{\int_{\Gamma_3} v^2\, ds} \\
&= \|f\|_{0,2,\Omega} \|v\|_{0,2,\Omega} + \|g_2\|_{0,2,\Gamma_2} \|v\|_{0,2,\Gamma_2} + \|\tilde{\alpha} u_A\|_{0,2,\Gamma_3} \|v\|_{0,2,\Gamma_3} .
\end{aligned}
\tag{4.28}
$$

Da $f \in L_2(\Omega)$, $g_2 \in L_2(\Gamma_2)$, $u_A \in L_2(\Gamma_3)$ und $\tilde{\alpha}$ als beschränkt vorausgesetzt wird, gilt

$$
\|f\|_{0,2,\Omega} \le c_f, \quad \|g_2\|_{0,2,\Gamma_2} \le c_g \quad \text{und} \quad \|\tilde{\alpha} u_A\|_{0,2,\Gamma_3} \le c_A
$$

mit positiven Konstanten c_f, c_g und c_A. Werden zusätzlich die Ungleichung $\|v\|_{0,2,\Omega} \le \|v\|_{1,2,\Omega}$

und die Abschätzung (4.8) genutzt, dann folgt aus (4.28)

$$\begin{aligned}
|\langle F, v \rangle| &\leq c_f \|v\|_{0,2,\Omega} + c_g \|v\|_{0,2,\Gamma_2} + c_A \|v\|_{0,2,\Gamma_3} \\
&\leq c_f \|v\|_{1,2,\Omega} + c_g c_{\Gamma_2} \|v\|_{1,2,\Omega} + c_A c_{\Gamma_3} \|v\|_{1,2,\Omega} \\
&\leq c \|v\|_{1,2,\Omega}
\end{aligned}$$

mit $c = c_f + c_{\Gamma_2} c_g + c_{\Gamma_3} c_A$, d.h. die rechte Seite von (4.21) ist ein beschränktes, lineares Funktional auf V_0.

Wir zeigen nun, dass $a(.,.)$ aus (4.21) eine V_0-beschränkte und V_0-elliptische Bilinearform ist. Die Bilinearität (siehe Bemerkung 4.2) folgt sofort aus der Vertauschbarkeit von Summation und Differentiation sowie Summation und Integration. Es gilt

$$\begin{aligned}
&a(c_1 u_1 + c_2 u_2, v) \\[4pt]
&= \int_\Omega (\operatorname{grad} v)^T \Lambda \operatorname{grad}(c_1 u_1 + c_2 u_2)\, dx + \int_{\Gamma_3} \tilde{\alpha}(c_1 u_1 + c_2 u_2) v\, ds \\
&= \int_\Omega (\operatorname{grad} v)^T \Lambda \,(c_1 \operatorname{grad} u_1 + c_2 \operatorname{grad} u_2)\, dx + \int_{\Gamma_3} \tilde{\alpha}(c_1 u_1 + c_2 u_2) v\, ds \\
&= \int_\Omega [c_1 (\operatorname{grad} v)^T \Lambda \operatorname{grad} u_1 + c_2 (\operatorname{grad} v)^T \Lambda \operatorname{grad} u_2]\, dx + \int_{\Gamma_3} [c_1 \tilde{\alpha} u_1 v + c_2 \tilde{\alpha} u_2 v]\, ds \\
&= c_1 \int_\Omega (\operatorname{grad} v)^T \Lambda \operatorname{grad} u_1\, dx + c_2 \int_\Omega (\operatorname{grad} v)^T \Lambda \operatorname{grad} u_2\, dx + c_1 \int_{\Gamma_3} \tilde{\alpha} u_1 v\, ds + c_2 \int_{\Gamma_3} \tilde{\alpha} u_2 v\, ds \\
&= c_1 a(u_1, v) + c_2 a(u_2, v)
\end{aligned}$$

für alle $u_1, u_2 \in V_g$, für alle $v \in V_0$ und für alle $c_1, c_2 \in \mathbb{R}$. Auf analoge Weise lässt sich

$$a(u, c_1 v_1 + c_2 v_2) = c_1 a(u, v_1) + c_2 a(u, v_2)$$

zeigen. Die V_0-Beschränktheit der Bilinearform ergibt sich aus folgenden Überlegungen. Mittels der Dreiecksungleichung $|a + b| \leq |a| + |b|$ erhalten wir zunächst für beliebige Funktionen $u, v \in V_0$

$$\begin{aligned}
|a(u, v)| &= \left| \int_\Omega (\operatorname{grad} v)^T \Lambda \operatorname{grad} u\, dx + \int_{\Gamma_3} \tilde{\alpha} u v\, ds \right| \\
&\leq \left| \int_\Omega (\operatorname{grad} v)^T \Lambda \operatorname{grad} u\, dx \right| + \left| \int_{\Gamma_3} \tilde{\alpha} u v\, ds \right|.
\end{aligned} \qquad (4.29)$$

Wegen

$$\begin{aligned}
(\operatorname{grad} v)^T \Lambda \operatorname{grad} u &= (\operatorname{grad} v)^T (\Lambda^{0.5} \Lambda^{0.5}) \operatorname{grad} u = (\operatorname{grad} v)^T (\Lambda^{0.5})^T \Lambda^{0.5} \operatorname{grad} u \\
&= (\Lambda^{0.5} \operatorname{grad} v)^T (\Lambda^{0.5} \operatorname{grad} u)
\end{aligned} \qquad (4.30)$$

mit

$$\Lambda^{0.5} = \begin{pmatrix} \sqrt{\lambda_1(x)} & 0 & 0 \\ 0 & \ddots & 0 \\ 0 & 0 & \sqrt{\lambda_d(x)} \end{pmatrix}$$

und $\tilde{\alpha} = \sqrt{\alpha}\sqrt{\alpha}$ folgt aus (4.29)

$$|a(u,v)| \leq \left| \int_\Omega (\Lambda^{0.5}\text{grad}\,v)^T (\Lambda^{0.5}\text{grad}\,u)\,dx \right| + \left| \int_{\Gamma_3} (\sqrt{\tilde{\alpha}}u)(\sqrt{\tilde{\alpha}}v)\,ds \right|. \tag{4.31}$$

Nutzen wir die Eigenschaften

$$\left| \int_\Omega w(x)\,dx \right| \leq \int_\Omega |w(x)|\,dx$$

und

$$\int_\Omega w_1\,dx \leq \int_\Omega w_2\,dx, \quad \text{falls} \;\; w_1(x) \leq w_2(x) \;\; \text{für alle} \;\; x \in \Omega,$$

von Integralen sowie die Cauchy-Schwarzsche Ungleichung im $\mathbb{R}^d$

$$|\vec{a}^T\vec{b}| \leq |\vec{a}||\vec{b}| \quad \text{für alle} \;\; \vec{a},\vec{b} \in \mathbb{R}^d,$$

dann können wir die linke Seite in der Ungleichung (4.31) weiter nach oben abschätzen:

$$
\begin{aligned}
|a(u,v)| &\leq \int_\Omega |(\Lambda^{0.5}\text{grad}\,v)^T (\Lambda^{0.5}\text{grad}\,u)|\,dx + \left| \int_{\Gamma_3} (\sqrt{\tilde{\alpha}}u)(\sqrt{\tilde{\alpha}}v)\,ds \right| \\
&\leq \int_\Omega |\Lambda^{0.5}\text{grad}\,v|\,|\Lambda^{0.5}\text{grad}\,u|\,dx + \left| \int_{\Gamma_3} (\sqrt{\tilde{\alpha}}u)(\sqrt{\tilde{\alpha}}v)\,ds \right|.
\end{aligned}
\tag{4.32}
$$

Mittels der Cauchy-Schwarzschen Ungleichung im Raum $L_2(\Omega)$ bzw. $L_2(\Gamma_3)$ ergibt sich daraus die Abschätzung

$$
\begin{aligned}
|a(u,v)| &\leq \sqrt{\int_\Omega |\Lambda^{0.5}\text{grad}\,u|^2\,dx} \sqrt{\int_\Omega |\Lambda^{0.5}\text{grad}\,v|^2\,dx} \\
&\quad + \sqrt{\int_{\Gamma_3} (\sqrt{\tilde{\alpha}}u)^2\,ds} \sqrt{\int_{\Gamma_3} (\sqrt{\tilde{\alpha}}v)^2\,ds}.
\end{aligned}
\tag{4.33}
$$

Beachten wir, dass $\lambda_i(x) \leq \overline{\lambda}$ vorausgesetzt wird, so folgt

$$|\Lambda^{0.5}\text{grad}\,u|^2 = \sum_{i=1}^d \left(\sqrt{\lambda_i(x)}\,\frac{\partial u}{\partial x_i} \right)^2 = \sum_{i=1}^d \lambda_i(x) \left(\frac{\partial u}{\partial x_i} \right)^2 \leq \overline{\lambda} \sum_{i=1}^d \left(\frac{\partial u}{\partial x_i} \right)^2 = \overline{\lambda}\,|\text{grad}\,u|^2.$$

Mittels dieser Beziehung und der Voraussetzung $\widetilde{\alpha}(x) \leq \overline{\alpha}$ ergibt sich aus (4.33) die Abschätzung

$$|a(u,v)| \quad \overset{\sim}{\leq} \quad \sqrt{\int_\Omega \overline{\lambda}\,|\mathrm{grad}\,u|^2\,dx}\sqrt{\int_\Omega \overline{\lambda}\,|\mathrm{grad}\,v|^2\,dx} + \sqrt{\int_{\Gamma_3}\overline{\alpha}u^2\,ds}\sqrt{\int_{\Gamma_3}\overline{\alpha}v^2\,ds}$$

$$= \quad \overline{\lambda}\,\sqrt{\int_\Omega |\mathrm{grad}\,u|^2\,dx}\sqrt{\int_\Omega |\mathrm{grad}\,v|^2\,dx} + \overline{\alpha}\,\sqrt{\int_{\Gamma_3}u^2\,ds}\sqrt{\int_{\Gamma_3}v^2\,ds}.$$

Aufgrund der Eigenschaft

$$\int_\Omega u^2\,dx \geq 0,$$

der Definition (4.5) der H^1-Norm und der Abschätzung (4.8) lässt sich $|a(u,v)|$ wie folgt weiter nach oben abschätzen:

$$|a(u,v)| \quad \leq \quad \overline{\lambda}\,\sqrt{\int_\Omega u^2\,dx + \int_\Omega |\mathrm{grad}\,u|^2\,dx}\sqrt{\int_\Omega v^2\,dx + \int_\Omega |\mathrm{grad}\,v|^2\,dx}$$

$$+ \overline{\alpha}\,\sqrt{\int_{\Gamma_3}u^2\,ds}\sqrt{\int_{\Gamma_3}v^2\,ds}$$

$$= \quad \overline{\lambda}\,\|u\|_{1,2,\Omega}\,\|v\|_{1,2,\Omega} + \overline{\alpha}\,\|u\|_{0,2,\Gamma_3}\,\|v\|_{0,2,\Gamma_3}.$$

Nutzen wir nun noch die Ungleichung (4.8) mit $\widetilde{\Gamma} = \Gamma_3$, so erhalten wir die Abschätzung

$$|a(u,v)| \leq \overline{\lambda}\,\|u\|_{1,2,\Omega}\,\|v\|_{1,2,\Omega} + \overline{\alpha}\,c_{\Gamma_3}\,\|u\|_{1,2,\Omega}\,c_{\Gamma_3}\,\|v\|_{1,2,\Omega} = (\overline{\lambda} + \overline{\alpha}\,c_{\Gamma_3}^2)\,\|u\|_{1,2,\Omega}\,\|v\|_{1,2,\Omega}.$$

Damit ist die V_0-Beschränktheit mit der Konstanten $\mu_2 = \overline{\lambda} + \overline{\alpha}\,c_{\Gamma_3}^2$ bewiesen.

Es verbleibt noch zu zeigen, dass die Bilinearform V_0-elliptisch ist. Aufgrund der Beziehung (4.30) gilt für eine beliebige Funktion $v \in V_0$

$$a(v,v) \quad = \quad \int_\Omega (\mathrm{grad}\,v)^T \Lambda\,\mathrm{grad}\,v\,dx + \int_{\Gamma_3}\widetilde{\alpha}v^2\,ds$$

$$= \quad \int_\Omega (\Lambda^{0.5}\mathrm{grad}\,v)^T (\Lambda^{0.5}\mathrm{grad}\,v)\,dx + \int_{\Gamma_3}\widetilde{\alpha}v^2\,ds \qquad (4.34)$$

$$= \quad \int_\Omega |\Lambda^{0.5}\mathrm{grad}\,v|^2\,dx + \int_{\Gamma_3}\widetilde{\alpha}v^2\,ds.$$

Da $\widetilde{\alpha}(x) \geq \underline{\alpha} > 0$ vorausgesetzt wird, ist der Integrand im Integral über Γ_3 nicht negativ und folglich auch der Wert des Integrals nicht negativ. Weil wir $a(v,v)$ nach unten abschätzen wollen, können wir somit dieses Integral einfach weglassen, d.h. es gilt

$$a(v,v) \geq \int_\Omega |\Lambda^{0.5}\mathrm{grad}\,v|^2\,dx. \qquad (4.35)$$

Mit der Voraussetzung $\lambda_i(x) \geq \underline{\lambda} > 0$ ergibt sich

$$|\Lambda^{0.5} \operatorname{grad} u|^2 = \sum_{i=1}^{d} \left(\sqrt{\lambda_i(x)}\, \frac{\partial u}{\partial x_i} \right)^2 = \sum_{i=1}^{d} \lambda_i(x) \left(\frac{\partial u}{\partial x_i} \right)^2 \geq \underline{\lambda} \sum_{i=1}^{d} \left(\frac{\partial u}{\partial x_i} \right)^2 = \underline{\lambda} |\operatorname{grad} u|^2 .$$

Damit erhalten wir aus (4.35)

$$a(v,v) \geq \int_{\Omega} |\Lambda^{0.5} \operatorname{grad} v|^2 \, dx \geq \int_{\Omega} \underline{\lambda} |\operatorname{grad} v|^2 \, dx = \underline{\lambda} \int_{\Omega} |\operatorname{grad} v|^2 \, dx . \qquad (4.36)$$

Da $\operatorname{meas}(\Gamma_1) > 0$ vorausgesetzt wird, können wir die Friedrichssche Ungleichung (4.6) anwenden. Mit $\beta_1 + \beta_2 = 1$, $\beta_1, \beta_2 > 0$, und der Friedrichsschen Ungleichung folgt

$$\begin{aligned}
a(v,v) \;&\geq\; \underline{\lambda} \int_{\Omega} |\operatorname{grad} v|^2 \, dx \\[2mm]
&=\; \underline{\lambda} \left[\beta_1 \int_{\Omega} |\operatorname{grad} v|^2 \, dx + \beta_2 \int_{\Omega} |\operatorname{grad} v|^2 \, dx \right] \\[2mm]
&\geq\; \underline{\lambda} \left[\beta_1 \int_{\Omega} |\operatorname{grad} v|^2 \, dx + \frac{\beta_2}{c_F^2} \int_{\Omega} v^2 \, dx \right] \qquad (4.37) \\[2mm]
&\geq\; \underline{\lambda} \min\left\{ \beta_1, \frac{\beta_2}{c_F^2} \right\} \left[\int_{\Omega} |\operatorname{grad} v|^2 \, dx + \int_{\Omega} v^2 \, dx \right] \\[2mm]
&=\; \underline{\lambda} \min\left\{ \beta_1, \frac{\beta_2}{c_F^2} \right\} \|v\|_{1,2,\Omega}^2 .
\end{aligned}$$

Somit ist die V_0-Elliptizität mit der Konstanten $\mu_1 = \underline{\lambda} \min\{\beta_1, \beta_2 c_F^{-2}\}$ gezeigt. Um eine größtmögliche Konstante μ_1 in der Abschätzung der V_0-Elliptizität zu erhalten, wählen wir β_1 und β_2 so, dass $\min\{\beta_1, \beta_2 c_F^{-2}\}$ maximal wird. Die Konstante μ_1 soll deshalb so groß wie möglich sein, weil in der Diskretisierungsfehlerabschätzung der Faktor μ_1^{-1} vorkommt (siehe Satz 4.3, S. 287), und somit die Konstante in der Diskretisierungsfehlerabschätzung um so kleiner ist, je größer μ_1 ist. Dadurch erhalten wir eine realistischere Fehlerabschätzung. Der Ausdruck $\min\{\beta_1, \beta_2 c_F^{-2}\}$ wird maximal, wenn $\beta_1 = \beta_2 c_F^{-2}$ gilt. Aus dieser Beziehung und der Bedingung $\beta_1 + \beta_2 = 1$ erhalten wir $\beta_1 = (1 + c_F^2)^{-1}$, $\beta_2 = 1 - \beta_1$. Folglich ist die V_0-Elliptizität der Bilinearform $a(.,.)$ mit der Konstanten $\mu_1 = \underline{\lambda}(1 + c_F^2)^{-1}$ gezeigt. Damit sind für die Aufgabe (4.21) alle Voraussetzungen des Satzes von Lax und Milgram erfüllt und es existiert folglich eine eindeutige Lösung dieser Aufgabe.

Die Existenz und Eindeutigkeit der Lösung der Aufgabe (4.21) kann auch unter anderen als bisher angenommenen Voraussetzungen bewiesen werden, zum Beispiel wenn $\operatorname{meas}(\Gamma_1) = 0$ und $\operatorname{meas}(\Gamma_3) > 0$ gilt. In diesem Fall ist der Raum der Testfunktionen $V_0 = H^1(\Omega)$ und wir haben somit nicht die Eigenschaft, dass die Testfunktionen v auf einem Randstück identisch Null sind. Folglich kann die Friedrichssche Ungleichung zum Nachweis der V_0-Elliptizität nicht genutzt werden. Wir benötigen eine andere Abschätzungstechnik. Für eine beliebige Funktion $v \in V_0$ erhalten wir unter der Voraussetzung $\lambda(x) \geq \underline{\lambda} > 0$ und $\tilde{\alpha}(x) \geq \underline{\alpha} > 0$

$$a(v,v) = \int_{\Omega} |\Lambda^{0.5} \operatorname{grad} v|^2 \, dx + \int_{\Gamma_3} \tilde{\alpha} v^2 \, ds \geq \underline{\lambda} \int_{\Omega} |\operatorname{grad} v|^2 \, dx + \underline{\alpha} \int_{\Gamma_3} v^2 \, ds$$

(siehe auch (4.34)). Nutzen wir die Ungleichung

$$\left(\int_{\Gamma_3} v \, ds \right)^2 \leq \int_{\Gamma_3} 1^2 \, ds \int_{\Gamma_3} v^2 \, ds = \operatorname{meas}(\Gamma_3) \int_{\Gamma_3} v^2 \, ds, \quad \text{d.h.} \quad \int_{\Gamma_3} v^2 \, ds \geq \frac{1}{\operatorname{meas}(\Gamma_3)} \left(\int_{\Gamma_3} v \, ds \right)^2,$$

welche wir durch Anwendung der Cauchy-Schwarzschen Ungleichung erhalten, und die Abschätzung (4.7), dann können wir $a(v,v)$ wie folgt nach unten abschätzen

$$\begin{aligned}
a(v,v) &\geq \underline{\lambda} \int_{\Omega} |\operatorname{grad} v|^2 \, dx + \frac{\underline{\alpha}}{\operatorname{meas}(\Gamma_3)} \left(\int_{\Gamma_3} v \, ds \right)^2 \\
&\geq \min\left\{ \underline{\lambda}, \frac{\underline{\alpha}}{\operatorname{meas}(\Gamma_3)} \right\} \left[\int_{\Omega} |\operatorname{grad} v|^2 \, dx + \left(\int_{\Gamma_3} v \, ds \right)^2 \right] \\
&\geq \min\left\{ \underline{\lambda}, \frac{\underline{\alpha}}{\operatorname{meas}(\Gamma_3)} \right\} \underline{c} \, \|v\|_{1,2,\Omega}^2,
\end{aligned}$$

d.h. die Bilinearform ist V_0-elliptisch mit $\mu_1 = \min\{\underline{\lambda}, \underline{\alpha}(\operatorname{meas}(\Gamma_3))^{-1}\} \underline{c}$.

Falls $\operatorname{meas}(\Gamma_1) = \operatorname{meas}(\Gamma_3) = 0$ gilt, dann ist die Lösung des Variationsproblems (4.21) nicht eindeutig. Ist u eine Lösung von (4.21), so ist auch jede Funktion $\hat{u} = u + c$ mit einer beliebigen Konstanten c eine Lösung.

Falls die Bilinearform noch zusätzlich den Term

$$\int_{\Omega} q(x) u(x) v(x) \, dx \tag{4.38}$$

enthält, wobei $0 < \underline{q} \leq q(x) \leq \overline{q}$ für alle $x \in \Omega$ mit positiven Konstanten $\underline{q}$, $\overline{q}$ gilt, dann existiert auch im Fall $\operatorname{meas}(\Gamma_1) = \operatorname{meas}(\Gamma_3) = 0$ eine eindeutige Lösung der mit dem Zusatzterm (4.38) modifizierten Aufgabe (4.21). Den Nachweis dieser Tatsache überlassen wir dem Leser als Übungsaufgabe.

Im Folgenden wird noch die Existenz und Eindeutigkeit der Lösung des Variationsproblems (4.27) der linearen Elastizitätstheorie untersucht. Wir setzen dabei voraus, dass $\vec{f} \in [L_2(\Omega)]^d$, $\vec{g}_2 \in [L_2(\Gamma_2)]^d$ und $\operatorname{meas}(\Gamma_1) > 0$ gilt. Die Komponenten g_{1i} der Vektorfunktion $\vec{g}_1$ seien so glatt, dass sie zu H^1-Funktionen $\tilde{g}_{1i}$ fortgesetzt werden können und somit das Randwertproblem homogenisiert werden kann. Wir müssen wieder das Erfülltsein der Voraussetzungen des Satzes von Lax und Milgram überprüfen. Es lässt sich analog zum Variationsproblem (4.21) zeigen, dass die rechte Seite in (4.27) ein beschränktes, lineares Funktional auf V_0 ist. Ebenso kann auf analoge Weise bewiesen werden, dass $a(u,v)$ aus (4.27) eine Bilinearform ist. Auf den Beweis verzichten wir hier. Für den Nachweis der V_0-Elliptizität der Bilinearform wird die *Kornsche Ungleichung*

$$\sqrt{\sum_{i,j=1}^{d} \|\varepsilon_{ij}(\vec{v})\|_{0,2,\Omega}^{2} + \sum_{i=1}^{d} \|v_i\|_{0,2,\Omega}^{2}} \geq c_{\mathrm{K}} \|\vec{v}\|_{1,2,\Omega} \quad \text{für alle} \quad \vec{v} \in [H^1(\Omega)]^d, \quad c_{\mathrm{K}} = \text{konst.} > 0,$$

benötigt [DL72, DL88, Cia78, KL84]. Da wir meas$(\Gamma_1) > 0$ voraussetzen, kann man die Abschätzung

$$\sum_{i,j=1}^{d} \|\varepsilon_{ij}(\vec{v})\|_{0,2,\Omega}^{2} \geq \underline{c}_{\mathrm{K}} \|\vec{v}\|_{1,2,\Omega}^{2} \tag{4.39}$$

mit einer positiven Konstanten $\underline{c}_{\mathrm{K}}$ beweisen (siehe z.B. [DL88, Cia78]).

Wir zeigen nun die V_0-Elliptizität der Bilinearform aus (4.27). Zunächst erhalten wir

$$
\begin{aligned}
a(\vec{v}, \vec{v}) &= \int_{\Omega} \left[2\mu_{\mathrm{e}} \sum_{i,j=1}^{d} (\varepsilon_{ij}(\vec{v}))^2 + \lambda_{\mathrm{e}} (\operatorname{div} \vec{v})^2 \right] dx \\
&= \int_{\Omega} \left[2\mu_{\mathrm{e}} \sum_{i,j=1}^{d} (\varepsilon_{ij}(\vec{v}))^2 \right] dx + \int_{\Omega} \lambda_{\mathrm{e}} (\operatorname{div} \vec{v})^2 \, dx.
\end{aligned}
\tag{4.40}
$$

Da die Lamésche Konstante λ_{e} positiv ist, gilt $\lambda_{\mathrm{e}} (\operatorname{div} \vec{v})^2 \geq 0$ und somit

$$\int_{\Omega} \lambda_{\mathrm{e}} (\operatorname{div} \vec{v})^2 \, dx \geq 0.$$

Wird dieses Integral auf der rechten Seite der Beziehung (4.40) weggelassen, ergibt sich deshalb die Abschätzung nach unten

$$a(\vec{v}, \vec{v}) \geq \int_{\Omega} \left[2\mu_{\mathrm{e}} \sum_{i,j=1}^{d} (\varepsilon_{ij}(\vec{v}))^2 \right] dx = 2\mu_{\mathrm{e}} \sum_{i,j=1}^{d} \int_{\Omega} (\varepsilon_{ij}(\vec{v}))^2 \, dx = 2\mu_e \sum_{i,j=1}^{d} \|\varepsilon_{ij}(\vec{v})\|_{0,2,\Omega}^{2}.$$

Mittels der Ungleichung (4.39) folgt dann

$$a(\vec{v}, \vec{v}) \geq 2\mu_e \underline{c}_{\mathrm{K}} \|\vec{v}\|_{1,2,\Omega}^{2},$$

d.h. die Bilinearform ist V_0-elliptisch mit der Konstanten $\mu_1 = 2\mu_{\mathrm{e}} \, \underline{c}_{\mathrm{K}}$.

Es verbleibt noch zu zeigen, dass die Bilinearform in (4.27) V_0-beschränkt ist. Mit der Dreiecksungleichung $|a+b| \leq |a| + |b|$, der Eigenschaft $\lambda_{\mathrm{e}} > 0$ und $\mu_{\mathrm{e}} > 0$ der Laméschen Konstanten sowie der Ungleichung $|\sum_{ij} a_{ij}| \le \sum_{ij} |a_{ij}|$ erhalten wir

$$
\begin{aligned}
|a(\vec{u},\vec{v})| &= \left| \int_{\Omega} \left[2\mu_e \sum_{i,j=1}^{d} \varepsilon_{ij}(\vec{u})\varepsilon_{ij}(\vec{v})\,dx + \lambda_e \operatorname{div}\vec{u}\operatorname{div}\vec{v} \right] dx \right| \\
&\le \left| \int_{\Omega} \left[2\mu_e \sum_{i,j=1}^{d} \varepsilon_{ij}(\vec{u})\varepsilon_{ij}(\vec{v})\,dx \right] \right| + \left| \int_{\Omega} \lambda_e \operatorname{div}\vec{u}\operatorname{div}\vec{v}\,dx \right| \\
&= 2\mu_e \left| \sum_{i,j=1}^{d} \int_{\Omega} \varepsilon_{ij}(\vec{u})\varepsilon_{ij}(\vec{v})\,dx \right| + \lambda_e \left| \int_{\Omega} \operatorname{div}\vec{u}\operatorname{div}\vec{v}\,dx \right| \\
&\le 2\mu_e \sum_{i,j=1}^{d} \left| \int_{\Omega} \varepsilon_{ij}(\vec{u})\varepsilon_{ij}(\vec{v})\,dx \right| + \lambda_e \left| \int_{\Omega} \operatorname{div}\vec{u}\operatorname{div}\vec{v}\,dx \right|.
\end{aligned}
$$

Die Anwendung der Cauchy-Schwarzschen Ungleichung (4.4) liefert daraus die Abschätzung

$$
\begin{aligned}
|a(\vec{u},\vec{v})| \le{}& 2\mu_e \sum_{i,j=1}^{d} \left[\sqrt{\int_{\Omega} (\varepsilon_{ij}(\vec{u}))^2\,dx} \sqrt{\int_{\Omega} (\varepsilon_{ij}(\vec{v}))^2\,dx} \right] \\
&+ \lambda_e \sqrt{\int_{\Omega} (\operatorname{div}\vec{u})^2\,dx} \sqrt{\int_{\Omega} (\operatorname{div}\vec{v})^2\,dx}.
\end{aligned}
\tag{4.41}
$$

Aufgrund der Definition der Komponenten ε_{ij} des Cauchyschen Verzerrungstensors (siehe (2.32)) und der Ungleichung $(a+b)^2 \le 2(a^2+b^2)$ gilt

$$
(\varepsilon_{ij}(\vec{u}))^2 = \left[\frac{1}{2}\left(\frac{\partial u_i}{\partial x_j} + \frac{\partial u_j}{\partial x_i} \right) \right]^2 = \frac{1}{4}\left(\frac{\partial u_i}{\partial x_j} + \frac{\partial u_j}{\partial x_i} \right)^2 \le \frac{1}{2}\left[\left(\frac{\partial u_i}{\partial x_j} \right)^2 + \left(\frac{\partial u_j}{\partial x_i} \right)^2 \right]
\tag{4.42}
$$

und wegen $(\sum_{i=1}^{d} a_i)^2 \le d \sum_{i=1}^{d} a_i^2$

$$
(\operatorname{div}\vec{u})^2 = \left(\sum_{i=1}^{d} \frac{\partial u_i}{\partial x_i} \right)^2 \le d \sum_{i=1}^{d} \left(\frac{\partial u_i}{\partial x_i} \right)^2 \le d \sum_{i=1}^{d}\sum_{j=1}^{d} \left(\frac{\partial u_i}{\partial x_j} \right)^2 = d \sum_{i=1}^{d} |\operatorname{grad} u_i|^2.
\tag{4.43}
$$

Die letzte Abschätzung haben wir erhalten, indem wir die nichtnegativen Terme $\left(\frac{\partial u_i}{\partial x_j} \right)^2$ mit $i \ne j$ hinzugefügt haben. Mittels der Abschätzungen (4.42) und (4.43) ergibt sich aus (4.41)

$$
\begin{aligned}
|a(\vec{u},\vec{v})| \le{}& 2\mu_e \sum_{i,j=1}^{d} \left\{ \sqrt{\int_{\Omega} \frac{1}{2}\left[\left(\frac{\partial u_i}{\partial x_j} \right)^2 + \left(\frac{\partial u_j}{\partial x_i} \right)^2 \right] dx} \sqrt{\int_{\Omega} \frac{1}{2}\left[\left(\frac{\partial v_i}{\partial x_j} \right)^2 + \left(\frac{\partial v_j}{\partial x_i} \right)^2 \right] dx} \right\} \\
&+ \lambda_e \sqrt{\int_{\Omega} d \sum_{i=1}^{d} |\operatorname{grad} u_i|^2\,dx} \sqrt{\int_{\Omega} d \sum_{i=1}^{d} |\operatorname{grad} v_i|^2\,dx}.
\end{aligned}
$$

Wenden wir auf den ersten Summanden die Cauchy-Schwarzsche Ungleichung im Euklidischen Raum $\mathbb{R}^{d^2}$, d.h. $\sum_{i,j=1}^d a_{ij} b_{ij} \leq \sqrt{\sum_{i,j=1}^d a_{ij}^2} \sqrt{\sum_{i,j=1}^d b_{ij}^2}$, an, so folgt

$$|a(\vec{u},\vec{v})| \;\leq\; 2\mu_e \sqrt{\sum_{i,j=1}^d \int_\Omega \frac{1}{2}\left[\left(\frac{\partial u_i}{\partial x_j}\right)^2 + \left(\frac{\partial u_j}{\partial x_i}\right)^2\right] dx} \; \sqrt{\sum_{i,j=1}^d \int_\Omega \frac{1}{2}\left[\left(\frac{\partial v_i}{\partial x_j}\right)^2 + \left(\frac{\partial v_j}{\partial x_i}\right)^2\right] dx}$$

$$+ \lambda_e \sqrt{\int_\Omega d \sum_{i=1}^d |\operatorname{grad} u_i|^2\, dx} \; \sqrt{\int_\Omega d \sum_{i=1}^d |\operatorname{grad} v_i|^2\, dx}.$$

Wegen

$$\sum_{i,j=1}^d \int_\Omega \frac{1}{2}\left[\left(\frac{\partial u_i}{\partial x_j}\right)^2 + \left(\frac{\partial u_j}{\partial x_i}\right)^2\right] dx \;=\; \sum_{i,j=1}^d \int_\Omega \left(\frac{\partial u_i}{\partial x_j}\right)^2 dx \;=\; \sum_{i=1}^d \sum_{j=1}^d \int_\Omega \left(\frac{\partial u_i}{\partial x_j}\right)^2 dx$$

$$= \sum_{i=1}^d \int_\Omega \sum_{j=1}^d \left(\frac{\partial u_i}{\partial x_j}\right)^2 dx$$

$$= \sum_{i=1}^d \int_\Omega |\operatorname{grad} u_i|^2\, dx$$

ergibt sich dann

$$|a(\vec{u},\vec{v})| \;\leq\; 2\mu_e \sqrt{\sum_{i=1}^d \int_\Omega |\operatorname{grad} u_i|^2\, dx} \; \sqrt{\sum_{i=1}^d \int_\Omega |\operatorname{grad} v_i|^2\, dx}$$

$$+ d\lambda_e \sqrt{\sum_{i=1}^d \int_\Omega |\operatorname{grad} u_i|^2\, dx} \; \sqrt{\sum_{i=1}^d \int_\Omega |\operatorname{grad} v_i|^2\, dx}$$

$$= (2\mu_e + d\lambda_e) \sqrt{\sum_{i=1}^d \int_\Omega |\operatorname{grad} u_i|^2\, dx} \; \sqrt{\sum_{i=1}^d \int_\Omega |\operatorname{grad} v_i|^2\, dx}.$$

Addieren wir noch zum Integranden im ersten Integral den nichtnegativen Term u_i^2 sowie im zweiten Integral v_i^2 und beachten wir die Definition (4.15) der Norm im Raum $[H^1(\Omega)]^d$, so folgt

$$|a(\vec{u},\vec{v})| \;\leq\; (2\mu_e + d\lambda_e) \sqrt{\sum_{i=1}^d \int_\Omega [u_i^2 + |\operatorname{grad} u_i|^2]\, dx} \; \sqrt{\sum_{i=1}^d \int_\Omega [v_i^2 + |\operatorname{grad} v_i|^2]\, dx}$$

$$= (2\mu_e + d\lambda_e) \sqrt{\sum_{i=1}^d \|u_i\|_{1,2,\Omega}^2} \; \sqrt{\sum_{i=1}^d \|v_i\|_{1,2,\Omega}^2}$$

$$= (2\mu_e + d\lambda_e) \|\vec{u}\|_{1,2,\Omega} \|\vec{v}\|_{1,2,\Omega}.$$

Damit ist gezeigt, dass die Bilinearform beim linearen Elastizitätsproblem V_0-beschränkt ist mit der Konstanten $\mu_2 = 2\mu_e + d\lambda_e$. Folglich sind alle Voraussetzungen des Satzes von Lax und Milgram erfüllt, d.h. das Variationsproblem (4.27) hat unter den getroffenen Voraussetzungen eine eindeutige Lösung.

Im Fall einer positiven, symmetrischen Bilinearform $a(.,.)$ kann ein zum Variationsproblem äquivalentes Minimumproblem formuliert werden.

Äquivalenz der Variationsformulierung zu einem Minimumproblem

Falls die Bilinearform $a(.,.)$ symmetrisch und positiv ist, d.h.

$$a(u,v) \;\; = \;\; a(v,u) \qquad \text{für alle} \;\; u,v \in V = H^1(\Omega), \tag{4.44}$$

$$a(v,v) \;\; > \;\; 0 \qquad \text{für alle} \;\; v \in V_0, \; v \neq 0, \tag{4.45}$$

gilt, dann ist das Variationsproblem:

Gesucht ist $u \in V_{g_1}$ mit $a(u,v) = \langle F,v \rangle$ für alle $v \in V_0$. $\hfill (4.46)$

äquivalent zu folgendem Energieminimierungsproblem:

Gesucht ist die Funktion $u \in V_{g_1}$, für welche

$$J(u) = \inf_{w \in V_{g_1}} J(w) \tag{4.47}$$

mit dem *Ritzschen Energiefunktional*

$$J(w) = \underbrace{\frac{1}{2} a(w,w)}_{\text{innere Energie}} - \underbrace{\langle F,w \rangle}_{\text{äußere Energie}}$$
$$\underbrace{\phantom{\frac{1}{2} a(w,w) - \langle F,w \rangle}}_{\text{Gesamtenergie}}$$

gilt.

Beweis: Wir betrachten die Variation des Energiefunktionals in der Lösung u. Für ein beliebiges $v \in V_0$ sowie $t \in \mathbb{R}$ gilt unter Nutzung der Bilinearität von $a(.,.)$ und der Linearität von $\langle F,. \rangle$

$$\begin{aligned} J(u+tv) \;\; &= \;\; \tfrac{1}{2} a(u+tv, u+tv) - \langle F, u+tv \rangle \\[4pt] &= \;\; \tfrac{1}{2} a(u,u) + \tfrac{1}{2} t[a(u,v) + a(v,u)] + \tfrac{1}{2} t^2 a(v,v) - \langle F,u \rangle - t\langle F,v \rangle . \end{aligned}$$

Aufgrund der Symmetrie der Bilinearform, d.h. $a(u,v) = a(v,u)$, erhalten wir

$$\frac{1}{2} t[a(u,v) + a(v,u)] = \frac{1}{2} t[a(u,v) + a(u,v)] = t a(u,v)$$

und somit

$$\begin{aligned} J(u+tv) \;\; &= \;\; \tfrac{1}{2} a(u,u) - \langle F,u \rangle + t[a(u,v) - \langle F,v \rangle] + \tfrac{1}{2} t^2 a(v,v) \\[4pt] &= \;\; J(u) + t[a(u,v) - \langle F,v \rangle] + \tfrac{1}{2} t^2 a(v,v). \end{aligned} \tag{4.48}$$

Wir zeigen nun die Äquivalenz der Aufgaben (4.46) und (4.47).

Sei $u \in V_{g_1}$ die Lösung des Variationsproblems (4.46), d.h. es gilt $a(u, v) = \langle F, v \rangle$ oder äquivalent dazu $a(u, v) - \langle F, v \rangle = 0$ für alle $v \in V_0$. Damit und aufgrund der Positivität der Bilinearform folgt aus (4.48) mit $t = 1$

$$J(u+v) = J(u) + \underbrace{[a(u,v) - \langle F, v\rangle]}_{= 0} + \underbrace{\frac{1}{2} a(v,v)}_{> 0} > J(u)$$

für alle $v \in V_0$, $v \neq 0$. Damit ist u eindeutiger Minimalpunkt von $J(.)$.

Sei nun $u \in V_{g_1}$ Minimalpunkt von $J(.)$. Dann muss für $J(u + tv)$ (siehe (4.48)) als Funktion der reellen Veränderlichen t an der Stelle $t = 0$ die notwendige Extremalbedingung

$$0 = \frac{dJ(u+tv)}{dt}\bigg|_{t=0} = [a(u,v) - \langle F, v\rangle + ta(v,v)]\big|_{t=0}$$

für alle fixierten $v \in V_0$, $v \neq 0$, d.h.

$$a(u, v) - \langle F, v \rangle = 0 \qquad \text{für alle} \quad v \in V_0, \, v \neq 0.$$

erfüllt sein. Somit ist $u \in V_{g_1}$ auch Lösung der Aufgabe (4.46). $\qquad \square$

Bemerkung 4.5

Die Bilinearformen aus den Variationsproblemen (4.21) und (4.27) sind symmetrisch. Dies können wir wie folgt begründen. Da $\Lambda(x)$ eine Diagonalmatrix ist (siehe (2.8)) gilt $\Lambda(x) = (\Lambda(x))^T$ und somit

$$(\operatorname{grad} v(x))^T \Lambda(x) \operatorname{grad} u(x) = (\operatorname{grad} v(x))^T (\Lambda(x))^T \operatorname{grad} u(x) = (\Lambda(x) \operatorname{grad} v(x))^T \operatorname{grad} u(x).$$

Aufgrund der Symmetrie des Skalarprodukts im $\mathbb{R}^d$, d.h. $\vec{a}^T \vec{b} = \vec{b}^T \vec{a}$, folgt

$$(\Lambda(x) \operatorname{grad} v(x))^T \operatorname{grad} u(x) = (\operatorname{grad} u(x))^T \Lambda(x) \operatorname{grad} v(x).$$

Damit ergibt sich

$$
\begin{aligned}
a(u, v) &= \int_\Omega (\operatorname{grad} v(x))^T \Lambda(x) \operatorname{grad} u(x)\, dx + \int_{\Gamma_3} \widetilde{\alpha}(x) u(x) v(x)\, ds \\
&= \int_\Omega (\operatorname{grad} u(x))^T \Lambda(x) \operatorname{grad} v(x)\, dx + \int_{\Gamma_3} \widetilde{\alpha}(x) v(x) u(x)\, ds = a(v, u) \quad \text{für alle } u, v \in V = H^1(\Omega),
\end{aligned}
$$

d.h. die Symmetrie der Bilinearform in (4.21). Wegen

$$
\begin{aligned}
a(\vec{u}, \vec{v}) &= \int_\Omega \left[2\mu_e \sum_{i,j=1}^d \varepsilon_{ij}(\vec{u}) \varepsilon_{ij}(\vec{v}) + \lambda_e \operatorname{div} \vec{u}(x) \operatorname{div} \vec{v}(x) \right] dx \\
&= \int_\Omega \left[2\mu_e \sum_{i,j=1}^d \varepsilon_{ij}(\vec{v}) \varepsilon_{ij}(\vec{u}) + \lambda_e \operatorname{div} \vec{v}(x) \operatorname{div} \vec{u}(x) \right] dx = a(\vec{v}, \vec{u}) \quad \text{für alle } \vec{u}, \vec{v} \in V = [H^1(\Omega)]^d
\end{aligned}
$$

ist die Bilinearform in (4.27) symmetrisch.

Die Positivität dieser Bilinearformen folgt sofort aus der V_0-Elliptizität

$$a(v,v) \geq \mu_1 \|v\|^2$$

und der Tatsache, dass $\|v\| > 0$ für alle $v \in V_0$, $v \neq 0$ gilt (siehe auch die Eigenschaften einer Norm auf S. 74). Wie wir in diesem Abschnitt gezeigt haben, ist die Bilinearform aus (4.21) bei entsprechenden Voraussetzungen an die Eingangsdaten $(\lambda(x), \widetilde{\alpha}(x), \ldots)$ V_0-elliptisch. Wir haben ebenfalls gezeigt, dass die Bilinearform aus (4.27) V_0-elliptisch ist.

4.4 Galerkin- und Ritz-Verfahren

Im Folgenden beschreiben wir zwei grundlegende Ideen zur Konstruktion von numerischen Verfahren zur Bestimmung einer Näherungslösung des Variations- bzw. Minimumproblems.

4.4.1 Galerkin-Verfahren

Ausgangspunkt: Variationsformulierung (siehe z.B. Abschnitt 4.3)

$$\text{Gesucht ist} \quad u \in V_{g_1}, \quad \text{so dass} \quad a(u,v) = \langle F,v \rangle \quad \text{für alle} \quad v \in V_0 \quad \text{gilt.} \qquad (4.49)$$

Menge der zuläs-	Bilinear-	Linear-	Menge der
sigen Funktionen	form	form	Testfunktionen

Die beiden Funktionenmengen V_{g_1} und V_0 sind Teilmengen der Menge V der Grundfunktionen.

Idee des Galerkin-Verfahrens

Wir ersetzen die unendlichdimensionalen Mengen V, V_{g_1} und V_0 durch endlichdimensionale Mengen

$$V_h = \left\{ v_h : v_h(x) = \sum_{i \in \overline{\omega}_h} v_i p_i(x) \right\} = \text{span}\left\{ p_i : i \in \overline{\omega}_h \right\} \subset V,$$

$$V_{0h} = \left\{ v_h : v_h(x) = \sum_{i \in \omega_h} v_i p_i(x) \right\} = \text{span}\left\{ p_i : i \in \omega_h \right\},$$

$$V_{g_1 h} = \left\{ u_h : u_h(x) = \sum_{j \in \omega_h} u_j p_j(x) + \sum_{j \in \gamma_h} u_{*,j} p_j(x) \right\}.$$

Dabei sind die Funktionen p_i, p_j, die sogenannten *Ansatzfunktionen*, vorgegebene linear unabhängige Funktionen, und die Koeffizienten v_i, u_j sind frei wählbar. Die Indexmengen $\overline{\omega}_h$, ω_h und γ_h werden so gewählt, dass $\overline{\omega}_h = \omega_h \cup \gamma_h$ gilt, also zum Beispiel

$$\overline{\omega}_h = \{1, 2, \ldots, \bar{N}_h\}, \quad \omega_h = \{1, 2, \ldots, N_h\} \quad \text{und} \quad \gamma_h = \{N_h + 1, N_h + 2, \ldots, \bar{N}_h\}.$$

Weiterhin soll

$$\sum_{j \in \gamma_h} u_{*,j} p_j(x) = g_1(x) \quad \text{bzw.} \quad \sum_{j \in \gamma_h} u_{*,j} p_j(x) \approx g_1(x) \quad \text{für alle} \quad x \in \Gamma_1$$

und

$$\sum_{j \in \omega_h} u_j p_j(x) = 0 \quad \text{für alle} \quad x \in \Gamma_1$$

gelten. Dabei sind die Koeffizienten $u_{*,j}$ durch die Randbedingungen 1. Art auf Γ_1 und die Wahl der Ansatzfunktionen p_j vorgegeben.

Wir suchen eine *Näherungslösung* der Aufgabe (4.49) in der Form

$$u_h(x) = \sum_{j \in \omega_h} u_j p_j(x) + \sum_{j \in \gamma_h} u_{*,j} p_j(x), \qquad (4.50)$$

so dass (4.49) für alle Testfunktionen $v_h \in V_{0h}$ gilt. Dies führt zum *Galerkin-Schema*.

Galerkin-Schema

Gesucht ist $\quad u_h \in V_{g_1 h} \quad$ so dass $\quad a(u_h, v_h) = \langle F, v_h \rangle \quad$ für alle $\quad v_h \in V_{0h} \quad$ gilt. (4.51)

Um die Lösung des Problems (4.51) zu erhalten, müssen die unbekannten Koeffizienten u_j, $j \in \omega_h$, in der Lösungsdarstellung (4.50) bestimmt werden. Der Vektor $\underline{u}_h = [u_j]_{j \in \omega_h}$ ist der Lösungsvektor des Galerkin-Gleichungssystems. Dieses wird aus der Aufgabe (4.51) wie folgt abgeleitet. Wir setzen den Lösungsansatz (4.50) in (4.51) ein und wählen als Testfunktionen die Funktionen p_i, $i \in \omega_h$. Dies liefert unter Beachtung der Bilinearität von $a(.,.)$

$$a\left(\sum_{j \in \omega_h} u_j p_j + \sum_{j \in \gamma_h} u_{*,j} p_j, p_i \right) = a\left(\sum_{j \in \omega_h} u_j p_j, p_i \right) + a\left(\sum_{j \in \gamma_h} u_{*,j} p_j, p_i \right)$$

$$= \sum_{j \in \omega_h} u_j a(p_j, p_i) + \sum_{j \in \gamma_h} u_{*,j} a(p_j, p_i)$$

und damit die zu (4.51) äquivalente Aufgabe:

Gesucht ist $\underline{u}_h = [u_j]_{j \in \omega_h} \in \mathbb{R}^{N_h}$, so dass

$$\sum_{j \in \omega_h} u_j a(p_j, p_i) = \langle F, p_i \rangle - \sum_{j \in \gamma_h} u_{*,j} a(p_j, p_i) \quad \text{für alle} \quad i \in \omega_h \qquad (4.52)$$

gilt.

In Matrixschreibweise hat die Aufgabe (4.52) die Form:

Gesucht ist $\underline{u}_h = [u_j]_{j \in \omega_h} \in \mathbb{R}^{N_h}$, so dass

$$K_h \underline{u}_h = \underline{f}_h \qquad (4.53)$$

mit der Steifigkeitsmatrix

$$K_h = [a(p_j, p_i)]_{i,j \in \omega_h}$$

und dem Lastvektor

$$\underline{f}_h = \left[\langle F, p_i \rangle - \sum_{j \in \gamma_h} u_{*,j} a(p_j, p_i) \right]_{i \in \omega_h}$$

gilt.

Das Gleichungssystem (4.53) wird als *Galerkin-Gleichungssystem* bezeichnet.

4.4.2 Ritz-Verfahren

Ausgangspunkt: Minimumproblem (4.47)

$$\text{Gesucht ist} \quad u \in V_{g_1}, \quad \text{so dass} \quad J(u) = \inf_{w \in V_{g_1}} J(w) \quad \text{gilt.} \qquad (4.54)$$

Im Ritzschen Energiefunktional

$$J(w) = \frac{1}{2} a(w,w) - \langle F, w \rangle$$

setzen wir wie im Abschnitt 4.3 voraus, dass $a(.,.)$ bilinear, positiv und symmetrisch ist.

Idee des Ritz-Verfahrens

Analog wie beim Galerkin-Verfahren im vorangegangenen Abschnitt definieren wir endlichdimensionale Mengen V_h, $V_{g_1 h}$ sowie V_{0h} und suchen eine Näherungslösung u_h der Aufgabe (4.54) in der Gestalt (4.50). Dies führt auf das folgende endlichdimensionale Minimierungsproblem.

$$\text{Gesucht ist} \quad u_h \in V_{g_1 h}, \quad \text{so dass} \quad J(u_h) = \inf_{w_h \in V_{g_1 h}} J(w_h) \quad \text{gilt.} \qquad (4.55)$$

Wir setzen den Ansatz

$$u_h(x) = \sum_{j \in \omega_h} u_j p_j(x) + \sum_{j \in \gamma_h} u_{*,j} p_j(x)$$

mit zunächst unbekannten Koeffizienten u_j in (4.55) ein. Damit ist $J(u_h)$ eine Funktion der N_h unabhängigen Veränderlichen u_j, $j \in \omega_h = \{1, 2, \ldots, N_h\}$. Die notwendigen Extremalbefingungen für das Minimum der Funktion $J(u_h)$ lauten:

$$
\begin{aligned}
0 = \frac{\partial J(u_h(x))}{\partial u_i} &= \frac{\partial}{\partial u_i} \left\{ \frac{1}{2} a\left(\sum_{j \in \omega_h} u_j p_j(x) + \sum_{j \in \gamma_h} u_{*,j} p_j(x), \sum_{k \in \omega_h} u_k p_k(x) + \sum_{k \in \gamma_h} u_{*,k} p_k(x) \right) \right. \\
&\qquad \left. - \left\langle F, \sum_{k \in \omega_h} u_k p_k(x) + \sum_{k \in \gamma_h} u_{*,k} p_k(x) \right\rangle \right\} \\
&= \frac{\partial}{\partial u_i} \left\{ \frac{1}{2} \sum_{j \in \omega_h} \sum_{k \in \omega_h} u_j u_k \, a(p_j, p_k) + \frac{1}{2} \sum_{j \in \gamma_h} \sum_{k \in \gamma_h} u_{*,j} u_{*,k} \, a(p_j, p_k) \right. \\
&\qquad + \frac{1}{2} \sum_{j \in \gamma_h} \sum_{k \in \omega_h} u_{*,j} u_k \, a(p_j, p_k) + \frac{1}{2} \sum_{j \in \omega_h} \sum_{k \in \gamma_h} u_j u_{k,*} \, a(p_j, p_k) \\
&\qquad \left. - \sum_{k \in \omega_h} u_k \langle F, p_k \rangle - \sum_{k \in \gamma_h} u_{*,k} \langle F, p_k \rangle \right\} \\
&= \sum_{j \in \omega_h} u_j \, a(p_j, p_i) + \sum_{j \in \gamma_h} u_{*,j} \, a(p_j, p_i) - \langle F, p_i \rangle
\end{aligned}
$$

für alle $i \in \omega_h$,. Damit ergibt sich das *Ritzsche Gleichungssystem*

Gesucht ist $\underline{u}_h = [u_j]_{j \in \omega_h} \in \mathbb{R}^{N_h}$:

$$\sum_{j \in \omega_h} u_j \, a(p_j, p_i) = \langle F, p_i \rangle - \sum_{j \in \gamma_h} u_{*,j} \, a(p_j, p_i) \quad \text{für alle } i \in \omega_h,$$

d.h. gesucht ist $\underline{u}_h = [u_j]_{j \in \omega_h} \in \mathbb{R}^{N_h}$:

$$K_h \underline{u}_h = \underline{f}_h \tag{4.56}$$

mit

$$K_h = [a(p_j, p_i)]_{i,j \in \omega_h} \quad \text{und} \quad \underline{f}_h = \left[\langle F, p_i \rangle - \sum_{j \in \gamma_h} u_{*,j} \, a(p_j, p_i) \right]_{i \in \omega_h} \in \mathbb{R}^{N_h}.$$

Bemerkung 4.6
Unter der Voraussetzung, dass $a(.,.)$ bilinear, positiv und symmetrisch ist, gilt

Ritz-System $=$ Galerkin-System $\implies$ Ritz-Galerkin-System

4.4.3 FEM – Ritz-Galerkin-Verfahren mit speziellen Ansatzfunktionen

Beim Einsatz des Galerkin- oder Ritz-Verfahrens zur näherungsweisen Lösung von Randwertproblemen müssen zuerst die Ansatz- und Testfunktionen p_i definiert werden. Um einen effizienten Algorithmus zur Bestimmung der Näherungslösung u_h zu erhalten, sind dabei die folgenden Gesichtspunkte zu beachten. Die Steifigkeitsmatrix sowie der Lastvektor im Galerkinbzw. Ritz-Gleichungssystem sollen einfach berechenbar sein und eine Erhöhung der Anzahl der verwendeten Ansatzfunktionen sollte zu einer möglichst schnellen Verkleinerung des Diskretisierungsfehlers $\|u - u_h\|$ führen.

Die grundlegende Idee, Ansatzfunktionen (Testfunktionen) p_i mit *lokalem Träger*, d.h. finite Funktionen, im Ritz- bzw. Galerkin-Verfahren zu verwenden, stammt von Courant (1943, [Cou43]). Diese Grundidee der Finite-Elemente-Methode wurde Mitte der 50er Jahre von Ingenieuren neu entdeckt [Arg55, TCMT56].

Bei der FEM wird das Gebiet Ω in „kleine", nichtüberlappende Teilgebiete $T^{(r)}$, zum Beispiel Intervalle, Dreiecke, Vierecke, Tetraeder, Hexaeder oder dreiseitige Prismen, zerlegt. Als Ansatzfunktionen wählt man für Randwertprobleme 2. Ordnung stetige, stückweise polynomiale Funktionen, die nur über sehr wenigen dieser Teilgebiete von Null verschieden sind. Solche stückweise polynomialen Ansatzfunktionen haben wir in den Abschnitten 3.3 und 3.5 für eindimensionale Randwertprobleme kennengelernt. In der Abbildung 4.2 ist eine sogenannte *Hütchen*-Funktion als Beispiel für eine Ansatzfunktion bei zweidimensionalen Problemen dargestellt.

Bei FE-Diskretisierungen für Randwertprobleme in zweidimensionalen Gebieten werden im Allgemeinen Dreiecks- oder Viereckselemente genutzt. Bei Dreieckselementen wählt man meist Ansatzfunktionen, die über den Dreiecken lineare, quadratische oder kubische Funktionen sind, so dass man stückweise lineare, stückweise quadratische oder stückweise kubische Ansatzfunktionen erhält. Im Fall stückweise linearer Ansatzfunktionen sind diese in genau einem Dreieckseckpunkt (Eckknoten) gleich Eins und in allen anderen Dreieckseckpunkten identisch Null.

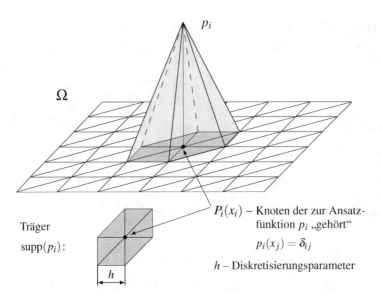

Träger

$\text{supp}(p_i)$:

$P_i(x_i)$ – Knoten der zur Ansatzfunktion p_i „gehört"

$$p_i(x_j) = \delta_{ij}$$

h – Diskretisierungsparameter

Abbildung 4.2: Darstellung einer Ansatzfunktion mit lokalem Träger

Folglich ist jede Ansatzfunktion nur über den Dreiecken, welche den entsprechenden Punkt als Eckpunkt haben, von Null verschieden und über allen anderen Dreiecken identisch Null (siehe Abbildung 4.2). Bei stückweise quadratischen Ansatzfunktionen werden zusätzlich zu den Dreieckseckknoten noch die Seitenmittelpunkte als Knoten genutzt. Man definiert quadratische Ansatzfunktionen, welche in einem Dreieckseckknoten gleich Eins und in allen anderen Eckknoten sowie in allen Seitenmittelknoten gleich Null sind. Diese Ansatzfunktionen sind nur über den Dreiecken von Null verschiedenen, welche den betreffenden Eckknoten gemeinsam haben (siehe Abbildung 4.3(a)). Zusätzlich wählt man quadratische Ansatzfunktionen, die in einem Seitenmittelknoten den Wert Eins haben und in allen Eckknoten sowie in allen anderen Seitenmittelknoten gleich Null sind. Diese Ansatzfunktionen sind nur über den beiden Dreieck nicht identisch Null, welche die Seite mit dem entsprechenden Seitenmittelknoten als gemeinsame Seite haben (siehe Abbildung 4.3(b)).

(a)   (b)   (c)

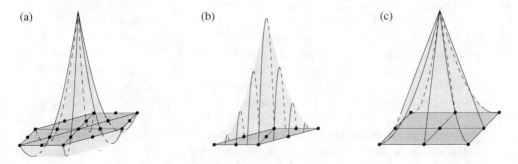

Abbildung 4.3: (a) und (b) stückweise quadratische, (c) stückweise bilineare Ansatzfunktion

Über Viereckelementen nutzt man bilineare, biquadratische oder quadratische Funktionen der Form $p(x) = a_0 + a_1 x_1 + a_2 x_2 + a_3 x_1 x_2 + a_4 x_1^2 + a_5 x_2^2 + a_6 x_1^2 x_2 + a_7 x_1 x_2^2$ (Serendipity-Element). Zur Approximation krummliniger Ränder werden auch sogenannte *isoparametrische* Elemente (siehe Abschnitt 4.5.6) eingesetzt. Bei stückweise bilinearen Ansatzfunktionen p_i sind über jedem Viereckselement genau vier Ansatzfunktionen p_i nicht identisch Null. Jede dieser Ansatzfunktionen ist in einem der Eckpunkte (Eckknoten) identisch Eins und in den anderen Eckknoten gleich Null (siehe Abbildung 4.3(c)). Falls stückweise biquadratische Ansatzfunktionen genutzt werden sollen, wird auf jeder Kante des Vierecks ein Zwischenknoten und zusätzlich noch ein Knoten im Inneren des Vierecks definiert (siehe Abbildung 4.4). Über jedem Viereck sind genau neun der stückweise biquadratischen Ansatzfunktionen nicht identisch Null. In jedem Eckknoten, jedem Zwischenknoten auf den Kanten und im inneren Knoten ist genau eine dieser Ansatzfunktionen gleich Eins. In allen anderen Knoten ist die jeweilige Funktion gleich Null. Bei Serendipity-Elementen 2. Ordnung werden die Knoten im Inneren der Vierecke nicht benötigt. Beim Einsatz dieser Elemente sind über jedem Viereck genau acht Ansatzfunktionen von Null verschieden.

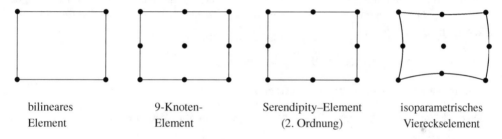

| bilineares Element | 9-Knoten-Element | Serendipity–Element (2. Ordnung) | isoparametrisches Viereckselement |

Abbildung 4.4: Beispiele von Viereckselementen

Auf analoge Weise wählt man stückweise polynomiale Ansatzfunktionen bei Randwertproblemen in dreidimensionalen Gebieten. Einige Beispiele von häufig genutzten 3D-Elementen sind in den Abbildungen 4.5 und 4.6 dargestellt.

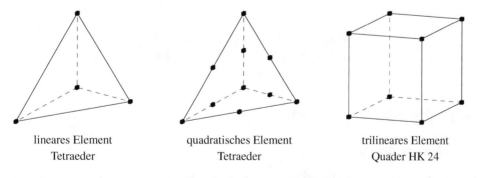

| lineares Element Tetraeder | quadratisches Element Tetraeder | trilineares Element Quader HK 24 |

Abbildung 4.5: Beispiele für 3D-Elemente

Die genaue Definition der hier vorgestellten Ansatzfunktionen geben wir im Abschnitt 4.5.2 an.

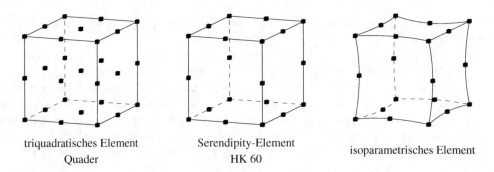

triquadratisches Element   Serendipity-Element
Quader   HK 60   isoparametrisches Element

Abbildung 4.6: Beispiele für 3D-Elemente

Vorteile der Wahl von Ansatzfunktionen mit lokalem Träger

1. Aufgrund der Lokalität der Träger $\text{supp}(p_i)$ der Ansatzfunktionen (Testfunktionen), d.h. des Bereichs, über welchem diese Funktionen nicht identisch Null sind, ist die Steifigkeitsmatrix schwach besetzt (dünnbesetzt). Es gilt für die Einträge der Steifigkeitsmatrix

$$K_{ij} = a(p_j, p_i) = 0, \quad \text{falls} \quad \text{int}(\text{supp}(p_i)) \cap \text{int}(\text{supp}(p_j)) = \emptyset.$$

Mit $\text{int}(\text{supp}(p_i))$ ist das Innere des Trägers der Funktion p_i bezeichnet.

2. Da die Elemente (Teilgebiete) $T^{(r)}$ nicht überlappen und ihre Vereinigung das gesamte Gebiet Ω ergibt, d.h. da

$$\overline{\Omega} = \overline{\Omega}_h = \bigcup_r \overline{T}^{(r)}, \quad T^{(r)} \cap T^{(r')} = \emptyset \text{ für } r \neq r',$$

gilt, können die Einträge der Steifigkeitsmatrix und des Lastvektors elementweise berechnet werden, d.h.

$$\int\limits_{\Omega} (\dots) \, dx = \sum_r \int\limits_{T^{(r)}} (\dots) \, dx.$$

3. Die Funktionen aus dem Raum V der Grundfunktionen lassen sich bei feiner werdenden Zerlegungen, zum Beispiel bei fortgesetzter Halbierung der Diskretisierungsschrittweite h, immer besser durch Funktionen aus V_h approximieren.

4.5 Finite-Elemente-Technologie

4.5.1 Gebietsdiskretisierung

Wir zerlegen das Gebiet Ω, in dem die Lösung des betrachteten Randwertproblems gesucht wird, in finite Elemente $T^{(r)}$, zum Beispiel in Dreiecke, Vierecke, Tetraeder, Hexaeder, dreiseitige Prismen.

Definition 4.7 (Vernetzung, Triangularisierung)
Eine Zerlegung des Gebietes Ω in Elemente $T^{(r)}$, welche die folgenden Eigenschaften besitzt, heißt
Vernetzung oder *Triangularisierung* von Ω.

(i) $\overline{\Omega} = \bigcup\limits_{r=1}^{R_h} \overline{T}^{(r)}$ bzw. $\overline{\Omega}_h = \bigcup\limits_{r=1}^{R_h} \overline{T}^{(r)} \longrightarrow \overline{\Omega}$ für $R_h \to \infty$, d.h. die Vereinigung der Elemente $T^{(r)}$ soll
das Gebiet Ω exakt überdecken oder zumindest bei kleiner werdender Diskretisierungsschritt-
weite immer besser approximieren.

(ii)   Für alle $r, r' = 1, 2, \ldots, R_h$ mit $r \neq r'$ ist

$$\overline{T}^{(r)} \cap \overline{T}^{(r')} = \begin{cases} \emptyset & \text{oder} \\ \text{ein gemeinsamer Eckpunkt oder} \\ \text{eine gemeinsame Kante oder} \\ \text{eine gemeinsame Fläche (für } d=3). \end{cases}$$

Eine Vernetzung wird im Weiteren mit

$$\mathscr{T}_h = \{T^{(r)} : r = 1, 2, \ldots, R_h\}$$

bezeichnet. Die Eckpunkte der finiten Elemente $T^{(r)}$ und gegebenenfalls ausgewählte Punkte
auf den Kanten, den Flächen und im Inneren von $T^{(r)}$ (siehe Abschnitt 4.5.2) werden *Knoten*
genannt. Den Knoten werden wir später die Ansatzfunktionen zuordnen.

Bei den in der Abbildung 4.7 dargestellten Zerlegungen ist die Bedingung (ii) nicht erfüllt.
Bei der Zerlegung in der Abbildung 4.7(a) überlappen die beiden Elemente $T^{(1)}$ und $T^{(4)}$. In der
Zerlegung aus der Abbildung 4.7(b) ist der Durchschnitt von $\overline{T}^{(2)}$ und $\overline{T}^{(4)}$ sowie $\overline{T}^{(3)}$ und $\overline{T}^{(4)}$
nicht leer, aber weder nur ein gemeinsamer Eckknoten noch eine gemeinsame Kante. Daher sind
diese beiden Zerlegungen keine Vernetzungen im obigen Sinne.

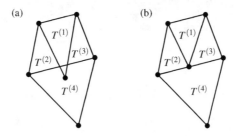

Abbildung 4.7: Beispiele für unzulässige Zerlegungen

Generelle Hinweise für die Generierung einer Vernetzung

Die Art der Zerlegung von Ω ist u.a. abhängig von
  – der Geometrie des Gebietes,
  – den Eingangsdaten des Randwertproblems und
  – der gewünschten Genauigkeit der Näherungslösung.

Wir diskutieren im Folgenden, wie geometrische Besonderheiten, Eigenschaften der Eingangsdaten und das zu erwartende Lösungsverhaltens bei einer Vernetzung berücksichtigt werden sollten.

• *Krummlinige Gebietsränder*

Bei Gebieten mit einem krummlinigen Rand gibt es zwei Möglichkeiten zur Approximation des Gebietsrandes. Man verwendet geradlinig oder krummlinig berandete Elemente (siehe z.B. Abbildung 4.8, Abschnitt 4.5.6 und [GRT10, Zie71, Cia78]). Beim Einsatz geradliniger Elemente erhält man eine Approximation des krummlinigen Randes durch einen Polygonzug.

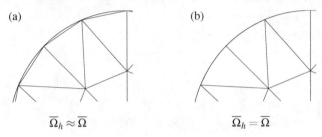

Abbildung 4.8: (a) Approximation des krummlinigen Randes durch einen Polygonzug
(b) Verwendung krummlinig berandeter Dreieckselemente

• *Nicht-konvexe Gebiete*

Wenn im Gebietsrand einspringende Ecken existieren, d.h. Eckpunkte, in denen der Innenwinkel θ größer als π ist, muss das Netz in Richtung dieser Randpunkte verdichtet werden (siehe Abbildung 4.9).

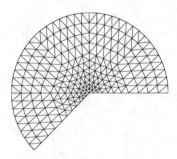

Abbildung 4.9: Netzverfeinerung in der Umgebung einer einspringenden Ecke

Wird keine Netzverdichtung durchgeführt, dann erhält man im Allgemeinen eine niedrigere Konvergenzordnung der FE-Näherungslösung als im Fall eines konvexen Gebietes. Sind in der Umgebung der einspringenden Ecke Randbedingungen 1. Art vorgegeben, verhält sich der Diskretisierungsfehler in der H^1-Norm nur wie h^λ, $\lambda = \pi/\theta < 1$, $\pi < \theta \leq 2\pi$, während er sich bei konvexen Gebieten wie die Diskretisierungsschrittweite h verhält (siehe Abschnitt 4.5.4). Um die gleiche Ordnung des Diskretisierungsfehlers wie bei konvexen Gebieten zu erhalten, kann die Netzverdichtung beispielsweise wie folgt erzeugt werden. Man definiert Knoten mit den Abständen $r_i = (ih)^{1/\mu}$, $0 < \mu < \pi/\theta$, $i = 1, 2, \ldots, [h^{-1}]$, von der einspringenden Ecke. Dabei bezeichnet $[h^{-1}]$ die größte ganze Zahl, die kleiner oder gleich h^{-1} ist. Zusätzlich können noch Knoten eingefügt werden, die einen Abstand $r \in (r_{i-1}, r_i)$ von der einspringenden Ecke haben (siehe z.B. [Rau78, OR79, Jun93]).

● *Wechsel des Typs der Randbedingungen*

Bei Randwertproblemen mit gemischten Randbedingungen müssen in Punkten, in denen der Typ der Randbedingung wechselt, Eckknoten finiter Elemente liegen (siehe Abbildung 4.10). Ist der Innenwinkel in solch einem Punkt größer als $\frac{\pi}{2}$, dann ist eine Netzverdichtung in Richtung dieses Punktes erforderlich. Diese kann analog zur Netzverdichtung bei einspringenden Ecken erfolgen.

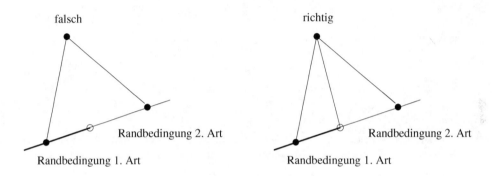

Abbildung 4.10: Beachtung gemischter Randbedingungen

● *Unstetige Koeffizienten in der Differentialgleichung (Interfaceprobleme)*

Sind die Koeffizienten in der Differentialgleichung des betrachteten Randwertproblems unstetig, müssen die Unstetigkeitslinien (Interfacelinien) mit Kanten von finiten Elementen zusammenfallen oder durch Kanten der finiten Elemente approximiert werden. Die Elemente $T^{(r)}$ dürfen nicht von Interfacelinien geschnitten werden (siehe Abbildung 4.11).

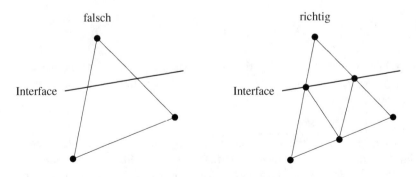

Abbildung 4.11: Beachtung von Interfacelinien in der Vernetzung

Im Weiteren setzen wir voraus, dass die Vernetzung $\mathcal{T}_h$ *regulär* ist.

Definition 4.8 (reguläre Vernetzung, isotrope Vernetzung)

(i) Sei $h^{(r)}$ der Elementdurchmesser des Elements $T^{(r)}$, d.h. der maximale Abstand zweier beliebiger Punkte in $\overline{T}^{(r)}$. Der maximale Elementdurchmesser

$$h = \max_{r=1,2,\ldots,R_h} h^{(r)} \tag{4.57}$$

konvergiere gegen Null, wenn die Anzahl der Elemente in der Vernetzung gegen Unendlich strebt.

(ii) Das Verhältnis zwischen dem Elementdurchmesser $h^{(r)}$ und dem Durchmesser des größten in $T^{(r)}$ enthaltenen Kreises (Kugel) $\rho^{(r)}$ ist nach oben beschränkt, d.h. es gilt

$$\frac{h^{(r)}}{\rho^{(r)}} \leq \sigma \quad \text{für alle } r = 1,2,\ldots,R_h \tag{4.58}$$

mit einer gewissen positiven Konstanten σ (siehe Abbildung 4.12).

Vernetzungen, die diese beiden Bedingungen erfüllen, nennt man *reguläre* oder *isotrope Vernetzungen*.

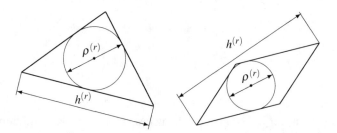

Abbildung 4.12: Dreieck und Parallelogramm einer isotropen Vernetzung

Bei Dreieckszerlegungen bedeuten die Bedingungen (4.57) und (4.58), dass für alle $r = 1,2,\ldots,R_h$ und für alle Diskretisierungsschrittweiten h Konstanten $\alpha_0 > 0$ und $\theta_0 > 0$ existieren, so dass für die Längen der Dreiecksseiten $h_\alpha^{(r)}$, $\alpha = 1,2,3$, und die Innenwinkel $\theta_\alpha^{(r)}$

$$\alpha_0 h \leq h_1^{(r)}, h_2^{(r)}, h_3^{(r)} \leq h \quad \text{und} \quad 0 < \theta_0 \leq \theta_1^{(r)}, \theta_2^{(r)}, \theta_3^{(r)} \leq \pi - \theta_0 \tag{4.59}$$

gilt (siehe Abbildung 4.15, S. 236). Die Bedingung, dass der kleinste Innenwinkel eines Dreiecks eine feste Schranke θ_0 nicht unterschreiten darf, ist in der Literatur als Zlámalsche Minimalwinkelbedingung bekannt [Zlá68].

• *Anisotropes Lösungsverhalten*

Bei Randwertproblemen in dreidimensionalen Gebieten mit einspringenden Kanten weist die Lösung im Allgemeinen ein anisotropes Verhalten auf, d.h. in der Umgebung der Kante hat die Lösung starke Änderungen in Richtungen senkrecht zur Kante während sie sich entlang der Kante nur wenig ändert.

Lösungen mit anisotropem Verhalten erhält man auch bei singulär gestörten Randwertproblemen, zum Beispiel bei dem Randwertproblem

$$- \varepsilon \Delta u + u = 1 \ \text{ in } \ \Omega = (0,1) \times (0,1) \, , \ \ u = 0 \ \text{ auf } \ \partial \Omega \, , \tag{4.60}$$

wobei der positive Parameter ε viel kleiner als 1 ist. Die Lösung dieses Randwertproblems ist außer in einer dünnen Schicht nahe des Gebietsrandes im Inneren des Gebietes ungefähr gleich 1 und fällt in der Randschicht aufgrund der vorgegebenen Randbedingungen zum Rand hin steil auf 0 ab (siehe Abbildung 4.13).

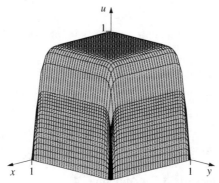

Abbildung 4.13: Lösung des Randwertproblems (4.60) mit $\varepsilon = 0.001$

In beiden Fällen ist es sinnvoll, finite Elemente zu nutzen, die in Richtungen mit sehr großer Richtungsableitung der Lösung kleine Ausdehnungen haben. In den anderen Richtungen können die Elemente relativ groß sein. Bei Randwertproblemen mit einspringenden Kanten verwendet man deshalb Elemente, die senkrecht zur Kante wesentlich kleiner sind als entlang der Kante (siehe Abbildung 4.14(a)).

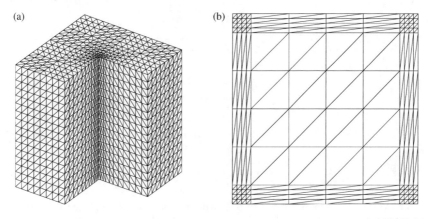

Abbildung 4.14: Anisotrope Vernetzungen

Für die Aufgabe (4.60) werden in der Umgebung des Gebietsrandes Elemente genutzt, die eine kleine Ausdehnung senkrecht zum Rand haben und langgestreckt längs des Randes sind (siehe

Abbildung 4.14(b)). Langgestreckte Elemente werden auch bei der Diskretisierung von Randwertproblemen in Gebieten mit dünnen Materialschichten oder bei Strömungsproblemen eingesetzt. Eine theoretische Begründung dieser Vorgehensweise kann der interessierte Leser in
[Ape99, RST08] finden.

Vernetzungen mit langgestreckten finiten Elementen werden als *anisotrope* Vernetzungen bezeichnet. Charakteristisch für anisotrope Elemente ist, dass das Verhältnis vom maximalen Ele-
mentdurchmessers $h^{(r)}$ und Durchmesser des größten im Element $T^{(r)}$ enthaltenen Kreises (Kugel) beliebig groß werden kann und folglich die Bedingung (4.58) nicht erfüllt ist.

- *Weitere Hinweise*

Generell sind in einer Vernetzung Elemente mit sehr stumpfen Winkeln zu vermeiden.

Die Wahl der Diskretisierungsschrittweite h oder des Polynomgrades der Ansatzfunktionen hängt
von der gewünschten Genauigkeit der FE-Näherungslösung ab (siehe auch Abschnitt 4.5.4).

Daten zur Beschreibung einer Vernetzung

Zur Beschreibung einer Vernetzung $\mathcal{T}_h$ werden zunächst alle Knoten P_i und Elemente $T^{(r)}$ *global*
nummeriert. Unter Nutzung der entsprechenden Knotennummerierung definiert man Indexmen-
gen $\overline{\omega}_h$, ω_h und γ_h, welche die Indizes aller Knoten, der Knoten in $\Omega \cup \Gamma_2 \cup \Gamma_3$ und der Knoten
auf $\overline{\Gamma}_1$ enthalten. Für die in der Abbildung 4.16, S. 238, dargestellte Vernetzung des grau schat-
tierten Teilgebietes des Gebietes Ω aus der Abbildung 4.1, S. 199, erhalten wir die Indexmengen
$\overline{\omega}_h = \{1,2,\ldots,72\}$, $\gamma_h = \{8,9,10,25,26,27,28\}$ und $\omega_h = \overline{\omega}_h \setminus \gamma_h$. Neben der globalen Knotennummerierung werden in jedem Element $T^{(r)}$ die Knoten $P_\alpha^{(r)}$ *lokal* von 1 bis $\widehat{N}$ nummeriert
(siehe Abbildung 4.15). Dabei ist $\widehat{N}$ die Anzahl der Knoten pro Element. Mit $\widehat{\omega}$ bezeichnen wir
die Indexmenge $\widehat{\omega} = \{1,2,\ldots,\widehat{N}\}$.

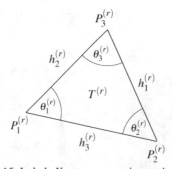

Abbildung 4.15: Lokale Knotennummerierung in einem Dreieck

Die Verknüpfung

$$r: \quad \alpha \leftrightarrow j = j(r,\alpha), \quad \alpha \in \widehat{\omega}, \ j \in \overline{\omega}_h \tag{4.61}$$

zwischen der lokalen Knotennummerierung in jedem Element $T^{(r)}$ und der globalen Knotennummerierung wird in einer Elementzusammenhangstabelle gespeichert. In den Abschnitten 3.4
und 3.5 haben wir für eindimensionale Randwertprobleme solche Elementzusammenhangstabel-
len angegeben (Tabellen 3.1, S. 97, und 3.4, S. 121). Die Tabelle 4.1 enthält einen Ausschnitt aus
der Elementzusammenhangstabelle für die in der Abbildung 4.16 dargestellte Vernetzung.

Tabelle 4.1: Elementzusammenhangstabelle zur Vernetzung aus der Abbildung 4.16

Element-nummer	globale Knotennummer des Knotens mit der lokalen Nummer			Elementkennzahl z.B. Material-bereichsnummer
	1	2	3	
1	1	37	30	1
2	1	11	37	1
$\vdots$	$\vdots$	$\vdots$	$\vdots$	$\vdots$
57	57	51	58	1
58	58	51	52	1
59	59	58	52	1
$\vdots$	$\vdots$	$\vdots$	$\vdots$	$\vdots$
86	25	66	44	1
87	67	32	5	2
$\vdots$	$\vdots$	$\vdots$	$\vdots$	$\vdots$
$R_h = 108$	21	70	71	2

Die Elementzusammenhangstabelle 4.1 enthält in der letzten Spalte eine Elementkennzahl, um beispielsweise bei der Berechnung der Elementsteifigkeitsmatrizen (siehe Abschnitt 4.5.3) auf einfache Weise herausfinden zu können, welche Materialeigenschaften im Element $T^{(r)}$ vorliegen, d.h. zum Beispiel wie groß die Wärmeleitzahl $\lambda(x)$ im Element $T^{(r)}$ ist.

Um in einem FE-Programm die Elementgeometrie von jedem Element zur Verfügung zu haben, wird neben der Elementzusammenhangstabelle noch eine Tabelle benötigt, in der von jedem Knoten die Koordinaten abgespeichert sind. Die Tabelle 4.2 ist die zur Vernetzung aus der Abbildung 4.16 gehörende Tabelle der Knotenkoordinaten.

Tabelle 4.2: Tabelle der Knotenkoordinaten

P_i	1	2	3	$\cdots$	$\bar{N}_h = 72$
$x_{i,1}$	0.5	1.0	1.0	$\cdots$	0.66
$x_{i,2}$	0.0	0.0	0.6	$\cdots$	0.7

Mittels der Informationen aus der Elementzusammenhangstabelle und der Tabelle der Knotenkoordinaten ist die Geometrie aller finiten Elemente vollständig beschrieben (siehe auch Abschnitt 4.5.6).

Weitere Felder zur Charakterisierung der Vernetzung sind möglich, beispielsweise zur Randbeschreibung und zur Randbedingungskodierung.

Bemerkung 4.7

Die meisten FE-Programme nutzen zur Beschreibung der Vernetzungen die Tabelle der Knotenkoordinaten und die Elementzusammenhangstabelle. In einigen Programmen wird die folgende Netzbeschreibung verwendet. In der Vernetzung werden alle Knoten, Kanten, Flächen- und Volumenelemente nummeriert. Auf der Basis dieser Nummerierungen wird eine Kantenliste generiert, die für alle Kanten die Nummern der Knoten enthält, die auf der jeweiligen Kante liegen. Außerdem werden eine Flächenelementliste und eine Volumenelementliste erzeugt, in denen für jedes Flächen- bzw. Volumenelement die Nummern aller Kanten bzw. Flächen gespeichert sind, die das jeweilige Flächen- bzw. Volumenelement begrenzen. Eine derartige Netzbeschreibung bietet insbesondere bei der Erzeugung adaptiv verfeinerter Netze eine große Flexibilität.

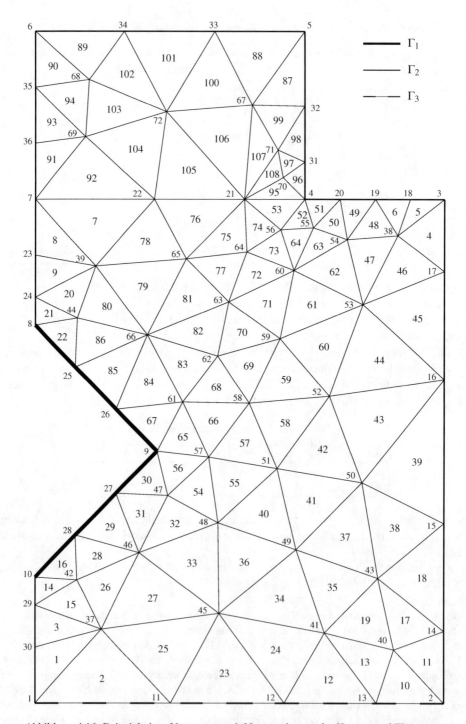

Abbildung 4.16: Beispiel einer Vernetzung mit Nummerierung der Knoten und Elemente

Methoden zur Generierung der Netzdaten

Im Weiteren beschreiben wir kurz einige Techniken zur Konstruktion von FE-Netzen. In der Literatur kann man eine Vielzahl von Arbeiten über Netzgenerierungsalgorithmen finden (siehe z.B. [TSW98, Geo93, Geo96, GB98, Rei72, Sch97, TWM85]).

1. *Manuelle Methoden*

Der Anwender erzeugt die Vernetzung mit Bleistift und Papier oder mittels eines grafischen Editors, d.h. er legt die Positionen fest, an welchen sich Knoten der Vernetzung befinden sollen und definiert mittels dieser Knoten die finiten Elemente. Eine solche Vorgehensweise ist nur für Gebiete mit einer sehr einfachen Geometrie und Vernetzungen mit wenigen Elementen praktikabel.

2. *Produktmethoden*

Bei diesen Methoden wird ausgehend von einer Vernetzung eines $(d-1)$-dimensionalen Gebietes eine Vernetzung eines d-dimensionalen Gebietes erzeugt. Beispielsweise kann für ein prismatisches Gebiet $\Omega = \Omega_2 \times (z_\mathrm{u}, z_\mathrm{o})$ eine Vernetzung auf folgende Weise konstruiert werden. Zuerst generiert man eine Vernetzung des zweidimensionalen Gebietes Ω_2. Die Knoten P_i dieser Vernetzung haben die Koordinaten $(x_{i,1}, x_{i,2}, z_\mathrm{u})$. Ausgehend von einer Zerlegung des Intervalls $[z_\mathrm{u}, z_\mathrm{o}] = \bigcup_{j=1}^{n}[z_{j-1}, z_j]$, $z_0 = z_\mathrm{u}$, $z_n = z_\mathrm{o}$, werden neue Knoten mit den Koordinaten $(x_{i,1}, x_{i,2}, z_j)$ definiert. Durch die Verbindung der Knoten mit den Koordinaten $(x_{i,1}, x_{i,2}, z_{j-1})$ und $(x_{i,1}, x_{i,2}, z_j)$ erhält man Volumenelemente. Dies sind dreiseitige Prismen, falls die Vernetzung von Ω_2 aus Dreiecken besteht. Die dreiseitigen Prismen können in jeweils drei Tetraeder zerlegt werden, so dass eine Vernetzung des dreidimensionalen Gebietes Ω mit Tetraederelementen entsteht. Das in der Abbildung 4.14(a) dargestellte Netz wurde auf diese Weise erzeugt. Bei einer Vernetzung von Ω_2 mittels Viereckselementen liefert die Produktmethode eine Vernetzung von Ω mittels Hexaederelementen.

Auf ähnliche Weise kann man eine Vernetzung eines rotationssymmetrischen Gebietes $\Omega = \Omega_\mathrm{a} \times [0, 2\pi)$ konstruieren. Man beschreibt das Gebiet in Zylinderkoordinaten (r, φ, z) und generiert eine Vernetzung der Meridianebene Ω_a, d.h. der Ebene, welche durch Rotation um die z-Achse das dreidimensionale Gebiet Ω erzeugt (siehe zum Beispiel Abbildung 4.17).

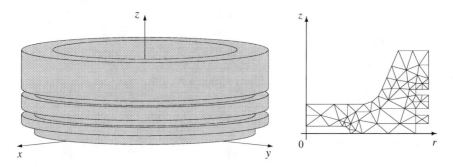

Abbildung 4.17: Rotationssymmetrisches Gebiet und Vernetzung der Meridianebene

Ausgehend von den Knoten P_i mit den Koordinaten $(r_i, 0, z_i)$ in der Meridianebene und einer Zerlegung $[0, 2\pi] = \bigcup_{j=1}^{n}[\varphi_{j-1}, \varphi_j]$, $\varphi_0 = 0$, $\varphi_n = 2\pi$, werden Knoten mit den Koordinaten (r_i, φ_j, z_i),

$j = 1, 2, \ldots, n$, festgelegt. Knoten mit den Koordinaten $\varphi_j = 0$ und $\varphi_j = 2\pi$ sowie gleichen r- und z-Koordinaten erhalten die gleiche Knotennummer. Durch Verbindung entsprechender Knoten entsteht ein Netz aus Hexaederelementen und dreiseitigen Prismen, wenn das Netz in der Meridianebene aus Viereckselementen besteht. Wird ein Dreiecksnetz in der Meridianebene gewählt, dann erhält man eine Vernetzung mit dreiseitigen Prismen und vierseitigen Pyramiden für das dreidimensionale Gebiet Ω (siehe Abbildung 4.18). Die Elemente dieser Vernetzungen können weiter in Tetraeder zerlegt werden.

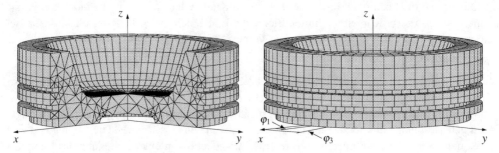

Abbildung 4.18: Ausschnitt der Vernetzung und Vernetzung eines rotationssymmetrischen Gebietes

3. Halbautomatische Methoden

Das zu vernetzende Gebiet Ω wird in nichtüberlappende Teilgebiete Ω_i, $i = 1, 2, \ldots, p$, zerlegt, die durch affin lineare oder nichtlineare Abbildungen w_{lin} bzw. w_{nlin} von Standardgebieten mit einfacher Geometrie wie zum Beispiel Prismen, Zylindern, Dreiecken und Vierecken, erzeugt werden können. In den Standardgebieten wird mittels Produktmethoden oder anderen Vernetzungsalgorithmen ein Netz generiert. Die Vernetzungen der Teilgebiete Ω_i erhält man dann durch Abbildung der Vernetzung des entsprechenden Standardgebiets auf das jeweilige Teilgebiet Ω_i (siehe z.B. Abbildung 4.19). Es ist dabei zu beachten, dass die Vernetzungen auf der Oberfläche benachbarter Teilgebiete kompatibel sind, so dass die Forderung (ii) an eine Vernetzung (siehe Definition 4.7, S. 231) erfüllt wird.

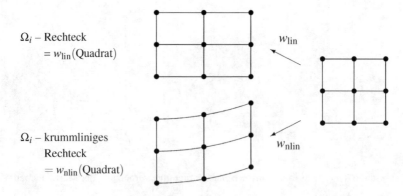

Abbildung 4.19: Abbildung der Vernetzung eines Quadrats auf ein Viereck

4. *Automatische Methoden*

Beispiele für automatische Vernetzungsmethoden sind Advancing-Front-Techniken, Voronoi-Typ-Methoden und Quadtree-Octree-Methoden (siehe z.B. [Geo96, GB98] und die darin zitierte Literatur). Wir erläutern im Folgenden kurz die Grundidee der Advancing-Front- und der Voronoi-Typ-Methode zur Generierung eines Dreiecksnetzes. Als Beispiel dient die Generierung der in der Abbildung 4.16 dargestellten Vernetzung des Gebietes Ω aus dem im Abschnitt 4.1 formulierten Modellbeispiel, siehe S. 199. Um bei der automatischen Generierung des Dreiecks-netzes garantieren zu können, dass die Materialgrenze mit Dreiecksseiten zusammenfällt, wird das Gebiet Ω entsprechend der beiden Materialien in die Teilgebiete Ω_I und Ω_{II} zerlegt.

(a) *Advancing-Front-Algorithmus*

Zuerst diskutieren wir die Anwendung eines Advancing-Front-Algorithmus. Dieser Algorithmus wird zur Erzeugung einer Vernetzung in den beiden Teilgebieten genutzt.

Den Ausgangspunkt des Advancing-Front-Algorithmus bildet eine Zerlegung des Gebietsran-des in Segmente (siehe Abbildung 4.20). Der Gebietsrand mit der vorgegebenen Zerlegung wird als Front bezeichnet.

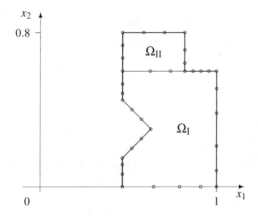

Abbildung 4.20: Zerlegung der Teilgebietsränder in Segmente

Der Advancing-Front-Algorithmus läuft wie folgt ab.

Algorithmus 4.1 (Advancing-Front-Algorithmus)
  1. Analyse der Front
     (a) Bestimmung einer Startzone
     (b) Analyse dieser Zone
          – Generierung von inneren Punkten und Elementen
          – Aktualisierung der Front
  2. Falls die Front nicht leer ist, gehe zu 1., andernfalls ist die Netzgenerierung abgeschlossen.

Die Startzone kann der gesamte Gebietsrand oder ein Teil des Randes sein, zum Beispiel die bei-den Segmente, die den kleinsten Innenwinkel einschließen. Bei der Generierung der Vernetzung in der Abbildung 4.16 wurde die linke untere Ecke des Gebietsrandes als Startzone gewählt.

Die Analyse der Front basiert auf den geometrischen Eigenschaften der Segmente. Sie führt zu
der Entscheidung, ob neue Elemente durch die Verbindung existierender Knoten generiert werden können oder ob zuerst neue Knoten definiert werden müssen. Als Entscheidungskriterium
kann beispielsweise die Größe des Innenwinkels zwischen zwei Segmenten dienen. Dies wird in
der Abbildung 4.21 demonstriert. Anstelle der beiden Kriteriumswinkel $\frac{1}{2}\pi$ und $\frac{2}{3}\pi$ können auch
andere Winkel verwendet werden. Bei der Definition neuer Knoten wird deren Lage so gewählt,
dass die Innenwinkel der Dreiecke, welche unter Nutzung der neu definierten Knoten generiert
werden, vorgegebene minimale und maximale Werte nicht unter- bzw. überschreiten.

$\alpha < \frac{1}{2}\pi$: Die beiden Segmente bilden die Kanten eines neuen Dreiecks

$\frac{1}{2}\pi \le \alpha \le \frac{2}{3}\pi$: Definition eines inneren Punktes und Generierung von zwei Dreiecken

$\frac{2}{3}\pi < \alpha$: Generierung von zwei Dreiecken, die jeweils eines der beiden Segmente als Kante haben

Abbildung 4.21: Analyse der Front und Konstruktion neuer Dreiecke

Für die Aktualisierung der Front müssen die folgenden beiden Schritte durchgeführt werden:
  – Lösche aus der alten Front die Segmente, die Kanten neu generierter Dreiecke sind.
  – Füge zur Front diejenigen Kanten neu generierter Dreiecke hinzu, die nicht zu zwei Drei-
    ecken gehören und nicht Teil der bisherigen Front waren.
Die Abbildung 4.22 zeigt einige Schritte des Advancing-Front-Algorithmus bei der Generie-
rung der Vernetzung für das grau schattierte Teilgebiet des in der Abbildung 4.1, S. 199, darge-
stellten Gebietes Ω. Die Vernetzung aus der Abbildung 4.16 erhält man, wenn nach der Durch-

führung des Advancing-Front-Algorithmus noch eine Netzglättung (siehe Seite 250) durchgeführt wird.

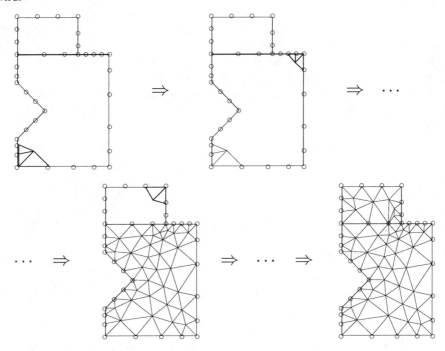

Abbildung 4.22: Vernetzung des Gebietes Ω aus dem Beispiel 4.1 mittels Advancing-Front-Algorithmus

Die Nummerierung der Dreiecke der Vernetzung in der Abbildung 4.16 entspricht der Reihenfolge ihrer Generierung. Deshalb kann anhand der Dreiecksnummern genau verfolgt werden,
wie der Advancing-Front-Algorithmus bei der Erzeugung dieser Vernetzung gearbeitet hat.

Tetraedernetze für dreidimensionale Gebiete können auf analoge Weise mittels eines Advancing-Front-Algorithmus konstruiert werden. Der Ausgangspunkt dafür ist eine Dreiecksvernet-
zung der Oberfläche des Gebietes [Sch97].

(b) *Voronoi-Typ-Methoden (Delaunay-Triangulationen)*

Den Ausgangspunkt für diese Netzgenerierungstechnik bildet eine vorgegebene Menge von Punkten P_k, $k = 1, 2, \ldots, N$, innerhalb und auf dem Rand des zu vernetzenden Gebietes (siehe zum
Beispiel die Abbildung 4.23(a)). Das Ziel besteht darin, eine Vernetzung aus Dreiecken zu erzeugen, deren Eckpunkte die vorgegebenen Punkte P_k sind. Man bestimmt zunächst zu jedem
Punkt P_k die zugehörige Voronoi-Zelle

$$V(P_k) = \{x = (x_1, x_2) \in \mathbb{R}^2 \,:\, \sqrt{(x_1 - x_{1,k})^2 + (x_2 - x_{2,k})^2} \leq \sqrt{(x_1 - x_{1,j})^2 + (x_2 - x_{2,j})^2}$$
$$\text{für alle } j \neq k,\ j = 1, 2, \ldots, N\}.$$

Dabei sind $(x_{1,k}, x_{2,k})$ bzw. $(x_{1,j}, x_{2,j})$ die Koordinaten des Punkts P_k bzw. P_j. Die Voronoi-Zelle eines Punkts P_k besteht also aus allen Punkten $P(x_1, x_2) \in \mathbb{R}^2$, deren Abstand zum Punkt P_k kleiner als der Abstand zu jedem anderen Punkt P_j der vorgegebenen Punktmenge bzw. gleich dem Abstand zu einem anderen Punkt der Punktmenge ist. Die Voronoi-Zellen sind konvexe Polygone. Die Seiten der Polygone werden durch die Mittelsenkrechten auf den Verbindungsstrecken zwischen zwei Punkten gebildet. Die Vereinigung der Ränder aller Voronoi-Zellen bezeichnet man als Voronoi-Diagramm. In der Abbildung 4.23(b) sind die Voronoi-Zellen für die in der Abbildung 4.23(a) gegebene Punktmenge dargestellt. Zur Konstruktion der Ränder der Voronoi-Zellen kann man *Divide & Conquer-Algorithmen* oder inkrementelle Methoden verwenden (siehe zum Beispiel [GB98]).

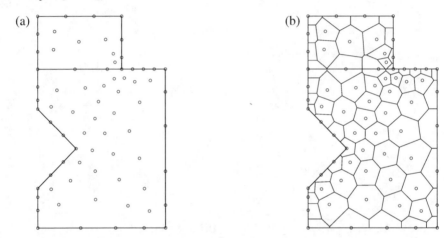

Abbildung 4.23: (a) Gegebene Punktmenge und (b) Voronoi-Zellen zur gegebenen Punktmenge

Eine *Delaunay-Triangulation* erhält man, indem zunächst die Punkte miteinander verbunden werden, deren Voronoi-Zellen eine gemeinsame Kante haben (siehe Abbildung 4.24(a)). Dadurch erhält man Dreiecke und konvexe Polygone, welche weiter in Dreiecke zerlegt werden können. Delaunay-Triangulationen haben eine Reihe von günstigen Eigenschaften. Der Umkreis eines jeden Dreiecks, das nicht durch eine weitere Teilung von Polygonen entstanden ist, enthält keine anderen Knoten der Vernetzung (siehe Abbildung 4.24(b)). Unter allen möglichen Triangulationen, die man mittels der gegebenen Punkte erzeugen kann, ist die Delaunay-Triangulation diejenige, bei welcher der kleinste aller Innenwinkel der Dreiecke maximal ist. Diese Eigenschaft ist wesentlich hinsichtlich der Größe des Diskretisierungsfehlers bei FE-Diskretisierungen mit isotropen Vernetzungen.

Häufig geht man bei der Generierung einer Delaunay-Triangulation nicht vom Voronoi-Diagramm aus. Man nutzt inkrementelle Verfahren, die ausgehend von einer Delaunay-Vernetzung mit N Punkten durch Einfügen eines neuen Punkts eine Delaunay-Vernetzung mit $N + 1$ Punkten erzeugen. Dabei nutzt man die Bedingung, dass der Umkreis jedes Dreiecks keine anderen gegebenen Punkte als die Eckpunkte des entsprechenden Dreiecks enthalten soll (siehe [Geo96, GB98]).

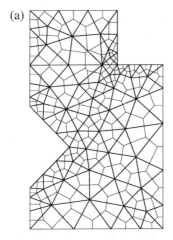 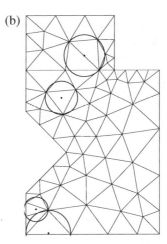

Abbildung 4.24: Voronoi-Zellen und Delaunay-Vernetzung für das Gebiet Ω aus dem Beispiel 4.1

Netzverfeinerungen

1. *A priori Netzverfeinerungen*

Für eine Reihe von Randwertproblemen ist das qualitative Lösungsverhalten in der Umgebung von einspringenden Ecken im Gebietsrand, von Punkten, in denen der Typ der Randbedingungen wechselt, und von Ecken in Interfacelinien bekannt [Ape91, BKP79, BD82, Kel71, OR79]. Aus dieser a priori Kenntnis kann abgeleitet werden, wie das Netz in Richtung dieser speziellen Punkte verfeinert werden muss, damit man einen Diskretisierungsfehler in der gleichen Größenordnung erhält wie bei Randwertproblemen mit glatten Eingangsdaten (z.B. Rand ohne einspringende Ecken, homogenes Material). Beispiele für solch speziell verfeinerte Netze sind in den Abbildungen 4.9 und 4.14 dargestellt.

2. *A posteriori Netzverfeinerungen*

A posteriori Netzverfeinerungen basieren auf Informationen über das Lösungsverhalten, welche aus der FE-Rechnung mit der zu verfeinernden Vernetzung gewonnen werden. Den Ausgangspunkt eines FE-Algorithmus mit a posteriori Netzverfeinerungen bildet eine grobe Vernetzung $\mathcal{T}_{h_1}$ des Gebietes Ω. In solch einem Algorithmus werden die folgenden Schritte durchgeführt:

Algorithmus 4.2 (Adaptiver FE-Algorithmus)
1. Setze $q = 1$.
2. Löse das Randwertproblem näherungsweise unter Nutzung der Vernetzung $\mathcal{T}_{h_q}$.
3. Werte die im 2. Schritt erhaltene FE-Näherungslösung unter Nutzung von Fehlerschätzern aus [Ver96, BR78, BW85, Kun99, ZKGB81, ZZ87], siehe auch Abschnitt 4.5.4.
   (a) Markiere alle Elemente der Vernetzung $\mathcal{T}_{h_q}$, über denen der geschätzte Fehler größer ist als eine vorgegebene Schranke.
   (b) Falls im Schritt (a) keine Elemente markiert wurden, beende den Algorithmus, andernfalls verfeinere die markierten Elemente. Gegebenenfalls müssen auch noch benachbarte Elemente verfeinert werden, damit die Forderung (ii) an eine Vernetzung (siehe Definition 4.7, S. 231) erfüllt wird. Das Ergebnis dieser Netzverfeinerung ist die neue feinere Vernetzung $\mathcal{T}_{h_{q+1}}$.
4. Setze $q = q + 1$ und gehe zum 2. Schritt.

Für die Verfeinerung von Dreiecken wird entweder eine Bisektion oder eine Dreiecksviertelung durchgeführt [Ban94, Bän91, Riv84]. Bei der Bisektion wird im Mittelpunkt genau einer Kante in dem zu verfeinernden Dreieck ein neuer Knoten definiert. Anschließend wird der neu definierte Knoten mit dem der halbierten Seite gegenüberliegenden Dreieckseckpunkt durch eine neue Kante verbunden. Damit entstehen zwei Teildreiecke des zu verfeinernden Dreiecks (siehe Abbildung 4.25).

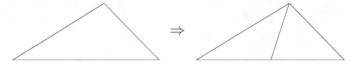

Abbildung 4.25: Durchführung der Bisektion

Für die Auswahl welche Kante eines zu verfeinernden Dreiecks halbiert werden soll, gibt es verschiedene Möglichkeiten. Man kann jeweils die längste Seite des zu verfeinernden Dreiecks wählen. Ein derartiges Vorgehen ist als *Längste-Seite-Algorithmus* (*longest edge algorithm*) in der Literatur bekannt (siehe zum Beispiel [Riv84]). Eine andere Strategie besteht darin, jeweils die Kante zu teilen, welche dem Knoten mit der größten Knotennummer gegenüberliegt. Dabei wird vorausgesetzt, dass die Knoten in der Reihenfolge ihrer Erzeugung nummeriert sind. Man nennt einen Bisektionsalgorithmus mit dieser Auswahlstrategie *Neuester-Knoten-Algorithmus* (*newest vertex algorithm*), siehe [Bän91].

Bei der Bisektion müssen im Schritt 3(b) des Algorithmus 4.2 die im Algorithmus 4.3 angegebenen Schritte durchgeführt werden. Im Algorithmus 4.3 nutzen wir die Strategie, dass bei der Verfeinerung der Vernetzung $\mathcal{T}_{h_1}$, d.h. der gröbsten Vernetzung, jeweils die längste Seite der zu verfeinernden Dreiecke geteilt wird. In allen weiteren Verfeinerungsschritten wird jeweils die Seite der zu verfeinernden Dreiecke halbiert, welche dem Knoten mit der höchsten Nummer gegenüberliegt.

Algorithmus 4.3 (Netzverfeinerung bei Bisektion)

(i)   Teile alle nach Auswertung des Fehlerschätzers markierten Dreiecke in zwei Teildreiecke. Führe dazu für jedes zu verfeinernde Dreieck folgende Schritte durch.

Ist die zu verfeinernde Vernetzung die gröbste Vernetzung, d.h. die Vernetzung $\mathcal{T}_{h_1}$, dann definiere im Mittelpunkt der längsten Dreiecksseite jedes zu verfeinernden Dreiecks einen neuen Knoten.

Ist die Vernetzung $\mathcal{T}_{h_q}$ mit $q > 1$ zu verfeinern, generiere jeweils im Mittelpunkt der Seite, welche dem Knoten mit der höchsten Knotennummer im zu verfeinernden Dreieck gegenüberliegt, einen neuen Knoten.

Verbinde anschließend in jedem zu verfeinernden Dreieck den neu generierten Knoten mit dem der halbierten Dreiecksseite gegenüberliegenden Eckpunkt, so dass zwei Teildreiecke entstehen. Setze $\tilde{\mathcal{T}}_{h_q,0} = \mathcal{T}_{h_q}$ und $i = 0$.

(ii) Suche alle Dreiecke im Netz $\tilde{\mathcal{T}}_{h_q,i}$, bei denen auf wenigstens einer Kante ein neuer Knoten definiert wurde und für die noch keine Bisektion durchgeführt wurde. Werden keine solchen Dreiecke gefunden, dann ist der Algorithmus beendet und wir haben die neue Vernetzung $\mathcal{T}_{h_{q+1}}$ generiert. Andernfalls setzen wir den Algorithmus mit dem Schritt (iii) fort.

(iii) Führe analog zum Schritt (i) für alle im Schritt (ii) gefundenen Dreiecke eine Bisektion durch. Gegebenenfalls müssen dabei neue Knoten generiert werden. Diese Bisektion ergibt die Zerlegung $\tilde{\mathcal{T}}_{h_q,i+1}$. Setze $i = i + 1$ und gehe zu (ii).

Infolge fortgesetzter Bisektion mit der im Algorithmus 4.3 genutzten Bisektionsstrategie für alle Vernetzungen $\mathcal{T}_{h_q}$, $q > 1$, können nur vier Typen von Teildreiecken eines Dreiecks entstehen (siehe Abbildung 4.26). Folglich kann keine Entartung der Dreiecke erfolgen.

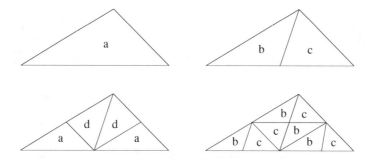

Abbildung 4.26: Fortgesetzte Durchführung der Bisektion

Bei der Nutzung der Viertelung der markierten Dreiecke sind im Schritt (3b) des Algorithmus 4.2 die folgenden Teilschritte zur Erzeugung der Vernetzung $\mathcal{T}_{h_{q+1}}$ auszuführen (siehe auch Abbildung 4.27).

Algorithmus 4.4 (Netzverfeinerung bei Dreiecksviertelung)

(i)   Teile alle nach Auswertung des Fehlerschätzers markierten Dreiecke in vier kongruente Teildreiecke, d.h. definiere in allen Kantenmittelpunkten dieser Dreiecke einen Knoten und generiere durch Verbindung dieser Knoten die Teildreiecke.

(ii) Ermittle im zu verfeinernden Netz $\mathcal{T}_{h_q}$ alle Dreiecke, die im Schritt (i) nicht geviertelt wurden, bei denen aber auf mindestens zwei Kanten neue Knoten generiert worden sind.

(iii) Falls im Schritt (ii) derartige Dreiecke gefunden wurden, teile diese Dreiecke in vier kongruente Teildreiecke und gehe zum Schritt (ii), andernfalls gehe zu Schritt (iv).

(iv) Teile alle Dreiecke im Netz $\mathcal{T}_{h_q}$, bei denen auf genau einer Kante ein neuer Knoten definiert wurde, in zwei Teildreiecke, indem dieser Knoten mit dem der entsprechenden Kante gegenüberliegenden Knoten verbunden wird.

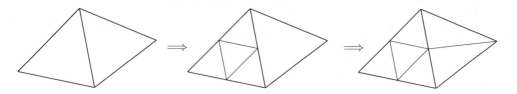

Abbildung 4.27: Netzverfeinerung mit Dreiecksviertelung

Die im Schritt (iv) generierten Dreiecke, sogenannte *grüne Dreiecke*, haben im Allgemeinen eine schlechtere Qualität als die zu verfeinernden Dreiecke, d.h. sie haben spitzere und stumpfere Innenwinkel. Bei mehrmaliger a posteriori Netzverfeinerung mit Dreieckviertelung sollte deshalb zuerst die im Schritt (iv) durchgeführte Bisektion der Dreiecke rückgängig gemacht werden,

bevor diese Dreiecke weiter verfeinert werden (siehe dazu auch die Verfeinerung des fett umran-
deten Dreiecks in der Abbildung 4.28).

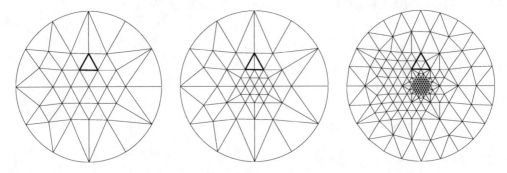

Abbildung 4.28: Ersetzen einer „grünen" Verfeinerung durch eine Dreiecksviertelung

Wird der krummlinige Gebietsrand durch Kanten geradlinig begrenzter Dreieckselemente approximiert, dann müssen Knoten, die bei der Teilung dieser Kanten entstehen, auf den Gebietsrand
verschoben werden (siehe Abbildung 4.29).

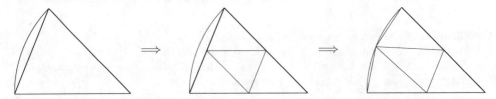

Abbildung 4.29: Netzverfeinerung bei krummlinigem Gebietsrand

Bei der Verfeinerung eines Tetraeders $T_0^{(r)}$ werden zunächst an den Ecken die vier Teiltetraeder
$T_1^{(r)}, T_2^{(r)}, T_3^{(r)}$ und $T_4^{(r)}$ „abgeschnitten" (siehe Abbildung 4.30).

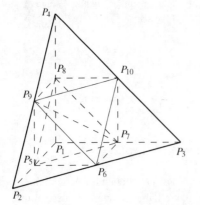

Tetraeder $T_0^{(r)} = \Delta P_1 P_2 P_3 P_4$ mit den
Eckknoten P_1, P_2, P_3, P_4

Teiltetraeder

$$T_1^{(r)} = \Delta P_1 P_5 P_7 P_8 \qquad T_2^{(r)} = \Delta P_5 P_2 P_6 P_9$$

$$T_3^{(r)} = \Delta P_7 P_6 P_3 P_{10} \qquad T_4^{(r)} = \Delta P_8 P_9 P_{10} P_4$$

$$T_5^{(r)} = \Delta P_5 P_7 P_8 P_9 \qquad T_6^{(r)} = \Delta P_5 P_7 P_6 P_9$$

$$T_7^{(r)} = \Delta P_7 P_6 P_9 P_{10} \qquad T_8^{(r)} = \Delta P_7 P_8 P_9 P_{10}$$

Abbildung 4.30: Reguläre Verfeinerung eines Tetraeders

Das danach entstehende Oktaeder wird auf die in der Abbildung 4.30 dargestellte Weise in die vier Teiltetraeder $T_5^{(r)}$, $T_6^{(r)}$, $T_7^{(r)}$, $T_8^{(r)}$ zerlegt [Bey92]. Die Knoten $P_5, P_6, \ldots, P_{10}$ liegen im Mittelpunkt der jeweiligen Kante des Tetraeders $T_0^{(r)}$. Die soeben beschriebene Verfeinerung eines Tetraeders wird *reguläre Verfeinerung* genannt. Die Tetraeder $T_i^{(r)}$, $i = 1, 2, \ldots, 8$, haben gleiches Volumen, sind aber nicht kongruent. Lediglich die Teiltetraeder $T_i^{(r)}$, $i = 1, 2, 3, 4$, sind zueinander kongruent und außerdem zum Ausgangstetraeder $T_0^{(r)}$ ähnlich.

Wird mit der oben angegebenen lokalen Knotennummerierung in den Teiltetraeder der Verfeinerungsalgorithmus sukzessive auf analoge Weise fortgesetzt, dann gehören alle Teiltetraeder eines Ausgangstetraeders vom gröbsten Netz zu einer von höchstens sechs Ähnlichkeitsklassen, d.h. es ist gesichert, dass die Tetraeder nicht entarten [Bey92].

Um im Schritt (3b) des a posteriori Verfeinerungsalgorithmus (Algorithmus 4.2) ein Dreiecksnetz zu erhalten, das die Forderung (ii) aus der Definition 4.7 an eine Vernetzung erfüllt, haben wir die grüne Verfeinerung genutzt. Bei einer Tetraedervernetzung sind nach erfolgter regulärer Verfeinerung der markierten Tetraeder gegebenenfalls weitere Tetraeder entsprechend der im Algorithmus 4.5 genutzten Regeln zu verfeinern.

Algorithmus 4.5 (Netzverfeinerung bei Tetraedernetzen)

(i)   Teile alle nach Auswertung des Fehlerschätzers markierten Tetraeder in acht Teiltetrader, indem eine reguläre Verfeinerung jedes dieser Tetraeder durchgeführt wird.

(ii) Bestimme alle Tetraeder des Netzes $\mathscr{T}_{h_q}$, bei denen auf drei Kanten, die nicht alle zu einer Dreiecksfläche gehören, oder bei denen auf mindestens vier Kanten ein neuer Knoten definiert wurde. Verfeinere diese Tetraeder regulär. Definiere dafür gegebenenfalls neue Knoten in den Mittelpunkten entsprechender Kanten.

(iii) Suche alle Seitenflächen der Tetraeder, bei denen auf genau zwei Kanten ein neuer Knoten generiert wurde.

(iv) Wurden im Schritt (iii) Dreiecksflächen gefunden, dann definiere auf der dritten Kante dieser Flächen einen neuen Knoten und gehe zu (ii). Gehe andernfalls zu (v).

(v)   Teile alle Tetraeder, bei denen nur auf drei Kanten, die zu einer Dreiecksfläche gehören, ein neuer Knoten generiert wurde, entsprechend der Abbildung 4.31(a).
Zerlege alle Tetraeder, bei denen auf genau zwei Kanten, die nicht zu einer Fläche gehören, ein neuer Knoten definiert wurde, gemäß der Abbildung 4.31(b).
Verfeinere alle Tetraeder, bei denen auf genau einer Kante ein neuer Knoten generiert wurde, entsprechend der Abbildung 4.31(c).

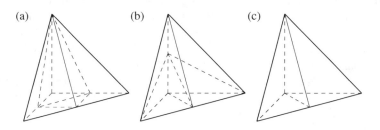

(a)   (b)   (c)

Abbildung 4.31: Irreguläre Verfeinerung eines Tetraeders

Tetraeder, die bei der Verfeinerung nicht in acht Teiltetraeder zerlegt worden sind, werden *irregulär* verfeinert genannt. Bei mehrmaliger Netzverfeinerung müssen die irregulär verfeinerten Tetraeder temporär wieder vergröbert werden, d.h. Aufhebung der irregulären Verfeinerung und anschließende reguläre Verfeinerung.

Bemerkung 4.8
Bei einer Netzverfeinerung, bei der alle Kanten halbiert werden, d.h. bei einer Zerlegung aller Dreiecke in vier Teildreiecke bzw. aller Tetraeder in acht Teiltetraeder, verhält sich die Anzahl $\bar{N}_h$ der Knoten und die Anzahl R_h der finiten Elemente wie h^{-d}, wobei h der maximale Elementdurchmesser ist. Dies bedeutet beispielsweise, dass sich bei einer derartigen globalen Netzverfeinerung die Anzahl der Knoten im zweidimensionalen Fall etwa vervierfacht und im dreidimensionalen Fall verachtfacht.

Möglichkeiten zur Verbesserung der Qualität einer Vernetzung

Eine Verbesserung der Qualität von Dreieckselementen einer Vernetzung, d.h. Vergrößerung des minimalen Innenwinkels und Verkleinerung des maximalen Innenwinkels, kann in einigen Fällen durch eine *Netzglättung* erreicht werden. Man führt dazu den folgenden Algorithmus durch.

Algorithmus 4.6 (Netzglättung)

(i) Setze $x_{i,j}^{(0)} = x_{i,j}$, $i = 1, 2, \ldots, \bar{N}_h$, $j = 1, 2$, wobei $(x_{i,1}, x_{i,2})$ die Koordinaten des i-ten Knotens der Vernetzung sind, und $\bar{N}_h$ ist die Gesamtanzahl der Knoten der Vernetzung.

(ii) Führe für $\ell = 1, 2, \ldots, \ell_{\max}$ ($\ell_{\max} = 5, \ldots, 10$) den folgenden Iterationsprozess durch. Berechne für alle Knoten P_i, die nicht auf dem Rand des Gebietes Ω liegen,

$$x_{i,j}^{(\ell)} = \frac{1}{n_{1,i} + n_{2,i}} \Big(\sum_{k \in \mathscr{I}_1(i)} x_{k,j}^{(\ell)} + \sum_{k \in \mathscr{I}_2(i)} x_{k,j}^{(\ell-1)} \Big), \ j = 1, 2,$$

wobei die Indexmenge $\mathscr{I}_1(i)$ ($\mathscr{I}_2(i)$) die Nummern derjenigen Knoten enthält, die mit dem Knoten P_i durch eine Dreiecksseite verbunden sind und eine niedrigere (höhere) Knotennummer als P_i haben. Die Anzahl der Elemente in $\mathscr{I}_1(i)$ und $\mathscr{I}_2(i)$ ist $n_{1,i}$ bzw. $n_{2,i}$. Setze für alle Randknoten $x_{i,j}^{(\ell)} = x_{i,j}^{(\ell-1)}$.

(iii) Die neuen Koordinaten der Knoten P_i sind $(x_{i,1}^{(\ell_{\max})}, x_{i,2}^{(\ell_{\max})})$, $i = 1, 2, \ldots, \bar{N}_h$.

Dieser Algorithmus bewirkt, dass jeder innere Knoten in den Schwerpunkt seiner Nachbarknoten verschoben wird. In der Regel ist nach $\ell_{\max} = 5, \ldots, 10$ Iterationsschritten kaum noch eine Knotenverschiebung zu erkennen. Da im obigen Algorithmus keine Verschiebung der Randknoten erfolgt, kann teilweise auch eine Verschlechterung von Dreiecken in Randnähe eintreten. Der Algorithmus kann dahingehend verbessert werden, dass für Randknoten eine Verschiebung entlang des Randes erlaubt wird. Falls Materialübergänge (Interfaces) auftreten, muss der Algorithmus analog zur Randbehandlung modifiziert werden, so dass Knoten, welche auf Materialgrenzen liegen, nur entlang der Materialgrenzen verschoben werden.

In der Abbildung 4.32(a) ist eine Vernetzung eines Quadrats dargestellt, die mit Hilfe eines Advancing-Front-Algorithmus erzeugt wurde. Nach Durchführung der Netzglättung erhält man das Netz in der Abbildung 4.32(b). Ein Vergleich beider Vernetzungen zeigt deutlich, wie die Qualität von Dreiecken verbessert wurde.

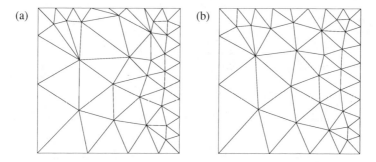

Abbildung 4.32: Vernetzung vor und nach Durchführung der Netzglättung

Eine weitere Möglichkeit zur Netzverbesserung besteht darin, dass man jeweils zwei Dreiecke zu einem Viereck zusammenfasst. Die gemeinsame Dreiecksseite dieser beiden Dreiecke
ist dann eine Diagonale des Vierecks. Man testet, ob mit der anderen Diagonale des Vierecks
zwei Dreiecke gebildet werden, deren minimaler Innenwinkel größer und deren maximaler Innenwinkel kleiner ist als bei den bisherigen beiden Dreiecken. Ist dies der Fall, nutzt man die andere Diagonale zur Teilung des Vierecks in zwei Teildreiecke. Dies wird in der Abbildung 4.33
demonstriert. Auf diese Weise können teilweise stumpfwinklige Dreiecke in einer Vernetzung
beseitigt werden.

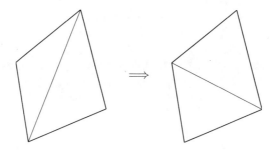

Abbildung 4.33: Netzverbesserung durch Kantenvertauschung

Möglichkeiten zur Netzverbesserung bei Tetraedernetzen sind zum Beispiel in [dlG95] enthalten.

4.5.2 Definition der Ansatz- und Testfunktionen

Prinzip

Die Ansatz- und Testfunktionen p_j im Ritz-Galerkin-Verfahren werden lokal über den finiten
Elementen $T^{(r)}$, die den Knoten P_j enthalten, durch Formfunktionen $p_\alpha^{(r)}$ definiert. Diese Formfunktionen erhalten wir durch Abbildung von Formfunktionen, die auf Referenzelementen (Mas-
terelementen, Basiselementen, Einheitselementen) definiert sind.

Abbildungsvorschriften

1. *Vernetzungen mit Dreieckselementen*

Wir nutzen als Referenzdreieck das durch

$$\widehat{T} = \{(\xi_1, \xi_2) : 0 \le \xi_1, \xi_2 \le 1, \xi_1 + \xi_2 \le 1\}$$

definierte Dreieck (siehe Abbildung 4.34). Mittels der affin linearen Transformationsvorschrift

$$x = x_{T^{(r)}}(\xi) = J^{(r)}\xi + x^{(r,1)} \tag{4.62}$$

wird die Abbildung des Referenzdreiecks $\widehat{T}$ auf ein beliebiges Dreieck $T^{(r)}$ der Vernetzung realisiert (siehe auch Abbildung 4.34). In ausführlicher Schreibweise hat die Abbildung die Gestalt

$$\begin{pmatrix} x_1 \\ x_2 \end{pmatrix} = \begin{pmatrix} x_1^{(r,2)} - x_1^{(r,1)} & x_1^{(r,3)} - x_1^{(r,1)} \\ x_2^{(r,2)} - x_2^{(r,1)} & x_2^{(r,3)} - x_2^{(r,1)} \end{pmatrix} \begin{pmatrix} \xi_1 \\ \xi_2 \end{pmatrix} + \begin{pmatrix} x_1^{(r,1)} \\ x_2^{(r,1)} \end{pmatrix}, \tag{4.63}$$

wobei $(x_1^{(r,\alpha)}, x_2^{(r,\alpha)})$, $\alpha = 1, 2, 3$, die Koordinaten des Eckknotens $P_\alpha^{(r)}$ und α die lokale Knotennummer dieses Knotens im Dreieck $T^{(r)}$ sind.

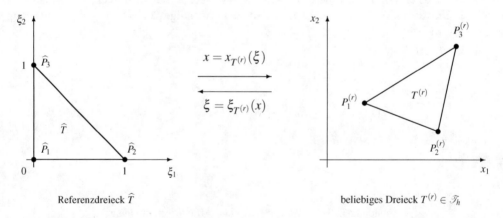

Referenzdreieck $\widehat{T}$ beliebiges Dreieck $T^{(r)} \in \mathscr{T}_h$

Abbildung 4.34: Abbildungen zwischen dem Referenzdreieck $\widehat{T}$ und einem beliebigen Dreieck $T^{(r)}$ der Vernetzung

Bemerkung 4.9

Die Abbildungsvorschrift (4.63) können wir auch in der Form

$$x_1 = (x_1^{(r,2)} - x_1^{(r,1)})\xi_1 + (x_1^{(r,3)} - x_1^{(r,1)})\xi_2 + x_1^{(r,1)},$$

$$x_2 = (x_2^{(r,2)} - x_2^{(r,1)})\xi_1 + (x_2^{(r,3)} - x_2^{(r,1)})\xi_2 + x_2^{(r,1)}$$

aufschreiben. Wegen

$$\frac{\partial x_1}{\partial \xi_1} = x_1^{(r,2)} - x_1^{(r,1)}, \quad \frac{\partial x_1}{\partial \xi_2} = x_1^{(r,3)} - x_1^{(r,1)}, \quad \frac{\partial x_2}{\partial \xi_1} = x_2^{(r,2)} - x_2^{(r,1)}, \quad \frac{\partial x_2}{\partial \xi_2} = x_2^{(r,3)} - x_2^{(r,1)}$$

erhalten wir

$$J^{(r)} = \begin{pmatrix} \dfrac{\partial x_1}{\partial \xi_1} & \dfrac{\partial x_1}{\partial \xi_2} \\[2mm] \dfrac{\partial x_2}{\partial \xi_1} & \dfrac{\partial x_2}{\partial \xi_2} \end{pmatrix} = \begin{pmatrix} x_1^{(r,2)} - x_1^{(r,1)} & x_1^{(r,3)} - x_1^{(r,1)} \\[2mm] x_2^{(r,2)} - x_2^{(r,1)} & x_2^{(r,3)} - x_2^{(r,1)} \end{pmatrix}. \tag{4.64}$$

Aus den Beziehungen

$$\mathrm{meas}(T^{(r)}) = \int\limits_{T^{(r)}} 1\, dx = \int\limits_{\widehat{T}} |\det J^{(r)}|\, d\xi = |\det J^{(r)}| \int\limits_{\widehat{T}} 1\, d\xi = \frac{|\det J^{(r)}|}{2}$$

folgt

$$|\det J^{(r)}| = 2\,\mathrm{meas}(T^{(r)}), \tag{4.65}$$

d.h. der Betrag der Determinante der Matrix $J^{(r)}$ ist gleich dem Doppelten des Flächeninhalts $\mathrm{meas}(T^{(r)})$ des Dreiecks $T^{(r)}$.

Die Umkehrabbildung

$$\xi = \xi_{T^{(r)}}(x) = (J^{(r)})^{-1}(x - x^{(r,1)}) \tag{4.66}$$

der Abbildung (4.62) hat ausführlich aufgeschrieben die Form

$$\begin{pmatrix} \xi_1 \\ \xi_2 \end{pmatrix} = \frac{1}{\det J^{(r)}} \begin{pmatrix} x_2^{(r,3)} - x_2^{(r,1)} & -(x_1^{(r,3)} - x_1^{(r,1)}) \\[2mm] -(x_2^{(r,2)} - x_2^{(r,1)}) & x_1^{(r,2)} - x_1^{(r,1)} \end{pmatrix} \begin{pmatrix} x_1 - x_1^{(r,1)} \\[2mm] x_2 - x_2^{(r,1)} \end{pmatrix}. \tag{4.67}$$

2. Vernetzungen mit Parallelogrammen

Für Vernetzungen mit Viereckselementen betrachten wir zunächst nur den Fall, dass alle Viereckselemente Parallelogramme sind, so dass für die Abbildung des Referenzvierecks

$$\widehat{T} = \{(\xi_1, \xi_2) : 0 \le \xi_1, \xi_2 \le 1\}$$

auf ein beliebiges Viereck $T^{(r)}$ der Vernetzung eine affin lineare Abbildung der Gestalt (4.62) – (4.63) eingesetzt werden kann. Es sind entsprechend der lokalen Nummerierung der Knoten in der Matrix $J^{(r)}$ nur $x_1^{(r,3)}$ und $x_2^{(r,3)}$ durch $x_1^{(r,4)}$ bzw. $x_2^{(r,4)}$ zu ersetzen (siehe auch Abbildung 4.35).

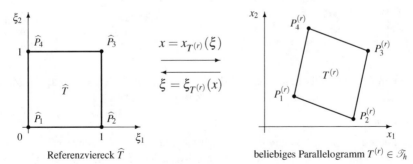

Abbildung 4.35: Abbildungen zwischen dem Referenzviereck $\widehat{T}$ und einem beliebigen Parallelogramm $T^{(r)}$ der Vernetzung

Im Fall beliebiger Viereckselemente sind die Abbildungsvorschriften für die Abbildung auf das Referenzviereck und die Umkehrabbildung nichtlinear. Dies diskutieren wir im Abschnitt 4.5.6.

3. Vernetzung mit Tetraederelementen

Das Referenztetraeder wird durch

$$\widehat{T} = \{(\xi_1, \xi_2, \xi_3) : 0 \leq \xi_1, \xi_2, \xi_3 \leq 1, \xi_1 + \xi_2 + \xi_3 \leq 1\}$$

definiert (siehe auch Abbildung 4.36).

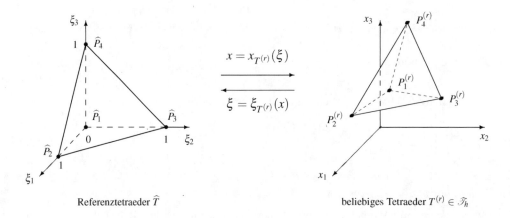

Referenztetraeder $\widehat{T}$ beliebiges Tetraeder $T^{(r)} \in \mathscr{T}_h$

Abbildung 4.36: Abbildungen zwischen dem Referenztetraeder $\widehat{T}$ und einem beliebigen Tetraeder $T^{(r)}$ der Vernetzung

Die Vorschrift für die Abbildung des Referenztetraeders $\widehat{T}$ auf ein beliebiges Tetraeder $T^{(r)}$ der Vernetzung $\mathscr{T}_h$ ist wieder von der Gestalt (4.62). In ausführlicher Schreibweise lautet diese

$$\begin{pmatrix} x_1 \\ x_2 \\ x_3 \end{pmatrix} = \begin{pmatrix} x_1^{(r,2)} - x_1^{(r,1)} & x_1^{(r,3)} - x_1^{(r,1)} & x_1^{(r,4)} - x_1^{(r,1)} \\ x_2^{(r,2)} - x_2^{(r,1)} & x_2^{(r,3)} - x_2^{(r,1)} & x_2^{(r,4)} - x_2^{(r,1)} \\ x_3^{(r,2)} - x_3^{(r,1)} & x_3^{(r,3)} - x_3^{(r,1)} & x_3^{(r,4)} - x_3^{(r,1)} \end{pmatrix} \begin{pmatrix} \xi_1 \\ \xi_2 \\ \xi_3 \end{pmatrix} + \begin{pmatrix} x_1^{(r,1)} \\ x_2^{(r,1)} \\ x_3^{(r,1)} \end{pmatrix}.$$

Analog wie beim Dreieck lässt sich zeigen, dass der Betrag der Determinante der Matrix $J^{(r)}$ gleich dem sechsfachen Volumeninhalt des Tetraeders $T^{(r)}$ ist.

4. Vernetzung mit Hexaederelementen

In Analogie zu den Viereckselementen, bei denen wir nur die Abbildung von Parallelogramm-elementen beschrieben haben, betrachten wir zunächst nur Vernetzungen mit Parallelepipeden. In diesem Fall ist die Abbildung des Referenzhexaeders

$$\widehat{T} = \{(\xi_1, \xi_2, \xi_3) : 0 \leq \xi_1, \xi_2, \xi_3 \leq 1\}$$

auf ein beliebiges Hexaeder $T^{(r)}$ der Vernetzung eine affin lineare Abbildung der Gestalt (4.62). Die Matrix $J^{(r)}$ in dieser Transformationsvorschrift ist entsprechend der lokalen Nummerierung der Knoten (siehe Abbildung 4.37) durch

$$ J^{(r)} = \begin{pmatrix} x_1^{(r,2)} - x_1^{(r,1)} & x_1^{(r,4)} - x_1^{(r,1)} & x_1^{(r,5)} - x_1^{(r,1)} \\ x_2^{(r,2)} - x_2^{(r,1)} & x_2^{(r,4)} - x_2^{(r,1)} & x_2^{(r,5)} - x_2^{(r,1)} \\ x_3^{(r,2)} - x_3^{(r,1)} & x_3^{(r,4)} - x_3^{(r,1)} & x_3^{(r,5)} - x_3^{(r,1)} \end{pmatrix} \tag{4.68} $$

definiert. Abbildungsvorschriften für beliebige Hexaederelemente geben wir im Abschnitt 4.5.6 an.

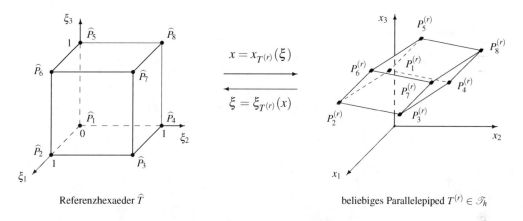

Abbildung 4.37: Abbildungen zwischen dem Referenzhexaeder $\widehat{T}$ und einem beliebigen Parallelepiped $T^{(r)}$ der Vernetzung

Definition der Basisfunktionen $\longrightarrow$ Ansatz- und Testfunktionen

Zur Definition der Ansatz- und Testfunktionen nutzen wir Formfunktionen φ_α, welche auf einem Referenzelement erklärt sind. Als Funktionen φ_α wählen wir Polynome, für die in den Knoten $\widehat{P}_\beta = \widehat{P}(\xi^{(\beta)})$ des Referenzelements die Bedingungen

$$ \varphi_\alpha(\xi^{(\beta)}) = \delta_{\alpha\beta} = \begin{cases} 1 & \text{für } \alpha = \beta \\ 0 & \text{für } \alpha \neq \beta \end{cases} , \quad \alpha, \beta \in \widehat{\omega} = \{1, 2, \ldots, \widehat{N}\}, $$

erfüllt sind. Im Weiteren geben wir für Dreiecks-, Vierecks-, Tetraeder- und Hexaederelemente verschiedene Möglichkeiten der Wahl der Formfunktionen über dem Referenzelement an. Beispiele für lineare, quadratische und kubische Formfunktionen über dem Referenzdreieck enthält die Tabelle 4.3. Im Fall linearer Formfunktionen liegen die Knoten in den Eckpunkten des Referenzdreiecks. Bei quadratischen Formfunktionen befinden sich die Knoten in den Eckpunkten und den Seitenmittelpunkten des Dreiecks. Werden kubische Formfunktionen gewählt, dann hat man 10 Knoten pro Dreieck. Dies sind die Eckknoten, jeweils zwei Knoten pro Dreiecksseite, wobei dadurch jede Dreiecksseite in drei gleiche Teile zerlegt wird, und der Schwerpunkt des Dreiecks.

Tabelle 4.3: Lineare, quadratische und kubische Formfunktionen über dem Referenzdreieck

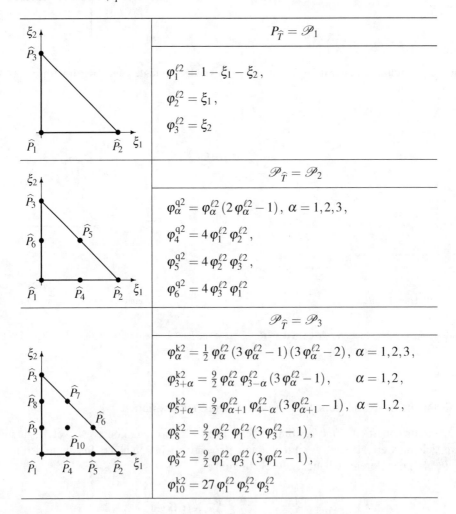

$P_{\widehat{T}} = \mathscr{P}_1$

$$\varphi_1^{\ell 2} = 1 - \xi_1 - \xi_2,$$
$$\varphi_2^{\ell 2} = \xi_1,$$
$$\varphi_3^{\ell 2} = \xi_2$$

$\mathscr{P}_{\widehat{T}} = \mathscr{P}_2$

$$\varphi_\alpha^{q2} = \varphi_\alpha^{\ell 2}(2\,\varphi_\alpha^{\ell 2} - 1),\ \alpha = 1,2,3,$$
$$\varphi_4^{q2} = 4\,\varphi_1^{\ell 2}\,\varphi_2^{\ell 2},$$
$$\varphi_5^{q2} = 4\,\varphi_2^{\ell 2}\,\varphi_3^{\ell 2},$$
$$\varphi_6^{q2} = 4\,\varphi_3^{\ell 2}\,\varphi_1^{\ell 2}$$

$\mathscr{P}_{\widehat{T}} = \mathscr{P}_3$

$$\varphi_\alpha^{k2} = \tfrac{1}{2}\,\varphi_\alpha^{\ell 2}(3\,\varphi_\alpha^{\ell 2} - 1)(3\,\varphi_\alpha^{\ell 2} - 2),\ \alpha = 1,2,3,$$
$$\varphi_{3+\alpha}^{k2} = \tfrac{9}{2}\,\varphi_\alpha^{\ell 2}\,\varphi_{3-\alpha}^{\ell 2}(3\,\varphi_\alpha^{\ell 2} - 1),\qquad \alpha = 1,2,$$
$$\varphi_{5+\alpha}^{k2} = \tfrac{9}{2}\,\varphi_{\alpha+1}^{\ell 2}\,\varphi_{4-\alpha}^{\ell 2}(3\,\varphi_{\alpha+1}^{\ell 2} - 1),\ \alpha = 1,2,$$
$$\varphi_8^{k2} = \tfrac{9}{2}\,\varphi_3^{\ell 2}\,\varphi_1^{\ell 2}(3\,\varphi_3^{\ell 2} - 1),$$
$$\varphi_9^{k2} = \tfrac{9}{2}\,\varphi_1^{\ell 2}\,\varphi_3^{\ell 2}(3\,\varphi_1^{\ell 2} - 1),$$
$$\varphi_{10}^{k2} = 27\,\varphi_1^{\ell 2}\,\varphi_2^{\ell 2}\,\varphi_3^{\ell 2}$$

In der Tabelle 4.3 und in den folgenden Tabellen ist neben den Formfunktionen über den Referenzelementen auch der Funktionenraum $\mathscr{P}_{\widehat{T}}$ angegeben, zu welchem diese Formfunktionen gehören. Dabei bezeichnen $\mathscr{P}_m$ und $\mathscr{Q}_m$ die Räume

$$\mathscr{P}_m(\widehat{T}) = \left\{ \varphi(\xi) : \varphi(\xi) = \sum_{\substack{i,j,k=0,1,\ldots,m \\ 0 \le i+j+k \le m}} a_{ijk}\xi_1^i \xi_2^j \xi_3^k \right\}$$

und

$$\mathcal{Q}_m(\widehat{T}) = \left\{ \varphi(\xi) \,:\, \varphi(\xi) = \sum_{i,j,k=0,1,\ldots,m} a_{ijk} \xi_1^i \xi_2^j \xi_3^k \right\}. \qquad (4.69)$$

Der Raum $\mathcal{P}_m$ enthält alle Polynome m-ten Grades und der Raum $\mathcal{Q}_m$ alle Funktionen, die in jeder Raumrichtung Polynome m-ten Grades sind. Wir haben hier die Funktionenräume $\mathcal{P}_m$ und $\mathcal{Q}_m$ für Funktionen, die von den drei Veränderlichen ξ_1, ξ_2 und ξ_3 abhängen, definiert. Im Fall von Funktionen zweier oder einer unabhängigen Veränderlichen entfallen die Terme ξ_3^k bzw. $\xi_2^j \xi_3^k$.

Die Tabelle 4.4 enthält lineare und quadratische Formfunktionen über dem Referenztetraeder. Im Fall linearer Formfunktionen liegen die Knoten in den Eckpunkten des Referenztetraeders. Bei quadratischen Formfunktionen sind die Knoten die vier Eckpunkte und die Seitenmittelpunkte der sechs Kanten des Tetraeders.

Tabelle 4.4: Lineare und quadratische Formfunktionen über dem Referenztetraeder

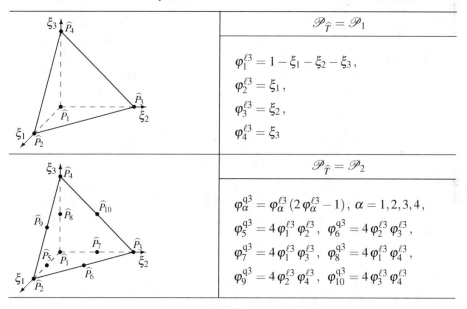

	$\mathcal{P}_{\widehat{T}} = \mathcal{P}_1$
	$\varphi_1^{\ell 3} = 1 - \xi_1 - \xi_2 - \xi_3\,,$ $\varphi_2^{\ell 3} = \xi_1\,,$ $\varphi_3^{\ell 3} = \xi_2\,,$ $\varphi_4^{\ell 3} = \xi_3$
	$\mathcal{P}_{\widehat{T}} = \mathcal{P}_2$
	$\varphi_\alpha^{q3} = \varphi_\alpha^{\ell 3}\,(2\,\varphi_\alpha^{\ell 3} - 1)\,,\ \alpha = 1,2,3,4\,,$ $\varphi_5^{q3} = 4\,\varphi_1^{\ell 3}\,\varphi_2^{\ell 3}\,,\ \ \varphi_6^{q3} = 4\,\varphi_2^{\ell 3}\,\varphi_3^{\ell 3}\,,$ $\varphi_7^{q3} = 4\,\varphi_1^{\ell 3}\,\varphi_3^{\ell 3}\,,\ \ \varphi_8^{q3} = 4\,\varphi_1^{\ell 3}\,\varphi_4^{\ell 3}\,,$ $\varphi_9^{q3} = 4\,\varphi_2^{\ell 3}\,\varphi_4^{\ell 3}\,,\ \ \varphi_{10}^{q3} = 4\,\varphi_3^{\ell 3}\,\varphi_4^{\ell 3}$

Zur Definition der Formfunktionen über dem Referenzviereck und Referenzhexaeder (siehe Tabellen 4.5 und 4.6) nutzen wir die im Abschnitt 3.5 eingeführten Formfunktionen über dem Referenzintervall (siehe (3.63) – (3.66), S.117). Wir geben hier die quadratischen Formfunktionen in einer etwas anderen Schreibweise an, indem wir eine rekursive Definition mittels der linearen Formfunktionen

$$\varphi_1^\ell(\xi_1) = 1 - \xi_1\,,\ \ \varphi_2^\ell(\xi_1) = \xi_1$$

nutzen, d.h

$$\begin{aligned} \varphi_1^q(\xi_1) &= 2\xi_1^2 - 3\xi_1 + 1 &= \varphi_1^\ell(\xi_1)\,(2\,\varphi_1^\ell(\xi_1) - 1)\,, \\ \varphi_2^q(\xi_1) &= -4\xi_1^2 + 4\xi_1 &= 4\,\varphi_1^\ell(\xi_1)\,\varphi_2^\ell(\xi_1)\,, \\ \varphi_3^q(\xi_1) &= 2\xi_1^2 - \xi_1 &= \varphi_2^\ell(\xi_1)\,(2\,\varphi_2^\ell(\xi_1) - 1)\,. \end{aligned}$$

Tabelle 4.5: Formfunktionen über dem Referenzviereck

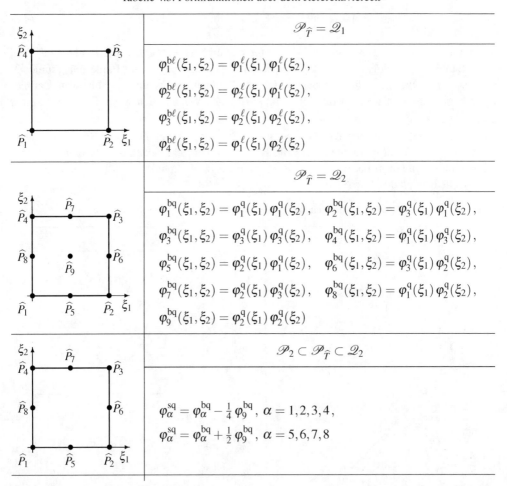

$$\mathscr{P}_{\widehat{T}} = \mathscr{Q}_1$$

$$\varphi_1^{b\ell}(\xi_1,\xi_2) = \varphi_1^{\ell}(\xi_1)\,\varphi_1^{\ell}(\xi_2),$$

$$\varphi_2^{b\ell}(\xi_1,\xi_2) = \varphi_2^{\ell}(\xi_1)\,\varphi_1^{\ell}(\xi_2),$$

$$\varphi_3^{b\ell}(\xi_1,\xi_2) = \varphi_2^{\ell}(\xi_1)\,\varphi_2^{\ell}(\xi_2),$$

$$\varphi_4^{b\ell}(\xi_1,\xi_2) = \varphi_1^{\ell}(\xi_1)\,\varphi_2^{\ell}(\xi_2)$$

$$\mathscr{P}_{\widehat{T}} = \mathscr{Q}_2$$

$$\varphi_1^{bq}(\xi_1,\xi_2) = \varphi_1^{q}(\xi_1)\,\varphi_1^{q}(\xi_2), \quad \varphi_2^{bq}(\xi_1,\xi_2) = \varphi_3^{q}(\xi_1)\,\varphi_1^{q}(\xi_2),$$

$$\varphi_3^{bq}(\xi_1,\xi_2) = \varphi_3^{q}(\xi_1)\,\varphi_3^{q}(\xi_2), \quad \varphi_4^{bq}(\xi_1,\xi_2) = \varphi_1^{q}(\xi_1)\,\varphi_3^{q}(\xi_2),$$

$$\varphi_5^{bq}(\xi_1,\xi_2) = \varphi_2^{q}(\xi_1)\,\varphi_1^{q}(\xi_2), \quad \varphi_6^{bq}(\xi_1,\xi_2) = \varphi_3^{q}(\xi_1)\,\varphi_2^{q}(\xi_2),$$

$$\varphi_7^{bq}(\xi_1,\xi_2) = \varphi_2^{q}(\xi_1)\,\varphi_3^{q}(\xi_2), \quad \varphi_8^{bq}(\xi_1,\xi_2) = \varphi_1^{q}(\xi_1)\,\varphi_2^{q}(\xi_2),$$

$$\varphi_9^{bq}(\xi_1,\xi_2) = \varphi_2^{q}(\xi_1)\,\varphi_2^{q}(\xi_2)$$

$$\mathscr{P}_2 \subset \mathscr{P}_{\widehat{T}} \subset \mathscr{Q}_2$$

$$\varphi_{\alpha}^{sq} = \varphi_{\alpha}^{bq} - \tfrac{1}{4}\varphi_9^{bq}, \quad \alpha = 1,2,3,4,$$

$$\varphi_{\alpha}^{sq} = \varphi_{\alpha}^{bq} + \tfrac{1}{2}\varphi_9^{bq}, \quad \alpha = 5,6,7,8$$

Über dem 4-Knoten-Viereckselement, bei welchem die Knoten in den Eckpunkten liegen, sind die Formfunktionen bilineare Funktionen. Im 9-Knoten-Viereckselement befinden sich die Knoten in den Eckpunkten, den Seitenmittelpunkten und im Schwerpunkt des Vierecks. Die Formfunktionen sind biquadratische Funktionen. Das 8-Knoten-Viereckselement entsteht aus dem 9-Knoten-Viereckselement, indem der Knoten im Schwerpunkt des Vierecks weggelassen wird. Die Formfunktionen sind dann unvollständige biquadratische Funktionen. Um zu veranschaulichen, welche Terme die Formfunktionen des 9-Knoten-Viereckselements und des 8-Knoten-Serendipity-Viereckselements enthalten, schreiben wir die Funktionen φ_1^{bq} und φ_1^{sq} in ausmultiplizierter Form auf:

$$\varphi_1^{bq} = 1 - 3(\xi_1 + \xi_2) + 9\xi_1\xi_2 + 2(\xi_1^2 + \xi_2^2) - 6(\xi_1^2\xi_2 + \xi_1\xi_2^2) + 4\xi_1^2\xi_2^2,$$

$$\varphi_1^{sq} = 1 - 3(\xi_1 + \xi_2) + 5\xi_1\xi_2 + 2(\xi_1^2 + \xi_2^2) - 2(\xi_1^2\xi_2 + \xi_1\xi_2^2).$$

Im Unterschied zu den Formfunktionen über dem 9-Knoten-Element tritt der biquadratische

Term $\xi_1^2\xi_2^2$ bei den Formfunktionen über dem 8-Knoten-Viereckselement nicht auf.

Die folgenden Tabellen 4.6 und 4.7 enthalten Formfunktionen über dem Referenzhexaeder.

Tabelle 4.6: Trilineare und triquadratische Formfunktionen über dem Referenzhexaeder

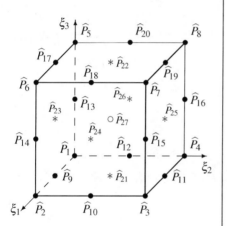

$$\mathscr{P}_{\widehat{T}} = \mathscr{Q}_1$$

$$\varphi_\alpha^{t\ell}(\xi_1,\xi_2,\xi_3) = \varphi_\alpha^{b\ell}(\xi_1,\xi_2)\,\varphi_1^\ell(\xi_3), \quad \alpha = 1,2,3,4,$$

$$\varphi_\alpha^{t\ell}(\xi_1,\xi_2,\xi_3) = \varphi_{\alpha-4}^{b\ell}(\xi_1,\xi_2)\,\varphi_2^\ell(\xi_3), \quad \alpha = 5,6,7,8$$

$$\mathscr{P}_{\widehat{T}} = \mathscr{Q}_2$$

$$\varphi_\alpha^{tq}(\xi_1,\xi_2,\xi_3) = \varphi_\alpha^{bq}(\xi_1,\xi_2)\,\varphi_1^q(\xi_3), \quad \alpha = 1,2,3,4,$$

$$\varphi_\alpha^{tq}(\xi_1,\xi_2,\xi_3) = \varphi_{\alpha-4}^{bq}(\xi_1,\xi_2)\,\varphi_3^q(\xi_3), \quad \alpha = 5,6,7,8,$$

$$\varphi_\alpha^{tq}(\xi_1,\xi_2,\xi_3) = \varphi_{\alpha-4}^{bq}(\xi_1,\xi_2)\,\varphi_1^q(\xi_3),$$
$$\alpha = 9,10,11,12,$$

$$\varphi_\alpha^{tq}(\xi_1,\xi_2,\xi_3) = \varphi_{\alpha-12}^{bq}(\xi_1,\xi_2)\,\varphi_2^q(\xi_3),$$
$$\alpha = 13,14,15,16,$$

$$\varphi_\alpha^{tq}(\xi_1,\xi_2,\xi_3) = \varphi_{\alpha-12}^{bq}(\xi_1,\xi_2)\,\varphi_3^q(\xi_3),$$
$$\alpha = 17,18,19,20,$$

$$\varphi_{21}^{tq}(\xi_1,\xi_2,\xi_3) = \varphi_9^{bq}(\xi_1,\xi_2)\,\varphi_1^q(\xi_3),$$

$$\varphi_{22}^{tq}(\xi_1,\xi_2,\xi_3) = \varphi_9^{bq}(\xi_1,\xi_2)\,\varphi_3^q(\xi_3),$$

$$\varphi_\alpha^{tq}(\xi_1,\xi_2,\xi_3) = \varphi_{\alpha-18}^{bq}(\xi_1,\xi_2)\,\varphi_2^q(\xi_3),$$
$$\alpha = 23,24,25,26,27$$

Über dem 8-Knoten-Hexaederelement mit den Knoten in den Eckpunkten des Hexaeders sind die Formfunktionen trilineare Funktionen. Beim 27-Knoten-Hexaederelement liegen die Knoten in den Eckpunkten (Knoten $P_1,\dots,P_8$), in den Mittelpunkten der Kanten (Knoten $P_9,\dots,P_{20}$), in den Mittelpunkten der Seitenflächen (Knoten $P_{21},\dots,P_{26}$) und im Mittelpunkt des Hexaeders (Knoten P_{27}). Die Formfunktionen über diesem Element sind triquadratische Funktionen. Werden die Knoten in den Mittelpunkten der Seitenflächen und der Knoten im Mittelpunkt (Schwerpunkt) des Hexaeders weggelassen, dann erhält man das 20-Knoten-Serendipity-Element, über welchem die Formfunktionen unvollständige triquadratische Funktionen sind.

Um die Struktur der Formfunktionen über dem 20-Knoten-Serendipity-Element zu verdeutlichen, geben wir die Formfunktion φ_1^{sq3} noch in einer anderen als in der Tabelle 4.7 genutzten

Tabelle 4.7: Formfunktionen über dem Referenzhexaeder (20-Knoten-Serendipity-Element)

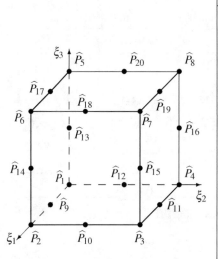

$$\mathscr{P}_2 \subset \mathscr{P}_{\widehat{T}} \subset \mathscr{Q}_2$$

$$\varphi_1^{sq3} = \varphi_1^{tq} - \tfrac{1}{4}\left(\varphi_{21}^{tq} + \varphi_{26}^{tq} + \varphi_{23}^{tq} + \varphi_{27}^{tq}\right),$$

$$\varphi_\alpha^{sq3} = \varphi_\alpha^{tq} - \tfrac{1}{4}\left(\varphi_{21}^{tq} + \varphi_{21+\alpha}^{tq} + \varphi_{22+\alpha}^{tq} + \varphi_{27}^{tq}\right),$$
$$\alpha = 2,3,4,$$

$$\varphi_5^{sq3} = \varphi_5^{tq} - \tfrac{1}{4}\left(\varphi_{22}^{tq} + \varphi_{26}^{tq} + \varphi_{23}^{tq} + \varphi_{27}^{tq}\right),$$

$$\varphi_\alpha^{sq3} = \varphi_\alpha^{tq} - \tfrac{1}{4}\left(\varphi_{22}^{tq} + \varphi_{17+\alpha}^{tq} + \varphi_{18+\alpha}^{tq} + \varphi_{27}^{tq}\right),$$
$$\alpha = 6,7,8,$$

$$\varphi_\alpha^{sq3} = \varphi_\alpha^{tq} + \tfrac{1}{2}\left(\varphi_{21}^{tq} + \varphi_{14+\alpha}^{tq}\right) + \tfrac{1}{4}\varphi_{27}^{tq},$$
$$\alpha = 9,10,11,12,$$

$$\varphi_{13}^{sq3} = \varphi_{13}^{tq} + \tfrac{1}{2}\left(\varphi_{26}^{tq} + \varphi_{23}^{tq}\right) + \tfrac{1}{4}\varphi_{27}^{tq},$$

$$\varphi_\alpha^{sq3} = \varphi_\alpha^{tq} + \tfrac{1}{2}\left(\varphi_{9+\alpha}^{tq} + \varphi_{10+\alpha}^{tq}\right) + \tfrac{1}{4}\varphi_{27}^{tq},$$
$$\alpha = 14,15,16,$$

$$\varphi_\alpha^{sq3} = \varphi_\alpha^{tq} + \tfrac{1}{2}\left(\varphi_{22}^{tq} + \varphi_{6+\alpha}^{tq}\right) + \tfrac{1}{4}\varphi_{27}^{tq},$$
$$\alpha = 17,18,19,20$$

Schreibweise an:

$$\varphi_1^{sq3} = 1 - 3(\xi_1 + \xi_2 + \xi_3) + 5(\xi_1\xi_2 + \xi_1\xi_3 + \xi_2\xi_3) + 2(\xi_1^2 + \xi_2^2 + \xi_3^2) - 7\xi_1\xi_2\xi_3$$
$$- 2(\xi_1^2\xi_2 + \xi_1^2\xi_3 + \xi_1\xi_2^2 + \xi_2^2\xi_3 + \xi_1\xi_3^2 + \xi_2\xi_3^2) + 2(\xi_1^2\xi_2\xi_3 + \xi_1\xi_2^2\xi_3 + \xi_1\xi_2\xi_3^2).$$

Ein Vergleich der Formfunktion φ_1^{sq3} mit der Formfunktion

$$\varphi_1^{tq} = 1 - 3(\xi_1 + \xi_2 + \xi_3) + 2(\xi_1^2 + \xi_2^2 + \xi_3^2) + 9(\xi_1\xi_2 + \xi_1\xi_3 + \xi_2\xi_3) - 27\xi_1\xi_2\xi_3$$
$$- 6(\xi_1^2\xi_2 + \xi_1\xi_2^2 + \xi_1^2\xi_3 + \xi_1\xi_3^2 + \xi_2^2\xi_3 + \xi_2\xi_3^2) + 18(\xi_1^2\xi_2\xi_3 + \xi_1\xi_2^2\xi_3 + \xi_1\xi_2\xi_3^2)$$
$$+ 4(\xi_1^2\xi_2^2 + \xi_1^2\xi_3^2 + \xi_2^2\xi_3^2) - 12(\xi_1^2\xi_2^2\xi_3 + \xi_1^2\xi_2\xi_3^2 + \xi_1\xi_2^2\xi_3^2) + 8\xi_1^2\xi_2^2\xi_3^2$$

zeigt, welche Terme in den Formfunktionen über dem 20-Knoten-Serendipity-Element im Unterschied zu den triquadratischen Formfunktionen nicht vorkommen.

Bemerkung 4.10

Für die in diesem Abschnitt definierten Formfunktionen über den Referenzelementen gilt stets

$$\sum_{\alpha=1}^{\widehat{N}} \varphi_\alpha = 1.$$

Davon können wir uns leicht überzeugen. Beispielsweise erhalten wir für die linearen Ansatzfunktionen über dem Referenzdreieck

$$\varphi_1(\xi_1,\xi_2) + \varphi_2(\xi_1,\xi_2) + \varphi_3(\xi_1,\xi_2) = (1 - \xi_1 - \xi_2) + \xi_1 + \xi_2 = 1.$$

Nachdem wir die Formfunktionen über den Referenzelementen eingeführt haben, können wir die Ansatz- und Testfunktionen p_j definieren.

Seien $\overline{\omega}_h$ und $\widehat{\omega}$ die Indexmengen $\overline{\omega}_h = \{1,2,\ldots,\bar{N}_h\}$ und $\widehat{\omega} = \{1,2,\ldots,\widehat{N}\}$. Dabei ist $\bar{N}_h$ die Anzahl der Knoten in der Vernetzung $\mathcal{T}_h$ und $\widehat{N}$ die Anzahl der Knoten im Referenzelement (siehe auch S. 236). Bei der Definition der Ansatz- und Testfunktionen p_j, $j = 1,2,\ldots,\bar{N}_h$, nutzen wir die Zuordnungsvorschrift

$$r: \quad \alpha \leftrightarrow j = j(r,\alpha), \ \alpha \in \widehat{\omega}, \ j \in \overline{\omega}_h$$

zwischen der lokalen Knotennummerierung in jedem Element $T^{(r)}$ und der globalen Knotennummerierung (siehe auch (4.61)). Außerdem benötigen wir die Indexmenge B_j, $j = 1,2,\ldots,\bar{N}_h$, welche die Nummern aller Elemente $T^{(r)}$ enthält, zu denen der Knoten P_j gehört. Damit definieren wir die Ansatz- und Testfunktionen durch

$$p_j(x) = \begin{cases} p_\alpha^{(r)}(x) & x \in \overline{T}^{(r)}, r \in B_j, \\ \\ 0 & \text{sonst, d.h. für } x \in \overline{\Omega} \setminus \bigcup_{r \in B_j} \overline{T}^{(r)}. \end{cases} \tag{4.70}$$

Die Formfunktionen $p_\alpha^{(r)}$ erhalten wir durch Transformation der auf dem Referenzelement definierten Formfunktionen φ_α, d.h.

$$p_\alpha^{(r)}(x) = \varphi_\alpha(\xi_{T^{(r)}}(x)) \quad \text{für alle } x \in \overline{T}^{(r)}. \tag{4.71}$$

Dabei beschreibt $\xi_{T^{(r)}}(x)$ die Abbildung des Elementes $T^{(r)}$ auf das Referenzelement $\widehat{T}$.

Für die in der Abbildung 4.16, S. 238, dargestellte Vernetzung ist beispielsweise die Indexmenge B_{58} durch $B_{58} = \{57,58,59,66,68,69\}$ definiert. Die Definition der Ansatzfunktion p_{58} wird durch die Abbildung 4.38 illustriert.

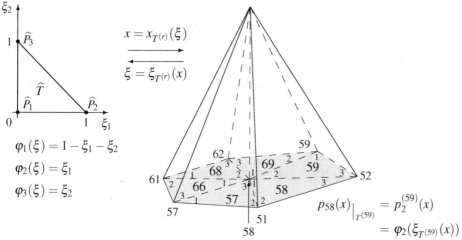

Abbildung 4.38: Definition der Ansatzfunktion p_{58}

Da wir über dem Referenzelement Formfunktionen φ_α gewählt haben, für die in den Knoten $\widehat{P}_\beta$ die Bedingungen

$$\varphi_\alpha(\xi^{(\beta)}) = \delta_{\alpha\beta} \quad \text{für alle } \alpha, \beta \in \widehat{\omega} = \{1, 2, \ldots, \widehat{N}\}$$

erfüllt sind, gilt für die gemäß (4.70) definierten Funktionen p_j

$$p_j(x_i) = \delta_{ij} \quad \text{für alle } i, j \in \overline{\omega}_h = \{1, 2, \ldots, \bar{N}_h\}$$

(siehe auch die analoge Eigenschaft im Fall der Ansatzfunktionen im eindimensionalen Fall auf S. 123). Ansatzfunktionen, die diesen Bedingungen genügen, bilden eine sogenannte *Knotenbasis* des FE-Raumes

$$V_h = \left\{ v_h : v_h(x) = \sum_{j \in \overline{\omega}_h} v_j p_j(x) \right\} = \text{span}\left\{ p_j : j \in \overline{\omega}_h \right\}. \tag{4.72}$$

Bemerkung 4.11

Aufgrund der Definition (4.70) der Ansatzfunktionen und der Tatsache, dass die Summe der Formfunktionen über dem jeweiligen Referenzelement gleich Eins ist (siehe Bemerkumg 4.10) gilt bei einer Knotenbasis

$$\sum_{i=1}^{\bar{N}_h} p_i(x) = 1 \quad \text{für alle } x \in \overline{\Omega}.$$

4.5.3 Aufbau des FE-Gleichungssystems

Wir beschreiben im Weiteren den elementweisen Aufbau des FE-Gleichungssystems, d.h. des Ritz-Galerkin-Systems:

Gesucht ist $\underline{u}_h \in \mathbb{R}^{N_h}$, so dass

$$K_h \underline{u}_h = \underline{f}_h \tag{4.73}$$

mit

$$K_h = [a(p_j, p_i)]_{i,j \in \omega_h} \quad \text{und} \quad \underline{f}_h = \left[\langle F, p_i \rangle - \sum_{j \in \gamma_h} u_{*,j}\, a(p_j, p_i) \right]_{i \in \omega_h}$$

gilt (siehe (4.53), S. 225, und (4.56), S. 227).

Den Aufbau des Gleichungssystems demonstrieren wir anhand der Aufgabe (4.21). In dieser Aufgabe sind die Bilinearform $a(.,.)$ und die rechte Seite $\langle F, v \rangle$ wie folgt definiert:

$$a(u,v) = \int_\Omega (\text{grad}\, v(x))^T \Lambda(x)\, \text{grad}\, u(x)\, dx + \int_{\Gamma_3} \widetilde{\alpha}(x) u(x) v(x)\, ds,$$

$$\langle F, v \rangle = \int_\Omega f(x) v(x)\, dx + \int_{\Gamma_2} g_2(x) v(x)\, ds + \int_{\Gamma_3} \widetilde{\alpha}(x) u_A(x) v(x)\, ds.$$

Genauso wie wir es für die eindimensionalen Randwertprobleme im Abschnitt 3.4 beschrieben haben, werden auch im mehrdimensionalen Fall zuerst eine Matrix $\bar{K}_h$ und ein Vektor $\underline{\bar{f}}_h$ generiert, in denen die Randterme noch nicht berücksichtigt sind. Die Berücksichtigung der Randbedingungen erfolgt in einem anschließenden Schritt.

Elementweiser Aufbau der Matrix $\bar{K}_h$ und des Vektors $\underline{\bar{f}}_h$ ohne Berücksichtigung der Randbedingungen

Die Matrix $\bar{K}_h$ und der Vektor $\underline{\bar{f}}_h$ werden durch die Beziehungen

$$(\bar{K}_h \underline{u}_h, \underline{v}_h) = \bar{a}(u_h, v_h) \quad \text{für alle } u_h \leftrightarrow \underline{u}_h, \, v_h \leftrightarrow \underline{v}_h, \, u_h, v_h \in V_h, \, \underline{u}_h, \underline{v}_h \in \mathbb{R}^{\bar{N}_h} \tag{4.74}$$

und

$$(\underline{\bar{f}}_h, \underline{v}_h) = \langle \bar{F}, v_h \rangle \quad \text{für alle } v_h \leftrightarrow \underline{v}_h, \, v_h \in V_h, \, \underline{v}_h \in \mathbb{R}^{\bar{N}_h} \tag{4.75}$$

mit

$$\bar{a}(u_h, v_h) = \int_{\Omega} (\operatorname{grad} v_h(x))^T \Lambda(x) \operatorname{grad} u_h(x) \, dx \tag{4.76}$$

und

$$\langle \bar{F}, v_h \rangle = \int_{\Omega} f(x) v_h(x) \, dx$$

definiert. Hierbei bezeichnet $(.,.)$ das Euklidische Skalarprodukt im $R^{\bar{N}_h}$. Der Funktionenraum

$$V_h = \left\{ v_h : v_h(x) = \sum_{i \in \bar{\omega}_h} v_i p_i(x) \right\}$$

enthält alle Funktionen v_h, die sich als Linearkombination der im Abschnitt 4.5.2 beschriebenen Ansatzfunktionen p_i darstellen lassen. Über die Beziehungen

$$u_h = \sum_{j \in \bar{\omega}_h} u_j p_j(x) = \sum_{j=1}^{\bar{N}_h} u_j p_j(x), \quad \underline{u}_h = [u_j]_{j=1}^{\bar{N}_h}$$

bzw.

$$v_h = \sum_{i \in \bar{\omega}_h} v_i p_i(x) = \sum_{i=1}^{\bar{N}_h} v_i p_i(x), \quad \underline{v}_h = [v_i]_{i=1}^{\bar{N}_h}$$

besteht der Zusammenhang $u_h \leftrightarrow \underline{u}_h$ bzw. $v_h \leftrightarrow \underline{v}_h$ zwischen der Funktion u_h und dem Vektor $\underline{u}_h$ bzw. den Funktionen v_h und den Vektoren $\underline{v}_h$. Dieser Zusammenhang wird auch als *FE-Isomorphismus* bezeichnet.

Wir beschreiben im Folgenden den elementweisen Aufbau der Matrix $\bar{K}_h$ und des Vektors $\underline{\bar{f}}_h$, d.h. die Berechnung der Elementsteifigkeitsmatrizen und Elementlastvektoren sowie deren Assemblierung.

Berechnung der Elementsteifigkeitsmatrizen

Für beliebige Funktionen $u_h, v_h \in V_h$ mit

$$u_h = \sum_{j \in \bar{\omega}_h} u_j p_j \quad \text{und} \quad v_h = \sum_{i \in \bar{\omega}_h} v_i p_i \tag{4.77}$$

erhalten wir unter Nutzung der Zerlegung

$$\overline{\Omega} = \bigcup_{r=1}^{R_h} \overline{T}^{(r)}, \quad T^{(r)} \cap T^{(r')} = \emptyset \quad \text{für} \quad r, r' = 1, 2, \ldots R_h, \ r \neq r',$$

des Gebietes $\overline{\Omega}$ in finite Elemente $\overline{T}^{(r)}$

$$\begin{aligned}
\bar{a}(u_h, v_h) &= \bar{a}\left(\sum_{j \in \overline{\omega}_h} u_j p_j(x), \sum_{i \in \overline{\omega}_h} v_i p_i(x) \right) \\
&= \int_{\Omega} \left[\left(\mathrm{grad}\left(\sum_{i \in \overline{\omega}_h} v_i p_i(x) \right) \right)^T \Lambda(x) \, \mathrm{grad}\left(\sum_{j \in \overline{\omega}_h} u_j p_j(x) \right) \right] dx \\
&= \sum_{r=1}^{R_h} \int_{T^{(r)}} \left[\left(\mathrm{grad}\left(\sum_{i \in \overline{\omega}_h} v_i p_i(x) \right) \right)^T \Lambda(x) \, \mathrm{grad}\left(\sum_{j \in \overline{\omega}_h} u_j p_j(x) \right) \right] dx.
\end{aligned}$$

Aufgrund der Vertauschbarkeit von Summation und Differentiation sowie Summation und Integration ergibt sich weiter

$$\begin{aligned}
\bar{a}(u_h, v_h) &= \sum_{r=1}^{R_h} \int_{T^{(r)}} \left[\left(\sum_{i \in \overline{\omega}_h} v_i (\mathrm{grad}\, p_i(x))^T \right) \Lambda(x) \left(\sum_{j \in \overline{\omega}_h} u_j (\mathrm{grad}\, p_j(x))^T \right) \right] dx \\
&= \sum_{r=1}^{R_h} \int_{T^{(r)}} \left[\sum_{j \in \overline{\omega}_h} \sum_{i \in \overline{\omega}_h} u_j v_i (\mathrm{grad}\, p_i(x))^T \Lambda(x) \mathrm{grad}\, p_j(x) \right] dx \qquad (4.78) \\
&= \sum_{r=1}^{R_h} \sum_{j \in \overline{\omega}_h} \sum_{i \in \overline{\omega}_h} u_j v_i \int_{T^{(r)}} \left[(\mathrm{grad}\, p_i(x))^T \Lambda(x) \, \mathrm{grad}\, p_j(x) \right] dx.
\end{aligned}$$

Über einem finiten Element $T^{(r)}$ ist die Ansatzfunktion p_j bzw. die Testfunktion p_i nur dann von Null verschieden, wenn der Knoten P_j bzw. P_i zum Element $\overline{T}^{(r)}$ gehört. Folglich ist auch nur für diese Funktionen $\mathrm{grad}\, p_j(x)$ bzw. $\mathrm{grad}\, p_i(x)$ über dem jeweiligen Element $T^{(r)}$ nicht identisch Null. Mit anderen Worten: $\mathrm{grad}\, p_j$ bzw. $\mathrm{grad}\, p_i$ ist über dem Element $T^{(r)}$ identisch Null, wenn P_j bzw. P_i kein Knoten des Elements $\overline{T}^{(r)}$ ist. Für jedes finite Element $T^{(r)}$ führen wir die Indexmenge

$$\overline{\omega}_h^{(r)} = \{ j : x_j \in \overline{T}^{(r)} \} \qquad (4.79)$$

ein, welche die Nummern der Knoten enthält, die zum Element $\overline{T}^{(r)}$ gehören. Aufgrund der vorangegangenen Überlegungen gilt

$$\int_{T^{(r)}} \left[(\mathrm{grad}\, p_i(x))^T \Lambda(x) \, \mathrm{grad}\, p_j(x) \right] \neq 0$$

nur dann, wenn $x_j \in \overline{T}^{(r)}$ und $x_i \in \overline{T}^{(r)}$, d.h. $j \in \overline{\omega}_h^{(r)}$ und $i \in \overline{\omega}_h^{(r)}$. Deshalb reduziert sich die Summation über $j \in \overline{\omega}_h$ bzw. $i \in \overline{\omega}_h$ in (4.78) auf die Summation über $j \in \overline{\omega}_h^{(r)}$ bzw. $i \in \overline{\omega}_h^{(r)}$.

Damit gilt

$$\bar{a}(u_h, v_h) = \sum_{r=1}^{R_h} \sum_{j \in \overline{\omega}_h^{(r)}} \sum_{i \in \overline{\omega}_h^{(r)}} u_j v_i \int_{T^{(r)}} \left[(\operatorname{grad} p_i(x))^T \Lambda(x) \operatorname{grad} p_j(x) \right] dx.$$

Mittels der Verknüpfungen

$$\alpha \leftrightarrow i = i(r, \alpha) \quad \text{und} \quad \beta \leftrightarrow j = j(r, \beta), \quad \alpha, \beta \in \widehat{\omega}, \; i, j \in \overline{\omega}_h,$$

zwischen der lokalen Knotennummerierung im Element $T^{(r)}$ und der globalen Knotennummerierung sowie der Definition (4.70) der Ansatzfunktionen p_j mit Hilfe von Formfunktionen $p_\beta^{(r)}$
erhalten wir

$$
\begin{aligned}
(\bar{K}_u \underline{u}_h, \underline{v}_h) &= \bar{a}(u_h, v_h) \\
&= \sum_{r=1}^{R_h} \sum_{\beta \in \widehat{\omega}} \sum_{\alpha \in \widehat{\omega}} u_\beta^{(r)} v_\alpha^{(r)} \int_{T^{(r)}} \left[(\operatorname{grad} p_\alpha^{(r)}(x))^T \Lambda(x) \operatorname{grad} p_\beta^{(r)}(x) \right] dx. \quad (4.80)
\end{aligned}
$$

Hierbei haben wir anstelle von u_j und v_i die Bezeichnungen $u_\beta^{(r)}$ und $v_\alpha^{(r)}$ genutzt, um bei der
Summation die lokalen Knotennummern β und α verwenden zu können. Mit der Bezeichnung

$$K_{\alpha\beta}^{(r)} = \int_{T^{(r)}} \left[(\operatorname{grad} p_\alpha^{(r)}(x))^T \Lambda(x) \operatorname{grad} p_\beta^{(r)}(x) \right] dx$$

ergibt sich aus (4.80)

$$(\bar{K}_u \underline{u}_h, \underline{v}_h) = \sum_{r=1}^{R_h} \sum_{\beta \in \widehat{\omega}} \sum_{\alpha \in \widehat{\omega}} u_\beta^{(r)} v_\alpha^{(r)} K_{\alpha\beta}^{(r)} = \sum_{r=1}^{R_h} \sum_{\alpha \in \widehat{\omega}} \left(\sum_{\beta \in \widehat{\omega}} K_{\alpha\beta}^{(r)} u_\beta^{(r)} \right) v_\alpha^{(r)} = \sum_{r=1}^{R_h} (K^{(r)} \underline{u}^{(r)}, \underline{v}^{(r)}) \quad (4.81)$$

mit den Vektoren $\underline{u}^{(r)} = [u_\beta^{(r)}]_{\beta=1}^{\widehat{N}}$ und $\underline{v}^{(r)} = [v_\alpha^{(r)}]_{\alpha=1}^{\widehat{N}}$ sowie den *Elementsteifigkeitsmatrizen*

$$K^{(r)} = [K_{\alpha\beta}^{(r)}]_{\alpha,\beta=1}^{\widehat{N}} = \left[\int_{T^{(r)}} \left[(\operatorname{grad} p_\alpha^{(r)}(x))^T \Lambda(x) \operatorname{grad} p_\beta^{(r)}(x) \right] dx \right]_{\alpha,\beta=1}^{\widehat{N}}.$$

Bei der Berechnung der Elemente der Elementsteifigkeitsmatrizen $K^{(r)}$ führen wir in den Integralen eine Variablensubstitution durch, so dass Integrale über dem Referenzelement zu berechnen sind. Dazu verwenden wir die im Abschnitt 4.5.2 definierten Abbildungsvorschriften

$$x = x_{T^{(r)}}(\xi) = J^{(r)} \xi + x^{(r,1)} \quad \text{und} \quad \xi = \xi_{T^{(r)}}(x) = (J^{(r)})^{-1} (x - x^{(r,1)})$$

(siehe (4.62) und (4.66)). Neben der im Abschnitt 4.5.2 angegebenen Definition der Matrizen
$J^{(r)}$ und $(J^{(r)})^{-1}$ können diese auch in der folgenden äquivalenten Form aufgeschrieben werden:

$$J^{(r)} = \begin{pmatrix} \dfrac{\partial x_1}{\partial \xi_1} & \dfrac{\partial x_1}{\partial \xi_2} & \dfrac{\partial x_1}{\partial \xi_3} \\[2ex] \dfrac{\partial x_2}{\partial \xi_1} & \dfrac{\partial x_2}{\partial \xi_2} & \dfrac{\partial x_2}{\partial \xi_3} \\[2ex] \dfrac{\partial x_3}{\partial \xi_1} & \dfrac{\partial x_3}{\partial \xi_2} & \dfrac{\partial x_3}{\partial \xi_3} \end{pmatrix} \quad \text{und} \quad (J^{(r)})^{-1} = \begin{pmatrix} \dfrac{\partial \xi_1}{\partial x_1} & \dfrac{\partial \xi_1}{\partial x_2} & \dfrac{\partial \xi_1}{\partial x_3} \\[2ex] \dfrac{\partial \xi_2}{\partial x_1} & \dfrac{\partial \xi_2}{\partial x_2} & \dfrac{\partial \xi_2}{\partial x_3} \\[2ex] \dfrac{\partial \xi_3}{\partial x_1} & \dfrac{\partial \xi_3}{\partial x_2} & \dfrac{\partial \xi_3}{\partial x_3} \end{pmatrix}. \quad (4.82)$$

Bei Randwertproblemen in zweidimensionalen Gebieten entfallen in den beiden Matrizen $J^{(r)}$ und $(J^{(r)})^{-1}$ die dritte Zeile und dritte Spalte, so dass $J^{(r)}$ und $(J^{(r)})^{-1}$ nur Matrizen mit zwei Zeilen und zwei Spalten sind (siehe auch Bemerkung 4.9). Nach der Kettenregel wird der Gradient

$$\text{grad}_x = \left(\frac{\partial}{\partial x_1} \quad \frac{\partial}{\partial x_2} \quad \frac{\partial}{\partial x_3} \right)^T \tag{4.83}$$

gemäß der Formel

$$\text{grad}_x = ((J^{(r)})^{-1})^T \, \text{grad}_\xi = (J^{(r)})^{-T} \, \text{grad}_\xi$$

transformiert, wobei grad_ξ analog zu (4.83) definiert ist, d.h. es muss nur x durch ξ ersetzt werden. Beachten wir noch, dass für die Formfunktionen $p_\beta^{(r)}$ die Beziehungen $p_\beta^{(r)}(x) = \varphi_\beta(\xi_{T^{(r)}}(x))$ und folglich

$$p_\beta^{(r)}(x_{T^{(r)}}(\xi)) = \varphi_\beta(\xi_{T^{(r)}}(x_{T^{(r)}}(\xi))) = \varphi_\beta(\xi)$$

gelten, und dass das Volumenelement dx bei der Variablensubstitution durch $|\det J^{(r)}| d\xi$ ersetzt werden muss, so erhalten wir für die Einträge $K_{\alpha\beta}^{(r)}$ der Elementsteifigkeitsmatrizen $K^{(r)}$

$$K_{\alpha\beta}^{(r)} = \int_{T^{(r)}} \left[(\text{grad}_x \, p_\alpha^{(r)}(x))^T \, \Lambda(x) \, \text{grad}_x \, p_\beta^{(r)}(x) \right] dx$$

$$= \int_{\widehat{T}} \left[\left((J^{(r)})^{-T} \, \text{grad}_\xi \, p_\alpha^{(r)}(x_{T^{(r)}}(\xi)) \right)^T \Lambda(x_{T^{(r)}}(\xi)) \left((J^{(r)})^{-T} \, \text{grad}_\xi \, p_\beta^{(r)}(x_{T^{(r)}}(\xi)) \right) \right] |\det J^{(r)}| d\xi$$

$$= \int_{\widehat{T}} \left[\left((J^{(r)})^{-T} \, \text{grad}_\xi \, \varphi_\alpha(\xi) \right)^T \Lambda(x_{T^{(r)}}(\xi)) \left((J^{(r)})^{-T} \, \text{grad}_\xi \, \varphi_\beta(\xi) \right) \right] |\det J^{(r)}| d\xi .$$

Aus dieser Berechnungsvorschrift sehen wir, dass zur Berechnung der Einträge $K_{\alpha\beta}^{(r)}$ der Elementsteifigkeitsmatrizen nur die Matrizen $J^{(r)}$, $(J^{(r)})^{-T}$ und die Ableitungen der über dem Referenzelement definierten Formfunktionen benötigt werden. Explizite Formeln für die Formfunktionen $p_\beta^{(r)}$ über den Elementen $T^{(r)}$ sind nicht erforderlich. Dies haben wir bei der Berechnung der Elementsteifigkeitsmatrizen im eindimensionalen Fall schon kennengelernt (siehe Abschnitt 3.5).

Bemerkung 4.12
Die Summe der Matrixelemente einer jeden Zeile der Matrix $\bar{K}_h$ aus

$$(\bar{K}_h \underline{u}_h, \underline{v}_h) = \bar{a}(u_h, v_h) = \int_\Omega (\text{grad}\, v_h(x))^T \Lambda(x) \text{grad}\, u_h(x)\, dx \tag{4.84}$$

(siehe (4.74) – (4.76)) ist identisch Null. Dies gilt aufgrund folgender Überlegungen. Da die Summe der Ansatzfunktionen p_i gleich Eins ist (siehe Bemerkung 4.11), gilt für die Funktion $u_h(x) = 1$:

$$u_h(x) = 1 = \sum_{i=1}^{\bar{N}_h} p_i(x) = \sum_{i=1}^{\bar{N}_h} 1 \cdot p_i(x) .$$

Folglich ist der Vektor $\underline{1} = [1]_{i=1}^{\bar{N}_h}$ der Vektor der Knotenparameter der Funktion $u_h(x) = 1$. Setzen wir diese Funktion in $\bar{a}(u_h, v_h)$ aus (4.84) ein, dann gilt wegen $\text{grad}\, u_h(x) = \text{grad}\, 1 = 0$ die Beziehung

$$(\bar{K}_h \underline{1}, \underline{v}_h) = \bar{a}(1, v_h) = \int_\Omega (\text{grad}\, v_h(x))^T \Lambda(x) \text{grad}\, 1\, dx = 0 \quad \text{für alle } \underline{v}_h \leftrightarrow v_h, \; \underline{v}_h \in R^{\bar{N}_h}, \; v_h \in V_h .$$

Da diese Beziehung für jede beliebige Funktion $v_h \in V_h$ und jeden beliebigen Vektor $\underline{v}_h \in R^{\bar{N}_h}$ erfüllt ist, muss $\bar{K}_h \underline{1} = \underline{0}$ gelten. Dies bedeutet, dass die Zeilensumme jeder Zeile der Matrix $\bar{K}_h$ gleich Null ist. Diese Eigenschaft gilt auch bezüglich der Elementsteifigkeitsmatrizen. Man kann diese Eigenschaft insbesondere zur Kontrolle der berechneten Einträge der Steifigkeitsmatrix nutzen.

Enthält die Bilinearform auch den Term quv, dann sind die Zeilensummen der Matrix $\bar{K}_h$ von Null verschieden.

Bei linearen Elastizitätsproblemen gilt ebenfalls, dass die Summe der Elemente jeder Zeile der Matrix $\bar{K}_h$ gleich Null ist (siehe auch Bemerkung 4.22, S. 411).

Wir demonstrieren die Berechnung der Elementsteifigkeitsmatrizen anhand einer FE-Diskretisierung mit Dreieckselementen und stückweise linearen Ansatzfunktionen. Die Gradienten der in der Tabelle 4.3, S. 256, angegebenen linearen Formfunktionen φ_α, $\alpha = 1,2,3$, sind

$$\text{grad}_\xi \, \varphi_1 = (-1 \;\; -1)^T, \; \text{grad}_\xi \, \varphi_2 = (1 \;\; 0)^T, \; \text{grad}_\xi \, \varphi_3 = (0 \;\; 1)^T.$$

Unter Beachtung der Definition der Matrix $(J^{(r)})^{-1}$ der Abbildung (4.66) ergibt sich

$$(J^{(r)})^{-T} = ((J^{(r)})^{-1})^T = \frac{1}{\det J^{(r)}} \begin{pmatrix} x_2^{(r,3)} - x_2^{(r,1)} & -(x_2^{(r,2)} - x_2^{(r,1)}) \\ -(x_1^{(r,3)} - x_1^{(r,1)}) & x_1^{(r,2)} - x_1^{(r,1)} \end{pmatrix}$$

und somit

$$
\begin{aligned}
(J^{(r)})^{-T} \text{grad}_\xi \, \varphi_1(\xi) &= \frac{1}{\det J^{(r)}} \begin{pmatrix} x_2^{(r,3)} - x_2^{(r,1)} & -(x_2^{(r,2)} - x_2^{(r,1)}) \\ -(x_1^{(r,3)} - x_1^{(r,1)}) & x_1^{(r,2)} - x_1^{(r,1)} \end{pmatrix} \begin{pmatrix} -1 \\ -1 \end{pmatrix} \\
&= \frac{1}{\det J^{(r)}} \begin{pmatrix} -(x_2^{(r,3)} - x_2^{(r,1)}) + (x_2^{(r,2)} - x_2^{(r,1)}) \\ (x_1^{(r,3)} - x_1^{(r,1)}) - (x_1^{(r,2)} - x_1^{(r,1)}) \end{pmatrix} \\
&= \frac{1}{\det J^{(r)}} \begin{pmatrix} x_2^{(r,2)} - x_2^{(r,3)} \\ x_1^{(r,3)} - x_1^{(r,2)} \end{pmatrix},
\end{aligned}
$$

$$
\begin{aligned}
(J^{(r)})^{-T} \text{grad}_\xi \, \varphi_2(\xi) &= \frac{1}{\det J^{(r)}} \begin{pmatrix} x_2^{(r,3)} - x_2^{(r,1)} & -(x_2^{(r,2)} - x_2^{(r,1)}) \\ -(x_1^{(r,3)} - x_1^{(r,1)}) & x_1^{(r,2)} - x_1^{(r,1)} \end{pmatrix} \begin{pmatrix} 1 \\ 0 \end{pmatrix} \\
&= \frac{1}{\det J^{(r)}} \begin{pmatrix} x_2^{(r,3)} - x_2^{(r,1)} \\ x_1^{(r,1)} - x_1^{(r,3)} \end{pmatrix},
\end{aligned}
$$

$$
\begin{aligned}
(J^{(r)})^{-T} \text{grad}_\xi \, \varphi_3(\xi) &= \frac{1}{\det J^{(r)}} \begin{pmatrix} x_2^{(r,3)} - x_2^{(r,1)} & -(x_2^{(r,2)} - x_2^{(r,1)}) \\ -(x_1^{(r,3)} - x_1^{(r,1)}) & x_1^{(r,2)} - x_1^{(r,1)} \end{pmatrix} \begin{pmatrix} 0 \\ 1 \end{pmatrix} \\
&= \frac{1}{\det J^{(r)}} \begin{pmatrix} x_2^{(r,1)} - x_2^{(r,2)} \\ x_1^{(r,2)} - x_1^{(r,1)} \end{pmatrix}.
\end{aligned}
$$

Damit erhalten wir

$$K_{11}^{(r)} = \int_{\widehat{T}} \left[\left((J^{(r)})^{-T} \operatorname{grad}_\xi \varphi_1(\xi) \right)^T \Lambda(x_{T^{(r)}}(\xi)) \left((J^{(r)})^{-T} \operatorname{grad}_\xi \varphi_1(\xi) \right) \right] |\det J^{(r)}| \, d\xi$$

$$= \int_{\widehat{T}} \left[\left(\frac{1}{\det J^{(r)}} \begin{pmatrix} x_2^{(r,2)} - x_2^{(r,3)} \\ x_1^{(r,3)} - x_1^{(r,2)} \end{pmatrix} \right)^T \Lambda(x_{T^{(r)}}(\xi)) \frac{1}{\det J^{(r)}} \begin{pmatrix} x_2^{(r,2)} - x_2^{(r,3)} \\ x_1^{(r,3)} - x_1^{(r,2)} \end{pmatrix} \right] |\det J^{(r)}| \, d\xi$$

$$= \int_{\widehat{T}} \left[\frac{|\det J^{(r)}|}{(\det J^{(r)})^2} \left(x_2^{(r,2)} - x_2^{(r,3)} \quad x_1^{(r,3)} - x_1^{(r,2)} \right) \begin{pmatrix} \lambda_1(x_{T^{(r)}}(\xi)) & 0 \\ 0 & \lambda_2(x_{T^{(r)}}(\xi)) \end{pmatrix} \begin{pmatrix} x_2^{(r,2)} - x_2^{(r,3)} \\ x_1^{(r,3)} - x_1^{(r,2)} \end{pmatrix} \right] d\xi$$

$$= \int_{\widehat{T}} \left[\frac{1}{|\det J^{(r)}|} \left(x_2^{(r,2)} - x_2^{(r,3)} \quad x_1^{(r,3)} - x_1^{(r,2)} \right) \begin{pmatrix} \lambda_1(x_{T^{(r)}}(\xi))(x_2^{(r,2)} - x_2^{(r,3)}) \\ \lambda_2(x_{T^{(r)}}(\xi))(x_1^{(r,3)} - x_1^{(r,2)}) \end{pmatrix} \right] d\xi$$

$$= \frac{1}{|\det J^{(r)}|} \int_{\widehat{T}} \left[\lambda_1(x_{T^{(r)}}(\xi))(x_2^{(r,2)} - x_2^{(r,3)})^2 + \lambda_2(x_{T^{(r)}}(\xi))(x_1^{(r,3)} - x_1^{(r,2)})^2 \right] d\xi$$

$$= \frac{1}{|\det J^{(r)}|} \left[(x_2^{(r,2)} - x_2^{(r,3)})^2 \int_{\widehat{T}} \lambda_1(x_{T^{(r)}}(\xi)) \, d\xi + (x_1^{(r,3)} - x_1^{(r,2)})^2 \int_{\widehat{T}} \lambda_2(x_{T^{(r)}}(\xi)) \, d\xi \right],$$

$$K_{12}^{(r)} = \int_{\widehat{T}} \left[\left((J^{(r)})^{-T} \operatorname{grad}_\xi \varphi_1(\xi) \right)^T \Lambda(x_{T^{(r)}}(\xi)) \left((J^{(r)})^{-T} \operatorname{grad}_\xi \varphi_2(\xi) \right) \right] |\det J^{(r)}| \, d\xi$$

$$= \int_{\widehat{T}} \left[\left(\frac{1}{\det J^{(r)}} \begin{pmatrix} x_2^{(r,2)} - x_2^{(r,3)} \\ x_1^{(r,3)} - x_1^{(r,2)} \end{pmatrix} \right)^T \Lambda(x_{T^{(r)}}(\xi)) \frac{1}{\det J^{(r)}} \begin{pmatrix} x_2^{(r,3)} - x_2^{(r,1)} \\ x_1^{(r,1)} - x_1^{(r,3)} \end{pmatrix} \right] |\det J^{(r)}| \, d\xi$$

$$= \int_{\widehat{T}} \left[\frac{|\det J^{(r)}|}{(\det J^{(r)})^2} \left(x_2^{(r,2)} - x_2^{(r,3)} \quad x_1^{(r,3)} - x_1^{(r,2)} \right) \begin{pmatrix} \lambda_1(x_{T^{(r)}}(\xi)) & 0 \\ 0 & \lambda_2(x_{T^{(r)}}(\xi)) \end{pmatrix} \begin{pmatrix} x_2^{(r,3)} - x_2^{(r,1)} \\ x_1^{(r,1)} - x_1^{(r,3)} \end{pmatrix} \right] d\xi$$

$$= \int_{\widehat{T}} \left[\frac{1}{|\det J^{(r)}|} \left(x_2^{(r,2)} - x_2^{(r,3)} \quad x_1^{(r,3)} - x_1^{(r,2)} \right) \begin{pmatrix} \lambda_1(x_{T^{(r)}}(\xi))(x_2^{(r,3)} - x_2^{(r,1)}) \\ \lambda_2(x_{T^{(r)}}(\xi))(x_1^{(r,1)} - x_1^{(r,3)}) \end{pmatrix} \right] d\xi$$

$$= \frac{1}{|\det J^{(r)}|} \int_{\widehat{T}} \left[\lambda_1(x_{T^{(r)}}(\xi))(x_2^{(r,2)} - x_2^{(r,3)})(x_2^{(r,3)} - x_2^{(r,1)}) \right.$$

$$\left. + \lambda_2(x_{T^{(r)}}(\xi))(x_1^{(r,3)} - x_1^{(r,2)})(x_1^{(r,1)} - x_1^{(r,3)}) \right] d\xi$$

$$= \frac{1}{|\det J^{(r)}|} \left[(x_2^{(r,2)} - x_2^{(r,3)})(x_2^{(r,3)} - x_2^{(r,1)}) \int_{\widehat{T}} \lambda_1(x_{T^{(r)}}(\xi)) \, d\xi \right.$$

$$\left. + (x_1^{(r,3)} - x_1^{(r,2)})(x_1^{(r,1)} - x_1^{(r,3)}) \int_{\widehat{T}} \lambda_2(x_{T^{(r)}}(\xi)) \, d\xi \right].$$

Es verbleibt noch die Integrale

$$\int_{\hat{T}} \lambda_1(x_{T^{(r)}}(\xi))\,d\xi \quad \text{und} \quad \int_{\hat{T}} \lambda_2(x_{T^{(r)}}(\xi))\,d\xi \tag{4.85}$$

zu berechnen. Falls λ_1 und λ_2 konstant sind, ist dies einfach. Es gilt dann

$$\int_{\hat{T}} \lambda_1\,d\xi = \frac{1}{2}\lambda_1 \quad \text{und} \quad \int_{\hat{T}} \lambda_2\,d\xi = \frac{1}{2}\lambda_2. \tag{4.86}$$

Andernfalls können diese Integrale mittels numerischer Integration berechnet werden. Dies diskutieren wir im Abschnitt 4.5.5.

Die Einträge $K_{13}^{(r)}, K_{22}^{(r)}, K_{23}^{(r)}$ und $K_{33}^{(r)}$ der Elementsteifigkeitsmatrix $K^{(r)}$ werden analog wie die Matrixeinträge $K_{11}^{(r)}$ und $K_{12}^{(r)}$ berechnet. Bezeichnen wir mit k_1 und k_2 die exakten Werte $\frac{1}{2}\lambda_1$ und $\frac{1}{2}\lambda_2$ der Integrale (4.85) oder die mittels numerischer Quadratur berechneten Näherungswerte, dann können wir die Einträge der Elementsteifigkeitsmatrix

$$K^{(r)} = [K_{\alpha\beta}^{(r)}]_{\alpha,\beta=1}^3$$

wie folgt angeben:

$$\begin{aligned}
K_{11}^{(r)} &= \frac{1}{|\det J^{(r)}|}\left[k_1\,(x_2^{(r,2)}-x_2^{(r,3)})^2 + k_2\,(x_1^{(r,3)}-x_1^{(r,2)})^2 \right],\\
K_{12}^{(r)} &= \frac{1}{|\det J^{(r)}|}\left[k_1\,(x_2^{(r,2)}-x_2^{(r,3)})(x_2^{(r,3)}-x_2^{(r,1)}) + k_2\,(x_1^{(r,3)}-x_1^{(r,2)})(x_1^{(r,1)}-x_1^{(r,3)}) \right],\\
K_{13}^{(r)} &= \frac{1}{|\det J^{(r)}|}\left[k_1\,(x_2^{(r,2)}-x_2^{(r,3)})(x_2^{(r,1)}-x_2^{(r,2)}) + k_2\,(x_1^{(r,3)}-x_1^{(r,2)})(x_1^{(r,2)}-x_1^{(r,1)}) \right],\\
K_{22}^{(r)} &= \frac{1}{|\det J^{(r)}|}\left[k_1\,(x_2^{(r,3)}-x_2^{(r,1)})^2 + k_2\,(x_1^{(r,1)}-x_1^{(r,3)})^2 \right],\\
K_{23}^{(r)} &= \frac{1}{|\det J^{(r)}|}\left[k_1\,(x_2^{(r,3)}-x_2^{(r,1)})(x_2^{(r,1)}-x_2^{(r,2)}) + k_2\,(x_1^{(r,1)}-x_1^{(r,3)})(x_1^{(r,2)}-x_1^{(r,1)}) \right],\\
K_{33}^{(r)} &= \frac{1}{|\det J^{(r)}|}\left[k_1\,(x_2^{(r,1)}-x_2^{(r,2)})^2 + k_2\,(x_1^{(r,2)}-x_1^{(r,1)})^2 \right].
\end{aligned} \tag{4.87}$$

Weiterhin gilt $K_{21}^{(r)} = K_{12}^{(r)}$, $K_{31}^{(r)} = K_{13}^{(r)}$ und $K_{32}^{(r)} = K_{23}^{(r)}$.

Wir betrachten noch den Spezialfall einer Vernetzung mit gleichschenkligen rechtwinkligen Dreiecken (Kathetenlänge h), deren Katheten parallel zu den Koordinatenachsen sind (siehe Abbildung 4.39). Für die Dreiecke mit den ungeradzahligen Nummern erhält man

$$\begin{aligned}
x_2^{(r,2)}-x_2^{(r,3)} &= h\,, & x_2^{(r,3)}-x_2^{(r,1)} &= 0\,, & x_2^{(r,1)}-x_2^{(r,2)} &= -h\\
x_1^{(r,3)}-x_1^{(r,2)} &= -h\,, & x_1^{(r,1)}-x_1^{(r,3)} &= h\,, & x_1^{(r,2)}-x_1^{(r,1)} &= 0
\end{aligned}$$

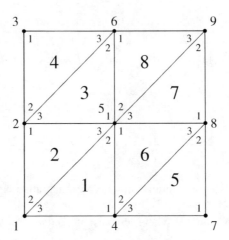

Abbildung 4.39: Vernetzung des Gebietes Ω

und

$$|\det J^{(r)}| = |(x_1^{(r,2)} - x_1^{(r,1)})(x_2^{(r,3)} - x_2^{(r,1)}) - (x_2^{(r,2)} - x_2^{(r,1)})(x_1^{(r,3)} - x_1^{(r,1)})| = h^2.$$

Damit ergibt sich gemäß der Formeln (4.87) die Elementsteifigkeitsmatrix

$$K^{(r)} = \begin{pmatrix} k_1 + k_2 & -k_2 & -k_1 \\ -k_2 & k_2 & 0 \\ -k_1 & 0 & k_1 \end{pmatrix}, \qquad (4.88)$$

die für $\lambda_1 = \lambda_2 = 1$ (siehe (4.86)) gleich der Elementsteifigkeitsmatrix

$$K^{(r)} = \frac{1}{2} \begin{pmatrix} 2 & -1 & -1 \\ -1 & 1 & 0 \\ -1 & 0 & 1 \end{pmatrix} \qquad (4.89)$$

ist. Für die Dreiecke mit geradzahliger Nummer aus der Vernetzung in der Abbildung 4.39 erhält man auf analoge Weise dieselbe Elementsteifigkeitsmatrix.

Berechnung der Elementlastvektoren

Die Elementlastvektoren $\underline{f}^{(r)}$ werden auf analoge Weise wie die Elementsteifigkeitsmatrizen $K^{(r)}$ berechnet, d.h.

$$(\underline{\bar{f}}_h, \underline{v}_h) = \langle \bar{F}, v_h \rangle = \int_\Omega f(x) v_h(x)\,dx = \int_\Omega f(x) \sum_{i \in \bar{\omega}_h} v_i p_i(x)\,dx = \sum_{r=1}^{R_h} \sum_{i \in \bar{\omega}_h} v_i \int_{T^{(r)}} f(x) p_i(x)\,dx.$$

Beachten wir, dass eine Ansatzfunktion p_i auf dem Element $T^{(r)}$ nur dann nicht identisch Null ist, wenn der Knoten P_i zum Element $\overline{T}^{(r)}$ gehört, dann erhalten wir unter Nutzung der Indexmengen

$\overline{\omega}_h^{(r)}$ aus (4.79)

$$(\underline{\bar{f}}_h, \underline{v}_h) = \sum_{r=1}^{R_h} \sum_{i \in \overline{\omega}_h^{(r)}} v_i \int_{T^{(r)}} f(x) p_i(x) \, dx.$$

Mittels der Verknüpfung $\alpha \leftrightarrow i = i(r, \alpha)$, $\alpha \in \widehat{\omega}$, $i \in \overline{\omega}_h$, zwischen der lokalen Knotennummerierung im Element $T^{(r)}$ und der globalen Knotennummerierung sowie der Definition (4.70) der Ansatzfunktionen p_j folgt

$$(\underline{\bar{f}}_h, \underline{v}_h) = \sum_{r=1}^{R_h} \sum_{\alpha \in \widehat{\omega}} v_\alpha^{(r)} \int_{T^{(r)}} f(x) p_\alpha^{(r)}(x) \, dx = \sum_{r=1}^{R_h} (\underline{f}^{(r)}, \underline{v}^{(r)}) \qquad (4.90)$$

mit den *Elementlastvektoren*

$$\underline{f}^{(r)} = \left[\int_{T^{(r)}} f(x) p_\alpha^{(r)}(x) \, dx \right]_{\alpha=1}^{\widehat{N}}$$

und den Vektoren $\underline{v}^{(r)} = [v_\alpha^{(r)}]_{\alpha=1}^{\widehat{N}}$, $v_\alpha^{(r)} = v_i$.

Die Integrale in der Definition der Komponenten der Elementlastvektoren werden wieder auf Integrale über dem Referenzelement zurückgeführt. Es gilt unter Beachtung der Definition (4.71) der Formfunktionen $p_\alpha^{(r)}$

$$\int_{T^{(r)}} f(x) p_\alpha^{(r)}(x) \, dx = \int_{\widehat{T}} f(x_{T^{(r)}}(\xi)) p_\alpha^{(r)}(x_{T^{(r)}}(\xi)) |\det J^{(r)}| \, d\xi$$

$$= \int_{\widehat{T}} f(x_{T^{(r)}}(\xi)) \varphi_\alpha(\xi) |\det J^{(r)}| \, d\xi.$$

Falls diese Integrale nicht analytisch berechenbar sind, muss mittels numerischer Integration ein Näherungswert berechnet werden (siehe Abschnitt 4.5.5).

Assemblierung der Elementsteifigkeitsmatrizen und Elementlastvektoren

Zur Assemblierung der Elementsteifigkeitsmatrizen bzw. der Elementlastvektoren, d.h. zum Aufbau der Matrix $\bar{K}_h$ und des Vektors $\underline{\bar{f}}_h$, benötigen wir die Verknüpfung zwischen der globalen Knotennummerierung und der lokalen Knotennummerierung in jedem Element $T^{(r)}$. Wie wir im Abschnitt 4.5.1 beschrieben haben, wird diese Verknüpfung für alle Elemente $T^{(r)}$ in einer Elementzusammenhangstabelle gespeichert (siehe z.B. die Tabelle 4.1, S. 237). Unter Nutzung der Informationen aus der Elementzusammenhangstabelle definieren wir für alle $r = 1, 2, \ldots, R_h$ Elementzusammenhangsmatrizen

$$C^{(r)} = [C_{\alpha i}^{(r)}]_{\alpha \in \widehat{\omega}, i \in \overline{\omega}_h}$$

mit

$$
C_{\alpha i}^{(r)} = \begin{cases} 1 & \text{falls } i \text{ die globale Knotennummer des Knotens mit} \\ & \text{der lokalen Knotennummer } \alpha \text{ im Element } T^{(r)} \text{ ist} \\ 0 & \text{sonst} \end{cases}
$$

(siehe auch die Elementzusammenhangsmatrizen (3.39), S. 98, bei Randwertproblemen in eindimensionalen Gebieten). Für die Vektoren $\underline{u}^{(r)}$ und $\underline{v}^{(r)}$ in (4.81) bzw. (4.90) gilt

$$
\underline{u}^{(r)} = C^{(r)} \underline{u}_h \quad \text{und} \quad \underline{v}^{(r)} = C^{(r)} \underline{v}_h
$$

(siehe auch die analoge Beziehung (3.41) auf der Seite 98 im Fall eindimensionaler Probleme). Damit folgt aus (4.81) und (4.90)

$$
(\bar{K}_h \underline{u}_h, \underline{v}_h) = \sum_{r=1}^{R_h} (K^{(r)} \underline{u}^{(r)}, \underline{v}^{(r)}) = \sum_{r=1}^{R_h} (K^{(r)} C^{(r)} \underline{u}_h, C^{(r)} \underline{v}_h) = \sum_{r=1}^{R_h} ((C^{(r)})^T K^{(r)} C^{(r)} \underline{u}_h, \underline{v}_h)
$$

und

$$
(\bar{\underline{f}}_h, \underline{v}_h) = \sum_{r=1}^{R_h} (\underline{f}^{(r)}, \underline{v}^{(r)}) = \sum_{r=1}^{R_h} (\underline{f}^{(r)}, C^{(r)} \underline{v}_h) = \sum_{r=1}^{R_h} ((C^{(r)})^T \underline{f}^{(r)}, \underline{v}_h),
$$

d.h.

$$
\bar{K}_h = \sum_{r=1}^{R_h} (C^{(r)})^T K^{(r)} C^{(r)} \quad \text{und} \quad \bar{\underline{f}}_h = \sum_{r=1}^{R_h} (C^{(r)})^T \underline{f}^{(r)}. \tag{4.91}
$$

Die Matrizen $(C^{(r)})^T K^{(r)} C^{(r)}$ sind $(\bar{N}_h \times \bar{N}_h)$-Matrizen. Sie haben Nicht-Nulleinträge nur an den Positionen (i,j), für welche die Indizes i und j die globalen Knotennummern von Knoten des Elements $T^{(r)}$ sind. Diese Nicht-Nulleinträge sind die Matrixelemente $K_{\alpha\beta}^{(r)}$, $\alpha, \beta \in \widehat{\omega}$, der Elementsteifigkeitsmatrix $K^{(r)}$, wobei α und β die lokalen Nummern der Knoten mit den globalen Nummern i und j sind. Analog ist die i-te Komponente der Vektoren $(C^{(r)})^T \underline{f}^{(r)}$ von Null verschieden, falls i die globale Knotennummer eines Knotens mit der lokalen Nummer α im Element $T^{(r)}$ ist. Diese Komponente ist gleich der Komponente $f_\alpha^{(r)}$ des Elementlastvektors $\underline{f}^{(r)}$. Aufgrund dieser Eigenschaft der Matrizen $(C^{(r)})^T K^{(r)} C^{(r)}$ und Vektoren $(C^{(r)})^T \underline{f}^{(r)}$ kann die Summation in (4.91) zur Berechnung der Matrix

$$
\bar{K}_h = [K_{ij}]_{i,j=1}^{\bar{N}_h}
$$

und des Vektors

$$
\bar{\underline{f}}_h = [f_i]_{i=1}^{\bar{N}_h}
$$

durch den folgenden Assemblierungsalgorithmus realisiert werden (siehe auch Abschnitt 3.4, Seite 103). In diesem Algorithmus nutzen wir im Wesentlichen die Verknüpfung (4.61) zwischen der globalen und lokalen Knotennummerierung, welche in der zur jeweiligen Vernetzung gehörenden Elementzusammenhangstabelle gespeichert ist.

Algorithmus 4.7 (Assemblierungsalgorithmus)

Setze $\bar{K}_h := 0$ und $\bar{f}_h := 0$.

```
for  r = 1  step  1  until  Rₕ  do
   Berechne K⁽ʳ⁾ und f⁽ʳ⁾.

   for  α = 1  step  1  until  N̂  do
      Bestimme i = i(r, α).

      Setze fᵢ := fᵢ + fα⁽ʳ⁾.

      for  β = 1  step  1  until  N̂  do
         Bestimme j = j(r, β).

         Setze Kᵢⱼ := Kᵢⱼ + Kαβ⁽ʳ⁾.
      enddo
   enddo
enddo
```

Wir demonstrieren diesen Algorithmus anhand des im Abschnitt 4.1 formulierten Modellbeispiels (4.2). Die Vernetzung des Gebietes einschließlich der Nummerierung der Knoten und Elemente ist in der Abbildung 4.16, S. 238, dargestellt. Die Tabelle 4.1 enthält einen Auszug aus der Elementzusammenhangstabelle.

Wir setzen zuerst die Matrix $\bar{K}_h$ und den Vektor $\bar{f}_h$ identisch Null. Dann addieren wir dazu nacheinander die Elementsteifigkeitsmatrizen $K^{(r)}$ und die Elementlastvektoren $f^{(r)}$. Die Knoten mit den lokalen Nummern 1, 2, 3 im Element $T^{(1)}$ haben die globalen Nummern 1, 37, 30 (siehe Tabelle 4.1, S. 237). Deshalb wird das Element $K_{11}^{(1)}$ der Elementsteifigkeitsmatrix $K^{[1]}$ zum Element $K_{1,1}$ der Matrix $\bar{K}_h$, $K_{12}^{(1)}$ zu $K_{1,37}$, $K_{13}^{(1)}$ zu $K_{1,30}$, $K_{21}^{(1)}$ zu $K_{37,1}$, $K_{22}^{(1)}$ zu $K_{37,37}$, $K_{23}^{(1)}$ zu $K_{37,30}$, $K_{31}^{(1)}$ zu $K_{30,1}$, $K_{32}^{(1)}$ zu $K_{30,37}$ und $K_{33}^{(1)}$ zu $K_{30,30}$ addiert. Diese Addition der Elementsteifigkeitsmatrix $K^{(1)}$, genauer der Matrix $(C^{(1)})^T K^{(1)} C^{(1)}$, zur Matrix $\bar{K}_h$ liefert die Matrix

$$
\begin{array}{c|ccccccccccc}
 & 1 & 2 & \cdots & 29 & 30 & 31 & \cdots & 36 & 37 & 38 & \cdots & 72 \\
\hline
1 & K_{11}^{(1)} & 0 & \cdots & 0 & K_{13}^{(1)} & 0 & \cdots & 0 & K_{12}^{(1)} & 0 & \cdots & 0 \\
2 & 0 & 0 & \cdots & 0 & 0 & 0 & \cdots & 0 & 0 & 0 & \cdots & 0 \\
\vdots & \vdots & \vdots & \ddots & \vdots & \vdots & \vdots & \ddots & \vdots & \vdots & \vdots & \ddots & \vdots \\
29 & 0 & 0 & \cdots & 0 & 0 & 0 & \cdots & 0 & 0 & 0 & \cdots & 0 \\
30 & K_{31}^{(1)} & 0 & \cdots & 0 & K_{33}^{(1)} & 0 & \cdots & 0 & K_{32}^{(1)} & 0 & \cdots & 0 \\
31 & 0 & 0 & \cdots & 0 & 0 & 0 & \cdots & 0 & 0 & 0 & \cdots & 0 \\
\vdots & \vdots & \vdots & \ddots & \vdots & \vdots & \vdots & \ddots & \vdots & \vdots & \vdots & \ddots & \vdots \\
36 & 0 & 0 & \cdots & 0 & 0 & 0 & \cdots & 0 & 0 & 0 & \cdots & 0 \\
37 & K_{21}^{(1)} & 0 & \cdots & 0 & K_{23}^{(1)} & 0 & \cdots & 0 & K_{22}^{(1)} & 0 & \cdots & 0 \\
38 & 0 & 0 & \cdots & 0 & 0 & 0 & \cdots & 0 & 0 & 0 & \cdots & 0 \\
\vdots & \vdots & \vdots & \ddots & \vdots & \vdots & \vdots & \ddots & \vdots & \vdots & \vdots & \ddots & \vdots \\
72 & 0 & 0 & \cdots & 0 & 0 & 0 & \cdots & 0 & 0 & 0 & \cdots & 0
\end{array}
$$

Außerdem addieren wir die Elemente $f_1^{(1)}$, $f_2^{(1)}$ und $f_3^{(1)}$ des Elementlastvektors $\underline{f}^{(1)}$ zu den Elementen f_1, f_{37} und f_{30} des Vektors $\bar{\underline{f}}_h$. Dies ergibt

$$\bar{\underline{f}}_h = \begin{pmatrix} f_1^{(1)} & 0 & \cdots & 0 & f_3^{(1)} & 0 & \cdots & 0 & f_2^{(1)} & 0 & \cdots & 0 \end{pmatrix}^T .$$

$$ 1 \quad\quad 2 \quad \cdots \quad 29 \quad 30 \quad 31 \quad\cdots\quad 36 \quad 37 \quad 38 \quad\cdots\quad 72$$

Im Element $T^{(2)}$ haben die Knoten mit den lokalen Nummern 1, 2, 3 die globalen Knotennummern 1, 11 und 37. Nach Addition der Matrix $(C^{(2)})^T K^{(2)} C^{(2)}$ zur Matrix $\bar{K}_h = (C^{(1)})^T K^{(1)} C^{(1)}$ erhalten wir die Matrix

	1	2	$\cdots$	10	11	12	$\cdots$	29	30	31	$\cdots$	36	37	38	$\cdots$	72
1	$K_{11}^{(1)}+K_{11}^{(2)}$	0	$\cdots$	0	$K_{12}^{(2)}$	0	$\cdots$	0	$K_{13}^{(1)}$	0	$\cdots$	0	$K_{12}^{(1)}+K_{13}^{(2)}$	0	$\cdots$	0
2	0	0	$\cdots$	0	0	0	$\cdots$	0	0	0	$\cdots$	0	0	0	$\cdots$	0
$\vdots$	$\vdots$	$\vdots$	$\ddots$	$\vdots$	$\vdots$	$\vdots$	$\vdots$	$\ddots$	$\vdots$	$\vdots$	$\vdots$	$\ddots$	$\vdots$	$\vdots$	$\ddots$	$\vdots$
10	0	0	$\cdots$	0	0	0	$\cdots$	0	0	0	$\cdots$	0	0	0	$\cdots$	0
11	$K_{21}^{(2)}$	0	$\cdots$	0	$K_{22}^{(2)}$	0	$\cdots$	0	0	0	$\cdots$	0	$K_{23}^{(2)}$	0	$\cdots$	0
12	0	0	$\cdots$	0	0	0	$\cdots$	0	0	0	$\cdots$	0	0	0	$\cdots$	0
$\vdots$	$\vdots$	$\vdots$	$\ddots$	$\vdots$	$\vdots$	$\vdots$	$\vdots$	$\ddots$	$\vdots$	$\vdots$	$\vdots$	$\ddots$	$\vdots$	$\vdots$	$\ddots$	$\vdots$
29	0	0	$\cdots$	0	0	0	$\cdots$	0	0	0	$\cdots$	0	0	0	$\cdots$	0
30	$K_{31}^{(1)}$	0	$\cdots$	0	0	0	$\cdots$	0	$K_{33}^{(1)}$	0	$\cdots$	0	$K_{32}^{(1)}$	0	$\cdots$	0
31	0	0	$\cdots$	0	0	0	$\cdots$	0	0	0	$\cdots$	0	0	0	$\cdots$	0
$\vdots$	$\vdots$	$\vdots$	$\ddots$	$\vdots$	$\vdots$	$\vdots$	$\vdots$	$\ddots$	$\vdots$	$\vdots$	$\vdots$	$\ddots$	$\vdots$	$\vdots$	$\ddots$	$\vdots$
36	0	0	$\cdots$	0	0	0	$\cdots$	0	0	0	$\cdots$	0	0	0	$\cdots$	0
37	$K_{21}^{(1)}+K_{31}^{(2)}$	0	$\cdots$	0	$K_{32}^{(2)}$	0	$\cdots$	0	$K_{23}^{(1)}$	0	$\cdots$	0	$K_{22}^{(1)}+K_{33}^{(2)}$	0	$\cdots$	0
38	0	0	$\cdots$	0	0	0	$\cdots$	0	0	0	$\cdots$	0	0	0	$\cdots$	0
$\vdots$	$\vdots$	$\vdots$	$\ddots$	$\vdots$	$\vdots$	$\vdots$	$\vdots$	$\ddots$	$\vdots$	$\vdots$	$\vdots$	$\ddots$	$\vdots$	$\vdots$	$\ddots$	$\vdots$
72	0	0	$\cdots$	0	0	0	$\cdots$	0	0	0	$\cdots$	0	0	0	$\cdots$	0

Die Addition des Vektors $(C^{(2)})^T \underline{f}^{(2)}$ zum Vektor $\bar{\underline{f}}_h = (C^{(1)})^T \underline{f}^{(1)}$ ergibt den Vektor

$$\bar{\underline{f}}_h = \begin{pmatrix} f_1^{(1)}+f_1^{(2)} & 0 & \cdots & 0 & f_2^{(2)} & 0 & \cdots & 0 & f_3^{(1)} \end{pmatrix}$$

$$ 1 \quad\quad 2 \quad\cdots\quad 10 \quad 11 \quad 12 \quad\cdots\quad 29 \quad 30$$

$$\begin{pmatrix} 0 & \cdots & 0 & f_2^{(1)}+f_3^{(2)} & 0 & \cdots & 0 \end{pmatrix}^T .$$

$$ 31 \quad\cdots\quad 36 \quad\quad 37 \quad\quad 38 \quad\cdots\quad 72$$

Werden auf analoge Weise alle weiteren Elementsteifigkeitsmatrizen und Elementlastvektoren eingebaut, dann entstehen die durch die Beziehungen (4.74) und (4.75) definierte Matrix $\bar{K}_h$ und der Vektor $\bar{\underline{f}}_h$.

Einarbeitung der Randbedingungen

Bisher wurden beim Aufbau des FE-Gleichungssystems die Terme

$$\int_{\Gamma_2} g_2(x)v_h(x)\,ds\,,\quad \int_{\Gamma_3} \tilde{\alpha}(x)u_{\mathrm{A}}(x)v_h(x)\,ds \quad \text{und}\quad \int_{\Gamma_3} \tilde{\alpha}(x)u_h(x)v_h(x)\,ds\,,$$

die aus den Randbedingungen 2. und 3. Art resultieren (siehe Variationsformulierung (4.21), sowie die Randbedingungen 1. Art nicht berücksichtigt. Im Weiteren beschreiben wir, wie diese Randbedingungen in das FE-Gleichungssystem eingearbeitet werden.

Berücksichtigung der Randbedingungen 2. und 3. Art im FE-Gleichungssystem

Es wird im Weiteren vorausgesetzt, dass das Gebiet $\Omega \subset R^2$ polygonal berandet ist bzw. $\Omega \subset R^3$ ein Polyedergebiet, d.h. ein von ebenen Flächen begrenzter Körper, ist. Wir nummerieren alle Kanten bzw. im dreidimensionalen Fall alle Flächen von Elementen $T^{(r)}$ der Vernetzung, die auf den Randstücken $\overline{\Gamma}_2$ und $\overline{\Gamma}_3$ liegen. Die entsprechenden Nummern bilden die beiden Indexmengen $S_{2,h}$ und $S_{3,h}$. Aufgrund der Forderungen an die Vernetzung des Gebietes Ω (siehe Abschnitt 4.5.1, S. 231) lassen sich die Randstücke $\overline{\Gamma}_2$ und $\overline{\Gamma}_3$ durch

$$\overline{\Gamma}_2 = \bigcup_{e \in S_{2,h}} \bar{E}_2^{(e)} \quad \text{und}\quad \overline{\Gamma}_3 = \bigcup_{e \in S_{3,h}} \bar{E}_3^{(e)} \tag{4.92}$$

darstellen, wobei $\bar{E}_2^{(e)}$ bzw. $\bar{E}_3^{(e)}$ bei zweidimensionalen Problemen die Kanten und bei dreidimensionalen Problemen die Flächen von Elementen $T^{(r)}$ sind, welche auf dem Rand $\overline{\Gamma}_2$ bzw. $\overline{\Gamma}_3$ liegen. Analog zur Verknüpfung (4.61) werden Zuordnungsvorschriften

$$e\,:\,\alpha\,\leftrightarrow\,j = j(e,\alpha)\,,\;\;\alpha \in \hat{\gamma} = \{1,2,\ldots,\hat{N}_E\}\,,\;j \in \overline{\omega}_h\,,$$

zwischen der lokalen Knotennummerierung auf jeder Kante bzw. Fläche $\bar{E}_t^{(e)}$, $t = 2,3$, und der globalen Knotennummerierung definiert. Mit $\hat{N}_E$ ist die Anzahl der Knoten pro Randkante bzw. -fläche bezeichnet. Diese Zuordnungsvorschrift wird in einer zur Elementzusammenhangstabelle analogen Tabelle gespeichert. Für die auf $\overline{\Gamma}_3$ liegenden Randkanten aus der in der Abbildung 4.16, S. 238, dargestellten Vernetzung ist die Tabelle 4.8 die entsprechende Zuordnungstabelle.

Aufgrund der Zerlegungen (4.92) der Teilränder $\overline{\Gamma}_2$ und $\overline{\Gamma}_3$ sowie der Gestalt (4.77) der Funktionen u_h und v_h können die Integrale über Γ_2 bzw. Γ_3 wie folgt berechnet werden:

$$\begin{aligned}
\int_{\Gamma_3} \tilde{\alpha}(x)u_h(x)v_h(x)\,ds &= \sum_{e \in S_{3,h}} \int_{E_3^{(e)}} \tilde{\alpha}(x)u_h(x)v_h(x)\,ds \\
&= \sum_{e \in S_{3,h}} \sum_{j \in \overline{\omega}_h} \sum_{i \in \overline{\omega}_h} u_j v_i \int_{E_3^{(e)}} \tilde{\alpha}(x)p_j(x)p_i(x)\,ds\,.
\end{aligned} \tag{4.93}$$

Tabelle 4.8: Zuordnungstabelle für die Randkanten auf Γ_3

Nummer einer Dreiecksseite, die auf Γ_3 liegt	globale Knotennummern der Knoten mit der lokalen Nummer	
	1	2
1	1	11
2	11	12
3	12	13
4	13	2

Über $E_3^{(e)}$ ist eine Ansatzfunktion p_j nur dann von Null verschieden, wenn der Knoten P_j zur Kante (Fläche) $\bar{E}_3^{(e)}$ gehört. Folglich ist der Integrand in obigen Integralen über $E_3^{(e)}$ nur dann ungleich Null, wenn sowohl der Knoten P_i als auch der Knoten P_j auf $\bar{E}_3^{(e)}$ liegt. Mit den Indexmengen

$$\overline{\omega}_h^{(e)} = \{ j \,:\, x_j \in \bar{E}_3^{(e)} \}\,,$$

welche die Nummern von den Knoten enthalten, die auf $\bar{E}_3^{(e)}$ liegen, ergibt sich aus (4.93) aufgrund der obigen Überlegungen

$$\int_{\Gamma_3} \tilde{\alpha}(x) u_h(x) v_h(x)\, ds = \sum_{e \in S_{3,h}} \sum_{j \in \overline{\omega}_h^{(e)}} \sum_{i \in \overline{\omega}_h^{(e)}} u_j v_i \int_{E_3^{(e)}} \tilde{\alpha}(x) p_j(x) p_i(x)\, ds\,.$$

Mittels der Verknüpfungen

$$\alpha \leftrightarrow i = i(e,\alpha) \quad \text{und} \quad \beta \leftrightarrow j = j(e,\beta)\,, \quad \alpha,\beta \in \widehat{\gamma}\,, \; i,j \in \overline{\omega}_h\,,$$

zwischen der lokalen Knotennummerierung im Randelement $E_3^{(e)}$ und der globalen Knotennummerierung erhalten wir

$$\int_{\Gamma_3} \tilde{\alpha}(x) u_h(x) v_h(x)\, ds \;=\; \sum_{e \in S_{3,h}} \sum_{\beta \in \widehat{\gamma}} \sum_{\alpha \in \widehat{\gamma}} u_\beta^{(e)} v_\alpha^{(e)} \int_{E_3^{(e)}} \tilde{\alpha}(x) p_\beta^{(e)}(x) p_\alpha^{(e)}(x)\, ds$$

$$\;=\; \sum_{e \in S_{3,h}} (K^{(e)} \underline{u}^{(e)}, \underline{v}^{(e)})$$

mit

$$K^{(e)} = \left[\int_{E_3^{(e)}} \tilde{\alpha}(x) p_\beta^{(e)}(x) p_\alpha^{(e)}(x)\, ds \right]_{\alpha,\beta=1}^{\widehat{N}_E} \tag{4.94}$$

und

$$\underline{u}^{(e)} = [u_\beta^{(e)}]_{\beta=1}^{\widehat{N}_E}\,, \; \underline{v}^{(e)} = [v_\alpha^{(e)}]_{\alpha=1}^{\widehat{N}_E}\,, \; u_\beta^{(e)} = u_j\,, \; v_\alpha^{(e)} = v_i\,.$$

Für die Funktionen $p_\beta^{(e)}$ und $p_\alpha^{(e)}$ gilt $p_\beta^{(e)}(x) = p_{\beta'}^{(r)}(x)$ und $p_\alpha^{(e)}(x) = p_{\alpha'}^{(r)}(x)$ für alle $x \in \bar{E}_3^{(e)}$, wobei $T^{(r)}$ das Element ist, welches $E_3^{(e)}$ als Kante (Fläche) hat (siehe auch die Definition (4.70) der Ansatzfunktionen p_j). Dabei sind α, β die lokalen Knotennummern der Knoten P_i, P_j im Randelement $E_3^{(e)}$ und α', β' die lokalen Knotennummern von P_i, P_j im Element $T^{(r)}$.

Die Einträge der Matrizen $K^{(e)}$ berechnen wir, indem die Kurven- bzw. Oberflächenintegrale in (4.94) auf Integrale über einem Referenzgebiet zurückgeführt werden. Dazu nutzen wir entsprechend der Geometrie des Randelements $E_3^{(e)}$ eine der folgenden Abbildungsvorschriften.

- $E_3^{(e)}$ *ist die Seite (Kante) eines Dreiecks bzw. Vierecks.*

Als Referenzgebiet verwenden wir das Intervall $\widehat{T} = [0,1]$. Die Abbildungsvorschrift für die Abbildung dieses Referenzintervalls auf die entsprechende Dreiecks- bzw. Viereckssseite $E_3^{(e)}$ ist durch

$$x = x_{E^{(e)}}(\xi_1) : \quad \begin{pmatrix} x_1 \\ x_2 \end{pmatrix} = \begin{pmatrix} x_1^{(e,\widehat{N}_E)} - x_1^{(e,1)} \\ x_2^{(e,\widehat{N}_E)} - x_2^{(e,1)} \end{pmatrix} \xi_1 + \begin{pmatrix} x_1^{(e,1)} \\ x_2^{(e,1)} \end{pmatrix} \tag{4.95}$$

definiert. Hierbei sind $(x_1^{(e,1)}, x_2^{(e,1)})$ und $(x_1^{(e,\widehat{N}_E)}, x_2^{(e,\widehat{N}_E)})$ die Koordinaten der beiden Begrenzungsknoten $P_1^{(e)}$, $P_{\widehat{N}_E}^{(e)}$ der Dreiecks- bzw. Viereckssseite $E_3^{(e)}$ (siehe auch Abbildung 4.40).

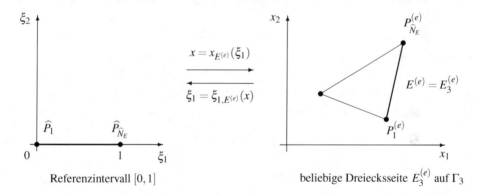

| Referenzintervall $[0,1]$ | beliebige Dreiecksseite $E_3^{(e)}$ auf Γ_3 |

Abbildung 4.40: Abbildung des Referenzintervalls $[0,1]$ auf eine Dreiecksseite und Umkehrabbildung

- $E_3^{(e)}$ *ist Dreiecksfläche eines Tetraeders oder Vierecksfläche eines Hexaeders.*

Die Abbildung des Referenzdreiecks $\widehat{T} = \{(\xi_1,\xi_2) : 0 \leq \xi_1,\xi_2 \leq 1, \xi_1 + \xi_2 \leq 1\}$ auf eine Seitenfläche eines Tetraeders wird durch die Abbildungsvorschrift

$$x = x_{E^{(e)}}(\xi) = x_{E^{(e)}}(\xi_1,\xi_2)$$

realisiert, die in Komponentenschreibweise

$$\begin{pmatrix} x_1 \\ x_2 \\ x_3 \end{pmatrix} = \begin{pmatrix} x_1^{(e,2)} - x_1^{(e,1)} & x_1^{(e,3)} - x_1^{(e,1)} \\ x_2^{(e,2)} - x_2^{(e,1)} & x_2^{(e,3)} - x_2^{(e,1)} \\ x_3^{(e,2)} - x_3^{(e,1)} & x_3^{(e,3)} - x_3^{(e,1)} \end{pmatrix} \begin{pmatrix} \xi_1 \\ \xi_2 \end{pmatrix} + \begin{pmatrix} x_1^{(e,1)} \\ x_2^{(e,1)} \\ x_3^{(e,1)} \end{pmatrix} \tag{4.96}$$

lautet. Mit $(x_1^{(e,i)}, x_2^{(e,i)}, x_3^{(e,i)})$, $i = 1, 2, 3$, sind die Koordinaten der drei Eckknoten $P_i^{(e)}$ der Dreiecksfläche $E_3^{(e)}$ bezeichnet (siehe Abbildung 4.41).

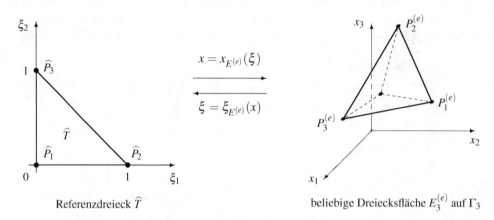

Abbildung 4.41: Abbildung des Referenzdreiecks auf eine Dreiecksfläche auf Γ_3

Falls $E_3^{(e)}$ eine Seitenfläche (Viereckfläche) eines Hexaeders ist, die auf dem Rand Γ_3 liegt, dann nutzen wir bei der Berechnung der Oberflächenintegrale über $E_3^{(e)}$ eine Transformation des Referenzvierecks $\widehat{T} = \{(\xi_1, \xi_2) : 0 \le \xi_1, \xi_2 \le 1\}$ auf $E_3^{(e)}$. Die Transformationsvorschrift ist analog zur Vorschrift (4.96) definiert, wobei nur entsprechend der lokalen Knotennummerierung auf $E_3^{(e)}$ (siehe Abbildung 4.42) die Koordinaten $x_k^{(e,3)}$ durch $x_k^{(e,4)}$, $k = 1, 2, 3$, zu ersetzen sind.

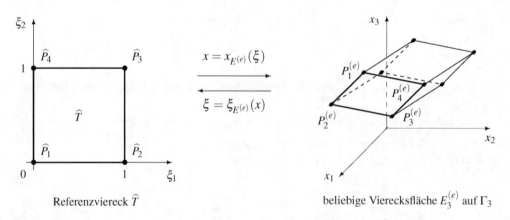

Abbildung 4.42: Abbildung des Referenzvierecks auf eine Viereckfläche auf Γ_3

Im Folgenden diskutieren wir zuerst die Berechnung der Einträge der Matrizen $K^{(e)}$ für den Fall, dass $E_3^{(e)}$ eine Kante, d.h. Seite eines Dreiecks oder Vierecks, ist. Wir erhalten unter Nutzung der Transformationsvorschrift (4.95) und der Regel zur Transformation eines Kurvenintegrals in ein bestimmtes Integral (siehe [MV01a])

$$K_{\alpha\beta}^{(e)} = \int\limits_{E_3^{(e)}} \widetilde{\alpha}(x) p_\beta^{(e)}(x) p_\alpha^{(e)}(x)\, ds$$

$$= \int\limits_0^1 \left[\widetilde{\alpha}(x_{E^{(e)}}(\xi_1)) p_\beta^{(e)}(x_{E^{(e)}}(\xi_1)) p_\alpha^{(e)}(x_{E^{(e)}}(\xi_1)) \sqrt{\left(\frac{dx_{E^{(e)},1}(\xi_1)}{d\xi_1}\right)^2 + \left(\frac{dx_{E^{(e)},2}(\xi_1)}{d\xi_1}\right)^2} \right] d\xi_1$$

$$= \int\limits_0^1 \widetilde{\alpha}(x_{E^{(e)}}(\xi_1)) \varphi_\beta(\xi_1) \varphi_\alpha(\xi_1) \sqrt{\left(x_1^{(e,\widehat{N}_E)} - x_1^{(e,1)}\right)^2 + \left(x_2^{(e,\widehat{N}_E)} - x_2^{(e,1)}\right)^2}\, d\xi_1 .$$

Hierbei sind die Funktionen φ_α und φ_β in Abhängigkeit vom Polynomgrad der genutzten Ansatzfunktionen die im Abschnitt 3.5 definierten linearen, quadratischen oder kubischen Formfunktionen über dem Referenzintervall (siehe (3.63) – (3.66), S. 118). Falls die Integrale über dem Referenzintervall $\widehat{T} = (0,1)$ nicht analytisch berechenbar sind, kann zu ihrer näherungsweisen Berechnung eine Quadraturformel genutzt werden (siehe Tabelle 3.7, S. 141).

Ist $E_3^{(e)}$ eine Dreiecksfläche eines Tetraeders, dann werden die bei der Bestimmung der Matrixeinträge (4.94) zu berechnenden Oberflächenintegrale erster Art auf Integrale über dem Referenzdreieck zurückgeführt. Unter Nutzung der Transformationsvorschrift (4.96) und der Regel zur Transformation eines Oberflächenintegrals in ein ebenes Doppelintegral (siehe [MV01a]) erhalten wir

$$K_{\alpha\beta}^{(e)} = \int\limits_{E_3^{(e)}} \widetilde{\alpha}(x) p_\beta^{(e)}(x) p_\alpha^{(e)}(x)\, ds$$

$$= \int\limits_0^1 \int\limits_0^{1-\xi_1} \widetilde{\alpha}(x_{E^{(e)}}(\xi_1,\xi_2)) p_\beta^{(e)}(x_{E^{(e)}}(\xi_1,\xi_2)) p_\alpha^{(e)}(x_{E^{(e)}}(\xi_1,\xi_2)) \sqrt{G_1 G_2 - G_3^2}\, d\xi_2 d\xi_1 \qquad (4.97)$$

$$= \int\limits_0^1 \int\limits_0^{1-\xi_1} \widetilde{\alpha}(x_{E^{(e)}}(\xi_1,\xi_2)) \varphi_\beta(\xi_1,\xi_2) \varphi_\alpha(\xi_1,\xi_2) \sqrt{G_1 G_2 - G_3^2}\, d\xi_2 d\xi_1$$

mit

$$G_1 = \sum_{k=1}^{3} \left(\frac{\partial x_{E^{(e)},k}}{\partial \xi_1}\right)^2 = \sum_{k=1}^{3} (x_k^{(e,2)} - x_k^{(e,1)})^2 ,$$

$$G_2 = \sum_{k=1}^{3} \left(\frac{\partial x_{E^{(e)},k}}{\partial \xi_2}\right)^2 = \sum_{k=1}^{3} (x_k^{(e,3)} - x_k^{(e,1)})^2 , \qquad (4.98)$$

$$G_3 = \sum_{k=1}^{3} \frac{\partial x_{E^{(e)},k}}{\partial \xi_1} \frac{\partial x_{E^{(e)},k}}{\partial \xi_2} = \sum_{k=1}^{3} (x_k^{(e,2)} - x_k^{(e,1)})(x_k^{(e,3)} - x_k^{(e,1)}) .$$

Die Funktionen φ_α und φ_β sind entsprechend dem Polynomgrad der verwendeten Ansatzfunktionen die linearen, quadratischen oder kubischen Formfunktionen über dem Referenzdreieck (siehe Tabelle 4.3, S. 256). Es ist dabei zu beachten, dass die lokale Nummerierung der Knoten auf der Randfläche $E_3^{(e)}$ in der gleichen Reihenfolge wie auf dem Referenzdreieck erfolgen muss. Falls $E_3^{(e)}$ eine Vierecksfläche ist, dann werden die Oberflächenintegrale in (4.94) in Analogie zur beschriebenen Vorgehensweise bei Dreiecksflächen auf Integrale über dem Referenzviereck zurückgeführt. Beim inneren Integral muss deshalb die obere Integrationsgrenze $1 - \xi_1$ durch 1 ersetzt werden. Die Funktionen φ_α und φ_β sind dann die in der Tabelle 4.5, S. 258, angegebenen Formfunktionen über dem Referenzviereck. Quadraturformeln zur näherungsweisen Berechnung der Integrale über dem Referenzdreieck bzw. Referenzviereck geben wir im Abschnitt 4.5.5 an.

Die Integrale

$$\int_{\Gamma_3} \tilde{\alpha}(x) u_A(x) v_h(x)\, ds \quad \text{und} \quad \int_{\Gamma_2} g_2(x) v_h(x)\, ds$$

werden auf völlig analoge Weise wie die Integrale

$$\int_{\Gamma_3} \tilde{\alpha}(x) u_h(x) v_h(x)\, ds$$

berechnet. Wir erhalten

$$\int_{\Gamma_3} \tilde{\alpha}(x) u_A(x) v_h(x)\, ds = \sum_{e_3 \in S_{3.h}} (\underline{f}^{(e_3)}, \underline{v}^{(e_3)})$$

mit

$$\underline{f}^{(e_3)} = \left[\int_{E_3^{(e_3)}} \tilde{\alpha}(x) u_A(x) p_\alpha^{(e_3)}(x)\, ds \right]_{\alpha=1}^{\widehat{N}_E}$$

und

$$\int_{\Gamma_2} g_2(x) v_h(x)\, ds = \sum_{e_2 \in S_{2.h}} (\underline{f}^{(e_2)}, \underline{v}^{(e_2)})$$

mit

$$\underline{f}^{(e_2)} = \left[\int_{E_2^{(e_2)}} g_2(x) p_\alpha^{(e_2)}(x)\, ds \right]_{\alpha=1}^{\widehat{N}_E}. \tag{4.99}$$

Die Matrizen $K^{(e)}$ sowie die Vektoren $\underline{f}^{(e_3)}$ und $\underline{f}^{(e_2)}$ werden unter Nutzung der Zuordnungsvorschriften

$$\alpha \leftrightarrow i = i(e, \alpha) \quad \text{und} \quad \beta \leftrightarrow j = j(e, \beta), \quad \alpha, \beta \in \widehat{\gamma}, \; i, j \in \overline{\omega}_h,$$

zwischen der lokalen Knotennummerierung auf $E_2^{(e)}$ bzw. $E_3^{(e)}$ und der globalen Knotennummerierung auf analoge Weise wie die Elementsteifigkeitsmatrizen $K^{(r)}$ und Elementlastvektoren $\underline{f}^{(r)}$ zur Matrix $\bar{K}_h$ bzw. zum Vektor $\underline{\bar{f}}_h$ addiert.

Im letzten Schritt bei der Generierung des FE-Gleichungssystems werden die Randbedingungen 1. Art in die Matrix $\bar{K}_h$ und den Vektor $\underline{\bar{f}}_h$ eingearbeitet.

Berücksichtigung der Randbedingungen 1. Art im FE-Gleichungssystem

Im Abschnitt 3.4 haben wir eine Möglichkeit zur Beachtung der Randbedingungen 1. Art im FE-Gleichungssystem ausführlich erläutert. In FE-Programmen werden aber auch andere Techniken genutzt. Wir stellen im Weiteren drei Möglichkeiten vor.

Nach Assemblierung der Elementsteifigkeitsmatrizen und Elementlastvektoren sowie der Berücksichtigung der Randbedingungen 2. und 3. Art haben wir die Matrix

$$\widehat{K}_h = [K_{ij}]_{i,j\in\overline{\omega}_h} = [a(p_j,p_i)]_{i,j\in\overline{\omega}_h}$$

und den Vektor

$$\underline{\widehat{f}}_h = [\widehat{f}_i]_{i\in\overline{\omega}_h} = [\langle F,p_i\rangle]_{i\in\overline{\omega}_h}$$

berechnet. Um das Ritz-Galerkin-Gleichungssystem $K_h\underline{u}_h = \underline{f}_h$ mit

$$K_h = [a(p_j,p_i)]_{i,j\in\omega_h}$$

und

$$\underline{f}_h = \left[\langle F,p_i\rangle - \sum_{j\in\gamma_h} u_{*,j}a(p_j,p_i)\right]_{i\in\omega_h} \tag{4.100}$$

(siehe (4.53)) zu erhalten, nutzen wir eine der drei folgenden Varianten zum Einbau der Randbedingungen 1. Art.

1. Variante: Homogenisieren im Diskreten

Wir setzen $u_{*,j} = g_1(x_j)$ für alle $j\in\gamma_h = \overline{\omega}_h\setminus\omega_h$, d.h. für alle Indizes j, die zu Knoten auf dem Rand $\overline{\Gamma}_1$ gehören. Dann korrigieren wir die rechte Seite durch

$$f_i = \widehat{f}_i - \sum_{j\in\gamma_h} K_{ij}u_{*,j} \quad \text{für alle } i\in\omega_h. \tag{4.101}$$

Dies entspricht der Beziehung (4.100). Nach erfolgter Korrektur (4.101) der rechten Seite werden die Spalten j mit $j\in\gamma_h$ und die Zeilen i mit $i\in\gamma_h$ aus der Matrix $\widehat{K}_h$ sowie die Zeilen mit dem Index i, $i\in\gamma_h$, aus dem Vektor $\underline{\widehat{f}}_h$ gestrichen. Damit erhalten wir die Steifigkeitsmatrix K_h und den Lastvektor $\underline{f}_h$ des FE-Gleichungssystems (4.73).

2. Variante:

Wir gehen analog wie bei der ersten Variante vor, nur anstelle des Streichens der Spalten j und der Zeilen i mit $i,j\in\gamma_h$ setzen wir für alle $i\in\gamma_h$, $j\in\overline{\omega}_h$ und für alle $j\in\gamma_h$, $i\in\overline{\omega}_h$

$$K_{ij} = \delta_{ij} = \begin{cases} 1 & \text{für } i=j \\ 0 & \text{für } i\neq j \end{cases} \quad \text{sowie} \quad f_i = g_1(x_i).$$

3. Variante: Straftechnik (siehe auch [Kik86], S. 49)

Für alle $i\in\gamma_h$ setzen wir

$$\check{K}_{ii} = K_{ii} + \widehat{K} \quad \text{und} \quad \check{f}_i = \widehat{f}_i + \widehat{K}g_1(x_i)$$

mit

$$\widehat{K} = 10^p \cdot \max_{i,j=1,2,\ldots,\bar{N}_h} |K_{ij}| \cdot \bar{N}_h,$$

wobei p eine hinreichend große Zahl ist, z.B. $p = 40$. Die auf diese Weise modifizierte Matrix $\check{K}_h$ und der Vektor $\underline{\check{f}}_h$ werden als Systemmatrix und rechte Seite des FE-Gleichungssystems verwendet.

Um zu begründen, dass diese Vorgehensweise sinnvoll ist, schreiben wir die Modifikation der i-ten Zeile, $i \in \gamma_h$, ausführlich auf:

$$\sum_{j=1}^{\bar{N}_h} \check{K}_{ij} u_j = \sum_{j=1}^{\bar{N}_h} K_{ij} u_j + \widehat{K} u_i = \widehat{f}_i + \widehat{K} g_1(x_i).$$

Dies ist äquivalent zu

$$\sum_{j=1}^{\bar{N}_h} \frac{K_{ij}}{\widehat{K}} u_j + u_i = \frac{\widehat{f}_i}{\widehat{K}} + g_1(x_i).$$

Aufgrund der Wahl von $\widehat{K}$ gilt

$$\frac{|K_{ij}|}{\widehat{K}} \leq \frac{10^{-p}}{\bar{N}_h} \quad \text{für alle} \quad j = 1,2,\ldots,\bar{N}_h \quad \text{und} \quad \frac{|\widehat{f}_i|}{\widehat{K}} = 10^{-p} \frac{|\widehat{f}_i|}{\max\limits_{i,j=1,2,\ldots,\bar{N}_h} |K_{ij}| \cdot \bar{N}_h}.$$

Daraus erhalten wir, dass für alle $i \in \gamma_h$ der Fehler $|u_i - g_1(x_i)|$ in der Größenordnung von 10^{-p} liegt, falls $|\widehat{f}_i| \leq \max_{i,j=1,2,\ldots,\bar{N}_h} |K_{ij}| \cdot \bar{N}_h$ ist. Durch die Straftechnik wird somit erzwungen, dass die Komponenten des Lösungsvektors des FE-Gleichungssystems, welche zu Knoten auf dem Rand $\overline{\Gamma}_1$ gehören, die vorgegebenen Funktionswerte mit einer Genauigkeit von 10^{-p} approximieren.

Bemerkung 4.13

Bei der ersten Variante ist infolge des Streichens der i-ten Zeilen, $i \in \gamma_h$, aus der Matrix und dem Vektor der rechten Seite des FE-Gleichungssystems die Anzahl der Komponenten im Lösungsvektor des FE-Gleichungssystems kleiner als die Anzahl der Knoten in der Vernetzung. Um beispielsweise die FE-Näherungslösung grafisch darstellen zu können, benötigt man dann in einem FE-Programm zusätzlich Informationen über die Zuordnung der Komponenten u_j des Lösungsvektors zu den Knoten P_k der Vernetzung. Der Vorteil der zweiten und dritten Variante gegenüber der ersten Variante besteht darin, dass die Nummerierung der Komponenten u_j des Lösungsvektors identisch mit der Nummerierung der Knoten ist.

Zusammenfassung zum Aufbau des FE-Gleichungssystems

Wir fassen die Schritte zur Generierung des FE-Gleichungssystems zusammen. Dabei betrachten wir das folgende Randwertproblem (siehe auch (4.21), S. 207):

Gesucht ist $u \in V_{g_1}$, so dass

$$a(u,v) = \langle F, v \rangle \qquad \text{für alle} \quad v \in V_0$$

gilt mit

$$a(u,v) = \int_\Omega (\operatorname{grad} v(x))^T \Lambda(x) \operatorname{grad} u(x)\,dx + \int_{\Gamma_3} \widetilde{\alpha}(x)u(x)v(x)\,ds,$$

$$\langle F, v \rangle = \int_\Omega f(x)v(x)\,dx + \int_{\Gamma_2} g_2(x)v(x)\,ds + \int_{\Gamma_3} \widetilde{\alpha}(x)u_A(x)v(x)\,ds,$$

$$V_{g_1} = \{u \in H^1(\Omega) : u(x) = g_1(x) \ \text{auf} \ \Gamma_1\},$$

$$V_0 = \{v \in H^1(\Omega) : v(x) = 0 \ \text{auf} \ \Gamma_1\}.$$

1. *Schritt*: Gebietsdiskretisierung

Vernetzung des Gebietes Ω, d.h. Zerlegung von Ω in finite Elemente $T^{(r)}$, so dass

$$\overline{\Omega} = \overline{\Omega}_h = \bigcup_{r=1}^{R_h} \overline{T}^{(r)} \quad \text{bzw.} \quad \overline{\Omega} \approx \overline{\Omega}_h = \bigcup_{r=1}^{R_h} \overline{T}^{(r)}$$

gilt.

2. *Schritt*: Berechnung und Assemblierung der Elementsteifigkeitsmatrizen und -lastvektoren

Für alle $r = 1, 2, \ldots, R_h$, d.h. für alle finiten Elemente $T^{(r)}$:

– Berechnung der Elementsteifigkeitsmatrix

$$K^{(r)} = \left[\int_{T^{(r)}} \left[(\operatorname{grad} p_\alpha^{(r)}(x))^T \Lambda(x) \operatorname{grad} p_\beta^{(r)}(x) \right] dx \right]_{\alpha,\beta=1}^{\widehat{N}}$$

$$= \left[\int_{\widehat{T}} \left[((J^{(r)})^{-T} \operatorname{grad}_\xi \varphi_\alpha(\xi))^T \Lambda(x_{T^{(r)}}(\xi)) \left((J^{(r)})^{-T} \operatorname{grad}_\xi \varphi_\beta(\xi) \right) \right] |\det J^{(r)}| \, d\xi \right]_{\alpha,\beta=1}^{\widehat{N}}$$

sowie des Elementlastvektors

$$\underline{f}^{(r)} = \left[\int_{T^{(r)}} f(x)p_\alpha^{(r)}(x)\,dx \right]_{\alpha=1}^{\widehat{N}} = \left[\int_{\widehat{T}} f(x_{T^{(r)}}(\xi))\varphi_\alpha(\xi)|\det J^{(r)}|\,d\xi \right]_{\alpha=1}^{\widehat{N}}.$$

Dabei sind φ_α, φ_β die auf dem Referenzelement definierten Formfunktionen und $J^{(r)}$ ist die Matrix aus der Abbildung des Referenzelements $\widehat{T}$ auf das Element $T^{(r)}$ (siehe Abschnitt 4.5.2).

– Einbau der Matrix $K^{(r)}$ und des Vektors $\underline{f}^{(r)}$ in die Matrix $\bar{K}_h$ bzw. den Vektor $\underline{\bar{f}}_h$ (siehe Algorithmus 4.7, S. 273)

3. *Schritt*: Beachtung der Randbedingungen 3. Art

Für alle $e_3 \in S_{3,h}$, d.h. für alle Kanten/Flächen auf dem Randstück Γ_3:

– Berechnung der Matrix

$$K^{(e_3)} = \left[\int_{E_3^{(e_3)}} \widetilde{\alpha}(x) p_\beta^{(e_3)}(x) p_\alpha^{(e_3)}(x)\, ds \right]_{\alpha,\beta=1}^{\widehat{N}_E}$$

$$= \begin{cases} \left[\int_0^1 \widetilde{\alpha}(x_{E^{(e_3)}}(\xi_1)) \varphi_\beta(\xi_1) \varphi_\alpha(\xi_1) \sqrt{\left(x_1^{(e_3,\widehat{N}_E)} - x_1^{(e_3,1)}\right)^2 + \left(x_2^{(e_3,\widehat{N}_E)} - x_2^{(e_3,1)}\right)^2}\, d\xi_1 \right]_{\alpha,\beta=1}^{\widehat{N}_E}, \\[2ex] \qquad\qquad\qquad\qquad\qquad\qquad\qquad\qquad\text{falls } d = 2, \\[2ex] \left[\int_0^1 \int_0^{1-\xi_1} \widetilde{\alpha}(x_{E^{(e_3)}}(\xi_1,\xi_2)) \varphi_\beta(\xi_1,\xi_2) \varphi_\alpha(\xi_1,\xi_2) \sqrt{G_1 G_2 - G_3^2}\, d\xi_2 d\xi_1 \right]_{\alpha,\beta=1}^{\widehat{N}_E}, \\[2ex] \qquad\qquad\qquad\quad\text{falls } d = 3 \text{ und Vernetzung mit Tetraederelementen}, \end{cases}$$

sowie des Vektors

$$\underline{f}^{(e_3)} = \left[\int_{E_3^{(e_3)}} \widetilde{\alpha}(x) u_A(x) p_\alpha^{(e_3)}(x)\, ds \right]_{\alpha=1}^{\widehat{N}_E}$$

$$= \begin{cases} \left[\int_0^1 \widetilde{\alpha}(x_{E^{(e_3)}}(\xi_1)) u_A(x_{E^{(e_3)}}(\xi_1)) \varphi_\alpha(\xi_1) \sqrt{\left(x_1^{(e_3,\widehat{N}_E)} - x_1^{(e_3,1)}\right)^2 + \left(x_2^{(e_3,\widehat{N}_E)} - x_2^{(e_3,1)}\right)^2}\, d\xi_1 \right]_{\alpha,\beta=1}^{\widehat{N}_E}, \\[2ex] \qquad\qquad\qquad\qquad\qquad\qquad\qquad\qquad\text{falls } d = 2, \\[2ex] \left[\int_0^1 \int_0^{1-\xi_1} \widetilde{\alpha}(x_{E^{(e_3)}}(\xi_1,\xi_2)) u_A(x_{E^{(e_3)}}(\xi_1,\xi_2)) \varphi_\alpha(\xi_1,\xi_2) \sqrt{G_1 G_2 - G_3^2}\, d\xi_2 d\xi_1 \right]_{\alpha,\beta=1}^{\widehat{N}_E}, \\[2ex] \qquad\qquad\qquad\quad\text{falls } d = 3 \text{ und Vernetzung mit Tetraederelementen}. \end{cases}$$

Dabei sind $\varphi_\alpha(\xi_1)$, $\varphi_\beta(\xi_1)$ bzw. $\varphi_\alpha(\xi_1,\xi_2)$, $\varphi_\beta(\xi_1,\xi_2)$ die auf dem Referenzintervall bzw. Referenzdreieck (Referenzviereck) definierten Formfunktionen. Mit $x_{E^{(e_3)}}(\xi_1)$ $\left(x_{E^{(e_3)}}(\xi_1,\xi_2)\right)$ ist die Abbildung des Referenzgebietes auf die Kante (Fläche) eines finiten Elements bezeichnet. Die Ausdrücke $\sqrt{\left(x_1^{(e_3,\widehat{N}_E)} - x_1^{(e_3,1)}\right)^2 + \left(x_2^{(e_3,\widehat{N}_E)} - x_2^{(e_3,1)}\right)^2}$ und $\sqrt{G_1 G_2 - G_3^2}$ sind auf der Seite 279 definiert. Bei einer Vernetzung mit Hexaederelementen muss beim inneren Integral die obere Integrationsgrenze $1 - \xi$ durch 1 ersetzt werden.

– Einbau der Matrix $K^{(e_3)}$ und des Vektors $\underline{f}^{(e_3)}$ in die Matrix $\bar{K}_h$ und den Vektor $\underline{\bar{f}}_h$ analog zum Algorithmus 4.7

4. *Schritt*: Beachtung der Randbedingungen 2. Art

Für alle $e_2 \in S_{2,h}$, d.h. für alle Kanten/Flächen auf dem Randstück Γ_2:

– Berechnung des Vektors

$$
\underline{f}^{(e_2)} = \left[\int_{E_2^{(e_2)}} g_2(x) p_\alpha^{(e_2)}(x) \, ds \right]_{\alpha=1}^{\widehat{N}_E}
$$

$$
= \begin{cases}
\left[\displaystyle\int_0^1 g_2(x_{E^{(e_2)}}(\xi_1)) \varphi_\alpha(\xi_1) \sqrt{\left(x_1^{(e_2,\widehat{N}_E)} - x_1^{(e_2,1)}\right)^2 + \left(x_2^{(e_2,\widehat{N}_E)} - x_2^{(e_2,1)}\right)^2} \, d\xi_1 \right]_{\alpha=1}^{\widehat{N}_E}, \\[6pt]
\qquad\qquad\qquad\qquad\qquad\qquad\qquad\qquad\qquad\qquad \text{falls } d = 2, \\[10pt]
\left[\displaystyle\int_0^1 \int_0^{1-\xi_1} g_2(x_{E^{(e_2)}}(\xi_1,\xi_2)) \varphi_\alpha(\xi_1,\xi_2) \sqrt{G_1 G_2 - G_3^2} \, d\xi_2 d\xi_1 \right]_{\alpha=1}^{\widehat{N}_E}, \\[6pt]
\qquad\qquad\qquad\qquad \text{falls } d = 3 \text{ und Vernetzung mit Tetraederelementen}.
\end{cases}
$$

– Einbau des Vektors $\underline{f}^{(e_2)}$ in den Vektor $\bar{\underline{f}}_h$.

5. *Schritt*: Berücksichtigung der Randbedingungen 1. Art im FE-Gleichungssystem

Dazu stehen die drei in diesem Abschnitt vorgestellten Varianten zur Verfügung (siehe S. 281ff.).

Im Abschnitt 4.5.7 werden wir den Aufbau des FE-Gleichungssystems anhand verschiedener Beispiele demonstrieren.

4.5.4 Diskretisierungsfehlerabschätzungen

Im Abschnitt 3.8 haben wir die Herleitung von a priori Fehlerabschätzungen für eindimensionale Randwertprobleme bereits ausführlich diskutiert. In diesem Abschnitt geben wir für mehrdimensionale Probleme Abschätzungen des Diskretisierungsfehlers $e_h = u - u_h$ in verschiedenen Normen an. Dabei ist u die Lösung des (eventuell vorher homogenisierten) Variationsproblems (siehe auch die Bemerkung 4.4):

Gesucht ist $u \in V_0$, so dass

$$ a(u,v) = \langle F, v \rangle \qquad \text{für alle } v \in V_0 \tag{4.102} $$

gilt.

Die FE-Näherungslösung u_h ist die Lösung der diskreten Ersatzaufgabe

Gesucht ist $u_h \in V_{0h}$, so dass

$$ a(u_h, v_h) = \langle F, v_h \rangle \qquad \text{für alle } v_h \in V_{0h} \tag{4.103} $$

gilt.

Weiterhin stellen wir in diesem Abschnitt a posteriori Fehlerabschätzungen vor und diskutieren deren Einsatz in adaptiven Netzverfeinerungsalgorithmen.

A priori Fehlerabschätzungen

A priori Fehlerabschätzungen haben die Gestalt

$$\|u - u_h\| \leq c(u)\,h^\beta \xrightarrow{\ h \to 0\ } 0\,.$$

Die Fehlerordnung β hängt von

- der Glattheit der Lösung u,
- dem Polynomgrad der FE-Ansatz- und Testfunktionen sowie
- der betrachteten Norm

ab. Da man die Glattheit der Lösung u, d.h. die maximale Ordnung der existierenden Ableitungen von u, mit analytischen Mitteln bestimmen kann und die beiden anderen Einflussfaktoren vor der FE-Berechnung festgelegt werden, kann die Fehlerordnung β ermittelt werden, ohne dass eine FE-Näherungslösung berechnet wird. Deshalb ist β eine a priori bekannte Größe. Die im Allgemeinen unbekannte positive Konstante $c(u)$ ist von der Diskretisierungsschrittweite h unabhängig. Sie hängt aber unter anderem von der Lösung u und der Gestalt der finiten Elemente ab.

Es seien im Weiteren die folgenden Voraussetzungen erfüllt:

(V1) Die Bilinearform in den Aufgaben (4.102) und (4.103) sei V_0-elliptisch und V_0-beschränkt (siehe Definition 4.5, S. 212).

(V2) Die Vernetzungen $\mathscr{T}_h$ mit $h \to 0$ seien regulär (siehe Definition 4.8, S. 234).

(V3) Die Transformation des Referenzelementes $\widehat{T}$ auf ein beliebiges Element $T^{(r)}$ der Vernetzung $\mathscr{T}_h$ sei affin linear (siehe zum Beispiel (4.62), S. 252).

Im Abschnitt 4.3 haben wir gezeigt, dass die Bilinearformen aus den Variationsproblemen (4.21) und (4.27) für die stationären Wärmeleitprobleme und die linearen Elastizitätsprobleme V_0-elliptisch und V_0-beschränkt sind.

Aufgrund der Voraussetzung (V1) kann gemäß dem Satz von Céa (siehe Satz 3.2, S. 156) die Diskretisierungsfehlerabschätzung auf eine Approximationsfehlerabschätzung zurückgeführt werden, d.h.

$$\|u - u_h\|_{1,2,\Omega} \leq \frac{\mu_2}{\mu_1} \inf_{w_h \in V_{0h}} \|u - w_h\|_{1,2,\Omega}\,.$$

Dabei sind μ_1 und μ_2 die Konstanten aus den Abschätzungen für die V_0-Elliptizität und V_0-Beschränktheit der Bilinearform $a(.,.)$ (siehe Definition 4.5 und beispielsweise die durchgeführten Abschätzungen im Abschnitt 4.3, S. 214ff. und 219ff.).

Eine Abschätzung des Approximationsfehlers liefert der folgende Approximationssatz.

Satz 4.2 (Approximationssatz)

Voraussetzungen:

(i) Es sei $\Omega \in \mathbb{R}^d$ ein beschränktes Gebiet. Im zweidimensionalen sei das Gebiet polygonal berandet und im dreidimensionalen sei Ω ein Polyeder, d.h. ein von ebenen Flächen begrenzter Körper.

(ii) Die Familie der Vernetzungen $\mathscr{T}_h$ erfülle die Voraussetzungen (V2) und (V3).

(iii) Es gelte

$$P_{\widehat{T}} = \mathrm{span}\{\varphi_\alpha,\ \alpha \in \widehat{\omega}\} \supset \mathscr{P}_m(\widehat{T}),$$

d.h. der Funktionenraum, welcher durch die über dem Referenzelement definierten Formfunktionen aufgespannt wird, enthalte den Raum der Polynome m-ten Grades.

(iv) Die Funktion u sei Element des Raumes $H^{m+1}(\Omega)$.

Behauptung: Dann existiert eine von der Funktion u und vom Diskretisierungsparameter h unabhängige positive Konstante $a_{s,m+1}$, so dass

$$\inf_{w_h \in V_{0h}} |u - w_h|_{s,2,\Omega} \le a_{s,m+1} h^{m+1-s} |u|_{m+1,2,\Omega}, \ s = 0,1, \tag{4.104}$$

gilt. Dabei ist $|\,.\,|_{k,2,\Omega}$ für $k = s$ bzw. $k = m+1$ wie folgt definiert:

$$|u|^2_{k,2,\Omega} = \sum_{|\alpha|=\alpha_1+\cdots+\alpha_d=k} \int_\Omega \left(\frac{\partial^\alpha u}{\partial x_1^{\alpha_1} \ldots \partial x_d^{\alpha_d}}\right)^2 dx$$

(siehe auch Abschnitt 4.2).

Einen Beweis der Aussage dieses Satzes kann der Leser beispielsweise in [GR05, Cia78, Bra97] finden.

Aus der Approximationsfehlerabschätzung (4.104) folgen sofort auch die Abschätzungen

$$\inf_{w_h \in V_{0h}} \|u - w_h\|_{1,2,\Omega} \le \bar{a}_{1,m+1} h^m |u|_{m+1,2,\Omega} \le \bar{a}_{1,m+1} h^m \|u\|_{m+1,2,\Omega}$$

mit $\bar{a}^2_{1,m+1} = a^2_{1,m+1} + a^2_{0,m+1} h^2$. Die Norm $\|u\|_{m+1,2,\Omega}$ ist in (4.17) definiert.

Mittels des Satzes von Céa und des Approximationssatzes kann der folgende H^1-Konvergenzsatz bewiesen werden.

Satz 4.3 (H^1-Konvergenzsatz)

Voraussetzungen:

(i) Die Bilinearform des Variationsproblems (4.102) sei V_0-elliptisch und V_0-beschränkt.

(ii) Es seien die Voraussetzungen (i) – (iii) des Approximationssatzes erfüllt.

(iii) Die Lösung u des Variationsproblems (4.102) sei Element des Raumes $V_0 \cap H^{m+1}(\Omega)$.

Behauptung: Dann gilt in der H^1-Norm die Diskretisierungsfehlerabschätzung

$$\|u - u_h\|_{1,2,\Omega} \le \frac{\mu_2}{\mu_1} \bar{a}_{1,m+1} h^m |u|_{m+1,2,\Omega}. \tag{4.105}$$

Bemerkung 4.14

Bei einer Vernetzung mit geradlinig begrenzten Dreieckselementen enthält die Konstante $\bar{a}_{1,m+1}$ in der Abschätzung (4.105) den Term $(\sin\theta_0)^{-1}$, wobei θ_0 der kleinste Innenwinkel aller Dreiecke ist. Folglich wird der Fehler größer, wenn der kleinste Innenwinkel kleiner wird (siehe zum Beispiel Beweis von Lemma 4.1 in [GRT10]). Deshalb sollten bei der Vernetzung in der Regel Dreiecke mit sehr kleinen Innenwinkeln vermieden werden. Bei Randwertproblemen mit anisotropem Lösungsverhalten (siehe beispielsweise Abschnitt 4.5.1, S. 234) kann man auch Dreiecke mit einem sehr kleinen Innenwinkel verwenden. Um dies zu begründen, sind aber andere als hier vorgestellte Untersuchungen erforderlich (siehe zum Beispiel [Ape99]).

Bemerkung 4.15

Sind FE-Näherungslösungen aus zwei Diskretisierungen mit den Schrittweiten h und $h/2$ bekannt, dann erwartet man aufgrund der Abschätzung (4.105), dass für die Diskretisierungsfehler $\|e_h\|_{1.2.\Omega} = \|u - u_h\|_{1.2.\Omega}$ und $\|e_{h/2}\|_{1.2.\Omega} = \|u - u_{h/2}\|_{1.2.\Omega}$

$$\frac{\|e_h\|_{1.2.\Omega}}{\|e_{h/2}\|_{1.2.\Omega}} \approx \frac{h^m}{(h/2)^m} = 2^m$$

gilt, d.h. dass der Fehler bei Halbierung der Schrittweite mit dem Faktor 2^{-m} fällt. Da sich bei Halbierung der Schrittweite h in einer Vernetzung eines zweidimensionalen Gebietes die Anzahl der Knoten ungefähr vervierfacht (siehe Bemerkung 4.8, S. 250), erwartet man folglich, dass bei einer Vervierfachung der Knoten der Diskretisierungsfehler mit den Faktor 2^{-m} reduziert wird.

Aus (4.105) erhält man sofort die L_2-Diskretisierungsfehlerabschätzung

$$\|u - u_h\|_{0.2.\Omega} \leq \|u - u_h\|_{1.2.\Omega} \leq \frac{\mu_2}{\mu_1}\bar{a}_{1,m+1}h^m|u|_{m+1,2.\Omega}.$$

Man beobachtet aber in numerischen Experimenten eine höhere Konvergenzordnung, nämlich nicht nur die Konvergenzordnung m, sondern die Ordnung $m+1$ (siehe auch Beispiel 4.1). Dies kann unter Anwendung des *Nitsche-Tricks* auch bewiesen werden [GR05, Cia78, Bra97]. Es gilt

$$\|u - u_h\|_{0.2.\Omega} \leq c_{1,m+1}h^{m+1}|u|_{m+1,2.\Omega} \tag{4.106}$$

mit einer vom Diskretisierungsparameter h unabhängigen positiven Konstanten $c_{1,m+1}$.

Bemerkung 4.16

1. Die Voraussetzung $u \in H^{m+1}(\Omega)$ im Approximationssatz und im H^1-Konvergenzsatz kann man abschwächen. Es ist ausreichend zu fordern, dass u nur teilgebietsweise diese Glattheit besitzt, d.h. dass $u \in H^{m+1}(\Omega_i)$, $i = 1, 2, \ldots, p$, $\overline{\Omega} = \bigcup_{i=1}^p \overline{\Omega}_i$ gilt. Außerdem müssen die Teilgebietsränder exakt durch Ränder der Elemente $T^{(r)}$ approximiert werden. Auf der rechten Seite der Abschätzungen (4.104) und (4.105) würde dann $(\sum_{i=1}^p |u|_{m+1.2.\Omega_i}^2)^{0.5}$ anstelle von $|u|_{m+1.2.\Omega}$ stehen.

2. Die Erhöhung des Polynomgrades der Ansatz- und Testfunktionen ist aus der Sicht des Approximationssatzes nur sinnvoll, wenn die Lösung u auch hinreichend glatt ist. Wenn $u \in H^r(\Omega)$, $1 < r < m+1$, und Polynome m-ten Grades bei der Konstruktion der Ansatz- und Testfunktionen verwendet werden, dann gilt nur

$$\|u - u_h\|_{1.2.\Omega} \leq ch^{r-1}|u|_{r.2.\Omega}$$

anstelle der Abschätzung (4.105), in welcher der Term $ch^m|u|_{m+1.2.\Omega}$ auf der rechten Seite steht, d.h. die Konvergenzordnung ist niedriger als im Fall einer Lösung $u \in H^{m+1}(\Omega)$. Wir demonstrieren dies im Beispiel 4.2.

3. Für die durch die Formfunktionen über dem Referenzelement definierten Räume $P_{\widehat{T}}$ beim 9-Knoten-Viereckselement und beim 8-Knoten-Serendipity-Element gilt

$$\mathscr{P}_2(\widehat{T}) \subset P_{\widehat{T}} \quad \text{und} \quad \mathscr{P}_3(\widehat{T}) \not\subset P_{\widehat{T}} \, .$$

Folglich erhalten wir bei der Anwendung beider Elemente die gleiche Ordnung des Approximations- und Diskretisierungsfehlers. Gleiches gilt im dreidimensionalen Fall für das 27-Knoten-Hexaederelement und das 20-Knoten-Serendipity-Element.

Beispiel 4.1

Wir betrachten das Randwertproblem:

Gesucht ist die Funktion $u \in C^2(\Omega) \cap C(\overline{\Omega})$, für welche

$$
\begin{aligned}
-\Delta u &= 4 - 2x_1^2 - 2x_2^2 \quad && \text{für alle } (x_1, x_2) \in \Omega = (-1,1) \times (-1,1), \\
u &= 0 && \text{für alle } (x_1, x_2) \in \partial\Omega
\end{aligned}
$$

gilt.

Die Variationsformulierung dieses Randwertproblems lautet:

Gesucht ist $u \in V_0 = \{u \in H^1(\Omega) : u = 0 \text{ auf } \partial\Omega\}$, so dass

$$\int_\Omega (\operatorname{grad} v)^T \operatorname{grad} u \, dx = \int_\Omega (4 - 2x_1^2 - 2x_2^2) v \, dx \quad \text{für alle } v \in V_0 \tag{4.107}$$

gilt.

Dieses Randwertproblem hat die exakte Lösung

$$u(x_1, x_2) = (1 - x_1^2)(1 - x_2^2) \, .$$

Da diese Funktion im Gebiet $\overline{\Omega}$ unendlich oft stetig partiell differenzierbar ist, besitzt sie auch verallgemeinerte Ableitungen bis zu einer beliebig hohen Ordnung, welche Element des Raumes $L_2(\Omega)$ sind. Damit gilt insbesondere $u \in H^2(\Omega)$ und $u \in H^3(\Omega)$, was im H^1-Konvergenzsatz im Fall stückweise linearer bzw. stückweise quadratischer Ansatzfunktionen vorausgesetzt wird.

In der Tabelle 4.9 sind die Diskretisierungsfehler e_h in der H^1- und L_2-Norm angegeben. Bei den Berechnungen wurde eine Folge von Vernetzungen genutzt, wobei das jeweils feinere Netz durch Viertelung aller Dreiecke des jeweils gröberen Netzes entstanden ist (siehe Abschnitt 4.5.1, Abbildung 4.27). Die gröbste Vernetzung ist in der Abbildung 4.43 dargestellt.

(a) 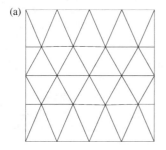   (b)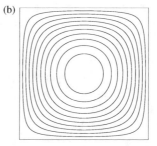

Abbildung 4.43: (a) Gröbste Vernetzung und (b) Niveaulinien der Lösung $u = (1 - x_1^2)(1 - x_2^2)$

Als Ansatz- und Testfunktionen wurden stückweise lineare und stückweise quadratische Funktionen genutzt.

Da die Lösung u des Variationsproblems (4.107) Element des Raumes $H^2(\Omega)$ ist, erwarten wir gemäß des H^1-Konvergenzsatzes 4.3, dass sich bei der Diskretisierung mit stückweise linearen Ansatzfunktionen (d.h. $m = 1$) der Diskretisierungsfehler in der H^1-Norm wie die Diskretisierungsschrittweite h verhält. Dies bedeutet, dass sich bei Halbierung der Schrittweite und somit Vervierfachung der Anzahl der Knoten auch der Fehler halbiert. Es muss also für die Diskretisierungsfehler $\|e_h\|_1$ und $\|e_{h/2}\|_1$ die Relation $\|e_h\|_1/\|e_{h/2}\|_1 \approx 2$ gelten (siehe Bemerkungen 4.8 und 4.15). Um dies anhand unseres Beispiels zu demonstrieren, ist in der dritten Spalte der Tabelle 4.9 der Quotient $\|e_h\|_1/\|e_{h/2}\|_1$ angegeben. Analog folgt aus der Abschätzung (4.106), dass der Fehler in der L_2-Norm bei Halbierung der Schrittweite und somit Vervierfachung der Anzahl der Knoten mit dem Faktor $1/4$ fällt, d.h. dass $\|e_h\|_0/\|e_{h/2}\|_0 \approx 4$ gilt. Dieses Verhalten beobachten wir tatsächlich in unserem Beispiel (siehe Spalte 5 der Tabelle 4.9). Werden stückweise quadratische Ansatzfunktionen bei der Diskretisierung genutzt, gilt $m = 2$. Dann folgt aus dem Satz 4.3, dass bei einer Lösung $u \in H^3(\Omega)$ eine Halbierung der Schrittweite h zu einer Viertelung des Diskretisierungsfehlers in der H^1-Norm führt. Damit erwarten wir, dass $\|e_h\|_1/\|e_{h/2}\|_1 \approx 4$ gilt. Entsprechend der Abschätzung (4.106) muss der Diskretisierungsfehler in der L_2-Norm bei Halbierung der Schrittweite mit dem Faktor $1/8$ fallen, d.h. es ist $\|e_h\|_0/\|e_{h/2}\|_0 \approx 8$ zu erwarten. Die Spalten 7 und 9 der Tabelle 4.9 bestätigen diese Aussagen.

Tabelle 4.9: Diskretisierungsfehler in der H^1- und L_2-Norm

Anzahl Knoten	stückweise lineare Ansatzfunktionen				stückweise quadratische Ansatzfunktionen			
	$\|e_h\|_1$	$\dfrac{\|e_h\|_1}{\|e_{h/2}\|_1}$	$\|e_h\|_0$	$\dfrac{\|e_h\|_0}{\|e_{h/2}\|_0}$	$\|e_h\|_1$	$\dfrac{\|e_h\|_1}{\|e_{h/2}\|_1}$	$\|e_h\|_0$	$\dfrac{\|e_h\|_0}{\|e_{h/2}\|_0}$
27	$0.8216 \cdot 10^0$	2.01	$0.1662 \cdot 10^0$	3.82				
89	$0.4081 \cdot 10^0$	2.00	$0.4352 \cdot 10^{-1}$	3.95	$0.1030 \cdot 10^0$	3.98	$0.6158 \cdot 10^{-2}$	8.19
321	$0.2036 \cdot 10^0$	2.00	$0.1101 \cdot 10^{-1}$	3.99	$0.2581 \cdot 10^{-1}$	4.00	$0.7518 \cdot 10^{-3}$	8.05
1217	$0.1017 \cdot 10^0$	2.00	$0.2760 \cdot 10^{-2}$	4.00	$0.6459 \cdot 10^{-2}$	4.00	$0.9342 \cdot 10^{-4}$	8.01
4737	$0.5085 \cdot 10^{-1}$	2.00	$0.6906 \cdot 10^{-3}$	4.00	$0.1615 \cdot 10^{-2}$	4.00	$0.1167 \cdot 10^{-4}$	8.00
18689	$0.2542 \cdot 10^{-1}$	2.00	$0.1727 \cdot 10^{-3}$	4.00	$0.4039 \cdot 10^{-3}$	4.00	$0.1457 \cdot 10^{-5}$	8.00
74241	$0.1271 \cdot 10^{-1}$	2.00	$0.4317 \cdot 10^{-4}$	4.00	$0.1010 \cdot 10^{-3}$	4.00	$0.1822 \cdot 10^{-6}$	8.01
295937	$0.6356 \cdot 10^{-2}$	2.00	$0.1079 \cdot 10^{-4}$	4.00	$0.2525 \cdot 10^{-4}$	4.00	$0.2274 \cdot 10^{-7}$	8.59
1181697	$0.3178 \cdot 10^{-2}$		$0.2698 \cdot 10^{-5}$		$0.6312 \cdot 10^{-5}$		$0.2646 \cdot 10^{-8}$	

Ein Vergleich der Diskretisierungsfehler zeigt, dass bereits bei der Vernetzung mit 18689 Knoten und der Verwendung stückweise quadratischer Ansatzfunktionen die Fehler kleiner sind als bei der Vernetzung mit 1181697 Knoten und stückweise linearen Ansatzfunktionen. Die benötigte Rechenzeit zur Bestimmung der Lösung auf dem Netz mit 1181697 Knoten beträgt etwa das 60fache der Zeit zur Bestimmung der FE-Näherungslösung unter Verwendung stückweiser quadratischer Ansatzfunktionen auf der Vernetzung mit 18689 Knoten.

Im folgenden Beispiel zeigen wir, welchen Einfluss die Glattheit der Lösung u auf den Diskretisierungsfehler hat. Im H^1-Konvergenzsatz 4.3 wird vorausgesetzt, dass $u \in H^{m+1}(\Omega)$ gilt und dass bei der Diskretisierung Ansatzfunktionen verwendet werden, welche über jedem Element Polynome m-ten Grades sind. Wir betrachten im Folgenden die Situation, dass $u \in H^r(\Omega)$ gilt mit $r < m + 1$ bzw. $r > m + 1$. Bei der FE-Diskretisierung nutzen wir wieder sowohl stückweise lineare Ansatzfunktionen als auch stückweise quadratische.

Beispiel 4.2

Wir betrachten das Randwertproblem:

Gesucht ist die Funktion $u \in C^2(\Omega) \cap C(\overline{\Omega})$, für welche

$$\begin{aligned} -\Delta u &= f & \text{für alle } (x_1, x_2) \in \Omega = ((-1,1) \times (-1,1)) \setminus \{(x_1, 0) : 0 \le x_1 \le 1\}, \\ u &= 0 & \text{für alle } (x_1, x_2) \in \partial\Omega \end{aligned} \tag{4.108}$$

gilt (siehe Abbildung 4.44).

Eine Besonderheit dieses Beispiels ist, dass es sich beim Gebiet Ω um ein Gebiet mit einem Schlitz handelt. Schlitzgebiete treten beispielsweise bei Rissausbreitungen auf.

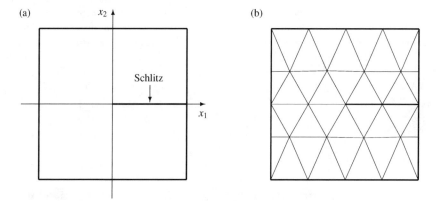

Abbildung 4.44: (a) Gebiet mit einem Schlitz, (b) gleichmäßige Vernetzung des Gebietes Ω

Wir wählen die rechte Seite f so, dass das Randwertproblem (4.108) die exakte Lösung

$$u(x_1, x_2) = u(r(x_1, x_2), \theta(x_1, x_2)) = \begin{cases} (a_1 r^{\lambda_1} + a_2 r^{\lambda_2} + a_3 r^{\lambda_3} + a_4 r^{\lambda_4}) \sin(\lambda \theta) & \text{für } r \le 1 \\ 0 & \text{für } r > 1 \end{cases} \tag{4.109}$$

mit

$$r = \sqrt{x_1^2 + x_2^2}, \quad \theta = \begin{cases} \arccos \dfrac{x_2}{r}, & \text{falls } x_2 \ge 0 \\ 2\pi - \arccos \dfrac{x_2}{r}, & \text{falls } x_2 < 0 \end{cases}$$

und

$$a_1 = 10, \qquad\qquad a_2 = 10 \frac{(\lambda_1 - \lambda_4)(\lambda_3 - \lambda_1)}{(\lambda_2 - \lambda_4)(\lambda_2 - \lambda_3)},$$

$$a_3 = 10 \frac{(\lambda_1 - \lambda_2)(\lambda_4 - \lambda_1)}{(\lambda_3 - \lambda_2)(\lambda_3 - \lambda_4)}, \qquad a_4 = 10 \frac{(\lambda_1 - \lambda_3)(\lambda_2 - \lambda_1)}{(\lambda_4 - \lambda_2)(\lambda_4 - \lambda_3)} \tag{4.110}$$

hat. Mit dieser Wahl der Koeffizienten a_1, a_2, a_3 und a_4 ist die Funktion u in allen Punkten auf dem Kreis $x_1^2 + x_2^2 = r^2 = 1$ zweimal stetig differenzierbar. In Abhängigkeit von der Wahl der Exponenten λ_1, λ_2, λ_3 und λ_4 können wir erreichen, dass $u \in H^1(\Omega)$ und $u \notin H^2(\Omega)$, $u \in H^2(\Omega)$ und $u \notin H^3(\Omega)$ oder $u \in H^3(\Omega)$ gilt. Man kann beweisen, dass eine Funktion u der Gestalt $u = r^\lambda \varphi(\theta)$ mit einer unendlich oft differenzierbaren Funktion $\varphi(\theta)$ Element des Raumes $H^s(\Omega)$ ist, falls $\lambda > s - 1$. Weiterhin gilt: Ist $\overline{\Omega} = \overline{\Omega}_1 \cup \overline{\Omega}_2$, $\Omega_1 \cap \Omega_2 = \emptyset$, und $u|_{\Omega_i} \in H^{k+1}(\Omega_i)$, $i = 1, 2$, dann folgt aus $u \in C^k(U(\partial\Omega_1 \cap \partial\Omega_2))$, dass

$u \in H^{k+1}(\Omega)$. Dabei bezeichnet $U(\partial\Omega_1 \cap \partial\Omega_2)$ eine Umgebung von $\partial\Omega_1 \cap \partial\Omega_2$. Auf einen Beweis dieser beiden Aussagen verzichten wir hier. In unserem Beispiel haben wir $\Omega_1 = \{(x_1, x_2) : x_1^2 + x_2^2 < 1\}$ und $\Omega_2 = \Omega \setminus \{(x_1, x_2) : x_1^2 + x_2^2 \leq 1\}$. Aufgrund der Tatsache, dass die Funktion u aus (4.109) auf dem Kreis $x_1^2 + x_2^2 = 1$, d.h. auf $\partial\Omega_1 \cap \partial\Omega_2$ nur zweimal stetig partiell differenzierbar ist, können wir folglich bei geeigneter Wahl der λ_i, $i = 1,2,3,4$, maximal erreichen, dass $u \in H^3(\Omega)$ gilt. In den folgenden numeri schen Tests setzen wir

(a) $\lambda_1 = 0.5$, $\lambda_2 = 1.5$, $\lambda_3 = 2.0$ $\lambda_4 = 3.0$, $\lambda = 0.5$ $\Rightarrow$ $u \in H^1(\Omega)$, $u \notin H^2(\Omega)$,

(b) $\lambda_1 = 1.5$, $\lambda_2 = 2.5$, $\lambda_3 = 3.0$ $\lambda_4 = 4.0$, $\lambda = 0.5$ $\Rightarrow$ $u \in H^2(\Omega)$, $u \notin H^3(\Omega)$,

(c) $\lambda_1 = 2.5$, $\lambda_2 = 3.5$, $\lambda_3 = 4.0$ $\lambda_4 = 5.0$, $\lambda = 0.5$ $\Rightarrow$ $u \in H^3(\Omega)$.

In den Abbildungen 4.45 und 4.46 sind die Funktion u aus (4.109) mit den Parametern λ_1, λ_2, λ_3, λ_4, λ entsprechend (a), (b) und (c) bzw. Niveaulinien dieser Funktionen dargestellt. Aus diesen Abbildungen wird deutlich, dass insbesondere die in (a) dargestellte Funktion in der Umgebung des Koordinatenursprungs sehr steil ansteigt.

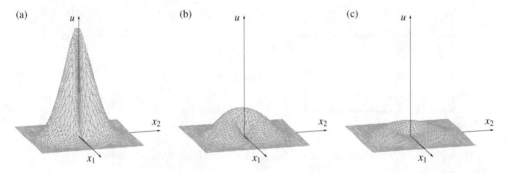

Abbildung 4.45: Darstellung der Funktion u aus (4.109)

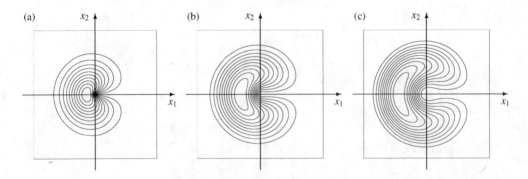

Abbildung 4.46: Niveaulinien der Funktion u aus (4.109)

Als gröbste Vernetzung nutzen wir in unseren Testrechnungen die in der Abbildung 4.44(b) dargestellte gleichmäßige Vernetzung. Die feineren Vernetzungen werden wie im Beispiel 4.1 durch fortgesetzte Vierte- lung der Dreiecke erzeugt. Als Ansatzfunktionen werden wieder sowohl stückweise lineare als auch stück- weise quadratische Funktionen genutzt. In den Tabellen 4.10 und 4.11 geben wir die Diskretisierungsfehler in Abhängigkeit von der Anzahl der Knoten für beide Varianten der Wahl der Ansatzfunktionen an. Bei Halbierung der Schrittweite h und somit einer ungefähren Vervierfachung der Anzahl der Knoten erwarten wir, dass für die Diskretisierungsfehler $\|e_h\|_1/\|e_{h/2}\|_1 \approx 2^m$ gilt (siehe H^1-Konvergenzsatz 4.3), vorausgesetzt die Lösung u gehört zum Raum $H^{m+1}(\Omega)$ und bei der Diskretisierung werden Ansatzfunktionen verwendet, welche Polynome m-ten Grades über jedem finiten Element sind.

Aus der Tabelle 4.10 mit den Diskretisierungsfehlern bei einer FE-Diskretisierung mit stückweise linearen Funktionen ($m = 1$) können wir folgendes ablesen:

- Ist $u \in H^{m+1}(\Omega) = H^2(\Omega)$, so beobachten wir, wie erwartet, $\|e_h\|_1/\|e_{h/2}\|_1 \approx 2^m = 2$, siehe Spalten 4 bis 7, d.h. der Fehler halbiert sich, wenn die Schrittweite h halbiert wird (falls $u \in H^3(\Omega)$ gilt wegen $H^3(\Omega) \subset H^2(\Omega)$ auch $u \in H^2(\Omega)$). Eine höhere Glattheit der Lösung u, d.h. $u \in H^3(\Omega)$ anstelle der im H^1-Konvergenzsatz vorausgesetzten Glattheit $u \in H^2(\Omega)$, führt zu keiner Verbesserung der Konvergenzordnung. Die Konvergenzordnung wird in diesem Fall durch den Polynomgrad der verwendeten Ansatzfunktionen bestimmt.

- Ist $u \notin H^2(\Omega)$, dann ist der Quotient $\|e_h\|_1/\|e_{h/2}\|_1$ kleiner als 2 (siehe Spalte 3), d.h. der Fehler fällt nicht wie h^1 sondern langsamer. Aus der Spalte 3 folgt wegen $1.44 \approx 2^{0.5}$, dass der Fehler etwa wie $h^{0.5}$ fällt. Die Konvergenzordnung wird hier durch die Glattheit der Lösung bestimmt.

Tabelle 4.10: Diskretisierungsfehler in der H^1-Norm bei Diskretisierung mit stückweise linearen Ansatzfunktionen

Anzahl Knoten	$u \in H^1(\Omega)$, $u \notin H^2(\Omega)$		$u \in H^2(\Omega)$, $u \notin H^3(\Omega)$		$u \in H^3(\Omega)$	
	$\|e_h\|_1$	$\dfrac{\|e_h\|_1}{\|e_{h/2}\|_1}$	$\|e_h\|_1$	$\dfrac{\|e_h\|_1}{\|e_{h/2}\|_1}$	$\|e_h\|_1$	$\dfrac{\|e_h\|_1}{\|e_{h/2}\|_1}$
29	$0.4960 \cdot 10^1$	1.37	$0.9871 \cdot 10^0$	1.88	$0.4446 \cdot 10^0$	2.00
93	$0.3594 \cdot 10^1$	1.43	$0.5213 \cdot 10^0$	1.99	$0.2178 \cdot 10^0$	2.04
329	$0.2506 \cdot 10^1$	1.44	$0.2588 \cdot 10^0$	1.95	$0.1061 \cdot 10^0$	2.03
1233	$0.1738 \cdot 10^1$	1.44	$0.1318 \cdot 10^0$	1.96	$0.5223 \cdot 10^{-1}$	2.01
4769	$0.1210 \cdot 10^1$	1.43	$0.6721 \cdot 10^{-1}$	1.97	$0.2598 \cdot 10^{-1}$	2.00
18753	$0.8447 \cdot 10^0$	1.43	$0.3404 \cdot 10^{-1}$	1.99	$0.1297 \cdot 10^{-1}$	2.00
74369	$0.5893 \cdot 10^0$	1.44	$0.1714 \cdot 10^{-1}$	1.99	$0.6483 \cdot 10^{-2}$	2.00
296193	$0.4085 \cdot 10^0$	1.47	$0.8603 \cdot 10^{-2}$	2.00	$0.3241 \cdot 10^{-2}$	2.00
1182209	$0.2786 \cdot 10^0$		$0.4310 \cdot 10^{-2}$		$0.1620 \cdot 10^{-2}$	

Wir diskutieren nun das Verhalten der Diskretisierungsfehler bei einer Diskretisierung mit stückweise quadratischen Ansatzfunktionen ($m = 2$). Aus den in der Tabelle 4.11 angegebenen Diskretisierungsfehlern lassen sich folgende Beobachtungen ableiten:

- Falls $u \in H^{m+1}(\Omega) = H^3(\Omega)$, dann beobachten wir (siehe Spalte 7 der Tabelle 4.11), wie gemäß des H^1-Konvergenzsatzes erwartet, $\|e_h\|_1/\|e_{h/2}\|_1 \approx 2^2 = 4$, d.h. der Fehler viertelt sich, wenn die Schrittweite h halbiert wird.

- Ist jedoch $u \notin H^3(\Omega)$, dann ist der Quotient $\|e_h\|_1/\|e_{h/2}\|_1$ kleiner als 4. Hat die Lösung eine geringere Glattheit als im H^1-Konvergenzsatz vorausgesetzt wird, zum Beispiel nur $u \in H^1(\Omega)$ oder $u \in H^2(\Omega)$, so fällt also der Fehler nicht wie h^2 sondern langsamer.

- Der Vergleich der Spalten 3 der Tabellen 4.10 und 4.11 zeigt, dass bei der Lösung $u \in H^1(\Omega)$ und $u \notin H^2(\Omega)$ die Diskretisierungsfehler bei den Diskretisierungen mit stückweise linearen bzw. stückweise quadratischen Ansatzfunktionen mit etwa der gleichen Ordnung fallen.

Tabelle 4.11: Diskretisierungsfehler in der H^1-Norm bei Diskretisierung mit stückweise quadratischen Ansatzfunktionen

Anzahl Knoten	$u \in H^1(\Omega), u \notin H^2(\Omega)$		$u \in H^2(\Omega), u \notin H^3(\Omega)$		$u \in H^3(\Omega)$	
	$\|e_h\|_1$	$\dfrac{\|e_h\|_1}{\|e_{h/2}\|_1}$	$\|e_h\|_1$	$\dfrac{\|e_h\|_1}{\|e_{h/2}\|_1}$	$\|e_h\|_1$	$\dfrac{\|e_h\|_1}{\|e_{h/2}\|_1}$
93	$0.3133 \cdot 10^1$	1.52	$0.2236 \cdot 10^0$	1.68	$0.1674 \cdot 10^0$	3.50
329	$0.2049 \cdot 10^1$	1.48	$0.1332 \cdot 10^0$	2.52	$0.4769 \cdot 10^{-1}$	3.60
1233	$0.1379 \cdot 10^1$	1.45	$0.5292 \cdot 10^{-1}$	2.75	$0.1322 \cdot 10^{-1}$	3.80
4769	$0.9479 \cdot 10^0$	1.45	$0.1926 \cdot 10^{-1}$	2.81	$0.3484 \cdot 10^{-2}$	3.89
18753	$0.6545 \cdot 10^0$	1.46	$0.6856 \cdot 10^{-2}$	2.83	$0.8950 \cdot 10^{-3}$	3.95
74369	$0.4482 \cdot 10^0$	1.50	$0.2426 \cdot 10^{-2}$	2.84	$0.2269 \cdot 10^{-3}$	3.97
296193	$0.2998 \cdot 10^0$	1.56	$0.8540 \cdot 10^{-3}$	2.91	$0.5711 \cdot 10^{-4}$	3.99
1182209	$0.1917 \cdot 10^0$		$0.2939 \cdot 10^{-3}$		$0.1433 \cdot 10^{-4}$	

Bisher haben wir beobachtet, dass eine geringere als im Konvergenzsatz geforderte Glattheit der Lösung u eine geringere Konvergenzordnung zur Folge hat. In einigen Situationen besteht die Möglichkeit durch eine spezielle Wahl der Lage der Knoten in der FE-Vernetzung zu erreichen, dass sich auch im Fall einer Lösung $u \notin H^2(\Omega)$ der Fehler wie h^m verhält. Aus der Literatur ist beispielsweise bekannt, dass sich die Lösung des Randwertproblems

$$-\Delta u = f \quad \text{in } \Omega, \quad u = 0 \quad \text{auf } \partial\Omega \tag{4.111}$$

in einem Gebiet Ω mit einer einspringenden Ecke in der Form

$$u = \eta(r)u_s + u_r \quad \text{mit} \quad u_s = \gamma r^\lambda \sin(\lambda\theta), \quad \lambda = \frac{\pi}{\omega}, \tag{4.112}$$

darstellen lässt. Dabei ist γ eine Konstante, ω der Innenwinkel bei der einspringenden Ecke und (r, θ) sind Polarkoordinaten in einem lokalen Polarkoordinatensystems mit dem Ursprung in der einspringenden Ecke (siehe auch Abbildung 4.47). Die Funktion $\eta(r)$ ist eine Abschneidefunktion, welche nur in einer Umgebung der einspringenden Ecke von Null verschieden ist. Für die Lösungsanteile u_s und u_r gilt $u_s \notin H^2(\Omega)$ und $u_r \in H^2(\Omega)$ (siehe z.B. [Gri85]).

Beispielsweise hat bei einem Gebiet mit einem Schlitz (siehe Abbildung 4.44) wegen $\omega = 2\pi$ der nicht glatte Anteil u_s der Aufgabe (4.111) die Gestalt

$$u_s = r^{1/2} \sin\left(\frac{1}{2}\theta\right).$$

Ausgehend von der Gestalt des nicht glatten Lösungsanteils u_s aus (4.112) kann man lösungsangepasste Netze konstruieren (siehe z.B. [Rau78, OR79, Jun93]). Die Grundidee besteht dabei in Folgendem: Man wählt eine Umgebung der einspringenden Ecke, zum Beispiel alle Punkte die einen Abstand kleiner als R_0 von der einspringenden Ecke haben. Dann legt man um die einspringende Ecke Kreisbögen mit den Radien $r_j = R_0(jh)^{1/\mu}$, $j = 1, 2, \ldots, J$, wobei J die größte ganze Zahl ist, welche kleiner oder gleich h^{-1} ist. Im Fall einer Diskretisierung mit stückweise linearen Ansatzfunktionen muss der Graduierungsparameter μ so gewählt werden, dass $\mu < \lambda$

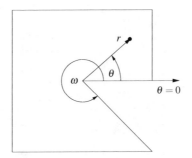

Abbildung 4.47: Gebiet mit einspringender Ecke

gilt. Bei einer Diskretisierung mit stückweise quadratischen Ansatzfunktionen muss $\mu < \lambda/2$ gelten. Anschließend werden innerhalb dieser Kreisbögen Dreiecke konstruiert. Die dabei entstehenden Netze nennt man *graduierte* Netze. Für eine genaue Beschreibung der Konstruktion graduierter Netze verweisen wir auf die Spezialliteratur, zum Beispiel [Rau78, OR79, Jun93].

Man kann eine derartige Vernetzung auch erhalten, wenn man ausgehend von einer gleichmäßigen Vernetzung die Knoten in Richtung der einspringenden Ecke so verschiebt, dass jeweils Knoten auf den Radien r_j liegen (siehe auch die Abbildung 4.48).

Beispiel 4.3
Wir betrachten nun nochmals das Randwertproblem (4.108) und wählen die rechte Seite so, dass die Funktion

$$u(x_1,x_2) = u(r(x_1,x_2), \theta(x_1,x_2)) = \begin{cases} (a_1 r^{\lambda_1} + a_2 r^{\lambda_2} + a_3 r^{\lambda_3} + a_4 r^{\lambda_4})\sin(\lambda\theta) & \text{für } r \leq 1 \\ 0 & \text{für } r > 1 \end{cases}$$

mit a_1, a_2, a_3 und a_4 aus (4.110) und

$$\lambda_1 = 0.5, \ \lambda_2 = 1.5, \ \lambda_3 = 2.0, \ \lambda_4 = 3.0, \ \lambda = 0.5$$

Lösung des Randwertproblems ist. Diese Lösung hat die Gestalt (4.112) mit

$$u_s = a_1 r^{0.5}\sin(0.5\theta) \quad \text{und} \quad u_r = (a_2 r^{1.5} + a_3 r^2 + a_4 r^3)\sin(0.5\theta).$$

Wir konstruieren ausgehend von einer gleichmäßigen Vernetzung durch Verschiebung der Knoten in Richtung der einspringenden Ecke lokal verfeinerte, graduierte Netze (siehe Abbildung 4.48). Bei der Konstruktion des Netzes vom Typ II wurde der Graduierungsparameter $\mu = 0.375 < \lambda = 0.5$ und für die Konstruktion des Netzes vom Typ III der Parameter $\mu = 0.1875 < \lambda/2 = 0.25$ genutzt.

In der Tabelle 4.12 sind die Diskretisierungsfehler in der H^1-Norm angegeben, welche bei der FE-Diskretisierung mit stückweise linearen Ansatzfunktionen erreicht wurden. Wir können folgendes Verhalten der Diskretisierungsfehler beobachten:

- Ab der Vernetzung mit 1233 Knoten sind die Diskretisierungsfehler bei den graduierten Netzen kleiner als beim gleichmäßigen Netz. Die graduierten Netze enthalten im Vergleich zum gleichmäßigen Netz Dreiecke mit spitzeren Innenwinkeln. Je gröber die Vernetzung ist, umso kleiner ist der kleinste Dreiecksinnenwinkel. Gemäß der Bemerkung 4.14 geht der Kehrwert des Sinuswertes des kleinsten Innenwinkels in die Konstante in der Fehlerabschätzung (4.105) ein. Bei den gröberen Vernetzungen dominiert dieser

Abbildung 4.48: Gleichmäßige Vernetzung und graduierte Vernetzungen

Einfluss, so dass der Diskretisierungsfehler auf den graduierten Netzen größer ist als auf dem gleichmäßigen Netz.

- Bei Vervierfachung der Anzahl der Knoten gilt auf den graduierten Netzen für die Diskretisierungsfehler $e_h = u - u_h$ und $e_{h/2} = u - u_{h/2}$ die Relation $\|e_h\|_1 / \|e_{h/2}\|_1 \approx 2$, während auf dem gleichmäßigen Netz nur $\|e_h\|_1 / \|e_{h/2}\|_1 \approx 1.44 \approx 2^{0.5}$ gilt, d.h. die Konvergenzordnung ist höher, wenn graduierte Netze verwendet werden. Wir beobachten auf den graduierten Netzen für unsere Lösung $u \notin H^2(\Omega)$ das gleiche Verhalten des Diskretisierungsfehlers wie im Fall einer Lösung $u \in H^2(\Omega)$ und einer Diskretisierung mit einem gleichmäßigen Netz (siehe Beispiel 4.2, Tabelle 4.10).

- Ein Vergleich der Diskretisierungsfehler bei den Netzen II und III, welche mit den Graduierungsparametern $\mu = 0.375$ und 0.1875 konstruiert worden sind, zeigt, dass eine Verkleinerung des Graduierungsparameters nicht unbedingt zu einer Verkleinerung des Diskretisierungsfehlers führt (siehe Spalten 4 und 6 in der Tabelle 4.12). Eine Ursache hierfür ist, dass das Netz, welches mittels des kleineren Graduierungsparameters erzeugt wurde, Dreiecke mit kleineren Innenwinkeln enthält.

Tabelle 4.12: Diskretisierungsfehler in der H^1-Norm bei Diskretisierung mit stückweise linearen Ansatzfunktionen

Anzahl Knoten	Netz vom Typ I		Netz vom Typ II		Netz vom Typ III	
	$\|e_h\|_1$	$\dfrac{\|e_h\|_1}{\|e_{h/2}\|_1}$	$\|e_h\|_1$	$\dfrac{\|e_h\|_1}{\|e_{h/2}\|_1}$	$\|e_h\|_1$	$\dfrac{\|e_h\|_1}{\|e_{h/2}\|_1}$
93	$0.3594 \cdot 10^1$	1.43	$0.3152 \cdot 10^1$	1.76	$0.4458 \cdot 10^1$	1.72
329	$0.2506 \cdot 10^1$	1.44	$0.1785 \cdot 10^1$	1.84	$0.2585 \cdot 10^1$	1.94
1233	$0.1738 \cdot 10^1$	1.44	$0.9674 \cdot 10^0$	1.91	$0.1331 \cdot 10^1$	1.97
4769	$0.1210 \cdot 10^1$	1.43	$0.5066 \cdot 10^0$	1.95	$0.6757 \cdot 10^0$	1.99
18753	$0.8447 \cdot 10^0$	1.43	$0.2603 \cdot 10^0$	1.97	$0.3397 \cdot 10^0$	2.00
74369	$0.5893 \cdot 10^0$	1.44	$0.1323 \cdot 10^0$	1.98	$0.1702 \cdot 10^0$	2.00
296193	$0.4085 \cdot 10^0$	1.47	$0.6680 \cdot 10^{-1}$	1.99	$0.8512 \cdot 10^{-1}$	2.00
1182209	$0.2786 \cdot 10^0$		$0.3359 \cdot 10^{-1}$		$0.4257 \cdot 10^{-1}$	

Werden stückweise quadratische Ansatzfunktionen zur Diskretisierung des betrachteten Randwertproblems genutzt, so erhalten wir die in der Tabelle 4.13 angegebenen Diskretisierungsfehler. Bezüglich dieser Diskretisierungsfehler lassen sich folgende Schlussfolgerungen ziehen:

• Bei der Verwendung der graduierten Netze II und III ist der Diskretisierungsfehler kleiner als bei der Verwendung des gleichmäßigen Netzes I.

• Auf dem Netz III mit dem Graduierungsparameter $\mu = 0.1875 < \lambda_1/2 = 0.25$ beobachten wir das gleiche Verhalten des Diskretisierungsfehlers wie bei einer Lösung $u \in H^3(\Omega)$ und der Verwendung eines gleichmäßigen Netzes, d.h. $\|e_h\|_1/\|e_{h/2}\|_1 \approx 2^2 = 4$ (siehe Tabellen 4.11 und 4.13). Es gilt generell, dass man mit einem Graduierungsparameter $\mu < \lambda_1/2$ dieses Verhalten des Diskretisierungsfehlers erreicht.

• Wird ein Graduierungsparameter μ gewählt, für welchen $\lambda/2 \leq \mu < 1$ gilt, dann ist $\|e_h\|_1/\|e_{h/2}\|_1 < 4$, d.h. der Fehler viertelt sich nicht, wenn sich die Anzahl der Knoten vervierfacht, sondern die Fehlerreduktion ist geringer (siehe Spalten 3 und 5 in der Tabelle 4.13).

Tabelle 4.13: Diskretisierungsfehler in der H^1-Norm bei Diskretisierung mit stückweise quadratischen Ansatzfunktionen

Anzahl Knoten	Netz vom Typ I		Netz vom Typ II		Netz vom Typ III	
	$\|e_h\|_1$	$\dfrac{\|e_h\|_1}{\|e_{h/2}\|_1}$	$\|e_h\|_1$	$\dfrac{\|e_h\|_1}{\|e_{h/2}\|_1}$	$\|e_h\|_1$	$\dfrac{\|e_h\|_1}{\|e_{h/2}\|_1}$
93	$0.3594 \cdot 10^1$	1.43	$0.3135 \cdot 10^1$	2.17	$0.3104 \cdot 10^1$	1.28
329	$0.2506 \cdot 10^1$	1.44	$0.1440 \cdot 10^1$	2.47	$0.2422 \cdot 10^1$	2.73
1233	$0.1738 \cdot 10^1$	1.44	$0.5822 \cdot 10^0$	2.53	$0.8835 \cdot 10^0$	3.50
4769	$0.1210 \cdot 10^1$	1.43	$0.2300 \cdot 10^0$	2.53	$0.2522 \cdot 10^0$	3.75
18753	$0.8447 \cdot 10^0$	1.43	$0.9085 \cdot 10^{-1}$	2.53	$0.6726 \cdot 10^{-1}$	3.89
74369	$0.5893 \cdot 10^0$	1.44	$0.3596 \cdot 10^{-1}$	2.53	$0.1730 \cdot 10^{-1}$	3.95
296193	$0.4085 \cdot 10^0$	1.47	$0.1423 \cdot 10^{-1}$	2.56	$0.4384 \cdot 10^{-2}$	3.97
1182209	$0.2786 \cdot 10^0$		$0.5563 \cdot 10^{-2}$		$0.1103 \cdot 10^{-2}$	

Wie die Ergebnisse in den Tabellen 4.12 und 4.13 zeigen, führt bei gleicher Anzahl von Knoten die Knotenverschiebung in Richtung der einspringenden Ecke zu einem kleineren Diskretisierungsfehler im Vergleich zur Diskretisierung mit einem gleichmäßigen Netz. Betrachten wir die 3D-Darstellung (Abbildung 4.45(a)) der Lösung u aus dem Beispiel 4.3 bzw. das Niveaulinienbild 4.46(a), dann wird deutlich, dass sich die Lösung des Randwertproblems (4.108) außerhalb einer gewissen Umgebung der einspringenden Ecke nur wenig ändert. In den Teilgebieten, in welchen nur eine geringe Änderung der Funktionswerte der Lösung erfolgt, könnte ein gröberes FE-Netz verwendet werden. Wünschenswert ist es, einen Algorithmus zur Verfügung zu haben, welcher erkennt, in welchen Teilgebieten des Gebietes Ω ein feines bzw. grobes FE-Netz verwendet werden sollte. Wie man zu derartigen adaptiven, lösungsangepassten Vernetzungen gelangen kann, diskutieren wir im Folgenden.

A posteriori Fehlerabschätzungen

Bisher haben wir Diskretisierungsfehlerabschätzungen der Form

$$\|u - u_h\| \leq c(u)h^\beta \tag{4.113}$$

kennengelernt (siehe zum Beispiel den H^1-Konvergenzsatz 4.3 und die L_2-Fehlerabschätzung (4.106)). Den Exponenten β in diesen Abschätzungen erhält man ohne Kenntnis der exakten

Lösung u des betrachteten Randwertproblems in Variationsformulierung und ohne Kenntnis der Näherungslösung u_h. Um Abschätzungen der Gestalt (4.113) zu erhalten, benötigt man lediglich Informationen über a priori bekannte Größen wie zum Beispiel das Gebiet Ω, die rechte Seite f und die Randbedingungen. Diese Abschätzungen werden deshalb a priori *Fehlerabschätzungen* genannt. Ein Problem derartiger Abschätzungen ist, dass die rechte Seite $c(u)h^\beta$ im Allgemeinen nicht berechnet werden kann, da sie von der unbekannten exakten Lösung u abhängt. Wünschenswert sind aber Fehlerabschätzungen mit berechenbaren Fehlerschranken. Wir stellen im Folgenden Möglichkeiten vor, wie man Fehlerabschätzungen der Form

$$\|u - u_h\| \le c\eta \tag{4.114}$$

bzw. zweiseitige Abschätzungen

$$c_1\eta \le \|u - u_h\| \le c_2\eta \tag{4.115}$$

mit von der Lösung u und vom Diskretisierungsparameter h unabhängigen Konstanten c, c_1, c_2 erhalten kann. Dabei soll die Größe η einfach berechenbar sein. Wir wählen η in der Form

$$\eta = \sqrt{\sum_{r \in R_h} (\eta^{(r)})^2}\,,$$

wobei zur Berechnung von $\eta^{(r)}$ nur Daten erforderlich sein sollen, welche auf dem jeweiligen Element $T^{(r)}$ bekannt sind, beispielsweise die Näherungslösung u_h eingeschränkt auf das Element $T^{(r)}$. Zur Berechnung derartiger Fehlerschranken sind also Informationen notwendig, welche nach einer FE-Rechnung, d.h. a posteriori, bekannt sind. Man bezeichnet deshalb Abschätzungen der Form (4.114) und (4.115) als a posteriori *Fehlerabschätzungen*.

Ist eine Fehlerabschätzung der Form (4.114) bekannt, dann folgt aus $\eta \le \varepsilon$ mit einer vorgegebenen Genauigkeit ε, dass der Diskretisierungsfehler kleiner oder gleich dem c-fachen von ε ist. In diesem Sinne spricht man von der *Zuverlässigkeit* des Fehlerschätzers.

Anhand des folgenden Modellproblems erläutern wir die Herleitung eines Fehlerschätzers der Form (4.114).

Gesucht ist die Funktion u, für welche

$$
\begin{aligned}
-\Delta u &= f && \text{in } \Omega \subset \mathbb{R}^2, \\
u &= 0 && \text{auf } \partial\Omega
\end{aligned}
$$

gilt.

Die Variationsformulierung dieses Randwertproblems lautet:
Gesucht ist $u \in V_0 = \{u \in H^1(\Omega) : u = 0 \text{ auf } \partial\Omega\}$, so dass

$$a(u,v) = \langle F,v \rangle \quad \text{für alle } v \in V_0 \tag{4.116}$$

mit

$$a(u,v) = \int_\Omega (\operatorname{grad} v)^T \operatorname{grad} u\, dx \quad \text{und} \quad \langle F,v \rangle = \int_\Omega f v\, dx$$

gilt.

Die FE-Diskretisierung dieses Randwertproblems sei mittels stückweise linearer Ansatzfunktionen über Dreiecksnetzen $\mathcal{T}_h$ erfolgt. Dabei werden die Vernetzungen $\mathcal{T}_h$ als regulär vorausgesetzt (siehe Definition 4.8, S. 234).

Bevor wir den Fehlerschätzer einführen können, benötigen wir noch einige Bezeichnungen. Sei

$$U(x_j) = \bigcup_{r \in B_j} \overline{T}^{(r)}, \quad B_j = \{r : x_j \in \overline{T}^{(r)}\}, \tag{4.117}$$

d.h. $U(x_j)$ umfasst alle Dreiecke, welche den Knoten $P_j(x_j)$ als Eckknoten haben (siehe auch Abbildung 4.49(a)),

$$U(T^{(r)}) = \bigcup\{U(x_j) : x_j \in \overline{T}^{(r)}\},$$

d.h. $U(T^{(r)})$ umfasst alle Dreiecke, welche einen der Ecknoten des Dreiecks $T^{(r)}$ ebenfalls als Eckknoten haben (siehe Abbildung 4.49(b)),

$$\widetilde{U}(T^{(r)}) = \bigcup\{T^{(r')} : T^{(r)} \text{ und } T^{(r')} \text{ haben eine gemeinsame Kante oder } T^{(r)} = T^{(r')}\}, \tag{4.118}$$

(siehe Abbildung 4.49(c)),

$$U(E) = \bigcup\{\overline{T}^{(r)} : \overline{T}^{(r)} \cap \overline{E} \neq \emptyset\},$$

d.h. zu $U(E)$ gehören alle Dreiecke $T^{(r)}$, die mindestens einen der Begrenzungsknoten der Kante E als Dreieckseckknoten haben (siehe Abbildung 4.49(d)).

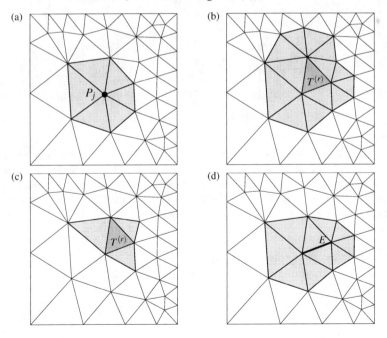

Abbildung 4.49: Umgebungen (a) $U(x_j)$, (b) $U(T^{(r)})$, (c) $\widetilde{U}(T^{(r)})$ und (d) $U(E)$

Zusätzlich zu den soeben eingeführten Umgebungen benötigen wir für den Nachweis der Fehlerabschätzung (4.114) noch den Interpolationsoperator von Clément.

Definition 4.9 (Clément-Interpolationsoperator)

Der Operator $Q_h : V = H^1(\Omega) \to V_h = \text{span}\{p_i : i \in \overline{\omega}_h\}$, welcher durch

$$Q_h v = \sum_{j \in \overline{\omega}_h} (P_j v) p_j \in V_h \quad \text{für alle } v \in V \tag{4.119}$$

mit

$$P_j v = \frac{1}{\text{meas}(U(x_j))} \int_{U(x_j)} v(x)\,dx$$

definiert ist, heißt *Clément-Interpolationsoperator*.

Für den Clément-Operator gilt die folgende Approximationsaussage.

Satz 4.4 (Clémentscher Approximationssatz)

Seien die folgenden Voraussetzungen erfüllt:

(i) $\mathcal{T}_h$ ist eine reguläre Vernetzung des Gebietes Ω.

(ii) $V_h = \text{span}\{p_i : i \in \overline{\omega}_h\}$, wobei die p_i stückweise lineare Funktionen sind.

Dann gilt

(i) für alle $r = 1,2,\ldots,R_h$ und für alle $v \in H^1(\Omega)$

$$\|v - Q_h v\|_{0,2,T^{(r)}} \le c_1 h^{(r)} |v|_{1,2,U(T^{(r)})},$$

(ii) für alle Kanten $E \subset \partial T^{(r)}$, $r = 1,2,\ldots,R_h$, und für alle $v \in H^1(\Omega)$

$$\|v - Q_h v\|_{0,2,E} \le c_2 \sqrt{h_E}\, |v|_{1,2,U(E)}.$$

Dabei bezeichnen $h^{(r)}$ den Elementdurchmesser des Elements $T^{(r)}$ und h_E die Länge der Kante E.

Ein Beweis dieses Satzes ist in [Cle75] zu finden.

Bemerkung 4.17
Um Dirichletsche Randbedingungen zu berücksichtigen, muss der Clémentsche Interpolationsoperator modifiziert werden. Man ersetzt beispielsweise die Summation $j \in \overline{\omega}_h$ in (4.119) durch die Summation $j \in \omega_h$, d.h. bei der Summation werden die Summanden weggelassen, deren Index der Knotennummer eines Knotens auf dem Rand Γ_1 entspricht. Die Aussagen des Clémentschen Approximationssatzes gelten auch für den auf diese Weise modifizierten Operator (siehe [Cle75, Bra97] und [SZ90] für einen alternativen Interpolationsoperator).

Nachdem wir alle für die Herleitung eines Fehlerschätzers erforderlichen Bezeichnungen und Hilfsresultate eingeführt haben, können wir beschreiben, wie man zu einem Fehlerschätzer gelangt.

Aufgrund der V_0-Elliptizität der Bilinearform in (4.116) (siehe auch (4.37), S. 217ff., mit $\underline{\lambda} = \lambda_1 = \lambda_2 = 1$) folgt

$$\mu_1 \|u - u_h\|_{1,2,\Omega}^2 \le a(u - u_h, u - u_h) \quad \text{mit} \quad \mu_1 = (1 + c_F^2)^{-1},$$

wobei c_F die Konstante aus der Friedrichsschen Ungleichung (4.6) ist. Wir können ohne Einschränkung der Allgemeinheit $u - u_h \neq 0$ voraussetzen, denn falls $u - u_h = 0$ gilt, ist der Diskretisierungsfehler gleich Null und es ist somit keine Fehlerschätzung notwendig. Wir dividieren beide Seiten der obigen Ungleichung durch $\mu_1 \|u - u_h\|_{1,2,\Omega}$ und erhalten

$$\|u - u_h\|_{1,2,\Omega} \leq \frac{1}{\mu_1} \frac{1}{\|u - u_h\|_{1,2,\Omega}} a(u - u_h, u - u_h). \tag{4.120}$$

Weiterhin gilt aufgrund der Bilinearität von $a(.,.)$

$$\frac{1}{\|u - u_h\|_{1,2,\Omega}} a(u - u_h, u - u_h) = a\left(u - u_h, \frac{u - u_h}{\|u - u_h\|_{1,2,\Omega}}\right),$$

so dass wir die Abschätzung (4.120) auch in der Form

$$\|u - u_h\|_{1,2,\Omega} \leq \frac{1}{\mu_1} a\left(u - u_h, \frac{u - u_h}{\|u - u_h\|_{1,2,\Omega}}\right)$$

schreiben können. Ersetzen wir in dieser Abschätzung die Funktion $(u - u_h)/\|u - u_h\|_{1,2,\Omega}$ durch eine beliebige Funktion $v/\|v\|_{1,2,\Omega}$, wobei v genauso wie $u - u_h$ ein Element des Raumes V_0 ist, und bilden wir das Supremum über alle Funktionen $v \in V_0$, dann wird der Term auf der rechten Seite der obigen Abschätzung höchstens größer. Deshalb erhalten wir

$$\begin{aligned}
\|u - u_h\|_{1,2,\Omega} &\leq \frac{1}{\mu_1} a\left(u - u_h, \frac{u - u_h}{\|u - u_h\|_{1,2,\Omega}}\right) \\
&\leq \frac{1}{\mu_1} \sup_{v \in V_0} a\left(u - u_h, \frac{v}{\|v\|_{1,2,\Omega}}\right) \\
&= \frac{1}{\mu_1} \sup_{v \in V_0} \frac{a(u - u_h, v)}{\|v\|_{1,2,\Omega}}.
\end{aligned} \tag{4.121}$$

Wegen

$$a(u - u_h, v) = a(u, v) - a(u_h, v) = \langle F, v \rangle - a(u_h, v)$$

gilt für eine beliebige Funktion $v \in V_0$ (siehe (4.116))

$$a(u - u_h, v) = \int_\Omega f v \, dx - \int_\Omega (\operatorname{grad} v)^T \operatorname{grad} u_h \, dx = \sum_{r \in R_h} \left\{ \int_{T^{(r)}} f v \, dx - \int_{T^{(r)}} (\operatorname{grad} v)^T \operatorname{grad} u_h \, dx \right\}.$$

Die Anwendung der Greenschen Formel (siehe (4.11), S. 203, und (4.13), S. 204) liefert daraus die Beziehung

$$\begin{aligned}
a(u - u_h, v) &= \sum_{r \in R_h} \left\{ \int_{T^{(r)}} f v \, dx - \left[\int_{T^{(r)}} (-\Delta u_h v) \, dx + \int_{\partial T^{(r)}} \frac{\partial u_h}{\partial \vec{n}} v \, ds \right] \right\} \\
&= \sum_{r \in R_h} \left\{ \int_{T^{(r)}} [f - (-\Delta u_h)] v \, dx - \int_{\partial T^{(r)}} \frac{\partial u_h}{\partial \vec{n}} v \, ds \right\} \\
&= \sum_{r \in R_h} \int_{T^{(r)}} [f - (-\Delta u_h)] v \, dx - \sum_{r \in R_h} \int_{\partial T^{(r)}} \frac{\partial u_h}{\partial \vec{n}} v \, ds.
\end{aligned}$$

Die Integrale über den Rand $\partial T^{(r)}$ der finiten Elemente zerlegen wir in die Summe der Integrale über die Kanten E des finiten Elements $T^{(r)}$, d.h.

$$\int\limits_{\partial T^{(r)}} \frac{\partial u_h}{\partial \vec{n}}\, v\, ds = \sum_{E \in \partial T^{(r)}} \int\limits_{E} \frac{\partial u_h}{\partial \vec{n}}\, v\, ds\,.$$

Damit ergibt sich

$$a(u - u_h, v) = \sum_{r \in R_h} \int\limits_{T^{(r)}} [f - (-\Delta u_h)] v\, dx - \sum_{r \in R_h} \sum_{E \in \partial T^{(r)}} \int\limits_{E} \frac{\partial u_h}{\partial \vec{n}}\, v\, ds\,. \tag{4.122}$$

Auf dem Rand $\partial\Omega$ des Gebietes Ω gilt aufgrund der vorgegebenen Randbedingungen $u_h = 0$. Deshalb müssen bei der Summation über die Kanten nur die im Gebiet Ω liegenden Kanten berücksichtigt werden. Alle inneren Kanten gehören zu jeweils zwei benachbarten Elementen (siehe Abbildung 4.50).

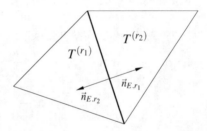

Abbildung 4.50: Gemeinsame Kante zweier Elemente und Normalenvektoren

Sei $\mathscr{E}_h$ die Menge aller inneren Kanten in der Vernetzung $\mathscr{T}_h$. Dann erhalten wir für die Doppelsumme in (4.122) (siehe auch (4.12), S. 204, bezüglich der Definition der Normalenableitung)

$$\sum_{r \in R_h} \sum_{E \in \partial T^{(r)}} \int\limits_{E} \frac{\partial u_h}{\partial \vec{n}}\, v\, ds \;=\; \sum_{r \in R_h} \sum_{E \in \partial T^{(r)}} \int\limits_{E} \vec{n}^T \operatorname{grad} u_h\, v\, ds$$

$$= \sum_{E \in \mathscr{E}_h} \left[\int\limits_{E} \vec{n}_{E,r_1}^T \operatorname{grad} u_{h|\overline{T}^{(r_1)}}\, v\, ds + \int\limits_{E} \vec{n}_{E,r_2}^T \operatorname{grad} u_{h|\overline{T}^{(r_2)}}\, v\, ds \right] \tag{4.123}$$

$$= \sum_{E \in \mathscr{E}_h} \int\limits_{E} [\vec{n}_{E,r_1}^T \operatorname{grad} u_{h|\overline{T}^{(r_1)}} + \vec{n}_{E,r_2}^T \operatorname{grad} u_{h|\overline{T}^{(r_2)}}]\, v\, ds\,,$$

wobei $\vec{n}_{E,r_1}$ der Normalenvektor auf der Kante E des Elements $T^{(r_1)}$ und $\vec{n}_{E,r_2}$ der Normalenvektor auf der Kante E des Elements $T^{(r_2)}$ ist (siehe Abbildung 4.50). Mit $u_{h|\overline{T}^{(r_1)}}$ bzw. $u_{h|\overline{T}^{(r_2)}}$ ist die Einschränkung von u_h auf das Element $T^{(r_1)}$ bzw. $T^{(r_2)}$ bezeichnet. Für die Normalenvektoren $\vec{n}_{E,r_1}$ und $\vec{n}_{E,r_2}$ gilt:

$$\vec{n}_{E,r_1} = -\vec{n}_{E,r_2}\,.$$

Setzen wir

$$\vec{n}_E = \vec{n}_{E,r_1} = -\vec{n}_{E,r_2},$$

dann kann die Beziehung (4.123) in der Form

$$\sum_{r \in R_h} \sum_{E \in \partial T^{(r)}} \int_E \frac{\partial u_h}{\partial \vec{n}} v \, ds \;=\; \sum_{E \in \mathscr{E}_h} \int_E \vec{n}_E^T [\operatorname{grad} u_{h|\overline{T}^{(r_1)}} - \operatorname{grad} u_{h|\overline{T}^{(r_2)}}] v \, ds \qquad (4.124)$$

aufgeschrieben werden. Da die FE-Ansatzfunktionen gemäß ihrer Definition nur stetige Funktionen über die Kanten hinweg sind, ist im Allgemeinen

$$\operatorname{grad} u_{h|\overline{T}^{(r_1)}}(x) \neq \operatorname{grad} u_{h|\overline{T}^{(r_2)}}(x) \quad \text{für } x \in E = \overline{T}^{(r_1)} \cap \overline{T}^{(r_2)},$$

d.h.

$$\vec{n}_E^T [\operatorname{grad} u_{h|\overline{T}^{(r_1)}}(x) - \operatorname{grad} u_{h|\overline{T}^{(r_2)}}(x)] \neq 0 \quad \text{für } x \in E = \overline{T}^{(r_1)} \cap \overline{T}^{(r_2)}.$$

Wir bezeichnen mit

$$R_E(u_h) = [\vec{n}_E^T \operatorname{grad} u_h]_E = \vec{n}_E^T [\operatorname{grad} u_{h|\overline{T}^{(r_1)}} - \operatorname{grad} u_{h|\overline{T}^{(r_2)}}] \quad \text{für alle } E \in \mathscr{E}_h \qquad (4.125)$$

das sogenannte *kantenbezogene Residuum*. Damit geht (4.124) in die Beziehung

$$\sum_{r \in R_h} \sum_{E \in \partial T^{(r)}} \int_E \frac{\partial u_h}{\partial \vec{n}} v \, ds \;=\; \sum_{E \in \mathscr{E}_h} \int_E R_E(u_h) v \, ds \qquad (4.126)$$

über. Führen wir noch das *flächenbezogene Residuum*

$$R_{T^{(r)}}(u_h) = f - (-\Delta u_h) \quad \text{für alle } T^{(r)} \in \mathscr{T}_h \qquad (4.127)$$

ein, dann ergibt sich aus (4.122) und (4.126)

$$a(u - u_h, v) = \sum_{r \in R_h} \int_{T^{(r)}} R_{T^{(r)}}(u_h) v \, dx - \sum_{E \in \mathscr{E}_h} \int_E R_E(u_h) v \, ds.$$

Aufgrund der Galerkin-Orthogonalität

$$a(u - u_h, v_h) = 0 \quad \text{für alle } v_h \in V_{0h}$$

(siehe (3.121), S. 156) folgt daraus

$$
\begin{aligned}
a(u - u_h, v) &= a(u - u_h, v) - a(u - u_h, v_h) = a(u - u_h, v - v_h) \\
&= \sum_{r \in R_h} \int_{T^{(r)}} R_{T^{(r)}}(u_h)(v - v_h) \, dx - \sum_{E \in \mathscr{E}_h} \int_E R_E(u_h)(v - v_h) ds.
\end{aligned}
$$

Mittels der Ungleichungen $a - b \le |a| + |b|$, $|\sum_r a_r| \le \sum_r |a_r|$ und der Cauchy-Schwarzschen Ungleichung (siehe (4.4), S. 201) erhalten wir

$$
\begin{aligned}
a(u - u_h, v) &= \sum_{r \in R_h} \int_{T^{(r)}} R_{T^{(r)}}(u_h)(v - v_h)\,dx - \sum_{E \in \mathscr{E}_h} \int_E R_E(u_h)(v - v_h)\,ds \\[2mm]
&\le \left| \sum_{r \in R_h} \int_{T^{(r)}} R_{T^{(r)}}(u_h)(v - v_h)\,dx \right| + \left| \sum_{E \in \mathscr{E}_h} \int_E R_E(u_h)(v - v_h)\,ds \right| \\[2mm]
&\le \sum_{r \in R_h} \left| \int_{T^{(r)}} R_{T^{(r)}}(u_h)(v - v_h)\,dx \right| + \sum_{E \in \mathscr{E}_h} \left| \int_E R_E(u_h)(v - v_h)\,ds \right| \\[2mm]
&\le \sum_{r \in R_h} \sqrt{\int_{T^{(r)}} (R_{T^{(r)}}(u_h))^2\,dx} \sqrt{\int_{T^{(r)}} (v - v_h)^2\,dx} \\[2mm]
&\quad + \sum_{E \in \mathscr{E}_h} \sqrt{\int_E (R_E(u_h))^2\,ds} \sqrt{\int_E (v - v_h)^2\,ds} \\[2mm]
&= \sum_{r \in R_h} \|R_{T^{(r)}}(u_h)\|_{0,2,T^{(r)}} \|v - v_h\|_{0,2,T^{(r)}} + \sum_{E \in \mathscr{E}_h} \|R_E(u_h)\|_{0,2,E} \|v - v_h\|_{0,2,E} .
\end{aligned}
$$

Da v_h eine beliebige Funktion aus $V_{0h} \subset V_0$ ist, können wir $v_h = Q_h v$ mit $v \in V_0$ setzen, wobei Q_h der Clément-Interpolationsoperator ist (siehe Definition 4.9 und Bemerkung 4.17, S. 300). Dann folgt aus der obigen Abschätzung unter Anwendung des Satzas 4.4

$$
\begin{aligned}
a(u - u_h, v) &\le \sum_{r \in R_h} \|R_{T^{(r)}}(u_h)\|_{0,2,T^{(r)}} \|v - Q_h v\|_{0,2,T^{(r)}} \\[2mm]
&\quad + \sum_{E \in \mathscr{E}_h} \|R_E(u_h)\|_{0,2,E} \|v - Q_h v\|_{0,2,E} \\[2mm]
&\le c_1 \sum_{r \in R_h} h^{(r)} \|R_{T^{(r)}}(u_h)\|_{0,2,T^{(r)}} |v|_{1,2,U(T^{(r)})} \\[2mm]
&\quad + c_2 \sum_{E \in \mathscr{E}_h} \sqrt{h_E}\, \|R_E(u_h)\|_{0,2,E} |v|_{1,2,U(E)} .
\end{aligned}
\tag{4.128}
$$

Bemerkung 4.18

Man könnte die Frage stellen, warum wir in (4.128) nicht den FE-Interpolationsoperator

$$
Int_h(u) = \sum_{i \in \overline{\omega}_h} u(x_i) p_i(x)
$$

genutzt haben (siehe beispielsweise (3.123)). Im Mehrdimensionalen ist eine Funktion $v \in H^1(\Omega)$ nicht notwendigerweise eine stetige Funktion, so dass die Funktionswerte $v(x_i)$ nicht immer existieren. Folglich ist der FE-Interpolationsoperator nicht auf jede Funktion v des Raumes $H^1(\Omega)$ anwendbar. Wir benötigen aber einen Operator, der auf alle $v \in H^1(\Omega)$ angewendet werden kann.

Wir schätzen die rechte Seite in (4.128) weiter nach oben ab. Dazu verwenden wir die Cauchy-Schwarzsche Ungleichung $\sum_r a_r b_r \leq \sqrt{\sum_r a_r^2} \sqrt{\sum_r b_r^2}$. Wir erhalten damit

$$
\begin{aligned}
a(u - u_h, v) \;\leq\; & c_1 \sum_{r \in R_h} h^{(r)} \|R_{T^{(r)}}(u_h)\|_{0,2,T^{(r)}} |v|_{1,2,U(T^{(r)})} \\
& + c_2 \sum_{E \in \mathscr{E}_h} \sqrt{h_E} \|R_E(u_h)\|_{0,2,E} |v|_{1,2,U(E)} \\
\;\leq\; & c_1 \sqrt{\sum_{r \in R_h} (h^{(r)})^2 \|R_{T^{(r)}}(u_h)\|_{0,2,T^{(r)}}^2} \sqrt{\sum_{r \in R_h} |v|_{1,2,U(T^{(r)})}^2} \\
& + c_2 \sqrt{\sum_{E \in \mathscr{E}_h} h_E \|R_E(u_h)\|_{0,2,E}^2} \sqrt{\sum_{E \in \mathscr{E}_h} |v|_{1,2,U(E)}^2} \;.
\end{aligned}
\tag{4.129}
$$

Wegen

$$
|v|_{1,2,U(T^{(r)})}^2 = \int_{U(T^{(r)})} |\text{grad}\, v|^2 \, dx = \sum_{T^{(r')} \subset U(T^{(r)})} \int_{T^{(r')}} |\text{grad}\, v|^2 \, dx
$$

und

$$
|v|_{1,2,U(E)}^2 = \int_{U(E)} |\text{grad}\, v|^2 \, dx = \sum_{\{T^{(r)}\, :\, \overline{T}^{(r)} \cap \overline{E} \neq \emptyset\}} \int_{T^{(r)}} |\text{grad}\, v|^2 \, dx
$$

treten bei der Summation

$$
\sum_{r \in R_h} |v|_{1,2,U(T^{(r)})}^2 \quad \text{und} \quad \sum_{E \in \mathscr{E}_h} |v|_{1,2,U(E)}^2
$$

auf der rechten Seite von (4.129) Integrale über den einzelnen finiten Elementen $T^{(r)}$ mehrfach auf. Da wir vorausgesetzt haben, dass die Vernetzungen $\mathscr{T}_h$ regulär sind (siehe auch Definition 4.8, S. 234), ist die Anzahl der Umgebungen $U(T^{(r)})$ und $U(E)$, zu denen ein finites Element gehört, beschränkt. Folglich ist die Vielfachheit des Auftretens dieser Integrale über $T^{(r)}$ beschränkt. Somit gilt

$$
\sum_{r \in R_h} |v|_{1,2,U(T^{(r)})}^2 = \sum_{r \in R_h} \sum_{T^{(r')} \subset U(T^{(r)})} \int_{T^{(r')}} |\text{grad}\, v|^2 \, dx \leq \sum_{r \in R_h} \bar{c}_1 \int_{T^{(r)}} |\text{grad}\, v|^2 \, dx = \bar{c}_1 |v|_{1,2,\Omega}^2
$$

und

$$
\begin{aligned}
\sum_{E \in \mathscr{E}_h} |v|_{1,2,U(E)}^2 \;=\; & \sum_{E \in \mathscr{E}_h} \int_{U(E)} |\text{grad}\, v|^2 \, dx = \sum_{E \in \mathscr{E}_h} \sum_{\{T^{(r)}\, :\, \overline{T}^{(r)} \cap \overline{E} \neq \emptyset\}} \int_{T^{(r)}} |\text{grad}\, v|^2 \, dx \\
\;\leq\; & \sum_{E \in \mathscr{E}_h} \bar{c}_2 \int_{T^{(r)}} |\text{grad}\, v|^2 \, dx = \bar{c}_2 |v|_{1,2,\Omega}^2 \;,
\end{aligned}
$$

wobei $\bar{c}$ und $\bar{c}_2$ obere Schranken für die Vielfachheit des Auftretens der Integrale über den finiten

Elementen $T^{(r)}$ sind. Damit folgt aus der Abschätzung (4.129)

$$
\begin{aligned}
a(u - u_h, v) \;\leq\; & c_1 \sqrt{\sum_{r \in R_h} (h^{(r)})^2 \|R_{T^{(r)}}(u_h)\|_{0,2,T^{(r)}}^2} \sqrt{\sum_{r \in R_h} |v|_{1,2,U(T^{(r)})}^2} \\
& + c_2 \sqrt{\sum_{E \in \mathscr{E}_h} h_E \|R_E(u_h)\|_{0,2,E}^2} \sqrt{\sum_{E \in \mathscr{E}_h} |v|_{1,2,U(E)}^2} \\
\leq\; & c_1 \sqrt{\bar{c}_1} \sqrt{\sum_{r \in R_h} (h^{(r)})^2 \|R_{T^{(r)}}(u_h)\|_{0,2,T^{(r)}}^2}\, |v|_{1,2,\Omega} \\
& + c_2 \sqrt{\bar{c}_2} \sqrt{\sum_{E \in \mathscr{E}_h} h_E \|R_E(u_h)\|_{0,2,E}^2}\, |v|_{1,2,\Omega} \\
\leq\; & c \left\{ \sqrt{\sum_{r \in R_h} (h^{(r)})^2 \|R_{T^{(r)}}(u_h)\|_{0,2,T^{(r)}}^2} + \sqrt{\sum_{E \in \mathscr{E}_h} h_E \|R_E(u_h)\|_{0,2,E}^2} \right\} |v|_{1,2,\Omega}
\end{aligned}
$$

mit $c = \max\{c_1 \sqrt{\bar{c}_1}, c_2 \sqrt{\bar{c}_2}\}$. Nutzen wir noch die Ungleichung $\sqrt{a} + \sqrt{b} \leq \sqrt{2}\sqrt{a+b}$, so erhalten wir

$$
\begin{aligned}
a(u - u_h, v) \;\leq\; & c \left\{ \sqrt{\sum_{r \in R_h} (h^{(r)})^2 \|R_{T^{(r)}}(u_h)\|_{0,2,T^{(r)}}^2} + \sqrt{\sum_{E \in \mathscr{E}_h} h_E \|R_E(u_h)\|_{0,2,E}^2} \right\} |v|_{1,2,\Omega} \\
\leq\; & \sqrt{2}c \sqrt{\sum_{r \in R_h} (h^{(r)})^2 \|R_{T^{(r)}}(u_h)\|_{0,2,T^{(r)}}^2 + \sum_{E \in \mathscr{E}_h} h_E \|R_E(u_h)\|_{0,2,E}^2}\, |v|_{1,2,\Omega} \\
\leq\; & \sqrt{2}c \sqrt{\sum_{r \in R_h} (h^{(r)})^2 \|R_{T^{(r)}}(u_h)\|_{0,2,T^{(r)}}^2 + \sum_{E \in \mathscr{E}_h} h_E \|R_E(u_h)\|_{0,2,E}^2}\, \|v\|_{1,2,\Omega}\,.
\end{aligned}
$$

Im letzten Schritt haben wir genutzt, dass $|v|_{1,2,\Omega} \leq \|v\|_{1,2,\Omega}$ gilt. Die Kombination der obigen Abschätzung mit der Abschätzung (4.121) ergibt schließlich

$$
\begin{aligned}
& \|u - u_h\|_{1,2,\Omega} \\
\leq\; & \frac{1}{\mu_1} \sup_{v \in V_0} \frac{a(u - u_h, v)}{\|v\|_{1,2,\Omega}} \\
\leq\; & \frac{1}{\mu_1} \sup_{v \in V_0} \frac{\sqrt{2}c \sqrt{\sum_{r \in R_h} (h^{(r)})^2 \|R_{T^{(r)}}(u_h)\|_{0,2,T^{(r)}}^2 + \sum_{E \in \mathscr{E}_h} h_E \|R_E(u_h)\|_{0,2,E}^2}\, \|v\|_{1,2,\Omega}}{\|v\|_{1,2,\Omega}} \\
=\; & \frac{1}{\mu_1} \sup_{v \in V_0} \sqrt{2}c \sqrt{\sum_{r \in R_h} (h^{(r)})^2 \|R_{T^{(r)}}(u_h)\|_{0,2,T^{(r)}}^2 + \sum_{E \in \mathscr{E}_h} h_E \|R_E(u_h)\|_{0,2,E}^2} \\
=\; & \frac{\sqrt{2}c}{\mu_1} \sqrt{\sum_{r \in R_h} (h^{(r)})^2 \|R_{T^{(r)}}(u_h)\|_{0,2,T^{(r)}}^2 + \sum_{E \in \mathscr{E}_h} h_E \|R_E(u_h)\|_{0,2,E}^2}\,.
\end{aligned} \tag{4.130}
$$

Da jede Kante $E \in \mathscr{E}_h$ zu genau zwei Dreiecken gehört sowie $u_h = 0$ auf $\partial\Omega$ und somit $u_h = 0$ auf jeder Kante $E \subset \partial\Omega$ gilt, können wir die zweite Summe in der obigen Abschätzung auch in der Form

$$\sum_{E\in\mathscr{E}_h} h_E \|R_{T^{(r)}}(u_h)\|^2_{0,2,E} = \sum_{r\in R_h}\sum_{E\in\partial T^{(r)}\backslash\partial\Omega} \frac{1}{2} h_E \|R_{T^{(r)}}(u_h)\|^2_{0,2,E}$$

$$= \sum_{r\in R_h}\left\{\frac{1}{2}\sum_{E\in\partial T^{(r)}\backslash\partial\Omega} h_E \|R_E(u_h)\|^2_{0,2,E}\right\}$$

schreiben. Da wir bei der FE-Diskretisierung stückweise lineare Funktionen verwenden wollen, gilt $\Delta u_h = 0$ und somit für das flächenbezogene Residuum (siehe (4.127))

$$R_{T^{(r)}}(u_h) = f - (-\Delta u_h) = f.$$

Setzen wir die letzten beiden Beziehungen in die Abschätzung (4.130) ein, ergibt sich

$$\|u-u_h\|_{1,2,\Omega} \leq \frac{\sqrt{2}c}{\mu_1}\sqrt{\sum_{r\in R_h}(h^{(r)})^2\|f\|^2_{0,2,T^{(r)}} + \sum_{r\in R_h}\left\{\frac{1}{2}\sum_{E\in\partial T^{(r)}\backslash\partial\Omega} h_E \|R_E(u_h)\|^2_{0,2,E}\right\}}$$

$$= \frac{\sqrt{2}c}{\mu_1}\sqrt{\sum_{r\in R_h}\left\{(h^{(r)})^2\|f\|^2_{0,2,T^{(r)}} + \frac{1}{2}\sum_{E\in\partial T^{(r)}\backslash\partial\Omega} h_E \|R_E(u_h)\|^2_{0,2,E}\right\}}.$$

Wir haben folglich eine Fehlerabschätzung der Gestalt (4.114), d.h.

$$\|u-u_h\|_{1,2,\Omega} \leq c\eta$$

mit

$$\eta = \sqrt{\sum_{r\in R_h}(\eta^{(r)})^2}, \quad (\eta^{(r)})^2 = (h^{(r)})^2\|f\|^2_{0,2,T^{(r)}} + \frac{1}{2}\sum_{E\in\partial T^{(r)}\backslash\partial\Omega} h_E \|R_E(u_h)\|^2_{0,2,E},$$

gefunden. Nutzen wir noch die Definition des kantenbezogenen Residuums (4.125), so erhalten wir den

Residuenfehlerschätzer

$$\|u-u_h\|_{1,2,\Omega} \leq c\eta$$

mit

$$\eta = \sqrt{\sum_{r\in R_h}(\eta^{(r)})^2}, \quad (\eta^{(r)})^2 = (h^{(r)})^2\|f\|^2_{0,2,T^{(r)}} + \frac{1}{2}\sum_{E\in\partial T^{(r)}\backslash\partial\Omega} h_E \|[\vec{n}_E^T \operatorname{grad} u_h]_E\|^2_{0,2,E},$$

(4.131)

wobei

$$[\vec{n}_E^T \operatorname{grad} u_h]_E = \vec{n}_E^T[\operatorname{grad} u_{h|\overline{T}^{(r)}} - \operatorname{grad} u_{h|\overline{T}^{(r')}}]$$

gilt. Dabei ist $T^{(r')}$ das Dreieck, welches neben dem Dreieck $T^{(r)}$ die Kante E als Kante hat.

Zur Herleitung einer unteren Schranke für $\|u-u_h\|_{1,2,\Omega}$ verweisen wir auf die Literatur [Bra97, Ver96]. Es gilt

$$\eta^{(r)} \le c \sqrt{\|u-u_h\|_{1,2,\widetilde{U}(T^{(r)})} + \sum_{T^{(r)}\in\widetilde{U}(T^{(r)})} (h^{(r)})^2 \|f-f_h\|_{0,2,T^{(r)}}} \cdot$$

Dabei ist f_h die L_2-Projektion der rechten Seite f in den Raum V_{0h}, d.h.

$$\int_\Omega f_h v_h \, dx = \int_\Omega f v_h \, dx \quad \text{für alle } v_h \in V_{0h}. \tag{4.132}$$

Die Umgebung $\widetilde{U}(T^{(r)})$ ist in (4.118) definiert. Die Terme $(h^{(r)})^2\|f-f_h\|_{0,2,T^{(r)}}$ sind aus der gegebenen rechten Seite f und der Beziehung (4.132) berechenbar. Aufgrund des Faktors $(h^{(r)})^2$ sind diese Terme klein im Vergleich zum Term $\|u-u_h\|_{1,2,\widetilde{U}(T^{(r)})}$, welcher in der Größenordnung von $h^{(r)}$ liegt (siehe H^1-Konvergenzsatz 4.3).

Bemerkung 4.19
Aus der Literatur sind noch weitere Fehlerschätzer bekannt. Wir beschrieben im Folgenden kurz die Grundideen einiger dieser Fehlerschätzer. Eine ausführliche Darstellung der Theorie der Fehlerschätzer findet man beispielsweise in [Ver96].

(a) *Fehlerschätzer durch Gradientenmittelung (Z^2-Fehlerschätzer)*

Dieser Fehlerschätzer ist in der Literatur als Zienkiewicz-Zhu-Fehlerschätzer bekannt [ZZ90].

Für den Diskretisierungsfehler der Lösung der Aufgabe (4.116) gilt wegen $u-u_h \in V_{0h}$ unter Anwendung der Friedrichsschen Ungleichung

$$c_u|u-u_h|_{1.2.\Omega} \le \|u-u_h\|_{1.2.\Omega} \le c_o|u-u_h|_{1.2.\Omega}$$

mit

$$|u-u_h|^2_{1.2.\Omega} = \int_\Omega |\text{grad}\,(u-u_h)|^2\,dx = \int_\Omega |\text{grad}\,u - \text{grad}\,u_h|^2\,dx.$$

In diesem Ausdruck ist nur der Term $\text{grad}\,u$ nicht berechenbar, da die exakte Lösung u unbekannt ist. Dieser Term wird durch einen geeigneten Ausdruck ersetzt. Man berechnet zum Beispiel in den Dreiecksecknoten $P_j(x_j)$

$$R_h u_h(x_j) = \frac{1}{\text{meas}(U(x_j))} \sum_{T^{(r)}\in U(x_j)} \text{grad}\,u_{h|T^{(r)}}\,\text{meas}(T^{(r)}) \tag{4.133}$$

(siehe (4.117) bezüglich der Definition von $U(x_j)$) und interpoliert diese Werte linear komponentenweise über jedem Element $T^{(r)}$, d.h.

$$R_h u_{h|T^{(r)}} = \begin{bmatrix} (R_h u_h)_{1|T^{(r)}} \\ (R_h u_h)_{2|T^{(r)}} \end{bmatrix} = \begin{bmatrix} (R_h u_h)_1(x^{(r.1)})p_1^{(r)} + (R_h u_h)_1(x^{(r.2)})p_2^{(r)} + (R_h u_h)_1(x^{(r.3)})p_3^{(r)} \\ (R_h u_h)_2(x^{(r.1)})p_1^{(r)} + (R_h u_h)_2(x^{(r.2)})p_2^{(r)} + (R_h u_h)_2(x^{(r.3)})p_3^{(r)} \end{bmatrix}.$$

Dabei sind $x^{(r.\alpha)}$ die Koordinaten des α-ten Dreiecksecknotens $P_\alpha^{(r)}$ in der lokalen Knotennummerierung im Dreieck $T^{(r)}$ und $p_\alpha^{(r)}$ die Formfunktionen über dem Dreieck $T^{(r)}$ (siehe (4.71), S. 261, bezüglich der Definition der Formfunktionen). Mit $(R_h u_h)_1(x^{(r.i)})$ bzw. $(R_h u_h)_2(x^{(r.i)})$, $i=1,2,3$, ist die erste bzw. zweite

Komponente des gemittelten Gradienten (4.133) an der Stelle $x^{(r,i)}$ bezeichnet. Zur Fehlerschätzung nutzt man

$$\eta = \sqrt{\sum_{r \in R_h} (\eta^{(r)})^2} \quad \text{mit} \quad (\eta^{(r)})^2 = \|R_h u_h - \operatorname{grad} u_h\|_{0,2,T^{(r)}}^2 .$$

(b) *Fehlerschätzung durch Lösung lokaler Neumann-Probleme* [BW85]

In jedem finiten Element $T^{(r)}$ löst man das Randwertproblem

$$-\Delta z = R_{T^{(r)}}(u_h) \ \text{ in } \ T^{(r)}, \quad \frac{\partial z}{\partial \vec{n}} = \frac{1}{2} R_E(u_h) \ \text{ auf allen Kanten } E \in \partial T^{(r)}, \qquad (4.134)$$

wobei $R_{T^{(r)}}(u_h)$ und $R_E(u_h)$ das flächen- bzw. kantenbezogene Residuum sind. Bei der Diskretisierung dieses Randwertproblems wird ein FE-Raum genutzt, welcher durch stückweise polynomiale Funktionen aufgespannt wird, deren Polynomgrad um Eins höher ist als der Polynomgrad der Ansatzfunktionen bei der FE-Diskretisierung zur Bestimmung der Näherungslösung u_h der Ausgangsaufgabe. Zur Fehlerschätzung nutzt man

$$\eta = \sqrt{\sum_{r \in R_h} (\eta^{(r)})^2} \quad \text{mit} \quad (\eta^{(r)})^2 = \|z_h\|_{1,2,T^{(r)}}^2 ,$$

wobei z_h die ermittelte Näherungslösung der Aufgabe (4.134) ist.

(c) *Fehlerschätzung durch Lösung lokaler Dirichlet-Probleme* [BR78]

Für jedes finite Element $T^{(r)}$ wird das Randwertproblem

$$-\Delta z = f \ \text{ in } \ \widetilde{U}(T^{(r)}), \quad z = u_h \ \text{ auf } \ \partial \widetilde{U}(T^{(r)}) \qquad (4.135)$$

gelöst. Analog zum Fehlerschätzer mit der Lösung lokaler Neumann-Probleme wird bei der Diskretisierung des Randwertproblems (4.135) ein FE-Raum genutzt, der durch Polynome aufgespannt wird, deren Polynomgard höher ist als der verwendete Polynomgrad bei der Diskretisierung der Ausgangsaufgabe. Zur Schätzung des Fehlers wird

$$\eta = \sqrt{\sum_{r \in R_h} (\eta^{(r)})^2} \quad \text{mit} \quad (\eta^{(r)})^2 = \|z_h - u_h\|_{1,2,\widetilde{U}(T^{(r)})}^2$$

verwendet, wobei z_h die ermittelte Näherungslösung der Aufgabe (4.135) ist.

(d) *Weitere Fehlerschätzer*

Andere aus der Literatur bekannte Techniken zur Fehlerschätzung sind die hierarchischen Schätzer [DLY89] und dual-gewichtete residuenbasierte Fehlerschätzer [BR03].

Alle soeben vorgestellten a posteriori Fehlerschätzer können in dem adaptiven FE-Algorithmus 4.2, S. 245, eingesetzt werden.

Zum Abschluss dieses Abschnitts demonstrieren wir die Wirkungsweise adaptiver Fehlerschätzer. Wir betrachten nochmals die Problemstellung aus dem Beispiel 4.3, S. 295, und lösen dieses mittels des adaptiven FE-Algorithmus.

Beispiel 4.4

Wir betrachten das gleiche Randwertproblem wie im Beispiel 4.3, d.h.:

Gesucht ist die Funktion u, für welche

$$\begin{aligned} -\Delta u &= f \quad \text{für alle } (x_1, x_2) \in \Omega = ((-1,1) \times (-1,1)) \setminus \{(x_1, 0) : 0 \le x_1 \le 1\}, \\ u &= 0 \quad \text{für alle } (x_1, x_2) \in \partial \Omega \end{aligned}$$

gilt.

Dabei wird wieder die rechte Seite f so gewählt, dass

$$u(x_1,x_2) = u(r(x_1,x_2),\theta(x_1,x_2)) = \begin{cases} (a_1r^{0.5} + a_2r^{1.5} + a_3r^2 + a_4r^3)\sin(0.5\theta) & \text{für } r \leq 1 \\ 0 & \text{für } r > 1 \end{cases}$$

mit a_1, a_2, a_3, a_4 aus (4.110) und $\lambda_1 = 0.5$, $\lambda_2 = 1.5$, $\lambda_3 = 2.0$, $\lambda_3 = 3.0$, $\lambda = 0.5$ Lösung des Randwertproblems ist.

Als gröbste Vernetzung wird die in der Abbildung 4.44(b) dargestellte Vernetzung genutzt. Im adaptiven FE-Algorithmus verwenden wir einen Fehlerschätzer mit Gradientenmittelung. Die Abbildung 4.51 zeigt das Ausgangsnetz und die Netze, welche in den ersten vier Verfeinerungsschritten generiert wurden.

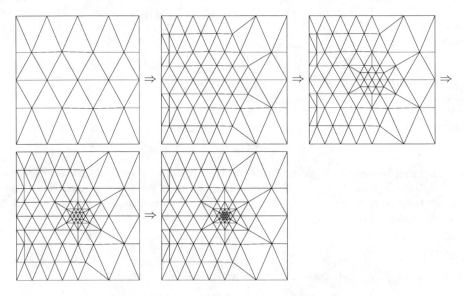

Abbildung 4.51: Adaptive Netzverfeinerung

Wir vergleichen die erreichten Diskretisierungsfehler in der H^1-Norm bei Verwendung eines gleichmäßigen Netzes (siehe Abbildung 4.48 – Netz vom Typ I, S. 296), eines graduierten Netzes (siehe Abbildung 4.48 – Netz vom Typ II) sowie eines mittels Fehlerschätzung konstruierten Netzes. In der Abbildung 4.52 sind diese Diskretisierungsfehler grafisch dargestellt. Die konkreten Werte für die Diskretisierungsfehler bei Nutzung des gleichmäßigen Netzes (Netz vom Typ I) und des graduierten Netzes (Netz vom Typ II) sind in der Tabelle 4.12, S. 296, angegeben. Diese Werte sind in der Grafik jeweils mit ● markiert. Die Zwischenwerte wurden linear interpoliert. Anhand der Fehlerkurve für das adaptiv verfeinerte Netz sind infolge der Markierung mit ● ebenfalls die Knotenzahlen und zugehörigen Diskretisierungsfehler auf den einzelnen Verfeinerungsstufen ablesbar.

Der Vergleich der Diskretisierungsfehler zeigt, dass beim adaptiven Netz die kleinste Anzahl von Knoten benötigt wird, um einen bestimmten Fehler zu erreichen. Weiterhin beobachten wir, dass sich bei Verwendung des adaptiven Netzes der Fehler halbiert, wenn die Anzahl der Knoten vervierfacht wird. Das gleiche Verhalten haben wir bei Verwendung des graduierten Netzes. Beim Einsatz des gleichmäßigen Netzes fällt der Fehler nur mit dem Faktor $2^{-0.5}$ bei Vervierfachung der Anzahl der Knoten.

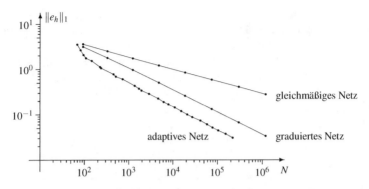

Abbildung 4.52: Vergleich der Diskretisierungsfehler

4.5.5 Numerische Integration

Bei der Berechnung der Einträge der Elementsteifigkeitsmatrizen und Elementlastvektoren ist es nicht immer möglich, die entsprechenden Integrale exakt zu berechnen. In diesen Fällen nutzt man Quadraturformeln zur näherungsweisen Berechnung der Integrale.

Die näherungsweise Berechnung der Einträge der Steifigkeitsmatrix und/oder des Lastvektors hat zur Folge, dass anstelle der diskreten Ersatzaufgabe:

$$\text{Gesucht ist } u_h \in V_{0h} : a(u_h, v_h) = \langle F, v_h \rangle \quad \text{für alle } v_h \in V_{0h}$$

eine approximierende Aufgabe:

$$\text{Gesucht ist } \tilde{u}_h \in V_{0h} : a_h(\tilde{u}_h, v_h) = \langle F_h, v_h \rangle \quad \text{für alle } v_h \in V_{0h} \tag{4.136}$$

zu lösen ist.

Es muss dann untersucht werden, ob überhaupt eine Lösung der approximierenden Aufgabe (4.136) existiert und wie sich der Fehler $u - \tilde{u}_h$ im Vergleich zum Fehler $u - u_h$ verhält. Zur Beantwortung dieser Fragen benötigen wir das 1. Lemma von Strang. Bevor wir dieses Lemma formulieren, geben wir noch die Definition für eine *gleichmäßig V_h-elliptische Bilinearform* an.

Definition 4.10

Die approximierende Bilinearform $a_h(.,.) : V_h \times V_h \to \mathbb{R}$ heißt gleichmäßig V_h-elliptisch, wenn ein $\tilde{\mu}_1 > 0$ existiert, so dass

$$a_h(v_h, v_h) \geq \tilde{\mu}_1 \|v_h\|_{1,2,\Omega}^2 \quad \text{für alle } v_h \in V_h$$

gilt, wobei $\tilde{\mu}_1$ unabhängig von h ist.

Wir betrachten im Weiteren die Aufgabe:

Gesucht ist $u \in V_0$, so dass

$$a(u, v) = \langle F, v \rangle \quad \text{für alle } v \in V_0 \tag{4.137}$$

gilt mit

$$a(u, v) = \int_\Omega \sum_{i,j=1}^d a_{ij} \frac{\partial u}{\partial x_i} \frac{\partial v}{\partial x_j} dx \quad \text{und} \quad \langle F, v \rangle = \int_\Omega f v \, dx. \tag{4.138}$$

Die Koeffizienten a_{ij} sowie die Funktion f seien hinreichend glatt, d.h. hinreichend oft differenzierbar.

Bei der Berechnung der Einträge der Elementsteifigkeitsmatrizen und Elementlastvektoren werden die entsprechenden Integrale über den Elementen $T^{(r)}$ auf Integrale über dem Referenzelement $\widehat{T}$ zurückgeführt (siehe Abschnitt 4.5.3). Zur Berechnung dieser Integrale sollen Quadraturformeln der Gestalt

$$\int_{\widehat{T}} w(\xi)\,d\xi \approx \sum_{i=1}^{\ell} \alpha_i w(\xi_i) \tag{4.139}$$

eingesetzt werden. Hierbei sind wie im Abschnitt 3.6 α_i die Quadraturgewichte und ξ_i die Quadraturstützstellen. Wir betrachten im Weiteren nur Quadraturformeln, deren Gewichte α_i positiv sind.

Bei der FE-Diskretisierung der Aufgabe (4.137) seien die Ansatzfunktionen so gewählt, dass für den durch die Formfunktionen aufgespannten Raum $P_{\widehat{T}}$

$$P_{\widehat{T}} = \operatorname{span}\{\varphi_\alpha,\, \alpha \in \widehat{\omega}\} \subset \mathscr{P}_{m'}(\widehat{T})$$

gilt. Außerdem integriere die verwendete Quadraturformel Polynome vom Grad $2m'-2$ exakt und die Menge der Quadraturstützstellen enthalte eine Teilmenge, die Polynome aus $\mathscr{P}_{m'-1}(\widehat{T})$ eindeutig bestimmt. Dann ist die approximierende Bilinearform der Bilinearform (4.138) gleichmäßig V_h-elliptisch [Cia78].

Wir formulieren nun das 1. Lemma von Strang (siehe auch [GR05, Bra97, Cia78]).

Satz 4.5 (1. Lemma von Strang)
Es sei $\tilde{u}_h$ die Lösung der Aufgabe (4.136). Die approximierende Bilinearform $a_h(.,.)$ sei gleichmäßig V_h-elliptisch. Dann existiert eine von h unabhängige Konstante c, so dass

$$\|u-\tilde{u}_h\|_{1,2,\Omega} \le c\left\{ \inf_{v_h \in V_{0h}}\left[\|u-v_h\|_{1,2,\Omega} + \sup_{w_h \in V_{0h}} \frac{|a(v_h,w_h)-a_h(v_h,w_h)|}{\|w_h\|_{1,2,\Omega}}\right] \right.$$
$$\left. + \sup_{w_h \in V_{0h}} \frac{|\langle F,w_h\rangle - \langle F_h,w_h\rangle|}{\|w_h\|_{1,2,\Omega}} \right\}.$$

Bemerkung 4.20
Das 1. Lemma von Strang ist eine Verallgemeinerung des Satzes von Céa (Satz 3.2, S. 156), denn für $a_h(.,.)=a(.,.)$ und $\langle F_h,.\rangle = \langle F,.\rangle$ liefern beide die gleiche Aussage.

Unter Nutzung des 1. Lemmas von Strang können Fehlerabschätzungen für die Näherungslösung $\tilde{u}_h$ bewiesen werden. Der Satz 4.6 liefert die Fehlerabschätzung für Diskretisierungen mit Dreiecks- bzw. Tetraederelementen und der Satz 4.7 für Vernetzungen mit Vierecks- bzw. Hexaederelementen. Beweise dieser Sätze sind zum Beispiel in [Cia78, GR05] zu finden.

Satz 4.6
Sei $P_{\widehat{T}} = \operatorname{span}\{\varphi_\alpha,\, \alpha \in \widehat{\omega}\} = \mathscr{P}_m(\widehat{T})$. Die verwendete Quadraturformel integriere Polynome vom Grad $2m-2$ exakt. Dann gilt unter den Voraussetzungen von Satz 4.3, S. 287, die Abschätzung

$$\|u-\tilde{u}_h\|_{1,2,\Omega} \le ch^m.$$

Satz 4.7

Sei $\mathscr{P}_m(\widehat{T}) \subseteq P_{\widehat{T}} \subseteq \mathscr{Q}_m(\widehat{T})$, wobei $\mathscr{Q}_m(\widehat{T})$ der Raum aller Funktionen ist, die in jeder Koordinaten-richtung Polynome vom Grad m sind (siehe auch (4.69), S. 257), und sei $\widehat{T} \subset \mathbb{R}^d$. Die verwendete Quadraturformel integriere Funktionen aus $\mathscr{Q}_{2m-1}$ exakt. Außerdem enthalte die Menge der Quadratur-stützstellen eine Teilmenge, die Polynome $(d \cdot m - 1)$-ten Grades aus $\mathscr{Q}_m$ eindeutig bestimmt. Dann gilt unter den Voraussetzungen von Satz 4.3, S. 287, die Abschätzung

$$\|u - \tilde{u}_h\|_{1,2,\Omega} \le ch^m.$$

Falls die eingesetzte Quadraturformel den Voraussetzungen des Satzes 4.6 bzw. 4.7 genügt, erhalten wir für die Näherungslösung $\tilde{u}_h$ die gleiche Fehlerordnung wie für die FE-Näherungslö-sung u_h im Fall exakter Integration (siehe H^1-Konvergenzsatz 4.3). Für welche Quadraturformeln die Voraussetzungen des Satzes 4.7 erfüllt sind, diskutieren wir am Ende dieses Abschnitts.

In den Tabellen 4.14 und 4.15 sind Quadraturformeln für die numerische Integration über dem Referenzdreieck und Referenztetraeder angegeben.

Tabelle 4.14: Quadraturformeln über dem Referenzdreieck

Formel	Lage der Stützstellen	Quadraturstützstellen $(\xi_1^{(i)}, \xi_2^{(i)})$	Gewichte α_i	exakt für Polynome aus $\mathscr{P}_m$
2DD-1		$\left(\frac{1}{3}, \frac{1}{3}\right)$	$\frac{1}{2}$	$m = 1$
2DD-2		$(0,0), (1,0), (0,1)$	$\frac{1}{6}, \frac{1}{6}, \frac{1}{6}$	$m = 1$
2DD-3		$\left(\frac{1}{2},0\right), \left(\frac{1}{2},\frac{1}{2}\right), \left(0,\frac{1}{2}\right)$	$\frac{1}{6}, \frac{1}{6}, \frac{1}{6}$	$m = 2$
2DD-4		$\left(\frac{1}{6},\frac{1}{6}\right), \left(\frac{4}{6},\frac{1}{6}\right), \left(\frac{1}{6},\frac{4}{6}\right)$	$\frac{1}{6}, \frac{1}{6}, \frac{1}{6}$	$m = 2$
2DD-5		$(0,0), (1,0), (0,1),$ $\left(\frac{1}{2},0\right), \left(\frac{1}{2},\frac{1}{2}\right), \left(0,\frac{1}{2}\right), \left(\frac{1}{3},\frac{1}{3}\right)$	$\frac{3}{120}, \frac{3}{120}, \frac{3}{120},$ $\frac{8}{120}, \frac{8}{120}, \frac{8}{120}, \frac{27}{120}$	$m = 3$
2DD-6		$\left(\frac{6-\sqrt{15}}{21}, \frac{6-\sqrt{15}}{21}\right), \left(\frac{9+2\sqrt{15}}{21}, \frac{6-\sqrt{15}}{21}\right),$ $\left(\frac{6-\sqrt{15}}{21}, \frac{9+2\sqrt{15}}{21}\right),$ $\left(\frac{6+\sqrt{15}}{21}, \frac{9-2\sqrt{15}}{21}\right), \left(\frac{6+\sqrt{15}}{21}, \frac{6+\sqrt{15}}{21}\right),$ $\left(\frac{9-2\sqrt{15}}{21}, \frac{6+\sqrt{15}}{21}\right),$ $\left(\frac{1}{3}, \frac{1}{3}\right)$	$\left.\begin{array}{c} \\ \\ \end{array}\right\} \frac{155-\sqrt{15}}{2400},$ $\left.\begin{array}{c} \\ \\ \end{array}\right\} \frac{155+\sqrt{15}}{2400},$ $\frac{9}{80}$	$m = 5$

Tabelle 4.15: Quadraturformeln über dem Referenztetraeder

Formel	Lage der Stützstellen	Quadraturstützstellen $(\xi_1^{(i)}, \xi_2^{(i)}, \xi_3^{(i)})$	Gewichte α_i	exakt für Polynome aus $\mathscr{P}_m$
3DT-1		$\left(\dfrac{1}{4}, \dfrac{1}{4}, \dfrac{1}{4}\right)$	$\dfrac{1}{6}$	$m=1$
3DT-2		$(0,0,0), (1,0,0),$ $(0,1,0), (0,0,1)$	$\dfrac{1}{24}, \dfrac{1}{24},$ $\dfrac{1}{24}, \dfrac{1}{24}$	$m=1$
3DT-3		$\left(\dfrac{5-\sqrt{5}}{20}, \dfrac{5-\sqrt{5}}{20}, \dfrac{5-\sqrt{5}}{20}\right),$ $\left(\dfrac{5+3\sqrt{5}}{20}, \dfrac{5-\sqrt{5}}{20}, \dfrac{5-\sqrt{5}}{20}\right),$ $\left(\dfrac{5-\sqrt{5}}{20}, \dfrac{5+3\sqrt{5}}{20}, \dfrac{5-\sqrt{5}}{20}\right),$ $\left(\dfrac{5-\sqrt{5}}{20}, \dfrac{5-\sqrt{5}}{20}, \dfrac{5+3\sqrt{5}}{20}\right)$	$\dfrac{1}{24},$ $\dfrac{1}{24},$ $\dfrac{1}{24},$ $\dfrac{1}{24}$	$m=2$
3DT-4		$(a,a,a), (b,a,a),$ $(a,b,a), (a,a,b)$ mit $a = 0.3108859, b = 1-3a,$ $(c,c,c), (d,c,c),$ $(c,d,c), (c,c,d)$ mit $c = 0.09273525, d = 1-3c,$ $(f,e,e), (e,f,e),$ $(e,e,f), (e,f,f),$ $(f,e,f), (f,f,e)$ mit $e = 0.4544963, f = 0.5-e$	0.01878132, 0.01878132, 0.01878132, 0.01878132, 0.01224884, 0.01224884, 0.01224884, 0.01224884, 0.007091003, 0.007091003, 0.007091003, 0.007091003, 0.007091003, 0.007091003	$m=5$

Weitere Formeln für die numerische Integration über dem Referenzdreieck bzw. Referenzte-traeder sind zum Beispiel in [GRT10, GM78, Kea86, Mys81, Sha95] zu finden.

Die Quadraturformeln für die näherungsweise Integration über dem Referenzviereck

$$\widehat{T} = \{(\xi_1, \xi_2) : 0 \leq \xi_1, \xi_2 \leq 1\}$$

und dem Referenzhexaeder

$$\widehat{T} = \{(\xi_1, \xi_2, \xi_3) : 0 \le \xi_1, \xi_2, \xi_3 \le 1\}$$

werden mit Hilfe der Quadraturformeln für die Integration über dem Referenzintervall $[0,1]$ aufgebaut. Wir erhalten für die Integration über dem Referenzviereck

$$\int_0^1 \int_0^1 w(\xi_1, \xi_2)\,d\xi_2 d\xi_1 \approx \int_0^1 \sum_{j_2=1}^{\ell_2} \alpha^{(j_2)} w(\xi_1, \xi_2^{(j_2)})\,d\xi_1 \approx \sum_{j_1=1}^{\ell_1} \sum_{j_2=1}^{\ell_2} \alpha^{(j_1)} \alpha^{(j_2)} w(\xi_1^{(j_1)}, \xi_2^{(j_2)}),$$

wobei die Quadraturstützstellen $\xi_1^{(j_1)}$, $\xi_2^{(j_2)}$ und -gewichte $\alpha^{(j_1)}$, $\alpha^{(j_2)}$ entsprechend einer Quadraturformel für die Quadratur im 1D-Fall gewählt werden (siehe z.B. Tabelle 3.7, S. 141, wobei wir hier die Bezeichnungen $\xi_1^{(j_1)}$ und $\xi_2^{(j_2)}$ anstelle von x_i sowie $\alpha^{(j_1)}$ und $\alpha^{(j_2)}$ anstelle von α_i genutzt haben). Außerdem sind ℓ_1 und ℓ_2 die Anzahlen von Quadraturstützstellen in ξ_1- und ξ_2-Richtung. Eine derartige Formel ist folglich exakt für Polynome der Gestalt

$$p(x) = \sum_{0 \le i_1 \le k_1, 0 \le i_2 \le k_2} a_{i_1 i_2} \xi_1^{i_1} \xi_2^{i_2},$$

wobei k_1 und k_2 die Polynomgrade sind, für welche die verwendeten Quadraturformeln im 1D-Fall exakt sind.

Beispiel 4.5

Aus der Quadraturformel 1D-5 (siehe Tabelle 3.7, S. 141), mit den Stützstellen

$$\xi_i^{(1)} = \frac{3-\sqrt{3}}{6}, \; \xi_i^{(2)} = \frac{3+\sqrt{3}}{6}, \; i = 1, 2,$$

und den zugehörigen Quadraturgewichten

$$\alpha^{(1)} = \alpha^{(2)} = \frac{1}{2}$$

erhält man für die Integration über dem Referenzviereck eine Quadraturformel mit den Stützstellen

$$(\xi_1^{(1)}, \xi_2^{(1)}) = \left(\frac{3-\sqrt{3}}{6}, \frac{3-\sqrt{3}}{6}\right), \quad (\xi_1^{(2)}, \xi_2^{(1)}) = \left(\frac{3+\sqrt{3}}{6}, \frac{3-\sqrt{3}}{6}\right),$$

$$(\xi_1^{(1)}, \xi_2^{(2)}) = \left(\frac{3-\sqrt{3}}{6}, \frac{3+\sqrt{3}}{6}\right), \quad (\xi_1^{(2)}, \xi_2^{(2)}) = \left(\frac{3+\sqrt{3}}{6}, \frac{3+\sqrt{3}}{6}\right)$$

und den zugehörigen Gewichten

$$\alpha^{(1)} \alpha^{(1)} = \frac{1}{4}, \; \alpha^{(2)} \alpha^{(1)} = \frac{1}{4}, \; \alpha^{(1)} \alpha^{(2)} = \frac{1}{4}, \; \alpha^{(2)} \alpha^{(2)} = \frac{1}{4}.$$

Da die Quadraturformel 1D-5, welche wir soeben zur Bestimmung der Quadraturstützstellen und -gewichte genutzt haben, für Polynome 3. Grades über den Referenzintervall exakt ist, integriert die Quadraturformel mit den obigen Stützstellen und Gewichten Polynome der Gestalt

$$p(x) = \sum_{0 \le i_1 \le 3, 0 \le i_2 \le 3} a_{i_1 i_2} \xi_1^{i_1} \xi_2^{i_2} = a_{00} + a_{10}\xi_1 + a_{01}\xi_2 + a_{20}\xi_1^2 + a_{11}\xi_1\xi_2 + a_{02}\xi_2^2$$

$$+ a_{21}\xi_1^2\xi_2 + a_{12}\xi_1\xi_2^2 + a_{22}\xi_1^2\xi_2^2 + a_{30}\xi_1^3 + a_{31}\xi_1^3\xi_2$$

$$+ a_{13}\xi_1\xi_2^3 + a_{32}\xi_1^3\xi_2^2 + a_{23}\xi_1^2\xi_2^3 + a_{33}\xi_1^3\xi_2^3 + a_{03}\xi_2^3,$$

d.h. Polynome aus $\mathscr{Q}_3$, exakt über dem Referenzviereck.

Auf analoge Weise erhält man Quadraturformeln für die näherungsweise Integration über dem Referenzhexaeder, d.h. es wird in jede der drei Koordinatenrichtungen eine Quadraturformel für die numerische Integration über dem Referenzintervall $[0,1]$ angewendet. Diese Quadraturformeln sind für Polynome

$$p(x) = \sum_{0 \le i_1 \le k_1, 0 \le i_2 \le k_2, 0 \le i_3 \le k_3} a_{i_1 i_2 i_3} \xi_1^{i_1} \xi_2^{i_2} \xi_3^{i_3}$$

exakt, wobei k_1, k_2 und k_3 die Polynomgrade sind, für welche die verwendeten Quadraturformeln in ξ_1-, ξ_2- und ξ_3-Richtung exakt sind.

Wir diskutieren nun die Voraussetzungen des Satzes 4.7. Dabei beschränken wir unsere Betrachtungen auf den räumlich zweidimensionalen Fall d.h. $d = 2$. Sei außerdem $m = 2$,, d.h. für die Funktionenmenge, welche durch die über dem Referenzviereck definierten Formfunktionen aufgespannt wird, gelte $\mathscr{P}_2(\widehat{T}) \subseteq P_{\widehat{T}} \subseteq \mathscr{Q}_2(\widehat{T})$. Die aus den Quadraturformeln 1D-3 bzw. 1D-4 (siehe Tabelle 3.7, S. 141) konstruierten Quadraturformeln für die Quadratur über dem Referenzviereck sind für Polynome aus $\mathscr{Q}_{2 \cdot m - 1} = \mathscr{Q}_{2 \cdot 2 - 1} = \mathscr{Q}_3$ exakt und arbeiten mit 9 bzw. 16 Quadraturstützstellen. Polynome $(d \cdot m - 1)$-ten, d.h. $(2 \cdot 2 - 1) = 3$-ten, Grades in $\mathscr{Q}_m = \mathscr{Q}_2$ sind Linearkombinationen aus den acht Termen 1, ξ_1, ξ_2, ξ_1^2, $\xi_1 \xi_2$, ξ_2^2, $\xi_1^2 \xi_2$ und $\xi_1 \xi_2^2$, d.h. Polynome der Gestalt

$$p(\xi_1, \xi_2) = a_{00} + a_{10}\xi_1 + a_{01}\xi_2 + a_{20}\xi_1^2 + a_{11}\xi_1\xi_2 + a_{02}\xi_2^2 + a_{21}\xi_1^2\xi_2 + a_{12}\xi_1\xi_2^2.$$

Zur eindeutigen Ermittlung der acht Koeffizienten a_{00}, a_{10}, ..., a_{12} benötigen wir acht Gleichungen, so dass das entstehende (8×8)-Gleichungssystem eindeutig lösbar ist. Wir müssen daher acht Quadraturpunkte aus den 9 bzw. 16 Quadraturstützstellen finden, für die dies der Fall ist. Für die Quadraturformel, die aus der Formel 1D-3 entsteht, sind es zum Beispiel die Punkte

$$(0,0), \ \left(0, \frac{1}{2}\right), \ (0,1), \ \left(\frac{1}{2}, 0\right), \ \left(\frac{1}{2}, 1\right), \ (1,0), \ \left(1, \frac{1}{2}\right), \ (1,1).$$

Somit erfüllen die aus den Quadraturformeln 1D-3 und 1D-4 gewonnenen Quadraturformeln zur numerischen Integration über dem Referenzviereck die Voraussetzungen des Satzes 4.7.

Die aus der Quadraturformel 1D-5 abgeleitete Formel integriert ebenfalls Polynome aus $\mathscr{Q}_3$ exakt. Sie arbeitet aber nur mit vier Quadraturstützstellen, so dass keine acht Punkte aus der Menge der Quadraturstützstellen ausgewählt werden können, durch die Polynome dritten Grades aus $\mathscr{Q}_2$ eindeutig bestimmt sind. Diese Formel erfüllt also nicht alle Voraussetzungen des Satzes 4.7. Analoge Betrachtungen können auch für den Fall $m = 1$ durchgeführt werden. Dabei zeigt sich, dass die aus den Quadraturformeln 1D-2 und 1D-5 abgeleiteten Formeln den Voraussetzungen des Satzes 4.7 genügen, dass aber die aus der Formel 1D-1 gewonnene Quadraturformel nicht alle Voraussetzungen dieses Satzes erfüllt.

4.5.6 Isoparametrische Elemente

Im Abschnitt 4.5.1 haben wir zwei Möglichkeiten zur Vernetzung krummlinig berandeter Gebiete Ω kennengelernt. Man kann entweder geradlinig begrenzte oder krummlinig begrenzte finite Elemente nutzen (siehe Abbildung 4.8, S. 232). In den vorangegangenen Abschnitten haben wir dann stets vorausgesetzt, dass Ω ein polygonal berandetes zweidimensionales Gebiet bzw. im Dreidimensionalen ein Polyedergebiet ist, so dass $\overline{\Omega} = \overline{\Omega}_h = \bigcup_{i=1}^{R_h} \overline{T}^{(r)}$ gilt. Bei der Vernetzung eines krummlinig berandeten Gebietes mittels geradlinig begrenzter Elemente ist Ω_h nur eine Approximation des Gebietes Ω, d.h. es gilt nur $\Omega \approx \Omega_h$. Diese Approximation des Gebietes kann zu einer Verschlechterung der Konvergenzordnung der FE-Näherungslösung im Vergleich zu einer Diskretisierung eines polygonal berandeten Gebietes führen. Betrachten wir beispielsweise die Aufgabe (4.1) in einem zweidimensionalen konvexen krummlinig berandeten Gebiet mit homogenen Randbedingungen 1. Art auf dem gesamten Gebietsrand. Wenn wir geradlinig begrenzte Dreieckselemente und stückweise lineare Ansatzfunktionen bei der FE-Diskretisierung verwenden sowie der Abstand zwischen den Rändern der Gebiete Ω und Ω_h kleiner als h^2 ist, erhalten wir die Diskretisierungsfehlerabschätzung $\|u - u_h\|_{1,2,\Omega} \leq c\,h$, d.h. die gleiche Konvergenzordnung wie im Fall eines polygonal berandeten Gebietes (siehe [GRT10], Abschnitt 4.5.4 und Beispiel 4.6 in diesem Abschnitt). Werden jedoch stückweise quadratische Ansatzfunktionen und geradlinig begrenzte Dreieckselemente genutzt, dann verschlechtert sich die Konvergenzordnung im Vergleich zu einem polygonal berandetem Gebiet. Es gilt nur $\|u - u_h\|_{1,2,\Omega_h} \leq c\,h^{1.5}$ anstelle von $\|u - u_h\|_{1,2,\Omega} \leq c\,h^2$ (siehe auch Beispiel 4.6, S. 320). Einen Ausweg bietet die Anwendung geeigneter krummlinig berandeter Elemente $T^{(r)}$. Zu deren Definition führen wir die folgenden Schritte durch.

Wir definieren eine Abbildung $x = x_{T^{(r)}}(\xi) = [x_{T^{(r)},i}(\xi)]_{i=1}^d$ des Referenzelements $\widehat{T}$ auf das Element $T^{(r)}$ der Vernetzung, wobei $x_{T^{(r)},i}(\xi)$, $i = 1, \ldots, d$, nichtlineare Funktionen sind. Werden bei der Definition der Funktionen $x_{T^{(r)},i}(\xi)$ die gleichen Formfunktionen über dem Referenzelement genutzt wie bei der Konstruktion der stückweise polynomialen Ansatzfunktionen p_j für die FE-Diskretisierung des betrachteten Randwertproblems, dann heißen die so konstruierten finiten Elemente *isoparametrische Elemente*. Die Abbildungsvorschrift lautet im zweidimensionalen Fall

$$\begin{pmatrix} x_1 \\ x_2 \end{pmatrix} = \sum_{\alpha=1}^{\widehat{N}} \begin{pmatrix} x_1^{(r,\alpha)} \\ x_2^{(r,\alpha)} \end{pmatrix} \varphi_\alpha(\xi_1, \xi_2) \tag{4.140}$$

und analog im dreidimensionalen Fall. Dabei sind $(x_1^{(r,\alpha)}, x_2^{(r,\alpha)})$ die Koordinaten der FE-Knoten in lokaler Nummerierung im Element $T^{(r)}$.

Die Abbildung des Referenzdreiecks auf ein Dreieck $T^{(r)}$ der Vernetzung $\mathscr{T}_h$ unter Verwendung der quadratischen Formfunktionen wird in der Abbildung 4.53 illustriert.

Falls $x_i^{(r,4)} = \frac{1}{2}\left(x_i^{(r,1)} + x_i^{(r,2)}\right)$, $x_i^{(r,5)} = \frac{1}{2}\left(x_i^{(r,2)} + x_i^{(r,3)}\right)$ sowie $x_i^{(r,6)} = \frac{1}{2}\left(x_i^{(r,3)} + x_i^{(r,1)}\right)$, $i = 1,2$, gilt und die Funktionen φ_α die quadratischen Formfunktionen über dem Referenzdreieck sind, wird durch die Abbildung (4.140) das Referenzdreieck auf ein geradlinig begrenztes Dreieck abgebildet (siehe auch Abbildung 4.53). Die Abbildung ist dann affin linear. Im Fall eines Dreiecks $T^{(r)}$ mit nur einer krummlinigen Seite kann die Abbildungsvorschrift (4.140) vereinfacht werden. Gilt zum Beispiel

$$x_i^{(r,4)} = \frac{1}{2}\left(x_i^{(r,1)} + x_i^{(r,2)}\right) \quad \text{und} \quad x_i^{(r,6)} = \frac{1}{2}\left(x_i^{(r,3)} + x_i^{(r,1)}\right), \; i = 1,2,$$

dann erhalten wir unter Verwendung der quadratischen Formfunktionen

$$\varphi_1(\xi_1, \xi_2) = (1 - \xi_1 - \xi_2)(2(1 - \xi_1 - \xi_2) - 1) = 1 - 3\xi_1 - 3\xi_2 + 2\xi_1^2 + 4\xi_1\xi_2 + 2\xi_2^2,$$

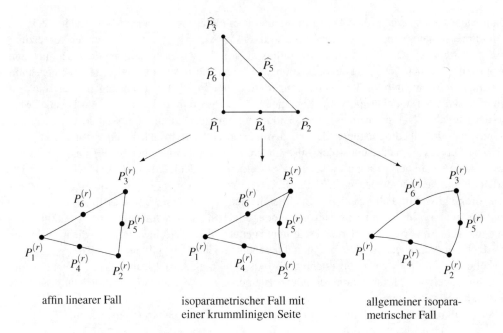

affin linearer Fall   isoparametrischer Fall mit   allgemeiner isopara-

                              einer krummlinigen Seite   metrischer Fall

Abbildung 4.53: Isoparametrische Dreieckselemente

$$\varphi_2(\xi_1,\xi_2) = \xi_1(2\xi_1 - 1) = 2\xi_1^2 - \xi_1\,,$$

$$\varphi_3(\xi_1,\xi_2) = \xi_2(2\xi_2 - 1) = 2\xi_2^2 - \xi_2\,,$$

$$\varphi_4(\xi_1,\xi_2) = 4\xi_1(1 - \xi_1 - \xi_2) = 4\xi_1 - 4\xi_1^2 - 4\xi_1\xi_2\,,$$

$$\varphi_5(\xi_1,\xi_2) = 4\xi_1\xi_2\,,$$

$$\varphi_6(\xi_1,\xi_2) = 4\xi_2(1 - \xi_1 - \xi_2) = 4\xi_2 - 4\xi_1\xi_2 - 4\xi_2^2$$

(siehe auch Tabelle 4.3, S. 256) aus der Abbildungsvorschrift (4.140) die Abbildungsvorschrift

$$\begin{pmatrix} x_1 \\ x_2 \end{pmatrix} = \begin{pmatrix} x_1^{(r,1)} \\ x_2^{(r,1)} \end{pmatrix}(1 - \xi_1 - \xi_2) + \begin{pmatrix} x_1^{(r,2)} \\ x_2^{(r,2)} \end{pmatrix}\xi_1$$

$$+ \begin{pmatrix} x_1^{(r,3)} \\ x_2^{(r,3)} \end{pmatrix}\xi_2 + \begin{pmatrix} x_1^{(r,5)} - \frac{1}{2}\left(x_1^{(r,2)} + x_1^{(r,3)}\right) \\ x_2^{(r,5)} - \frac{1}{2}\left(x_2^{(r,2)} + x_2^{(r,3)}\right) \end{pmatrix}4\xi_1\xi_2\,. \tag{4.141}$$

Bemerkung 4.21

Nutzen wir in der Abbildungsvorschrift (4.140) die linearen Formfunktionen über dem Referenzdreieck, so ergibt sich die im Abschnitt 4.5.2 definierte Abbildungsvorschrift (4.63). Dies gilt analog für die im Abschnitt 4.5.2 eingeführte Abbildungsvorschrift für Tetraederelemente.

Die Definition der Formfunktionen $p_\alpha^{(r)}$ über dem Element $T^{(r)}$ und der Ansatzfunktionen p_j erfolgt auf analoge Weise wie in den Definitionen (4.71) und (4.70), S. 261, der Form- und Ansatzfunktionen im Fall geradlinig begrenzter Elemente. Es wird jetzt nur anstelle der affin linearen Abbildungen aus dem Abschnitt 4.5.2 die nichtlineare Abbildung (4.140) genutzt. Die mittels der nichtlinearen Abbildungsvorschrift definierten Formfunktionen $p_\alpha^{(r)}$ sind im Allgemeinen keine Polynome, sondern rationale Funktionen. Bei der Berechnung der Einträge der Steifigkeitsmatrix und des Lastvektors wird die im Abschnitt 4.5.3 beschriebene elementweise Vorgehensweise genutzt. Zur Transformation der entsprechenden Integrale auf das Referenzelement wird die Abbildungsvorschrift (4.140) verwendet. Wir demonstrieren dies im Abschnitt 4.5.7 anhand der FE-Diskretisierung eines Wärmeleitproblems in einem dreidimensionalen Gebiet (siehe S. 362).

Im Folgenden diskutieren wir die Approximation eines krummlinigen Randes mittels krummliniger Dreieckselemente, die bei Anwendung der Transformationsvorschrift (4.141) entstehen. Hierbei wird als Knoten $P_5^{(r)}$ der Schnittpunkt des krummlinigen Randes Γ mit der Mittelsenkrechten auf der Strecke $\overline{P_2^{(r)}P_3^{(r)}}$ gewählt (siehe Abbildung 4.54). Auf diese Weise erhalten wir eine Approximation des krummlinigen Randes durch eine quadratische Funktion.

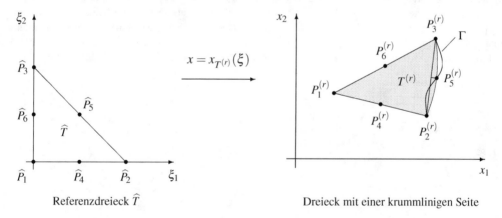

Abbildung 4.54: Approximation eines krummlinigen Gebietsrandes

Für das approximierende Gebiet $\overline{\Omega}_h = \bigcup_{i=1}^{R_h} \overline{T}^{(r)}$ gilt im Allgemeinen $\Omega_h \not\subset \Omega$ und $\Omega \not\subset \Omega_h$. Wollen wir die Einträge der Elementsteifigkeitsmatrizen und Elementlastvektoren exakt berechnen, besteht für Elemente $T^{(r)}$ mit $T^{(r)} \setminus \Omega \neq \emptyset$ das Problem, dass Koeffizientenfunktionen, zum Beispiel die Wärmeleitzahl $\lambda(x)$, an Stellen $x \in T^{(r)} \setminus \Omega$ gar nicht definiert sind. Für die Berechnung der entsprechenden Integrale müssten diese Koeffizientenfunktionen erst auf $T^{(r)} \setminus \Omega$ fortgesetzt werden. Um dieses Problem zu umgehen, muss man solche Quadraturformeln einsetzen, bei denen nur Funktionswerte der Koeffizientenfunktionen an Stellen in $\overline{\Omega}$ benötigt werden. Dies ist beispielsweise der Fall, wenn die Quadraturformel 2DD-3 aus der Tabelle 4.14, S. 313, genutzt wird.

Wird die soeben beschriebene Randapproximation bei der FE-Diskretisierung des Randwertproblems (4.1) in einem krummlinig berandeten konvexen zweidimensionalen Gebiet Ω durchgeführt, sind im Randwertproblem (4.1) auf dem gesamten Rand Randbedingungen 1. Art vorgegeben und werden bei der Diskretisierung quadratische Formfunktionen über dem Referenzdreieck genutzt, dann gilt die Fehlerabschätzung

$$\|u - u_h\|_{1,2,\Omega_h} \le c\, h^2$$

(siehe z.B. [Cia78] und Beispiel 4.6). Wir erhalten also die gleiche Konvergenzordnung wie bei polygonal berandeten Gebieten (siehe Satz 4.3).

Beispiel 4.6

Wir betrachten das Randwertproblem:

Gesucht ist die Funktion $u \in C^2(\Omega) \cap C(\overline{\Omega})$, für welche

$$\begin{aligned} -\Delta u &= 16(x_1^2 + x_2^2) &&\text{in } \Omega = \left\{ (x_1, x_2) : \sqrt{x_1^2 + x_2^2} < 1 \right\}, \\ u &= 0 &&\text{auf } \partial\Omega \end{aligned} \qquad (4.142)$$

gilt.

Die exakte Lösung dieses Randwertproblems ist $u(x_1, x_2) = 1 - (x_1^2 + x_2^2)^2$. Diese Funktion ist im gesamten $\mathbb{R}^2$ unendlich oft stetig partiell differenzierbar und folglich gehört sie zum Funktionenraum $H^3(\Omega)$.

Bei der FE-Diskretisierung nutzen wir sowohl stückweise lineare als auch stückweise quadratische Ansatzfunktionen. Das Gebiet Ω ist ein Kreis mit dem Radius $R = 1$, d.h. der Rand des Gebietes ist krummlinig. Diesen krummlinigen Rand approximieren wir durch einen Polygonzug (siehe Abbildungen 4.55(a) und (b)) bzw. nutzen isoparametrische Dreieckelemente mit sechs Knoten (siehe Abbildung 4.55(c))

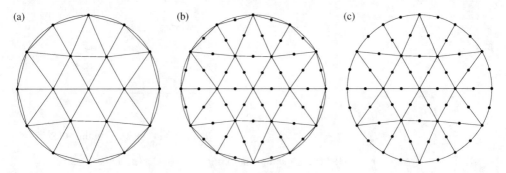

(a)   (b)   (c)

Abbildung 4.55: (a) und (b) Polygonale Randapproximation, (c) Randapproximation mittels isoparametrischer Elemente

In der Tabelle 4.16 sind die Diskretisierungsfehler in der H^1-Norm angegeben, welche bei den Diskretisierungen mit stückweise linearen bzw. stückweise quadratischen Ansatzfunktionen und den verschiedenen Randapproximationen erhalten wurden. Von dieser Tabelle können wir folgendes ablesen:

- Bei der Diskretisierung des Randwertproblems (4.142) mit stückweise linearen Ansatzfunktionen und polygonaler Randapproximation verhält sich der Fehler in der H^1-Norm genauso wie im Fall eines polygonal berandeten Gebietes, d.h. es gilt $\|e_h\|_1 / \|e_{h/2}\|_1 \approx 2$.

- Werden bei der Diskretisierung stückweise quadratische Ansatzfunktionen genutzt und wird der krummlinige Gebietsrand polygonal approximiert, dann beobachten wir für die Diskretisierungsfehler zu zwei Vernetzungen mit den Schrittweiten h und $h/2$ den Quotienten $\|e_h\|_1 / \|e_{h/2}\|_1 \approx 2^{1.5} \approx 2.83$, d.h. der Fehler verhält sich ungefähr wie $h^{1.5}$.

Tabelle 4.16: Diskretisierungsfehler in der H^1-Norm

Anzahl Knoten	Ansatzfunktionen/Randapproximation					
	stückweise linear/ polygonal		stückweise quadratisch/ polygonal		stückweise quadratisch/ isoparametrisch	
	$\|e_h\|_1$	$\dfrac{\|e_h\|_1}{\|e_{h/2}\|_1}$	$\|e_h\|_1$	$\dfrac{\|e_h\|_1}{\|e_{h/2}\|_1}$	$\|e_h\|_1$	$\dfrac{\|e_h\|_1}{\|e_{h/2}\|_1}$
61	$0.8682 \cdot 10^0$	1.91	$0.5240 \cdot 10^0$	2.52	$0.4989 \cdot 10^0$	3.72
217	$0.4539 \cdot 10^0$	1.97	$0.2014 \cdot 10^0$	2.69	$0.1339 \cdot 10^0$	3.99
817	$0.2298 \cdot 10^0$	1.99	$0.7389 \cdot 10^{-1}$	2.76	$0.3356 \cdot 10^{-1}$	4.05
3169	$0.1153 \cdot 10^0$	2.00	$0.2660 \cdot 10^{-1}$	2.80	$0.8280 \cdot 10^{-2}$	4.05
12481	$0.5768 \cdot 10^{-1}$	2.00	$0.9501 \cdot 10^{-2}$	2.81	$0.2046 \cdot 10^{-2}$	4.03
49537	$0.2885 \cdot 10^{-1}$	2.00	$0.3389 \cdot 10^{-2}$	2.77	$0.5078 \cdot 10^{-3}$	4.02
197377	$0.1443 \cdot 10^{-1}$		$0.1234 \cdot 10^{-2}$		$0.1264 \cdot 10^{-3}$	

- Im Fall der Diskretisierung mit stückweise quadratischen Ansatzfunktionen und isoparametrischer Randapproximation erhält man $\|e_h\|_1/\|e_{h/2}\|_1 \approx 4$, d.h. der Fehler verhält sich genauso wie im Fall einer Diskretisierung eines Randwertproblems in einem polygonal berandeten Gebiet mittels stückweise quadratischer Ansatzfunktionen (siehe auch H^1-Konvergenzsatz 4.3).

Mittels der im Abschnitt 4.5.2 beschriebenen affin linearen Abbildungen konnte das Referenzviereck nur auf Parallelogramme und das Referenzhexaeder auf Parallelepipede abgebildet werden. Wir haben deshalb den Fall allgemeiner Vierecke im Abschnitt 4.5.2 nicht betrachtet. Nutzen wir in der Abbildungsvorschrift (4.140) die bilinearen Formfunktionen über dem Referenzviereck (siehe Tabelle 4.5, S. 258), dann kann das Referenzviereck mittels der so entstehenden bilinearen Abbildung auf ein beliebiges geradlinig begrenztes Viereck abgebildet werden (siehe Abbildung 4.56).

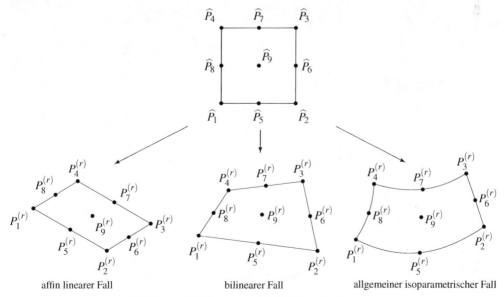

Abbildung 4.56: Isoparametrische Viereckselemente

Eine Abbildung auf ein beliebiges krummliniges Viereck erhält man zum Beispiel, wenn in (4.140) die über dem Referenzviereck definierten stückweise quadratischen Formfunktionen verwendet werden. Analog gilt dies für die Abbildung des Referenzhexaeders auf ein beliebiges Hexaeder. Im Abschnitt 4.5.7 demonstrieren wir derartige Abbildungen anhand eines Wärmeleitproblems in einem dreidimensionalen Gebiet.

4.5.7 Beispiele

Zur Illustration der in diesem Kapitel beschriebenen Schritte bei der Bestimmung einer FE-Näherungslösung betrachten wir mehrere Beispiele.

Beispiel – Wärmeleitproblem in einem Quadrat

Ausgangspunkt unserer Betrachtungen ist das Randwertproblem (4.1). Zur Vereinfachung der Darstellung setzen wir voraus, dass für die Wärmeleitzahlen $\lambda_1(x) = \lambda_2(x) = 1$ gilt. Dann folgt

$$\mathrm{div}(\Lambda(x)\mathrm{grad}\,u(x)) = \mathrm{div}(\mathrm{grad}\,u(x)) = \Delta u(x) = \frac{\partial^2 u}{\partial x_1^2} + \frac{\partial^2 u}{\partial x_2^2}.$$

Wir betrachten im Folgenden das Randwertproblem:

Gesucht ist das Temperaturfeld $u \in C^2(\Omega) \cap C^1(\Omega \cup \Gamma_2) \cap C(\overline{\Omega})$, so dass

$$
\begin{aligned}
-\Delta u &= 0 && \text{für alle } x \in \Omega = (0,1) \times (0,1), \\
u(x_1,x_2) &= x_2 && \text{für alle } x \in \Gamma_{11} = \{x \in \partial\Omega : x_1 = 1, 0 \le x_2 \le 1\}, \\
u(x_1,x_2) &= 0 && \text{für alle } x \in \Gamma_{12} = \{x \in \partial\Omega : 0 \le x_1 \le 1, x_2 = 0\}, \\
\frac{\partial u}{\partial \vec{n}} &= -x_2 && \text{für alle } x \in \Gamma_{21} = \{x \in \partial\Omega : x_1 = 0, 0 < x_2 \le 1\}, \\
\frac{\partial u}{\partial \vec{n}} &= x_1 && \text{für alle } x \in \Gamma_{22} = \{x \in \partial\Omega : 0 < x_1 < 1, x_2 = 1\}
\end{aligned}
$$

(4.143)

gilt (siehe Abbildung 4.57).

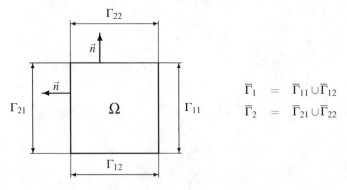

$$\overline{\Gamma}_1 = \overline{\Gamma}_{11} \cup \overline{\Gamma}_{12}$$
$$\overline{\Gamma}_2 = \overline{\Gamma}_{21} \cup \overline{\Gamma}_{22}$$

Abbildung 4.57: Darstellung des Gebietes Ω

Die exakte Lösung dieses Randwertproblems ist die Funktion $u(x_1, x_2) = x_1 x_2$, denn

$$\frac{\partial u}{\partial x_1} = x_2, \quad \frac{\partial^2 u}{\partial x_1^2} = 0, \quad \frac{\partial u}{\partial x_2} = x_1, \quad \frac{\partial^2 u}{\partial x_2^2} = 0 \quad \text{und somit} \quad \Delta u = \frac{\partial^2 u}{\partial x_1^2} + \frac{\partial^2 u}{\partial x_2^2} = 0.$$

Außerdem gilt wegen $\vec{n} = (-1 \ \ 0)^T$ auf Γ_{21}, $\vec{n} = (0 \ \ 1)^T$ auf Γ_{22}

$$\frac{\partial u}{\partial \vec{n}} = \frac{\partial u}{\partial x_1} n_1 + \frac{\partial u}{\partial x_2} n_2 = -\frac{\partial u}{\partial x_1} = -x_2 \qquad \text{auf } \Gamma_{21},$$

$$\frac{\partial u}{\partial \vec{n}} = \frac{\partial u}{\partial x_1} n_1 + \frac{\partial u}{\partial x_2} n_2 = \frac{\partial u}{\partial x_2} = x_1 \qquad \text{auf } \Gamma_{22},$$

$$u = x_2 \qquad \text{auf } \Gamma_{11},$$

$$u = 0 \qquad \text{auf } \Gamma_{12},$$

d.h. die Funktion $u(x_1, x_2) = x_1 x_2$ genügt auch den vorgegebenen Ramdbedingungen.

Der Ausgangspunkt der FE-Diskretisierung ist die Variationsformulierung des Randwertproblems (4.143). Um diese zu erhalten, multiplizieren wir, wie im Abschnitt 4.3 beschrieben, die Differentialgleichung aus (4.143) mit einer Testfunktion

$$v \in V_0 = \{v \in H^1(\Omega) : v(x) = 0 \text{ auf } \Gamma_1 = \Gamma_{11} \cup \Gamma_{12}\}$$

und integrieren über Ω. Wir erhalten

$$-\int_\Omega \Delta u(x) \, v(x) \, dx = \int_\Omega 0 \, v(x) \, dx.$$

Mittels der Formel (4.13), S. 204, ergibt sich hieraus

$$\int_\Omega (\operatorname{grad} v)^T \operatorname{grad} u \, dx - \int_{\partial\Omega} \frac{\partial u}{\partial n} v \, ds = 0.$$

Beachten wir die vorgegebenen Randbedingungen 2. Art auf $\Gamma_2 = \Gamma_{21} \cup \Gamma_{22}$ (siehe (4.143)) und die Bedingung $v = 0$ auf $\Gamma_1 = \Gamma_{11} \cup \Gamma_{12}$, so folgt wegen $\partial\Omega = \overline{\Gamma}_{11} \cup \overline{\Gamma}_{12} \cup \overline{\Gamma}_{21} \cup \overline{\Gamma}_{22}$

$$\int_\Omega (\operatorname{grad} v)^T \operatorname{grad} u \, dx - \int_{\Gamma_{21}} -x_2 v \, ds - \int_{\Gamma_{22}} x_1 v \, ds = 0.$$

Die Variationsformulierung der Aufgabe (4.143) lautet somit:

Gesucht ist $u \in V_{g_1} = \{u \in H^1(\Omega) : u(x) = x_2 \text{ auf } \Gamma_{11} \text{ und } u(x) = 0 \text{ auf } \Gamma_{12}\}$, so dass

$$\int_\Omega (\operatorname{grad} v)^T \operatorname{grad} u \, dx = -\int_{\Gamma_{21}} x_2 v \, ds + \int_{\Gamma_{22}} x_1 v \, ds \qquad (4.144)$$

für alle $v \in V_0 = \{v \in H^1(\Omega) : v(x) = 0 \text{ auf } \Gamma_{11} \cup \Gamma_{12}\}$ gilt.

Im Weiteren führen wir die FE-Diskretisierung durch. Dazu vernetzen wir zuerst das Gebiet Ω (siehe Abbildung 4.58).

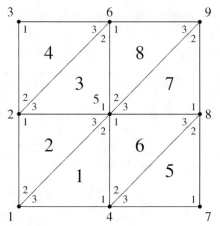

Abbildung 4.58: Vernetzung des Gebietes Ω

Die Zuordnung zwischen der globalen und der lokalen Knotennummerierung sowie die Knoten-koordinaten sind in den Tabellen 4.17 und 4.18 angegeben.

Tabelle 4.17: Elementzusammenhangstabelle

Element-nummer	globale Knotennummern der lokalen Knoten $P_1^{(r)}$	$P_2^{(r)}$	$P_3^{(r)}$
1	4	5	1
2	2	1	5
3	5	6	2
4	3	2	6
5	7	8	4
6	5	4	8
7	8	9	5
8	6	5	9

Tabelle 4.18: Tabelle der Knotenkoordinaten

Knotennummer j	1	2	3	4	5	6	7	8	9
x_1-Koordinate $x_{j,1}$	0	0	0	$\frac{1}{2}$	$\frac{1}{2}$	$\frac{1}{2}$	1	1	1
x_2-Koordinate $x_{j,2}$	0	$\frac{1}{2}$	1	0	$\frac{1}{2}$	1	0	$\frac{1}{2}$	1

Als Ansatzfunktionen wählen wir die im Abschnitt 4.5.2 eingeführten, stückweise linearen Funk-tionen. Damit ergibt sich aus der Aufgabe (4.144) die diskrete Ersatzaufgabe

Gesucht ist $u \in V_{g_1 h}$, so dass

$$\int\limits_{\Omega} (\operatorname{grad} v_h)^T \operatorname{grad} u_h \, dx = -\int\limits_{\Gamma_{21}} x_2 v_h \, ds + \int\limits_{\Gamma_{22}} x_1 v_h \, ds \quad \text{für alle} \quad v_h \in V_{0h} \qquad (4.145)$$

gilt.

Aufgrund der vorgegebenen Randbedingungen 1. Art

$$u(x_1, x_2) = x_2 \quad \text{auf } \Gamma_{11} = \{x \in \partial\Omega : x_1 = 1, 0 \le x_2 \le 1\},$$
$$u(x_1, x_2) = 0 \quad \text{auf } \Gamma_{12} = \{x \in \partial\Omega : 0 \le x_1 \le 1, x_2 = 0\}$$

(siehe auch (4.143)) und der globalen Knotennummerierung (siehe Abbildung 4.58) liegen die Knoten mit den globalen Nummern 1, 4, 7, 8 und 9 auf Randstücken mit Randbedingungen 1. Art. Folglich gilt für die Indexmenge ω_h bzw. γ_h, d.h. die Menge der Knotennummern der Knoten, die im Inneren des Gebietes Ω und auf dem Rand γ_2 liegen, bzw. die Menge der Nummern der Knoten auf dem Dirichletrand Γ_1 (siehe Abschnitt 4.4.1, S. 224)

$$\omega_h = \{2,3,5,6\} \quad \text{und} \quad \gamma_h = \{1,4,7,8,9\}.$$

Damit sind wegen

$$u_{j,*} = u_h(x_{j,1}, x_{j,2}) = \begin{cases} x_{j,2} & \text{auf } \Gamma_{11} \\ 0 & \text{auf } \Gamma_{12} \end{cases}$$

und $v_{j,*} = 0$ für $j \in \gamma_h$ die Funktionenmengen $V_{g_1 h}$ und V_{0h} wie folgt definiert (siehe auch S. 224):

$$V_{g_1 h} = \left\{ u_h : u_h(x) = \sum_{j \in \omega_h} u_j p_j(x) + \sum_{j \in \gamma_h} u_{j,*} p_j(x) \right.$$
$$\left. \text{mit } u_{1,*} = u_{4,*} = u_{7,*} = 0, u_{2,*} = \frac{1}{2}, u_{3,*} = 1 \right\}, \quad (4.146)$$

$$V_{0h} = \left\{ v_h : v_h(x) = \sum_{i \in \omega_h} v_i p_i(x) \right\}.$$

Dabei sind $p_j(x)$ und $p_i(x)$ stetige, stückweise lineare Ansatzfunktionen, d.h. Funktionen, welche über jedem Element $T^{(r)}$ lineare Funktionen sind. Außerdem ist jede Funktion p_j bzw. p_i im Knoten P_j bzw. P_i der Vernetzung gleich Eins und in allen anderen Knoten gleich Null.

Ausgehend von der diskreten Ersatzaufgabe (4.145) generieren wir zuerst die Matrix $\bar{K}_h$ und den Vektor $\underline{\bar{f}}_h$ ohne Berücksichtigung der Randbedingungen. Dazu müssen wir die Elementsteifigkeitsmatrizen $K^{(r)}$ und die Elementlastvektoren $\underline{f}^{(r)}$ berechnen. Die allgemeine Gestalt der Elementsteifigkeitsmatrizen im Fall stückweise linearer Ansatzfunktionen haben wir bereits im Abschnitt 4.5.3 hergeleitet (siehe (4.87), S. 269) und für die in der Abbildung 4.58 dargestellte Vernetzung berechnet (siehe (4.88), S. 270). In unserem Beispiel gilt $\lambda_1 = \lambda_2 = 1$, so dass wir die Elementsteifigkeitsmatrizen

$$K^{(r)} = \begin{pmatrix} K_{11}^{(r)} & K_{12}^{(r)} & K_{13}^{(r)} \\ K_{21}^{(r)} & K_{22}^{(r)} & K_{23}^{(r)} \\ K_{31}^{(r)} & K_{32}^{(r)} & K_{33}^{(r)} \end{pmatrix} = \frac{1}{2} \begin{pmatrix} 2 & -1 & -1 \\ -1 & 1 & 0 \\ -1 & 0 & 1 \end{pmatrix} = \begin{pmatrix} 1 & -\frac{1}{2} & -\frac{1}{2} \\ -\frac{1}{2} & \frac{1}{2} & 0 \\ -\frac{1}{2} & 0 & \frac{1}{2} \end{pmatrix},$$

$r = 1,2,\ldots,8$, erhalten (siehe (4.89)). Unter Nutzung der Elementzusammenhangstabelle 4.17 generieren wir mittels des im Abschnitt 4.5.3 beschriebenen Assemblierungsalgorithmus (siehe S. 273) die globale Matrix $\bar{K}_h$, in welcher die Randbedingungen noch nicht berücksichtigt sind.

Wir demonstrieren diesen Algorithmus anhand unseres Beispiels. Zuerst setzen wir $\bar{K}_h = 0$ und bauen anschließend die Elementsteifigkeitsmatrizen in die globale Steifigkeitsmatrix $\bar{K}_h$ ein. Aus der Tabelle 4.17 entnehmen wir, dass im Element $T^{(1)}$ der Knoten mit der lokalen Nummer 1, 2 bzw. 3 die globale Nummer 4, 5 bzw. 1 hat. Folglich wird das Element $K_{11}^{(1)}$ der Elementsteifigkeitsmatrix $K^{(1)}$ zum Element K_{44} der Matrix $\bar{K}_h$, das Element $K_{12}^{(1)}$ zum Element K_{45}, das Element $K_{13}^{(1)}$ zum Element K_{41}, das Element $K_{21}^{(1)}$ zum Element K_{54} usw. addiert. Wir erhalten die Matrix

$$
\begin{array}{c@{\;}c}
 & \begin{array}{ccccccccc} 1 & 2 & 3 & 4 & 5 & 6 & 7 & 8 & 9 \end{array} \\
\begin{array}{c} 1 \\ 2 \\ 3 \\ 4 \\ 5 \\ 6 \\ 7 \\ 8 \\ 9 \end{array} &
\left(\begin{array}{ccccccccc}
\frac{1}{2} & 0 & 0 & -\frac{1}{2} & 0 & 0 & 0 & 0 & 0 \\
0 & 0 & 0 & 0 & 0 & 0 & 0 & 0 & 0 \\
0 & 0 & 0 & 0 & 0 & 0 & 0 & 0 & 0 \\
-\frac{1}{2} & 0 & 0 & 1 & -\frac{1}{2} & 0 & 0 & 0 & 0 \\
0 & 0 & 0 & -\frac{1}{2} & \frac{1}{2} & 0 & 0 & 0 & 0 \\
0 & 0 & 0 & 0 & 0 & 0 & 0 & 0 & 0 \\
0 & 0 & 0 & 0 & 0 & 0 & 0 & 0 & 0 \\
0 & 0 & 0 & 0 & 0 & 0 & 0 & 0 & 0 \\
0 & 0 & 0 & 0 & 0 & 0 & 0 & 0 & 0
\end{array}\right)
\end{array} .
$$

Im zweiten Element haben die Knoten mit den lokalen Nummern 1, 2 und 3 die globalen Knotennummern 2, 1 und 5. Deshalb wird das Matrixelement $K_{11}^{(2)}$ zum Element K_{22} der Matrix $\bar{K}_h$, das Element $K_{12}^{(2)}$ zu K_{21}, das Element $K_{13}^{(2)}$ zu K_{25}, das Element $K_{21}^{(2)}$ zu K_{12} usw. addiert. Dies ergibt die Matrix

$$
\begin{array}{c@{\;}c}
 & \begin{array}{ccccccccc} 1 & 2 & 3 & 4 & 5 & 6 & 7 & 8 & 9 \end{array} \\
\begin{array}{c} 1 \\ 2 \\ 3 \\ 4 \\ 5 \\ 6 \\ 7 \\ 8 \\ 9 \end{array} &
\left(\begin{array}{ccccccccc}
\frac{1}{2}+\frac{1}{2} & -\frac{1}{2} & 0 & -\frac{1}{2} & 0 & 0 & 0 & 0 & 0 \\
-\frac{1}{2} & 1 & 0 & 0 & -\frac{1}{2} & 0 & 0 & 0 & 0 \\
0 & 0 & 0 & 0 & 0 & 0 & 0 & 0 & 0 \\
-\frac{1}{2} & 0 & 0 & 1 & -\frac{1}{2} & 0 & 0 & 0 & 0 \\
0 & -\frac{1}{2} & 0 & -\frac{1}{2} & \frac{1}{2}+\frac{1}{2} & 0 & 0 & 0 & 0 \\
0 & 0 & 0 & 0 & 0 & 0 & 0 & 0 & 0 \\
0 & 0 & 0 & 0 & 0 & 0 & 0 & 0 & 0 \\
0 & 0 & 0 & 0 & 0 & 0 & 0 & 0 & 0 \\
0 & 0 & 0 & 0 & 0 & 0 & 0 & 0 & 0
\end{array}\right)
\end{array} .
$$

Werden auf analoge Weise die Elementsteifigkeitsmatrizen $K^{(r)}$, $r = 3,4,\ldots,8$, zu der bisher berechneten Matrix addiert, ergibt sich schließlich die Matrix $\bar{K}_h$:

$$
\begin{array}{c}
\\ 1 \\ 2 \\ 3 \\ 4 \\ \\ 5 \\ \\ 6 \\ 7 \\ 8 \\ 9
\end{array}
\begin{pmatrix}
\frac{1}{2}+\frac{1}{2} & -\frac{1}{2} & 0 & -\frac{1}{2} & 0 & 0 & 0 & 0 & 0 \\
-\frac{1}{2} & 1+\frac{1}{2}+\frac{1}{2} & -\frac{1}{2} & 0 & -\frac{1}{2}-\frac{1}{2} & 0 & 0 & 0 & 0 \\
0 & -\frac{1}{2} & 1 & 0 & 0 & -\frac{1}{2} & 0 & 0 & 0 \\
-\frac{1}{2} & 0 & 0 & 1+\frac{1}{2}+\frac{1}{2} & -\frac{1}{2}-\frac{1}{2} & 0 & -\frac{1}{2} & 0 & 0 \\
0 & -\frac{1}{2}-\frac{1}{2} & 0 & -\frac{1}{2}-\frac{1}{2} & \frac{1}{2}+\frac{1}{2}+1+1+\frac{1}{2}+\frac{1}{2} & -\frac{1}{2}-\frac{1}{2} & 0 & -\frac{1}{2}-\frac{1}{2} & 0 \\
0 & 0 & -\frac{1}{2} & 0 & -\frac{1}{2}-\frac{1}{2} & \frac{1}{2}+\frac{1}{2}+1 & 0 & 0 & -\frac{1}{2} \\
0 & 0 & 0 & -\frac{1}{2} & 0 & 0 & 1 & -\frac{1}{2} & 0 \\
0 & 0 & 0 & 0 & -\frac{1}{2}-\frac{1}{2} & 0 & -\frac{1}{2} & \frac{1}{2}+\frac{1}{2}+1 & -\frac{1}{2} \\
0 & 0 & 0 & 0 & 0 & -\frac{1}{2} & 0 & -\frac{1}{2} & \frac{1}{2}+\frac{1}{2}
\end{pmatrix},
$$

d.h. die Matrix

$$
\bar{K}_h =
\begin{pmatrix}
1 & -\frac{1}{2} & 0 & -\frac{1}{2} & 0 & 0 & 0 & 0 & 0 \\
-\frac{1}{2} & 2 & -\frac{1}{2} & 0 & -1 & 0 & 0 & 0 & 0 \\
0 & -\frac{1}{2} & 1 & 0 & 0 & -\frac{1}{2} & 0 & 0 & 0 \\
-\frac{1}{2} & 0 & 0 & 2 & -1 & 0 & -\frac{1}{2} & 0 & 0 \\
0 & -1 & 0 & -1 & 4 & -1 & 0 & -1 & 0 \\
0 & 0 & -\frac{1}{2} & 0 & -1 & 2 & 0 & 0 & -\frac{1}{2} \\
0 & 0 & 0 & -\frac{1}{2} & 0 & 0 & 1 & -\frac{1}{2} & 0 \\
0 & 0 & 0 & 0 & -1 & 0 & -\frac{1}{2} & 2 & -\frac{1}{2} \\
0 & 0 & 0 & 0 & 0 & -\frac{1}{2} & 0 & -\frac{1}{2} & 1
\end{pmatrix}. \tag{4.147}
$$

Da die rechte Seite der Differentialgleichung in (4.143) identisch Null ist, sind die Elementlastvektoren gleich dem Nullvektor und folglich ist der Vektor $\underline{f}_h$ auch der Nullvektor. Es verbleibt aber noch die Anteile am Lastvektor aus den Randbedingungen 2. Art zu berechnen, d.h. es müssen noch die Integrale

$$
-\int_{\Gamma_{21}} x_2 v_h \, ds \quad \text{und} \quad \int_{\Gamma_{22}} x_1 v_h \, ds
$$

berechnet werden (siehe Aufgabe (4.145)). Der Rand Γ_{21} wird durch die beiden Dreiecksseiten $E_2^{(1)} = \overline{P_2 P_1}$ und $E_2^{(2)} = \overline{P_3 P_2}$ sowie der Rand Γ_{22} durch die Dreiecksseiten $E_2^{(3)} = \overline{P_6 P_3}$ und $E_2^{(4)} = \overline{P_9 P_6}$ gebildet. Für die Randseiten legen wir die in der Tabelle 4.19 angegebene Zuordnung zwischen der lokalen und der globalen Knotennummerierung fest.

Tabelle 4.19: Zuordnungstabelle für die Randseiten auf dem Rand Γ_2

Nummer der Dreiecks- seite, die auf Γ_2 liegt	globale Knotennummern der Knoten mit der lokalen Nummer	
	1	2
1	2	1
2	3	2
3	6	3
4	9	6

Entsprechend der Beziehung (4.99), S. 280, sind die Vektoren

$$\underline{f}^{(1)} = \left(\int\limits_{E_2^{(1)}} -x_2 p_1^{(1)}(x)\,ds \quad \int\limits_{E_2^{(1)}} -x_2 p_2^{(1)}(x)\,ds \right)^T,$$

$$\underline{f}^{(2)} = \left(\int\limits_{E_2^{(2)}} -x_2 p_1^{(2)}(x)\,ds \quad \int\limits_{E_2^{(2)}} -x_2 p_2^{(2)}(x)\,ds \right)^T,$$

$$\underline{f}^{(3)} = \left(\int\limits_{E_2^{(3)}} x_1 p_1^{(3)}(x)\,ds \quad \int\limits_{E_2^{(3)}} x_1 p_2^{(3)}(x)\,ds \right)^T,$$

$$\underline{f}^{(4)} = \left(\int\limits_{E_2^{(4)}} x_1 p_1^{(4)}(x)\,ds \quad \int\limits_{E_2^{(4)}} x_1 p_2^{(4)}(x)\,ds \right)^T$$

für die Randseiten $E_2^{(e)}$, $e = 1, 2, 3, 4$, zu berechnen. Bei der Berechnung dieser Integrale führen wir eine Abbildung auf das Referenzintervall $[0, 1]$ durch. Dazu benötigen wir den Zusammenhang zwischen der lokalen Knotennummerierung auf den Randseiten und der globalen Knotennummerierung. Der Knoten mit der lokalen Nummer 1 auf der Randseite $E_2^{(1)}$ hat die globale Nummer 2 und der Knoten mit der lokalen Nummer 2 die globale Nummer 1 (siehe Tabelle 4.19). Da jede Randseite zwei Knoten hat, gilt $\widehat{N}_E = 2$. Die Abbildungsvorschrift (4.95) lautet dann

$$x = x_{E^{(1)}}(\xi_1): \quad \begin{pmatrix} x_1 \\ x_2 \end{pmatrix} = \begin{pmatrix} x_1^{(1,2)} - x_1^{(1,1)} \\ x_2^{(1,2)} - x_2^{(1,1)} \end{pmatrix} \xi_1 + \begin{pmatrix} x_1^{(1,1)} \\ x_2^{(1,1)} \end{pmatrix}$$

$$= \begin{pmatrix} x_{1,1} - x_{2,1} \\ x_{1,2} - x_{2,2} \end{pmatrix} \xi_1 + \begin{pmatrix} x_{2,1} \\ x_{2,2} \end{pmatrix}.$$

Mit den Knotenkoordinaten aus der Tabelle 4.18 ergibt sich

$$\begin{pmatrix} x_1 \\ x_2 \end{pmatrix} = \begin{pmatrix} 0 - 0 \\ 0 - \frac{1}{2} \end{pmatrix} \xi_1 + \begin{pmatrix} 0 \\ \frac{1}{2} \end{pmatrix} = \begin{pmatrix} 0 \\ -\frac{1}{2} \end{pmatrix} \xi_1 + \begin{pmatrix} 0 \\ \frac{1}{2} \end{pmatrix},$$

d.h.

$$x_1 = (x_1^{(1,2)} - x_1^{(1,1)})\xi_1 + x_1^{(1,1)} = 0, \quad x_2 = (x_2^{(1,2)} - x_2^{(1,1)})\xi_1 + x_2^{(1,1)} = -\frac{1}{2}\xi_1 + \frac{1}{2}$$

und

$$\sqrt{(x_1^{(1,2)} - x_1^{(1,1)})^2 + (x_2^{(1,2)} - x_2^{(1,1)})^2} = \sqrt{(0-0)^2 + \left(0-\frac{1}{2}\right)^2} = \frac{1}{2}.$$

Beachten wir außerdem, dass die linearen Formfunktionen über dem Referenzintervall durch $\varphi_1(\xi_1) = 1 - \xi_1$, $\varphi_2(\xi_1) = \xi_1$ definiert sind, dann folgt

$$\int_{E_2^{(1)}} -x_2 p_1^{(1)}(x)\,ds$$

$$= \int_0^1 \left\{ -\left[(x_2^{(1,2)} - x_2^{(1,1)})\,\xi_1 + x_2^{(1,1)}\right]\varphi_1(\xi_1)\sqrt{(x_1^{(1,2)} - x_1^{(1,1)})^2 + (x_2^{(1,2)} - x_2^{(1,1)})^2}\right\}d\xi_1$$

$$= \int_0^1 \left\{ -\left[-\frac{1}{2}\xi_1 + \frac{1}{2}\right]\cdot(1-\xi_1)\cdot\frac{1}{2}\right\}d\xi_1 = -\frac{1}{12}$$

und analog

$$\int_{E_2^{(1)}} -x_2 p_2^{(1)}(x)\,ds$$

$$= \int_0^1 \left\{ -\left[(x_2^{(1,2)} - x_2^{(1,1)})\,\xi_1 + x_2^{(1,1)}\right]\varphi_2(\xi_1)\sqrt{(x_1^{(1,2)} - x_1^{(1,1)})^2 + (x_2^{(1,2)} - x_2^{(1,1)})^2}\right\}d\xi_1$$

$$= \int_0^1 \left\{ -\left[-\frac{1}{2}\xi_1 + \frac{1}{2}\right]\cdot\xi_1\cdot\frac{1}{2}\right\}d\xi_1 = -\frac{1}{24}$$

(siehe auch 4. Schritt bei der Generierung des FE-Gleichungssystems auf S.285). Damit erhalten wir

$$\underline{f}^{(1)} = \left(-\frac{1}{12} \quad -\frac{1}{24}\right)^T.$$

Auf analoge Weise ergeben sich die Vektoren

$$\underline{f}^{(2)} = \left(-\frac{5}{24} \quad -\frac{1}{6}\right)^T, \quad \underline{f}^{(3)} = \left(\frac{1}{12} \quad \frac{1}{24}\right)^T \quad \text{und} \quad \underline{f}^{(4)} = \left(\frac{5}{24} \quad \frac{1}{6}\right)^T.$$

Die Assemblierung der Vektoren $\underline{f}^{(e)}$, $e = 1,2,3,4$, erfolgt unter Nutzung der Zusammenhangstabelle 4.19. Da die Elementlastvektoren alle gleich dem Nullvektor sind, ist der Vektor $\underline{\bar{f}}_h$ noch gleich dem Nullvektor. Wir bauen nun die Vektoren $\underline{f}^{(e)}$, $e = 1,2,3,4$, in $\underline{\bar{f}}_h$ ein. Der Tabelle 4.19 entnehmen wir, dass auf der Randseite $E_2^{(1)}$ der Knoten mit der lokalen Nummer 1 die globale Nummer 2 und der Knoten mit der lokalen Nummer 2 die globale Nummer 1 hat. Deshalb addieren wir die Komponente $f_1^{(1)}$ des Vektors $\underline{f}^{(1)}$ zur Komponente f_2 des Lastvektors $\underline{\bar{f}}_h$ und $f_2^{(1)}$ zur Komponente f_1. Dies ergibt den Vektor

$$\underline{\widehat{f}}_h = \overset{\displaystyle 1 \qquad\quad 2 \quad\; 3 \;\; 4 \;\; 5 \;\; 6 \;\; 7 \;\; 8 \;\; 9}{\left(-\frac{1}{24} \quad -\frac{1}{12} \quad 0 \;\; 0 \;\; 0 \;\; 0 \;\; 0 \;\; 0 \;\; 0 \right)^T}.$$

Auf der Randseite $E_2^{(2)}$ hat der Knoten mit der lokalen Nummer 1 die globale Knotennummer 3 und der Knoten mit der lokalen Nummer 2 die globale Nummer 2. Wir addieren deshalb die erste Komponente $f_1^{(2)}$ des Vektors $\underline{f}^{(2)}$ zur Komponente f_3 des Vektors $\underline{\widehat{f}}_h$ und die Komponente $f_2^{(2)}$ zur Vektorkomponente f_2:

$$\underline{\widehat{f}}_h = \overset{\displaystyle 1 \qquad\qquad 2 \qquad\qquad 3 \qquad 4 \;\; 5 \;\; 6 \;\; 7 \;\; 8 \;\; 9}{\left(-\frac{1}{24} \quad -\frac{1}{12}-\frac{1}{6} \quad -\frac{5}{24} \quad 0 \;\; 0 \;\; 0 \;\; 0 \;\; 0 \;\; 0 \right)^T}.$$

Werden auf analoge Weise noch die beiden Vektoren $\underline{f}^{(3)}$ und $\underline{f}^{(4)}$ zum Vektor $\underline{\widehat{f}}_h$ addiert, erhalten wir schließlich den Lastvektor

$$\begin{aligned}\underline{\widehat{f}}_h &= \left(-\frac{1}{24} \quad -\frac{1}{12}-\frac{1}{6} \quad -\frac{5}{24}+\frac{1}{24} \quad 0 \;\; 0 \quad \frac{1}{12}+\frac{1}{6} \quad 0 \;\; 0 \quad \frac{5}{24} \right)^T \\[2mm] &= \left(-\frac{1}{24} \quad -\frac{1}{4} \quad -\frac{1}{6} \quad 0 \;\; 0 \quad \frac{1}{4} \quad 0 \;\; 0 \quad \frac{5}{24} \right)^T.\end{aligned} \qquad (4.148)$$

Die Randbedingungen 1. Art arbeiten wir gemäß der ersten Variante (siehe Abschnitt 4.5.3, S. 281) in das FE-Gleichungssystem ein. Aufgrund der vorgegebenen Randbedingungen sind in der Lösungsdarstellung $u_h = \sum_{j=1}^9 u_j p_j$ die Komponenten u_1, u_4, u_7, u_8 und u_9 bekannt. Es gilt $u_1 = u_4 = u_7 = 0$, $u_8 = \frac{1}{2}$ und $u_9 = 1$ (siehe auch die Definition der Funktionenmenge $V_{g_1 h}$ (4.146)). Wir berechnen für alle $i \in \omega_h = \{2,3,5,6\}$

$$f_i = \widehat{f}_i - \sum_{j \in \gamma_h} K_{ij} u_j$$

mit $\gamma_h = \{1,4,7,8,9\}$, wobei K_{ij} und $\widehat{f}_i$ die Einträge der Matrix $\bar{K}_h$ und des Vektors $\underline{\widehat{f}}_h$ sind. Dies ergibt für $i = 2$ mit K_{2j} aus (4.147) und $\widehat{f}_2$ aus (4.148)

$$\begin{aligned}f_2 &= \widehat{f}_2 - \sum_{j \in \gamma_h} K_{2j} u_j = \widehat{f}_2 - (K_{21} u_1 + K_{24} u_4 + K_{27} u_7 + K_{28} u_8 + K_{29} u_9) \\[2mm] &= -\frac{1}{4} - \left(-\frac{1}{2}\cdot 0 + 0\cdot 0 + 0\cdot 0 + 0\cdot\frac{1}{2} + 0\cdot 1 \right) = -\frac{1}{4},\end{aligned}$$

für $i = 3$

$$f_3 = \widehat{f}_3 - \sum_{j \in \gamma_h} K_{3j} u_j = \widehat{f}_3 - (K_{31}u_1 + K_{34}u_4 + K_{37}u_7 + K_{38}u_8 + K_{39}u_9)$$

$$= -\frac{1}{6} - \left(0 \cdot 0 + 0 \cdot 0 + 0 \cdot 0 + 0 \cdot \frac{1}{2} + 0 \cdot 1\right) = -\frac{1}{6},$$

für $i = 5$

$$f_5 = \widehat{f}_5 - \sum_{j \in \gamma_h} K_{5j} u_j = \widehat{f}_5 - (K_{51}u_1 + K_{54}u_4 + K_{57}u_7 + K_{58}u_8 + K_{59}u_9)$$

$$= 0 - \left(0 \cdot 0 + (-1) \cdot 0 + 0 \cdot 0 + (-1) \cdot \frac{1}{2} + 0 \cdot 1\right) = 0 + \frac{1}{2}$$

und für $i = 6$

$$f_6 = \widehat{f}_6 - \sum_{j \in \gamma_h} K_{6j} u_j = \widehat{f}_6 - (K_{61}u_1 + K_{64}u_4 + K_{67}u_7 + K_{68}u_8 + K_{69}u_9)$$

$$= \frac{1}{4} - \left(0 \cdot 0 + 0 \cdot 0 + 0 \cdot 0 + 0 \cdot \frac{1}{2} - \frac{1}{2} \cdot 1\right) = \frac{1}{4} + \frac{1}{2}.$$

Anschließend streichen wir die Zeilen i und Spalten j, $i, j \in \gamma_h$, aus der Matrix $\bar{K}_h$ und die Zeilen i, $i \in \gamma_h$, aus dem Vektor $\widehat{\underline{f}}_h$. So erhalten wir schließlich das Gleichungssystem

$$\begin{pmatrix} 2 & -\frac{1}{2} & -1 & 0 \\ -\frac{1}{2} & 1 & 0 & -\frac{1}{2} \\ -1 & 0 & 4 & -1 \\ 0 & -\frac{1}{2} & -1 & 2 \end{pmatrix} \begin{pmatrix} u_2 \\ u_3 \\ u_5 \\ u_6 \end{pmatrix} = \begin{pmatrix} -\frac{1}{4} \\ -\frac{1}{6} \\ 0 + \frac{1}{2} \\ \frac{1}{4} + \frac{1}{2} \end{pmatrix}.$$

Dieses Gleichungssystem hat die Lösung

$$\begin{pmatrix} u_2 \\ u_3 \\ u_5 \\ u_6 \end{pmatrix} = \begin{pmatrix} \frac{1}{24} \\ \frac{1}{8} \\ \frac{13}{48} \\ \frac{13}{24} \end{pmatrix}.$$

In der folgenden Tabelle 4.20 vergleichen wir in den Knoten der Vernetzung die exakte Lösung der Aufgabe (4.143) mit der ermittelten FE-Lösung. Dieser Vergleich zeigt, dass mit der verwendeten sehr groben Vernetzung noch keine gute Approximation der exakten Lösung des Randwertproblems (4.143) erreicht wurde. Insbesondere ist der Fehler in der Komponente u_3 noch sehr groß.

Wir zeigen außerdem wie sich der Diskretisierungsfehler verkleinert, wenn die in der Abbildung 4.57 dargestellte Vernetzung sukzessive verfeinert wird. In jedem Verfeinerungsschritt

Tabelle 4.20: Vergleich der FE-Näherungslösung mit der exakten Lösung

Knotennummer j	1	2	3	4	5	6	7	8	9
exakte Lösung $u = x_{j,1} x_{j,2}$	0	0	0	0	$\frac{1}{4}$	$\frac{1}{2}$	0	$\frac{1}{2}$	1
FE-Näherungslösung $u_h(x_{j,1}, x_{j,2})$	0	$\frac{1}{24}$	$\frac{1}{8}$	0	$\frac{13}{48}$	$\frac{13}{24}$	0	$\frac{1}{2}$	1

wird auf allen Dreiecksseiten im Mittelpunkt ein neuer Knoten generiert. Durch Verbindung dieser Mittelknoten erhalten wir aus jedem Dreieck vier kongruente Teildreiecke (siehe auch Abbildung 4.27, S. 247). Auf diese Weise entsteht eine Folge von Vernetzungen mit den Diskretisierungsschrittweiten $2^{-1}, 2^{-2}, \ldots$. In der Tabelle 4.21 ist für diese Schrittweiten h der Diskretisierungsfehler $e_h = u - u_h$ in der H^1-, der L_2- und der C-Norm angegeben.

Tabelle 4.21: Diskretisierungsfehler für verschiedene Schrittweiten h

Schritt-weite h	Anz. der Knoten	Anz. der Elemente	$\|e_h\|_{1,2,\Omega}$	$\dfrac{\|e_h\|_{1,2,\Omega}}{\|e_{h/2}\|_{1,2,\Omega}}$	$\|e_h\|_{0,2,\Omega}$	$\dfrac{\|e_h\|_{0,2,\Omega}}{\|e_{h/2}\|_{0,2,\Omega}}$	$\|e_h\|_C$
2^{-1}	9	8	$0.2820 \cdot 10^0$	1.93	$0.6342 \cdot 10^{-1}$	3.70	$0.1874 \cdot 10^0$
2^{-2}	25	32	$0.1431 \cdot 10^0$	1.98	$0.1716 \cdot 10^{-1}$	3.89	$0.6110 \cdot 10^{-1}$
2^{-3}	81	128	$0.7196 \cdot 10^{-1}$	1.99	$0.4412 \cdot 10^{-2}$	3.96	$0.1874 \cdot 10^{-1}$
2^{-4}	289	512	$0.3605 \cdot 10^{-1}$	2.00	$0.1113 \cdot 10^{-2}$	3.99	$0.5545 \cdot 10^{-2}$
2^{-5}	1089	2048	$0.1804 \cdot 10^{-1}$	2.00	$0.2793 \cdot 10^{-3}$	4.00	$0.1600 \cdot 10^{-2}$
2^{-6}	4225	8192	$0.9020 \cdot 10^{-2}$	2.00	$0.6990 \cdot 10^{-4}$	4.00	$0.4532 \cdot 10^{-3}$
2^{-7}	16641	32768	$0.4510 \cdot 10^{-2}$	2.00	$0.1749 \cdot 10^{-4}$	4.00	$0.1263 \cdot 10^{-3}$
2^{-8}	66049	131072	$0.2255 \cdot 10^{-2}$	2.00	$0.4372 \cdot 10^{-5}$	4.00	$0.3478 \cdot 10^{-4}$
2^{-9}	263169	524288	$0.1128 \cdot 10^{-2}$	2.00	$0.1092 \cdot 10^{-5}$	4.00	$0.9446 \cdot 10^{-5}$
2^{-10}	1050625	2097152	$0.5638 \cdot 10^{-3}$		$0.2732 \cdot 10^{-6}$		$0.2531 \cdot 10^{-5}$

Gemäß des H^1-Konvergenzsatzes 4.3, S. 287, muss sich der Fehler in der H^1-Norm halbieren, wenn die Schrittweite h halbiert wird. Dies wird in der Tabelle 4.21 auch deutlich. Die entsprechend der Abschätzung (4.106) theoretisch angegebene Konvergenzordnung in der L_2-Norm wird durch unser numerisches Beispiel ebenfalls bestätigt. Bei Halbierung der Schrittweite viertelt sich der Fehler in der L_2-Norm.

Wir betrachten nun nochmals das Randwertproblem (4.144) in Variationsformulierung, nutzen aber jetzt bei der FE-Diskretisierung nur zwei Dreiecke (siehe Abbildung 4.59) und stückweise quadratische Ansatzfunktionen. In der Abbildung 4.59 sind die lokale und globale Knotennummerierung ersichtlich. Bei der lokalen Knotennummerierung müssen wir beachten, dass die Knoten in der gleichen Reihenfolge nummeriert werden, wie bei der Definition der quadratischen Formfunktionen über dem Referenzdreieck (siehe Tabelle 4.3, S. 256), d.h. zuerst werden die Dreieckseckknoten nummeriert und danach die Seitenmittelknoten. Der Zusammenhang zwischen der lokalen und globalen Knotennummerierung ist in der Tabelle 4.22 gespeichert.

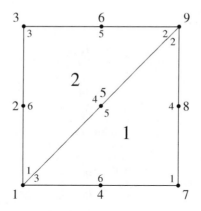

Abbildung 4.59: Vernetzung des Gebietes Ω aus dem Randwertproblem (4.143) – (4.144)

Tabelle 4.22: Elementzusammenhangstabelle für die Vernetzung mit 6-Knoten-Dreiecken

Element-	globale Knotennummern der lokalen Knoten					
nummer	$P_1^{(r)}$	$P_2^{(r)}$	$P_3^{(r)}$	$P_4^{(r)}$	$P_5^{(r)}$	$P_6^{(r)}$
1	7	9	1	8	5	4
2	1	9	3	5	6	2

Wir stellen nun das FE-Gleichungssystem auf. Dazu berechnen wir zuerst die Elementsteifig-keitsmatrizen und bauen diese zur Matrix $\bar{K}_h$ zusammen. Für die Einträge der Elementsteifig-keitsmatrizen

$$K^{(r)} = [K_{\alpha\beta}^{(r)}]_{\alpha,\beta=1}^6, \quad r = 1, 2,$$

gilt

$$K_{\alpha\beta}^{(r)} = \int_{\hat{T}} \left[\left((J^{(r)})^{-T} \operatorname{grad}_\xi \varphi_\alpha(\xi) \right)^T \left((J^{(r)})^{-T} \operatorname{grad}_\xi \varphi_\beta(\xi) \right) \right] |\det J^{(r)}| d\xi$$

(siehe auch S. 266, wobei in unserem Beispiel die Matrix $\Lambda(x)$ die Einheitsmatrix ist). Zur Berechnung dieser Matrixeinträge benötigen wir die partiellen Ableitungen der quadratischen Formfunktionen über dem Referenzdreieck und die Abbildung des Referenzdreiecks auf jedes der beiden Element $T^{(1)}$ und $T^{(2)}$. Die quadratischen Formfunktionen lauten (siehe Tabelle 4.3, S. 256)

$$\varphi_1(\xi_1, \xi_2) = (1 - \xi_1 - \xi_2)(2(1 - \xi_1 - \xi_2) - 1) = 1 - 3\xi_1 - 3\xi_2 + 2\xi_1^2 + 4\xi_1\xi_2 + 2\xi_2^2,$$

$$\varphi_2(\xi_1, \xi_2) = \xi_1(2\xi_1 - 1) = 2\xi_1^2 - \xi_1,$$

$$\varphi_3(\xi_1, \xi_2) = \xi_2(2\xi_2 - 1) = 2\xi_2^2 - \xi_2,$$

$$\varphi_4(\xi_1, \xi_2) = 4\xi_1(1 - \xi_1 - \xi_2) = 4\xi_1 - 4\xi_1^2 - 4\xi_1\xi_2,$$

$$\varphi_5(\xi_1, \xi_2) = 4\xi_1\xi_2,$$

$$\varphi_6(\xi_1, \xi_2) = 4\xi_2(1 - \xi_1 - \xi_2) = 4\xi_2 - 4\xi_i\xi_2 - 4\xi_2^2$$

(4.149)

und deren partiellen Ableitungen

$$\frac{\partial \varphi_1}{\partial \xi_1} = -3 + 4\xi_1 + 4\xi_2, \quad \frac{\partial \varphi_1}{\partial \xi_2} = -3 + 4\xi_1 + 4\xi_2,$$

$$\frac{\partial \varphi_2}{\partial \xi_1} = 4\xi_1 - 1, \quad \frac{\partial \varphi_2}{\partial \xi_2} = 0,$$

$$\frac{\partial \varphi_3}{\partial \xi_1} = 0, \quad \frac{\partial \varphi_3}{\partial \xi_2} = 4\xi_2 - 1,$$

$$\frac{\partial \varphi_4}{\partial \xi_1} = 4 - 8\xi_1 - 4\xi_2, \quad \frac{\partial \varphi_4}{\partial \xi_2} = -4\xi_1,$$

$$\frac{\partial \varphi_5}{\partial \xi_1} = 4\xi_2, \quad \frac{\partial \varphi_5}{\partial \xi_2} = 4\xi_1,$$

$$\frac{\partial \varphi_6}{\partial \xi_1} = -4\xi_2, \quad \frac{\partial \varphi_6}{\partial \xi_2} = 4 - 4\xi_1 - 8\xi_2.$$

Die Abbildung des Referenzdreiecks auf das Dreieck $T^{(1)}$ wird unter Nutzung der in der Tabelle 4.18 angegebenen Knotenkoordinaten und des Zusammenhang zwischen der lokalen und der globalen Knotennummerierung (siehe Tabelle 4.22) durch

$$
\begin{aligned}
\begin{pmatrix} x_1 \\ x_2 \end{pmatrix} &= J^{(1)} \begin{pmatrix} \xi_1 \\ \xi_2 \end{pmatrix} + \begin{pmatrix} x_1^{(1,1)} \\ x_2^{(1,1)} \end{pmatrix} \\
&= \begin{pmatrix} x_1^{(1,2)} - x_1^{(1,1)} & x_1^{(1,3)} - x_1^{(1,1)} \\ x_2^{(1,2)} - x_2^{(1,1)} & x_2^{(1,3)} - x_2^{(1,1)} \end{pmatrix} \begin{pmatrix} \xi_1 \\ \xi_2 \end{pmatrix} + \begin{pmatrix} x_1^{(1,1)} \\ x_2^{(1,1)} \end{pmatrix} \\
&= \begin{pmatrix} x_{9,1} - x_{7,1} & x_{1,1} - x_{7,1} \\ x_{9,2} - x_{7,2} & x_{1,2} - x_{7,2} \end{pmatrix} \begin{pmatrix} \xi_1 \\ \xi_2 \end{pmatrix} + \begin{pmatrix} x_{7,1} \\ x_{7,2} \end{pmatrix} \\
&= \begin{pmatrix} 1-1 & 0-1 \\ 1-0 & 0-0 \end{pmatrix} \begin{pmatrix} \xi_1 \\ \xi_2 \end{pmatrix} + \begin{pmatrix} 1 \\ 0 \end{pmatrix} \\
&= \begin{pmatrix} 0 & -1 \\ 1 & 0 \end{pmatrix} \begin{pmatrix} \xi_1 \\ \xi_2 \end{pmatrix} + \begin{pmatrix} 1 \\ 0 \end{pmatrix}.
\end{aligned}
\tag{4.150}
$$

beschrieben (siehe auch (4.63), S. 252). Die Inverse der Matrix

$$J^{(1)} = \begin{pmatrix} 0 & -1 \\ 1 & 0 \end{pmatrix}$$

ist die Matrix

$$(J^{(1)})^{-1} = \begin{pmatrix} 0 & 1 \\ -1 & 0 \end{pmatrix}$$

und deren Transponierte

$$(J^{(1)})^{-T} = \begin{pmatrix} 0 & -1 \\ 1 & 0 \end{pmatrix}.$$

Für die Determinante der Matrix $J^{(1)}$ gilt

$$\det J^{(1)} = 0 \cdot 0 - 1 \cdot (-1) = 1.$$

Damit können wir die Vektoren $(J^{(1)})^{-T} \operatorname{grad}_\xi \varphi_\alpha$, $\alpha = 1, 2, \ldots, 6$, berechnen, welche zur Berechnung der Einträge der Elementsteifigkeitsmatrizen erforderlich sind. Wir erhalten

$$(J^{(1)})^{-T} \operatorname{grad}_\xi \varphi_1 = \begin{pmatrix} 0 & -1 \\ 1 & 0 \end{pmatrix} \begin{pmatrix} -3 + 4\xi_1 + 4\xi_2 \\ -3 + 4\xi_1 + 4\xi_2 \end{pmatrix} = \begin{pmatrix} 3 - 4\xi_1 - 4\xi_2 \\ -3 + 4\xi_1 + 4\xi_2 \end{pmatrix},$$

$$(J^{(1)})^{-T} \operatorname{grad}_\xi \varphi_2 = \begin{pmatrix} 0 & -1 \\ 1 & 0 \end{pmatrix} \begin{pmatrix} 4\xi_1 - 1 \\ 0 \end{pmatrix} = \begin{pmatrix} 0 \\ 4\xi_1 - 1 \end{pmatrix},$$

$$(J^{(1)})^{-T} \operatorname{grad}_\xi \varphi_3 = \begin{pmatrix} 0 & -1 \\ 1 & 0 \end{pmatrix} \begin{pmatrix} 0 \\ 4\xi_2 - 1 \end{pmatrix} = \begin{pmatrix} -4\xi_2 + 1 \\ 0 \end{pmatrix},$$

$$(J^{(1)})^{-T} \operatorname{grad}_\xi \varphi_4 = \begin{pmatrix} 0 & -1 \\ 1 & 0 \end{pmatrix} \begin{pmatrix} 4 - 8\xi_1 - 4\xi_2 \\ -4\xi_1 \end{pmatrix} = \begin{pmatrix} 4\xi_1 \\ 4 - 8\xi_1 - 4\xi_2 \end{pmatrix},$$

$$(J^{(1)})^{-T} \operatorname{grad}_\xi \varphi_5 = \begin{pmatrix} 0 & -1 \\ 1 & 0 \end{pmatrix} \begin{pmatrix} 4\xi_2 \\ 4\xi_1 \end{pmatrix} = \begin{pmatrix} -4\xi_1 \\ 4\xi_2 \end{pmatrix},$$

$$(J^{(1)})^{-T} \operatorname{grad}_\xi \varphi_6 = \begin{pmatrix} 0 & -1 \\ 1 & 0 \end{pmatrix} \begin{pmatrix} -4\xi_2 \\ 4 - 4\xi_1 - 8\xi_2 \end{pmatrix} = \begin{pmatrix} -4 + 4\xi_1 + 8\xi_2 \\ -4\xi_2 \end{pmatrix}.$$

Damit gilt beispielsweise für das Matrixelement $K_{11}^{(1)}$

$$
\begin{aligned}
K_{11}^{(1)} &= \int_{\widehat{T}} \left[\left((J^{(1)})^{-T} \operatorname{grad}_\xi \varphi_1(\xi) \right)^T \left((J^{(1)})^{-T} \operatorname{grad}_\xi \varphi_1(\xi) \right) \right] |\det J^{(1)}| \, d\xi \\
&= \int_0^1 \int_0^{1-\xi_1} \left[(3 - 4\xi_1 - 4\xi_2)^2 + (-3 + 4\xi_1 + 4\xi_2)^2 \right] \cdot 1 \, d\xi_2 d\xi_1 \\
&= \int_0^1 \int_0^{1-\xi_1} \left[(3 - 4\xi_1 - 4\xi_2)^2 + ((-1)(3 - 4\xi_1 - 4\xi_2))^2 \right] d\xi_2 d\xi_1 \\
&= 2 \int_0^1 \int_0^{1-\xi_1} \left[(3 - 4\xi_1 - 4\xi_2)^2 \right] d\xi_2 d\xi_1
\end{aligned}
$$

und weiter

$$
\begin{aligned}
K_{11}^{(1)} &= 2\int_0^1 \int_0^{1-\xi_1} \left[9 + 16\xi_1^2 + 16\xi_2^2 - 24\xi_1 - 24\xi_2 + 32\xi_1\xi_2\right] d\xi_2 d\xi_1 \\[2mm]
&= 2\int_0^1 \int_0^{1-\xi_1} \left[(9 - 24\xi_1 + 16\xi_1^2) + (-24 + 32\xi_1)\xi_2 + 16\xi_2^2\right] d\xi_2 d\xi_1 \\[2mm]
&= 2\int_0^1 \left[\left[(9 - 24\xi_1 + 16\xi_1^2)\xi_2\right]_0^{1-\xi_1} + \left[(-24 + 32\xi_1)\frac{\xi_2^2}{2}\right]_0^{1-\xi_1} + \left[16\frac{\xi_2^3}{3}\right]_0^{1-\xi_1} \right] d\xi_1 \\[2mm]
&= 2\int_0^1 \left[(9 - 24\xi_1 + 16\xi_1^2)(1 - \xi_1) + (-24 + 32\xi_1)\frac{(1-\xi_1)^2}{2} + 16\frac{(1-\xi_1)^3}{3} \right] d\xi_1 \\[2mm]
&= 2\int_0^1 \left[\frac{7}{3} - 9\xi_1 + 12\xi_1^2 - \frac{16}{3}\xi_1^3 \right] d\xi_1 \\[2mm]
&= 2\left\{ \left[\frac{7}{3}\xi_1\right]_0^1 - 9\left[\frac{\xi_1^2}{2}\right]_0^1 + 12\left[\frac{\xi_1^3}{3}\right]_0^1 - \frac{16}{3}\left[\frac{\xi_1^4}{4}\right]_0^1 \right\} = 2\left\{\frac{7}{3} - \frac{9}{2} + \frac{12}{3} - \frac{16}{12}\right\} = 1
\end{aligned}
$$

sowie für das Element $K_{12}^{(1)}$

$$
\begin{aligned}
K_{12}^{(1)} &= \int_{\widehat{T}} \left[\left((J^{(1)})^{-T} \operatorname{grad}_\xi \varphi_1(\xi)\right)^T \left((J^{(1)})^{-T} \operatorname{grad}_\xi \varphi_2(\xi)\right) \right] |\det J^{(1)}| \, d\xi \\[2mm]
&= \int_0^1 \int_0^{1-\xi_1} \left[(3 - 4\xi_1 - 4\xi_2)\cdot 0 + (-3 + 4\xi_1 + 4\xi_2)(4\xi_1 - 1)\right] \cdot 1 \, d\xi_2 d\xi_1 \\[2mm]
&= \int_0^1 \int_0^{1-\xi_1} \left[(3 - 16\xi_1 + 16\xi_1^2) + (16\xi_1 - 4)\xi_2\right] d\xi_2 d\xi_1 \\[2mm]
&= \int_0^1 \left[\left[(3 - 16\xi_1 + 16\xi_1^2)\xi_2\right]_0^{1-\xi_1} + \left[(16\xi_1 - 4)\frac{\xi_2^2}{2}\right]_0^{1-\xi_1} \right] d\xi_1 \\[2mm]
&= \int_0^1 \left[(3 - 16\xi_1 + 16\xi_1^2)(1 - \xi_1) + (16\xi_1 - 4)\frac{(1-\xi_1)^2}{2} \right] d\xi_1 \\[2mm]
&= \int_0^1 \left[1 - 7\xi_1 + 14\xi_1^2 - 8\xi_1^3\right] d\xi_1 \\[2mm]
&= [\xi_1]_0^1 - 7\left[\frac{\xi_1^2}{2}\right]_0^1 + 14\left[\frac{\xi_1^3}{3}\right]_0^1 - 8\left[\frac{\xi_1^4}{4}\right]_0^1 = 1 - \frac{7}{2} + \frac{14}{3} - \frac{8}{4} = \frac{1}{6}.
\end{aligned}
$$

Die anderen Einträge der Elementsteifigkeitsmatrix $K^{(1)}$ werden auf analoge Weise berechnet. Wir erhalten die Matrix

$$K^{(1)} = \begin{pmatrix} 1 & \frac{1}{6} & \frac{1}{6} & -\frac{2}{3} & 0 & -\frac{2}{3} \\ \frac{1}{6} & \frac{1}{2} & 0 & -\frac{2}{3} & 0 & 0 \\ \frac{1}{6} & 0 & \frac{1}{2} & 0 & 0 & -\frac{2}{3} \\ -\frac{2}{3} & -\frac{2}{3} & 0 & \frac{8}{3} & -\frac{4}{3} & 0 \\ 0 & 0 & 0 & -\frac{4}{3} & \frac{8}{3} & -\frac{4}{3} \\ -\frac{2}{3} & 0 & -\frac{2}{3} & 0 & -\frac{4}{3} & \frac{8}{3} \end{pmatrix}.$$

In der Bemerkung 4.12, S. 266, haben wir festgestellt, dass im Fall einer Bilinearform

$$a(u_h, v_h) = \int_\Omega (\text{grad}\, v_h(x))^T \Lambda(x) \text{grad}\, u_h(x)\, dx$$

die Summe der Einträge jeder Zeile in der Elementsteifigkeitsmatrix gleich Null ist. Genau solch eine Bilinearform liegt in unserer Beispielaufgabe vor. Wir können deshalb diese Eigenschaft zur Kontrolle der berechneten Elementsteifigkeitsmatrix nutzen. Berechnen wir die Summe der Matrixeinträge einer jeden Zeile der Matrix $K^{(1)}$. dann erhalten wir tatsächlich immer den Wert Null.

Zur Berechnung der Elementsteifigkeitsmatrix $K^{(2)}$ benötigen wir die Abbildung des Referenzelements auf das Dreieck $T^{(2)}$, d.h.

$$\begin{aligned} \begin{pmatrix} x_1 \\ x_2 \end{pmatrix} &= J^{(2)} \begin{pmatrix} \xi_1 \\ \xi_2 \end{pmatrix} + \begin{pmatrix} x_1^{(2,1)} \\ x_2^{(2,1)} \end{pmatrix} \\ &= \begin{pmatrix} x_1^{(2,2)} - x_1^{(2,1)} & x_1^{(2,3)} - x_1^{(2,1)} \\ x_2^{(2,2)} - x_2^{(2,1)} & x_2^{(2,3)} - x_2^{(2,1)} \end{pmatrix} \begin{pmatrix} \xi_1 \\ \xi_2 \end{pmatrix} + \begin{pmatrix} x_1^{(2,1)} \\ x_2^{(2,1)} \end{pmatrix} \\ &= \begin{pmatrix} x_{9,1} - x_{1,1} & x_{3,1} - x_{1,1} \\ x_{9,2} - x_{1,2} & x_{3,2} - x_{1,2} \end{pmatrix} \begin{pmatrix} \xi_1 \\ \xi_2 \end{pmatrix} + \begin{pmatrix} x_{1,1} \\ x_{1,2} \end{pmatrix} \\ &= \begin{pmatrix} 1-0 & 0-0 \\ 1-0 & 1-0 \end{pmatrix} \begin{pmatrix} \xi_1 \\ \xi_2 \end{pmatrix} + \begin{pmatrix} 0 \\ 0 \end{pmatrix} = \begin{pmatrix} 1 & 0 \\ 1 & 1 \end{pmatrix} \begin{pmatrix} \xi_1 \\ \xi_2 \end{pmatrix}. \end{aligned} \tag{4.151}$$

Damit ergibt sich analog zur Berechnung der Elementsteifigkeitsmatrix $K^{(1)}$ die Elementsteifigkeitsmatrix

$$K^{(2)} = \begin{pmatrix} \frac{1}{2} & 0 & \frac{1}{6} & 0 & 0 & -\frac{2}{3} \\ 0 & \frac{1}{2} & \frac{1}{6} & 0 & -\frac{2}{3} & 0 \\ \frac{1}{6} & \frac{1}{6} & 1 & 0 & -\frac{2}{3} & -\frac{2}{3} \\ 0 & 0 & 0 & \frac{8}{3} & -\frac{4}{3} & -\frac{4}{3} \\ 0 & -\frac{2}{3} & -\frac{2}{3} & -\frac{4}{3} & \frac{8}{3} & 0 \\ -\frac{2}{3} & 0 & -\frac{2}{3} & -\frac{4}{3} & 0 & \frac{8}{3} \end{pmatrix}.$$

Zur Assemblierung der beiden Elementsteifigkeitsmatrizen $K^{(1)}$ und $K^{(2)}$ benötigen wir die Informationen aus der Elementzusammenhangstabelle 4.22. Da im Element $T^{(1)}$ der Knoten mit der lokalen Nummer 1, 2, 3, 4, 5 bzw. 6 die globale Nummer 7, 9, 1, 8, 5 bzw. 4 hat, wird das Matrixelement $K_{11}^{(1)}$ der Elementsteifigkeitsmatrix $K^{(1)}$ zum Element K_{77} der Matrix $\bar{K}_h$, das Element $K_{12}^{(1)}$ zum Matrixelement K_{79} usw. addiert. Dies ergibt die Matrix

$$
\begin{array}{c}
\\1\\2\\3\\4\\5\\6\\7\\8\\9
\end{array}
\begin{array}{ccccccccc}
1 & 2 & 3 & 4 & 5 & 6 & 7 & 8 & 9 \\
\frac{1}{2} & 0 & 0 & -\frac{2}{3} & 0 & 0 & \frac{1}{6} & 0 & 0 \\
0 & 0 & 0 & 0 & 0 & 0 & 0 & 0 & 0 \\
0 & 0 & 0 & 0 & 0 & 0 & 0 & 0 & 0 \\
-\frac{2}{3} & 0 & 0 & \frac{8}{3} & -\frac{4}{3} & 0 & -\frac{2}{3} & 0 & 0 \\
0 & 0 & 0 & -\frac{4}{3} & \frac{8}{3} & 0 & 0 & -\frac{4}{3} & 0 \\
0 & 0 & 0 & 0 & 0 & 0 & 0 & 0 & 0 \\
\frac{1}{6} & 0 & 0 & -\frac{2}{3} & 0 & 0 & 1 & -\frac{2}{3} & \frac{1}{6} \\
0 & 0 & 0 & 0 & -\frac{4}{3} & 0 & -\frac{2}{3} & \frac{8}{3} & -\frac{2}{3} \\
0 & 0 & 0 & 0 & 0 & 0 & \frac{1}{6} & -\frac{2}{3} & \frac{1}{2}
\end{array}
$$

Addieren wir noch unter Beachtung des Zusammenhangs zwischen der lokalen Knotennummerierung im Element $T^{(2)}$ und der globalen Knotennummerierung die Elementsteifigkeitsmatrix $K^{(2)}$ zu dieser Matrix, so erhalten wir die Matrix

$$
\bar{K}_h =
\begin{array}{c}
\\1\\2\\3\\4\\5\\6\\7\\8\\9
\end{array}
\begin{array}{ccccccccc}
1 & 2 & 3 & 4 & 5 & 6 & 7 & 8 & 9 \\
\frac{1}{2}+\frac{1}{2} & -\frac{2}{3} & \frac{1}{6} & -\frac{2}{3} & 0 & 0 & \frac{1}{6} & 0 & 0 \\
-\frac{2}{3} & \frac{8}{3} & -\frac{2}{3} & 0 & -\frac{4}{3} & 0 & 0 & 0 & 0 \\
\frac{1}{6} & -\frac{2}{3} & 1 & 0 & 0 & -\frac{2}{3} & 0 & 0 & \frac{1}{6} \\
-\frac{2}{3} & 0 & 0 & \frac{8}{3} & -\frac{4}{3} & 0 & -\frac{2}{3} & 0 & 0 \\
0 & -\frac{4}{3} & 0 & -\frac{4}{3} & \frac{8}{3}+\frac{8}{3} & -\frac{4}{3} & 0 & -\frac{4}{3} & 0 \\
0 & 0 & -\frac{2}{3} & 0 & -\frac{4}{3} & \frac{8}{3} & 0 & 0 & -\frac{2}{3} \\
\frac{1}{6} & 0 & 0 & -\frac{2}{3} & 0 & 0 & 1 & -\frac{2}{3} & \frac{1}{6} \\
0 & 0 & 0 & 0 & -\frac{4}{3} & 0 & -\frac{2}{3} & \frac{8}{3} & -\frac{2}{3} \\
0 & 0 & \frac{1}{6} & 0 & 0 & -\frac{2}{3} & \frac{1}{6} & -\frac{2}{3} & \frac{1}{2}+\frac{1}{2}
\end{array} ,
$$

d.h.

$$
\bar{K}_h =
\begin{pmatrix}
1 & -\frac{2}{3} & \frac{1}{6} & -\frac{2}{3} & 0 & 0 & \frac{1}{6} & 0 & 0 \\
-\frac{2}{3} & \frac{8}{3} & -\frac{2}{3} & 0 & -\frac{4}{3} & 0 & 0 & 0 & 0 \\
\frac{1}{6} & -\frac{2}{3} & 1 & 0 & 0 & -\frac{2}{3} & 0 & 0 & \frac{1}{6} \\
-\frac{2}{3} & 0 & 0 & \frac{8}{3} & -\frac{4}{3} & 0 & -\frac{2}{3} & 0 & 0 \\
0 & -\frac{4}{3} & 0 & -\frac{4}{3} & \frac{16}{3} & -\frac{4}{3} & 0 & -\frac{4}{3} & 0 \\
0 & 0 & -\frac{2}{3} & 0 & -\frac{4}{3} & \frac{8}{3} & 0 & 0 & -\frac{2}{3} \\
\frac{1}{6} & 0 & 0 & -\frac{2}{3} & 0 & 0 & 1 & -\frac{2}{3} & \frac{1}{6} \\
0 & 0 & 0 & 0 & -\frac{4}{3} & 0 & -\frac{2}{3} & \frac{8}{3} & -\frac{2}{3} \\
0 & 0 & \frac{1}{6} & 0 & 0 & -\frac{2}{3} & \frac{1}{6} & -\frac{2}{3} & 1
\end{pmatrix} . \tag{4.152}
$$

Da die Funktion f im Randwertproblem (4.144) identisch Null ist, sind die Elementlastvektoren $\underline{f}^{(r)}$, $r = 1, 2$, gleich dem Nullvektor. Folglich ist bis zu diesem Schritt beim Aufbau des FE-Gleichungssystems auch der Lastvektor $\underline{f}_h$ gleich dem Nullvektor. Wir müssen aber noch die Randbedingungen 1. und 2. Art im FE-Gleichungssystem berücksichtigen. Zur Berücksichtigung der Randbedingungen 2. Art müssen die Integrale

$$
-\int_{\Gamma_{21}} x_2 v_h\, ds \quad \text{und} \quad \int_{\Gamma_{22}} x_1 v_h\, ds
$$

berechnet werden. Dies erfolgt wieder einzeln für die Dreieckseiten, welche auf dem Rand Γ_{21} bzw. Γ_{22} liegen. Der Rand Γ_{21} wird durch die Dreiecksseite $E_2^{(1)} = \overline{P_3 P_1}$ und der Rand Γ_{22} durch die Seite $E_2^{(2)} = \overline{P_9 P_3}$ gebildet (siehe auch Abbildung 4.59). Bevor wir die Berechnung der obigen Integrale durchführen, stellen wir noch die Zuordnungstabelle zwischen der lokalen Knotennummerierung auf den entsprechenden Dreiecksseiten und der globalen Knotennummerierung her. Bei der lokalen Knotennummerierung muss die gleiche Reihenfolge verwendet werden wie bei der Definition der quadratischen Formfunktionen über dem Referenzintervall, d.h. die Knoten sind lokal in der Reihenfolge erster Begrenzungsknoten der entsprechenden Randseite, Mittelknoten, zweiter Begrenzungsknoten zu nummerieren. Dabei ist es egal, welcher der beiden Begrenzungsknoten die Nummer 1 erhält (siehe auch (3.64), S. 117). Der Zusammenhang zwischen der lokalen und der globalen Knotennummerierung ist in der Tabelle 4.23 angegeben.

Tabelle 4.23: Zuordnungstabelle für die Randseiten auf dem Rand Γ_2

Nummer der Dreiecks- seite, die auf Γ_2 liegt	globale Knotennummern der Knoten mit der lokalen Nummer		
	1	2	3
1	3	2	1
2	9	6	3

Gemäß der Beziehung (4.99), S. 280, müssen die Vektoren

$$\underline{f}^{(1)} = \left(\int_{E_2^{(1)}} -x_2 p_1^{(1)}(x)\, ds \quad \int_{E_2^{(1)}} -x_2 p_2^{(1)}(x)\, ds \quad \int_{E_2^{(1)}} -x_2 p_3^{(1)}(x)\, ds \right)^T ,$$

$$\underline{f}^{(2)} = \left(\int_{E_2^{(2)}} x_1 p_1^{(2)}(x)\, ds \quad \int_{E_2^{(2)}} x_1 p_2^{(2)}(x)\, ds \quad \int_{E_2^{(2)}} x_1 p_3^{(2)}(x)\, ds \right)^T$$

berechnet werden. Bei der Berechnung dieser Integrale wird eine Abbildung auf das Referenz-intervall durchgeführt. Die Abbildung für die Randseite $E_2^{(1)}$ auf das Referenzintervall lautet (siehe (4.95), S. 277)

$$x = x_{E^{(1)}}(\xi_1) : \quad \begin{pmatrix} x_1 \\ x_2 \end{pmatrix} = \begin{pmatrix} x_1^{(1,\widehat{N}_E)} - x_1^{(1,1)} \\ x_2^{(1,\widehat{N}_E)} - x_2^{(1,1)} \end{pmatrix} \xi_1 + \begin{pmatrix} x_1^{(1,1)} \\ x_2^{(1,1)} \end{pmatrix}$$

$$= \begin{pmatrix} x_1^{(1,3)} - x_1^{(1,1)} \\ x_2^{(1,3)} - x_2^{(1,1)} \end{pmatrix} \xi_1 + \begin{pmatrix} x_1^{(1,1)} \\ x_2^{(1,1)} \end{pmatrix}$$

$$= \begin{pmatrix} x_{1,1} - x_{3,1} \\ x_{1,2} - x_{3,2} \end{pmatrix} \xi_1 + \begin{pmatrix} x_{3,1} \\ x_{3,2} \end{pmatrix} ,$$

wobei wir hier genutzt haben, dass der Knoten mit der lokalen Knotennummer 1 die globale Kno-tennummer 3 und der Knoten mit der lokalen Nummer 3 die globale Nummer 1 hat (siehe Tabel-le 4.23) und dass die Knoten mit der globalen Nummer 1 und 3 die beiden Begrenzungsknoten der Randseite sind. Setzen wir noch die entsprechenden Knotenkoordinaten aus der Tabelle 4.18 ein, erhalten wir die Abbildungsvorschrift

$$\begin{pmatrix} x_1 \\ x_2 \end{pmatrix} = \begin{pmatrix} 0-0 \\ 0-1 \end{pmatrix} \xi_1 + \begin{pmatrix} 0 \\ 1 \end{pmatrix} = \begin{pmatrix} 0 \\ -1 \end{pmatrix} \xi_1 + \begin{pmatrix} 0 \\ 1 \end{pmatrix} ,$$

d.h.

$$x_1 = (x_1^{(1,3)} - x_1^{(1,1)})\xi_1 + x_1^{(1,1)} = 0, \quad x_2 = (x_2^{(1,3)} - x_2^{(1,1)})\xi_1 + x_2^{(1,1)} = -\xi_1 + 1 . \qquad (4.153)$$

Außerdem gilt

$$\sqrt{\left(x_1^{(e,\widehat{N}_E)} - x_1^{(e,1)}\right)^2 + \left(x_2^{(e,\widehat{N}_E)} - x_2^{(e,1)}\right)^2} = \sqrt{\left(x_1^{(1,3)} - x_1^{(1,1)}\right)^2 + \left(x_2^{(1,3)} - x_2^{(1,1)}\right)^2}$$

$$= \sqrt{(0-0)^2 + (0-1)^2} = 1 .$$

Mit den quadratischen Formfunktionen

$$\varphi_1(\xi_1) = 1 - 3\xi_1 + 2\xi_1^2 , \quad \varphi_2(\xi_1) = 4\xi_1 - 4\xi_1^2 , \quad \varphi_3(\xi_1) = 2\xi_1^2 - \xi_1$$

auf dem Referenzintervall (siehe (3.65), S. 118) und den Beziehungen (4.153) ergibt sich für die Einträge des Vektors $\underline{f}^{(1)}$ (siehe 4. Schritt in der Zusammenfassung zum Aufbau des FE-Gleichungssystems, S. 285)

$$
\int\limits_{E_2^{(1)}} -x_2 p_1^{(1)}(x)\,ds
$$

$$
= \int\limits_0^1 \left\{ -\left[\left(x_2^{(1,3)} - x_2^{(1,1)}\right)\xi_1 + x_2^{(1,1)}\right]\varphi_1(\xi_1)\sqrt{\left(x_1^{(1,3)} - x_1^{(1,1)}\right)^2 + \left(x_2^{(1,3)} - x_2^{(1,1)}\right)^2}\right\}d\xi_1
$$

$$
= \int\limits_0^1 \left\{-[-\xi_1 + 1]\cdot(1 - 3\xi_1 + 2\xi_1^2)\cdot 1\right\}d\xi_1 \;=\; -\frac{1}{6}.
$$

Auf analoge Weise erhalten wir

$$
\int\limits_{E_2^{(1)}} -x_2 p_2^{(1)}(x)\,ds
$$

$$
= \int\limits_0^1 \left\{ -\left[\left(x_2^{(1,3)} - x_2^{(1,1)}\right)\xi_1 + x_2^{(1,1)}\right]\varphi_2(\xi_1)\sqrt{\left(x_1^{(1,3)} - x_1^{(1,1)}\right)^2 + \left(x_2^{(1,3)} - x_2^{(1,1)}\right)^2}\right\}d\xi_1
$$

$$
= \int\limits_0^1 \left\{-[-\xi_1 + 1]\cdot(4\xi_1 - 4\xi_1^2)\cdot 1\right\}d\xi_1 \;=\; -\frac{1}{3}
$$

und

$$
\int\limits_{E_2^{(1)}} -x_2 p_3^{(1)}(x)\,ds
$$

$$
= \int\limits_0^1 \left\{ -\left[\left(x_2^{(1,3)} - x_2^{(1,1)}\right)\xi_1 + x_2^{(1,1)}\right]\varphi_3(\xi_1)\sqrt{\left(x_1^{(1,3)} - x_1^{(1,1)}\right)^2 + \left(x_2^{(1,3)} - x_2^{(1,1)}\right)^2}\right\}d\xi_1
$$

$$
= \int\limits_0^1 \left\{-[-\xi_1 + 1]\cdot(2\xi_1^2 - \xi_1)\cdot 1\right\}d\xi_1 \;=\; 0,
$$

d.h.

$$
\underline{f}^{(1)} = \left(-\frac{1}{6} \quad -\frac{1}{3} \quad 0\right)^T.
$$

Analoge Berechnungen liefern den Vektor

$$
\underline{f}^{(2)} = \left(\frac{1}{6} \quad \frac{1}{3} \quad 0\right)^T.
$$

Der Einbau der Vektoren $\underline{f}^{(e)}$, $e = 1,2$, in den Lastvektor erfolgt unter Nutzung der Zusammenhangstabelle 4.23. Die Knoten mit der lokalen Knotennummer 1, 2 bzw. 3 auf der Randseite $E_2^{(1)}$

haben die globale Knotennummer 3, 2 bzw. 1. Deshalb addieren wir die Vektorkomponente $f_1^{(1)}$ des Vektors $\underline{f}^{(1)}$ zur Komponente f_3 des Vektors $\bar{f}_h$, d.h. den Lastvektor, in welchem die Randbedingungen noch nicht berücksichtigt sind. Die Komponente $f_2^{(1)}$ wird zur Komponente f_2 und die Komponente $f_3^{(1)}$ zur Komponente f_1 addiert:

$$\widehat{\underline{f}}_h = \overset{\scriptstyle 1 \quad\;\; 2 \quad\;\;\; 3 \;\; 4 \;\; 5 \;\; 6 \;\; 7 \;\; 8 \;\; 9}{\left(0 \;\; -\frac{1}{3} \;\; -\frac{1}{6} \;\; 0 \;\; 0 \;\; 0 \;\; 0 \;\; 0 \;\; 0 \right)^T}.$$

Addieren wir noch den Vektor $\underline{f}^{(2)}$ zu $\widehat{\underline{f}}_h$, so ergibt sich der Vektor

$$\widehat{\underline{f}}_h = \overset{\scriptstyle 1 \quad\;\; 2 \quad\;\;\; 3 \;\; 4 \;\; 5 \quad 6 \;\; 7 \;\; 8 \quad 9}{\left(0 \;\; -\frac{1}{3} \;\; -\frac{1}{6} \;\; 0 \;\; 0 \;\; \frac{1}{3} \;\; 0 \;\; 0 \;\; \frac{1}{6} \right)^T}, \qquad (4.154)$$

in welchem die Elementlastvektoren und die Randbedingungen zweiter Art eingearbeitet sind. Die Einarbeitung der Randbedingungen 1. Art führen wir gemäß der ersten Variante (siehe Abschnitt 4.5.3, S. 281) durch. Aufgrund der vorgegebenen Randbedingungen sind in der Lösungsdarstellung $u_h = \sum_{j=1}^9 u_j p_j$ die Komponenten u_1, u_4, u_7, u_8 und u_9 bekannt. Es gilt $u_1 = u_4 = u_7 = 0$, $u_8 = \frac{1}{2}$ und $u_9 = 1$. Für alle $i \in \omega_h = \{2,3,5,6\}$ berechnen wir

$$f_i = \widehat{f}_i - \sum_{j \in \gamma_h} K_{ij} u_j$$

mit $\gamma_h = \{1,4,7,8,9\}$. K_{ij} sowie $\widehat{f}_i$ sind die Einträge der Matrix $\bar{K}_h$ aus (4.152) und des Vektors $\widehat{\underline{f}}_h$ aus (4.154). Wir erhalten beispielsweise für $i = 2$

$$\begin{aligned} f_2 &= \widehat{f}_2 - \sum_{j \in \gamma_h} K_{2j} u_j = \widehat{f}_2 - (K_{21} u_1 + K_{24} u_4 + K_{27} u_7 + K_{28} u_8 + K_{29} u_9) \\ &= -\frac{1}{3} - \left(-\frac{2}{3} \cdot 0 + 0 \cdot 0 + 0 \cdot 0 + 0 \cdot \frac{1}{2} + 0 \cdot 1\right) = -\frac{1}{3} \end{aligned}$$

und für $i = 3$

$$\begin{aligned} f_3 &= \widehat{f}_3 - \sum_{j \in \gamma_h} K_{3j} u_j = \widehat{f}_3 - (K_{31} u_1 + K_{34} u_4 + K_{37} u_7 + K_{38} u_8 + K_{39} u_9) \\ &= -\frac{1}{6} - \left(\frac{1}{6} \cdot 0 + 0 \cdot 0 + 0 \cdot 0 + 0 \cdot \frac{1}{2} + \frac{1}{6} \cdot 1\right) = -\frac{1}{6} - \frac{1}{6}. \end{aligned}$$

Analog ergibt sich für $i = 5$ und $i = 6$

$$f_5 = \widehat{f}_5 - \sum_{j \in \gamma_h} K_{5j} u_j = 0 + \frac{2}{3}$$

und

$$f_6 = \widehat{f}_6 - \sum_{j \in \gamma_h} K_{6j} u_j = \frac{1}{3} + \frac{2}{3}.$$

Nach diesen Berechnungen streichen wir die Zeilen i und Spalten j, $i, j \in \gamma_h$, aus der Matrix $\bar{K}_h$ und die Zeilen i, $i \in \gamma_h$, aus dem Vektor $\widehat{\underline{f}}_h$. So erhalten wir schließlich das Gleichungssystem

$$\begin{pmatrix} \frac{8}{3} & -\frac{2}{3} & -\frac{4}{3} & 0 \\ -\frac{2}{3} & 1 & 0 & -\frac{2}{3} \\ -\frac{4}{3} & 0 & \frac{16}{3} & -\frac{4}{3} \\ 0 & -\frac{2}{3} & -\frac{4}{3} & \frac{8}{3} \end{pmatrix} \begin{pmatrix} u_2 \\ u_3 \\ u_5 \\ u_6 \end{pmatrix} = \begin{pmatrix} -\frac{1}{3} \\ -\frac{1}{6} - \frac{1}{6} \\ 0 + \frac{2}{3} \\ \frac{1}{3} + \frac{2}{3} \end{pmatrix}.$$

Dieses Gleichungssystem hat als Lösung den Vektor

$$\underline{u}_h = \begin{bmatrix} 0 & 0 & \frac{1}{4} & \frac{1}{2} \end{bmatrix}^T.$$

In der folgenden Tabelle 4.20 vergleichen wir die exakte Lösung des Randwertproblems (4.143) mit der ermittelten FE-Näherungsösung in den Knoten der Vernetzung. Dieser Vergleich zeigt, dass beide Lösungen in den Knoten der Vernetzung identisch sind (siehe Tabelle 4.24).

Tabelle 4.24: Vergleich der FE-Näherungsösung mit der exakten Lösung

Knotennummer j	1	2	3	4	5	6	7	8	9
exakte Lösung $u = x_{j,1} x_{j,2}$	0	0	0	0	$\frac{1}{4}$	$\frac{1}{2}$	0	$\frac{1}{2}$	1
FE-Lösung $u_h(x_{j,1}, x_{j,2})$	0	0	0	0	$\frac{1}{4}$	$\frac{1}{2}$	0	$\frac{1}{2}$	1

Wir zeigen noch, dass nicht nur in den Knoten eine Übereinstimmung der FE-Lösung und der exakten Lösung vorliegt, sondern dass überhaupt die FE-Lösung u_h und die exakte Lösung $u(x_1, x_2) = x_1 x_2$ des Randwertproblems (4.144) identisch sind. Dazu benötigen wir die konkrete Gestalt der Ansatzfunktionen p_i, $i = 1, 2, \dots, 9$. Die Definition der Ansatzfunktionen haben wir im Abschnitt 4.5.2 diskutiert (siehe (4.70), S. 261). Wir erläutern diese Definition nochmals anhand der Ansatzfunktionen p_1 und p_2. Die Funktion p_1 ist über den beiden Dreiecken $T^{(1)}$ und $T^{(2)}$ von Null verschieden, da der Knoten mit der globalen Nummer 1 zu diesen beiden Dreiecken gehört (siehe auch Abbildung 4.59). Im Dreieck $T^{(1)}$ hat der Knoten mit der globalen Nummer 1 die lokale Knotennummer 3 und im Dreieck $T^{(2)}$ die lokale Knotennummer 1. Deshalb gilt

$$p_1(x) = \begin{cases} p_3^{(1)}(x) & \text{für } x \in \overline{T}^{(1)} \\ p_1^{(2)}(x) & \text{für } x \in \overline{T}^{(2)}. \end{cases}$$

Die Formfunktionen $p_3^{(1)}$ und $p_1^{(2)}$ erhalten wir, indem die Transformationsvorschrift $\xi_{T^{(1)}}(x)$ bzw. $\xi_{T^{(2)}}(x)$ in die quadratische Formfunktion $\varphi_3(\xi)$ bzw. $\varphi_1(\xi)$ über dem Referenzdreieck eingesetzt wird. Wir benötigen also zunächst die Vorschriften $\xi_{T^{(1)}}(x)$ und $\xi_{T^{(2)}}(x)$ für die Abbildung des Dreiecks $T^{(1)}$ und $T^{(2)}$ auf das Referenzdreieck. Aus den Abbildungsvorschriften

(4.150) und (4.151) folgt

$$\xi_{T^{(1)}}(x) = \begin{pmatrix} \xi_1 \\ \xi_2 \end{pmatrix} = \begin{pmatrix} 0 & -1 \\ 1 & 0 \end{pmatrix}^{-1} \begin{pmatrix} x_1 - 1 \\ x_2 - 0 \end{pmatrix} = \begin{pmatrix} 0 & 1 \\ -1 & 0 \end{pmatrix} \begin{pmatrix} x_1 - 1 \\ x_2 \end{pmatrix} = \begin{pmatrix} x_2 \\ 1 - x_1 \end{pmatrix},$$

d.h.

$$\xi_1 = x_2, \ \xi_2 = 1 - x_1 \quad \text{für } (x_1, x_2) \in \overline{T}^{(1)}$$

und

$$\xi_{T^{(2)}}(x) = \begin{pmatrix} \xi_1 \\ \xi_2 \end{pmatrix} = \begin{pmatrix} 1 & 0 \\ 1 & 1 \end{pmatrix}^{-1} \begin{pmatrix} x_1 \\ x_2 \end{pmatrix} = \begin{pmatrix} 1 & 0 \\ -1 & 1 \end{pmatrix} \begin{pmatrix} x_1 \\ x_2 \end{pmatrix} = \begin{pmatrix} x_1 \\ x_2 - x_1 \end{pmatrix},$$

d.h.

$$\xi_1 = x_1, \ \xi_2 = x_2 - x_1 \quad \text{für } (x_1, x_2) \in \overline{T}^{(2)}.$$

Mit den Formfunktionen $\varphi_1(\xi) = 1 - 3\xi_1 - 3\xi_2 + 2\xi_1^2 + 4\xi_1\xi_2 + 2\xi_2^2$ und $\varphi_3(\xi) = 2\xi_2^2 - \xi_2$ folgt dann

$$p_1(x) = \begin{cases} \varphi_3(\xi_{T^{(1)}}(x)) = 2(1-x_1)^2 - (1-x_1) = 1 - 3x_1 + 2x_1^2 & \text{für } x \in \overline{T}^{(1)} \\ \varphi_1(\xi_{T^{(2)}}(x)) = 1 - 3x_1 - 3(x_2 - x_1) + 2x_1^2 + 4x_1(x_2 - x_1) + 2(x_2 - x_1)^2 \\ \qquad = 1 - 3x_2 + 2x_2^2 & \text{für } x \in \overline{T}^{(2)}. \end{cases}$$

Die Funktion p_2 ist nur über dem Element $T^{(2)}$ von Null verschieden, da der Knoten P_2 nur zum Dreieck $T^{(2)}$ gehört. Dieser Knoten hat im Dreieck $T^{(2)}$ die lokale Nummer 6. Deshalb gilt unter Nutzung der Formfunktion $\varphi_6(\xi) = 4\xi_2 - 4\xi_1\xi_2 - 4\xi_2^2$ (siehe (4.149)):

$$p_2(x) = \begin{cases} 0 & \text{für } x \in \overline{T}^{(1)} \\ p_6^{(2)}(x) & \text{für } x \in \overline{T}^{(2)} \end{cases}$$

$$= \begin{cases} 0 & \text{für } x \in \overline{T}^{(1)} \\ \varphi_6(\xi_{T^{(2)}}(x)) = 4(x_2 - x_1) - 4x_1(x_2 - x_1) - 4(x_2 - x_1)^2 \\ \qquad = 4x_2 - 4x_1 - 4x_2^2 + 4x_1x_2 & \text{für } x \in \overline{T}^{(2)}. \end{cases}$$

Auf analoge Weise erhalten wir

$$p_3(x) = \begin{cases} 0 & \text{für } x \in \overline{T}^{(1)} \\ x_1 - x_2 + 2x_1^2 - 4x_1x_2 + 2x_2^2 & \text{für } x \in \overline{T}^{(2)}, \end{cases}$$

$$p_4(x) = \begin{cases} 4x_1 - 4x_2 + 4x_1x_2 - 4x_1^2 & \text{für } x \in \overline{T}^{(1)} \\ 0 & \text{für } x \in \overline{T}^{(2)}, \end{cases}$$

$$p_5(x) = \begin{cases} 4x_2 - 4x_1x_2 & \text{für } x \in \overline{T}^{(1)} \\ 4x_1 - 4x_1x_2 & \text{für } x \in \overline{T}^{(2)}, \end{cases}$$

$$p_6(x) = \begin{cases} 0 & \text{für } x \in \overline{T}^{(1)} \\ 4x_1x_2 - 4x_1^2 & \text{für } x \in \overline{T}^{(2)}, \end{cases}$$

$$p_7(x) = \begin{cases} x_2 - x_1 + 2x_1^2 - 4x_1x_2 + 2x_2^2 & \text{für } x \in \overline{T}^{(1)} \\ 0 & \text{für } x \in \overline{T}^{(2)}, \end{cases}$$

$$p_8(x) = \begin{cases} 4x_1x_2 - 4x_2^2 & \text{für } x \in \overline{T}^{(1)} \\ 0 & \text{für } x \in \overline{T}^{(2)}, \end{cases}$$

$$p_9(x) = \begin{cases} 2x_2^2 - x_2 & \text{für } x \in \overline{T}^{(1)} \\ 2x_1^2 - x_1 & \text{für } x \in \overline{T}^{(2)}. \end{cases}$$

Damit können wir nun die FE-Näherungslösung u_h angegeben. Für $(x_1, x_2) \in \overline{T}^{(1)}$ gilt

$$\begin{aligned} u_h &= u_1 p_1 + u_2 p_2 + u_3 p_3 + u_4 p_4 + u_5 p_5 + u_6 p_6 + u_7 p_7 + u_8 p_8 + u_9 p_9 \\ &= 0 \cdot p_1 + 0 \cdot p_2 + 0 \cdot p_3 + 0 \cdot p_4 + \frac{1}{4} \cdot p_5 + \frac{1}{2} \cdot p_6 + 0 \cdot p_7 + \frac{1}{2} \cdot p_8 + 1 \cdot p_9 \\ &= \frac{1}{4} \cdot (4x_2 - 4x_1x_2) + \frac{1}{2} \cdot 0 + \frac{1}{2} \cdot (4x_1x_2 - 4x_2^2) + 1 \cdot (2x_2^2 - x_2) \qquad = x_1 x_2 \end{aligned}$$

und im Dreieck $T^{(2)}$

$$\begin{aligned} u_h &= u_1 p_1 + u_2 p_2 + u_3 p_3 + u_4 p_4 + u_5 p_5 + u_6 p_6 + u_7 p_7 + u_8 p_8 + u_9 p_9 \\ &= 0 \cdot p_1 + 0 \cdot p_2 + 0 \cdot p_3 + 0 \cdot p_4 + \frac{1}{4} \cdot p_5 + \frac{1}{2} \cdot p_6 + 0 \cdot p_7 + \frac{1}{2} \cdot p_8 + 1 \cdot p_9 \\ &= \frac{1}{4} \cdot (4x_1 - 4x_1x_2) + \frac{1}{2} \cdot (4x_1x_2 - 4x_1^2) + \frac{1}{2} \cdot 0 + 1 \cdot (2x_1^2 - x_1) \qquad = x_1 x_2. \end{aligned}$$

Damit haben wir gezeigt, dass in unserem Beispiel bei der Diskretisierung mit Dreieckselementen und stückweise quadratischen Ansatzfunktionen die FE-Näherungslösung und die exakte Lösung übereinstimmen. Dieses Resultat ist nicht überraschend, denn der FE-Raum der Ansatzfunktionen $V_{g_1 h}$ enthält aufgrund der Definition der Funktionen p_j, $j = 1, 2, \ldots, 9$, die Funktion $u(x_1 x_2) = x_1 x_2$.

Beispiel – Wärmeleitproblem in einem dreidimensionalen Gebiet

Wir bestimmen im folgenden eine FE-Näherungslösung des Randwertproblems:

Gesucht ist die Funktion $u \in C^2(\Omega) \cap C^1(\Omega \cup \Gamma_2 \cup \Gamma_3) \cap C(\overline{\Omega})$, so dass

$$\begin{aligned} -\operatorname{div}(\Lambda(x)\operatorname{grad} u(x)) &= 0 & \text{für alle } x \in \Omega, \\ u(x) &= 473.15\,\text{K} & \text{für alle } x \in \Gamma_1, \\ \frac{\partial u}{\partial N} &= 0 & \text{für alle } x \in \Gamma_2, \\ \frac{\partial u}{\partial N} + \widetilde{\alpha}(x)u(x) &= \widetilde{\alpha}(x)u_A(x) & \text{für alle } x \in \Gamma_3 \end{aligned} \qquad (4.155)$$

gilt, wobei $\overline{\Gamma}_1 \cup \overline{\Gamma}_2 \cup \overline{\Gamma}_3 = \partial\Omega$, $\Gamma_i \cap \Gamma_j = \emptyset$ für $i \neq j$, $i, j = 1, 2, 3$. Weiterhin sei

$\widetilde{\alpha}(x) = 6\,\text{W}/\text{m}^2\text{K}$, $u_A = 293.15\,\text{K}$ und $\Lambda(x) = \begin{pmatrix} \lambda & 0 & 0 \\ 0 & \lambda & 0 \\ 0 & 0 & \lambda \end{pmatrix}$ mit $\lambda = 200\,\text{W}/\text{mK}$.

Das Gebiet Ω ist in der Abbildung 4.60 dargestellt.

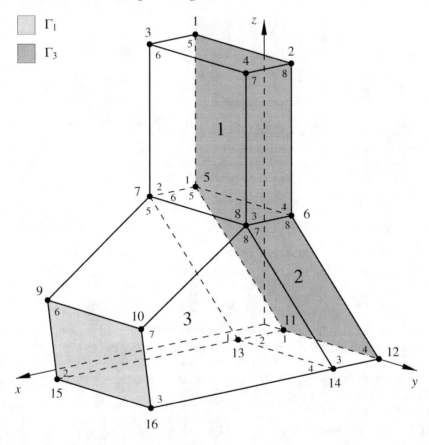

Abbildung 4.60: Darstellung des dreidimensionalen Gebietes Ω und der Vernetzung mit Hexaederelementen

Die Variationsformulierung dieses Randwertproblems lautet (siehe (4.21), S. 207):

Gesucht ist $u \in V_g = \{u \in H^1(\Omega) : u = 473.15\,\mathrm{K}$ auf $\Gamma_1\}$, so dass

$$a(u,v) = \langle F,v \rangle \quad \text{für alle } v \in V_0 = \{v \in H^1(\Omega) : v = 0 \text{ auf } \Gamma_1\} \tag{4.156}$$

gilt mit

$$a(u,v) = \int_{\Omega} (\operatorname{grad} v(x))^T \Lambda(x) \operatorname{grad} u(x)\,dx + \int_{\Gamma_3} \tilde{\alpha}(x) u(x) v(x)\,ds,$$

$$\langle F,v \rangle = \int_{\Gamma_3} \tilde{\alpha}(x) u_A(x) v(x)\,ds.$$

Im Unterschied zur Variationsformulierung (4.21) enthält die rechte Seite $\langle F, . \rangle$ kein Integral über Ω und kein Integral über dem Rand Γ_2, da im betrachteten Randwertproblem (4.155) die rechte Seite f in der Differentialgleichung und die Funktion g_2 in der Randbedingung 2. Art identisch Null sind.

Wir zerlegen das Gebiet Ω (siehe Abbildung 4.60) in drei Hexaederelemente $T^{(r)}$, $r = 1, 2, 3$. Dabei sind die beiden Elemente $T^{(1)}$ und $T^{(2)}$ Parallelepipede, wobei $T^{(1)}$ sogar als Spezialfall ein Quader ist. Das Element $T^{(3)}$ ist ein allgemeines Hexaeder. Die Koordinaten der Eckknoten dieser Hexaederelemente sind in der Tabelle 4.25 angegeben.

Tabelle 4.25: Tabelle der Knotenkoordinaten

Knotennummer	1	2	3	4	5	6	7	8	9	10	11	12	13	14	15	16
x_1-Koordinate	0.3	0.3	0.5	0.5	0.3	0.3	0.5	0.5	1.0	1.0	0.0	0.0	0.2	0.2	1.0	1.0
x_2-Koordinate	0.0	0.5	0.0	0.5	0.0	0.5	0.0	0.5	0.05	0.55	0.1	0.6	0.1	0.6	0.1	0.6
x_3-Koordinate	1.0	1.0	1.0	1.0	0.5	0.5	0.5	0.5	0.25	0.25	0.0	0.0	0.0	0.0	0.0	0.0

Den Zusammenhang zwischen der lokalen Knotennummerierung in jedem Element und der globalen Knotennummerierung enthält die Tabelle 4.26.

Tabelle 4.26: Elementzusammenhangstabelle

Element-nummer	globale Knotennummern der lokalen Knoten							
	$P_1^{(r)}$	$P_2^{(r)}$	$P_3^{(r)}$	$P_4^{(r)}$	$P_5^{(r)}$	$P_6^{(r)}$	$P_7^{(r)}$	$P_8^{(r)}$
1	5	7	8	6	1	3	4	2
2	11	13	14	12	5	7	8	6
3	13	15	16	14	7	9	10	8

Zur Definition der Ansatzfunktionen nutzen wir trilineare Formfunktionen über dem Referenzhexaeder.

Gemäß der im Abschnitt 4.5.3 beschriebenen Vorgehensweise beim Aufbau des FE-Gleichungssystems berechnen wir zuerst die Elementsteifigkeitsmatrizen

$$K^{(r)} = [K_{\alpha\beta}^{(r)}]_{\alpha,\beta=1}^8, \quad r = 1, 2, 3,$$

mit

$$K_{\alpha\beta}^{(r)} = \int_{\hat{T}} \left[\left((J^{(r)})^{-T} \operatorname{grad}_{\xi} \varphi_\alpha(\xi) \right)^T \Lambda(x_{T^{(r)}}(\xi)) \left((J^{(r)})^{-T} \operatorname{grad}_{\xi} \varphi_\beta(\xi) \right) \right] |\det J^{(r)}| \, d\xi \quad (4.157)$$

(siehe auch S. 266). Für die Berechnung der Einträge der Elementsteifigkeitsmatrizen benötigen wir die partiellen Ableitungen der trilinearen Formfunktionen über dem Referenzhexaeder und die Abbildung des Referenzhexaeders auf die Elemente $T^{(r)}$ sowie deren Umkehrabbildung. Die

trilinearen Formfunktionen über dem Referenzhexaeder sind in der Tabelle 4.6, S. 259, angegeben. Wir geben diese hier nochmals an und schreiben sie zusätzlich noch in einer anderen Form
auf:

$$
\begin{aligned}
\varphi_1(\xi) &= \varphi_1(\xi_1,\xi_2,\xi_3) = (1-\xi_1)(1-\xi_2)(1-\xi_3),\\
&= 1-\xi_1-\xi_2-\xi_3+\xi_1\xi_2+\xi_1\xi_3+\xi_2\xi_3-\xi_1\xi_2\xi_3,\\
\varphi_2(\xi) &= \varphi_2(\xi_1,\xi_2,\xi_3) = \xi_1(1-\xi_2)(1-\xi_3) = \xi_1-\xi_1\xi_2-\xi_1\xi_3+\xi_1\xi_2\xi_3,\\
\varphi_3(\xi) &= \varphi_3(\xi_1,\xi_2,\xi_3) = \xi_1\xi_2(1-\xi_3) = \xi_1\xi_2-\xi_1\xi_2\xi_3,\\
\varphi_4(\xi) &= \varphi_4(\xi_1,\xi_2,\xi_3) = (1-\xi_1)\xi_2(1-\xi_3) = \xi_2-\xi_1\xi_2-\xi_2\xi_3+\xi_1\xi_2\xi_3,\\
\varphi_5(\xi) &= \varphi_5(\xi_1,\xi_2,\xi_3) = (1-\xi_1)(1-\xi_2)\xi_3 = \xi_3-\xi_1\xi_3-\xi_2\xi_3+\xi_1\xi_2\xi_3,\\
\varphi_6(\xi) &= \varphi_6(\xi_1,\xi_2,\xi_3) = \xi_1(1-\xi_2)\xi_3 = \xi_1\xi_3-\xi_1\xi_2\xi_3,\\
\varphi_7(\xi) &= \varphi_7(\xi_1,\xi_2,\xi_3) = \xi_1\xi_2\xi_3,\\
\varphi_8(\xi) &= \varphi_8(\xi_1,\xi_2,\xi_3) = (1-\xi_1)\xi_2\xi_3 = \xi_2\xi_3-\xi_1\xi_2\xi_3.
\end{aligned}
$$

Zur Abbildung des Referenzhexaeders auf die Elemente $T^{(1)}$ und $T^{(2)}$ können wir die Abbildungsvorschrift (4.62) mit der Matrix aus (4.68), S. 255, nutzen, da diese beiden Elemente Parallelepipede sind. Das Element $T^{(3)}$ ist kein Parallelepiped. Deshalb müssen wir eine isoparametrische Abbildung anwenden, d.h. die Abbildung

$$
x_{T^{(r)}}(\xi) = \begin{pmatrix} x_1 \\ x_2 \\ x_3 \end{pmatrix} = \sum_{\alpha=1}^{8} \begin{pmatrix} x_1^{(r,\alpha)} \\ x_2^{(r,\alpha)} \\ x_3^{(r,\alpha)} \end{pmatrix} \varphi_\alpha(\xi_1,\xi_2,\xi_3), \tag{4.158}
$$

wobei $x_1^{(r,\alpha)}$, $x_2^{(r,\alpha)}$ und $x_3^{(r,\alpha)}$ die x_1-, x_2- und x_3-Koordinaten des Knoten mit der lokalen Nummer α im Element $T^{(r)}$ sind (siehe auch die analoge Abbildungsvorschrift (4.140), S. 317, im
zweidimensionalen Fall).

Um in einem FE-Programm nicht unterscheiden zu müssen, ob ein finites Element ein Parallelepiped oder ein allgemeines Hexaeder ist, kann man zur Abbildung des Referenzhexaeders
auf ein Hexaederelement $T^{(r)}$ generell die Abbildungsvorschrift (4.158) nutzen. Wir überzeugen
uns davon, dass sich im Fall eines Quaders daraus tatsächlich als Spezialfall die Abbildungsvorschrift (4.62) mit der Matrix aus (4.68) ergibt. Unter Nutzung des Zusammenhangs zwischen der
lokalen Knotennummerierung im Element $T^{(1)}$ und der globalen Knotennummerierung (siehe
Tabelle 4.26) erhalten wir aus (4.158)

$$
\begin{aligned}
x_{T^{(1)}} =\ & \begin{pmatrix} x_{5,1} \\ x_{5,2} \\ x_{5,3} \end{pmatrix} \varphi_1(\xi) + \begin{pmatrix} x_{7,1} \\ x_{7,2} \\ x_{7,3} \end{pmatrix} \varphi_2(\xi) + \begin{pmatrix} x_{8,1} \\ x_{8,2} \\ x_{8,3} \end{pmatrix} \varphi_3(\xi) + \begin{pmatrix} x_{6,1} \\ x_{6,2} \\ x_{6,3} \end{pmatrix} \varphi_4(\xi) \\
+\ & \begin{pmatrix} x_{1,1} \\ x_{1,2} \\ x_{1,3} \end{pmatrix} \varphi_5(\xi) + \begin{pmatrix} x_{3,1} \\ x_{3,2} \\ x_{3,3} \end{pmatrix} \varphi_6(\xi) + \begin{pmatrix} x_{4,1} \\ x_{4,2} \\ x_{4,3} \end{pmatrix} \varphi_7(\xi) + \begin{pmatrix} x_{2,1} \\ x_{2,2} \\ x_{2,3} \end{pmatrix} \varphi_8(\xi).
\end{aligned}
$$

Mit den Knotenkoordinaten aus der Tabelle 4.25 folgt daraus

$$
x_{T(1)} = \begin{pmatrix} 0.3 \\ 0 \\ 0.5 \end{pmatrix} (1 - \xi_1 - \xi_2 - \xi_3 + \xi_1\xi_2 + \xi_1\xi_3 + \xi_2\xi_3 - \xi_1\xi_2\xi_3)
$$

$$
+ \begin{pmatrix} 0.5 \\ 0 \\ 0.5 \end{pmatrix} (\xi_1 - \xi_1\xi_2 - \xi_1\xi_3 + \xi_1\xi_2\xi_3) + \begin{pmatrix} 0.5 \\ 0.5 \\ 0.5 \end{pmatrix} (\xi_1\xi_2 - \xi_1\xi_2\xi_3)
$$

$$
+ \begin{pmatrix} 0.3 \\ 0.5 \\ 0.5 \end{pmatrix} (\xi_2 - \xi_1\xi_2 - \xi_2\xi_3 + \xi_1\xi_2\xi_3) + \begin{pmatrix} 0.3 \\ 0 \\ 1 \end{pmatrix} (\xi_3 - \xi_1\xi_3 - \xi_2\xi_3 + \xi_1\xi_2\xi_3)
$$

$$
+ \begin{pmatrix} 0.5 \\ 0 \\ 1 \end{pmatrix} (\xi_1\xi_3 - \xi_1\xi_2\xi_3) + \begin{pmatrix} 0.5 \\ 0.5 \\ 1 \end{pmatrix} \xi_1\xi_2\xi_3 + \begin{pmatrix} 0.3 \\ 0.5 \\ 1 \end{pmatrix} (\xi_2\xi_3 - \xi_1\xi_2\xi_3)
$$

$$
= \begin{pmatrix} 0.3 \\ 0 \\ 0.5 \end{pmatrix} + \left[-\begin{pmatrix} 0.3 \\ 0 \\ 0.5 \end{pmatrix} + \begin{pmatrix} 0.5 \\ 0 \\ 0.5 \end{pmatrix} \right] \xi_1 + \left[-\begin{pmatrix} 0.3 \\ 0 \\ 0.5 \end{pmatrix} + \begin{pmatrix} 0.3 \\ 0.5 \\ 0.5 \end{pmatrix} \right] \xi_2
$$

$$
+ \left[-\begin{pmatrix} 0.3 \\ 0 \\ 0.5 \end{pmatrix} + \begin{pmatrix} 0.3 \\ 0 \\ 1 \end{pmatrix} \right] \xi_3
$$

$$
+ \left[\begin{pmatrix} 0.3 \\ 0 \\ 0.5 \end{pmatrix} - \begin{pmatrix} 0.5 \\ 0 \\ 0.5 \end{pmatrix} + \begin{pmatrix} 0.5 \\ 0.5 \\ 0.5 \end{pmatrix} - \begin{pmatrix} 0.3 \\ 0.5 \\ 0.5 \end{pmatrix} \right] \xi_1\xi_2
$$

$$
+ \left[\begin{pmatrix} 0.3 \\ 0 \\ 0.5 \end{pmatrix} - \begin{pmatrix} 0.5 \\ 0 \\ 0.5 \end{pmatrix} - \begin{pmatrix} 0.3 \\ 0 \\ 1 \end{pmatrix} + \begin{pmatrix} 0.5 \\ 0 \\ 1 \end{pmatrix} \right] \xi_1\xi_3
$$

$$
+ \left[\begin{pmatrix} 0.3 \\ 0 \\ 0.5 \end{pmatrix} - \begin{pmatrix} 0.3 \\ 0.5 \\ 0.5 \end{pmatrix} - \begin{pmatrix} 0.3 \\ 0 \\ 1 \end{pmatrix} + \begin{pmatrix} 0.3 \\ 0.5 \\ 1 \end{pmatrix} \right] \xi_2\xi_3
$$

$$
+ \left[-\begin{pmatrix} 0.3 \\ 0 \\ 0.5 \end{pmatrix} + \begin{pmatrix} 0.5 \\ 0 \\ 0.5 \end{pmatrix} - \begin{pmatrix} 0.5 \\ 0.5 \\ 0.5 \end{pmatrix} + \begin{pmatrix} 0.3 \\ 0.5 \\ 0.5 \end{pmatrix} + \begin{pmatrix} 0.3 \\ 0 \\ 1 \end{pmatrix} \right.
$$

$$
\left. - \begin{pmatrix} 0.5 \\ 0 \\ 1 \end{pmatrix} + \begin{pmatrix} 0.5 \\ 0.5 \\ 1 \end{pmatrix} - \begin{pmatrix} 0.3 \\ 0.5 \\ 1 \end{pmatrix} \right] \xi_1\xi_2\xi_3 .
$$

$$
= \begin{pmatrix} 0.3 \\ 0 \\ 0.5 \end{pmatrix} + \begin{pmatrix} 0.5 - 0.3 \\ 0 - 0 \\ 0.5 - 0.5 \end{pmatrix} \xi_1 + \begin{pmatrix} 0.3 - 0.3 \\ 0.5 - 0 \\ 0.5 - 0.5 \end{pmatrix} \xi_2 + \begin{pmatrix} 0.3 - 0.3 \\ 0 - 0 \\ 1 - 0.5 \end{pmatrix} \xi_3
$$

oder in äquivalenter Schreibweise

$$
\begin{aligned}
x_{T^{(1)}} &= \begin{pmatrix} 0.5-0.3 & 0.3-0.3 & 0.3-0.3 \\ 0-0 & 0.5-0 & 0-0 \\ 0.5-0.5 & 0.5-0.5 & 1-0.5 \end{pmatrix} \begin{pmatrix} \xi_1 \\ \xi_2 \\ \xi_3 \end{pmatrix} + \begin{pmatrix} 0.3 \\ 0 \\ 0.5 \end{pmatrix} \\
&= \begin{pmatrix} 0.2 & 0 & 0 \\ 0 & 0.5 & 0 \\ 0 & 0 & 0.5 \end{pmatrix} \begin{pmatrix} \xi_1 \\ \xi_2 \\ \xi_3 \end{pmatrix} + \begin{pmatrix} 0.3 \\ 0 \\ 0.5 \end{pmatrix} = J^{(1)} \begin{pmatrix} \xi_1 \\ \xi_2 \\ \xi_3 \end{pmatrix} + \begin{pmatrix} 0.3 \\ 0 \\ 0.5 \end{pmatrix} .
\end{aligned}
$$

$$(4.159)$$

Wenn wir die Abbildungsvorschrift (4.62) mit der Matrix $J^{(1)}$ aus (4.68) nutzen, erhalten wir tatsächlich die gleiche Beziehung, denn gemäß (4.62) und (4.68) gilt

$$
\begin{aligned}
x_{T^{(1)}}(\xi) &= J^{(1)} \xi + x^{(1,1)} \\
&= \begin{pmatrix} x_1^{(1,2)}-x_1^{(1,1)} & x_1^{(1,4)}-x_1^{(1,1)} & x_1^{(1,5)}-x_1^{(1,1)} \\ x_2^{(1,2)}-x_2^{(1,1)} & x_2^{(1,4)}-x_2^{(1,1)} & x_2^{(1,5)}-x_2^{(1,1)} \\ x_3^{(1,2)}-x_3^{(1,1)} & x_3^{(1,4)}-x_3^{(1,1)} & x_3^{(1,5)}-x_3^{(1,1)} \end{pmatrix} \begin{pmatrix} \xi_1 \\ \xi_2 \\ \xi_3 \end{pmatrix} = \begin{pmatrix} x^{(1,1)} \\ x^{(1,2)} \\ x^{(1,3)} \end{pmatrix} .
\end{aligned}
$$

Damit ergibt sich unter Nutzung der lokalen Knotennummerierung im Element $T^{(1)}$ (siehe Tabelle 4.26) und der entprechenden Knotenkoordinaten (siehe Tabelle 4.25)

$$
\begin{aligned}
x_{T^{(1)}} &= \begin{pmatrix} x_{7,1}-x_{5,1} & x_{6,1}-x_{5,1} & x_{1,1}-x_{5,1} \\ x_{7,2}-x_{5,2} & x_{6,2}-x_{5,2} & x_{1,2}-x_{5,2} \\ x_{7,3}-x_{5,3} & x_{6,3}-x_{5,3} & x_{1,3}-x_{5,3} \end{pmatrix} \begin{pmatrix} \xi_1 \\ \xi_2 \\ \xi_3 \end{pmatrix} + \begin{pmatrix} x_{5,1} \\ x_{5,2} \\ x_{5,3} \end{pmatrix} \\
&= \begin{pmatrix} 0.5-0.3 & 0.3-0.3 & 0.3-0.3 \\ 0-0 & 0.5-0 & 0-0 \\ 0.5-0.5 & 0.5-0.5 & 1-0.5 \end{pmatrix} \begin{pmatrix} \xi_1 \\ \xi_2 \\ \xi_3 \end{pmatrix} + \begin{pmatrix} 0.3 \\ 0 \\ 0.5 \end{pmatrix} \\
&= \begin{pmatrix} 0.2 & 0 & 0 \\ 0 & 0.5 & 0 \\ 0 & 0 & 0.5 \end{pmatrix} \begin{pmatrix} \xi_1 \\ \xi_2 \\ \xi_3 \end{pmatrix} + \begin{pmatrix} 0.3 \\ 0 \\ 0.5 \end{pmatrix} .
\end{aligned}
$$

Dabei beziehen sich die Indizes auf die globalen Knotennummern. Die soeben erhaltene Abbildungsvorschrift ist die gleiche wie die Abbildungsvorschrift (4.159). Damit haben wir gezeigt, dass die Abbildungsvorschrift (4.62) mit der Matrix aus (4.68) bei Quaderelementen ein Spezialfall der allgemeinen isoparametrischen Abbildung (4.158) ist.

Analoge Überlegungen gelten für die Abbildung des Referenzhexaeders auf das Element $T^{(2)}$.

Nachdem wir uns intensiver mit der Abbildungsvorschrift beschäftigt haben, setzen wir mit der Bereitstellung von Daten für die Berechnung der Einträge (4.157) der Elementsteifigkeitsmatrizen fort. Zunächst erhalten wir für die Matrix

$$
J^{(1)} = \begin{pmatrix} 0.2 & 0 & 0 \\ 0 & 0.5 & 0 \\ 0 & 0 & 0.5 \end{pmatrix}
$$

aus (4.159)

$$\det J^{(1)} = 0.2 \cdot 0.5 \cdot 0.5 = 0.05$$

und

$$(J^{(1)})^{-1} = \begin{pmatrix} 5 & 0 & 0 \\ 0 & 2 & 0 \\ 0 & 0 & 2 \end{pmatrix} = (J^{(1)})^{-T}.$$

Für die Gradienten der trilinearen Formfunktionen über dem Referenzhexaeder gilt

$$\operatorname{grad}_\xi \varphi_1 = \begin{pmatrix} -(1-\xi_2)(1-\xi_3) \\ -(1-\xi_1)(1-\xi_3) \\ -(1-\xi_1)(1-\xi_2) \end{pmatrix}, \quad \operatorname{grad}_\xi \varphi_2 = \begin{pmatrix} (1-\xi_2)(1-\xi_3) \\ -\xi_1(1-\xi_3) \\ -\xi_1(1-\xi_2) \end{pmatrix},$$

$$\operatorname{grad}_\xi \varphi_3 = \begin{pmatrix} \xi_2(1-\xi_3) \\ \xi_1(1-\xi_3) \\ -\xi_1\xi_2 \end{pmatrix}, \quad \operatorname{grad}_\xi \varphi_4 = \begin{pmatrix} -\xi_2(1-\xi_3) \\ (1-\xi_1)(1-\xi_3) \\ -(1-\xi_1)\xi_2 \end{pmatrix},$$

$$\operatorname{grad}_\xi \varphi_5 = \begin{pmatrix} -(1-\xi_2)\xi_3 \\ -(1-\xi_1)\xi_3 \\ (1-\xi_1)(1-\xi_2) \end{pmatrix}, \quad \operatorname{grad}_\xi \varphi_6 = \begin{pmatrix} (1-\xi_2)\xi_3 \\ -\xi_1\xi_3 \\ \xi_1(1-\xi_2) \end{pmatrix}, \quad (4.160)$$

$$\operatorname{grad}_\xi \varphi_7 = \begin{pmatrix} \xi_2\xi_3 \\ \xi_1\xi_3 \\ \xi_1\xi_2 \end{pmatrix}, \quad \operatorname{grad}_\xi \varphi_8 = \begin{pmatrix} -\xi_2\xi_3 \\ (1-\xi_1)\xi_3 \\ (1-\xi_1)\xi_2 \end{pmatrix}.$$

Damit können wir die Vektoren $(J^{(1)})^{-T}\operatorname{grad}_\xi \varphi_\alpha(\xi)$, $\alpha = 1,2,\ldots,8$, berechnen:

$$(J^{(1)})^{-T}\operatorname{grad}\varphi_1 = \begin{pmatrix} -5(1-\xi_2)(1-\xi_3) \\ -2(1-\xi_1)(1-\xi_3) \\ -2(1-\xi_1)(1-\xi_2) \end{pmatrix}, \quad (J^{(1)})^{-T}\operatorname{grad}\varphi_2 = \begin{pmatrix} 5(1-\xi_2)(1-\xi_3) \\ -2\xi_1(1-\xi_3) \\ -2\xi_1(1-\xi_2) \end{pmatrix},$$

$$(J^{(1)})^{-T}\operatorname{grad}\varphi_3 = \begin{pmatrix} 5\xi_2(1-\xi_3) \\ 2\xi_1(1-\xi_3) \\ -2\xi_1\xi_2 \end{pmatrix}, \quad (J^{(1)})^{-T}\operatorname{grad}\varphi_4 = \begin{pmatrix} -5\xi_2(1-\xi_3) \\ 2(1-\xi_1)(1-\xi_3) \\ -2(1-\xi_1)\xi_2 \end{pmatrix},$$

$$(J^{(1)})^{-T}\operatorname{grad}\varphi_5 = \begin{pmatrix} -5(1-\xi_2)\xi_3 \\ -2(1-\xi_1)\xi_3 \\ 2(1-\xi_1)(1-\xi_2) \end{pmatrix}, \quad (J^{(1)})^{-T}\operatorname{grad}\varphi_6 = \begin{pmatrix} 5(1-\xi_2)\xi_3 \\ -2\xi_1\xi_3 \\ 2\xi_1(1-\xi_2) \end{pmatrix},$$

$$(J^{(1)})^{-T}\operatorname{grad}\varphi_7 = \begin{pmatrix} 5\xi_2\xi_3 \\ 2\xi_1\xi_3 \\ 2\xi_1\xi_2 \end{pmatrix}, \quad (J^{(1)})^{-T}\operatorname{grad}\varphi_8 = \begin{pmatrix} -5\xi_2\xi_3 \\ 2(1-\xi_1)\xi_3 \\ 2(1-\xi_1)\xi_2 \end{pmatrix}.$$

Da in unserem Beispiel für die Matrix $\Lambda(x_{T^{(r)}})$, $r = 1,2,3$,

$$\Lambda(x_{T^{(r)}}) = \begin{pmatrix} \lambda & 0 & 0 \\ 0 & \lambda & 0 \\ 0 & 0 & \lambda \end{pmatrix} = \lambda \begin{pmatrix} 1 & 0 & 0 \\ 0 & 1 & 0 \\ 0 & 0 & 1 \end{pmatrix}$$

gilt, folgt für die Integranden in (4.157)

$$\begin{aligned} &\left((J^{(r)})^{-T} \operatorname{grad}_\xi \varphi_\alpha(\xi)\right)^T \Lambda(x_{T^{(r)}}(\xi))\left((J^{(r)})^{-T} \operatorname{grad}_\xi \varphi_\beta(\xi)\right) |\det J^{(r)}| \\ &= \lambda \left((J^{(r)})^{-T} \operatorname{grad}_\xi \varphi_\alpha(\xi)\right)^T \left((J^{(r)})^{-T} \operatorname{grad}_\xi \varphi_\beta(\xi)\right) |\det J^{(r)}|\,. \end{aligned} \tag{4.161}$$

Nun haben wir alle zur Berechnung der Einträge der Elementsteifigkeitsmatrix $K^{(1)}$ erforderlichen Daten bereitgestellt. Wir demonstrieren die Berechnung der Matrixeinträge $K_{11}^{(1)}$ und $K_{12}^{(1)}$ ausführlich und geben dann alle weiteren Matrixeinträge nur an. Es gilt

$$\begin{aligned} K_{11}^{(1)} &= \int_{\widehat{T}} \left[\left((J^{(1)})^{-T} \operatorname{grad}_\xi \varphi_1(\xi)\right)^T \Lambda(x_{T^{(1)}}(\xi))\left((J^{(1)})^{-T} \operatorname{grad}_\xi \varphi_1(\xi)\right)\right] |\det J^{(1)}| \, d\xi \\ &= \int_{\widehat{T}} \lambda \left[\left((J^{(1)})^{-T} \operatorname{grad}_\xi \varphi_1(\xi)\right)^T \left((J^{(1)})^{-T} \operatorname{grad}_\xi \varphi_1(\xi)\right)\right] |\det J^{(1)}| \, d\xi \\ &= \lambda \int_0^1 \int_0^1 \int_0^1 \left[\left((J^{(1)})^{-T} \operatorname{grad}_\xi \varphi_1(\xi)\right)^T \left((J^{(1)})^{-T} \operatorname{grad}_\xi \varphi_1(\xi)\right)\right] |\det J^{(1)}| \, d\xi_3 d\xi_2 d\xi_1 \\ &= \lambda \int_0^1 \int_0^1 \int_0^1 \left[\left(-5(1-\xi_2)(1-\xi_3)\right)^2 + \left(-2(1-\xi_1)(1-\xi_3)\right)^2 \right. \\ &\qquad\qquad\qquad \left. + \left(-2(1-\xi_1)(1-\xi_2)\right)^2\right] \cdot 0.05 \, d\xi_3 d\xi_2 d\xi_1 \\ &= \lambda \int_0^1 \int_0^1 \int_0^1 \left[25(1-\xi_2)^2(1-\xi_3)^2 + 4(1-\xi_1)^2(1-\xi_3)^2 \right. \\ &\qquad\qquad\qquad \left. + 4(1-\xi_1)^2(1-\xi_2)^2\right] \cdot 0.05 \, d\xi_3 d\xi_2 d\xi_1 \\ &= 25 \cdot 0.05 \cdot \lambda \int_0^1 1 \, d\xi_1 \cdot \int_0^1 (1-\xi_2)^2 \, d\xi_2 \cdot \int_0^1 (1-\xi_3)^2 \, d\xi_3 \\ &\quad + 4 \cdot 0.05 \cdot \lambda \int_0^1 (1-\xi_1)^2 \, d\xi_1 \cdot \int_0^1 1 \, d\xi_2 \cdot \int_0^1 (1-\xi_3)^2 \, d\xi_3 \\ &\quad + 4 \cdot 0.05 \cdot \lambda \int_0^1 (1-\xi_1)^2 \, d\xi_1 \cdot \int_0^1 (1-\xi_2)^2 \, d\xi_2 \cdot \int_0^1 1 \, d\xi_3 \end{aligned}$$

Nach der Durchführung der Integration erhalten wir schließlich

$$
\begin{aligned}
K_{11}^{(1)} &= 1.25 \cdot \lambda \left[\xi_1\right]_0^1 \cdot \left[-\frac{(1-\xi_2)^3}{3}\right]_0^1 \cdot \left[-\frac{(1-\xi_3)^3}{3}\right]_0^1 \\
&\quad + 0.2 \cdot \lambda \left[-\frac{(1-\xi_1)^3}{3}\right]_0^1 \cdot \left[\xi_2\right]_0^1 \cdot \left[-\frac{(1-\xi_3)^3}{3}\right]_0^1 \\
&\quad + 0.2 \cdot \lambda \left[-\frac{(1-\xi_1)^3}{3}\right]_0^1 \cdot \left[-\frac{(1-\xi_2)^3}{3}\right]_0^1 \cdot \left[\xi_3\right]_0^1 \\[2mm]
&= 1.25 \cdot \lambda \left[1-0\right] \cdot \left[-\frac{(1-1)^3}{3} - \left(-\frac{(1-0)^3}{3}\right)\right] \cdot \left[-\frac{(1-1)^3}{3} - \left(-\frac{(1-0)^3}{3}\right)\right] \\
&\quad + 0.2 \cdot \lambda \left[-\frac{(1-1)^3}{3} - \left(-\frac{(1-0)^3}{3}\right)\right] \cdot \left[1-0\right] \cdot \left[-\frac{(1-1)^3}{3} - \left(-\frac{(1-0)^3}{3}\right)\right] \\
&\quad + 0.2 \cdot \lambda \left[-\frac{(1-1)^3}{3} - \left(-\frac{(1-0)^3}{3}\right)\right] \cdot \left[-\frac{(1-1)^3}{3} - \left(-\frac{(1-0)^3}{3}\right)\right] \cdot \left[1-0\right] \\[2mm]
&= 1.25 \cdot \lambda \cdot 1 \cdot \frac{1}{3} \cdot \frac{1}{3} + 0.2 \cdot \lambda \cdot \frac{1}{3} \cdot 1 \cdot \frac{1}{3} + 0.2 \cdot \lambda \cdot \frac{1}{3} \cdot \frac{1}{3} \cdot 1 = \frac{11}{60} \cdot \lambda .
\end{aligned}
$$

Das Matrixelement $K_{12}^{(1)}$ wird wie folgt berechnet:

$$
\begin{aligned}
K_{12}^{(1)} &= \int_{\widehat{T}} \left[\left((J^{(1)})^{-T} \operatorname{grad}_\xi \varphi_1(\xi)\right)^T \Lambda(x_{T^{(1)}}(\xi))\left((J^{(1)})^{-T} \operatorname{grad}_\xi \varphi_2(\xi)\right)\right] |\det J^{(1)}| \, d\xi \\
&= \lambda \int_0^1 \int_0^1 \int_0^1 \left[\left((J^{(1)})^{-T} \operatorname{grad}_\xi \varphi_1(\xi)\right)^T \left((J^{(1)})^{-T} \operatorname{grad}_\xi \varphi_2(\xi)\right)\right] |\det J^{(1)}| \, d\xi_3 d\xi_2 d\xi_1 \\
&= \lambda \int_0^1 \int_0^1 \int_0^1 \Big[\left(-5(1-\xi_2)(1-\xi_3)\right)\left(5(1-\xi_2)(1-\xi_3)\right) \\
&\qquad\qquad\qquad + \left(-2(1-\xi_1)(1-\xi_3)\right)\left(-2\xi_1(1-\xi_3)\right) \\
&\qquad\qquad\qquad + \left(-2(1-\xi_1)(1-\xi_2)\right)\left(-2\xi_1(1-\xi_2)\right)\Big] \cdot 0.05 \, d\xi_3 d\xi_2 d\xi_1 \\
&= \lambda \int_0^1 \int_0^1 \int_0^1 \Big[-25(1-\xi_2)^2(1-\xi_3)^2 + 4(1-\xi_1)\xi_1(1-\xi_3)^2 \\
&\qquad\qquad\qquad + 4(1-\xi_1)\xi_1(1-\xi_2)^2\Big] \cdot 0.05 \, d\xi_3 d\xi_2 d\xi_1 .
\end{aligned}
$$

Aufgrund der Produktgestalt der einzelnen Summanden im Integranden können wir das Drei-fachintegral wieder als Summe von Produkten von jeweils drei Integralen über dem Intervall

354 4 FEM für mehrdimensionale Randwertprobleme 2. Ordnung

$[0, 1]$ schreiben:

$$K_{12}^{(1)} = -25 \cdot 0.05 \cdot \lambda \int_0^1 1 \, d\xi_1 \cdot \int_0^1 (1 - \xi_2)^2 \, d\xi_2 \cdot \int_0^1 (1 - \xi_3)^2 \, d\xi_3$$

$$+ 4 \cdot 0.05 \cdot \lambda \int_0^1 (1 - \xi_1)\xi_1 \, d\xi_1 \cdot \int_0^1 1 \, d\xi_2 \cdot \int_0^1 (1 - \xi_3)^2 \, d\xi_3$$

$$+ 4 \cdot 0.05 \cdot \lambda \int_0^1 (1 - \xi_1)\xi_1 \, d\xi_1 \cdot \int_0^1 (1 - \xi_2)^2 \, d\xi_2 \cdot \int_0^1 1 \, d\xi_3$$

$$= -1.25 \cdot \lambda \, [\xi_1]_0^1 \cdot \left[-\frac{(1 - \xi_2)^3}{3} \right]_0^1 \cdot \left[-\frac{(1 - \xi_3)^3}{3} \right]_0^1$$

$$+ 0.2 \cdot \lambda \left[\frac{\xi_1^2}{2} - \frac{\xi_1^3}{3} \right]_0^1 \cdot [\xi_2]_0^1 \cdot \left[-\frac{(1 - \xi_3)^3}{3} \right]_0^1$$

$$+ 0.2 \cdot \lambda \left[\frac{\xi_1^2}{2} - \frac{\xi_1^3}{3} \right]_0^1 \cdot \left[-\frac{(1 - \xi_2)^3}{3} \right]_0^1 \cdot [\xi_3]_0^1$$

$$= -1.25 \cdot \lambda \, [1 - 0] \cdot \left[-\frac{(1-1)^3}{3} - \left(-\frac{(1-0)^3}{3} \right) \right] \cdot \left[-\frac{(1-1)^3}{3} - \left(-\frac{(1-0)^3}{3} \right) \right]$$

$$+ 0.2 \cdot \lambda \left[\left(\frac{1^2}{2} - \frac{1^3}{3} \right) - \left(\frac{0^2}{2} - \frac{0^3}{3} \right) \right] \cdot [1 - 0]_0^1 \cdot \left[-\frac{(1-1)^3}{3} - \left(-\frac{(1-0)^3}{3} \right) \right]$$

$$+ 0.2 \cdot \lambda \left[\left(\frac{1^2}{2} - \frac{1^3}{3} \right) - \left(\frac{0^2}{2} - \frac{0^3}{3} \right) \right] \cdot \left[-\frac{(1-1)^3}{3} - \left(-\frac{(1-0)^3}{3} \right) \right] \cdot [1 - 0]$$

$$= -1.25 \cdot \lambda \cdot 1 \cdot \frac{1}{3} \cdot \frac{1}{3} + 0.2 \cdot \lambda \cdot \frac{1}{6} \cdot 1 \cdot \frac{1}{3} + 0.2 \cdot \lambda \cdot \frac{1}{6} \cdot \frac{1}{3} \cdot 1 = -\frac{7}{60} \cdot \lambda.$$

Auf analoge Weise können alle anderen Einträge der Elementsteifigkeitsmatrix $K^{(1)}$ berechnet werden. Man erhält dann die Elementsteifigkeitsmatrix

$$K^{(1)} = \lambda \begin{pmatrix} \frac{11}{60} & -\frac{7}{60} & -\frac{3}{40} & \frac{7}{120} & \frac{7}{120} & -\frac{3}{40} & -\frac{11}{240} & \frac{1}{80} \\ -\frac{7}{60} & \frac{11}{60} & \frac{7}{120} & -\frac{3}{40} & -\frac{3}{40} & \frac{7}{120} & \frac{1}{80} & -\frac{11}{240} \\ -\frac{3}{40} & \frac{7}{120} & \frac{11}{60} & -\frac{7}{60} & -\frac{11}{240} & \frac{1}{80} & \frac{7}{120} & -\frac{3}{40} \\ \frac{7}{120} & -\frac{3}{40} & -\frac{7}{60} & \frac{11}{60} & \frac{1}{80} & -\frac{11}{240} & -\frac{3}{40} & \frac{7}{120} \\ \frac{7}{120} & -\frac{3}{40} & -\frac{11}{240} & \frac{1}{80} & \frac{11}{60} & -\frac{7}{60} & -\frac{3}{40} & \frac{7}{120} \\ -\frac{3}{40} & \frac{7}{120} & \frac{1}{80} & -\frac{11}{240} & -\frac{7}{60} & \frac{11}{60} & \frac{7}{120} & -\frac{3}{40} \\ -\frac{11}{240} & \frac{1}{80} & \frac{7}{120} & -\frac{3}{40} & -\frac{3}{40} & \frac{7}{120} & \frac{11}{60} & -\frac{7}{60} \\ \frac{1}{80} & -\frac{11}{240} & -\frac{3}{40} & \frac{7}{120} & \frac{7}{120} & -\frac{3}{40} & -\frac{7}{60} & \frac{11}{60} \end{pmatrix}.$$

Diese Elementsteifigkeitsmatrix bauen wir in die globale Steifigkeitsmatrix $\bar{K}_h$ ein. Unter Nutzung des Zusammenhangs zwischen der lokalen Knotennummerierung und der globalen Knotennummerierung (siehe Tabelle 4.26) addieren wir entsprechend dem Assemblierungsalgorithmus 4.7, S. 273, das Element $K_{11}^{(1)}$ zum Matrixelement K_{55} der Matrix $\bar{K}_h$, das Element $K_{12}^{(1)}$ zum Matrixelement K_{57}, das Element $K_{13}^{(1)}$ zum Matrixelement K_{58} usw. Dies ergibt die Matrix $\bar{K}_h$:

$$
\lambda\begin{array}{c|cccccccccccccccc}
 & 1 & 2 & 3 & 4 & 5 & 6 & 7 & 8 & 9 & 10 & 11 & 12 & 13 & 14 & 15 & 16 \\
\hline
1 & \frac{11}{60} & \frac{7}{120} & -\frac{7}{60} & -\frac{3}{40} & \frac{7}{120} & \frac{1}{80} & -\frac{3}{40} & -\frac{11}{240} & 0 & 0 & 0 & 0 & 0 & 0 & 0 & 0 \\
2 & \frac{7}{120} & \frac{11}{60} & -\frac{3}{40} & -\frac{7}{60} & \frac{1}{80} & \frac{7}{120} & -\frac{11}{240} & -\frac{3}{40} & 0 & 0 & 0 & 0 & 0 & 0 & 0 & 0 \\
3 & -\frac{7}{60} & -\frac{3}{40} & \frac{11}{60} & \frac{7}{120} & -\frac{3}{40} & -\frac{11}{240} & \frac{7}{120} & \frac{1}{80} & 0 & 0 & 0 & 0 & 0 & 0 & 0 & 0 \\
4 & -\frac{3}{40} & -\frac{7}{60} & \frac{7}{120} & \frac{11}{60} & -\frac{11}{240} & -\frac{3}{40} & \frac{1}{80} & \frac{7}{120} & 0 & 0 & 0 & 0 & 0 & 0 & 0 & 0 \\
5 & \frac{7}{120} & \frac{1}{80} & -\frac{3}{40} & -\frac{11}{240} & \frac{11}{60} & \frac{7}{120} & -\frac{7}{60} & -\frac{3}{40} & 0 & 0 & 0 & 0 & 0 & 0 & 0 & 0 \\
6 & \frac{1}{80} & \frac{7}{120} & -\frac{11}{240} & -\frac{3}{40} & \frac{7}{120} & \frac{11}{60} & -\frac{3}{40} & -\frac{7}{60} & 0 & 0 & 0 & 0 & 0 & 0 & 0 & 0 \\
7 & -\frac{3}{40} & -\frac{11}{240} & \frac{7}{120} & \frac{1}{80} & -\frac{7}{60} & -\frac{3}{40} & \frac{11}{60} & \frac{7}{120} & 0 & 0 & 0 & 0 & 0 & 0 & 0 & 0 \\
8 & -\frac{11}{240} & -\frac{3}{40} & \frac{1}{80} & \frac{7}{120} & -\frac{3}{40} & -\frac{7}{60} & \frac{7}{120} & \frac{11}{60} & 0 & 0 & 0 & 0 & 0 & 0 & 0 & 0 \\
9 & 0 & 0 & 0 & 0 & 0 & 0 & 0 & 0 & 0 & 0 & 0 & 0 & 0 & 0 & 0 & 0 \\
10 & 0 & 0 & 0 & 0 & 0 & 0 & 0 & 0 & 0 & 0 & 0 & 0 & 0 & 0 & 0 & 0 \\
11 & 0 & 0 & 0 & 0 & 0 & 0 & 0 & 0 & 0 & 0 & 0 & 0 & 0 & 0 & 0 & 0 \\
12 & 0 & 0 & 0 & 0 & 0 & 0 & 0 & 0 & 0 & 0 & 0 & 0 & 0 & 0 & 0 & 0 \\
13 & 0 & 0 & 0 & 0 & 0 & 0 & 0 & 0 & 0 & 0 & 0 & 0 & 0 & 0 & 0 & 0 \\
14 & 0 & 0 & 0 & 0 & 0 & 0 & 0 & 0 & 0 & 0 & 0 & 0 & 0 & 0 & 0 & 0 \\
15 & 0 & 0 & 0 & 0 & 0 & 0 & 0 & 0 & 0 & 0 & 0 & 0 & 0 & 0 & 0 & 0 \\
16 & 0 & 0 & 0 & 0 & 0 & 0 & 0 & 0 & 0 & 0 & 0 & 0 & 0 & 0 & 0 & 0
\end{array}.
$$

Im Folgenden berechnen wir die Elementsteifigkeitsmatrix $K^{(2)}$. Das Element $T^{(2)}$ ist ein Parallelepiped. Deshalb können wir für die Abbildung des Referenzhexaeders auf das Hexaeder $T^{(2)}$ die affin lineare Abbildungsvorschrift $x_{T^{(r)}}(\xi) = J^{(r)}\xi + x^{(r,1)}$ mit der Matrix $J^{(r)}$ aus (4.68), S. 255, nutzen. Mittels des Zusammenhangs zwischen der lokalen Knotennummerierung im Element $T^{(2)}$ und der globalen Knotennummerierung (siehe Tabelle 4.26) erhalten wir die Matrix

$$
J^{(2)} = \begin{pmatrix}
x_1^{(2,2)} - x_1^{(2,1)} & x_1^{(2,4)} - x_1^{(2,1)} & x_1^{(2,5)} - x_1^{(2,1)} \\
x_2^{(2,2)} - x_2^{(2,1)} & x_2^{(2,4)} - x_2^{(2,1)} & x_2^{(2,5)} - x_2^{(2,1)} \\
x_3^{(2,2)} - x_3^{(2,1)} & x_3^{(2,4)} - x_3^{(2,1)} & x_3^{(2,5)} - x_3^{(2,1)}
\end{pmatrix}
$$

$$
= \begin{pmatrix}
x_{13,1} - x_{11,1} & x_{12,1} - x_{11,1} & x_{5,1} - x_{11,1} \\
x_{13,2} - x_{11,2} & x_{12,2} - x_{11,2} & x_{5,2} - x_{11,2} \\
x_{13,3} - x_{11,3} & x_{12,3} - x_{11,3} & x_{5,3} - x_{11,3}
\end{pmatrix},
$$

woraus sich mit den Knotenkoordinaten aus der Tabelle 4.25 die Matrix

$$J^{(2)} = \begin{pmatrix} 0.2-0 & 0-0 & 0.3-0 \\ 0.1-0.1 & 0.6-0.1 & 0-0.1 \\ 0-0 & 0-0 & 0.5-0 \end{pmatrix} = \begin{pmatrix} 0.2 & 0 & 0.3 \\ 0 & 0.5 & -0.1 \\ 0 & 0 & 0.5 \end{pmatrix}$$

ergibt. Analog wie beim Element $T^{(1)}$ können wir durch Nachrechnen zeigen, dass sich diese Matrix $J^{(2)}$ auch ergibt, wenn wir die isoparametrische Abbildung (4.158) nutzen. Wir hätten also auch wieder diese isoparametrische Abbildung anwenden können. Wie wir aber bei der Ermittlung der Abbildungsvorschrift für das Element $T^{(1)}$ gesehen haben, erfordert der Einsatz der isoparametrischen Abbildungsvorschrift einen höheren Rechenaufwand als die unmittelbare Anwendung der affin linearen Transformation (4.62).

Für die Determinate der Matrix $J^{(2)}$ gilt

$$\det J^{(2)} = 0.2 \cdot 0.5 \cdot 0.5 = 0.05.$$

Die inverse Matrix $(J^{(2)})^{-1}$ bzw. die Transponierte dieser inversen Matrix lautet

$$(J^{(2)})^{-1} = \begin{pmatrix} 5 & 0 & -3 \\ 0 & 2 & 0.4 \\ 0 & 0 & 2 \end{pmatrix} \quad \text{bzw.} \quad (J^{(2)})^{-T} = \begin{pmatrix} 5 & 0 & 0 \\ 0 & 2 & 0 \\ -3 & 0.4 & 2 \end{pmatrix}.$$

Unter Verwendung der Gradienten (4.160) der trilinearen Formfunktionen über dem Referenzhexaeder können wir die Vektoren $(J^{(2)})^{-T} \text{grad} \varphi_\alpha(\xi)$, $\alpha = 1, 2, \ldots, 8$, berechnen:

$$(J^{(2)})^{-T} \text{grad} \varphi_1 = \begin{pmatrix} -5(1-\xi_2)(1-\xi_3) \\ -2(1-\xi_1)(1-\xi_3) \\ 3(1-\xi_2)(1-\xi_3) - 0.4(1-\xi_1)(1-\xi_3) - 2(1-\xi_1)(1-\xi_2) \end{pmatrix},$$

$$(J^{(2)})^{-T} \text{grad} \varphi_2 = \begin{pmatrix} 5(1-\xi_2)(1-\xi_3) \\ -2\xi_1(1-\xi_3) \\ -3(1-\xi_2)(1-\xi_3) - 0.4\xi_1(1-\xi_3) - 2\xi_1(1-\xi_2) \end{pmatrix},$$

$$(J^{(2)})^{-T} \text{grad} \varphi_3 = \begin{pmatrix} 5\xi_2(1-\xi_3) \\ 2\xi_1(1-\xi_3) \\ -3\xi_2(1-\xi_3) + 0.4\xi_1(1-\xi_3) - 2\xi_1\xi_2 \end{pmatrix},$$

$$(J^{(2)})^{-T} \text{grad} \varphi_4 = \begin{pmatrix} -5\xi_2(1-\xi_3) \\ 2(1-\xi_1)(1-\xi_3) \\ 3\xi_2(1-\xi_3) + 0.4(1-\xi_1)(1-\xi_3) - 2(1-\xi_1)\xi_2 \end{pmatrix},$$

$$(J^{(2)})^{-T} \text{grad} \varphi_5 = \begin{pmatrix} -5(1-\xi_2)\xi_3 \\ -2(1-\xi_1)\xi_3 \\ 3(1-\xi_2)\xi_3 - 0.4(1-\xi_1)\xi_3 + 2(1-\xi_1)(1-\xi_2) \end{pmatrix},$$

$$(J^{(2)})^{-T} \operatorname{grad} \varphi_6 = \begin{pmatrix} 5(1-\xi_2)\xi_3 \\ -2\xi_1\xi_3 \\ -3(1-\xi_2)\xi_3 - 0.4\xi_1\xi_3 + 2\xi_1(1-\xi_2) \end{pmatrix},$$

$$(J^{(2)})^{-T} \operatorname{grad} \varphi_7 = \begin{pmatrix} 5\xi_2\xi_3 \\ 2\xi_1\xi_3 \\ -3\xi_2\xi_3 + 0.4\xi_1\xi_3 + 2\xi_1\xi_2 \end{pmatrix},$$

$$(J^{(2)})^{-T} \operatorname{grad} \varphi_8 = \begin{pmatrix} -5\xi_2\xi_3 \\ 2(1-\xi_1)\xi_3 \\ 3\xi_2\xi_3 + 0.4(1-\xi_1)\xi_3 + 2(1-\xi_1)\xi_2 \end{pmatrix}.$$

Gemäß der Definition (4.157) der Einträge der Elementsteifigkeitsmatrizen erhalten wir unter Beachtung der Beziehung (4.161) für das Element $K_{11}^{(2)}$ der Elementsteifigkeitsmatrix $K^{(2)}$

$$
\begin{aligned}
K_{11}^{(2)} &= \int_{\widehat{T}} \left[\left((J^{(2)})^{-T} \operatorname{grad}_\xi \varphi_1(\xi) \right)^T \Lambda(x_{T^{(2)}}(\xi)) \left((J^{(2)})^{-T} \operatorname{grad}_\xi \varphi_1(\xi) \right) \right] |\det J^{(2)}| \, d\xi \\
&= \lambda \int_0^1 \int_0^1 \int_0^1 \left[\left((J^{(2)})^{-T} \operatorname{grad}_\xi \varphi_1(\xi) \right)^T \left((J^{(2)})^{-T} \operatorname{grad}_\xi \varphi_1(\xi) \right) \right] |\det J^{(2)}| \, d\xi_3 d\xi_2 d\xi_1 \\
&= \lambda \int_0^1 \int_0^1 \int_0^1 \Big[\left(-5(1-\xi_2)(1-\xi_3) \right)^2 + \left(-2(1-\xi_1)(1-\xi_3) \right)^2 \\
&\qquad\qquad + \left(3(1-\xi_2)(1-\xi_3) - 0.4(1-\xi_1)(1-\xi_3) - 2(1-\xi_1)(1-\xi_2) \right)^2 \Big] \\
&\qquad\qquad\qquad\qquad\qquad\qquad\qquad\qquad\qquad\qquad\qquad\qquad\qquad\quad \cdot 0.05 \, d\xi_3 d\xi_2 d\xi_1 \\
&= \lambda \int_0^1 \int_0^1 \int_0^1 \Big[25(1-\xi_2)^2(1-\xi_3)^2 + 4(1-\xi_1)^2(1-\xi_3)^2 \\
&\qquad + 9(1-\xi_2)^2(1-\xi_3)^2 + 0.16(1-\xi_1)^2(1-\xi_3)^2 + 4(1-\xi_1)^2(1-\xi_2)^2 \\
&\qquad -2.4(1-\xi_1)(1-\xi_2)(1-\xi_3)^2 - 12(1-\xi_1)(1-\xi_2)^2(1-\xi_3) \\
&\qquad +1.6(1-\xi_1)^2(1-\xi_2)(1-\xi_3) \Big] \cdot 0.05 \, d\xi_3 d\xi_2 d\xi_1 \\
&= \lambda \int_0^1 \int_0^1 \int_0^1 \Big[34(1-\xi_2)^2(1-\xi_3)^2 + 4.16(1-\xi_1)^2(1-\xi_3)^2 + 4(1-\xi_1)^2(1-\xi_2)^2 \\
&\qquad -2.4(1-\xi_1)(1-\xi_2)(1-\xi_3)^2 - 12(1-\xi_1)(1-\xi_2)^2(1-\xi_3) \\
&\qquad +1.6(1-\xi_1)^2(1-\xi_2)(1-\xi_3) \Big] \cdot 0.05 \, d\xi_3 d\xi_2 d\xi_1 \\
&= \frac{407}{2250} \lambda \approx 0.181\lambda
\end{aligned}
$$

und für das Element $K_{12}^{(2)}$

$$K_{12}^{(2)} = \int_{\widehat{T}} \left[\left((J^{(2)})^{-T} \operatorname{grad}_\xi \varphi_1(\xi) \right)^T \Lambda(x_{T^{(2)}}(\xi)) \left((J^{(2)})^{-T} \operatorname{grad}_\xi \varphi_2(\xi) \right) \right] |\det J^{(2)}| \, d\xi$$

$$= \lambda \int_0^1 \int_0^1 \int_0^1 \left[\left((J^{(2)})^{-T} \operatorname{grad}_\xi \varphi_1(\xi) \right)^T \left((J^{(2)})^{-T} \operatorname{grad}_\xi \varphi_2(\xi) \right) \right] |\det J^{(2)}| \, d\xi_3 d\xi_2 d\xi_1$$

$$= \lambda \int_0^1 \int_0^1 \int_0^1 \Big[\big(-5(1-\xi_2)(1-\xi_3) \big) \big(5(1-\xi_2)(1-\xi_3) \big)$$
$$+ \big(-2(1-\xi_1)(1-\xi_3) \big) \big(-2\xi_1(1-\xi_3) \big)$$
$$+ \big(3(1-\xi_2)(1-\xi_3) - 0.4(1-\xi_1)(1-\xi_3) - 2(1-\xi_1)(1-\xi_2) \big)$$
$$\cdot \big(-3(1-\xi_2)(1-\xi_3) - 0.4\xi_1(1-\xi_3) - 2\xi_1(1-\xi_2) \big) \Big] \cdot 0.05 \, d\xi_3 d\xi_2 d\xi_1$$

$$= -\frac{733}{4500} \lambda \approx -0.163\lambda.$$

Analoge Berechnungen der anderen Einträge der Elementsteifigkeitsmatrix $K^{(2)}$ führen schließlich zur Elementsteifigkeitsmatrix

$$K^{(2)} = \lambda \begin{pmatrix}
\frac{407}{2250} & -\frac{733}{4500} & -\frac{407}{4500} & \frac{517}{9000} & \frac{709}{9000} & -\frac{56}{1125} & -\frac{287}{9000} & \frac{161}{9000} \\
-\frac{733}{4500} & \frac{677}{2250} & \frac{967}{9000} & -\frac{497}{4500} & -\frac{337}{2250} & \frac{799}{9000} & \frac{161}{9000} & -\frac{827}{9000} \\
-\frac{407}{4500} & \frac{967}{9000} & \frac{301}{1125} & \frac{763}{4500} & \frac{677}{9000} & \frac{281}{9000} & \frac{709}{9000} & -\frac{337}{2250} \\
\frac{517}{9000} & -\frac{497}{4500} & \frac{763}{4500} & \frac{211}{1125} & \frac{281}{9000} & -\frac{317}{9000} & \frac{56}{1125} & \frac{799}{9000} \\
\frac{709}{9000} & -\frac{337}{2250} & \frac{677}{9000} & \frac{281}{9000} & \frac{301}{1125} & -\frac{763}{4500} & \frac{407}{4500} & \frac{967}{9000} \\
-\frac{56}{1125} & \frac{799}{9000} & \frac{281}{9000} & \frac{317}{9000} & \frac{763}{4500} & \frac{211}{1125} & \frac{517}{9000} & -\frac{497}{4500} \\
-\frac{287}{9000} & \frac{161}{9000} & \frac{709}{9000} & -\frac{56}{1125} & \frac{407}{4500} & \frac{517}{9000} & \frac{407}{2250} & -\frac{733}{4500} \\
\frac{161}{9000} & -\frac{827}{9000} & -\frac{337}{2250} & \frac{799}{9000} & \frac{967}{9000} & -\frac{497}{4500} & -\frac{733}{4500} & \frac{677}{2250}
\end{pmatrix}.$$

Die soeben berechnete Elementsteifigkeitsmatrix $K^{(2)}$ bauen wir nun in die Matrix $\bar{K}_h$ ein. Aus der Tabelle des Elementzusammenhangs (siehe Tabelle 4.26) entnehmen wir, dass der Knoten mit der lokalen Nummer 1 im Element $T^{(2)}$ die globale Knotennummer 11 und der Knoten mit der lokalen Nummer 2 die globale Knotennummer 13 hat. Deshalb addieren wir das Element $K_{11}^{(2)}$ der Elementsteifigkeitsmatrix $K^{(2)}$ zum Matrixelement $K_{11,11}$ der Matrix $\bar{K}_h$ und das Element $K_{12}^{(2)}$ zum Matrixelement $K_{11,13}$ von $\bar{K}_h$. Auf analoge Weise werden alle weiteren Einträge der Elementsteifigkeitsmatrix $K^{(2)}$ zu den Matrixelementen von $\bar{K}_h$ addiert. Wir erhalten die Matrix

$$\bar{K}_h = \lambda$$

	1	2	3	4	5	6	7	8	9	10	11	12	13	14	15	16
1	$\frac{11}{60}$	$\frac{7}{120}$	$-\frac{7}{60}$	$-\frac{3}{40}$	$\frac{7}{120}$	$-\frac{1}{80}$	$-\frac{3}{40}$	$-\frac{11}{240}$	0	0	0	0	0	0	0	0
2	$\frac{7}{120}$	$\frac{11}{60}$	$-\frac{3}{40}$	$-\frac{7}{60}$	$-\frac{1}{80}$	$\frac{7}{120}$	$-\frac{11}{240}$	$-\frac{3}{40}$	0	0	0	0	0	0	0	0
3	$-\frac{7}{60}$	$-\frac{3}{40}$	$\frac{11}{60}$	$\frac{7}{120}$	$-\frac{3}{40}$	$-\frac{11}{240}$	$\frac{7}{120}$	$-\frac{1}{80}$	0	0	0	0	0	0	0	0
4	$-\frac{3}{40}$	$-\frac{7}{60}$	$\frac{7}{120}$	$\frac{11}{60}$	$-\frac{11}{240}$	$-\frac{3}{40}$	$-\frac{1}{80}$	$\frac{7}{120}$	0	0	0	0	0	0	0	0
5	$\frac{7}{120}$	$-\frac{1}{80}$	$-\frac{3}{40}$	$-\frac{11}{240}$	$\frac{11}{60}+\frac{301}{1125}$	$\frac{7}{120}+\frac{967}{9000}$	$-\frac{7}{60}-\frac{763}{4500}$	$-\frac{3}{40}-\frac{407}{4500}$	0	0	$\frac{709}{9000}$	$\frac{281}{9000}$	$-\frac{337}{2250}$	$-\frac{677}{9000}$	0	0
6	$-\frac{1}{80}$	$\frac{7}{120}$	$-\frac{11}{240}$	$-\frac{3}{40}$	$\frac{7}{120}+\frac{967}{9000}$	$\frac{11}{60}+\frac{677}{2250}$	$-\frac{3}{40}-\frac{497}{4500}$	$-\frac{7}{60}-\frac{733}{4500}$	0	0	$\frac{161}{9000}$	$\frac{799}{9000}$	$-\frac{827}{9000}$	$-\frac{337}{2250}$	0	0
7	$-\frac{3}{40}$	$-\frac{11}{240}$	$\frac{7}{120}$	$-\frac{1}{80}$	$-\frac{7}{60}-\frac{763}{4500}$	$-\frac{3}{40}-\frac{497}{4500}$	$\frac{11}{60}+\frac{211}{1125}$	$\frac{7}{120}+\frac{517}{9000}$	0	0	$-\frac{56}{1125}$	$-\frac{317}{9000}$	$\frac{799}{9000}$	$\frac{281}{9000}$	0	0
8	$-\frac{11}{240}$	$-\frac{3}{40}$	$-\frac{1}{80}$	$\frac{7}{120}$	$-\frac{3}{40}-\frac{407}{4500}$	$-\frac{7}{60}-\frac{733}{4500}$	$\frac{7}{120}+\frac{517}{9000}$	$\frac{11}{60}+\frac{407}{2250}$	0	0	$-\frac{287}{9000}$	$-\frac{56}{1125}$	$\frac{161}{9000}$	$\frac{709}{9000}$	0	0
9	0	0	0	0	0	0	0	0	0	0	0	0	0	0	0	0
10	0	0	0	0	0	0	0	0	0	0	0	0	0	0	0	0
11	0	0	0	0	$\frac{709}{9000}$	$\frac{161}{9000}$	$-\frac{56}{1125}$	$-\frac{287}{9000}$	0	0	$\frac{407}{2250}$	$\frac{517}{9000}$	$-\frac{733}{4500}$	$-\frac{407}{4500}$	0	0
12	0	0	0	0	$\frac{281}{9000}$	$\frac{799}{9000}$	$-\frac{317}{9000}$	$-\frac{56}{1125}$	0	0	$\frac{517}{9000}$	$\frac{211}{1125}$	$-\frac{497}{4500}$	$-\frac{763}{4500}$	0	0
13	0	0	0	0	$-\frac{337}{2250}$	$-\frac{827}{9000}$	$\frac{799}{9000}$	$\frac{161}{9000}$	0	0	$-\frac{733}{4500}$	$-\frac{497}{4500}$	$\frac{677}{2250}$	$\frac{967}{9000}$	0	0
14	0	0	0	0	$\frac{677}{9000}$	$-\frac{337}{2250}$	$\frac{281}{9000}$	$\frac{709}{9000}$	0	0	$-\frac{407}{4500}$	$-\frac{763}{4500}$	$\frac{967}{9000}$	$\frac{301}{1125}$	0	0
15	0	0	0	0	0	0	0	0	0	0	0	0	0	0	0	0
16	0	0	0	0	0	0	0	0	0	0	0	0	0	0	0	0

$$= \lambda$$

	1	2	3	4	5	6	7	8	9	10	11	12	13	14	15	16
1	$\frac{11}{60}$	$\frac{7}{120}$	$-\frac{7}{60}$	$-\frac{3}{40}$	$\frac{7}{120}$	$-\frac{1}{80}$	$-\frac{3}{40}$	$-\frac{11}{240}$	0	0	0	0	0	0	0	0
2	$\frac{7}{120}$	$\frac{11}{60}$	$-\frac{3}{40}$	$\frac{7}{60}$	$-\frac{1}{80}$	$\frac{7}{120}$	$-\frac{11}{240}$	$-\frac{3}{40}$	0	0	0	0	0	0	0	0
3	$\frac{7}{60}$	$-\frac{3}{40}$	$\frac{11}{60}$	$\frac{7}{120}$	$-\frac{3}{40}$	$-\frac{11}{240}$	$\frac{7}{120}$	$-\frac{1}{80}$	0	0	0	0	0	0	0	0
4	$-\frac{3}{40}$	$\frac{7}{60}$	$\frac{7}{120}$	$\frac{11}{60}$	$\frac{11}{240}$	$-\frac{3}{40}$	$-\frac{1}{80}$	$\frac{7}{120}$	0	0	0	0	0	0	0	0
5	$\frac{7}{120}$	$-\frac{1}{80}$	$-\frac{3}{40}$	$-\frac{11}{240}$	$\frac{2029}{4500}$	$\frac{373}{2250}$	$\frac{322}{1125}$	$\frac{1489}{9000}$	0	0	$\frac{709}{9000}$	$\frac{281}{9000}$	$-\frac{337}{2250}$	$\frac{677}{9000}$	0	0
6	$-\frac{1}{80}$	$\frac{7}{120}$	$-\frac{11}{240}$	$-\frac{3}{40}$	$\frac{373}{2250}$	$\frac{2179}{4500}$	$\frac{1669}{9000}$	$\frac{629}{2250}$	0	0	$\frac{161}{9000}$	$\frac{799}{9000}$	$-\frac{827}{9000}$	$-\frac{337}{2250}$	0	0
7	$-\frac{3}{40}$	$-\frac{11}{240}$	$\frac{7}{120}$	$-\frac{1}{80}$	$\frac{322}{1125}$	$\frac{1669}{9000}$	$\frac{1669}{4500}$	$\frac{521}{4500}$	0	0	$-\frac{56}{1125}$	$-\frac{317}{9000}$	$\frac{799}{9000}$	$\frac{281}{9000}$	0	0
8	$-\frac{11}{240}$	$-\frac{3}{40}$	$-\frac{1}{80}$	$\frac{7}{120}$	$\frac{1489}{9000}$	$\frac{629}{2250}$	$\frac{521}{4500}$	$\frac{1639}{4500}$	0	0	$-\frac{287}{9000}$	$-\frac{56}{1125}$	$\frac{161}{9000}$	$\frac{709}{9000}$	0	0
9	0	0	0	0	0	0	0	0	0	0	0	0	0	0	0	0
10	0	0	0	0	0	0	0	0	0	0	0	0	0	0	0	0
11	0	0	0	0	$\frac{709}{9000}$	$\frac{161}{9000}$	$-\frac{56}{1125}$	$-\frac{287}{9000}$	0	0	$\frac{407}{2250}$	$\frac{517}{9000}$	$-\frac{733}{4500}$	$-\frac{407}{4500}$	0	0
12	0	0	0	0	$\frac{281}{9000}$	$\frac{799}{9000}$	$-\frac{317}{9000}$	$-\frac{56}{1125}$	0	0	$\frac{517}{9000}$	$\frac{211}{1125}$	$\frac{497}{4500}$	$-\frac{763}{4500}$	0	0
13	0	0	0	0	$\frac{337}{2250}$	$-\frac{827}{9000}$	$\frac{799}{9000}$	$\frac{161}{9000}$	0	0	$-\frac{733}{4500}$	$-\frac{497}{4500}$	$\frac{677}{2250}$	$\frac{967}{9000}$	0	0
14	0	0	0	0	$\frac{677}{9000}$	$-\frac{337}{2250}$	$\frac{281}{9000}$	$\frac{709}{9000}$	0	0	$-\frac{407}{4500}$	$-\frac{763}{4500}$	$\frac{967}{9000}$	$\frac{301}{1125}$	0	0
15	0	0	0	0	0	0	0	0	0	0	0	0	0	0	0	0
16	0	0	0	0	0	0	0	0	0	0	0	0	0	0	0	0

$$\utilde{\lambda} =$$

	1	2	3	4	5	6	7	8	9	10	11	12	13	14	15	16
1	0.183	0.058	−0.117	−0.075	0.058	0.013	−0.075	−0.046	0	0	0	0	0	0	0	0
2	0.058	0.183	−0.075	−0.117	0.013	0.058	−0.046	−0.075	0	0	0	0	0	0	0	0
3	−0.117	−0.075	0.183	0.058	−0.075	−0.046	0.058	0.013	0	0	0	0	0	0	0	0
4	−0.075	−0.117	0.058	0.183	−0.046	−0.075	0.013	0.058	0	0	0	0	0	0	0	0
5	0.058	0.013	−0.075	−0.046	0.451	0.166	−0.286	−0.165	0	0	0.079	0.031	−0.150	−0.075	0	0
6	0.013	0.058	−0.046	−0.075	0.166	0.484	−0.185	−0.280	0	0	0.018	0.089	−0.092	−0.150	0	0
7	−0.075	−0.046	0.058	0.013	−0.286	−0.185	0.371	0.116	0	0	−0.050	−0.035	0.089	0.031	0	0
8	−0.046	−0.075	0.013	0.058	−0.165	−0.280	0.116	0.364	0	0	−0.032	−0.050	0.018	0.079	0	0
9	0	0	0	0	0	0	0	0	0	0	0	0	0	0	0	0
10	0	0	0	0	0	0	0	0	0	0	0	0	0	0	0	0
11	0	0	0	0	0.079	0.018	−0.050	−0.032	0	0	0.181	0.057	−0.163	−0.090	0	0
12	0	0	0	0	0.031	0.089	−0.035	−0.050	0	0	0.057	0.188	−0.110	−0.170	0	0
13	0	0	0	0	−0.150	−0.092	0.089	0.018	0	0	−0.163	−0.110	0.301	0.107	0	0
14	0	0	0	0	−0.075	−0.150	0.031	0.079	0	0	−0.090	−0.170	0.107	0.268	0	0
15	0	0	0	0	0	0	0	0	0	0	0	0	0	0	0	0
16	0	0	0	0	0	0	0	0	0	0	0	0	0	0	0	0

Die in der Matrix $\bar{K}_h$ angegebenen Dezimalzahlen für die Matrixeinträge sind gerundete Werte. Bei den folgenden Rechnungen nutzen wir nicht die gerundeten Werte, sondern genauere Werte. Deshalb können angegebene Zwischenresultate manchmal in den letzten Stellen etwas von den Werten abweichen, welche wir mit den angegebenen gerundeten Werten erhalten würden.

Es verbleibt nun noch die Elementsteifigkeitsmatrix $K^{(3)}$ zu berechnen. Das finite Element $T^{(3)}$ ist kein Parallelepiped, so dass nicht die affin lineare Abbildungsvorschrift (4.62) mit der Matrix $J^{(r)}$ aus (4.68) genutzt werden kann. Wir können deshalb nur die isoparametrische Abbildungsvorschrift (4.158) anwenden. Diese lautet unter Nutzung des Zusammenhangs zwischen der lokalen Knotennummerierung im Element $T^{(3)}$ und der globalen Knotennummerierung (siehe Tabelle 4.26)

$$
x_{T^{(3)}}(\xi) = \sum_{\alpha=1}^{8} \begin{pmatrix} x_1^{(3,\alpha)} \\ x_2^{(3,\alpha)} \\ x_3^{(3,\alpha)} \end{pmatrix} \varphi_\alpha(\xi)
$$

$$
= \begin{pmatrix} x_{13,1} \\ x_{13,2} \\ x_{13,3} \end{pmatrix} \varphi_1(\xi) + \begin{pmatrix} x_{15,1} \\ x_{15,2} \\ x_{15,3} \end{pmatrix} \varphi_2(\xi) + \begin{pmatrix} x_{16,1} \\ x_{16,2} \\ x_{16,3} \end{pmatrix} \varphi_3(\xi) + \begin{pmatrix} x_{14,1} \\ x_{14,2} \\ x_{14,3} \end{pmatrix} \varphi_4(\xi)
$$

$$
+ \begin{pmatrix} x_{7,1} \\ x_{7,2} \\ x_{7,3} \end{pmatrix} \varphi_5(\xi) + \begin{pmatrix} x_{9,1} \\ x_{9,2} \\ x_{9,3} \end{pmatrix} \varphi_6(\xi) + \begin{pmatrix} x_{10,1} \\ x_{10,2} \\ x_{10,3} \end{pmatrix} \varphi_7(\xi) + \begin{pmatrix} x_{8,1} \\ x_{8,2} \\ x_{8,3} \end{pmatrix} \varphi_8(\xi)
$$

$$
= \begin{pmatrix} 0.2 \\ 0.1 \\ 0 \end{pmatrix} (1 - \xi_1 - \xi_2 - \xi_3 + \xi_1\xi_2 + \xi_1\xi_3 + \xi_2\xi_3 - \xi_1\xi_2\xi_3)
$$

$$
+ \begin{pmatrix} 1 \\ 0.1 \\ 0 \end{pmatrix} (\xi_1 - \xi_1\xi_2 - \xi_1\xi_3 + \xi_1\xi_2\xi_3) + \begin{pmatrix} 1 \\ 0.6 \\ 0 \end{pmatrix} (\xi_1\xi_2 - \xi_1\xi_2\xi_3) \qquad (4.162)
$$

$$
+ \begin{pmatrix} 0.2 \\ 0.6 \\ 0 \end{pmatrix} (\xi_2 - \xi_1\xi_2 - \xi_2\xi_3 + \xi_1\xi_2\xi_3)
$$

$$
+ \begin{pmatrix} 0.5 \\ 0 \\ 0.5 \end{pmatrix} (\xi_3 - \xi_1\xi_3 - \xi_2\xi_3 + \xi_1\xi_2\xi_3) + \begin{pmatrix} 1 \\ 0.05 \\ 0.25 \end{pmatrix} (\xi_1\xi_3 - \xi_1\xi_2\xi_3)
$$

$$
+ \begin{pmatrix} 1 \\ 0.55 \\ 0.25 \end{pmatrix} \xi_1\xi_2\xi_3 + \begin{pmatrix} 0.5 \\ 0.5 \\ 0.5 \end{pmatrix} (\xi_2\xi_3 - \xi_1\xi_2\xi_3)
$$

$$
= \begin{pmatrix} 0.2 \\ 0.1 \\ 0 \end{pmatrix} + \begin{pmatrix} 0.8 \\ 0 \\ 0 \end{pmatrix} \xi_1 + \begin{pmatrix} 0 \\ 0.5 \\ 0 \end{pmatrix} \xi_2 + \begin{pmatrix} 0.3 \\ -0.1 \\ 0.5 \end{pmatrix} \xi_3 + \begin{pmatrix} -0.3 \\ 0.05 \\ -0.25 \end{pmatrix} \xi_1\xi_3 .
$$

Diese Abbildung ist im Unterschied zu den Abbildungen des Referenzhexaeders auf die Elemente $T^{(1)}$ und $T^{(2)}$ keine affin lineare Abbildung, sondern eine nichtlineare Abbildung, denn sie enthält den nichtlinearen Term $\xi_1 \xi_3$.

Im Abschnitt 4.5.3 (Beziehung (4.82), S. 265) haben wir kennengelernt, dass die Matrix $J^{(r)}$ in der Berechnungsvorschrift für die Einträge der Elementsteifigkeitsmatrix auch in der Form

$$J^{(r)} = \begin{pmatrix} \dfrac{\partial x_1}{\partial \xi_1} & \dfrac{\partial x_1}{\partial \xi_2} & \dfrac{\partial x_1}{\partial \xi_3} \\[2mm] \dfrac{\partial x_2}{\partial \xi_1} & \dfrac{\partial x_2}{\partial \xi_2} & \dfrac{\partial x_2}{\partial \xi_3} \\[2mm] \dfrac{\partial x_3}{\partial \xi_1} & \dfrac{\partial x_3}{\partial \xi_2} & \dfrac{\partial x_3}{\partial \xi_3} \end{pmatrix} \tag{4.163}$$

aufgeschrieben werden kann. Dies gilt auch im Fall der isoparametrischen Abbildung ($J^{(r)}$ ist die Funktionalmatrix, siehe z.B. [MV01a], welche wir bei der Transformation der Integrale über dem Element $T^{(r)}$ auf das Referenzhexaeder benötigen.).

Für die nichtlineare Abbildung (4.162) erhalten wir deshalb

$$J^{(3)} = \begin{pmatrix} 0.8 - 0.3\xi_3 & 0 & 0.3 - 0.3\xi_1 \\[2mm] 0.05\xi_3 & 0.5 & -0.1 + 0.05\xi_1 \\[2mm] -0.25\xi_3 & 0 & 0.5 - 0.25\xi_1 \end{pmatrix}$$

und

$$(J^{(3)})^{-1} = \begin{pmatrix} \dfrac{10(\xi_1 - 2)}{8\xi_1 + 3\xi_3 - 16} & 0 & \dfrac{12(1 - \xi_1)}{8\xi_1 + 3\xi_3 - 16} \\[3mm] 0 & 2 & 0.4 \\[3mm] -\dfrac{10\xi_3}{8\xi_1 + 3\xi_3 - 16} & 0 & \dfrac{4(3\xi_3 - 8)}{8\xi_1 + 3\xi_3 - 16} \end{pmatrix}.$$

Die Elemente der Matrix $(J^{(3)})^{-1}$ und damit auch von $(J^{(3)})^{-T}$ sind im Unterschied zu den Einträgen der Matrizen $(J^{(1)})^{-1}$ sowie $(J^{(2)})^{-1}$ keine reellen Zahlen, sondern gebrochen rationale Funktionen. Folglich sind auch die Komponenten der Vektoren $(J^{(3)})^{-T} \mathrm{grad}_\xi \varphi_\alpha$, welche im Integranden in der Berechnungsvorschrift für die Einträge der Elementsteifigkeitsmatrix $K^{(3)}$ vorkommen, gebrochen rationale Funktionen. Somit ist eine analytische Berechnung der Einträge der Elementsteifigkeitsmatrix schwierig. Wir berechnen diese deshalb mittels numerischer Integration. Dazu verwenden wir eine Quadraturformel mit acht Quadraturpunkten. welche wir aus der Quadraturformel 1D-5 (siehe Tabelle 3.7, S. 141) erhalten (siehe auch Beispiel 4.5, S. 315). Die Quadraturpunkte $\xi^{(k)} = (\xi_1^{(k)}, \xi_2^{(k)}, \xi_3^{(k)})$ und die Quadraturgewichte $\alpha^{(k)}, k = 1, 2, \ldots, 8$, sind in der Tabelle 4.27 angegeben.

Die Einträge $K^{(3)}_{\alpha\beta}$ der Elementsteifigkeitsmatrix berechnen wir nun näherungsweise mittels

Tabelle 4.27: Tabelle der Quadraturstützstellen und -gewichte

k	1	2	3	4	5	6	7	8
$\alpha^{(k)}$	$\dfrac{1}{8}$	$\dfrac{1}{8}$	$\dfrac{1}{8}$	$\dfrac{1}{8}$	$\dfrac{1}{8}$	$\dfrac{1}{8}$	$\dfrac{1}{8}$	$\dfrac{1}{8}$
$\xi_1^{(k)}$	$\dfrac{3-\sqrt{3}}{6}$	$\dfrac{3+\sqrt{3}}{6}$	$\dfrac{3+\sqrt{3}}{6}$	$\dfrac{3-\sqrt{3}}{6}$	$\dfrac{3-\sqrt{3}}{6}$	$\dfrac{3+\sqrt{3}}{6}$	$\dfrac{3+\sqrt{3}}{6}$	$\dfrac{3-\sqrt{3}}{6}$
$\xi_2^{(k)}$	$\dfrac{3-\sqrt{3}}{6}$	$\dfrac{3-\sqrt{3}}{6}$	$\dfrac{3+\sqrt{3}}{6}$	$\dfrac{3+\sqrt{3}}{6}$	$\dfrac{3-\sqrt{3}}{6}$	$\dfrac{3-\sqrt{3}}{6}$	$\dfrac{3+\sqrt{3}}{6}$	$\dfrac{3+\sqrt{3}}{6}$
$\xi_3^{(k)}$	$\dfrac{3-\sqrt{3}}{6}$	$\dfrac{3-\sqrt{3}}{6}$	$\dfrac{3-\sqrt{3}}{6}$	$\dfrac{3-\sqrt{3}}{6}$	$\dfrac{3+\sqrt{3}}{6}$	$\dfrac{3+\sqrt{3}}{6}$	$\dfrac{3+\sqrt{3}}{6}$	$\dfrac{3+\sqrt{3}}{6}$

dieser Quadraturformel, d.h.

$$K_{\alpha\beta}^{(3)} = \int_{\widehat{T}} \left[\left((J^{(3)})^{-T} \operatorname{grad}_\xi \varphi_\alpha(\xi)\right)^T \Lambda(x_{T^{(3)}}(\xi)) \left((J^{(3)})^{-T} \operatorname{grad}_\xi \varphi_\beta(\xi)\right) \right] |\det J^{(3)}| \, d\xi$$

$$= \lambda \int_{\widehat{T}} \left[\left((J^{(3)})^{-T} \operatorname{grad}_\xi \varphi_\alpha(\xi)\right)^T \left((J^{(3)})^{-T} \operatorname{grad}_\xi \varphi_\beta(\xi)\right) \right] |\det J^{(3)}| \, d\xi$$

$$\approx \lambda \sum_{k=1}^{8} \alpha^{(k)} \left[\left((J^{(3)}(\xi^{(k)}))^{-T} \operatorname{grad}_\xi \varphi_\alpha(\xi^{(k)})\right)^T \left((J^{(3)}(\xi^{(k)}))^{-T} \operatorname{grad}_\xi \varphi_\beta(\xi^{(k)})\right) \right]$$
$$\cdot |\det J^{(3)}(\xi^{(k)})| .$$

Um den Rechenaufwand bei der Berechnung der Einträge der Elementsteifigkeitsmatrix so gering wie möglich zu halten, können wir die Werte der partiellen Ableitungen der Formfunktionen in den Quadraturstützstellen, welche wir zur Berechnung von $\operatorname{grad}_\xi \varphi_\alpha(\xi^{(k)})$ benötigen, auch bei der Berechnung der Einträge der Matrix $J^{(3)}$ nutzen. Wir führen deshalb noch die folgende Überlegung durch. Aus der isoparametrischen Abbildung (4.158) (siehe auch (4.162)) folgt für die Einträge der Matrix $J^{(r)}$ aus (4.163)

$$\frac{\partial x_i}{\partial \xi_j} = \sum_{\alpha=1}^{8} x_i^{(r,\alpha)} \frac{\partial \varphi_\alpha}{\partial \xi_j}, \quad i,j = 1,2,3. \tag{4.164}$$

Wir beschreiben im Folgenden ausführlich die Berechnung der Summanden

$$\alpha^{(k)} \left((J^{(3)}(\xi^{(k)}))^{-T} \operatorname{grad}_\xi \varphi_\alpha(\xi^{(k)})\right)^T \left((J^{(3)}(\xi^{(k)}))^{-T} \operatorname{grad}_\xi \varphi_\beta(\xi^{(k)})\right) |\det J^{(3)}(\xi^{(k)})| \tag{4.165}$$

in der Quadraturstützstelle $k = 1$, d.h. in der Quadraturstützstelle

$$\xi^{(1)} = (\xi_1^{(1)}, \xi_2^{(1)}, \xi_3^{(1)}) = \left(\frac{3-\sqrt{3}}{6}, \frac{3-\sqrt{3}}{6}, \frac{3-\sqrt{3}}{6}\right).$$

Für die anderen Quadraturstützstellen erfolgen die Berechnungen auf analoge Weise.

Da wir sowohl für die Berechnung der Matrix $J^{(3)}(\xi^{(k)})$ als auch zur Berechnung des Gradienten $\operatorname{grad}_\xi \varphi_\alpha(\xi^{(k)})$ die Werte der partiellen Ableitungen der Formfunktionen in den Quadraturstützstellen benötigen, ermitteln wir diese zuerst. Zur Demonstration beschränken wir uns auf die Quadraturstützstelle $\xi^{(1)}$. Wegen

$$1 - \frac{3-\sqrt{3}}{6} = \frac{3+\sqrt{3}}{6}, \quad \left(\frac{3+\sqrt{3}}{6}\right)^2 = \frac{2+\sqrt{3}}{6}, \quad \left(\frac{3-\sqrt{3}}{6}\right)^2 = \frac{2-\sqrt{3}}{6}$$

und

$$\frac{3+\sqrt{3}}{6} \cdot \frac{3-\sqrt{3}}{6} = \frac{1}{6}$$

erhalten wir (siehe (4.160) für die Ableitungen der trilinearen Formfunktionen)

$$
\begin{aligned}
\frac{\partial \varphi_1}{\partial \xi_1}(\xi^{(1)}) &= -(1-\xi_2^{(1)})(1-\xi_3^{(1)}) &= -\frac{2+\sqrt{3}}{6}, \\
\frac{\partial \varphi_1}{\partial \xi_2}(\xi^{(1)}) &= -(1-\xi_1^{(1)})(1-\xi_3^{(1)}) &= -\frac{2+\sqrt{3}}{6}, \\
\frac{\partial \varphi_1}{\partial \xi_3}(\xi^{(1)}) &= -(1-\xi_1^{(1)})(1-\xi_2^{(1)}) &= -\frac{2+\sqrt{3}}{6}, \\[4pt]
\frac{\partial \varphi_2}{\partial \xi_1}(\xi^{(1)}) &= (1-\xi_2^{(1)})(1-\xi_3^{(1)}) &= \frac{2+\sqrt{3}}{6}, \\
\frac{\partial \varphi_2}{\partial \xi_2}(\xi^{(1)}) &= -\xi_1^{(1)}(1-\xi_3^{(1)}) &= -\frac{1}{6}, \\
\frac{\partial \varphi_2}{\partial \xi_3}(\xi^{(1)}) &= -\xi_1^{(1)}(1-\xi_2^{(1)}) &= -\frac{1}{6}, \\[4pt]
\frac{\partial \varphi_3}{\partial \xi_1}(\xi^{(1)}) &= \xi_2^{(1)}(1-\xi_3^{(1)}) &= \frac{1}{6}, \\
\frac{\partial \varphi_3}{\partial \xi_2}(\xi^{(1)}) &= \xi_1^{(1)}(1-\xi_3^{(1)}) &= \frac{1}{6}, \\
\frac{\partial \varphi_3}{\partial \xi_3}(\xi^{(1)}) &= -\xi_1^{(1)}\xi_2^{(1)} &= -\frac{2-\sqrt{3}}{6}, \\[4pt]
\frac{\partial \varphi_4}{\partial \xi_1}(\xi^{(1)}) &= -\xi_2^{(1)}(1-\xi_3^{(1)}) &= -\frac{1}{6}, \\
\frac{\partial \varphi_4}{\partial \xi_2}(\xi^{(1)}) &= (1-\xi_1^{(1)})(1-\xi_3^{(1)}) &= \frac{2+\sqrt{3}}{6}, \\
\frac{\partial \varphi_4}{\partial \xi_3}(\xi^{(1)}) &= -(1-\xi_1^{(1)})\xi_2^{(1)} &= -\frac{1}{6}, \\[4pt]
\frac{\partial \varphi_5}{\partial \xi_1}(\xi^{(1)}) &= -(1-\xi_2^{(1)})\xi_3^{(1)} &= -\frac{1}{6}, \\
\frac{\partial \varphi_5}{\partial \xi_2}(\xi^{(1)}) &= -(1-\xi_1^{(1)})\xi_3^{(1)} &= -\frac{1}{6}, \\
\frac{\partial \varphi_5}{\partial \xi_3}(\xi^{(1)}) &= (1-\xi_1^{(1)})(1-\xi_2^{(1)}) &= \frac{2+\sqrt{3}}{6},
\end{aligned}
\tag{4.166}
$$

$$\frac{\partial \varphi_6}{\partial \xi_1}(\xi^{(1)}) \;=\; (1-\xi_2^{(1)})\xi_3^{(1)} \;=\; \frac{1}{6},$$

$$\frac{\partial \varphi_6}{\partial \xi_2}(\xi^{(1)}) \;=\; -\xi_1^{(1)}\xi_3^{(1)} \;=\; -\frac{2-\sqrt{3}}{6},$$

$$\frac{\partial \varphi_6}{\partial \xi_3}(\xi^{(1)}) \;=\; \xi_1^{(1)}(1-\xi_2^{(1)}) \;=\; \frac{1}{6},$$

$$\frac{\partial \varphi_7}{\partial \xi_1}(\xi^{(1)}) \;=\; \xi_2^{(1)}\xi_3^{(1)} \;=\; \frac{2-\sqrt{3}}{6},$$

$$\frac{\partial \varphi_7}{\partial \xi_2}(\xi^{(1)}) \;=\; \xi_1^{(1)}\xi_3^{(1)} \;=\; \frac{2-\sqrt{3}}{6},$$

$$\frac{\partial \varphi_7}{\partial \xi_3}(\xi^{(1)}) \;=\; \xi_1^{(1)}\xi_2^{(1)} \;=\; \frac{2-\sqrt{3}}{6},$$

$$\frac{\partial \varphi_8}{\partial \xi_1}(\xi^{(1)}) \;=\; -\xi_2^{(1)}\xi_3^{(1)} \;=\; -\frac{2-\sqrt{3}}{6},$$

$$\frac{\partial \varphi_8}{\partial \xi_2}(\xi^{(1)}) \;=\; (1-\xi_1^{(1)})\xi_3^{(1)} \;=\; \frac{1}{6},$$

$$\frac{\partial \varphi_8}{\partial \xi_3}(\xi^{(1)}) \;=\; (1-\xi_1^{(1)})\xi_2^{(1)} \;=\; \frac{1}{6}.$$

Gemäß der Beziehungen (4.163) und (4.164) können wir damit die Einträge der Matrix $J^{(3)}$ im Quadraturpunkt $\xi^{(1)}$ berechnen. Unter Nutzung des Zusammenhangs zwischen der lokalen Knotennummerierung im Element $T^{(3)}$ und der globalen Knotennummerierung (siehe Tabelle 4.26) sowie der Knotenkoordinaten aus der Tabelle 4.25 gilt

$$\frac{\partial x_1}{\partial \xi_1}(\xi^{(1)}) \;=\; \sum_{\alpha=1}^{8} x_1^{(3,\alpha)} \frac{\partial \varphi_\alpha}{\partial \xi_1}(\xi^{(1)})$$

$$=\; x_{13,1}\frac{\partial \varphi_1}{\partial \xi_1}(\xi^{(1)}) + x_{15,1}\frac{\partial \varphi_2}{\partial \xi_1}(\xi^{(1)}) + x_{16,1}\frac{\partial \varphi_3}{\partial \xi_1}(\xi^{(1)}) + x_{14,1}\frac{\partial \varphi_4}{\partial \xi_1}(\xi^{(1)})$$

$$+\; x_{7,1}\frac{\partial \varphi_5}{\partial \xi_1}(\xi^{(1)}) + x_{9,1}\frac{\partial \varphi_6}{\partial \xi_1}(\xi^{(1)}) + x_{10,1}\frac{\partial \varphi_7}{\partial \xi_1}(\xi^{(1)}) + x_{8,1}\frac{\partial \varphi_8}{\partial \xi_1}(\xi^{(1)})$$

$$=\; 0.2\cdot\left(-\frac{2+\sqrt{3}}{6}\right) + 1\cdot\frac{2+\sqrt{3}}{6} + 1\cdot\frac{1}{6} + 0.2\cdot\left(-\frac{1}{6}\right)$$

$$+\; 0.5\cdot\left(-\frac{1}{6}\right) + 1\cdot\frac{1}{6} + 1\cdot\frac{2-\sqrt{3}}{6} + 0.5\cdot\left(-\frac{2-\sqrt{3}}{6}\right)$$

$$=\; \frac{13+\sqrt{3}}{20} \;\approx\; 0.7366,$$

$$\frac{\partial x_2}{\partial \xi_1}(\xi^{(1)}) = \sum_{\alpha=1}^{8} x_2^{(3,\alpha)} \frac{\partial \varphi_\alpha}{\partial \xi_1}(\xi^{(1)})$$

$$= x_{13,2} \frac{\partial \varphi_1}{\partial \xi_1}(\xi^{(1)}) + x_{15,2} \frac{\partial \varphi_2}{\partial \xi_1}(\xi^{(1)}) + x_{16,2} \frac{\partial \varphi_3}{\partial \xi_1}(\xi^{(1)}) + x_{14,2} \frac{\partial \varphi_4}{\partial \xi_1}(\xi^{(1)})$$

$$+ x_{7,2} \frac{\partial \varphi_5}{\partial \xi_1}(\xi^{(1)}) + x_{9,2} \frac{\partial \varphi_6}{\partial \xi_1}(\xi^{(1)}) + x_{10,2} \frac{\partial \varphi_7}{\partial \xi_1}(\xi^{(1)}) + x_{8,2} \frac{\partial \varphi_8}{\partial \xi_1}(\xi^{(1)})$$

$$= 0.1 \cdot \left(-\frac{2+\sqrt{3}}{6}\right) + 0.1 \cdot \frac{2+\sqrt{3}}{6} + 0.6 \cdot \frac{1}{6} + 0.6 \cdot \left(-\frac{1}{6}\right)$$

$$+ 0 \cdot \left(-\frac{1}{6}\right) + 0.05 \cdot \frac{1}{6} + 0.55 \cdot \frac{2-\sqrt{3}}{6} + 0.5 \cdot \left(-\frac{2-\sqrt{3}}{6}\right)$$

$$= \frac{3-\sqrt{3}}{120} \approx 0.01057,$$

$$\frac{\partial x_3}{\partial \xi_1}(\xi^{(1)}) = \sum_{\alpha=1}^{8} x_3^{(3,\alpha)} \frac{\partial \varphi_\alpha}{\partial \xi_1}(\xi^{(1)})$$

$$= x_{13,3} \frac{\partial \varphi_1}{\partial \xi_1}(\xi^{(1)}) + x_{15,3} \frac{\partial \varphi_2}{\partial \xi_1}(\xi^{(1)}) + x_{16,3} \frac{\partial \varphi_3}{\partial \xi_1}(\xi^{(1)}) + x_{14,3} \frac{\partial \varphi_4}{\partial \xi_1}(\xi^{(1)})$$

$$+ x_{7,3} \frac{\partial \varphi_5}{\partial \xi_1}(\xi^{(1)}) + x_{9,3} \frac{\partial \varphi_6}{\partial \xi_1}(\xi^{(1)}) + x_{10,3} \frac{\partial \varphi_7}{\partial \xi_1}(\xi^{(1)}) + x_{8,3} \frac{\partial \varphi_8}{\partial \xi_1}(\xi^{(1)})$$

$$= 0 \cdot \left(-\frac{2+\sqrt{3}}{6}\right) + 0 \cdot \frac{2+\sqrt{3}}{6} + 0 \cdot \frac{1}{6} + 0 \cdot \left(-\frac{1}{6}\right)$$

$$+ 0.5 \cdot \left(-\frac{1}{6}\right) + 0.25 \cdot \frac{1}{6} + 0.25 \cdot \frac{2-\sqrt{3}}{6} + 0.5 \cdot \left(-\frac{2-\sqrt{3}}{6}\right)$$

$$= \frac{\sqrt{3}-3}{24} \approx -0.05283.$$

Auf analoge Weise können die partiellen Ableitungen $\frac{\partial x_1}{\partial \xi_2}(\xi^{(1)})$, $\frac{\partial x_2}{\partial \xi_2}(\xi^{(1)})$, $\frac{\partial x_3}{\partial \xi_2}(\xi^{(1)})$, $\frac{\partial x_1}{\partial \xi_3}(\xi^{(1)})$, $\frac{\partial x_2}{\partial \xi_3}(\xi^{(1)})$ und $\frac{\partial x_3}{\partial \xi_3}(\xi^{(1)})$ berechnet werden, so dass wir schließlich die Matrix

$$J^{(3)}(\xi^{(1)}) = \begin{pmatrix} \dfrac{13+\sqrt{3}}{20} & 0 & \dfrac{3+\sqrt{3}}{20} \\[2ex] \dfrac{3-\sqrt{3}}{120} & \dfrac{1}{2} & -\dfrac{9+\sqrt{3}}{120} \\[2ex] \dfrac{\sqrt{3}-3}{24} & 0 & \dfrac{9+\sqrt{3}}{24} \end{pmatrix}$$

und damit

$$
\left(J^{(3)}(\xi^{(1)})\right)^{-T} = \begin{pmatrix} \dfrac{890-60\sqrt{3}}{601} & 0 & \dfrac{370-160\sqrt{3}}{601} \\[2ex] 0 & 2 & 0 \\[2ex] -\dfrac{312+60\sqrt{3}}{601} & \dfrac{2}{5} & \dfrac{1572-160\sqrt{3}}{601} \end{pmatrix}
$$

erhalten. Wir berechnen nun den ersten Summanden für den Matrixeintrag $K^{(3)}_{11}$, d.h.

$$
\alpha^{(1)}\left(\left(J^{(3)}(\xi^{(1)})\right)^{-T}\operatorname{grad}_\xi \varphi_1(\xi^{(1)})\right)^T \left(\left(J^{(3)}(\xi^{(1)})\right)^{-T}\operatorname{grad}_\xi \varphi_1(\xi^{(1)})\right)|\det J^{(3)}(\xi^{(1)})|
$$

(siehe (4.165) mit $k=1$, $\alpha=1$, $\beta=1$). Mit

$$
\alpha^{(1)} = \frac{1}{8}, \quad \det(J^{(3)}) = \frac{63+11\sqrt{3}}{400}
$$

und

$$
\left(J^{(3)}(\xi^{(1)})\right)^{-T}\operatorname{grad}_\xi \varphi_1(\xi^{(1)}) = \begin{pmatrix} -\dfrac{930+410\sqrt{3}}{1803} \\[2ex] -\dfrac{2+\sqrt{3}}{3} \\[2ex] -\dfrac{5852+2651\sqrt{3}}{9015} \end{pmatrix} \tag{4.167}
$$

(siehe (4.166) bezüglich $\operatorname{grad}_\xi \varphi_1(\xi^{(1)})$) ergibt sich

$$
\alpha^{(1)}\left(\left(J^{(3)}(\xi^{(1)})\right)^{-T}\operatorname{grad}_\xi \varphi_1(\xi^{(1)})\right)^T \left(\left(J^{(3)}(\xi^{(1)})\right)^{-T}\operatorname{grad}_\xi \varphi_1(\xi^{(1)})\right)|\det J^{(3)}(\xi^{(1)})|
$$

$$
= \frac{10373949+5916677\sqrt{3}}{259632000} \approx 0.07943\,.
$$

Für den ersten Summanden des Matrixeintrags $K^{(3)}_{12}$ erhalten wir mit $\operatorname{grad}_\xi \varphi_2(\xi^{(1)})$ aus (4.166)

$$
\left(J^{(3)}(\xi^{(1)})\right)^{-T}\operatorname{grad}_\xi \varphi_2(\xi^{(1)}) = \begin{pmatrix} \dfrac{205+155\sqrt{3}}{601} \\[2ex] -\dfrac{1}{3} \\[2ex] -\dfrac{6541+680\sqrt{3}}{9015} \end{pmatrix}
$$

und dann zusammen mit $\left(J^{(3)}(\xi^{(1)})\right)^{-T}\operatorname{grad}_\xi \varphi_1(\xi^{(1)})$ aus (4.167)

$$
\alpha^{(1)}\left(\left(J^{(3)}(\xi^{(1)})\right)^{-T}\operatorname{grad}_\xi \varphi_1(\xi^{(1)})\right)^T \left(\left(J^{(3)}(\xi^{(1)})\right)^{-T}\operatorname{grad}_\xi \varphi_2(\xi^{(1)})\right)|\det J^{(3)}(\xi^{(1)})|
$$

$$
= \frac{2100747+997015\sqrt{3}}{259632000} \approx 0.01474\,.
$$

Auf analoge Weise berechnen wir für die anderen Einträge der Elementsteifigkeitsmatrix $K^{(3)}$ den ersten Summanden. Dies ergibt die Matrix

$$\left[\alpha^{(1)}\left((J^{(3)}(\xi^{(1)}))^{-T}\,\mathrm{grad}_\xi\,\varphi_\alpha(\xi^{(1)})\right)^T\left((J^{(3)}(\xi^{(1)}))^{-T}\,\mathrm{grad}_\xi\,\varphi_\beta(\xi^{(1)})\right)|\det J^{(3)}(\xi^{(1)})|\right]_{\alpha,\beta=1}^{8}$$

$$\approx \begin{pmatrix}
0.07943 & 0.01474 & -0.00938 & -0.02846 & -0.02315 & -0.00796 & -0.00570 & -0.01953 \\
0.01474 & 0.03130 & 0.00383 & -0.01306 & -0.02509 & 0.00061 & -0.00106 & -0.01128 \\
-0.00938 & 0.00383 & 0.00377 & 0.00775 & -0.00722 & -0.00024 & 0.00067 & 0.00081 \\
-0.02846 & -0.01306 & 0.00775 & 0.03434 & -0.00808 & -0.00362 & 0.00204 & 0.00908 \\
-0.02315 & -0.02509 & -0.00722 & -0.00808 & 0.04391 & 0.00670 & 0.00166 & 0.01126 \\
-0.00796 & 0.00061 & -0.00024 & -0.00362 & 0.00670 & 0.00253 & 0.00057 & 0.00140 \\
-0.00570 & -0.00106 & 0.00067 & 0.00204 & 0.00166 & 0.00057 & 0.00041 & 0.00140 \\
-0.01953 & -0.01128 & 0.00081 & 0.00908 & 0.01126 & 0.00140 & 0.00140 & 0.00685
\end{pmatrix}.$$

Führen wir für die anderen sieben Quadraturstützstellen analoge Berechnungen durch und addieren wir die entsprechenden Matrizen, so erhalten wir schließlich die Elementsteifigkeitsmatrix

$$K^{(3)} \approx \lambda \begin{pmatrix}
0.180 & 0.070 & -0.016 & -0.033 & -0.025 & -0.040 & -0.051 & -0.086 \\
0.070 & 0.243 & 0.028 & -0.026 & -0.065 & -0.082 & -0.100 & -0.068 \\
-0.016 & 0.028 & 0.190 & 0.043 & -0.042 & -0.056 & -0.082 & -0.065 \\
-0.033 & -0.026 & 0.043 & 0.147 & -0.042 & -0.034 & -0.040 & -0.015 \\
-0.025 & -0.065 & -0.042 & -0.042 & 0.172 & 0.025 & -0.021 & -0.002 \\
-0.040 & -0.082 & -0.056 & -0.034 & 0.025 & 0.185 & 0.034 & -0.031 \\
-0.051 & -0.100 & -0.082 & -0.040 & -0.021 & 0.034 & 0.219 & 0.041 \\
-0.086 & -0.068 & -0.065 & -0.015 & -0.002 & -0.031 & 0.041 & 0.226
\end{pmatrix}.$$

Nun wird diese Elementsteifigkeitsmatrix zur Matrix $\bar{K}_h$ addiert, welche wir nach Assemblierung der Elementsteifigkeitsmatrizen $K^{(1)}$ und $K^{(2)}$ erhalten haben (siehe S. 361). Da der Knoten mit der lokalen Nummer 1 im Element $T^{(3)}$ die globale Nummer 13 hat (siehe Tabelle 4.26, S. 347) muss das Element $K_{11}^{(3)}$ der Elementsteifigkeitsmatrix $K^{(3)}$ zum Element $K_{13,13}$ der Matrix $\bar{K}_h$ addiert werden. Der Knoten mit der lokalen Nummer 2 hat die globale Nummer 15, so dass wir das Element $K_{12}^{(3)}$ zum Element $K_{13,15}$ der Matrix $\bar{K}_h$ addieren müssen. Auf analoge Weise addieren wir alle anderen Einträge der Elementsteifigkeitsmatrix $K^{(3)}$ zu den entsprechenden Elementen der Matrix $\bar{K}_h$. Dies ergibt schließlich mit $\lambda = 200$ die Matrix

$$\bar{K}_h \approx \lambda \cdot$$

	1	2	3	4	5	6	7	8	9	10	11	12	13	14	15	16
1	0.183	0.058	−0.117	−0.075	0.058	0.013	−0.075	−0.046	0	0	0	0	0	0	0	0
2	0.058	0.183	−0.075	−0.117	0.013	0.058	−0.046	−0.075	0	0	0	0	0	0	0	0
3	−0.117	−0.075	0.183	0.058	−0.075	−0.046	0.058	0.013	0	0	0	0	0	0	0	0
4	−0.075	−0.117	0.058	0.183	−0.046	−0.075	0.013	0.058	0	0	0	0	0	0	0	0
5	0.058	0.013	−0.075	−0.046	0.451	0.166	−0.286	−0.165	0	0	0.079	0.031	−0.150	−0.075	0	0
6	0.013	0.058	−0.046	−0.075	0.166	0.484	−0.185	−0.280	0	0	0.018	0.089	−0.092	−0.150	0	0
7	−0.075	−0.046	0.058	0.013	−0.286	−0.185	$0.371 + 0.172$	$0.116 - 0.002$	0.025	−0.021	−0.050	−0.035	$0.089 - 0.025$	$0.031 - 0.042$	−0.065	−0.042
8	−0.046	−0.075	0.013	0.058	−0.165	−0.280	$0.116 - 0.002$	$0.364 + 0.226$	−0.031	0.041	−0.032	−0.050	$0.018 - 0.086$	$0.079 - 0.015$	−0.068	−0.065
9	0	0	0	0	0	0	0.025	−0.031	0.185	0.034	0	0	−0.040	−0.034	−0.082	−0.056
10	0	0	0	0	0	0	−0.021	0.041	0.034	0.219	0	0	−0.051	−0.040	−0.100	−0.082
11	0	0	0	0	0.079	0.018	−0.050	−0.032	0	0	0.181	0.057	−0.163	−0.090	0	0
12	0	0	0	0	0.031	0.089	−0.035	−0.050	0	0	0.057	0.188	−0.110	−0.170	0	0
13	0	0	0	0	−0.150	−0.092	$0.089 - 0.025$	$0.018 - 0.086$	−0.040	−0.051	−0.163	−0.110	$0.301 + 0.180$	$0.107 - 0.033$	0.070	−0.016
14	0	0	0	0	−0.075	−0.150	$0.031 - 0.042$	$0.079 - 0.015$	−0.034	−0.040	−0.090	−0.170	$0.107 - 0.033$	$0.268 + 0.147$	−0.026	0.043
15	0	0	0	0	0	0	−0.065	−0.068	−0.082	−0.100	0	0	0.070	−0.026	0.243	0.028
16	0	0	0	0	0	0	−0.042	−0.065	−0.056	−0.082	0	0	−0.016	0.043	0.028	0.190

$$\underset{\approx}{\lambda} \cdot$$

	1	2	3	4	5	6	7	8	9	10	11	12	13	14	15	16
1	0.183	0.058	−0.117	−0.075	0.058	0.013	−0.075	−0.046	0	0	0	0	0	0	0	0
2	0.058	0.183	−0.075	−0.117	0.013	0.058	−0.046	−0.075	0	0	0	0	0	0	0	0
3	−0.117	−0.075	0.183	0.058	−0.075	−0.046	0.058	0.013	0	0	0	0	0	0	0	0
4	−0.075	−0.117	0.058	0.183	−0.046	−0.075	0.013	0.058	0	0	0	0	0	0	0	0
5	0.058	0.013	−0.075	−0.046	0.451	0.166	−0.286	−0.165	0	0	0.079	0.031	−0.150	−0.075	0	0
6	0.013	0.058	−0.046	−0.075	0.166	0.484	−0.185	−0.280	0	0	0.018	0.089	−0.092	−0.150	0	0
7	−0.075	−0.046	0.058	0.013	−0.286	−0.185	0.543	0.113	0.025	−0.021	−0.050	−0.035	0.064	−0.011	−0.065	−0.042
8	−0.046	−0.075	0.013	0.058	−0.165	−0.280	0.113	0.590	−0.031	0.041	−0.032	−0.050	−0.068	0.064	−0.068	−0.065
9	0	0	0	0	0	0	0.025	−0.031	0.185	0.034	0	0	−0.040	−0.034	−0.082	−0.056
10	0	0	0	0	0	0	−0.021	0.041	0.034	0.219	0	0	−0.051	−0.040	−0.100	−0.082
11	0	0	0	0	0.079	0.018	−0.050	−0.032	0	0	0.181	0.057	−0.163	−0.090	0	0
12	0	0	0	0	0.031	0.089	−0.035	−0.050	0	0	0.057	0.188	−0.110	−0.170	0	0
13	0	0	0	0	−0.150	−0.092	0.064	−0.068	−0.040	−0.051	−0.163	−0.110	0.481	0.074	0.070	−0.016
14	0	0	0	0	−0.075	−0.150	−0.011	0.064	−0.034	−0.040	−0.090	−0.170	0.074	0.414	−0.026	0.043
15	0	0	0	0	0	0	−0.065	−0.068	−0.082	−0.100	0	0	0.070	−0.026	0.243	0.028
16	0	0	0	0	0	0	−0.042	−0.065	−0.056	−0.082	0	0	−0.016	0.043	0.028	0.190

	1	2	3	4	5	6	7	8	9	10	11	12	13	14	15	16
1	36.67	11.67	−23.33	−15.00	11.67	2.50	−15.00	−9.17	0	0	0	0	0	0	0	0
2	11.67	36.67	−15.00	−23.33	2.50	11.67	−9.17	−15.00	0	0	0	0	0	0	0	0
3	−23.33	−15.00	36.67	11.67	−15.00	−9.17	11.67	2.50	0	0	0	0	0	0	0	0
4	−15.00	−23.33	11.67	36.67	−9.17	−15.00	2.50	11.67	0	0	0	0	0	0	0	0
5	11.67	2.50	−15.00	−9.17	90.18	33.16	−57.24	−33.09	0	0	15.76	6.24	−29.96	−15.04	0	0
6	2.50	11.67	−9.17	−15.00	33.16	96.84	−37.09	−55.91	0	0	3.58	17.76	−18.38	−29.96	0	0
7	−15.00	−9.17	11.67	2.50	−57.24	−37.09	108.61	22.67	4.92	−4.16	−9.96	−7.04	12.82	−2.23	−12.95	−8.36
8	−9.17	−15.00	2.50	11.67	−33.09	−55.91	22.67	117.95	−6.16	8.25	−6.38	−9.96	−13.56	12.82	−13.69	−12.95
9	0	0	0	0	0	0	4.92	−6.16	37.05	6.76	0	0	−7.98	−6.87	−16.46	−11.26
10	0	0	0	0	0	0	−4.16	8.25	6.76	43.72	0	0	−10.21	−7.98	−19.93	−16.46
11	0	0	0	0	15.76	3.58	−9.96	−6.38	0	0	36.18	11.49	−32.58	−18.09	0	0
12	0	0	0	0	6.24	17.76	−7.04	−9.96	0	0	11.49	37.51	−22.09	−33.91	0	0
13	0	0	0	0	−29.96	−18.38	12.82	−13.56	−7.98	−10.21	−32.58	−22.09	96.21	14.87	13.95	−3.11
14	0	0	0	0	−15.04	−29.96	−2.23	12.82	−6.87	−7.98	−18.09	−33.91	14.87	82.88	−5.11	8.61
15	0	0	0	0	0	0	−12.95	−13.69	−16.46	−19.93	0	0	13.95	−5.11	48.59	5.60
16	0	0	0	0	0	0	−8.36	−12.95	−11.26	−16.46	0	0	−3.11	8.61	5.60	37.93

Nachdem wir die Elementsteifigkeitsmatrizen berechnet und assembliert haben, müssen wir noch die Matrizen und Vektoren berechnen, welche aus den Randbedingungen 3. Art resultieren, sowie die Randbedingungen 1. Art in das FE-Gleichungssystem einarbeiten.

Wir setzen unsere Rechnungen mit der Einarbeitung der Randbedingungen 3. Art in das FE-Gleichungssystem fort. Für jede Randfläche auf dem Randstück Γ_3 müssen wir die Matrix $K^{(e)}$ und den Vektor $\underline{f}^{(e)}$ gemäß der Beziehungen auf S. 284 (siehe auch (4.97) und (4.98)) berechnen. Beim inneren Integral in diesen Beziehungen muss die obere Integrationsgrenze $1 - \xi_1$ durch 1 ersetzt werden, da wir jetzt eine Vernetzung mit Hexaederelementen und nicht mit Tetraederelementen haben, d.h.

$$K^{(e_3)} = \left[\int_0^1 \int_0^1 \widetilde{\alpha}(x_{E^{(e_3)}}(\xi_1, \xi_2)) \varphi_\beta(\xi_1, \xi_2) \varphi_\alpha(\xi_1, \xi_2) \sqrt{G_1 G_2 - G_3^2} \, d\xi_2 d\xi_1 \right]_{\alpha,\beta=1}^{\widehat{N}_E}$$

und

$$\underline{f}^{(e_3)} = \left[\int_0^1 \int_0^1 \widetilde{\alpha}(x_{E^{(e_3)}}(\xi_1, \xi_2)) \, u_A(x_{E^{(e_3)}}(\xi_1, \xi_2)) \varphi_\alpha(\xi_1, \xi_2) \sqrt{G_1 G_2 - G_3^2} \, d\xi_2 d\xi_1 \right]_{\alpha,\beta=1}^{\widehat{N}_E} .$$

Die Randflächen sind Vierecke und die Formfunktionen über den Vierecken sind bilinear, so dass $\widehat{N}_E = 4$ gilt. Da in unserem Beispiel die Wärmeübergangszahl $\widetilde{\alpha}(x)$ und die Umgebungstemperatur $u_A(x)$ konstant sind, vereinfachen sich die obigen Integrale, d.h. wir erhalten

$$K^{(e_3)} = \left[\widetilde{\alpha} \int_0^1 \int_0^1 \varphi_\beta(\xi_1, \xi_2) \varphi_\alpha(\xi_1, \xi_2) \sqrt{G_1 G_2 - G_3^2} \, d\xi_2 d\xi_1 \right]_{\alpha,\beta=1}^{4} \qquad (4.168)$$

und

$$\underline{f}^{(e_3)} = \left[\widetilde{\alpha} u_A \int_0^1 \int_0^1 \varphi_\alpha(\xi_1, \xi_2) \sqrt{G_1 G_2 - G_3^2} \, d\xi_2 d\xi_1 \right]_{\alpha,\beta=1}^{4} . \qquad (4.169)$$

Bevor wir mit den Berechnungen der Einträge der Matrizen $K^{(e)}$ und der Vektoren $\underline{f}^{(e)}$ beginnen, führen wir auf den Randflächen, welche auf dem Rand Γ_3 liegen, eine lokale Knotennummerierung ein und stellen den Zusammenhang zwischen dieser lokalen Knotennummerierung und der globalen Knotennummerierung her. Diesen Zusammenhang fassen wir in der Tabelle 4.28 zusammen.

Tabelle 4.28: Zusammenhang zwischen lokaler und globaler Knotennummerierung bei den Flächen auf Γ_3

Nummer der Randfläche auf Γ_3	globale Knotennummern der lokalen Knoten			
	$P_1^{(e)}$	$P_2^{(e)}$	$P_3^{(e)}$	$P_4^{(e)}$
1	5	6	2	1
2	11	12	6	5

Die bilinearen Formfunktionen $\varphi_\alpha(\xi_1,\xi_2)$, $\alpha = 1,2,3,4$, auf dem Referenzviereck lauten (siehe Tabelle 4.5, S. 258)

$$\varphi_1(\xi_1,\xi_2) = (1-\xi_1)(1-\xi_2), \quad \varphi_2(\xi_1,\xi_2) = \xi_1(1-\xi_2),$$
$$\varphi_3(\xi_1,\xi_2) = \xi_1\xi_2, \qquad\qquad \varphi_4(\xi_1,\xi_2) = (1-\xi_1)\xi_2. \qquad (4.170)$$

Wir betrachten zuerst die Randfläche 1, welche ein Rechteck ist (siehe auch Abbildung 4.60). Zur Berechnung des Terms $\sqrt{G_1G_2 - G_3^2}$ benötigen wir die Abbildung des Referenzvierecks auf dieses Rechteck (siehe (4.98), S. 279). Hierzu können wir sowohl die Abbildungsvorschrift (4.96), S. 277, mit $x_k^{(e,4)}$ anstelle von $x_k^{(e,3)}$, $k = 1,2,3$, (siehe auch S. 278) nutzen als auch die isoparametrische Abbildung der Gestalt

$$\begin{pmatrix} x_1 \\ x_2 \\ x_3 \end{pmatrix} = \sum_{\alpha=1}^{4} \begin{pmatrix} x_1^{(e,\alpha)} \\ x_2^{(e,\alpha)} \\ x_3^{(e,\alpha)} \end{pmatrix} \varphi_\alpha(\xi_1,\xi_2).$$

Diese isoparametrische Abbildung ist für beliebige Vierecke anwendbar. Möchte man in einem FE-Programm nicht unterscheiden, ob ein allgemeines Viereck oder ein Parallelogramm bzw. als Spezialfall sogar ein Rechteck vorliegt, dann nutzt man generell diese isoparametrische Abbildungsvorschrift. Der Rechenaufwand ist allerdings höher als wenn für Parallelogramme die Abbildungsvorschrift der Gestalt (4.96) genutzt wird. Um beide Möglichkeiten zu demonstrieren, nutzen wir bei der Berechnung der Matrix $K^{(e_3)}$ und des Vektors $\underline{f}^{(e_3)}$ für die erste Randfläche die isoparametrische Abbildungsvorschrift und bei der zweiten Randfläche die Abbildungsvorschrift der Gestalt (4.96).

Für die Berechnung der Größen G_1, G_2 und G_3 sind die partiellen Ableitungen $\frac{\partial x_i}{\partial \xi_j}$, $i = 1,2,3$, $j = 1,2$ (siehe (4.98)) erforderlich. Deshalb berechnen wir zuerst diese partiellen Ableitungen. Es gilt

$$\begin{pmatrix} \frac{\partial x_1}{\partial \xi_1} \\ \frac{\partial x_2}{\partial \xi_1} \\ \frac{\partial x_3}{\partial \xi_1} \end{pmatrix} = \sum_{\alpha=1}^{4} \begin{pmatrix} x_1^{(1,\alpha)} \\ x_2^{(1,\alpha)} \\ x_3^{(1,\alpha)} \end{pmatrix} \frac{\partial \varphi_\alpha(\xi_1,\xi_2)}{\partial \xi_1}.$$

Unter Nutzung des Zusammenhangs zwischen der lokalen Knotennummerierung auf der Randfläche 1 und der globalen Knotennummerierung (siehe Tabelle 4.28) erhalten wir

$$\begin{pmatrix} \frac{\partial x_1}{\partial \xi_1} \\ \frac{\partial x_2}{\partial \xi_1} \\ \frac{\partial x_3}{\partial \xi_1} \end{pmatrix} = \begin{pmatrix} x_1^{(1,1)} \\ x_2^{(1,1)} \\ x_3^{(1,1)} \end{pmatrix} \frac{\partial \varphi_1}{\partial \xi_1} + \begin{pmatrix} x_1^{(1,2)} \\ x_2^{(1,2)} \\ x_3^{(1,2)} \end{pmatrix} \frac{\partial \varphi_2}{\partial \xi_1} + \begin{pmatrix} x_1^{(1,3)} \\ x_2^{(1,3)} \\ x_3^{(1,3)} \end{pmatrix} \frac{\partial \varphi_3}{\partial \xi_1} + \begin{pmatrix} x_1^{(1,4)} \\ x_2^{(1,4)} \\ x_3^{(1,4)} \end{pmatrix} \frac{\partial \varphi_4}{\partial \xi_1}$$

$$= \begin{pmatrix} x_{5,1} \\ x_{5,2} \\ x_{5,3} \end{pmatrix} \frac{\partial \varphi_1}{\partial \xi_1} + \begin{pmatrix} x_{6,1} \\ x_{6,2} \\ x_{6,3} \end{pmatrix} \frac{\partial \varphi_2}{\partial \xi_1} + \begin{pmatrix} x_{2,1} \\ x_{2,2} \\ x_{2,3} \end{pmatrix} \frac{\partial \varphi_3}{\partial \xi_1} + \begin{pmatrix} x_{1,1} \\ x_{1,2} \\ x_{1,3} \end{pmatrix} \frac{\partial \varphi_4}{\partial \xi_1}.$$

Mit den partiellen Ableitungen

$$\frac{\partial \varphi_1}{\partial \xi_1} = -(1-\xi_2), \quad \frac{\partial \varphi_2}{\partial \xi_1} = 1-\xi_2, \quad \frac{\partial \varphi_3}{\partial \xi_1} = \xi_2, \quad \frac{\partial \varphi_4}{\partial \xi_1} = -\xi_2$$

der bilinearen Formfunktionen (4.170) und den Knotenkoordinaten aus der Tabelle 4.25 ergibt sich daraus

$$\begin{pmatrix} \frac{\partial x_1}{\partial \xi_1} \\ \frac{\partial x_2}{\partial \xi_1} \\ \frac{\partial x_3}{\partial \xi_1} \end{pmatrix} = \begin{pmatrix} 0.3 \\ 0 \\ 0.5 \end{pmatrix} (-(1-\xi_2)) + \begin{pmatrix} 0.3 \\ 0.5 \\ 0.5 \end{pmatrix} (1-\xi_2) + \begin{pmatrix} 0.3 \\ 0.5 \\ 1 \end{pmatrix} \xi_2 + \begin{pmatrix} 0.3 \\ 0 \\ 1 \end{pmatrix} (-\xi_2)$$

$$= \begin{pmatrix} 0 \\ 0.5 \\ 0 \end{pmatrix} .$$

Auf analoge Weise erhalten wir mit den partiellen Ableitungen

$$\frac{\partial \varphi_1}{\partial \xi_2} = -(1-\xi_1), \quad \frac{\partial \varphi_2}{\partial \xi_2} = -\xi_1, \quad \frac{\partial \varphi_3}{\partial \xi_2} = \xi_1, \quad \frac{\partial \varphi_4}{\partial \xi_2} = 1-\xi_1$$

der bilinearen Formfunktionen (4.170)

$$\begin{pmatrix} \frac{\partial x_1}{\partial \xi_2} \\ \frac{\partial x_2}{\partial \xi_2} \\ \frac{\partial x_3}{\partial \xi_2} \end{pmatrix} = \sum_{\alpha=1}^{4} \begin{pmatrix} x_1^{(1,\alpha)} \\ x_2^{(1,\alpha)} \\ x_3^{(1,\alpha)} \end{pmatrix} \frac{\partial \varphi_\alpha(\xi_1,\xi_2)}{\partial \xi_2} = \begin{pmatrix} 0 \\ 0 \\ 0.5 \end{pmatrix} .$$

Damit haben wir alle Größen bereitgestellt, welche wir zur Berechnung von G_1, G_2 und G_3 benötigen. Es ergibt sich

$$G_1 = \left(\frac{\partial x_1}{\partial \xi_1}\right)^2 + \left(\frac{\partial x_2}{\partial \xi_1}\right)^2 + \left(\frac{\partial x_3}{\partial \xi_1}\right)^2 = 0^2 + 0.5^2 + 0^2 = 0.25,$$

$$G_2 = \left(\frac{\partial x_1}{\partial \xi_2}\right)^2 + \left(\frac{\partial x_2}{\partial \xi_2}\right)^2 + \left(\frac{\partial x_3}{\partial \xi_2}\right)^2 = 0^2 + 0^2 + 0.5^2 = 0.25,$$

$$G_3 = \frac{\partial x_1}{\partial \xi_1}\frac{\partial x_1}{\partial \xi_2} + \frac{\partial x_2}{\partial \xi_1}\frac{\partial x_2}{\partial \xi_2} + \frac{\partial x_3}{\partial \xi_1}\frac{\partial x_3}{\partial \xi_2} = 0\cdot 0 + 0.5\cdot 0 + 0\cdot 0.5 = 0$$

und somit

$$\sqrt{G_1 G_2 - G_3^2} = \sqrt{0.25\cdot 0.25 - 0^2} = 0.25 .$$

Wir beschreiben nun ausführlich die Berechnung der Matrixelemente $K_{11}^{(1)}$ und $K_{12}^{(1)}$:

$$
\begin{aligned}
K_{11}^{(1)} &= \tilde{\alpha} \int_0^1 \int_0^1 \varphi_1(\xi_1,\xi_2)\varphi_1(\xi_1,\xi_2)\sqrt{G_1 G_2 - G_3^2}\, d\xi_2 d\xi_1 \\[2mm]
&= \tilde{\alpha} \int_0^1 \int_0^1 [(1-\xi_1)(1-\xi_2)]^2 \cdot 0.25\, d\xi_2 d\xi_1 \\[2mm]
&= 0.25\tilde{\alpha} \int_0^1 \int_0^1 (1-\xi_1)^2(1-\xi_2)^2\, d\xi_2 d\xi_1 \\[2mm]
&= 0.25\tilde{\alpha} \int_0^1 (1-\xi_1)^2\, d\xi_1 \cdot \int_0^1 (1-\xi_2)^2\, d\xi_2 \\[2mm]
&= 0.25\tilde{\alpha} \left[-\frac{(1-\xi_1)^3}{3} \right]_0^1 \cdot \left[-\frac{(1-\xi_2)^3}{3} \right]_0^1 \\[2mm]
&= 0.25\tilde{\alpha} \left[-\frac{(1-1)^3}{3} - \left(-\frac{(1-0)^3}{3} \right) \right] \cdot \left[-\frac{(1-1)^3}{3} - \left(-\frac{(1-0)^3}{3} \right) \right] \\[2mm]
&= 0.25\tilde{\alpha} \cdot \frac{1}{9} = \frac{1}{36}\tilde{\alpha},
\end{aligned}
$$

$$
\tag{4.171}
$$

$$
\begin{aligned}
K_{12}^{(1)} &= \tilde{\alpha} \int_0^1 \int_0^1 \varphi_2(\xi_1,\xi_2)\varphi_1(\xi_1,\xi_2)\sqrt{G_1 G_2 - G_3^2}\, d\xi_2 d\xi_1 \\[2mm]
&= \tilde{\alpha} \int_0^1 \int_0^1 \xi_1(1-\xi_2)(1-\xi_1)(1-\xi_2) \cdot 0.25\, d\xi_2 d\xi_1 \\[2mm]
&= 0.25\tilde{\alpha} \int_0^1 \xi_1(1-\xi_1)\, d\xi_1 \cdot \int_0^1 (1-\xi_2)^2\, d\xi_2 \\[2mm]
&= 0.25\tilde{\alpha} \int_0^1 (\xi_1-\xi_1^2)\, d\xi_1 \cdot \int_0^1 (1-\xi_2)^2\, d\xi_2 \\[2mm]
&= 0.25\tilde{\alpha} \left[\frac{\xi_1^2}{2} - \frac{\xi_1^3}{3} \right]_0^1 \cdot \left[-\frac{(1-\xi_2)^3}{3} \right]_0^1 \\[2mm]
&= 0.25\tilde{\alpha} \left[\left(\frac{1^2}{2} - \frac{1^3}{3} \right) - \left(\frac{0^2}{2} - \frac{0^3}{3} \right) \right] \cdot \left[-\frac{(1-1)^3}{3} - \left(-\frac{(1-0)^3}{3} \right) \right] \\[2mm]
&= 0.25\tilde{\alpha} \cdot \frac{1}{18} = \frac{1}{72}\tilde{\alpha}.
\end{aligned}
$$

$$
\tag{4.172}
$$

Für die Komponente $f_1^{(1)}$ des Vektors $\underline{f}^{(1)}$ aus (4.169) erhalten wir

$$
\begin{aligned}
f_1^{(1)} &= \tilde{\alpha} u_{\mathrm{A}} \int\limits_0^1 \int\limits_0^1 \varphi_1(\xi_1, \xi_2) \sqrt{G_1 G_2 - G_3^2} \, d\xi_2 d\xi_1 \\
&= \tilde{\alpha} u_{\mathrm{A}} \int\limits_0^1 \int\limits_0^1 (1 - \xi_1)(1 - \xi_2) \cdot 0.25 \, d\xi_2 d\xi_1 \\
&= 0.25 \cdot \tilde{\alpha} u_{\mathrm{A}} \int\limits_0^1 (1 - \xi_1) \, d\xi_1 \cdot \int\limits_0^1 (1 - \xi_2) \, d\xi_2 \\
&= 0.25 \cdot \tilde{\alpha} u_{\mathrm{A}} \left[\xi_1 - \frac{\xi_1^2}{2} \right]_0^1 \cdot \left[\xi_2 - \frac{\xi_2^2}{2} \right]_0^1 \\
&= 0.25 \cdot \tilde{\alpha} u_{\mathrm{A}} \left[\left(1 - \frac{1^2}{2}\right) - \left(0 - \frac{0^2}{2}\right) \right] \cdot \left[\left(1 - \frac{1^2}{2}\right) - \left(0 - \frac{0^2}{2}\right) \right] \\
&= 0.25 \cdot \tilde{\alpha} u_{\mathrm{A}} \cdot \frac{1}{4} = \frac{1}{16} \tilde{\alpha} u_{\mathrm{A}}.
\end{aligned}
\tag{4.173}
$$

Die anderen Einträge der Matrix $K^{(1)}$ und des Vektors $\underline{f}^{(1)}$ werden analog berechnet. Es ergibt sich mit $\tilde{\alpha} = 6$ und $u_{\mathrm{A}} = 293.15$

$$
K^{(1)} = \tilde{\alpha} \begin{pmatrix}
\frac{1}{36} & \frac{1}{72} & \frac{1}{144} & \frac{1}{72} \\
\frac{1}{72} & \frac{1}{36} & \frac{1}{72} & \frac{1}{144} \\
\frac{1}{144} & \frac{1}{72} & \frac{1}{36} & \frac{1}{72} \\
\frac{1}{72} & \frac{1}{144} & \frac{1}{72} & \frac{1}{36}
\end{pmatrix} \approx \begin{pmatrix}
0.167 & 0.083 & 0.042 & 0.083 \\
0.083 & 0.167 & 0.083 & 0.042 \\
0.042 & 0.083 & 0.167 & 0.083 \\
0.083 & 0.042 & 0.083 & 0.167
\end{pmatrix}
$$

und

$$
\underline{f}^{(1)} = \tilde{\alpha} u_{\mathrm{A}} \begin{pmatrix}
\frac{1}{16} \\
\frac{1}{16} \\
\frac{1}{16} \\
\frac{1}{16}
\end{pmatrix} \approx \begin{pmatrix}
109.931 \\
109.931 \\
109.931 \\
109.931
\end{pmatrix}.
$$

Wir addieren nun gemäß des Assemblierungsalgorithmus diese Matrix $K^{(1)}$ zur Matrix $\bar{K}_h$ (siehe S. 372) und den Vektor $\underline{f}^{(1)}$ zum Vektor $\bar{\underline{f}}_h$, welcher bis jetzt noch gleich dem Nullvektor ist. Da der Knoten mit der lokalen Nummer 1 auf der Randfläche 1 die globale Knotennummer 5 hat und der Knoten mit der lokalen Nummer 2 die globale Nummer 6 (siehe Tabelle 4.28), addieren wir das Matrixelement $K_{11}^{(1)}$ zum Element K_{55} der Matrix $\bar{K}_h$ und das Element $K_{12}^{(1)}$ zum Matrixelement K_{56}. Analog werden alle anderen Einträge der Matrix $K^{(1)}$ zur Matrix $\bar{K}_h$ addiert. Damit erhalten wir die Matrix

$\hat{K}_h \approx$

	1	2	3	4	5	6	7	8	9	10	11	12	13	14	15	16
1	36.67 +0.17	11.67 +0.08	−23.33	−15.00	11.67 +0.08	2.50 +0.04	−15.00	−9.17	0	0	0	0	0	0	0	0
2	11.67 +0.08	36.67 +0.17	−15.00	−23.33	2.50 +0.04	11.67 +0.08	−9.17	−15.00	0	0	0	0	0	0	0	0
3	−23.33	−15.00	36.67	11.67	−15.00	11.67	11.67	2.50	0	0	0	0	0	0	0	0
4	−15.00	−23.33	11.67	36.67	−9.17	−9.17	2.50	11.67	0	0	0	0	0	0	0	0
5	11.67 +0.08	2.50 +0.04	−15.00	−9.17	90.18 +0.17	33.16 +0.08	−57.24	−33.09	0	0	15.76	6.24	−29.96	−15.04	0	0
6	2.50 +0.04	11.67 +0.08	−9.17	−15.00	33.16 +0.08	96.84 +0.17	−37.09	−55.91	0	0	3.58	17.76	−18.38	−29.96	0	0
7	−15.00	−9.17	11.67	2.50	−57.24	−37.09	108.61	22.67	4.92	−4.16	−9.96	−7.04	12.82	−2.23	−12.95	−8.36
8	−9.17	−15.00	2.50	11.67	−33.09	−55.91	22.67	117.95	−6.16	8.25	−6.38	−9.96	−13.56	12.82	−13.69	−12.95
9	0	0	0	0	0	0	4.92	−6.16	37.05	6.76	0	0	−7.98	−6.87	−16.46	−11.26
10	0	0	0	0	0	0	−4.16	8.25	6.76	43.72	0	0	−10.21	−7.98	−19.93	−16.46
11	0	0	0	0	15.76	3.58	−9.96	−6.38	0	0	36.18	11.49	−32.58	−18.09	0	0
12	0	0	0	0	6.24	17.76	−7.04	−9.96	0	0	11.49	37.51	−22.09	−33.91	0	0
13	0	0	0	0	−29.96	−18.38	12.82	−13.56	−7.98	−10.21	−32.58	−22.09	96.21	14.87	13.95	−3.11
14	0	0	0	0	−15.04	−29.96	−2.23	12.82	−6.87	−7.98	−18.09	−33.91	14.87	82.88	−5.11	8.61
15	0	0	0	0	0	0	−12.95	−13.69	−16.46	−19.93	0	0	13.95	−5.11	48.59	5.60
16	0	0	0	0	0	0	−8.36	−12.95	−11.26	−16.46	0	0	−3.11	8.61	5.60	37.93

	1	2	3	4	5	6	7	8	9	10	11	12	13	14	15	16
1	36.83	11.75	−23.33	−15.00	11.75	2.54	−15.00	−9.17	0	0	0	0	0	0	0	0
2	11.75	36.83	−15.00	−23.33	2.54	11.75	−9.17	−15.00	0	0	0	0	0	0	0	0
3	−23.33	−15.00	36.67	11.67	−15.00	−9.17	11.67	2.50	0	0	0	0	0	0	0	0
4	−15.00	−23.33	11.67	36.67	−9.17	−15.00	2.50	11.67	0	0	0	0	0	0	0	0
5	11.75	2.54	−15.00	−9.17	90.34	33.24	−57.24	−33.09	0	0	15.76	6.24	−29.96	−15.04	0	0
6	2.54	11.75	−9.17	−15.00	33.24	97.01	−37.09	−55.91	0	0	3.58	17.76	−18.38	−29.96	0	0
7	−15.00	−9.17	11.67	2.50	−57.24	−37.09	108.61	22.67	4.92	−4.16	−9.96	−7.04	12.82	−2.23	−12.95	−8.36
8	−9.17	−15.00	2.50	11.67	−33.09	−55.91	22.67	117.95	−6.16	8.25	−6.38	−9.96	−13.56	12.82	−13.69	−12.95
9	0	0	0	0	0	0	4.92	−6.16	37.05	6.76	0	0	−7.98	−6.87	−16.46	−11.26
10	0	0	0	0	0	0	−4.16	8.25	6.76	43.72	0	0	−10.21	−7.98	−19.93	−16.46
11	0	0	0	0	15.76	3.58	−9.96	−6.38	0	0	36.18	11.49	−32.58	−18.09	0	0
12	0	0	0	0	6.24	17.76	−7.04	−9.96	0	0	11.49	37.51	−22.09	−33.91	0	0
13	0	0	0	0	−29.96	−18.38	12.82	−13.56	−7.98	−10.21	−32.58	−22.09	96.21	14.87	13.95	−3.11
14	0	0	0	0	−15.04	−29.96	−2.23	12.82	−6.87	−7.98	−18.09	−33.91	14.87	82.88	−5.11	8.61
15	0	0	0	0	0	0	−12.95	−13.69	−16.46	−19.93	0	0	13.95	−5.11	48.59	5.60
16	0	0	0	0	0	0	−8.36	−12.95	−11.26	−16.46	0	0	−3.11	8.61	5.60	37.93

Da die Knoten mit der lokalen Nummer 1, 2, 3, 4 die globale Knotennummer 5, 6, 2, 1 haben werden die Einträge $f_1^{(1)}$, $f_2^{(1)}$, $f_3^{(1)}$, $f_4^{(1)}$ des Vektors $\underline{f}^{(1)}$ zu den Komponenten f_5, f_6, f_2 und f_1 des Vektors $\underline{\bar{f}}_h$ addiert. Dies ergibt den Vektor

$$\widehat{\underline{f}}_h \approx \begin{pmatrix} \overset{1}{109.93} & \overset{2}{109.93} & \overset{3}{0} & \overset{4}{0} & \overset{5}{109.93} & \overset{6}{109.93} & \overset{7}{0} & \overset{8}{0} & \overset{9}{0} & \overset{10}{0} & \overset{11}{0} & \overset{12}{0} & \overset{13}{0} & \overset{14}{0} & \overset{15}{0} & \overset{16}{0} \end{pmatrix}^T.$$

Wir berechnen nun noch die Matrix $K^{(2)}$ und den Vektor $\underline{f}^{(2)}$ (siehe (4.168) und (4.169)). Bei der Abbildung des Referenzvierecks auf die zweite Randfläche von Γ_3, welche ein Parallelogramm ist, nutzen wir die Abbildungsvorschrift der Gestalt (4.96), d.h. mit $e = 2$

$$\begin{pmatrix} x_1 \\ x_2 \\ x_3 \end{pmatrix} = \begin{pmatrix} x_1^{(2,2)} - x_1^{(2,1)} & x_1^{(2,4)} - x_1^{(2,1)} \\ x_2^{(2,2)} - x_2^{(2,1)} & x_2^{(2,4)} - x_2^{(2,1)} \\ x_3^{(2,2)} - x_3^{(2,1)} & x_3^{(2,4)} - x_3^{(2,1)} \end{pmatrix} \begin{pmatrix} \xi_1 \\ \xi_2 \end{pmatrix} + \begin{pmatrix} x_1^{(2,1)} \\ x_2^{(2,1)} \\ x_3^{(2,1)} \end{pmatrix}.$$

Mittels des Zusammenhangs zwischen der lokalen Knotennummerierung auf der zweiten Randfläche und der globalen Knotennummerierung (siehe Tabelle 4.28) sowie der Knotenkoordinaten aus der Tabelle 4.25 ergibt sich daraus

$$\begin{pmatrix} x_1 \\ x_2 \\ x_3 \end{pmatrix} = \begin{pmatrix} x_{12,1} - x_{11,1} & x_{5,1} - x_{11,1} \\ x_{12,2} - x_{11,2} & x_{5,2} - x_{11,2} \\ x_{12,3} - x_{11,3} & x_{5,3} - x_{11,3} \end{pmatrix} \begin{pmatrix} \xi_1 \\ \xi_2 \end{pmatrix} + \begin{pmatrix} x_{11,1} \\ x_{11,2} \\ x_{11,3} \end{pmatrix}$$

$$= \begin{pmatrix} 0-0 & 0.3-0 \\ 0.6-0.1 & 0-0.1 \\ 0-0 & 0.5-0 \end{pmatrix} \begin{pmatrix} \xi_1 \\ \xi_2 \end{pmatrix} + \begin{pmatrix} 0 \\ 0.1 \\ 0 \end{pmatrix}$$

$$= \begin{pmatrix} 0 & 0.3 \\ 0.5 & -0.1 \\ 0 & 0.5 \end{pmatrix} \begin{pmatrix} \xi_1 \\ \xi_2 \end{pmatrix} + \begin{pmatrix} 0 \\ 0.1 \\ 0 \end{pmatrix}$$

und damit

$$\begin{pmatrix} \frac{\partial x_1}{\partial \xi_1} \\ \frac{\partial x_2}{\partial \xi_1} \\ \frac{\partial x_3}{\partial \xi_1} \end{pmatrix} = \begin{pmatrix} 0 \\ 0.5 \\ 0 \end{pmatrix}, \qquad \begin{pmatrix} \frac{\partial x_1}{\partial \xi_2} \\ \frac{\partial x_2}{\partial \xi_2} \\ \frac{\partial x_3}{\partial \xi_2} \end{pmatrix} = \begin{pmatrix} 0.3 \\ -0.1 \\ 0.5 \end{pmatrix},$$

woraus

$$G_1 = \left(\frac{\partial x_1}{\partial \xi_1}\right)^2 + \left(\frac{\partial x_2}{\partial \xi_1}\right)^2 + \left(\frac{\partial x_3}{\partial \xi_1}\right)^2 = 0^2 + 0.5^2 + 0^2 = 0.25,$$

$$G_2 = \left(\frac{\partial x_1}{\partial \xi_2}\right)^2 + \left(\frac{\partial x_2}{\partial \xi_2}\right)^2 + \left(\frac{\partial x_3}{\partial \xi_2}\right)^2 = 0.3^2 + (-0.1)^2 + 0.5^2 = 0.35,$$

$$G_3 = \frac{\partial x_1}{\partial \xi_1}\frac{\partial x_1}{\partial \xi_2} + \frac{\partial x_2}{\partial \xi_1}\frac{\partial x_2}{\partial \xi_2} + \frac{\partial x_3}{\partial \xi_1}\frac{\partial x_3}{\partial \xi_2} = 0 \cdot 0.3 + 0.5 \cdot (-0.1) + 0 \cdot 0.5 = -0.05$$

und

$$\sqrt{G_1 G_2 - G_3^2} = \sqrt{0.25 \cdot 0.35 - (-0.05)^2} = \sqrt{\frac{875}{10000} - \left(-\frac{5}{100}\right)^2} = \sqrt{\frac{17}{200}} = \frac{\sqrt{34}}{20}$$

folgt. Analog zur Berechnung der Einträge der Matrix $K^{(1)}$ und des Vektors $\underline{f}^{(1)}$ (siehe (4.171) – (4.173)) erhalten wir

$$
\begin{aligned}
K_{11}^{(2)} &= \tilde{\alpha} \int_0^1 \int_0^1 \varphi_1(\xi_1, \xi_2) \varphi_1(\xi_1, \xi_2) \sqrt{G_1 G_2 - G_3^2} \, d\xi_2 d\xi_1 \\
&= \tilde{\alpha} \int_0^1 \int_0^1 [(1 - \xi_1)(1 - \xi_2)]^2 \cdot \frac{\sqrt{34}}{20} \, d\xi_2 d\xi_1 \qquad = \frac{\sqrt{34}}{20} \tilde{\alpha} \cdot \frac{1}{9} = \frac{\sqrt{34}}{180} \tilde{\alpha},
\end{aligned}
$$

$$
\begin{aligned}
K_{12}^{(1)} &= \tilde{\alpha} \int_0^1 \int_0^1 \varphi_2(\xi_1, \xi_2) \varphi_1(\xi_1, \xi_2) \sqrt{G_1 G_2 - G_3^2} \, d\xi_2 d\xi_1 \\
&= \tilde{\alpha} \int_0^1 \int_0^1 \xi_1 (1 - \xi_2)(1 - \xi_1)(1 - \xi_2) \cdot \frac{\sqrt{34}}{20} \, d\xi_2 d\xi_1 \quad = \frac{\sqrt{34}}{20} \tilde{\alpha} \cdot \frac{1}{18} = \frac{\sqrt{32}}{360} \tilde{\alpha}.
\end{aligned}
$$

und

$$
\begin{aligned}
f_1^{(1)} &= \tilde{\alpha} u_A \int_0^1 \int_0^1 \varphi_1(\xi_1, \xi_2) \sqrt{G_1 G_2 - G_3^2} \, d\xi_2 d\xi_1 \\
&= \tilde{\alpha} u_A \int_0^1 \int_0^1 (1 - \xi_1)(1 - \xi_2) \cdot \frac{\sqrt{34}}{20} \, d\xi_2 d\xi_1 \quad = \frac{\sqrt{34}}{20} \tilde{\alpha} u_A \cdot \frac{1}{4} = \frac{\sqrt{34}}{80} \tilde{\alpha} u_A.
\end{aligned}
$$

Analoge Berechnungen für alle anderen Einträge der Matrix $K^{(2)}$ und des Vektors $\underline{f}^{(2)}$ führen zu

$$
K^{(2)} = \tilde{\alpha}
\begin{pmatrix}
\frac{\sqrt{34}}{180} & \frac{\sqrt{34}}{360} & \frac{\sqrt{34}}{720} & \frac{\sqrt{34}}{360} \\
\frac{\sqrt{34}}{360} & \frac{\sqrt{34}}{180} & \frac{\sqrt{34}}{360} & \frac{\sqrt{34}}{720} \\
\frac{\sqrt{34}}{720} & \frac{\sqrt{34}}{360} & \frac{\sqrt{34}}{180} & \frac{\sqrt{34}}{360} \\
\frac{\sqrt{34}}{360} & \frac{\sqrt{34}}{720} & \frac{\sqrt{34}}{360} & \frac{\sqrt{34}}{180}
\end{pmatrix}
\approx
\begin{pmatrix}
0.194 & 0.097 & 0.049 & 0.097 \\
0.097 & 0.194 & 0.097 & 0.049 \\
0.049 & 0.097 & 0.194 & 0.097 \\
0.097 & 0.049 & 0.097 & 0.194
\end{pmatrix}
$$

und

$$
\underline{f}^{(2)} = \tilde{\alpha} u_A
\begin{pmatrix}
\frac{\sqrt{34}}{80} \\
\frac{\sqrt{34}}{80} \\
\frac{\sqrt{34}}{80} \\
\frac{\sqrt{34}}{80}
\end{pmatrix}
\approx
\begin{pmatrix}
128.20 \\
128.20 \\
128.20 \\
128.20
\end{pmatrix}.
$$

Addition der Einträge der Matrix $K^{(2)}$ zu den gemäß des Zusammenhangs zwischen der lokalen und der globalen Knotennummerierung entsprechenden Einträgen von $\widetilde{K}_h$ (siehe S. 379) ergibt

$$\hat{K}_h \approx$$

	1	2	3	4	5	6	7	8	9	10	11	12	13	14	15	16
1	36.83	11.75	−23.33	−15.00	11.75	2.54	−15.00	−9.17	0	0	0	0	0	0	0	0
2	11.75	36.83	−15.00	−23.33	2.54	11.75	−9.17	−15.00	0	0	0	0	0	0	0	0
3	−23.33	−15.00	36.67	11.67	−15.00	−9.17	11.67	2.50	0	0	0	0	0	0	0	0
4	−15.00	−23.33	11.67	36.67	−9.17	−15.00	2.50	11.67	0	0	0	0	0	0	0	0
5	11.75	2.54	−15.00	−9.17	90.54	33.34	−57.24	−33.09	0	0	15.85	6.29	−29.96	−15.04	0	0
6	2.54	11.75	−9.17	−15.00	33.34	97.21	−37.09	−55.91	0	0	3.63	17.85	−18.38	−29.96	0	0
7	−15.00	−9.17	11.67	2.50	−57.24	−37.09	108.61	22.67	4.92	−4.16	−9.96	−7.04	12.82	−2.23	−12.95	−8.36
8	−9.17	−15.00	2.50	11.67	−33.09	−55.91	22.67	117.95	−6.16	8.25	−6.38	−9.96	−13.56	12.82	−13.69	−12.95
9	0	0	0	0	0	0	4.92	−6.16	37.05	6.76	0	0	−7.98	−6.87	−16.46	−11.26
10	0	0	0	0	0	0	−4.16	8.25	6.76	43.72	0	0	−10.21	−7.98	−19.93	−16.46
11	0	0	0	0	15.85	3.63	−9.96	−6.38	0	0	36.37	11.59	−32.58	−18.09	0	0
12	0	0	0	0	6.29	17.85	−7.04	−9.96	0	0	11.59	37.71	−22.09	−33.91	0	0
13	0	0	0	0	−29.96	−18.38	12.82	−13.56	−7.98	−10.21	−32.58	−22.09	96.21	14.87	13.95	−3.11
14	0	0	0	0	−15.04	−29.96	−2.23	12.82	−6.87	−7.98	−18.09	−33.91	14.87	82.88	−5.11	8.61
15	0	0	0	0	0	0	−12.95	−13.69	−16.46	−19.93	0	0	13.95	−5.11	48.59	5.60
16	0	0	0	0	0	0	−8.36	−12.95	−11.26	−16.46	0	0	−3.11	8.61	5.60	37.93

Wir addieren noch die Komponenten des Vektors $\underline{f}^{(2)}$ zu den entsprechenden Komponenten des Vektors $\underline{\widehat{f}}_h$:

$$\underline{\widehat{f}}_h \approx \begin{pmatrix} \overset{1}{109.93} & \overset{2}{109.93} & \overset{3}{0} & \overset{4}{0} & \overset{5}{109.93+128.20} & \overset{6}{109.93+128.20} & \overset{7}{0} & \overset{8}{0} \end{pmatrix}$$

$$\begin{pmatrix} \overset{9}{0} & \overset{10}{0} & \overset{11}{128.20} & \overset{12}{128.20} & \overset{13}{0} & \overset{14}{0} & \overset{15}{0} & \overset{16}{0} \end{pmatrix}^T$$

(4.174)

$$\approx \begin{pmatrix} \overset{1}{109.93} & \overset{2}{109.93} & \overset{3}{0} & \overset{4}{0} & \overset{5}{238.13} & \overset{6}{238.13} & \overset{7}{0} & \overset{8}{0} \end{pmatrix}$$

$$\begin{pmatrix} \overset{9}{0} & \overset{10}{0} & \overset{11}{128.20} & \overset{12}{128.20} & \overset{13}{0} & \overset{14}{0} & \overset{15}{0} & \overset{16}{0} \end{pmatrix}^T.$$

Damit haben wir die Randbedingungen 3. Art in die Steifigkeitsmatrix und den Lastvektor eingearbeitet. Im letzten Schritt bei der Generierung des FE-Gleichungssystems arbeiten wir noch die Randbedingungen 1. Art in das FE-Gleichungssystem ein. Dazu nutzen wir die erste Variante (siehe Abschnitt 4.5.3, S. 281). Aufgrund der vorgegebenen Randbedingungen 1. Art ist der Funktionswert der FE-Lösung in den Knoten auf dem Rand Γ_1 bekannt, so dass wir in der Lösungsdarstellung $u_h = \sum_{j=1}^{16} u_j p_j$ die Komponenten u_9, u_{10}, u_{15} und u_{16} kennen. Es gilt $u_9 = u_{10} = u_{15} = u_{16} = 473.15$. Für alle $i \in \omega_h = \{1,2,3,4,5,6,7,8,11,12,13,14\}$ berechnen wir

$$f_i = \widehat{f}_i - \sum_{j \in \gamma_h} K_{ij} u_j \tag{4.175}$$

mit $\gamma_h = \{9,10,15,16\}$. Dabei sind K_{ij} sowie $\widehat{f}_i$ die Einträge der Matrix $\widehat{K}_h$ (siehe S. 382) und des Vektors $\underline{\widehat{f}}_h$ aus (4.174). Wir erhalten beispielsweise für $i = 1$

$$\begin{aligned} f_1 &= \widehat{f}_1 - \sum_{j \in \gamma_h} K_{1j} u_j = \widehat{f}_1 - (K_{1,9} u_9 + K_{1,10} u_{10} + K_{1,15} u_{15} + K_{1,16} u_{16}) \\ &\approx 109.93 - (0 \cdot 473.15 + 0 \cdot 473.15 + 0 \cdot 473.15 + 0 \cdot 473.15) \\ &\approx 109.93 \end{aligned}$$

und für $i = 7$

$$\begin{aligned} f_7 &= \widehat{f}_7 - \sum_{j \in \gamma_h} K_{7j} u_j = \widehat{f}_7 - (K_{7,9} u_9 + K_{7,10} u_{10} + K_{7,15} u_{15} + K_{7,16} u_{16}) \\ &\approx 0 - (4.92 \cdot 473.15 - 4.16 \cdot 473.15 - 12.95 \cdot 473.15 - 8.36 \cdot 473.15) \\ &\approx 9721. \end{aligned}$$

Auf analoge Weise erhalten wir

$$f_2 \approx 109.93, \quad f_3 = 0, \quad f_4 = 0, \quad f_5 \approx 238.13, \quad f_6 \approx 238.13,$$

$$f_8 \approx 11613 \quad f_{11} \approx 128.20, \quad f_{12} \approx 128.20, \quad f_{13} \approx 3476, \quad f_{14} \approx 5369.$$

Nun streichen wir die Zeilen i und Spalten j, $i,j \in \gamma_h$, aus der Matrix $\widehat{K}_h$. Außerdem werden aus dem Vektor $\underline{\widehat{f}}_h$ mit den gemäß (4.175) modifizierten Komponenten die Zeilen i, $i \in \gamma_h$, gestrichen. Damit erhalten wir das FE-Gleichungssystem

$$
\begin{pmatrix}
36.83 & 11.75 & -23.33 & -15.00 & 11.75 & 2.54 & -15.00 & -9.17 & 0 & 0 & 0 & 0 \\
11.75 & 36.83 & -15.00 & -23.33 & 2.54 & 11.75 & -9.17 & -15.00 & 0 & 0 & 0 & 0 \\
-23.33 & -15.00 & 36.67 & 11.67 & -15.00 & -9.17 & 11.67 & 2.50 & 0 & 0 & 0 & 0 \\
-15.00 & -23.33 & 11.67 & 36.67 & -9.17 & -15.00 & 2.50 & 11.67 & 0 & 0 & 0 & 0 \\
11.75 & 2.54 & -15.00 & -9.17 & 90.54 & 33.34 & -57.24 & -33.09 & 15.85 & 6.29 & -29.96 & -15.04 \\
2.54 & 11.75 & -9.17 & -15.00 & 33.34 & 97.21 & -37.09 & -55.91 & 3.63 & 17.85 & -18.38 & -29.96 \\
-15.00 & -9.17 & 11.67 & 2.50 & -57.24 & -37.09 & 108.61 & 22.67 & -9.96 & -7.04 & 12.82 & -2.23 \\
-9.17 & -15.00 & 2.50 & 11.67 & -33.09 & -55.91 & 22.67 & 117.95 & -6.38 & -9.96 & -13.56 & 12.82 \\
0 & 0 & 0 & 0 & 15.85 & 3.63 & -9.96 & -6.38 & 36.37 & 11.59 & -32.58 & -18.09 \\
0 & 0 & 0 & 0 & 6.29 & 17.85 & -7.04 & -9.96 & 11.59 & 37.71 & -22.09 & -33.91 \\
0 & 0 & 0 & 0 & -29.96 & -18.38 & 12.82 & -13.56 & -32.58 & -22.09 & 96.21 & 14.87 \\
0 & 0 & 0 & 0 & -15.04 & -29.96 & -2.23 & 12.82 & -18.09 & -33.91 & 14.87 & 82.88
\end{pmatrix}
\begin{pmatrix}
u_1 \\ u_2 \\ u_3 \\ u_4 \\ u_5 \\ u_6 \\ u_7 \\ u_8 \\ u_{11} \\ u_{12} \\ u_{13} \\ u_{14}
\end{pmatrix}
=
\begin{pmatrix}
109.93 \\ 109.93 \\ 0 \\ 0 \\ 238.13 \\ 238.13 \\ 9720.87 \\ 11613.47 \\ 128.20 \\ 128.20 \\ 3476.17 \\ 5368.77
\end{pmatrix}
$$

Der Lösungsvektor dieses Gleichungssystems ist der Vektor

$$
\begin{pmatrix} u_1 \\ u_2 \\ u_3 \\ u_4 \\ u_5 \\ u_6 \\ u_7 \\ u_8 \\ u_{11} \\ u_{12} \\ u_{13} \\ u_{14} \end{pmatrix} \approx \begin{pmatrix} 460.81 \\ 460.77 \\ 460.96 \\ 460.88 \\ 463.22 \\ 463.46 \\ 464.51 \\ 464.86 \\ 462.82 \\ 463.18 \\ 463.78 \\ 464.24 \end{pmatrix}. \tag{4.176}
$$

Die FE-Näherungslösung des Randwertproblems (4.156) ist somit die Funktion

$$
u_h = \sum_{J=1}^{16} u_j p_j(x)
$$

mit u_j, $j \in \omega_h = \{1,2,3,4,5,6,7,8,11,12,13,14\}$, aus (4.176) und $u_9 = u_{10} = u_{15} = u_{16} = 473.13$. Die Ansatzfunktionen p_j sind mittels der trilinearen Formfunktionen über dem Referenzhexaeder und der Abbildungsvorschriften der jeweiligen finiten Elemente auf das Referenzhexaeder definiert.

Beispiel – lineares Elastizitätsproblem

Gegeben sei eine aus Stahl bestehende rechteckige Scheibe mit konstanter Dicke. Dabei sei die Dicke der Scheibe viel kleiner als ihre Breite und Länge. An zwei zueinander parallelen Seiten der Scheibe werde sie mit einer konstanten Kraft gezogen. Zu bestimmen ist die infolge der Zugkraft hervorgerufene deformierte Gestalt der Scheibe. Die Materialparameter Elastizitätsmodul $\bar{E}$ und Poissonsche Querkontraktionszahl $\bar{v}$ sowie die Zugkräfte seien:

$$
\bar{E} = 210000 \, \frac{\mathrm{N}}{\mathrm{mm}^2}, \quad \bar{v} = 0.3, \quad \vec{F}_\ell = \begin{pmatrix} -50 \, \frac{\mathrm{N}}{\mathrm{mm}^2} \\ 0 \\ 0 \end{pmatrix}, \quad \vec{F}_r = \begin{pmatrix} 50 \, \frac{\mathrm{N}}{\mathrm{mm}^2} \\ 0 \\ 0 \end{pmatrix}.
$$

Zur Beschreibung dieses Problems legen wir ein kartesisches Koordinatensystem so, dass sich sein Koordinatenursprung im Schwerpunkt der Scheibe befindet sowie die Seitenflächen parallel zur x_1- bzw. x_2-Richtung sind. Die Dicke der Scheibe zeigt in x_3-Richtung (siehe Abbildung 4.61).

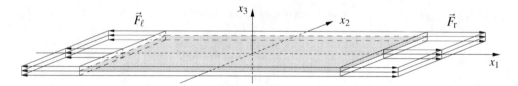

Abbildung 4.61: Zugbelastung an einer dünnen Scheibe

Aufgrund der Geometrie der Scheibe und der gegebenen Kräfte entsteht näherungsweise ein sogenannter ebener Spannungszustand (siehe auch Abschnitt 2.2.3, S. 68), d.h. wir können das betrachtete Problem näherungsweise als ebenes Problem behandeln. Wir suchen dann die deformierte Gestalt der Mittelfläche der Scheibe (siehe Abbildung 4.62).

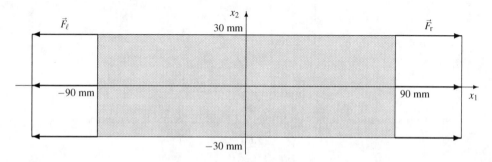

Abbildung 4.62: Mittelfläche der Scheibe

Im Abschnitt 2.2.3, S. 68, haben wir erläutert, wie man aus dem Randwertproblem (2.55) zur Bestimmung des Verschiebungsvektors beim ebenen Verzerrungszustand das entsprechende Randwertproblem für den ebenen Spannungszustand ableiten kann. Es muss nur in den Beziehungen

$$\sigma_{11} = \lambda_e(\varepsilon_{11} + \varepsilon_{22}) + 2\mu_e\varepsilon_{11}, \tag{4.177}$$

$$\sigma_{22} = \lambda_e(\varepsilon_{11} + \varepsilon_{22}) + 2\mu_e\varepsilon_{22}, \tag{4.178}$$

$$\sigma_{12} = \sigma_{21} = 2\mu_e\varepsilon_{12} \tag{4.179}$$

(siehe (2.52) – (2.54), S. 67) mit

$$\lambda_e = \frac{E\nu}{(1+\nu)(1-2\nu)} \quad \text{und} \quad \mu_e = \frac{E}{2(1+\nu)}$$

der Elastizitätsmodul E und die Poissonsche Querkontraktionszahl ν durch

$$\nu = \frac{\bar{\nu}}{1+\bar{\nu}} \quad \text{und} \quad E = \frac{\bar{E}(1+2\bar{\nu})}{(1+\bar{\nu})^2}$$

ersetzt werden.

Wir wollen uns nun davon überzeugen, dass dies tatsächlich richtig ist. Dazu leiten wir in diesem Abschnitt unmittelbar ausgehend vom dreidimensionalen Elastizitätsproblem das Randwertproblem für den ebenen Spannungszustand her.

Aufgrund der Geometrie der Scheibe und der Belastungen können wir annehmen, dass für die Komponenten des Spannungstensors

$$\sigma_{33} = \sigma_{13} = \sigma_{23} = 0 \qquad (4.180)$$

gilt (siehe auch Abschnitt 2.2.3, S. 68), d.h. dass aufgrund der Belastungen ein sogenannter ebener Spannungszustand im Bauteil entsteht.

Wegen $\sigma_{33} = 0$ folgt aus dem Hookeschen Gesetz für isotrope Materialien (siehe Beziehung (2.35), S. 61)

$$0 = \sigma_{33} = \lambda_e(\varepsilon_{11} + \varepsilon_{22} + \varepsilon_{33}) + 2\mu_e\varepsilon_{33} \quad \Leftrightarrow \quad \varepsilon_{33} = -\frac{\lambda_e}{\lambda_e + 2\mu_e}(\varepsilon_{11} + \varepsilon_{22}).$$

Damit ergibt sich

$$\begin{aligned}
\sigma_{11} &= \lambda_e(\varepsilon_{11} + \varepsilon_{22} + \varepsilon_{33}) + 2\mu_e\varepsilon_{11} \\[2mm]
&= \lambda_e\left(\varepsilon_{11} + \varepsilon_{22} - \frac{\lambda_e}{\lambda_e + 2\mu_e}(\varepsilon_{11} + \varepsilon_{22})\right) + 2\mu_e\varepsilon_{11} \\[2mm]
&= \frac{2\lambda_e\mu_e}{\lambda_e + 2\mu_e}(\varepsilon_{11} + \varepsilon_{22}) + 2\mu_e\varepsilon_{11}.
\end{aligned}$$

Mit den Beziehungen zwischen den Laméschen Elastizitätskonstanten λ_e, μ_e und dem Elastizitätsmodul $\bar{E}$ sowie der Poissonschen Querkontraktionszahl $\bar{v}$

$$\lambda_e = \frac{\bar{E}\bar{v}}{(1+\bar{v})(1-2\bar{v})} \qquad \text{und} \qquad \mu_e = \frac{\bar{E}}{2(1+\bar{v})}$$

(siehe auch (2.37), S. 62) erhalten wir

$$\frac{2\lambda_e\mu_e}{\lambda_e + 2\mu_e} = \frac{2 \cdot \dfrac{\bar{E}\bar{v}}{(1+\bar{v})(1-2\bar{v})} \cdot \dfrac{\bar{E}}{2(1+\bar{v})}}{\dfrac{\bar{E}\bar{v}}{(1+\bar{v})(1-2\bar{v})} + 2 \cdot \dfrac{\bar{E}}{2(1+\bar{v})}} = \frac{\dfrac{\bar{E}^2\bar{v}}{(1+\bar{v})^2(1-2\bar{v})}}{\dfrac{\bar{E}\bar{v} + \bar{E} - 2\bar{E}\bar{v}}{(1+\bar{v})(1-2\bar{v})}} = \frac{\dfrac{\bar{E}^2\bar{v}}{(1+\bar{v})^2(1-2\bar{v})}}{\dfrac{\bar{E}(1-\bar{v})}{(1+\bar{v})(1-2\bar{v})}} = \frac{\bar{E}\bar{v}}{(1+\bar{v})(1-\bar{v})}$$

und damit

$$\sigma_{11} = \frac{\bar{E}\bar{v}}{(1+\bar{v})(1-\bar{v})}(\varepsilon_{11} + \varepsilon_{22}) + \frac{\bar{E}}{1+\bar{v}}\varepsilon_{11} = \frac{\bar{E}}{1-\bar{v}^2}(\varepsilon_{11} + \bar{v}\varepsilon_{22}). \qquad (4.181)$$

Auf analoge Weise ergibt sich

$$\sigma_{22} = \frac{\bar{E}\bar{v}}{(1+\bar{v})(1-\bar{v})}(\varepsilon_{11} + \varepsilon_{22}) + \frac{\bar{E}}{1+\bar{v}}\varepsilon_{22} = \frac{\bar{E}}{1-\bar{v}^2}(\bar{v}\varepsilon_{11} + \varepsilon_{22}). \qquad (4.182)$$

Weiterhin gilt

$$\sigma_{12} = \sigma_{21} = 2\mu_e \varepsilon_{12} = \frac{\bar{E}}{1+\bar{v}} \varepsilon_{12} = \frac{\bar{E}}{1+\bar{v}} \varepsilon_{21} . \tag{4.183}$$

(siehe auch (2.36), S. 62).

Wir zeigen nun, dass die Beziehungen (4.181) – (4.183) äquivalent zu den Beziehungen (4.177) – (4.179) für die Spannungen σ_{11}, σ_{22} und σ_{12} beim ebenen Verzerrungszustand sind, wenn wir in diesen Beziehungen

$$v = \frac{\bar{v}}{1+\bar{v}} \quad \text{und} \quad E = \frac{\bar{E}(1+2\bar{v})}{(1+\bar{v})^2} \tag{4.184}$$

setzen. Es gilt

$$\lambda_e = \frac{Ev}{(1+v)(1-2v)} = \frac{\frac{\bar{E}(1+2\bar{v})}{(1+\bar{v})^2} \cdot \frac{\bar{v}}{1+\bar{v}}}{\left(1+\frac{\bar{v}}{1+\bar{v}}\right)\left(1-2\frac{\bar{v}}{1+\bar{v}}\right)} = \frac{\frac{\bar{E}(1+2\bar{v})\bar{v}}{(1+\bar{v})^3}}{\left(\frac{1+2\bar{v}}{1+\bar{v}}\right)\left(\frac{1-\bar{v}}{1+\bar{v}}\right)}$$

$$= \frac{\bar{E}\bar{v}}{(1+\bar{v})(1-\bar{v})} \tag{4.185}$$

und

$$\mu_e = \frac{E}{2(1+v)} = \frac{\frac{\bar{E}(1+2\bar{v})}{(1+\bar{v})^2}}{2\left(1+\frac{\bar{v}}{1+\bar{v}}\right)} = \frac{\frac{\bar{E}(1+2\bar{v})}{(1+\bar{v})^2}}{2\left(\frac{1+2\bar{v}}{1+\bar{v}}\right)} = \frac{\bar{E}}{2(1+\bar{v})} . \tag{4.186}$$

Folglich erhalten wir aus den Beziehungen (4.177) – (4.179) (siehe auch (2.52) – (2.54), S. 67), für die Spannungen im ebenen Verzerrungszustand die Beziehungen (4.181) – (4.183) für die Spannungen im ebenen Spannungszustand, wenn wir in den Beziehungen für den ebenen Verzerrungszustand die Poissonsche Querkontraktionszahl v und den Elastizitätsmodul E gemäß (4.184) wählen. Wir brauchen somit tatsächlich im Weiteren in allen Beziehungen für den ebenen Verzerrungszustand, wie zum Beispiel dem Randwertproblem in klassischer und Variationsformulierung, nur den Elastizitätsmodul E und die Poissonsche Querkontraktionszahl v gemäß (4.184) ersetzen, um die entsprechenden Beziehungen für den ebenen Spannungszustand zu erhalten.

Wir leiten im Folgenden ausgehend vom Randwertproblem in klassischer Formulierung zur Bestimmung des Verschiebungsvektors $\vec{u} = (u_1 \ u_2)^T$ im Fall des ebenen Verzerrungszustands ein entsprechendes Randwertproblem für den ebenen Spannungszustand her. Mittels der Beziehungen (4.180) – (4.183) für die Komponenten des Spannungstensors ergibt sich aus dem Differentialgleichungssystem in (2.55), S. 68, d.h. aus

$$-\frac{\partial \sigma_{1i}}{\partial x_1}(x) - \frac{\partial \sigma_{2i}}{\partial x_2}(x) = f_i(x), \quad i = 1, 2, \tag{4.187}$$

für $i = 1$

$$-\frac{\partial \sigma_{11}}{\partial x_1}(x) - \frac{\partial \sigma_{21}}{\partial x_2}(x) = f_1(x) \quad \Leftrightarrow \quad -\frac{\partial}{\partial x_1}\left(\frac{\bar{E}}{1-\bar{v}^2}(\varepsilon_{11} + \bar{v}\varepsilon_{22})\right) - \frac{\partial}{\partial x_2}\left(\frac{\bar{E}}{1+\bar{v}}\varepsilon_{21}\right) = f_1(x)$$

$$\Leftrightarrow \quad -\frac{\bar{E}}{1+\bar{v}}\left[\frac{\partial}{\partial x_1}\left(\frac{1}{1-\bar{v}}(\varepsilon_{11} + \bar{v}\varepsilon_{22})\right) + \frac{\partial \varepsilon_{21}}{\partial x_2}\right] = f_1(x) .$$

Nutzen wir nun noch die Beziehungen

$$\varepsilon_{11} = \frac{\partial u_1}{\partial x_1}, \quad \varepsilon_{22} = \frac{\partial u_2}{\partial x_2} \quad \text{und} \quad \varepsilon_{21} = \frac{1}{2}\left(\frac{\partial u_2}{\partial x_1} + \frac{\partial u_1}{\partial x_2}\right)$$

(siehe auch (2.32), S. 60), so erhalten wir

$$-\frac{\partial \sigma_{11}}{\partial x_1}(x) - \frac{\partial \sigma_{21}}{\partial x_2}(x) = f_1(x)$$

$$\Leftrightarrow \quad -\frac{\bar{E}}{1+\bar{v}}\left[\frac{\partial}{\partial x_1}\left(\frac{1}{1-\bar{v}}\left(\frac{\partial u_1}{\partial x_1} + \bar{v}\frac{\partial u_2}{\partial x_2}\right)\right) + \frac{\partial}{\partial x_2}\left(\frac{1}{2}\left(\frac{\partial u_2}{\partial x_1} + \frac{\partial u_1}{\partial x_2}\right)\right)\right] = f_1(x)$$

$$\Leftrightarrow \quad -\frac{\bar{E}}{1+\bar{v}}\left[\frac{1}{1-\bar{v}}\left(\frac{\partial^2 u_1}{\partial x_1^2} + \bar{v}\frac{\partial^2 u_2}{\partial x_1 \partial x_2}\right) + \frac{1}{2}\left(\frac{\partial^2 u_2}{\partial x_2 \partial x_1} + \frac{\partial^2 u_1}{\partial x_2^2}\right)\right] = f_1(x)$$

$$\Leftrightarrow \quad -\frac{\bar{E}}{1+\bar{v}}\left[\frac{1}{1-\bar{v}}\frac{\partial^2 u_1}{\partial x_1^2} + \frac{\bar{v}}{1-\bar{v}}\frac{\partial^2 u_2}{\partial x_1 \partial x_2} + \frac{1}{2}\left(\frac{\partial^2 u_2}{\partial x_2 \partial x_1} + \frac{\partial^2 u_1}{\partial x_2^2}\right)\right] = f_1(x).$$

Mit

$$\frac{1}{1-\bar{v}} = \frac{1}{2} + \frac{1}{2} + \frac{\bar{v}}{1-\bar{v}}$$

ergibt sich daraus

$$-\frac{\bar{E}}{1+\bar{v}}\left[\left(\frac{1}{2} + \frac{1}{2} + \frac{\bar{v}}{1-\bar{v}}\right)\frac{\partial^2 u_1}{\partial x_1^2} + \frac{\bar{v}}{1-\bar{v}}\frac{\partial^2 u_2}{\partial x_1 \partial x_2} + \frac{1}{2}\frac{\partial^2 u_2}{\partial x_2 \partial x_1} + \frac{1}{2}\frac{\partial^2 u_1}{\partial x_2^2}\right] = f_1(x).$$

Unter der Voraussetzung, dass die Verschiebungskomponente u_2 zweimal stetig partiell differenzierbar ist, kann die Reihenfolge der Ableitungsbildung vertauscht werden. Durch Vertauschen der Reihenfolge der Ableitungsbildung im vorletzten Summanden auf der linken Seite der obigen Gleichung sowie unter Nutzung der Differentialoperatoren Δ und div (siehe (1.1) und (1.8)) können wir die obige Gleichung weiter umformen:

$$-\frac{\bar{E}}{1+\bar{v}}\left[\left(\frac{1}{2} + \frac{1}{2} + \frac{\bar{v}}{1-\bar{v}}\right)\frac{\partial^2 u_1}{\partial x_1^2} + \frac{\bar{v}}{1-\bar{v}}\frac{\partial^2 u_2}{\partial x_1 \partial x_2} + \frac{1}{2}\frac{\partial^2 u_2}{\partial x_1 \partial x_2} + \frac{1}{2}\frac{\partial^2 u_1}{\partial x_2^2}\right] = f_1(x)$$

$$\Leftrightarrow \quad -\frac{\bar{E}}{1+\bar{v}}\left[\frac{1}{2}\left(\frac{\partial^2 u_1}{\partial x_1^2} + \frac{\partial^2 u_1}{\partial x_2^2}\right) + \left(\frac{1}{2} + \frac{\bar{v}}{1-\bar{v}}\right)\frac{\partial^2 u_1}{\partial x_1^2} + \left(\frac{1}{2} + \frac{\bar{v}}{1-\bar{v}}\right)\frac{\partial^2 u_2}{\partial x_1 \partial x_2}\right] = f_1(x)$$

$$\Leftrightarrow \quad -\frac{\bar{E}}{1+\bar{v}}\left[\frac{1}{2}\left(\frac{\partial^2 u_1}{\partial x_1^2} + \frac{\partial^2 u_1}{\partial x_2^2}\right) + \left(\frac{1}{2} + \frac{\bar{v}}{1-\bar{v}}\right)\left(\frac{\partial^2 u_1}{\partial x_1^2} + \frac{\partial^2 u_2}{\partial x_1 \partial x_2}\right)\right] = f_1(x)$$

$$\Leftrightarrow \quad -\frac{\bar{E}}{1+\bar{v}}\left[\frac{1}{2}\left(\frac{\partial^2 u_1}{\partial x_1^2} + \frac{\partial^2 u_1}{\partial x_2^2}\right) + \left(\frac{1}{2} + \frac{\bar{v}}{1-\bar{v}}\right)\frac{\partial}{\partial x_1}\left(\frac{\partial u_1}{\partial x_1} + \frac{\partial u_2}{\partial x_2}\right)\right] = f_1(x)$$

$$\Leftrightarrow \quad -\frac{\bar{E}}{1+\bar{v}}\left[\frac{1}{2}\Delta u_1 + \left(\frac{1}{2} + \frac{\bar{v}}{1-\bar{v}}\right)\frac{\partial}{\partial x_1}\,\text{div}\,\vec{u}\right] = f_1(x). \tag{4.188}$$

Auf analoge Weise ergibt sich aus (4.187) für $i = 2$

$$-\frac{\bar{E}}{1+\bar{v}}\left[\frac{1}{2}\Delta u_2 + \left(\frac{1}{2}+\frac{\bar{v}}{1-\bar{v}}\right)\frac{\partial}{\partial x_2}\operatorname{div}\vec{u}\right] = f_2(x). \qquad (4.189)$$

Die Gleichungen (4.188) und (4.189) können wir unter Anwendung der Differentialoperatoren Δ und grad (siehe (1.39) und (1.9)) noch zusammenfassen:

$$-\frac{\bar{E}}{1+\bar{v}}\left[\frac{1}{2}\Delta\vec{u} + \left(\frac{1}{2}+\frac{\bar{v}}{1-\bar{v}}\right)\operatorname{grad}(\operatorname{div}\vec{u})\right] = \vec{f}(x). \qquad (4.190)$$

Da in unserem Beispiel bei dem gewählten Koordinatensystem die Scheibe sowohl bezüglich der x_1-Achse als auch bezüglich der x_2-Achse symmetrisch ist und dies auch für die wirkenden Kräfte gilt, brauchen wir im Folgenden unsere Berechnungen beispielsweise nur in dem Teilgebiet durchführen, welches im ersten Quadranten liegt (siehe dunkler gefärbtes Teilgebiet in der Abbildung 4.63)

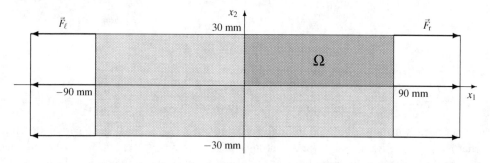

Abbildung 4.63: Mittelfläche der Scheibe

Um das Randwertproblem zur Bestimmung des Verschiebungsvektors $\vec{u}$ in diesem Teilgebiet formulieren zu können, müssen wir uns noch überlegen, welche Randbedingungen auf den Seiten längs der x_1- bzw. x_2-Achse zu stellen sind. Aufgrund der gegebenen Symmetrien muss für die Komponenten u_1 und u_2 des Verschiebungsvektors

$$u_1(x_1,x_2) = -u_1(-x_1,x_2) \quad\text{und}\quad u_2(x_1,x_2) = -u_2(x_1,-x_2) \qquad (4.191)$$

sowie

$$u_1(x_1,x_2) = u_1(x_1,-x_2) \quad\text{und}\quad u_2(x_1,x_2) = u_2(-x_1,x_2) \qquad (4.192)$$

gelten. Die Symmetrieeigenschaft (4.191) heißt insbesondere, dass längs der x_2- bzw. x_1-Achse

$$u_1(0,x_2) = -u_1(-0,x_2) \quad\text{und}\quad u_2(x_1,0) = -u_2(x_1,-0)$$

sein muss. Daraus folgt

$$u_1(0,x_2) = 0 \quad\text{und}\quad u_2(x_1,0) = 0. \qquad (4.193)$$

Aufgrund der Symmetrieeigenschaft (4.192) ist für jedes fest gewählte x_1^* die Funktion $u_1(x_1,x_2)$ eine gerade Funktion bezüglich der Variablen x_2 und $u_2(x_1,x_2)$ für jedes fest gewählte x_2^* eine gerade Funktion bezüglich x_1. Demzufolge hat $u_1(x_1^*, x_2)$ als Funktion von x_2 bei $x_2 = 0$ eine lokale Extremalstelle und $u_2(x_1, x_2^*)$ als Funktion von x_1 bei $x_1 = 0$ eine lokale Extremalstelle. Aus der notwendigen Bedingung für Extrema folgt

$$\frac{\partial u_1}{\partial x_2}(x_1^*, 0) = 0 \quad \text{und} \quad \frac{\partial u_2}{\partial x_1}(0, x_2^*) = 0 \qquad (4.194)$$

für beliebiges x_1^* bzw. x_2^*.

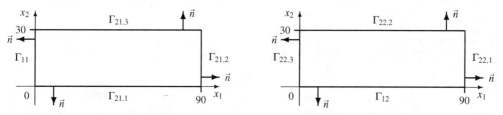

Abbildung 4.64: Teilränder des Gebietes Ω

Auf dem Teilrand $\Gamma_{21,1} = \{(x = (x_1, x_2) : x_1 \in [0, 90], x_2 = 0\}$ ist $\vec{n} = (0 \ -1)^T$ (siehe Abbildung 4.64). Somit gilt unter Nutzung von (4.183)

$$\sigma_{11} n_1 + \sigma_{21} n_2 = -\sigma_{21} = -\frac{\bar{E}}{1 + \bar{v}} \cdot \frac{1}{2} \left(\frac{\partial u_1}{\partial x_2} + \frac{\partial u_2}{\partial x_1} \right).$$

Die Randbedingung $u_2(x_1, 0) = 0$ (siehe (4.193)) bedeutet, dass u_2 längs der x_1-Achse konstant ist. Folglich ist $\frac{\partial u_2}{\partial x_1} = 0$ auf $\Gamma_{21,1}$. Außerdem gilt $\frac{\partial u_1}{\partial x_2} = 0$ auf $\Gamma_{21,1}$ (siehe (4.194)). Damit folgt

$$\sigma_{11} n_1 + \sigma_{21} n_2 = -\sigma_{21} = 0 \quad \text{auf} \ \Gamma_{21,1}.$$

Auf analoge Weise ergibt sich

$$\sigma_{12} n_1 + \sigma_{22} n_2 = -\sigma_{12} = 0 \quad \text{auf} \ \Gamma_{22,3}.$$

Am Teilrand $\Gamma_{21,3} = \Gamma_{22,2}$ (siehe Abbildungen 4.64 und 4.62) wirken keine äußeren Kräfte und auf dem Teilrand $\Gamma_{21,2} = \Gamma_{22,1}$ nur eine Kraft in x_1-Richtung. Somit haben wir längs des gesamten Randes des Teilgebietes Ω die folgenden Randbedingungen für die beiden Verschiebungskomponenten (siehe auch Abbildung 4.64):

$$u_1(x_1, x_2) = g_{11} = 0 \quad \text{für alle} \ x = (x_1, x_2) \in \Gamma_{11} \qquad (4.195)$$

(siehe (4.193)) und

$$\sigma_{11} n_1 + \sigma_{21} n_2 = g_{21} = \begin{cases} -\sigma_{21} &= 0 & \text{für alle } x = (x_1, x_2) \in \Gamma_{21,1} \\ \sigma_{11} &= g & \text{für alle } x = (x_1, x_2) \in \Gamma_{21,2} \\ \sigma_{21} &= 0 & \text{für alle } x = (x_1, x_2) \in \Gamma_{21,3} \end{cases} \qquad (4.196)$$

sowie

$$u_2(x_1, x_2) = g_{12} = 0 \quad \text{für alle} \ x = (x_1, x_2) \in \Gamma_{12} \qquad (4.197)$$

und

$$\sigma_{12}n_1 + \sigma_{22}n_2 = g_{22} = \begin{cases} \sigma_{12} &= 0 \quad \text{für alle } x = (x_1,x_2) \in \Gamma_{22,1} \\ \sigma_{22} &= 0 \quad \text{für alle } x = (x_1,x_2) \in \Gamma_{22,2} \\ -\sigma_{12} &= 0 \quad \text{für alle } x = (x_1,x_2) \in \Gamma_{22,3} \end{cases} \quad (4.198)$$

Wenn wir noch beachten, dass in der betrachteten Scheibe keine Volumenkräfte wirken, so dass $\vec{f} = \vec{0}$ gilt, kann mittels der soeben beschriebenen Randbedingungen und des Differentialgleichungssystems (4.190) das lineare Elastizitätsproblem im Fall des ebenen Spannungszustandes wie folgt formuliert werden:

Gesucht ist das Verschiebungsfeld $\vec{u} = (u_1 \ u_2)^T$ mit $u_1 \in C^2(\Omega) \cap C^1(\Omega \cup \Gamma_{21}) \cap C(\overline{\Omega})$ und $u_2 \in C^2(\Omega) \cap C^1(\Omega \cup \Gamma_{22}) \cap C(\overline{\Omega})$, so dass die partiellen Differentialgleichungen

$$-\frac{\bar{E}}{1+\bar{v}}\left[\frac{1}{2}\Delta \vec{u} + \left(\frac{1}{2} + \frac{\bar{v}}{1-\bar{v}}\right)\text{grad}(\text{div}\,\vec{u}(x))\right] = \vec{0} \quad \text{für alle } x = (x_1,x_2) \in \Omega \quad (4.199)$$

gelten und die Randbedingungen

$$\begin{aligned} u_1(x) &= g_{11}(x) &\text{für alle } x \in \Gamma_{11}, \\ u_2(x) &= g_{12}(x) &\text{für alle } x \in \Gamma_{12}, \\ \sigma_{11}n_1 + \sigma_{21}n_2 &= g_{21}(x) &\text{für alle } x \in \Gamma_{21}, \\ \sigma_{12}n_1 + \sigma_{22}n_2 &= g_{22}(x) &\text{für alle } x \in \Gamma_{22} \end{aligned}$$

mit $\bar{\Gamma}_{11} \cup \bar{\Gamma}_{21} = \bar{\Gamma}_{12} \cup \bar{\Gamma}_{22} = \partial\Omega$, $\Gamma_{11} \cap \Gamma_{21} = \Gamma_{12} \cap \Gamma_{22} = \emptyset$ und $\sigma_{11}, \sigma_{21}, \sigma_{12}, \sigma_{22}$ aus (4.181) – (4.183) erfüllt werden.

Bei der Angabe der Variationsformulierung des Randwertproblems im Fall des ebenen Spannungszustands nutzen wir wieder die Tatsache, dass wir diese aus der Variationsformulierung im Fall des ebenen Verzerrungszustands erhalten können, wenn wir den Elastizitätsmodul E und die Poissonsche Querkontraktionszahl v gemäß der Beziehungen (4.184) wählen. Im Abschnitt 4.3 haben wir eine Variationsformulierung für lineare Elastizitätsprobleme hergeleitet (siehe (4.27), S. 211). Wenn wir berücksichtigen, dass in unserem Beispiel bezüglich der beiden Verschiebungskomponenten u_1 und u_2 die Aufteilung des Gebietsrandes in Randstücke mit Randbedingungen 1. bzw. 2. Art verschieden ist und dass $\vec{f} = \vec{0}$ sowie $g_{11} = g_{12} = 0$ und damit $V_{g_1} = V_0$ gilt, lautet diese:

Gesucht ist $\vec{u} \in V_0$, so dass

$$a(\vec{u},\vec{v}) = \langle F,\vec{v}\rangle \quad \text{für alle } \vec{v} \in V_0 \quad (4.200)$$

gilt mit

$$a(\vec{u},\vec{v}) = \int_\Omega \left[2\mu_e \sum_{i,j=1}^2 \varepsilon_{ij}(\vec{u})\varepsilon_{ij}(\vec{v}) + \lambda_e \,\text{div}\,\vec{u}(x)\,\text{div}\,\vec{v}(x)\right] dx,$$

$$\langle F,\vec{v}\rangle = \int_{\Gamma_{21}} g_{21}(x)v_1\,ds + \int_{\Gamma_{22}} g_{22}(x)v_2\,ds,$$

$$V_0 = \{\vec{v} \in [H^1(\Omega)]^2 : v_1(x) = 0 \text{ auf } \Gamma_{11}, \ v_2(x) = 0 \text{ auf } \Gamma_{12}\}.$$

Diese Variationsformulierung war gut geeignet für die Untersuchungen bezüglich der Existenz und Eindeutigkeit der Lösung. Bei der FE-Diskretisierung wollen wir eine Variationsformulierung nutzen, in welcher die Laméschen Konstanten λ_e und μ_e nicht vorkommen, sondern direkt die Poissonsche Querkontraktionszahl $\bar{v}$, der Elastizitätsmodul $\bar{E}$ sowie die Verschiebungskomponenten u_1 und u_2. Mittels der Beziehungen (2.32), S. 60, für die Verzerrungen erhalten wir

$$2\mu_e \sum_{i,j=1}^{2} \varepsilon_{ij}(\vec{u})\varepsilon_{ij}(\vec{v}) + \lambda_e \operatorname{div}\vec{u}(x)\operatorname{div}\vec{v}(x)$$

$$= 2\mu_e(\varepsilon_{11}(\vec{u})\varepsilon_{11}(\vec{v}) + \varepsilon_{12}(\vec{u})\varepsilon_{12}(\vec{v}) + \varepsilon_{21}(\vec{u})\varepsilon_{21}(\vec{v}) + \varepsilon_{22}(\vec{u})\varepsilon_{22}(\vec{v})) + \lambda_e \operatorname{div}\vec{u}(x)\operatorname{div}\vec{v}(x)$$

$$= 2\mu_e(\varepsilon_{11}(\vec{u})\varepsilon_{11}(\vec{v}) + 2\varepsilon_{12}(\vec{u})\varepsilon_{12}(\vec{v}) + \varepsilon_{22}(\vec{u})\varepsilon_{22}(\vec{v})) + \lambda_e \operatorname{div}\vec{u}(x)\operatorname{div}\vec{v}(x)$$

$$= 2\mu_e\left(\frac{\partial u_1}{\partial x_1}\frac{\partial v_1}{\partial x_1} + 2\cdot\frac{1}{2}\left(\frac{\partial u_1}{\partial x_2}+\frac{\partial u_2}{\partial x_1}\right)\cdot\frac{1}{2}\left(\frac{\partial v_1}{\partial x_2}+\frac{\partial v_2}{\partial x_1}\right) + \frac{\partial u_2}{\partial x_2}\frac{\partial v_2}{\partial x_2}\right)$$

$$+ \lambda_e\left(\frac{\partial u_1}{\partial x_1}+\frac{\partial u_2}{\partial x_2}\right)\left(\frac{\partial v_1}{\partial x_1}+\frac{\partial v_2}{\partial x_2}\right)$$

$$= 2\mu_e\left(\frac{\partial u_1}{\partial x_1}\frac{\partial v_1}{\partial x_1} + \frac{1}{2}\left(\frac{\partial u_1}{\partial x_2}+\frac{\partial u_2}{\partial x_1}\right)\left(\frac{\partial v_1}{\partial x_2}+\frac{\partial v_2}{\partial x_1}\right) + \frac{\partial u_2}{\partial x_2}\frac{\partial v_2}{\partial x_2}\right)$$

$$+ \lambda_e\left(\frac{\partial u_1}{\partial x_1}\frac{\partial v_1}{\partial x_1} + \frac{\partial u_1}{\partial x_1}\frac{\partial v_2}{\partial x_2} + \frac{\partial u_2}{\partial x_2}\frac{\partial v_1}{\partial x_1} + \frac{\partial u_2}{\partial x_2}\frac{\partial v_2}{\partial x_2}\right)$$

$$= (2\mu_e+\lambda_e)\frac{\partial u_1}{\partial x_1}\frac{\partial v_1}{\partial x_1} + (2\mu_e+\lambda_e)\frac{\partial u_2}{\partial x_2}\frac{\partial v_2}{\partial x_2} + \mu_e\left(\frac{\partial u_1}{\partial x_2}+\frac{\partial u_2}{\partial x_1}\right)\left(\frac{\partial v_1}{\partial x_2}+\frac{\partial v_2}{\partial x_1}\right)$$

$$+ \lambda_e\frac{\partial u_1}{\partial x_1}\frac{\partial v_2}{\partial x_2} + \lambda_e\frac{\partial u_2}{\partial x_2}\frac{\partial v_1}{\partial x_1}.$$

Die rechte Seite der obigen Beziehung können wir in der folgenden Matrixschreibweise formulieren

$$\begin{pmatrix} \dfrac{\partial v_1}{\partial x_1} & \dfrac{\partial v_2}{\partial x_2} & \dfrac{\partial v_1}{\partial x_2}+\dfrac{\partial v_2}{\partial x_1} \end{pmatrix} \begin{pmatrix} 2\mu_e+\lambda_e & \lambda_e & 0 \\ \lambda_e & 2\mu_e+\lambda_e & 0 \\ 0 & 0 & \mu_e \end{pmatrix} \begin{pmatrix} \dfrac{\partial u_1}{\partial x_1} \\ \dfrac{\partial u_2}{\partial x_2} \\ \dfrac{\partial u_1}{\partial x_2}+\dfrac{\partial u_2}{\partial x_1} \end{pmatrix}$$

$$\Leftrightarrow \begin{pmatrix} v_1 & v_2 \end{pmatrix} \begin{pmatrix} \dfrac{\partial}{\partial x_1} & 0 & \dfrac{\partial}{\partial x_2} \\ 0 & \dfrac{\partial}{\partial x_2} & \dfrac{\partial}{\partial x_1} \end{pmatrix} \begin{pmatrix} 2\mu_e+\lambda_e & \lambda_e & 0 \\ \lambda_e & 2\mu_e+\lambda_e & 0 \\ 0 & 0 & \mu_e \end{pmatrix} \begin{pmatrix} \dfrac{\partial}{\partial x_1} & 0 \\ 0 & \dfrac{\partial}{\partial x_2} \\ \dfrac{\partial}{\partial x_2} & \dfrac{\partial}{\partial x_1} \end{pmatrix} \begin{pmatrix} u_1 \\ u_2 \end{pmatrix},$$

so dass

$$2\mu_e \sum_{i,j=1}^{2} \varepsilon_{ij}(\vec{u})\varepsilon_{ij}(\vec{v}) + \lambda_e \operatorname{div}\vec{u}(x)\operatorname{div}\vec{v}(x) = \vec{v}^T B^T DB\vec{u} = (B\vec{v})^T DB\vec{u}$$

mit

$$\vec{v} = \begin{pmatrix} v_1 \\ v_2 \end{pmatrix}, \quad \vec{u} = \begin{pmatrix} u_1 \\ u_2 \end{pmatrix}, \quad B = \begin{pmatrix} \dfrac{\partial}{\partial x_1} & 0 \\ 0 & \dfrac{\partial}{\partial x_2} \\ \dfrac{\partial}{\partial x_2} & \dfrac{\partial}{\partial x_1} \end{pmatrix} \quad \text{und} \quad D = \begin{pmatrix} 2\mu_e + \lambda_e & \lambda_e & 0 \\ \lambda_e & 2\mu_e + \lambda_e & 0 \\ 0 & 0 & \mu_e \end{pmatrix}$$

gilt. Mittels der Beziehungen (4.185) und (4.186) erhalten wir

$$2\mu_e + \lambda_e = 2 \cdot \frac{\bar{E}}{2(1+\bar{v})} + \frac{\bar{E}\bar{v}}{(1+\bar{v})(1-\bar{v})} = \frac{\bar{E}}{1+\bar{v}}\left(1 + \frac{\bar{v}}{1-\bar{v}}\right) = \frac{\bar{E}}{(1+\bar{v})(1-\bar{v})},$$

so dass die Matrix D auch wie folgt angegeben werden kann

$$D = \frac{\bar{E}}{(1+\bar{v})(1-\bar{v})} \begin{pmatrix} 1 & \bar{v} & 0 \\ \bar{v} & 1 & 0 \\ 0 & 0 & \frac{1}{2}(1-\bar{v}) \end{pmatrix} = \frac{\bar{E}}{1-\bar{v}^2} \begin{pmatrix} 1 & \bar{v} & 0 \\ \bar{v} & 1 & 0 \\ 0 & 0 & \frac{1}{2}(1-\bar{v}) \end{pmatrix}.$$

Aufgrund der vorangegangenen Überlegungen können wir die Variationsformulierung (4.200) des linearen Elastizitätsproblems im Fall des ebenen Spannungszustandes in der folgenden äquivalenten Form schreiben

Gesucht ist $\vec{u} \in V_0$, so dass

$$a(\vec{u}, \vec{v}) = \langle F, \vec{v} \rangle \qquad \text{für alle } \vec{v} \in V_0 \tag{4.201}$$

gilt mit

$$a(\vec{u}, \vec{v}) = \int_{\Omega} (B\vec{v})^T DB\vec{u}\, dx,$$

$$B = \begin{pmatrix} \dfrac{\partial}{\partial x_1} & 0 \\ 0 & \dfrac{\partial}{\partial x_2} \\ \dfrac{\partial}{\partial x_2} & \dfrac{\partial}{\partial x_1} \end{pmatrix}, \quad D = \frac{\bar{E}}{1-\bar{v}^2} \begin{pmatrix} 1 & \bar{v} & 0 \\ \bar{v} & 1 & 0 \\ 0 & 0 & \frac{1}{2}(1-\bar{v}) \end{pmatrix}, \tag{4.202}$$

$$\langle F, \vec{v} \rangle = \int_{\Gamma_{21}} g_{21}(x)v_1\, ds + \int_{\Gamma_{22}} g_{22}(x)v_2\, ds,$$

$$V_0 = \{\vec{v} \in [H^1(\Omega)]^2 : v_1(x) = 0 \text{ auf } \Gamma_{11}, \; v_2(x) = 0 \text{ auf } \Gamma_{12}\}.$$

Diese Variationsformulierung nutzen wir als Ausgangspunkt der FE-Diskretisierung.

Wir zerlegen das Gebiet Ω (siehe Abbildung 4.63) in zwei Viereckselemente (siehe Abbildung 4.65).

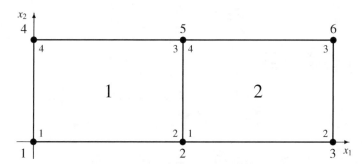

Abbildung 4.65: Vernetzung des Gebietes Ω mit globaler und lokaler Knotennummerierung

Die Knotenkoordinaten und der Zusammenhang zwischen der lokalen und der globalen Knotennummerierung sind in den Tabellen 4.29 und 4.30 angegeben.

Tabelle 4.29: Tabelle der Knotenkoordinaten

Knotennummer j	1	2	3	4	5	6
x_1-Koordinate $x_{j,1}$	0	45	90	0	45	90
x_2-Koordinate $x_{j,2}$	0	0	0	30	30	30

Tabelle 4.30: Zusammenhang zwischen der globalen und der lokalen Knotennummerierung

Element-nummer	globale Knotennummern der lokalen Knoten			
	$P_1^{(r)}$	$P_2^{(r)}$	$P_3^{(r)}$	$P_4^{(r)}$
1	1	2	5	4
2	2	3	6	5

Als FE-Ansatzfunktionen wählen wir stückweise bilineare Funktionen p_i, d.h. Funktionen, welche über jedem finiten Element bilinear sind. Da das gesuchte Verschiebungsfeld $\vec{u}$ eine Vektorfunktion mit zwei Komponenten ist, müssen wir die Ansatz- und Testfunktionen ebenfalls als Vektorfunktionen wählen. Der Raum der Grundfunktionen V_h wird wie folgt definiert:

$$V_h = \left\{ \vec{v}_h : \vec{v}_h = \begin{pmatrix} v_{h,1} \\ v_{h,2} \end{pmatrix} = \sum_{i \in \overline{\omega}_h} \left[v_{i,1} \begin{pmatrix} p_i(x) \\ 0 \end{pmatrix} + v_{i,2} \begin{pmatrix} 0 \\ p_i(x) \end{pmatrix} \right] \right\}$$

mit $\overline{\omega}_h = \{1,2,3,4,5,6\}$.

Beim Aufstellen des FE-Gleichungssystem berechnen wir wieder zuerst eine Matrix $\bar{K}_h$ und einen Vektor $\underline{\bar{f}}_h$, in welchen die Randbedingungen noch nicht berücksichtigt sind. Analog wie im Abschnitt 4.5.3, S. 263, gilt

$$(\bar{K}_h \underline{u}_h, \underline{v}_h) = \bar{a}(\vec{u}_h, \vec{v}_h) \quad \text{für alle } \vec{u}_h \leftrightarrow \underline{u}_h, \ \vec{v}_h \leftrightarrow \underline{v}_h, \ \vec{u}_h, \vec{v}_h \in V_h, \ \underline{u}_h, \underline{v}_h \in \mathbb{R}^{2\bar{N}_h}.$$

Mit der Zerlegung

$$\overline{\Omega} = \bigcup_{r=1}^{2} \overline{T}^{(r)}, \quad T^{(1)} \cap T^{(2)} = \emptyset,$$

der Bilinearform aus (4.201), d.h.

$$\bar{a}(\vec{u}_h, \vec{v}_h) = \int_{\Omega} (B\vec{v}_h)^T DB\vec{u}_h \, dx,$$

und

$$\vec{u}_h = \sum_{j \in \overline{\omega}_h} \left[u_{j,1} \begin{pmatrix} p_j(x) \\ 0 \end{pmatrix} + u_{j,2} \begin{pmatrix} 0 \\ p_j(x) \end{pmatrix} \right], \quad \vec{v}_h = \sum_{i \in \overline{\omega}_h} \left[v_{i,1} \begin{pmatrix} p_i(x) \\ 0 \end{pmatrix} + v_{i,2} \begin{pmatrix} 0 \\ p_i(x) \end{pmatrix} \right]$$

erhalten wir

$$\bar{a}(\vec{u}_h, \vec{v}_h)$$

$$= \bar{a}\left(\sum_{j \in \overline{\omega}_h} \left[u_{j,1} \begin{pmatrix} p_j(x) \\ 0 \end{pmatrix} + u_{j,2} \begin{pmatrix} 0 \\ p_j(x) \end{pmatrix} \right], \sum_{i \in \overline{\omega}_h} \left[v_{i,1} \begin{pmatrix} p_i(x) \\ 0 \end{pmatrix} + v_{i,2} \begin{pmatrix} 0 \\ p_i(x) \end{pmatrix} \right] \right)$$

$$= \int_{\Omega} \left[\left(B \sum_{i \in \overline{\omega}_h} \left[v_{i,1} \begin{pmatrix} p_i(x) \\ 0 \end{pmatrix} + v_{i,2} \begin{pmatrix} 0 \\ p_i(x) \end{pmatrix} \right] \right)^T DB \sum_{j \in \overline{\omega}_h} \left[u_{j,1} \begin{pmatrix} p_j(x) \\ 0 \end{pmatrix} + u_{j,2} \begin{pmatrix} 0 \\ p_j(x) \end{pmatrix} \right] \right] dx$$

$$= \sum_{r=1}^{2} \int_{T^{(r)}} \left[\left(B \sum_{i \in \overline{\omega}_h} \left[v_{i,1} \begin{pmatrix} p_i(x) \\ 0 \end{pmatrix} + v_{i,2} \begin{pmatrix} 0 \\ p_i(x) \end{pmatrix} \right] \right)^T DB \sum_{j \in \overline{\omega}_h} \left[u_{j,1} \begin{pmatrix} p_j(x) \\ 0 \end{pmatrix} + u_{j,2} \begin{pmatrix} 0 \\ p_j(x) \end{pmatrix} \right] \right] dx.$$

Aufgrund der Definition (4.202) der Matrix B ergibt sich

$$B \sum_{i \in \overline{\omega}_h} \left[v_{i,1} \begin{pmatrix} p_i(x) \\ 0 \end{pmatrix} + v_{i,2} \begin{pmatrix} 0 \\ p_i(x) \end{pmatrix} \right] = \sum_{i \in \overline{\omega}_h} \left[v_{i,1} B \begin{pmatrix} p_i(x) \\ 0 \end{pmatrix} + v_{i,2} B \begin{pmatrix} 0 \\ p_i(x) \end{pmatrix} \right]$$

$$= \sum_{i \in \overline{\omega}_h} \left[v_{i,1} \begin{pmatrix} \frac{\partial}{\partial x_1} & 0 \\ 0 & \frac{\partial}{\partial x_2} \\ \frac{\partial}{\partial x_2} & \frac{\partial}{\partial x_1} \end{pmatrix} \begin{pmatrix} p_i(x) \\ 0 \end{pmatrix} + v_{i,2} \begin{pmatrix} \frac{\partial}{\partial x_1} & 0 \\ 0 & \frac{\partial}{\partial x_2} \\ \frac{\partial}{\partial x_2} & \frac{\partial}{\partial x_1} \end{pmatrix} \begin{pmatrix} 0 \\ p_i(x) \end{pmatrix} \right]$$

$$= \sum_{i \in \overline{\omega}_h} \left[v_{i,1} \begin{pmatrix} \frac{\partial p_i}{\partial x_1} \\ 0 \\ \frac{\partial p_i}{\partial x_2} \end{pmatrix} + v_{i,2} \begin{pmatrix} 0 \\ \frac{\partial p_i}{\partial x_2} \\ \frac{\partial p_i}{\partial x_1} \end{pmatrix} \right] = \sum_{i \in \overline{\omega}_h} \begin{pmatrix} \frac{\partial p_i}{\partial x_1} & 0 \\ 0 & \frac{\partial p_i}{\partial x_2} \\ \frac{\partial p_i}{\partial x_2} & \frac{\partial p_i}{\partial x_1} \end{pmatrix} \begin{pmatrix} v_{i,1} \\ v_{i,2} \end{pmatrix}$$

Damit folgt

$$\bar{a}(\vec{u}_h, \vec{v}_h)$$

$$= \sum_{r=1}^{2} \int_{T^{(r)}} \sum_{i \in \overline{\omega}_h} \left(\begin{pmatrix} \frac{\partial p_i}{\partial x_1} & 0 \\ 0 & \frac{\partial p_i}{\partial x_2} \\ \frac{\partial p_i}{\partial x_2} & \frac{\partial p_i}{\partial x_1} \end{pmatrix} \begin{pmatrix} v_{i,1} \\ v_{i,2} \end{pmatrix} \right)^T D \sum_{j \in \overline{\omega}_h} \left(\begin{pmatrix} \frac{\partial p_j}{\partial x_1} & 0 \\ 0 & \frac{\partial p_j}{\partial x_2} \\ \frac{\partial p_j}{\partial x_2} & \frac{\partial p_j}{\partial x_1} \end{pmatrix} \begin{pmatrix} u_{j,1} \\ u_{j,2} \end{pmatrix} \right) dx$$

$$= \sum_{r=1}^{2} \sum_{j \in \overline{\omega}_h} \sum_{i \in \overline{\omega}_h} \int_{T^{(r)}} \left(\begin{pmatrix} \frac{\partial p_i}{\partial x_1} & 0 \\ 0 & \frac{\partial p_i}{\partial x_2} \\ \frac{\partial p_i}{\partial x_2} & \frac{\partial p_i}{\partial x_1} \end{pmatrix} \begin{pmatrix} v_{i,1} \\ v_{i,2} \end{pmatrix} \right)^T D \left(\begin{pmatrix} \frac{\partial p_j}{\partial x_1} & 0 \\ 0 & \frac{\partial p_j}{\partial x_2} \\ \frac{\partial p_j}{\partial x_2} & \frac{\partial p_j}{\partial x_1} \end{pmatrix} \begin{pmatrix} u_{j,1} \\ u_{j,2} \end{pmatrix} \right) dx$$

$$= \sum_{r=1}^{2} \sum_{j \in \overline{\omega}_h} \sum_{i \in \overline{\omega}_h} \int_{T^{(r)}} \begin{pmatrix} v_{i,1} & v_{i,2} \end{pmatrix} \begin{pmatrix} \frac{\partial p_i}{\partial x_1} & 0 & \frac{\partial p_i}{\partial x_2} \\ 0 & \frac{\partial p_i}{\partial x_2} & \frac{\partial p_i}{\partial x_1} \end{pmatrix} D \begin{pmatrix} \frac{\partial p_j}{\partial x_1} & 0 \\ 0 & \frac{\partial p_j}{\partial x_2} \\ \frac{\partial p_j}{\partial x_2} & \frac{\partial p_j}{\partial x_1} \end{pmatrix} \begin{pmatrix} u_{j,1} \\ u_{j,2} \end{pmatrix} dx.$$

Da über einem finiten Element $T^{(r)}$ die Ansatzfunktion p_j bzw. die Testfunktion p_i nur dann von Null verschieden ist, wenn der Knoten P_j bzw. P_i zum Element $\overline{T}^{(r)}$ gehört, sind auch die partiellen Ableitungen von $p_j(x)$ bzw. $p_i(x)$ nur dann von Null verschieden. Mit anderen Worten

$$\int_{T^{(r)}} \begin{pmatrix} v_{i,1} & v_{i,2} \end{pmatrix} \begin{pmatrix} \frac{\partial p_i}{\partial x_1} & 0 & \frac{\partial p_i}{\partial x_2} \\ 0 & \frac{\partial p_i}{\partial x_2} & \frac{\partial p_i}{\partial x_1} \end{pmatrix} D \begin{pmatrix} \frac{\partial p_j}{\partial x_1} & 0 \\ 0 & \frac{\partial p_j}{\partial x_2} \\ \frac{\partial p_j}{\partial x_2} & \frac{\partial p_j}{\partial x_1} \end{pmatrix} \begin{pmatrix} u_{j,1} \\ u_{j,2} \end{pmatrix} dx \neq 0$$

nur dann, wenn i und j Element der Menge

$$\overline{\omega}_h^{(r)} = \{k : x_k \in \overline{T}^{(r)}\}$$

ist, welche die Nummern der Knoten enthält, die zum Element $\overline{T}^{(r)}$ gehören (siehe auch (4.79)). Deshalb reduziert sich die Summation über $j \in \overline{\omega}_h$ bzw. $i \in \overline{\omega}_h$ bei der Berechnung von $\bar{a}(\vec{u}, \vec{v})$ auf die Summation über $j \in \overline{\omega}_h^{(r)}$ bzw. $i \in \overline{\omega}_h^{(r)}$. Damit gilt

$$\bar{a}(\vec{u}_h, \vec{v}_h) = \sum_{r=1}^{2} \sum_{j \in \overline{\omega}_h^{(r)}} \sum_{i \in \overline{\omega}_h^{(r)}} \int_{T^{(r)}} \begin{pmatrix} v_{i,1} & v_{i,2} \end{pmatrix} \begin{pmatrix} \frac{\partial p_i}{\partial x_1} & 0 & \frac{\partial p_i}{\partial x_2} \\ 0 & \frac{\partial p_i}{\partial x_2} & \frac{\partial p_i}{\partial x_1} \end{pmatrix} D \begin{pmatrix} \frac{\partial p_j}{\partial x_1} & 0 \\ 0 & \frac{\partial p_j}{\partial x_2} \\ \frac{\partial p_j}{\partial x_2} & \frac{\partial p_j}{\partial x_1} \end{pmatrix} \begin{pmatrix} u_{j,1} \\ u_{j,2} \end{pmatrix} dx.$$

Mittels der Verknüpfungen

$$\alpha \leftrightarrow i = i(r,\alpha) \quad \text{und} \quad \beta \leftrightarrow j = j(r,\beta)\,, \quad \alpha,\beta \in \widehat{\omega}\,, \quad i,j \in \overline{\omega}_h\,,$$

zwischen der lokalen Knotennummerierung im Element $T^{(r)}$ und der globalen Knotennummerierung sowie der Definition (4.70), S. 261, der Ansatzfunktionen p_j mit Hilfe von Formfunktionen $p_\beta^{(r)}$ erhalten wir

$$(\bar{K}_u \underline{u}_h, \underline{v}_h) = \bar{a}(\vec{u}_h, \vec{v}_h)$$

$$= \sum_{r=1}^{2} \sum_{\beta \in \widehat{\omega}} \sum_{\alpha \in \widehat{\omega}} \int_{T^{(r)}} \begin{pmatrix} v_{\alpha,1}^{(r)} & v_{\alpha,2}^{(r)} \end{pmatrix} \begin{pmatrix} \dfrac{\partial p_\alpha^{(r)}}{\partial x_1} & 0 & \dfrac{\partial p_\alpha^{(r)}}{\partial x_2} \\[2mm] 0 & \dfrac{\partial p_\alpha^{(r)}}{\partial x_2} & \dfrac{\partial p_\alpha^{(r)}}{\partial x_1} \end{pmatrix} D \begin{pmatrix} \dfrac{\partial p_\beta^{(r)}}{\partial x_1} & 0 \\[2mm] 0 & \dfrac{\partial p_\beta^{(r)}}{\partial x_2} \\[2mm] \dfrac{\partial p_\beta^{(r)}}{\partial x_2} & \dfrac{\partial p_\beta^{(r)}}{\partial x_1} \end{pmatrix} \begin{pmatrix} u_{\beta,1}^{(r)} \\[2mm] u_{\beta,2}^{(r)} \end{pmatrix} dx.$$

Hierbei haben wir anstelle von $u_{j,k}$ und $v_{i,k}$, $k = 1,2$, die Bezeichnungen $u_{\beta,k}^{(r)}$ und $v_{\alpha,k}^{(r)}$ genutzt, um bei der Summation die lokalen Knotennummern β und α verwenden zu können.

Mit der Matrix D aus (4.202) ergibt sich

$$\begin{pmatrix} \dfrac{\partial p_\alpha^{(r)}}{\partial x_1} & 0 & \dfrac{\partial p_\alpha^{(r)}}{\partial x_2} \\[2mm] 0 & \dfrac{\partial p_\alpha^{(r)}}{\partial x_2} & \dfrac{\partial p_\alpha^{(r)}}{\partial x_1} \end{pmatrix} D \begin{pmatrix} \dfrac{\partial p_\beta^{(r)}}{\partial x_1} & 0 \\[2mm] 0 & \dfrac{\partial p_\beta^{(r)}}{\partial x_2} \\[2mm] \dfrac{\partial p_\beta^{(r)}}{\partial x_2} & \dfrac{\partial p_\beta^{(r)}}{\partial x_1} \end{pmatrix}$$

$$= \begin{pmatrix} \dfrac{\partial p_\alpha^{(r)}}{\partial x_1} & 0 & \dfrac{\partial p_\alpha^{(r)}}{\partial x_2} \\[2mm] 0 & \dfrac{\partial p_\alpha^{(r)}}{\partial x_2} & \dfrac{\partial p_\alpha^{(r)}}{\partial x_1} \end{pmatrix} \dfrac{\bar{E}}{1 - \bar{v}^2} \begin{pmatrix} 1 & \bar{v} & 0 \\ \bar{v} & 1 & 0 \\ 0 & 0 & \frac{1}{2}(1 - \bar{v}) \end{pmatrix} \begin{pmatrix} \dfrac{\partial p_\beta^{(r)}}{\partial x_1} & 0 \\[2mm] 0 & \dfrac{\partial p_\beta^{(r)}}{\partial x_2} \\[2mm] \dfrac{\partial p_\beta^{(r)}}{\partial x_2} & \dfrac{\partial p_\beta^{(r)}}{\partial x_1} \end{pmatrix}$$

$$= \dfrac{\bar{E}}{1 - \bar{v}^2} \begin{pmatrix} \dfrac{\partial p_\alpha^{(r)}}{\partial x_1} & 0 & \dfrac{\partial p_\alpha^{(r)}}{\partial x_2} \\[2mm] 0 & \dfrac{\partial p_\alpha^{(r)}}{\partial x_2} & \dfrac{\partial p_\alpha^{(r)}}{\partial x_1} \end{pmatrix} \begin{pmatrix} \dfrac{\partial p_\beta^{(r)}}{\partial x_1} & \bar{v}\dfrac{\partial p_\beta^{(r)}}{\partial x_2} \\[2mm] \bar{v}\dfrac{\partial p_\beta^{(r)}}{\partial x_1} & \dfrac{\partial p_\beta^{(r)}}{\partial x_2} \\[2mm] \frac{1}{2}(1 - \bar{v})\dfrac{\partial p_\beta^{(r)}}{\partial x_2} & \frac{1}{2}(1 - \bar{v})\dfrac{\partial p_\beta^{(r)}}{\partial x_1} \end{pmatrix}$$

$$= \dfrac{\bar{E}}{1 - \bar{v}^2} \begin{pmatrix} \dfrac{\partial p_\alpha^{(r)}}{\partial x_1}\dfrac{\partial p_\beta^{(r)}}{\partial x_1} + \frac{1}{2}(1 - \bar{v})\dfrac{\partial p_\alpha^{(r)}}{\partial x_2}\dfrac{\partial p_\beta^{(r)}}{\partial x_2} & \bar{v}\dfrac{\partial p_\alpha^{(r)}}{\partial x_1}\dfrac{\partial p_\beta^{(r)}}{\partial x_2} + \frac{1}{2}(1 - \bar{v})\dfrac{\partial p_\alpha^{(r)}}{\partial x_2}\dfrac{\partial p_\beta^{(r)}}{\partial x_1} \\[4mm] \bar{v}\dfrac{\partial p_\alpha^{(r)}}{\partial x_2}\dfrac{\partial p_\beta^{(r)}}{\partial x_1} + \frac{1}{2}(1 - \bar{v})\dfrac{\partial p_\alpha^{(r)}}{\partial x_1}\dfrac{\partial p_\beta^{(r)}}{\partial x_2} & \dfrac{\partial p_\alpha^{(r)}}{\partial x_2}\dfrac{\partial p_\beta^{(r)}}{\partial x_2} + \frac{1}{2}(1 - \bar{v})\dfrac{\partial p_\alpha^{(r)}}{\partial x_1}\dfrac{\partial p_\beta^{(r)}}{\partial x_1} \end{pmatrix}$$

$$= \dfrac{\bar{E}}{1 - \bar{v}^2} \begin{pmatrix} s_{11} & s_{12} \\ s_{21} & s_{22} \end{pmatrix},$$

wobei

$$s_{11} = \frac{\partial p_\alpha^{(r)}}{\partial x_1}\frac{\partial p_\beta^{(r)}}{\partial x_1} + \frac{1}{2}(1-\bar{v})\frac{\partial p_\alpha^{(r)}}{\partial x_2}\frac{\partial p_\beta^{(r)}}{\partial x_2},$$

$$s_{12} = \bar{v}\frac{\partial p_\alpha^{(r)}}{\partial x_1}\frac{\partial p_\beta^{(r)}}{\partial x_2} + \frac{1}{2}(1-\bar{v})\frac{\partial p_\alpha^{(r)}}{\partial x_2}\frac{\partial p_\beta^{(r)}}{\partial x_1},$$

$$s_{21} = \bar{v}\frac{\partial p_\alpha^{(r)}}{\partial x_2}\frac{\partial p_\beta^{(r)}}{\partial x_1} + \frac{1}{2}(1-\bar{v})\frac{\partial p_\alpha^{(r)}}{\partial x_1}\frac{\partial p_\beta^{(r)}}{\partial x_2},$$

$$s_{22} = \frac{\partial p_\alpha^{(r)}}{\partial x_2}\frac{\partial p_\beta^{(r)}}{\partial x_2} + \frac{1}{2}(1-\bar{v})\frac{\partial p_\alpha^{(r)}}{\partial x_1}\frac{\partial p_\beta^{(r)}}{\partial x_1}.$$

(4.203)

Damit können wir $(\bar{K}_h\underline{u}_h,\underline{v}_h) = \bar{a}(\vec{u}_h,\vec{v}_h)$ wie folgt aufschreiben:

$$(\bar{K}_h\underline{u}_h,\underline{v}_h) = \bar{a}(\vec{u}_h,\vec{v}_h)$$

$$= \sum_{r=1}^{2}\sum_{\beta\in\hat{\omega}}\sum_{\alpha\in\hat{\omega}}\frac{\bar{E}}{1-\bar{v}^2}\int_{T^{(r)}}\begin{pmatrix} v_{\alpha,1}^{(r)} & v_{\alpha,2}^{(r)} \end{pmatrix}\begin{pmatrix} s_{11} & s_{12} \\ s_{21} & s_{22} \end{pmatrix}\begin{pmatrix} u_{\beta,1}^{(r)} \\ u_{\beta,2}^{(r)} \end{pmatrix} dx$$

$$= \sum_{r=1}^{2}\sum_{\beta\in\hat{\omega}}\sum_{\alpha\in\hat{\omega}}\frac{\bar{E}}{1-\bar{v}^2}\int_{T^{(r)}}\begin{pmatrix} v_{\alpha,1}^{(r)} & v_{\alpha,2}^{(r)} \end{pmatrix}\begin{pmatrix} s_{11}u_{\beta,1}^{(r)}+s_{12}u_{\beta,2}^{(r)} \\ s_{21}u_{\beta,1}^{(r)}+s_{22}u_{\beta,2}^{(r)} \end{pmatrix} dx$$

$$= \sum_{r=1}^{2}\sum_{\beta\in\hat{\omega}}\sum_{\alpha\in\hat{\omega}}\frac{\bar{E}}{1-\bar{v}^2}\int_{T^{(r)}} s_{11}u_{\beta,1}^{(r)}v_{\alpha,1}^{(r)}+s_{12}u_{\beta,2}^{(r)}v_{\alpha,1}^{(r)}+s_{21}u_{\beta,1}^{(r)}v_{\alpha,2}^{(r)}+s_{22}u_{\beta,2}^{(r)}v_{\alpha,2}^{(r)}dx$$

$$= \sum_{r=1}^{2}\sum_{\beta\in\hat{\omega}}\sum_{\alpha\in\hat{\omega}}\Bigg[u_{\beta,1}^{(r)}v_{\alpha,1}^{(r)}\frac{\bar{E}}{1-\bar{v}^2}\int_{T^{(r)}} s_{11}\, dx + u_{\beta,2}^{(r)}v_{\alpha,1}^{(r)}\frac{\bar{E}}{1-\bar{v}^2}\int_{T^{(r)}} s_{12}\, dx$$

$$+ u_{\beta,1}^{(r)}v_{\alpha,2}^{(r)}\frac{\bar{E}}{1-\bar{v}^2}\int_{T^{(r)}} s_{21}\, dx + u_{\beta,2}^{(r)}v_{\alpha,2}^{(r)}\frac{\bar{E}}{1-\bar{v}^2}\int_{T^{(r)}} s_{22}\, dx \Bigg]$$

$$= \sum_{r=1}^{2}\sum_{\beta\in\hat{\omega}}\sum_{\alpha\in\hat{\omega}}\begin{pmatrix} v_{\alpha,1}^{(r)} & v_{\alpha,2}^{(r)} \end{pmatrix}\begin{pmatrix} \dfrac{\bar{E}}{1-\bar{v}^2}\displaystyle\int_{T^{(r)}} s_{11}\, dx & \dfrac{\bar{E}}{1-\bar{v}^2}\displaystyle\int_{T^{(r)}} s_{12}\, dx \\[2ex] \dfrac{\bar{E}}{1-\bar{v}^2}\displaystyle\int_{T^{(r)}} s_{21}\, dx & \dfrac{\bar{E}}{1-\bar{v}^2}\displaystyle\int_{T^{(r)}} s_{22}\, dx \end{pmatrix}\begin{pmatrix} u_{\beta,1}^{(r)} \\ u_{\beta,2}^{(r)} \end{pmatrix}$$

$$= \sum_{r=1}^{2}\sum_{\beta\in\hat{\omega}}\sum_{\beta\in\hat{\omega}}(\underline{v}_\alpha^{(r)})^T K_{\alpha\beta}^{(r)}\underline{u}_\beta^{(r)}$$

mit

$$K_{\alpha\beta}^{(r)} = \begin{pmatrix} K_{\alpha\beta,11}^{(r)} & K_{\alpha\beta,12}^{(r)} \\ K_{\alpha\beta,21}^{(r)} & K_{\alpha\beta,22}^{(r)} \end{pmatrix}$$

$$= \begin{pmatrix} \dfrac{\bar{E}}{1-\bar{v}^2} \displaystyle\int_{T^{(r)}} s_{11}\,dx & \dfrac{\bar{E}}{1-\bar{v}^2} \displaystyle\int_{T^{(r)}} s_{12}\,dx \\ \dfrac{\bar{E}}{1-\bar{v}^2} \displaystyle\int_{T^{(r)}} s_{21}\,dx & \dfrac{\bar{E}}{1-\bar{v}^2} \displaystyle\int_{T^{(r)}} s_{22}\,dx \end{pmatrix} = \dfrac{\bar{E}}{1-\bar{v}^2} \begin{pmatrix} \displaystyle\int_{T^{(r)}} s_{11}\,dx & \displaystyle\int_{T^{(r)}} s_{12}\,dx \\ \displaystyle\int_{T^{(r)}} s_{21}\,dx & \displaystyle\int_{T^{(r)}} s_{22}\,dx \end{pmatrix},$$

$$\tag{4.204}$$

wobei $s_{11}, s_{12}, s_{21}, s_{22}$ gemäß (4.203) definiert sind, und

$$\underline{v}_\alpha^{(r)} = \begin{pmatrix} v_{\alpha,1}^{(r)} \\ v_{\alpha,2}^{(r)} \end{pmatrix} \quad \text{sowie} \quad \underline{u}_\beta^{(r)} = \begin{pmatrix} u_{\beta,1}^{(r)} \\ u_{\beta,2}^{(r)} \end{pmatrix}. \tag{4.205}$$

Weiter gilt

$$(\bar{K}_h \underline{u}_h, \underline{v}_h) = \bar{a}(\vec{u}_h, \vec{v}_h) = \sum_{r=1}^{2} \sum_{\beta\in\hat{\omega}} \sum_{\alpha\in\hat{\omega}} (\underline{v}_\alpha^{(r)})^T K_{\alpha\beta} \underline{u}_\beta^{(r)} = \sum_{r=1}^{2} \sum_{\alpha\in\hat{\omega}} (\underline{v}_\alpha^{(r)})^T \left(\sum_{\beta\in\hat{\omega}} K_{\alpha\beta} \underline{u}_\beta^{(r)} \right)$$

$$= \sum_{r=1}^{R_h} (K^{(r)} \underline{u}^{(r)}, \underline{v}^{(r)})$$

mit den Elementsteifigkeitsmatrizen

$$K^{(r)} = \begin{pmatrix} K_{11}^{(r)} & K_{12}^{(r)} & K_{13}^{(r)} & K_{14}^{(r)} \\ K_{21}^{(r)} & K_{22}^{(r)} & K_{23}^{(r)} & K_{24}^{(r)} \\ K_{31}^{(r)} & K_{32}^{(r)} & K_{33}^{(r)} & K_{34}^{(r)} \\ K_{41}^{(r)} & K_{42}^{(r)} & K_{43}^{(r)} & K_{44}^{(r)} \end{pmatrix}$$

$$= \left(\begin{array}{cc|cc|cc|cc} K_{11,11}^{(r)} & K_{11,12}^{(r)} & K_{12,11}^{(r)} & K_{12,12}^{(r)} & K_{13,11}^{(r)} & K_{13,12}^{(r)} & K_{14,11}^{(r)} & K_{14,12}^{(r)} \\ K_{11,21}^{(r)} & K_{11,22}^{(r)} & K_{12,21}^{(r)} & K_{12,22}^{(r)} & K_{13,21}^{(r)} & K_{13,22}^{(r)} & K_{14,21}^{(r)} & K_{14,22}^{(r)} \\ \hline K_{21,11}^{(r)} & K_{21,12}^{(r)} & K_{22,11}^{(r)} & K_{22,12}^{(r)} & K_{23,11}^{(r)} & K_{23,12}^{(r)} & K_{24,11}^{(r)} & K_{24,12}^{(r)} \\ K_{21,21}^{(r)} & K_{21,22}^{(r)} & K_{22,21}^{(r)} & K_{22,22}^{(r)} & K_{23,21}^{(r)} & K_{23,22}^{(r)} & K_{24,21}^{(r)} & K_{24,22}^{(r)} \\ \hline K_{31,11}^{(r)} & K_{31,12}^{(r)} & K_{32,11}^{(r)} & K_{32,12}^{(r)} & K_{33,11}^{(r)} & K_{33,12}^{(r)} & K_{34,11}^{(r)} & K_{34,12}^{(r)} \\ K_{31,21}^{(r)} & K_{31,22}^{(r)} & K_{32,21}^{(r)} & K_{32,22}^{(r)} & K_{33,21}^{(r)} & K_{33,22}^{(r)} & K_{34,21}^{(r)} & K_{34,22}^{(r)} \\ \hline K_{41,11}^{(r)} & K_{41,12}^{(r)} & K_{42,11}^{(r)} & K_{42,12}^{(r)} & K_{43,11}^{(r)} & K_{43,12}^{(r)} & K_{44,11}^{(r)} & K_{44,12}^{(r)} \\ K_{41,21}^{(r)} & K_{41,22}^{(r)} & K_{42,21}^{(r)} & K_{42,22}^{(r)} & K_{43,21}^{(r)} & K_{43,22}^{(r)} & K_{44,21}^{(r)} & K_{44,22}^{(r)} \end{array} \right),$$

wobei die Matrixeinträge $K_{\alpha\beta}^{(r)}$ die in (4.204) definierten Matrizen vom Typ $(2,2)$ sind, sowie

$$\underline{u}^{(r)} = \begin{pmatrix} \underline{u}_1^{(r)} \\ \underline{u}_2^{(r)} \\ \underline{u}_3^{(r)} \\ \underline{u}_4^{(r)} \end{pmatrix} \quad \text{und} \quad \underline{v}^{(r)} = \begin{pmatrix} \underline{v}_1^{(r)} \\ \underline{v}_2^{(r)} \\ \underline{v}_3^{(r)} \\ \underline{v}_4^{(r)} \end{pmatrix}$$

mit $\underline{u}_\beta^{(r)}$, $\beta = 1,2,3,4$, $\underline{v}_\alpha^{(r)}$, $\alpha = 1,2,3,4$, aus (4.205).

Bei der Berechnung der Matrixeinträge in (4.204) führen wir in den Integralen genauso wie bei der Berechnung der Matrixeinträge der Steifigkeitsmatrix und des Lastvektors im Fall von Wärmeleitproblemen in zweidimensionalen Gebieten eine Variablensubstitution durch, so dass Integrale über dem Referenzviereck entstehen. Dabei nutzen wir die Abbildungsvorschrift

$$x = x_{T^{(r)}}(\widehat{\xi}) = J^{(r)}\,\xi + x^{(r,1)} \tag{4.206}$$

zur Abbildung des Referenzvierecks $\widehat{T} = \{(\xi_1, \xi_2) : 0 \le \xi_1, \xi_2 \le 1\}$ auf die beiden Vierecke in der Venetzung des Gebietes Ω. Die Abbildungsvorschrift (4.206) lautet in ausführlicher Schreibweise

$$\begin{pmatrix} x_1 \\ x_2 \end{pmatrix} = \begin{pmatrix} x_1^{(r,2)} - x_1^{(r,1)} & x_1^{(r,4)} - x_1^{(r,1)} \\ x_2^{(r,2)} - x_2^{(r,1)} & x_2^{(r,4)} - x_2^{(r,1)} \end{pmatrix} \begin{pmatrix} \xi_1 \\ \xi_2 \end{pmatrix} + \begin{pmatrix} x_1^{(r,1)} \\ x_2^{(r,1)} \end{pmatrix}, \tag{4.207}$$

wobei $(x_1^{(r,\alpha)}, x_2^{(r,\alpha)})$, $\alpha = 1,2,4$, die Koordinaten des Eckknotens $P_\alpha^{(r)}$ und α die lokale Knotennummer dieses Knotens im Viereck $T^{(r)}$ sind (siehe Abschnitt 4.5.2, S. 253).

Die Ableitungen $\frac{\partial}{\partial x_1}$ und $\frac{\partial}{\partial x_2}$ in den Integranden in (4.204) werden gemäß der Kettenregel

$$\frac{\partial}{\partial x_1} = \frac{\partial}{\partial \xi_1}\frac{\partial \xi_1}{\partial x_1} + \frac{\partial}{\partial \xi_2}\frac{\partial \xi_2}{\partial x_1} \quad \text{und} \quad \frac{\partial}{\partial x_2} = \frac{\partial}{\partial \xi_1}\frac{\partial \xi_1}{\partial x_2} + \frac{\partial}{\partial \xi_2}\frac{\partial \xi_2}{\partial x_2}$$

mit $\frac{\partial \xi_1}{\partial x_1}, \frac{\partial \xi_2}{\partial x_1}, \frac{\partial \xi_1}{\partial x_2}, \frac{\partial \xi_2}{\partial x_2}$ aus

$$(J^{(r)})^{-1} = \begin{pmatrix} \dfrac{\partial \xi_1}{\partial x_1} & \dfrac{\partial \xi_1}{\partial x_2} \\ \dfrac{\partial \xi_2}{\partial x_1} & \dfrac{\partial \xi_2}{\partial x_2} \end{pmatrix} = \frac{1}{\det J^{(r)}} \begin{pmatrix} x_2^{(r,4)} - x_2^{(r,1)} & -(x_1^{(r,4)} - x_1^{(r,1)}) \\ -(x_2^{(r,2)} - x_2^{(r,1)}) & x_1^{(r,2)} - x_1^{(r,1)} \end{pmatrix}$$

und

$$\det J^{(r)} = (x_1^{(r,2)} - x_1^{(r,1)})(x_2^{(r,4)} - x_2^{(r,1)}) - (x_2^{(r,2)} - x_2^{(r,1)})(x_1^{(r,4)} - x_1^{(r,1)})$$

transformiert. Beachten wir noch, dass für die Formfunktionen $p_\beta^{(r)}$ die Beziehungen $p_\beta^{(r)}(x) = \varphi_\beta(\xi_{T^{(r)}}(x))$ (siehe (4.70), S. 261) und folglich

$$p_\beta^{(r)}(x_{T^{(r)}}(\xi)) = \varphi_\beta(\xi_{T^{(r)}}(x_{T^{(r)}}(\xi))) = \varphi_\beta(\xi)$$

gelten, und dass das Volumenelement dx bei der Variablensubstitution durch $|\det J^{(r)}|d\xi$ ersetzt werden muss, so erhalten wir für die Einträge $K^{(r)}_{\alpha\beta}$ aus (4.203) und (4.204)

$$K^{(r)}_{\alpha\beta,11} = \frac{\bar{E}}{1-\bar{v}^2} \int_0^1 \int_0^1 \left[\left(\frac{\partial\varphi_\alpha}{\partial\xi_1}\frac{\partial\xi_1}{\partial x_1} + \frac{\partial\varphi_\alpha}{\partial\xi_2}\frac{\partial\xi_2}{\partial x_1} \right)\left(\frac{\partial\varphi_\beta}{\partial\xi_1}\frac{\partial\xi_1}{\partial x_1} + \frac{\partial\varphi_\beta}{\partial\xi_2}\frac{\partial\xi_2}{\partial x_1} \right) \right.$$
$$\left. + \frac{1}{2}(1-\bar{v})\left(\frac{\partial\varphi_\alpha}{\partial\xi_1}\frac{\partial\xi_1}{\partial x_2} + \frac{\partial\varphi_\alpha}{\partial\xi_2}\frac{\partial\xi_2}{\partial x_2} \right)\left(\frac{\partial\varphi_\beta}{\partial\xi_1}\frac{\partial\xi_1}{\partial x_2} + \frac{\partial\varphi_\beta}{\partial\xi_2}\frac{\partial\xi_2}{\partial x_2} \right) \right] |\det J^{(r)}| \, d\xi_2 d\xi_1 \,,$$

$$K^{(r)}_{\alpha\beta,12} = \frac{\bar{E}}{1-\bar{v}^2} \int_0^1 \int_0^1 \left[\bar{v}\left(\frac{\partial\varphi_\alpha}{\partial\xi_1}\frac{\partial\xi_1}{\partial x_1} + \frac{\partial\varphi_\alpha}{\partial\xi_2}\frac{\partial\xi_2}{\partial x_1} \right)\left(\frac{\partial\varphi_\beta}{\partial\xi_1}\frac{\partial\xi_1}{\partial x_2} + \frac{\partial\varphi_\beta}{\partial\xi_2}\frac{\partial\xi_2}{\partial x_2} \right) \right.$$
$$\left. + \frac{1}{2}(1-\bar{v})\left(\frac{\partial\varphi_\alpha}{\partial\xi_1}\frac{\partial\xi_1}{\partial x_2} + \frac{\partial\varphi_\alpha}{\partial\xi_2}\frac{\partial\xi_2}{\partial x_2} \right)\left(\frac{\partial\varphi_\beta}{\partial\xi_1}\frac{\partial\xi_1}{\partial x_1} + \frac{\partial\varphi_\beta}{\partial\xi_2}\frac{\partial\xi_2}{\partial x_1} \right) \right] |\det J^{(r)}| \, d\xi_2 d\xi_1 \,,$$

$$K^{(r)}_{\alpha\beta,21} = \frac{\bar{E}}{1-\bar{v}^2} \int_0^1 \int_0^1 \left[\bar{v}\left(\frac{\partial\varphi_\alpha}{\partial\xi_1}\frac{\partial\xi_1}{\partial x_2} + \frac{\partial\varphi_\alpha}{\partial\xi_2}\frac{\partial\xi_2}{\partial x_2} \right)\left(\frac{\partial\varphi_\beta}{\partial\xi_1}\frac{\partial\xi_1}{\partial x_1} + \frac{\partial\varphi_\beta}{\partial\xi_2}\frac{\partial\xi_2}{\partial x_1} \right) \right.$$
$$\left. + \frac{1}{2}(1-\bar{v})\left(\frac{\partial\varphi_\alpha}{\partial\xi_1}\frac{\partial\xi_1}{\partial x_1} + \frac{\partial\varphi_\alpha}{\partial\xi_2}\frac{\partial\xi_2}{\partial x_1} \right)\left(\frac{\partial\varphi_\beta}{\partial\xi_1}\frac{\partial\xi_1}{\partial x_2} + \frac{\partial\varphi_\beta}{\partial\xi_2}\frac{\partial\xi_2}{\partial x_2} \right) \right] |\det J^{(r)}| \, d\xi_2 d\xi_1 \,,$$

$$K^{(r)}_{\alpha\beta,22} = \frac{\bar{E}}{1-\bar{v}^2} \int_0^1 \int_0^1 \left[\left(\frac{\partial\varphi_\alpha}{\partial\xi_1}\frac{\partial\xi_1}{\partial x_2} + \frac{\partial\varphi_\alpha}{\partial\xi_2}\frac{\partial\xi_2}{\partial x_2} \right)\left(\frac{\partial\varphi_\beta}{\partial\xi_1}\frac{\partial\xi_1}{\partial x_2} + \frac{\partial\varphi_\beta}{\partial\xi_2}\frac{\partial\xi_2}{\partial x_2} \right) \right.$$
$$\left. + \frac{1}{2}(1-\bar{v})\left(\frac{\partial\varphi_\alpha}{\partial\xi_1}\frac{\partial\xi_1}{\partial x_1} + \frac{\partial\varphi_\alpha}{\partial\xi_2}\frac{\partial\xi_2}{\partial x_1} \right)\left(\frac{\partial\varphi_\beta}{\partial\xi_1}\frac{\partial\xi_1}{\partial x_1} + \frac{\partial\varphi_\beta}{\partial\xi_2}\frac{\partial\xi_2}{\partial x_1} \right) \right] |\det J^{(r)}| \, d\xi_2 d\xi_1 \,.$$

Zur Berechnung der Matrixeinträge benötigen wir nun noch die ersten partiellen Ableitungen der bilinearen Formfunktionen

$$\varphi_1(\xi_1,\xi_2) = \varphi_1^{b\ell}(\xi_1,\xi_2) = \varphi_1^\ell(\xi_1)\,\varphi_1^\ell(\xi_2) = (1-\xi_1)(1-\xi_2)\,,$$
$$\varphi_2(\xi_1,\xi_2) = \varphi_2^{b\ell}(\xi_1,\xi_2) = \varphi_2^\ell(\xi_1)\,\varphi_1^\ell(\xi_2) = \xi_1(1-\xi_2)\,,$$
$$\varphi_3(\xi_1,\xi_2) = \varphi_3^{b\ell}(\xi_1,\xi_2) = \varphi_2^\ell(\xi_1)\,\varphi_2^\ell(\xi_2) = \xi_1\xi_2\,,$$
$$\varphi_4(\xi_1,\xi_2) = \varphi_4^{b\ell}(\xi_1,\xi_2) = \varphi_1^\ell(\xi_1)\,\varphi_2^\ell(\xi_2) = (1-\xi_1)\xi_2$$

über dem Referenzviereck (siehe auch Tabelle 4.5, S. 258). Diese lauten

$$\frac{\partial\varphi_1}{\partial\xi_1} = -(1-\xi_2)\,, \qquad \frac{\partial\varphi_1}{\partial\xi_2} = -(1-\xi_1)\,,$$

$$\frac{\partial\varphi_2}{\partial\xi_1} = (1-\xi_2)\,, \qquad \frac{\partial\varphi_2}{\partial\xi_2} = -\xi_1\,,$$

$$\frac{\partial\varphi_3}{\partial\xi_1} = \xi_2\,, \qquad \frac{\partial\varphi_3}{\partial\xi_2} = \xi_1\,, \tag{4.208}$$

$$\frac{\partial\varphi_4}{\partial\xi_1} = -\xi_2\,, \qquad \frac{\partial\varphi_4}{\partial\xi_2} = (1-\xi_1)\,.$$

Nun haben wir alle Daten bereitgestellt, welche wir zur Berechnung der Einträge der Element-steifigkeitsmatrizen benötigen. Wir beginnen mit der Berechnung der Matrixeinträge der Elementsteifigkeitsmatrix $K^{(1)}$. Mit den Informationen bezüglich des Zusammenhangs zwischen der globalen und der lokalen Knotennummerierung im Element $T^{(1)}$ sowie der entsprechenden Knotenkoordinaten (siehe Tabellen 4.29 und 4.30) erhalten wir die folgende Vorschrift zur Abbildung des Referenzvierecks auf das Element $T^{(1)}$:

$$
x_{T^{(1)}}(\xi) = \begin{pmatrix} x_1 \\ x_2 \end{pmatrix} = J^{(1)}\xi + x^{(1,1)} = \begin{pmatrix} x_1^{(1,2)} - x_1^{(1,1)} & x_1^{(1,4)} - x_1^{(1,1)} \\ x_2^{(1,2)} - x_2^{(1,1)} & x_2^{(1,4)} - x_2^{(1,1)} \end{pmatrix} \begin{pmatrix} \xi_1 \\ \xi_2 \end{pmatrix} + \begin{pmatrix} x_1^{(1,1)} \\ x_2^{(1,1)} \end{pmatrix}
$$

$$
= \begin{pmatrix} 45-0 & 0-0 \\ 0-0 & 30-0 \end{pmatrix} \begin{pmatrix} \xi_1 \\ \xi_2 \end{pmatrix} + \begin{pmatrix} 0 \\ 0 \end{pmatrix} = \begin{pmatrix} 45 & 0 \\ 0 & 30 \end{pmatrix} \begin{pmatrix} \xi_1 \\ \xi_2 \end{pmatrix}. \tag{4.209}
$$

Damit ergibt sich
$$
\det J^{(1)} = 45 \cdot 30 - 0 \cdot 0 = 1350
$$

und
$$
(J^{(1)})^{-1} = \begin{pmatrix} \dfrac{\partial \xi_1}{\partial x_1} & \dfrac{\partial \xi_1}{\partial x_2} \\ \dfrac{\partial \xi_2}{\partial x_1} & \dfrac{\partial \xi_2}{\partial x_2} \end{pmatrix} = \begin{pmatrix} 45 & 0 \\ 0 & 30 \end{pmatrix}^{-1} = \begin{pmatrix} \dfrac{1}{45} & 0 \\ 0 & \dfrac{1}{30} \end{pmatrix},
$$

d.h.
$$
\frac{\partial \xi_1}{\partial x_1} = \frac{1}{45}, \quad \frac{\partial \xi_1}{\partial x_2} = 0, \quad \frac{\partial \xi_2}{\partial x_1} = 0, \quad \frac{\partial \xi_2}{\partial x_2} = \frac{1}{30}.
$$

Somit gilt unter Nutzung der partiellen Ableitungen der bilinearen Formfunktionen (4.208)

$$
\begin{aligned}
\frac{\partial \varphi_1}{\partial \xi_1}\frac{\partial \xi_1}{\partial x_1} + \frac{\partial \varphi_1}{\partial \xi_2}\frac{\partial \xi_2}{\partial x_1} &= -\frac{1}{45}(1-\xi_2), & \frac{\partial \varphi_1}{\partial \xi_1}\frac{\partial \xi_1}{\partial x_2} + \frac{\partial \varphi_1}{\partial \xi_2}\frac{\partial \xi_2}{\partial x_2} &= -\frac{1}{30}(1-\xi_1), \\[2mm]
\frac{\partial \varphi_2}{\partial \xi_1}\frac{\partial \xi_1}{\partial x_1} + \frac{\partial \varphi_2}{\partial \xi_2}\frac{\partial \xi_2}{\partial x_1} &= \frac{1}{45}(1-\xi_2), & \frac{\partial \varphi_2}{\partial \xi_1}\frac{\partial \xi_1}{\partial x_2} + \frac{\partial \varphi_2}{\partial \xi_2}\frac{\partial \xi_2}{\partial x_2} &= -\frac{1}{30}\xi_1, \\[2mm]
\frac{\partial \varphi_3}{\partial \xi_1}\frac{\partial \xi_1}{\partial x_1} + \frac{\partial \varphi_3}{\partial \xi_2}\frac{\partial \xi_2}{\partial x_1} &= \frac{1}{45}\xi_2, & \frac{\partial \varphi_3}{\partial \xi_1}\frac{\partial \xi_1}{\partial x_2} + \frac{\partial \varphi_3}{\partial \xi_2}\frac{\partial \xi_2}{\partial x_2} &= \frac{1}{30}\xi_1, \\[2mm]
\frac{\partial \varphi_4}{\partial \xi_1}\frac{\partial \xi_1}{\partial x_1} + \frac{\partial \varphi_4}{\partial \xi_2}\frac{\partial \xi_2}{\partial x_1} &= -\frac{1}{45}\xi_2, & \frac{\partial \varphi_4}{\partial \xi_1}\frac{\partial \xi_1}{\partial x_2} + \frac{\partial \varphi_4}{\partial \xi_2}\frac{\partial \xi_2}{\partial x_2} &= \frac{1}{30}(1-\xi_1).
\end{aligned} \tag{4.210}
$$

Für die Einträge der Matrix $K_{11}^{(1)}$ ergibt sich damit

$$
K_{11,11}^{(1)} = \frac{\bar{E}}{1-\bar{\nu}^2} \int_0^1 \int_0^1 \left[\left(\frac{\partial \varphi_1}{\partial \xi_1}\frac{\partial \xi_1}{\partial x_1} + \frac{\partial \varphi_1}{\partial \xi_2}\frac{\partial \xi_2}{\partial x_1} \right) \left(\frac{\partial \varphi_1}{\partial \xi_1}\frac{\partial \xi_1}{\partial x_1} + \frac{\partial \varphi_1}{\partial \xi_2}\frac{\partial \xi_2}{\partial x_1} \right) \right.
$$

$$
\left. + \frac{1}{2}(1-\bar{\nu}) \left(\frac{\partial \varphi_1}{\partial \xi_1}\frac{\partial \xi_1}{\partial x_2} + \frac{\partial \varphi_1}{\partial \xi_2}\frac{\partial \xi_2}{\partial x_2} \right) \left(\frac{\partial \varphi_1}{\partial \xi_1}\frac{\partial \xi_1}{\partial x_2} + \frac{\partial \varphi_1}{\partial \xi_2}\frac{\partial \xi_2}{\partial x_2} \right) \right] |\det J^{(1)}| \, d\xi_2 d\xi_1
$$

und unter Nutzung der Ableitungen (4.210)

$$
\begin{aligned}
K_{11,11}^{(1)} &= \frac{\bar{E}}{1-\bar{v}^2} \int_0^1 \int_0^1 \left[\left(-\frac{1}{45}(1-\xi_2) \right) \cdot \left(-\frac{1}{45}(1-\xi_2) \right) \right. \\
&\qquad \left. +\frac{1}{2}\left(1-\frac{3}{10} \right) \left(-\frac{1}{30}(1-\xi_1) \right) \cdot \left(-\frac{1}{30}(1-\xi_1) \right) \right] \cdot 1350 \, d\xi_2 d\xi_1 \\[2mm]
&= \frac{\bar{E}}{1-\bar{v}^2} \int_0^1 \int_0^1 \left[\frac{1}{2025}(1-\xi_2)^2 + \frac{7}{18000}(1-\xi_1)^2 \right] \cdot 1350 \, d\xi_2 d\xi_1 \\[2mm]
&= \frac{\bar{E}}{1-\bar{v}^2} \left\{ \int_0^1 \left[-\frac{1350}{2025} \frac{(1-\xi_2)^3}{3} \right]_0^1 d\xi_1 + \int_0^1 \left[-\frac{9450}{18000} \frac{(1-\xi_1)^3}{3} \right]_0^1 d\xi_2 \right\} \\[2mm]
&= \frac{\bar{E}}{1-\bar{v}^2} \left\{ \int_0^1 \left[-\frac{1350}{2025} \frac{(1-1)^3}{3} - \left(-\frac{1350}{2025} \frac{(1-0)^3}{3} \right) \right]_0^1 d\xi_1 \right. \\[2mm]
&\qquad \left. + \int_0^1 \left[-\frac{9450}{18000} \frac{(1-1)^3}{3} - \left(-\frac{9450}{18000} \frac{(1-0)^3}{3} \right) \right]_0^1 d\xi_2 \right\} \\[2mm]
&= \frac{\bar{E}}{1-\bar{v}^2} \left\{ \int_0^1 \frac{1350}{6075} d\xi_1 + \int_0^1 \frac{9450}{54000} d\xi_2 \right\} \\[2mm]
&= \frac{\bar{E}}{1-\bar{v}^2} \left\{ \frac{1350}{6075} + \frac{9450}{54000} \right\} = \frac{\bar{E}}{1-\bar{v}^2} \cdot \frac{143}{360},
\end{aligned}
$$

$$
\begin{aligned}
K_{11,12}^{(1)} &= \frac{\bar{E}}{1-\bar{v}^2} \int_0^1 \int_0^1 \left[\bar{v}\left(\frac{\partial \varphi_1}{\partial \xi_1}\frac{\partial \xi_1}{\partial x_1} + \frac{\partial \varphi_1}{\partial \xi_2}\frac{\partial \xi_2}{\partial x_1} \right) \left(\frac{\partial \varphi_1}{\partial \xi_1}\frac{\partial \xi_1}{\partial x_2} + \frac{\partial \varphi_1}{\partial \xi_2}\frac{\partial \xi_2}{\partial x_2} \right) \right. \\[2mm]
&\qquad \left. + \frac{1}{2}(1-\bar{v}) \left(\frac{\partial \varphi_1}{\partial \xi_1}\frac{\partial \xi_1}{\partial x_2} + \frac{\partial \varphi_1}{\partial \xi_2}\frac{\partial \xi_2}{\partial x_2} \right) \left(\frac{\partial \varphi_1}{\partial \xi_1}\frac{\partial \xi_1}{\partial x_1} + \frac{\partial \varphi_1}{\partial \xi_2}\frac{\partial \xi_2}{\partial x_1} \right) \right] |\det J^{(1)}| \, d\xi_2 d\xi_1 \\[2mm]
&= \frac{\bar{E}}{1-\bar{v}^2} \int_0^1 \int_0^1 \left[\frac{3}{10} \cdot \left(-\frac{1}{45}(1-\xi_2) \right) \cdot \left(-\frac{1}{30}(1-\xi_1) \right) \right. \\[2mm]
&\qquad \left. + \frac{1}{2}\left(1-\frac{3}{10} \right) \left(-\frac{1}{30}(1-\xi_1) \right) \cdot \left(-\frac{1}{45}(1-\xi_2) \right) \right] \cdot 1350 \, d\xi_2 d\xi_1 \\[2mm]
&= \frac{\bar{E}}{1-\bar{v}^2} \int_0^1 \int_0^1 \left[\frac{1}{4500}(1-\xi_2)(1-\xi_1) + \frac{7}{27000}(1-\xi_1)(1-\xi_2) \right] \cdot 1350 \, d\xi_2 d\xi_1 \\[2mm]
&= \frac{\bar{E}}{1-\bar{v}^2} \int_0^1 \int_0^1 \left[\frac{13}{20}(1-\xi_2)(1-\xi_1) \right] d\xi_2 d\xi_1 \\[2mm]
&= \frac{\bar{E}}{1-\bar{v}^2} \cdot \frac{13}{80}.
\end{aligned}
$$

Da $K_{\alpha\beta,21}^{(r)} = K_{\alpha\beta,12}^{(r)}$ im Fall $\alpha = \beta$ gilt, ist

$$K_{11,21}^{(1)} = K_{11,12}^{(1)} = \frac{\bar{E}}{1-\bar{v}^2} \cdot \frac{13}{80}.$$

Weiterhin erhalten wir

$$K_{11,22}^{(1)} = \frac{\bar{E}}{1-\bar{v}^2} \int_0^1 \int_0^1 \left[\left(\frac{\partial \varphi_1}{\partial \xi_1}\frac{\partial \xi_1}{\partial x_2} + \frac{\partial \varphi_1}{\partial \xi_2}\frac{\partial \xi_2}{\partial x_2} \right) \left(\frac{\partial \varphi_1}{\partial \xi_1}\frac{\partial \xi_1}{\partial x_2} + \frac{\partial \varphi_1}{\partial \xi_2}\frac{\partial \xi_2}{\partial x_2} \right) \right.$$

$$\left. + \frac{1}{2}(1-\bar{v}) \left(\frac{\partial \varphi_1}{\partial \xi_1}\frac{\partial \xi_1}{\partial x_1} + \frac{\partial \varphi_1}{\partial \xi_2}\frac{\partial \xi_2}{\partial x_1} \right) \left(\frac{\partial \varphi_1}{\partial \xi_1}\frac{\partial \xi_1}{\partial x_1} + \frac{\partial \varphi_1}{\partial \xi_2}\frac{\partial \xi_2}{\partial x_1} \right) \right] |\det J^{(1)}| \, d\xi_2 d\xi_1.$$

$$= \frac{\bar{E}}{1-\bar{v}^2} \int_0^1 \int_0^1 \left[\left(-\frac{1}{30}(1-\xi_1) \right) \cdot \left(-\frac{1}{30}(1-\xi_1) \right) \right.$$

$$\left. + \frac{1}{2}\left(1-\frac{3}{10}\right)\left(-\frac{1}{45}(1-\xi_2)\right) \cdot \left(-\frac{1}{45}(1-\xi_2)\right) \right] \cdot 1350 \, d\xi_2 d\xi_1$$

$$= \frac{\bar{E}}{1-\bar{v}^2} \int_0^1 \int_0^1 \left[\frac{1}{900}(1-\xi_1)^2 + \frac{7}{40500}(1-\xi_2)^2 \right] \cdot 1350 \, d\xi_2 d\xi_1$$

$$= \frac{\bar{E}}{1-\bar{v}^2} \int_0^1 \int_0^1 \left[\frac{3}{2}(1-\xi_1)^2 + \frac{7}{30}(1-\xi_2)^2 \right] d\xi_2 d\xi_1$$

$$= \frac{\bar{E}}{1-\bar{v}^2} \cdot \frac{26}{45}.$$

Wir berechnen als nächstes den Matrixblock $K_{12}^{(1)}$:

$$K_{12,11}^{(1)} = \frac{\bar{E}}{1-\bar{v}^2} \int_0^1 \int_0^1 \left[\left(\frac{\partial \varphi_1}{\partial \xi_1}\frac{\partial \xi_1}{\partial x_1} + \frac{\partial \varphi_1}{\partial \xi_2}\frac{\partial \xi_2}{\partial x_1} \right) \left(\frac{\partial \varphi_2}{\partial \xi_1}\frac{\partial \xi_1}{\partial x_1} + \frac{\partial \varphi_2}{\partial \xi_2}\frac{\partial \xi_2}{\partial x_1} \right) \right.$$

$$\left. + \frac{1}{2}(1-\bar{v}) \left(\frac{\partial \varphi_1}{\partial \xi_1}\frac{\partial \xi_1}{\partial x_2} + \frac{\partial \varphi_1}{\partial \xi_2}\frac{\partial \xi_2}{\partial x_2} \right) \left(\frac{\partial \varphi_2}{\partial \xi_1}\frac{\partial \xi_1}{\partial x_2} + \frac{\partial \varphi_2}{\partial \xi_2}\frac{\partial \xi_2}{\partial x_2} \right) \right] |\det J^{(1)}| \, d\xi_2 d\xi_1$$

$$= \frac{\bar{E}}{1-\bar{v}^2} \int_0^1 \int_0^1 \left[\left(-\frac{1}{45}(1-\xi_2) \right) \cdot \left(\frac{1}{45}(1-\xi_2) \right) \right.$$

$$\left. + \frac{1}{2}\left(1-\frac{3}{10}\right)\left(-\frac{1}{30}(1-\xi_1)\right) \cdot \left(-\frac{1}{30}\xi_1\right) \right] \cdot 1350 \, d\xi_2 d\xi_1$$

$$= \frac{\bar{E}}{1-\bar{v}^2} \int_0^1 \int_0^1 \left[-\frac{1}{2025}(1-\xi_2)^2 + \frac{7}{18000}(1-\xi_1)\xi_1 \right] \cdot 1350 \, d\xi_2 d\xi_1$$

$$= \frac{\bar{E}}{1-\bar{v}^2} \int_0^1 \int_0^1 \left[-\frac{2}{3}(1-\xi_2)^2 + \frac{21}{40}(1-\xi_1)\xi_1 \right] d\xi_2 d\xi_1$$

$$= -\frac{\bar{E}}{1-\bar{v}^2} \cdot \frac{97}{720},$$

$$K_{12,12}^{(1)} = \frac{\bar{E}}{1-\bar{v}^2} \int_0^1 \int_0^1 \left[\bar{v}\left(\frac{\partial \varphi_1}{\partial \xi_1}\frac{\partial \xi_1}{\partial x_1} + \frac{\partial \varphi_1}{\partial \xi_2}\frac{\partial \xi_2}{\partial x_1} \right)\left(\frac{\partial \varphi_2}{\partial \xi_1}\frac{\partial \xi_1}{\partial x_2} + \frac{\partial \varphi_2}{\partial \xi_2}\frac{\partial \xi_2}{\partial x_2} \right) \right.$$

$$\left. + \frac{1}{2}(1-\bar{v})\left(\frac{\partial \varphi_1}{\partial \xi_1}\frac{\partial \xi_1}{\partial x_2} + \frac{\partial \varphi_1}{\partial \xi_2}\frac{\partial \xi_2}{\partial x_2} \right)\left(\frac{\partial \varphi_2}{\partial \xi_1}\frac{\partial \xi_1}{\partial x_1} + \frac{\partial \varphi_2}{\partial \xi_2}\frac{\partial \xi_2}{\partial x_1} \right) \right] |\det J^{(1)}| d\xi_2 d\xi_1$$

$$= \frac{\bar{E}}{1-\bar{v}^2} \int_0^1 \int_0^1 \left[\frac{3}{10}\left(-\frac{1}{45}(1-\xi_2) \right) \cdot \left(-\frac{1}{30}\xi_1 \right) \right.$$

$$\left. + \frac{1}{2}\left(1-\frac{3}{10}\right)\left(-\frac{1}{30}(1-\xi_1) \right) \cdot \left(\frac{1}{45}(1-\xi_2) \right) \right] \cdot 1350 \, d\xi_2 d\xi_1$$

$$= \frac{\bar{E}}{1-\bar{v}^2} \int_0^1 \int_0^1 \left[\frac{3}{10}(1-\xi_2)\xi_1 - \frac{7}{20}(1-\xi_1)(1-\xi_2) \right] d\xi_2 d\xi_1 \quad = \quad -\frac{\bar{E}}{1-\bar{v}^2}\cdot\frac{1}{80},$$

$$K_{12,21}^{(1)} = \frac{\bar{E}}{1-\bar{v}^2} \int_0^1 \int_0^1 \left[\bar{v}\left(\frac{\partial \varphi_1}{\partial \xi_1}\frac{\partial \xi_1}{\partial x_2} + \frac{\partial \varphi_1}{\partial \xi_2}\frac{\partial \xi_2}{\partial x_2} \right)\left(\frac{\partial \varphi_2}{\partial \xi_1}\frac{\partial \xi_1}{\partial x_1} + \frac{\partial \varphi_2}{\partial \xi_2}\frac{\partial \xi_2}{\partial x_1} \right) \right.$$

$$\left. + \frac{1}{2}(1-\bar{v})\left(\frac{\partial \varphi_1}{\partial \xi_1}\frac{\partial \xi_1}{\partial x_1} + \frac{\partial \varphi_1}{\partial \xi_2}\frac{\partial \xi_2}{\partial x_1} \right)\left(\frac{\partial \varphi_2}{\partial \xi_1}\frac{\partial \xi_1}{\partial x_2} + \frac{\partial \varphi_2}{\partial \xi_2}\frac{\partial \xi_2}{\partial x_2} \right) \right] |\det J^{(1)}| d\xi_2 d\xi_1$$

$$= \frac{\bar{E}}{1-\bar{v}^2} \int_0^1 \int_0^1 \left[\frac{3}{10}\left(-\frac{1}{30}(1-\xi_1) \right) \cdot \left(\frac{1}{45}(1-\xi_2) \right) \right.$$

$$\left. + \frac{1}{2}\left(1-\frac{3}{10}\right)\left(-\frac{1}{45}(1-\xi_2) \right) \cdot \left(-\frac{1}{30}\xi_1 \right) \right] \cdot 1350 \, d\xi_2 d\xi_1$$

$$= \frac{\bar{E}}{1-\bar{v}^2} \int_0^1 \int_0^1 \left[-\frac{3}{10}(1-\xi_1)(1-\xi_2) + \frac{7}{20}(1-\xi_2)\xi_1 \right] \cdot 1350 \, d\xi_2 d\xi_1 \quad = \quad \frac{\bar{E}}{1-\bar{v}^2}\cdot\frac{1}{80},$$

$$K_{12,22}^{(1)} = \frac{\bar{E}}{1-\bar{v}^2} \int_0^1 \int_0^1 \left[\left(\frac{\partial \varphi_1}{\partial \xi_1}\frac{\partial \xi_1}{\partial x_2} + \frac{\partial \varphi_1}{\partial \xi_2}\frac{\partial \xi_2}{\partial x_2} \right)\left(\frac{\partial \varphi_2}{\partial \xi_1}\frac{\partial \xi_1}{\partial x_2} + \frac{\partial \varphi_2}{\partial \xi_2}\frac{\partial \xi_2}{\partial x_2} \right) \right.$$

$$\left. + \frac{1}{2}(1-\bar{v})\left(\frac{\partial \varphi_1}{\partial \xi_1}\frac{\partial \xi_1}{\partial x_1} + \frac{\partial \varphi_1}{\partial \xi_2}\frac{\partial \xi_2}{\partial x_1} \right)\left(\frac{\partial \varphi_2}{\partial \xi_1}\frac{\partial \xi_1}{\partial x_1} + \frac{\partial \varphi_2}{\partial \xi_2}\frac{\partial \xi_2}{\partial x_1} \right) \right] |\det J^{(1)}| d\xi_2 d\xi_1$$

$$= \frac{\bar{E}}{1-\bar{v}^2} \int_0^1 \int_0^1 \left[\left(-\frac{1}{30}(1-\xi_1) \right) \cdot \left(-\frac{1}{30}\xi_1 \right) \right.$$

$$\left. + \frac{1}{2}\left(1-\frac{3}{10}\right)\left(-\frac{1}{45}(1-\xi_2) \right) \cdot \left(\frac{1}{45}(1-\xi_2) \right) \right] \cdot 1350 \, d\xi_2 d\xi_1$$

$$= \frac{\bar{E}}{1-\bar{v}^2} \int_0^1 \int_0^1 \left[\frac{3}{2}(1-\xi_1)\xi_1 - \frac{7}{30}(1-\xi_2)^2 \right] d\xi_2 d\xi_1 \quad = \quad \frac{\bar{E}}{1-\bar{v}^2}\cdot\frac{31}{180}.$$

Die anderen Matrixeinträge der Elementsteifigkeitsmatrix $K^{(1)}$ werden auf analoge Weise berechnet. Nach Durchführung all dieser Berechnungen erhalten wir schließlich die Elementsteifigkeitsmatrix

$$K^{(1)} = \frac{\bar{E}}{1-\bar{v}^2}
\begin{pmatrix}
\frac{143}{360} & \frac{13}{80} & \frac{97}{720} & \frac{1}{80} & \frac{143}{720} & \frac{13}{80} & \frac{23}{360} & \frac{1}{80} \\[2mm]
\frac{13}{80} & \frac{26}{45} & \frac{1}{80} & \frac{31}{180} & \frac{13}{80} & \frac{13}{45} & \frac{1}{80} & \frac{83}{180} \\[2mm]
-\frac{97}{720} & \frac{1}{80} & \frac{143}{360} & -\frac{13}{80} & \frac{23}{360} & \frac{1}{80} & \frac{143}{720} & \frac{13}{80} \\[2mm]
\frac{1}{80} & \frac{31}{180} & -\frac{13}{80} & \frac{26}{45} & \frac{1}{80} & -\frac{83}{180} & \frac{13}{80} & -\frac{13}{45} \\[2mm]
-\frac{143}{720} & -\frac{13}{80} & \frac{23}{360} & \frac{1}{80} & \frac{143}{360} & \frac{13}{80} & -\frac{97}{720} & \frac{1}{80} \\[2mm]
-\frac{13}{80} & -\frac{13}{45} & \frac{1}{80} & -\frac{83}{180} & \frac{13}{80} & \frac{26}{45} & \frac{1}{80} & \frac{31}{180} \\[2mm]
-\frac{23}{360} & \frac{1}{80} & \frac{143}{720} & \frac{13}{80} & -\frac{97}{720} & \frac{1}{80} & \frac{143}{360} & -\frac{13}{80} \\[2mm]
\frac{1}{80} & -\frac{83}{180} & \frac{13}{80} & -\frac{13}{45} & -\frac{1}{80} & \frac{31}{180} & -\frac{13}{80} & \frac{26}{45}
\end{pmatrix}.$$

Nachdem wir zunächst alle Einträge der Steifigkeitsmatrix $\bar{K}_h$ gleich Null gesetzt haben, addieren wir die Elementsteifigkeitsmatrix $K^{(1)}$ zu dieser Matrix. Dazu müssen wir den Assemblierungsalgorithmes, welchen wir auf der Seite 273 beschrieben haben, modifizieren, da jetzt die Einträge der Elementsteifigkeitsmatrix keine reellen Zahlen, sondern Matrizen vom Typ $(2,2)$ sind:

Algorithmus 4.8 (Assemblierungsalgorithmus bei Elastizitätsproblemen)

Setze $\bar{K}_h := 0$ und $\underline{\bar{f}}_h := 0$.

```
for  r = 1  step  1  until  R_h  do
```
   Berechne $K^{(r)}$ und $\underline{f}^{(r)}$.

```
   for  α = 1  step  1  until  N̂  do
```
   Bestimme $i = i(r,\alpha)$.

   Setze $f_{2i-1} := f_{2i-1} + f^{(r)}_{2\alpha-1}$.

   $\quad f_{2i} \; := f_{2i} + f^{(r)}_{2\alpha}$.

```
      for  β = 1  step  1  until  N̂  do
```
      Bestimme $j = j(r,\beta)$.

      Setze $K_{2i-1,2j-1} := K_{2i-1,2j-1} + K^{(r)}_{2\alpha-1,2\beta-1}$,

      $\quad K_{2i-1,2j} \; := K_{2i-1,2j} + K^{(r)}_{2\alpha-1,2\beta}$,

      $\quad K_{2i,2j-1} \; := K_{2i,2j-1} + K^{(r)}_{2\alpha,2\beta-1}$,

      $\quad K_{2i,2j} \; := K_{2i,2j} + K^{(r)}_{2\alpha,2\beta}$.

```
      enddo
   enddo
enddo
```

Da in unserem Beispiel der Knoten mit der lokalen Nummer $\alpha = 1$ die globale Nummer $i = 1$ hat (siehe Tabelle 4.30), wird gemäß des obigen Algorithmus

der Eintrag $\quad K_{11}^{(1)} = K_{2\cdot1-1,2\cdot1-1}^{(1)} \quad$ der Elementsteifigkeitsmatrix $K^{(1)}$

$\qquad\qquad\qquad\qquad\qquad\qquad$ zum Matrixelement $\quad K_{11} = K_{2\cdot1-1,2\cdot1-1}$ der Matrix $\bar{K}_h$,

der Eintrag $\quad K_{12}^{(1)} = K_{2\cdot1-1,2\cdot1}^{(1)} \quad$ zum Matrixelement $\quad K_{12} = K_{2\cdot1-1,2\cdot1}$,

der Eintrag $\quad K_{21}^{(1)} = K_{2\cdot1,2\cdot1-1}^{(1)} \quad$ zum Matrixelement $\quad K_{21} = K_{2\cdot1,2\cdot1-1}$ und

der Eintrag $\quad K_{22}^{(1)} = K_{2\cdot1,2\cdot1}^{(1)} \quad$ zum Matrixelement $\quad K_{22} = K_{2\cdot1,2\cdot1}$

addiert. Der Knoten mit der lokalen Nummer $\beta = 3$ hat die globale Nummer $j = 5$. Deshalb wird beispielsweise

der Eintrag $\quad K_{15}^{(1)} = K_{2\cdot1-1,2\cdot3-1}^{(1)} \quad$ der Elementsteifigkeitsmatrix $K^{(1)}$

$\qquad\qquad\qquad\qquad\qquad\qquad$ zum Matrixeintrag $\quad K_{1,9} = K_{2\cdot1-1,2\cdot5-1}$ der Matrix $\bar{K}_h$,

der Eintrag $\quad K_{16}^{(1)} = K_{2\cdot1-1,2\cdot3}^{(1)} \quad$ zum Matrixeintrag $\quad K_{1,10} = K_{2\cdot1-1,2\cdot5}$,

der Eintrag $\quad K_{25}^{(1)} = K_{2\cdot1,2\cdot3-1}^{(1)} \quad$ zum Matrixeintrag $\quad K_{2,9} = K_{2\cdot1,2\cdot5-1}$ und

der Eintrag $\quad K_{26}^{(1)} = K_{2\cdot1,2\cdot3}^{(1)} \quad$ zum Matrixeintrag $\quad K_{2,10} = K_{2\cdot1,2\cdot5}$

addiert. Addieren wir alle weiteren Einträge der Elementsteifigkeitsmatrix $K^{(1)}$ entsprechend des obigen Algorithmus zu den jeweiligen Einträgen der Matrix $\bar{K}_h$, so erhalten wir die Matrix

$$\frac{\bar{E}}{1-\bar{v}^2}$$

	1	2	3	4	5	6	7	8	9	10	11	12
1	$\frac{143}{360}$	$\frac{13}{80}$	$-\frac{97}{720}$	$-\frac{1}{80}$	0	0	$-\frac{23}{360}$	$\frac{1}{80}$	$-\frac{143}{720}$	$-\frac{13}{80}$	0	0
2	$\frac{13}{80}$	$\frac{26}{45}$	$\frac{1}{80}$	$\frac{31}{180}$	0	0	$-\frac{1}{80}$	$-\frac{83}{180}$	$\frac{13}{80}$	$-\frac{13}{45}$	0	0
3	$-\frac{97}{720}$	$\frac{1}{80}$	$\frac{143}{360}$	$-\frac{13}{80}$	0	0	$-\frac{143}{720}$	$\frac{13}{80}$	$-\frac{23}{360}$	$-\frac{1}{80}$	0	0
4	$-\frac{1}{80}$	$\frac{31}{180}$	$-\frac{13}{80}$	$\frac{26}{45}$	0	0	$\frac{13}{80}$	$-\frac{13}{45}$	$\frac{1}{80}$	$-\frac{83}{180}$	0	0
5	0	0	0	0	0	0	0	0	0	0	0	0
6	0	0	0	0	0	0	0	0	0	0	0	0
7	$-\frac{23}{360}$	$-\frac{1}{80}$	$-\frac{143}{720}$	$\frac{13}{80}$	0	0	$\frac{143}{360}$	$-\frac{13}{80}$	$-\frac{97}{720}$	$\frac{1}{80}$	0	0
8	$\frac{1}{80}$	$-\frac{83}{180}$	$\frac{13}{80}$	$-\frac{13}{45}$	0	0	$-\frac{13}{80}$	$\frac{26}{45}$	$-\frac{1}{80}$	$\frac{31}{180}$	0	0
9	$-\frac{143}{720}$	$-\frac{13}{80}$	$-\frac{23}{360}$	$\frac{1}{80}$	0	0	$\frac{97}{720}$	$-\frac{1}{80}$	$\frac{143}{360}$	$\frac{13}{80}$	0	0
10	$\frac{13}{80}$	$-\frac{13}{45}$	$-\frac{1}{80}$	$-\frac{83}{180}$	0	0	$\frac{1}{80}$	$\frac{31}{180}$	$\frac{13}{80}$	$\frac{26}{45}$	0	0
11	0	0	0	0	0	0	0	0	0	0	0	0
12	0	0	0	0	0	0	0	0	0	0	0	0

Nun berechnen wir die zum Element $T^{(2)}$ gehörige Elementsteifigkeitsmatrix $K^{(2)}$. Dazu benötigen wir die Transformationsvorschrift zur Abbildung des Referenzvierecks auf dieses Element. Mit den Knotenkoordinaten aus der Tabelle 4.29 und dem Zusammenhang zwischen der lokalen Knotennummerierung im Elemenmt $T^{(2)}$ und der globalen Knotennummerierung (siehe Tabelle 4.30) lautet die Abbildungsvorschrift

$$
\begin{aligned}
x_{T^{(2)}(\xi)} = \begin{pmatrix} x_1 \\ x_2 \end{pmatrix} &= J^{(2)}\xi + x_{(2,1)} \\[2mm]
&= \begin{pmatrix} x_1^{(2,2)} - x_1^{(2,1)} & x_1^{(2,4)} - x_1^{(2,1)} \\ x_2^{(2,2)} - x_2^{(2,1)} & x_2^{(2,4)} - x_2^{(2,1)} \end{pmatrix} \begin{pmatrix} \xi_1 \\ \xi_2 \end{pmatrix} + \begin{pmatrix} x_1^{(2,1)} \\ x_2^{(2,1)} \end{pmatrix} \\[2mm]
&= \begin{pmatrix} x_{3,1} - x_{2,1} & x_{5,1} - x_{2,1} \\ x_{3,2} - x_{2,2} & x_{5,2} - x_{2,2} \end{pmatrix} \begin{pmatrix} \xi_1 \\ \xi_2 \end{pmatrix} + \begin{pmatrix} x_{2,1} \\ x_{2,2} \end{pmatrix} \\[2mm]
&= \begin{pmatrix} 90-45 & 45-45 \\ 0-0 & 30-0 \end{pmatrix} \begin{pmatrix} \xi_1 \\ \xi_2 \end{pmatrix} + \begin{pmatrix} 45 \\ 0 \end{pmatrix} = \begin{pmatrix} 45 & 0 \\ 0 & 30 \end{pmatrix} \begin{pmatrix} \xi_1 \\ \xi_2 \end{pmatrix} + \begin{pmatrix} 45 \\ 0 \end{pmatrix}.
\end{aligned}
\tag{4.211}
$$

Da $J^{(2)} = J^{(1)}$ mit $J^{(1)}$ aus (4.209) gilt, erhalten wir für das Element $T^{(2)}$ ebenfalls die partiellen Ableitungen (4.210) und es gilt $\det J^{(2)} = \det J^{(1)}$. Deshalb ist die Elementsteifigkeitsmatrix $K^{(2)}$ die gleiche wie die Elementsteifigkeitsmatrix $K^{(1)}$. Die Addition der Elementsteifigkeitsmatrix $K^{(2)}$ zur Matrix $\bar{K}_h$ erfolgt wieder mit dem oben beschriebenen Assemblierungsalgorithmus. Beispielsweise hat der Knoten mit der lokalen Nummer $\alpha = 1$ im zweiten Element die globale Nummer $i = 2$ (siehe Tabelle 4.30). Deshalb wird

der Eintrag $K_{11}^{(2)} = K_{2\cdot1-1,2\cdot1-1}^{(2)}$ der Elementsteifigkeitsmatrix $K^{(2)}$

zum Matrixelement $K_{33} = K_{2\cdot2-1,2\cdot2-1}$ der Matrix $\bar{K}_h$,

der Eintrag $K_{12}^{(2)} = K_{2\cdot1-1,2\cdot1}^{(2)}$ zum Matrixelement $K_{34} = K_{2\cdot2-1,2\cdot2}$,

der Eintrag $K_{21}^{(2)} = K_{2\cdot1,2\cdot1-1}^{(2)}$ zum Matrixelement $K_{43} = K_{2\cdot2,2\cdot2-1}$ und

der Eintrag $K_{22}^{(2)} = K_{2\cdot1,2\cdot1}^{(2)}$ zum Matrixelement $K_{44} = K_{2\cdot2,2\cdot2}$

addiert. Da außerdem der Knoten mit der lokalen Nummer $\beta = 2$ im Element $T^{(2)}$ die globale Nummer $j = 3$ hat, addieren wir

den Eintrag $K_{13}^{(2)} = K_{2\cdot1-1,2\cdot2-1}^{(2)}$ der Elementsteifigkeitsmatrix $K^{(2)}$

zum Matrixelement $K_{35} = K_{2\cdot2-1,2\cdot3-1}$ der Matrix $\bar{K}_h$,

den Eintrag $K_{14}^{(2)} = K_{2\cdot1-1,2\cdot2}^{(2)}$ zum Matrixelement $K_{36} = K_{2\cdot2-1,2\cdot3}$,

den Eintrag $K_{23}^{(2)} = K_{2\cdot1,2\cdot2-1}^{(2)}$ zum Matrixelement $K_{45} = K_{2\cdot2,2\cdot3-1}$ und

den Eintrag $K_{24}^{(2)} = K_{2\cdot1,2\cdot2}^{(2)}$ zum Matrixelement $K_{46} = K_{2\cdot2,2\cdot3}$.

Auf analoge Weise werden alle weiteren Einträge der Elementsteifigkeitsmatrix $K^{(2)}$ entsprechend des Algorithmus 4.8 zu den jeweiligen Einträgen der Matrix $\bar{K}_h$ addiert. Dies ergibt die Matrix

$$\bar{K}_h=\frac{\bar{E}}{1-\bar{\nu}^2}$$

	1	2	3	4	5	6	7	8	9	10	11	12
1	$\frac{143}{360}$	$\frac{13}{80}$	$\frac{97}{720}$	$-\frac{1}{80}$	0	0	$-\frac{23}{360}$	$-\frac{1}{80}$	$\frac{143}{720}$	$\frac{13}{80}$	0	0
2	$\frac{13}{80}$	$\frac{26}{45}$	$-\frac{1}{80}$	$\frac{31}{180}$	0	0	$-\frac{1}{80}$	$\frac{83}{180}$	$\frac{13}{80}$	$\frac{13}{45}$	0	0
3	$\frac{97}{720}$	$-\frac{1}{80}$	$\frac{143}{360}+\frac{143}{360}$	$\frac{13}{80}+\frac{13}{80}$	$0-\frac{97}{720}$	$0-\frac{1}{80}$	$\frac{143}{720}$	$\frac{13}{80}$	$-\frac{23}{360}$	$-\frac{1}{80}$	$0-\frac{143}{720}$	$0-\frac{13}{80}$
4	$-\frac{1}{80}$	$\frac{31}{180}$	$\frac{13}{80}+\frac{13}{80}$	$\frac{26}{45}+\frac{26}{45}$	$0+\frac{1}{80}$	$0+\frac{31}{180}$	$\frac{13}{80}$	$\frac{13}{45}$	$-\frac{1}{80}$	$\frac{83}{180}$	$0-\frac{13}{80}$	$0-\frac{13}{45}$
5	0	0	$0-\frac{97}{720}$	$0+\frac{1}{80}$	$\frac{143}{360}$	$\frac{13}{80}$	0	0	$0-\frac{143}{720}$	$0+\frac{13}{80}$	$0-\frac{23}{360}$	$0-\frac{1}{80}$
6	0	0	$0-\frac{1}{80}$	$0+\frac{31}{180}$	$\frac{13}{80}$	$\frac{26}{45}$	0	0	$0-\frac{13}{80}$	$0+\frac{13}{45}$	$0+\frac{1}{80}$	$0-\frac{83}{180}$
7	$-\frac{23}{360}$	$-\frac{1}{80}$	$\frac{143}{720}$	$\frac{13}{80}$	0	0	$\frac{143}{360}+\frac{143}{360}$	$\frac{13}{80}+\frac{13}{80}$	$0-\frac{97}{720}$	$0-\frac{1}{80}$	$\frac{97}{720}$	$-\frac{1}{80}$
8	$-\frac{1}{80}$	$\frac{83}{180}$	$\frac{13}{80}$	$\frac{13}{45}$	0	0	$\frac{13}{80}+\frac{13}{80}$	$\frac{26}{45}+\frac{26}{45}$	$0+\frac{1}{80}$	$0+\frac{31}{180}$	$-\frac{1}{80}$	$\frac{31}{180}$
9	$\frac{143}{720}$	$\frac{13}{80}$	$-\frac{23}{360}$	$-\frac{1}{80}$	$0-\frac{143}{720}$	$0-\frac{13}{80}$	$0-\frac{97}{720}$	$0+\frac{1}{80}$	$\frac{143}{360}+\frac{143}{360}$	$\frac{13}{80}+\frac{13}{80}$	$\frac{97}{720}$	$-\frac{1}{80}$
10	$\frac{13}{80}$	$\frac{13}{45}$	$-\frac{1}{80}$	$\frac{83}{180}$	$0+\frac{13}{80}$	$0+\frac{13}{45}$	$0-\frac{1}{80}$	$0+\frac{31}{180}$	$\frac{13}{80}+\frac{13}{80}$	$\frac{26}{45}+\frac{26}{45}$	$-\frac{1}{80}$	$\frac{31}{180}$
11	0	0	$0-\frac{143}{720}$	$0-\frac{13}{80}$	$0-\frac{23}{360}$	$0+\frac{1}{80}$	$\frac{97}{720}$	$-\frac{1}{80}$	$\frac{97}{720}$	$-\frac{1}{80}$	$\frac{143}{360}$	$\frac{13}{80}$
12	0	0	$0-\frac{13}{80}$	$0-\frac{13}{45}$	$0-\frac{1}{80}$	$0-\frac{83}{180}$	$-\frac{1}{80}$	$\frac{31}{180}$	$-\frac{1}{80}$	$\frac{31}{180}$	$\frac{13}{80}$	$\frac{26}{45}$

d.h. die Matrix

$$\frac{\bar{E}}{1-\bar{v}^2}\left(\begin{array}{cccccccccccc}
\frac{143}{360} & \frac{13}{80} & -\frac{97}{720} & -\frac{1}{80} & 0 & 0 & -\frac{23}{360} & \frac{1}{80} & -\frac{143}{720} & -\frac{13}{80} & 0 & 0 \\[4pt]
\frac{13}{80} & \frac{26}{45} & \frac{1}{80} & \frac{31}{180} & 0 & 0 & -\frac{1}{80} & -\frac{83}{180} & -\frac{13}{80} & -\frac{13}{45} & 0 & 0 \\[4pt]
-\frac{97}{720} & \frac{1}{80} & \frac{143}{180} & 0 & -\frac{97}{720} & -\frac{1}{80} & -\frac{143}{720} & \frac{13}{80} & -\frac{23}{180} & 0 & -\frac{143}{720} & -\frac{13}{80} \\[4pt]
-\frac{1}{80} & \frac{31}{180} & 0 & \frac{52}{45} & \frac{1}{80} & \frac{31}{180} & \frac{13}{80} & -\frac{13}{45} & 0 & -\frac{83}{90} & -\frac{13}{80} & -\frac{13}{45} \\[4pt]
0 & 0 & -\frac{97}{720} & \frac{1}{80} & \frac{143}{360} & -\frac{13}{80} & 0 & 0 & -\frac{143}{720} & \frac{13}{80} & -\frac{23}{360} & -\frac{1}{80} \\[4pt]
0 & 0 & -\frac{1}{80} & \frac{31}{180} & -\frac{13}{80} & \frac{26}{45} & 0 & 0 & \frac{13}{80} & -\frac{13}{45} & \frac{1}{80} & -\frac{83}{180} \\[4pt]
-\frac{23}{360} & -\frac{1}{80} & -\frac{143}{720} & \frac{13}{80} & 0 & 0 & \frac{143}{360} & -\frac{13}{80} & -\frac{97}{720} & \frac{1}{80} & 0 & 0 \\[4pt]
\frac{1}{80} & -\frac{83}{180} & \frac{13}{80} & -\frac{13}{45} & 0 & 0 & -\frac{13}{80} & \frac{26}{45} & -\frac{1}{80} & \frac{31}{180} & 0 & 0 \\[4pt]
-\frac{143}{720} & -\frac{13}{80} & -\frac{23}{180} & 0 & -\frac{143}{720} & \frac{13}{80} & -\frac{97}{720} & -\frac{1}{80} & \frac{143}{180} & 0 & -\frac{97}{720} & \frac{1}{80} \\[4pt]
-\frac{13}{80} & -\frac{13}{45} & 0 & -\frac{83}{90} & \frac{13}{80} & -\frac{13}{45} & \frac{1}{80} & \frac{31}{180} & 0 & \frac{52}{45} & -\frac{1}{80} & \frac{31}{180} \\[4pt]
0 & 0 & -\frac{143}{720} & -\frac{13}{80} & -\frac{23}{360} & \frac{1}{80} & 0 & 0 & -\frac{97}{720} & -\frac{1}{80} & \frac{143}{360} & \frac{13}{80} \\[4pt]
0 & 0 & -\frac{13}{80} & -\frac{13}{45} & -\frac{1}{80} & -\frac{83}{180} & 0 & 0 & \frac{1}{80} & \frac{31}{180} & \frac{13}{80} & \frac{26}{45}
\end{array}\right)$$

(Spalten 1 bis 12, Zeilen 1 bis 12.)

Bemerkung 4.22

Die Summe der Matrixelemente jeder Zeile der Matrix $\bar{K}_h$ ist gleich Null (siehe auch Bemerkung 4.12, S. 266). Außerdem gilt auch, dass die Summe aller Matrixelemente einer Zeile mit ungerader Spaltennummer gleich Null ist. Gleiches gilt für die Matrixelemente einer Zeile mit gerader Spaltennummer. Diese Eigenschaft können wir nutzen, um zu überprüfen, ob die berechnete Matrix fehlerhaft ist. Wir begründen im Folgenden, warum die Summe aller Matrixeinträge einer Zeile mit ungerader Spaltennummer gleich Null ist. Da die Summe der Ansatzfunktionen p_i gleich Eins ist (siehe Bemerkung 4.11, S. 262), gilt für die Funktion $\vec{u}_h(x) = (u_{h.1}\ u_{h.2})^T = (1\ 0)^T$:

$$\vec{u}_h(x) = \begin{pmatrix} 1 \\ 0 \end{pmatrix} = \begin{pmatrix} \sum\limits_{i=1}^{\bar{N}_h} p_i(x) \\ 0 \end{pmatrix} = \sum_{i=1}^{\bar{N}_h} \left[1 \cdot \begin{pmatrix} p_i(x) \\ 0 \end{pmatrix} + 0 \cdot \begin{pmatrix} 0 \\ p_i(x) \end{pmatrix} \right].$$

Folglich ist der Vektor $\underline{1}_1 = (1\ 0\ 1\ 0\ \ldots\ 1\ 0)^T$ der Vektor der Knotenparameter der Funktion $\vec{u}_h(x) = (1\ 0)^T$. Setzen wir diese Funktion in $\bar{a}(\vec{u}_h, \vec{v}_h)$ aus (4.201) ein, dann gilt wegen $\frac{\partial u_{h.1}}{\partial x_1} = \frac{\partial u_{h.1}}{\partial x_2} = \frac{\partial u_{h.2}}{\partial x_1} = \frac{\partial u_{h.2}}{\partial x_2} = 0$ die Beziehung

$$(\bar{K}_h \underline{1}_1, \underline{v}_h) = \bar{a}\left(\begin{pmatrix} 1 \\ 0 \end{pmatrix}, v_h\right) = \int_\Omega (B\vec{v}_h)^T DB \begin{pmatrix} 1 \\ 0 \end{pmatrix} dx = 0 \quad \text{für alle } \underline{v}_h \leftrightarrow v_h,\ \vec{v}_h \in V_h.$$

Da diese Beziehung für jede beliebige Funktion $\vec{v}_h \in V_h$ und jeden beliebigen Vektor $\underline{v}_h \in R^{2\tilde{N}_h}$ erfüllt ist, muss $\tilde{K}_h \underline{1}_1 = \underline{0}$ gelten. Dies bedeutet, dass die Summe der Matrixeinträge mit ungerader Spaltennummer einer jeden Zeile gleich Null ist. Beispielsweise gilt in der obigen Matrix tatsächlich

$$K_{11} + K_{13} + K_{15} + K_{17} + K_{19} + K_{1.11} = \frac{143}{360} - \frac{97}{720} + 0 - \frac{23}{360} - \frac{143}{720} + 0 = 0.$$

Da die rechte Seite in der Differentialgleichung (4.199) identisch Null ist, ist der Lastvektor ohne Berücksichtigung der Randbedingungen der Nullvektor. Wir müssen nun noch die Randbedingungen in der Steifigkeitsmatrix und im Lastvektor berücksichtigen. Zuerst arbeiten wir die auf dem Rand Γ_{21} bzw. Γ_{22} gegebenen Randbedingungen 2. Art ein. Wegen $g_{22} = 0$ (siehe (4.198)) ist in der Variationsformulierung (4.201)

$$\int_{\Gamma_{22}} g_{22}(x) v_2(x)\, ds = 0.$$

Wir müssen deshalb nur noch den Beitrag des Integrals

$$\int_{\Gamma_{21}} g_{21}(x) v_1(x)\, ds = 0.$$

betrachten.

Der Rand Γ_{21} wird durch die Vierecksseiten $E_2^{(1)} = \overline{P_1 P_2}$, $E_2^{(2)} = \overline{P_2 P_3}$, $E_2^{(3)} = \overline{P_3 P_6}$, $E_2^{(4)} = \overline{P_6 P_5}$ und $E_2^{(5)} = \overline{P_5 P_4}$ gebildet (siehe Abbildungen 4.64 und 4.65, S. 391 und 395). Für diese Randseiten legen wir die in der Tabelle 4.31 angegebene Zuordnung zwischen der lokalen und der globalen Knotennummerierung fest.

Tabelle 4.31: Zuordnungstabelle für die Randseiten auf dem Rand Γ_{21}

Nummer der Dreiecks-seite, die auf Γ_{21} liegt	globale Knotennummern der Knoten mit der lokalen Nummer	
	1	2
1	1	2
2	2	3
3	3	6
4	6	5
5	5	4

Wegen (4.196) gilt

$$\int_{\Gamma_{21}} g_{21} v_1(x)\, ds = \int_{\Gamma_{21.1}} g_{21} v_1(x)\, ds + \int_{\Gamma_{21.2}} g_{21} v_1(x)\, ds + \int_{\Gamma_{21.3}} g_{21} v_1(x)\, ds$$

$$= \int_{\Gamma_{21.1}} 0 \cdot v_1(x)\, ds + \int_{\Gamma_{21.2}} g v_1(x)\, ds + \int_{\Gamma_{21.3}} 0 \cdot v_1(x)\, ds$$

$$= \int_{\Gamma_{21.2}} g v_1(x)\, ds.$$

Da der Teilrand $\Gamma_{21,2}$ nur von der Viereckseite $E_2^{(3)}$ gebildet wird, gilt

$$\int\limits_{\Gamma_{21}} g v_1(x)\,ds = \int\limits_{E_2^{(3)}} g v_1(x)\,ds$$

und somit erhalten wir analog zu der Beziehung (4.99), S. 280, den zu berechnenden Vektor

$$\underline{f}^{(3)} = \left(\int\limits_{E_2^{(3)}} g p_1^{(3)}(x)\,ds \quad \int\limits_{E_2^{(1)}} g p_2^{(3)}(x)\,ds \right)^T.$$

Bei der Berechnung dieses Integrals führen wir eine Abbildung auf das Referenzintervall $[0,1]$ durch (siehe (4.95), S. 277). Dazu benötigen wir den Zusammenhang zwischen der lokalen Knotennummerierung auf der Randseite $E_2^{(3)}$ und der globalen Knotennummerierung. Der Knoten mit der lokalen Nummer 1 auf der Randseite $E_2^{(3)}$ hat die globale Nummer 3 und der Knoten mit der lokalen Nummer 2 die globale Nummer 6 (siehe Tabelle 4.31). Da die Randseite zwei Knoten hat, gilt $\widehat{N}_E = 2$. Die Abbildungsvorschrift (4.95) lautet dann unter Nutzung der Knotenkoordinaten aus der Tabelle 4.29

$$x = x_{E^{(3)}}(\xi_1): \quad \begin{pmatrix} x_1 \\ x_2 \end{pmatrix} = \begin{pmatrix} x_1^{(3,2)} - x_1^{(3,1)} \\ x_2^{(3,2)} - x_2^{(3,1)} \end{pmatrix}\xi_1 + \begin{pmatrix} x_1^{(3,1)} \\ x_2^{(3,1)} \end{pmatrix} = \begin{pmatrix} x_{6,1} - x_{3,1} \\ x_{6,2} - x_{3,2} \end{pmatrix}\xi_1 + \begin{pmatrix} x_{3,1} \\ x_{3,2} \end{pmatrix}$$

$$= \begin{pmatrix} 90 - 90 \\ 30 - 0 \end{pmatrix}\xi_1 + \begin{pmatrix} 90 \\ 0 \end{pmatrix} \qquad = \begin{pmatrix} 0 \\ 30 \end{pmatrix}\xi_1 + \begin{pmatrix} 90 \\ 0 \end{pmatrix}.$$

Damit ergibt sich

$$x_1 = (x_1^{(3,2)} - x_1^{(3,1)})\xi_1 + x_1^{(3,1)} = 90, \quad x_2 = (x_2^{(3,2)} - x_2^{(3,1)})\xi_1 + x_2^{(3,1)} = 30\xi_1$$

und

$$\sqrt{\left(x_1^{(3,2)} - x_1^{(3,1)}\right)^2 + \left(x_2^{(3,2)} - x_2^{(3,1)}\right)^2} = \sqrt{(90-90)^2 + (30-0)^2} = 30.$$

Beachten wir außerdem, dass die linearen Formfunktionen über dem Referenzintervall durch $\varphi_1(\xi_1) = 1 - \xi_1$, $\varphi_2(\xi_1) = \xi_1$ definiert sind, dann folgt mit $g = 50$

$$\int\limits_{E_2^{(3)}} g p_1^{(3)}(x)\,ds = \int\limits_{E_2^{(3)}} 50 p_1^{(3)}(x)\,ds$$

$$= \int\limits_0^1 \left[50\varphi_1(\xi_1)\sqrt{\left(x_1^{(3,2)} - x_1^{(3,1)}\right)^2 + \left(x_2^{(3,2)} - x_2^{(3,1)}\right)^2} \right] d\xi_1$$

$$= \int\limits_0^1 [50 \cdot (1 - \xi_1) \cdot 30]\,d\xi_1 = 750$$

und analog

$$
\int_{E_2^{(3)}} g\, p_2^{(3)}(x)\, ds \;=\; \int_{E_2^{(3)}} 50\, p_2^{(3)}(x)\, ds
$$

$$
= \int_0^1 \left[50\, \varphi_2(\xi_1)\, \sqrt{\left(x_1^{(3,2)} - x_1^{(3,1)}\right)^2 + \left(x_2^{(3,2)} - x_2^{(3,1)}\right)^2} \right] d\xi_1
$$

$$
= \int_0^1 [50 \cdot \xi_1 \cdot 30]\, d\xi_1 \;=\; 750
$$

(siehe auch 4. Schritt bei der Generierung des FE-Gleichungssystems auf S.285). Somit erhalten wir

$$
\underline{f}^{(3)} = \begin{pmatrix} 750 & 750 \end{pmatrix}^T .
$$

Die Addition des Vektors $\underline{f}^{(3)}$ zum Lastvektor $\bar{\underline{f}}_h = \underline{0}$ erfolgt unter Nutzung der Zusammenhangstabelle 4.31 und unter Beachtung, dass der Vektor $\underline{f}^{(3)}$ bezüglich der ersten Komponente der Vektorfunktion berechnet wurde. Der Knoten mit der lokalen Nummer 1 hat die globale Nummer 3 und der Knoten mit der lokalen Nummer 2 die globale Nummer 6. Deshalb addieren wir die Komponente $f_1^{(3)}$ des Vektors $\underline{f}^{(3)}$ zur Komponente $f_5 = f_{2\cdot 3-1}$ des Lastvektors $\bar{\underline{f}}_h$ und $f_2^{(3)}$ zur Komponente $f_{11} = f_{2\cdot 6-1}$. Dies ergibt den Vektor

$$
\begin{array}{cccccccccccc}
1 & 2 & 3 & 4 & 5 & 6 & 7 & 8 & 9 & 10 & 11 & 12
\end{array}
$$

$$
\widehat{\underline{f}}_h = \left(\begin{array}{cc|cc|cc|cc|cc|cc} 0 & 0 & 0 & 0 & 750 & 0 & 0 & 0 & 0 & 0 & 750 & 0 \end{array} \right)^T .
$$

Die Randbedingungen 1. Art arbeiten wir gemäß der ersten Variante (siehe Abschnitt 4.5.3, S. 281) in das FE-Gleichungssystem ein. Aufgrund der vorgegebenen Randbedingungen sind in der Lösungsdarstellung

$$
u_h = \sum_{j=1}^{6} \left[u_{j,1} \begin{pmatrix} p_j(x) \\ 0 \end{pmatrix} + u_{j,2} \begin{pmatrix} 0 \\ p_j(x) \end{pmatrix} \right]
$$

die Komponenten $u_{1,1}$, $u_{1,2}$, $u_{2,2}$, $u_{2,3}$ und $u_{1,4}$ bekannt (siehe auch Abbildungen 4.64 und 4.65 sowie die Randbedingungen (4.195) und (4.197)). Es gilt $u_{1,1} = u_{1,2} = u_{2,2} = u_{2,3} = u_{1,4} = 0$. Da wir beim Aufbau des FE-Gleichungssystem eine Blockstruktur haben und dabei jede Blockzeile einem FE-Knoten entspricht, gilt dann für die Komponenten des Vektors der Knotenparameter $\bar{\underline{u}}_h$

$$
u_1 = u_{2\cdot 1-1} = u_{1,1} = 0, \; u_2 = u_{2\cdot 1} = u_{1,2} = 0, \; u_4 = u_{2\cdot 2} = u_{2,2} = 0, \; u_6 = u_{2\cdot 3} = u_{3,2} = 0
$$

und

$$
u_7 = u_{2\cdot 4-1} = u_{1,4} = 0 .
$$

Da die Komponenten u_1, u_2, u_4, u_6 und u_7 also aufgrund der vorgegebenen Randbedingungen 1. Art bekannt sind, berechnen wir für alle $i \in \{1,2,4,6,7\}$

$$f_i = \widehat{f}_i - \sum_{j \in \{1,2,4,6,7\}} K_{ij} u_j = \widehat{f}_i - \sum_{j \in \{1,2,4,6,7\}} K_{ij} \cdot 0 = f_i.$$

Nun streichen wir noch die Zeilen i und Spalten j, $i, j \in \{1,2,4,6,7\}$, aus der Matrix $\bar{K}_h$ und die Zeilen i, $i \in \{1,2,4,6,7\}$, aus dem Vektor $\widehat{\underline{f}}_h$. So erhalten wir schließlich das FE-Gleichungssystem

$$\frac{\bar{E}}{1-\bar{v}^2}
\begin{pmatrix}
\frac{143}{180} & -\frac{97}{720} & \frac{13}{80} & -\frac{23}{180} & 0 & -\frac{143}{720} & -\frac{13}{80} \\[4pt]
-\frac{97}{720} & \frac{143}{360} & 0 & -\frac{143}{720} & \frac{13}{80} & \frac{23}{360} & -\frac{1}{80} \\[4pt]
\frac{13}{80} & 0 & \frac{26}{45} & -\frac{1}{80} & \frac{31}{180} & 0 & 0 \\[4pt]
-\frac{23}{180} & -\frac{143}{720} & -\frac{1}{80} & \frac{143}{180} & 0 & -\frac{97}{720} & \frac{1}{80} \\[4pt]
0 & \frac{13}{80} & \frac{31}{180} & 0 & \frac{52}{45} & -\frac{1}{80} & \frac{31}{180} \\[4pt]
-\frac{143}{720} & \frac{23}{360} & 0 & -\frac{97}{720} & -\frac{1}{80} & \frac{143}{360} & \frac{13}{80} \\[4pt]
-\frac{13}{80} & -\frac{1}{80} & 0 & \frac{1}{80} & \frac{31}{180} & \frac{13}{80} & \frac{26}{45}
\end{pmatrix}
\begin{pmatrix}
u_3 \\ u_5 \\ u_8 \\ u_9 \\ u_{10} \\ u_{11} \\ u_{12}
\end{pmatrix}
=
\begin{pmatrix}
0 \\ 750 \\ 0 \\ 0 \\ 0 \\ 750 \\ 0
\end{pmatrix}.$$

Dieses Gleichungssystem hat die Lösung

$$\begin{aligned}
\underline{u}_h^T &= \begin{pmatrix} u_3 & u_5 & u_8 & u_9 & u_{10} & u_{11} & u_{12} \end{pmatrix} \\[6pt]
&= \frac{1-\bar{v}^2}{\bar{E}} \left(\frac{225000}{91} \quad \frac{450000}{91} \quad -\frac{45000}{91} \quad \frac{225000}{91} \quad -\frac{45000}{91} \quad \frac{450000}{91} \quad -\frac{45000}{91} \right) \\[6pt]
&= \left(\frac{3}{280} \quad \frac{3}{140} \quad -\frac{3}{1400} \quad \frac{3}{280} \quad -\frac{3}{1400} \quad \frac{3}{140} \quad -\frac{3}{1400} \right).
\end{aligned} \tag{4.212}$$

Nachdem wir die Verschiebungen in den FE-Knoten berechnet haben, wollen wir die FE-Näherungslösung noch als Funktion angeben. Dazu benötigen wir die FE-Ansatzfunktionen $p_i(x)$, $i = 1,2,\ldots,8$. Wie die Ansatzfunktionen definiert werden, haben wir im Abschnitt 4.5.2 (siehe (4.70), S. 261) erläutert. Da der Knoten P_1 nur zum Element $T^{(1)}$ gehört, ist die Ansatzfunktion p_1 nur über diesem Element von Null verschieden. Im Element $T^{(1)}$ hat der Knoten mit der globalen Nummer 1 auch die lokale Nummer 1. Deshalb gilt

$$p_1(x) = \begin{cases} p_1^{(1)}(x) & \text{für } x \in \overline{T}^{(1)} \\ 0 & \text{für } x \in \overline{T}^{(2)}. \end{cases}$$

Die Formfunktion $p_1^{(1)}$ erhalten wir, indem die Transformationsvorschrift $\xi_{T^{(1)}}(x)$ in die bilineare Formfunktion $\varphi_1(\xi_1, \xi_2) = (1-\xi_1)(1-\xi_2)$ über dem Referenzviereck eingesetzt wird. Aus der

Abbildungvorschrift (4.209) ergibt sich

$$\xi_{T^{(1)}}(x) = \begin{pmatrix} \xi_1 \\ \xi_2 \end{pmatrix} = \begin{pmatrix} \frac{1}{45} & 0 \\ 0 & \frac{1}{30} \end{pmatrix} \begin{pmatrix} x_1 \\ x_2 \end{pmatrix},$$

d.h.

$$\xi_1 = \frac{1}{45} x_1 \quad \text{und} \quad \xi_2 = \frac{1}{30} x_2 \quad \text{für alle} \quad x = (x_1, x_2) \in \overline{T}^{(1)}.$$

Damit erhalten wir

$$p_1(x) = \begin{cases} \varphi_1(\xi_{T^{(1)}}(x)) = \left(1 - \frac{1}{45} x_1\right)\left(1 - \frac{1}{30} x_2\right) = 1 - \frac{1}{45} x_1 - \frac{1}{30} x_2 + \frac{1}{1350} x_1 x_2 & \text{für } x \in \overline{T}^{(1)} \\ 0 & \text{für } x \in \overline{T}^{(2)}. \end{cases}$$

Der Knoten P_2 gehört zu den beiden Elementen $T^{(1)}$ und $T^{(2)}$. Im Element $T^{(1)}$ hat er die lokale Nummer 2 und im Element $T^{(2)}$ die lokale Nummer 1. Aus der Transformationsvorschrift (4.211) folgt

$$\xi_{T^{(2)}}(x) = \begin{pmatrix} \xi_1 \\ \xi_2 \end{pmatrix} = \begin{pmatrix} \frac{1}{45} & 0 \\ 0 & \frac{1}{30} \end{pmatrix} \begin{pmatrix} x_1 - 45 \\ x_2 \end{pmatrix},$$

d.h.

$$\xi_1 = \frac{1}{45} x_1 - 1 \quad \text{und} \quad \xi_2 = \frac{1}{30} x_2 \quad \text{für alle} \quad x = (x_1, x_2) \in \overline{T}^{(2)}.$$

Deshalb gilt unter Nutzung der bilinearen Formfunktionen $\varphi_1(\xi_1, \xi_2) = (1 - \xi_1)(1 - \xi_2)$ und $\varphi_2(\xi_1, \xi_2) = \xi_1(1 - \xi_2)$

$$p_2(x) = \begin{cases} p_2^{(1)}(x) & \text{für } x \in \overline{T}^{(1)} \\ p_1^{(2)}(x) & \text{für } x \in \overline{T}^{(2)} \end{cases}$$

$$= \begin{cases} \varphi_2(\xi_{T^{(1)}}(x)) = \frac{1}{45} x_1 \cdot \left(1 - \frac{1}{30} x_2\right) = \frac{1}{45} x_1 - \frac{1}{1350} x_1 x_2 & \text{für } x \in \overline{T}^{(1)} \\ \varphi_1(\xi_{T^{(2)}}(x)) = \left(1 - \left(\frac{1}{45} x_1 - 1\right)\right)\left(1 - \frac{1}{30} x_2\right) \\ \qquad = 2 - \frac{1}{45} x_1 - \frac{1}{15} x_2 + \frac{1}{1350} x_1 x_2 & \text{für } x \in \overline{T}^{(2)}. \end{cases}$$

Auf analoge Weise können wir die anderen Ansatzfunktionen bestimmen:

$$p_3(x) = \begin{cases} 0 & \text{für } x \in \overline{T}^{(1)} \\ -1 + \frac{1}{45} x_1 + \frac{1}{30} x_2 - \frac{1}{1350} x_1 x_2 & \text{für } x \in \overline{T}^{(2)}, \end{cases}$$

$$p_4(x) = \begin{cases} \dfrac{1}{30}x_2 - \dfrac{1}{1350}x_1x_2 & \text{für } x \in \overline{T}^{(1)} \\ 0 & \text{für } x \in \overline{T}^{(2)}, \end{cases}$$

$$p_5(x) = \begin{cases} \dfrac{1}{1350}x_1x_2 & \text{für } x \in \overline{T}^{(1)} \\ \dfrac{1}{15}x_2 - \dfrac{1}{1350}x_1x_2 & \text{für } x \in \overline{T}^{(2)}, \end{cases}$$

$$p_6(x) = \begin{cases} 0 & \text{für } x \in \overline{T}^{(1)} \\ -\dfrac{1}{30}x_2 + \dfrac{1}{1350}x_1x_2 & \text{für } x \in \overline{T}^{(2)}, \end{cases}$$

Damit können wir nun die FE-Näherungslösung u_h angegeben. Mit $u_1 = u_2 = u_4 = u_6 = u_7 = 0$ und $u_3, u_5, u_8, u_9, u_{10}, u_{11}, u_{12}$ aus (4.212) gilt für $(x_1, x_2) \in \overline{T}^{(1)}$

$$\begin{aligned} u_{h,1} &= u_1 p_1 + u_3 p_2 + u_5 p_3 + u_7 p_4 + u_9 p_5 + u_{11} p_6 \\ &= 0 \cdot \left(1 - \frac{1}{45}x_1 - \frac{1}{30}x_2 + \frac{1}{1350}x_1x_2\right) + \frac{3}{280} \cdot \left(\frac{1}{45}x_1 - \frac{1}{1350}x_1x_2\right) \\ &\quad + \frac{3}{140} \cdot 0 + 0 \cdot \left(\frac{1}{30}x_2 - \frac{1}{1350}x_1x_2\right) + \frac{3}{280} \cdot \frac{1}{1350}x_1x_2 + \frac{3}{140} \cdot 0 \quad = \quad \frac{1}{4200}x_1, \end{aligned}$$

$$\begin{aligned} u_{h,2} &= u_2 p_1 + u_4 p_2 + u_6 p_3 + u_8 p_4 + u_{10} p_5 + u_{12} p_6 \\ &= 0 \cdot \left(1 - \frac{1}{45}x_1 - \frac{1}{30}x_2 + \frac{1}{1350}x_1x_2\right) + 0 \cdot \left(\frac{1}{45}x_1 - \frac{1}{1350}x_1x_2\right) \\ &\quad + 0 \cdot 0 - \frac{3}{1400} \cdot \left(\frac{1}{30}x_2 - \frac{1}{1350}x_1x_2\right) - \frac{3}{1400} \cdot \frac{1}{1350}x_1x_2 - \frac{3}{1400} \cdot 0 \quad = \quad -\frac{1}{14000}x_2 \end{aligned}$$

und im Dreieck $T^{(2)}$

$$\begin{aligned} u_{h,1} &= u_1 p_1 + u_3 p_2 + u_5 p_3 + u_7 p_4 + u_9 p_5 + u_{11} p_6 \\ &= 0 \cdot 0 + \frac{3}{280} \cdot \left(2 - \frac{1}{45}x_1 - \frac{1}{15}x_2 + \frac{1}{1350}x_1x_2\right) \\ &\quad + \frac{3}{140} \cdot \left(-1 + \frac{1}{45}x_1 + \frac{1}{30}x_2 - \frac{1}{1350}x_1x_2\right) + 0 \cdot 0 \\ &\quad + \frac{3}{280} \cdot \left(\frac{1}{15}x_2 - \frac{1}{1350}x_1x_2\right) + \frac{3}{140} \cdot \left(-\frac{1}{30}x_2 + \frac{1}{1350}x_1x_2\right) \quad = \quad \frac{1}{4200}x_1, \end{aligned}$$

$$\begin{aligned} u_{h,2} &= u_2 p_1 + u_4 p_2 + u_6 p_3 + u_8 p_4 + u_{10} p_5 + u_{12} p_6 \\ &= 0 \cdot 0 + 0 \cdot \left(2 - \frac{1}{45}x_1 - \frac{1}{15}x_2 + \frac{1}{1350}x_1x_2\right) \\ &\quad + 0 \cdot \left(-1 + \frac{1}{45}x_1 + \frac{1}{30}x_2 - \frac{1}{1350}x_1x_2\right) - \frac{3}{1400} \cdot 0 \\ &\quad - \frac{3}{1400} \cdot \left(\frac{1}{15}x_2 - \frac{1}{1350}x_1x_2\right) - \frac{3}{1400} \cdot \left(-\frac{1}{30}x_2 + \frac{1}{1350}x_1x_2\right) \quad = \quad -\frac{1}{14000}x_2. \end{aligned}$$

Die FE-Näherungslösung lautet also

$$\vec{u}_h = \begin{pmatrix} u_{h,1} \\ u_{h,2} \end{pmatrix} = \begin{pmatrix} \dfrac{1}{4200}\,x_1 \\ -\dfrac{1}{14000}\,x_2 \end{pmatrix}. \qquad (4.213)$$

In der Abbildung 4.66 sind die Scheibe und die infolge der wirkenden Zugkräfte deformierte Kontur der Scheibe dargestellt. Dabei haben wir bei der Darstellung der deformierten Kontur im zweiten, dritten und vierten Quadranten die Symmetriebedingungen (4.191) und (4.192) genutzt. Die Koordinaten der Punkte in der deformierten Scheibe erhalten wir indem wir zum Ortsvektor eines jeden Punktes in der undeformierten Scheibe den entsprechenden Verschiebungsvektor addieren. Zum Beispiel ergibt sich für den Ortsvektor des Punktes in der rechten oberen Ecke der deformierten Kontur

$$\begin{pmatrix} 90\text{ mm} \\ 30\text{ mm} \end{pmatrix} + \begin{pmatrix} \dfrac{1}{4200}\cdot 90\text{ mm} \\ -\dfrac{1}{14000}\cdot 30\text{ mm} \end{pmatrix} + \begin{pmatrix} \dfrac{12603}{140}\text{ mm} \\ \dfrac{41997}{1400}\text{ mm} \end{pmatrix} \approx \begin{pmatrix} 90.021\text{ mm} \\ 29.998\text{ mm} \end{pmatrix},$$

d.h. die Koordinaten des Punktes in der rechten oberen Ecke der deformierten Kontur sind $x_1 \approx 90.021$ mm und $x_2 \approx 29.998$ mm.

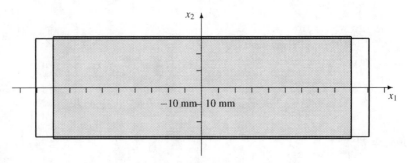

Abbildung 4.66: Mittelfläche der Scheibe und deformatierte Randkontur (Verschiebungsvektor 500fach vergrößert)

Die FE-Näherungslösung (4.213) ist sogar die exakte Lösung des Randwertproblems (4.199). Wir zeigen im Folgenden, dass die Vektorfunktion $\vec{u}_h$ aus (4.213) tatsächlich die Differentialgleichung in (4.199) erfüllt und den Randbedingungen (4.195) – (4.198) genügt. Für

$$u_{h,1} = \frac{1}{4200}\,x_1 \quad \text{und} \quad u_{h,2} = -\frac{1}{14000}\,x_2$$

gilt

$$\frac{\partial u_{h,1}}{\partial x_1} = \frac{1}{4200}, \quad \frac{\partial u_{h,1}}{\partial x_2} = 0, \quad \frac{\partial u_{h,2}}{\partial x_1} = 0, \quad \frac{\partial u_{h,2}}{\partial x_2} = -\frac{1}{14000} \qquad (4.214)$$

und

$$\frac{\partial^2 u_{h,1}}{\partial x_1^2} = \frac{\partial^2 u_{h,1}}{\partial x_2^2} = \frac{\partial^2 u_{h,2}}{\partial x_1^2} = \frac{\partial^2 u_{h,2}}{\partial x_2^2} = 0.$$

Daraus folgt

$$\Delta \vec{u}_h = \begin{pmatrix} \dfrac{\partial^2 u_{h,1}}{\partial x_1^2} + \dfrac{\partial^2 u_{h,1}}{\partial x_2^2} \\[2mm] \dfrac{\partial^2 u_{h,2}}{\partial x_1^2} + \dfrac{\partial^2 u_{h,2}}{\partial x_2^2} \end{pmatrix} = \begin{pmatrix} 0 \\ 0 \end{pmatrix} = \vec{0}, \quad \operatorname{div}\vec{u}_h = \dfrac{\partial u_{h,1}}{\partial x_1} + \dfrac{\partial u_{h,2}}{\partial x_2} = \dfrac{1}{4200} - \dfrac{1}{14000}$$

und

$$\operatorname{grad}(\operatorname{div}\vec{u}_h) = \vec{0}.$$

Folglich gilt

$$-\dfrac{\bar{E}}{1+\bar{v}}\left[\dfrac{1}{2}\Delta\vec{u}_h + \left(\dfrac{1}{2}+\dfrac{\bar{v}}{1-\bar{v}}\right)\operatorname{grad}(\operatorname{div}\vec{u}_h(x))\right] = \vec{0},$$

d.h. die FE-Näherungslösung (4.213) genügt der Differentialgleichung in (4.199). Wir überprüfen nun noch, ob die FE-Näherungslösung auch die gestellten Randbedingungen erfüllt. Wegen

$$u_{h,1}(0,x_2) = \dfrac{1}{4200}\cdot 0 = 0 \quad \text{und} \quad u_{h,2}(x_1,0) = -\dfrac{1}{14000}\cdot 0 = 0$$

erfüllt $\vec{u}_h$ die Dirichletschen Randbedingungen (4.195) und (4.197). Weiterhin gilt mit den ersten partiellen Ableitungen aus (4.214), $\bar{E} = 210000\,\dfrac{\text{N}}{\text{mm}^2}$ und $\bar{v} = 0.3$ für die Komponenten des Spannungstensors (4.181) – (4.183)

$$\begin{aligned}
\sigma_{11} &= \dfrac{\bar{E}}{1-\bar{v}^2}\left(\varepsilon_{11} + \bar{v}\varepsilon_{22}\right) = \dfrac{\bar{E}}{1-\bar{v}^2}\left(\dfrac{\partial u_{h,1}}{\partial x_1} + \bar{v}\dfrac{\partial u_{h,2}}{\partial x_2}\right) \\[3mm]
&= \dfrac{210000\,\dfrac{\text{N}}{\text{mm}^2}}{1-0.3^2}\left(\dfrac{1}{4200} - 0.3\cdot\dfrac{1}{14000}\right) \\[3mm]
&= 50\,\dfrac{\text{N}}{\text{mm}^2}, \\[4mm]
\sigma_{22} &= \dfrac{\bar{E}}{1-\bar{v}^2}\left(\bar{v}\varepsilon_{11} + \varepsilon_{22}\right) = \dfrac{\bar{E}}{1-\bar{v}^2}\left(\bar{v}\dfrac{\partial u_{h,1}}{\partial x_1} + \dfrac{\partial u_{h,2}}{\partial x_2}\right) \\[3mm]
&= \dfrac{210000\,\dfrac{\text{N}}{\text{mm}^2}}{1-0.3^2}\left(0.3\cdot\dfrac{1}{4200} - \dfrac{1}{14000}\right) \\[3mm]
&= 0, \\[4mm]
\sigma_{12} &= \dfrac{\bar{E}}{1+\bar{v}}\varepsilon_{12} = \dfrac{\bar{E}}{1+\bar{v}}\cdot\dfrac{1}{2}\left(\dfrac{\partial u_{h,1}}{\partial x_2} + \dfrac{\partial u_{h,2}}{\partial x_1}\right) \\[3mm]
&= \dfrac{210000\,\dfrac{\text{N}}{\text{mm}^2}}{1+0.3}\left(0+0\right) \\[3mm]
&= 0 \\[4mm]
\sigma_{21} &= \sigma_{12} = 0.
\end{aligned}$$

Folglich sind die Randbedingungen (4.196) und (4.198) mit der gegebenen Kraftkomponente $g = 50 \, \frac{\text{N}}{\text{mm}^2}$ ebenfalls erfüllt. Damit haben wir gezeigt, dass die FE-Näherungslösung (4.213) tatsächlich die exakte Lösung des Randwertproblems (4.199) ist. Wir weisen aber darauf hin, dass die FE-Näherungslösung $\vec{u}_h$ nur in sehr wenigen Fällen auch die exakte Lösung des betrachteten Randwertproblems ist. In der Regel haben wir einen von Null verschiedenen Diskretisierungsfehler.

Wir können auch eine allgemeine Formel für die exakte Lösung des betrachteten Elastizitätsproblems in Abhängigkeit vom Elastizitätsmodul $\bar{E}$ und der Poissonschen Querkontraktionszahl $\bar{v}$ angeben:

$$u_1 = \frac{g}{\bar{E}} \, x_1 \quad \text{und} \quad u_2 = -\frac{\bar{v} g}{\bar{E}} \, x_2 \,.$$

Dies lässt sich genauso zeigen, wie wir es soeben mit der Lösung (4.213) durchgeführt haben, welche wir bei der konkreten Wahl der Materialparameter $\bar{E} = 210000 \, \frac{\text{N}}{\text{mm}^2}$, $\bar{v} = 0.3$ und $g = 50 \, \frac{\text{N}}{\text{mm}^2}$ erhalten haben.

5 Lösungsverfahren für lineare Finite-Elemente-Gleichungssysteme

Als Resultat der FE-Diskretisierung haben wir ein lineares Gleichungssystem

$$K\underline{u} = \underline{f} \tag{5.1}$$

mit $\underline{u}, \underline{f} \in \mathbb{R}^N$ und der $(N \times N)$-Matrix K erhalten. Im Unterschied zu den vorangegangenen Kapiteln werden wir in der Regel in diesem Kapitel den Index h zur Kennzeichnung der Abhängigkeit des FE-Gleichungssystems vom jeweiligen Diskretisierungsparameter h weglassen. Wir werden ihn nur mitführen, wenn er unbedingt erforderlich ist.

Zur Lösung der FE-Gleichungssysteme stellen wir sowohl direkte als auch iterative Verfahren vor. *Direkte Auflösungsverfahren* sind Algorithmen, die den Lösungsvektor $\underline{u}$ in endlich vielen Schritten liefern. *Iterative Verfahren* bestimmen den Lösungsvektor $\underline{u}$ ausgehend von einer Startnäherung $\underline{u}^{(0)}$ als Grenzwert einer Folge von Näherungslösungen $\underline{u}^{(k)}$, $k = 0, 1, \dots$.

Im Weiteren behandeln wir Lösungsverfahren für lineare Gleichungssysteme, deren Systemmatrix K symmetrisch und positiv definit ist, besonders ausführlich. Derartige Gleichungssysteme entstehen bei der in den Kapiteln 3 und 4 beschriebenen FE-Diskretisierung von Randwertproblemen mit symmetrischer und positiver Bilinearform. Bevor wir in den Abschnitten 5.2 und 5.3 verschiedene Lösungsverfahren beschreiben, wiederholen wir einige Grundbegriffe aus der linearen Algebra und wir stellen wichtige Eigenschaften der FE-Gleichungssysteme zusammen.

5.1 Grundbegriffe aus der linearen Algebra und Eigenschaften der FE-Gleichungssysteme

5.1.1 Grundbegriffe aus der linearen Algebra

Definition 5.1

Ein *Skalarprodukt* im Euklidischen Raum $\mathbb{R}^N$ ist eine Funktion $\Psi : \mathbb{R}^N \times \mathbb{R}^N \to \mathbb{R}$, die folgende Eigenschaften besitzt:

(i) $\Psi(\underline{u}_1 + \underline{u}_2, \underline{v}) = \Psi(\underline{u}_1, \underline{v}) + \Psi(\underline{u}_2, \underline{v})$ für alle $\underline{u}_1, \underline{u}_2, \underline{v} \in \mathbb{R}^N$,

(ii) $\Psi(\lambda \underline{u}, \underline{v}) = \lambda \Psi(\underline{u}, \underline{v})$ für alle $\underline{u}, \underline{v} \in \mathbb{R}^N$, für alle $\lambda \in \mathbb{R}$,

(iii) $\Psi(\underline{u}, \underline{v}) = \Psi(\underline{v}, \underline{u})$ für alle $\underline{u}, \underline{v} \in \mathbb{R}^N$,

(iv) $\Psi(\underline{v}, \underline{v}) > 0$ für alle $\underline{v} \in \mathbb{R}^N, \underline{v} \neq 0$.

Ein Beispiel für ein Skalarprodukt im $\mathbb{R}^N$ ist das *Euklidische Skalarprodukt*, welches durch

$$\Psi(\underline{u}, \underline{v}) = (\underline{u}, \underline{v}) = \underline{v}^T \underline{u} = \sum_{i=1}^{N} u_i v_i \quad \text{mit} \quad \underline{u} = [u_i]_{i=1}^{N}, \underline{v} = [v_i]_{i=1}^{N}$$

definiert ist.

Mittels eines Skalarproduktes im $\mathbb{R}^N$ kann man eine Norm im $\mathbb{R}^N$ festlegen:

$$\|\underline{v}\| = \sqrt{\Psi(\underline{v}, \underline{v})}.$$

Für die *Euklidische Vektornorm* eines Vektors $\underline{v} = [v_i]_{i=1}^N \in \mathbb{R}^N$ gilt damit

$$\|\underline{v}\| = \|\underline{v}\|_2 = \sqrt{(\underline{v}, \underline{v})} = \sqrt{\sum_{i=1}^N v_i^2}. \tag{5.2}$$

Eigenschaften einer Norm haben wir bereits im Abschnitt 3.1, S. 74, bei Funktionen kennengelernt. Diese gelten genauso für Normen im $\mathbb{R}^N$.

Die Norm einer quadratischen Matrix $K = [K_{ij}]_{i,j=1}^N$ wird wie folgt eingeführt:

$$\|K\| = \max_{\underline{v} \in \mathbb{R}^N, \underline{v} \neq \underline{0}} \frac{\|K\underline{v}\|}{\|\underline{v}\|}. \tag{5.3}$$

Die so definierte Norm bezeichnet man als *induzierte Matrixnorm*. Wollen wir kennzeichnen durch welche Vektornorm die Matrixnorm induziert wurde, so versehen wir die Norm mit einem Index, zum Beispiel schreiben wir $\|K\|_2$, wenn die Matrixnorm durch die Euklidische Vektornorm induziert wird.

Aus der Definition der Matrixnorm folgt sofort, dass für induzierte Matrixnormen

$$\|K\underline{v}\| \leq \|K\|\|\underline{v}\| \quad \text{für alle } \underline{v} \in \mathbb{R}^N \tag{5.4}$$

gilt.

Wir führen nun einige Begriffe für Matrizen mit speziellen Eigenschaften ein.

Definition 5.2

Eine Matrix $K = [K_{ij}]_{i,j=1}^N$ heißt

- *symmetrisch*, falls

$$(K\underline{u}, \underline{v}) = (\underline{u}, K\underline{v}) \quad \text{für alle } \underline{u}, \underline{v} \in \mathbb{R}^N,$$

  d.h. $K_{ij} = K_{ji}$ für alle $i, j = 1, 2, \ldots, N$ gilt,

- *positiv definit*, falls

$$(K\underline{v}, \underline{v}) > 0 \quad \text{für alle } \underline{v} \in \mathbb{R}^N, \underline{v} \neq \underline{0},$$

- *streng diagonaldominant* (*strikt diagonaldominant*), falls

$$|K_{ii}| > \sum_{\substack{j=1 \\ j \neq i}}^N |K_{ij}| \quad \text{für alle } i = 1, 2, \ldots, N.$$

Mittels einer symmetrischen und positiv definiten Matrix K kann man ein sogenanntes *energetisches Skalarprodukt* (K-energetisches Skalarprodukt) durch

$$\Psi(\underline{u}, \underline{v}) = (\underline{u}, \underline{v})_K = (K\underline{u}, \underline{v}) = \sum_{i,j=1}^N K_{ij} u_j v_i$$

definieren. Damit erhält man die *K-energetische Norm*

$$\|\underline{v}\|_K = \sqrt{(K\underline{v}, \underline{v})} \tag{5.5}$$

eines Vektors $\underline{v} \in \mathbb{R}^N$.

Im Weiteren benötigen wir noch die Begriffe Eigenwert und Eigenvektor einer quadratischen Matrix.

Definition 5.3

Eine (komplexe) Zahl λ heißt *Eigenwert* der quadratischen Matrix K, wenn

$$K\underline{v} = \lambda\underline{v} \tag{5.6}$$

für wenigstens ein $\underline{v} \neq \underline{0}, \underline{v} \in \mathbb{R}^N$, gilt. Wir bezeichnen $\underline{v}$ als *Eigenvektor* zum Eigenwert λ.

Eine komplexe Zahl λ ist genau dann Eigenwert der quadratischen Matrix K, wenn sie Nullstelle des sogenannten *charakteristischen Polynoms*

$$p_N(\lambda) = \det(K - \lambda I) \tag{5.7}$$

ist. Dabei bezeichnet I die Einheitsmatrix.

Die Menge aller Eigenwerte von K bezeichnet man als *Spektrum der Matrix K*. Man schreibt dafür $\sigma(K)$, d.h.

$$\sigma(K) = \{\lambda \in \mathbb{C} : \lambda \text{ ist Eigenwert der Matrix } K\}.$$

Die Größe

$$\rho(K) = \max_{\lambda \in \sigma(K)} |\lambda|$$

wird *Spektralradius der Matrix K* genannt.

Für die Eigenwerte einer Matrix gelten folgende Aussagen:

(i)   Alle Eigenwerte einer symmetrischen Matrix sind reell.

(ii) Für den kleinsten und größten Eigenwert $\lambda_{\min}(K)$ und $\lambda_{\max}(K)$ einer symmetrischen Matrix $K = [K_{ij}]_{i,j=1}^N$ gilt

$$\lambda_{\min}(K) = \min_{\underline{v} \in \mathbb{R}^N, \underline{v} \neq \underline{0}} \frac{(K\underline{v},\underline{v})}{(\underline{v},\underline{v})} \leq \frac{(K\underline{v},\underline{v})}{(\underline{v},\underline{v})} \leq \max_{\underline{v} \in \mathbb{R}^N, \underline{v} \neq \underline{0}} \frac{(K\underline{v},\underline{v})}{(\underline{v},\underline{v})} = \lambda_{\max}(K). \tag{5.8}$$

Den Quotienten $(K\underline{v},\underline{v})/(\underline{v},\underline{v})$ bezeichnet man als *Rayleigh-Quotient* der Matrix K.

(iii) Eine symmetrische, positiv definite Matrix hat nur positive reelle Eigenwerte.

(iv) Ist λ ein Eigenwert der Matrix K, dann ist λ^p Eigenwert der Matrix K^p.

(v)   Die Eigenwerte der Matrix cK haben die Gestalt $c\lambda$, wobei λ Eigenwert der Matrix K und c eine beliebige reelle Zahl sind.

(vi) Die Eigenwerte der Matrix $K + cI$ sind von der Gestalt $\lambda + c$, wobei λ Eigenwert der Matrix K, c eine beliebige reelle Zahl und I die Einheitsmatrix sind.

(vii) **Satz von Gershgorin** (siehe z.B. [SB90])
      Alle Eigenwerte der Matrix $K = [K_{ij}]_{i,j=1}^N$ liegen in der Vereinigung aller Kreise

$$\mathscr{K}_i = \left\{ z \in \mathbb{C} : |z - K_{ii}| \leq \sum_{\substack{j=1 \\ j \neq i}}^N |K_{ij}| \right\}, \, i = 1, 2, \ldots, N. \tag{5.9}$$

Aus der Beziehung (5.9) folgt für jeden Eigenwert λ der Matrix K

$$|\lambda - K_{ii}| \leq \sum_{\substack{j=1 \\ j \neq i}}^{N} |K_{ij}| \quad \text{für mindestens ein } i \in \{1,2,\ldots,N\}.$$

Wegen $|\lambda| - |K_{ii}| \leq |\lambda - K_{ii}|$ ergibt sich daraus

$$|\lambda| - |K_{ii}| \leq \sum_{\substack{j=1 \\ j \neq i}}^{N} |K_{ij}| \quad \Leftrightarrow \quad |\lambda| \leq \sum_{j=1}^{N} |K_{ij}| \quad \text{für mindestens ein } i \in \{1,2,\ldots,N\}.$$

Folglich gilt dann für jeden Eigenwert λ

$$|\lambda| \leq \max_{i=1,2,\ldots,N} \sum_{j=1}^{N} |K_{ij}|$$

so dass wir

$$\rho(K) = \max_{\lambda \in \sigma(K)} |\lambda| \leq \max_{i=1,2,\ldots,N} \sum_{j=1}^{N} |K_{ij}|$$

erhalten. Die rechte Seite dieser Ungleichung nennt man auch *Zeilensummennorm* $\|K\|_\infty$ der Matrix K. Sind alle Eigenwerte von K reell und nicht negativ, kann damit der maximale Eigenwert wie folgt abgeschätzt werden:

$$\lambda_{\max}(K) \leq \|K\|_\infty = \max_{i=1,2,\ldots,N} \sum_{j=1}^{N} |K_{ij}|. \tag{5.10}$$

Die Matrixnorm $\|K\|_2$, die sogenannte *Spektralnorm*, welche mit Hilfe der Euklidischen Vektornorm definiert wird, kann aufgrund der Definition der Matrixnorm (5.3), der Definition der Euklidischen Vektornorm (5.2) und der Beziehung (5.8) folgendermaßen berechnet werden:

$$\begin{aligned}
\|K\|_2^2 &= \left(\max_{v \in \mathbb{R}^N, v \neq 0} \frac{\|Kv\|_2}{\|v\|_2} \right)^2 = \left(\max_{v \in \mathbb{R}^N, v \neq 0} \frac{\sqrt{(Kv, Kv)}}{\sqrt{(v,v)}} \right)^2 \\
&= \max_{v \in \mathbb{R}^N, v \neq 0} \frac{(Kv, Kv)}{(v,v)} = \max_{v \in \mathbb{R}^N, v \neq 0} \frac{(K^T Kv, v)}{(v,v)} \\
&= \lambda_{\max}(K^T K).
\end{aligned} \tag{5.11}$$

Für eine symmetrische, positiv definite Matrix folgt daraus wegen $K^T = K$ sowie der Eigenschaften (iv) und (iii), S. 423,

$$\|K\|_2 = \sqrt{\lambda_{\max}(K^T K)} = \sqrt{\lambda_{\max}(K^2)} = \sqrt{(\lambda_{\max}(K))^2} = |\lambda_{\max}(K)| = \lambda_{\max}(K). \tag{5.12}$$

Aus der Beziehung (5.6) für die Eigenwerte einer Matrix ergibt sich

$$v = K^{-1}(\lambda v) \quad \Leftrightarrow \quad v = \lambda K^{-1} v \quad \Leftrightarrow \quad K^{-1} v = \frac{1}{\lambda} v,$$

d.h. die Eigenwerte der inversen Matrix K^{-1} sind die Zahlen λ^{-1}, wobei λ die Eigenwerte der Matrix K sind. Da die Eigenwerte einer symmetrischen, positiv definiten Matrix alle reell und positiv sind, ergibt sich damit für den größten Eigenwert der Inversen einer symmetrischen, positiv definiten Matrix

$$\lambda_{max}(K^{-1}) = \frac{1}{\lambda_{min}(K)}.$$

Die Inverse einer symmetrischen, positiv definiten Matrix ist ebenfalls symmetrisch und positiv definit. Deshalb folgt dann aus (5.12)

$$\|K^{-1}\|_2 = \frac{1}{\lambda_{min}(K)}. \tag{5.13}$$

Zum Abschluss definieren wir noch die *Konditionszahl einer Matrix K*:

$$\kappa(K) = \|K\|\|K^{-1}\|. \tag{5.14}$$

Wird die Konditionszahl mit Hilfe der durch die Euklidische Vektornorm induzierten Matrixnorm definiert, dann bezeichnet man die Konditionszahl als *spektrale Konditionszahl* und man schreibt $\kappa_2(K)$.

Aus der Definition (5.14) der Konditionszahl sowie den Beziehungen (5.12) und (5.13) folgt für die spektrale Konditionszahl einer symmetrischen, positiv definiten Matrix

$$\kappa(K) = \kappa_2(K) = \|K\|_2 \|K^{-1}\|_2 = \frac{\lambda_{max}(K)}{\lambda_{min}(K)}. \tag{5.15}$$

5.1.2 Eigenschaften von FE-Gleichungssystemen

Die FE-Gleichungssysteme besitzen eine Reihe spezieller Eigenschaften.

- Die Gleichungssysteme sind *großdimensioniert*. Ihre Dimension N wächst, wenn die Diskretisierungsschrittweite h verkleinert wird. Das Wachstum verhält sich wie h^{-d} bei Aufgaben in d-dimensionalen Gebieten (siehe auch Bemerkung 4.8, S. 250). Dies bedeutet für Randwertprobleme in zweidimensionalen Gebieten, dass sich die Anzahl N der Unbekannten etwa vervierfacht, wenn die Schrittweite h halbiert wird. Eine Halbierung der Schrittweite h führt bei Randwertproblemen in dreidimensionalen Gebieten ungefähr zu einer Verachtfachung der Anzahl der Unbekannten.

Beispiel 5.1
Wir vernetzen ein Quadrat bzw. einen Würfel mit Vierecks- bzw. Hexaederelementen (siehe Abb. 5.1).

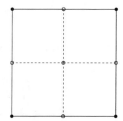 

Abbildung 5.1: Darstellung der Vernetzungen $\mathcal{T}_0$ und $\mathcal{T}_1$ eines Quadrats und eines Würfels

Die feineren Vernetzungen erhalten wir durch Halbierung aller Kanten, so dass aus einem Viereckselement vier kongruente Teilvierecke und aus einem Hexaederelement acht kongruente Hexaederelemente
entstehen. Die Anzahl der Knoten in den Vernetzungen sind in der Tabelle 5.1 angegeben.

Tabelle 5.1: Anzahl der Knoten in den Vernetzungen $\mathcal{T}_k$, $k = 0, 1, \ldots, 8$

	Anzahl der Knoten in der Vernetzung								
	$\mathcal{T}_0$	$\mathcal{T}_1$	$\mathcal{T}_2$	$\mathcal{T}_3$	$\mathcal{T}_4$	$\mathcal{T}_5$	$\mathcal{T}_6$	$\mathcal{T}_7$	$\mathcal{T}_8$
Quadrat	4	9	25	81	289	1089	4225	16691	66049
Würfel	8	27	125	729	4913	35937	274625	2146689	16974593

Aus dieser Tabelle wird deutlich, dass insbesondere bei Randwertproblemen in dreidimensionalen Gebieten schon nach wenigen Verfeinerungsschritten die Anzahl der Knoten sehr groß ist und somit auch
die Dimension des FE-Gleichungssystems sehr groß wird. Außerdem sehen wir, dass sich ab der Vernetzung $\mathcal{T}_5$ die Anzahl der Knoten bei jeder weiteren Verfeinerung der Vernetzung des Quadrats etwa
vervierfacht und bei jeder weiteren Verfeinerung der Vernetzung des Würfels etwa verachtfacht.

- Die Systemmatrix K ist aufgrund der Wahl der Ansatzfunktionen mit lokalem Träger *schwach
  besetzt (dünnbesetzt)* (siehe Abschnitte 3.3, S. 88, und 4.4.3, S. 230), d.h. in jeder Matrixzeile sind nur sehr wenige Matrixelemente von Null verschieden. Die Anzahl der Nicht-Null-
  Elemente pro Zeile ist unabhängig von der Diskretisierungsschrittweite. Sie hängt nur vom
  Polynomgrad der verwendeten Ansatzfunktionen ab. Die Anzahl der Nicht-Null-Elemente in
  der Matrix K ist folglich proportional zur Anzahl N der Unbekannten des FE-Gleichungssystems.

- Bei geeigneter Knotennummerierung besitzen die FE-Matrizen eine Bandstruktur. Die Bandweite, d.h. der größte Abstand, den ein Nicht-Null-Element einer Zeile vom entsprechenden
  Hauptdiagonalelement hat, hängt von der Knotennummerierung ab. Dies werden wir im Abschnitt 5.2 demonstrieren. Man kann erreichen, dass die Bandweite in der Größenordnung von
  $h^{-(d-1)}$ liegt.

- Die Steifigkeitsmatrix, welche bei der FE-Diskretisierung des Wärmeleitproblems (4.1) und
  des linearen Elastizitätsproblems (4.22) in Variationsformulierung (4.21) und (4.27) entsteht,
  ist *symmetrisch* und *positiv definit*. Dies lässt sich folgendermaßen begründen. Wegen der
  Symmetrie der Bilinearformen in (4.21) und (4.27) gilt

$$(K_h \underline{u}_h, \underline{v}_h) = a(u_h, v_h) = a(v_h, u_h) = (K_h \underline{v}_h, \underline{u}_h) = (\underline{u}_h, K_h \underline{v}_h)$$

  für alle $\mathbb{R}^{N_h} \ni \underline{u}_h, \underline{v}_h \leftrightarrow u_h, v_h \in V_{0h}$, d.h. die Matrix K_h ist symmetrisch. Wie wir im Abschnitt 4.3 gezeigt haben, sind die Bilinearformen in (4.21) und (4.27) V_0-elliptisch. Aus die-
  ser Eigenschaft erhalten wir, dass die Matrix K_h positiv definit ist, denn es gilt

$$(K_h \underline{v}_h, \underline{v}_h) = a(v_h, v_h) \geq \mu_1 \|v_h\|_{1,2,\Omega}^2 > 0$$

  für alle $\mathbb{R}^{N_h} \ni \underline{v}_h \leftrightarrow v_h \in V_{0h}, v_h \neq 0$.

- Für die Eigenwerte der Steifigkeitsmatrix K, welche aus der FE-Diskretisierung der Randwertprobleme (4.1) und (4.22) in Variationsformulierung (4.21) und (4.27) resultiert, gilt

$$\lambda_{\min}(K) \geq \underline{c} h^d \quad \text{und} \quad \lambda_{\max}(K) \leq \bar{c} h^{d-2}. \tag{5.16}$$

Dabei sind $\underline{c}, \bar{c}$ von der Diskretisierungsschrittweite h unabhängige, positive Konstanten und
d ist die Raumdimension, d.h. $d = 1, 2, 3$.

Wir begründen die beiden Abschätzungen (5.16) im Fall des Randwertproblemes (4.1) in einem zweidimensionalen Gebiet und einer Diskretisierung mit Dreieckselementen. Dazu führen wir die folgenden Vorüberlegungen durch. Die Matrix $J^{(r)}$ aus der Vorschrift (4.62) – (4.63) zur Abbildung eines Dreieckselements $T^{(r)}$ auf das Referenzdreieck besitzt die folgenden Eigenschaften:

(i) $\qquad \underline{c}_1 h^2 \leq |\det J^{(r)}| \leq \overline{c}_1 h^2,$ (5.17)

(ii) $\qquad \|J^{(r)}\|_2 = \sqrt{\lambda_{\max}((J^{(r)})^T J^{(r)})} \leq c_2 h,$ (5.18)

(iii) $\qquad \|(J^{(r)})^{-T}\|_2 = \sqrt{\lambda_{\max}((J^{(r)})^{-1}(J^{(r)})^{-T})} \leq c_3 h^{-1}.$ (5.19)

Die Eigenschaft (i) gilt aufgrund folgender Überlegung. Das Dreieck $T^{(r)}$ habe den maximalen Elementdurchmesser $h^{(r)}$. Sei dies ohne Einschränkung der Allgemeinheit die Seite $\overline{P_1^{(r)} P_2^{(r)}}$ (siehe Abb. 5.2).

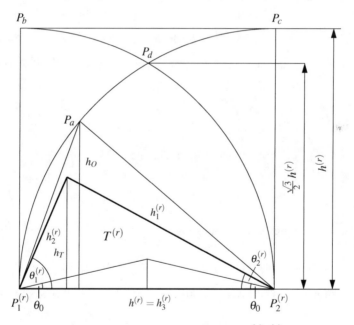

Abbildung 5.2: Dreieck $T^{(r)}$ und Dreieck $\Delta P_1^{(r)} P_2^{(r)} P_a$

Dann ist das Dreieck $T^{(r)}$ in einem Dreieck $\Delta P_1^{(r)} P_2^{(r)} P_a$ enthalten, wobei der Eckpunkt P_a auf dem Kreisbogen durch die beiden Punkte $P_1^{(r)}$ und P_c bzw. $P_2^{(r)}$ und P_d liegt (siehe Abb. 5.2).

Der Betrag der Determinante der Matrix $J^{(r)}$ ist gleich dem Doppelten des Flächeninhalts $F_{T^{(r)}} = \text{meas}(T^{(r)})$ des Dreiecks $T^{(r)}$ (siehe (4.65), S. 253), d.h.

$$|\det J^{(r)}| = 2 F_{T^{(r)}}.$$ (5.20)

Dieser Flächeninhalt ist

$$F_{T^{(r)}} = \frac{1}{2} h^{(r)} h_T = \frac{1}{2} h^{(r)} h_2^{(r)} \sin \theta_1^{(r)} = \frac{1}{2} h^{(r)} h_1^{(r)} \sin \theta_2^{(r)}. \tag{5.21}$$

Wegen $90° > \theta_1^{(r)}, \theta_2^{(r)} \geq \theta_0 > 0$ gilt

$$\sin \theta_1^{(r)} \geq \sin \theta_0 > 0, \;\; \sin \theta_2^{(r)} \geq \sin \theta_0 > 0.$$

Zusammen mit

$$\max \{h_1^{(r)}, h_2^{(r)}\} \geq \frac{1}{2} h^{(r)}$$

folgt dann aus (5.21)

$$F_{T^{(r)}} \geq \frac{1}{2} h^{(r)} \cdot \frac{1}{2} h^{(r)} \sin \theta_0 = \frac{1}{4} (h^{(r)})^2 \sin \theta_0. \tag{5.22}$$

Dabei ist θ_0 der kleinste Innenwinkel aller Dreiecke der verwendeten Vernetzung.

Für den Flächeninhalt des Dreiecks $\Delta P_1^{(r)} P_2^{(r)} P_a$ gilt

$$F_{P_1^{(r)} P_2^{(r)} P_a} \leq \frac{1}{2} h^{(r)} h_O.$$

Da die Höhe h_O maximal die Höhe des gleichseitigen Dreiecks $\Delta P_1^{(r)} P_2^{(r)} P_d$ sein kann, welche $\frac{\sqrt{3}}{2} h^{(r)}$ beträgt, erhalten wir

$$F_{P_1^{(r)} P_2^{(r)} P_a} \leq \frac{1}{2} h^{(r)} \cdot \frac{\sqrt{3}}{2} h^{(r)} = \frac{\sqrt{3}}{4} (h^{(r)})^2. \tag{5.23}$$

Wegen $F_{T^{(r)}} \leq F_{P_1^{(r)} P_2^{(r)} P_a}$ folgt mit (5.20), (5.22), und (5.23)

$$\frac{1}{4} (h^{(r)})^2 \sin \theta_0 \leq \frac{1}{2} |\det J^{(r)}| \leq \frac{\sqrt{3}}{4} (h^{(r)})^2$$

und somit unter Nutzung der Beziehung $\alpha_0 h \leq h_1^{(r)}, h_2^{(r)}, h_3^{(r)} \leq h$ (siehe (4.59), S. 234)

$$\underline{c}_1 h^2 \leq |\det J^{(r)}| \leq \bar{c}_1 h^2 \quad \text{mit} \quad \underline{c}_1 = \alpha_0^2 \frac{\sin \theta_0}{2}, \bar{c}_1 = \frac{\sqrt{3}}{2}.$$

Wir begründen nun die Gültigkeit der Abschätzung (5.18). Aufgrund der Beziehung (5.11) gilt

$$\|J^{(r)}\|_2^2 = \lambda_{\max}((J^{(r)})^T J^{(r)}).$$

Die Matrix $(J^{(r)})^T J^{(r)}$ ist symmetrisch und wegen

$$((J^{(r)})^T J^{(r)} \underline{v}, \underline{v}) = (J^{(r)} \underline{v}, J^{(r)} \underline{v}) = \|J^{(r)} \underline{v}\|_2^2 \geq 0 \quad \text{sowie} \quad (\underline{v}, \underline{v}) = \|\underline{v}\|_2^2 > 0$$

für alle $\underline{v} \in \mathbb{R}^2$, $\underline{v} \neq \underline{0}$, folgt (siehe (5.8))

$$\lambda_{\min}((J^{(r)})^T J^{(r)}) = \min_{\underline{v} \in \mathbb{R}^2, \underline{v} \neq \underline{0}} \frac{((J^{(r)})^T J^{(r)} \underline{v}, \underline{v})}{(\underline{v}, \underline{v})} \geq 0,$$

d.h. alle Eigenwerte der Matrix $(J^{(r)})^T J^{(r)}$ sind reell und nicht negativ. Deshalb können wir unter Anwendung der Beziehung (5.10) den größten Eigenwert der Matrix $(J^{(r)})^T J^{(r)}$ wie folgt abschätzen:

$$\lambda_{\max}((J^{(r)})^T J^{(r)}) \leq \max_{i=1,2} \sum_{j=1}^{2} |((J^{(r)})^T J^{(r)})_{ij}|.$$

Mit der Matrix $J^{(r)}$ aus (4.62) – (4.63), d.h.

$$J^{(r)} = \begin{pmatrix} x_1^{(r,2)} - x_1^{(r,1)} & x_1^{(r,3)} - x_1^{(r,1)} \\ x_2^{(r,2)} - x_2^{(r,1)} & x_2^{(r,3)} - x_2^{(r,1)} \end{pmatrix},$$

ergibt sich

$$(J^{(r)})^T J^{(r)} = \left[((J^{(r)})^T J^{(r)})_{ij} \right]_{i,j=1}^{2}$$

mit

$$\begin{aligned}
((J^{(r)})^T J^{(r)})_{11} &= (x_1^{(r,2)} - x_1^{(r,1)})^2 + (x_2^{(r,2)} - x_2^{(r,1)})^2 \\
((J^{(r)})^T J^{(r)})_{12} &= (x_1^{(r,2)} - x_1^{(r,1)})(x_1^{(r,3)} - x_1^{(r,1)}) + (x_2^{(r,2)} - x_2^{(r,1)})(x_2^{(r,3)} - x_2^{(r,1)}) \\
((J^{(r)})^T J^{(r)})_{21} &= ((J^{(r)})^T J^{(r)})_{12}, \\
((J^{(r)})^T J^{(r)})_{22} &= (x_1^{(r,3)} - x_1^{(r,1)})^2 + (x_2^{(r,3)} - x_2^{(r,1)})^2.
\end{aligned}$$

Diese Matrixeinträge lassen sich wie folgt abschätzen:

$$\begin{aligned}
|((J^{(r)})^T J^{(r)})_{11}| &\leq h^2 + h^2 &= 2h^2, \\
|((J^{(r)})^T J^{(r)})_{12}| = |((J^{(r)})^T J^{(r)})_{21}| &\leq h \cdot h + h \cdot h &= 2h^2, \\
|((J^{(r)})^T J^{(r)})_{22}| &\leq h^2 + h^2 &= 2h^2.
\end{aligned}$$

Somit folgt

$$\begin{aligned}
\|J^{(r)}\|_2^2 = \lambda_{\max}((J^{(r)})^T J^{(r)}) &\leq \max_{i=1,2} \sum_{j=1}^{2} |((J^{(r)})^T J^{(r)})_{ij}| \\
&\leq \max\{2h^2 + 2h^2, 2h^2 + 2h^2\} \\
&= 4h^2,
\end{aligned}$$

d.h. $\|J^{(r)}\|_2 \leq 2h$. Folglich gilt die Abschätzung (5.18) mit der Konstanten $c_2 = 2$.

Analog wie oben für die Matrix $(J^{(r)})^T J^{(r)}$ lässt sich zeigen, dass die Matrix $(J^{(r)})^{-1}(J^{(r)})^{-T}$ symmetrisch ist und nur nicht negative reelle Eigenwerte hat, so dass wir zunächst

$$\|(J^{(r)})^{-T}\|_2^2 = \lambda_{\max}((J^{(r)})^{-1}(J^{(r)})^{-T}) \leq \max_{i=1,2} \sum_{j=1}^{2} |((J^{(r)})^{-1}(J^{(r)})^{-T}))_{ij}|$$

erhalten. Mit der Matrix $(J^{(r)})^{-1}$ aus (4.66) – (4.67), S. 253, d.h.

$$(J^{(r)})^{-1} = \frac{1}{\det J^{(r)}} \begin{pmatrix} x_2^{(r,3)} - x_2^{(r,1)} & -(x_1^{(r,3)} - x_1^{(r,1)}) \\ -(x_2^{(r,2)} - x_2^{(r,1)}) & x_1^{(r,2)} - x_1^{(r,1)} \end{pmatrix},$$

und der Abschätzung (5.17) ergibt sich dann

$$\begin{aligned}
\left|((J^{(r)})^{-1}(J^{(r)})^{-T})_{11}\right| &= \left|\frac{1}{(\det J^{(r)})^2}\left[(x_2^{(r,3)} - x_2^{(r,1)})^2 + (x_1^{(r,3)} - x_1^{(r,1)})^2\right]\right| \\
&\leq \frac{1}{(\underline{c}_1 h^2)^2}[h^2 + h^2] \\
&= 2\underline{c}_1^{-2}h^{-2},
\end{aligned}$$

$$\begin{aligned}
\left|((J^{(r)})^{-1}(J^{(r)})^{-T})_{12}\right| &= \left|-\frac{1}{(\det J^{(r)})^2}\left[(x_2^{(r,3)} - x_2^{(r,1)})(x_2^{(r,2)} - x_2^{(r,1)})\right.\right. \\
&\qquad\qquad\qquad \left.\left. + (x_1^{(r,3)} - x_1^{(r,1)})(x_1^{(r,2)} - x_1^{(r,1)})\right]\right| \\
&\leq \frac{1}{(\underline{c}_1 h^2)^2}[h^2 + h^2] \\
&= 2\underline{c}_1^{-2}h^{-2},
\end{aligned}$$

$$\left|((J^{(r)})^{-1}(J^{(r)})^{-T})_{21}\right| = \left|((J^{(r)})^{-1}(J^{(r)})^{-T})_{12}\right|,$$

$$\begin{aligned}
\left|((J^{(r)})^{-1}(J^{(r)})^{-T})_{22}\right| &= \left|\frac{1}{(\det J^{(r)})^2}\left[(x_2^{(r,2)} - x_2^{(r,1)})^2 + (x_1^{(r,2)} - x_1^{(r,1)})^2\right]\right| \\
&\leq \frac{1}{(\underline{c}_1 h^2)^2}[h^2 + h^2] \\
&= 2\underline{c}_1^{-2}h^{-2},
\end{aligned}$$

woraus

$$\begin{aligned}
\|(J^{(r)})^{-T}\|_2^2 &= \lambda_{\max}((J^{(r)})^{-1}(J^{(r)})^{-T}) \leq \max_{i=1,2}\sum_{j=1}^{2}\left|((J^{(r)})^{-1}(J^{(r)})^{-T})_{ij}\right| \\
&\leq \max\{2\underline{c}_1^{-2}h^{-2} + 2\underline{c}_1^{-2}h^{-2}, 2\underline{c}_1^{-2}h^{-2} + 2\underline{c}_1^{-2}h^{-2}\} \\
&= 4\underline{c}_1^{-2}h^{-2}
\end{aligned}$$

folgt. Die Abschätzung (5.19) gilt folglich mit der Konstanten $c_3 = 2\underline{c}_1^{-1}$.

Nachdem wir die Gültigkeit der Abschätzungen (5.17) – (5.19) gezeigt haben, können wir begründen, warum die Abschätzungen (5.16) der Eigenwerte der Steifigkeitsmatrix gelten. Beginnen wir mit der Abschätzung des kleinsten Eigenwertes nach unten. Da die Bilinearform in (4.21) V_0-elliptisch ist, erhalten wir

$$(K_h\underline{v}_h, \underline{v}_h) = a(v_h, v_h) \geq \mu_1\|v_h\|_{1,2,\Omega}^2 \quad \text{für alle } R^{N_h} \ni \underline{v}_h \leftrightarrow v_h \in V_{0h}, v_h \neq 0.$$

Aufgrund der Definition der H^1-Norm (siehe (4.5), S. 202) folgt daraus

$$(K_h \underline{v}_h, \underline{v}_h) \geq \mu_1 \left(\int_\Omega (v_h(x))^2 \, dx + \int_\Omega |\mathrm{grad}\, v_h(x)|^2 \, dx \right).$$

Da beide Summanden auf der rechten Seite dieser Ungleichung nicht negativ sind, können wir beispielsweise den zweiten Summanden weglassen und dadurch nach unten weiter abschätzen:

$$(K_h \underline{v}_h, \underline{v}_h) \geq \mu_1 \int_\Omega (v_h(x))^2 \, dx = \mu_1 \sum_{r=1}^{R_h} \int_{T^{(r)}} (v_h(x))^2 \, dx.$$

Unter Nutzung der Gestalt der Funktionen v_h (siehe (4.72), S. 262) und der Definition der Ansatzfunktionen p_j (siehe (4.70)) können wir diese Ungleichung auch in der Form

$$(K_h \underline{v}_h, \underline{v}_h) \geq \mu_1 \int_\Omega (v_h(x))^2 \, dx = \mu_1 \sum_{r=1}^{R_h} \sum_{\beta \in \widehat{\omega}} \sum_{\alpha \in \widehat{\omega}} v_\beta^{(r)} v_\alpha^{(r)} \int_{T^{(r)}} p_\beta^{(r)}(x) p_\alpha^{(r)}(x) \, dx$$

schreiben. Hierbei sind α und β die lokalen Knotennummern der Knoten des Dreiecks $T^{(r)}$ (siehe auch in Analogie die Beziehung (4.80), S. 265). Nun transformieren wir die Integrale über $T^{(r)}$ auf Integrale über dem Referenzdreieck $\widehat{T}$. Dabei nutzen wir die Abbildungsvorschrift (4.62) – (4.63) und die Definition der Formfunktionen über dem Dreieck $T^{(r)}$ (siehe (4.71), S. 261):

$$(K_h \underline{v}_h, \underline{v}_h) \geq \mu_1 \sum_{r=1}^{R_h} \sum_{\beta \in \widehat{\omega}} \sum_{\alpha \in \widehat{\omega}} v_\beta^{(r)} v_\alpha^{(r)} \int_{\widehat{T}} \varphi_\beta(\xi) \varphi_\alpha(\xi) |\det J^{(r)}| \, d\xi.$$

Da die linearen Formfunktionen über dem Referenzdreieck $\widehat{T}$ (siehe Tabelle 4.3) nicht negativ sind, verkleinert sich der Integrand, wenn wir $|\det J^{(r)}|$ durch die untere Schranke $\underline{c}_1 h^2$ aus (5.17) ersetzen. Damit wird auch der Wert des Integrals über $\widehat{T}$ höchstens kleiner. Deshalb folgt aus der obigen Abschätzung

$$(K_h \underline{v}_h, \underline{v}_h) \geq \mu_1 \sum_{r=1}^{R_h} \sum_{\beta \in \widehat{\omega}} \sum_{\alpha \in \widehat{\omega}} v_\beta^{(r)} v_\alpha^{(r)} \int_{\widehat{T}} \varphi_\beta(\xi) \varphi_\alpha(\xi) \underline{c}_1 h^2 \, d\xi$$

$$= \mu_1 \underline{c}_1 h^2 \sum_{r=1}^{R_h} \sum_{\beta \in \widehat{\omega}} \sum_{\alpha \in \widehat{\omega}} v_\beta^{(r)} v_\alpha^{(r)} \int_{\widehat{T}} \varphi_\beta(\xi) \varphi_\alpha(\xi) \, d\xi.$$

Die letzte Ungleichung können wir auch in der Form

$$(K_h \underline{v}_h, \underline{v}_h) \geq \mu_1 \underline{c}_1 h^2 \sum_{r=1}^{R_h} (\widehat{M} \underline{v}^{(r)}, \underline{v}^{(r)}) \tag{5.24}$$

mit

$$\widehat{M} = \left[\int_{\widehat{T}} \varphi_\beta(\xi) \varphi_\alpha(\xi) \, d\xi \right]_{\alpha, \beta = 1}^3 = \frac{1}{24} \begin{pmatrix} 2 & 1 & 1 \\ 1 & 2 & 1 \\ 1 & 1 & 2 \end{pmatrix} \quad \text{und} \quad \underline{v}^{(r)} = \left[v_\alpha^{(r)} \right]_{\alpha=1}^3$$

schreiben. Für die weitere Abschätzung nach unten wollen wir den Rayleigh-Quotienten (5.8), genauer die Beziehung

$$(\widehat{M}\underline{v}^{(r)}, \underline{v}^{(r)}) \geq \lambda_{\min}(\widehat{M})(\underline{v}^{(r)}, \underline{v}^{(r)}) \tag{5.25}$$

nutzen. Deshalb berechnen wir nun den kleinsten Eigenwert der Matrix $\widehat{M}$. Das charakteristische Polynom der Matrix $\widehat{M}$ lautet (siehe (5.7)):

$$\det(\widehat{M} - \lambda I) = \det\left(\left(\begin{array}{ccc} \frac{1}{12} - \lambda & \frac{1}{24} & \frac{1}{24} \\ \frac{1}{24} & \frac{1}{12} - \lambda & \frac{1}{24} \\ \frac{1}{24} & \frac{1}{24} & \frac{1}{12} - \lambda \end{array}\right)\right) = -\lambda^3 + \frac{1}{4}\lambda^2 - \frac{1}{64}\lambda + \frac{1}{3456}.$$

Die Nullstellen dieses Polynoms sind

$$\lambda_{1,2} = \frac{1}{24} \quad \text{und} \quad \lambda_3 = \frac{1}{6},$$

d.h.

$$\lambda_{\min}(\widehat{M}) = \frac{1}{24}.$$

Aus den Abschätzungen (5.24) und (5.25) ergibt sich damit

$$(K_h\underline{v}_h, \underline{v}_h) \geq \mu_1\underline{c}_1 h^2 \sum_{r=1}^{R_h} \frac{1}{24}(\underline{v}^{(r)}, \underline{v}^{(r)}) \geq \frac{1}{24}\mu_1\underline{c}_1 h^2(\underline{v}_h, \underline{v}_h) \quad \text{für alle } \underline{v}_h \in \mathbb{R}^{N_h}, \underline{v}_h \neq \underline{0}$$

oder äquivalent dazu

$$\min_{\underline{v}_h \in \mathbb{R}^{N_h}, \underline{v}_h \neq \underline{0}} \frac{(K_h\underline{v}_h, \underline{v}_h)}{(\underline{v}_h, \underline{v}_h)} \geq \frac{1}{24}\mu_1\underline{c}_1 h^2.$$

Gemäß der Beziehung (5.8) bedeutet dies, dass

$$\lambda_{\min}(K_h) \geq \underline{c}h^2 \quad \text{mit} \quad \underline{c} = \frac{1}{24}\mu_1\underline{c}_1$$

gilt, wobei $\underline{c}_1$ aus der Ungleichung (5.17) ist. Damit haben wir die Abschätzung (5.16) für den kleinsten Eigenwert der Steifigkeitsmatrix im räumlich zweidimensionalen Fall, d.h. $d = 2$, bewiesen. Es verbleibt nun noch die Abschätzung nach oben für den größten Eigenwert der Steifigkeitsmatrix zu begründen. Da die Bilinearform in (4.21) V_0-beschränkt ist, erhalten wir für alle $\mathbb{R}^{N_h} \ni \underline{v}_h \leftrightarrow v_h \in V_{0h}, v_h \neq 0$,

$$(K_h\underline{v}_h, \underline{v}_h) = a(v_h, v_h) \leq \mu_2\|v_h\|_{1,2,\Omega}^2$$

$$= \mu_2\left(\int_\Omega (v_h(x))^2\,dx + \int_\Omega |\operatorname{grad} v_h(x)|^2\,dx\right)$$

$$= \mu_2 \sum_{r \in R_h}\left(\int_{T^{(r)}} (v_h(x))^2\,dx + \int_{T^{(r)}} |\operatorname{grad} v_h(x)|^2\,dx\right)$$

$$= \mu_2 \sum_{r \in R_h} \int_{T^{(r)}} [(v_h(x))^2 + |\operatorname{grad} v_h(x)|^2]\,dx.$$

Nach Transformation der Integrale über $T^{(r)}$ auf Integrale über dem Referenzdreieck $\widehat{T}$ ergibt sich (siehe auch S. 266)

$$(K_h \underline{v}_h, \underline{v}_h) \leq \mu_2 \sum_{r \in R_h} \int_{\widehat{T}} \left[(v_h(x_{T^{(r)}}(\xi)))^2 + |(J^{(r)})^{-T} \text{grad}_\xi\, v_h(x_{T^{(r)}}(\xi))|^2 \right] |\det J^{(r)}| \, d\xi .$$

Um die Schreibweise etwas zu vereinfachen, lassen wir im Folgenden das Argument $x_{T^{(r)}}(\xi)$ weg und schreiben es erst dann wieder in den Integranden, wenn wir es benötigen.

Wir formen die rechte Seite in der obigen Abschätzung weiter um:

$$(K_h \underline{v}_h, \underline{v}_h) \leq \mu_2 \sum_{r \in R_h} \int_{\widehat{T}} \left[(v_h)^2 + ((J^{(r)})^{-T} \text{grad}_\xi\, v_h, (J^{(r)})^{-T} \text{grad}_\xi\, v_h) \right] |\det J^{(r)}| \, d\xi$$

$$= \mu_2 \sum_{r \in R_h} \int_{\widehat{T}} \left[(v_h)^2 + ((J^{(r)})^{-1} (J^{(r)})^{-T} \text{grad}_\xi\, v_h, \text{grad}_\xi\, v_h) \right] |\det J^{(r)}| \, d\xi .$$

Da der Wert eines Integrals nicht kleiner wird, wenn wir den Integranden vergrößern, können wir mit Hilfe des Rayleigh-Quotienten (5.8), d.h. der Beziehung

$$\left((J^{(r)})^{-1} (J^{(r)})^{-T} \text{grad}_\xi\, v_h, \text{grad}_\xi\, v_h \right) \leq \lambda_{\max}\left((J^{(r)})^{-1} (J^{(r)})^{-T} \right) \left(\text{grad}_\xi\, v_h, \text{grad}_\xi\, v_h \right),$$

weiter nach oben abschätzen:

$$(K_h \underline{v}_h, \underline{v}_h) \leq \mu_2 \sum_{r \in R_h} \int_{\widehat{T}} \left[(v_h)^2 + \lambda_{\max}\left((J^{(r)})^{-1} (J^{(r)})^{-T} \right) \left(\text{grad}_\xi\, v_h, \text{grad}_\xi\, v_h \right) \right] |\det J^{(r)}| \, d\xi .$$

Unter Nutzung der Beziehung (5.19), d.h.

$$\lambda_{\max}\left((J^{(r)})^{-1} (J^{(r)})^{-T} \right) \leq c_3^2 h^{-2},$$

erhalten wir dann

$$(K_h \underline{v}_h, \underline{v}_h) \leq \mu_2 \sum_{r \in R_h} \int_{\widehat{T}} \left[(v_h)^2 + c_3^2 h^{-2} \left(\text{grad}_\xi\, v_h, \text{grad}_\xi\, v_h \right) \right] |\det J^{(r)}| \, d\xi$$

$$\leq \mu_2 \sum_{r \in R_h} \int_{\widehat{T}} \max\{1, c_3^2 h^{-2}\} \left[(v_h)^2 + \left(\text{grad}_\xi\, v_h, \text{grad}_\xi\, v_h \right) \right] |\det J^{(r)}| \, d\xi$$

$$= \mu_2 \max\{1, c_3^2 h^{-2}\} \sum_{r \in R_h} \int_{\widehat{T}} \left[(v_h)^2 + (\text{grad}_\xi\, v_h)^T \text{grad}_\xi\, v_h \right] |\det J^{(r)}| \, d\xi .$$

Wegen

$$|\det J^{(r)}| \leq \overline{c}_1 h^2$$

(siehe (5.17)) und der Tatsache, dass die beiden Summanden im Integranden nicht negativ sind, können wir die Integranden und damit die Integrale weiter nach oben abschätzen:

$$(K_h \underline{v}_h, \underline{v}_h) \leq \mu_2 \max\{1, c_3^2 h^{-2}\} \overline{c}_1 h^2 \sum_{r \in R_h} \int_{\widehat{T}} \left[(v_h)^2 + (\text{grad}_\xi\, v_h)^T \text{grad}_\xi\, v_h \right] d\xi .$$

Für alle $h \leq h_0 = c_3$ gilt $c_3^2 h^{-2} \geq 1$ und somit $\max\{1, c_3^2 h^{-2}\} = c_3^2 h^{-2}$. Somit erhalten wir

$$
\begin{aligned}
(K_h \underline{v}_h, \underline{v}_h) &\leq \mu_2 c_3^2 h^{-2} \overline{c}_1 h^2 \sum_{r \in R_h} \int_{\widehat{T}} \left[(v_h)^2 + (\operatorname{grad}_\xi v_h)^T \operatorname{grad}_\xi v_h \right] d\xi \\
&= \mu_2 \overline{c}_1 c_3^2 \sum_{r \in R_h} \int_{\widehat{T}} \left[(v_h)^2 + (\operatorname{grad}_\xi v_h)^T \operatorname{grad}_\xi v_h \right] d\xi .
\end{aligned}
$$

Genauso wie bei der Abschätzung des kleinsten Eigenwertes können wir unter Nutzung der Gestalt der Funktionen v_h (siehe (4.72), S. 262) und der Definition der Ansatzfunktionen p_j (siehe (4.70)) diese Beziehung in der Form

$$
\begin{aligned}
(K_h \underline{v}_h, \underline{v}_h) &\leq \mu_2 \overline{c}_1 c_3^2 \sum_{r \in R_h} \sum_{\beta \in \widehat{\omega}} \sum_{\alpha \in \widehat{\omega}} \underline{v}_\beta^{(r)} \underline{v}_\alpha^{(r)} \int_{\widehat{T}} \left[p_\beta^{(r)}(x_{T^{(r)}}(\xi)) p_\alpha^{(r)}(x_{T^{(r)}}(\xi)) \right. \\
&\qquad\qquad \left. + (\operatorname{grad}_\xi p_\alpha^{(r)}(x_{T^{(r)}}(\xi)))^T \operatorname{grad}_\xi p_\beta^{(r)}(x_{T^{(r)}}(\xi)) \right] d\xi \\
&= \mu_2 \overline{c}_1 c_3^2 \sum_{r \in R_h} \sum_{\beta \in \widehat{\omega}} \sum_{\alpha \in \widehat{\omega}} \underline{v}_\beta^{(r)} \underline{v}_\alpha^{(r)} \int_{\widehat{T}} \left[\varphi_\beta(\xi) \varphi_\alpha(\xi) + (\operatorname{grad}_\xi \varphi_\alpha(\xi))^T \operatorname{grad}_\xi \varphi_\beta(\xi) \right] d\xi
\end{aligned}
$$

schreiben. Mit

$$
\widehat{K} = \left[\int_{\widehat{T}} \left[\varphi_\beta(\xi) \varphi_\alpha(\xi) + (\operatorname{grad}_\xi \varphi_\alpha(\xi))^T \operatorname{grad}_\xi \varphi_\beta(\xi) \right] d\xi \right]_{\alpha, \beta = 1}^{3} \quad \text{und} \quad \underline{v}^{(r)} = [v_\alpha^{(r)}]_{\alpha=1}^3
$$

geht die obige Abschätzung über in

$$
(K_h \underline{v}_h, \underline{v}_h) \leq \mu_2 \overline{c}_1 c_3^2 \sum_{r \in R_h} (\widehat{K} \underline{v}^{(r)}, \underline{v}^{(r)}).
$$

Da die Matrix $\widehat{K}$ symmetrisch ist, können wir mit Hilfe der Beziehung (5.8) weiter nach oben abschätzen:

$$
(K_h \underline{v}_h, \underline{v}_h) \leq \mu_2 \overline{c}_1 c_3^2 \sum_{r \in R_h} \lambda_{\max}(\widehat{K})(\underline{v}^{(r)}, \underline{v}^{(r)}). \tag{5.26}
$$

Wir müssen also den größten Eigenwert der Matrix $\widehat{K}$ ermitteln. Mit den linearen Formfunktionen über dem Referenzdreieck (siehe Tabelle 4.3, S. 256) erhalten wir

$$
\widehat{K} = \frac{1}{24} \begin{pmatrix} 2 & 1 & 1 \\ 1 & 2 & 1 \\ 1 & 1 & 2 \end{pmatrix} + \frac{1}{2} \begin{pmatrix} 2 & -1 & -1 \\ -1 & 1 & 0 \\ -1 & 0 & 1 \end{pmatrix} = \begin{pmatrix} \frac{13}{12} & -\frac{11}{24} & -\frac{11}{24} \\ -\frac{11}{24} & \frac{7}{12} & \frac{1}{24} \\ -\frac{11}{24} & \frac{1}{24} & \frac{7}{12} \end{pmatrix}.
$$

Das charakteristische Polynom dieser Matrix lautet

$$
\det(\widehat{K} - \lambda I) = -\lambda^3 + \frac{9}{4}\lambda^2 - \frac{227}{192}\lambda + \frac{481}{3456}.
$$

Dieses hat die Nullstellen

$$\lambda_1 = \frac{1}{6}, \ \lambda_2 = \frac{13}{24} \quad \text{und} \quad \lambda_3 = \frac{37}{24}.$$

Folglich ist

$$\lambda_{\max}(\widehat{K}) = \lambda_3 = \frac{37}{24}.$$

Damit folgt aus (5.26)

$$(K_h \underline{v}_h, \underline{v}_h) \ \leq \ \mu_2 \overline{c}_1 c_3^2 \sum_{r \in R_h} \frac{37}{24} (\underline{v}^{(r)}, \underline{v}^{(r)}) \ = \ \frac{37}{24} \mu_2 \overline{c}_1 c_3^2 \sum_{r \in R_h} (\underline{v}^{(r)}, \underline{v}^{(r)}).$$

Die Summe im letzten Ausdruck lautet ausführlich aufgeschrieben

$$\sum_{r \in R_h} (\underline{v}^{(r)}, \underline{v}^{(r)}) = (v_1^{(1)})^2 + (v_2^{(1)})^2 + (v_3^{(1)})^2 + (v_1^{(2)})^2 + \cdots + (v_1^{(R_h)})^2 + (v_2^{(R_h)})^2 + (v_3^{(R_h)})^2.$$

Jeder Summand tritt maximal so oft auf, wie groß die maximale Anzahl von Dreiecken ist, zu welchen ein Knoten gehört. Da wir vorausgesetzt haben, dass eine reguläre Vernetzung verwendet wird, ist diese Anzahl beschränkt. Sei die obere Schranke für die maximale Anzahl von Dreiecken, zu welchen ein Knoten gehört gleich c_a. Dann gilt

$$(K_h \underline{v}_h, \underline{v}_h) \ \leq \ \frac{37}{24} \mu_2 \overline{c}_1 c_3^2 \sum_{r \in R_h} (\underline{v}^{(r)}, \underline{v}^{(r)}) \leq \frac{37}{24} \mu_2 \overline{c}_1 c_3^2 c_a (\underline{v}_h, \underline{v}_h).$$

Da $\underline{v}_h$ ein beliebiger Vektor aus $\mathbb{R}^{N_h}$ mit $\underline{v}_h \neq \underline{0}$ ist, folgt daraus

$$\lambda_{\max}(K_h) = \max_{\underline{v}_h \in \mathbb{R}^{N_h}, \underline{v}_h \neq \underline{0}} \frac{(K_h \underline{v}_h, \underline{v}_h)}{(\underline{v}_h, \underline{v}_h)} \leq \frac{37}{24} \mu_2 \overline{c}_1 c_3^2 c_a,$$

d.h. die Abschätzung (5.16) gilt mit $\overline{c} = \frac{37}{24} \mu_2 \overline{c}_1 c_3^2 c_a$, wobei wir hier die Abschätzung für den räumlich zweidimensionalen Fall, d.h. $d = 2$ durchgeführt haben.

- Aufgrund der Beziehungen (5.15) und (5.16) gilt für die spektrale Konditionszahl der Steifigkeitsmatrix

$$\kappa_2(K) = \frac{\lambda_{\max}(K)}{\lambda_{\min}(K)} \leq \frac{\overline{c} h^{d-2}}{\underline{c} h^d} = \frac{\overline{c}}{\underline{c}} h^{-2}. \tag{5.27}$$

Die spektrale Konditionszahl $\kappa_2(K)$ wächst also wie h^{-2}, d.h. die Konditionszahl vervierfacht sich, wenn die Schrittweite halbiert wird. Folglich wächst bei fortgesetzter gleichmäßiger Netzverfeinerung und damit sukzessiver Halbierung der Diskretisierungsschrittweite die Konditionszahl rasch an. Man sagt, dass die Matrix *schlecht konditioniert* ist.

Bemerkung 5.1
Die Konditionszahl der Steifigkeitsmatrix hängt **nicht** von der Raumdimension des Gebietes ab, über welchem das Randwertproblem betrachtet wird. Der Exponent 2 wird vielmehr durch die maximale

Ordnung der partiellen Ableitungen in der betrachteten Differentialgleichung verursacht. Wir behandeln in diesem Lehrbuch ausschließlich Randwertprobleme mit Differentialgleichungen, in denen maximal partielle Ableitungen zweiter Ordnung auftreten (siehe z.B. (4.1) und (4.22)), so dass stets $\kappa_2(K) \leq ch^{-2}$ gilt. Allgemein ist ch^{-2n} mit einer positiven Konstanten c eine obere Schranke für die Konditionszahl der Steifigkeitsmatrix, welche aus der FE-Diskretisierung eines Randwertproblems $2n$-ter Ordnung resultiert, d.h. eines Randwertproblems, bei dem die maximale Ordnung der partiellen Ableitungen in der betrachteten Differentialgleichung $2n$ ist.

Von der Konditionszahl der Systemmatrix eines linearen Gleichungssystems hängt beispielsweise ab, wie stark sich Fehler in den Eingangsdaten, d.h. in der Matrix und der rechten Seite, sowie Rundungsfehler im Lösungsprozess auf die Genauigkeit der berechneten Lösung des Gleichungssystem auswirken.

Sei das Gleichungssystem

$$K\underline{u} = \underline{f} \tag{5.28}$$

zu lösen. Aufgrund von Rundungsfehlern bei der Berechnung der Matrixeinträge und der Einträge in der rechten Seite oder wegen Messungenauigkeiten bei der Bestimmung von Materialparametern (z.B. Wärmeleitzahl λ, Wärmeübergangszahl α, Elastizitätsmodul E) seien die Systemmatrix K und der Vektor der rechten Seite $\underline{f}$ fehlerbehaftet. Folglich ist dann anstelle des Gleichungssystems (5.28) das gestörte Gleichungssystem

$$\widetilde{K}\underline{\tilde{u}} = \underline{\tilde{f}}$$

zu lösen. Damit entsteht die Frage, wie stark sich die berechnete Lösung $\underline{\tilde{u}}$ und die exakte Lösung $\underline{u}$ unterscheiden, d.h. wie stark sich die Störungen in den Eingangsdaten auf die Genauigkeit der Lösung auswirken.

Sei

$$\widetilde{K} = K + \Delta K \quad \text{und} \quad \underline{\tilde{f}} = \underline{f} + \Delta\underline{f}.$$

Dann gilt für den relativen Fehler der Lösung $\underline{u}$ (siehe [QSS02a, Pla04])

$$\frac{\|\underline{\tilde{u}} - \underline{u}\|}{\|\underline{u}\|} \leq c\left(\frac{\|\Delta K\|}{\|K\|} + \frac{\|\Delta\underline{f}\|}{\|\underline{f}\|}\right) \quad \text{mit} \quad c = \frac{\kappa(K)}{1 - \kappa(K)\frac{\|\Delta K\|}{\|K\|}}. \tag{5.29}$$

Aus dieser Abschätzung folgt, dass der relative Fehler in der Lösung umso größer wird, je größer die Konditionszahl der Systemmatrix K ist. Der Verlust an gültigen Ziffern in der Lösung des linearen Gleichungssystems liegt in der Größenordnung von $\lg(\kappa)$. Wir demonstrieren das Verhalten des relativen Fehlers anhand des folgenden Beispiels.

Beispiel 5.2

Wir betrachten das Randwertproblem:

Gesucht ist die Funktion $u \in C^2(0,1) \cap C[0,1]$, für welche

$$-u''(x) = 0 \text{ für } x \in (0,1) \quad \text{und} \quad u(0) = 0, \ u(1) = 1 \tag{5.30}$$

ist.

Dieses Randwertproblem hat als exakte Lösung die Funktion

$$u(x) = x.$$

Die Variationsformulierung des obigen Randwertproblems lautet:

Gesucht ist die Funktion $u \in V_0 = \{v \in H^1(0,1) : v(0) = 0, \ v(1) = 1\}$, so dass

$$\int_0^1 u'(x)v'(x)\,dx = 0 \quad \text{für alle} \quad v \in V_0 \tag{5.31}$$

gilt.

Zur FE-Diskretisierung zerlegen wir das Intervall $[0,1]$ in n gleich große Teilintervalle $[x_{i-1}, x_i]$ der Länge h mit

$$x_i = \frac{i}{n}, \ i = 0, 1, \ldots, n \quad \text{und} \quad h = \frac{1}{n}.$$

Als Ansatzfunktionen wählen wir stückweise lineare Funktionen (siehe Abschnitt 3.3). Damit ergibt sich das FE-Gleichungssystem

$$K\underline{u} = \underline{f} \quad \text{mit} \quad K = \frac{1}{h}\begin{pmatrix} 2 & -1 & 0 & \cdots & \cdots & 0 \\ -1 & 2 & -1 & \ddots & \ddots & \vdots \\ 0 & -1 & \ddots & \ddots & \ddots & \vdots \\ \vdots & \ddots & \ddots & \ddots & -1 & 0 \\ \vdots & \ddots & 0 & -1 & 2 & -1 \\ 0 & \cdots & \cdots & 0 & -1 & 2 \end{pmatrix} \quad \text{und} \quad \underline{f} = \frac{1}{h}\begin{pmatrix} 0 \\ 0 \\ \vdots \\ \vdots \\ 0 \\ 1 \end{pmatrix}. \tag{5.32}$$

Da die Lösung des betrachteten Randwertproblems eine lineare Funktion ist und zur Diskretisierung stückweise lineare Ansatzfunktionen verwendet werden, entsteht kein Diskretisierungsfehler. Somit kennen wir auch die exakte Lösung des FE-Gleichungssystems. Die Lösungskomponenten sind gerade die Funktionswerte der exakten Lösung $u(x) = x$ in den entsprechenden Knoten, d.h. der Lösungsvektor des FE-Gleichungssystems (5.32) ist der Vektor

$$\underline{u}_h = [u_i]_{i=1}^{n-1} = \left[\frac{i}{n}\right]_{i=1}^{n-1}.$$

Die Steifigkeitsmatrix K aus (5.32) ist symmetrisch, positiv definit und sie hat die Eigenwerte

$$\lambda_k = \frac{4}{h}\sin^2\frac{k\pi}{2n}, \ k = 1, 2, \ldots, n-1$$

(siehe Lemma 9.12 in [Pla04]). Folglich gilt

$$\lambda_{\min} = \frac{4}{h}\sin^2\frac{\pi}{2n} \quad \text{und} \quad \lambda_{\max} = \frac{4}{h}\sin^2\frac{(n-1)\pi}{2n} = \frac{4}{h}\sin^2\left(\frac{\pi}{2} - \frac{\pi}{2n}\right) = \frac{4}{h}\cos^2\frac{\pi}{2n} \tag{5.33}$$

und somit für die Spektralnorm (siehe (5.12))

$$\|K\|_2 = \lambda_{\max}(K) = \frac{4}{h}\cos^2\frac{\pi}{2n} \tag{5.34}$$

sowie für die spektrale Konditionszahl (siehe (5.27))

$$\kappa_2(K) = \frac{\lambda_{\max}}{\lambda_{\min}} = \frac{\frac{4}{h}\cos^2\frac{\pi}{2n}}{\frac{4}{h}\sin^2\frac{\pi}{2n}} = \cot^2\frac{\pi}{2n}. \tag{5.35}$$

Wir wählen nun als Störungsmatrix ΔK und als Störung der rechten Seite $\Delta \underline{f}$

$$\Delta K = \frac{\varepsilon}{h}\begin{pmatrix} 1 & -1 & 0 & \cdots & \cdots & 0 \\ -1 & 1 & -1 & \ddots & \ddots & \vdots \\ 0 & -1 & \ddots & \ddots & \ddots & \vdots \\ \vdots & \ddots & \ddots & \ddots & -1 & 0 \\ \vdots & \ddots & & 0 & -1 & 1 & -1 \\ 0 & \cdots & \cdots & 0 & -1 & 1 \end{pmatrix} \quad \text{und} \quad \Delta \underline{f} = \frac{\varepsilon}{h}\begin{pmatrix} 0 \\ 0 \\ \vdots \\ \vdots \\ 0 \\ 1 \end{pmatrix} \quad \text{mit} \quad \varepsilon = 2^{-23}.$$

Dann ist der relative Fehler $\frac{\|\Delta K\|_2}{\|K\|_2}$ nahezu gleich für verschieden feine Diskretisierungen (siehe auch Tabelle 5.2).

Da die Matrix ΔK auch in der Form

$$\Delta K = \frac{\varepsilon}{h}\begin{pmatrix} 2 & -1 & 0 & \cdots & \cdots & 0 \\ -1 & 2 & -1 & \ddots & \ddots & \vdots \\ 0 & -1 & \ddots & \ddots & \ddots & \vdots \\ \vdots & \ddots & \ddots & \ddots & -1 & 0 \\ \vdots & \ddots & & 0 & -1 & 2 & -1 \\ 0 & \cdots & \cdots & 0 & -1 & 2 \end{pmatrix} - \frac{\varepsilon}{h}\begin{pmatrix} 1 & 0 & 0 & \cdots & \cdots & 0 \\ 0 & 1 & 0 & \ddots & \ddots & \vdots \\ 0 & 0 & \ddots & \ddots & \ddots & \vdots \\ \vdots & \ddots & \ddots & \ddots & 0 & 0 \\ \vdots & \ddots & & 0 & 0 & 1 & 0 \\ 0 & \cdots & \cdots & 0 & 0 & 1 \end{pmatrix},$$

d.h.

$$\Delta K = \varepsilon\left(K - \frac{1}{h}I\right),$$

angegeben werden kann, erhalten wir unter Nutzung der Eigenwerte (5.33) gemäß der Eigenschaften (vi) und (v) auf S. 423 für die Eigenwerte der Matrix ΔK

$$\lambda_{\min}\left(\varepsilon\left(K - \frac{1}{h}I\right)\right) = \varepsilon\left(\frac{4}{h}\sin^2\frac{\pi}{2n} - \frac{1}{h}\right) \quad \text{und} \quad \lambda_{\max}\left(\varepsilon\left(K - \frac{1}{h}I\right)\right) = \varepsilon\left(\frac{4}{h}\cos^2\frac{\pi}{2n} - \frac{1}{h}\right).$$

Da die Matrix $\varepsilon\left(K - \frac{1}{h}I\right)$ symmetrisch ist und

$$\left[\varepsilon\left(\frac{4}{h}\sin^2\frac{\pi}{2n} - \frac{1}{h}\right)\right]^2 \leq \left[\varepsilon\left(\frac{4}{h}\cos^2\frac{\pi}{2n} - \frac{1}{h}\right)\right]^2$$

gilt, folgt (siehe (5.11) und Eigenschaft (iv) auf S. 423)

$$\|\Delta K\|_2^2 = \lambda_{\max}\left(\left(\varepsilon\left(K - \frac{1}{h}I\right)\right)^T\left(\varepsilon\left(K - \frac{1}{h}I\right)\right)\right) = \lambda_{\max}\left(\left(\varepsilon\left(K - \frac{1}{h}I\right)\right)^2\right) = \varepsilon^2\left(\frac{4}{h}\cos^2\frac{\pi}{2n} - \frac{1}{h}\right)^2$$

und somit wegen $\frac{4}{h}\cos^2\frac{\pi}{2n} - \frac{1}{h} > 0$ für $n \geq 2$

$$\|\Delta K\|_2 = \varepsilon\left(\frac{4}{h}\cos^2\frac{\pi}{2n} - \frac{1}{h}\right). \tag{5.36}$$

Weiterhin gilt

$$\|\underline{f}\|_2 = \frac{1}{h} \quad \text{und} \quad \|\Delta\underline{f}\|_2 = \frac{\varepsilon}{h}. \tag{5.37}$$

Wir betrachten nun eine Folge von FE-Diskretisierungen des Randwertproblems (5.30) – (5.31), welche wir durch fortgesetzte Halbierung der Diskretisierungsschrittweite $h = n^{-1}$ erhalten. Dabei verdoppelt sich jeweils die Dimension des Gleichungssystems. Der Lösungsprozess wurde so ausgeführt, dass keine Rundungsfehler auftreten, d.h. dass wir ohne Störung tatsächlich die exakte Lösung des Gleichungssystems erhalten. In der Tabelle 5.2 geben wir die spektrale Konditionszahl der Steifigkeitsmatrix und ihre Spektralnorm (siehe (5.27) und (5.12)) in Abhängigkeit von der Diskretisierungsschrittweite h an. Außerdem enthält diese Tabelle den tatsächlich erreichten relativen Fehler

$$\frac{\|\tilde{\underline{u}} - \underline{u}\|_2}{\|\underline{u}\|_2},$$

welcher entsteht, wenn wir anstelle des Gleichungssystems $K\underline{u} = \underline{f}$ das gestörte Gleichungssystem $(K + \Delta K)\tilde{\underline{u}} = (\underline{f} + \Delta\underline{f})$ lösen. Zum Vergleich geben wir auch die gemäß der Beziehung (5.29) berechnete Abschätzung des relativen Fehlers an.

Tabelle 5.2: Relativer Fehler bei der Lösung des FE-Gleichungssystems

h	$\kappa_2(K)$	$\|K\|_2$	$\|\Delta K\|_2$	$\dfrac{\|\Delta K\|_2}{\|K\|_2}$	$\dfrac{\|\Delta\underline{f}\|_2}{\|\underline{f}\|_2}$	tatsächlicher Fehler	geschätzter Fehler
2^{-1}	$1.000 \cdot 10^0$	$4.000 \cdot 10^0$	$2.384 \cdot 10^{-7}$	$5.960 \cdot 10^{-8}$	$1.192 \cdot 10^{-7}$	$5.960 \cdot 10^{-8}$	$1.788 \cdot 10^{-7}$
2^{-2}	$5.828 \cdot 10^0$	$1.366 \cdot 10^1$	$1.151 \cdot 10^{-6}$	$8.429 \cdot 10^{-8}$	$1.192 \cdot 10^{-7}$	$1.871 \cdot 10^{-7}$	$1.186 \cdot 10^{-6}$
2^{-3}	$2.527 \cdot 10^1$	$3.078 \cdot 10^1$	$2.716 \cdot 10^{-6}$	$8.823 \cdot 10^{-8}$	$1.192 \cdot 10^{-7}$	$6.711 \cdot 10^{-7}$	$5.243 \cdot 10^{-6}$
2^{-4}	$1.031 \cdot 10^2$	$6.339 \cdot 10^1$	$5.649 \cdot 10^{-6}$	$8.912 \cdot 10^{-8}$	$1.192 \cdot 10^{-7}$	$2.552 \cdot 10^{-6}$	$2.148 \cdot 10^{-5}$
2^{-5}	$4.143 \cdot 10^2$	$1.277 \cdot 10^2$	$1.141 \cdot 10^{-5}$	$8.934 \cdot 10^{-8}$	$1.192 \cdot 10^{-7}$	$9.961 \cdot 10^{-6}$	$8.641 \cdot 10^{-5}$
2^{-6}	$1.659 \cdot 10^3$	$2.558 \cdot 10^2$	$2.287 \cdot 10^{-5}$	$8.939 \cdot 10^{-8}$	$1.192 \cdot 10^{-7}$	$3.937 \cdot 10^{-5}$	$3.462 \cdot 10^{-4}$
2^{-7}	$6.640 \cdot 10^3$	$5.119 \cdot 10^2$	$4.577 \cdot 10^{-5}$	$8.940 \cdot 10^{-8}$	$1.192 \cdot 10^{-7}$	$1.566 \cdot 10^{-4}$	$1.386 \cdot 10^{-3}$
2^{-8}	$2.656 \cdot 10^4$	$1.024 \cdot 10^3$	$9.155 \cdot 10^{-5}$	$8.941 \cdot 10^{-8}$	$1.192 \cdot 10^{-7}$	$6.248 \cdot 10^{-4}$	$5.554 \cdot 10^{-3}$
2^{-9}	$1.062 \cdot 10^5$	$2.048 \cdot 10^3$	$1.831 \cdot 10^{-4}$	$8.941 \cdot 10^{-8}$	$1.192 \cdot 10^{-7}$	$2.502 \cdot 10^{-3}$	$2.238 \cdot 10^{-2}$

Aus der Tabelle 5.2 wird folgendes deutlich

– Die Konditionszahl vervierfacht sich ungefähr, wenn die Schrittweite h halbiert wird. Dies war entsprechend der Abschätzung (5.27) auch zu erwarten.

– Die Spektralnorm verdoppelt sich etwa, wenn die Schrittweite halbiert wird. Dies steht im Einklang mit der Definition der Spektralnorm $\|K\|_2 = \lambda_{\max}(K)$ (siehe (5.12)) und der Abschätzung $\lambda_{\max}(K) \leq \bar{c}h^{-1}$ des größten Eigenwerts der Matrix K (siehe (5.16) mit $d = 1$), wonach sich die Spektralnorm verdoppeln muss, wenn die Schrittweite halbiert wird.

– Aufgrund der Vervierfachung der Konditionszahl bei Verdopplung der Schrittweite ist gemäß der Fehlerabschätzung (5.29) zu erwarten, dass sich der relative Fehler der Lösung des FE-Gleichungssystems bei Halbierung der Schrittweite vervierfacht. Der tatsächlich erreichte relative Fehler zeigt genau dieses Verhalten. Natürlich gilt dies auch für den geschätzten Fehler. Damit wird deutlich, dass der relative Fehler wesentlich von der Konditionszahl beeinflusst wird.

Wir fassen die wesentlichen Eigenschaften der FE-Gleichungssysteme zusammen und erläutern kurz deren Einfluss auf den Lösungsprozess.

Günstige Eigenschaften:

- Die Steifigkeitsmatrix ist schwach besetzt.

  Dadurch erfordert eine Matrix-Vektor-Multiplikation $K\underline{v}$ mit einer $(N \times N)$-Matrix K einen Aufwand an arithmetischen Operationen, der proportional zur Dimension N ist. Im Vergleich dazu: Bei einer vollbesetzten Matrix erfordert eine Matrix-Vektor-Multiplikation einen Aufwand an arithmetischen Operationen in der Größenordnung von N^2.

  Zur Abspeicherung der schwach besetzten Matrix bei iterativen Lösungsverfahren ist die Anzahl der benötigten Speicherplätze proportional zur Dimension N, denn man muss nur die Nicht-Null-Elemente der Matrix speichern. Im Unterschied dazu benötigt man bei einer vollbesetzten Matrix N^2 Speicherplätze.

- Bei geeigneter Knotennummerierung hat die Steifigkeitsmatrix eine Bandstruktur.

  Nutzt man diese Bandstruktur aus, erfordern einige direkte Lösungsverfahren nur einen Aufwand an arithmetischen Operationen, der bei zweidimensionalen Randwertproblemen in der Größenordnung von N^2 und bei dreidimensionalen Randwertproblemen in der Größenordnung von $N^{7/3}$ liegt. Bei einer vollbesetzten Matrix sind arithmetische Operationen in der Größenordnung von N^3 erforderlich.

  Die Anzahl der benötigten Speicherplätze liegt bei Ausnutzung der Bandstruktur nur in der Größenordnung von $N^{3/2}$ bzw. $N^{5/3}$ bei zwei- bzw. dreidimensionalen Randwertproblemen.

- Bei einer symmetrischen und V_0-elliptischen Bilinearform sowie der in den Kapiteln 3 und 4 besprochenen FE-Diskretisierungen ist die Steifigkeitsmatrix symmetrisch und positiv definit.

  In diesem Fall lässt sich im Vegleich zu Gleichungssystemen mit unsymmetrischen Matrizen der Aufwand an arithmetischen Operationen bei der Nutzung direkter Lösungsverfahren reduzieren. Die Durchführbarkeit und Stabilität von direkten Verfahren unter Nutzung der Cholesky- bzw. LDL^T-Zerlegung sind gesichert, so dass man Zeilen- und Spaltenvertauschungen in der Matrix nur mit dem Ziel der Reduzierung der Bandweite durchführen kann. Bei Gleichungssystemen, deren Systemmatrix nicht symmetrisch und positiv definit ist, sind teilweise auch Zeilenvertauschungen erforderlich, um den Lösungsalgorithmus überhaupt durchführen zu können. Im Fall einer symmetrischen und positiv definiten Systemmatrix können Iterationsverfahren genutzt werden, deren Konvergenz gesichert ist.

Ungünstige Eigenschaften:

- Die FE-Gleichungssysteme sind großdimensioniert.

  Mit feiner werdender Diskretisierung wächst die Dimension des FE-Gleichungssystems und damit der Aufwand bei dessen Lösung.

- Die FE-Gleichungssysteme sind schlecht konditioniert.

  Dies hat zur Folge, dass bei feiner werdender Diskretisierung Fehler in den Eingangsdaten und Rundungsfehler im Lösungsprozess einen wachsenden Verlust an gültigen Ziffern in der berechneten Lösung hervorrufen.

  Bei einigen Iterationsverfahren hängt die Anzahl der Iterationen, welche notwendig sind, um eine Näherungslösung mit einer vorgegebenen relativen Genauigkeit zu erhalten, von der Konditionszahl der Systemmatrix ab (siehe Abschnitt 5.3). Dies führt teilweise zu einer sehr langsamen Konvergenz dieser Verfahren.

Im Folgenden betrachten wir nur Gleichungssysteme, welche als Systemmatrix eine reguläre, d.h. invertierbare, Matrix haben, so dass die Gleichungssysteme eine eindeutige Lösung besitzen.

5.2 Direkte Verfahren

5.2.1 Gleichungssysteme mit einer Dreiecksmatrix

In diesem Abschnitt betrachten wir Gleichungssysteme, deren Systemmatrix eine Dreiecksgestalt hat. Derartige Gleichungssysteme werden wir bei den in den folgenden Abschnitten diskutierten Verfahren zu lösen haben.

Definition 5.4

Sei $A = [A_{ij}]$ eine quadratische $(N \times N)$-Matrix. Die Matrix A heißt *obere Dreiecksmatrix*, wenn alle Matrixelemente unterhalb der Hauptdiagonalen gleich Null sind, d.h. wenn $A_{ij} = 0$ für alle $i > j$, $i = 2, \ldots, N$, $j = 1, \ldots, i-1$, gilt.

Sie heißt *untere Dreiecksmatrix*, wenn alle Matrixelemente oberhalb der Hauptdiagonalen gleich Null sind, d.h. wenn $A_{ij} = 0$ für alle $i < j$, $i = 1, \ldots, N-1$, $j = i+1, \ldots, N$, gilt.

Sei $L = [L_{ij}]_{i,j=1}^{N}$ eine untere Dreiecksmatrix. Das lineare Gleichungssystem $L\underline{u} = \underline{f}$, d.h.

$$
\begin{array}{rcl}
L_{11}u_1 & = & f_1 \\
L_{21}u_1 + L_{22}u_2 & = & f_2 \\
\vdots \quad \vdots \quad \vdots & & \vdots \quad \vdots \\
L_{N1}u_1 + L_{N2}u_2 + \cdots + L_{NN}u_N & = & f_N
\end{array}
\tag{5.38}
$$

wird wie folgt gelöst. Man berechnet aus der ersten Gleichung

$$ u_1 = \frac{f_1}{L_{11}}. $$

Dann setzt man dies in die zweite Gleichung ein. Dadurch enthält die zweite Gleichung nur noch die Unbekannte u_2 und wir können diese ermitteln:

$$ u_2 = \frac{1}{L_{22}}\left(f_2 - L_{21}u_1\right) \quad \text{mit} \quad u_1 = \frac{f_1}{L_{11}}. $$

Diese Vorgehensweise setzen wir solange fort bis wir mittels der letzten Gleichung die Unbekannte u_N berechnen können. Den damit entstehenden Lösungsalgorithmus bezeichnet man als *Vorwärtseinsetzen*. Wir fassen die soeben beschriebene Idee zur Lösung des Gleichungssystems (5.38) im folgenden Algorithmus zusammen.

Algorithmus 5.1 (Vorwärtseinsetzen)

Sei $L = [L_{ij}]_{i,j=1}^{N}$ eine untere Dreiecksmatrix, $\underline{u} = [u_j]_{j=1}^{N}$ und $\underline{f} = [f_i]_{i=1}^{N}$. Dann wird die i-te Komponente des Lösungsvektors des Gleichungssystems $L\underline{u} = \underline{f}$ wie folgt berechnet:

$$ u_1 = \frac{f_1}{L_{11}}, $$

$$ u_i = \frac{1}{L_{ii}}\left(f_i - \sum_{j=1}^{i-1} L_{ij}u_j\right), \quad i = 2, 3, \ldots, N. $$

Im Folgenden ermitteln wir den Aufwand an arithmetischen Operationen beim Vorwärtseinsetzen. Zur Berechnung der i-ten Komponente u_i des Lösungsvektors benötigen wir

$(i-1)$ Additionen/Subtraktionen, $(i-1)$ Multiplikationen   und   1 Division,

d.h. insgesamt $2i-1$ arithmetische Operationen. Damit ergibt sich für die Berechnung der N Lösungskomponenten $u_i, i = 1, 2, \ldots, N$, ein Gesamtaufwand von

$$\sum_{i=1}^{N}(2i-1) = 2\sum_{i=1}^{N} i - \sum_{i=1}^{N} 1 = 2 \cdot \frac{N(N+1)}{2} - N = N^2 \tag{5.39}$$

arithmetischen Operationen.

Wir betrachten nun ein Gleichungssystem, dessen Systemmatrix eine obere Dreiecksmatrix $R = [R_{ij}]_{i,j=1}^{N}$ ist, d.h. ein Gleichungssystem der Gestalt

$$
\begin{array}{ccccccccc}
R_{11}u_1 & + & R_{12}u_2 & + & \cdots & + & R_{1,N-1}u_{N-1} & + & R_{1N}u_N & = & f_1 \\
& & R_{22}u_2 & + & \cdots & + & R_{2,N-1}u_{N-1} & + & R_{2N}u_N & = & f_2 \\
& & & \ddots & & & \vdots & & \vdots & & \vdots \\
& & & & & & R_{N-1,N-1}u_{N-1} & + & R_{N-1,N}u_N & = & f_{N-1} \\
& & & & & & & & R_{NN}u_N & = & f_N.
\end{array}
$$

Bei der Ermittlung der Lösung dieses Gleichungssystems beginnen wir mit der letzten Gleichung, welche nur die unbekannte Lösungskomponente u_N enthält. Wir erhalten aus dieser Gleichung

$$u_N = \frac{f_N}{R_{NN}} \,.$$

Setzen wir den soeben berechneten Wert für u_N in die vorletzte Gleichung ein, dann enthält diese nur noch die unbekannte Lösungskomponente u_{N-1}. Für diese ergibt sich

$$u_{N-1} = \frac{1}{R_{N-1,N-1}}\left(f_{N-1} - R_{N-1,N}u_N\right) \quad \text{mit} \quad u_N = \frac{f_N}{R_{NN}} \,.$$

Diese Verfahrensidee setzen wir sukzessive fort, d.h. wir ermitteln nacheinander die Lösungskomponenten $u_{N-2}, u_{N-3}, \ldots, u_1$ mittels der $(N-2)$-ten, der $(N-3)$-ten, ..., der ersten Gleichung. Den dadurch entstehenden Algorithmus nennt man *Rückwärtseinsetzen*. Wir geben diesen Algorithmus im Folgenden an:

Algorithmus 5.2 (Rückwärtseinsetzen)
Sei $R = [R_{ij}]_{i,j=1}^{N}$ eine obere Dreiecksmatrix, $\underline{u} = [u_j]_{j=1}^{N}$ und $\underline{f} = [f_i]_{i=1}^{N}$. Dann wird die i-te Komponente des Lösungsvektors des Gleichungssystems $R\underline{u} = \underline{f}$ wie folgt berechnet:

$$u_N = \frac{f_N}{R_{NN}},$$

$$u_i = \frac{1}{R_{ii}}\left(f_i - \sum_{j=i+1}^{N} R_{ij}u_j\right), \quad i = N-1, N-2, \ldots, 1.$$

Analog wie beim Vorwärtseinsetzen kann man zeigen, dass die Anzahl der beim Rückwärtseinsetzen durchzuführenden arithmetischen Operationen ebenfalls N^2 beträgt.

5.2.2 Gaußsches Eliminationsverfahren, LR-Zerlegung

Grundidee des Gaußschen Eliminationsverfahrens ohne Pivotisierung

Die Grundidee des Gaußschen Eliminationsverfahrens besteht darin, das zu lösende Gleichungssystem $K\underline{u} = \underline{f}$ in ein äquivalentes Gleichungssystem zu überführen, dessen Systemmatrix eine obere Dreiecksmatrix ist. Zur Lösung dieses Gleichungssystems wird dann das im vorangegangenen Abschnitt besprochene Rückwärtseinsetzen genutzt.

Im Abschnitt 3.7 haben wir die Vorgehensweise beim Gaußschen Eliminationsverfahren anhand von Gleichungssystemen mit einer tridiagonalen Systemmatrix beschrieben. Im Folgenden erläutern wir diese Verfahrensidee für Gleichungssysteme mit einer beliebigen invertierbaren Systemmatrix.

Beim Gaußschen Eliminationsverfahren wird die Eigenschaft ausgenutzt, dass sich die Lösungsmenge eines linearen Gleichungssystems nicht ändert, wenn eine oder mehrere der Operationen

- Vertauschen zweier Gleichungen,
- Multiplikation einer Gleichung mit einer von Null verschiedenen reellen Zahl,
- Addition eines Vielfachen einer Gleichung zu einer anderen Gleichung

durchgeführt werden.

Zu lösen sei das lineare Gleichungssystem

$$K\underline{u} = \underline{f},$$

d.h. in ausführlicher Schreibweise das Gleichungssystem

$$
\begin{array}{ccccccccc}
K_{11}u_1 & + & K_{12}u_2 & + & \cdots & + & K_{1N}u_N & = & f_1 \\
K_{21}u_1 & + & K_{22}u_2 & + & \cdots & + & K_{2N}u_N & = & f_2 \\
\vdots & & \vdots & & \ddots & & \vdots & & \vdots \\
K_{N1}u_1 & + & K_{N2}u_2 & + & \cdots & + & K_{NN}u_N & = & f_N.
\end{array}
\tag{5.40}
$$

Für den ersten Eliminationsschritt setzen wir voraus, dass $K_{11} \neq 0$ gilt. Wie wir vorgehen, wenn diese Voraussetzung nicht erfüllt ist, diskutieren wir später.

Wir eliminieren aus der zweiten bis N-ten Gleichung des Gleichungssystems (5.40) die unbekannte Lösungskomponente u_1. Dazu multiplizieren wir die erste Gleichung mit

$$L_{21}^{(1)} = \frac{K_{21}}{K_{11}}$$

und subtrahieren die mit diesem Faktor multiplizierte erste Gleichung von der zweiten Gleichung. Dies ergibt die neue zweite Gleichung

$$\left(K_{21} - L_{21}^{(1)} K_{11}\right)u_1 + \left(K_{22} - L_{21}^{(1)} K_{12}\right)u_2 + \cdots + \left(K_{2N} - L_{21}^{(1)} K_{1N}\right)u_N = f_2 - L_{21}^{(1)} f_1 ,$$

d.h. wegen $\left(K_{21} - L_{21}^{(1)} K_{11}\right) = 0$ die Gleichung

$$K_{22}^{(1)} u_2 + \cdots + K_{2N}^{(1)} u_N = f_2^{(1)}$$

mit

$$K_{2j}^{(1)} = K_{2j} - L_{21}^{(1)} K_{1j} \, , \; j = 2,3,\ldots,N\,, \quad \text{und} \quad f_2^{(1)} = f_2 - L_{21}^{(1)} f_1 \, . \tag{5.41}$$

Auf analoge Weise eliminieren wir die Unbekannte u_1 aus der dritten bis N-ten Gleichung. Dazu subtrahieren wir die mit dem Faktor

$$L_{i1}^{(1)} = \frac{K_{i1}}{K_{11}}$$

multiplizierte erste Gleichung von der i-ten Gleichung, $i = 3,4,\ldots,N$. Damit erhalten wir die neue i-te Gleichung

$$K_{i2}^{(1)} u_2 + \cdots + K_{iN}^{(1)} u_N = f_i^{(1)}\,, \; i = 3,4,\ldots,N\,,$$

mit

$$K_{ij}^{(1)} = K_{ij} - L_{i1}^{(1)} K_{1j} \, , \; j = 2,3,\ldots,N\,, \quad \text{und} \quad f_i^{(1)} = f_i - L_{i1}^{(1)} f_1 \, . \tag{5.42}$$

Somit haben wir im ersten Eliminationsschritt das Gleichungssystem (5.40) in das Gleichungssystem

$$
\begin{array}{ccccccccc}
K_{11}u_1 & + & K_{12}u_2 & + & K_{13}u_3 & + & \cdots & + & K_{1N}u_N & = & f_1 \\
& & K_{22}^{(1)}u_2 & + & K_{23}^{(1)}u_3 & + & \cdots & + & K_{2N}^{(1)}u_N & = & f_2^{(1)} \\
& & K_{32}^{(1)}u_2 & + & K_{33}^{(1)}u_3 & + & \cdots & + & K_{3N}^{(1)}u_N & = & f_3^{(1)} \\
& & \vdots & & \vdots & & \ddots & & \vdots & & \vdots \\
& & K_{N2}^{(1)}u_2 & + & K_{N3}^{(1)}u_3 & + & \cdots & + & K_{NN}^{(1)}u_N & = & f_N^{(1)}
\end{array}
\tag{5.43}
$$

überführt. Im zweiten Schritt des Gauß-Algorithmus eliminieren wir die Unbekannte u_2 aus der dritten bis N-ten Gleichung des Gleichungssystems (5.43). Dabei gehen wir analog zum ersten Eliminationsschritt vor. Unter der Voraussetzung, dass $K_{22}^{(1)} \neq 0$ gilt, multiplizieren wir die zweite Gleichung des Gleichungssystems (5.43) nacheinander mit den Faktoren

$$L_{i2}^{(2)} = \frac{K_{i2}^{(1)}}{K_{22}^{(1)}}\,, \; i = 3,4,\ldots,N\,,$$

und subtrahieren die mit dem Faktor $L_{i2}^{(2)}$ multiplizierte zweite Gleichung von der i-ten Gleichung, $i = 3,4,\ldots,N$, des Gleichungssystems (5.43). Damit ergibt sich beispielsweise für $i = 3$ die neue dritte Gleichung

$$\left(K_{32}^{(1)} - L_{32}^{(2)} K_{22}^{(1)}\right)u_2 + \left(K_{33}^{(1)} - L_{32}^{(2)} K_{23}^{(1)}\right)u_3 + \cdots + \left(K_{3N}^{(1)} - L_{32}^{(2)} K_{2N}^{(1)}\right)u_N = f_3^{(1)} - L_{32}^{(2)} f_2^{(1)}\,,$$

d.h. wegen $\left(K_{32}^{(1)} - L_{32}^{(2)} K_{22}^{(1)}\right) = 0$ die Gleichung

$$K_{33}^{(2)} u_3 + \cdots + K_{3N}^{(2)} u_N = f_3^{(2)}$$

mit

$$K_{3j}^{(2)} = K_{3j}^{(1)} - L_{32}^{(2)} K_{2j}^{(1)} , \quad j = 3,4,\ldots,N, \quad \text{und} \quad f_3^{(2)} = f_3^{(1)} - L_{32}^{(2)} f_2^{(1)}.$$

Insgesamt erhalten wir als Ergebnis des zweiten Eliminationsschrittes das Gleichungssystem

$$
\begin{array}{ccccccccc}
K_{11}u_1 & + & K_{12}u_2 & + & K_{13}u_3 & + & K_{14}u_4 & + & \cdots & + & K_{1N}u_N & = & f_1 \\
& & K_{22}^{(1)}u_2 & + & K_{23}^{(1)}u_3 & + & K_{24}^{(1)}u_4 & + & \cdots & + & K_{2N}^{(1)}u_N & = & f_2^{(1)} \\
& & & & K_{33}^{(2)}u_3 & + & K_{34}^{(2)}u_4 & + & \cdots & + & K_{3N}^{(2)}u_N & = & f_3^{(2)} \\
& & & & \vdots & & \vdots & & \ddots & & \vdots & & \vdots \\
& & & & K_{N3}^{(2)}u_3 & + & K_{N4}^{(2)}u_4 & + & \cdots & + & K_{NN}^{(2)}u_N & = & f_N^{(2)}
\end{array}
$$

mit $K_{2j}^{(1)}$, $j = 2,3,\ldots,N$, und $f_2^{(1)}$ aus (5.41) sowie

$$K_{ij}^{(2)} = K_{ij}^{(1)} - L_{i2}^{(2)} K_{2j}^{(1)} , \quad i,j = 3,4,\ldots,N, \quad \text{und} \quad f_i^{(2)} = f_i^{(1)} - L_{i2}^{(2)} f_2^{(1)}.$$

Wir führen den Eliminationsprozess solange fort, bis die letzte Gleichung nur noch die Unbekannte u_N enthält. Den gesamten Eliminationsprozess können wir durch folgenden Algorithmus beschreiben.

Algorithmus 5.3 (Gaußsches Eliminationsverfahren)

Gegeben sei ein lineares Gleichungssystem $K\underline{u} = \underline{f}$ mit $K = [K_{ij}]_{i,j=1}^N$, $\underline{u} = [u_j]_{j=1}^N$ und $\underline{f} = [f_i]_{i=1}^N$.

Setze $K^{(0)} = K$ und $\underline{f}^{(0)} = \underline{f}$.

Führe für $k = 1,2,\ldots,N-1$ folgende Schritte durch:

– Berechne

$$L_{ik}^{(k)} = \frac{K_{ik}^{(k-1)}}{K_{kk}^{(k-1)}}, \quad i = k+1,k+2,\ldots,N. \tag{5.44}$$

– Berechne

$$K_{ij}^{(k)} = K_{ij}^{(k-1)} - L_{ik}^{(k)} K_{kj}^{(k-1)} , \quad i,j = k+1,k+2,\ldots,N, \tag{5.45}$$

und

$$f_i^{(k)} = f_i^{(k-1)} - L_{ik}^{(k)} f_k^{(k-1)} , \quad i = k+1,k+2,\ldots,N. \tag{5.46}$$

Infolge des Eliminationsprozesses haben wir das zu lösende Gleichungssystem $K\underline{u} = \underline{f}$ in das Gleichungssystem

$$R\underline{u} = \tilde{\underline{f}} \tag{5.47}$$

mit der oberen Dreiecksmatrix

$$
R = \begin{pmatrix}
K_{11} & K_{12} & \cdots & K_{1,N-1} & K_{1N} \\
0 & K_{22}^{(1)} & \cdots & K_{2,N-1}^{(1)} & K_{2N}^{(1)} \\
\vdots & 0 & \ddots & \vdots & \vdots \\
\vdots & \vdots & \ddots & K_{N-1,N-1}^{(N-2)} & K_{N-1,N}^{(N-2)} \\
0 & 0 & \cdots & 0 & K_{NN}^{(N-1)}
\end{pmatrix}
\quad \text{und} \quad
\tilde{\underline{f}} = \begin{pmatrix}
f_1 \\
f_2^{(1)} \\
\vdots \\
f_{N-1}^{(N-2)} \\
f_N^{(N-1)}
\end{pmatrix}
$$

überführt. Dieses Gleichungssystem können wir mittels Rückwärtseinsetzen, d.h. mittels des Algorithmus 5.2, lösen. Zur Lösung des Gleichungssystems $K\underline{u} = \underline{f}$ kann somit der folgende Algorithmus durchgeführt werden.

Algorithmus 5.4 (Gauß-Algorithmus)

Gegeben sei ein lineares Gleichungssystem $K\underline{u} = \underline{f}$ mit $K = [K_{ij}]_{i,j=1}^{N}$, $\underline{u} = [u_j]_{j=1}^{N}$ und $\underline{f} = [f_i]_{i=1}^{N}$.

1. Überführe mittels Algorithmus 5.3 das Gleichungssystem $K\underline{u} = \underline{f}$ in das Gleichungssystem $R\underline{u} = \tilde{\underline{f}}$ (siehe (5.47)) mit der oberen Dreiecksmatrix R.

2. Löse das Gleichungssystem $R\underline{u} = \tilde{\underline{f}}$ durch Rückwärtseinsetzen, d.h. mittels Algorithmus 5.2.

Aus den vorangegangenen Überlegungen folgt, dass man die Matrix K in der faktorisierten Form

$$K = LR \tag{5.48}$$

mit

$$
L = \begin{pmatrix}
1 & 0 & \cdots & \cdots & 0 \\
L_{21}^{(1)} & 1 & 0 & \cdots & 0 \\
\vdots & L_{32}^{(2)} & \ddots & \ddots & \vdots \\
L_{N-1,1}^{(1)} & \vdots & \ddots & 1 & 0 \\
L_{N1}^{(1)} & L_{N2}^{(2)} & \cdots & L_{N,N-1}^{(N-1)} & 1
\end{pmatrix}
\quad \text{und} \quad
R = \begin{pmatrix}
K_{11} & K_{12} & \cdots & K_{1,N-1} & K_{1N} \\
0 & K_{22}^{(1)} & \cdots & K_{2,N-1}^{(1)} & K_{2N}^{(1)} \\
\vdots & 0 & \ddots & \vdots & \vdots \\
\vdots & \vdots & \ddots & K_{N-1,N-1}^{(N-2)} & K_{N-1,N}^{(N-2)} \\
0 & 0 & \cdots & 0 & K_{NN}^{(N-1)}
\end{pmatrix},
$$

angeben kann, wobei die Einträge der Matrizen L und R gemäß (5.44) und (5.45) definiert sind. Dies lässt sich durch Ausführung der Multiplikation LR nachprüfen:

$$
\begin{pmatrix}
1 & 0 & \cdots & \cdots & 0 \\
L_{21}^{(1)} & 1 & 0 & \cdots & 0 \\
\vdots & L_{32}^{(2)} & \ddots & \ddots & \vdots \\
L_{N-1,1}^{(1)} & \vdots & \ddots & 1 & 0 \\
L_{N1}^{(1)} & L_{N2}^{(2)} & \cdots & L_{N,N-1}^{(N-1)} & 1
\end{pmatrix}
$$

$$
\cdot
\begin{pmatrix}
K_{11} & K_{12} & \cdots & K_{1,N-1} & K_{1N} \\
0 & K_{22} - L_{21}^{(1)} K_{12} & \cdots & K_{2,N-1} - L_{21}^{(1)} K_{1,N-1} & K_{2N} - L_{21}^{(1)} K_{1N} \\
\vdots & 0 & \ddots & \vdots & \vdots \\
\vdots & \vdots & \ddots & K_{N-1,N-1}^{(N-3)} - L_{N-1,N-2}^{(N-2)} K_{N-2,N-1}^{(N-3)} & K_{N-1,N}^{(N-3)} - L_{N-1,N-2}^{(N-2)} K_{N-2,N}^{(N-3)} \\
0 & 0 & \cdots & 0 & K_{NN}^{(N-2)} - L_{N,N-1}^{(N-1)} K_{N-1,N}^{(N-2)}
\end{pmatrix}
$$

$$
=
\begin{pmatrix}
K_{11} & K_{12} & \cdots & K_{1,N-1} & K_{1N} \\
K_{21} & K_{22} & \cdots & K_{2,N-1} & K_{2N} \\
\vdots & \vdots & \ddots & \vdots & \vdots \\
K_{N-1,1} & K_{N-1,2} & \ddots & K_{N-1,N-1} & K_{N-1,N} \\
K_{N1} & K_{N2} & \cdots & K_{N,N-1} & K_{NN}
\end{pmatrix}.
$$

Man nennt die Zerlegung (5.48) der Matrix K in das Produkt aus einer unteren Dreiecksmatrix L mit Einsen auf der Hauptdiagonalen und einer oberen Dreiecksmatrix R auch *LR-Faktorisierung* der Matrix K. In der englischsprachigen Literatur wird sie als *LU-Faktorisierung* bezeichnet, was auf die Bezeichnungen lower und upper triangular matrix für eine untere und obere Dreiecksmatrix zurückgeht.

Nutzt man die *LR*-Faktorisierung der Matrix K, dann kann man das Gleichungssystem $K\underline{u} = \underline{f}$ wegen

$$K\underline{u} = \underline{f} \iff L\underbrace{R\underline{u}}_{\underline{w}} = \underline{f} \iff L\underline{w} = \underline{f} \quad \text{mit} \quad R\underline{u} = \underline{w}$$

wie folgt lösen.

Algorithmus 5.5 (Nutzung der *LR*-Faktorisierung zur Lösung eines linearen Gleichungssystems)
Gegeben sei ein lineares Gleichungssystem $K\underline{u} = \underline{f}$ mit $K = [K_{ij}]_{i,j=1}^N$, $\underline{u} = [u_j]_{j=1}^N$ und $\underline{f} = [f_i]_{i=1}^N$.

1. Berechne die *LR*-Faktorisierung der Matrix K, d.h. $K = LR$, mittels des Algorithmus 5.3 (Beziehungen (5.44), (5.45)).

2. Löse das Gleichungssystem $L\underline{w} = \underline{f}$ durch Vorwärtseinsetzen, d.h. mittels Algorithmus 5.1.

3. Löse das Gleichungssystem $R\underline{u} = \underline{w}$ durch Rückwärtseinsetzen, d.h. mittels Algorithmus 5.2.

Hat man nur ein Gleichungssystem $K\underline{u} = \underline{f}$ zu lösen, dann wendet man in der Regel den Algorithmus 5.4 an. Sind jedoch mehrere Gleichungssysteme mit der gleichen Systemmatrix aber verschiedenen rechten Seiten zu lösen, dann ist es effektiver, den Algorithmus 5.5 anzuwenden. Man braucht die *LR*-Faktorisierung nur einmal zu berechnen und hat dann für jede rechte Seite nur noch die Operationen des Vorwärts- und Rückwärtseinsetzens auszuführen. Wie wir gleich zeigen werden, liegt der Aufwand an arithmetischen Operationen bei der Berechnung der *LR*-Faktorisierung in der Größenordnung von N^3 während beim Vorwärts- und Rückwärtseinsetzen nur N^2 arithmetische Operationen erforderlich sind. Man führt also den aufwändigeren Rechenschritt (*LR*-Faktorisierung) nur einmal aus. Die Notwendigkeit der Lösung von Gleichungssystemen mit der gleichen Systemmatrix aber verschiedenen rechten Seiten tritt beispielsweise in manchen iterativen Lösungsverfahren für nichtlineare Gleichungssysteme auf (siehe zum Beispiel das modifizierte Newton-Verfahren im Abschnitt 6.4.1). Ebenfalls sind in Mehrgitterverfahren bei der Lösung der Gleichungssysteme auf dem gröbsten Gitter (siehe Abschnitt 5.3.4) wiederholt Gleichungssysteme mit der gleichen Systemmatrix, aber verschiedener rechter Seite zu lösen. Gleichungssysteme mit mehreren rechten Seiten treten auch auf, wenn man beispielsweise die Auswirkungen von verschieden starken Kräften auf die Deformation eines Körpers untersuchen möchte.

Aufwand an arithmetischen Operationen

Wir ermitteln nun den Aufwand an arithmetischen Operationen zur Berechnung der *LR*-Faktorisierung der Matrix K.

Im k-ten Eliminationsschritt (siehe Algorithmus 5.3) sind zur Berechnung der $N - k$ Größen $L_{ik}^{(k)}$, $i = k+1, k+2, \ldots, N$,

$$N - k \quad \text{Divisionen}$$

durchzuführen (siehe (5.44)). Die Berechnung jedes Matrixeintrags $K_{ij}^{(k)}$, $i,j = k+1, k+2, \ldots, N$, erfordert eine Multiplikation und eine Subtraktion (siehe (5.45)). Also sind zur Berechnung der $(N-k)^2$ Matrixeinträge $K_{ij}^{(k)}$

$$(N-k)^2 \text{ Multiplikationen} \quad \text{und} \quad (N-k)^2 \text{ Subtraktionen}$$

notwendig. Der k-te Eliminationsschritt erfordert somit

$$2(N-k)^2 + N - k = 2N^2 + N - (4N+1)k + 2k^2 \text{ arithmetische Operationen}.$$

Nutzen wir die beiden Summenformeln

$$\sum_{k=1}^{N-1} k = \frac{(N-1)N}{2} \quad \text{und} \quad \sum_{k=1}^{N-1} k^2 = \frac{1}{6} N(N-1)(2N-1),$$

dann ergibt sich als Gesamtaufwand an arithmetischen Operationen für die $N-1$ Schritte bei der Berechnung der LR-Faktorisierung

$$
\begin{aligned}
\sum_{k=1}^{N-1} (2N^2 + N - (4N+1)k + 2k^2) &= (2N^2 + N) \sum_{k=1}^{N-1} 1 - (4N+1) \sum_{k=1}^{N-1} k + 2 \sum_{k=1}^{N-1} k^2 \\
&= (2N^2 + N)(N-1) - (4N+1) \frac{(N-1)N}{2} \\
&\quad + \frac{2}{6} N(N-1)(2N-1) \\
&= \frac{2}{3} N^3 - \frac{1}{2} N^2 - \frac{1}{6} N,
\end{aligned}
\tag{5.49}
$$

d.h. ein Aufwand an arithmetischen Operationen, welcher in der Größenordnung von N^3 liegt.

Speicherung der Matrizen K, L und R

Da bekannt ist, dass die Hauptdiagonalelemente der unteren Dreiecksmatrix L gleich Eins sind, muss man diese Einsen nicht speichern. Folglich kann die Matrix L (ohne die Hauptdiagonale) und die obere Dreiecksmatrix R auf den Speicherplätzen der Matrix K abgespeichert werden, vorausgesetzt man benötigt die Matrix K für keine weiteren Berechnungen. Genauer:

$$
K \Rightarrow
\begin{bmatrix}
K_{11} & K_{12} & \cdots & \cdots & \cdots & \cdots & K_{1,N-1} & K_{1N} \\
L_{21}^{(1)} & K_{22}^{(1)} & \cdots & \cdots & \cdots & \cdots & K_{2,N-1}^{(1)} & K_{2N}^{(1)} \\
L_{31}^{(1)} & L_{32}^{(2)} & K_{33}^{(2)} & \cdots & \cdots & \cdots & K_{3,N-1}^{(2)} & K_{3N}^{(2)} \\
\vdots & \vdots & \ddots & \ddots & \ddots & \ddots & \vdots & \vdots \\
\vdots & \vdots & \ddots & \ddots & \ddots & \ddots & \vdots & \vdots \\
L_{N-2,1}^{(1)} & L_{N-2,2}^{(2)} & \cdots & \cdots & L_{N-2,N-3}^{(N-3)} & K_{N-2,N-2}^{(N-3)} & K_{N-2,N-1}^{(N-3)} & K_{N-2,N}^{(N-3)} \\
L_{N-1,1}^{(1)} & L_{N-1,2}^{(2)} & \cdots & \cdots & \cdots & L_{N-1,N-2}^{(N-2)} & K_{N-1,N-1}^{(N-2)} & K_{N-1,N}^{(N-2)} \\
L_{N1}^{(1)} & L_{N2}^{(2)} & \cdots & \cdots & \cdots & \cdots & L_{N,N-1}^{(N-1)} & K_{NN}^{(N-1)}
\end{bmatrix}.
$$

Man benötigt für die Abspeicherung der beiden Dreiecksmatrizen L und R also keine zusätzlichen Speicherplätze.

Gaußsches Eliminationsverfahren mit Pivotisierung

Bisher haben wir vorausgesetzt, dass das Matrixelement K_{11} und in jedem Eliminationsschritt das Matrixelement $K_{kk}^{(k-1)}$, $k = 2, 3, \ldots, N-1$, ungleich Null ist. Diese Voraussetzung ist jedoch nicht für jede invertierbare Matrix K erfüllt. Es gibt aber unter den Matrixelementen $K_{ik}^{(k-1)}$, $i = k, k+1, \ldots, N$, immer ein von Null verschiedenes Element. Davon können wir uns wie folgt überzeugen: Wir nehmen an, dass in den ersten $k-1$ Eliminationsschritten $K_{11} \neq 0$, $K_{22}^{(1)} \neq 0$, $\ldots$, $K_{k-1,k-1}^{(k-2)} \neq 0$ war, so dass diese Schritte durchgeführt werden konnten. Als Ergebnis des $(k-1)$-ten Eliminationsschrittes haben wir dann die Matrix

$$K^{(k-1)} = \begin{pmatrix} K_{11} & K_{12} & \cdots & K_{1k} & \cdots & K_{1N} \\ 0 & K_{22}^{(1)} & \cdots & K_{2k}^{(1)} & \cdots & K_{2N}^{(1)} \\ \vdots & \ddots & \ddots & \vdots & \vdots & \vdots \\ 0 & \cdots & 0 & K_{kk}^{(k-1)} & \cdots & K_{kN}^{(k-1)} \\ \vdots & \ddots & \vdots & \vdots & \ddots & \vdots \\ 0 & \cdots & 0 & K_{Nk}^{(k-1)} & \cdots & K_{NN}^{(k-1)} \end{pmatrix}$$

erhalten. Die Matrix $K^{(k-1)}$ ist aus der Matrix K entstanden, indem wiederholt Vielfache einer Matrixzeile zu einer anderen Zeile addiert wurden. Bei derartigen Operationen ändert sich der Wert der Determinante einer Matrix nicht. Da außerdem vorausgesetzt wurde, dass K eine invertierbare Matrix ist, folgt

$$0 \neq \det(K) = \det(K^{(k-1)}) = K_{11} \, K_{22}^{(1)} \cdots K_{k-1,k-1}^{(k-2)} \det(\widetilde{K}^{(k-1)}) \tag{5.50}$$

mit

$$\widetilde{K}^{(k-1)} = \begin{pmatrix} K_{kk}^{(k-1)} & \cdots & K_{kN}^{(k-1)} \\ \vdots & \ddots & \vdots \\ K_{Nk}^{(k-1)} & \cdots & K_{NN}^{(k-1)} \end{pmatrix}.$$

Wegen $K_{11} \neq 0, K_{22}^{(1)} \neq 0, \ldots, K_{k-1,k-1}^{(k-2)} \neq 0$ kann die Beziehung (5.50) nur gelten, wenn auch $\det(\widetilde{K}^{(k-1)}) \neq 0$ ist. Folglich können in der ersten Spalte der Matrix $\widetilde{K}^{(k-1)}$ nicht alle Einträge gleich Null sein. Somit findet man im k-ten Schritt des Eliminationsverfahrens unter den Elementen $K_{kk}^{(k-1)}, K_{k+1,k}^{(k-1)}, \ldots, K_{Nk}^{(k-1)}$ stets wenigstens ein von Null verschiedenes Element. Man bestimmt unter den von Null verschiedenen Elementen das betragsgrößte Element. Sei dies das Element $K_{pk}^{(k-1)}$. Danach vertauscht man die k-te mit der p-ten Zeile in der Matrix $K^{(k-1)}$ und im Vektor der rechten Seite $f^{(k-1)}$. Der Eliminationsprozess kann dann fortgesetzt werden. Damit ergibt sich der folgende Algorithmus, welcher auch als *Gaußsches Eliminationsverfahren mit Spaltenpivotisierung* bezeichnet wird.

Algorithmus 5.6 (Gaußsches Eliminationsverfahren mit Spaltenpivotisierung)
Gegeben sei ein lineares Gleichungssystem $K\underline{u} = \underline{f}$ mit $K = [K_{ij}]_{i,j=1}^{N}$, $\underline{u} = [u_j]_{j=1}^{N}$ und $\underline{f} = [f_i]_{i=1}^{N}$.

Setze $K^{(0)} = K$ und $\underline{f}^{(0)} = \underline{f}$.

Führe für $k = 1, 2, \ldots, N-1$ folgende Schritte durch:

– Bestimme unter den Elementen $K_{kk}^{(k-1)}, K_{k+1,k}^{(k-1)}, \ldots, K_{Nk}^{(k-1)}$ das betragsgrößte Element, d.h.

$$|K_{pk}^{(k-1)}| = \max_{i=k,k+1,\ldots,N} |K_{ik}^{(k-1)}|.$$

– Vertausche die k-te mit der p-ten Zeile, d.h. setze

$$\left.\begin{aligned} H_j &= K_{kj}^{(k-1)}, \\ K_{kj}^{(k-1)} &= K_{pj}^{(k-1)}, \\ K_{pj}^{(k-1)} &= H_j, \end{aligned}\right\} , j = k, k+1, \ldots, N, \qquad \begin{aligned} h &= f_k^{(k-1)}, \\ f_k^{(k-1)} &= f_p^{(k-1)}, \\ f_p^{(k-1)} &= h, \end{aligned}$$

– Berechne

$$L_{ik}^{(k)} = \frac{K_{ik}^{(k-1)}}{K_{kk}^{(k-1)}}, \quad i = k+1, k+2, \ldots, N.$$

– Berechne

$$K_{ij}^{(k)} = K_{ij}^{(k-1)} - L_{ik}^{(k)} K_{kj}^{(k-1)}, \quad i, j = k+1, k+2, \ldots, N,$$

und

$$f_i^{(k)} = f_i^{(k-1)} - L_{ik}^{(k)} f_k^{(k-1)}, \quad i = k+1, k+2, \ldots, N.$$

Man führt Zeilenvertauschungen nicht nur durch, wenn im k-ten Eliminationsschritt zunächst das Matrixelement $K_{kk}^{(k-1)}$ gleich Null ist, sondern auch mit dem Ziel, Rundungsfehler im Rechenprozess klein zu halten. Da nach der Zeilenvertauschung im obigen Algorithmus

$$|K_{kk}^{(k-1)}| \geq |K_{ik}^{(k-1)}| \quad \text{für alle} \quad i = k+1, k+2, \ldots, N$$

gilt, ist

$$|L_{ik}^{(k)}| = \frac{|K_{ik}^{(k-1)}|}{|K_{kk}^{(k-1)}|} \leq 1.$$

Folglich werden Rundungsfehler, welche möglicherweise bei der Berechnung der Matrixeinträge $K_{kj}^{(k-1)}$, $j = k+1, k+2, \ldots, N$, entstanden sind, bei der Berechnung der neuen Einträge $K_{ij}^{(k)} = K_{ij}^{(k-1)} - L_{ik}^{(k)} K_{kj}^{(k-1)}$ nicht verstärkt.

5.2.3 LDL^T- und Cholesky-Faktorisierung

In diesem Abschnitt diskutieren wir direkte Lösungsverfahren für Gleichungssysteme mit einer symmetrischen und positiv definiten Systemmatrix (siehe auch Definition 5.2 bezüglich der Definition einer symmetrischen, positiv definiten Matrix).

Warum betrachten wir die LDL^T- und Cholesky-Faktorisierung für symmetrische, positiv definite Matrizen und nutzen nicht die LR-Faktorisierung?

- Bei symmetrischen Matrizen K ist es wegen $K_{ij} = K_{ji}$, $i,j = 1,2,\ldots,N$, ausreichend, nur das obere oder untere Dreieck der Matrix abzuspeichern. Wie wir im vorangegangenen Abschnitt gesehen haben, benötigt man aber zur Abspeicherung der Matrizen L und R aus der LR-Faktorisierung einer Matrix den Speicherplatz für die gesamte Matrix K. Wir würden also im Fall einer symmetrischen Matrix zusätzliche Speicherplätze zum Abspeichern der Faktoren L und R benötigen.

- Wie wir in diesem Abschnitt zeigen werden, ist auch der Aufwand an arithmetischen Operationen bei der Berechnung der LDL^T- und Cholesky-Faktorisierung niedriger als bei der Berechnung der LR-Faktorisierung. Für große N beträgt er nur etwa die Hälfte.

Wir erläutern zuerst anhand einer symmetrischen (3×3)-Matrix K die Vorgehensweise bei der Berechnung einer LDL^T-Faktorisierung. Dabei sind L eine untere Dreiecksmatrix mit Einsen auf der Hauptdiagonalen und D eine Diagonalmatrix. Ausgehend von der Faktorisierung

$$
\begin{pmatrix} K_{11} & K_{21} & K_{31} \\ K_{21} & K_{22} & K_{23} \\ K_{31} & K_{32} & K_{33} \end{pmatrix} = \begin{pmatrix} 1 & 0 & 0 \\ L_{21} & 1 & 0 \\ L_{31} & L_{32} & 1 \end{pmatrix} \begin{pmatrix} D_{11} & 0 & 0 \\ 0 & D_{22} & 0 \\ 0 & 0 & D_{33} \end{pmatrix} \begin{pmatrix} 1 & L_{21} & L_{31} \\ 0 & 1 & L_{32} \\ 0 & 0 & 1 \end{pmatrix}
$$

$$
= \begin{pmatrix} D_{11} & 0 & 0 \\ L_{21}D_{11} & D_{22} & 0 \\ L_{31}D_{11} & L_{32}D_{22} & D_{33} \end{pmatrix} \begin{pmatrix} 1 & L_{21} & L_{31} \\ 0 & 1 & L_{32} \\ 0 & 0 & 1 \end{pmatrix}
$$

$$
= \begin{pmatrix} D_{11} & D_{11}L_{21} & D_{11}L_{31} \\ L_{21}D_{11} & L_{21}^2 D_{11} + D_{22} & L_{21}L_{31}D_{11} + L_{32}D_{22} \\ L_{31}D_{11} & L_{31}L_{21}D_{11} + L_{32}D_{22} & L_{31}^2 D_{11} + L_{32}^2 D_{22} + D_{33} \end{pmatrix}
$$

erhalten wir durch Vergleich der entsprechenden Matrixeinträge die Beziehungen

$$K_{11} = D_{11} \qquad\Rightarrow\qquad D_{11} = K_{11},$$

$$K_{21} = L_{21}D_{11} \qquad\Rightarrow\qquad L_{21} = \frac{K_{21}}{D_{11}},$$

$$K_{31} = L_{31}D_{11} \qquad\Rightarrow\qquad L_{31} = \frac{K_{31}}{D_{11}},$$

$$K_{22} = L_{21}^2 D_{11} + D_{22} \qquad\Rightarrow\qquad D_{22} = K_{22} - L_{21}^2 D_{11},$$

$$K_{32} = L_{31}L_{21}D_{11} + L_{32}D_{22} \qquad\Rightarrow\qquad L_{32} = \frac{1}{D_{22}}\left(K_{32} - L_{31}L_{21}D_{11}\right),$$

$$K_{33} = L_{31}^2 D_{11} + L_{32}^2 D_{22} + D_{33} \qquad\Rightarrow\qquad D_{33} = K_{33} - L_{31}^2 D_{11} - L_{32}^2 D_{22}.$$

Auf analoge Weise ergibt sich der folgende Algorithmus zur Berechnung der Einträge der Matrizen L und D der LDL^T-Faktorisierung einer $(N \times N)$-Matrix.

Algorithmus 5.7 (LDL^T-Faktorisierung)

Gegeben sei die symmetrische, positiv definite Matrix $K = [K_{ij}]_{i,j=1}^N$.

Berechne für $j = 1, 2, \ldots, N$

$$D_{jj} = K_{jj} - \sum_{k=1}^{j-1} L_{jk}^2 D_{kk}$$

Berechne für $i = j+1, j+2, \ldots, N$

$$L_{ij} = \frac{1}{D_{jj}} \left(K_{ij} - \sum_{k=1}^{j-1} L_{ik} L_{jk} D_{kk} \right)$$

Bezüglich der LDL^T-Faktorisierung einer symmetrischen, positiv definiten Matrix gilt die folgende Aussage (siehe z.B. [DR06, Meu99]).

Satz 5.1 (LDL^T-Faktorisierung)

Für eine Matrix K existiert genau dann eine LDL^T-Faktorisierung, wobei L eine untere Dreiecksmatrix mit Einsen auf der Hauptdiagonalen und D eine Diagonalmatrix mit positiven Diagonalelementen ist, wenn K eine symmetrische und positiv definite Matrix ist.

Wenn die LDL^T-Faktorisierung der Matrix K berechnet worden ist, dann kann die Lösung des linearen Gleichungssystems $K\underline{u} = \underline{f}$ wegen

$$K\underline{u} = \underline{f} \; \Leftrightarrow \; LD\underbrace{L^T \underline{u}}_{\underline{w}} = \underline{f} \; \Leftrightarrow \; L\underline{w} = \underline{f} \;\; \text{mit} \;\; D\underbrace{L^T \underline{u}}_{\underline{v}} = \underline{w} \;\; \text{und} \;\; D\underline{v} = \underline{w} \;\; \text{mit} \;\; L^T \underline{u} = \underline{v}$$

in den folgenden Teilschritten gelöst werden:

Algorithmus 5.8 (Nutzung der LDL^T-Faktorisierung bei der Lösung linearer Gleichungssysteme)

Gegeben sei ein lineares Gleichungssystem $K\underline{u} = \underline{f}$ mit der symmetrischen, positiv definiten Matrix $K = [K_{ij}]_{i,j=1}^N$, $\underline{u} = [u_j]_{j=1}^N$ und $\underline{f} = [f_i]_{i=1}^N$.

1. Berechne die LDL^T-Faktorisierung der Matrix K, d.h. $K = LDL^T$, mittels Algorithmus 5.7.
2. Löse das Gleichungssystem $L\underline{w} = \underline{f}$ durch Vorwärtseinsetzen, d.h. mittels Algorithmus 5.1.
3. Löse das Gleichungssystem $D\underline{v} = \underline{w}$.
4. Löse das Gleichungssystem $L^T \underline{u} = \underline{v}$ durch Rückwärtseinsetzen, d.h. mittels Algorithmus 5.2.

Wir ermitteln nun den Aufwand an arithmetischen Operationen zur Berechnung der LDL^T-Faktorisierung der Matrix K. Für ein festes $j \in \{1, 2, \ldots, N\}$ sind zur Berechnung von D_{jj}

$$2(j-1) \text{ Multiplikationen} \quad \text{und} \quad (j-1) \text{ Additionen/Subtraktionen}$$

d.h. $3(j-1)$ arithmetische Operationen, erforderlich. Die Berechnung jedes der Matrixeinträge L_{ij}, $i = j+1, j+2, \ldots, N$, erfordert

$$2(j-1) \text{ Multiplikationen}, \quad (j-1) \text{ Additionen/Subtraktionen} \quad \text{und} \quad 1 \text{ Division},$$

d.h. für die Bestimmung der $N-j$ Einträge L_{ij}, $i = j+1, j+2, \ldots, N$, benötigen wir

$$(N-j) \cdot 3(j-1) + N - j = (3N+2)j - 2N - 3j^2$$

arithmetische Operationen. Damit ergibt sich der Gesamtaufwand von

$$\sum_{j=1}^{N} \left(3(j-1) + (3N+2)j - 2N - 3j^2 \right) = \sum_{j=1}^{N} \left((3N+5)j - (2N+3) - 3j^2 \right)$$

$$= (3N+5) \sum_{j=1}^{N} j - (2N+3) \sum_{j=1}^{N} 1 - 3 \sum_{j=1}^{N} j^2$$

$$= (3N+5) \frac{N(N+1)}{2} - (2N+3)N - 3 \cdot \frac{1}{6}(N+1)N(2N+1)$$

$$= \frac{1}{2}N^3 + \frac{1}{2}N^2 - N$$

arithmetischen Operationen. Dieser Rechenaufwand lässt sich reduzieren, wenn wir die Faktoren $L_{jk}D_{kk}$, welche sowohl für die Berechnung von D_{jj} als auch für L_{ij}, $i = j+1, j+2, \ldots, N$, erforderlich sind, nur einmal berechnen und temporär speichern. Für ein festes $j \in \{1, 2, \ldots, N\}$ sparen wir damit $(N-j)(j-1)$ Multiplikationen, also insgesamt

$$\sum_{j=1}^{N}(N-j)(j-1) = \sum_{j=1}^{N} \left((N+1)j - N - j^2 \right)$$

$$= (N+1)\frac{N(N+1)}{2} - N^2 - \frac{1}{6}(N+1)N(2N+1) = \frac{1}{6}N^3 - \frac{1}{2}N^2 + \frac{1}{3}N$$

arithmetische Operationen. Damit ergibt sich für die Berechnung der LDL^T-Faktorisierung der reduzierte Gesamtaufwand von

$$\frac{1}{2}N^3 + \frac{1}{2}N^2 - N - \left(\frac{1}{6}N^3 - \frac{1}{2}N^2 + \frac{1}{3}N \right) = \frac{1}{3}N^3 + N^2 - \frac{4}{3}N \tag{5.51}$$

arithmetischen Operationen. Dieser Aufwand ist für $N \geq 4$ niedriger als der Aufwand an arithmetischen Operationen bei der LR-Faktorisierung (siehe (5.49)). Für große N ist der Aufwand an arithmetischen Operationen etwa halb so groß wie bei der Berechnung der LR-Faktorisierung.

Wie wir oben bereits bemerkt haben, ist es bei einer symmetrischen Matrix ausreichend, nur das obere bzw. untere Dreieck der Matrix zu speichern, d.h. nur alle Hauptdiagonalelemente und die Matrixelemente oberhalb der Hauptdiagonalen oder die Hauptdiagonalelemente und alle Matrixelemente unterhalb der Hauptdiagonalen. Da in der LDL^T-Faktorisierung bekannt ist, dass die untere Dreiecksmatrix L als Hauptdiagonalelemente Einsen hat, muss man diese nicht abspeichern. Folglich kann man die Matrixeinträge der Matrix D sowie die Einträge der Matrix L (ohne der Einsen auf der Hauptdiagonalen) auf den Speicherplätzen der Matrix K abspeichern. Man benötigt also keine weiteren Speicherplätze.

Als eine weitere Faktorisierung einer symmetrischen, positiv definiten Matrix K betrachten wir die Cholesky-Faktorisierung. Dabei wird die Matrix K in das Produkt einer oberen Dreiecksmatrix S und deren Transponierten S^T zerlegt, d.h.

$$K = S^T S.$$

Wir demonstrieren die Vorgehensweise zuerst wieder anhand einer (3×3)-Matrix. Aus

$$\begin{pmatrix} K_{11} & K_{12} & K_{13} \\ K_{12} & K_{22} & K_{23} \\ K_{13} & K_{23} & K_{33} \end{pmatrix} = \begin{pmatrix} S_{11} & 0 & 0 \\ S_{12} & S_{22} & 0 \\ S_{13} & S_{23} & S_{33} \end{pmatrix} \begin{pmatrix} S_{11} & S_{12} & S_{13} \\ 0 & S_{22} & S_{23} \\ 0 & 0 & S_{33} \end{pmatrix}$$

$$= \begin{pmatrix} S_{11}^2 & S_{11}S_{12} & S_{11}S_{13} \\ S_{12}S_{11} & S_{12}^2 + S_{22}^2 & S_{12}S_{13} + S_{22}S_{23} \\ S_{13}S_{11} & S_{13}S_{12} + S_{23}S_{22} & S_{13}^2 + S_{23}^2 + S_{33}^2 \end{pmatrix}$$

erhalten wir durch Vergleich der entsprechenden Matrixeinträge die Beziehungen

$$K_{11} = S_{11}^2 \qquad \Rightarrow \quad S_{11} = \sqrt{K_{11}},$$

$$K_{12} = S_{11}S_{12} \qquad \Rightarrow \quad S_{12} = \frac{K_{12}}{S_{11}},$$

$$K_{22} = S_{12}^2 + S_{22}^2 \qquad \Rightarrow \quad S_{22} = \sqrt{K_{22} - S_{12}^2},$$

$$K_{13} = S_{11}S_{13} \qquad \Rightarrow \quad S_{13} = \frac{K_{13}}{S_{11}},$$

$$K_{23} = S_{12}S_{13} + S_{22}S_{23} \quad \Rightarrow \quad S_{23} = \frac{1}{S_{22}}\left(K_{23} - S_{12}S_{13}\right),$$

$$K_{33} = S_{13}^2 + S_{23}^2 + S_{33}^2 \quad \Rightarrow \quad S_{33} = \sqrt{K_{33} - S_{13}^2 - S_{23}^2}.$$

Allgemein ergibt sich auf analoge Weise der folgende Algorithmus für die Faktorisierung einer $(N \times N)$-Matrix:

Algorithmus 5.9 (Cholesky-Faktorisierung, $S^T S$-Faktorisierung)
Gegeben sei die symmetrische, positiv definite Matrix $K = [K_{ij}]_{i,j=1}^N$.

$S_{11} = \sqrt{K_{11}}$.
Berechne für $j = 2,3,\ldots,N$

$$S_{1j} = \frac{K_{1j}}{S_{11}}$$

Berechne, falls $j > 2$, für $i = 2,3,\ldots,j-1$

$$S_{ij} = \frac{1}{S_{ii}}\left(K_{ij} - \sum_{\ell=1}^{i-1} S_{\ell i}S_{\ell j}\right)$$

$$S_{jj} = \sqrt{K_{jj} - \sum_{\ell=1}^{j-1} S_{\ell j}^2}$$

Analog zur $S^T S$-Faktorisierung lässt sich noch eine zweite Variante der Cholesky-Faktorisierung herleiten, nämlich eine Faktorisierung der Form

$$K = \tilde{R}\tilde{R}^T$$

mit einer oberen Dreiecksmatrix $\tilde{R}$:

Algorithmus 5.10 (Cholesky-Faktorisierung, $\tilde{R}\tilde{R}^T$-Faktorisierung)
Gegeben sei die symmetrische, positiv definite Matrix $K = [K_{ij}]_{i,j=1}^N$.

$$\tilde{R}_{NN} = \sqrt{K_{NN}}$$

Berechne für $i = N-1, N-2, \ldots, 1$

$$\tilde{R}_{iN} = \frac{K_{iN}}{\tilde{R}_{NN}}$$

Falls $i < N-1$, berechne für $j = N-1, N-2, \ldots, i+1$

$$\tilde{R}_{ij} = \frac{1}{\tilde{R}_{jj}} \left(K_{ij} - \sum_{\ell=j+1}^N \tilde{R}_{i\ell}\tilde{R}_{j\ell} \right)$$

$$\tilde{R}_{ii} = \sqrt{K_{ii} - \sum_{\ell=i+1}^N \tilde{R}_{i\ell}^2}$$

Wegen

$$K\underline{u} = \underline{f} \quad \Leftrightarrow \quad S^T \underbrace{S\underline{u}}_{\underline{w}} = \underline{f} \quad \Leftrightarrow \quad S^T\underline{w} = \underline{f} \quad \text{mit} \quad S\underline{u} = \underline{w}$$

bzw.

$$K\underline{u} = \underline{f} \quad \Leftrightarrow \quad \tilde{R}\underbrace{\tilde{R}^T\underline{u}}_{\underline{w}} = \underline{f} \quad \Leftrightarrow \quad \tilde{R}\underline{w} = \underline{f} \quad \text{mit} \quad \tilde{R}^T\underline{u} = \underline{w}$$

kann die Lösung eines Gleichungssystems $K\underline{u} = \underline{f}$ unter Nutzung der entsprechenden Faktorisierung in zwei Teilschritten berechnet werden. Man führt entsprechend der Zerlegung einen der beiden folgenden Algorithmen durch:

Algorithmus 5.11 (Nutzung der $S^T S$-Faktorisierung bei der Lösung linearer Gleichungssysteme)
1. Berechne die $S^T S$-Faktorisierung der Matrix K, d.h. $K = S^T S$, mittels Algorithmus 5.9.
2. Löse das Gleichungssystem $S^T\underline{w} = \underline{f}$ durch Vorwärtseinsetzen, d.h. mittels Algorithmus 5.1.
3. Löse das Gleichungssystem $S\underline{u} = \underline{w}$ durch Rückwärtseinsetzen, d.h. mittels Algorithmus 5.2.

bzw.

Algorithmus 5.12 (Nutzung der $\tilde{R}\tilde{R}^T$-Faktorisierung bei der Lösung linearer Gleichungssysteme)
1. Berechne die $\tilde{R}\tilde{R}^T$-Faktorisierung der Matrix K, d.h. $K = \tilde{R}\tilde{R}^T$, mittels Algorithmus 5.10.
2. Löse das Gleichungssystem $\tilde{R}\underline{w} = \underline{f}$ durch Rückwärtseinsetzen, d.h. mittels Algorithmus 5.2.
3. Löse das Gleichungssystem $\tilde{R}^T\underline{u} = \underline{w}$ durch Vorwärtseinsetzen, d.h. mittels Algorithmus 5.1.

Bemerkung 5.2
Wir haben aufgrund der folgenden Tatsache zwei Varianten der Cholesky-Faktorisierung betrachtet. Bei der Berechnung der $S^T S$-Faktorisierung (siehe Algorithmus 5.9) berechnen wir die Einträge der Matrix S spaltenweise, während wir bei der $\tilde{R}\tilde{R}^T$-Faktorisierung im Algorithmus 5.10 die Einträge der Matrix $\tilde{R}$ zeilenweise berechnen. Um beispielsweise den Cache-Speicher besser ausnutzen zu können, sollte je

nachdem ob die Matrixeinträge spalten- oder zeilenweise abgespeichert werden, die $S^T S$- oder die $\tilde{R}\tilde{R}^T$-Faktorisierung genutzt werden.

Wir ermitteln im Folgenden den Aufwand an arithmetischen Operationen bei der Berechnung der $S^T S$-Faktorisierung einer symmetrischen, positiv definiten Matrix K. Bezüglich der $\tilde{R}\tilde{R}^T$-Faktorisierung gelten analoge Überlegungen. Zur Berechnung des Matrixeintrags S_{ij}, $i < j$, sind

$$(i-1) \text{ Additionen/Subtraktionen} \;, \;\; (i-1) \text{ Multiplikationen} \quad \text{und} \quad 1 \text{ Division}$$

erforderlich (siehe Algorithmus 5.9). Dies ergibt für die $j-1$ Elemente S_{ij}, $i = 1, 2, \ldots, j-1$,

$$\sum_{i=1}^{j-1}(2(i-1)+1) = 2\sum_{i=1}^{j-1} i - \sum_{i=1}^{j-1} 1 = 2 \cdot \frac{(j-1)j}{2} - (j-1) = j^2 - 2j + 1$$

arithmetische Operationen. Die Berechnung des Matrixeintrags S_{jj} erfordert

$$(j-1) \text{ Additionen/Subtraktionen} \;, \;\; (j-1) \text{ Multiplikationen} \quad \text{und} \quad 1 \text{ Wurzelziehen} \;.$$

Damit ergibt sich für die Berechnung der Matrixeinträge S_{ij}, $j = 2, 3, \ldots, N$, $i = 1, 2, \ldots, j$, der Gesamtaufwand von

$$
\begin{aligned}
\sum_{j=2}^{N}(j^2 - 2j + 1 + 2(j-1)) &= \sum_{j=2}^{N}(j^2 - 1) = \frac{1}{6}(N+1)N(2N+1) - 1 - (N-1) \\
&= \frac{1}{3}N^3 + \frac{1}{2}N^2 - \frac{5}{6}N
\end{aligned}
\tag{5.52}
$$

arithmetischen Operationen. Zusätzlich sind noch N Quadratwurzeln zu berechnen. Ein Vergleich mit dem Rechenaufwand bei der LDL^T-Faktorisierung, siehe (5.51), zeigt, dass beide Faktorisierungen nahezu den gleichen Aufwand an arithmetischen Operationen haben.

Bemerkung 5.3
Zwischen der LR-, LDL^T- und Cholesky-Faktorisierung einer symmetrischen, positiv definiten Matrix K bestehen die folgenden Zusammenhänge:

- Da in der LDL^T-Faktorisierung die Matrix L eine untere Dreiecksmatrix ist, ist L^T eine obere Dreiecksmatrix. Das Matrixprodukt DL^T aus der Diagonalmatrix D und der oberen Dreiecksmatrix L^T ergibt eine obere Dreiecksmatrix. Damit folgt

$$K = LDL^T \quad \Leftrightarrow \quad K = LR \quad \text{mit} \quad R = DL^T \,.$$

- Gemäß Satz 5.1 ist die Matrix D in der LDL^T-Faktorisierung eine Diagonalmatrix mit positiven Einträgen D_{ii}, $i = 1, 2, \ldots, N$, auf der Hauptdiagonalen. Deshalb können wir die Diagonalmatrix D in das Produkt $D = D^{0.5}D^{0.5}$ zerlegen, wobei $D^{0.5}$ eine Diagonalmatrix mit den Hauptdiagonalelementen $\sqrt{D_{ii}}$, $i = 1, 2, \ldots, N$, ist. Da jede Diagonalmatrix eine symmetrische Matrix ist, gilt $D^{0.5} = (D^{0.5})^T$. Damit folgt

$$LDL^T = LD^{0.5}D^{0.5}L^T = LD^{0.5}(D^{0.5})^T L^T = LD^{0.5}(LD^{0.5})^T \,,$$

d.h.

$$K = LDL^T \quad \Leftrightarrow \quad K = S^T S \quad \text{mit} \quad S = (LD^{0.5})^T \,.$$

Aufgrund dieser Äquivalenz zwischen der LDL^T- und der Cholesky-Faktorisierung sowie der Aussage des Satzes 5.1 folgt, dass die Cholesky-Faktorisierung für jede symmetrische, positiv definite Matrix existiert.

Bisher haben wir bei der Beschreibung der Faktorisierungsalgorithmen nicht berücksichtigt, dass die FE-Steifigkeitsmatrix K eine schwach besetzte Matrix ist. Um diese Eigenschaft im Weiteren in den Algorithmen ausnutzen zu können, analysieren wir die beiden Varianten der Cholesky-Faktorisierung genauer. Wir werden sehen, dass bei der Durchführung der Faktorisierung gewisse Besetztheitsstrukturen der Matrix K erhalten bleiben. Um Speicherplatz und Rechenaufwand zu reduzieren, können wir diese Tatsache sowohl bei der Abspeicherung von K und als auch bei der Berechnung der Faktorisierung ausnutzen. Bevor wir die Ausnutzung der Besetztheitsstruktur der Steifigkeitsmatrix K in den Algorithmen genauer diskutieren, führen wir noch einige Begriffe ein (siehe auch [GL81, Meu99]).

Definition 5.5

Es sei $K = [K_{ij}]_{i,j=1}^N$.

(i) $\ell_0(j) = \min\{i : K_{ij} \neq 0\}$,

   d.h. $\ell_0(j)$ ist die niedrigste Nummer der Zeilen, in welchen in der j-ten Spalte das Matrixelement K_{ij} von Null verschieden ist.

(ii) $b_j = j - \ell_0(j)$ ist die Bandweite der j-ten Spalte.

(iii) $b = \max\{b_j, \, j = 1, 2, \dots, N\}$ ist die Bandweite der Matrix K.

(iv) Die Hülle $H(K)$ von K sind alle Matrixeinträge, deren Indizes zur Menge

$$\{(i,j) : i, j = 1, 2, \dots, N, \, 0 < j - i \leq b_j\}$$

gehören.

(v) Das Profil der Matrix K ist

$$P(K) = \sum_{j=1}^N b_j.$$

Wir demonstrieren diese Begriffe anhand eines Beispiels.

Beispiel 5.3

Gegeben sei die in der folgenden Abbildung dargestellte Matrix. Dabei steht $*$ für einen von Null verschiedenen Matrixeintrag.

$$K = \begin{pmatrix} * & * & 0 & 0 & * & 0 & 0 \\ * & * & 0 & 0 & 0 & * & 0 \\ 0 & 0 & * & * & * & 0 & 0 \\ 0 & 0 & * & * & 0 & 0 & 0 \\ * & 0 & * & 0 & * & 0 & * \\ 0 & * & 0 & 0 & 0 & * & * \\ 0 & 0 & 0 & 0 & * & * & * \end{pmatrix},$$

$\ell_0(1) = 1 \;\Rightarrow\; b_1 = 1 - 1 = 0,$
$\ell_0(2) = 1 \;\Rightarrow\; b_2 = 2 - 1 = 1,$
$\ell_0(3) = 3 \;\Rightarrow\; b_3 = 3 - 3 = 0,$
$\ell_0(4) = 3 \;\Rightarrow\; b_4 = 4 - 3 = 1,$
$\ell_0(5) = 1 \;\Rightarrow\; b_5 = 5 - 1 = 4,$
$\ell_0(6) = 2 \;\Rightarrow\; b_6 = 6 - 2 = 4,$
$\ell_0(7) = 5 \;\Rightarrow\; b_7 = 7 - 5 = 2.$

Damit ergibt sich die Bandweite

$$b = \max\{b_j, \, j = 1, 2, \dots, 7\} = \max\{0, 1, 0, 1, 4, 4, 2\} = 4.$$

Die Hülle der gegebenen Matrix sind alle Matrixeinträge, welche sich innerhalb des eingerahmten Bereichs befinden. Das Profil der Matrix ist

$$P(K) = \sum_{j=1}^7 b_j = 0 + 1 + 0 + 1 + 4 + 4 + 2 = 12.$$

Bei der Faktorisierung $K = S^T S$ gilt

$$S_{\ell j} = 0 \quad \text{für alle} \quad \ell < \ell_0(j), \quad j = 1, 2, \ldots, N.$$

Dies bedeutet Folgendes: Genauso wie bei der Matrix K sind in der Matrix S die Elemente in den Zeilen $1, 2, \ldots, \ell_0(j) - 1$ der j-ten Spalte, $j = 1, 2, \ldots, N$, identisch Null. Mit anderen Worten: An Positionen außerhalb der Hülle der Matrix K entstehen bei der Cholesky-Faktorisierung keine Nicht-Null-Elemente der Matrix S. Diese Eigenschaft kann wie folgt begründet werden:

$$S_{1j} \quad = \quad \frac{K_{1j}}{S_{11}} \quad = \quad 0, \qquad\qquad \text{falls} \ K_{1j} = 0,$$

$$S_{2j} \quad = \quad \frac{1}{S_{22}}\left(K_{2j} - S_{12}S_{1j}\right) \quad = \quad 0, \ \text{falls} \ K_{\ell j} = 0, \ \ell = 1, 2,$$

$$\vdots$$

$$S_{\ell_0(j)-1, j} \quad = \quad \frac{1}{S_{\ell_0(j)-1,\ell_0(j)-1}}\left(K_{\ell_0(j)-1, j} - \sum_{t=1}^{\ell_0(j)-2} S_{t,\ell_0(j)-1}S_{tj}\right) \quad = \quad 0,$$

$$\text{falls} \ K_{\ell j} = 0, \ \ell = 1, \ldots, \ell_0(j) - 1.$$

An Positionen, an denen Matrixelemente $K_{\ell j}$ mit $\ell_0(j) < \ell < j$ identisch Null sind, entstehen in der Matrix S im Allgemeinen von Null verschiedene Elemente. Das Entstehen dieser Nicht-Null-Elemente wird auch als „*fill-in*" bezeichnet. Aufgrund unserer soeben durchgeführten Überlegungen folgt:

Fill-in kann nur innerhalb der Hülle der Matrix K entstehen.

Diese Tatsache können wir bei der Abspeicherung der Matrix K und des Cholesky-Faktors S wie folgt ausnutzen.

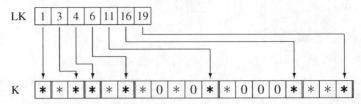

Abbildung 5.3: Schematische Darstellung der VBS-Speichertechnik (Skyline-Speichertechnik)

Es wird ein Vektor K aufgebaut, auf dem nacheinander die Spalten des oberen Dreiecks der Matrix K abgespeichert werden, jeweils beginnend mit dem ersten Nicht-Null-Element der Spalte. Zusätzlich wird ein Hilfsvektor LK generiert, dessen Elemente auf die Position der Hauptdiagonalelemente der Matrix im Vektor K zeigen. Eine derartige Speichertechnik bezeichnen wir als „*variable Bandweite spaltenweise (VBS)*" oder *Skyline-Speicherung* (siehe auch Abbildung 5.3).

Bei der Faktorisierung $K = \tilde{R}\tilde{R}^T$ ist eine ähnliche Eigenschaft wie bei der Faktorisierung $K = S^T S$ vorhanden, nämlich

$$\tilde{R}_{i\ell} = 0 \quad \text{für alle} \quad \ell > \tilde{\ell}_0(i), \quad \text{falls} \quad K_{i\ell} = 0 \quad \text{für alle} \quad \ell > \tilde{\ell}_0(i),\, K_{i,\tilde{\ell}_0(i)} \neq 0.$$

Dies bedeutet: Wenn in der i-ten Zeile der Matrix K alle Elemente $K_{i\ell}$ mit $\ell > \tilde{\ell}_0(i)$ identisch Null sind, dann bleiben diese Nullen auch in der Matrix $\tilde{R}$ erhalten. Diese Tatsache lässt sich folgendermaßen begründen:

$$\tilde{R}_{iN} \quad = \quad \frac{K_{iN}}{\tilde{R}_{NN}} \quad = \quad 0\,, \qquad\qquad\qquad \text{falls } K_{iN} = 0\,,$$

$$\tilde{R}_{i,N-1} \quad = \quad \frac{1}{\tilde{R}_{N-1,N-1}}\left(K_{i,N-1} - \tilde{R}_{iN}\tilde{R}_{N-1,N}\right) \quad = \quad 0\,,\ \text{falls } K_{i\ell} = 0,\, \ell = N, N-1\,,$$

$$\tilde{R}_{i,N-2} \quad = \quad \frac{1}{\tilde{R}_{N-2,N-2}}\left(K_{i,N-2} - \tilde{R}_{i,N-1}\tilde{R}_{N-2,N-1} - \tilde{R}_{iN}\tilde{R}_{N-2,N}\right) \quad = \quad 0\,,$$

$$\text{falls } K_{i\ell} = 0,\, \ell = N, N-1, N-2\,,$$

$$\vdots$$

$$\tilde{R}_{i,\tilde{\ell}_0(i)+1} \quad = \quad \frac{1}{\tilde{R}_{\tilde{\ell}_0(i)+1,\tilde{\ell}_0(i)+1}}\left(K_{i,\tilde{\ell}_0(i)+1} - \sum_{t=\tilde{\ell}_0(i)+2}^{N}\tilde{R}_{it}\tilde{R}_{\tilde{\ell}_0(i)+1,t}\right) \quad = \quad 0\,,$$

$$\text{falls } K_{i\ell} = 0,\, \ell = N, N-1, \ldots, \tilde{\ell}_0(i)+1\,.$$

An Positionen, an denen Matrixelemente $K_{i\ell}$ mit $i < \ell < \tilde{\ell}_0(i)$ identisch Null sind, entstehen in der Matrix $\tilde{R}$ im Allgemeinen von Null verschiedene Elemente.

Unter Ausnutzung dieser Kenntnis darüber, an welchen Stellen Nulleinträge in der Matrix K bei der Faktorisierung $\tilde{R}\tilde{R}^T$ erhalten bleiben, können wir die Matrizen K und $\tilde{R}$ auf den gleichen Speicherplätzen wie folgt abspeichern.

Es werden hintereinander auf einem Vektor K die Matrixzeilen, beginnend mit dem Hauptdiagonalelement bis zum letzten Nicht-Null-Element der jeweiligen Zeile abgespeichert. Zusätzlich wird ein Hilfsvektor LK eingeführt, dessen Elemente auf die Position der Hauptdiagonalelemente der Matrix im Vektor K zeigen (siehe auch Abbildung 5.4). Diese Speicherform wird als „*variable Bandweite zeilenweise (VBZ)*" bezeichnet.

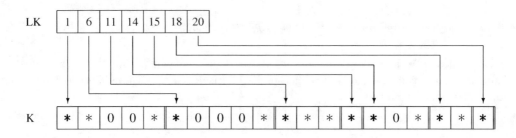

Abbildung 5.4: Schematische Darstellung der VBZ-Speichertechnik

Da wir aufgrund der obigen Überlegungen wissen, welche Matrixeinträge der Cholesky-Faktoren S bzw. $\tilde{R}$ in jedem Fall identisch Null sind, können wir die Zerlegungsalgorithmen (Algorithmus 5.9 und Algorithmus 5.10 auf Seite 454 und Seite 455) so organisieren, dass diese Nulleinträge nicht berechnet werden. Für die Zerlegung $K = S^T S$ erhalten wir dann den folgenden Algorithmus.

Algorithmus 5.13 ($S^T S$-Faktorisierung mit Berücksichtigung der Besetztheitsstruktur von K)
Gegeben sei eine symmetrische, positiv definite Matrix $K = [K_{ij}]_{i,j=1}^N$. Sei $\ell_0(j) = \min\{i : K_{ij} \neq 0\}$.

$$S_{11} = \sqrt{K_{11}}$$

Berechne für $j = 2, 3, \ldots, N$

Falls $\ell_0(j) \leq j - 1$, berechne für $i = \ell_0(j), \ell_0(j) + 1, \ldots, j - 1$

$$S_{ij} = \frac{1}{S_{ii}} \left(K_{ij} - \sum_{\ell = \max\{\ell_0(i), \ell_0(j)\}}^{i-1} S_{\ell i} S_{\ell j} \right)$$

$$S_{jj} = \sqrt{K_{jj} - \sum_{\ell = \ell_0(j)}^{j-1} S_{\ell j}^2}$$

Auf analoge Weise lässt sich der Algorithmus 5.12 zur Berechnung der Zerlegung $K = \tilde{R}\tilde{R}^T$ vereinfachen. Gleichfalls kann man bei der Durchführung des Vorwärts- und Rückwärtseinsetzens berücksichtigen, dass keine Operationen mit den Einträgen der Matrix S bzw. $\tilde{R}$ durchgeführt werden, die außerhalb der Hülle der Matrix liegen, d.h. welche identisch Null sind. Im Fall der Zerlegung $K = S^T S$ ergeben sich für das Vorwärts- und Rückwärtseinsetzen (vgl. die Algorithmen 5.1 und 5.2) die folgenden beiden Algorithmen.

Algorithmus 5.14 (Vorwärtseinsetzen mit Berücksichtigung der Besetztheitsstruktur von S)

Sei $S = [S_{ij}]_{i,j=1}^N$ die obere Dreiecksmatrix aus der Zerlegung $K = S^T S$, $\underline{w} = [w_j]_{j=1}^N$ und $\underline{f} = [f_i]_{i=1}^N$.
Dann wird die i-te Komponente des Lösungsvektors des Gleichungssystems $S^T \underline{w} = \underline{f}$ wie folgt berechnet:

$$w_1 = \frac{f_1}{S_{11}},$$

$$w_i = \frac{1}{S_{ii}} \left(f_i - \sum_{j=\ell_0(i)}^{i-1} S_{ji} w_j \right), \quad i = 2,3,\dots,N.$$

Algorithmus 5.15 (Rückwärtseinsetzen mit Berücksichtigung der Besetztheitsstruktur von S)

Sei $S = [S_{ij}]_{i,j=1}^N$ die obere Dreiecksmatrix aus der Zerlegung $K = S^T S$, $\underline{u} = [u_j]_{j=1}^N$ und $\underline{w} = [w_i]_{i=1}^N$.
Dann wird die i-te Komponente des Lösungsvektors des Gleichungssystems $S\underline{u} = \underline{w}$ wie folgt berechnet:

Setze $\underline{u} = \underline{w}$.

Berechne für $j = N, N-1, \dots, 1$
$$u_j = \frac{u_j}{S_{jj}}$$

Berechne für $i = \ell_0(j), \ell_0(j)+1, \dots, N-1$
$$u_i = u_i - S_{ij} u_j$$

Im Folgenden analysieren wir genauer, welchen Aufwand an arithmetischen Operationen die Berechnung der Cholesky-Faktorisierung sowie das Vorwärts- und Rückwärtseinsetzen bei Beachtung der Besetztheitstruktur der Steifigkeitsmatrix K erfordert.

Im Algorithmus 5.13 hat die Summe bei der Berechnung der Matrixeinträge S_{ij} maximal $i - 1 - \ell_0(i) + 1 = i - \ell_0(i) = b_i \leq b$ Summanden. Dabei ist b die Bandweite der Matrix K (siehe Definition 5.5). Folglich erfordert die Berechnung des Matrixeintrags S_{ij} mit $i \neq j$ maximal

$$b \text{ Additionen/Subtraktionen}, \quad b \text{ Multiplikationen} \quad \text{und} \quad 1 \text{ Division}.$$

Bei der Berechnung jedes Hauptdiagonalelements S_{jj} müssen wir maximal

$$b \text{ Additionen/Subtraktionen}, \quad b \text{ Multiplikationen} \quad \text{und} \quad 1 \text{ Wurzelziehen}$$

durchführen. Da jede Spalte der Matrix S maximal b von Null verschiedene Elemente S_{ij} mit $i \neq j$ enthält, sind also zur Berechnung aller Matrixelemente einer Spalte der Matrix S, d.h. der Matrixeinträge S_{ij} mit $i \neq j$ und des Hauptdiagonalelements S_{jj}, maximal

$$b^2 + b \text{ Additionen/Subtraktionen}, \quad b^2 + b \text{ Multiplikationen}, \quad b \text{ Divisionen}$$

und einmal Wurzelziehen erforderlich. Für alle N Spalten der Matrix S ergibt sich somit ein maximaler Rechenaufwand von

$$N(2b^2 + 3b)$$

arithmetischen Operationen. Zusätzlich sind noch N Quadratwurzeln zu berechnen. Der Aufwand an arithmetischen Operationen liegt also in der Größenordnung von Nb^2. Im Vergleich dazu erfordert die Berechnung der Cholesky-Faktorisierung ohne Berücksichtigung der Besetztheitsstruktur der Matrix K einen Arithmetikaufwand in der Größenordnung von N^3 (siehe (5.52)).

Beim Vorwärtseinsetzen, siehe Algorithmus 5.14, enthält die Summe bei der Berechnung von w_i maximal $i - 1 - \ell_0(i) + 1 = b_i \leq b$ Summanden. Folglich sind zur Berechnung von w_i maximal

$$b \text{ Additionen/Subtraktionen}, \quad b \text{ Multiplikationen} \quad \text{und} \quad 1 \text{ Division}$$

erforderlich. Für die N Lösungskomponenten w_i, $i = 1, 2, \ldots, N$, müssen also maximal $N(2b + 1)$ arithmetische Operationen durchgeführt werden. Mittels analoger Überlegungen erhalten wir die gleiche Abschätzung für den Rechenaufwand beim Algorithmus 5.15, d.h. beim Rückwärteinsetzen mit Berücksichtigung der Besetztheitsstruktur der Matrix K.

Wie wir gerade ermittelt haben, hängt der Aufwand an arithmetischen Operationen sowohl bei der Berechnung der Cholesky-Faktorisierung als auch beim Vorwärts- und Rückwärtseinsetzen von der Bandweite b der Matrix K ab. Eine Verringerung der Bandweite führt zu einer Reduzierung des Rechenaufwandes. Aus dem Abschnitt 4.5.1 wissen wir, dass die Besetztheitsstruktur der Steifigkeitsmatrix, d.h. die Position der Nicht-Null-Elemente in der Matrix und damit die Bandweite, von der Nummerierung der Knoten in der FE-Vernetzung abhängt. Eine Änderung der Nummerierungsreihenfolge der Knoten bewirkt in der Steifigkeitsmatrix eine Vetauschung von Zeilen und Spalten. Bei der Diskussion der LR-Faktorisierung einer Matrix in diesem Abschnitt haben wir gesehen, dass Zeilenvertauschungen teilweise notwendig sind, damit der Zerlegungsalgorithmus überhaupt durchführbar ist. Weiterhin haben wir erläutert, dass man Zeilenvertauschungen auch durchführt, um einen numerisch stabileren Algorithmus zu erhalten, d.h. einen Algorithmus, bei welchem im Rechenprozess Rundungsfehlereinflüsse möglichst klein gehalten werden. Gemäß Satz 5.1 existiert für jede symmetrische, positiv definite Matrix die LDL^T-Faktorisierung und gemäß der Bemerkung 5.3 auch die Cholesky-Faktorisierung. Wir benötigen also keine Zeilenvertauschungen, um diese beiden Zerlegungsalgorithmen durchführen zu können. Man kann außerdem zeigen, dass auch aus Sicht der Stabilität dieser beiden Faktorisierungsalgorithmen keine Zeilenvertauschungen notwendig sind (siehe z.B. [DR06]). Folglich können Zeilen- und Spaltenvertauschungen in der symmetrischen, positiv definiten Matrix K ausschließlich mit dem Ziel durchgeführt werden, die Bandweite zu reduzieren. Es entsteht somit die Frage, wie wir die Knoten in der FE-Vernetzung nummerieren müssen, um eine möglichst geringe Bandweite der Matrix K zu erhalten oder allgemeiner, um das Profil $P(K)$ (siehe Definition 5.5) zu reduzieren. Aus der Literatur sind eine Reihe von Algorithmen bekannt, wie man ausgehend von einer Knotennummerierung eine neue Knotennummerierung finden kann, die zu einer Minimierung des Profils der Matrix K führt. Im Folgenden stellen wir die Grundideen zweier derartiger Algorithmen vor. Eine ausführliche Beschreibung von Strategien zur Umnummerierung der Knoten einer FE-Vernetzung enthalten beispielsweise die Bücher von A. George, J.-W. Lui [GL81] und G. Meurant [Meu99].

Bevor wir die Umnummerierungsalgorithmen erläutern, führen wir noch einige wenige Begriffe aus der Graphentheorie ein.

Wir ordnen der $(N \times N)$-Matrix K ihren *Matrixgraph* $G(K)$ zu. Dieser besteht aus N Knoten P_i, $i = 1, 2, \ldots, N$. Eine Verbindung zwischen zwei Knoten bezeichnet man als Kante. Zwischen zwei Knoten P_i und P_j existiert eine Kante, wenn das Matrixelement K_{ij} ungleich Null ist. Die Anzahl der Kanten, die von einem Knoten P_i ausgehen, nennt man *Grad des Knotens* P_i.

Als ersten Umnummerierungsalgorithmus betrachten wir den Algorithmus von Cuthill und McKee.

Algorithmus 5.16 (Cuthill-McKee-Algorithmus)

Gegeben sei der Matrixgraph $G(K)$ einer symmetrischen Matrix K. Zur existierenden Knotennummerierung $P_1, P_2, \ldots, P_N$ wird eine neue Nummerierungsreihenfolge $P_{v_1}, P_{v_2}, \ldots, P_{v_N}$ wie folgt bestimmt.

1. Wähle einen Startknoten P_r. Setze $v_1 = r$.

2. Für alle $i = 1, 2, \ldots, N-1$:

   Bestimme alle bisher nicht neu nummerierten Nachbarknoten des Knotens P_{v_i} und nummeriere diese nach aufsteigendem Grad.

Zur Illustration dieses Algorithmus betrachten wir das folgende Beispiel.

Beispiel 5.4

Gegeben sei die in der Abbildung 5.5 dargestellte Vernetzung.

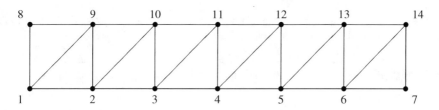

Abbildung 5.5: Eine Vernetzung mit einer ungeeigneten Knotennummerierung

Bei dieser Knotennummerierung hat die FE-Matrix die folgende Besetztheitsstruktur

	1	2	3	4	5	6	7	8	9	10	11	12	13	14
1	*	*	0	0	0	0	0	*	*	0	0	0	0	0
2	*	*	*	0	0	0	0	0	*	*	0	0	0	0
3	0	*	*	*	0	0	0	0	0	*	*	0	0	0
4	0	0	*	*	*	0	0	0	0	0	*	*	0	0
5	0	0	0	*	*	*	0	0	0	0	0	*	*	0
6	0	0	0	0	*	*	*	0	0	0	0	0	*	*
7	0	0	0	0	0	*	*	0	0	0	0	0	0	*
8	*	0	0	0	0	0	0	*	*	0	0	0	0	0
9	*	*	0	0	0	0	0	*	*	*	0	0	0	0
10	0	*	*	0	0	0	0	0	*	*	*	0	0	0
11	0	0	*	*	0	0	0	0	0	*	*	*	0	0
12	0	0	0	*	*	0	0	0	0	0	*	*	*	0
13	0	0	0	0	*	*	0	0	0	0	0	*	*	*
14	0	0	0	0	0	*	*	0	0	0	0	0	*	*

und somit die Bandweite $b = 8$. Ihr Profil ist $P(K) = 61$.

Dieser Matrix ordnen wir den in der Abbildung 5.6 angegebenen Matrixgraph zu, d.h. einen Graph mit 14 Knoten, wobei zwischen zwei Knoten P_i und P_j mit $i \neq j$ genau dann eine Kante existiert, wenn das Matrixelement K_{ij} von Null verschieden ist.

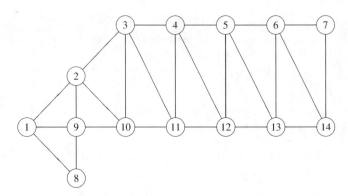

Abbildung 5.6: Matrixgraph der FE-Matrix bei Nutzung der Vernetzung aus der Abbildung 5.5

Ausgehend von diesem Matrixgraph ermitteln wir den Grad eines jeden Knotens, d.h. die Anzahl von Kanten die von dem jeweiligen Knoten ausgehen. Wir erhalten die in der Tabelle 5.3 angegebenen Grade.

Tabelle 5.3: Grad der Knoten aus dem Matrixgraph in der Abbildung 5.6

Knotennummer	1	2	3	4	5	6	7	8	9	10	11	12	13	14
Grad des Knotens	3	4	4	4	4	4	2	2	4	4	4	4	4	3

Zum Start des Cuthill-McKee-Algorithmus benötigen wir einen Startknoten. Wir wählen beispielsweise den Knoten mit der Nummer 1 als Startknoten.

Schritt 2(a):

Dieser Knoten hat als Nachbarknoten, d.h. Knoten zu denen eine Kante führt, die Knoten mit den Nummern 2, 8 und 9. Der Knoten P_2 hat den Grad 4, der Knoten P_8 den Grad 2 und der Knoten P_9 den Grad 4. Die drei Knoten P_2, P_8 und P_9 werden nun aufsteigend nach ihrem Grad neu nummeriert. Da bisher nur der Knoten mit der alten Nummer 1 als neue Nummer 1 hat, ist also bisher nur die neue Nummer 1 vergeben worden. Wir setzen deshalb die neue Nummerierung mit 2 fort. Da von den drei Knoten P_2, P_8 und P_9 der Knoten P_8 den niedrigsten Grad hat, erhält dieser die neue Nummer 2. Die Knoten P_2 und P_9 haben den gleichen Grad, so dass nicht eindeutig ist, welcher dieser beiden Knoten die neue Nummer 3 bzw. 4 erhält. Wir geben dem Knoten P_2 die neue Nummer 3 und dem Knoten P_9 die neue Nummer 4.

Schritt 2(b):

Der Algorithmus wird jetzt mit dem Knoten mit der neuen Nummer 2 fortgesetzt. Dies ist der Knoten mit der alten Nummer 8. Dieser hat als Nachbarn die beiden Knoten mit der alten Nummer 1 und 9. Da diese Knoten bereits neu nummeriert worden sind, gehen wir sofort zum Knoten mit der neuen Nummer 3 über. Dieser Knoten hat als alte Knotennummer die 2. Seine Nachbarn sind die Knoten mit den alten Nummern 1, 3, 9 und 10. Da die Knoten mit den Nummern 1 und 9 bereits neu nummeriert worden sind, müssen wir nur noch die beiden Knoten mit den Nummern 3 und 10 betrachten. Diese haben beide den Grad 4. Deshalb ist es wieder nicht eindeutig, welchen der beiden Knoten wir zuerst neu nummerieren. Wir wählen den Knoten mit der alten Nummer 3. Da bisher nur die neuen Nummern 1, 2, 3 und 4 vergeben worden sind, setzen wir mit der 5 als nächste neue Knotennummer fort. Wir geben deshalb dem Knoten mit der alten Nummer 3 die neue Nummer 5 und dem Knoten mit der alten Nummer 10 die neue Nummer 6.

Der Algorithmus wird nun analog solange fortgesetzt bis alle Knoten neu nummeriert sind. Wir fassen die Teilschritte in der Tabelle 5.4 zusammen.

Tabelle 5.4: Schritte des Cuthill-McKee-Algorithmus

neue Knotennummer	alte Knotennummer	Nummern der bisher nicht neu nummerierten Nachbarknoten (Grad)
1	1	2(4), 8(2), 9(4)
2	8	–
3	2	3(4), 10(4)
4	9	–
5	3	4(4), 11(4)
6	10	–
7	4	5(4), 12(4)
8	11	–
9	5	6(4), 13(4)
10	12	–
11	6	7(2), 14(3)
12	13	–
13	7	–
14	14	–

Entsprechend dieses Zusammenhangs zwischen der alten und neuen Nummerierung ergibt sich aus der Vernetzung in der Abbildung 5.5 die in der Abbildung 5.7 angegebene neue Nummerierung der FE-Knoten.

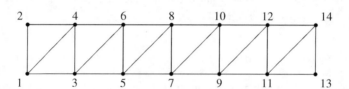

Abbildung 5.7: Vernetzung mit Knotennummerierung nach Anwendung des Cuthill-McKee-Algorithmus

Entsprechend dieser neuen Knotennummerierung hat die FE-Steifigkeitsmatrix dann die folgende Besetztheitsstruktur:

$$
\begin{array}{c}
\quad\; 1\; 2\; 3\; 4\; 5\; 6\; 7\; 8\; 9\; 10\; 11\; 12\; 13\; 14 \\
\begin{array}{r}
1 \\ 2 \\ 3 \\ 4 \\ 5 \\ 6 \\ 7 \\ 8 \\ 9 \\ 10 \\ 11 \\ 12 \\ 13 \\ 14
\end{array}
\left(
\begin{array}{cccccccccccccc}
* & * & * & * & 0 & 0 & 0 & 0 & 0 & 0 & 0 & 0 & 0 & 0 \\
* & * & 0 & * & 0 & 0 & 0 & 0 & 0 & 0 & 0 & 0 & 0 & 0 \\
* & 0 & * & * & * & * & 0 & 0 & 0 & 0 & 0 & 0 & 0 & 0 \\
* & * & * & * & 0 & * & 0 & 0 & 0 & 0 & 0 & 0 & 0 & 0 \\
0 & 0 & * & 0 & * & * & * & * & 0 & 0 & 0 & 0 & 0 & 0 \\
0 & 0 & * & * & * & * & 0 & * & 0 & 0 & 0 & 0 & 0 & 0 \\
0 & 0 & 0 & 0 & * & 0 & * & * & * & * & 0 & 0 & 0 & 0 \\
0 & 0 & 0 & 0 & * & * & * & * & 0 & * & 0 & 0 & 0 & 0 \\
0 & 0 & 0 & 0 & 0 & 0 & * & 0 & * & * & * & * & 0 & 0 \\
0 & 0 & 0 & 0 & 0 & 0 & * & * & * & * & 0 & * & 0 & 0 \\
0 & 0 & 0 & 0 & 0 & 0 & 0 & 0 & * & 0 & * & * & * & * \\
0 & 0 & 0 & 0 & 0 & 0 & 0 & 0 & * & * & * & * & 0 & * \\
0 & 0 & 0 & 0 & 0 & 0 & 0 & 0 & 0 & 0 & * & 0 & * & * \\
0 & 0 & 0 & 0 & 0 & 0 & 0 & 0 & 0 & 0 & * & * & * & *
\end{array}
\right)
\end{array}
$$

Die Bandweite bei dieser Knotennummerierung ist $b = 3$ und das Profil $P(K) = 31$. Folglich haben wir infolge der Knotenumnummerierung gemäß des Cuthill-McKee-Algorithmus die Bandweite von 8 auf 3 und das Profil der Matrix K von 61 auf 31 reduziert.

Die Wahl des Startknotens beim Cuthill-McKee-Algorithmus hat einen wesentlichen Einfluss auf die Stärke der Minimierung des Profils. Es gibt heuristische Algorithmen zur Bestimmung eines geeigneten Startknotens. Auf die Erläuterung derartiger Algorithmen verzichten wir in diesem Lehrbuch und verweisen deshalb auf die Spezialliteratur, z.B. [GL81, Meu99].

Der folgende Algorithmus bringt manchmal noch eine weitere Reduktion des Profils. Man kann zeigen (siehe z.B. [Meu99]), dass die infolge der Anwendung des Cuthill-McKee-Algorithmus erreichte Profilreduzierung bei Anwendung des Reverse Cuthill-McKee-Algorithmus nicht verschlechtert wird. Deshalb sollte man immer anstelle des Cuthill-McKee-Algorithmus den Reverse Cuthill-McKee-Algorithmus anwenden.

Algorithmus 5.17 (Reverse Cuthill-McKee-Algorithmus)
Gegeben sei eine Knotenreihenfolge $P_1, P_2, \ldots, P_N$.

1. Ermittle mittels des Cuthill-McKee-Algorithmus (Algorithmus 5.16) eine neue Reihenfolge $P_{v_1}, P_{v_2}, \ldots, P_{v_N}$.

2. Kehre die Nummerierungsreihenfolge um, d.h. wähle als neue Knotenreihenfolge $P_{w_1}, P_{w_2}, \ldots, P_{w_N}$ mit $w_i = v_{N-i+1}$, $i = 1, 2, \ldots, N$.

Beispiel 5.5
Wir betrachten die Knotennummerierung in der Vernetzung aus der Abbildung 5.5. Den ersten Schritt im Reverse Cuthill-McKee-Algorithmus, d.h. die Anwendung des Cuthill-McKee-Algorithmus, haben wir bereits im Beispiel 5.4 ausgeführt. Wir müssen nun nur noch die Reihenfolge der Knotennummerierung umkehren, um die Knotennummerierung gemäß des Reverse Cuthill-McKee-Algorithmus zu erhalten. Dies ergibt die in der Tabelle 5.5 angegebene Knotennummerierung

Tabelle 5.5: Knotennummerierung nach Cuthill-McKee- und Reverse Cuthill-McKee-Algorithmus

alte Knotennummer	1	8	2	9	3	10	4	11	5	12	6	13	7	14
Knotennummer nach Cuthill-McKee	1	2	3	4	5	6	7	8	9	10	11	12	13	14
Knotennummer nach Reverse Cuthill-McKee	14	13	12	11	10	9	8	7	6	5	4	3	2	1

Damit haben wir in der Vernetzung aus der Abbildung 5.5 die in der Abbildung 5.8 angegebene neue Knotennummerierung erhalten.

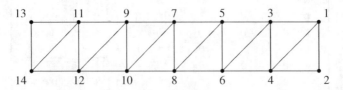

Abbildung 5.8: Vernetzung mit Knotennummerierung nach dem Reverse Cuthill-McKee-Algorithmus

Die zugehörige Steifigkeitsmatrix hat die gleiche Besetztheitsstruktur wie die Matrix nach Anwendung des Cuthill-McKee-Algorithmus im Beispiel 5.4. Bei der betrachteten FE-Vernetzung führt der Reverse Cuthill-McKee-Algorithmus zu keiner weiteren Reduktion des Profils der Matrix.

Als weiteren Umnummerierungsalgorithmus betrachten wir den Minimalgrad-Algorithmus.

Algorithmus 5.18 (Minimalgrad-Algorithmus (minimum degree algorithm))
Sei $G^{(1)} = G(K)$ der Matrixgraph der $(N \times N)$-Matrix K.
Führe für $i = 2, 3, \ldots, N$ die folgenden beiden Schritte durch.

1. Wähle in $G^{(i-1)}$ einen Knoten mit minimalen Grad aus und gebe ihm die neue Nummer $i - 1$.

2. Entferne aus dem Graph $G^{(i-1)}$ den in 1. ausgewählten Knoten sowie alle Kanten, die zu diesem Knoten führen. Füge neue Kanten zu $G^{(i-1)}$ hinzu, so dass alle Nachbarn von dem in 1. ausgewählten Knoten paarweise durch eine Kante verbunden sind. Damit erhalten wir den Graph $G^{(i)}$.

Beispiel 5.6
Wir demonstrieren den Minimalgrad-Algorithmus anhand der Vernetzung aus der Abbildung 5.5 und des entsprechenden Matrixgraphen aus der Abbildung 5.6. Aus der Tabelle 5.3, S. 464, lesen wir ab, dass die Knoten mit der Nummer 7 und 8 den niedrigsten Grad haben, nämlich den Grad 2. Wir können nun einen dieser beiden Knoten auswählen und diesen aus dem Graph entfernen. Nehmen wir beispielsweise den Knoten P_8. Dieser Knoten erhält die neue Nummer 1. Entsprechend des zweiten Schrittes im Minimalgrad-Algorithmus löschen wir diesen Knoten aus dem Graph $G^{(1)} = G(K)$. Die Nachbarn des Knotens P_8 sind die beiden Knoten P_1 und P_9. Da zwischen diesen beiden Knoten bereits eine Kante existiert, muss keine neue Kante hinzugefügt werden. Als Ergebnis erhalten wir somit den in der Abbildung 5.9 dargestellten Graph $G^{(2)}$.

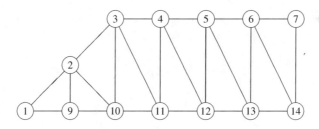

Abbildung 5.9: Matrixgraph $G^{(2)}$

Die Tabelle 5.6 enthält für jeden Knoten des Graphen $G^{(2)}$ den Grad.

Tabelle 5.6: Grad der Knoten des Graphen $G^{(2)}$ aus der Abbildung 5.9

Knotennummer	1	2	3	4	5	6	7	9	10	11	12	13	14
Grad des Knotens	2	4	4	4	4	4	2	3	4	4	4	4	3

Wir setzen nun den Algorithmus fort. Im Graph $G^{(2)}$ haben die beiden Knoten P_1 und P_7 minimalen Grad, nämlich den Grad 2. Wir können wieder auswählen, ob wir den Knoten P_1 oder P_7 entfernen. Wir löschen den Knoten P_1. In der neuen Nummerierungsreihenfolge erhält dieser die Nummer 2. Da die Nachbarknoten P_2 und P_9 bereits durch eine Kante verbunden sind, muss keine Kante zwischen P_2 und P_9 im Graph $G^{(2)}$ eingefügt werden. Der nach Löschung des Knotens P_1 aus dem Graph $G^{(2)}$ entstandene neue Graph, d.h. der Graph $G^{(3)}$, ist in der Abbidlung 5.10 dargestellt.

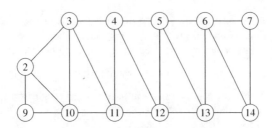

Abbildung 5.10: Matrixgraph $G^{(3)}$

Der Grad der Knoten des Graphen $G^{(3)}$ ist in der Tabelle 5.7 angegeben.

Tabelle 5.7: Grad der Knoten des Graphen $G^{(3)}$ aus der Abbildung 5.10

Knotennummer	2	3	4	5	6	7	9	10	11	12	13	14
Grad des Knotens	3	4	4	4	4	2	2	4	4	4	4	3

Auf analoge Weise wie bisher beschrieben wird der Algorithmus mit dem Graph $G^{(3)}$ fortgesetzt. Den weiteren Verlauf des Algorithmus fassen wir in der Tabelle 5.8 zusammen.

Tabelle 5.8: Weiterer Verlauf des Minimalgrad-Algorithmus

P_9 erhält die neue Nummer 3.
$G^{(4)}$ ergibt sich durch Löschen von P_9 aus $G^{(3)}$.

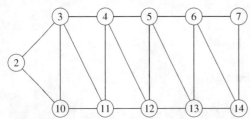

Knotennr.	2	3	4	5	6	7
Grad	2	4	4	4	4	2
Knotennr.	10	11	12	13	14	
Grad	3	4	4	4	3	

P_2 erhält die neue Nummer 4.
$G^{(5)}$ ergibt sich durch Löschen von P_2 aus $G^{(4)}$.

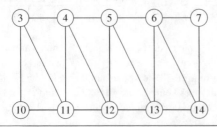

Knotennr.	3	4	5	6	7
Grad	3	4	4	4	2
Knotennr.	10	11	12	13	14
Grad	2	4	4	4	3

Tabelle 5.8: Weiterer Verlauf des Minimalgrad-Algorithmus (Fortsetzung)

P_{10} erhält die neue Nummer 5.
$G^{(6)}$ ergibt sich durch Löschen von P_{10} aus $G^{(5)}$.

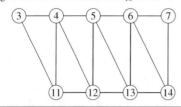

Knotennr.	3	4	5	6	7
Grad	2	4	4	4	2
Knotennr.	11	12	13	14	
Grad	3	4	4	3	

P_3 erhält die neue Nummer 6.
$G^{(7)}$ ergibt sich durch Löschen von P_3 aus $G^{(6)}$.

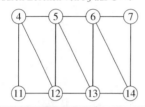

Knotennr.	4	5	6	7
Grad	3	4	4	2
Knotennr.	11	12	13	14
Grad	2	4	4	3

P_{11} erhält die neue Nummer 7.
$G^{(8)}$ ergibt sich durch Löschen von P_{11} aus $G^{(7)}$.

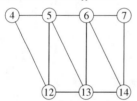

Knotennr.	4	5	6	7
Grad	2	4	4	2
Knotennr.	12	13	14	
Grad	3	4	3	

P_4 erhält die neue Nummer 8.
$G^{(9)}$ ergibt sich durch Löschen von P_4 aus $G^{(8)}$.

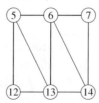

Knotennr.	5	6	7
Grad	3	4	2
Knotennr.	12	13	14
Grad	2	4	3

P_{12} erhält die neue Nummer 9.
$G^{(10)}$ ergibt sich durch Löschen von P_{12} aus $G^{(9)}$.

Knotennr.	5	6	7	13	14
Grad	2	4	2	3	3

Tabelle 5.8: Weiterer Verlauf des Minimalgrad-Algorithmus (Fortsetzung)

P_5 erhält die neue Nummer 10.
$G^{(11)}$ ergibt sich durch Löschen von P_{12} aus $G^{(10)}$.

Knotennr.	6	7	13	14
Grad	3	2	$\boxed{2}$	3

P_{13} erhält die neue Nummer 11.
$G^{(12)}$ ergibt sich durch Löschen von P_{13} aus $G^{(11)}$.

Knotennr.	6	7	14
Grad	$\boxed{2}$	2	2

P_6 erhält die neue Nummer 12.
$G^{(13)}$ ergibt sich durch Löschen von P_6 aus $G^{(12)}$.

Knotennr.	7	14
Grad	1	$\boxed{1}$

P_{14} erhält die neue Nummer 13.
$G^{(14)}$ ergibt sich durch Löschen von P_{14} aus $G^{(13)}$.

Knotennr.	7
Grad	0

Als Ergebnis des Minimalgrad-Algorithmus haben wir die folgende Knotennummerierung erhalten:

Tabelle 5.9: Knotennummerierung nach Anwendung des Minimalgrad-Algorithmus

alte Knotennummer	8	1	9	2	10	3	11	4	12	5	13	6	14	7
neue Knotennummer	1	2	3	4	5	6	7	8	9	10	11	12	13	14

Für die Vernetzung aus der Abbildung 5.5 ergibt sich damit die in der Abbildung 5.11 angegebene Numerierung der FE-Knoten.

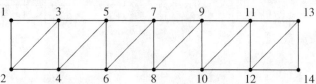

Abbildung 5.11: Vernetzung mit Knotennummerierung nach Anwendung des Minimalgrad-Algorithmus

Entsprechend dieser Knotennummerierung in der Vernetzung ergibt sich die folgende Besetztheitsstruktur der FE-Matrix:

$$
\begin{array}{c}
\begin{array}{cccccccccccccc}
1 & 2 & 3 & 4 & 5 & 6 & 7 & 8 & 9 & 10 & 11 & 12 & 13 & 14
\end{array} \\
\begin{array}{c}
1 \\ 2 \\ 3 \\ 4 \\ 5 \\ 6 \\ 7 \\ 8 \\ 9 \\ 10 \\ 11 \\ 12 \\ 13 \\ 14
\end{array}
\left(
\begin{array}{cccccccccccccc}
* & * & * & 0 & 0 & 0 & 0 & 0 & 0 & 0 & 0 & 0 & 0 & 0 \\
* & * & * & * & 0 & 0 & 0 & 0 & 0 & 0 & 0 & 0 & 0 & 0 \\
* & * & * & * & * & 0 & 0 & 0 & 0 & 0 & 0 & 0 & 0 & 0 \\
0 & * & * & * & * & * & 0 & 0 & 0 & 0 & 0 & 0 & 0 & 0 \\
0 & 0 & * & * & * & * & * & 0 & 0 & 0 & 0 & 0 & 0 & 0 \\
0 & 0 & 0 & * & * & * & * & * & 0 & 0 & 0 & 0 & 0 & 0 \\
0 & 0 & 0 & 0 & * & * & * & * & * & 0 & 0 & 0 & 0 & 0 \\
0 & 0 & 0 & 0 & 0 & * & * & * & * & * & 0 & 0 & 0 & 0 \\
0 & 0 & 0 & 0 & 0 & 0 & * & * & * & * & * & 0 & 0 & 0 \\
0 & 0 & 0 & 0 & 0 & 0 & 0 & * & * & * & * & * & 0 & 0 \\
0 & 0 & 0 & 0 & 0 & 0 & 0 & 0 & * & * & * & * & * & 0 \\
0 & 0 & 0 & 0 & 0 & 0 & 0 & 0 & 0 & * & * & * & * & * \\
0 & 0 & 0 & 0 & 0 & 0 & 0 & 0 & 0 & 0 & * & * & * & * \\
0 & 0 & 0 & 0 & 0 & 0 & 0 & 0 & 0 & 0 & 0 & * & * & *
\end{array}
\right) .
\end{array}
$$

Diese Matrix hat die Bandweite $b = 2$ und ihr Profil ist $P(K) = 25$. Bei dieser nach Anwendung des Minimalgrad-Algorithmus erhaltenen Knotennummerierung enthält die Hülle kein Nicht-Null-Element. Folglich kann bei der Cholesky-Faktorisierung kein fill-in entstehen.

Wie wir im obigen Beispiel gesehen haben, tritt im Minimalgrad-Algorithmus manchmal die Situation ein, dass man mehrere Knoten mit gleichem minimalen Grad zur Auswahl hat. Welchen Knoten man wählt, beeinflusst die Stärke der Reduzierung des Profils. Wir zeigen dies anhand des folgenden Beispiels. Eine tiefere Diskussion findet der Leser in [GL89].

Beispiel 5.7
Im ersten Schritt des Minimalgrad-Algorithmus im Beispiel 5.6 haben wir von den beiden Knoten P_7 und P_8, welche beide den minimalen Grad 2 haben, den Knoten P_8 ausgewählt und diesen dann aus dem Graph $G^{(1)}$ entfernt. Löschen wir anstelle des Knotens P_8 den Knoten P_7 und wählen wir in allen folgenden Schritten jeweils unter den Knoten minimalen Grades den mit der niedrigsten Knotennummer als nächsten zu löschenden Knoten, dann ergibt sich ausgehend von der Knotennummerierung in der Vernetzung aus der Abbildung 5.5 die in der Abbildung 5.12 angegebene neue Nummerierung der FE-Knoten.

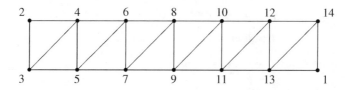

Abbildung 5.12: Vernetzung mit Knotennummerierung nach Minimalgrad-Algorithmus (ungünstigere Knotennummerierung als in der Vernetzung aus der Abbildung 5.11)

Entsprechend dieser Knotennummerierung hat die FE-Steifigkeitsmatrix die folgende Besetztheitsstruktur:

	1	2	3	4	5	6	7	8	9	10	11	12	13	14
1	*	0	0	0	0	0	0	0	0	0	0	0	*	*
2	0	*	*	*	0	0	0	0	0	0	0	0	0	0
3	0	*	*	*	*	0	0	0	0	0	0	0	0	0
4	0	*	*	*	*	*	0	0	0	0	0	0	0	0
5	0	0	*	*	*	*	*	0	0	0	0	0	0	0
6	0	0	0	*	*	*	*	*	0	0	0	0	0	0
7	0	0	0	0	*	*	*	*	*	0	0	0	0	0
8	0	0	0	0	0	*	*	*	*	*	0	0	0	0
9	0	0	0	0	0	0	*	*	*	*	*	0	0	0
10	0	0	0	0	0	0	0	*	*	*	*	*	0	0
11	0	0	0	0	0	0	0	0	*	*	*	*	*	0
12	0	0	0	0	0	0	0	0	0	*	*	*	*	*
13	*	0	0	0	0	0	0	0	0	0	*	*	*	*
14	*	0	0	0	0	0	0	0	0	0	0	*	*	*

Die Bandweite dieser Matrix ist $b = 13$ und das Profil $P(K) = 44$, also deutlich größer als bei der Knotennummerierung im Beispiel 5.6 (siehe Abbildung 5.11).

Es existieren noch zahlreiche weitere Algorithmen, die von einer gegebenen Knotennummerierung in einer Vernetzung eine Umnummerierungsstrategie ableiten, welche letztendlich zur Reduktion des Aufwandes an arithmetischen Operationen bei der Durchführung der Cholesky- bzw. LDL^T-Faktorisierung führt, beispielsweise der Nested-Dissection-Algorithmus und seine Verallgemeinerungen (siehe beispielsweise [GL81, Meu99]).

Mit Hilfe von Umnummerierungsalgorithmen wie wir sie oben vorgestellt haben, kann man erreichen, dass die Bandweite von FE-Steifigkeitsmatrizen in der Größenordnung von $h^{-(d-1)}$ liegt, wobei h der Diskretisierungsparameter in der Vernetzung ist und d die Raumdimension bezeichnet, d.h. $d = 1, 2$ oder 3. Da die Anzahl der Knoten $\bar{N}_h$ in einer Vernetzung in der Größenordnung von h^{-d} liegt (siehe Bemerkung 4.8, S. 250), ergibt sich, dass die Cholesky-Faktorisierung bei Beachtung der Besetztheitsstruktur der Matrix einen Aufwand an arithmetischen Operationen in der Größenordnung von

$$ Nb^2 \sim h^{-d}(h^{-(d-1)})^2 = h^{-3d+2} \sim N^{3-2/d} $$

erfordert (siehe auch S. 461). Für das Vorwärts- und Rückwärtseinsetzen bei Beachtung der Besetztheitsstruktur der Matrix liegt der Aufwand an arithmetischen Operationen in der Größenordnung von

$$ Nb \sim h^{-d}h^{-(d-1)} = h^{-2d+1} \sim N^{2-1/d} . $$

Dies bedeutet im ein-, zwei- bzw. dreidimensionalen Fall, d.h. $d = 1$, $d = 2$ bzw. $d = 3$:

Aufwand an arithmetischen Operationen	$d = 1$	$d = 2$	$d = 3$
Cholesky-Faktorisierung	$\sim N$	$\sim N^2$	$\sim N^{7/3}$
Vorwärts- bzw. Rückwärtseinsetzen	$\sim N$	$\sim N^{3/2}$	$\sim N^{5/3}$

Im Vergleich dazu liegt der Aufwand an arithmetischen Operationen bei der Cholesky-Faktorisie-

rung einer vollbesetzten Matrix in der Größenordnung von N^3 (siehe (5.52)) und beim Vorwärts-
bzw. Rückwärtseinsetzen in der Größenordnung von N^2 (siehe (5.39)). Die Beachtung der Besetztheitsstruktur führt also zu einer Reduktion des Aufwandes an arithmetischen Operationen.
Die Eigenschaft, dass sich bei eindimensionalen Problemen der Aufwand an arithmetischen Operationen wie N verhält, d.h. sich verdoppelt, wenn die Diskretisierungsschrittweite halbiert und
somit die Anzahl der Knoten ungefähr verdoppelt wird, haben wir bereits im Abschnitt 3.7,
S. 147, kennengelernt. Wir hatten dort die Lösung des FE-Gleichungssystems mit Hilfe der *LR*-
Faktorisierung analysiert. Aus der obigen Tabelle können wir weiterhin folgern, dass bei zweidimensionalen Problemen bei Halbierung der Diskretisierungsschrittweite und damit einer unge-
fähren Vervierfachung der Anzahl der Knoten, der Aufwand an arithmetischen Operationen für
die Cholesky-Faktorisierung um das 16-fache und beim Vorwärts- bzw. Rückwärtseinsetzen um
das 8-fache wächst. Im dreidimensionalen Fall verachtfacht sich ungefähr die Anzahl der Knoten bei Halbierung der Diskretisierungsschrittweite und folglich wächst der Arithmetikaufwand
bei der Cholesky-Faktorisierung um das 128-fache. Beim Vorwärts- und Rückwärtseinsetzen
steigt der Arithmetikaufwand um das 32-fache. Analoge Aussagen gelten für die Berechnung
der LDL^T-Faktorisierung der FE-Steifigkeitsmatrix. Daraus wird deutlich, dass das Cholesky-
Verfahren und die LDL^T-Faktorisierung bei sehr feinen Diskretisierungen von Randwertproblemen in zwei- und dreidimensionalen Gebieten sehr hohe Rechenzeiten erfordern.

Wie wir in diesem Abschnitt erläutert haben, berücksichtigen wir auch bei der Abspeicherung
der symmetrischen FE-Steifigkeitsmatrix die Besetztheitsstruktur der Matrix (siehe Abbildungen 5.3 und 5.4). Dann benötigen wir Speicherplätze in der Größenordnung von

$$Nb \sim h^{-d}h^{-(d-1)} = h^{-2d+1} \sim N^{2-1/d} \,.$$

Damit ergibt sich ein Speicherplatzbedarf von

$\sim N$	bei eindimensionalen Problemen,
$\sim N^{3/2}$	bei zweidimensionalen Problemen,
$\sim N^{5/3}$	bei dreidimensionalen Problemen.

Dies bedeutet, dass sich der Speicherplatz bei zweidimensionalen Problemen ungefähr verachtfacht, wenn die Diskretisierungsschrittweite halbiert wird. Bei dreidimensionalen Problemen
wächst der Speicherplatzbedarf um etwa das 32-fache bei Halbierung der Schrittweite. Wird
die Besetztheitsstruktur der Matrix nicht berücksichtigt, dann werden Speicherplätze in der Größenordnung von N^2 benötigt.

Zum Abschluss betrachten wir noch ein komplexeres Beispiel, nämlich die Vernetzung des
Gebietes, welches wir zur Demonstration des FE-Algorithmus im Kapitel 4 genutzt haben. Die
Vernetzung mit der Knotennummerierung zeigt die Abbildung 5.13 (siehe auch Abbildung 4.16,
S. 238). Bei dieser Nummerierung der Knoten hat die FE-Steifigkeitsmatrix die in der Abbildung 5.15(a) dargestellte Besetztheitsstruktur. Das Profil der Matrix ist $P(K) = 1453$. Ausgehend von der Knotennummerierung in der Abbildung 5.13 wurde die in der Abbildung 5.14
angegebene neue Knotennummerierung ermittelt. Diese Knotennummerierung führt zu der in
der Abbildung 5.15(b) gezeigten Besetztheitsstruktur der FE-Matrix. Das Profil dieser Matrix ist
$P(K) = 469$. Dies zeigt, dass infolge des Umnummerierungsprozesses eine deutliche Reduktion
des Profils der Matrix erreicht wird.

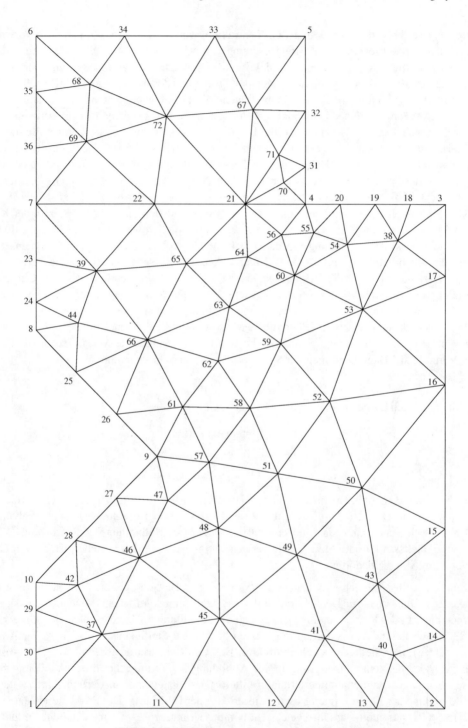

Abbildung 5.13: Ungünstige Knotennummerierung

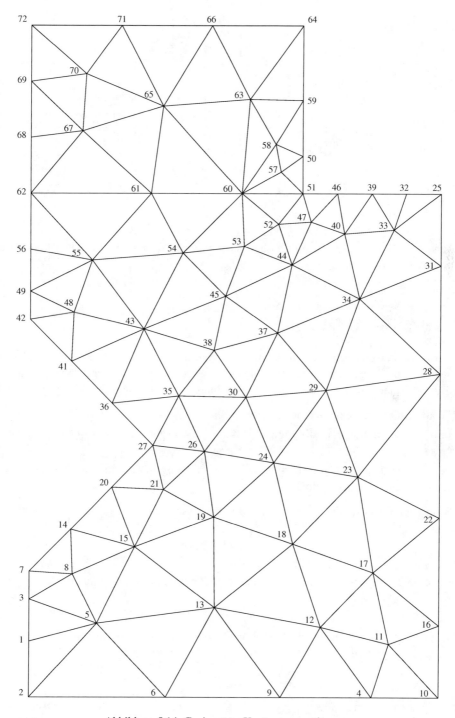

Abbildung 5.14: Geeignetere Knotennummerierung

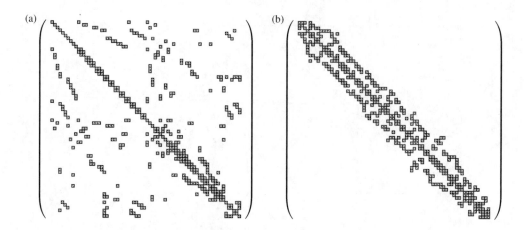

Abbildung 5.15: Matrixstruktur bei (a) Knotennummerierung aus Abbildung 5.13 und (b) Knotennummerierung aus Abbildung 5.14

5.3 Iterative Verfahren

Iterationsverfahren erzeugen ausgehend von einer Startnäherung $\underline{u}^{(0)}$ eine Folge von Näherungslösungen $\underline{u}^{(k)}$ für die exakte Lösung $\underline{u}$ des Gleichungssystems (5.1). Bei der Anwendung iterativer
Auflösungsverfahren sind die folgenden Fragestellungen zu untersuchen:

- Wie konstruiert man eine Iterationsvorschrift?

- Konvergieren die Näherungslösungen $\underline{u}^{(k)}$ für $k \to \infty$ gegen die Lösung $\underline{u}$ des Gleichungssystems (5.1)?

- Wieviele Iterationen sind erforderlich, um eine Näherungslösung mit einer vorgegebenen relativen Genauigkeit zu erhalten?

Zur Beantwortung dieser Fragen muss das Verhalten des Fehlers

$$\underline{e}^{(k)} = \underline{u} - \underline{u}^{(k)}$$

analysiert werden. Dafür wird dieser in einer Norm gemessen. Für theoretische Untersuchungen
verwendet man sehr oft die durch das K-energetische Skalarprodukt definierte K-energetische
Norm

$$\|\underline{e}^{(k)}\|_K^2 = (K\underline{e}^{(k)}, \underline{e}^{(k)})$$

(siehe auch (5.5)). Man untersucht dann, ob $\|\underline{e}^{(k)}\|_K \to 0$ für $k \to \infty$ gilt, d.h. ob das Iterations-
verfahren konvergiert, und wieviele Iterationen erforderlich sind, um

$$\|\underline{e}^{(k)}\|_K \le \varepsilon \|\underline{e}^{(0)}\|_K \tag{5.53}$$

mit einer vorgegebenen relativen Genauigkeit $\varepsilon \in (0, 1)$ zu erreichen, d.h. um den Anfangsfehler
$\|\underline{e}^{(0)}\|_K$ mindestens mit dem Faktor ε zu reduzieren. Zur Steuerung des Abbruchs der Iteration

bei der praktischen Umsetzung der iterativen Verfahren kann die K-energetische Norm allerdings nicht genutzt werden, denn zu ihrer Berechnung muss die exakte Lösung $\underline{u}$ bekannt sein. Die Iteration kann zum Beispiel abgebrochen werden, wenn das Defektkriterium

$$\|\underline{e}^{(k)}\|_{K^2} \le \varepsilon \|\underline{e}^{(0)}\|_{K^2}, \quad \text{d.h. } \|\underline{r}^{(k)}\| \le \varepsilon \|\underline{r}^{(0)}\|$$

mit $\underline{r}^{(k)} = K(\underline{u} - \underline{u}^{(k)}) = K\underline{u} - K\underline{u}^{(k)} = \underline{f} - K\underline{u}^{(k)}$ erfüllt ist. Hierbei bezeichnet $\|.\|$ die Euklidische Norm im $\mathbb{R}^N$ und $\|.\|_{K^2}$ die K^2-energetische Norm. Speziellere Aussagen zum Abbruch der Iterationsverfahren geben wir im Abschnitt 5.3.5 an.

Im Weiteren stellen wir einige Iterationsverfahren vor und diskutieren ihre Konvergenzeigenschaften sowie den notwendigen Aufwand an arithmetischen Operationen und den Bedarf an Speicherplatz.

5.3.1 Jacobi-, Gauß-Seidel-, SOR- und Richardson-Verfahren

Die Iterationsverfahren, die wir in diesem Abschnitt vorstellen, sind algorithmisch besonders einfach. Ihr Nachteil ist, dass sie bei der iterativen Lösung von FE-Gleichungssystemen nur sehr langsam konvergieren. Wir beschreiben zuerst das Jacobi-Verfahren.

Algorithmus 5.19 (Jacobi-Verfahren (Gesamtschrittverfahren))
Ausgehend von einer Startnäherung $\underline{u}^{(0)}$ werden sukzessive verbesserte Näherungen $\underline{u}^{(k)} = [u_i^{(k)}]_{i=1}^N$, $k = 1, 2, \ldots$, wie folgt berechnet:

$$u_i^{(k)} = \frac{1}{K_{ii}} \left(f_i - \sum_{\substack{j=1 \\ j \ne i}}^N K_{ij} u_j^{(k-1)} \right) \quad \text{für } i = 1, 2, \ldots, N.$$

Die Konvergenz des Jacobi-Verfahrens kann man unter verschiedenen Voraussetzungen an die Matrix K beweisen. Beispielsweise konvergiert das Jacobi-Verfahren, wenn die Matrizen K und $2D - K$ symmetrisch und positiv definit sind oder wenn die Matrix K streng diagonaldominant ist [Hac91]. Dabei bezeichnet $D = \text{diag}(K)$ die Diagonale der Matrix K. Die Anzahl an Iterationen zum Erreichen einer vorgegebenen relativen Genauigkeit ε (siehe (5.53)) verhält sich wie $\kappa(K) \ln \varepsilon^{-1}$, d.h. sie hängt von der Konditionszahl $\kappa(K)$ der Matrix K und der relativen Genauigkeit ε ab (siehe z.B. [Axe94, Hac91, Meu99, SN89b, You71]). Für FE-Gleichungssysteme, die bei der Diskretisierung von Randwertproblemen 2. Ordnung entstehen, verhält sich die Konditionszahl $\kappa(K)$ wie h^{-2} (siehe (5.27)). Folglich liegt die Anzahl notwendiger Iterationen in der Größenordnung von $h^{-2} \ln \varepsilon^{-1}$, d.h. die Iterationszahl vervierfacht sich ungefähr, wenn die Schrittweite h halbiert wird. Durch Einführung eines Dämpfungsparameters kann man erreichen, dass das so entstehende *gedämpfte Jacobi-Verfahren* für jede symmetrische, positiv definite Matrix K konvergiert. Die zusätzliche Forderung, dass auch die Matrix $2D - K$ positiv definit sein muss, entfällt dann [Hac91]. Die Iterationsschritte des gedämpften Jacobi-Verfahrens werden wie folgt durchgeführt.

Algorithmus 5.20 (Gedämpftes Jacobi-Verfahren)
Ausgehend von einer Startnäherung $\underline{u}^{(0)}$ werden verbesserte Näherungen $\underline{u}^{(k)} = [u_i^{(k)}]_{i=1}^N$, $k = 1, 2, \dots$,
nach der folgenden Vorschrift berechnet:

$$u_i^{(k)} = (1 - \tau)u_i^{(k-1)} + \frac{\tau}{K_{ii}} \left(f_i - \sum_{\substack{j=1 \\ j \neq i}}^N K_{ij} u_j^{(k-1)} \right), \quad i = 1, 2, \dots, N,$$

mit einem geeignet gewählten Dämpfungsparameter τ.

Das gedämpfte Jacobi-Verfahren konvergiert, falls $\tau \in (0, 2/\lambda_{\max}(D^{-1}K))$ gewählt wird. Dabei bezeichnet $\lambda_{\max}(D^{-1}K)$ den größten Eigenwert der Matrix $D^{-1}K$. Die schnellste Konvergenz erreicht man mit dem optimalen Dämpfungsparameter

$$\tau_{\text{opt}} = \frac{2}{\lambda_{\min}(D^{-1}K) + \lambda_{\max}(D^{-1}K)}$$

(siehe [Axe94, Hac91, Meu99, SN89b, You71] und (5.61)).

Ein zum Jacobi-Verfahren algorithmisch sehr ähnliches Verfahren ist das Gauß-Seidel-Verfahren. Im Unterschied zum Jacobi-Verfahren nutzt man bei der Berechnung der i-ten Komponente $u_i^{(k)}$ der k-ten Iterierten $\underline{u}^{(k)}$ die bereits neu berechneten Komponenten $u_j^{(k)}$, $j = 1, 2, \dots, i - 1$.

Algorithmus 5.21 (Gauß-Seidel-Verfahren (Einzelschrittverfahren))
Gegeben sei eine Startnäherung $\underline{u}^{(0)}$. Die neuen Näherungen $\underline{u}^{(k)} = [u_i^{(k)}]_{i=1}^N$, $k = 1, 2, \dots$, werden nach der folgenden Vorschrift berechnet:

$$u_1^{(k)} = \frac{1}{K_{11}} \left(f_1 - \sum_{j=2}^N K_{1j} u_j^{(k-1)} \right),$$

$$\vdots$$

$$u_i^{(k)} = \frac{1}{K_{ii}} \left(f_i - \sum_{j=1}^{i-1} K_{ij} u_j^{(k)} - \sum_{j=i+1}^N K_{ij} u_j^{(k-1)} \right), \quad i = 2, 3, \dots, N-1,$$

$$\vdots$$

$$u_N^{(k)} = \frac{1}{K_{NN}} \left(f_N - \sum_{j=1}^{N-1} K_{Nj} u_j^{(k)} \right).$$

Falls die Matrix K symmetrisch und positiv definit ist, konvergiert das Gauß-Seidel-Verfahren. Die Anzahl notwendiger Iterationen zum Erreichen einer vorgegebenen relativen Genauigkeit ε verhält sich genauso wie beim Jacobi-Verfahren wie $\kappa(K) \ln \varepsilon^{-1}$ [Axe94, Hac91, Meu99, SN89b]. Unter gewissen Voraussetzungen kann man zeigen, dass das Gauß-Seidel-Verfahren doppelt so schnell konvergiert wie das Jacobi-Verfahren, d.h. die Iterationszahl beim Gauß-Seidel-Verfahren ist etwa halb so groß wie beim Jacobi-Verfahren [Hac91] (siehe auch Abschnitt 5.4).

Man kann noch andere Varianten des Gauß-Seidel-Verfahrens nutzen. Im oben angegebenen Algorithmus beginnen wir die Iteration mit der ersten Zeile des Gleichungssystems und arbeiten die Gleichungen nacheinander ab. Dieses Vorgehen wird auch als Gauß-Seidel-Verfahren *lexikografisch vorwärts* bezeichnet. Wir können aber auch mit der letzten Gleichung beginnen und nacheinander die neuen Lösungskomponenten $u_N^{(k)}$, $u_{N-1}^{(k)}$, $u_{N-2}^{(k)}$ usw. berechnen. Der so entstehende Algorithmus heißt Gauß-Seidel-Verfahren *lexikografisch rückwärts*. Eine weitere Möglichkeit ist, dass man zuerst die Gleichungen mit ungeradzahliger Nummer und dann die mit geradzahliger Nummer durchläuft. Dies wird in der Literatur auch als *odd-even-Relaxation* bezeichnet.

Young gelang es im Jahr 1950, durch Einführung eines Relaxationsparameters die Konvergenzgeschwindigkeit des Gauß-Seidel-Verfahrens wesentlich zu erhöhen [You50]. Dieses Verfahren wird als *SOR-Verfahren* (successive overrelaxation) bezeichnet.

Algorithmus 5.22 (SOR-Verfahren (Successive OverRelaxation))
Gegeben sei eine Startnäherung $\underline{u}^{(0)}$. Die neuen Näherungen $\underline{u}^{(k)} = [u_i^{(k)}]_{i=1}^{N}$, $k = 1, 2, \ldots$, werden gemäß folgender Vorschrift berechnet:

$$u_1^{(k)} = (1-\omega)u_1^{(k-1)} + \frac{\omega}{K_{11}}\left(f_1 - \sum_{j=2}^{N} K_{1j}u_j^{(k-1)}\right),$$

$$\vdots$$

$$u_i^{(k)} = (1-\omega)u_i^{(k-1)} + \frac{\omega}{K_{ii}}\left(f_i - \sum_{j=1}^{i-1} K_{ij}u_j^{(k)} - \sum_{j=i+1}^{N} K_{ij}u_j^{(k-1)}\right), \quad i = 2, 3, \ldots, N-1,$$

$$\vdots$$

$$u_N^{(k)} = (1-\omega)u_N^{(k-1)} + \frac{\omega}{K_{NN}}\left(f_N - \sum_{j=1}^{N-1} K_{Nj}u_j^{(k)}\right).$$

Für $\omega = 1$ erhalten wir das Gauß-Seidel-Verfahren als Spezialfall des SOR-Verfahrens.

Das SOR-Verfahren konvergiert, falls K eine symmetrische, positiv definite Matrix ist und ein Relaxationsparameter $\omega \in (0, 2)$ verwendet wird [Axe94, Hac91, Meu99, SN89b, You71]. Unter gewissen Voraussetzungen an die Matrix K verhält sich bei optimaler Wahl von ω die Anzahl notwendiger Iterationsschritte zum Erreichen einer vorgegebenen relativen Genauigkeit ε wie $\sqrt{\kappa(K)}\ln\varepsilon^{-1}$ (siehe z.B. [Axe94, Hac91, Meu99, SN89b, You71]). Bei Gleichungssystemen, die aus der FE-Diskretisierung von Randwertproblemen 2. Ordnung resultieren, liegt die Iterationszahl also in der Größenordnung von $h^{-1}\ln\varepsilon^{-1}$, d.h. die Iterationszahl verdoppelt sich ungefähr bei Halbierung der Diskretisierungsschrittweite h. Im Vergleich zum Gauß-Seidel-Verfahren ist die Iterationszahl also um eine Ordnung niedriger. Im Abschnitt 5.4 diskutieren wir eine Möglichkeit zur Ermittlung einer guten Näherung für den optimalen Wert von ω.

Bei der Anwendung aller bisher vorgestellten Iterationsverfahren zur Lösung von FE-Gleichungssystemen nutzt man aus, dass die Matrix K schwach besetzt ist. Die jeweiligen Operationen $K_{ij}u_j$ bei der Matrix-Vektor-Multiplikation werden nur mit den von Null verschiedenen Matrixelementen K_{ij} durchgeführt. Da die Anzahl der Nicht-Null-Elemente der Matrix K proportional zur Anzahl der Unbekannten ist (siehe Abschnitt 5.1.2, S. 426), benötigen wir deshalb pro Iterationsschritt einen zur Anzahl der Unbekannten proportionalen Aufwand an arithmetischen Operationen.

Da in jedem Iterationsschritt der bisher beschriebenen Iterationsverfahren die Lösungskomponenten der $(k-1)$-ten und der k-ten Iterierten, d.h. der Iterierten zweier aufeinanderfolgender Iterationsschritte, genutzt werden, bezeichnet man diese Verfahren auch als zweischichtige Iterationsverfahren. Diese können in einer einheitlichen Schreibweise wie folgt formuliert werden.

Algorithmus 5.23 (Allgemeine Form eines zweischichtigen Iterationsverfahrens)
Gegeben sei eine Startnäherung $\underline{u}^{(0)}$.
Iteration: Berechne für $k = 1, 2, \dots$

$$
\begin{aligned}
\underline{r}^{(k-1)} &= \underline{f} - K\underline{u}^{(k-1)} \\
C\underline{w}^{(k-1)} &= \underline{r}^{(k-1)} \\
\underline{u}^{(k)} &= \underline{u}^{(k-1)} + \tau \underline{w}^{(k-1)}
\end{aligned}
$$

Wir betrachten die summarische Zerlegung $K = L + D + L^T$ der Matrix K, wobei L eine streng untere Dreiecksmatrix und $D = \mathrm{diag}(K)$ ist. Eine streng untere Dreiecksmatrix ist eine untere Dreiecksmatrix mit Nulleinträgen auf der Hauptdiagonalen. In Abhängigkeit von der Wahl der Matrix C und des Iterationsparameters τ erhalten wir die folgenden Iterationsverfahren:

$C = \mathrm{diag}(K),\ \tau = 1$:	Jacobi-Verfahren;
$C = \mathrm{diag}(K),\ 0 < \tau < 2/\lambda_{\max}(D^{-1}K)$:	gedämpftes Jacobi-Verfahren
$C = D + L,\ \tau = 1$:	Gauß-Seidel-Verfahren;
$C = D + \omega L,\ \tau = \omega \in (0,2)$:	SOR-Verfahren
$C = (D + \omega L)D^{-1}(D + \omega L^T),$ $\tau = \omega(2 - \omega),\ \omega \in (0,2)$:	SSOR-Verfahren [Axe94, Bra97, Hac91, Meu99, SN89b]
$C = I,\ 0 < \tau < 2/\lambda_{\max}(K)$:	klassisches Richardson-Verfahren

Mit I ist die $(N \times N)$-Einheitsmatrix bezeichnet. Das symmetrische SOR-Verfahren, kurz *SSOR-Verfahren* genannt, erhält man, wenn jeweils abwechselnd ein Iterationsschritt des SOR-Verfahrens lexikografisch vorwärts und ein Iterationsschritt lexikografisch rückwärts durchgeführt werden.

Nutzen wir diese einheitliche Darstellung der Iterationsverfahren, dann können wir auch eine allgemeine Vorschrift für die Darstellung des Iterationsfehlers $\underline{e}^{(k)} = \underline{u} - \underline{u}^{(k)}$ angeben. Aus dem obigen Algorithmus erhalten wir die Beziehungen

$$
\begin{aligned}
\underline{u} - \underline{u}^{(k)} &= \underline{u} - \underline{u}^{(k-1)} - \tau \underline{w}^{(k-1)} \\
&= \underline{u} - \underline{u}^{(k-1)} - \tau C^{-1} \underline{r}^{(k-1)} \\
&= \underline{u} - \underline{u}^{(k-1)} - \tau C^{-1} (\underline{f} - K\underline{u}^{(k-1)}) \\
&= \underline{u} - \underline{u}^{(k-1)} - \tau C^{-1} (K\underline{u} - K\underline{u}^{(k-1)}) \\
&= \underline{u} - \underline{u}^{(k-1)} - \tau C^{-1} K (\underline{u} - \underline{u}^{(k-1)}) \\
&= (I - \tau C^{-1} K)(\underline{u} - \underline{u}^{(k-1)})
\end{aligned}
$$

und somit die Fehlerdarstellung

$$\underline{e}^{(k)} = M\underline{e}^{(k-1)} = M^k\underline{e}^{(0)} \quad \text{mit} \quad M = I - \tau C^{-1}K. \tag{5.54}$$

Die Matrix $M = I - \tau C^{-1}K$ heißt *Iterationsmatrix* des zweischichtigen Iterationsverfahrens. Die Iterationsmatrix überführt den Fehler der $(k-1)$-ten Iterierten in den Fehler der neuen, der k-ten, Iterierten.

Aus der Darstellung (5.54) des Fehlers folgt sofort die Fehlerabschätzung

$$\|\underline{e}^{(k)}\| \leq \|I - \tau C^{-1}K\| \, \|\underline{e}^{(k-1)}\|$$

in einer beliebigen Norm des $\mathbb{R}^N$. Dabei ist $\|I - \tau C^{-1}K\|$ die durch die Vektornorm $\|.\|$ induzierte Matrixnorm (siehe Beziehungen (5.3) und (5.4)).

Falls $q = \|I - \tau C^{-1}K\| < 1$ gilt, konvergiert das Iterationsverfahren *q-linear* (siehe auch Bemerkung 6.1, S. 535), d.h.

$$\|\underline{e}^{(k)}\| \leq q \|\underline{e}^{(k-1)}\|. \tag{5.55}$$

Die rekursive Anwendung der Abschätzung (5.55) liefert sofort die Fehlerabschätzung

$$\|\underline{e}^{(k)}\| \leq q^k \|\underline{e}^{(0)}\|, \tag{5.56}$$

aus der wegen $q^k \to 0$ für $k \to \infty$ die Konvergenz des Iterationsverfahrens folgt.

Sind die Matrizen K und C symmetrisch und positiv definit, erhält man in der K-, C- und $KC^{-1}K$-energetischen Norm

$$q = \max\{|1 - \tau\lambda_{\min}(C^{-1}K)|, |1 - \tau\lambda_{\max}(C^{-1}K)|\} < 1$$

für $\tau \in (0, 2/\lambda_{\max}(C^{-1}K))$. Wir begründen diese Aussage für die K-energetische Norm. Es gilt, siehe (5.3),

$$\|M\|_K = \max_{\underline{v}\in\mathbb{R}^N, \underline{v}\neq\underline{0}} \frac{\|M\underline{v}\|_K}{\|\underline{v}\|_K} = \max_{\underline{v}\in\mathbb{R}^N, \underline{v}\neq\underline{0}} \frac{\sqrt{(KM\underline{v}, M\underline{v})}}{\sqrt{(K\underline{v}, \underline{v})}} = \max_{\underline{v}\in\mathbb{R}^N, \underline{v}\neq\underline{0}} \frac{\sqrt{(K^{0.5}M\underline{v}, K^{0.5}M\underline{v})}}{\sqrt{(K^{0.5}\underline{v}, K^{0.5}\underline{v})}}$$

mit der symmetrischen, positiv definiten Matrix $K^{0.5}$ aus $K = K^{0.5}K^{0.5}$. Setzen wir $\underline{v} = K^{-0.5}\underline{w}$, dann ergibt sich

$$\|M\|_K = \max_{\underline{w}\in\mathbb{R}^N, \underline{w}\neq\underline{0}} \frac{\sqrt{(K^{0.5}MK^{-0.5}\underline{w}, K^{0.5}MK^{-0.5}\underline{w})}}{\sqrt{(\underline{w}, \underline{w})}}$$

$$= \max_{\underline{w}\in\mathbb{R}^N, \underline{w}\neq\underline{0}} \frac{\|K^{0.5}MK^{-0.5}\underline{w}\|_2}{\|\underline{w}\|_2} = \|K^{0.5}MK^{-0.5}\|_2$$

und daraus mit $M = I - \tau C^{-1}K$

$$\|M\|_K = \|K^{0.5}(I - \tau C^{-1}K)K^{-0.5}\|_2 = \|I - \tau K^{0.5}C^{-1}K^{0.5}\|_2. \tag{5.57}$$

Wenn die beiden Matrizen K und C symmetrisch und positiv definit sind, gilt

$$(K^{0.5}C^{-1}K^{0.5})^T = (K^{0.5})^T(C^{-1})^T(K^{0.5})^T = K^{0.5}C^{-1}K^{0.5}$$

und

$$(K^{0.5}C^{-1}K^{0.5}\underline{v},\underline{v}) = (C^{-1}K^{0.5}\underline{v},K^{0.5}\underline{v}) > 0 \quad \text{für alle} \quad K^{0.5}\underline{v} \neq \underline{0}, \quad \text{d.h. für alle} \quad \underline{v} \neq \underline{0}.$$

Folglich ist die Matrix $K^{0.5}C^{-1}K^{0.5}$ eine symmetrische, positiv definite Matrix. Somit sind ihre Eigenwerte positiv und reell (siehe Eigenschaft (iii) auf S. 423). Außerdem ist dann auch die Matrix $I - \tau K^{0.5}C^{-1}K^{0.5}$ symmetrisch und ihre Eigenwerte sind ebenfalls reell. Mit den Beziehungen (5.57) und (5.11) erhalten wir deshalb

$$\begin{aligned}
\|M\|_K^2 &= \|I - \tau K^{0.5}C^{-1}K^{0.5}\|_2^2 = \lambda_{\max}\big((I - \tau K^{0.5}C^{-1}K^{0.5})^T(I - \tau K^{0.5}C^{-1}K^{0.5})\big) \\
&= \lambda_{\max}\big((I - \tau K^{0.5}C^{-1}K^{0.5})^2\big) \\
&= \max\{(\lambda_{\min}(I - \tau K^{0.5}C^{-1}K^{0.5}))^2, (\lambda_{\max}(I - \tau K^{0.5}C^{-1}K^{0.5}))^2\},
\end{aligned}$$

d.h.

$$\|M\|_K = \max\{|\lambda_{\min}(I - \tau K^{0.5}C^{-1}K^{0.5})|, |\lambda_{\max}(I - \tau K^{0.5}C^{-1}K^{0.5})|\}.$$

Für die Eigenwerte der Matrix $I - \tau K^{0.5}C^{-1}K^{0.5}$ gilt aufgrund der Eigenschaften (v) und (vi) auf S. 423

$$\lambda(I - \tau K^{0.5}C^{-1}K^{0.5}) = 1 - \tau\lambda(K^{0.5}C^{-1}K^{0.5}).$$

Da die Matrix $K^{0.5}C^{-1}K^{0.5}$ positive Eigenwerte hat, gilt dann für positive Parameter τ

$$\lambda_{\min}(I - \tau K^{0.5}C^{-1}K^{0.5}) = 1 - \tau\lambda_{\max}(K^{0.5}C^{-1}K^{0.5})$$

sowie

$$\lambda_{\max}(I - \tau K^{0.5}C^{-1}K^{0.5}) = 1 - \tau\lambda_{\min}(K^{0.5}C^{-1}K^{0.5})$$

und damit

$$\|M\|_K = \max\{|1 - \tau\lambda_{\max}(K^{0.5}C^{-1}K^{0.5})|, |1 - \tau\lambda_{\min}(K^{0.5}C^{-1}K^{0.5})|\}. \tag{5.58}$$

Aus der Eigenwertbeziehung

$$K^{0.5}C^{-1}K^{0.5}\underline{v} = \lambda\underline{v}$$

für einen beliebigen Eigenwert λ der Matrix $K^{0.5}C^{-1}K^{0.5}$ und den zugehörigen Eigenvektor $\underline{v}$ folgt mit $\underline{v} = K^{0.5}\underline{w}$

$$K^{0.5}C^{-1}K^{0.5}K^{0.5}\underline{w} = \lambda K^{0.5}\underline{w} \;\Leftrightarrow\; K^{0.5}C^{-1}K\underline{w} = \lambda K^{0.5}\underline{w} \;\Leftrightarrow\; C^{-1}K\underline{w} = \lambda\underline{w},$$

d.h. die beiden Matrizen $K^{0.5}C^{-1}K^{0.5}$ und $C^{-1}K$ haben die gleichen Eigenwerte. Damit ist (5.58) äquivalent zu

$$\|M\|_K = \max\{|1 - \tau\lambda_{\max}(C^{-1}K)|, |1 - \tau\lambda_{\min}(C^{-1}K)|\}. \tag{5.59}$$

Wir untersuchen nun, für welchen Wert von τ dieses Maximum minimal wird.

Aus der Abbildung 5.16 ist ersichtlich, dass $\|M\|_K < 1$ mit $\|M\|_K$ aus (5.59) nur für Parameterwerte $\tau \in (0, 2/\lambda_{\max}(C^{-1}K))$ gilt.

Das Maximum in (5.59) ist minimal, wenn

$$|1 - \tau\lambda_{\min}(C^{-1}K)| = |1 - \tau\lambda_{\max}(C^{-1}K)|. \tag{5.60}$$

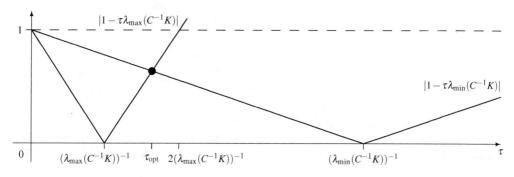

Abbildung 5.16: Funktion $|1 - \tau\lambda(C^{-1}K)|$

Dies ist äquivalent zu

$$-(1 - \tau\lambda_{\max}(C^{-1}K)) = 1 - \tau\lambda_{\min}(C^{-1}K) \;\Leftrightarrow\; \tau(\lambda_{\max}(C^{-1}K) + \lambda_{\min}(C^{-1}K)) = 2$$

(siehe Abbildung 5.16). Daraus ergibt sich der optimale Iterationsparameter

$$\tau_{\mathrm{opt}} = \frac{2}{\lambda_{\min}(C^{-1}K) + \lambda_{\max}(C^{-1}K)}. \tag{5.61}$$

Mit diesem optimalen Iterationsparameter erhalten wir

$$
\begin{aligned}
\|M\|_K &= \max\{|1 - \tau_{\mathrm{opt}}\lambda_{\max}(C^{-1}K)|, |1 - \tau_{\mathrm{opt}}\lambda_{\min}(C^{-1}K)|\} \\
&= 1 - \tau_{\mathrm{opt}}\lambda_{\min}(C^{-1}K) \\
&= 1 - \frac{2}{\lambda_{\min}(C^{-1}K) + \lambda_{\max}(C^{-1}K)} \cdot \lambda_{\min}(C^{-1}K) \\
&= \frac{\lambda_{\max}(C^{-1}K) - \lambda_{\min}(C^{-1}K)}{\lambda_{\min}(C^{-1}K) + \lambda_{\max}(C^{-1}K)}. \\
&= \frac{\lambda_{\max}(K^{0.5}C^{-1}K^{0.5}) - \lambda_{\min}(K^{0.5}C^{-1}K^{0.5})}{\lambda_{\min}(K^{0.5}C^{-1}K^{0.5}) + \lambda_{\max}(K^{0.5}C^{-1}K^{0.5})}.
\end{aligned}
$$

Unter Nutzung der Beziehungen

$$\kappa_2(K^{0.5}C^{-1}K^{0.5}) = \|K^{0.5}C^{-1}K^{0.5}\|_2 \|(K^{0.5}C^{-1}K^{0.5})^{-1}\|_2 = \frac{\lambda_{\max}(K^{0.5}C^{-1}K^{0.5})}{\lambda_{\min}(K^{0.5}C^{-1}K^{0.5})}$$

(siehe (5.15)) sowie

$$\lambda_{\min}(K^{0.5}C^{-1}K^{0.5}) = \lambda_{\min}(C^{-1}K), \quad \lambda_{\max}(K^{0.5}C^{-1}K^{0.5}) = \lambda_{\max}(C^{-1}K)$$

folgt für die kleinste Konvergenzrate

$$q_{\mathrm{opt}} = \frac{\kappa_2(K^{0.5}C^{-1}K^{0.5}) - 1}{\kappa_2(K^{0.5}C^{-1}K^{0.5}) + 1} = \frac{1 - \xi}{1 + \xi} \quad \text{mit} \quad \xi = \frac{\lambda_{\min}(K^{0.5}C^{-1}K^{0.5})}{\lambda_{\max}(K^{0.5}C^{-1}K^{0.5})} = \frac{\lambda_{\min}(C^{-1}K)}{\lambda_{\max}(C^{-1}K)}.$$

Wegen

$$\frac{x-1}{x+1} = 1 - \frac{2}{x+1} \approx 1 - \frac{2}{x}$$

für große x ist q_{opt} für eine große Konditionszahl $\kappa_2(K^{0.5}C^{-1}K^{0.5})$ fast gleich Eins. Damit folgt aus der Fehlerabschätzung (5.55), dass bei einer großen Konditionszahl der Matrix $K^{0.5}C^{-1}K^{0.5}$ der Fehler der Iterierten des zweischichtigen Iterationsverfahren in jedem Iterationsschritt nur sehr wenig reduziert wird, d.h. dass das zweischichtige Iterationsverfahren sehr langsam konvergiert. Aus der Fehlerabschätzung (5.56) können wir eine Abschätzung für die notwendige Anzahl an Iterationen zum Erreichen einer vorgegebenen relativen Genauigkeit ε, d.h. zum Erreichen von

$$\|\underline{e}^{(k)}\| \leq \varepsilon \|\underline{e}^{(0)}\|,$$

gewinnen. Es muss

$$q^k \leq \varepsilon \;\Leftrightarrow\; \ln q^k \leq \ln \varepsilon \;\Leftrightarrow\; k \ln q \leq \ln \varepsilon \;\Leftrightarrow\; k \geq \frac{\ln \varepsilon}{\ln q} \;\Leftrightarrow\; k \geq \frac{\ln \varepsilon^{-1}}{\ln q^{-1}},$$

gelten. Wegen

$$\ln \frac{x+1}{x-1} = 2 \left[\frac{1}{x} + \frac{1}{3x^3} + \cdots + \frac{1}{(2n+1)x^{2n+1}} + \cdots \right] \approx \frac{2}{x} \tag{5.62}$$

für große x folgt dann bei optimaler Wahl des Parameters τ und einer großen Konditionszahl $\kappa_2(K^{0.5}C^{-1}K^{0.5})$ mit $x = \kappa_2(K^{0.5}C^{-1}K^{0.5})$

$$k \geq \frac{\ln \varepsilon^{-1}}{\frac{2}{\kappa_2(K^{0.5}C^{-1}K^{0.5})}},$$

d.h. die Anzahl notwendiger Iterationen $I(\varepsilon)$ zum Erreichen einer vorgegebenen relativen Genauigkeit ε liegt in der Größenordnung von $\kappa_2(K^{0.5}C^{-1}K^{0.5})\ln \varepsilon^{-1}$. Beispielsweise erhält man mittels der Abschätzung $\kappa_2 \leq ch^{-2}$ für die Konditionszahl der FE-Steifigkeitsmatrix (siehe (5.27)), dass sich beim klassischen Richardson-Verfahren, d.h.

$$C = I, \quad \tau_{\mathrm{opt}} = \frac{2}{\lambda_{\min}(K) + \lambda_{\max}(K)},$$

die Anzahl notwendiger Iterationen wie $h^{-2}\ln \varepsilon^{-1}$ verhält.

Wie wir bei allen in diesem Abschnitt vorgestellten Verfahren erläutert haben, erfordern diese bei der Lösung von großdimensionierten FE-Gleichungssystemen eine sehr hohe Iterationszahl. Deshalb sollten zumindest das Jacobi-, das Gauß-Seidel- und das gedämpfte Jacobi-Verfahren nicht zur Lösung von FE-Gleichungssystemen eingesetzt werden. Dies wird bei dem im Abschnitt 5.4 angegebenen Beispiel auch nochmals sehr deutlich. Diese algorithmisch sehr einfachen Iterationsverfahren werden aber als Bestandteil von Mehrgitterverfahren genutzt (siehe Abschnitt 5.3.4).

Ein Verfahren mit wesentlich besseren Konvergenzeigenschaften ist das Verfahren der konjugierten Gradienten mit einer geeignet gewählten Vorkonditionierung. Bevor wir dieses Verfahren erläutern, beschreiben wir die Methode der konjugierten Gradienten ohne Vorkonditionierung.

5.3.2 Methode der konjugierten Gradienten ohne Vorkonditionierung

Das Verfahren der konjugierten Gradienten wurde 1952 von Hestenes und Stiefel entwickelt [HS52]. Seit etwa 1970 hat dieses Verfahren mit der Bereitstellung von Vorkonditionierungen enorm an Bedeutung gewonnen [Axe94, AB84, Bra97, Hac91, Meu99].

Den Ausgangspunkt dieses Verfahrens bildet die Tatsache, dass die Lösung des Gleichungssystems $K\underline{u} = \underline{f}$ zur Minimierung eines quadratischen Funktionals äquivalent ist. Diese Eigenschaft formulieren wir in dem folgenden Satz (siehe auch [Hac91, Bra97]).

Satz 5.2

Die Matrix K sei symmetrisch und positiv definit. Der Vektor $\underline{u}$ ist genau dann Lösung des Gleichungssystems $K\underline{u} = \underline{f}$, wenn

$$J(\underline{u}) = \min_{\underline{v} \in \mathbb{R}^N} J(\underline{v}) \quad \text{mit} \quad J(\underline{v}) = \frac{1}{2}(K\underline{v},\underline{v}) - (\underline{f},\underline{v}) \tag{5.63}$$

gilt.

Die Aussage dieses Satzes ist ein Analogon zu der im Abschnitt 4.3, S. 222, betrachteten Äquivalenz des Variationsproblems zu einem Minimumproblem.

Im Folgenden begründen wir die Aussage des obigen Satzes. Zuerst zeigen wir:

• Wenn $\underline{u}$ Lösung des Gleichungssystems $K\underline{u} = \underline{f}$ ist, dann ist $\underline{u}$ globale Minimalstelle der Funktion $J(\underline{v})$.

Mit $K\underline{u} = \underline{f}$ erhalten wir

$$\begin{aligned} J(\underline{v}) - J(\underline{u}) &= \frac{1}{2}(K\underline{v},\underline{v}) - (\underline{f},\underline{v}) - \left(\frac{1}{2}(K\underline{u},\underline{u}) - (\underline{f},\underline{u})\right) \\ &= \frac{1}{2}(K\underline{v},\underline{v}) - (K\underline{u},\underline{v}) - \left(\frac{1}{2}(K\underline{u},\underline{u}) - (K\underline{u},\underline{u})\right) \\ &= \frac{1}{2}(K\underline{v},\underline{v}) - (K\underline{u},\underline{v}) + \frac{1}{2}(K\underline{u},\underline{u}). \end{aligned} \tag{5.64}$$

Da vorausgesetzt wird, dass K eine symmetrische Matrix ist, gilt

$$(K\underline{u},\underline{v}) = (\underline{u},K\underline{v}) = (K\underline{v},\underline{u})$$

und somit

$$(K\underline{u},\underline{v}) = \frac{1}{2}(K\underline{u},\underline{v}) + \frac{1}{2}(K\underline{u},\underline{v}) = \frac{1}{2}(K\underline{u},\underline{v}) + \frac{1}{2}(K\underline{v},\underline{u}).$$

Damit ergibt sich aus (5.64)

$$\begin{aligned} J(\underline{v}) - J(\underline{u}) &= \frac{1}{2}(K\underline{v},\underline{v}) - \frac{1}{2}(K\underline{u},\underline{v}) - \frac{1}{2}(K\underline{v},\underline{u}) + \frac{1}{2}(K\underline{u},\underline{u}) \\ &= \frac{1}{2}(K(\underline{v}-\underline{u}),\underline{v}) - \frac{1}{2}(K(\underline{v}-\underline{u}),\underline{u}) \\ &= \frac{1}{2}(K(\underline{v}-\underline{u}),(\underline{v}-\underline{u})). \end{aligned} \tag{5.65}$$

Da K eine positiv definite Matrix sein soll, gilt

$$(K\underline{w},\underline{w}) > 0 \quad \text{für alle} \quad \underline{w} \in \mathbb{R}^N, \ \underline{w} \neq \underline{0}$$

und somit

$$(K(\underline{v}-\underline{u}),(\underline{v}-\underline{u})) > 0 \quad \text{für alle} \quad \underline{v} \in \mathbb{R}^N, \ \underline{v} \neq \underline{u}.$$

Dann folgt aus (5.65)

$$J(\underline{v}) - J(\underline{u}) > 0 \ \Leftrightarrow \ J(\underline{v}) > J(\underline{u}) \quad \text{für alle} \quad \underline{v} \in \mathbb{R}^N, \ \underline{v} \neq \underline{u},$$

d.h. $\underline{u}$ ist globale Minimalstelle der Funktion $J(\underline{v})$.

Wir zeigen nun noch:

• Wenn $\underline{u}$ Minimalstelle der Funktion $J(\underline{v})$ ist, dann ist $\underline{u}$ Lösung des linearen Gleichungssystems $K\underline{u} = \underline{f}$.

Um dies zu zeigen, nutzen wir die notwendige Extremalbedingung

$$\underline{0} = \operatorname{grad} J(\underline{v}) = \operatorname{grad} J(v_1, v_2, \ldots, v_N) \quad \text{mit} \quad \underline{v} = [v_i]_{i=1}^N.$$

Es gilt

$$\frac{\partial J}{\partial v_i} = \frac{\partial}{\partial v_i}\left(\frac{1}{2}(K\underline{v},\underline{v}) - (\underline{f},\underline{v})\right) = \frac{\partial}{\partial v_i}\left(\frac{1}{2}\sum_{k=1}^{N}\left(\sum_{j=1}^{N}K_{kj}v_j\right)v_k - \sum_{k=1}^{N}f_k v_k\right)$$

$$= \frac{1}{2}\sum_{k=1}^{N}\frac{\partial}{\partial v_i}\left(\left(\sum_{j=1}^{N}K_{kj}v_j\right)v_k\right) - \frac{\partial}{\partial v_i}\left(\sum_{k=1}^{N}f_k v_k\right).$$

Mittels der Produktregel bei der Berechnung der Ableitungen erhalten wir daraus

$$\frac{\partial J}{\partial v_i} = \frac{1}{2}\sum_{k=1}^{N}\left(\frac{\partial}{\partial v_i}\left(\sum_{j=1}^{N}K_{kj}v_j\right)v_k + \left(\sum_{j=1}^{N}K_{kj}v_j\right)\frac{\partial v_k}{\partial v_i}\right) - \frac{\partial}{\partial v_i}\left(\sum_{k=1}^{N}f_k v_k\right)$$

$$= \frac{1}{2}\left\{\sum_{k=1}^{N}\left[\frac{\partial}{\partial v_i}\left(\sum_{j=1}^{N}K_{kj}v_j\right)v_k\right] + \sum_{k=1}^{N}\left[\left(\sum_{j=1}^{N}K_{kj}v_j\right)\frac{\partial v_k}{\partial v_i}\right]\right\} - \frac{\partial}{\partial v_i}\left(\sum_{k=1}^{N}f_k v_k\right)$$

$$= \frac{1}{2}\left\{\sum_{k=1}^{N}K_{ki}v_k + \sum_{j=1}^{N}K_{ij}v_j\right\} - f_i.$$

Wegen der vorausgesetzten Symmetrie der Matrix K ist $K_{ki} = K_{ik}$. Damit folgt dann

$$\frac{\partial J}{\partial v_i} = \frac{1}{2}\left\{\sum_{k=1}^{N}K_{ik}v_k + \sum_{j=1}^{N}K_{ij}v_j\right\} - f_i = \sum_{k=1}^{N}K_{ik}v_k - f_i \quad \text{für} \quad i = 1, 2, \ldots, N,$$

d.h.

$$\operatorname{grad}(J(\underline{v})) = K\underline{v} - \underline{f}.$$

Wenn $\underline{u}$ globale Minimalstelle der Funktion J ist, muss aufgrund der notwendigen Extremalbedingung

$$0 = \operatorname{grad} J(\underline{u}) = K\underline{u} - \underline{f} \iff K\underline{u} = \underline{f}$$

gelten. Folglich muss $\underline{u}$ auch Lösung des Gleichungssystems $K\underline{u} = \underline{f}$ sein.

Zur Minimierung der Funktion $J(.)$ in (5.63) kann das Gradientenverfahren genutzt werden. In jedem Iterationsschritt dieses Verfahrens wird die Richtung des Gradienten

$$\operatorname{grad} J(\underline{v}) = K\underline{v} - \underline{f}$$

verwendet. Der Gradient weist in Richtung der lokal stärksten Zunahme der zu minimierenden Funktion und folglich zeigt

$$-\operatorname{grad} J(\underline{v}) = \underline{f} - K\underline{v}$$

an der Stelle $\underline{v} \in \mathbb{R}^N$ in Richtung der lokal stärksten Abnahme (des steilsten Abstiegs) der Funktion $J(.)$. Den Vektor $\underline{r} = \underline{f} - K\underline{v}$ bezeichnet man als *Residuum* oder *Residuenvektor*.

Die Idee des Gradientenverfahrens (Verfahrens des steilsten Abstiegs) besteht in folgendem: Ausgehend von einer gegebenen Näherungslösung $\underline{u}^{(k-1)}$ und der Suchrichtung $\underline{s}^{(k-1)} = \underline{r}^{(k-1)} = \underline{f} - K\underline{u}^{(k-1)}$ wird die neue Näherung $\underline{u}^{(k)}$ in der Form

$$\underline{u}^{(k)} = \underline{u}^{(k-1)} + \alpha^{(k)}\underline{s}^{(k-1)}$$

bestimmt. Der Relaxationsparameter $\alpha^{(k)}$ wird so gewählt, dass

$$J(\underline{u}^{(k)}) = J(\underline{u}^{(k-1)} + \alpha^{(k)}\underline{s}^{(k-1)}) = \min_{\alpha \in \mathbb{R}^1} J(\underline{u}^{(k-1)} + \alpha\underline{s}^{(k-1)})$$

gilt. Dies ist ein Minimierungsproblem in der einen reellen Variablen α. Wir erhalten aus der notwendigen Extremalbedingung

$$
\begin{aligned}
0 &= \frac{dJ(\underline{u}^{(k-1)} + \alpha\underline{s}^{(k-1)})}{d\alpha} \\[2mm]
&= \frac{d}{d\alpha}\left[\frac{1}{2}\big(K(\underline{u}^{(k-1)} + \alpha\underline{s}^{(k-1)}), \underline{u}^{(k-1)} + \alpha\underline{s}^{(k-1)}\big) - \big(\underline{f}, \underline{u}^{(k-1)} + \alpha\underline{s}^{(k-1)}\big) \right] \\[2mm]
&= \frac{d}{d\alpha}\left[\frac{1}{2}(K\underline{u}^{(k-1)}, \underline{u}^{(k-1)}) + \frac{\alpha}{2}(K\underline{u}^{(k-1)}, \underline{s}^{(k-1)}) + \frac{\alpha}{2}(K\underline{s}^{(k-1)}, \underline{u}^{(k-1)}) \right. \\[2mm]
&\quad\left. + \frac{\alpha^2}{2}(K\underline{s}^{(k-1)}, \underline{s}^{(k-1)}) - (\underline{f}, \underline{u}^{(k-1)}) - \alpha(\underline{f}, \underline{s}^{(k-1)}) \right].
\end{aligned}
$$

Da wir vorausgesetzt haben, dass K eine symmetrische Matrix ist, gilt

$$(K\underline{s}^{(k-1)}, \underline{u}^{(k-1)}) = (\underline{s}^{(k-1)}, K\underline{u}^{(k-1)}) = (K\underline{u}^{(k-1)}, \underline{s}^{(k-1)}).$$

Damit ergibt sich

$$0 = \frac{dJ(\underline{u}^{(k-1)} + \alpha\underline{s}^{(k-1)})}{d\alpha}$$

$$= \frac{d}{d\alpha}\left[\frac{1}{2}(K\underline{u}^{(k-1)},\underline{u}^{(k-1)}) + \alpha(K\underline{u}^{(k-1)},\underline{s}^{(k-1)}) + \frac{\alpha^2}{2}(K\underline{s}^{(k-1)},\underline{s}^{(k-1)})\right.$$

$$\left. -(\underline{f},\underline{u}^{(k-1)}) - \alpha(\underline{f},\underline{s}^{(k-1)})\right]$$

$$= (K\underline{u}^{(k-1)},\underline{s}^{(k-1)}) + \alpha(K\underline{s}^{(k-1)},\underline{s}^{(k-1)}) - (\underline{f},\underline{s}^{(k-1)})$$

$$= (K\underline{u}^{(k-1)} - \underline{f},\underline{s}^{(k-1)}) + \alpha(K\underline{s}^{(k-1)},\underline{s}^{(k-1)}).$$

Mit dem Residuenvektor $\underline{r}^{(k-1)} = \underline{f} - K\underline{u}^{(k-1)}$ folgt daraus

$$0 = (-\underline{r}^{(k-1)},\underline{s}^{(k-1)}) + \alpha(K\underline{s}^{(k-1)},\underline{s}^{(k-1)}) = -(\underline{r}^{(k-1)},\underline{s}^{(k-1)}) + \alpha(K\underline{s}^{(k-1)},\underline{s}^{(k-1)})$$

und somit

$$\alpha = \alpha^{(k)} = \frac{(\underline{r}^{(k-1)},\underline{s}^{(k-1)})}{(K\underline{s}^{(k-1)},\underline{s}^{(k-1)})}. \qquad (5.66)$$

Die Richtung $\underline{r}^{(k)}$ des steilsten Abstiegs im Punkt $\underline{u}^{(k)}$ lässt sich rekursiv durch

$$\underline{r}^{(k)} = \underline{f} - K\underline{u}^{(k)} = \underline{f} - K(\underline{u}^{(k-1)} + \alpha^{(k)}\underline{s}^{(k-1)}) = \underline{f} - K\underline{u}^{(k-1)} - \alpha^{(k)}K\underline{s}^{(k-1)}$$

$$= \underline{r}^{(k-1)} - \alpha^{(k)}K\underline{s}^{(k-1)}$$

berechnen. Damit ergibt sich der folgende Algorithmus für das Gradientenverfahren.

Algorithmus 5.24 (Gradientenverfahren (Verfahren des steilsten Abstiegs))
Gegeben seien eine Startnäherung $\underline{u}^{(0)}$ und eine zu erreichende relative Genauigkeit ε.

Start: Berechne

$$\underline{r}^{(0)} = \underline{f} - K\underline{u}^{(0)}$$
$$\underline{s}^{(0)} = \underline{r}^{(0)}$$

Iteration: Berechne für $k = 1,2,\ldots$

$$(\underline{r}^{(k-1)},\underline{s}^{(k-1)}) \leq \varepsilon^2(\underline{r}^{(0)},\underline{s}^{(0)}) \longrightarrow \text{STOP}$$
$$\alpha^{(k)} = (\underline{r}^{(k-1)},\underline{s}^{(k-1)})/(K\underline{s}^{(k-1)},\underline{s}^{(k-1)})$$
$$\underline{u}^{(k)} = \underline{u}^{(k-1)} + \alpha^{(k)}\underline{s}^{(k-1)}$$
$$\underline{r}^{(k)} = \underline{r}^{(k-1)} - \alpha^{(k)}K\underline{s}^{(k-1)}$$
$$\underline{s}^{(k)} = \underline{r}^{(k)}$$

Um eine Näherungslösung mit einer vorgegebenen relativen Genauigkeit ε zu erhalten, ist die Anzahl der notwendigen Iterationen genauso wie beim Jacobi- und Gauß-Seidel-Verfahren von

der Größenordnung $\kappa(K)\ln\varepsilon^{-1}$. Ein Vorteil des Gradientenverfahrens im Vergleich zum gedämpften Jacobi- bzw. SOR-Verfahren ist, dass die Iterationsparameter $\alpha^{(k)}$ automatisch ohne
Kenntnis des maximalen und minimalen Eigenwerts der Matrix K berechnet werden. Ein Verfahren mit wesentlich besserem Konvergenzverhalten erhält man, wenn als Suchrichtung $\underline{s}^{(k)}$
nicht $\underline{r}^{(k)}$, sondern eine Linearkombination

$$\underline{s}^{(k)} = \underline{r}^{(k)} + \beta^{(k)}\underline{s}^{(k-1)}$$

aus dem Residuenvektor $\underline{r}^{(k)} = \underline{f} - K\underline{u}^{(k)}$ und der vorangegangenen Suchrichtung $\underline{s}^{(k-1)}$ genutzt wird. Den Parameter $\beta^{(k)}$ bestimmen wir so, dass die Suchrichtungen $\underline{s}^{(k)}$ und $\underline{s}^{(k-1)}$ im
K-energetischen Skalarprodukt orthogonal sind, d.h. dass

$$(K\underline{s}^{(k)}, \underline{s}^{(k-1)}) = 0$$

gilt. Man sagt dann auch, dass die Suchrichtungen konjugiert sind. Diese Idee führt zum *Verfah-*
ren der konjugierten Gradienten.

Algorithmus 5.25 (Verfahren der konjugierten Gradienten)
    (CG-Verfahren, Conjugate Gradient Method)

Gegeben seien eine Startnäherung $\underline{u}^{(0)}$ und eine zu erreichende relative Genauigkeit ε.

Start: Berechne

$$\underline{r}^{(0)} = \underline{f} - K\underline{u}^{(0)}$$

$$\underline{s}^{(0)} = \underline{r}^{(0)}$$

Iteration: Berechne für $k = 1, 2, \ldots$

$$\alpha^{(k)} = (\underline{r}^{(k-1)}, \underline{r}^{(k-1)})/(K\underline{s}^{(k-1)}, \underline{s}^{(k-1)})$$

$$\underline{u}^{(k)} = \underline{u}^{(k-1)} + \alpha^{(k)}\underline{s}^{(k-1)}$$

$$\underline{r}^{(k)} = \underline{r}^{(k-1)} - \alpha^{(k)}K\underline{s}^{(k-1)}$$

$$(\underline{r}^{(k)}, \underline{r}^{(k)}) \leq \varepsilon^2 (\underline{r}^{(0)}, \underline{r}^{(0)}) \longrightarrow \text{STOP}$$

$$\beta^{(k)} = (\underline{r}^{(k)}, \underline{r}^{(k)})/(\underline{r}^{(k-1)}, \underline{r}^{(k-1)})$$

$$\underline{s}^{(k)} = \underline{r}^{(k)} + \beta^{(k)}\underline{s}^{(k-1)}$$

Bemerkung 5.4

Die oben beschriebene Idee zur Konstruktion des Verfahrens der konjugierten Gradienten führt zunächst
wegen (5.66) und

$$0 = (K\underline{s}^{(k)}, \underline{s}^{(k-1)}) = (K(\underline{r}^{(k)} + \beta^{(k)}\underline{s}^{(k-1)}), \underline{s}^{(k-1)}) = (K\underline{r}^{(k)}, \underline{s}^{(k-1)}) + \beta^{(k)}(K\underline{s}^{(k-1)}, \underline{s}^{(k-1)})$$

auf die Iterationsparameter

$$\alpha^{(k)} = \frac{(\underline{r}^{(k-1)}, \underline{s}^{(k-1)})}{(K\underline{s}^{(k-1)}, \underline{s}^{(k-1)})} \quad \text{und} \quad \beta^{(k)} = -\frac{(K\underline{r}^{(k)}, \underline{s}^{(k-1)})}{(K\underline{s}^{(k-1)}, \underline{s}^{(k-1)})}. \tag{5.67}$$

Die im Algorithmus 5.25 verwendeten Beziehungen zur Berechnung der Parameter $\alpha^{(k)}$ und $\beta^{(k)}$ führen
zu einem numerisch stabileren Algorithmus, d.h. einem Algorithmus, welcher weniger anfällig gegenüber
Rundungsfehlern ist, als bei Nutzung der gemäß (5.67) berechneten Parameter.

Im Folgenden begründen wir, dass die Berechnungsvorschriften (5.67) und die im obigen Algorithmus genutzten Berechnungsvorschriften die gleichen Werte für $\alpha^{(k)}$ und $\beta^{(k)}$ liefern. Da $\underline{s}^{(0)} = \underline{r}^{(0)}$, folgt

$$\alpha^{(1)} = \frac{(\underline{r}^{(0)}, \underline{s}^{(0)})}{(K\underline{s}^{(0)}, \underline{s}^{(0)})} = \frac{(\underline{r}^{(0)}, \underline{r}^{(0)})}{(K\underline{s}^{(0)}, \underline{s}^{(0)})}.$$

Damit ergibt sich

$$
\begin{aligned}
(\underline{r}^{(1)}, \underline{r}^{(0)}) = (\underline{r}^{(1)}, \underline{s}^{(0)}) &= (\underline{r}^{(0)} - \alpha^{(1)} K\underline{s}^{(0)}, \underline{s}^{(0)}) &&= (\underline{r}^{(0)}, \underline{s}^{(0)}) - \alpha^{(1)}(K\underline{s}^{(0)}, \underline{s}^{(0)}) \\
&= (\underline{r}^{(0)}, \underline{s}^{(0)}) - \frac{(\underline{r}^{(0)}, \underline{s}^{(0)})}{(K\underline{s}^{(0)}, \underline{s}^{(0)})}(K\underline{s}^{(0)}, \underline{s}^{(0)}) &&= 0
\end{aligned}
$$

und mit $\underline{r}^{(1)} = \underline{r}^{(0)} - \alpha^{(1)} K\underline{s}^{(0)} \;\Leftrightarrow\; K\underline{s}^{(0)} = \dfrac{1}{\alpha^{(1)}}(\underline{r}^{(0)} - \underline{r}^{(1)})$

$$
\begin{aligned}
\beta^{(1)} &= -\frac{(K\underline{r}^{(1)}, \underline{s}^{(0)})}{(K\underline{s}^{(0)}, \underline{s}^{(0)})} &&= -\frac{(\underline{r}^{(1)}, K\underline{s}^{(0)})}{(K\underline{s}^{(0)}, \underline{s}^{(0)})} \\[2mm]
&= -\frac{\left(\underline{r}^{(1)}, \dfrac{\underline{r}^{(0)} - \underline{r}^{(1)}}{\alpha^{(1)}}\right)}{(K\underline{s}^{(0)}, \underline{s}^{(0)})} &&= -\frac{\dfrac{1}{\alpha^{(1)}}(\underline{r}^{(1)}, \underline{r}^{(0)} - \underline{r}^{(1)})}{(K\underline{s}^{(0)}, \underline{s}^{(0)})} \\[2mm]
&= -\frac{\dfrac{(K\underline{s}^{(0)}, \underline{s}^{(0)})}{(\underline{r}^{(0)}, \underline{r}^{(0)})}(\underline{r}^{(1)}, \underline{r}^{(0)} - \underline{r}^{(1)})}{(K\underline{s}^{(0)}, \underline{s}^{(0)})} &&= -\frac{(\underline{r}^{(1)}, \underline{r}^{(0)} - \underline{r}^{(1)})}{(\underline{r}^{(0)}, \underline{r}^{(0)})} \\[2mm]
&= -\frac{(\underline{r}^{(1)}, \underline{r}^{(0)})}{(\underline{r}^{(0)}, \underline{r}^{(0)})} + \frac{(\underline{r}^{(1)}, \underline{r}^{(1)})}{(\underline{r}^{(0)}, \underline{r}^{(0)})} &&= \frac{(\underline{r}^{(1)}, \underline{r}^{(1)})}{(\underline{r}^{(0)}, \underline{r}^{(0)})}.
\end{aligned}
$$

Weiter gilt dann wegen $\underline{s}^{(1)} = \underline{r}^{(1)} + \beta^{(1)}\underline{s}^{(0)}$ und $(\underline{r}^{(1)}, \underline{s}^{(0)}) = 0$

$$\alpha^{(2)} = \frac{(\underline{r}^{(1)}, \underline{s}^{(1)})}{(K\underline{s}^{(1)}, \underline{s}^{(1)})} = \frac{(\underline{r}^{(1)}, \underline{r}^{(1)} + \beta^{(1)}\underline{s}^{(0)})}{(K\underline{s}^{(1)}, \underline{s}^{(1)})} = \frac{(\underline{r}^{(1)}, \underline{r}^{(1)})}{(K\underline{s}^{(1)}, \underline{s}^{(1)})} + \beta^{(1)}\frac{(\underline{r}^{(1)}, \underline{s}^{(0)})}{(K\underline{s}^{(1)}, \underline{s}^{(1)})} = \frac{(\underline{r}^{(1)}, \underline{r}^{(1)})}{(K\underline{s}^{(1)}, \underline{s}^{(1)})}.$$

Außerdem erhalten wir mit $\underline{r}^{(2)} = \underline{r}^{(1)} - \alpha^{(2)} K\underline{s}^{(1)}$

$$
\begin{aligned}
(\underline{r}^{(2)}, \underline{s}^{(1)}) &= (\underline{r}^{(1)} - \alpha^{(2)} K\underline{s}^{(1)}, \underline{s}^{(1)}) &&= (\underline{r}^{(1)}, \underline{s}^{(1)}) - \alpha^{(2)}(K\underline{s}^{(1)}, \underline{s}^{(1)}) \\
&= (\underline{r}^{(1)}, \underline{s}^{(1)}) - \frac{(\underline{r}^{(1)}, \underline{s}^{(1)})}{(K\underline{s}^{(1)}, \underline{s}^{(1)})}(K\underline{s}^{(1)}, \underline{s}^{(1)}) &&= 0
\end{aligned}
$$

und wegen $(\underline{r}^{(1)}, \underline{s}^{(0)}) = 0$ sowie $(K\underline{s}^{(1)}, \underline{s}^{(0)}) = 0$

$$(\underline{r}^{(2)}, \underline{s}^{(0)}) = (\underline{r}^{(1)} - \alpha^{(2)} K\underline{s}^{(1)}, \underline{s}^{(0)}) = (\underline{r}^{(1)}, \underline{s}^{(0)}) - \alpha^{(2)}(K\underline{s}^{(1)}, \underline{s}^{(0)}) = 0.$$

Damit folgt unter Nutzung von $\underline{s}^{(1)} = \underline{r}^{(1)} + \beta^{(1)}\underline{s}^{(0)} \;\Leftrightarrow\; \underline{r}^{(1)} = \underline{s}^{(1)} - \beta^{(1)}\underline{s}^{(0)}$

$$(\underline{r}^{(2)}, \underline{r}^{(1)}) = (\underline{r}^{(2)}, \underline{s}^{(1)} - \beta^{(1)}\underline{s}^{(0)}) = (\underline{r}^{(2)}, \underline{s}^{(1)}) - \beta^{(1)}(\underline{r}^{(2)}, \underline{s}^{(0)}) = 0.$$

Nutzen wir außerdem noch die Beziehung $\underline{r}^{(2)} = \underline{r}^{(1)} - \alpha^{(2)} K\underline{s}^{(1)} \Leftrightarrow K\underline{s}^{(1)} = \frac{1}{\alpha^{(2)}}(\underline{r}^{(1)} - \underline{r}^{(2)})$, so können wir für $\beta^{(2)}$ die Äquivalenz der beiden Berechnungsvorschriften zeigen:

$$
\begin{aligned}
\beta^{(2)} &= -\frac{(K\underline{r}^{(2)}, \underline{s}^{(1)})}{(K\underline{s}^{(1)}, \underline{s}^{(1)})} &&= -\frac{(\underline{r}^{(2)}, K\underline{s}^{(1)})}{(K\underline{s}^{(1)}, \underline{s}^{(1)})}\\[2ex]
&= -\frac{\left(\underline{r}^{(2)}, \dfrac{\underline{r}^{(1)} - \underline{r}^{(2)}}{\alpha^{(2)}}\right)}{(K\underline{s}^{(1)}, \underline{s}^{(1)})} &&= -\frac{\dfrac{1}{\alpha^{(2)}}(\underline{r}^{(2)}, \underline{r}^{(1)} - \underline{r}^{(2)})}{(K\underline{s}^{(1)}, \underline{s}^{(1)})}\\[2ex]
&= -\frac{\dfrac{(K\underline{s}^{(1)}, \underline{s}^{(1)})}{(\underline{r}^{(1)}, \underline{r}^{(1)})}(\underline{r}^{(2)}, \underline{r}^{(1)} - \underline{r}^{(2)})}{(K\underline{s}^{(1)}, \underline{s}^{(1)})} &&= -\frac{(\underline{r}^{(2)}, \underline{r}^{(1)} - \underline{r}^{(2)})}{(\underline{r}^{(1)}, \underline{r}^{(1)})}\,.\\[2ex]
&= -\frac{(\underline{r}^{(2)}, \underline{r}^{(1)})}{(\underline{r}^{(1)}, \underline{r}^{(1)})} + \frac{(\underline{r}^{(2)}, \underline{r}^{(2)})}{(\underline{r}^{(1)}, \underline{r}^{(1)})} &&= \frac{(\underline{r}^{(2)}, \underline{r}^{(2)})}{(\underline{r}^{(1)}, \underline{r}^{(1)})}\,.
\end{aligned}
$$

Für $k > 2$ lässt sich analog wie für $k = 2$ die Äquivalenz der Berechnungsvorschriften (5.67) und der im Algorithmus 5.25 genutzten Formeln zur Berechnung von $\alpha^{(k)}$ und $\beta^{(k)}$ beweisen.

Für das Verfahren der konjugierten Gradienten gilt die folgende Konvergenzaussage (siehe auch [Axe94, Bra97, Hac91, Meu99, SN89b]) .

Satz 5.3

Es sei K eine symmetrische, positiv definite Matrix. Dann sind nicht mehr als

$$I(\varepsilon) = \|\ln(\varepsilon^{-1} + (\varepsilon^{-2} + 1)^{0.5})/\ln\rho^{-1}\| \tag{5.68}$$

Iterationen notwendig, um den Anfangsfehler $\|\underline{u} - \underline{u}^{(0)}\|_K$ auf das ε-fache zu reduzieren ($0 < \varepsilon < 1$). Außerdem gilt die Fehlerabschätzung

$$\|\underline{u} - \underline{u}^{(k)}\|_K \le \eta^{(k)} \|\underline{u} - \underline{u}^{(0)}\|_K$$

mit

$$\eta^{(k)} = \frac{2\rho^k}{1 + \rho^{2k}}, \quad \rho = \frac{\sqrt{\kappa_2(K)} - 1}{\sqrt{\kappa_2(K)} + 1} = \frac{1 - \sqrt{\dfrac{\lambda_{\min}(K)}{\lambda_{\max}(K)}}}{1 + \sqrt{\dfrac{\lambda_{\min}(K)}{\lambda_{\max}(K)}}}\,.$$

Hierbei bezeichnet $\|x\|$ die kleinste ganze Zahl, die größer oder gleich x ist. Die energetische Norm $\|\underline{v}\|_K$ ist durch $\|\underline{v}\|_K = \sqrt{(K\underline{v}, \underline{v})}$ definiert.

Bemerkung 5.5

Falls die Konditionszahl $\kappa_2(K)$ nicht bekannt ist, nutzt man zur a priori Bewertung der Güte des Verfahrens der konjugierten Gradienten Spektralungleichungen der Form

$$\gamma_1(\underline{v}, \underline{v}) \le (K\underline{v}, \underline{v}) \le \gamma_2(\underline{v}, \underline{v}) \quad \text{für alle} \quad \underline{v} \in \mathbb{R}^N \tag{5.69}$$

mit Spektralkonstanten $\gamma_2 \ge \gamma_1 > 0$. Die Konstanten γ_1 und γ_2 in (5.69) sind Abschätzungen für den kleinsten und größten Eigenwert der Matrix K. Aufgrund der Definition des Rayleigh-Quotienten (siehe (5.8)) gilt

$$\gamma_1 \le \lambda_{\min}(K) = \min_{\underline{v} \in \mathbb{R}^N, \underline{v} \ne 0} \frac{(K\underline{v}, \underline{v})}{(\underline{v}, \underline{v})} \le \frac{(K\underline{v}, \underline{v})}{(\underline{v}, \underline{v})} \le \max_{\underline{v} \in \mathbb{R}^N, \underline{v} \ne 0} \frac{(K\underline{v}, \underline{v})}{(\underline{v}, \underline{v})} = \lambda_{\max}(K) \le \gamma_2\,.$$

Hieraus folgt

$$\frac{\gamma_1}{\gamma_2} \leq \frac{\lambda_{\min}(K)}{\lambda_{\max}(K)}$$

und mit $\kappa_2(K) = \lambda_{\max}(K)/\lambda_{\min}(K)$ (siehe (5.15))

$$\rho = \frac{\sqrt{\kappa_2(K)} - 1}{\sqrt{\kappa_2(K)} + 1} = \frac{1 - \sqrt{\frac{\lambda_{\min}(K)}{\lambda_{\max}(K)}}}{1 + \sqrt{\frac{\lambda_{\min}(K)}{\lambda_{\max}(K)}}} \leq \frac{1 - \sqrt{\xi}}{1 + \sqrt{\xi}} \quad \text{mit} \quad \xi = \frac{\gamma_1}{\gamma_2},$$

d.h. wir erhalten eine obere Abschätzung für ρ aus dem Satz 5.3. Setzt man diese obere Schranke in (5.68) ein, erhält man eine obere Abschätzung für die Anzahl der Iterationen.

Aus (5.62) erhalten wir mit $x = \sqrt{\kappa_2(K)}$

$$\ln \rho^{-1} = \ln \left(\frac{\sqrt{\kappa_2(K)} + 1}{\sqrt{\kappa_2(K)} - 1} \right) \approx \frac{2}{\sqrt{\kappa_2(K)}}$$

und damit gemäß Satz 5.3 die folgende Aussage: Die Anzahl notwendiger Iterationen zum Erreichen einer vorgegebenen relativen Genauigkeit ε verhält sich beim Verfahren der konjugierten Gradienten wie $\sqrt{\kappa_2(K)} \ln \varepsilon^{-1}$. Die Konditionszahl $\kappa_2(K)$ von FE-Matrizen, die aus der Diskretisierung von Randwertproblemen 2. Ordnung resultieren, ist von der Größenordnung h^{-2} (siehe (5.27), S. 435). Folglich liegt die Anzahl notwendiger Iterationen bei der näherungsweisen Lösung des FE-Gleichungssystems mittels des Verfahrens der konjugierten Gradienten in der Größenordnung von $h^{-1} \ln \varepsilon^{-1}$. Die Iterationszahl ist also von der gleichen Größenordnung wie beim SOR-Verfahren mit optimal gewähltem Parameter ω und ist von einer Ordnung niedriger als beim Jacobi- und Gauß-Seidel-Verfahren. Der Vorteil gegenüber dem SOR-Verfahren besteht darin, dass für das CG-Verfahren kein Iterationsparameter vor dem Start des Verfahrens bekannt sein muss, sondern dass die Iterationsparameter im Verfahren selbst bestimmt werden. Genauso wie bei den im Abschnitt 5.3.1 beschriebenen Iterationsverfahren nutzen wir im CG-Verfahren bei der Matrix-Vektor-Multiplikation aus, dass die FE-Steifigkeitsmatrix K schwach besetzt ist, d.h. die Operationen $K_{ij} u_j$ werden nur mit den Nicht-Null-Elementen durchgeführt. Da die Anzahl der Nicht-Null-Elemente in der Matrix K proportional zur Anzahl N der Unbekannten ist, erfordert die Matrix-Vektor-Multiplikation einen Arithmetikaufwand in der Größenordnung von N. Pro Iterationsschritt des Verfahrens der konjugierten Gradienten sind drei Vektoradditionen, eine Matrix-Vektor-Multiplikation und zwei Skalarproduktberechnungen durchzuführen. Jede dieser Berechnungen erfordert einen Rechenaufwand, der proportional zu N ist. Folglich ist der Aufwand an arithmetischen Operationen pro Iterationsschritt proportional zur Anzahl N der Unbekannten. Damit verhält sich der Gesamtaufwand an arithmetischen Operationen, der zur Bestimmung einer Näherungslösung mit einer relativen Genauigkeit ε erforderlich ist, wie $N h^{-1} \ln \varepsilon^{-1} = h^{-d} h^{-1} \ln \varepsilon^{-1} = h^{-d-1} \ln \varepsilon^{-1}$. Dies heißt beispielsweise, dass sich bei Randwertproblemen in zweidimensionalen Gebieten ($d = 2$) der Rechenaufwand etwa verachtfacht, wenn die Diskretisierungsschrittweite halbiert wird.

Eine schnellere Konvergenz würde man erhalten, wenn die Konditionszahl $\kappa(K)$ schwächer von h abhängen würde. Zur Verbesserung der Kondition betrachten wir im nächsten Abschnitt die Methode der konjugierten Gradienten mit Vorkonditionierung.

5.3.3 Methode der konjugierten Gradienten mit Vorkonditionierung

Wir betrachten anstelle des zu lösenden Gleichungssystems $K\underline{u} = \underline{f}$ das äquivalente Gleichungssystem

$$\tilde{K}\underline{\tilde{u}} = \underline{\tilde{f}} \tag{5.70}$$

mit

$$\tilde{K} = C^{-0.5}KC^{-0.5}, \quad \underline{\tilde{u}} = C^{0.5}\underline{u} \quad \text{und} \quad \underline{\tilde{f}} = C^{-0.5}\underline{f},$$

wobei $C = C^{0.5}C^{0.5}$ eine symmetrische, positiv definite Matrix ist. Dabei wird die sogenannte *Vorkonditionierungsmatrix* C so gewählt, dass möglichst $\kappa_2(\tilde{K}) \ll \kappa_2(K)$ gilt. Das Gleichungssystem (5.70) lösen wir mittels des im Abschnitt 5.3.2 beschriebenen Verfahrens der konjugierten Gradienten. Wir formulieren die Teilschritte aber so um, dass mit der Matrix K und der rechten Seite $\underline{f}$ gerechnet werden kann. Es gilt

$$\underline{\tilde{r}}^{(0)} = \underline{\tilde{f}} - \tilde{K}\underline{\tilde{u}}^{(0)} = C^{-0.5}\underline{f} - C^{-0.5}KC^{-0.5}C^{0.5}\underline{u}^{(0)} = C^{-0.5}\underline{r}^{(0)} \quad \text{mit} \quad \underline{r}^{(0)} = \underline{f} - K\underline{u}^{(0)}$$

und

$$\underline{\tilde{s}}^{(0)} = \underline{\tilde{r}}^{(0)} = C^{-0.5}\underline{r}^{(0)}.$$

Im ersten Iterationsschritt erhalten wir damit

$$\begin{aligned}
\tilde{\alpha}^{(1)} &= \frac{(\underline{\tilde{r}}^{(0)}, \underline{\tilde{r}}^{(0)})}{(\tilde{K}\underline{\tilde{s}}^{(0)}, \underline{\tilde{s}}^{(0)})} &&= \frac{(C^{-0.5}\underline{r}^{(0)}, C^{-0.5}\underline{r}^{(0)})}{(C^{-0.5}KC^{-0.5}C^{-0.5}\underline{r}^{(0)}, C^{-0.5}\underline{r}^{(0)})} \\
&= \frac{(\underline{r}^{(0)}, C^{-1}\underline{r}^{(0)})}{(KC^{-1}\underline{r}^{(0)}, C^{-1}\underline{r}^{(0)})} &&= \frac{(\underline{r}^{(0)}, \underline{w}^{(0)})}{(K\underline{d}^{(0)}, \underline{d}^{(0)})}
\end{aligned}$$

mit

$$\underline{d}^{(0)} = \underline{w}^{(0)} \quad \text{und} \quad \underline{w}^{(0)} \text{ aus } C\underline{w}^{(0)} = \underline{r}^{(0)} \ \Leftrightarrow \ \underline{w}^{(0)} = C^{-1}\underline{r}^{(0)}$$

sowie

$$\begin{aligned}
\underline{\tilde{u}}^{(1)} = \underline{\tilde{u}}^{(0)} + \tilde{\alpha}^{(1)}\underline{\tilde{s}}^{(0)} &\Leftrightarrow C^{0.5}\underline{u}^{(1)} = C^{0.5}\underline{u}^{(0)} + \tilde{\alpha}^{(1)}C^{-0.5}\underline{r}^{(0)} \\
&\Leftrightarrow \underline{u}^{(1)} = \underline{u}^{(0)} + \tilde{\alpha}^{(1)}C^{-1}\underline{r}^{(0)} \\
&\Leftrightarrow \underline{u}^{(1)} = \underline{u}^{(0)} + \tilde{\alpha}^{(1)}\underline{w}^{(0)} \\
&\Leftrightarrow \underline{u}^{(1)} = \underline{u}^{(0)} + \tilde{\alpha}^{(1)}\underline{d}^{(0)}.
\end{aligned}$$

Gehen wir bei den weiteren Schritten im Verfahren der konjugierten Gradienten zur Lösung des Gleichungssystems $\tilde{K}\underline{\tilde{u}} = \underline{\tilde{f}}$ analog vor, dann ergibt sich der folgende Algorithmus der Methode der konjugierten Gradienten mit Vorkonditionierung.

Algorithmus 5.26 (vorkonditioniertes Verfahren der konjugierten Gradienten)
(PCG-Verfahren, Preconditioned Conjugate Gradient Method)

Gegeben seien eine Startnäherung $\underline{u}^{(0)}$ und eine zu erreichende relative Genauigkeit ε.

Start: Berechne

$$\underline{r}^{(0)} = \underline{f} - K\underline{u}^{(0)}$$
$$C\underline{w}^{(0)} = \underline{r}^{(0)}$$
$$\underline{d}^{(0)} = \underline{w}^{(0)}$$

Iteration: Berechne für $k = 1, 2, \ldots$

$$\tilde{\alpha}^{(k)} = (\underline{w}^{(k-1)}, \underline{r}^{(k-1)})/(K\underline{d}^{(k-1)}, \underline{d}^{(k-1)})$$
$$\underline{u}^{(k)} = \underline{u}^{(k-1)} + \tilde{\alpha}^{(k)}\underline{d}^{(k-1)}$$
$$\underline{r}^{(k)} = \underline{r}^{(k-1)} - \tilde{\alpha}^{(k)}K\underline{d}^{(k-1)}$$
$$C\underline{w}^{(k)} = \underline{r}^{(k)}$$
$$(\underline{w}^{(k)}, \underline{r}^{(k)}) \leq \varepsilon^2 (\underline{w}^{(0)}, \underline{r}^{(0)}) \longrightarrow \text{STOP}$$
$$\tilde{\beta}^{(k)} = (\underline{w}^{(k)}, \underline{r}^{(k)})/(\underline{w}^{(k-1)}, \underline{r}^{(k-1)})$$
$$\underline{d}^{(k)} = \underline{w}^{(k)} + \tilde{\beta}^{(k)}\underline{d}^{(k-1)}$$

Analog zum Satz 5.3 gilt der folgende Konvergenzsatz für das Verfahren der konjugierten Gradienten mit Vorkonditionierung (siehe auch [Axe94, Bra97, Hac91, Meu99, SN89b]).

Satz 5.4

Es seien K und C symmetrische, positiv definite Matrizen. Dann sind nicht mehr als

$$I(\varepsilon) = \|\ln(\varepsilon^{-1} + (\varepsilon^{-2} + 1)^{0.5})/\ln \tilde{\rho}^{-1}\|$$

Iterationen notwendig, um den Anfangsfehler $\|\underline{u} - \underline{u}^{(0)}\|_K$ auf das ε-fache zu reduzieren $(0 < \varepsilon < 1)$. Außerdem gilt

$$\|\underline{u} - \underline{u}^{(k)}\|_K \leq \tilde{\eta}^{(k)} \|\underline{u} - \underline{u}^{(0)}\|_K$$

mit

$$\tilde{\eta}^{(k)} = \frac{2\tilde{\rho}^k}{1 + \tilde{\rho}^{2k}}, \quad \tilde{\rho} = \frac{\sqrt{\kappa_2(C^{-0.5}KC^{-0.5})} - 1}{\sqrt{\kappa_2(C^{-0.5}KC^{-0.5})} + 1} = \frac{1 - \sqrt{\frac{\lambda_{\min}(C^{-1}K)}{\lambda_{\max}(C^{-1}K)}}}{1 + \sqrt{\frac{\lambda_{\min}(C^{-1}K)}{\lambda_{\max}(C^{-1}K)}}}.$$

Zur a priori Beurteilung der Güte des Verfahrens der konjugierten Gradienten mit Vorkonditionierung nutzen wir, sofern die Eigenwerte $\lambda_{\min}(C^{-1}K)$ und $\lambda_{\max}(C^{-1}K)$ nicht bekannt sind, die Konstanten $\tilde{\gamma}_1$ und $\tilde{\gamma}_2$ aus den Spektralungleichungen

$$\tilde{\gamma}_1(C\underline{v}, \underline{v}) \leq (K\underline{v}, \underline{v}) \leq \tilde{\gamma}_2(C\underline{v}, \underline{v}) \quad \text{für alle} \quad \underline{v} \in \mathbb{R}^N, \ \tilde{\gamma}_2 \geq \tilde{\gamma}_1 > 0. \tag{5.71}$$

Damit erhalten wir analog wie in der Bemerkung 5.5 eine obere Abschätzung von $\tilde{\rho}$ und folglich eine obere Abschätzung für die Anzahl der Iterationen.

Aus dem Konvergenzsatz 5.4 folgt, dass für eine schnelle Konvergenz des PCG-Verfahrens $\kappa_2(\tilde{K}) = \kappa_2(C^{-0.5}KC^{-0.5})$ nahe bei 1 liegen muss. Um dies zu erreichen, wäre $C = K$ die günstigste Wahl, denn dann wäre $\tilde{K} = C^{-0.5}KC^{-0.5}$ gleich der Einheitsmatrix und somit $\kappa_2(\tilde{K}) = 1$.

Damit wäre $\tilde{\eta}^{(k)} = 0$ für alle $k = 1, 2, \ldots$, d.h. bereits nach dem ersten Iterationsschritt hätten wir $\|\underline{u} - \underline{u}^{(1)}\|_K = 0$ und folglich die exakte Lösung des zu lösenden Gleichungssystems bestimmt. Das Problem der Wahl von $C = K$ besteht aber darin, dass bei dieser Wahl von C im Start-schritt und in jedem Iterationsschritt des PCG-Algorithmus das Gleichungssystem $K\underline{w}^{(k)} = \underline{r}^{(k)}$ zu lösen ist, d.h. wiederum ein Gleichungssystem mit der Systemmatrix K. Dadurch ist die Wahl von $C = K$ nicht praktikabel. Wählen wir $C = I$, dann ist das Lösen des Gleichungssy-stems $C\underline{w}^{(k)} = \underline{r}^{(k)}$ besonders einfach, denn wir brauchen nur $\underline{w}^{(k)} = \underline{r}^{(k)}$ setzen, aber es gilt $\kappa_2(\tilde{K}) = \kappa_2(K)$ und nicht $\kappa_2(\tilde{K}) \ll \kappa_2(K)$. Wir müssen also für die Wahl der Matrix C einen Kompromiss zwischen $C = K$ und $C = I$ finden, so dass $\kappa_2(\tilde{K})$ nahe bei 1 liegt. Außerdem müs-sen die Gleichungssysteme $C\underline{w}^{(k)} = \underline{r}^{(k)}$ sehr leicht lösbar sein, möglichst mit einem Aufwand an arithmetischen Operationen, der proportional zur Anzahl der Unbekannten N ist.

Im Weiteren stellen wir einige Möglichkeiten zur Wahl der Vorkonditionierungsmatrix C vor.

(a) *Jacobi-Vorkonditionierung (Diagonalvorkonditionierung)*

Als Vorkonditionierungsmatrix C wählen wir

$$C = \text{diag}(K),$$

d.h. die Diagonale der Systemmatrix K. Die Konditionszahl $\kappa_2((\text{diag}(K))^{-0.5} K (\text{diag}(K))^{-0.5})$ wächst genauso wie die Konditionszahl $\kappa_2(K)$, d.h. bei FE-Gleichungssystemen, welche aus der Diskretisierung von Randwertproblemen 2. Ordnung resultieren, wächst sie auch wie h^{-2}. Dies hat zur Folge, dass sich auch beim PCG-Verfahren mit der Diagonalvorkonditionierung die Anzahl der notwendigen Iterationen wie $h^{-1} \ln \varepsilon^{-1}$ verhält. Bei Gleichungssystemen, die aus FE-Diskretisierungen von Randwertproblemen mit stark veränderlichen Koeffizienten resultie-ren, zum Beispiel beim Modellproblem (4.2) mit stark verschiedenen Wärmeleitzahlen für die beiden Materialien, führt diese Vorkonditionierung aber zu einer Reduzierung der Iterationszahl im Vergleich zum CG-Verfahren ohne Vorkonditionierung (siehe auch Abschnitt 5.4).

(b) *SSOR-Vorkonditionierung*

Wir wählen als Vorkonditionierungsmatrix C die Matrix

$$C = (D + \omega L)D^{-1}(D + \omega L^T) \tag{5.72}$$

mit einem Parameter $\omega \in (0, 2)$. Hierbei gilt $K = L + D + L^T$ mit $D = \text{diag}(K)$ und L ist eine streng untere Dreiecksmatrix. Die Anwendung dieser Vorkonditionierungsmatrix entspricht der näherungsweisen Lösung des Gleichungssystems $K\underline{w}^{(k)} = \underline{r}^{(k)}/((2 - \omega)\omega)$ mittels eines Itera-tionsschrittes des SOR-Verfahrens lexikografisch vorwärts, wobei mit dem Nullvektor gestartet wird, und der anschließenden Durchführung eines Schrittes des SOR-Verfahrens lexikografisch rückwärts. Bei optimaler Wahl des Parameters ω kann man erreichen, dass sich die Iterationszahl des PCG-Verfahrens für Gleichungssysteme, die aus der FE-Diskretisierung von Randwertpro-blemen 2. Ordnung resultieren, wie $h^{-0.5} \ln \varepsilon^{-1}$ verhält [Hac91]. Die Lösung eines Gleichungs-systems $C\underline{w}^{(k)} = \underline{r}^{(k)}$ mit der Matrix C aus (5.72) erfordert aufgrund der schwachen Besetztheit der Matrix K und damit von L einen Aufwand an arithmetischen Operationen, welcher propor-tional zur Anzahl der Unbekannten ist und somit in der Größenordnung von h^{-d} liegt. Dabei ist $d = 1, 2, 3$, in Abhängigkeit davon, ob wir ein Randwertproblem in einem ein- , zwei- oder dreidimensionalen Gebiet betrachten.

(c) *IC-Vorkonditionierung* (*unvollständige Cholesky-Faktorisierung, incomplete Cholesky facto-rization*)

Wir nutzen zur Vorkonditionierung die Matrix

$$C = RR^T$$

mit einer oberen Dreiecksmatrix R, wobei R genau dort Nicht-Null-Elemente hat, wo auch das obere Dreieck der Matrix K besetzt ist. Die Matrixelemente von R werden in Analogie zum Cholesky-Verfahren nach folgender Vorschrift berechnet (siehe auch Algorithmus 5.10 und [Axe94, Gus78, Gus82, Rja86]).

Algorithmus 5.27 (Unvollständige Cholesky-Zerlegung (IC-Vorkonditionierung))

$R_{NN} = \sqrt{K_{NN}}$

Berechne für $i = N-1, N-2, \ldots, 1$

$$R_{iN} = \frac{K_{iN}}{R_{NN}}$$

Falls $i < N-1$ berechne für $j = N-1, N-2, \ldots, i+1$

$$R_{ij} = \begin{cases} \dfrac{1}{R_{jj}}\left(K_{ij} - \displaystyle\sum_{\ell=j+1}^{N} R_{i\ell}R_{j\ell}\right) & \text{falls } K_{ij} \neq 0 \\[2mm] 0 & \text{falls } K_{ij} = 0 \end{cases}$$

$$R_{ii} = \sqrt{K_{ii} - \sum_{\ell=i+1}^{N} R_{i\ell}^2}$$

In dieser Variante wird die unvollständige Cholesky-Zerlegung nur auf den Nicht-Null-Elementen der Matrix K durchgeführt. Viele weitere Möglichkeiten zur Durchführung einer unvollständigen Cholesky-Zerlegung sind denkbar. Man kann nach verschiedenen Prinzipien zusätzliche Nicht-Null-Einträge in der Matrix R zulassen. Solche Varianten sind in [Axe94, AB84, Hac91, Meu99] beschrieben.

Die Konvergenzaussagen für den PCG-Algorithmus mit IC-Vorkonditionierung sind dieselben wie beim Algorithmus ohne Vorkonditionierung, d.h. die Iterationszahl wächst wie $h^{-1}\ln\varepsilon^{-1}$ bei der Lösung von FE-Gleichungssystemen, die aus der Diskretisierung eines Randwertproblems 2. Ordnung resultieren. Es ist allerdings zu beobachten, dass beim Einsatz dieser Vorkonditionierung die zum Erreichen einer vorgegebenen relativen Genauigkeit ε notwendige Anzahl an Iterationen meist wesentlich niedriger ist als beim Verfahren der konjugierten Gradienten ohne Vorkonditionierung (siehe auch Abschnitt 5.4).

(d) *MIC-Vorkonditionierung* (*modifizierte unvollständige Cholesky-Faktorisierung, modified in-complete Cholesky factorization*)

Wir wählen die Vorkonditionierungsmatrix C in der Form

$$C = S^T S$$

mit einer oberen Dreiecksmatrix S. Die Elemente der Matrix S werden nach folgender Vorschrift berechnet (siehe auch [Gus82, Rja86]).

Algorithmus 5.28 (Modifizierte unvollständige Cholesky-Zerlegung)
(MIC-Vorkonditionierung)

1. Setze $S_{ij} = K_{ij}$ für $i = 1, 2, \ldots, N$, $j = i, i+1, \ldots, N$.

2. Berechne für $i = 1, 2, \ldots, N-1$

$$S_{ii} = \sqrt{S_{ii}}.$$

   Berechne für $j = i+1, i+2, \ldots, N$

$$S_{ij} = \frac{S_{ij}}{S_{ii}},$$

$$S_{jj} = S_{jj} - S_{ij}^2.$$

   Berechne für $\ell = i+1, i+2, \ldots, j-1$

$$t = S_{i\ell} S_{ij}$$

   falls $K_{\ell j} \neq 0$: $S_{\ell j} = S_{\ell j} - t$

   falls $K_{\ell j} = 0$: $S_{\ell\ell} = S_{\ell\ell} - t$ und $S_{jj} = S_{jj} - t$.

3. $S_{NN} = \sqrt{S_{NN}}$

Der Algorithmus der MIC-Vorkonditionierung unterscheidet sich von dem vorher beschriebenen Algorithmus der IC-Vorkonditionierung im Wesentlichen darin, dass die Hauptdiagonalelemente modifiziert werden, falls $K_{\ell j} = 0$ und $S_{i\ell} S_{ij} \neq 0$ für wenigstens ein ℓ mit $i < \ell < j$ gilt.

Im Unterschied zum Algorithmus 5.9 für die $S^T S$-Faktorisierung einer vollbesetzten Matrix, in welchem wir die Einträge S_{ij} der Matrix S spaltenweise berechnet haben, berechnen wir im obigen Algorithmus die Einträge S_{ij} der Matrix S zeilenweise. Wir führen den Algorithmus deshalb so durch, weil wir die Nicht-Null-Elemente der Steifigkeitsmatrix K nacheinander zeilenweise abspeichern (siehe Abschnitt 5.3.5).

Unter bestimmten Voraussetzungen an die FE-Diskretisierung eines Randwertproblems 2. Ordnung kann bewiesen werden, dass sich die Konditionszahl $\kappa_2(\tilde{K})$ der durch die MIC-Vorkonditionierung definierten Matrix $\tilde{K}$ wie h^{-1} im Unterschied zu h^{-2} für $\kappa_2(K)$ verhält [Gus78, Bra97]. Folglich wächst dann beim PCG-Verfahren mit MIC-Vorkonditionierung die Iterationszahl wie $h^{-0.5} \ln \varepsilon^{-1}$. Der Aufwand an arithmetischen Operationen zur Lösung eines Gleichungssystems $C\underline{w}^{(k)} = \underline{r}^{(k)}$ ist proportional zur Anzahl der Unbekannten N und liegt somit in der Größenordnung von h^{-d}. Damit liegt beim Verfahren der konjugierten Gradienten mit der MIC-Zerlegung der Gesamtaufwand an arithmetischen Operationen zur Bestimmung einer Näherungslösung des FE-Gleichungssystem mit einer relativen Genauigkeit ε in der Größenordnung von $h^{-d-0.5} \ln \varepsilon^{-1}$.

Sowohl die IC- als auch die MIC-Zerlegung sind nicht für jede FE-Matrix durchführbar. Die Durchführbarkeit ist beispielsweise garantiert, wenn die Matrix K aus der Diskretisierung der Aufgabe (4.1), S. 198, resultiert und bei der Diskretisierung stückweise lineare Ansatzfunktionen über Dreieckselementen verwendet werden. Dabei müssen alle Dreiecke spitzwinklig sein. Bei der Verwendung von FE-Ansatzfunktionen höheren Grades und für Steifigkeitsmatrizen, die aus der Diskretisierung von linearen Elastizitätsproblemen resultieren, sind andere Varianten unvollständiger Zerlegungen einzusetzen. Die Konstruktion unvollständiger Zerlegungen ist ausführlich in [Axe94, AB84, Hac91, Meu99] beschrieben.

5.3.4 Verfahren unter Einbeziehung einer Folge von Diskretisierungen

5.3.4.1 Mehrgitterverfahren

Beim Einsatz der in den vorangegangenen beiden Abschnitten beschriebenen Iterationsverfahren zur Lösung von FE-Gleichungssystemen hängt die Iterationszahl von der Diskretisierungsschrittweite ab. Deshalb erfordern diese Iterationsverfahren insbesondere bei sehr feinen Diskretisierungen hohe Rechenzeiten. Von der Diskretisierungsschrittweite h unabhängige Iterationszahlen erreicht man beispielsweise mittels Mehrgitterverfahren. Das wesentliche Charakteristikum der Mehrgitterverfahren besteht darin, dass sie auf einer Folge von FE-Diskretisierungen des zu lösenden Randwertproblems arbeiten.

Wir beschreiben in diesem Abschnitt nur die Grundideen einiger Varianten von Mehrgitterverfahren. Für ein tieferes Studium dieser Verfahren steht eine Vielzahl von Veröffentlichungen zur Verfügung (siehe z.B. [Bra97, BHM00, Hac85, Jun89, ST82]).

Bevor wir die Mehrgitterverfahren beschreiben, geben wir eine Motivation für die Idee dieser Verfahren. Dazu betrachten wir das Randwertproblem:

Gesucht ist die Funktion $u \in C^2(0,1) \cap C[0,1]$, für welche

$$-u''(x) = f(x) \text{ für } x \in (0,1) \quad \text{und} \quad u(0) = u(1) = 0 \tag{5.73}$$

ist.

Die Variationsformulierung dieses Randwertproblems lautet:

Gesucht ist die Funktion $u \in V_0 = \{v \in H^1(0,1) : v(0) = v(1) = 0\}$, so dass

$$\int_0^1 u'(x)v'(x)\,dx = \int_0^1 f(x)v(x)\,dx \quad \text{für alle} \quad v \in V_0$$

gilt.

Zur FE-Diskretisierung zerlegen wir das Intervall $[0,1]$ in n gleich große Teilintervalle $[x_{i-1}, x_i]$ der Länge h mit

$$x_i = \frac{i}{n}, \ i = 0,1,\ldots,n \quad \text{und} \quad h = \frac{1}{n}.$$

Dabei sei n geradzahlig und $n \geq 4$. Als FE-Ansatzfunktionen wählen wir stückweise lineare Funktionen (siehe Abschnitt 3.3). Damit ergibt sich das FE-Gleichungssystem

$$K\underline{u} = \underline{f} \quad \text{mit} \quad K = \frac{1}{h}\begin{pmatrix} 2 & -1 & 0 & \cdots & \cdots & 0 \\ -1 & 2 & -1 & \ddots & \ddots & \vdots \\ 0 & -1 & \ddots & \ddots & \ddots & \vdots \\ \vdots & \ddots & \ddots & \ddots & -1 & 0 \\ \vdots & \ddots & & 0 & -1 & 2 & -1 \\ 0 & \cdots & & \cdots & 0 & -1 & 2 \end{pmatrix}. \tag{5.74}$$

Diese Matrix hat die $n-1$ verschiedenen reellen Eigenwerte

$$\lambda_k = \frac{4}{h}\sin^2\frac{k\pi}{2n}, \quad k = 1,2,\ldots,n-1 \tag{5.75}$$

(siehe Lemma 9.12 in [Pla04]). Wegen

$$0 < \frac{k}{n} \cdot \frac{\pi}{2} < \frac{\pi}{2} \quad \text{für} \quad k = 1,2,\ldots,n-1,$$

$$\lambda_1 = \frac{4}{h}\sin^2\frac{\pi}{2n} = \frac{4}{h}\sin^2\frac{\pi h}{2},$$

$$\lambda_{\frac{n}{2}} = \frac{4}{h}\sin^2\left(\frac{n}{2} \cdot \frac{\pi}{2n}\right)^2 = \frac{4}{h}\sin^2\frac{\pi}{4} = \frac{4}{h}\left(\frac{1}{2}\sqrt{2}\right)^2 = \frac{4}{h} \cdot \frac{1}{2} = \frac{2}{h} \tag{5.76}$$

und

$$\lambda_{n-1} = \frac{4}{h}\sin^2\frac{(n-1)\pi}{2n} = \frac{4}{h}\sin^2\left(\frac{\pi}{2} - \frac{\pi}{2n}\right) = \frac{4}{h}\cos^2\frac{\pi}{2n} = \frac{4}{h}\cos^2\frac{\pi h}{2} \tag{5.77}$$

gilt für diese Eigenwerte

$$0 < \quad \lambda_1 \quad < \lambda_2 < \ldots < \lambda_{\frac{n}{2}-1} < \lambda_{\frac{n}{2}} < \lambda_{\frac{n}{2}+1} < \ldots < \lambda_{n-1}.$$
$$\| \qquad\qquad\qquad\qquad\qquad\quad \| \qquad\qquad\qquad\qquad\qquad \|$$
$$\frac{4}{h}\sin^2\frac{\pi h}{2} \qquad\qquad\qquad\qquad \frac{2}{h} \qquad\qquad\qquad \frac{4}{h}\cos^2\frac{\pi h}{2}$$

Die zu den Eigenwerten λ_k gehörigen Eigenvektoren sind die Vektoren

$$\underline{\psi}_k = [\psi_{k,i}]_{i=1}^{n-1} = [\sqrt{2}\sin(k\pi ih)]_{i=1}^{n-1}.$$

Diese sind paarweise orthogonal, d.h. es gilt für $k,\ell = 1,2,\ldots,n-1$

$$(\underline{\psi}_k,\underline{\psi}_\ell)_h = \sum_{i=1}^{n-1} h\psi_{k,i}\psi_{\ell,i} = \delta_{k\ell} = \begin{cases} 1 & \text{für } k = \ell \\ 0 & \text{für } k \neq \ell \end{cases}. \tag{5.78}$$

Wir lösen das FE-Gleichungssystem (5.74) mittels des gedämpften Jacobi-Verfahrens (siehe Algorithmus 5.20, S. 478). Für den Fehler $\underline{e}^{(j)}$ der j-ten Iterierten $\underline{u}^{(j)}$ gilt (siehe (5.54) mit $C = D = \mathrm{diag}(K)$)

$$\underline{e}^{(j)} = (I - \tau D^{-1}K)\underline{e}^{(j-1)}. \tag{5.79}$$

Um die Konvergenz des gedämpften Jacobi-Verfahrens genauer analysieren zu können, zerlegen wir den Fehler $\underline{e}^{(j-1)}$ nach den Eigenvektoren $\underline{\psi}_k$, $k = 1,2,\ldots,n-1$:

$$\underline{e}^{(j-1)} = \sum_{k=1}^{n-1} \alpha_k \underline{\psi}_k \quad \text{mit den Fourierkoeffizienten} \quad \alpha_k = \sum_{i=1}^{n-1} h e_i^{(j-1)}\psi_{k,i}. \tag{5.80}$$

Aus den Beziehungen (5.79) und (5.80) folgt

$$
\begin{aligned}
\underline{e}^{(j)} &= (I - \tau D^{-1}K)\underline{e}^{(j-1)} &&= (I - \tau D^{-1}K)\sum_{k=1}^{n-1} \alpha_k \underline{\psi}_k \\
&= \sum_{k=1}^{n-1} \alpha_k (I - \tau D^{-1}K)\underline{\psi}_k &&= \sum_{k=1}^{n-1} [\alpha_k \underline{\psi}_k - \alpha_k \tau D^{-1}K \underline{\psi}_k].
\end{aligned}
\tag{5.81}
$$

Da die Vektoren $\underline{\psi}_k$ die Eigenvektoren der Matrix K sind, ist $K\underline{\psi}_k = \lambda_k \underline{\psi}_k$. Weil außerdem alle Hauptdiagonalelemente der Matrix $D = \mathrm{diag}(K)$ gleich $\frac{2}{h}$ sind (siehe (5.74)), gilt

$$
D^{-1}K\underline{\psi}_k = \frac{h}{2}\lambda_k \underline{\psi}_k.
$$

Damit ergibt sich aus (5.81) die Fehlerdarstellung

$$
\underline{e}^{(j)} = \sum_{k=1}^{n-1} \left[\alpha_k \underline{\psi}_k - \alpha_k \tau \frac{h}{2}\lambda_k \underline{\psi}_k \right] = \sum_{k=1}^{n-1} \alpha_k \left(1 - \tau \frac{h}{2}\lambda_k \right) \underline{\psi}_k.
\tag{5.82}
$$

Folglich erhalten wir für die Norm des Fehlers $\underline{e}^{(j)}$

$$
\begin{aligned}
\|\underline{e}^{(j)}\|_h^2 &= (\underline{e}^{(j)}, \underline{e}^{(j)})_h = \left(\sum_{k=1}^{n-1} \alpha_k \left(1 - \tau \frac{h}{2}\lambda_k \right) \underline{\psi}_k, \sum_{\ell=1}^{n-1} \alpha_\ell \left(1 - \tau \frac{h}{2}\lambda_\ell \right) \underline{\psi}_\ell \right)_h \\
&= \sum_{k=1}^{n-1}\sum_{\ell=1}^{n-1} \alpha_k \alpha_\ell \left(1 - \tau \frac{h}{2}\lambda_k \right) \left(1 - \tau \frac{h}{2}\lambda_\ell \right) (\underline{\psi}_k, \underline{\psi}_\ell)_h.
\end{aligned}
$$

Aufgrund der Orthogonalitätsbeziehung (5.78) folgt daraus

$$
\|\underline{e}^{(j)}\|_h^2 = \sum_{k=1}^{n-1} \alpha_k^2 \left(1 - \tau \frac{h}{2}\lambda_k \right)^2.
$$

Diese Norm können wir wie folgt weiter nach oben abschätzen:

$$
\|\underline{e}^{(j)}\|_h^2 \leq \left(\max_{k=1,2,\ldots,n-1} \left| 1 - \tau \frac{h}{2}\lambda_k \right| \right)^2 \sum_{k=1}^{n-1} \alpha_k^2 = (\rho(\tau,h))^2 \|\underline{e}^{(j-1)}\|_h^2
$$

mit dem Konvergenzfaktor

$$
\rho(\tau,h) = \max_{k=1,2,\ldots,n-1} \left| 1 - \tau \frac{h}{2}\lambda_k \right|.
\tag{5.83}
$$

Um ein konvergentes Verfahren zu erhalten, muss

$$
\left| 1 - \tau \frac{h}{2}\lambda_k \right| < 1 \quad \text{für alle} \quad k = 1,2,\ldots,n-1
$$

d.h.

$$-1 < 1 - \tau \frac{h}{2} \lambda_k < 1 \quad \Leftrightarrow \quad -2 < -\tau \frac{h}{2} \lambda_k < 0$$

gelten. Mit λ_k aus (5.75) bedeutet dies

$$-2 < -\tau \frac{h}{2} \cdot \frac{4}{h} \sin^2 \frac{k\pi}{2n} < 0 \quad \Leftrightarrow \quad -2 < -2\tau \sin^2 \frac{k\pi}{2n} < 0 \quad \Leftrightarrow \quad -2 < -2\tau \sin^2 \frac{k\pi h}{2} < 0$$

für alle $k = 1, 2, \ldots, n-1$, d.h. für den Parameter τ muss die Bedingung

$$0 < \tau < \frac{1}{\sin^2 \frac{k\pi h}{2}} \quad \text{für alle} \quad k = 1, 2, \ldots, n-1$$

erfüllt sein. Da

$$0 < \sin \frac{k\pi h}{2} \leq \sin \frac{(n-1)\pi h}{2} \quad \text{für alle} \quad k = 1, 2, \ldots, n-1,$$

folgt daraus für den Parameter τ die Bedingung

$$0 < \tau < \frac{1}{\sin^2 \frac{(n-1)\pi h}{2}} .$$

Weil

$$\frac{1}{\sin^2 \frac{(n-1)\pi h}{2}} > 1 \quad \text{und} \quad \sin^2 \frac{(n-1)\pi h}{2} = \sin^2 \left(\frac{\pi}{2} - \frac{\pi h}{2} \right) \to 1 \quad \text{für} \quad h \to 0,$$

ergibt sich schließlich die Bedingung

$$0 < \tau \leq 1$$

um ein konvergentes gedämpftes Jacobi-Verfahren zu erhalten.

Wir untersuchen nun das Verhalten des Konvergenzfaktors (5.83) genauer. Zuerst ermitteln wir den optimalen Parameter τ, d.h. den Parameter τ, für welchen der Konvergenzfaktor minimal wird.

Aus der Abbildung 5.17 ist ersichtlich, dass wir den optimalen Parameter für τ aus der Bedingung

$$\left| 1 - \tau \frac{h}{2} \lambda_1 \right| = \left| 1 - \tau \frac{h}{2} \lambda_{n-1} \right|$$

erhalten. Analoge Überlegungen wie im Abschnitt 5.3.1 (siehe Beziehungen (5.60) und (5.61), S. 482) führen auf

$$\tau_{\text{opt}} = \frac{2}{\frac{h}{2} \lambda_1 + \frac{h}{2} \lambda_{n-1}} = \frac{2}{\frac{h}{2} \cdot \frac{4}{h} \sin^2 \frac{\pi h}{2} + \frac{h}{2} \cdot \frac{4}{h} \cos^2 \frac{\pi h}{2}} = \frac{2}{2 \left(\sin^2 \frac{\pi h}{2} + \cos^2 \frac{\pi h}{2} \right)} = 1.$$

Mit diesem optimalen Iterationsparameter τ_{opt} ergibt sich der optimale Konvergenzfaktor

$$\rho_{\text{opt}}(h) = \min_{\tau \in \mathbb{R}} \max_{k=1,2,\ldots,n-1} \left| 1 - \tau \frac{h}{2} \lambda_k \right| = 1 - \tau_{\text{opt}} \frac{h}{2} \lambda_1 = 1 - 1 \cdot \frac{h}{2} \cdot \frac{4}{h} \sin^2 \frac{\pi h}{2} = 1 - 2\sin^2 \frac{\pi h}{2} .$$

Für $h \to 0$ folgt daraus

$$\rho_{\text{opt}}(h) = 1 - 2\sin^2 \frac{\pi h}{2} \approx 1 - \left(\frac{\pi h}{2}\right)^2,$$

d.h. je kleiner h ist, desto größer wird der optimale Konvergenzfaktor ρ_{opt}. Dies bedeutet, dass das gedämpfte Jacobi-Verfahren bei feiner werdender Diskretisierungen immer langsamer konvergiert.

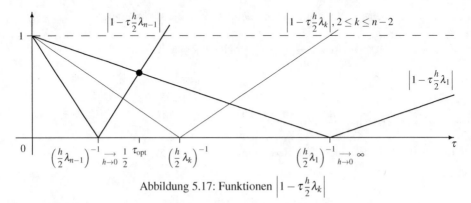

Abbildung 5.17: Funktionen $\left|1 - \tau \frac{h}{2} \lambda_k\right|$

In der Abbildung 5.17 sehen wir, dass

$$\left|1 - \tau_{\text{opt}} \frac{h}{2} \lambda_k\right| < \left|1 - \tau_{\text{opt}} \frac{h}{2} \lambda_1\right| = \left|1 - \tau_{\text{opt}} \frac{h}{2} \lambda_{n-1}\right| \quad \text{für alle} \quad k = 2, 3, \ldots, n-2$$

gilt. Folglich werden die Komponenten $\alpha_1 \underline{\psi}_1$ und $\alpha_{n-1} \underline{\psi}_{n-1}$ im Fehler $\underline{e}^{(j-1)}$ (siehe die Fehlerdarstellungen (5.80) und (5.82)) am wenigstens reduziert. Verkleinern wir den Iterationsparameter τ, dann gilt

$$\left|1 - \tau \frac{h}{2} \lambda_k\right| < \left|1 - \tau \frac{h}{2} \lambda_1\right| \quad \text{für alle} \quad k = 2, 3, \ldots, n-1$$

(siehe Abbildung 5.17), d.h. der niedrigfrequenteste Fehleranteil $\alpha_1 \underline{\psi}_1 = \alpha_1 [\sqrt{2} \sin(\pi i h)]_{i=1}^{n-1}$ wird am wenigsten reduziert. Er verursacht also am stärksten die langsame Konvergenz des gedämpften Jacobi-Verfahrens. Zur weiteren Untersuchung des Einflusses der einzelnen Fehlerkomponenten $\alpha_k \underline{\psi}_k$ auf die Konvergenz des gedämpften Jacobi-Verfahrens teilen wir die Eigenvektoren (Eigenfunktionen) in hoch- und niedrigfrequente ein. Dabei definieren wir mittels der Wertepaare $(ih, \psi_{k,i}) = (ih, \sqrt{2} \sin(k\pi i h))$, $i = 1, 2, \ldots, n-1$, eine stückweise lineare Funktion, welche wir als Approximation der Funktion $\psi(x) = \sqrt{2} \sin(k\pi x)$ ansehen können.

Niedrigfrequente Eigenfunktionen sind diejenigen Eigenfunktionen, die auch auf einem Netz mit der Schrittweite $2h$ gut approximiert werden können.

Die *hochfrequenten Eigenfunktionen* sind die Eigenfunktionen, welche auf dem gröberen Netz (mit der Schrittweite $2h$) nur schlecht approximiert werden können.

Die Einteilung der Eigenvektoren (Eigenfunktionen) in niedrig- und hochfrequente demonstrieren wir für $n = 8$ in der Abbildung 5.18.

Approximation der Funktionen $\sqrt{2}\sin(k\pi x)$, $k = 1, 2, \ldots, 7$

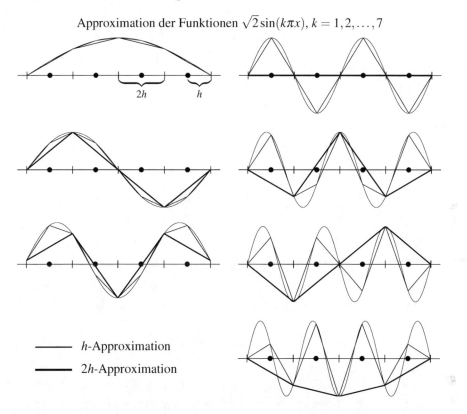

— h-Approximation

━━ 2h-Approximation

Abbildung 5.18: Niedrig- und hochfrequente Eigenfunktionen

Die Abbildung 5.18 zeigt, dass die Eigenfunktionen für $k = 1, 2, 3$ auch auf der Vernetzung mit der Schrittweite $2h$ gut approximiert werden können. Die Eigenfunktionen für $k = 4, 5, 6, 7$ hingegen werden auf dem gröberen Gitter nur schlecht approximiert. Allgemein nehmen wir folgende Einteilung vor:

$$\text{Niedrigfrequente Eigenfunktionen}: \quad \underline{\psi}_k, \, k = 1, 2, \ldots, \frac{n}{2} - 1,$$

$$\text{Hochfrequente Eigenfunktionen}: \quad \underline{\psi}_k, \, k = \frac{n}{2}, \frac{n}{2} + 1, \ldots, n - 1.$$

Wir bestimmen nun den Iterationsparameter τ im gedämpften Jacobi-Verfahren so, dass die hochfrequenten Fehleranteile, welche auf einem gröberen Netz nur schlecht approximiert werden können, optimal geglättet (gedämpft) werden. Um dies messen zu können, führen wir den Glättungsfaktor

$$\mu(\tau, h) = \max_{k = \frac{n}{2}, \frac{n}{2} + 1, \ldots, n - 1} \left| 1 - \tau \frac{h}{2} \lambda_k \right|$$

ein. Analog zu den vorangegangenen Überlegungen erhalten wir jetzt den optimalen Parameter τ, d.h. den Parameter τ, für welchen der Glättungsfaktor minimal wird, aus der Bedingung

$$\left|1 - \tau\frac{h}{2}\lambda_{\frac{n}{2}}\right| = \left|1 - \tau\frac{h}{2}\lambda_{n-1}\right|.$$

Daraus ergibt sich mit $\lambda_{\frac{n}{2}} = \frac{2}{h}$ und $\lambda_{n-1} = \frac{4}{h}\cos^2\frac{\pi h}{2}$ (siehe (5.76) und (5.77)) sowie dem Additionstheorem $2\cos^2\frac{x}{2} = 1 + \cos x$

$$1 - \tau\frac{h}{2}\lambda_{\frac{n}{2}} = -1 + \tau\frac{h}{2}\lambda_{n-1} \quad\Leftrightarrow\quad 1 - \tau = -1 + 2\tau\cos^2\frac{\pi h}{2} \quad\Leftrightarrow\quad \tau = \frac{2}{1 + 2\cos^2\frac{\pi h}{2}} = \frac{2}{2 + \cos(\pi h)}.$$

Mittels dieses optimalen Parameters erhalten wir den optimalen Glättungsfaktor

$$\mu(t_{\text{opt}}, h) = 1 - \frac{2}{2 + \cos(\pi h)}\cdot\frac{h}{2}\lambda_{\frac{n}{2}} = 1 - \frac{2}{2 + \cos(\pi h)}\cdot\frac{h}{2}\cdot\frac{2}{h} = 1 - \frac{2}{2 + \cos(\pi h)} = \frac{\cos(\pi h)}{2 + \cos(\pi h)}.$$

Für $h \to 0$ folgt daraus

$$\tau_{\text{opt}}^* = \frac{2}{3} \quad\text{und}\quad \mu^*(\tau_{\text{opt}}^*) = \frac{1}{3},$$

d.h. die hochfrequenten Fehleranteile werden für alle Diskretisierungsschrittweiten ungefähr mit dem Faktor $1/3$ reduziert, d.h. sie werden sehr schnell stark reduziert.

Aus den vorangegangenen Untersuchungen können wir die folgenden beiden Schlüsse ziehen:

1. *Glättung*
   Hochfrequente Anteile im Fehler können mittels des gedämpften Jacobi-Verfahrens bei geeigneter Wahl des Dämpfungsparameters τ schnell reduziert werden.

2. *Grobgitterapproximation*
   Niedrigfrequente Fehleranteile können auf einem gröberen Netz, z.B. einem Netz mit der doppelten Schrittweite, gut approximiert werden.

Die Kombination dieser beiden Eigenschaften, d.h. Reduktion der hochfrequenten Fehleranteile mittels des gedämpften Jacobi-Verfahrens sowie Reduktion der niedrigfrequenten Fehleranteile durch Approximation auf einem gröberen Netz, liefert die Idee für ein Zweigitter-Verfahren.

Bevor wir den Algorithmus eines Zweigitter-Verfahrens und davon ausgehend den Algorithmus eines Mehrgitterverfahrens beschreiben, illustrieren wir die soeben durchgeführten Überlegungen hinsichtlich der glättenden Wirkung des gedämpften Jacobi-Verfahrens anhand eines Beispiels.

Beispiel 5.8
Wir betrachten das Randwertproblem (5.73) mit der rechten Seite $f(x) = 0$. Die oben beschriebene FE-Diskretisierung führt dann auf das lineare FE-Gleichungssystem $K_h \underline{u}_h = \underline{0}$. Das FE-Gleichungssystem lösen wir näherungsweise mittels des gedämpften Jacobi-Verfahrens, wobei wir als Startvektor die Eigenvektoren $\underline{\psi}_k = [\sqrt{2}\sin(k\pi ih)]_{i=1}^{n-1}, k = 1, 2, \ldots, n-1$, wählen. Da das Gleichungssystem $K_h \underline{u}_h = \underline{0}$ die exakte Lösung $\underline{u}_h = \underline{0}$ hat, kennen wir in jedem Iterationsschritt den Fehler der jeweiligen Iterierten. Es gilt $\underline{e}^{(0)} = \underline{\psi}_k$ und

$\underline{e}^{(j)} = \underline{u}_h^{(j)}$. Somit können wir die Reduktion der einzelnen Fehleranteile, d.h. der verschiedenen Eigenvektoren, studieren. Wir führen noch die folgenden Bezeichnungen ein:

$$\#\text{it} \quad = \quad \max\{\#\text{it}_k : \|\underline{u}_h^{(\#\text{it}_k)}\|_{K_h} \leq 10^{-5}\|\underline{\psi}_k\|_{K_h}, \, 1 \leq k \leq n-1\},$$

$$\#\text{it}_{\min}^{\text{hoch}} \quad = \quad \min\{\#\text{it}_k^{\text{hoch}} : \|\underline{u}_h^{(\#\text{it}_k)}\|_{K_h} \leq 10^{-5}\|\underline{\psi}_k\|_{K_h}, \, \frac{n}{2} \leq k \leq n-1\},$$

$$\#\text{it}_{\max}^{\text{hoch}} \quad = \quad \max\{\#\text{it}_k^{\text{hoch}} : \|\underline{u}_h^{(\#\text{it}_k)}\|_{K_h} \leq 10^{-5}\|\underline{\psi}_k\|_{K_h}, \, \frac{n}{2} \leq k \leq n-1\}.$$

Mit #it ist also die maximale Iterationszahl bezeichnet, die notwendig ist, um die einzelnen Fehleranteile $\underline{\psi}_k$, $k = 1, 2, \ldots, n-1$, auf das 10^{-5}-fache zu reduzieren; $\#\text{it}_{\min}^{\text{hoch}}$ bezeichnet die niedrigste Iterationszahl, welche bei der Reduktion eines hochfrequenten Fehleranteils $\underline{\psi}_k$, $k = \frac{n}{2}, \frac{n}{2}+1, \ldots, n-1$ erforderlich ist und $\#\text{it}_{\max}^{\text{hoch}}$ die maximale Iterationszahl. Die Tabelle 5.10 enthält die entsprechenden Iterationszahlen in Abhängigkeit von dem Parameter τ und der Diskretisierungsschrittweite $h = n^{-1}$.

Tabelle 5.10: Konvergenz- und Glättungsverhalten beim gedämpften Jacobi-Verfahren

τ	$n=8$			$n=16$			$n=32$			$n=64$		
	#it	$\#\text{it}_{\min}^{\text{hoch}}$	$\#\text{it}_{\max}^{\text{hoch}}$	#it	$\#\text{it}_{\min}^{\text{hoch}}$	$\#\text{it}_{\max}^{\text{hoch}}$	l#it	$\#\text{it}_{\min}^{\text{hoch}}$	$\#\text{it}_{\max}^{\text{hoch}}$	#it	$\#\text{it}_{\min}^{\text{hoch}}$	$\#\text{it}_{\max}^{\text{hoch}}$
1.0	146	1	146	594	1	594	2386	1	2386	9553	1	9553
0.95	154	4	61	625	4	92	2511	4	105	10056	3	108
0.90	163	5	37	660	5	47	2651	3	51	10615	3	52
0.85	173	7	26	700	3	31	2808	3	32	11239	3	33
0.80	184	6	19	744	4	22	2983	4	23	11942	3	23
0.75	196	4	15	794	4	16	3183	4	17	12739	2	17
0.70	211	4	11	851	4	13	3410	4	13	13649	2	13
0.67	221	5	11	893	4	11	3579	3	11	14324	3	11
0.65	227	6	11	917	3	11	3673	3	11	14699	3	11
0.60	247	4	13	993	4	13	3980	3	13	15925	2	13
0.55	270	5	15	1084	3	15	4342	3	15	17373	3	15
0.50	297	4	17	1193	3	17	4777	2	17	19111	2	17

Aus dieser Tabelle wird deutlich, dass die Iterationszahl die erforderlich ist, um alle Fehleranteile um einen vorgegebenen Faktor zu reduzieren, von der Schrittweite $h = n^{-1}$ abhängt. Man erkennt, dass sich diese Iterationszahl etwa vervierfacht, wenn n verdoppelt, d.h. die Diskretisierungsschrittweite halbiert wird. Weiterhin sehen wir, dass diese Iterationszahl im Fall $\tau = 1$ am niedrigsten ist, d.h. der theoretisch bestimmte optimale Iterationsparameter $\tau_{\text{opt}} = 1$ führt tatsächlich zum kleinsten Konvergenzfaktor. Zur Reduktion der hochfrequenten Fehleranteile ist bei geeigneter Wahl von τ die notwendige Iterationszahl unabhängig von der Diskretisierungsschrittweite. Wie theoretisch vorausgesagt, ist diese Iterationszahl für $\tau = \frac{2}{3} \approx 0.67$ am geringsten.

Genauso wie das gedämpfte Jacobi-Verfahren besitzt das SOR-Verfahren (Algorithmus 5.22) eine glättende Wirkung. Wir demonstrieren dies im folgenden Beispiel.

Beispiel 5.9

Wir betrachten die gleiche Aufgabenstellung wie im Beispiel 5.8, nutzen aber jetzt zur näherungsweisen Lösung des FE-Gleichungssystems das SOR-Verfahren. Die benötigten Iterationszahlen sind in der Tabelle 5.11 angegeben. Aus dieser Tabelle können wir folgendes ablesen. Im Fall $\omega = 1$, d.h. beim Gauß-Seidel-Verfahren, vervierfacht sich bei Verdopplung von n die Iterationszahl, welche notwendig ist, um alle

Fehleranteile um den vorgegebenen Faktor zu reduzieren. Diese Iterationszahl ist etwa halb so groß wie beim gedämpften Jacobi-Verfahren mit $\tau_{opt} = 1$. Die hochfrequenten Fehleranteile werden schon mit dem Gauß-Seidel-Verfahren, d.h. bei $\omega = 1$ im SOR-Verfahren, schneller reduziert als die niedrigfrequenten Fehleranteile. Wir müssen also im SOR-Verfahren keinen Parameter kennen, um eine glättende Wirkung zu erzielen, sondern wir können das Verfahren mit dem Parameter $\omega = 1$ durchführen, d.h. es kann einfach das Gauß-Seidel-Verfahren genutzt werden. Dies ist ein Vorteil gegenüber dem gedämpften Jacobi-Verfahren, für welches ein Parameter a priori bekannt sein muss, mit dem eine gute Glättung der hochfrequenten Fehleranteile erreicht wird.

Tabelle 5.11: Konvergenz- und Glättungsverhalten beim SOR-Verfahren

ω	$n = 8$			$n = 16$			$n = 32$			$n = 64$		
	#it	#it$^{hoch}_{min}$	#it$^{hoch}_{max}$	#it	#it$^{hoch}_{min}$	#it$^{hoch}_{max}$	l#it	#it$^{hoch}_{min}$	#it$^{hoch}_{max}$	#it	#it$^{hoch}_{min}$	#it$^{hoch}_{max}$
0.8	112	40	75	448	44	213	1792	55	535	7167	23	791
0.9	91	36	63	365	39	180	1460	52	452	5839	22	748
1.0	74	32	52	298	36	153	1194	48	391	4777	22	696
1.1	59	28	43	243	37	129	976	44	337	3908	21	638
1.2	47	25	36	197	38	108	794	40	289	3183	21	577
1.3	36	21	28	157	37	90	640	36	245	2569	22	514
1.4	26	17	21	123	35	74	507	33	205	2043	27	450
1.5	19	18	19	93	31	58	392	30	168	1586	34	385
1.6	24	23	23	64	28	44	289	31	133	1186	43	319
1.7	33	33	33	35	33	34	197	35	99	830	55	251
1.8	53	53	53	55	54	54	105	58	63	509	63	179
1.9	111	110	110	112	109	111	116	114	116	187	119	126

Nachdem wir eine Motivation für die Idee der Mehrgitterverfahren gegeben haben, beschreiben wir diese im Folgenden.

Für das Gebiet Ω im betrachteten Randwertproblem sei eine Folge von Vernetzungen, wie sie zum Beispiel in der Abbildung 5.19 angedeutet ist, generiert worden.

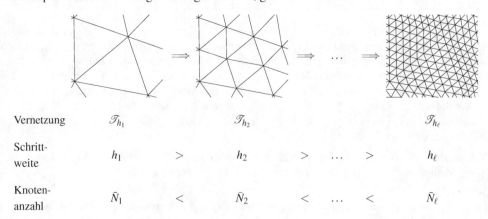

Vernetzung	$\mathscr{T}_{h_1}$		$\mathscr{T}_{h_2}$			$\mathscr{T}_{h_\ell}$
Schrittweite	h_1	$>$	h_2	$>$	$\ldots$ $>$	h_ℓ
Knotenanzahl	$\bar{N}_1$	$<$	$\bar{N}_2$	$<$	$\ldots$ $<$	$\bar{N}_\ell$

Abbildung 5.19: Beispiel einer Vernetzungsfolge

Zu jeder Vernetzung $\mathscr{T}_{h_q}$, $q = 1, 2, \dots \ell$, wird der zugehörige Raum $V_{h_q} \subset V$ der FE-Ansatz-funktionen definiert (siehe auch Abschnitt 4.5.2), und es müssen die Steifigkeitsmatrizen K_{h_q} für $q = 1, 2, \dots, \ell$ sowie die rechte Seite $\underline{f}_{h_\ell}$ generiert werden. Wir setzen im Weiteren der Einfachheit halber voraus, dass bei der FE-Diskretisierung stückweise lineare Ansatzfunktionen genutzt werden.

Um bei der Beschreibung der Mehrgitterverfahren Bezeichnungen zu vereinfachen, verwenden wir anstelle der Indizes „h_q" nur die Indizes „q", $q = 1, 2, \dots, \ell$.

Ausgehend vom folgenden Zweigitter-Algorithmus $((\ell, \ell - 1)$-Zweigitter-Algorithmus) wird ein Mehrgitteralgorithmus zur Lösung des Gleichungssystems $K_\ell \underline{u}_\ell = \underline{f}_\ell$ rekursiv definiert. Ein Iterationsschritt des $(\ell, \ell - 1)$-Zweigitter-Algorithmus läuft nach folgendem Schema ab:

Algorithmus 5.29 (Ein Iterationsschritt eines $(\ell, \ell - 1)$-Zweigitter-Verfahrens)

Gegeben sei eine Startnäherung $\underline{u}_\ell^{(k,0)}$

1. *Vorglättung*

   Führe ν_1 Iterationsschritte zur näherungsweisen Lösung des Gleichungssystems $K_\ell \underline{u}_\ell = \underline{f}_\ell$ durch, wobei mit $\underline{u}_\ell^{(k,0)}$ gestartet wird. Wähle als glättendes Iterationsverfahren zum Beispiel das Gauß-Seidel-Verfahren. Die neue Näherung ist $\underline{u}_\ell^{(k,1)}$.

2. *Grobgitterkorrektur*

   (a) Berechne den Defekt
   $$\underline{d}_\ell^{(k)} = \underline{f}_\ell - K_\ell \underline{u}_\ell^{(k,1)}$$
   und schränke ihn auf das Netz $\mathscr{T}_{\ell-1}$ ein, d.h. berechne
   $$\underline{d}_{\ell-1}^{(k)} = I_\ell^{\ell-1} \underline{d}_\ell^{(k)}.$$

   (b) Löse das Grobgittergleichungssystem
   $$K_{\ell-1} \underline{w}_{\ell-1}^{(k)} = \underline{d}_{\ell-1}^{(k)}.$$

   (c) Interpoliere die Lösung $\underline{w}_{\ell-1}^{(k)}$ auf das Netz $\mathscr{T}_\ell$, d.h. berechne
   $$\underline{w}_\ell^{(k)} = I_{\ell-1}^\ell \underline{w}_{\ell-1}^{(k)}$$
   und berechne die korrigierte Näherung
   $$\underline{u}_\ell^{(k,2)} = \underline{u}_\ell^{(k,1)} + \underline{w}_\ell^{(k)}.$$

3. *Nachglättung*

   Führe ν_2 Iterationsschritte zur näherungsweisen Lösung des Gleichungssystems $K_\ell \underline{u}_\ell = \underline{f}_\ell$ durch, wobei mit $\underline{u}_\ell^{(k,2)}$ gestartet wird. Verwende dazu ein „einfaches" Iterationsverfahren, z.B. das Gauß-Seidel-Verfahren. Die neue Näherung ist $\underline{u}_\ell^{(k,3)}$.

Setze $\underline{u}_\ell^{(k+1,0)} = \underline{u}_\ell^{(k,3)}$.

Um eine gute Konvergenz des Zweigitter- und Mehrgitterverfahrens zu erreichen, genügt es bei vielen Gleichungssystemen $K_\ell \underline{u}_\ell = \underline{f}_\ell$ einen oder zwei Vor- bzw. Nachglättungsschritte durchzuführen, d.h. $v_1 = v_2 = 1$ oder 2. Als sogenannte Glättungsverfahren werden bei den in diesem Lehrbuch betrachteten Randwertproblemen das Gauß-Seidel-Verfahren oder das gedämpfte Jacobi-Verfahren genutzt. Beim Einsatz des gedämpften Jacobi-Verfahrens muss der Dämpfungsparameter geeignet gewählt werden, um eine schnelle Reduktion der hochfrequenten Fehleranteile, d.h. eine gute Glättung, zu erreichen (siehe die gegebene Motivation am Anfang dieses Abschnitts und z.B. [BHM00, Hac85, ST82]).

Da wir vorausgesetzt haben, dass bei der FE-Diskretisierung stückweise lineare Ansatzfunktionen verwendet werden, nutzen wir zur Interpolation der Korrektur im Schritt 2(c) die lineare Interpolation. In der Berechnungsvorschrift $\underline{w}_\ell^{(k)} = I_{\ell-1}^\ell \underline{w}_{\ell-1}^{(k)}$ ist $I_{\ell-1}^\ell$ eine $(\bar{N}_\ell \times \bar{N}_{\ell-1})$-Matrix, deren Elemente wie folgt definiert sind:

$$(I_{\ell-1}^\ell)_{ij} = \begin{cases} 1 & \text{für } i = j, \ i,j = 1,2,\ldots,\bar{N}_{\ell-1}, \\ 1/2 & \text{für } j = i_1 \text{ und } j = i_2, \ \bar{N}_{\ell-1} < i \leq \bar{N}_\ell \text{, wobei die Knoten } P_{i_1} \\ & \text{und } P_{i_2} \text{ die Begrenzungsknoten jener Dreiecksseite eines} \\ & \text{Dreiecks } T^{(r)} \in \mathscr{T}_{\ell-1} \text{ sind, auf welcher der Knoten } P_i \text{ definiert} \\ & \text{wurde,} \\ 0 & \text{sonst.} \end{cases} \qquad (5.84)$$

Hierbei setzen wir voraus, dass die Knoten *hierarchisch* nummeriert sind, d.h. zuerst die Knoten aus der Vernetzung $\mathscr{T}_1$, danach die in der Vernetzung $\mathscr{T}_2$ neu generierten Knoten usw. Um die Definition der Matrix $I_{\ell-1}^\ell$ einfach zu halten, setzen wir außerdem voraus, dass die Randbedingungen 1. Art gemäß der zweiten oder dritten Variante (siehe Abschnitt 4.5.3, S. 281f.) ins Gleichungssystem eingearbeitet worden sind. Falls zur Einarbeitung der Randbedingungen 1. Art die erste Variante genutzt wurde, muss beachtet werden, dass die Knotennummern und Nummern der Unbekannten im Gleichungssystem im Allgemeinen nicht übereinstimmen (siehe Bemerkung 4.13).

Die Einschränkung (Restriktion) im Schritt 2(a) wird nach der Berechnungsvorschrift

$$\underline{d}_{\ell-1}^{(k)} = I_\ell^{\ell-1} \underline{d}_\ell^{(k)} \quad \text{mit} \quad I_\ell^{\ell-1} = \left(I_{\ell-1}^\ell \right)^T \qquad (5.85)$$

durchgeführt. Anschließend müssen noch die Komponenten im Vektor $\underline{d}_{\ell-1}^{(k)}$ gleich Null gesetzt werden, die zu Knoten mit Randbedingungen erster Art gehören.

Bei der Implementierung der Interpolation und Restriktion wird nicht die Matrix-Vektor-Multiplikation $I_{\ell-1}^\ell \underline{w}_{\ell-1}^{(k)}$ und $I_\ell^{\ell-1} \underline{d}_\ell^{(k)}$ durchgeführt, sondern man nutzt die folgenden beiden Algorithmen. Als Voraussetzung für diese Algorithmen muss bei der Erzeugung der Vernetzungsfolge eine Liste IVS der sogenannten *Vater-Sohn-Beziehungen* generiert werden. Diese Liste enthält für jeden im Netz $\mathscr{T}_\ell$ neu generierten Knoten P_i die Nummern i_1 und i_2 der beiden Begrenzungsknoten jener Dreiecksseite eines Dreiecks aus $\mathscr{T}_{\ell-1}$, auf welcher der Knoten P_i definiert wurde. Die beiden Knotennummern i_1 und i_2 werden in IVS$(1, i - \bar{N}_{\ell-1})$ und IVS$(2, i - \bar{N}_{\ell-1})$ gespeichert.

Algorithmus 5.30 (Durchführung der Restriktion $\underline{d}_{\ell-1}^{(k)} = I_{\ell}^{\ell-1}\underline{d}_{\ell}^{(k)}$)

Setze $d_{\ell-1,i}^{(k)} = d_{\ell,i}^{(k)}$ für $i = 1,2,\ldots,\bar{N}_{\ell-1}$.

Berechne für $i = \bar{N}_{\ell-1}+1, \bar{N}_{\ell-1}+2, \ldots, \bar{N}_\ell$

$$i_1 = \text{IVS}(1, i - \bar{N}_{\ell-1}),$$

$$i_2 = \text{IVS}(2, i - \bar{N}_{\ell-1}),$$

$$d_{\ell-1,i_1}^{(k)} = d_{\ell-1,i_1}^{(k)} + \frac{1}{2} d_{\ell,i}^{(k)},$$

$$d_{\ell-1,i_2}^{(k)} = d_{\ell-1,i_2}^{(k)} + \frac{1}{2} d_{\ell,i}^{(k)}.$$

Setze für alle $i \in \gamma_{\ell-1} = \gamma_{h_{\ell-1}}$, d.h. für alle Komponenten, die zu Knoten mit Randbedingungen 1. Art gehören

$$d_{\ell-1,i}^{(k)} = 0.$$

Algorithmus 5.31 (Durchführung der Interpolation $\underline{w}_\ell^{(k)} = I_{\ell-1}^\ell \underline{w}_{\ell-1}^{(k)}$)

Setze $w_{\ell,i}^{(k)} = w_{\ell-1,i}^{(k)}$ für $i = 1,2,\ldots,\bar{N}_{\ell-1}$.

Berechne für $i = \bar{N}_{\ell-1}+1, \bar{N}_{\ell-1}+2, \ldots, \bar{N}_\ell$

$$i_1 = \text{IVS}(1, i - \bar{N}_{\ell-1}),$$

$$i_2 = \text{IVS}(2, i - \bar{N}_{\ell-1}),$$

$$w_{\ell,i}^{(k)} = \frac{1}{2}\left(w_{\ell-1,i_1}^{(k)} + w_{\ell-1,i_2}^{(k)}\right).$$

Das Grobgittergleichungssystem im Schritt 2(b) des Zweigitteralgorithmus (siehe Algorithmus 5.29) hat dieselbe Struktur wie das Ausgangsgleichungssystem $K_\ell \underline{u}_\ell = \underline{f}_\ell$. Da das Grobgittergleichungssystem im Allgemeinen auch noch großdimensioniert ist, lösen wir es näherungsweise mittels μ Iterationsschritten eines $(\ell-1, \ell-2)$-Zweigitter-Algorithmus, der analog zum $(\ell, \ell-1)$-Zweigitter-Algorithmus definiert ist. Die Iteration starten wir mit dem Nullvektor. Diese Idee wird solange rekursiv fortgesetzt, bis im Schritt 2(b) das Gleichungssystem $K_1 \underline{w}_1^{(k)} = \underline{d}_1^{(k)}$ steht, welches beispielsweise mit einem direkten Verfahren schnell gelöst werden kann. Der so entstehende Algorithmus wird Mehrgitteralgorithmus (ℓ-Gitter-Algorithmus) genannt. Für $\mu = 1$ bezeichnet man einen Iterationsschritt des Mehrgitteralgorithmus als *V-Zyklus* und für $\mu = 2$ als *W-Zyklus*.

Wir verdeutlichen einen Iterationsschritt eines Mehrgitteralgorithmus anhand eines Schemas. Seien mit $*$ die Durchführung der Glättung, $\circ$ die Lösung des Gleichungssystems auf dem gröbsten Gitter, $\downarrow$ die Restriktion und $\nearrow$ die Interpolation bezeichnet, dann erhalten wir für ein 4-Gitter-Verfahren die in der Abbildung 5.20 dargestellten Schemata.

Ein Zyklus, der zwischen dem V-Zyklus und dem W-Zyklus liegt, ist der *F-Zyklus*. Dieser ist wie folgt definiert. Für $\ell = 2$ sind der F-Zyklus und der V-Zyklus identisch; für $\ell > 2$ wird zur Lösung des Gleichungssystems auf dem $(\ell-1)$-ten Gitter zuerst ein F- und dann ein V-Zyklus durchgeführt (siehe Abbildung 5.20).

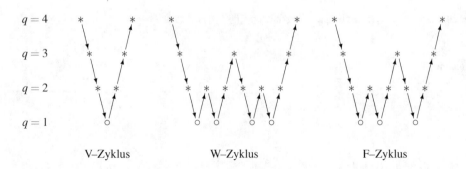

$$q = 4$$

$$q = 3$$

$$q = 2$$

$$q = 1$$

V–Zyklus   W–Zyklus   F–Zyklus

Abbildung 5.20: Schematische Darstellung des V-, W- und F-Zyklus

Für die im Kapitel 4 betrachteten Wärmeleit- und Elastizitätsprobleme kann man unter bestimmten Voraussetzungen zeigen (siehe z.B. [Bra97, Hac85]), dass für die soeben beschriebenen Mehrgitterverfahren die Fehlerabschätzung

$$\|\underline{u}_\ell - \underline{u}_\ell^{(k+1,0)}\|_{K_\ell} \leq \eta \, \|\underline{u}_\ell - \underline{u}_\ell^{(k,0)}\|_{K_\ell}$$

mit einer von der Diskretisierungsschrittweite h_ℓ unabhängigen Konvergenzrate $\eta < 1$ gilt. Bei vielen Anwendungen ist η kleiner 0.2. Aus

$$\|\underline{u}_\ell - \underline{u}_\ell^{(k_\varepsilon+1,0)}\|_{K_\ell} \leq \eta \, \|\underline{u}_\ell - \underline{u}_\ell^{(k_\varepsilon,0)}\|_{K_\ell} \leq \cdots \leq \eta^{k_\varepsilon} \|\underline{u}_\ell - \underline{u}_\ell^{(1,0)}\|_{K_\ell} \leq \varepsilon \|\underline{u}_\ell - \underline{u}_\ell^{(1,0)}\|_{K_\ell}$$

folgt

$$0 < \eta^{k_\varepsilon} \leq \varepsilon < 1 \quad \Leftrightarrow \quad k_\varepsilon \geq \frac{\ln \varepsilon^{-1}}{\ln \eta^{-1}},$$

d.h. die Iterationszahl, die zum Erreichen einer vorgegebenen relativen Genauigkeit ε notwendig ist, verhält sich wie $\ln \varepsilon^{-1}/\ln \eta^{-1}$ und ist somit unabhängig von der Feinheit der Diskretisierung.

Besteht zwischen der Anzahl der Knoten in den Vernetzungen $\mathcal{T}_q$, $q = 2,3,\ldots,\ell$, die Beziehung $\bar{N}_q \approx \tau \bar{N}_{q-1}$, und wird $\mu < \tau$ gewählt, dann ist der Aufwand an arithmetischen Operationen pro Iterationsschritt des Mehrgitter-Algorithmus (ℓ-Gitter-Algorithmus) proportional zur Anzahl der Unbekannten $\bar{N}_\ell$. Folglich verhält sich der Gesamtaufwand an arithmetischen Operationen wie $\bar{N}_\ell \ln \varepsilon^{-1}$ (siehe auch [Hac85, Jun89, ST82]). Mehrgitterverfahren sind somit asymptotisch optimale Verfahren bezüglich des Aufwandes an arithmetischen Operationen.

5.3.4.2 MG(m)-PCG-Verfahren

Die Mehrgitterverfahren können auch zur Konstruktion von Vorkonditionierungen im Verfahren der konjugierten Gradienten eingesetzt werden. Beispielsweise kann man a priori als Vorkonditionierungsmatrix die Matrix K_ℓ wählen und dann die Vorkonditionierungsgleichungssysteme $K_\ell \underline{w}^{(k)} = \underline{r}^{(k)}$ in jedem Iterationsschritt des PCG-Verfahrens (siehe Algorithmus 5.26) näherungsweise mittels m Iterationsschritten eines symmetrischen Mehrgitteralgorithmus lösen, wobei als

Startvektor für das Mehrgitterverfahren der Nullvektor genutzt wird. Um die Symmetrie zu errei-chen, muss die Anzahl der Vor- und Nachglättungsschritte gleich sein, d.h. $\nu_1 = \nu_2$. Verwendet man das Gauß-Seidel-Verfahren lexikografisch vorwärts bei der Vorglättung, dann muss bei der Nachglättung das Gauß-Seidel-Verfahren lexikografisch rückwärts genutzt werden. Durch diese näherungsweise Lösung des Vorkonditionierungsgleichungssystems wird implizit eine Vorkon-ditionierungsmatrix C definiert, für die unter gewissen Voraussetzungen an das Mehrgitterver-fahren (für detaillierte Aussagen siehe z.B. [JL91, JLM$^+$89])

$$(1 - \eta^m)(C\underline{v}, \underline{v}) \le (K_\ell \underline{v}, \underline{v}) \le (C\underline{v}, \underline{v}) \quad \text{für alle} \quad \underline{v} \in \mathbb{R}^{\bar{N}_\ell}$$

gilt. Die Konstanten $\tilde{\gamma}_1$ und $\tilde{\gamma}_2$ in den Spektralungleichungen (5.71) sind somit $\tilde{\gamma}_1 = (1 - \eta^m)$ und $\tilde{\gamma}_2 = 1$, wobei η die Konvergenzrate des Mehrgitterverfahrens ist. Da diese nicht vom Diskretisie-rungsparameter h_ℓ abhängt, verhält sich die Anzahl der Iterationen des PCG-Verfahrens, die zum Erreichen einer vorgegebenen relativen Genauigkeit ε notwendig ist, wie $\ln \varepsilon^{-1}$. Der Gesamt-aufwand an arithmetischen Operationen wächst also wie $\bar{N}_\ell \ln \varepsilon^{-1}$ [JL91, JLM$^+$89]. Ein derarti-ges PCG-Verfahren wird als *MG(m)-PCG-Verfahren* bezeichnet. Ob das MG(m)-PCG-Verfahren oder das Mehrgitterverfahren effektiver hinsichtlich der benötigten Rechenzeit ist, hängt von der Konvergenzrate η ab.

5.3.4.3 Hierarchische Basis Algorithmus nach Yserentant

Eine weitere Möglichkeit, eine Folge von Diskretisierungen in den Lösungsprozess einzubezie-hen, sind Algorithmen mit hierarchischen Basen (siehe z.B. [Yse86]). Wir definieren eine Folge von FE-Räumen stückweise linearer Ansatzfunktionen auf die folgende Weise:

$$\widehat{V}_1 = \widehat{V}_{h_1} = \left\{ v_1 : v_1(x) = \sum_{i \in \bar{\omega}_1} v_{1,i}\, p_{1,i}(x) \right\}$$

$$\widehat{V}_q = \widehat{V}_{h_q} = \widehat{V}_{q-1} + T_q$$

$$T_q = T_{h_q} = \left\{ v_q : v_q(x) = \sum_{i \in \bar{\omega}_q \setminus \bar{\omega}_{q-1}} v_{q,i}\, p_{q,i}(x) \right\}, \quad q = 2, 3, \ldots, \ell,$$

wobei die Ansatzfunktionen $p_{q,i}(x)$ auf der Vernetzung $\mathscr{T}_q$ so definiert sind, wie es im Ab-schnitt 4.5.2 beschrieben wurde. Die Mengen $\bar{\omega}_q$ beinhalten die Knotennummern der Knoten des Netzes $\mathscr{T}_q$. Man nennt die aus den Ansatzfunktionen

$$p_{1,1}, p_{1,2}, \ldots, p_{1,\bar{N}_1}, p_{2,\bar{N}_1+1}, \ldots, p_{2,\bar{N}_2}, \ldots, p_{\ell-1,\bar{N}_{\ell-1}}, p_{\ell,\bar{N}_{\ell-1}+1}, \ldots, p_{\ell,\bar{N}_\ell}$$

gebildete Basis des Raumes $\widehat{V}_\ell$ eine *h-hierarchische Basis*. Hierbei setzen wir genauso wie im Mehrgitterverfahren voraus, dass die Knoten hierarchisch nummeriert sind, d.h. zuerst die Kno-ten in der gröbsten Vernetzung $\mathscr{T}_1$, danach die in der Vernetzung $\mathscr{T}_2$ neu generierten Knoten usw. In der Abbildung 5.21 sind die stückweise linearen Ansatzfunktionen einer *h*-hierarchischen Ba-sis im eindimensionalen Fall dargestellt.

Diese Basisfunktionen können genauso, wie wir es mit den Ansatzfunktionen

$$p_{\ell,1}, p_{\ell,2}, \ldots, p_{\ell,\bar{N}_\ell}$$

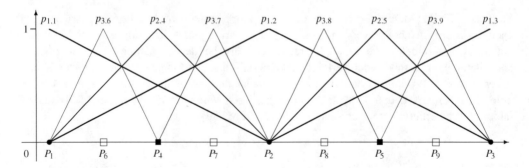

Abbildung 5.21: *h*-hierarchische Basis mittels stückweise linearer Funktionen

der Knotenbasis im Abschnitt 4.5 beschrieben haben, zur Definition eines FE-Gleichungssystems genutzt werden. Man erhält das Gleichungssystem

$$\widehat{K}_\ell \underline{\hat{u}}_\ell = \underline{\hat{f}}_\ell. \tag{5.86}$$

Zwischen der Matrix $\widehat{K}_\ell$ in der *h*-hierarchischen Basis und der Matrix K_ℓ in der Knotenbasis sowie zwischen den Lastvektoren $\underline{\hat{f}}_\ell$ und $\underline{f}_\ell$ besteht der folgende Zusammenhang:

$$\widehat{K}_\ell = Q_\ell^T K_\ell Q_\ell \quad \text{und} \quad \underline{\hat{f}}_\ell = Q_\ell^T \underline{f}_\ell$$

mit

$$Q_\ell = Q_{\ell-1}^\ell Q_{\ell-2}^\ell \cdots Q_1^\ell, \tag{5.87}$$

und

$$(Q_q^\ell)_{ij} = \begin{cases} 1 & \text{für } i = j, \ i,j = 1,2,\ldots,\bar{N}_\ell, \\[2mm] 1/2 & \text{für } j = i_1 \text{ und } j = i_2, \bar{N}_{q-1} < i \le \bar{N}_q, \text{wobei die Knoten } P_{i_1} \text{ und } P_{i_2} \\ & \text{die Begrenzungsknoten jener Dreiecksseite eines Dreiecks } T^{(r)} \in \mathscr{T}_{q-1} \\ & \text{sind, auf welcher der Knoten } P_i \text{ definiert wurde,} \\[2mm] 0 & \text{sonst,} \end{cases}$$

$q = 1,2,\ldots,\ell-1$. Bei der Definition der Matrizen Q_q^ℓ haben wir genauso wie bei der Definition der Interpolationsmatrix $I_{\ell-1}^\ell$ für den Mehrgitteralgorithmus vorausgesetzt, dass die Knoten in den Vernetzungen $\mathscr{T}_q$ hierarchisch nummeriert sind. Weiterhin seien wieder die Randbedingungen 1. Art gemäß der zweiten oder dritten Variante (siehe S. 281f.) in das FE-Gleichungssystem eingearbeitet worden.

Zur Vorkonditionierung betrachten wir die Matrix

$$\widehat{C}_\ell = \begin{pmatrix} K_1 & 0 \\ 0 & D \end{pmatrix}. \tag{5.88}$$

Dabei ist K_1 die Steifigkeitsmatrix zur Vernetzung $\mathscr{T}_1$; D ist eine Diagonalmatrix der Dimension $\bar{N}_\ell - \bar{N}_1$. Die Einträge D_{ii} der Matrix D sind die Diagonalelemente der Steifigkeitsmatrix $\widehat{K}_\ell$, welche zu Knoten gehören, die nicht in der Vernetzung $\mathscr{T}_1$ enthalten sind. Diese Diagonalelemente können auch aus den Steifigkeitsmatrizen K_q, $q = 2, 3, \ldots, \ell$, in der Knotenbasis entnommen werden. Die Diagonalelemente D_{ii}, $i = 1, 2, \ldots, \bar{N}_2 - \bar{N}_1$, sind die Diagonalelemente der Matrix K_2, die zu Knoten gehören, die in der Vernetzung $\mathscr{T}_2$, aber nicht in der Vernetzung $\mathscr{T}_1$ enthalten sind. Die Einträge D_{ii}, $i = \bar{N}_2 - \bar{N}_1 + 1, \bar{N}_2 - \bar{N}_1 + 2, \ldots, \bar{N}_3 - \bar{N}_1$, sind die Diagonalelemente der Matrix K_3, die zu Knoten gehören, welche in $\mathscr{T}_3$ aber nicht in $\mathscr{T}_2$ enthalten sind. Alle weiteren Einträge der Matrix D erhält man auf analoge Weise.

Wird das PCG-Verfahren mit der Vorkonditionierungsmatrix (5.88) zur Lösung des Gleichungssystems (5.86) in der hierarchischen Basis angewendet, dann verhält sich bei Randwertproblemen in zweidimensionalen Gebieten die Anzahl notwendiger Iterationen wie $\ln h_\ell^{-1} \ln \varepsilon^{-1}$ [Yse86]. Die Durchführung dieses PCG-Verfahrens ist aber mit folgenden Problemen verbunden:

- Die hierarchische Steifigkeitsmatrix $\widehat{K}_\ell$ hat wesentlich mehr Nicht-Null-Elemente als die Steifigkeitsmatrix K_ℓ in der Knotenbasis. Damit erfordert beispielsweise eine Matrix-Vektor-Multiplikation einen höheren Rechenaufwand.

- Die hierarchische Steifigkeitsmatrix $\widehat{K}_\ell$ kann nicht so einfach elementweise generiert werden wie die Matrix K_ℓ.

Um diese Probleme zu überwinden, kann man den PCG-Algorithmus auf das Gleichungssystem $K_\ell \underline{u}_\ell = \underline{f}_\ell$ anwenden und den Übergang von der Knoten- zur hierarchischen Basis durch die Vorkonditionierung $C_\ell = Q_\ell^{-T} \widehat{C}_\ell Q_\ell^{-1}$ realisieren. Den so entstehenden PCG-Algorithmus bezeichnen wir als HB-PCG-Verfahren. Die Iterationszahl, die notwendig ist, um das Gleichungssystem $K_\ell \underline{u}_\ell = \underline{f}_\ell$ mit einer vorgegebenen relativen Genauigkeit ε zu lösen, verhält sich bei Randwertproblemen in zweidimensionalen Gebieten wie $\ln h_\ell^{-1} \ln \varepsilon^{-1}$ und folglich der dafür notwendige Aufwand an arithmetischen Operationen wie $h_\ell^{-2} \ln h_\ell^{-1} \ln \varepsilon^{-1}$. Bei der Lösung von FE-Gleichungssystemen, die bei der Diskretisierung von Randwertproblemen in dreidimensionalen Gebieten entstehen, wächst die Iterationszahl schneller, nämlich wie $h_\ell^{-0.5} \ln \varepsilon^{-1}$ [Ong89]. Daher ist dieser Algorithmus für 3D-Probleme weniger geeignet.

Die in jedem Iterationsschritt des PCG-Verfahrens erforderliche Lösung des Vorkonditionierungsgleichungssystems $C_\ell \underline{w}_\ell^{(k)} = \underline{d}_\ell^{(k)}$ mit der Vorkonditionierungsmatrix $C_\ell = Q_\ell^{-T} \widehat{C}_\ell Q_\ell^{-1}$, wobei Q_ℓ gemäß (5.87) definiert ist, erfolgt in drei Schritten:

Algorithmus 5.32 (Hierachische Basis-Vorkonditionierung)

1. Berechne $\underline{y}_\ell^{(k)} = Q_\ell^T \underline{d}_\ell^{(k)}$.

2. Löse das Gleichungssystem $\widehat{C}_\ell \underline{x}_\ell^{(k)} = \underline{y}_\ell^{(k)}$.

3. Berechne $\underline{w}_\ell^{(k)} = Q_\ell \underline{x}_\ell^{(k)}$.

Bei der Durchführung der Schritte 1 und 3 wird die faktorisierte Darstellung (5.87) der Matrix Q_ℓ genutzt. Die dabei auszuführenden Multiplikationen mit den Matrizen $(Q_q^\ell)^T$ bzw. Q_q^ℓ, $q = 1, 2, \ldots, \ell - 1$, werden analog wie die Restriktion und Interpolation im Mehrgitterverfahren durchgeführt (siehe die entsprechenden Algorithmen 5.30 und 5.31 auf S. 509). Im Schritt 2 muss aufgrund der Gestalt (5.88) der Matrix $\widehat{C}_\ell$ ein Gleichungssystem mit der Matrix K_1 und ein Gleichungssystem mit der Diagonalmatrix D gelöst werden.

5.3.4.4 BPX- und MDS-Vorkonditionierer

Wir beschreiben nun noch eine weitere Möglichkeit, wie eine Vorkonditionierungsmatrix unter Anwendung einer Folge von Diskretisierungen definiert werden kann. In der Literatur sind derartige Algorithmen als BPX- bzw. MDS-Algorithmen oder auch als additive Multilevel-Verfahren bekannt. Erstmals wurden solche Algorithmen von Bramble, Pasciak und Xu vorgeschlagen [BPX90]. Die Bezeichung BPX stammt von dem jeweils ersten Buchstaben des Familiennamens der Entwickler dieser Algorithmen.

Im PCG-Verfahren wird der Vektor $\underline{w}^{(k)} = \underline{w}_\ell^{(k)}$, d.h. das vorkonditionierte Residuum, nach folgender Vorschrift berechnet.

Algorithmus 5.33 (BPX- bzw. MDS-Vorkonditionierung)

Gegeben sei der Vektor $\underline{r}_\ell^{(k)} = \underline{r}^{(k)}$.

1. Berechne für $q = \ell, \ell-1, \ldots, 2$

$$\underline{r}_{q-1}^{(k)} = I_q^{q-1} \underline{r}_q^{(k)}.$$

2. Löse das Gleichungssystem $K_1 \underline{w}_1^{(k)} = \underline{r}_1^{(k)}$ mittels eines direkten Auflösungsverfahrens.

   Bestimme für $q = \ell, \ell-1, \ldots, 2$ eine Näherungslösung des Gleichungssystems $K_q \underline{w}_q^{(k)} = \underline{r}_q^{(k)}$ durch Anwendung von v_q Iterationsschritten eines Iterationsverfahrens, zum Beispiel des Jacobi-Verfahrens, wobei mit dem Nullvektor gestartet wird. Die Näherungslösung sei $\underline{\widetilde{w}}_q^{(k,v_q)}$.

3. Berechne für $q = 2, 3, \ldots, \ell$ die Vektoren

$$\underline{w}_q^{(k)} = \underline{\widetilde{w}}_q^{(k,v_q)} + I_{q-1}^q \underline{w}_{q-1}^{(k)}.$$

Als Matrizen I_q^{q-1} und I_{q-1}^q verwenden wir die gleichen Matrizen wie für die Restriktion und Interpolation im Mehrgitterverfahren (siehe (5.85) und (5.84)). Bei der Durchführung der Schritte 1 und 3 wenden wir deshalb die Algorithmen 5.30 und 5.31 an. Zur näherungsweisen Lösung der Gleichungssysteme $K_q \underline{w}_q^{(k)} = \underline{r}_q^{(k)}$, $q = 2, 3, \ldots, \ell$, wird meist ein Iterationsschritt des Jacobi-Verfahrens eingesetzt, d.h. $v_q = 1$. Da als Startvektor der Nullvektor verwendet wird, entspricht dies der Lösung des Gleichungssystems $D_q \underline{\widetilde{w}}_q^{(k,1)} = \underline{r}_q^{(k)}$, wobei $D_q = \mathrm{diag}(K_q)$ der Diagonalteil der Matrix K_q ist. Der auf diese Weise entstehende Algorithmus ist als MDS-Vorkonditionierer (Multilevel Diagonal Scaling) aus der Literatur bekannt [Zha92].

Für eine breite Aufgabenklasse kann gezeigt werden, dass sich bei Anwendung des obigen Algorithmus die Anzahl der Iterationen des entstehenden PCG-Algorithmus wie $\ln \varepsilon^{-1}$ verhält, also unabhängig vom Diskretisierungsparameter ist [Gri94, Osw94]. Der Aufwand an arithmetischen Operationen im obigen Algorithmus ist proportional zur Anzahl der Unbekannten N_ℓ auf dem feinsten Gitter. Somit ist der Aufwand an arithmetischen Operationen pro Iterationsschritt des PCG-Verfahrens mit dem MDS-Vorkonditionierer proportional zur Anzahl der Unbekannten im feinsten Netz. PCG-Verfahren mit dem MDS-Vorkonditionierer sind also ebenfalls asymptotisch optimale Verfahren bezüglich des Arithmetikaufwandes.

5.3.5 Praktische Hinweise

5.3.5.1 Abspeicherung der Matrix K

Wie wir bei allen vorgestellten Iterationsverfahren gesehen haben, wird die Systemmatrix im Wesentlichen zur Matrix-Vektor-Multiplikation benötigt. Deshalb ist es ausreichend, nur die Nicht-Null-Elemente (NNE) der Matrix K abzuspeichern. Aufgrund der vorausgesetzten Symmetrie der Systemmatrix K muss nur das obere oder untere Dreieck der Matrix abgespeichert werden. Wir legen fest, dass wir das obere Dreieck speichern. Dabei schreiben wir die Nicht-Null-Elemente zeilenweise nacheinander auf einen Vektor K. Zur eindeutigen Zuordnung zwischen den Elementen der Matrix K und den Elementen im Vektor K werden zwei Hilfsfelder eingeführt (siehe auch Abbildung 5.22):

LKZ   Zeiger auf die Position des jeweiligen letzten Nicht-Null-Elementes einer Zeile der Matrix K im Vektor K

LKS   Vektor der Spaltenindizes

Diese Speicherform bezeichnen wir als „Kompaktliste zeilenweise (KLZ)" oder auf Englisch als *compressed row storage scheme (CRS)*.

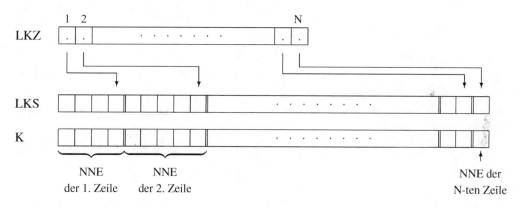

Abbildung 5.22: Schematische Darstellung der KLZ-Speichertechnik

Aufgrund dieser Kompaktspeichertechnik ist der Speicherplatzbedarf bei den vorgestellten iterativen Auflösungsverfahren proportional zur Anzahl der Unbekannten N, d.h. alle vorgestellten Iterationsverfahren sind asymptotisch optimal bezüglich des Speicherplatzbedarfs.

Bei der Anwendung der iterativen Verfahren sind noch die folgenden Probleme zu untersuchen.

- Welche Genauigkeit ist für die Näherungslösung des FE-Gleichungssystems sinnvoll?
- Welches Abbruchkriterium nutzt man?
- Wie wählt man die Startnäherung $\underline{u}^{(0)}$?

5.3.5.2 Abbruch der Iterationsverfahren

Sinnvoll ist der Abbruch eines Iterationsverfahrens sicher, wenn der Fehler der Näherungslösung des Gleichungssystems in der Größenordnung des Diskretisierungsfehlers liegt. Beachten wir, dass für die FE-Näherungslösung

$$u_h = \sum_{i \in \overline{\omega}_h} u_i p_i(x) \quad \text{mit} \quad \underline{u}_h = [u_i]_{i \in \overline{\omega}_h} \quad \text{für alle} \quad u_h \in V_h$$

gilt (siehe die Abschnitte 4.5.2 bzw. 4.5.3) und dass für $\underline{u}_h^{(k)}$ eine analoge Beziehung aufgeschrieben werden kann, dann folgt unter Nutzung der Dreiecksungleichung, der Diskretisierungsfehlerabschätzung in der H^1-Norm (siehe Satz 4.3, S. 287) und der V_0-Elliptizität der Bilinearform $a(.,.)$ (siehe Definition 4.5, S. 212)

$$
\begin{aligned}
\|u - u_h^{(k)}\|_{1,2,\Omega} &= \|u - u_h + u_h - u_h^{(k)}\|_{1,2,\Omega} \\
&\leq \|u - u_h\|_{1,2,\Omega} + \|u_h - u_h^{(k)}\|_{1,2,\Omega} \\
&\leq c(u) h^m + \|u_h - u_h^{(k)}\|_{1,2,\Omega} \\
&\leq c(u) h^m + \mu_1^{-0.5} (a(u_h - u_h^{(k)}, u_h - u_h^{(k)}))^{0.5} \\
&= c(u) h^m + \mu_1^{-0.5} (K_h(\underline{u}_h - \underline{u}_h^{(k)}, \underline{u}_h - \underline{u}_h^{(k)}))^{0.5} \\
&= c(u) h^m + \mu_1^{-0.5} \|\underline{u}_h - \underline{u}_h^{(k)}\|_{K_h}.
\end{aligned}
$$

Dabei bezeichnen u die exakte Lösung des Randwertproblems und u_h die FE-Näherungslösung. Um den Fehler $\|u - u_h^{(k)}\|_{1,2,\Omega}$ in der Größenordnung des Diskretisierungsfehlers zu erhalten, muss folglich $\|\underline{u}_h - \underline{u}_h^{(k)}\|_{K_h}$ in der Größenordnung von h^m liegen, d.h. wir müssen die gewünschte Genauigkeit ε beim Abbruchtest im Iterationsverfahren in der Größenordnung des Diskretisierungsfehlers wählen.

Für die theoretischen Untersuchungen haben wir bisher bei den Iterationsverfahren den Abbruchtest

$$\|\underline{u}_h - \underline{u}_h^{(k)}\|_{K_h} \leq \varepsilon \|\underline{u}_h - \underline{u}_h^{(0)}\|_{K_h}$$

genutzt. Bei einer konkreten Anwendung der Iterationsverfahren ist dieser Abbruchtest jedoch meistens nicht auswertbar, da zum Überprüfen dieses Kriteriums die exakte Lösung $\underline{u}_h$ bekannt sein muss. Innerhalb des PCG-Verfahrens führen wir deshalb den folgenden Abbruchtest durch

$$\|\underline{u}_h - \underline{u}_h^{(k)}\|_{K_h C_h^{-1} K_h} \leq \varepsilon \|\underline{u}_h - \underline{u}_h^{(0)}\|_{K_h C_h^{-1} K_h}.$$

Dies ist wegen

$$
\begin{aligned}
\|\underline{u}_h - \underline{u}_h^{(k)}\|_{K_h C_h^{-1} K_h}^2 &= (K_h C_h^{-1} K_h(\underline{u}_h - \underline{u}_h^{(k)}), \underline{u}_h - \underline{u}_h^{(k)}) \\
&= (C^{-1} K_h(\underline{u}_h - \underline{u}_h^{(k)}), K_h(\underline{u}_h - \underline{u}_h^{(k)})) \\
&= (C_h^{-1}(K_h \underline{u}_h - K_h \underline{u}_h^{(k)}), (K_h \underline{u}_h - K_h \underline{u}_h^{(k)})) \\
&= (C_h^{-1}(\underline{f}_h - K_h \underline{u}_h^{(k)}), (\underline{f}_h - K_h \underline{u}_h^{(k)})) \\
&= (C_h^{-1} \underline{r}_h^{(k)}, \underline{r}_h^{(k)}) = (\underline{w}_h^{(k)}, \underline{r}_h^{(k)})
\end{aligned}
$$

äquivalent zu

$$(\underline{w}_h^{(k)}, \underline{r}_h^{(k)}) \leq \varepsilon^2 \, (\underline{w}_h^{(0)}, \underline{r}_h^{(0)})$$

mit den Vektoren $\underline{w}_h^{(k)}$, $\underline{r}_h^{(k)}$, $\underline{w}_h^{(0)}$ und $\underline{r}_h^{(0)}$, die im PCG-Verfahren (Algorithmus 5.26, S. 494) ohnehin berechnet werden. Da die Matrix C_h die Matrix K_h approximieren soll, ist $K_h C_h^{-1} K_h \approx K_h$ und folglich $\|.\|_{K_h C_h^{-1} K_h}$ auch eine gute Approximation für $\|.\|_{K_h}$. Ein alternativer Abbruchtest ist

$$\|\underline{u}_h - \underline{u}_h^{(k)}\|_{K_h^2} \leq \varepsilon \|\underline{u}_h - \underline{u}_h^{(0)}\|_{K_h^2} \, ,$$

welcher zum Test

$$\|\underline{r}_h^{(k)}\| \leq \varepsilon \|\underline{r}_h^{(0)}\|$$

mit der Euklidischen Vektornorm $\|.\|$ und $\underline{r}_h^{(k)} = \underline{f}_h - K_h \underline{u}_h^{(k)}$ äquivalent ist.

5.3.5.3 Wahl der Startnäherung

Wenn wir eine Folge von FE-Diskretisierungen erzeugt haben, dann bietet sich der folgende Algorithmus zur Bestimmung einer Startnäherung an.

Algorithmus 5.34 (Methode der geschachtelten Iteration (nested iteration principle))

1. Löse das Gleichungssystem

$$K_1 \underline{u}_1 = \underline{f}_1$$

   mittels eines direkten oder iterativen Verfahrens. Setze $q = 2$, $k_1 = 1$ und $\underline{u}_1^{(k_1)} = \underline{u}_1$.

2. Interpoliere die Lösung $\underline{u}_{q-1}^{(k_{q-1})}$ auf das Netz $\mathscr{T}_q$, d.h. berechne

$$\underline{u}_q^{(0)} = I_{q-1}^q \underline{u}_{q-1}^{(k_{q-1})}.$$

   Löse das Gleichungssystem

$$K_q \underline{u}_q = \underline{f}_q$$

   mittels k_q Schritten eines Iterationsverfahrens. Starte dieses mit $\underline{u}_q^{(0)}$. Die neue Näherungslösung ist $\underline{u}_q^{(k_q)}$.

3. Falls $q < \ell$, setze $q = q + 1$ und gehe zu Schritt 2, sonst STOP.

Diese Vorgehensweise zur Bestimmung einer guten Startnäherung wird als *geschachtelte Iteration* (engl. *nested iteration*) bezeichnet.

Setzen wir im Schritt 2 zur näherungsweisen Lösung des Gleichungssystems ein Mehrgitter-, MG(m)-PCG- oder MDS-PCG-Verfahren ein, dann kann man zeigen, dass wir mit einem zur Anzahl der Unbekannten $\bar{N}_\ell$ proportionalen Aufwand an arithmetischen Operationen eine Näherungslösung $\underline{u}_\ell^{(k_\ell)}$ erhalten, für die der Fehler $\|\underline{u}_\ell - \underline{u}_\ell^{(k_\ell)}\|_{K_\ell}$ in der Größenordnung des Diskretisierungsfehlers liegt [Hac85, ST82]. Wird die geschachtelte Iteration mit dem Mehrgitterverfahren verbunden, dann nennt man das Verfahren auch *Full-Multigrid-Methode*.

5.4 Ein Vergleich der Auflösungsverfahren

In diesem Abschnitt vergleichen wir das direkte Verfahren mit der LDL^T-Faktorisierung und die vorgestellten Iterationsverfahren hinsichtlich des Aufwandes an notwendigen arithmetischen Operationen sowie ihres Speicherplatzbedarfs. Dabei demonstrieren wir, wie sich für die jeweiligen Verfahren der Aufwand an arithmetischen Operationen und der Speicherplatzbedarf bei wachsender Dimension des FE-Gleichungssystems verhält. Den Vergleich führen wir anhand des Modellbeispiels aus dem Abschnitt 4.1 durch (siehe S. 198ff.).

Für die folgenden Testrechnungen und zur Lösung der Beispielprobleme aus dem Abschnitt 1.3 sowie zur Durchführung aller Berechnungen in den numerischen Beispielen im Kapitel 4 wurde das Programmsystem FEMGP [Jun89, Que93, SJ90] genutzt. Alle Berechnungen wurden auf einem PC mit einem AMD Athlon™ 64 Prozessor (2.2 GHz) unter LINUX durchgeführt, wobei das ausführbare Programm mittels des GNU-Fortran77-Compilers erzeugt wurde.

Ausgehend von der gröbsten Vernetzung $\mathcal{T}_1$ mit 72 Knoten und 108 Dreieckselementen wurde durch fortgesetzte Dreiecksviertelung (siehe Abschnitt 4.5.1, S. 247) eine Folge von Vernetzungen $\mathcal{T}_q$, $q = 1, 2, \ldots, 7$, generiert. In der Abbildung 5.23 sind die gröbste Vernetzung $\mathcal{T}_1$ und die nach Viertelung aller Dreiecke aus $\mathcal{T}_1$ erhaltene Vernetzung $\mathcal{T}_2$ dargestellt. Auf jeder Vernetzung wurden zur Definition des FE-Gleichungssystems

$$K_q \underline{u}_q = \underline{f}_q \tag{5.89}$$

stückweise lineare Ansatzfunktionen genutzt.

Abbildung 5.23: Darstellung der Vernetzungen $\mathcal{T}_1$, $\mathcal{T}_2$ und des Niveaulinienverlaufs des Temperaturfeldes

Da die benötigten Rechenzeiten zur Lösung der Gleichungssysteme (5.89) für $q = 1, 2$ bei allen Lösungsalgorithmen außer beim gedämpften Jacobi- und Gauß-Seidel-Verfahren unterhalb der Zeitmessgenauigkeit liegen, verzichten wir auf die Angabe dieser Rechenzeiten.

Zuerst geben wir die Rechenzeiten und den Speicherplatzbedarf beim Einsatz der LDL^T-Faktorisierung zur Lösung der FE-Gleichungssysteme (5.89) an. Die Steifigkeitsmatrizen wurden in der Speicherform „variable Bandweite spaltenweise" abgespeichert (siehe Abbildung 5.3,

S. 458). Zur Bandweitenreduzierung wurde ein Umnummerierungsalgorithmus nach Cuthill-McKee eingesetzt [GL81]. In der Tabelle 5.12 sind der Speicherplatzbedarf und die benötigten Rechenzeiten für die LDL^T-Faktorisierung sowie für das Vorwärts- und Rückwärtseinsetzen zusammengestellt. Der Speicherplatzbedarf setzt sich aus dem Speicherplatzbedarf für die Steifigkeitsmatrix, den Lastvektor und den Lösungsvektor zusammen. Um Speicherplatz einzusparen, kann man auch den Lastvektor und den Lösungsvektor auf den gleichen Speicherplätzen speichern, vorausgesetzt, man benötigt den Lastvektor für keine anderen Berechnungen.

Tabelle 5.12: Rechenzeit und Speicherplatzbedarf beim direkten Verfahren mit LDL^T-Faktorisierung

Anzahl der Unbekannten	933	3593	14097	55841	222273
Speicherplatzbedarf	184.62 kB	1.31 MB	10.05 MB	78.61 MB	621.73 MB
Zeit für die Zerlegung	0.00 s	0.02 s	0.12 s	1.64 s	48.62 s
Zeit für das Vor- und Rückwärtseinsetzen	0.00 s	0.00 s	0.01 s	0.08 s	0.59 s

Aus dieser Tabelle können wir ablesen, dass bei jeweiliger Halbierung der Diskretisierungsschrittweite

- sich die Anzahl der Unbekannten etwa vervierfacht, d.h. wie h^{-2} verhält,

- der Speicherplatzbedarf sich etwa wie $N^{3/2}$ (h^{-3}) verhält, d.h. mit dem Faktor 8 wächst,

- die benötigte Rechenzeit für das Vorwärts- und Rückwärtseinsetzen wie $N^{3/2}$ (h^{-3}) ansteigt, d.h. sich verachtfacht.

Somit bestätigen die erzielten Resultate die im Abschnitt 5.2 getroffenen theoretischen Aussagen hinsichtlich Speicherplatzbedarf und arithmetischem Aufwand beim direkten Verfahren mit der LDL^T- bzw. Cholesky-Faktorisierung (siehe S. 472 und S. 473).

Im Folgenden geben wir den Speicherplatzbedarf und die benötigten Rechenzeiten bei verschiedenen Iterationsverfahren an. Bei allen Iterationsverfahren wurde als Startvektor der Vektor $\underline{u}_q^{(0)} = [500, 500, \dots, 500]^T$ verwendet. Die Iteration wurde beendet, wenn das Abbruchkriterium

$$\|\underline{r}_q^{(k)}\| \le \varepsilon \, \|\underline{r}_q^{(0)}\|$$

mit dem Residuenvektor $\underline{r}_q^{(k)} = \underline{f}_q - K_q \underline{u}_q^{(k)}$ für $\varepsilon = 10^{-5}$ erfüllt war. Da bei allen untersuchten Iterationsverfahren die Steifigkeitsmatrizen in der Speicherform „Kompaktliste zeilenweise" abgespeichert werden können (siehe Abbildung 5.22, S. 515), verhält sich der Speicherplatzbedarf wie h^{-2}, d.h. der Speicherplatzbedarf ist proportional zur Anzahl der Unbekannten des zu lösenden Gleichungssystems.

Wir betrachten zunächst die klassischen Iterationsverfahren, d.h. das gedämpfte Jacobi-Verfahren und das Gauß-Seidel-Verfahren (siehe Algorithmen 5.20 und 5.21, S. 478). Der Dämpfungsparameter τ_q für das gedämpfte Jacobi-Verfahren wurde experimentell ermittelt. Beim gedämpften Jacobi-Verfahren wurden die in der Tabelle 5.13 angegebenen Ressourcen an Speicherplatz und Rechenzeit benötigt. Die Anwendung des Gauß-Seidel-Verfahrens erforderte die in der Tabelle 5.14 angegebenen Rechenzeiten und Speicherplätze.

Tabelle 5.13: Rechenzeit und Speicherplatzbedarf beim gedämpften Jacobi-Verfahren ($\varepsilon = 10^{-5}$)

Anzahl der Unbekannten	72	251	933	3593	14097
Parameter τ_q	1.148238	1.012024	0.944272	0.906626	0.870282
Speicherplatzbedarf	3.48 kB	12.87 kB	49.35 kB	193.19 kB	764.38 kB
Anzahl der durch-geführten Iterationen	71280	319278	1323857	5285232	20994731
Zeit für die durch-geführten Iterationen	0.12 s	1.75 s	24.89 s	462.78 s	11681.05 s

Tabelle 5.14: Rechenzeit und Speicherplatzbedarf beim Gauß-Seidel-Verfahren ($\varepsilon = 10^{-5}$)

Anzahl der Unbekannten	72	251	933	3593	14097
Speicherplatzbedarf	3.48 kB	12.87 kB	49.35 kB	193.19 kB	764.38 kB
Anzahl der durch-geführten Iterationen	41207	162898	628039	2402169	9148812
Zeit für die durch-geführten Iterationen	0.08 s	1.03 s	14.25 s	220.56 s	5837.63 s

Aus den beiden Tabellen 5.13 und 5.14 wird ersichtlich, dass sich die Anzahl an erforderlichen Iterationen bei Halbierung der Schrittweite etwa vervierfacht. Dies entspricht der theoretischen Aussage, dass die Anzahl der notwendigen Iterationen bei einer vorgegebenen relativen Genauigkeit ε wie $h^{-2}\ln\varepsilon^{-1}$ ($N\ln\varepsilon^{-1}$) wächst. Da sich der Aufwand an arithmetischen Operationen pro Iterationsschritt wie h^{-2} (N) verhält, muss somit der Gesamtaufwand an arithmetischen Operationen wie $h^{-4}\ln\varepsilon^{-1}$ ($N^2\ln\varepsilon^{-1}$) wachsen, d.h. mit dem Faktor 16. Die Tabellen 5.13 und 5.14 zeigen, dass tatsächlich die benötigte Rechenzeit etwa um das 16fache anwächst zumindest bis zum Gleichungssystem mit 3593 Unbekannten. Eine mögliche Ursache, warum die benötigte Rechenzeit zur Lösung des Gleichungssystems mit den 14097 Unbekannten deutlich höher als die 16fache Rechenzeit bei der Lösung des Gleichungssystem mit 3593 Unbekannten ist, diskutieren wir später.

Wie die beiden Tabellen zeigen, erfordert sowohl das gedämpfte Jacobi-Verfahren als auch das Gauß-Seidel-Verfahren bei der Lösung des betrachteten FE-Gleichungssystems eine sehr hohe Anzahl an Iterationen und somit sehr hohe Rechenzeiten. Wenn wir davon ausgehen, dass der Rechenaufwand bei Vervierfachung der Anzahl der Unbekannten etwa mit dem Faktor 16 wächst, dann erwarten wir beispielsweise beim Gauß-Seidel-Verfahren ausgehend von der benötigten Rechenzeit für das Gleichungssystem mit den 14097 Unbekannten, dass zur Lösung des Gleichungssystems mit 55841 Unbekannten rund 26 Stunden und für das Gleichungssystem mit 222273 Unbekannten 17.3 Tage erforderlich sind. Damit sind diese Verfahren als eigenständige Algorithmen zur Lösung der FE-Gleichungssysteme unbrauchbar.

Aus den Tabellen 5.13 und 5.14 ist weiterhin ersichtlich, dass ab dem Gleichungssystem mit 933 Unbekannten die Anzahl der Iterationen beim Gauß-Seidel-Verfahren etwas niedriger als die Hälfte der Iterationszahlen beim gedämpften Jacobi-Verfahren ist. Daher würde man erwarten, dass dies auch für die benötigten Rechenzeiten gilt. Wie die Tabelle 5.14 aber zeigt, sind die Rechenzeiten beim Gauß-Seidel-Verfahren etwas höher als erwartet. Eine Ursache besteht darin, dass beim Jacobi-Verfahren die Operationen $K_{ij}u_j^{(k-1)}$ und $K_{ji}u_i^{(k-1)}$ unmittelbar nacheinander durchgeführt werden können und wegen $K_{ij} = K_{ji}$ nur ein Zugriff auf das entsprechende Matrixelement in der Kompaktliste erforderlich ist. Die Operationen $K_{ij}u_j^{(k-1)}$ und $K_{ji}u_i^{(k)}$ im Gauß-Seidel-Verfahren können nicht unmittelbar nacheinander durchgeführt werden. Deshalb muss das Matrixelement K_{ij} zweimal aus der Kompaktliste gelesen werden. Diese größere Anzahl von Speicherzugriffen führt zu höheren Rechenzeiten.

Im Jacobi-Verfahren benötigen wir Speicherplätze für die Matrix, den Vektor der rechten Seite, den Lösungsvektor und einen Hilfsvektor der Länge N. Da wir aufgrund der Symmetrie der Matrizen K_q nur das obere Dreieck abgespeichert haben, erfordert das Gauß-Seidel-Verfahren die gleiche Anzahl von Speicherplätzen. Wird die Symmetrie bei der Abspeicherung der Matrix nicht ausgenutzt, dann benötigt man im Gauß-Seidel-Verfahren keinen Hilfsspeicher. Die neu berechneten Komponenten $u_j^{(k)}$ des Lösungsvektors können beim Gauß-Seidel-Verfahren auf die Speicherplätze der entsprechenden Komponenten $u_j^{(k-1)}$ der alten Näherung geschrieben werden. Bei beiden Verfahren könnten auch der Vektor der rechten Seite und der Lösungsvektor die gleichen Speicherplätze belegen.

Wesentlich weniger Iterationen als das Jacobi- und Gauß-Seidel-Verfahren erfordert das SOR-Verfahren (siehe Algorithmus 5.22, S. 479). Allerdings benötigt man einen sehr guten Näherungswert für den optimalen Relaxationsparameter ω_q, um eine bestmögliche Konvergenzgeschwindigkeit zu erreichen. Wir haben den Relaxationsparameter folgendermaßen bestimmt. Bis $q = 5$ wurde der Parameter ω_q experimentell ermittelt. Für die Parameter ω_q, $q = 2,3,4,5$, gilt $\omega_q \approx 2 - (2 - \omega_{q-1})/2$. Entsprechend dieser Beziehung wurden die Parameter ω_6 und ω_7 berechnet. Die Tabelle 5.15 enthält die Parameter ω_q, die Anzahl der durchgeführten Iterationen und die benötigte Rechenzeit beim SOR-Verfahren.

Tabelle 5.15: Rechenzeit und Speicherplatzbedarf beim SOR-Verfahren ($\varepsilon = 10^{-5}$)

Anzahl der Unbekannten	933	3593	14097	55841	222273
Parameter ω_q	1.99360	1.99678	1.998381	1.9991905	1.99959525
Speicherplatzbedarf	49.35 kB	193.19 kB	764.38 kB	2.97 MB	11.84 MB
Anzahl der durch-geführten Iterationen	2231	4487	9014	18217	36721
Zeit für die durch-geführten Iterationen	0.06 s	0.46 s	5.82 s	46.89 s	380.47 s

Die Tatsache, dass man einen sehr guten Näherungswert für den Relaxationsparameter ω benötigt, um eine bestmögliche Konvergenz zu erreichen, zeigen wir anhand des folgenden Beispiels. Lösen wir das Gleichungssystem mit den 14097 Unbekannten mit dem SOR-Verfahren mit $\omega = 1.998$, dann benötigen wir 13232 Iterationen, also etwa das 1.5fache der Iterationszahl, welche mit dem von uns bestimmten optimalen Parameter $\omega = 1.998381$ erforderlich ist. Mit $\omega = 1.99$ müssen sogar 68859 Iterationen durchgeführt werden, um die gleiche relative Genauigkeit zu erreichen. Die Abbildung 5.24 zeigt die Abhängigkeit der notwendigen Anzahl an Iterationen vom Relaxationsparameter ω mit $\omega \in [1.99, 1.99998]$. Aus dieser Abbildung wird deutlich, dass nur für ω aus einer sehr kleinen Umgebung des optimalen Relaxationsparameters die Iterationszahlen nahe bei der niedrigst möglichen Iterationszahl liegen. Außerdem wird deutlich, dass ein leichtes Überschätzen des optimalen Relaxationsparameters zu einer geringeren Konvergenzverschlechterung führt als ein leichtes Unterschätzen von ω_{opt}. Später werden wir sehen, dass der Parameter ω beim SSOR-Verfahren als Vorkonditionierer im Verfahren der konjugierten Gradienten aus einem wesentlich breiteren Intervall gewählt werden kann, ohne eine deutliche Konvergenzverschlechterung zu erhalten.

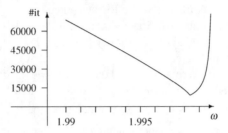

Abbildung 5.24: Abhängigkeit der Iterationszahl #it vom Relaxationsparameter ω ($N = 14097$)

Im Abschnitt 5.3 auf S. 479 haben wir die Aussage formuliert, dass sich die Iterationszahl bei optimaler Wahl des Relaxationsparameters ω wie $h^{-1}\ln\varepsilon^{-1}$ verhält. Die erzielten Ergebnisse bestätigen diese theoretische Aussage. Die Iterationszahlen verdoppeln sich ungefähr bei Halbierung der Schrittweite. Da sich die Rechenzeit pro Iteration bei Halbierung der Schrittweite etwa vervierfacht, muss folglich die Gesamtrechenzeit ungefähr mit dem Faktor 8 anwachsen. Dies wird in der Tabelle 5.15 auch deutlich, bis auf den Übergang vom Netz mit 3593 Knoten zum Netz mit 14097 Knoten. Hier erhöht sich die Rechenzeit etwa um den Faktor 13. Eine Ursache dafür ist, dass bei den Beispielen mit relativ wenigen Unbekannten der Cache-Speicher besser ausgenutzt wird, so dass man daher für Gleichungssysteme mit wenigen Unbekannten geringere Rechenzeiten erhält. Dies erklärt auch das stärkere Anwachsen der Rechenzeit beim gedämpften Jacobi- und Gauß-Seidel-Verfahren beim Übergang von der Vernetzung mit 3593 Knoten zur Vernetzung mit 14097 Knoten. Das gleiche Verhalten werden wir auch bei den im Folgenden betrachteten Iterationsverfahren beobachten.

Als nächsten Algorithmus untersuchen wir die Methode der konjugierten Gradienten ohne Vorkonditionierung (CG-Verfahren, siehe Algorithmus 5.25, S. 489). Theoretisch müsste sich die Iterationszahl bei einem vorgegebenem ε wie $h^{-1}\ln\varepsilon^{-1}$ verhalten, d.h. sich bei Halbierung der Diskretisierungsschrittweite h jeweils verdoppeln (siehe S. 492). In der Tabelle 5.16 ist ersichtlich, dass sich zunächst die Iterationszahl um das 3fache, dann um das 2.6fache, das 2.3fache und schließlich um das 2.1fache erhöht. Man sieht, dass sich mit zunehmender Netzverfeinerung tatsächlich das theoretisch erwartete Wachstum der Iterationszahl einstellt. Auch beim CG-Verfahren ist der Aufwand an arithmetischen Operationen pro Iterationsschritt proportional zur Anzahl der Unbekannten, d.h. er verhält sich wie h^{-2} (N). Asymptotisch nimmt also der Gesamtaufwand an arithmetischen Operationen wie $h^{-3}\ln\varepsilon^{-1}$ $(N^{1.5}\ln\varepsilon^{-1})$ zu, d.h. die Rechenzeiten wachsen mit dem Faktor 8. Zusätzlich zu den Speicherplätzen für das FE-Gleichungssystem werden beim CG-Verfahren noch drei Hilfsvektoren der Länge N zur Speicherung der Vektoren $\underline{r}^{(k)}$, $\underline{s}^{(k)}$ und $K\underline{s}^{(k)}$ benötigt. Dies kann auf zwei Hilfsfelder reduziert werden, wenn der Vektor der rechten Seite für keine anderen Berechnungen benötigt wird. Man speichert dann den Residuenvektor $\underline{r}^{(k)}$ auf den Speicherplätzen für die rechte Seite $\underline{f}$ ab.

Tabelle 5.16: Rechenzeit und Speicherplatzbedarf beim CG-Verfahren ($\varepsilon = 10^{-5}$)

Anzahl der Unbekannten	933	3593	14097	55841	222273
Speicherplatzbedarf	63.93 kB	249.33 kB	984.65 kB	3.82 MB	15.24 MB
Anzahl der durchgeführten Iterationen	1206	3697	9605	21711	46011
Zeit für die durchgeführten Iterationen	0.03 s	0.43 s	9.99 s	108.37 s	905.20 s

Eine wesentliche Reduzierung der notwendigen Anzahl an Iterationen und damit auch ein Rechenzeitgewinn wird bereits durch die einfache Vorkonditionierung mit der Hauptdiagonalen der Systemmatrix erreicht (siehe Diagonalvorkonditionierung auf S. 495). Die beim PCG-Verfahren mit der Diagonalvorkonditionierung, kurz DIAG-PCG-Verfahren genannt, benötigten Iterationszahlen und Rechenzeiten sind in der Tabelle 5.17 enthalten.

Tabelle 5.17: Rechenzeit und Speicherplatzbedarf beim DIAG-PCG-Verfahren ($\varepsilon = 10^{-5}$)

Anzahl der Unbekannten	933	3593	14097	55841	222273
Speicherplatzbedarf	63.93 kB	249.33 kB	984.65 kB	3.82 MB	15.24 MB
Anzahl der durchgeführten Iterationen	153	326	672	1377	2790
Zeit für die durchgeführten Iterationen	0.00 s	0.04 s	0.83 s	8.96 s	72.96 s

Aus der Tabelle 5.17 wird deutlich, dass die Iterationszahl wie $h^{-1} \ln \varepsilon^{-1}$ wächst, d.h. dass sich diese bei Halbierung der Schrittweite h etwa verdoppelt. Daraus resultiert ein Anwachsen der Anzahl an notwendigen arithmetischen Operationen wie $h^{-3} \ln \varepsilon^{-1}$, was sich in der Zunahme der Rechenzeit um etwa das 8fache widerspiegelt.

Als nächstes Verfahren betrachten wir das PCG-Verfahren mit der SSOR-Vorkonditionierung (siehe S. 495). Die Tabelle 5.18 enthält die Anzahl der benötigten Iterationen, die zu deren Durchführung erforderliche Rechenzeit und den experimentell ermittelten optimalen Parameter ω.

Tabelle 5.18: Rechenzeit und Speicherplatzbedarf beim SSOR-PCG-Verfahren ($\varepsilon = 10^{-5}$)

Anzahl der Unbekannten	933	3593	14097	55841	222273
Parameter ω	1.5380	1.6419	1.8020	1.8325	1.8711
Speicherplatzbedarf	71.21 kB	277.41 kB	1.07 MB	4.25 MB	16.93 MB
Anzahl der durchgeführten Iterationen	44	72	122	203	336
Zeit für die durchgeführten Iterationen	0.00 s	0.03 s	0.25 s	2.06 s	13.71 s

Ein Vergleich der Tabellen 5.18 und 5.17 zeigt, dass sowohl die Iterationszahlen als auch die benötigten Rechenzeiten beim SSOR-PCG-Verfahren deutlich niedriger sind als beim DIAG-PCG-Verfahren. Im Unterschied zum SOR-Verfahren kann der Parameter ω aus einem relativ breiten

Intervall gewählt werden, so dass die Anzahl an erforderlichen Iterationen immer noch nahe an der optimalen Iterationszahl liegt. In der Tabelle 5.19 geben wir Intervalle für den Parameter ω an, aus welchen er gewählt werden kann, so dass die benötigte Iterationszahl um maximal 10% höher ist als die optimale Iterationszahl.

Tabelle 5.19: Werte für ω mit welchen die Iterationszahl bis zu 10% höher ist als die niedrigst mögliche Iterationszahl

	933	3593	14097	55841	222273
Anzahl der Iterationen	44 … 48	72 … 79	122 … 134	203 … 223	336 … 370
Intervall für ω	[1.25, 1.77]	[1.46, 1.79]	[1.56, 1.85]	[1.68, 1.89]	[1.77, 1.92]

Im Folgenden diskutieren wir das Konvergenzverhalten des Verfahrens der konjugierten Gradienten mit der unvollständigen Cholesky-Faktorisierung bzw. der modifizierten unvollständigen Cholesky-Zerlegung als Vorkonditionierung (siehe S. 496).

In der Tabelle 5.20 sind die Anzahl der benötigten Iterationen beim CG-Verfahren mit der unvollständigen Cholesky-Zerlegung der Systemmatrix als Vorkonditionierungsmatrix und die dafür erforderlichen Rechenzeiten angegeben.

Tabelle 5.20: Rechenzeit und Speicherplatzbedarf beim IC-PCG-Verfahren ($\varepsilon = 10^{-5}$)

Anzahl der Unbekannten	933	3593	14097	55841	222273
Speicherplatzbedarf	91.41 kB	358.33 kB	1.38 MB	5.51 MB	21.99 MB
Anzahl der durch-geführten Iterationen	38	72	145	295	584
Zeit für die durch-geführten Iterationen	0.00 s	0.02 s	0.26 s	2.62 s	21.15 s

Wie beim CG-Verfahren gilt die theoretische Aussage, dass die Iterationszahl bei vorgegebener relativer Genauigkeit ε wie $h^{-1} \ln \varepsilon^{-1}$ wächst. Dies ist auch in der Tabelle 5.20 deutlich erkennbar, denn die Iterationszahlen verdoppeln sich ungefähr. Der Aufwand an arithmetischen Operationen verhält sich wie $h^{-3} \ln \varepsilon^{-1}$ ($N^{1.5} \ln \varepsilon^{-1}$) was sich im Ansteigen der Rechenzeit auf etwa das Achtfache ausdrückt. Zusätzlich zu dem im CG-Verfahren benötigten Speicherplatz muss hier noch der Speicherplatz für die Vorkonditionierungsmatrix bereitgestellt werden, d.h. man benötigt nochmals so viele Speicherplätze wie für die Steifigkeitsmatrix.

Beim Einsatz der Methode der konjugierten Gradienten mit einer modifizierten unvollständigen Cholesky-Zerlegung als Vorkonditionierer (MIC-PCG-Verfahren) erhalten wir die in der Tabelle 5.21 zusammengestellten Ergebnisse.

Tabelle 5.21: Rechenzeit und Speicherplatzbedarf beim MIC-PCG-Verfahren ($\varepsilon = 10^{-5}$)

Anzahl der Unbekannten	933	3593	14097	55841	222273
Speicherplatzbedarf	91.41 kB	358.33 kB	1.38 MB	5.51 MB	21.99 MB
Anzahl der durch-geführten Iterationen	19	27	44	69	113
Zeit für die durch-geführten Iterationen	0.00 s	0.00 s	0.08 s	0.64 s	4.21 s

Bei diesem Verfahren ist theoretisch ein Anwachsen der Iterationszahl wie $h^{-0.5}\ln\varepsilon^{-1}$ zu erwarten. Die in der Tabelle 5.21 angegebenen Iterationszahlen wachsen auch etwa mit dem Faktor $\sqrt{2}$ an. Der Speicherplatzbedarf ist der gleiche wie beim IC-PCG-Verfahren.

Der Einsatz von h-hierarchischen Basen nach Yserentant (siehe Abschnitt 5.3.4.3, Algorithmus 5.32) führt auf einen PCG-Algorithmus (HB-PCG-Verfahren), bei dem das Anwachsen der Iterationszahl noch schwächer von h abhängt. In der Tabelle 5.22 sind die benötigten Iterationszahlen zusammengefasst.

Tabelle 5.22: Rechenzeit und Speicherplatzbedarf beim HB-PCG-Verfahren ($\varepsilon = 10^{-5}$)

Anzahl der Unbekannten	933	3593	14097	55841	222273	886913
Speicherplatzbedarf	68.99 kB	259.73 kB	992.50 kB	3.93 MB	15.67 MB	62.55 MB
Anzahl der durch-geführten Iterationen	27	36	46	56	66	78
Zeit für die durch-geführten Iterationen	0.00 s	0.00 s	0.06 s	0.57 s	3.01 s	14.35 s

Beim HB-PCG-Verfahren verhält sich die Annzahl notwendiger Iterationen zum Erreichen einer vorgegebenen relativen Genauigkeit ε theoretisch wie $\ln h^{-1}\ln\varepsilon^{-1}$, d.h. die Anzahl notwendiger Iterationen nimmt bei Halbierung der Diskretisierungsschrittweite h jeweils um eine additive Konstante zu. Dies ist in der Tabelle 5.22 auch erkennbar. Der Aufwand an arithmetischen Operationen wächst wie $h^{-2}\ln h^{-1}\ln\varepsilon^{-1}$ ($N\ln N^{0.5}\ln\varepsilon^{-1}$). Zusätzlich zu dem beim CG-Verfahren erforderlichen Speicherplatz muss für das HB-PCG-Verfahren noch der Speicherplatz für die FE-Matrix vom gröbsten Netz und der Speicherplatz für die Anteile der Hauptdiagonale der Matrizen $K_k, k = 2,3,\ldots,q-1$, die zu den im Netz $\mathscr{T}_k$ neu generierten Knoten gehören, bereitgestellt werden.

Die effektivsten Verfahren zur Lösung unserer Aufgabe sind Mehrgitterverfahren (siehe Abschnitt 5.3.4.1, Algorithmus 5.29). In der Tabelle 5.23 geben wir die Iterationszahlen und Rechenzeiten für Mehrgitterverfahren mit dem W-, F- und V-Zyklus an. Im Mehrgitterverfahren wurden auf allen Gittern jeweils zwei Vor- und zwei Nachglättungsschritte ($v_1 = v_2 = 2$) mittels des Gauß-Seidel-Verfahrens lexikografisch vorwärts (siehe Algorithmus 5.21) durchgeführt. Die damit entstehenden Mehrgitterverfahren bezeichnen wir deshalb als MG-W22-, MG-F22- und MG-V22-Verfahren. Die Iterationszahl ist beim W- und F-Zyklus unabhängig vom Diskretisierungsparameter. Da der Aufwand an arithmetischen Operationen pro Iterationsschritt proportional zur Anzahl der Unbekannten ist, ist auch der Gesamtrechenaufwand proportional zur Anzahl der Unbekannten, d.h. er wächst mit dem Faktor 4. Folglich wächst die benötigte Rechenzeit ungefähr mit dem Faktor 4. Beim V-Zyklus ist die Anzahl notwendiger Iterationen nicht konstant, sondern sie steigt sehr langsam an. Dies ist das typische Verhalten von Mehrgitterverfahren für Probleme mit unstetigen Koeffizienten. In einem Vorbereitungsschritt für den Mehrgitteralgorithmus müssen die Steifigkeitsmatrizen für alle Hilfsgitter $\mathscr{T}_1, \mathscr{T}_2, \ldots, \mathscr{T}_{q-1}$ generiert werden. Dies erfordert zusätzliche Rechenzeit, in unserem Beispiel bei der Lösung des Gleichungssystems mit 222273 Unbekannten 0.14 s und beim Gleichungssystem mit 886913 Unbekannten 0.57 s. Der Speicherplatzbedarf ist bei Halbierung der Diskretisierungsschrittweite ebenfalls proportional zur Anzahl der Unbekannten und wächst folglich mit dem Faktor 4. Im Unterschied zu den

Tabelle 5.23: Rechenzeit und Speicherplatzbedarf beim Mehrgitterverfahren ($\varepsilon = 10^{-5}$)

Anzahl der Unbekannten	933	3593	14097	55841	222273	886913
Speicherplatzbedarf	65.05 kB	250.95 kB	987.26 kB	3.83 MB	15.24 MB	60.86 MB
MG-W22-Verfahren						
Anzahl der durch-geführten Iterationen	4	4	4	4	4	4
Zeit für die durch-geführten Iterationen	0.00 s	0.00 s	0.02 s	0.15 s	0.69 s	2.99 s
MG-F22-Verfahren						
Anzahl der durch-geführten Iterationen	4	4	4	4	4	4
Zeit für die durch-geführten Iterationen	0.00 s	0.00 s	0.02 s	0.14 s	0.66 s	2.77 s
MG-V22-Verfahren						
Anzahl der durch-geführten Iterationen	5	6	6	6	6	7
Zeit für die durch-geführten Iterationen	0.00 s	0.00 s	0.03 s	0.17 s	0.79 s	3.79 s

bisher betrachteten Iterationsverfahren benötigen wir im Mehrgitterverfahren den Speicherplatz für alle Gleichungssysteme bis zum Gitter $\mathcal{T}_q$.

Wie wir im Abschnitt 5.3.4.2 beschrieben haben, können Mehrgitterverfahren auch zur Konstruktion von Vorkonditionierungsmatrizen genutzt werden. Dies führt dann auf die sogenannten MG(m)-PCG-Verfahren, wobei m die Anzahl der durchzuführenden Mehrgitterschritte bei der Lösung der Vorkonditionierungsgleichungssysteme ist. Für das MG(1)-PCG-Verfahren, in dem ein Mehrgitterverfahren mit jeweils einem Vor- und Nachglättungsschritt (Gauß-Seidel-Verfahren lexikografisch vorwärts bei der Vorglättung und Gauß-Seidel-Verfahren lexikografisch rückwärts bei der Nachglättung) sowie der V-Zyklus genutzt wurde, sind die Ergebnisse in der Tabelle 5.24 zusammengestellt.

Tabelle 5.24: Rechenzeit und Speicherplatzbedarf beim MG(1)-PCG-Verfahren ($\varepsilon = 10^{-5}$)

Anzahl der Unbekannten	933	3593	14097	55841	222273	886913
Speicherplatzbedarf	86.92 kB	335.16 kB	1.29 MB	5.11 MB	20.33 MB	81.16 MB
Anzahl der durch-geführten Iterationen	7	7	7	7	7	7
Zeit für die durch-geführten Iterationen	0.00 s	0.00 s	0.03 s	0.18 s	0.84 s	3.44 s

Auch beim MG(1)-PCG-Verfahren mit Einsatz des V-Zyklus ist die Iterationszahl bei vorgegebener relativer Genauigkeit ε unabhängig vom Diskretisierungsparameter h, zumindest für die hier genutzten Diskretisierungsschrittweiten. Folglich wachsen die Rechenzeiten bei Halbierung der Diskretisierungsschrittweite ungefähr mit dem Faktor 4 an. Der Einsatz von Mehrgitterverfahren mit mehr als einem Vor- und Nachglättungsschritt bzw. mit dem W-Zyklus führte zu MG(1)-PCG-Verfahren, bei denen weniger Iterationen erforderlich waren als beim Einsatz des V-Zyklus mit einem Vor- und Nachglättungsschritt. Die benötigten Rechenzeiten waren aber stets höher. Zusätzlich zu den für den Mehrgitteralgorithmus benötigten Speicherplätzen muss noch der Speicherplatz für die Hilfsfelder des PCG-Verfahrens bereitgestellt werden. Der Speicherplatzbedarf ist wieder proportional zur Anzahl der Unbekannten.

In unserem Beispiel ist aus der Sicht der benötigten Rechenzeit die Anwendung des „reinen" Mehrgitterverfahrens günstiger als der Einsatz des MG(1)-PCG-Verfahrens. Benötigt man beim Mehrgitterverfahren jedoch mehr als fünf Iterationen, dann ist im Allgemeinen das MG(1)-PCG-Verfahren effektiver als das „reine" Mehrgitterverfahren.

Wir geben nun noch in der Tabelle 5.25 die Ergebnisse an, die beim Einsatz des MDS-Vorkonditionierers (siehe Abschnitt 5.3.4.4, Algorithmus 5.33, S. 514) erreicht wurden.

Tabelle 5.25: Rechenzeit und Speicherplatzbedarf beim MDS-PCG-Verfahren ($\varepsilon = 10^{-5}$)

Anzahl der Unbekannten	933	3593	14097	55841	222273	886913
Speicherplatzbedarf	73.90 kB	284.97 kB	1.07 MB	4.25 MB	16.94 MB	65.89 MB
Anzahl der durch-geführten Iterationen	19	22	23	25	26	28
Zeit für die durch-geführten Iterationen	0.00 s	0.00 s	0.03 s	0.24 s	1.09 s	4.73 s

Aus dieser Tabelle ist ersichtlich, dass bei den hier genutzten Diskretisierungsschrittweiten noch ein sehr leichtes Anwachsen der Iterationszahlen zu beobachten ist. Die benötigte Rechenzeit wächst wieder ungefähr mit dem Faktor 4. Der Speicherplatzbedarf steigt ebenfalls mit diesem Faktor. Im Unterschied zu den Mehrgitterverfahren wird hier nicht der Speicherplatz für die Steifigkeitsmatrizen auf den Netzen $\mathscr{T}_k$, $k = 2, 3, \ldots, q-1$ benötigt, sondern nur der Speicherplatz für die Hauptdiagonale dieser Steifigkeitsmatrizen.

Zum Abschluss vergleichen wir nochmals alle Verfahren hinsichtlich der benötigten Rechenzeit und des Speicherplatzbedarfs. Dieser Vergleich zeigt, dass insbesondere für Gleichungssysteme mit sehr vielen Unbekannten enorme Unterschiede in den benötigten Rechenzeiten auftreten. Um eine effiziente numerische Simulation eines physikalisch-technischen Problems durchführen zu können, ist daher die Wahl eines geeigneten Auflösungsverfahrens für die FE-Gleichungssysteme von besonderer Bedeutung.

Die Tabelle 5.26 zeigt, dass für Gleichungssysteme mit einer relativ kleinen Anzahl von Unbekannten das direkte Verfahren mit der LDL^T-Faktorisierung, die PCG-Verfahren und das Mehrgitterverfahren etwa die gleiche Rechenzeit erfordern. Zur Lösung von großdimensionierten Gleichungssystemen sind die Mehrgitterverfahren, die MG(1)-PCG-Verfahren und das MDS-PCG-Verfahren die effizientesten Lösungsalgorithmen. Das gedämpfte Jacobi- und das Gauß-Seidel-Verfahren erfordern bei der Lösung der FE-Gleichungssysteme extrem hohe Iterationszahlen, so dass enorm hohe Rechenzeiten entstehen. In der Tabelle 5.26 wird auch deutlich, dass der Speicherplatzbedarf beim direkten Verfahren wesentlich größer ist als bei den iterativen Lösern. Die Ursache dafür ist, dass sich bei einer Halbierung der Schrittweite der Speicherplatzbedarf beim direkten Verfahren verachtfacht und bei den Iterationsverfahren nur vervierfacht.

In der Tabelle sind jeweils die niedrigsten benötigten Rechenzeiten und der minimale Speicherplatzbedarf fett gedruckt.

Tabelle 5.26: Vergleich aller vorgestellten Auflösungsverfahren

N	933	3593	14097	55841	222273
Direktes Verfahren mit LDL^T-Faktorisierung	0.00 **s** 184.62 kB	0.02 s 1.31 MB	0.13 s 10.05 MB	1.72 s 78.61 MB	49.21 s 621.73 MB
gedämpftes Jacobi	24.89 s **49.35 kB**	462.78 s **193.19 kB**	11681.05 s **764.38 kB**		
Gauß-Seidel	14.25 s **49.35 kB**	220.56 s **193.19 kB**	5837.63 s **764.38 kB**		
SOR	0.06 s **49.35 kB**	0.46 s **193.19 kB**	5.82 s **764.38 kB**	46.89 s **2.97 MB**	380.47 s **11.84 MB**
CG	0.03 s 63.93 kB	0.43 s 249.33 kB	9.99 s 984.65 kB	108.37 s 3.82 MB	905.20 s 15.24 MB
DIAG-PCG	0.00 s 63.93 kB	0.04 s 249.33 kB	0.83 s 984.65 kB	8.96 s 3.82 MB	72.96 s 15.24 MB
SSOR-PCG	0.00 s 71.21 kB	0.03 s 277.41 kB	0.25 s 1.07 MB	2.06 s 4.25 MB	13.71 s 16.93 MB
IC-PCG	0.00 s 91.41 kB	0.02 s 358.33 kB	0.26 s 1.38 MB	2.62 s 5.51 MB	21.15 s 21.99 MB
MIC-PCG	0.00 s 91.41 kB	0.00 s 358.33 kB	0.08 s 1.38 MB	0.64 s 5.51 MB	4.21 s 21.99 MB
HB-PCG	0.00 s 68.99 kB	0.00 s 259.73 kB	0.06 s 992.50 kB	0.57 s 3.93 MB	3.01 s 15.67 MB
MG-F22	0.00 s 65.05 kB	0.00 **s** 250.95 kB	**0.02 s** 987.26 kB	**0.14 s** 3.83 MB	**0.66 s** 15.24 MB
MG(1)-PCG,V11	0.00 s 86.92 kB	0.00 **s** 335.16 kB	0.03 s 1.29 MB	0.18 s 5.11 MB	0.84 s 20.33 MB
MDS-PCG	0.00 s 73.90 kB	0.00 s 284.97 kB	0.03 s 1.07 MB	0.24 s 4.25 MB	1.09 s 16.94 MB

5.5 Optimierte direkte Verfahren und Gebietsdekompositionsmethoden

Die im Abschnitt 5.3 diskutierten direkten Verfahren wurden in den letzten Jahren insbesondere für schwachbesetzte Systeme, die typischerweise bei der Diskretisierung von partiellen Differentialgleichungen durch FEM oder auch FVM entstehen, optimiert. Es gibt mehrere effiziente Implementierungen dieser sogenannten *„Sparse Direct Solvers"* von verschiedenen Entwicklergruppen. Wir möchten hier nur die Implementierungen in den Softwarepaketen

- **MUMPS:** `http://mumps.enseeiht.fr/` und `http://graal.ens-lyon.fr/MUMPS/`

- **PARADISO:** `http://www.pardiso-project.org/`

- **SuperLU:** `http://crd-legacy.lbl.gov/~xiaoye/SuperLU/`

- **UMFPACK:** `http://www.cise.ufl.edu/research/sparse/umfpack/`

erwähnen, die in der Regel kostenfrei in der akademischen Forschung genutzt werden können. In [GHS05] findet der interessierte Leser eine Evaluierung und einen Vergleich der Programme MUMPS, PARADISO und UMFPACK anhand charakteristischer Beispiele. In diese Evaluierung sind weitere Programme einbezogen, aber nicht das Programmpaket SuperLU. Des Weiteren findet man dort und auf den angegebenen Internetseiten alle relevanten Literaturhinweise.

Die effektive Nutzung der „*Sparse Direct Solvers*" bleibt insbesondere für Gleichungssysteme, die bei der FE-Diskretisierung von 3D Problemen entstehen, wegen des starken Anwachsens des Speicherplatz- und Rechenzeitbedarfs, auf Systeme kleiner und mittlerer Größenordnung beschränkt. Es stehen zwar auch Implementierungen auf Parallelrechnern zur Verfügung, aber zur Lösung von sehr großen Gleichungssystemen mit mehreren Millionen Unbekannten oder gar Milliarden Unbekannten werden Gebietsdekompositionsmethoden (englisch: Domain Decomposition Methods = DDM) verwendet. Dabei wird die Lösung eines großen Gleichungssystem iterativ durchgeführt, wobei in jedem Iterationsschritt in der Regel parallel viele kleinere Gleichungssysteme, die zu den Teilgebieten einer überlappenden oder nichtüberlappenden Gebietsdekomposition gehören, und ein „Grobgitterproblem", das im elliptischen Fall, den globalen Informationstransport und damit die Skalierbarkeit realisiert, zu lösen. Zu deren effizienten Lösung können nun wieder die „*Sparse Direct Solvers*" eingesetzt werden. Eine umfassende Darstellung moderner Gebietsdekompositionsverfahren findet der interessierte Leser in der Monographie [TW05] von A. Toselli und O. Widlund. Die FETI (Finite-Element-Tearing-and-Interconnecting) Methoden, die 1991 von C. Farhat und F. X. Roux in [FR91] eingeführt wurden, haben sich in den letzten Jahren zu den erfolgreichsten Gebietsdekompositionsmethoden zur parallelen Lösung sehr großer Systeme von Finite-Elemente-Gleichungen auf massiv parallelen Rechnern entwickelt. Moderne Versionen der FETI-Verfahren sind FETI-DP und BDDC [TW05]. Diese Verfahren erlauben die robuste und effiziente Lösung von sehr heterogenen elliptischen Randwertproblemen, deren Koeffizienten Multiskalenverhalten aufweisen. Die Monographie [Pec13] von C. Pechstein gibt einen ausgezeichneten Überblick über die Konstruktion und Analysis von modernen FETI-Verfahren für elliptische Probleme mit heterogenen Koeffizienten. Neben den genannten Monographien gibt es bereits eine Vielzahl von Büchern und Überblicksartikeln zu Gebietsdekompositionsverfahren. Seit 1987 finden regelmäßig Konferenzen über die neuesten Entwicklungen auf diesem Gebiet statt. Die Proceedings und viele nützliche Hinweise findet der Leser auf der DDM Homepage `http://www.ddm.org/` .

Das Toolkit

- **PETSc:** `http://www.mcs.anl.gov/petsc/`

bietet eine ausgereifte Umgebung zur Implementierung paralleler Algorithmen auf verschiedenen Computerarchitekturen.

6 Iterative Lösung nichtlinearer Gleichungssysteme

Lineare Randwert- oder Anfangsrandwertprobleme sind oft Idealisierungen nichtlinearer Probleme. Bei der Wärmeleitung hängen die Wärmeleitkoeffizienten zumindest bei höheren Temperaturen von der Temperatur selbst ab oder es treten Wärmestrahlungseffekte auf. Ähnliche Nichtlinearitäten werden in der Festkörpermechanik und in der Elektrotechnik beobachtet (vgl. Kapitel 1 und 2). In ferromagnetischen Materialien hängt die Permeabilität von der magnetischen Induktion ab. Festkörpermechanische Probleme können sowohl stoffliche als auch geometrische Nichtlinearitäten aufweisen. Im Abschnitt 6.1 zeigen wir, dass die Variationsformulierung von nichtlinearen Randwertaufgaben zu nichtlinearen Variationsproblemen führt, die den Ausgangspunkt für die Finite-Elemente-Diskretisierung bilden. Das technische Vorgehen ist dabei völlig analog zum linearen Fall. welchen wir in den Kapiteln 3 und 4 ausführlich diskutiert haben. Die erhaltenen FE-Gleichungen stellen algebraisch gesehen jetzt allerdings ein großdimensioniertes, nichtlineares Gleichungssystem dar. Dieses Gleichungssystem ist iterativ zu lösen. Der Banachsche Fixpunktsatz gibt dazu das theoretische und praktische Rüstzeug. Im Abschnitt 6.2 betrachten wir die Banachsche Fixpunktiteration als Basisiterationsverfahren. Die Fixpunktiteration konvergiert linear. Falls die FE-Gleichungen differenzierbar sind, kann durch das Newton-Verfahren eine schnellere Konvergenz erreicht werden. Im Idealfall konvergiert das Newton-Verfahren quadratisch. Das Newton-Verfahren werden wir im Abschnitt 6.3 betrachten. Der Abschnitt 6.4 befasst sich mit verschiedenen Varianten des Newton-Verfahrens. In jedem Schritt des Newton-Verfahrens ist ein lineares Gleichungssystem mit der Jacobi-Matrix als Systemmatrix zu lösen. Die näherungsweise Lösung dieser linearen Gleichungssysteme, zum Beispiel mit einem Iterationsverfahren aus Kapitel 5 (innere Iteration), führt auf die sogenannten inexakten Newton-Verfahren. Als inneres Iterationsverfahren kann beispielsweise das Mehrgitterverfahren eingesetzt werden. Das resultierende Newton-Mehrgitter-Verfahren erlaubt es oft, nichtlineare Randwertprobleme sehr effizient zu lösen. Alternativ dazu kann das Mehrgitterverfahren auch direkt auf die nichtlinearen FE-Gleichungen angewendet werden. Derartige nichtlineare Mehrgitterverfahren werden wir im Abschnitt 6.5 vorstellen.

6.1 Einführende Bemerkungen

In diesem Kapitel betrachten wir iterative Verfahren zur Lösung nichtlinearer Gleichungssysteme der Art:

Gesucht ist ein Vektor $\underline{u} = [u_i]_{i=1}^{N} \in \mathbb{R}^N$, so dass das nichtlineare Gleichungssystem

$$\underline{F}(\underline{u}) = 0 \tag{6.1}$$

in $\mathbb{R}^N$ erfüllt wird.

Dabei ist $\underline{F} : \mathbb{R}^N \to \mathbb{R}^N$ eine Vektorfunktion

$$\underline{F}(\underline{u}) = (F_1(\underline{u}) \quad F_2(\underline{u}) \quad \ldots \quad F_N(\underline{u}))^T, \tag{6.2}$$

wobei die Komponenten $F_i : \mathbb{R}^N \to \mathbb{R}$ der Vektorfunktion (6.2) skalare Funktionen in den N Veränderlichen $\underline{u} = (u_1 \; u_2 \; \ldots \; u_N)^T$ sind. Ausführlich lässt sich das nichtlineare Gleichungssystem (6.1) wie folgt aufschreiben:

Gesucht ist ein Vektor $\underline{u} \in \mathbb{R}^N$ mit den N Komponenten $u_1, u_2, \ldots, u_N$, so dass die N nichtlinearen Gleichungen

$$F_1(u_1, u_2, ..., u_N) = 0$$
$$F_2(u_1, u_2, ..., u_N) = 0$$
$$\vdots$$
$$F_N(u_1, u_2, ..., u_N) = 0$$

erfüllt werden.

Großdimensionierte nichtlineare Gleichungssysteme der Form (6.1) entstehen zum Beispiel nach der FE-Diskretisierung nichtlinearer Variationsprobleme der Art:

Gesucht ist $u \in V_{g_1}$, so dass die nichtlineare Variationsgleichung

$$a(u,v) = \langle F, v \rangle \quad \text{für alle} \quad v \in V_0 \tag{6.3}$$

gilt.

Hierbei ist die Form $a(.,.) : V \times V \to \mathbb{R}$ in (6.3) jetzt im Gegensatz zu den Kapiteln 3 und 4 nur im zweiten Argument linear. V_{g_1}, V_0 und $\langle F, \cdot \rangle$ bezeichnen wieder die Menge der zulässigen Funktionen, den Raum der Testfunktionen und die Linearform der rechten Seite. Bevor wir die FE-Diskretisierung des Problems (6.3) durchführen, betrachten wir zwei typische Beispiele.

Beispiel 6.1 (Nichtlineare Wärmeleitgleichung)
Insbesondere bei höheren Temperaturen muss in unserem Modellproblem (4.1) die Abhängigkeit der Wärmeleitkoeffizienten von der Temperatur berücksichtigt werden, d.h. $\lambda_i = \lambda_i(x, u(x))$ für $i = 1, \ldots, d$. Völlig analog zu den im Abschnitt 4.3 für den linearen Fall durchgeführten Schritten 1. bis 4. zur Herleitung der Variationsformulierung (4.21) erhalten wir im hier betrachteten nichtlinearen Fall das entsprechende nichtlineare Variationsproblem (6.3) mit der im ersten Argument nichtlinearen Form

$$a(u,v) = \int_\Omega \left[\sum_{i=1}^d \lambda_i(x, u(x)) \frac{\partial u(x)}{\partial x_i} \frac{\partial v(x)}{\partial x_i} \right] dx + \int_{\Gamma_3} \alpha(x) u(x) v(x) \, ds.$$

Die Linearform $\langle F, \cdot \rangle$ sowie die Menge der zulässigen Funktionen V_{g_1} und der Raum der Testfunktionen V_0 sind genauso definiert wie in (4.21).

Beispiel 6.2 (Nichtlineares Magnetfeldproblem)
Im Abschnitt 1.3.2 haben wir die Ergebnisse einer 2D nichtlinearen FE-Simulation einer Gleichstrommaschine präsentiert. Diese Simulation beruhte auf der nichtlinearen Potentialgleichung

$$- \operatorname{div} \left(\frac{1}{\mu_0 \mu_r(x, |\operatorname{grad} u|)} \operatorname{grad} u \right) = J_{i.3} + (\operatorname{rot} \vec{H}_0)_3 \tag{6.4}$$

zur Bestimmung der x_3-Komponente $u = A_3$ des Vektorpotentials. Im Abschnitt 1.3.2 haben wir die nicht-lineare Potentialgleichung (6.4) aus den Maxwellschen Gleichungen unter den physikalischen und geometrischen Annahmen der zweidimensionalen Magnetostatik hergeleitet. Mittels dieser Gleichung können beispielsweise sehr gute Simulationsresultate für elektrische Maschinen erreicht werden. Die relative Permeabilität μ_r hängt dabei in ferromagnetischen Materialien nichtlinear von der Induktion ab. Das Rechengebiet Ω wird durch den Querschnitt der Gleichstrommaschine definiert (siehe Abbildung 1.5, S. 20). Auf dem Rand $\Gamma = \partial\Omega$ wird das Potential u gleich Null gesetzt. Ausgangspunkt für die FE-Simulation ist wieder die Variationsformulierung von (6.4). Die Standardtechnik (Schritte 1. bis 4. aus Abschnitt 4.3) führt auf das nichtlineare Variationsproblem (6.3), wobei jetzt $V_{g_1} = V_0 = H_0^1(\Omega) = \{v \in H^1(\Omega) : u = 0 \text{ auf } \Gamma\}$ und die im ersten Argument nichtlineare Form $a(\cdot,\cdot)$ sowie die Linearform $\langle F,\cdot\rangle$ wie folgt definiert werden:

$$a(u,v) = \int_\Omega \frac{1}{\mu_0\mu_r(x,|\operatorname{grad} u(x)|)}\left[\frac{\partial u(x)}{\partial x_1}\frac{\partial v(x)}{\partial x_1} + \frac{\partial u(x)}{\partial x_2}\frac{\partial v(x)}{\partial x_2}\right]dx,$$

$$\langle F,v\rangle = \int_\Omega J_{i,3}(x)v(x)\,dx + \int_\Omega \left[H_{01}(x)\frac{\partial v(x)}{\partial x_2} - H_{02}(x)\frac{\partial v(x)}{\partial x_1}\right]dx.$$

Der Startpunkt für die FE-Galerkin-Diskretisierung ist wie auch im linearen Fall die Variationsformulierung (6.3). Die FE-Galerkin-Näherung

$$u_h = \sum_{j\in\omega_h} u_j p_j + \sum_{j\in\gamma_h} u_{*,j} p_j \ \in V_{g_1 h} \tag{6.5}$$

wird wieder in der Menge $V_{g_1 h}$ der zulässigen FE-Funktionen gesucht, so dass die nichtlineare Variationsgleichung für alle FE-Testfunktionen $v \in V_{0h}$ erfüllt wird (vgl. auch Abschnitt 4.4):

Gesucht ist $u_h \in V_{g_1 h}$, so dass das nichtlineare FE-Schema

$$a(u_h,v_h) = \langle F,v_h\rangle \quad \text{für alle} \ \ v \in V_{0h} \tag{6.6}$$

gilt.

Im FE-Ansatz (6.5) sind die Koeffizienten $u_{*,j}, j \in \gamma_h$, in der Regel wieder durch die Randbedingungen 1. Art gegeben. Zur Bestimmung der unbekannten Koeffizienten setzen wir den FE-Ansatz (6.5) in die Variationsgleichung (6.6) ein und testen nacheinander mit den Testfunktionen

$$v_h = p_i \in V_{0h}, \ i \in \omega_h.$$

Dann ergibt sich zur Bestimmung des unbekannten Koeffizientenvektors $\underline{u}_h$ sofort das nichtlineare Gleichungssystem

Gesucht ist der Koeffizientenvektor $\underline{u}_h = [u_j]_{j\in\omega_h} \in \mathbb{R}^{N_h}$, so dass das nichtlineare Gleichungssystem

$$\underline{K}_h(\underline{u}_h) = \underline{f}_h \tag{6.7}$$

in $\mathbb{R}^{N_h}$ erfüllt wird.

Die Koeffizienten von $\underline{K}_h(\underline{u}_h) = [(\underline{K}_h(\underline{u}_h))_i]_{i\in\omega_h}$ und $\underline{f}_h = [f_i]_{i\in\omega_h}$ sind wie folgt definiert:

$$(\underline{K}_h(\underline{u}_h))_i = a\left(\sum_{j\in\omega_h} u_j p_j + \sum_{j\in\gamma_h} u_{*,j} p_j, p_i\right) \quad \text{und} \quad f_i = \langle F,p_i\rangle$$

für alle $i \in \omega_h$. Folglich gelten wie im linearen Fall die Identitäten

$$(\underline{K}_h(\underline{u}_h), \underline{v}_h) = a(u_h, v_h)$$

für alle $u_h, v_h \in V_{0h}$ mit den dazugehörigen Koeffizientenvektoren $\underline{u}_h, \underline{v}_h \in \mathbb{R}^{N_h}$ und

$$(\underline{f}_h, \underline{v}_h) = \langle F, v_h \rangle$$

für alle $v_h \in V_{0h}$ mit den dazugehörigen Koeffizientenvektoren $\underline{v}_h \in \mathbb{R}^{N_h}$.

Die oben angeführten Beispiele 6.1 und 6.2 sind quasilinear. In diesen Fällen lässt sich die nichtlineare Vektorfunktion $\underline{K}_h(\underline{u}_h)$ in der Form

$$\underline{K}_h(\underline{u}_h) = K_h(\underline{u}_h)\underline{u}_h \tag{6.8}$$

darstellen, wobei $K_h(\underline{w}_h)$ eine $N_h \times N_h$ Matrix ist, die bei gegebenem $\underline{w}_h$ technisch genauso elementweise generiert werden kann wie die Steifigkeitsmatrix K_h im linearen Fall (siehe Abschnitt 4.5.3 für die technischen Details).

Mit

$$\underline{u} = \underline{u}_h \quad \text{und} \quad \underline{F}(\underline{u}) = \underline{K}_h(\underline{u}_h) - \underline{f}_h \tag{6.9}$$

ist das nichtlineare FE-Gleichungssystem (6.7) offenbar äquivalent zum nichtlinearen Gleichungssystem (6.1) in der sogenannten Nullpunktform.

6.2 Banachsche Fixpunktiteration

Um eine Fixpunktiteration aufschreiben zu können, muss das nichtlineare Gleichungssystem in der sogenannten Fixpunktform

$$\underline{u} = \underline{G}(\underline{u}) \quad \text{in } \mathbb{R}^N \tag{6.10}$$

vorliegen bzw. es muss die Nullpunktform (6.1) geschickt in eine Fixpunktform überführt werden. Zum Beispiel ist die Nullpunktform (6.1) mit

$$\underline{G}(\underline{u}) = \underline{u} - \tau C^{-1}\underline{F}(\underline{u}) \tag{6.11}$$

zur Fixpunktform (6.10) äquivalent, wenn nur $\tau \neq 0$ eine fixierte reelle Zahl und C eine fixierte reguläre $N \times N$ Matrix (C^{-1} soll dies gleich andeuten) sind.

Die *Fixpunktiteration* ist dann durch die einfache Iterationsvorschrift

$$\underline{u}^{(k+1)} = \underline{G}(\underline{u}^{(k)}), \quad k = 0, 1, 2, \ldots, \tag{6.12}$$

definiert, wobei $\underline{u}^{(0)} \in \mathbb{R}^N$ eine geeignet gewählte Startnäherung ist.

Der Banachsche Fixpunktsatz gibt uns nicht nur theoretische Aussagen über die Existenz und Eindeutigkeit der Lösung $\underline{u} \in \mathbb{R}^N$ der Fixpunktgleichung (6.10), sondern auch sehr praktische

Aussagen über die Konvergenz und über die Konvergenzgeschwindigkeit der Fixpunktiteration (6.12) selbst.

Satz 6.1 (Banachscher Fixpunktsatz)

Die Vektorfunktion $\underline{G}: \mathbb{R}^N \to \mathbb{R}^N$ sei auf $\mathbb{R}^N$ bezüglich einer geeignet gewählten Norm $\|\cdot\|$ kontraktiv mit der Kontraktionskonstanten $q \in [0, 1)$, d.h.

$$\|\underline{G}(\underline{v}) - \underline{G}(\underline{w})\| \leq q\|\underline{v} - \underline{w}\| \quad \text{für alle } \underline{v}, \underline{w} \in \mathbb{R}^N. \tag{6.13}$$

Dann existiert eine eindeutig bestimmte Lösung $\underline{u} \in \mathbb{R}^N$ der Fixpunktgleichung *(6.10)* und die Fixpunktiteration *(6.12)* konvergiert für jede Startnäherung $\underline{u}^{(0)} \in \mathbb{R}^N$ q-linear gegen die gesuchte Lösung $\underline{u}$, d.h.

$$\|\underline{u} - \underline{u}^{(k)}\| \leq q\|\underline{u} - \underline{u}^{(k-1)}\|. \tag{6.14}$$

Folglich gilt

$$\|\underline{u} - \underline{u}^{(k)}\| \leq q^k\|\underline{u} - \underline{u}^{(0)}\|. \tag{6.15}$$

Darüberhinaus gelten die praktisch sehr nützlichen Fehlerabschätzungen

$$\|\underline{u} - \underline{u}^{(k)}\| \leq \frac{q^k}{1-q}\|\underline{u}^{(1)} - \underline{u}^{(0)}\|, \tag{6.16}$$

$$\|\underline{u} - \underline{u}^{(k)}\| \leq \frac{q}{1-q}\|\underline{u}^{(k)} - \underline{u}^{(k-1)}\|. \tag{6.17}$$

Den Beweis des Banachschen Fixpunktsatzes findet der interessierte Leser in jedem Lehrbuch zur Numerischen Mathematik, zum Beispiel in [Sch88] oder [Zul08]. Insbesondere lassen sich die Konvergenzabschätzungen unmittelbar aus der Kontraktionsbedingung (6.13) gewinnen. Zum Beispiel folgt die Abschätzung (6.15) unter Benutzung der Beziehungen (6.10) und (6.12) sofort aus der rekursiven Anwendung der Kontraktionsbedingung (6.13) auf den Iterationsfehler:

$$\|\underline{u} - \underline{u}^{(k)}\| = \|\underline{G}(\underline{u}) - \underline{G}(\underline{u}^{(k-1)})\| \leq q\|\underline{u} - \underline{u}^{(k-1)}\| \leq \cdots \leq q^k\|\underline{u} - \underline{u}^{(0)}\|. \tag{6.18}$$

Aus der Dreiecksungleichung erhalten wir zusammen mit der Kontraktionsbedingung (6.13) die Ungleichungen

$$\|\underline{u} - \underline{u}^{(k-1)}\| = \|\underline{u} - \underline{u}^{(k)} + \underline{u}^{(k)} - \underline{u}^{(k-1)}\|$$
$$\leq \|\underline{u} - \underline{u}^{(k)}\| + \|\underline{u}^{(k)} - \underline{u}^{(k-1)}\|$$
$$\leq q\|\underline{u} - \underline{u}^{(k-1)}\| + \|\underline{u}^{(k)} - \underline{u}^{(k-1)}\|,$$

aus denen zusammen mit (6.18) die Fehlerabschätzungen (6.16) und (6.17) unmittelbar folgen.

Bemerkung 6.1

In vielen praktisch interessanten Anwendungen kann die Kontraktivität (6.13) von $G(\cdot)$ nicht auf dem ganzen Raum $\mathbb{R}^N$, sondern nur auf einer nichtleeren, abgeschlossenen Teilmenge D von $\mathbb{R}^N$ gezeigt werden. Falls $\underline{G}$ die Teilmenge D in sich abbildet, d.h

$$\underline{G}(D) = \{\underline{G}(\underline{v}) \in \mathbb{R}^N : \underline{v} \in D\} \subset D,$$

dann gelten alle Aussagen von Satz 6.1 in bezüglich D modifizierter Form. Insbesondere konvergiert die Fixpunktiteration (6.12) für eine beliebige Startnäherung $\underline{u}^{(0)} \in D$ q-linear gegen die in D eindeutig existierende Lösung $\underline{u}$ der Fixpunktgleichung (6.10). Eine Iterationsfolge $\{\underline{u}^{(k)}\}$, $u^{(k)} \in D$, konvergiert *q-linear* gegen $\underline{u}$ genau dann, wenn die Fehlerabschätzung (6.14) gilt. Die q-lineare Konvergenz ist ein Spezialfall der sogenannten r-linearen Konvergenz. Wir nennen eine Iterationsfolge $\{\underline{u}^{(k)}\}$, $\underline{u}^{(k)} \in D$, *r-linear* konvergent gegen $\underline{u}$ genau dann, wenn eine Konstante $q \in [0, 1)$ und eine positive Konstante c existieren, sodass die Fehlerabschätzung $\|\underline{u} - \underline{u}^{(k)}\| \leq cq^k$ gilt. Aus (6.15) ist ersichtlich, dass eine q-linear konvergente Folge auch r-linear mit der Konstanten $c = \|\underline{u} - \underline{u}^{(0)}\|$ konvergiert.

Die Transformation (6.11) der Nullpunktform (6.1) auf eine Fixpunktform erlaubt es uns, mit Hilfe des Banachschen Fixpunktsatzes unter bestimmten Voraussetzungen analoge Aussagen über das nichtlineare Gleichungssystem (6.1) in Nullpunktform zu gewinnen. Dazu setzen wir voraus, dass C eine symmetrische und positiv definite $N \times N$ Matrix ist und dass die Vektorfunktion $\underline{F} : \mathbb{R}^N \to \mathbb{R}^N$ auf $\mathbb{R}^N$ *stark monoton* und *Lipschitz-stetig* bezüglich der symmetrischen, positiv definiten Matrix C ist, d.h. dass positive Konstanten μ_1 (Monotoniekonstante) und μ_2 (Lipschitzkonstante) existieren, so dass die Ungleichungen

$$(\underline{F}(\underline{v}) - \underline{F}(\underline{w}), \underline{v} - \underline{w}) \geq \mu_1 \|\underline{v} - \underline{w}\|_C^2 \tag{6.19}$$

und

$$\|\underline{F}(\underline{v}) - \underline{F}(\underline{w})\|_{C^{-1}} \leq \mu_2 \|\underline{v} - \underline{w}\|_C \tag{6.20}$$

für alle $\underline{v}, \underline{w} \in \mathbb{R}^N$ erfüllt werden, wobei mit $\|.\|_A := \sqrt{(.,.)_A} := \sqrt{(A.,.)}$ wieder die energetische Norm bezeichnet wird ($A \in \{C, C^{-1}\}$).

Satz 6.2

Es sei C eine symmetrische, positiv definite $N \times N$ Matrix und die Vektorfunktion $\underline{F} : \mathbb{R}^N \to \mathbb{R}^N$ sei auf $\mathbb{R}^N$ stark monoton und Lipschitz-stetig im Sinne der Ungleichungen *(6.19)* und *(6.20)*. Dann gilt:

(i)   Das nichtlineare Gleichungssystem *(6.1)* hat eine eindeutig bestimmte Lösung $\underline{u}$ in $\mathbb{R}^N$.

(ii) Die Fixpunktiteration *(6.12)* mit $\underline{G}$ gemäß *(6.11)* konvergiert für eine beliebige Startnäherung $\underline{u}^{(0)} \in \mathbb{R}^N$ und für einen fest gewählten Iterationsparameter $\tau \in (0, 2\mu_1/\mu_2^2)$ q-linear gegen die Lösung $\underline{u}$ des nichtlinearen Gleichungssystems *(6.1)*.
      Die Konvergenzrate in der C-energetischen Norm $\|.\|_C$ ist $q(\tau) = (1 - 2\tau\mu_1 + \tau^2\mu_2^2)^{1/2} < 1$.
      Für $\tau = \tau_{\text{opt}} = \mu_1/\mu_2^2$ ergibt sich die optimale, d.h. die minimale, Konvergenzrate $q_{\text{opt}} = q(\tau_{\text{opt}}) = (1 - (\mu_1/\mu_2)^2)^{1/2} < 1$.

(iii) Es gelten die Iterationsfehlerabschätzungen aus dem Satz 6.1 in der C-energetischen Norm, d.h. mit $\|.\| = \|.\|_C$ in Satz 6.1

Zum Beweis des Satzes 6.2 genügt es, unter den getroffenen Voraussetzungen die Kontraktivität der Vektorfunktion (6.11) zu zeigen. Dann kann der Banachsche Fixpunktsatz angewendet werden. Tatsächlich, unter den Annahmen (6.19) und (6.20) gelten mit $\underline{G}(\underline{v}) = \underline{v} - \tau C^{-1} \underline{F}(\underline{v})$ die Abschätzungen

$$
\begin{aligned}
\|\underline{G}(\underline{v}) - \underline{G}(\underline{w})\|_C^2 &= (\underline{G}(\underline{v}) - \underline{G}(\underline{w}), \underline{G}(\underline{v}) - \underline{G}(\underline{w}))_C \\
&= (\underline{v} - \underline{w} - \tau C^{-1}(\underline{F}(\underline{v}) - \underline{F}(\underline{w})), \underline{v} - \underline{w} - \tau C^{-1}(\underline{F}(\underline{v}) - \underline{F}(\underline{w})))_C \\
&= \|\underline{v} - \underline{w}\|_C^2 - 2\tau(C^{-1}(\underline{F}(\underline{v}) - \underline{F}(\underline{w})), \underline{v} - \underline{w})_C + \tau^2\|C^{-1}(\underline{F}(\underline{v}) - \underline{F}(\underline{w}))\|_C^2 \\
&= \|\underline{v} - \underline{w}\|_C^2 - 2\tau(\underline{F}(\underline{v}) - \underline{F}(\underline{w}), \underline{v} - \underline{w}) + \tau^2\|\underline{F}(\underline{v}) - \underline{F}(\underline{w})\|_{C^{-1}}^2 \\
&\leq (1 - 2\tau\mu_1 + \tau^2\mu_2^2)\|\underline{v} - \underline{w}\|_C^2
\end{aligned}
$$

für alle $\underline{v}, \underline{w} \in \mathbb{R}^N$. Aus dieser Ungleichung folgt die Kontraktivität (6.13) der Vektorfunktion $G(\underline{v}) = \underline{v} - \tau C^{-1} F(\underline{v})$ (siehe (6.11)), falls $\tau \in (0, 2\mu_1/\mu_2^2)$. Aus dem Banachschen Fixpunktsatz und aus einer elementaren Diskussion der Funktion $q(\tau) = 1 - 2\tau\mu_1 + \tau^2\mu_2^2$ ergeben sich unmittelbar alle Aussagen des Satzes 6.2

Die Fixpunktiteration (6.12) mit (6.11), d.h. $\underline{u}^{(k+1)} = G(\underline{u}^{(k)}) = \underline{u}^{(k)} - \tau C^{-1} F(\underline{u}^{(k)})$, lässt sich in der Form

$$C \frac{\underline{u}^{(k+1)} - \underline{u}^{(k)}}{\tau} = -\underline{F}(\underline{u}^{(k)}), \quad k = 0, 1, 2, \dots \tag{6.21}$$

aufschreiben. Diese Form wird auch oft als *kanonische Form* bezeichnet. Die symmetrische, positiv definite Matrix C wird wie auch im linearen Fall Vorkonditionierungsmatrix oder kurz Präkonditionierer genannt. Algorithmisch kann die Fixpunktiteration (6.21) für die Nullpunktform (6.1) wie folgt realisiert werden:

Algorithmus 6.1 (Banachsche Fixpunktiteration)

Start: Wahl von $\underline{u}^{(0)}$

$$\underline{r}^{(0)} = -\underline{F}(\underline{u}^{(0)})$$

$$C\underline{w}^{(0)} = \underline{r}^{(0)}$$

Iteration: $(k = 0, 1, 2, \dots)$

$$\underline{u}^{(k+1)} = \underline{u}^{(k)} + \tau \underline{w}^{(k)}$$

$$\underline{r}^{(k+1)} = -\underline{F}(\underline{u}^{(k+1)})$$

$$C\underline{w}^{(k+1)} = \underline{r}^{(k+1)}$$

$$(\underline{w}^{(k+1)}, \underline{r}^{(k+1)}) \leq \varepsilon^2 (\underline{w}^{(0)}, \underline{r}^{(0)}) \longrightarrow \text{STOP}$$

Hierbei ist $\varepsilon \in (0,1)$ wieder eine gegebene Abbruchschranke der Form 10^{-s}. In der Praxis wird anstelle des von uns bevorzugten Abbruchtests

$$(\underline{w}^{(k+1)}, \underline{r}^{(k+1)}) \leq \varepsilon^2 (\underline{w}^{(0)}, \underline{r}^{(0)}) \longrightarrow \text{STOP}$$

oft der Defekttest

$$(\underline{r}^{(k+1)}, \underline{r}^{(k+1)}) \leq \varepsilon^2 (\underline{r}^{(0)}, \underline{r}^{(0)}) \longrightarrow \text{STOP}$$

verwendet (vergleiche auch Abschnitt 5.3.5 für lineare Gleichungssysteme).

Die Wahl der Vorkonditionierungsmatrix C lässt sich meist von dem zugehörigen linearen Problem ableiten (siehe den quasilinearen Fall) bzw. durch eine geeignete Linearisierung gewinnen (siehe Abschnitte 6.3 und 6.4). Im praktisch sehr interessanten quasilinearen Fall (6.8) ist

$$C = K_h(\underline{u}^{(0)}) \tag{6.22}$$

die kanonische Wahl der Vorkonditionierungsmatrix. In den beiden betrachteten Beispielen 6.1 und 6.2 bedeutet die Wahl (6.22) mit $\underline{u}^{(0)} = 0$ praktisch, dass die Vorkonditionierungsmatrix C aus der FE-Diskretisierung des entsprechenden linearen Problems entsteht.

In jedem Iterationsschritt des Iterationsverfahrens (6.21) muss das lineare Gleichungssystem

$$C\underline{w}^{(k+1)} = \underline{r}^{(k+1)} \tag{6.23}$$

gelöst werden. Falls das Problem von moderater Dimension N ist, kann die Vorkonditionierungsmatrix $C\,(K_h(\underline{u}^{(0)}))$ in einem Vorbereitungsschritt LR-zerlegt bzw. im Falle einer symmetrischen,
positiv definiten Matrix $C = S^T S$ Cholesky-zerlegt werden (siehe Abschnitt 5.2). Bei der Ausführung der Iteration (6.21) ist dann in jedem Iterationsschritt nur noch das Vorwärts- und Rückwärtseinsetzen durchzuführen. Die arithmetische Komplexität der letzten beiden Operationen
ist wesentlich geringer als die Komplexität der Zerlegung (Faktorisierung) der Matrix C. Im
Fall sehr großdimensionierter Probleme kann der vorkonditionierte Defekt $\underline{w}^{(k+1)} = C^{-1}\underline{r}^{(k+1)}$
auch dadurch berechnet werden, dass die Vorkonditionierungsgleichung (6.23) mit $C = K_h(\underline{u}^{(0)})$
durch wenige Zyklen eines symmetrischen Mehrgitterverfahrens zumindest näherungsweise gelöst wird (siehe Abschnitt 5.3.4.2). In vielen, praktisch interessanten Fällen (z.B. nichtlineare
Magnetfeldprobleme) genügt ein symmetrischer V-Zyklus, um einen wirksamen Vorkonditio-
nierungseffekt zu erzielen [JL91].

6.3 Newton-Verfahren

Die im vorangegangenen Abschnitt 6.2 vorgestellten Fixpunktiterationsverfahren konvergieren
in der Regel q-linear. Das Newton-Verfahren erlaubt es, unter bestimmten Voraussetzungen zumindest lokal q-quadratisch konvergente Iterationsfolgen $\{\underline{u}^{(k)}\}$ zu produzieren. Wir nennen eine
Iterationsfolge $\{\underline{u}^{(k)}\}$ *q-quadratisch* oder einfach *quadratisch* konvergent gegen $\underline{u}$, falls für den
Iterationsfehler $\underline{u} - \underline{u}^{(k)}$ die Abschätzung

$$\|\underline{u} - \underline{u}^{(k)}\| \le c\,\|\underline{u} - \underline{u}^{(k-1)}\|^2 \qquad (6.24)$$

mit einer von k unabhängigen, positiven Konstanten c gilt.

Die Idee des Newton-Verfahrens ist sehr einfach. Zur Bestimmung der Korrektur $\underline{w}^{(k)}$ einer im
k-ten Iterationsschritt vorliegenden Näherung $\underline{u}^{(k)}$ ersetzen wir das nichtlineare Gleichungssystem (6.1) mittels Taylor-Entwicklung durch ein lineares Gleichungssystem:

$$\underline{F}(\underline{u}^{(k)} + \underline{w}^{(k)}) \approx \underline{F}(\underline{u}^{(k)}) + \underline{F}'(\underline{u}^{(k)})\underline{w}^{(k)} = 0, \qquad (6.25)$$

wobei

$$\underline{F}'(\underline{u}) = \begin{pmatrix} \dfrac{\partial F_1}{\partial u_1}(\underline{u}) & \dfrac{\partial F_1}{\partial u_2}(\underline{u}) & \cdots & \dfrac{\partial F_1}{\partial u_N}(\underline{u}) \\[2ex] \dfrac{\partial F_2}{\partial u_1}(\underline{u}) & \dfrac{\partial F_2}{\partial u_2}(\underline{u}) & \cdots & \dfrac{\partial F_2}{\partial u_N}(\underline{u}) \\[2ex] \vdots & \vdots & \ddots & \vdots \\[2ex] \dfrac{\partial F_N}{\partial u_1}(\underline{u}) & \dfrac{\partial F_N}{\partial u_2}(\underline{u}) & \cdots & \dfrac{\partial F_N}{\partial u_N}(\underline{u}) \end{pmatrix}$$

die Jacobi-Matrix von F an der Stelle $\underline{u}$ bezeichnet. Die Newton-Korrektur $\underline{w}^{(k)}$ ist somit Lösung
des linearen Gleichungssystems

$$\underline{F}'(\underline{u}^{(k)})\underline{w}^{(k)} = \underline{r}^{(k)} = -\underline{F}(\underline{u}^{(k)}) \qquad (6.26)$$

mit der Jacobi-Matrix als Systemmatrix und dem Defekt (Residuum) $-\underline{F}(\underline{u}^{(k)})$ als rechte Seite. Die Hauptvoraussetzungen für die Durchführbarkeit des Newton-Verfahrens sind die Differenzierbarkeit der Vektorfunktion F und die Regularität (Invertierbarkeit) der Jacobi-Matrix $\underline{F}'(\underline{u}^{(k)})$ in allen Iterationspunkten.

Analog zu der im vorangegangenen Abschnitt 6.2 betrachteten Fixpunktiteration (siehe (6.11) und (6.12)) lässt sich das Newton-Verfahren in der Form

$$\underline{u}^{(k+1)} = \underline{u}^{(k)} - (\underline{F}'(\underline{u}^{(k)}))^{-1}\underline{F}(\underline{u}^{(k)}) \tag{6.27}$$

schreiben. In dieser kompakten Form wird das Newton-Verfahren in vielen Lehrbüchern angegeben. Das Newton-Verfahren ist algorithmisch genauso formulierbar wie die Banachsche Fixpunktiteration:

Algorithmus 6.2 (Newton-Verfahren)

Start: Wahl von $\underline{u}^{(0)}$

$$\underline{r}^{(0)} = -\underline{F}(\underline{u}^{(0)})$$

$$\underline{F}'(\underline{u}^{(0)})\underline{w}^{(0)} = \underline{r}^{(0)}$$

Iteration: $(k = 0, 1, 2, \ldots)$

$$\underline{u}^{(k+1)} = \underline{u}^{(k)} + \underline{w}^{(k)}$$

$$\underline{r}^{(k+1)} = -\underline{F}(\underline{u}^{(k+1)})$$

$$\underline{F}'(\underline{u}^{(k+1)})\underline{w}^{(k+1)} = \underline{r}^{(k+1)}$$

$$(\underline{r}^{(k+1)}, \underline{r}^{(k+1)}) \leq \varepsilon^2 (\underline{r}^{(0)}, \underline{r}^{(0)}) \longrightarrow \text{STOP}$$

Im Fall einer skalaren Gleichung $(N = 1)$ nimmt das Newton-Verfahren (6.27) die wohlbekannte Form

$$u^{(k+1)} = u^{(k)} - \frac{F(u^{(k)})}{F'(u^{(k)})} \tag{6.28}$$

an.

Zur Herleitung des Newton-Verfahrens wurde die Taylor-Entwicklung in (6.25) nach dem zweiten Term abgebrochen. Dieser Hintergrund lässt nun vermuten, dass das Newton-Verfahren q-quadratisch konvergiert, falls die Vektorfunktion F zweimal stetig differenzierbar ist. Wie der folgende Satz zeigt, ist dies tatsächlich der Fall.

Satz 6.3

Sei $\underline{F} : \mathbb{R}^N \to \mathbb{R}^N$ zweimal stetig differenzierbar und sei $\underline{u} \in \mathbb{R}^N$ eine Lösung des nichtlinearen Gleichungssystems (6.1). In diesem Lösungspunkt sei die Jacobi-Matrix $\underline{F}'(\underline{u})$ regulär (invertierbar). Falls die Startnäherung $\underline{u}^{(0)}$ hinreichend nahe an der Lösung $\underline{u}$ liegt, konvergieren die Newton-Näherungen (6.27) q-quadratisch gegen die Lösung $\underline{u}$ von (6.1), d.h. es gilt die Iterationsfehlerabschätzung (6.24).

Beweis: Um technische Schwierigkeiten zu vermeiden, führen wir den Beweis der q-quadratischen Konvergenz des Newton-Verfahrens nur für den skalaren Fall (6.28), d.h. für $N = 1$. Dann lässt sich das Newton-Verfahren (6.28) wie auch im allgemeinen Fall (6.27) in Form einer Fixpunktgleichung

$$u^{(k+1)} = G(u^{(k)})$$

mit der Fixpunktfunktion

$$G(v) = v - \frac{F(v)}{F'(v)} = v - (F'(v))^{-1}F(v)$$

schreiben. Die Lösung u von $F(u) = 0$ ist ein Fixpunkt von G, d.h. $u = G(u)$. Die Ableitung

$$G'(v) \doteq 1 - \frac{(F'(v))^2 - F(v)F''(v)}{(F'(v))^2}$$

der Funktion G verschwindet ebenfalls im Lösungspunkt u, d.h. $G'(u) = 0$, da $F(u) = 0$ ist. Aus der Taylorformel

$$G(u^{(k-1)}) = G(u) + G'(u)(u^{(k-1)} - u) + \frac{1}{2}G''(u + \theta(u^{(k-1)} - u))(u^{(k-1)} - u)^2$$

und unter Benutzung der Eigenschaft $G(u) = G'(u) = 0$ erhalten wir für den Iterationsfehler $u - u^{(k)}$ die Darstellung

$$\begin{aligned} u - u^{(k)} &= G(u) - G(u^{(k-1)}) \\ &= -G'(u)(u^{(k-1)} - u) - \frac{1}{2}G''(u + \theta(u^{(k-1)} - u))(u^{(k-1)} - u)^2 \\ &= -\frac{1}{2}G''(u + \theta(u^{(k-1)} - u))(u^{(k-1)} - u)^2, \end{aligned}$$

wobei $\theta \in (0,1)$ den Zwischenwert im Restglied der Taylorreihe bezeichnet. Aus dieser Fehlerdarstellung folgt sofort die Existenz einer positiven Konstanten c, so dass die Fehlerabschätzung

$$|u - u^{(k)}| \le c\,|u - u^{(k-1)}|^2$$

gilt, d.h. das Newton-Verfahren ist lokal q-quadratisch konvergent. Der Beweis lässt sich auf den allgemeinen Fall $N > 1$ im Prinzip übertragen.   □

Für die Beispiele 6.1 und 6.2 ergibt sich wegen (6.9), $K_h(\underline{u}_h) = [K_{ik}(\underline{u}_h)]_{i,k=1}^N$, (6.8) sowie $\underline{u} = \underline{u}_h = [u_j]_{j=1}^N$ ($N = N_h$) für die Jacobi-Matrix der nichtlinearen FE-Gleichungen (6.7) die Darstellung

$$\underline{F}'(\underline{u}) = \underline{K}'_h(\underline{u}_h) = \left[\sum_{j=1}^N \left(\frac{\partial}{\partial u_k} K_{ij}(\underline{u}_h) \right) u_j + K_{ik}(\underline{u}_h) \right]_{i,k=1}^N. \tag{6.29}$$

In der Praxis wird die Formel (6.29) in der Regel nicht zur Berechnung der Jacobi-Matrix eingesetzt, sondern die Jacobi-Matrix $\underline{K}'_h(\underline{u}_h)$ wird wie auch die Matrix $K(\underline{u}_h)$ elementweise generiert (siehe Abschnitt 4.5.3).

Im Fall des Beispiels 6.1 basiert die Generierung der Matrizen $K(\underline{u}_h)$ und $\underline{K}'_h(\underline{u}_h)$ auf den Bilinearformen

$$a[u](v,w) = \int_\Omega \left[\sum_{i=1}^d \lambda_i(u) \frac{\partial v}{\partial x_i} \frac{\partial w}{\partial x_i} \right] dx + \int_{\Gamma_3} \alpha v w\, ds$$

und

$$a'[u](v,w) = \int_\Omega \left[\sum_{i=1}^{d} \lambda_i(u) \frac{\partial v}{\partial x_i} \frac{\partial w}{\partial x_i} \right] dx + \int_{\Gamma_3} \alpha v w \, ds + \int_\Omega \left[\sum_{i=1}^{d} \lambda_i'(u) v \frac{\partial u}{\partial x_i} \frac{\partial w}{\partial x_i} \right] dx$$

in der Funktion u, d.h. es gelten die Identitäten

$$(K_h(\underline{u}_h)\underline{v}_h, \underline{w}_h) = a[u_h](v_h, w_h) \tag{6.30}$$

und

$$(\underline{K}_h'(\underline{u}_h)\underline{v}_h, \underline{w}_h) = a'[u_h](v_h, w_h) \tag{6.31}$$

für alle FE-Funktionen $u_h, v_h, w_h \in V_{0h}$ mit den dazugehörigen Koeffizientenvektoren $\underline{u}_h, \underline{v}_h, \underline{w}_h \in \mathbb{R}^{N_h}$. Die Formen $a[.](.,.)$ und $a'[.](.,.)$ sind nichtlinear im ersten Argument (das haben wir durch den Einschluss der Funktionen u bzw. u_h in eckigen Klammern ausgedrückt) und linear im zweiten und dritten Argument.

Im Fall des Beispiels 6.2 eines zweidimensionalen nichtlinearen statischen Magnetfeldproblems basiert die Generierung der Matrizen $K(\underline{u}_h)$ und $\underline{K}_h'(\underline{u}_h)$ für gegebenes $\underline{u}_h \in \mathbb{R}^{N_h}$ entsprechend auf den Identitäten (6.30) und (6.31) mit den Bilinearformen

$$a[u](v,w) = \int_\Omega \nu(x, |\text{grad}\, u(x)|) \left[\frac{\partial v(x)}{\partial x_1} \frac{\partial w(x)}{\partial x_1} + \frac{\partial v(x)}{\partial x_2} \frac{\partial w(x)}{\partial x_2} \right] dx \tag{6.32}$$

und

$$a'[u](v,w) = \int_\Omega (\text{grad}\, w(x))^T \zeta(x, \text{grad}\, u(x)) \text{grad}\, v(x) \, dx \tag{6.33}$$

wobei die 2×2 Matrix $\zeta(p) = \zeta(x, p)$ durch die Formel

$$\zeta(x,p) = \begin{cases} \nu(x, |\underline{p}|) I + \dfrac{\nu'(x, |\underline{p}|)}{|\underline{p}|} \underline{p}\,\underline{p}^T & \text{für } \underline{p} \in \mathbb{R}^2 \setminus \{\underline{0}\}, \\[2ex] \nu(x, 0) I & \text{für } \underline{p} = \underline{0} \end{cases}$$

gegeben ist. Dabei setzen wir voraus, dass die Reluktivität $\nu(|\underline{p}|) = \nu(x, |\underline{p}|) = 1/(\mu_0 \mu_r(x, |\underline{p}|))$ im zweiten Argument zumindestens stetig differenzierbar ist. Die Ableitung nach dem zweiten Argument bezeichnen wir mit ν'. In der Praxis liegt die $B - H -$ Kurve, die die Reluktivität für magnetisch nichtlineare Materialien definiert, meist in Form einer Tabelle von Messwerten vor und muss daher durch eine geeignete, stetig differenzierbare Kurve approximiert werden [PJ06].

Eine sehr umfassende Darstellung des Newton-Verfahrens und seiner Varianten sowie viele praktische Hinweise zur adaptiven algorithmischen Steuerung von Newton-Verfahren findet der interessierte Leser in der Monographie [Deu04] von P. Deuflhard.

6.4 Varianten des Newton-Verfahrens

Der wesentliche Vorteil des Newton-Verfahrens aus dem vorangegangenen Abschnitt 6.3 gegenüber der Fixpunktiteration aus dem Abschnitt 6.2 liegt sicherlich in der q-quadratischen Konvergenz. Dieser in der praktischen Anwendung bedeutende Vorteil muss aber andererseits durch die folgenden Punkte erkauft werden:

- Die Vektorfunktion $\underline{F}(.)$ muss zumindest in der Umgebung der gesuchten Lösung differenzierbar sein und die Jacobi-Matrix muss regulär sein.

- Die Jacobi-Matrix $\underline{F}'(\underline{u}^{(k)})$ muss in jedem Iterationsschritt neu aufgebaut und faktorisiert werden.

- Die Bestimmung der exakten Newton-Korrektur $\underline{w}^{(k)}$ erfordert zunächst die direkte Lösung des Gleichungssystems (6.26).

Um diese Nachteile bei gleichzeitiger Beibehaltung der schnellen Konvergenz kompensieren zu können, wurden in der Literatur eine Vielzahl von Modifikationen des Newton-Verfahrens vorgeschlagen (siehe z.B. [Sch79], [SK91], [GK99] bzw. [Deu04]). Diese Verfahren wie auch die bereits in den beiden vorangegangenen Abschnitten vorgestellten Iterationsverfahren lassen sich einheitlich in der Form

$$C_k \frac{\underline{u}^{(k+1)} - \underline{u}^{(k)}}{\tau_k} = -\underline{F}(\underline{u}^{(k)}), \quad k = 0, 1, 2, \ldots, \tag{6.34}$$

aufschreiben. Die algorithmische Realisierung von (6.34) ist völlig analog zu der algorithmischen Realisierung der Banachschen Fixpunktiteration (6.21) im Abschnitt 6.2, wenn wir dort zulassen, dass sowohl die Vorkonditionierungsmatrix C als auch die Schrittweite τ vom Iterationsschritt k abhängen können.

Tatsächlich, die *klassische Banachsche Fixpunktiteration* (6.21) ergibt sich aus (6.34) mit

$$C_k = C \quad \text{und} \quad \tau_k = \tau, \quad k = 0, 1, 2, \ldots.$$

Die Vorteile der Fixpunktiteration liegen sicherlich darin, dass mit einer fixen Vorkonditionierungsmatrix gearbeitet wird und dass sie auch dann durchführbar ist, wenn die Vektorfunktion nicht differenzierbar ist. Entsprechend dem Banachschen Fixpunktsatz ist aber höchstens q-lineare Konvergenz zu erwarten.

Das *exakte Newton-Verfahren* (6.27) ergibt sich ebenfalls aus (6.34) mit der Setzung

$$C_k = \underline{F}'(\underline{u}^{(k)}) \quad \text{und} \quad \tau_k = \tau = 1, \quad k = 0, 1, 2, \ldots.$$

In den folgenden Teilabschnitten werden wir einige wichtige Varianten des Newton-Verfahrens als Spezialfälle von (6.34) betrachten.

6.4.1 Modifiziertes Newton-Verfahren

Das *modifizierte Newton-Verfahren* ergibt sich aus (6.34) mit der Setzung

$$C_k = C = \underline{F}'(\underline{u}^{(0)}) \quad \text{und} \quad \tau_k = \tau$$

für $k = 0, 1, 2, \ldots$. Der Hauptvorteil des modifizierten Newton-Verfahrens besteht darin, dass in allen Iterationsschritten die Jacobi-Matrix $\underline{F}'(\underline{u}^{(0)})$ in der Startnäherung $\underline{u}^{(0)}$ als Vorkonditionierungsmatrix verwendet wird. Nach ihrer Faktorisierung im Startschritt wird dann in jedem Iterationsschritt nur das Vorwärts- und Rückwärtseinsetzen durchgeführt. Entsprechend dem Satz 6.2 ist nur q-lineare Konvergenz zu erwarten.

Das gedämpfte modifizierte Newton-Verfahren wie auch das im Folgenden beschriebene gedämpfte Newton-Verfahren können benutzt werden, um eine gute Startnäherung für das exakte Newton-Verfahren zu gewinnen.

6.4.2 Gedämpftes Newton-Verfahren

Das *gedämpfte Newton-Verfahren* ergibt sich aus (6.34) mit der Setzung

$$C_k = \underline{F}'(\underline{u}^{(k)})$$

für $k = 0, 1, 2, \ldots$. Die neue Näherung $\underline{u}^{(k+1)}$ berechnet sich also nach der Formel

$$\underline{u}^{(k+1)} = \underline{u}^{(k)} + \tau_k \underline{w}^{(k)}, \tag{6.35}$$

wobei die Newton-Korrektur $\underline{w}^{(k)}$ aus der Lösung des linearen Gleichungssystems (Newton-Gleichungen)

$$\underline{F}'(\underline{u}^{(k)})\underline{w}^{(k)} = -\underline{F}(\underline{u}^{(k)}) \tag{6.36}$$

gewonnen wird. Im Gegensatz zum Newton-Verfahren ($\tau_k = 1$) wird die Newton-Korrektur durch eine variable Schrittweite $\tau_k \in (0, 1]$ eventuell gedämpft. Dabei wird der Schrittweitenparameter $\tau = \tau_k$ so gewählt, dass die Ungleichung

$$\|\underline{F}(\underline{u}^{(k+1)})\|^2 = \|\underline{F}(\underline{u}^{(k)} + \tau \underline{w}^{(k)})\|^2 < \|\underline{F}(\underline{u}^{(k)})\|^2 \tag{6.37}$$

so streng wie möglich erfüllt wird, wobei $\| \cdot \|$ hier wieder die Euklidische Norm im Euklidischen Raum $\mathbb{R}^N$ ist. Diese Strategie ist dadurch motiviert, dass in der Lösung (Nullstelle) u von (6.1) natürlich

$$\|\underline{F}(\underline{u})\|^2 = 0$$

gilt. Die Durchführbarkeit dieser Dämpfungsstrategie bzw. Liniensuchstrategie wird durch den folgenden Satz garantiert.

Satz 6.4
Sei $\underline{F} : \mathbb{R}^N \to \mathbb{R}^N$ differenzierbar. Weiterhin sei die k-te Iterierte $\underline{u}^{(k)}$ keine Nullstelle von $\underline{F}(.)$ und die Jacobi-Matrix $\underline{F}'(.)$ sei in $\underline{u}^{(k)}$ regulär, d.h. $\underline{F}(\underline{u}^{(k)}) \neq \underline{0}$ und es existiert $\underline{F}'(\underline{u}^{(k)})^{-1}$. Dann gibt es eine positive reelle Zahl τ_*, so dass die Ungleichung (6.37) für alle $\tau \in (0, \tau_*)$ gilt.

Beweis: Zum Beweis des Satzes betrachten wir die in der Liniensuchaufgabe zu minimierende skalare Funktion

$$f(\underline{v}) = \|\underline{F}(\underline{v})\|^2 = \underline{F}(\underline{v})^T \underline{F}(\underline{v}).$$

Da

$$f'(\underline{v}) = \left(\frac{\partial f(\underline{v})}{\partial v_1} \quad \cdots \quad \frac{\partial f(\underline{v})}{\partial v_N} \right) = 2\underline{F}(\underline{v})^T \underline{F}'(\underline{v}) \tag{6.38}$$

gilt, erhalten wir mittels Taylor-Entwicklung von f an der Stelle $\underline{u}^{(k)}$, (6.38) und (6.36) die Beziehungen

$$
\begin{aligned}
\|\underline{F}(\underline{u}^{(k)} + \tau \underline{w}^{(k)})\|^2 &= f(\underline{u}^{(k)} + \tau \underline{w}^{(k)}) \\
&\approx f(\underline{u}^{(k)}) + \tau f'(\underline{u}^{(k)}) \underline{w}^{(k)} \\
&= f(\underline{u}^{(k)}) + 2\tau \underline{F}(\underline{u}^{(k)})^T \underline{F}'(\underline{u}^{(k)}) \underline{w}^{(k)} \\
&= f(\underline{u}^{(k)}) - 2\tau \underline{F}(\underline{u}^{(k)})^T \underline{F}(\underline{u}^{(k)}) \\
&= (1 - 2\tau) f(\underline{u}^{(k)}) = (1 - 2\tau) \|\underline{F}(\underline{u}^{(k)})\|^2 ,
\end{aligned}
$$

aus denen wir sofort schlussfolgern können, dass zumindest für hinreichend kleine Schrittweiten τ die Ungleichung (6.37) erfüllt werden kann. $\square$

Eine mögliche Strategie besteht somit in der sukzessiven Verkleinerung der Schrittweite τ zum Beispiel durch Halbierung. Aus dem Beweis des Satzes 6.4 ist ersichtlich, dass auch kompliziertere Liniensuchstrategien möglich sind. Durch diese Strategien kann eine gewisse Globalisierung der Konvergenz des Newton-Verfahrens erreicht werden (siehe z.B. [Deu04, GK99, GR05]).

6.4.3 Inexakte Newton-Verfahren

Als *inexakte Newton-Verfahren* wollen wir hier Newton-Verfahren bezeichnen, bei denen die Korrektur $\underline{w}^{(k)}$ aus der Newton-Gleichung (6.26) mittels eines (inneren) Iterationsverfahrens mit der Startnäherung $\underline{w}^{(k,0)} = 0$ nur näherungsweise bestimmt wird. Als inneres Iterationsverfahren kann prinzipiell jedes Iterationsverfahren aus dem Abschnitt 5.3 verwendet werden. Wir denken dabei natürlich insbesondere an Mehrgitterverfahren (siehe auch Abschnitt 5.3.4), wenn das zu lösende nichtlineare Gleichungssystem (6.1) aus der Diskretisierung einer nichtlinearen Randwertaufgabe entstanden ist (siehe Abschnitt 6.2).

Im Folgenden betrachten wir den Fall eines linearen inneren Iterationsverfahrens (z.B. Jacobi-Verfahren, Gauß-Seidel-Verfahren, Mehrgitterverfahren). Jedes lineare Iterationsverfahren ist durch seine Iterationsmatrix (= Fehlerübergangsmatrix) M eindeutig definiert. Die Iterationsmatrix transformiert den i-ten in den $(i+1)$-ten Iterationsfehler (siehe die Beziehung (5.54), S.481). Wir lösen die k-te Newton-Gleichung (vergleiche auch (6.26))

$$
\underline{F}'(\underline{u}^{(k)}) \underline{w}^{(k)} = \underline{r}^{(k)}
$$

näherungsweise durch i_k innere Iterationen des Iterationsverfahrens

$$
\underline{w}^{(k,i+1)} = M_k \underline{w}^{(k,i)} + (I - M_k) \underline{F}'(\underline{u}^{(k)})^{-1} \underline{r}^{(k)}, \ i = 0, ..., i_k - 1, \tag{6.39}
$$

mit der Iterationsmatrix M_k und der Startnäherung $\underline{w}^{(k,0)} = 0$. Im Fall des Jacobi-Verfahrens (siehe S. 481) hat die Iterationsmatrix die Gestalt

$$
M_k = (I - D_k^{-1} \underline{F}'(\underline{u}^{(k)})) ,
$$

wobei die Diagonalmatrix $D_k = \text{diag}(\underline{F}'(\underline{u}^{(k)}))$ die gleichen Diagonalelemente hat wie die Jacobi-Matrix $\underline{F}'(\underline{u}^{(k)})$ im k-ten Newton-Schritt. Die Definition der Iterationsmatrix eines Mehrgitterverfahrens ist wesentlich komplizierter. Aufgrund der Rekursivität der Definition des Mehrgitterverfahrens kann die Mehrgitteriterationsmatrix auch nur rekursiv definiert werden (siehe z.B.

[JL91, ST82]). Aus der Iterationsvorschrift (6.39) erhalten wir sofort die Darstellung

$$\tilde{\underline{w}}^{(k)} = \underline{w}^{(k,i_k)} = (I - M_k^{i_k})\underline{F}'(\underline{u}^{(k)})^{-1}\underline{r}^{(k)}$$

für die durch das innere Iterationsverfahren näherungsweise bestimmte Newton-Korrektur $\tilde{\underline{w}}^{(k)}$, die wir dann anstelle der exakten Newton-Korrektur $\underline{w}^{(k)}$ im äußeren Iterationsverfahren (Newton-Verfahren) verwenden. Damit ergibt sich das *inexakte Newton-Verfahren* ebenfalls aus (6.34) mit der Setzung

$$C_k = (I - M_k^{i_k})\underline{F}'(\underline{u}^{(k)})^{-1}$$

für $k = 0, 1, 2, \ldots$. Die Anzahl der inneren Iterationen i_k und die Schrittweite τ_k kann von einem zum anderen (inexakten) Newton-Schritt variiert werden. Insbesondere kann die Dämpfung auf 1 zurückgefahren und die Anzahl der inneren Iterationen vergrößert (z.B. verdoppelt) werden, wenn die aktuelle (inexakte) Newton-Näherung $\underline{u}^{(k)}$ den Einzugsbereich der q-quadratischen Konvergenz des Newton-Verfahrens erreicht hat. Wir möchten nochmals ausdrücklich betonen, dass die praktische Realisierung der Iterationsvorschrift (6.39) nichts anderes bedeutet als die Durchführung von i_k Iterationsschritten des inneren Iterationsverfahrens mit der Startnäherung $\underline{w}^{(k,0)} = 0$.

Newton-Mehrgitter-Verfahren (Outer-Inner-Iteration) wurden in vielen Anwendungen sehr erfolgreich eingesetzt [JL91, Hei93].

6.4.4 Broyden-Rang-1-Verfahren

Zur Lösung skalarer nichtlinearer Gleichungen, d.h. für den Fall $N = 1$, ist neben dem Newton-Verfahren (6.28) auch das *Sekantenverfahren*

$$u^{(k+1)} = u^{(k)} - \left(\frac{F(u^{(k)}) - F(u^{(k-1)})}{u^{(k)} - u^{(k-1)}}\right)^{-1} F(u^{(k)}) \tag{6.40}$$

wohlbekannt. Dieses erhält man, wenn die Tangente im Punkt $u^{(k)}$ beim Newton-Verfahren einfach durch die Sekante durch die Punkte $u^{(k-1)}$ und $u^{(k)}$ ersetzt wird. Das ist dann vorteilhaft, wenn die Ableitung $F'(u^{(k)})$ aufwändig zu berechnen ist bzw. wenn die Funktion F nicht differenzierbar ist.

Die Übertragung dieser Idee auf den allgemeinen Fall $N \geq 1$ führt auf das *Broyden-Rang-1-Verfahren*, das sich ebenfalls in der Form (6.34) mit konstanter Schrittweite $\tau_k = 1$, aber mit variabler Vorkonditionierungsmatrix C_k aufschreiben lässt. Die Vorkonditionierungsmatrix C_k wird von Iterationsschritt zu Iterationsschritt nach der Rang-1-Update-Formel

$$C_k = C_{k-1} + \underline{v}^{(k)}\left(\underline{s}^{(k)}\right)^T, \quad k = 1, 2, \ldots, \tag{6.41}$$

verändert, wobei die Vektoren $\underline{s}^{(k)}$ und $\underline{v}^{(k)}$ für $k = 1, 2, \ldots$ nach den Formeln

$$\underline{s}^{(k)} = \underline{u}^{(k)} - \underline{u}^{(k-1)} \tag{6.42}$$

und

$$\underline{v}^{(k)} = \frac{1}{(\underline{s}^{(k)})^T \underline{s}^{(k)}} \left((\underline{F}(\underline{u}^{(k)}) - \underline{F}(\underline{u}^{(k-1)})) - C_{k-1}\underline{s}^{(k)}\right) \tag{6.43}$$

berechnet werden. Falls $\underline{F}$ differenzierbar ist, kann im Startschritt $k = 0$ die Jacobi-Matrix $\underline{F}'(\underline{u}^{(0)})$ in der Startnäherung $\underline{u}^{(0)}$ als Anfangsvorkonditionierungsmatrix C_0 gewählt werden. Alternativ dazu kann $K_h(\underline{u}_h^{(0)})$ im quasilinearen Fall oder sogar die Einheitsmatrix I als Anfangsvorkonditionierungsmatrix gewählt werden. Aus den Beziehungen (6.41) – (6.43) ist sofort ersichtlich, dass C_k die sogenannte Sekantenbedingung

$$C_k\left(\underline{u}^{(k)} - \underline{u}^{(k-1)}\right) = \underline{F}(\underline{u}^{(k)}) - \underline{F}(\underline{u}^{(k-1)}) \tag{6.44}$$

erfüllt. Damit ist klar, dass das Broyden-Rang-1-Verfahren im Fall $N = 1$ mit dem klassischen Sekantenverfahren (6.40) zusammenfällt. Des Weiteren folgt aus (6.41) sofort die Beziehung

$$C_k\underline{s} = C_{k-1}\underline{s} \quad \text{für alle } \underline{s} \in \mathbb{R}^N \text{ mit } (\underline{s}^{(k)})^T\underline{s} = 0. \tag{6.45}$$

Umgekehrt definieren die Bedingungen (6.44) und (6.45) genau die Rang-1-Korrektur in (6.41). Die einfach zu beweisende *Sherman-Morrison-Formel*

$$C_k^{-1} = C_{k-1}^{-1} - \frac{1}{1 + (\underline{s}^{(k)})^T C_{k-1}^{-1}\underline{v}^{(k)}} C_{k-1}^{-1}\underline{v}^{(k)}(\underline{s}^{(k)})^T C_{k-1}^{-1}$$

(man überzeugt sich, dass tatsächlich $C_k C_k^{-1} = I$ gilt) liefert eine elegante Möglichkeit, die Inverse der Matrix (6.41) rekursiv zu berechnen. Dabei muss selbstverständlich vorausgesetzt werden, dass

$$1 + (\underline{s}^{(k)})^T C_{k-1}^{-1}\underline{v}^{(k)} \neq 0$$

glt. Unter bestimmten Voraussetzungen konvergiert das Broyden-Rang-1-Verfahren lokal *q-superlinear*, d.h. es existiert eine Nullfolge $\{q_k\}$, sodass

$$\|\underline{u} - \underline{u}^{(k)}\| \leq q_k \|\underline{u} - \underline{u}^{(k-1)}\|$$

gilt (siehe z.B. [Ü95]). Die überlineare Konvergenz ist überraschend, da die Folge der nach der Update-Formel (6.41) rekursiv berechneten C_k im Allgemeinen nicht gegen die exakte Jacobi-Matrix $\underline{F}'(\underline{u})$ in der Lösung $\underline{u}$ konvergiert. Zur Verbesserung der Approximation der Jacobi-Matrix kann nach einer gewissen Anzahl von Iterationsschritten die Jacobi-Matrix in der zuletzt erhaltenen Iterierten berechnet werden und der Broyden-Iterationsprozess neu gestartet werden.

In der Optimierung sind die Broyden-Fletcher-Goldfarb-Shanno-Verfahren (*BFGS-Verfahren*) sehr populär. Ist nämlich $F = \nabla f$ der Gradient einer skalaren Funktion f von N Veränderlichen, dann ist F' die Hesse-Matrix von f und somit symmetrisch. Die BFGS-Verfahren beruhen auf einer der Formel (6.41) entsprechenden Rang-2-Update-Formel. Analog zur Sherman-Morrison-Formel kann auch im Rang-2-Update-Fall wieder eine Aufaddierungsformel für die inverse Matrix gefunden werden. Unter bestimmten Voraussetzungen kann auch für das BFGS-Verfahren überlineare Konvergenz nachgewiesen werden. Das BFGS-Verfahren genügt der Sekantenbedingung (6.44). Verfahren, die die Sekantenbedingung (6.44) erfüllen, werden auch *Quasi-Newton-Verfahren* genannt. Einen systematischen Überblick über Quasi-Newton-Verfahren und deren Analyse findet der interessierte Leser in [Deu04] oder [GK99].

6.4.5 Numerische Experimente

In diesem Abschnitt wollen wir das Konvergenzverhalten von exakten und inexakten Newton-Verfahren sowie die Effekte der Dämpfung und der Gewinnung guter Startnäherungen mittels geschachtelter Iteration (nested iteration) im numerischen Experiment studieren. Dazu betrachten wir das auf der linken Seite der Abbildung 6.1 schematisch dargestellte, zweidimensionale Magnetfeldproblem als Modellproblem. Dieses Modellproblem ist ein Spezialfall des im Beispiel 6.2 beschriebenen und im Abschnitt 1.3.2 hergeleiteten, nichtlinearen, zweidimensionalen Magnetostatikproblems (6.4), das durch die folgenden Daten definiert wird:

$$J_{i,3}(\cdot) \quad = \quad \begin{cases} +10^7 & \text{linke Spule,} \\ -10^7 & \text{rechte Spule,} \\ 0 & \text{sonst,} \end{cases}$$

$$H_{01}(\cdot) = H_{02}(\cdot) \quad = \quad 0,$$

$$\nu = \frac{1}{\mu_0} \quad = \quad \frac{1}{4\pi} \cdot 10^7 \text{ in der Spule und in der Luft.}$$

Ferromagnetische Materialien verhalten sich magnetisch nichtlinear. Im Eisen ist die Reluktivität eine nichtlineare Funktion der Norm der magnetischen Induktion $\vec{B}$. Im rechten Teil der Abbildung 6.1 ist diese nichtlineare Reluktivitätsfunktion als $\|\vec{B}\| = \|\text{grad } u\| \mapsto \nu(\|\vec{B}\|)$ Kurve in einer semi-logarithmischen Skala dargestellt. Auf dem Rand des Rechengebietes werden homogene Dirichletsche Randbedingungen vorgeschrieben.

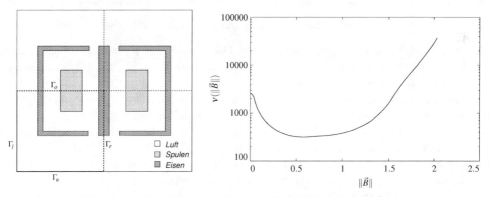

Abbildung 6.1: Modellproblem (links) und Reluktivitätsfunktion (rechts)

Das Modellproblem und damit die Lösung u sind offenbar bezüglich der vertikalen gestrichelten Line (x_2-Achse) antisymmetrisch und bezüglich der horizonalen gestrichelten Line (x_1-Achse) symmetrisch. Damit kann das Rechengebiet auf eines der durch die gestrichelten Linien entstehenden Viertel reduziert werden. In unseren numerischen Experimenten haben wir das linke untere Viertel als reduziertes Rechengebiet Ω verwendet, d.h. für das reduzierte Rechengebiet müssen homogene Dirichletsche Randbedingungen $u = 0$ am linken Rand Γ_l und am unteren Rand Γ_u des Viertels gestellt werden. Die Antisymmetriebedingung impliziert ebenfalls homogene Dirichletsche Randbedingungen $u = 0$ am rechten Rand Γ_r des Viertels, während die Symmetriebedingung homogene Neumannsche Randbedingungen $v\partial u/\partial n = 0$ am oberen Rand Γ_o des Viertels zur Folge hat. Damit ergibt sich $V_{g_1} = V_0 = \{v \in H^1(\Omega) : u = 0 \text{ auf } \Gamma_l \cup \Gamma_u \cup \Gamma_r\}$.

Das reduzierte Rechengebiet Ω wurde zunächst in 512 Dreiecke zerlegt. Diese Zerlegung hat genau 240 echte Unbekannte zur Folge, d.h. Unbekannte, die nicht auf dem Dirichlet-Rand $\Gamma_1 = \Gamma_l \cup \Gamma_u \cup \Gamma_r$ liegen. Insgesamt hat das Netz 289 Knoten. Davon liegen 49 auf dem Dirichlet-Rand Γ_1. Diese Zerlegung, die auch Grobgitter oder Level-1-Zerlegung genannt wird, haben wir dann viermal gleichmäßig verfeinert. Diese gleichmäßigen Verfeinerungen ergeben sukzessiv Vernetzungen mit 992 (Level 2), 4032 (Level 3), 16256 (Level 4) und 65280 (Level 5) echten Unbekannten. Die Abbildung 6.2 zeigt die zum Level 1 und 2 gehörenden Vernetzungen, wobei die Grauwerte genau zu den auf diesem Gitter berechneten Werten $\|\vec{B}\| = \|\text{grad}\,u\|$ der Euklidischen Norm des Induktionsvektors $\vec{B}$ gehören.

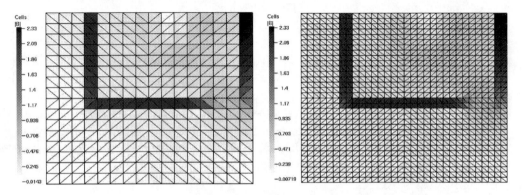

Abbildung 6.2: Level-1 und Level-2 Vernetzung des reduzierten Rechengebietes Ω

Die Finite-Elemente-Diskretisierung mit linearen Dreieckselementen generiert auf jedem Level $q = 1,2,\ldots,\ell = 5$ ein nichtlineares Gleichungssystem der Form (6.7), das durch die Identität (6.30) mit (6.32) eindeutig definiert wird.

Eigentlich interessiert uns die Lösung $\underline{u}_h$ des nichtlinearen Gleichungssystem (6.7) nur auf der feinsten Vernetzung mit dem Levelindex $q = \ell = 5$. Deshalb lösen wir zunächst das nichtlineare Gleichungssystem (6.7) auf dem feinsten Level mit dem gedämpften Newton-Verfahren (6.35)–(6.36), wobei die Jacobi-Matrix durch die Beziehung (6.31) mit (6.33) eindeutig definiert wird. Das in jedem Newton-Schritt auftretende und zu generierende Gleichungssystem (6.36) mit der Jacobi-Matrix als Systemmatrix wird direkt gelöst. Wir verwenden dazu in unseren numerischen Experimenten die PARDISO Bibliothek (http://www.pardiso-project.org/references) [SG04, SG06]. Als Startnäherung für die Newton-Iteration wählen wir $\underline{u}_h^{(0)} = 0$. In der Abbildung 6.3 wird der Konvergenzverlauf in einer semi-logarithmischen Skala dargestellt. Dabei bezeichnen in dieser und in den folgenden drei Abbildungen die Linien mit den orthogonalen Kreuzen (+) die relative Reduktion des Residuums und die Linien mit den gedrehten Kreuzen (×) den Wert des Schrittweiten- bzw. Dämpfungsparameters τ. Um überhaupt Konvergenz zu erzielen, muss das Newton-Verfahren in den ersten 7 Iterationen gedämpft werden. Die Dämpfung wird dabei adaptiv durch sukzessive Halbierung der Schrittweite τ gewählt (siehe Abschnitt 6.4.2). Nach 7 gedämpften Newton-Schritten ist eine relativ gute Näherung erreicht, die Dämpfung wird auf 1 geschaltet und das Newton-Verfahren beginnt quadratisch zu konvergieren. In 4 Newton-Schritten erreichen wir bereits eine sehr hohe relative Genauigkeit von 10^{-11}. Um die Effekte der quadratischen bzw. linearen Konvergenz gut illustrieren zu können, verwenden wir für das Newton-Verfahren das Abbruchkriterium

$$\|\underline{F}(\underline{u}^{(k+1)})\| \leq \varepsilon_{\text{newton}} \|\underline{F}(\underline{u}^{(0)})\| \tag{6.46}$$

mit der vergleichsweise hohen relativen Genauigkeit $\varepsilon_{\text{newton}} = 10^{-10}$ und der Euklidischen Norm $\|\cdot\|$, in der wir das Residuum $\underline{r}^{(k+1)} = -\underline{F}(\underline{u}^{(k+1)})$ messen.

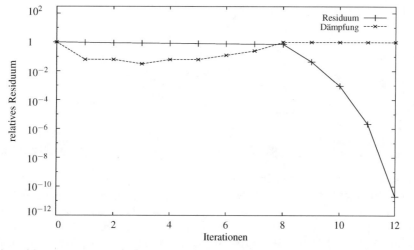

Abbildung 6.3: Konvergenzgeschichte des gedämpften Newton-Verfahrens auf dem feinsten Gitter

Um auf dem feinsten Gitter eine bessere Startnäherung für das Newton-Verfahrens zu gewinnen, nutzen wir nun das Prinzip der geschachtelten Iteration und beziehen die gröberen Gitter mit in den Iterationsprozess ein. Dazu starten wir das gedämpfte Newton-Verfahren auf dem gröbsten Gitter mit dem Nullvektor und iterieren so lange, bis wir die relative Genauigkeit $\varepsilon_{\text{newton}} = 10^{-10}$ bezüglich der Euklidischen Norms des Residuums erreicht haben. Die Konvergenzgeschichte der Grobgitteriteration ist auf der linken Seite der Abbildung 6.4 bis zur ersten vertikalen Linie dargestellt und ähnelt natürlich der in der Abbildung 6.3 wiedergegebenen Konvergenzgeschichte des gedämpften Newton-Verfahrens auf dem feinsten Gitter. Dann wird die Grobgitterlösung auf das feinere Gitter linear interpoliert. Auf allen Zwischengittern werden nur 2 Newton-Schritte durchgeführt. Auf dem feinsten Gitter wird bis zum Erreichen der relativen Genauigkeit $\varepsilon_{\text{newton}} = 10^{-10}$ ausiteriert. Die quadratische Konvergenz stellt sich sofort ein, da die geschachtelte Iteration offenbar eine sehr gute Startnäherung für die Newton-Iteration auf dem feinsten Gitter produziert und das mit einem wesentlich geringeren Aufwand an arithmetischen Operationen im Vergleich zu der in Abbildung 6.3 dargestellten gedämpften Newton-Iteration auf dem feinsten Gitter.

Die rechte Seite der Abbildung 6.4 zeigt die Konvergenzgeschichte des inexakten gedämpften Newton-Verfahrens. Das in jedem Newton-Schritt entstehende lineare Gleichungssystem mit der Jacobi-Matrix als Systemmatrix wird nicht mehr „exakt" mit einem direkten Verfahren, sondern mit einem iterativen Verfahren nur nährungsweise mit einer fixierten relativen Genauigkeit ε_{lin} gelöst. In unseren numerischen Experimenten haben wir das PCG-Verfahren der Einfachheit halber mit der Jacobi-Vorkonditionierung und dem Nullvektor als Startvektor verwendet (siehe Abschnitt 5.3.3). Die Iteration wurde abgebrochen, wenn die Euklidische Norm des Residuums um den fixen Faktor $\varepsilon_{lin} = 10^{-1}$ reduziert wurde. Es ist dann nicht verwunderlich, wenn das entsprechende inexakte Newton-Verfahren nur q-linear mit der Rate $q = 10^{-1}$ konvergiert.

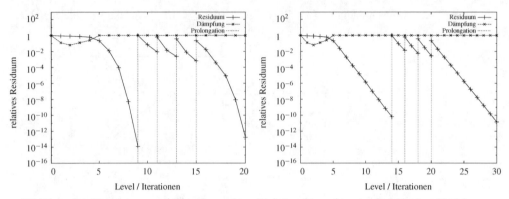

Abbildung 6.4: Konvergenzgeschichte des exakten (links) und inexakten (rechts) Newton-Verfahrens

Wird hingegen die relative Genauigkeit ε_{lin}, mit der das in jedem Newton-Schritt entstehende lineare Gleichungssystem gelöst wird, der quadratischen Konvergenz des Newton-Verfahren angepasst, d.h. von Newton-Schritt zu Newton-Schritt quadriert, dann erhalten wir wieder eine Konvergenzgeschichte wie im Fall des exakten Newton-Verfahrens, aber mit einem wesentlich reduzierten Aufwand. Die Konvergenzgeschichte des adaptiven inexakten Newton-Verfahrens ist in der Abbildung 6.5 dargestellt. In der Tat ist die Abbildung 6.5 fast identisch mit der linken Seite der Abbildung 6.4.

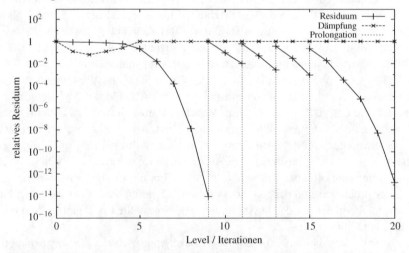

Abbildung 6.5: Konvergenzgeschichte des adaptiven inexakten Newton-Verfahrens

Die Abbildungen 6.6 und 6.7 zeigen verschiedene Simulationsergebnisse. Auf der linken Seite der Abbildung 6.6 wird die Euklidische Norm $\|\vec{B}\| = \|\operatorname{grad} u\|$ der magnetischen Induktion $\vec{B}$ in der am Rand angegebenen Grauwerteskale dargestellt. Auf der rechten Seite haben wir die Euklidische Norm $\|\vec{H}\|$ der magnetischen Feldstärke $\vec{H} = \nu(\|\vec{B}\|)\vec{B}$ geplottet. Die Abbildung 6.7 zeigt die Verteilung der Reluktivität $\nu(\|\vec{B}\|)$ in einer logarithmischen Grauwerteskala.

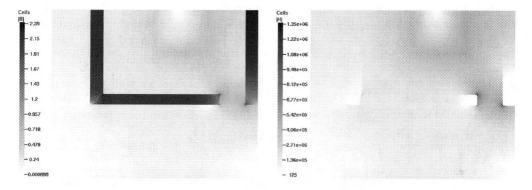

Abbildung 6.6: B-Feld (links) und H-Feld (rechts)

Abbildung 6.7: $\nu(\|\vec{B}\|)$ in logarithmischer Grauwerteskala

Die geschachtelte Iteration legt nahe, dass die erzeugte Gitterhierarchie zur effizienten Lösung der in jedem Newton-Schritt entstehenden linearen Gleichungssysteme verwendet werden kann. Die im Abschnitt 5.3.4 eingeführten Mehrgitterverfahren sind hier natürlich bestens geeignet, um die in jedem Newton-Schritt auftretenden linearen Gleichungssysteme mit optimaler Komplexität zu lösen. Das Mehrgitterverfahren kann dabei direkt zur Lösung des linearen Gleichungssystems eingesetzt werden oder den in unseren numerischen Experimenten genutzten Jacobi-Vorkonditionierer im CG-Verfahren ersetzen (siehe auch Abschnitt 5.3.4, S. 510). Darüberhinaus können zur adaptiven Erzeugung der Gitterhierarchie a posteriori Fehlerabschätzungen genutzt werden (siehe Abschnitt 4.5.4, S. 297). Im nächsten Abschnitt werden wir das Mehrgitterverfahren direkt auf das nichtlineare Gleichungssystem anwenden.

6.5 Nichtlineare Mehrgitterverfahren

Bei der direkten Übertragung der Mehrgitteridee aus Abschnitt 5.3.4 auf nichtlineare FE-Gleichungen der Art (6.7) treten zunächst zwei Probleme auf:

1. Um die hochfrequenten Anteile im Fehler effizient reduzieren zu können, wird ein geeignetes Glättungsverfahren für die nichtlinearen FE-Gleichungen (6.7) benötigt. Die Kombination der Gauß-Seidel- bzw. der Jacobi-Idee mit dem Newtonverfahren für jede Komponente führt hier zum Ziel. Dazu schreiben wir die nichtlinearen FE-Gleichungen (6.7) komponentenweise auf:

$$K_i(u_1, u_2, ..., u_N) = f_i, \quad i = 1, 2, ..., N. \tag{6.47}$$

Das Gauß-Seidel-Newton-Verfahren lässt sich für die nichtlinearen Gleichungen (6.47) wie folgt ausschreiben:

Algorithmus 6.3 (Gauß-Seidel-Newton-Verfahren)

Gegeben sei eine Startnäherung $\underline{u}_h^{(0)} = (u_1^{(0)} \ u_2^{(0)} \ \ldots \ u_N^{(0)})^T$.

Für $k = 0, 1, 2, \ldots$, werden die neuen Näherungen $\underline{u}_h^{(k+1)} = [u_i^{(k+1)}]_{i=1}^N$ nach der folgenden Vorschrift berechnet:

$u_1^{(k+1)} = u_1^{(k,j_{1k})}$ ergibt sich nach j_{1k} Newton-Schritten angewandt auf die in u_1 nichtlineare, skalare Gleichung $K_1(u_1, u_2^{(k)}, ..., u_N^{(k)}) = f_1$ mit der Startnäherung $u_1^{(k,0)} = u_1^{(k)}$, d.h.

$$u_1^{(k,p+1)} = u_1^{(k,p)} + \frac{f_1 - K_1(u_1^{(k,p)}, u_2^{(k)}, ..., u_N^{(k)})}{\frac{\partial K_1}{\partial u_1}(u_1^{(k,p)}, u_2^{(k)}, ..., u_N^{(k)})}$$

für $p = 0, 1, ..., j_{1k} - 1$.

Für $i = 2, 3, ..., N - 1$ ergibt sich $u_i^{(k+1)} = u_i^{(k,j_{ik})}$ nach j_{ik} Newton-Schritten angewandt auf die in u_i nichtlineare, skalare Gleichung $K_i(u_1^{(k+1)}, ..., u_{i-1}^{(k+1)}, u_i, u_{i+1}^{(k)}, ..., u_N^{(k)}) = f_i$ mit der Startnäherung $u_i^{(k,0)} = u_i^{(k)}$, d.h.

$$u_i^{(k,p+1)} = u_i^{(k,p)} + \frac{f_i - K_i(u_1^{(k+1)}, ..., u_{i-1}^{(k+1)}, u_i^{(k,p)}, u_{i+1}^{(k)}, ..., u_N^{(k)})}{\frac{\partial K_i}{\partial u_i}(u_1^{(k+1)}, ..., u_{i-1}^{(k+1)}, u_i^{(k,p)}, u_{i+1}^{(k)}, ..., u_N^{(k)})}$$

für $p = 0, 1, ..., j_{ik} - 1$.

$u_N^{(k+1)} = u_N^{(k,j_{Nk})}$ ergibt sich nach j_{Nk} Newton-Schritten angewandt auf die in u_N nichtlineare, skalare Gleichung $K_N(u_1^{(k+1)}, ..., u_{N-1}^{(k+1)}, u_N) = f_N$ mit der Startnäherung $u_N^{(k,0)} = u_N^{(k)}$, d.h.

$$u_N^{(k,p+1)} = u_N^{(k,p)} + \frac{f_N - K_N(u_1^{(k+1)}, ..., u_{N-1}^{(k+1)}, u_N^{(k,p)})}{\frac{\partial K_N}{\partial u_N}(u_1^{(k+1)}, ..., u_{N-1}^{(k+1)}, u_N^{(k,p)})}$$

für $p = 0, 1, ..., j_{Nk} - 1$.

Das gedämpfte Jacobi-Newton-Verfahren kann völlig analog aufgeschrieben werden. In der

Vorschrift zur Berechnung der Komponenten $u_i^{(k+1)}$ werden anstelle der bereits bekannten neuen Komponenten $u_1^{(k+1)}, \ldots, u_{i-1}^{(k+1)}$ die alten Komponenten $u_1^{(k)}, \ldots, u_{i-1}^{(k)}$ benutzt ($i = 2, 3, \ldots, N$). Des Weiteren wird die Korrektur in jeder Komponente mit einem Faktor $\omega \leq 1$ (z.B. $\omega = 4/5$) gedämpft. Da in der Praxis im Wesentlichen das Gauß-Seidel-Newton-Verfahren bzw. Blockvarianten des Gauß-Seidel-Newton-Verfahrens genutzt werden, verzichten wir darauf, das gedämpfte Jacobi-Newton-Verfahren aufzuschreiben. Für die Parallelisierung eines nichtlinearen Mehrgitterverfahrens gewinnt das gedämpfte Jacobi-Newton-Verfahren wieder an praktischer Bedeutung [Bas96, Haa99].

2. Im linearen Fall lässt sich die Korrektur $\underline{w}_h$ zu einem gegebenen Defekt $\underline{d}_h = \underline{f}_h - K_h \underline{\tilde{u}}_h$ aus dem Defektgleichungssystem

$$K_h \underline{w}_h = \underline{d}_h \qquad (6.48)$$

berechnen, ohne dass die Näherung $\underline{\tilde{u}}_h$, mit welcher der Defekt $\underline{d}_h$ berechnet wurde, zur Berechnung der Korrektur $\underline{w}_h$ aus (6.48) weiter benötigt wird. Im Mehrgitterverfahren für lineare FE-Gleichungen aus Abschnitt 5.3.4 wird der Defekt nach der Vorglättung auf das gröbere Netz eingeschränkt und aus dem zu (6.48) analogen Grobgitterdefektsystem die Grobgitterkorrektur berechnet, die dann auf das feinere Gitter interpoliert wird. Im Fall nichtlinearer FE-Gleichungen hat das Defektsystem wegen

$$K_h(\underline{\tilde{u}}_h + \underline{w}_h) = \underline{f}_h \quad \Leftrightarrow \quad K_h(\underline{\tilde{u}}_h + \underline{w}_h) - K_h(\underline{\tilde{u}}_h) = \underline{f}_h - K_h(\underline{\tilde{u}}_h)$$
$$\Leftrightarrow \quad K_h(\underline{\tilde{u}}_h + \underline{w}_h) - K_h(\underline{\tilde{u}}_h) = \underline{d}_h$$

die Gestalt

$$K_h(\underline{\tilde{u}}_h + \underline{w}_h) - K_h(\underline{\tilde{u}}_h) = \underline{d}_h. \qquad (6.49)$$

Um dieses Defektsystem formulieren zu können wird neben dem Defekt $\underline{d}_h$ die Näherung $\underline{\tilde{u}}_h$ offenbar selbst wieder benötigt. Im linearen Fall sind (6.48) und (6.49) identisch. Für den nichtlinearen Fall bedeutet das jedoch, dass neben dem Defekt auch die nach der Vorglättung erhaltene Näherung (volle Approximation) auf das gröbere Gitter übertragen werden muss. Diese Idee geht auf A. Brandt zurück und das daraus resultierende nichtlineare Mehrgitterverfahren wird FAS (Full Approximation Scheme) genannt (siehe [Bra82]).

Im Weiteren verwenden wir wieder die Bezeichnungen aus dem Abschnitt 5.3.4, in dem wir das Mehrgitterverfahren für lineare FE-Gleichungen eingeführt haben. Insbesondere nehmen wir wie im Abschnitt 5.3.4 an, dass unser nichtlineares Variationsproblem (6.3) auf einer Folge $\{\mathcal{T}_{h_q}\}_{q=1,\ldots,\ell}$ immer feiner werdender FE-Vernetzungen diskretisiert wurde, wobei der Index $q = 1$ zum gröbsten und der Index $q = \ell$ zum feinsten Gitter gehören. Wie im Abschnitt 5.3.4 definieren wir ein nichtlineares Mehrgitterverfahren über die rekursive Anwendung eines nichtlinearen Zweigitterverfahrens. Ein Iterationsschritt eines $(\ell, \ell-1)$-Zweigitter-FAS-Algorithmus läuft nach dem folgenden Schema ab:

Algorithmus 6.4 (Ein Iterationsschritt des $(\ell, \ell-1)$-Zweigitter-FAS-Algorithmus)

Gegeben sei eine Startnäherung $\underline{u}_\ell^{(k,0)} = \underline{u}_\ell^{(k)}$.

1. *Vorglättung*

   Führe ν_1 Iterationsschritte zur näherungsweisen Lösung des nichtlinearen Gleichungssystems $K_\ell(\underline{u}_\ell) = \underline{f}_\ell$ durch, wobei mit $\underline{u}_\ell^{(k,0)}$ gestartet wird. Wähle als Iterationsverfahren ein „glättendes" Iterationsverfahren wie zum Beispiel das Gauß-Seidel-Newton-Verfahren. Die neue Näherung ist $\underline{u}_\ell^{(k,1)}$.

2. *Grobgitterkorrektur*

   (a) Berechne den Defekt

   $$\underline{d}_\ell^{(k)} = \underline{f}_\ell - K_\ell(\underline{u}_\ell^{(k,1)})$$

   und schränke sowohl den Defekt $\underline{d}_\ell^{(k)}$ als auch die Näherung $\underline{u}_\ell^{(k,1)}$ auf das Netz $\mathscr{T}_{\ell-1}$ ein, d.h. berechne

   $$\underline{d}_{\ell-1}^{(k)} = I_\ell^{\ell-1}\underline{d}_\ell^{(k)} \quad \text{und} \quad \underline{u}_{\ell-1}^{(k)} = \tilde{I}_\ell^{\ell-1}\underline{u}_\ell^{(k,1)}.$$

   (b) Löse das nichtlineare Grobgitterdefektgleichungssystem

   $$K_{\ell-1}(\underline{u}_{\ell-1}^{(k)} + \underline{w}_{\ell-1}^{(k)}) = \underline{d}_{\ell-1}^{(k)} + K_{\ell-1}(\underline{u}_{\ell-1}^{(k)}).$$

   (c) Interpoliere die Grobgitterkorrektur $\underline{w}_{\ell-1}^{(k)}$ auf das Netz $\mathscr{T}_\ell$, d.h. berechne

   $$\underline{w}_\ell^{(k)} = I_{\ell-1}^\ell \underline{w}_{\ell-1}^{(k)}$$

   und berechne die korrigierte Näherung

   $$\underline{u}_\ell^{(k,2)} = \underline{u}_\ell^{(k,1)} + \underline{w}_\ell^{(k)}.$$

3. *Nachglättung*

   Führe ν_2 Iterationsschritte zur näherungsweisen Lösung des nichtlinearen Gleichungssystems $K_\ell(\underline{u}_\ell) = \underline{f}_\ell$ durch, wobei mit $\underline{u}_\ell^{(k,2)}$ gestartet wird. Verwende dazu wieder ein „glättendes" Iterationsverfahren wie zum Beispiel das Gauß-Seidel-Newton-Verfahren. Die neue Näherung ist $\underline{u}_\ell^{(k,3)}$.

Setze $\underline{u}_\ell^{(k+1)} = \underline{u}_\ell^{(k,3)}$.

Zur Formulierung des nichtlinearen Grobgitterdefektgleichungssystems benötigen wir einen zweiten Restriktionsoperator $\tilde{I}_\ell^{\ell-1}$, der die Iterierte $\underline{u}_\ell^{(k,1)}$ auf das gröbere Gitter einschränkt. Im Gegensatz zum glatten Defekt $\underline{d}_\ell^{(k)}$ enthält die Iterierte $\underline{u}_\ell^{(k,1)}$ im Allgemeinen alle Frequenzanteile der zum ℓ-ten Gitter gehörenden Lösung.

Um eine gute Konvergenz des Zweigitter- und Mehrgitteralgorithmus zu erreichen, genügt es im Allgemeinen, ein oder zwei Vor- bzw. Nachglättungsschritte durchzuführen, d.h. $\nu_1 = \nu_2 = 1$ oder 2.

Das nichtlineare Grobgitterdefektgleichungssystem im Schritt 2(b) hat dieselbe Struktur wie das Ausgangsgleichungssystem $K_\ell(\underline{u}_\ell) = \underline{f}_\ell$. Da das Grobgittergleichungssystem im Allgemeinen auch noch großdimensioniert ist, lösen wir es näherungsweise mittels μ Iterationsschritten eines $(\ell - 1, \ell - 2)$-Zweigitter-FAS-Algorithmus, der analog zum $(\ell, \ell - 1)$-Zweigitter-FAS-Algorithmus definiert ist. Die Iteration starten wir mit dem Nullvektor. Wir setzen diese Idee solange rekursiv fort, bis im Schritt 2(b) das nichtlineare Gleichungssystem

$$K_1(\underline{u}_1^{(k)} + \underline{w}_1^{(k)}) = \underline{d}_1^{(k)} + K_1(\underline{u}_1^{(k)})$$

steht, welches wir mit einem Fixpunktiterationsverfahren aus dem Abschnitt 6.2, mit dem Newton-Verfahren aus Abschnitt 6.3 oder mit einer der Varianten des Newton-Verfahrens aus Abschnitt 6.4 hinreichend genau lösen. Der so entstehende Algorithmus wird als nichtlinearer Mehrgitteralgorithmus (ℓ-Gitter-FAS-Algorithmus) bezeichnet. Für $\mu = 1$ erhalten wir wieder den V-Zyklus und für $\mu = 2$ den W-Zyklus (siehe Illustration der Zyklen im Abschnitt 5.3.4, S. 509).

In der Praxis wird die nichtlineare Mehrgitteriteration oft auch als geschachtelte Iteration (nested iteration) vom groben Gitter $\mathscr{T}_{h_1}$ aus gestartet (vergleiche Abschnitt 5.3.5). In diesem Fall kann auf die Restriktion der Nährung nach der Vorglättung verzichtet werden, da durch die geschachtelte Iteration auf jedem gröberen Gitter eine jeweils gute Näherung schon vorhanden ist. Mit dieser Näherung kann das Defektsystem (6.49) aufgeschrieben werden. Diese clevere Modifikation wurde von W. Hackbusch vorgeschlagen (siehe [Hac85]). Neben der eben zitierten Monographie [Hac85] von W. Hackbusch verweisen wir den an Mehrgitterverfahren für nichtlineare Probleme interessierten Leser auf das Lehrbuch [BHM00] von W. L. Briggs, V. E. Henson und S. F. McCormick.

7 Galerkin-FEM für Anfangsrandwertaufgaben

Anfangsrandwertaufgaben (ARWA) sind uns bereits im Kapitel 2 in Form des instationären Wärmeleitproblems begegnet (siehe ARWA (2.12), S. 50, und (2.13), S. 51). Das instationäre Wärmeleitproblem ist der Prototyp einer parabolischen ARWA. Wir werden im Abschnitt 7.2 auch hyperbolische ARWA betrachten. Die Wellengleichung und die Schwingungsgleichung sind Prototypen hyperbolischer partieller Differentialgleichungen. Durch die Wellengleichung kann zum Beispiel das Ausbreiten von Druckwellen in der Akustik modelliert werden. Die Schwingungsgleichung spielt in der Mechanik zur Beschreibung der Dynamik schwingender Systeme eine wichtige Rolle (siehe Abschnitt 2.2.2, Gleichung (2.22), S. 57). Mit der Linienmethode ersetzen wir die ARWA durch eine semidiskrete Ersatzaufgabe. Im Fall einer parabolischen ARWA ist das eine Anfangswertaufgabe (AWA) für ein großdimensioniertes System gewöhnlicher Differentialgleichungen 1. Ordnung zur Bestimmung der zeitabhängigen Koeffizienten im Galerkin-Ansatz (siehe Abschnitt 7.1). Entsprechend ergeben hyperbolische ARWA ein großdimensioniertes System gewöhnlicher Differentialgleichungen 2. Ordnung (siehe Abschnitt 7.2). Die Standardmethoden zur Lösung dieser Systeme gewöhnlicher Differentialgleichungen führen wir sofort in den entsprechenden Abschnitten 7.1 und 7.2 ein. Im parabolischen Fall sind diese Standardmethoden in einer Familie von σ-gewichteten, zweischichtigen Differenzenschemata eingebettet. Die explizite Euler-Methode ($\sigma = 0$), das Crank-Nicolson-Verfahren ($\sigma = 1/2$) und die implizite Euler-Methode ($\sigma = 1$) sind sicherlich die bekanntesten Zeitintegrationsverfahren aus dieser Familie. Im hyperbolischen Fall geben wir ebenfalls eine Familie von σ-gewichteten, dreischichtigen Differenzenschemata an. In der Ingenieurpraxis sind allerdings die sogenannten Newmark-Schemata zur Zeitintegration von Anfangswertaufgaben (AWA), die bei der FE-Diskretisierung von hyperbolischen ARWA mittels Linienmethode entstehen, sehr populär. Deshalb stellen wir diese zweiparametrische Familie von Zeitintegrationsschemata ebenfalls am Ende dieses Kapitels kurz vor. Einen systematischen Überblick über die wichtigsten Lösungsverfahren für gewöhnliche Differentialgleichungen und Systeme gewöhnlicher Differentialgleichungen geben wir im nächsten Kapitel. Eine ausführlichere Diskussion von numerischen Verfahren zur Lösung von parabolischen und hyperbolischen Anfangsrandwertaufgaben als auch der bei der Linienmethode entstehenden Anfangswertaufgaben für Systeme gewöhnlicher Differentialgleichungen erster und zweiter Ordnung findet der mathematisch interessierte Leser in [Zul11].

7.1 Parabolische Anfangsrandwertaufgaben

7.1.1 Linienvariationsformulierung

Als Prototyp einer parabolischen ARWA betrachten wir das instationäre Wärmeleitproblem aus dem Abschnitt 2.1.4:

Gesucht ist das Temperaturfeld $u(x,t)$, für das die Wärmeleitgleichung

$$\frac{\partial u}{\partial t} - \sum_{i=1}^{d} \frac{\partial}{\partial x_i}\left(\lambda_i(x,t)\frac{\partial u}{\partial x_i}\right) = f(x,t) \quad \text{für alle } (x,t) \in Q_T = \Omega \times (0,T) \tag{7.1}$$

gilt sowie die Randbedingungen

$$
\begin{aligned}
u(x,t) &= g_1(x,t) && \text{für alle } x \in \Gamma_1,\, t \in (0,T),\\
\frac{\partial u}{\partial N} &= g_2(x,t) && \text{für alle } x \in \Gamma_2,\, t \in (0,T),\\
\frac{\partial u}{\partial N} + \alpha(x,t)u(x,t) &= \alpha(x,t)u_A(x,t) && \text{für alle } x \in \Gamma_3,\, t \in (0,T)
\end{aligned}
$$

und die Anfangsbedingung

$$u(x,0) = u_0(x) \quad \text{für alle } x \in \overline{\Omega} \tag{7.2}$$

erfüllt werden.

Den Ausgangspunkt der FE-Diskretisierung bildet wieder eine Variationsformulierung, die sogenannte *Linienvariationsformulierung*. Um diese zu erhalten, multiplizieren wir die Differentialgleichung und die Anfangsbedingung aus der Aufgabe (7.1) – (7.2) mit einer Testfunktion $v \in V_0 = \{v \in H^1(\Omega) : v = 0 \text{ auf } \Gamma_1\}$ und integrieren über Ω. Damit erhalten wir

$$\int_{\Omega} \left[\frac{\partial u}{\partial t} - \sum_{i=1}^{d} \frac{\partial}{\partial x_i}\left(\lambda_i(x,t)\frac{\partial u}{\partial x_i}\right)\right] v(x)\,dx = \int_{\Omega} f(x,t)v(x)\,dx.$$

Partielle Integration bezüglich x_i liefert

$$\int_{\Omega} \left[\frac{\partial u}{\partial t}v(x) + \sum_{i=1}^{d} \lambda_i(x,t)\frac{\partial u}{\partial x_i}\frac{\partial v}{\partial x_i}\right] dx - \int_{\partial\Omega} \frac{\partial u}{\partial N}v(x)\,ds = \int_{\Omega} f(x,t)v(x)\,dx.$$

Beachten wir noch die Randbedingungen, dann ergibt sich (siehe auch Abschnitt 4.3, S. 206)

$$\int_{\Omega} \frac{\partial u}{\partial t}v(x)\,dx + \int_{\Omega} \left[\sum_{i=1}^{d} \lambda_i(x,t)\frac{\partial u}{\partial x_i}\frac{\partial v}{\partial x_i}\right] dx + \int_{\Gamma_3} \alpha(x,t)u(x,t)v(x)\,ds$$

$$= \int_{\Omega} f(x,t)v(x)\,dx + \int_{\Gamma_2} g_2(x,t)v(x)\,ds + \int_{\Gamma_3} \alpha(x,t)u_A(x,t)v(x)\,ds.$$

Die Linienvariationsformulierung des Problems (7.1) – (7.2) lautet somit:

Gesucht ist $u(x,t) \in V_{g_1}$ mit $\dot{u} \in L_2(\Omega)$ für fast alle $t \in (0,T)$, so dass

$$(\dot{u},v)_0 + a(t;u,v) = \langle F(t),v \rangle \qquad \text{für alle } v \in V_0 \qquad (7.3)$$

und für fast alle $t \in (0,T)$ gilt sowie die Anfangsbedingung

$$(u(x,0),v)_0 = (u_0,v)_0 \qquad \text{für alle } v \in V_0 \qquad (7.4)$$

erfüllt wird.

Hierbei benutzen wir die folgenden Bezeichnungen:

$$(\dot{u},v)_0 \;=\; \int_\Omega \dot{u}(x,t)v(x)\,dx \;=\; \int_\Omega \frac{\partial u(x,t)}{\partial t}v(x)\,dx,$$

$$a(t;u,v) \;=\; \int_\Omega \left[\sum_{i=1}^d \lambda_i(x,t)\frac{\partial u}{\partial x_i}\frac{\partial v}{\partial x_i} \right] dx + \int_{\Gamma_3} \alpha(x,t)u(x,t)v(x)\,ds,$$

$$\langle F(t),v \rangle \;=\; \int_\Omega f(x,t)v(x)\,dx + \int_{\Gamma_2} g_2(x,t)v(x)\,ds + \int_{\Gamma_3} \alpha(x,t)u_A(x,t)v(x)\,ds,$$

$$V_{g_1} = \{ u \in H^1(\Omega) : u = g_1 \text{ auf } \Gamma_1 \text{ für fast alle } t \in (0,T) \},$$

$$V_0 = \{ v \in H^1(\Omega) : v = 0 \text{ auf } \Gamma_1 \}.$$

7.1.2 Semidiskrete Ersatzaufgaben

Um eine Diskretisierung der Aufgabe (7.3) – (7.4) zu erhalten, führen wir zuerst eine FE-Diskretisierung bezüglich der Ortsvariablen durch. Dazu verwenden wir den Lösungsansatz

$$u_h = u_h(x,t) = \sum_{j \in \omega_h} u_j(t)p_j(x) + \sum_{j \in \gamma_h} u_{*,j}(t)p_j(x), \qquad (7.5)$$

mit den gesuchten zeitabhängigen Koeffizienten $u_j(t)$ $(j \in \omega_h)$ und den durch die Randbedingungen 1. Art vorgegebenen Koeffizienten $u_{*,j}(t) = g_1(x_j,t)$ $(j \in \gamma_h)$, wobei wir hier wieder die im Abschnitt 4.4.1 eingeführten Indexmengen ω_h und γ_h benutzen.

Wir setzen den Ansatz (7.5) in die Linienvariationsformulierung (7.3) – (7.4) ein und wählen die Testfunktionen aus dem endlichdimensionalen FE-Teilraum $V_{0h} \subset V_0$. Damit erhalten wir das folgende FE-Schema:

Gesucht ist $u_h(x,t) \in V_{g_1h}$ mit $\dot{u}_h \in L_2(\Omega)$ für fast alle $t \in (0,T)$, so dass

$$(\dot{u}_h,v_h)_0 + a(t;u_h,v_h) = \langle F(t),v_h \rangle \qquad \text{für alle } v \in V_{0h}$$

und für fast alle $t \in (0,T)$ gilt sowie die Anfangsbedingung

$$(u_h(x,0),v_h)_0 = (u_0,v_h)_0 \qquad \text{für alle } v \in V_{0h}$$

erfüllt wird.

Hierbei sind

$$V_{g_1 h} = \left\{ u_h(x,t) \; : \; u_h(x,t) = \sum_{j \in \omega_h} u_j(t) p_j(x) + \sum_{j \in \gamma_h} g_1(x_j, t) p_j(x) \right\}$$

die Menge der zulässigen FE-Funktionen und

$$V_{0h} = \left\{ v(x) \; : \; v_h(x) = \sum_{i \in \omega_h} v_i p_i(x) \right\}$$

der Teilraum der FE-Testfunktionen.

Beachten wir die konkrete Gestalt der Funktion $u_h(x,t)$, und setzen wir für v_h die Basisfunktionen p_i, $i \in \omega_h$, nacheinander ein, dann ergibt sich die Aufgabe:

Gesucht ist der Vektor $\underline{u}_h(t) = [u_j(t)]_{j \in \omega_h}$ der unbekannten Koeffizientenfunktionen, so dass für alle $i \in \omega_h$ und für fast alle $t \in (0,T)$ die gewöhnlichen Differentialgleichungen

$$\sum_{j \in \omega_h} \dot{u}_j(t)(p_j, p_i)_0 + \sum_{j \in \omega_h} u_j(t) a(t, p_j, p_i)$$

$$= \langle F(t), p_i \rangle - \sum_{j \in \gamma_h} u_{*,j}(t) a(t, p_j, p_i) - \sum_{j \in \gamma_h} \dot{u}_{*,j}(t)(p_j, p_i)_0 \tag{7.6}$$

und die Anfangsbedingung

$$\sum_{j \in \omega_h} u_j(0)(p_j, p_i)_0 = (u_0, p_i)_0 - \sum_{j \in \gamma_h} u_{*,j}(0)(p_j, p_i)_0 \tag{7.7}$$

erfüllt wird.

Die Aufgabe (7.6) – (7.7) ist der folgenden Anfangswertaufgabe für ein System linearer gewöhnlicher Differentialgleichungen äquivalent.

Gesucht ist der Vektor $\underline{u}_h(t) = [u_j(t)]_{j \in \omega_h}$ der Koeffizientenfunktionen, so dass das System gewöhnlicher Differentialgleichungen erster Ordnung

$$M_h \underline{\dot{u}}_h(t) + K_h(t) \underline{u}_h(t) = \underline{f}_h(t) \quad \text{für fast alle } t \in (0,T), \tag{7.8}$$

und die Anfangsbedingungen

$$M_h \underline{u}_h(0) = \underline{g}_h \tag{7.9}$$

erfüllt werden.

Hierbei bezeichnen

$$M_h = [(p_j, p_i)_0]_{i,j \in \omega_h} \quad \text{bzw.} \quad K_h(t) = [a(t; p_j, p_i)]_{i,j \in \omega_h}$$

die Massenmatrix bzw. die Steifigkeitsmatrix. Die rechten Seiten

$$\underline{f}_h(t) = \left[\langle F(t), p_i \rangle - \sum_{j \in \gamma_h} u_{*,j}(t) a(t; p_j, p_i) - \sum_{j \in \gamma_h} \dot{u}_{*,j}(t)(p_j, p_i)_0 \right]_{i \in \omega_h}$$

und

$$\underline{g}_h = \left[(u_0, p_i) - \sum_{j \in \gamma_h} u_{*,j}(0)(p_j, p_i)_0 \right]_{i \in \omega_h}$$

von (7.8) und (7.9) nennt man Lastvektor und Vektor der „Momente" der Anfangstemperatur.

Zur Bestimmung der Vektorfunktion $\underline{u}_h(t) = [u_j(t)]_{j \in \omega_h}$ haben wir das System (7.8) gewöhnlicher Differentialgleichungen erster Ordnung mit der Anfangsbedingung $\underline{u}_h(0) = M_h^{-1} \underline{g}_h$ erhalten. Die Aufgabe (7.8) – (7.9) wird auch als *semidiskrete Ersatzaufgabe* bezeichnet.

7.1.3 Volldiskrete Ersatzaufgaben

Zur näherungsweisen Lösung des Systems gewöhnlicher Differentialgleichungen (7.8) beschreiben wir zunächst das in der Praxis sehr häufig verwendete *σ-gewichtete Differenzenschema*. Dazu zerlegen wir das Zeitintervall $(0, T)$ in m Teilintervalle

$$[0, T] = \bigcup_{k=1}^{m} [t_{k-1}, t_k], \quad 0 = t_0 < t_1 < \ldots < t_k < \ldots < t_m = T,$$

mit der Zeitschrittweite $\tau = t_k - t_{k-1} = T/m$. Wir wählen hier der Einfachheit halber eine feste Zeitschrittweite τ. Es wäre aber auch die Wahl einer variablen Zeitschrittweite möglich. Diese Vorgehensweise ist insbesondere dann sinnvoll, wenn sich die Lösung infolge stark variierender Daten zeitlich stark ändert. Approximieren wir die Zeitableitung $\underline{\dot{u}}(t)$ auf der Zeitschicht $t = t_k$ durch den vorwärtigen Differenzenquotienten

$$\underline{\dot{u}}(t_k) \approx \frac{\underline{u}_h(t_{k+1}) - \underline{u}_h(t_k)}{\tau}$$

und ersetzen wir den elliptischen Teil $K_h(t)\underline{u}_h(t)$ durch eine konvexe Linearkombination auf den Zeitschichten $t = t_k$ und $t = t_{k+1}$, d.h. durch

$$\sigma K_h(t_{k+1}) \underline{u}_h(t_{k+1}) + (1 - \sigma) K_h(t_k) \underline{u}_h(t_k), \quad \sigma \in [0, 1],$$

dann erhalten wir als Ergebnis die *volldiskrete Ersatzaufgabe* (σ-gewichtetes Schema) zur näherungsweisen Bestimmung der Vektorfunktion $\underline{u}_h(t)$ auf den Zeitschichten t_k, $k = 1, 2, \ldots, m$. Im Weiteren nutzen wir die Bezeichnung $\underline{u}_h^{(k)} = [\tilde{u}_j(t_k)]_{j \in \omega_h}$ für die Approximation von $\underline{u}_h(t_k)$.

Gesucht ist $\underline{u}_h^{(k+1)} = [\tilde{u}_j(t_{k+1})]_{j \in \omega_h}$, so dass für alle $k = 1, 2, \ldots, m - 1$

$$M_h \frac{\underline{u}_h^{(k+1)} - \underline{u}_h^{(k)}}{\tau} + \sigma K_h(t_{k+1}) \underline{u}_h^{(k+1)} + (1 - \sigma) K_h(t_k) \underline{u}_h^{(k)} = \underline{\varphi}_h^{(k)} \qquad (7.10)$$

mit $\underline{\varphi}_h^{(k)} = \sigma \underline{f}_h(t_{k+1}) + (1 - \sigma) \underline{f}_h(t_k)$ gilt und die Anfangsbedingung

$$\underline{u}_h^{(0)} = M_h^{-1} \underline{g}_h$$

erfüllt wird.

Für $\sigma = 0$ heißt das Schema (7.10) *explizites Schema* (explizites Euler-Verfahren), für $\sigma = \frac{1}{2}$ *Crank-Nicolson-Schema* und für $\sigma = 1$ *rein implizites Schema* (implizites Euler-Verfahren). Wir verweisen den Leser auf das Kapitel 8 und auf die Literatur (zum Beispiel [GRT10, GR05, Tho84]), wo diese Klassen von Zeitintegrationsverfahren ausführlich diskutiert werden.

Aus der Aufgabe (7.10) ist ersichtlich, dass zur Bestimmung des Lösungsvektors $\underline{u}_h^{(k+1)}$ zum Zeitpunkt t_{k+1} ein lineares Gleichungssystem der Gestalt

$$(M_h + \sigma \tau K_h(t_{k+1}))\,\underline{u}_h^{(k+1)} = (M_h - (1-\sigma)\tau K_h(t_k))\,\underline{u}_h^{(k)} + \tau \underline{\varphi}_h^{(k)} \qquad (7.11)$$

zu lösen ist. Als Auflösungsalgorithmen können die im Kapitel 5 beschriebenen Verfahren genutzt werden. Die Massenmatrix M_h kann auch durch die Diagonalmatrix

$$D_h = \mathrm{diag}[(D_h)_{ii}]_{i \in \omega_h} = \mathrm{diag}\left[\sum_{j \in \omega_h} (M_h)_{ij}\right]_{i \in \omega_h}$$

ersetzt werden, ohne dass zumindest im Fall stückweise linearer Ansatzfunktionen die Approximationsgenauigkeit leidet [Tho84]. Diese Vorgehensweise ist aus der Literatur als „*mass-lumping*" bekannt. Mit der Matrix D_h anstelle der Matrix M_h ist das Gleichungssystem (7.11) für $\sigma = 0$ aufgrund der Diagonalgestalt von D_h besonders einfach lösbar. Im Kapitel 8 geben wir einen systematischen Überblick über die wichtigsten Zeitintegrationsverfahren zur numerischen Lösung von Anfangswertaufgaben für gewöhnliche Differentialgleichungen bzw. Systeme gewöhnlicher Differentialgleichungen erster Ordnung. Die Anfangswertaufgabe (7.8) – (7.9), die durch die Ortsdiskretisierung der parabolischen ARWA (7.3) – (7.4) entsteht, besitzt einige Besonderheiten, die bei der Wahl des Zeitintegrationsverfahrens berücksichtigt werden müssen. In der Regel ist das System (7.8) der gewöhnlichen Differentialgleichungen großdimensioniert und wegen der schlechten Kondition der Steifigkeitsmatrix K_h steif.

7.1.4 Stabilität und Konvergenz

Eine wichtige Frage bei derartigen Schemata ist die Frage nach der Stabilität. Ein Schema heißt *stabil*, wenn kleine Änderungen in der Anfangsbedingung und der rechten Seite auch nur kleine Änderungen in der Lösung verursachen. Für $\sigma = 0$ erhalten wir nur ein bedingt stabiles Schema. Es ist nur dann stabil, wenn für die Diskretisierungsschrittweiten h und τ die Relation $\tau \leq h^2/c$ mit einer (hier nicht näher erläuterten) Konstanten c gilt. Im Abschnitt 8.2.3 des nächsten Kapitels führen wir für den Fall $\sigma = 0$ eine genaue Stabilitätsanalyse durch und leiten die exakte Stabilitätsbedingung her. Für $\sigma \geq \frac{1}{2}$ ist das Schema (7.2) – (7.3) unbedingt stabil, d.h. stabil unabhängig von der Wahl von h und τ (siehe ebenfalls Kapitel 8).

Wir geben noch zwei Fehlerabschätzungen an. Weitere Fehlerabschätzungen kann der Leser zum Beispiel in [GRT10, GR05, Tho84] finden. Falls $u(x,t)$ hinreichend glatt ist und stückweise lineare Ansatzfunktionen bei der FE-Diskretisierung bezüglich des Ortes genutzt werden, gelten in der H^1- bzw. in der L_2-Norm die Fehlerabschätzungen

$$\|u(x,t_k) - u_h(x,t_k)\|_{s,2,\Omega} \;\leq\; c(u) \begin{cases} h^{2-s} + \tau & \sigma = 1 \\[2mm] h^{2-s} + \tau^2 & \sigma = \frac{1}{2} \end{cases} \;,\; s = 0,1,$$

für alle $k = 0, 1, \ldots, m$.

7.2 Hyperbolische Anfangsrandwertaufgaben

7.2.1 Linienvariationsformulierung

Als Prototyp einer hyperbolischen Anfangsrandwertaufgabe betrachten wir zunächst eine ARWA für die Schwingungs- bzw. Wellengleichung in klassischer Formulierung (siehe z.B. Gleichung (2.22), S. 57):

Gesucht ist das zeitabhängige Verschiebungsfeld $u(x,t)$, für das die Schwingungsgleichung (Wellengleichung)

$$\frac{\partial^2 u}{\partial t^2} - \sum_{i=1}^{d} \frac{\partial}{\partial x_i} \left(\lambda_i(x,t) \frac{\partial u}{\partial x_i} \right) = f(x,t) \quad \text{für alle} \quad (x,t) \in Q_T = \Omega \times (0,T) \tag{7.12}$$

gilt sowie die Randbedingungen

$$u(x,t) = 0 \qquad \text{für alle} \ x \in \Gamma_1, t \in (0,T),$$

$$\frac{\partial u}{\partial N} = g_2(x,t) \qquad \text{für alle} \ x \in \Gamma_2, t \in (0,T),$$

$$\frac{\partial u}{\partial N} + \alpha(x,t)u(x,t) = \alpha(x,t)g_3(x,t) \qquad \text{für alle} \ x \in \Gamma_3, t \in (0,T)$$

und die Anfangsbedingungen

$$u(x,0) = u_0(x) \quad \text{und} \quad \frac{\partial u}{\partial t}(x,0) = u_1(x) \quad \text{für alle} \ x \in \overline{\Omega} \tag{7.13}$$

erfüllt werden.

Der Einfachheit halber nehmen wir homogene Randbedingungen an. Im örtlich zweidimensionalen Fall $(d = 2)$ wird durch die ARWA (7.12) – (7.13) zum Beispiel die Schwingung einer am Rand fest eingespannten ($g_1 = 0$ und $\Gamma_1 = \partial\Omega$) Membran modelliert. Interessanter für praktische Anwendungen ist die Beschreibung der elastischen Schwingungen dreidimensionaler $(d = 3)$ Körper durch das vektorielle Analogon (dynamische Elastizitätsgleichungen) zur skalaren Schwingungsgleichung. In der Akustik wird durch (7.12) die Ausbreitung von Druckwellen beschrieben. Um die Darlegung der Diskretisierungstechniken nicht zu verkomplizieren, beschränken wir uns auf den skalaren Fall.

Den Ausgangspunkt der FE-Diskretisierung bildet wie im parabolischen Fall (siehe Abschnitt 7.1) wieder die sogenannte *Linienvariationsformulierung*. Um diese zu erhalten, multiplizieren wir die Differentialgleichung und die Anfangsbedingungen aus der Aufgabe (7.12) – (7.13) mit einer Testfunktion $v \in V_0 = \{v \in H^1(\Omega) : v = 0 \text{ auf } \Gamma_1\}$ und integrieren über Ω. Nach partieller Integration im elliptischen Anteil und Einarbeitung der natürlichen Randbedingungen erhalten wir die gesuchte Linienvariationsformulierung des Problems (7.12) – (7.13):

Gesucht ist das zeitabhängige Verschiebungsfeld $u \in V_0$, so dass

$$(\ddot{u}(t), v)_0 + a(t; u(t), v) = \langle F(t), v \rangle \quad \text{für alle} \quad v \in V_0, \tag{7.14}$$

und für fast alle $t \in (0, T)$ gilt sowie die Anfangsbedingungen

$$(u(x, 0), v)_0 = (u_0, v)_0 \quad \text{und} \quad (\dot{u}(x, 0), v)_0 = (u_1, v)_0 \quad \text{für alle} \quad v \in V_0 \tag{7.15}$$

erfüllt werden.

Hierbei haben wir die Bezeichnungen

$$(\ddot{u}(t), v)_0 \;=\; \int_\Omega \ddot{u}(x, t) v(x) \, dx \;=\; \int_\Omega \frac{\partial^2 u(x, t)}{\partial t^2} v(x) \, dx,$$

$$a(t; u, v) \;=\; \int_\Omega \left[\sum_{i=1}^d \lambda_i(x, t) \frac{\partial u}{\partial x_i} \frac{\partial v}{\partial x_i} \right] dx + \int_{\Gamma_3} \alpha(x, t) u(x, t) v \, ds,$$

$$\langle F(t), v \rangle \;=\; \int_\Omega f v \, dx + \int_{\Gamma_2} g_2(x, t) v \, ds + \int_{\Gamma_3} \alpha(x, t) g_3(x, t) v \, ds.$$

genutzt. Um ein exaktes mathematisches Modell zu formulieren, ist es wieder notwendig, genau zu beschreiben in welchen Räumen bzw. Mengen die Lösung u gesucht wird. Dazu verwendet man Räume abstrakter Funktionen, die auf dem betrachteten Zeitintervall definiert sind. Für $u \in C([0, T], V_0)$ mit $\dot{u} \in L_\infty((0, T), V_0)$ und $\ddot{u} \in L_\infty((0, T), L_2(\Omega))$ sowie unter entsprechenden Voraussetzungen an die Eingangsdaten findet der interessierte Leser z.B. in [Kač91] Existenz– und Eindeutigkeitsaussagen.

7.2.2 Semidiskrete Ersatzaufgaben

Um eine Diskretisierung der Aufgabe (7.14) – (7.15) zu erhalten, führen wir zuerst eine FE-Diskretisierung bezüglich der Ortsvariablen durch. Dazu verwenden wir den Lösungsansatz

$$u_h = u_h(x, t) = \sum_{j \in \omega_h} u_j(t) p_j(x) \tag{7.16}$$

mit den gesuchten zeitabhängigen Koeffizienten $u_j(t)$ ($j \in \omega_h$). Falls inhomogene Randbedingungen 1. Art vorliegen, dann muss dies analog zum Ansatz (7.5) berücksichtigt werden.

Wir setzen den Ansatz (7.16) in die Linienvariationsformulierung (7.14) – (7.15) ein und wählen die Testfunktionen aus dem FE-Teilraum $V_{0h} \subset V_0$. Damit erhalten wir das folgende FE-

Schema:

Gesucht ist $u_h \in V_0$, so dass

$$(\ddot{u}_h, v_h)_0 + a(t; u_h, v_h) = \langle F(t), v_h \rangle \quad \text{für alle} \quad v \in V_{0h}$$

und für fast alle $t \in (0,T)$ gilt sowie die Anfangsbedingungen

$$(u_h(x,0), v_h)_0 = (u_0, v_h)_0 \quad \text{und} \quad (\dot{u}_h(x,0), v_h)_0 = (u_1, v_h)_0 \quad \text{für alle} \quad v \in V_{0h}$$

erfüllt werden.

Hierbei ist

$$V_{0h} = \left\{ v_h(x) : v_h(x) = \sum_{i \in \omega_h} v_i p_i(x) \right\}$$

der Teilraum der FE-Testfunktionen.

Beachten wir die konkrete Gestalt der Funktion $u_h(x,t)$ und setzen wir für v_h die Basisfunktionen p_i, $i \in \omega_h$, nacheinander ein, dann erhalten wir die Aufgabe:

Gesucht ist der Vektor $\underline{u}_h(t) = [u_j(t)]_{j \in \omega_h}$ der unbekannten Koeffizientenfunktionen, so dass für alle $i \in \omega_h$ und für fast alle $t \in (0,T)$ die gewöhnlichen Differentialgleichungen

$$\sum_{j \in \omega_h} \ddot{u}_j(t)(p_j, p_i)_0 + \sum_{j \in \omega_h} u_j(t) a(t; p_j, p_i) = \langle F(t), p_i \rangle \tag{7.17}$$

sowie die Anfangsbedingungen

$$\sum_{j \in \omega_h} u_j(0)(p_j, p_i)_0 = (u_0, p_i)_0 \tag{7.18}$$

und

$$\sum_{j \in \omega_h} \dot{u}_j(0)(p_j, p_i)_0 = (u_1, p_i)_0 \tag{7.19}$$

erfüllt werden.

Die Aufgabe (7.17) – (7.19) ist zu der folgenden Anfangswertaufgabe für ein System gewöhnlicher Differentialgleichungen zweiter Ordnung äquivalent.

Gesucht ist der Vektor $\underline{u}_h(t) = [u_j(t)]_{j \in \omega_h}$ der Koeffizientenfunktionen, so dass das System gewöhnlicher Differentialgleichungen

$$M_h \ddot{\underline{u}}_h(t) + K_h(t) \underline{u}_h(t) = \underline{f}_h(t) \quad \text{für fast alle} \quad t \in (0,T), \tag{7.20}$$

sowie die Anfangsbedingungen

$$M_h \underline{u}_h(0) = \underline{u}_{0h} \quad \text{und} \quad M_h \dot{\underline{u}}_h(0) = \underline{u}_{1h} \tag{7.21}$$

erfüllt werden.

Hierbei bezeichnen

$$M_h = [(p_j, p_i)_0]_{i,j \in \omega_h} \quad \text{bzw.} \quad K_h(t) = [a(t; p_j, p_i)]_{i,j \in \omega_h}$$

wieder die Massenmatrix bzw. die Steifigkeitsmatrix. Die rechten Seiten

$$\underline{f}_h(t) = [\langle F(t), p_i \rangle]_{i \in \omega_h}$$

und

$$\underline{u}_{0h} = [(u_0, p_i)]_{i \in \omega_h} \quad \text{bzw.} \quad \underline{u}_{1h} = [(u_1, p_i)]_{i \in \omega_h}$$

von (7.20) und (7.21) nennt man Lastvektor und Vektor der „Momente" der Anfangsauslenkungen bzw. der Anfangsimpulse.

Zur Bestimmung der Vektorfunktion $\underline{u}_h(t) = [u_j(t)]_{j \in \omega_h}$ haben wir das System (7.20) gewöhnlicher Differentialgleichungen zweiter Ordnung mit den Anfangsbedingungen $\underline{u}_h(0) = M_h^{-1}\underline{u}_{0h}$ und $\underline{\dot{u}}_h(0) = M_h^{-1}\underline{u}_{1h}$ erhalten. Die Aufgabe (7.20) – (7.21) wird wieder als *semidiskrete Ersatzaufgabe* bezeichnet.

7.2.3 Zeitintegrationsverfahren

Zur näherungsweisen Lösung des Systems (7.20) gewöhnlicher Differentialgleichungen zweiter Ordnung mit den Anfangsbedingungen (7.21) konstruieren wir zunächst wie im parabolischen Fall ein σ-gewichtetes Differenzenschema. Dazu zerlegen wir das Zeitintervall $(0,T)$ in die m Teilintervalle

$$[0, T] = \bigcup_{k=1}^{m} [t_{k-1}, t_k], \quad 0 = t_0 < t_1 < \ldots < t_k < \ldots < t_m = T,$$

mit der Zeitschrittweite $\tau = t_{k+1} - t_k = T/m$. Der Einfachheit halber betrachten wir wieder eine feste Zeitschrittweite τ. Approximieren wir nun die zweite Zeitableitung $\underline{\ddot{u}}_h(t)$ auf der Zeitschicht $t = t_k$ durch den zweiten Differenzenquotienten $(\underline{u}_h(t_{k+1}) - 2\underline{u}_h(t_k) + \underline{u}_h(t_{k-1}))/\tau^2$ und ersetzen wir den elliptischen Teil $K_h(t)\underline{u}_h(t)$ durch eine konvexe Linearkombination auf den Zeitschichten $t = t_{k-1}$, $t = t_k$ und $t = t_{k+1}$, dann erhalten wir als Ergebnis die *volldiskrete Ersatzaufgabe* (σ-gewichtetes Schema) zur näherungsweisen Bestimmung der Vektorfunktion $\underline{u}_h(t)$ auf den Zeitschichten t_k, $k = 1, 2, \ldots, m$. Genauso wie im Abschnitt 7.1.3 nutzen wir die Bezeichnung $\underline{u}_h^{(k)} = [\tilde{u}_j(t_k)]_{j \in \omega_h}$ für die Approximation von $\underline{u}_h(t_k)$.

Gesucht ist $\underline{u}_h^{(k+1)} = [\tilde{u}_j(t_{k+1})]_{j \in \omega_h}$, so dass für alle $k = 1, 2, \ldots, m-1$

$$M_h \frac{\underline{u}_h^{(k+1)} - 2\underline{u}_h^{(k)} + \underline{u}_h^{(k-1)}}{\tau^2} + \sigma K_h(t_{k+1})\underline{u}_h^{(k+1)}$$
$$+ (1-2\sigma)K_h(t_k)\underline{u}_h^{(k)} + \sigma K_h(t_{k-1})\underline{u}_h^{(k-1)} = \underline{\varphi}_h^{(k)} \tag{7.22}$$

mit $\underline{\varphi}_h^{(k)} = \sigma \underline{f}_h(t_{k-1}) + (1-2\sigma)\underline{f}_h(t_k) + \sigma \underline{f}_h(t_{k+1})$ und mit gegebenen Anfangswerten

$$\underline{u}_h^{(0)} = M_h^{-1}\underline{u}_{0h} \quad \text{und} \quad \underline{u}_h^{(1)}$$

gilt.

Der Vektor $\underline{u}_h^{(1)}$ kann aus den gegebenen Anfangswerten (7.21) leicht berechnet werden. Tatsächlich, aus der Kenntnis der Funktionswerte $\underline{u}_h(0) = M_h^{-1}\underline{u}_{0h}$ und der Ableitungswerte $\underline{\dot{u}}_h(0) = M_h^{-1}\underline{u}_{1h}$ erhalten wir die Approximation erster Ordnung

$$\underline{u}_h^{(1)} = M_h^{-1}\underline{u}_{0h} + \tau M_h^{-1}\underline{u}_{1h}$$

von $\underline{u}_h(t_1)$. Unter Verwendung der zweiten Ableitungen aus der Differentialgleichung (7.20) kann eine Approximation zweiter Ordnung erhalten werden:

$$\underline{u}_h^{(1)} = \underline{u}_h^{(0)} + \tau M_h^{-1}\underline{u}_{1h} + \frac{\tau^2}{2}M_h^{-1}(\underline{f}_h(0) - K_h(0)\underline{u}_h^{(0)}).$$

Aus (7.22) ist ersichtlich, dass zur Bestimmung des Lösungsvektors $\underline{u}_h^{(k+1)}$ zum Zeitpunkt t_{k+1} ein lineares Gleichungssystem der Gestalt

$$(M_h + \sigma\tau^2 K_h(t_{k+1}))\,\underline{u}_h^{(k+1)}$$
$$= \tau^2 \underline{\varphi}_h^{(k)} + (2M_h - (1-2\sigma)\tau^2 K_h(t_k))\,\underline{u}_h^{(k)} - (M_h + \sigma\tau^2 K_h(t_{k-1}))\,\underline{u}_h^{(k-1)}$$

zu lösen ist. Als Auflösungsalgorithmen können die im Kapitel 5 beschriebenen Verfahren genutzt werden. Im Fall $\sigma = 0$ erhalten wir das *explizite Schema*. Ersetzt man die Massenmatrix M_h mittels „mass-lumping" wieder durch eine Diagonalmatrix, dann ist das explizite Schema schnell auflösbar. Allerdings ist das explizite Schema nur bedingt stabil. Die Stabilitätsanalyse kann analog zum Abschnitt 8.2.3 mit der Fourier-Methode durchgeführt werden. Danach ist das explizite Schema stabil, falls die sogenannte *Courant-Friedrichs-Levi-Bedingung* (CFL-Bedingung)

$$\tau < 2/\sqrt{\lambda_{\max}(M_h^{-1}K_h)} \tag{7.23}$$

erfüllt ist, wobei hier $\lambda_{\max}(M_h^{-1}K_h)$ den größten Eigenwert der Matrix $M_h^{-1}K_h$ bezeichnet und angenommen wird, dass die Steifigkeitsmatrix K_h der Einfachheit halber nicht von t abhängt. Falls „mass-lumping" genutzt wird, ist M_h durch D_h zu ersetzen. Da $\lambda_{\max}(M_h^{-1}K_h) = O(h^{-2})$ gilt, bedeutet die CFL-Bedingung (7.23) qualitativ, dass die Zeitschrittweite τ in der Größenordnung der Ortsschrittweite h zu wählen ist, d.h. $\tau = O(h)$. Für $\sigma \geq 1/4$ ist das σ-gewichtete Schema (7.22) unbedingt stabil.

In der Praxis der dynamischen Strukturanalyse sind die *Newmark-Schemata* sehr populär [New59]. Dazu betrachten wir wieder unsere AWA (7.20) – (7.21) mit einem zusätzlichen Dämpfungsterm $C_h(t)\underline{\dot{u}}_h(t)$ auf der linken Seite des Differentialgleichungssystems (7.20):

Gesucht ist der Vektor $\underline{u}_h(t) = [u_j(t)]_{j\in\omega_h}$ der Koeffizientenfunktionen, so dass das System gewöhnlicher Differentialgleichungen

$$M_h\underline{\ddot{u}}_h(t) + C_h(t)\underline{\dot{u}}_h(t) + K_h(t)\underline{u}_h(t) = \underline{f}_h(t) \tag{7.24}$$

für fast alle $t \in (0,T)$ sowie die Anfangsbedingungen

$$M_h\underline{u}_h(0) = \underline{u}_{0h} \quad \text{und} \quad M_h\underline{\dot{u}}_h(0) = \underline{u}_{1h}. \tag{7.25}$$

erfüllt werden.

Der Dämpfungsterm entsteht entweder aus der Berücksichtigung von technischen Dämpfungs-effekten in der Differentialgleichung (7.12) durch einen Term der Art $c(x,t)\frac{\partial u}{\partial t}$ bzw. aus rein numerischen Überlegungen in Form einer Linearkombination von Massenmatrix und Steifig-keitsmatrix mit geeignet gewählten Parametern. Wir führen nun die Knotengeschwindigkeiten

$$\underline{v}_h(t) = \underline{\dot{u}}_h(t)$$

und die Knotenbeschleunigungen

$$\underline{a}_h(t) = \underline{\ddot{u}}_h(t)$$

als neue Variable ein. Aus der Taylor-Formel erhalten wir für die Werte der Verschiebungen und der Geschwindigkeiten auf der neuen Zeitschicht die Darstellungen

$$\underline{u}_h(t_{k+1}) = \underline{u}_h(t_k) + \underline{v}_h(t_k)\tau + \underline{a}_h(t_k + \theta\tau)\frac{\tau^2}{2}$$

und

$$\underline{v}_h(t_{k+1}) = \underline{v}_h(t_k) + \underline{a}_h(t_k + \tilde{\theta}\tau)\tau,$$

wobei die $\theta, \tilde{\theta} \in (0,1)$ für jede Komponente der Vektorfunktion $\underline{a}_h(.)$ verschiedene Werte anneh-men kann. Wir approximieren die Beschleunigungswerte in den Zwischenpunkten durch konvexe Linearkombinationen der entsprechenden Werte auf den Zeitschichten t_k und t_{k+1}, ersetzen die exakten Werte von $\underline{u}_h(t_k)$, $\underline{u}_h(t_{k+1})$, $\underline{v}_h(t_k)$ usw. durch Näherungswerte $\underline{u}_h^{(k)}$, $\underline{u}_h^{(k+1)}$, $\underline{v}_h^{(k)}$ usw., und bestimmen die unbekannten Beschleunigungen $\underline{a}_h^{(k+1)}$ auf der neuen Zeitschicht $t = t_{k+1}$ so, dass das Differentialgleichungssystem (7.24) erfüllt wird:

Gesucht ist $\underline{a}_h^{(k+1)} = [\tilde{a}_j(t_{k+1})]_{j\in\omega_h}$, so dass für alle $k = 0, 1, 2, \ldots, m-1$

$$M_h\underline{a}_h^{(k+1)} + C_h(t_{k+1})\underline{v}_h^{(k+1)} + K_h(t_{k+1})\underline{u}_h^{(k+1)} = \underline{f}_h^{(k+1)}, \qquad (7.26)$$

$$\underline{u}_h^{(k+1)} = \underline{u}_h^{(k)} + \tau\underline{v}_h^{(k)} + \frac{\tau^2}{2}\left[(1-2\beta)\underline{a}_h^{(k)} + 2\beta\underline{a}_h^{(k+1)}\right], \qquad (7.27)$$

$$\underline{v}_h^{(k+1)} = \underline{v}_h^{(k)} + \tau\left[(1-\gamma)\underline{a}_h^{(k)} + \gamma\underline{a}_h^{(k+1)}\right] \qquad (7.28)$$

mit $\underline{f}_h^{(k+1)} = \underline{f}_h(t_{k+1})$ und mit gegebenen Anfangswerten

$$\underline{u}_h^{(0)} = M_h^{-1}\underline{u}_{0h} \quad \text{und} \quad \underline{v}_h^{(0)} = M_h^{-1}\underline{u}_{1h} \qquad (7.29)$$

gilt.

Die Familie der Schemata (7.26) – (7.29) mit $\beta \in [0, 1/2]$ und $\gamma \in [0, 1]$ wird nach Newmark benannt. Die Anfangswerte $\underline{a}_h^{(0)}$ für die Beschleunigungen können unter Berücksichtigung der gegebenen Anfangswerte (7.29) für die Verschiebungen und für die Geschwindigkeiten eben-falls wieder aus dem Differentialgleichungssystem (7.26) für $j = -1$ berechnet werden. Durch Einsetzen von (7.27) und (7.28) in (7.26) erhalten wir das Gleichungssystem

$$(M_h + \tau\gamma C_h(t_{k+1}) + \tau^2\beta K_h(t_{k+1}))\underline{a}_h^{(k+1)} = \underline{\varphi}_h^{(k+1)} \qquad (7.30)$$

zur Bestimmung der unbekannten Beschleunigungen $\underline{a}_h^{(k+1)}$ auf der neuen Zeitschicht $t = t_{k+1}$, wobei die rechte Seite $\underline{\varphi}_h^{(k+1)}$ des Gleichungssystems (7.30) durch die Beziehung

$$
\begin{aligned}
\underline{\varphi}_h^{(k+1)} \;=\;& \underline{f}_h^{(k+1)} - C_h(t_{k+1})\underline{v}_h^{(k)} - \tau(1-\gamma)C_h(t_{k+1})\underline{a}_h^{(k)} \\
& - K_h(t_{k+1})\underline{u}_h^{(k)} - \tau K_h(t_{k+1})\underline{v}_h^{(k)} - \frac{\tau^2}{2}(1-2\beta)K_h(t_{k+1})\underline{a}_h^{(k)}
\end{aligned}
$$

gegeben ist. Ist einmal $\underline{a}_h^{(k+1)}$ bekannt, dann berechnen sich die Verschiebungen $\underline{u}_h^{(k+1)}$ und die Geschwindigkeiten $\underline{v}_h^{(k+1)}$ auf der neuen Zeitschicht $t = t_{k+1}$ nach den Formeln (7.27) und (7.28). In der Praxis wird das Newmark-Verfahren mit den Parametern

$$
\beta = 1/4 \quad \text{und} \quad \gamma = 1/2
$$

wohl am häufigsten verwendet. Am Ende des Kapitels 8 zeigen wir in der Bemerkung 8.1, dass das Newmark-Verfahren mit $\beta = 1/4$ und $\gamma = 1/2$ die gleichen Näherungen produziert wie die Trapezregel (Crank-Nicolson-Schema), wenn sie auf das zu (7.24) äquivalente System erster Ordnung angewandt wird. Das Newmark-Verfahren mit $\beta = 1/4$ und $\gamma = 1/2$ wird deshalb manchmal auch Trapezregel genannt und ist somit unbedingt stabil.

8 Anfangswertaufgaben für gewöhnliche Differentialgleichungen

Anfangswertaufgaben (AWA) für Systeme gewöhnlicher Differentialgleichungen sind uns bereits im Kapitel 7 nach der Ortsdiskretisierung eines instationären Wärmeleitproblems (Prototyp einer parabolischen ARWA) und einer Schwingungsgleichung (Prototyp einer hyperbolischen ARWA) begegnet. Im parabolischen Fall haben wir das System (7.8) gewöhnlicher Differentialgleichungen erster Ordnung und im hyperbolischen Fall das System (7.20) gewöhnlicher Differentialgleichungen zweiter Ordnung erhalten. In diesem Kapitel geben wir einen systematischen Überblick über die wichtigsten Verfahren zur numerischen Lösung von AWA für Systeme gewöhnlicher Differentialgleichungen erster Ordnung. Wie wir im ersten Abschnitt dieses Kapitels sehen werden, ist dies keine Einschränkung der Allgemeinheit, da wir durch eine geschickte Substitution Systeme zweiter Ordnung immer auf Systeme gewöhnlicher Differentialgleichungen erster Ordnung zurückführen können. Im Abschnitt 8.1 werden wir darüber hinaus die wichtigsten Fakten zu AWA für Systeme gewöhnlicher Differentialgleichungen erster Ordnung kurz zusammenstellen. Der Abschnitt 8.2 beschäftigt sich mit den Einschrittverfahren. Zur Klasse der Einschrittverfahren zählen die σ-gewichteten Differenzenverfahren und insbesondere das klassische explizite Euler-Verfahren ($\sigma = 0$) aus dem Abschnitt 7.1.2. Das explizite Euler-Verfahren wird im Abschnitt 8.2.1 als Eulersches Polygonzugverfahren interpretiert und exemplarisch ausführlich analysiert. Die direkte Verallgemeinerung der Konstruktionsidee über die Integraldarstellung führt auf die expliziten Runge-Kutta-Formeln, die im Abschnitt 8.2.2 betrachtet werden. Die aus der Ortsdiskretisierung parabolischer und hyperbolischer ARWA entstehenden AWA sind insbesondere auf feineren Ortsgittern steif. Steife AWA erfordern A-stabile Integrationsverfahren oder die genaue Kenntnis des Stabilitätsbereiches mit der daraus resultierenden Restriktion an die Zeitschrittweite (vgl. Abschnitt 8.2.3). Explizite Runge-Kutta-Formeln sind aber ausnahmslos nicht A-stabil. Deshalb gewinnen implizite Runge-Kutta-Formeln gerade für steife AWA an enormer Bedeutung (siehe Abschnitt 8.2.4). Im Abschnitt 8.2.5 werden einige praktische Hinweise zur adaptiven Steuerung der Schrittweite in Einschrittverfahren gegeben. Die Schrittweitensteuerung beruht auf einer Schätzung des lokalen Fehlers. Im Abschnitt 8.3 geben wir einen kurzen Überblick über die Konstruktionsideen und Eigenschaften von Mehrschrittverfahren. Wegen der zweiten Dahlquist-Barriere hat ein A-stabiles, lineares Mehrschrittverfahren höchstens die Konsistenzordnung 2. Das Crank-Nicolson-Verfahren (implizite Trapezregel) hat unter allen A-stabilen, linearen Mehrschrittverfahren der Konsistenzordnung 2 den kleinsten führenden Fehlerterm. Damit sind echte, lineare Mehrschrittverfahren für steife AWA weniger interessant. Eine Ausnahme sind die sogenannten BDF-Formeln, die bis zur Konsistenzordnung 6 zumindestens $A(\alpha)$-stabil sind und sich in der Praxis großer Beliebtheit erfreuen.

8.1 Einführende Bemerkungen

Ohne Beschränkung der Allgemeinheit betrachten wir in diesem Kapitel ausschließlich Systeme gewöhnlicher Differentialgleichungen erster Ordnung, die wir immer in der folgenden kanonischen Form aufschreiben werden:

Gesucht ist eine stetig differenzierbare Vektorfunktion $\underline{u}(t) = [u_i(t)]_{i=1}^N$, so dass das System gewöhnlicher Differentialgleichungen erster Ordnung

$$\underline{u}'(t) = \underline{f}(t,\underline{u}(t)) \quad \text{für alle } t \in [0,T] \tag{8.1}$$

und die Anfangsbedingungen

$$\underline{u}(0) = \underline{u}_0 \tag{8.2}$$

erfüllt werden.

Die gegebenen Anfangswerte sind hier im Vektor $\underline{u}_0 = [u_{0,i}]_{i=1}^N \in \mathbb{R}^N$ zusammengefasst. Die rechte Seite $\underline{f}(.,.) : [0,T] \times \mathbb{R}^N \longrightarrow \mathbb{R}^N$ ist eine gegebene, stetige Vektorfunktion auf $[0,T] \times \mathbb{R}^N$ mit den Komponenten $f_i(.,.)$, $i = 1,...,N$. Im Gegensatz zum vorangegangenen Kapitel bevorzugen wir in diesem Kapitel die Notationen $\underline{u}'$, $\underline{u}''$, u', u'' usw. zur Bezeichnung der Ableitungen nach t. Damit soll auch ausgedrückt werden, dass hier t nicht notwendigerweise die Zeitvariable bezeichnen muss.

Die nach der FE-Ortsdiskretisierung der parabolischen ARWA (7.3) – (7.4) erhaltene AWA (7.8) – (7.9) kann leicht in die kanonische Form (8.1) – (8.2) überführt werden. Dazu bringen wir den elliptischen Teil $K_h(t)\underline{u}_h(t)$ auf die rechte Seite von (7.8) und multiplizieren das erhaltene Differentialgleichungssystem sowie die Anfangsbedingungen (7.9) mit M_h^{-1}. Mit den Bezeichnungen

$$\underline{u}(t) = \underline{u}_h(t) \text{ und } \underline{u}'(t) = \underline{\dot{u}}_h(t)$$

erhalten wir schließlich das kanonische Differentialgleichungssystem

$$\underline{u}'(t) = \underline{f}(t,\underline{u}(t)) = -M_h^{-1}K_h(t)\underline{u}_h(t) + M_h^{-1}\underline{f}_h(t) \quad \text{für alle } t \in [0,T] \tag{8.3}$$

mit den Anfangsbedingungen

$$\underline{u}(0) = \underline{u}_0 = M_h^{-1}\underline{g}_h. \tag{8.4}$$

Die Anfangswertaufgabe (8.1) – (8.2) bzw. (8.3) – (8.4), die aus der Semidiskretisierung der parabolischen ARWA (7.3) – (7.4) entsteht, hat einige Besonderheiten, die bei ihrer numerischen Lösung zu berücksichtigen sind. Es handelt sich in der Regel um großdimensionierte Systeme mit der Jacobi-Matrix

$$\frac{\partial \underline{f}}{\partial \underline{u}} = \left[\frac{\partial f_i}{\partial u_j}\right]_{i,j=1}^N = -M_h^{-1}K_h(t).$$

Die Dimension $N = N_h = |\omega_h|$ strebt für $h \to 0$ gegen Unendlich. Je feiner das Gitter, desto größer ist die Dimension N der zu lösenden AWA. Darüber hinaus ist die Matrix $M_h^{-1}K_h(t)$ zumindest für feine Gitter schlecht konditioniert. Differentialgleichungssysteme der Art (8.1) mit schlecht konditionierter Jacobi-Matrix werden *steif* genannt. Die Besonderheiten, die man bei steifen Differentialgleichungssystemen zu beachten hat, werden wir genauer im Abschnitt 8.2.3

diskutieren. Des Weiteren kann im Fall der AWA (7.8) – (7.9) im Allgemeinen nicht erwartet werden, dass die Lösung $\underline{u}_h(.)$ stetig differenzierbar, d.h. $u_i \in C^1[0,T]$, ist. Da die Komponenten der rechten Seite $\underline{f}_h(.)$ oft nur L_2–Funktionen sind, ist es sinnvoll, die Lösungskomponenten u_i in $H^1(0,T)$ zu suchen. Das Differentialgleichungssystem (8.3) ist dann nur für fast alle $t \in (0,T)$ zu erfüllen.

Differentialgleichungssysteme, deren rechte Seite $\underline{f}(t,\underline{u}(t))$ wie in (8.3) die Form

$$\underline{f}(t,\underline{u}(t)) = A(t)\underline{u}(t) + \underline{g}(t)$$

mit einer gegebenen $N \times N$ Matrixfunktion $A(t)$ und einer gegebenen Vektorfunktion $\underline{g}(t)$ haben, werden auch *affin linear* genannt.

In vielen interessanten praktischen Anwendungen muss die Abhängigkeit der Wärmeleitzahlen λ_i in (7.1) von der Lösung u berücksichtigt werden. Die FE-Semidiskretisierung der ARWA (7.1) – (7.2) führt dann auf eine nichtlineare AWA, da die Steifigkeitsmatrix $K_h = K_h(t,\underline{u}_h(t))$ selbst wieder von der Lösung $\underline{u}_h(t)$ abhängt (vgl. auch Kapitel 6). Die rechte Seite in (8.1) bzw. (8.3) hat dann die Form

$$\underline{f}(t,\underline{u}(t)) = A(t,\underline{u}(t))\underline{u}(t) + \underline{g}(t).$$

Die AWA heißt in diesem Fall wie auch die ursprüngliche ARWA *quasilinear*. Die Berücksichtigung von Wärmestrahlung führt auf echt nichtlineare AWA (vgl. auch Kapitel 6).

Es gibt viele weitere Anwendungsbereiche, bei denen AWA für nichtlineare Differentialgleichungssysteme der Art (8.1) eine wichtige Rolle spielen. In der Chemie können chemische Reaktionen durch im Allgemeinen nichtlineare und oft sehr steife Differentialgleichungssysteme erster Ordnung beschrieben werden. Im Gegensatz zu den aus der FE-Semidiskretisierung stammenden AWA sind diese Differentialgleichungssysteme von moderater, fixierter Dimension. Wir betrachten im folgenden den Brusselator als ein typisches Beispiel aus dem Bereich der chemischen Reaktionen.

Beispiel 8.1

Der *Brusselator* (von R. Lefever und G. Nicolis, 1971) ist ein Modell einer chemischen Reaktion, die aus den folgenden Einzelreaktionen der Substanzen A, B, D, E, X, Y besteht:

$$A \xrightarrow{k_1} X \qquad \text{(monomolecular reaction)},$$
$$B+X \xrightarrow{k_2} Y+D \qquad \text{(bimolecular reaction)},$$
$$2X+Y \xrightarrow{k_3} 3X \qquad \text{(autocatalytic trimolecular reaction)},$$
$$X \xrightarrow{k_4} E \qquad \text{(monomolecular reaction)},$$

wobei k_i die gegebenen Reaktionsgeschwindigkeitskoeffizienten bezeichnen. Aufgrund des Massenwirkungsgesetzes ergibt sich die Reaktionskinetik, die durch das folgende System gewöhnlicher Differentialgleichungen für die Konzentrationen $c_A = c_A(t)$, $c_B = c_B(t)$, $c_D = c_D(t)$, $c_E = c_E(t)$, $c_X = c_X(t)$ und $c_Y = c_Y(t)$ der einzelnen Substanzen als Funktion der Zeit $t \in [0,T]$ beschrieben werden kann (siehe auch [HNW93] Seite 115):

$$c'_A = -k_1 c_A,$$

$$c'_B = -k_2 c_B c_X,$$

$$c'_D = +k_2 c_B c_X,$$

$$c'_E = +k_4 c_X,$$

$$c'_X = +k_1 c_A - k_2 c_B c_X + (-2k_3 c_X^2 c_Y + 3k_3 c_X^2 c_Y) - k_4 c_X,$$

$$c'_Y = +k_2 c_B c_X - k_3 c_X^2 c_Y,$$

wobei die nichtnegativen Anfangskonzentrationen $c_A(0)$, $c_B(0)$, $c_D(0)$, $c_E(0)$, $c_X(0)$, $c_Y(0)$ gegeben sind und die Normierungsbedingung

$$c_A + c_B + c_D + c_E + c_X + c_Y = 1$$

erfüllen.

Weitere charakteristische Beispiele, wie die *Zhabotinski–Belousov–Reaktion* (Oregonator) einer chemischen Oszillation (siehe zum Beispiel [DB08], Seite 23), die *Robertson–Reaktion* (siehe zum Beispiel [HW96], Seite 3) oder die sehr komplexe Glycolyse (siehe zum Beispiel [DB08], Seite 25) findet der interessierte Leser in der Literatur.

Die FE-Semidiskretisierung der hyperbolischen ARWA (7.12) – (7.13) führte auf das Differentialgleichungssystem (7.20) zweiter Ordnung mit den beiden Anfangsbedingungen (7.21). Mit den Bezeichnungen

$$\underline{u}(t) = \underline{u}_h(t), \; \underline{u}''(t) = \underline{\ddot{u}}_h(t), \; \underline{u}_0 = M_h^{-1} \underline{u}_{0h}, \; \underline{u}_1 = M_h^{-1} \underline{u}_{1h}$$

und

$$\underline{f}(t, \underline{u}(t), \underline{u}'(t)) = -M_h^{-1} K_h(t) \underline{u}_h(t) + M_h^{-1} \underline{f}_h(t)$$

erhalten wir die folgende kanonische Form einer AWA für ein System von gewöhnlichen Differentialgleichungen zweiter Ordnung:

Gesucht ist eine zweimal stetig differenzierbare Vektorfunktion $\underline{u}(t) = [u_i(t)]_{i=1}^N$, der Koeffizientenfunktionen, so dass das System gewöhnlicher Differentialgleichungen zweiter Ordnung

$$\underline{u}''(t) = \underline{f}(t, \underline{u}(t), \underline{u}'(t)) \quad \text{für alle } t \in [0, T] \tag{8.5}$$

sowie die Anfangsbedingungen

$$\underline{u}(0) = \underline{u}_0 \quad \text{und} \quad \underline{u}'(0) = \underline{u}_1 \tag{8.6}$$

erfüllt werden.

Die Modellierung von elektrischen Schaltkreisen in der Elektrotechnik führt ebenfalls auf AWA für nichtlineare Systeme von gewöhnlichen Differentialgleichungen bzw. auf Systeme differentialalgebraischer Gleichungen (siehe auch Beispiel 8.2).

Beispiel 8.2

Die van der Polsche Differentialgleichung

Gesucht ist eine zweimal stetig differenzierbare Funktion $u(t)$, so dass die Differentialgleichung

$$u''(t) = \varepsilon(1 - u^2(t))u'(t) - u(t) \quad \text{für alle } t \in [0,T]$$

mit gegebenen Anfangswerten $u(0)$ und $u'(0)$ erfüllt wird.

beschreibt Kippschwingungen in einem elektrischen Schaltkreis. Es handelt sich hier um eine nichtlineare Differentialgleichung zweiter Ordnung (siehe auch [HNW93] Seite 111 und [HW96] Seite 4).

In der Newtonschen Himmelsmechanik spielen AWA für Systeme gewöhnlicher Differentialgleichungen zweiter Ordnung eine fundamentale Rolle. Die Bewegungsgleichung einer Punktmasse mit der Masse m und der Position $\underline{u}(t)$ lässt sich nach dem Newtonschen Gesetz in der Form

$$m\underline{u}''(t) = \underline{f}(t, \underline{u}(t), \underline{u}'(t))$$

schreiben, wobei $\underline{f}(t, \underline{u}(t), \underline{u}'(t))$ die angreifende Kraft in Abhängigkeit von der Zeit t, dem Ort $\underline{u}$ und der Geschwindigkeit $\underline{u}'$ bezeichnet. Die dazugehörigen Anfangsbedingungen schreiben die Startwerte

$$\underline{u}(0) = \underline{u}_0 \text{ und } \underline{u}'(0) = \underline{u}_1$$

für den Ort und die Geschwindigkeit der Punktmasse zum Zeitpunkt $t = 0$ vor. Als konkretes Beispiel betrachten wir zur Illustration ein sogenanntes restringiertes Dreikörperproblem.

Beispiel 8.3

Die Bahn eines Satelliten in der Ebene des Erde-Mond-Systems lässt sich durch das folgende System von Differentialgleichungen zweiter Ordnung beschreiben (siehe auch [DB08], Seite 12 und [HNW93], Seite 129):

Gesucht ist die zweimal stetig differenzierbare Vektorfunktion $(u_1(t)\ u_2(t))^T$, welche die Position des Satelliten in der Erde-Mond-Ebene beschreibt, so dass das Differentialgleichungssystem zweiter Ordnung

$$u_1'' = u_1 + 2u_2' - (1-\mu)\frac{u_1 + \mu}{D_1} - \mu\frac{u_1 - (1-\mu)}{D_2}, \quad t > 0,$$

$$u_2'' = u_2 - 2u_1' - (1-\mu)\frac{u_2}{D_1} - \mu\frac{u_2}{D_2}, \quad t > 0,$$

erfüllt wird und eine gegebene Anfangsposition $(u_1(0), u_2(0))$ sowie eine vorgegebene Anfangsgeschwindigkeit $(u_1'(0), u_2'(0))$ angenommen wird. Dabei ist $D_1 = D_1(u_1, u_2) = [(u_1 + \mu)^2 + u_2^2]^{3/2}$, $D_2 = D_2(u_1, u_2) = [(u_1 - (1-\mu))^2 + u_2^2]^{3/2}$ und $\mu = 0.012277471$.

Bei geeigneter Setzung der Anfangsbedingungen ergeben sich periodische Lösungen, deren numerische korrekte Bestimmung eine Herausforderung an die Genauigkeit der verwendeten numerischen Integrationsverfahren darstellt (siehe Beispiel 8.8).

Mit der Substitution

$$\underline{v}(t) = \underline{u}'(t)$$

kann das Differentialgleichungssystem (8.5) zweiter Ordnung mit den Anfangsbedingungen (8.6) in ein äquivalentes Differentialgleichungssystem erster Ordnung

$$\underline{U}'(t) = \underline{F}(t, \underline{U}(t)) \quad \text{für alle } t \in [0,T],$$

mit den Anfangsbedingungen

$$\underline{U}(0) = \underline{U}_0$$

überführt werden, wobei $\underline{U}$ und $\underline{F}$ folgendermaßen definiert sind:

$$\underline{U}(t) = (\underline{u}^T(t)\ \underline{v}^T(t))^T = (u_1(t)\ u_2(t)\ \dots\ u_N(t)\ v_1(t)\ v_2(t)\ \dots\ v_N(t))^T,$$

$$\underline{U}_0 = (\underline{u}_0^T\ \underline{u}_1^T)^T$$

und

$$\underline{F}(t,\underline{U}(t)) = (\underline{v}^T(t)\ \ \underline{f}(t,\underline{u}(t),\underline{v}(t))^T)^T.$$

Der Preis, der für die Reduktion der Ordnung von 2 auf 1 zu bezahlen ist, besteht in der Verdopplung der Dimension von N auf $2N$. Mit dem gleichen Substitutionstrick können offenbar Systeme der Ordnung p auf Systeme der Ordnung 1, aber mit der p-fachen Dimension, überführt werden. Die Beschränkung auf Systeme erster Ordnung ist also keine Einschränkung der Allgemeinheit. Allerdings hat die rechte Seite $\underline{F}$ der durch den Substitutionstrick aus Systemen höherer Ordnung erzeugten äquivalenten Systeme erster Ordnung eine sehr spezielle Gestalt, die bei der Konstruktion von effizienten numerischen Lösungsverfahren ausgenutzt werden kann.

Die rechte Seite $\underline{f}$ des Differentialgleichungssystems (8.1) hängt im Allgemeinen sowohl von t als auch von der gesuchten Vektorfunktion $\underline{u}$ ab. Die folgenden zwei Spezialfälle sind denkbar:

1. Die rechte Seite $\underline{f}$ hängt nicht explizit von $\underline{u}$ ab, d.h. $\underline{f} = \underline{f}(t)$:

   In diesem Fall lässt sich die Lösung der AWA (8.1) – (8.2) sofort in Form des Integrales

$$\underline{u}(t) = \underline{u}_0 + \int_0^t \underline{f}(s)\,ds \tag{8.7}$$

aufschreiben. Die Formel (8.7) und somit auch die Integration einer Vektorfunktion ist komponentenweise zu verstehen. Im Allgemeinen muss das Integral numerisch mittels verallgemeinerter Integrationsformeln berechnet werden (siehe Abschnitt 3.6). Dazu unterteilen wir das Integrationsintervall in m gleiche Teilintervalle $[t_k, t_{k+1}]$, $k = 0, 1, \dots, m-1$, mit $t_k = k\tau$ und $\tau = T/m$. Analog zu (8.7) erhalten wir durch Integration von t_k bis t_{k+1} die immer noch exakte Darstellung

$$\underline{u}(t_{k+1}) = \underline{u}(t_k) + \int_{t_k}^{t_{k+1}} \underline{f}(s)\,ds. \tag{8.8}$$

Wir überführen mittels der Abbildungsvorschrift $\xi = (t - t_k)/\tau$ (siehe auch (3.59)) das Integrationsintervall $[t_k, t_{k+1}]$ auf das Referenzintervall $[0, 1]$ und approximieren dann das transformierte Integral über $[0, 1]$ durch eine ℓ-stufige Quadraturformel mit den Gewichten $\{b_i\}$ und den Stützstellen $\{c_i\}$. Damit erhalten wir zur sukzessiven Berechnung der Näherungswerte $\underline{u}^{(k+1)}$ an die exakte Lösung $\underline{u}(t_{k+1})$ die Formeln

$$\underline{u}^{(k+1)} = \underline{u}^{(k)} + \tau \sum_{i=1}^{\ell} b_i \underline{f}(t_k + c_i\tau), \quad k = 0, 1, \dots, m-1, \tag{8.9}$$

mit dem gegebenen Anfangswert $u_0 = u(0)$. Die Mittelpunktsregel ($\ell = 1 : b_1 = 1, c_1 = 1/2$, siehe Tabelle 3.7, S. 141) ergibt zum Beispiel die Formel

$$\underline{u}^{(k+1)} = \underline{u}^{(k)} + \tau \underline{f}\left(t_k + \frac{\tau}{2}\right), \quad k = 0, 1, ..., m-1, \tag{8.10}$$

die uns im Abschnitt 8.2 als verbesserte Euler-Methode wiederbegegnen wird. Die Trapezregel ($\ell = 2 : b_1 = 1/2, c_1 = 0, b_2 = 1/2, c_2 = 1$, siehe Tabelle 3.7)

$$\underline{u}^{(k+1)} = \underline{u}^{(k)} + \frac{\tau}{2}\left(\underline{f}(t_k) + \underline{f}(t_{k+1})\right), \quad k = 0, 1, ..., m-1, \tag{8.11}$$

ist uns schon aus dem Abschnitt 7.1.3 als Crank-Nicolson-Verfahren bekannt. Die Formeln (8.9) – (8.11) sind nichts anderes als summierte Integrationsformeln zur Berechnung des Integrals (8.7). Die Genauigkeit der Berechnung hängt einzig und allein von der algebraischen Genauigkeit der verwendeten Quadraturformel und der Glattheit der Vektorfunktion $\underline{f}$ ab.

2. Die rechte Seite $\underline{f}$ hängt nicht explizit von t ab d.h. $\underline{f} = \underline{f}(\underline{u})$:

Derartige Differentialgleichungssysteme werden als *autonom* bezeichnet. Dieser Fall ist nicht wirklich ein Spezialfall, denn jedes Differentialgleichungssystem der Form (8.1) lässt sich mit den Setzungen

$$\underline{U}(t) = (t \ \underline{u}^T(t))^T \quad \text{und} \quad \underline{F}(\underline{U}) = (1 \ \underline{f}^T(\underline{U}(t)))^T$$

als autonomes Differentialgleichungssystem

$$\underline{U}'(t) = \underline{F}(\underline{U}(t)) \quad \text{für alle } t \in [0, T]$$

mit den Anfangsbedingungen

$$\underline{U}(0) = \underline{U}_0 = (0 \ \underline{u}_0^T)^T$$

aufschreiben.

Durch Integration (vgl. auch Integraldarstellung (8.7) der Lösung im Spezialfall 1) der Differentialgleichung (8.1) von 0 bis t können wir die AWA (8.1) – (8.2) in die äquivalente Volterrasche Integralgleichung

$$\underline{u}(t) = \underline{u}_0 + \int_0^t \underline{f}(s, \underline{u}(s))\, ds \quad \text{für alle } t \in [0, T] \tag{8.12}$$

überführen. Diese Darstellung ist analog zum Spezialfall 1 der reinen Integration der Ausgangspunkt zur Konstruktion numerischer Verfahren für die näherungsweise Lösung der AWA (8.1) – (8.2). Zum anderen ist die Fixpunktgleichung (8.12) der Ausgangspunkt für theoretische Untersuchungen. Existenz- und Eindeutigkeitsaussagen liefern eine Verallgemeinerung des Satzes von Picard und Lindelöf auf der Basis des Banachschen Fixpunktsatzes und des Satzes von Peano auf der Basis des Fixpunktsatzes von Schauder. Der mathematisch interessierte Leser findet derartige theoretische Untersuchungen sowie die komplette Konvergenzanalyse der in den folgenden beiden Abschnitten präsentierten numerischen Verfahren zum Beispiel in [DB08, HNW93, HW96, Her04].

8.2 Einschrittverfahren

8.2.1 Eulersches Polygonzugverfahren

Das klassische Eulersche Polygonzugverfahren ist uns bereits aus dem Abschnitt 7.1.3 als Spezialfall $\sigma = 0$ der σ-gewichteten Differenzenschemata zur Lösung der AWA (7.8) – (7.9) bekannt. Wie im Abschnitt 7.1.3 zerlegen wir wieder das Zeitintervall $[0,T]$ in die m Teilintervalle

$$[0,T] = \bigcup_{k=1}^{m} [t_{k-1}, t_k], \quad 0 = t_0 < t_1 < \ldots < t_k < \ldots < t_m = T$$

mit der Zeitschrittweite $\tau = t_{k+1} - t_k = T/m$. In jedem diskreten Zeitpunkt $t = t_k$ haben wir dann die Ableitung $\underline{u}'(t_k)$ durch die vorwärtige Differenz $(\underline{u}^{(k+1)} - \underline{u}^{(k)})/\tau$ approximiert, wobei $\underline{u}^{(k)}$ als Approximation der gesuchten Lösung $\underline{u}$ im Punkte t_k aufgefasst wird. Damit erhalten wir zur sukzessiven Berechnung der Näherungslösung $\underline{u}^{(k+1)}$ der AWA (8.1) – (8.2) im Punkt t_{k+1} die folgenden expliziten Formeln:

$$\underline{u}^{(k+1)} = \underline{u}^{(k)} + \tau \underline{f}(t_k, \underline{u}^{(k)}), \quad k = 0, 1, \ldots, m-1, \tag{8.13}$$

wobei $\underline{u}^{(0)} = \underline{u}_0 = \underline{u}(0)$ aus den Anfangsbedingungen (8.2) explizit gegeben ist. Das Verfahren (8.13) wird *explizites (vorwärtiges) Euler-Verfahren* oder auch *Eulersches Polygonzugverfahren* genannt. Die zuletztgenannte Bezeichnung wird durch die folgende Illustration motiviert (siehe Abbildung 8.1).

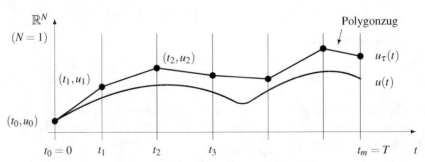

Abbildung 8.1: Das Eulersche Polygonzugverfahren

Im Anfangspunkt $t = t_0 = 0$ ist uns neben dem exakten Wert der Lösung $\underline{u}^{(0)} = \underline{u}_0 = \underline{u}(0)$ wegen der Gültigkeit der Differentialgleichung auch die exakte Ableitung $\underline{u}'(0) = \underline{f}(0, \underline{u}_0)$ bekannt. Aus der Taylor-Formel folgt sofort, dass die Lösung $\underline{u}(t)$ im ersten Diskretisierungsintervall $[t_0, t_1]$ durch die Tangentialgerade

$$\underline{u}_\tau(t) = \underline{u}_0 + \underline{f}(t_0, \underline{u}_0)(t - t_0), \quad t \in [t_0, t_1]$$

mit der Ordnung $O(\tau^2)$ approximiert wird, falls die Lösung dort zweimal stetig differenzierbar ist. Im ersten Diskretisierungspunkt t_1 sind uns zwar nicht die exakten Werte der Lösung $\underline{u}(t_1)$

und der Ableitung $\underline{u}'(t_1)$ bekannt, aber mit $\underline{u}^{(1)} = \underline{u}^{(0)} + \tau \underline{f}(t_0, \underline{u}^{(0)})$ und $\underline{f}(t_1, \underline{u}^{(1)})$ sind uns gute Näherungswerte dafür gegeben. Damit können wir die Lösung $\underline{u}(t)$ durch die affin lineare Funktion

$$\underline{u}_\tau(t) = \underline{u}^{(1)} + \underline{f}(t_1, \underline{u}^{(1)})(t - t_1), \quad t \in [t_1, t_2]$$

auch im zweiten Diskretisierungsintervall $[t_1, t_2]$ gut approximieren. Die Fortsetzung dieses Prozesses ergibt genau den in der Abbildung 8.1 dargestellten Polygonzug

$$\underline{u}_\tau(t) = \underline{u}^{(k)} + \underline{f}(t_k, \underline{u}^{(k)})(t - t_k), \quad t \in [t_k, t_{k+1}], \quad k = 0, \ldots, m-1,$$

der hoffentlich die Lösung $\underline{u}(t)$ für feiner werdende Diskretisierungen immer besser approximiert, d.h. $\underline{u}_\tau \to \underline{u}$ für $\tau \to 0$.

Bevor wir die Konvergenz des Eulerschen Polygonzugverfahrens genauer analysieren, wenden wir uns einer dritten Methode zur Herleitung des Verfahrens zu. Analog zur Formel (8.8) im Fall der reinen Integration gilt die Darstellung

$$\underline{u}(t_{k+1}) = \underline{u}(t_k) + \int_{t_k}^{t_{k+1}} \underline{f}(s, \underline{u}(s)) \, ds \tag{8.14}$$

für $k = 0, 1, \ldots, m-1$. Leider hängt der Integrand aber jetzt von der Lösung $\underline{u}$ selbst ab. Wenn wir aber das Integral durch die linksseitige Rechteckregel

$$\int_{t_k}^{t_{k+1}} \underline{f}(s, \underline{u}(s)) \, ds \approx \tau \underline{f}(t_k, \underline{u}(t_k))$$

approximieren und $\underline{u}(t_k)$ durch die Näherungswerte $\underline{u}^{(k)}$ ersetzen, dann erhalten wir genau die Formeln (8.13) des Eulerschen Polygonzugverfahrens, welches wegen dieser Konstruktionsidee auch manchmal *linksseitige Rechteckregel* genannt wird. Diese Konstruktionsidee eröffnet uns sofort die Möglichkeit, durch die Verwendung verbesserter Quadraturformeln bessere Verfahren zur numerischen Lösung der AWA (7.8) – (7.9) zu konstruieren. Genau diese Herangehensweise führt uns in den nächsten Abschnitten auf die großen Klassen der expliziten und impliziten Runge-Kutta-Verfahren sowie vieler Mehrschrittformeln.

Aus allen drei Konstruktionsideen ergibt sich zumindest intuitiv die Hoffnung, dass der sogenannte *globale Diskretisierungsfehler* (kurz: *globaler Fehler*)

$$\underline{e}_\tau(t) = \underline{u}(t) - \underline{u}_\tau(t), \quad t \in [0, T]$$

für $\tau \to 0$ gegen Null konvergiert, d.h.

$$\underline{e}_\tau(t) \to 0 \quad \text{für} \quad \tau \to 0 \tag{8.15}$$

für alle $t \in [0, T]$. Verfahren, die die Eigenschaft (8.15) erfüllen, werden *konvergent* genannt. In der Praxis interessieren wir uns besonders für die Konvergenz von Integrationsverfahren in den Diskretisierungspunkten. Gilt die Konvergenzeigenschaft (8.15) in allen Diskretisierungspunkten $t = t_k$, so sprechen wir von *diskreter Konvergenz*.

Während die Konvergenzanalyse im Spezialfall (8.7) – (8.9) der reinen Integration mittels Taylor-Entwicklung leicht durchführbar ist, erhalten wir wegen der Abhängigkeit des Integranden in (8.14) von der Lösung einen zusätzlichen lokalen Fehlerbeitrag. Wie wir gleich sehen werden, setzt sich der globale Fehler aus Beiträgen zusammen, die als Fortpflanzung der *lokalen Diskretisierungsfehler* (kurz: *lokaler Fehler*)

$$\underline{d}_\tau(t_{k+1}) = \underline{u}(t_{k+1}) - (\underline{u}(t_k) + \tau \underline{f}(t_k, \underline{u}(t_k))) \tag{8.16}$$

interpretiert werden können. Der lokale Diskretisierungsfehler (8.16) im Diskretisierungspunkt t_{k+1} beschreibt also den Fehler nach einem Schritt des Integrationsverfahrens (hier des Eulerschen Polygonzugverfahrens), wenn wir im Punkt t_k mit der exakten Lösung $\underline{u}(t_k)$ starten. Die Untersuchung des Verhaltens des lokalen Fehlers wird *Konsistenzanalyse* genannt. Ein Integrationsverfahren heißt *konsistent*, falls der lokale Fehler $\underline{d}_\tau(t + \tau)$ für $\tau \to 0$ ebenfalls gegen Null konvergiert, und es heißt *konsistent* mit der *Konsistenzordnung p*, falls

$$\underline{d}_\tau(t + \tau) = O(\tau^{p+1}) \quad \text{für} \quad \tau \to 0.$$

Das wichtigste technische Mittel zur Konsistenzanalyse ist die Taylor-Entwicklung. Für das Eulersche Polygonzugverfahren erhalten wir mit der Taylorentwicklung von $\underline{u}$ an der Stelle t und der Gleichung (8.1), d.h. $\underline{u}'(t) = \underline{f}(t, \underline{u}(t))$, die Darstellung

$$
\begin{aligned}
\underline{d}_\tau(t + \tau) &= \underline{u}(t + \tau) - (\underline{u}(t) + \tau \underline{f}(t, \underline{u}(t))) \\
&= \underline{u}(t) + \underline{u}'(t)\tau + \frac{1}{2}\underline{u}''(t + \theta\tau)\tau^2 - (\underline{u}(t) + \tau \underline{f}(t, \underline{u}(t))) \\
&= (\underline{u}'(t) - \underline{f}(t, \underline{u}(t)))\tau + \frac{1}{2}\underline{u}''(t + \theta\tau)\tau^2 \\
&= \frac{1}{2}\underline{u}''(t + \theta\tau)\tau^2,
\end{aligned}
$$

wobei $\theta \in (0, 1)$ einen Zwischenpunkt definiert, der im Fall $N \geq 2$ für jede Komponente verschieden sein kann. Folglich existiert eine positive, von der exakten Lösung u abhängige Konstante C_K (z.B. $C_K = 0.5 \max |\underline{u}''|$), so dass die Abschätzung

$$|\underline{d}_\tau(t + \tau)| \leq C_K \tau^2 \tag{8.17}$$

gilt, d.h. $\underline{d}_\tau(t + \tau) = O(\tau^2)$. Das Eulersche Polygonzugverfahren ist demzufolge konsistent mit der Ordnung 1.

Jetzt können wir den globalen Fehler im Punkt $t = t_{k+1}$ mit Hilfe der Dreiecksungleichung wie folgt abschätzen:

$$
\begin{aligned}
|\underline{e}_\tau(t_{k+1})| &= |\underline{u}(t_{k+1}) - (\underline{u}^{(k)} + \tau \underline{f}(t_k, \underline{u}^{(k)}))| \\
&= |(\underline{u}(t_{k+1}) - (\underline{u}(t_k) + \tau \underline{f}(t_k, \underline{u}(t_k)))) \\
&\quad + (\underline{u}(t_k) + \tau \underline{f}(t_k, \underline{u}(t_k))) - (\underline{u}^{(k)} + \tau \underline{f}(t_k, \underline{u}^{(k)}))| \\
&\leq |\underline{d}_\tau(t_{k+1})| + |(\underline{u}(t_k) + \tau \underline{f}(t_k, \underline{u}(t_k))) - (\underline{u}^{(k)} + \tau \underline{f}(t_k, \underline{u}^{(k)}))|.
\end{aligned}
\tag{8.18}
$$

Um den letzten Term abschätzen zu können, benötigen wir eine Information über die Fortpflanzung des Fehlers $\underline{u}(t_k) - \underline{u}^{(k)}$ zum Zeitpunkt t_k durch das Integrationsverfahren. Die Untersuchung der Fehlerfortpflanzungen wird *Stabilitätsanalyse* genannt. Dazu setzen wir voraus, dass die Funktion $\underline{f}(.,.)$ im zweiten Argument Lipschitz-stetig ist, d.h. dass eine nichtnegative Konstante L (genannt Lipschitz-Konstante) existiert, so dass die Lipschitz-Bedingung

$$|\underline{f}(t,\underline{w}) - \underline{f}(t,\underline{v})| \leq L|\underline{w} - \underline{v}| \tag{8.19}$$

für alle $t, \underline{w}, \underline{v}$ erfüllt wird. Mit Hilfe der Dreiecksungleichung, der Lipschitz-Bedingung (8.19) und der Ungleichung

$$1 + \tau L \leq \mathrm{e}^{\tau L} = 1 + \tau L + \frac{1}{2}\tau^2 L^2 + \cdots$$

erhalten wir schließlich die Abschätzung

$$
\begin{aligned}
|(\underline{u}(t_k) + \tau\underline{f}(t_k,\underline{u}(t_k))) - (\underline{u}^{(k)} + \tau\underline{f}(t_k,\underline{u}^{(k)}))| &\leq |\underline{u}(t_k) - \underline{u}^{(k)}| + \tau|\underline{f}(t_k,\underline{u}(t_k)) - \underline{f}(t_k,\underline{u}^{(k)})| \\
&\leq (1 + \tau L)|\underline{u}(t_k) - \underline{u}^{(k)}| \\
&\leq \mathrm{e}^{\tau L}|\underline{u}(t_k) - \underline{u}^{(k)}|
\end{aligned}
$$

des letzten Terms in (8.18). Die rekursive Anwendung der so erhaltenen Abschätzung ergibt zusammen mit der Abschätzung (8.17) des lokalen Fehlers die folgende Abschätzung des durch das Eulersche Polygonzugverfahren erzeugten globalen Fehlers:

$$
\begin{aligned}
|\underline{e}_\tau(t_{k+1})| &\leq |\underline{d}_\tau(t_{k+1})| + \mathrm{e}^{\tau L}|\underline{e}_\tau(t_k)| \\
&\leq |\underline{d}_\tau(t_{k+1})| + \mathrm{e}^{\tau L}|\underline{d}_\tau(t_k)| + \mathrm{e}^{\tau L}\mathrm{e}^{\tau L}|\underline{e}_\tau(t_{k-1})| \\
&\leq C_S \sum_{\ell=1}^{k+1} |\underline{d}_\tau(t_\ell)| + C_S|\underline{u}(t_0) - \underline{u}^{(0)}| \\
&\leq C_S C_K \sum_{\ell=1}^{k+1} \tau^2 + C_S|\underline{u}(t_0) - \underline{u}^{(0)}| \\
&\leq C_S C_K T\tau \tag{8.20}
\end{aligned}
$$

mit der Stabilitätskonstanten $C_S = \mathrm{e}^{TL}$ und unter der Bedingung $\underline{u}^{(0)} = \underline{u}(t_0)$, d.h. $\underline{e}_\tau(t_{k+1}) = O(\tau)$. Integrationsverfahren, deren globaler Fehler sich wie $O(\tau^p)$ verhält, heißen konvergent mit der *Konvergenzordnung p*. Folglich ist das Eulersche Polygonzugverfahren ein konvergentes Verfahren mit der Konvergenzordnung 1. Abschließend sei noch bemerkt, dass im Fall von Vektorfunktionen die Bezeichnung $|.|$ immer als Euklidische Norm zu verstehen ist.

Die hier für das Eulersche Polygonzugverfahren durchgeführte Konvergenzanalyse lässt sich kurz zusammengefasst auf die Formel

Konsistenz + Stabilität $\Longrightarrow$ diskrete Konvergenz

bringen. Diese Formel ist allgemeingültig. Damit haben wir die Konvergenzuntersuchung auf die Konsistenz- und Stabilitätsanalyse zurückgeführt. Die Taylor-Entwicklung ist das wesentlichste Werkzeug zur Untersuchung der Konsistenz. Die Lipschitz-Bedingung der Funktion $\underline{f}(.,.)$ im zweiten Argument ist die entscheidende Voraussetzung zum Nachweis der Stabilität von Einschrittverfahren.

8.2.2 Explizite Runge-Kutta-Formeln

Um Integrationsformeln höherer Konsistenzordnung zu konstruieren, approximieren wir nun analog zum Spezialfall (8.8) – (8.9) der reinen Integration das Integral in der Darstellungsformel (8.14) durch die ℓ-stufige Quadraturformel

$$\int_{t_k}^{t_{k+1}} \underline{f}(s,\underline{u}(s))\,ds \approx \tau \sum_{i=1}^{\ell} b_i \underline{f}(t_k + c_i\tau, \underline{u}(t_k + c_i\tau)), \tag{8.21}$$

mit noch frei wählbaren Integrationsgewichten b_i und Stützstellen $t_k + c_i\tau$ $(i = 1,2,\ldots,\ell)$, wobei $k = 0,1,\ldots,m-1$. Durch die Setzung $c_1 = 0$ wird erzwungen, dass t_k eine Stützstelle ist. Im Gegensatz zur reinen Integration treten jetzt die unbekannten Funktionswerte $\underline{u}(t_k + c_i\tau)$ der Lösung in den Stützstellen auf. Wir ersetzen die unbekannten Funktionswerte $\underline{u}(t_k + c_i\tau)$ durch Näherungen

$$\underline{g}_i \approx \underline{u}(t_k + c_i\tau),$$

die mit Hilfe der Darstellungsformel

$$\underline{u}(t_k + c_i\tau) = \underline{u}(t_k) + \int_{t_k}^{t_k + c_i\tau} \underline{f}(s,\underline{u}(s))\,ds \tag{8.22}$$

rekursiv berechnet werden, indem wir das Integral auf der rechten Seite von (8.22) durch eine $(i-1)$-stufige Quadraturformel, $i = 1,2,\ldots,\ell$, näherungsweise berechnen. Dann erhalten wir die Formeln

$$\begin{aligned}
\underline{g}_1 &= \underline{u}^{(k)} \\
\underline{g}_2 &= \underline{u}^{(k)} + \tau a_{21} \underline{f}(t_k, \underline{g}_1) \\
\underline{g}_3 &= \underline{u}^{(k)} + \tau[a_{31}\underline{f}(t_k, \underline{g}_1) + a_{32}f(t_k + c_2\tau, \underline{g}_2)] \\
&\vdots \\
\underline{g}_\ell &= \underline{u}^{(k)} + \tau[a_{\ell 1}\underline{f}(t_k, \underline{g}_1) + \cdots + a_{\ell,\ell-1}\underline{f}(t_k + c_{\ell-1}\tau, \underline{g}_{\ell-1})]
\end{aligned} \tag{8.23}$$

mit noch frei wählbaren Integrationsgewichten a_{ik} zur expliziten Berechnung der Näherungen $\underline{g}_i$ an die unbekannten Funktionswerte $\underline{u}(t_k + c_i\tau)$. Nachdem wir alle $\underline{g}_i$ nach den Formeln (8.23) erhalten haben, können wir die nächste Näherung $\underline{u}^{(k+1)}$ an $\underline{u}(t_{k+1})$ explizit nach der Formel

$$\underline{u}^{(k+1)} = \underline{u}^{(k)} + \tau[b_1\underline{f}(t_k, \underline{g}_1) + \cdots + b_\ell \underline{f}(t_k + c_\ell\tau, \underline{g}_\ell)] \tag{8.24}$$

berechnen. Das durch die Formeln (8.23) – (8.24) definierte Integrationsverfahren wird ℓ-*stufige explizite Runge-Kutta-Formel* genannt. Eine ℓ-stufige explizite Runge-Kutta-Formel wird damit eindeutig durch das Tableau

$$
\begin{array}{c|ccccc}
0 & & & & & \\
c_2 & a_{21} & & & & \\
c_3 & a_{31} & a_{32} & & & \\
\vdots & \vdots & \vdots & & & \\
c_\ell & a_{\ell 1} & a_{\ell 2} & \cdots & a_{\ell,\ell-1} & \\
\hline
& b_1 & b_2 & \cdots & b_{\ell-1} & b_\ell
\end{array}
$$

der Integrationsgewichte und der Stützstellen bestimmt.

Beispiel 8.4

Das Eulersche Polygonzugverfahren ist eine 1-stufige explizite Runge-Kutta-Formel mit dem Tableau

$$
\begin{array}{c|c}
0 & \\
\hline
& 1
\end{array}
$$

und der Konsistenzordnung 1.

Beispiel 8.5

Falls das Integral in der Darstellungsformel (8.14) durch die Mittelpunktsregel (Gauß 1), siehe Bemerkung 3.8 und Tabelle 3.7,

$$
\int_{t_k}^{t_{k+1}} \underline{f}(s,\underline{u}(s))\,ds \approx \tau \underline{f}\left(t_k + \frac{\tau}{2}, \underline{u}\left(t_k + \frac{\tau}{2}\right)\right)
$$

approximiert wird (vgl. (8.21)) und der unbekannte Funktionswert $\underline{u}(t_k + \frac{\tau}{2})$ über die linksseitige Rechteck-regel

$$
\underline{u}\left(t_k + \frac{\tau}{2}\right) = \underline{u}(t_k) + \int_{t_k}^{t_k + \frac{\tau}{2}} \underline{f}(s,\underline{u}(s))\,ds \approx \underline{u}^{(k)} + \frac{\tau}{2}\underline{f}(t_k,\underline{u}^{(k)})
$$

bestimmt wird (vgl. (8.22)), erhalten wir das sogenannte *verbesserte Euler-Verfahren*. Das verbesserte Euler-Verfahren ist offenbar eine 2-stufige explizite Runge-Kutta-Formel mit dem Tableau

$$
\begin{array}{c|cc}
0 & & \\
1/2 & 1/2 & \\
\hline
& 0 & 1
\end{array}
$$

Das Verfahren hat die Konsistenzordnung 2. Tatsächlich, mit Hilfe der Taylor-Entwicklung kann leicht gezeigt werden, dass

$$
\underline{d}_\tau(t+\tau) = \underline{u}(t+\tau) - \left[\underline{u}(t) + \tau \underline{f}\left(t + \frac{\tau}{2}, \underline{u}(t) + \frac{\tau}{2}\underline{f}(t,\underline{u}(t))\right)\right] = O(\tau^3)
$$

gilt.

Durch eine geschickte Wahl der Koeffizienten im Tableau einer ℓ-stufigen expliziten Runge-Kutta-Formel soll nun eine möglichst hohe Konsistenzordnung erzielt werden. Wenn wir mit $K(\ell)$ die maximal mögliche Konsistenzordnung einer ℓ-stufigen expliziten Runge-Kutta-Formel bezeichnen, dann sind aus der Literatur folgende Resultate bekannt [HNW93]:

ℓ	1	2	3	4	5	6	7	8	9	$\ell \geq 10$
$K(\ell)$	1	2	3	4	4	5	6	6	≤ 7	$\leq \ell - 3$

Nach dieser Tabelle lässt sich mit einer 4-stufigen expliziten Runge-Kutta-Formel maximal die Konsistenzordnung 4 erreichen. Die bekanntesten Vertreter aus der Klasse der 4-stufigen expliziten Runge-Kutta-Formeln sind das sogenannte klassische Runge-Kutta-Verfahren (siehe Beispiel 8.6) und die Newtonsche 3/8-Regel (siehe Beispiel 8.7).

Beispiel 8.6
Die bekannteste 4-stufige explizite Runge-Kutta-Formel ist das klassische Runge-Kutta-Verfahren, das durch das Tableau

$$
\begin{array}{c|cccc}
0 & & & & \\
1/2 & 1/2 & & & \\
1/2 & 0 & 1/2 & & \\
1 & 0 & 0 & 1 & \\
\hline
& 1/6 & 1/3 & 1/3 & 1/6
\end{array}
$$

eindeutig definiert wird. Die klassische Runge-Kutta-Formel hat die für 4-stufige Formeln maximale Konsistenzordnung 4. Wenn wir die klassische Runge-Kutta-Formel auf das reine Integrationsproblem (8.8) anwenden, dann wird daraus die wohlbekannte *Simpson-Regel* (vgl. (8.9) und Abschnitt 3.6)

$$
\underline{u}^{(k+1)} = \underline{u}^{(k)} + \tau\left[\frac{1}{6}\underline{f}(t_k) + \frac{1}{3}\underline{f}\left(t_k + \frac{\tau}{2}\right) + \frac{1}{3}\underline{f}\left(t_k + \frac{\tau}{2}\right) + \frac{1}{6}\underline{f}(t_k + \tau)\right].
$$

Beispiel 8.7
Die Newtonsche 3/8-Regel ist durch das Tableau

$$
\begin{array}{c|cccc}
0 & & & & \\
1/3 & 1/3 & & & \\
2/3 & -1/3 & 1 & & \\
1 & 1 & -1 & 1 & \\
\hline
& 1/8 & 3/8 & 3/8 & 1/8
\end{array}
$$

definiert und hat ebenfalls die für 4-stufige Formeln maximale Konsistenzordnung 4. Im Gegensatz zum klassischen Runge-Kutta-Verfahren sind 2 Integrationsgewichte zur Berechnung der Näherungswerte g_i negativ. Wenn wir diese Runge-Kutta-Formel auf das reine Integrationsproblem (8.8) anwenden, dann wird daraus die wohlbekannte *Newtonsche 3/8-Regel* (vgl. (8.9) und Tabelle 3.7, S. 141)

$$
\underline{u}^{(k+1)} = \underline{u}^{(k)} + \tau\left[\frac{1}{8}\underline{f}(t_k) + \frac{3}{8}\underline{f}\left(t_k + \frac{\tau}{3}\right) + \frac{3}{8}\underline{f}\left(t_k + \frac{2}{3}\tau\right) + \frac{1}{8}\underline{f}(t_k + \tau)\right],
$$

die dem Verfahren ihren Namen gibt.

Falls $\underline{f}(.,.)$ die Lipschitz-Bedingung (8.19) erfüllt, dann kann für die gesamte Klasse der expliziten Runge-Kutta-Formeln Stabilität gezeigt werden.

Im Folgenden wollen wir das Verhalten von expliziten Runge-Kutta-Verfahren bezüglich Genauigkeit und Stabilität an Hand von numerischen Beispielen studieren.

Beispiel 8.8

Wir betrachten zunächst das restringierte Dreikörperproblem aus dem Beispiel 8.3 und schreiben es durch Einführung der Geschwindigkeitskomponenten $v_1 = u_1'$ und $v_2 = u_2'$ als doppelt so großes System erster Ordnung

$$u_1'(t) = v_1(t), \qquad (8.25)$$

$$u_2'(t) = v_2(t), \qquad (8.26)$$

$$v_1'(t) = u_1(t) + 2v_2(t) - (1-\mu)\frac{u_1(t)+\mu}{D_1(u_1(t),u_2(t))} - \mu\frac{u_1(t)-(1-\mu)}{D_2(u_1(t),u_2(t))}, \qquad (8.27)$$

$$v_2'(t) = u_2(t) - 2v_1(t) - (1-\mu)\frac{u_2(t)}{D_1(u_1(t),u_2(t))} - \mu\frac{u_2(t)}{D_2(u_1(t),u_2(t))} \qquad (8.28)$$

mit $t \in [0,T]$ und mit den spezifizierten Anfangsbedingungen

$$(u_1(0),u_2(0)) = (0.994,0), \qquad (8.29)$$

$$(v_1(0),v_2(0)) = (u_1'(0),u_2'(0)) = (0,-2.001\,585\,106\,379\,082\,522\,405\,378\,622\,24) \qquad (8.30)$$

um. Wir wollen eine periodische Lösung $(u_1(t),u_2(t))$ mit $(u_1(0),u_2(0)) = (u_1(T),u_2(T))$ des Anfangswertproblems (8.25) – (8.30) finden und gleichzeitig die Periode T bestimmen. Dazu verwenden wir zunächst das in der Praxis beliebte klassische Runge-Kutta-Verfahren, dessen Tableau im Beispiel 8.6 gegeben ist. Die in der Abbildung 8.2 dargestellten Satellitenbahnen sind mit den Zeitschritten $\tau = 1/m$ mit $m = 20, 200, 300, 500, 1000, 5000$ bestimmt worden. Das klassische Runge-Kutta-Verfahren hat immerhin

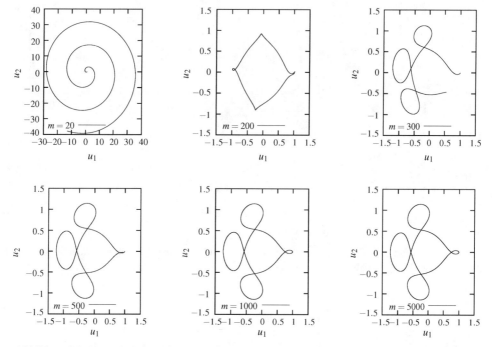

Abbildung 8.2: Numerisch berechnete Satellitenbahnen für verschiedene Schrittweiten $\tau = 1/m$

die Konsistenzordnung 4 und ist damit ein sehr genaues Verfahren. Trotzdem benötigen wir eine relativ kleine Schrittweite von $\tau = 1/1000$, um die Satellitenbahnen zumindestens „optisch" zu schließen. Um die ersten 6 Ziffern der Periode $T = 17.065\,216\,560\,157\,962\,558\,891\,720\,6249$ numerisch zu finden, benötigen wir einen zehnfach kleineren Zeitschritt, d.h. $\tau = 10^{-4}$ bzw. $m = 10000$. Dieses Ergebnis kann wesentlich durch eine geeignete Zeitschrittsteuerung verbessert werden. Im Abschnitt 8.2.5 stellen wir eine Strategie zur adaptiven Steuerung der Zeitschrittweite vor, die auf einer Schätzung der lokalen Fehler mittels lokaler Extrapolation beruht. Mit dieser Strategie benötigen wir nur 2240 Zeitschritte, um die Periode mit 6 gültigen Ziffern zu finden. Die damit erhaltene Satellitenbahn sowie die Variation der Zeitschritte, d.h. $\tau_k = t_{k+1} - t_k$ als Funktion der Schrittweitennummer k, sind in der Abbildung 8.3 dargestellt.

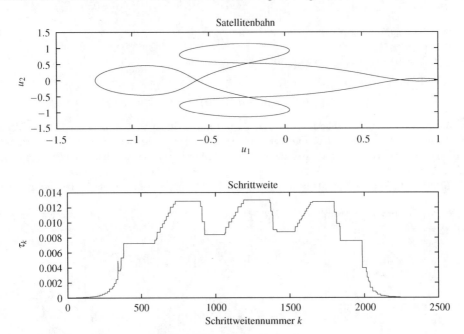

Abbildung 8.3: Schrittweitensteuerung

Beispiel 8.9

Wir betrachten das eigentlich triviale Beispiel einer affin linearen skalaren AWA

$$u'(t) = A u(t) + g(t) \quad \text{für alle } t \in [0, T], \tag{8.31}$$

$$u(0) = u_0 \tag{8.32}$$

mit $g(t) = -A\cos(\pi t)$, $T = 1$ und $u_0 = 0$. Die Konstante A wird zunächst -50 und dann 50 gewählt. Die AWA (8.31) – (8.32) ist sofort mit der Variation der Konstanten (siehe [MV01b]) analytisch lösbar. Wir erhalten die exakte Lösung

$$u(t) = \left(\int_0^t e^{-As} g(s)\,ds + u_0 \right) e^{At} = -\frac{A}{\pi^2 + A^2} \left[\pi \sin(\pi t) - A\cos(\pi t) + A e^{At} \right].$$

Wir wenden nun das explizite Euler-Verfahren mit den Schrittweiten

$$\tau = \frac{1}{24}, \frac{1}{25}, \frac{1}{26} \text{ und } \frac{1}{30}$$

auf unser Modellproblem (8.31) – (8.32) an. In der Abbildung 8.4 sind die numerischen Ergebnisse für die Fälle $A = -50$ (links) and $A = +50$ (rechts) dargestellt.

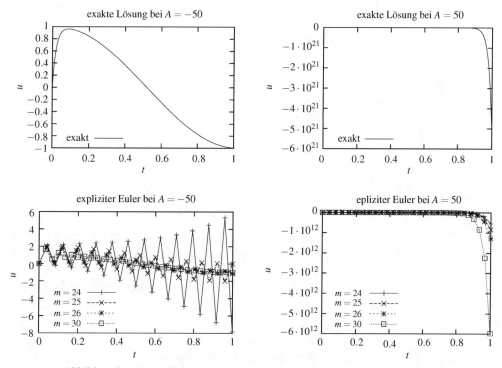

Abbildung 8.4: Numerische Resultate für $A = -50$ (links) und $A = +50$ (rechts)

Im Fall $A = 50$ fällt die exakte Lösung exponentiell wie $-e^{50t}$ und wir haben keine Chance die Lösung numerisch mit dem Polygonenzug zu verfolgen. Für $A = -50$ bleibt die exakte Lösung beschränkt. Derartige AWA nennt man stabil und hier besteht die Chance, die Lösung numerisch korrekt zu approximieren. Die numerisch produzierten Lösungen sind allerdings erst ab der Schrittweite $\tau = 1/25$ akzeptabel. Im Gegensatz zum Beispiel 8.8 ist dies kein Problem der Genauigkeit sondern der Stabilität der Integrationsformel für stabile AWA. Im Falle stabiler AWA ist die Konstante $C_S = e^{TL}$ (mit der Lipschitz-Konstanten $L = |A|$) in der Abschätzung des globalen Diskretisierungsfehlers des expliziten Euler-Verfahrens zumindestens für hinreichend kleine Schrittweiten τ viel zu pessimistisch. Für positive A ($L = A$) wird diese Konstante offenbar realisiert. Um dieses numerische Verhalten des expliziten Euler-Verfahrens für unser Modellproblem zu verstehen, schätzen wir wieder den globalen Fehler $e_\tau(t_{k+1}) = u(t_{k+1}) - u^{(k+1)}$ ab und gehen dabei genauso vor wie im Abschnitt 8.2.1:

$$
\begin{aligned}
|e_\tau(t_{k+1})| &= |u(t_{k+1}) - (u^{(k)} + \tau(Au^{(k)} + g(t_k)))| \\
&= |(u(t_{k+1}) - (u(t_k) + \tau(Au(t_k) + g(t_k)))) \\
&\quad + (u(t_k) + \tau(Au(t_k) + g(t_k))) - (u^{(k)} + \tau(Au^{(k)} + g(t_k)))| \\
&= |d_\tau(t_{k+1}) + (1 + \tau A)(u(t_k) - u^{(k)})| \\
&\leq |d_\tau(t_{k+1})| + |1 + \tau A||u(t_k) - u^{(k)}|.
\end{aligned}
\tag{8.33}
$$

Falls A positiv ist, dann ist $|1 + \tau A| = 1 + \tau A > 1$ und die Abschätzung (8.20) wird mit $L = A$ realisiert. Falls jedoch unser AWA (8.31) – (8.32) stabil ist, d.h. falls $A \leq 0$, dann lässt sich durch die Wahl der Schrittweite erreichen, dass

$$|1 + \tau A| \leq 1. \tag{8.34}$$

In der Tat, für $A < 0$ ($A = 0$ ist uninteressant) gilt (8.34) genau dann, wenn

$$\tau \leq -2/A \tag{8.35}$$

gilt, d.h. für $A = -50$ ergibt sich die Schrittweitenbeschränkung $\tau \leq 1/25$. In unserem numerischen Beispiel sehen wir, dass Schrittweiten, die diese Bedingung erfüllen, akzeptable Näherungslösungen ergeben, während größere Schrittweiten zu Instabilitäten führen, da dann $|1 + \tau A| > 1$ ist. Falls die Schrittweitenbedingung (8.35) und folglich die Stabilitätsbedingung (8.34) erfüllt werden, dann erhalten wir aus (8.33) durch rekursive Anwendung von (8.33) und unter Verwendung der Abschätzung (8.17) des lokalen Fehlers schließlich die Abschätzung

$$|e_\tau(t_{k+1})| \leq |d_\tau(t_{k+1})| + 1 \, |u(t_k) - u^{(k)}| \leq \cdots \leq C_K T \tau + |u(t_0) - u^{(0)}|, \tag{8.36}$$

d.h. die Stabilitätskonstante C_S ist 1 und nicht e^{LT} mit $L = -A = |A|$.

Wir können also stabile AWA mit dem expliziten Euler-Verfahren stabil lösen, falls die Schrittweite hinreichend klein ist. Dies gilt prinzipiell für alle expliziten Runge-Kutta-Verfahren. Im nächsten Abschnitt werden wir das Stabilitätsproblem systematisch untersuchen. Wir werden dabei sehen, dass die AWA (8.31) mit $g = 0$ (der affine Term hat bei den Abschätzungen keinerlei Rolle gespielt) ein geeignetes Testproblem ist, um den Stabilitätsbereich von Runge-Kutta-Verfahren zu bestimmen.

8.2.3 Steife Differentialgleichungen und A-Stabilität

Im einführenden Abschnitt 8.1 haben wir gezeigt, dass die FE-Semidiskretisierung der parabolischen ARWA (7.3) – (7.4) auf die affin lineare AWA

$$\underline{u}'(t) = A\underline{u}(t) + \underline{g}(t) \quad \text{für alle } t \in [0, T], \tag{8.37}$$

$$\underline{u}(0) = \underline{u}_0 \tag{8.38}$$

mit $\underline{u}(t) = \underline{u}_h$, $A = -M_h^{-1} K_h$, $\underline{g}(t) = M_h^{-1} \underline{f}_h(t)$ und $\underline{u}_0 = M_h^{-1} \underline{g}_h$ führt. Wenn wir nun die AWA (8.37) – (8.38) mit dem Eulerschen Polygonzugverfahren (8.13) lösen, dann können wir ganz unterschiedliche numerische Erfahrungen machen. Für hinreichend kleine Zeitschrittweiten τ funktioniert das explizite Eulerverfahren ausgezeichnet, während für größere Zeitschritte plötzlich ein völlig chaotisches Verhalten zu beobachten ist. Dieses numerische Instabilitätsphänomen tritt prinzipiell bei allen expliziten Runge-Kutta-Verfahren auf und hängt mit der wachsenden Steifheit der AWA (8.37) – (8.38) für kleiner werdendes h (feinere Ortsdiskretisierung) zusammen. Um dieses Phänomen quantitativ mit der Fourier-Analyse genau erklären zu können, nehmen wir der Einfachheit halber an, dass der affine Anteil $\underline{g}(t)$ in (8.37) Null ist und dass die Steifigkeitsmatrix K_h nicht von t abhängt und symmetrisch und positiv definit ist. Dann hat die Matrix A genau N reelle, nichtnotwendigerweise verschiedene, negative Eigenwerte

$$\lambda_1 \leq \lambda_2 \leq \ldots \leq \lambda_N < 0 \tag{8.39}$$

mit den dazugehörigen Eigenvektoren

$$\underline{\varphi}_1, \underline{\varphi}_2, \ldots, \underline{\varphi}_N,$$

die wir bezüglich des M_h-energetischen Skalarproduktes $(.,.)_{M_h}$ als orthonormiert voraussetzen können, d.h.

$$A\underline{\varphi}_i = \lambda_i \underline{\varphi}_i \quad \text{bzw.} \quad K_h \underline{\varphi}_i = -\lambda_i M_h \underline{\varphi}_i, \quad i = 1, 2, \ldots, N, \tag{8.40}$$

und

$$(\underline{\varphi}_i, \underline{\varphi}_j)_{M_h} = (M_h \underline{\varphi}_i, \underline{\varphi}_j) = \delta_{ij}, \quad i, j = 1, 2, \ldots, N. \tag{8.41}$$

Für die Eigenwerte λ_1 und λ_N kann das folgende asymptotische Verhalten bei $h \to 0$ gezeigt werden:

$$-\lambda_1 = O(h^{-2}) \quad \text{und} \quad -\lambda_N = O(1). \tag{8.42}$$

Die Matrix A ist folglich schlecht konditioniert. Die spektrale Konditionszahl verhält sich wie $O(h^{-2})$ und wächst somit für feiner werdende Ortsdiskretisierungen stark an, d.h. die zu lösende AWA (8.37) – (8.38) wird immer steifer (siehe auch Kapitel 5).

Wir entwickeln nun die gesuchte Lösung $\underline{u}(t)$ und die gegebenen Anfangswerte $\underline{u}_0$ der AWA (8.37) – (8.38) in Fourierreihen

$$\underline{u}(t) = \sum_{i=1}^{N} v_i(t)\underline{\varphi}_i \quad \text{und} \quad \underline{u}_0 = \sum_{i=1}^{N} u_{0,i}\underline{\varphi}_i \tag{8.43}$$

nach den Eigenvektoren von A mit den gesuchten Fourierkoeffizienten $v_i(t)$ der Lösung und den gegebenen Fourierkoeffizienten $u_{0,i} = (\underline{u}_0, \underline{\varphi}_i)_{M_h}$ der Anfangswerte. Indem wir die Fourierentwicklungen (8.43) entsprechend in die Differentialgleichungen (8.37) und in die Anfangsbedingungen (8.38) einsetzen, erhalten wir unter Berücksichtigung von (8.40) die Beziehungen

$$\underline{u}'(t) = \sum_{i=1}^{N} v_i'(t)\underline{\varphi}_i = A\underline{u}(t) = \sum_{i=1}^{N} \lambda_i v_i(t)\underline{\varphi}_i$$

und

$$\underline{u}(0) = \sum_{i=1}^{N} v_i(0)\underline{\varphi}_i = \underline{u}_0 = \sum_{i=1}^{N} u_{0,i}\underline{\varphi}_i,$$

aus denen wegen der Orthonormalität (8.41) der Eigenvektoren von A sofort die N skalaren AWA

$$v_i'(t) = \lambda_i v_i(t) \quad \text{und} \quad v_i(0) = u_{0,i} \tag{8.44}$$

zur Bestimmung der N Fourierkoeffizienten $v_i(t)$, $i = 1, 2, \ldots, N$, folgen. Die AWA (8.44) hat für jedes $i \in \{1, 2, \ldots, N\}$ die eindeutig bestimmte Lösung

$$v_i(t) = u_{0,i} e^{\lambda_i t}.$$

Da $\lambda_i < 0$ für alle $i = 1, 2, \ldots, N$ gilt, können Fehler in den Anfangswerten ($\underline{u}_0 + \underline{\delta}_0$ anstatt $\underline{u}_0$ bzw. $u_{0,i} + \delta_{0,i}$ anstatt $u_{0,i}$) mit wachsender Zeit t nicht anwachsen. Diese Stabilitätseigenschaft sollte erhalten bleiben, wenn wir die AWA (8.37) – (8.38) mit einem Einschrittverfahren, zum

Beispiel mit dem Eulerschen Polygonzugverfahren (8.13) numerisch lösen. Dazu entwickeln wir die durch das Eulersche Polygonzugverfahren (8.13) produzierten Näherungen $\underline{u}^{(j)}$ an die Lösung $\underline{u}(t_j)$ zum Zeitpunkt t_j wieder in Fourierreihen

$$\underline{u}^{(j)} = \sum_{i=1}^{N} u_i^{(j)} \underline{\varphi}_i, \quad j = k, k+1,$$

nach den Eigenvektoren von A und setzen diese Entwicklungen in das auf die AWA (mit $\underline{g}(.) = 0$) angewandte Eulersche Polygonzugverfahren (8.13) ein:

$$\underline{u}^{(k+1)} = \sum_{i=1}^{N} u_i^{(k+1)} \underline{\varphi}_i = (I + \tau A)\underline{u}^{(k)} = \sum_{i=1}^{N} (1 + \tau \lambda_i) u_i^{(k)} \underline{\varphi}_i.$$

Für die Fourierkoeffizienten erhalten wir daher die Rekursionsformel ($k = 0, 1, ..., m-1$)

$$u_i^{(k+1)} = R(\tau \lambda_i) u_i^{(k)}, \quad i = 1, 2, ..., N,$$

mit der Stabilitätsfunktion (= Amplikationsfaktor)

$$R(z) = 1 + z.$$

Die gewünschte Stabilitätseigenschaft wird nun für das Eulersche Polygonzugverfahren offenbar genau dann erreicht, wenn die Bedingung

$$|R(\tau \lambda_i)| \leq 1 \tag{8.45}$$

für alle $i \in \{1, 2, ..., N\}$ erfüllt wird. Wegen (8.39) und (8.42) ist die Bedingung (8.45) äquivalent zur Schrittweitenbedingung

$$\tau \leq \frac{2}{-\lambda_1} = \frac{2}{\lambda_{max}(M_h^{-1} K_h)} = O(h^2). \tag{8.46}$$

Das Eulersche Polygonzugverfahren ist also nur bedingt stabil. Das Anwachsen von Fehlern in den Anfangswerten (z.B. Rundungsfehler) kann folglich nur dann verhindert werden, wenn die Zeitschrittweite τ die Stabilitätsbedingung (8.46) erfüllt. Informationen (obere Schranke) über den maximalen Eigenwert $\lambda_{max}(M_h^{-1} K_h)$ von $M_h^{-1} K_h$ können wir uns über die Zeilensummennorm der Matrix $M_h^{-1} K_h$ zumindest dann leicht beschaffen, wenn die Massenmatrix durch eine Diagonalmatrix ersetzt wird (mass lumping), siehe Abschätzung (5.10), S. 424. Die Zeilensummennorm einer Matrix $A = [A_{ij}]_{i,j=1}^{N}$ ist durch die Beziehung $||A|| = \max_{i=1,...,N} \sum_{j=1}^{N} |A_{ij}|$ definiert.

Aus der soeben durchgeführten Fourier-Analyse ist ersichtlich, dass sich das Eulersche Polygonzugverfahren (8.13) für die (affin) lineare AWA (8.37) – (8.38) genau so verhält wie für das skalare Testproblem

$$u'(t) = \lambda u(t), \tag{8.47}$$

$$u(0) = u_0, \tag{8.48}$$

wobei λ jetzt für die verschiedenen Eigenwerte von A steht. Um das Stabilitätsverhalten eines Einschrittverfahrens zur numerischen Lösung der allgemeineren AWA (8.1) – (8.2) zu analysieren, wenden wir das Einschrittverfahren auf das Testproblem (8.47) – (8.48) an und setzen voraus, dass es dann die Form

$$u^{(k+1)} = R(\tau\lambda)u^{(k)} \tag{8.49}$$

mit der *Stabilitätsfunktion* $R(z)$ hat. Die Menge

$$S = \{z \in \mathbb{C} : |R(z)| \leq 1\}$$

heißt *Stabilitätsbereich* des Einschrittverfahrens mit der Stabilitätsfunktion $R(z)$. Für $z = \tau\lambda \in S$ produziert das Einschrittverfahren (8.49) beschränkte, d.h. stabile Lösungen. Wir fordern daher, die Zeitschrittweite so zu wählen, dass $\tau\lambda \in S$ für alle problemrelevanten Eigenwerte, d.h. für alle möglichen Eigenwerte der Jacobi-Matrix $\partial f/\partial u$ mit $Re\lambda \leq 0$ gilt. Eigenwerte mit positivem Realteil brauchen nicht betrachtet zu werden, da sie bereits für die AWA (8.47) – (8.48) unbeschränkte Lösungen zur Folge haben. Ideal wäre nun ein Einschrittverfahren, dessen Stabilitätsbereich S alle komplexen Zahlen λ mit nichtpositivem Realteil umfassen würde, d.h. $\mathbb{C}^- = \{z \in \mathbb{C} : Re(z) \leq 0\} \subset S$. In diesem Fall ist das Einschrittverfahren im obigen Sinne stabil unabhängig von der Wahl der Zeitschrittweite τ.

> **Definition 8.1 (A-Stabilität)**
> Einschrittverfahren mit der Stabilitätsfunktion $R(z)$ heißen *A-stabil*, falls $\mathbb{C}^- \subset S = \{z \in \mathbb{C} : |R(z)| \leq 1\}$.

Das Eulersche Polygonzugverfahren ist nicht A-stabil, da der Stabilitätsbereich $S = \{z \in \mathbb{C} : |z - (-1)| \leq 1\}$ genau die Kreisscheibe mit dem Mittelpunkt -1 und dem Radius 1 ist und somit nicht $\mathbb{C}^-$ enthält. Leider gibt es keine expliziten Runge-Kutta-Formeln, die A-stabil sind. Dafür gibt es A-stabile implizite Runge-Kutta-Formeln. Damit gewinnen die impliziten Runge-Kutta-Formeln, die wir im nächsten Abschnitt betrachten wollen, gerade für steife AWA enorm an Bedeutung.

8.2.4 Implizite Runge-Kutta-Formeln

Implizite Runge-Kutta-Verfahren sind uns schon im Abschnitt 7.1.3 in Form der σ-gewichteten Integrationsschemata mit $\sigma \neq 0$ begegnet. Das implizite Euler-Verfahren ($\sigma = 1$) und das Crank-Nicolson-Verfahren ($\sigma = 1/2$) sind daraus sicherlich die prominentesten Vertreter.

Für unsere allgemeine AWA (8.1) – (8.2) kann das implizite Euler-Verfahren genauso wie das explizite Euler-Verfahren hergeleitet werden. Wir approximieren das Integral in der Integraldarstellung (8.14) mit der rechtsseitigen Rechteckregel anstatt mit der linksseitigen Rechteckregel, d.h.

$$\int_{t_k}^{t_{k+1}} \underline{f}(s,\underline{u}(s))\,ds \approx \tau\underline{f}(t_{k+1},\underline{u}(t_{k+1})).$$

Damit ergibt sich für das implizite Euler-Verfahren die Formel

$$\underline{u}^{(k+1)} = \underline{u}^{(k)} + \tau\underline{f}(t_{k+1},\underline{u}^{(k+1)}),\; k = 0,1,...,m-1, \tag{8.50}$$

wobei $\underline{u}^{(0)} = \underline{u}_0 = \underline{u}(0)$ aus den Anfangsbedingungen (8.2) explizit bekannt ist. Mittels der Taylor-Entwicklung lässt sich nun wieder einfach zeigen, dass das implizite Euler-Verfahren wie auch das explizite Euler-Verfahren die Konsistenzordnung 1 hat. Die Stabilitätsfunktion ergibt sich aus der Anwendung des impliziten Euler-Verfahrens (8.50) auf das Testproblem (8.47) – (8.48) zu $R(z) = 1/(1-z)$. Der Stabilitätsbereich

$$S = \{z \in \mathbb{C} : 1 \leq |z-1|\}$$

umfasst somit offenbar $\mathbb{C}^-$. Damit ist das implizite Euler-Verfahren A-stabil.

Wenn wir das Integral in der Integraldarstellung (8.14) durch die Trapezregel

$$\int_{t_k}^{t_{k+1}} \underline{f}(s,\underline{u}(s))\, ds \approx \frac{\tau}{2}\left(\underline{f}(t_k,\underline{u}(t_k)) + \underline{f}(t_{k+1},\underline{u}(t_{k+1}))\right)$$

ersetzen, dann erhalten wir das Crank-Nicolson-Verfahren

$$\underline{u}^{(k+1)} = \underline{u}^{(k)} + \frac{\tau}{2}(\underline{f}(t_k,\underline{u}^{(k)}) + \underline{f}(t_{k+1},\underline{u}^{(k+1)})),\ k = 0,1,...,m-1, \tag{8.51}$$

mit dem gegebenen Anfangswert $\underline{u}^{(0)}$. Während die links- und rechtsseitigen Rechteckregeln nur für konstante Funktionen exakt sind, werden durch die Trapezregel bereits lineare Funktionen exakt integriert (siehe Tabelle 3.7, S. 141). Deshalb ist es nicht verwunderlich, dass das Crank-Nicolson-Verfahren die Konsistenzordnung 2 hat. Die Stabilitätsfunktion ergibt sich wieder aus der Anwendung des Crank-Nicolson-Verfahrens (8.51) auf unser Testproblem (8.47) – (8.48) zu $R(z) = (2+z)/(2-z)$. Der Stabilitätsbereich

$$S = \{z \in \mathbb{C} : |2+z| \leq |2-z|\}$$

fällt folglich mit $\mathbb{C}^-$ zusammen. Damit ist das Crank-Nicolson-Verfahren A-stabil. Zur tatsächlichen Berechnung der neuen Näherung $\underline{u}^{(k+1)}$ muss sowohl im impliziten Euler-Verfahren als auch im Crank-Nicolson-Verfahren ein im Allgemeinen nichtlineares Gleichungssystem der Dimension N gelöst werden. Das nichtlineare Gleichungssystem liegt in Fixpunktform vor. Zur numerischen Lösung bietet sich die Fixpunktiteration an (siehe Kapitel 6). Falls $\underline{f}(t,\underline{u})$ bezüglich des zweiten Arguments differenzierbar ist, dann kann auch das schneller konvergierende Newton-Verfahren verwendet werden (siehe Kapitel 6). In beiden Fällen liegt mit $\underline{u}^{(k)}$ eine gute Startnäherung vor.

Die soeben diskutierte Eigenschaft ist charakteristisch für implizite Runge-Kutta-Verfahren. Zur Berechnung der neuen Näherung $\underline{u}^{(k+1)}$ muss im allgemeinen ein nichtlineares Gleichungssystem gelöst werden. Die Konstruktionsidee der impliziten Runge-Kutta-Verfahren ist völlig analog zu den expliziten Runge-Kutta-Formeln aus dem Abschnitt 8.2.2. Wir ersetzen das Integral in der Darstellungsformel (8.14) wieder durch die ℓ-stufige Quadraturformel (8.21) mit noch frei wählbaren Integrationsgewichten b_i ($i = 1,2,...,\ell$) und Stützstellen $t_k + c_i\tau$ ($i = 1,2,...,\ell$), $k = 0,1,...,m-1$. Wir fordern jetzt nicht, wie im expliziten Fall, dass t_k eine Stützstelle sein muss, d.h. c_1 muss nicht notwendig Null sein. Zur Approximation der unbekannten Funktionswerte $\underline{u}(t_k + c_i\tau)$ der Lösung in den Stützstellen $t_k + c_i\tau$ verwenden wir wieder die Darstellungsformel (8.22). Im Gegensatz zum expliziten Runge-Kutta-Verfahren ersetzen wir nun das Integral auf der rechten Seite der Darstellungsformel (8.22) durch eine ℓ-stufige Quadraturformel. Dann erhalten wir die Formeln

$$
\begin{aligned}
\underline{g}_1 &= \underline{u}^{(k)} + \tau\left[a_{11}\underline{f}(t_k + c_1\tau, \underline{g}_1) + \cdots + a_{1\ell}\underline{f}(t_k + c_\ell\tau, \underline{g}_\ell)\right] \\
\underline{g}_2 &= \underline{u}^{(k)} + \tau\left[a_{21}\underline{f}(t_k + c_1\tau, \underline{g}_1) + \cdots + a_{2\ell}\underline{f}(t_k + c_\ell\tau, \underline{g}_\ell)\right] \\
&\vdots \\
\underline{g}_\ell &= \underline{u}^{(k)} + \tau\left[a_{\ell 1}\underline{f}(t_k + c_1\tau, \underline{g}_1) + \cdots + a_{\ell\ell}\underline{f}(t_k + c_\ell\tau, \underline{g}_\ell)\right]
\end{aligned}
\tag{8.52}
$$

mit noch frei wählbaren Integrationsgewichten a_{ik} zur Berechnung der Näherungen $\underline{g}_i$ an die unbekannten Funktionswerte $\underline{u}(t_k + c_i\tau)$. Im Gegensatz zu den expliziten Runge-Kutta-Formeln ist jetzt zur Bestimmung der $\underline{g}_i$ ein nichtlineares Gleichungssystem der Dimension ℓN zu lösen. Das nichtlineare Gleichungssystem (8.52) hat wieder Fixpunktform, so dass neben dem Newton-Verfahren auch das Banachsche Fixpunktverfahren direkt angewendet werden kann. Eine gute Startnäherung in der Fixpunktiteration ist sicherlich der Vektor $(\underline{u}^{(k)^T}\ \underline{u}^{(k)^T}\ \ldots\ \underline{u}^{(k)^T})^T \in \mathbb{R}^{\ell N}$. Falls $\underline{f}(t,\underline{u})$ Lipschitz-stetig im zweiten Argument ist, dann garantiert der Banachsche Fixpunktsatz zumindest für hinreichend kleine Zeitschritte τ immer die Existenz und Eindeutigkeit der Lösung des nichtlinearen Gleichungssystems (8.52) und die Konvergenz der Fixpunktiteration mit linearer Konvergenzgeschwindigkeit. Nachdem wir alle $\underline{g}_i$ zumindest näherungsweise aus dem nichtlinearen Gleichungssystem (8.52) bestimmt haben, können wir die nächste Näherung $\underline{u}^{(k+1)}$ an $\underline{u}(t_{k+1})$ explizit nach der Formel

$$
\underline{u}^{(k+1)} = \underline{u}^{(k)} + \tau\left[b_1\underline{f}(t_k + c_1\tau, \underline{g}_1) + \cdots + b_\ell\underline{f}(t_k + c_\ell\tau, \underline{g}_\ell)\right]
\tag{8.53}
$$

berechnen. Das durch die Formeln (8.52) – (8.53) definierte Integrationsverfahren wird ℓ-*stufige implizite Runge-Kutta-Formel* genannt. Eine ℓ-stufige implizite Runge-Kutta-Formel wird damit eindeutig durch das Tableau

$$
\begin{array}{c|ccccc}
c_1 & a_{11} & a_{12} & \cdots & a_{1,\ell-1} & a_{1\ell} \\
c_2 & a_{21} & a_{22} & \cdots & a_{2,\ell-1} & a_{2\ell} \\
\vdots & \vdots & \vdots & \ddots & \vdots & \vdots \\
c_\ell & a_{\ell 1} & a_{\ell 2} & \cdots & a_{\ell,\ell-1} & a_{\ell,\ell} \\
\hline
& b_1 & b_2 & \cdots & b_{\ell-1} & b_\ell
\end{array}
$$

der Integrationsgewichte und der Stützstellen eindeutig bestimmt.

Definition 8.2
Eine durch das obige Tableau beschriebene Runge-Kutta-Formel heißt *explizit*, falls die Matrix $|a_{ij}|_{i,j=1}^{\ell}$ der Integrationsgewichte eine echte linke untere Dreiecksmatrix ist. Andernfalls wird die Runge-Kutta-Formel *implizit* genannt.

Diese Definition einer expliziten Runge-Kutta-Formel ist etwas allgemeiner als die Definition aus dem Abschnitt 8.2.2, da wir nicht mehr a priori fordern, dass $c_1 = 0$ gilt.

Beispiel 8.10

Das implizite Euler-Verfahren ist eine A-stabile, 1-stufige implizite Runge-Kutta-Formel mit dem Tableau

$$\begin{array}{c|c} 1 & 1 \\ \hline & 1 \end{array}$$

und der Konsistenzordnung 1. Wenn wir nun unser Modellproblem (8.31) – (8.32) aus Beispiel 8.9 für $A = -50$ (stabile AWA) mit dem impliziten Euler-Verfahren lösen, dann erhalten wir für alle Zeitschritte akzeptable Näherungslösungen (siehe Abbildung 8.5). Die Konsistenzordnung bestimmt auch praktisch die Konvergenzordnung. Wir sehen ein $O(\tau)$ Fehlerverhalten im globalen Diskretisierungsfehler, d.h. eine Halbierung des Fehlers bei Halbierung der Schrittweite.

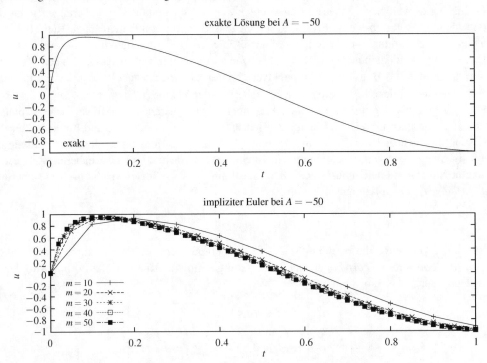

Abbildung 8.5: Numerische Resultate für Beispiel 8.9 mit $A = -50$ und den Schrittweiten $\tau = 1/m$.

Beispiel 8.11

Das Crank-Nicolson-Verfahren bzw. die Trapezregel, wie das Crank-Nicolson-Verfahren aufgrund der Konstruktionsidee auch noch genannt wird, ist eine A-stabile, 2-stufige implizite Runge-Kutta-Formel mit dem Tableau

$$\begin{array}{c|cc} 0 & 0 & 0 \\ 1 & 1/2 & 1/2 \\ \hline & 1/2 & 1/2 \end{array}$$

Das Verfahren hat die Konsistenzordnung 2.

Beispiel 8.12

Die σ-gewichteten Integrationsschemata

$$\underline{u}^{(k+1)} = \underline{u}^{(k)} + \tau\left[(1-\sigma)\underline{f}(t_k,\underline{u}^{(k)}) + \sigma\underline{f}(t_{k+1},\underline{u}^{(k+1)})\right]$$

lassen sich für die AWA (8.1) – (8.2) allgemein in Form eines 2-stufigen Runge-Kutta-Verfahrens aufschreiben:

$$\begin{aligned}
\underline{g}_1 &= \underline{u}^{(k)}, \\
\underline{g}_2 &= \underline{u}^{(k)} + \tau\left[(1-\sigma)\underline{f}(t_k,\underline{g}_1) + \sigma\underline{f}(t_k+\tau,\underline{g}_2)\right], \\
\underline{u}^{(k+1)} &= \underline{u}^{(k)} + \tau\left[(1-\sigma)\underline{f}(t_k,\underline{g}_1) + \sigma\underline{f}(t_k+\tau,\underline{g}_2)\right].
\end{aligned}$$

Damit hat das zugeordnete Tableau die Form:

$$\begin{array}{c|cc}
0 & 0 & 0 \\
1 & 1-\sigma & \sigma \\
\hline
 & 1-\sigma & \sigma
\end{array}$$

Die Stabilitätsfunktion $R(z)$ ergibt sich damit zu

$$R(z) = \frac{1+(1-\sigma)z}{1-\sigma z}.$$

Folglich sind die σ-gewichteten Integrationsschemata nur für $\sigma \in [0.5,1]$ A-stabil. Die Klasse der σ-gewichteten Integrationsschemata enthält als wichtige Spezialfälle das explizite Euler-Verfahren ($\sigma = 0$), das implizite Euler-Verfahren ($\sigma = 1$) und das Crank-Nicolson-Verfahren ($\sigma = 1/2$). Bis auf das Crank-Nicolson-Verfahren (Konsistenzordnung = 2) haben alle σ-gewichteten Integrationsschemata bei fixiertem σ die Konsistenzordnung 1.

Beispiel 8.13

Falls das Integral in der Darstellungsformel (8.14) durch die Mittelpunktsregel (Gauß 1), siehe Tabelle 3.7,

$$\int_{t_k}^{t_{k+1}} \underline{f}(s,\underline{u}(s))\,ds \approx \tau\underline{f}\left(t_k+\frac{\tau}{2},\underline{u}\left(t_k+\frac{\tau}{2}\right)\right)$$

approximiert wird (vgl. (8.21)) und der unbekannte Funktionswert $\underline{u}(t_j+\frac{\tau}{2})$ über die rechtsseitige Rechteckregel

$$\underline{u}\left(t_k+\frac{\tau}{2}\right) = \underline{u}(t_k) + \int_{t_k}^{t_k+\frac{\tau}{2}} \underline{f}(s,\underline{u}(s))\,ds \approx \underline{u}^{(k)} + \frac{\tau}{2}\underline{f}\left(t_k+\frac{\tau}{2},\underline{u}\left(t^{(k)}+\frac{\tau}{2}\right)\right)$$

bestimmt wird, dann erhalten wir die sogenannte *implizite Mittelpunktsregel* (vgl. Beispiel 8.13 als explizites Analogon zur impliziten Mittelpunktsregel). Die implizite Mittelpunktsregel ist offenbar eine 1-stufige implizite Runge-Kutta-Formel mit dem Tableau

$$\begin{array}{c|c}
1/2 & 1/2 \\
\hline
 & 1
\end{array}$$

Die Stabilitätsfunktion $R(z)$ ergibt sich damit zu

$$R(z) = \frac{2+z}{2-z}.$$

Folglich hat die implizite Mittelpunktsregel die gleiche Stabilitätsfunktion wie das Crank-Nicolson-Verfahren und ist somit A-stabil. Die implizite Mittelpunktsregel hat die Konsistenzordnung 2, was analog zum Beispiel 8.13 wieder leicht mit Hilfe der Taylor-Entwicklung gezeigt werden kann.

Das Beispiel 8.13 zeigt, dass zumindest für $\ell = 1$ mit einer ℓ-stufigen impliziten Runge-Kutta-Formel die Konsistenzordnung 2ℓ erreicht werden kann. Diese Aussage ist allgemeingültig. Mit einer ℓ-stufigen impliziten Runge-Kutta-Formel kann tatsächlich die höchstmögliche Konsistenzordnung 2ℓ erreicht werden. Diese Konsistenzordnung 2ℓ wird genau durch die ℓ-stufige implizite Runge-Kutta-Formel vom Gauß-Typ, die auf der Gaußschen Integrationsformel der Ordnung ℓ beruht, erreicht. Wir bemerken, dass die Gaußsche Integrationsformel der Ordnung ℓ Polynome bis zum Grad $2\ell - 1$ genau integriert (siehe auch Bemerkung 3.8). Die Runge-Kutta-Formeln vom Gauß-Typ sind A-stabil.

Beispiel 8.14

Die 2-stufige implizite Runge-Kutta-Formel vom Gauß-Typ wird durch das Tableau

$$
\begin{array}{c|cc}
1/2 - \sqrt{3}/6 & 1/4 & 1/4 - \sqrt{3}/6 \\
1/2 + \sqrt{3}/6 & 1/4 + \sqrt{3}/6 & 1/4 \\
\hline
 & 1/2 & 1/2
\end{array}
$$

eindeutig definiert. Diese Formel besitzt die Konsistenzordnung 4 und ist A-stabil. Die Stützstellen c_i sind genau die Stützstellen der Gaußschen Quadraturformel der Ordnung 2 für das Intervall $[0, 1]$ (siehe auch Tabelle 3.7, S. 141).

Damit sind mit ℓ-stufigen impliziten Runge-Kutta-Formeln wesentlich höhere Konsistenzordnungen zu erreichen als mit ℓ-stufigen expliziten Runge-Kutta-Formeln (siehe Abschnitt 8.2.2). Wie die σ-gewichteten Integrationsschemata zeigen sind bei weitem nicht alle impliziten Runge-Kutta-Formeln A-stabil. Mit dem impliziten Euler-Verfahren, dem Crank-Nicolson-Verfahren (Trapezregel) und den Runge-Kutta-Formeln vom Gauß-Typ haben wir jedoch einige für die Praxis (insbesondere zur Lösung steifer AWA) wichtige A-stabile implizite Runge-Kutta-Formeln kennengelernt. Wir betonen noch einmal, dass die expliziten Runge-Kutta-Formeln nicht A-stabil sind und damit immer über den Zeitschritt zu kontrollieren sind (bedingt stabil).

Bemerkung 8.1

Das Newmark-Verfahren (7.26) – (7.29) mit $\beta = 1/4$ und $\gamma = 1/2$ aus Kapitel 7 produziert die gleichen Näherungen wie die Trapezregel (Crank-Nicolson-Methode) angewandt auf das zur AWA (7.24) – (7.25) zweiter Ordnung äquivalente (aber doppelt so große) System erster Ordnung (vergleiche Abschnitt 8.1). Tatsächlich, aus (7.27) und (7.28) folgt zunächst sofort die Beziehung

$$
\underline{u}_h^{(k+1)} = \underline{u}_h^{(k)} + \tau \underline{v}_h^{(k)} + \frac{\tau}{2}\left(\underline{v}_h^{(k+1)} - \underline{v}_h^{(k)}\right) = \underline{u}_h^{(k)} + \frac{\tau}{2}\left(\underline{v}_h^{(k+1)} + \underline{v}_h^{(k)}\right). \tag{8.54}
$$

Wenn wir jetzt den Ausdruck (7.26) mit dem selben Ausdruck auf der vorhergegangenen Zeitschicht addieren und dann die Summe mit $\frac{\tau}{2}$ multiplizieren, erhalten wir die Beziehung

$$
M_h \frac{\tau}{2}\left(\underline{a}_h^{(k+1)} + \underline{a}_h^{(k)}\right) = \frac{\tau}{2}\left(\underline{f}_h^{(k+1)} + \underline{f}_h^{(k)} - C_h(t_{k+1})\underline{v}_h^{(k+1)} - C_h(t_k)\underline{v}_h^{(k)} - K_h(t_{k+1})\underline{u}_h^{(k+1)} - K_h(t_k)\underline{u}_h^{(k)}\right)
$$

beziehungsweise wegen (7.28) die Formel

$$
\begin{aligned}
\underline{v}_h^{(k+1)} = {} & \underline{v}_h^{(k)} + \frac{\tau}{2}M_h^{-1}\big(\underline{f}_h^{(k+1)} + \underline{f}_h^{(k)} - C_h(t_{k+1})\underline{v}_h^{(k+1)} - C_h(t_k)\underline{v}_h^{(k)} \\
& - K_h(t_{k+1})\underline{u}_h^{(k+1)} - K_h(t_k)\underline{u}_h^{(k)}\big).
\end{aligned} \tag{8.55}
$$

Die Rechenformeln (8.54) und (8.55) entsprechen genau der auf das zu (7.24) – (7.25) äquivalente System erster Ordnung

$$
\begin{aligned}
\dot{\underline{u}}_h(t) &= \underline{v}_h(t), \\
\dot{\underline{v}}_h(t) &= M_h^{-1}\big(\underline{f}_h(t) - C_h(t)\underline{v}_h(t) - K_h(t)\underline{u}_h(t)\big)
\end{aligned}
$$

angewandten Trapezregel (8.51).

8.2.5 Praktische Hinweise zur Durchführung von Einschrittverfahren

In den vorangegangenen Abschnitten haben wir die Zeitschrittweite τ der Einfachheit halber als konstant angenommen. In der Praxis wird die Schrittweite $\tau = \tau_k = t_{k+1} - t_k$ dem Verhalten des lokalen Fehlers variabel angepasst, d.h. sie wird verkleinert bzw. vergrößert, wenn der lokale Fehler wächst bzw. fällt. Dazu benötigen wir zunächst eine Schätzung des lokalen Fehlers $\underline{d}_\tau(t + \tau)$ des benutzten Einschrittverfahrens. Da alle weiteren Betrachtungen komponentenweise zu verstehen sind, können wir ohne Beschränkung der Allgemeinheit den skalaren Fall ($N = 1$) annehmen.

Schätzung des lokalen Fehlers

Wir betrachten ein Einschrittverfahren (Runge-Kutta-Formel) der Konsistenzordnung p und nehmen an, dass der lokale Fehler $\underline{d}_\tau(t + \tau)$ die Gestalt

$$\underline{d}_\tau(t + \tau) = \underline{u}(t + \tau) - \underline{u}_\tau(t + \tau) = \underline{c}(t, \underline{u})\tau^{p+1} + O(\tau^{p+2}) \qquad (8.56)$$

hat, wobei der Ausdruck $\underline{c}(t, \underline{u})$ im führenden Fehlerterm unabhängig von der Zeitschrittweite τ sein soll. Die Näherung $\underline{u}_\tau(t + \tau)$ erhalten wir mit der gewählten Runge-Kutta-Formel (vergleiche auch (8.53))

$$\underline{u}_\tau(t + \tau) = \underline{u} + \tau[b_1 \underline{f}(t + c_1 \tau, \underline{g}_1) + \cdots + b_\ell \underline{f}(t + c_\ell \tau, \underline{g}_\ell)]$$

und dem Startwert $\underline{u} = \underline{u}(t)$ zum Zeitpunkt $t = t_k$.

Für eine konkrete Runge-Kutta-Formel lässt sich die Darstellung (8.56) leicht mittels Taylor-Entwicklung nachweisen. So erhalten wir zum Beispiel für das Eulersche Polygonzugverfahren die Darstellung (8.56) mit $p = 1$ und $\underline{c}(t, \underline{u}) = 0.5(\underline{f}_t(t, \underline{u}) + \underline{f}_u(t, \underline{u})\underline{f}(t, \underline{u}))$ sofort aus (8.16) mit Taylor-Entwicklung bis zum dritten Glied, wobei hier $\underline{f}_t = [\frac{\partial f_i}{\partial t}]_{i=1}^N$ und $\underline{f}_u = [\frac{\partial f_i}{\partial u}]_{i=1}^N$ die partiellen Ableitungen von $\underline{f}$ nach t beziehungsweise nach u bezeichnen. Im Folgenden werden wir nur von der Existenz eines von der Schrittweite τ unabhängigen, in t und $\underline{u}$ hinreichend glatten Koeffizienten $\underline{c}(t, \underline{u})$, nicht aber von seiner speziellen Gestalt Gebrauch machen.

Zur Schätzung des lokalen Fehlers führen wir nun eine Extrapolation in der Zeitschrittweite τ durch. Dazu gehen wir wie folgt vor:

1. Wir führen zunächst einen Schritt mit der Zeitschrittweite τ durch und erhalten die Näherung $\underline{u}_\tau(t + \tau)$, für die die Fehlerdarstellung (8.56) gilt.

2. Dann führen wir zwei Schritte mit der halben Zeitschrittweite $\tau/2$ durch und erhalten eine weitere, im Allgemeinen bessere Näherung $\underline{u}_{\tau/2}(t + \tau)$ im Punkt $t + \tau$, für die unter entsprechenden Glattheitsbedingungen die Fehlerdarstellung

$$\underline{u}(t + \tau) - \underline{u}_{\tau/2}(t + \tau) = 2\underline{c}(t, \underline{u})\left(\frac{\tau}{2}\right)^{p+1} + O(\tau^{p+2}) \qquad (8.57)$$

gilt. Diese Fehlerdarstellung ergibt sich wieder mittels Taylor-Entwicklung aus der Fortpflanzung des ersten lokalen Fehlers

$$\underline{u}(t + \tau/2) - \underline{u}_{\tau/2}(t + \tau/2) = \underline{c}(t, \underline{u})\left(\frac{\tau}{2}\right)^{p+1} + O(\tau^{p+2})$$

und dem neuen lokalen Fehler.

3. Aus (8.56) und (8.57) lässt sich $\underline{c}(t, \underline{u})$ eliminieren. Tatsächlich, wenn wir (8.57) mit 2^p multiplizieren und davon (8.56) subtrahieren, erhalten wir die Beziehung

$$(2^p - 1)\underline{u}(t + \tau) - 2^p \underline{u}_{\tau/2}(t + \tau) + \underline{u}_{\tau}(t + \tau) = O(\tau^{p+2}),$$

aus der sofort folgt, dass

$$\underline{\hat{u}}_{\tau}(t + \tau) = \underline{u}_{\tau/2}(t + \tau) + \frac{\underline{u}_{\tau/2}(t + \tau) - \underline{u}_{\tau}(t + \tau)}{2^p - 1}$$

eine um eine Ordnung bessere Näherung an die Lösung

$$\underline{u}(t + \tau) = \underline{\hat{u}}_{\tau}(t + \tau) + O(\tau^{p+2}) \tag{8.58}$$

ist als $\underline{u}_{\tau}(t + \tau)$ oder auch $\underline{u}_{\tau/2}(t + \tau)$.

4. Wenn wir nun im lokalen Fehler die exakte Lösung $\underline{u}(t + \tau)$ durch den extrapolierten Wert $\underline{\hat{u}}_{\tau}(t + \tau)$ ersetzen, dann erhalten wir die Schätzung

$$err = \|\underline{\hat{u}}_{\tau}(t + \tau) - \underline{u}_{\tau}(t + \tau)\| \tag{8.59}$$

des lokalen Fehlers (führender Fehlerterm) bezüglich einer gewählten Norm im $\mathbb{R}^N$, zum Beispiel bezüglich der Euklidischen Norm oder einer gewichteten Euklidischen Norm, die einer Skalierung der einzelnen Komponenten entspricht.

In der Praxis wird die lokal extrapolierte Näherung $\underline{\hat{u}}_{\tau}(t + \tau)$ nicht nur zur lokalen Fehlerschätzung benutzt, sondern gleich als nächste Näherung im Punkt $t + \tau$ verwendet. Der berechnete Fehler (8.59) bezieht sich allerdings nur auf die ursprünglich berechnete Näherung $\underline{u}_{\tau}(t + \tau)$ und nicht auf die extrapolierte Näherung. Die Praxis zeigt aber, dass zumindestens bei hinreichend glatten Lösungen die Verwendung von $\underline{\hat{u}}_{\tau}(t + \tau)$ an Stelle von $\underline{u}_{\tau}(t + \tau)$ die Genauigkeit des Verfahrens insgesamt erhöht. Die konsequente Verfolgung der Extrapolationsidee führt zu den Extrapolationsverfahren (siehe z.B. [DB08]).

Eine weitere Methode zur Schätzung des lokalen Fehlers besteht einfach darin, neben dem Basisverfahren der Konsistenzordnung p ein Runge-Kutta-Verfahren der Konsistenzordnung $p + 1$ parallel mitzurechnen, um den lokalen Fehler des Basisverfahrens zu schätzen. Wir nehmen nun an, dass das Basisverfahren im Punkt $t + \tau$ eine Näherung $\underline{u}_{\tau}(t + \tau)$ mit dem lokalen Fehler

$$\underline{u}(t + \tau) - \underline{u}_{\tau}(t + \tau) = O(\tau^{p+1}) \tag{8.60}$$

liefert und das verbesserte Verfahren eine Näherung $\underline{\hat{u}}_{\tau}(t + \tau)$ produziert, für die eine Fehlerdarstellung der Art (8.58) gilt. Aus den Darstellungen (8.58) und (8.60) der lokalen Fehler folgt sofort die Beziehung

$$\underline{d}_{\tau}(t + \tau) = \underline{u}(t + \tau) - \underline{u}_{\tau}(t + \tau) = \underline{\hat{u}}_{\tau}(t + \tau) - \underline{u}_{\tau}(t + \tau) + O(\tau^{p+2}).$$

Damit kann der Hauptterm err des lokalen Fehlers $\underline{d}_{\tau}(t + \tau)$ wieder mit Hilfe der Formel (8.59) berechnet werden. Die sogenannten eingebetteten Runge-Kutta-Formeln (RKF p(p+1)) bieten nun eine elegante und effiziente Möglichkeit, diese Fehlerschätzungstechnik zu realisieren. Um den Zusatzaufwand zur Berechnung von $\hat{\underline{u}}_\tau(t+\tau)$ zu minimieren, werden die Koeffizienten c_i und a_{ij} in beiden Tableaus gleich gewählt und nur die Gewichte b_i und $\hat{b}_i$ für die Basisformel und für die verbesserte Formel unterscheiden sich. Damit werden explizite eingebettete Runge-Kutta-Formeln durch das Tableau

$$
\begin{array}{c|ccccc}
c_1 & & & & & \\
c_2 & a_{21} & & & & \\
c_3 & a_{31} & a_{32} & & & \\
\vdots & \vdots & \vdots & & & \\
c_\ell & a_{\ell 1} & a_{\ell 2} & \cdots & a_{\ell,\ell-1} & \\
\hline
 & b_1 & b_2 & \cdots & b_{\ell-1} & b_\ell \\
 & \hat{b}_1 & \hat{b}_2 & \cdots & \hat{b}_{\ell-1} & \hat{b}_\ell
\end{array}
$$

beschrieben. Die beiden Näherungen $\underline{u}_\tau(t+\tau)$ und $\hat{\underline{u}}_\tau(t+\tau)$ sind dann jeweils durch die Formeln

$$\underline{u}_\tau(t+\tau) = \underline{u} + \tau[b_1\underline{f}(t+c_1\tau,\underline{g}_1) + \cdots + b_\ell\underline{f}(t+c_\ell\tau,\underline{g}_\ell)]$$

und

$$\hat{\underline{u}}_\tau(t+\tau) = \underline{u} + \tau[\hat{b}_1\underline{f}(t+c_1\tau,\underline{g}_1) + \cdots + \hat{b}_\ell\underline{f}(t+c_\ell\tau,\underline{g}_\ell)]$$

gegeben, wobei die Vektoren $\underline{g}_1, \underline{g}_2, \ldots, \underline{g}_\ell$ sukzessiv nach den Formeln (8.23) berechnet werden.

Das Tableau

$$
\begin{array}{c|ccc}
0 & & & \\
1 & 1 & & \\
1/2 & 1/4 & 1/4 & \\
\hline
\text{Trapezregel} & 1/2 & 1/2 & 0 \\
\text{Simpsonregel} & 1/6 & 1/6 & 4/6
\end{array}
$$

liefert ein RKF 2(3). Diese eingebettete Runge-Kutta-Formel wird auch Runge-Kutta-Fehlberg-Formel genannt. Das zweistufige Basisverfahren korrespondiert zur Trapezregel und hat die Konsistenzordnung 2, während das verbesserte dreistufige Verfahren mit der Konsistenzordnung 3 zur Simpson-Regel gehört.

In der numerischen Praxis spielt die von J. R. Dormand und P. J. Prince entwickelte explizite, eingebettete RKF 4(5), die auch DOPRI 4(5) genannt wird, eine außerordentlich wichtige Rolle. DOPRI 4(5) ist durch das Tableau

0						
$\dfrac{1}{5}$	$\dfrac{1}{5}$					
$\dfrac{3}{10}$	$\dfrac{3}{40}$	$\dfrac{9}{40}$				
$\dfrac{4}{5}$	$\dfrac{44}{45}$	$-\dfrac{56}{15}$	$\dfrac{32}{9}$			
$\dfrac{8}{9}$	$\dfrac{19372}{6561}$	$-\dfrac{25360}{2187}$	$\dfrac{64448}{6561}$	$-\dfrac{212}{729}$		
1	$\dfrac{9017}{3168}$	$-\dfrac{355}{33}$	$\dfrac{46732}{5247}$	$\dfrac{49}{176}$	$-\dfrac{5103}{18656}$	
1	$\dfrac{35}{384}$	0	$\dfrac{500}{1113}$	$\dfrac{125}{192}$	$-\dfrac{2187}{6784}$	$\dfrac{11}{84}$
	$\dfrac{35}{384}$	0	$\dfrac{500}{1113}$	$\dfrac{125}{192}$	$-\dfrac{2187}{6784}$	$\dfrac{11}{84}$	0
	$\dfrac{5179}{57600}$	0	$\dfrac{7571}{16695}$	$\dfrac{393}{640}$	$-\dfrac{92097}{339200}$	$\dfrac{187}{2100}$	$\dfrac{1}{40}$

gegeben. DOPRI 4(5) erfüllt die Bedingung

$$a_{\ell i} = b_i \quad \text{für alle } i = 1, 2, \ldots, \ell,$$

welche die Effizienz weiter verbessert, da $\underline{u}_\tau(t + \tau)$ mit $\underline{g}_\ell$ zusammenfällt. Eine komplette Beschreibung der Familie der DOPRI-Formeln findet der Leser in den Orginalarbeiten [DP80, DP81].

Schrittweitensteuerung

Im Zeitpunkt $t = t_k$ möchten wir eigentlich eine maximale Zeitschrittweite $\tau = \tau_k$ so wählen, dass der globale Fehler $\underline{e}_\tau(t + \tau) = \underline{e}_\tau(t_{k+1})$ kontrolliert werden kann. Der globale Fehler $\underline{e}_\tau(t + \tau)$ setzt sich aber aus dem lokalen Fehler $\underline{d}_\tau(t + \tau)$ und der Fortpflanzung der vorangegangenen Fehler zusammen. In der Praxis wird sich aber nur auf die Kontrolle des lokalen Fehlers $\underline{d}_\tau(t + \tau)$, d.h. genaugenommen nur auf die Kontrolle einer Schätzung *err*, die den führenden Fehlerterm widerspiegelt, beschränkt.

Wir nehmen nun an, dass eine Schätzung *err* des lokalen Fehlers $\underline{d}_\tau(t + \tau)$ etwa nach der Schrittweitenhalbierungsmethode oder mit einer eingebetteten RKF p(p+1) berechnet wurde, die auf einer gewählten Schrittweite τ beruht und für welche die Beziehung

$$err = c\tau^{p+1} \tag{8.61}$$

gilt. Unser Ziel besteht nun darin, den lokalen Fehler mit einer fixiert vorgegebenen, positiven Toleranz *tol* zu kontrollieren, d.h. eine neue, optimierte Schrittweite τ_{neu} so zu wählen, dass die Beziehung

$$tol = c\tau_{\text{neu}}^{p+1} \tag{8.62}$$

erfüllt wird. Aus den Gleichungen (8.61) und (8.62) kann die Konstante c eliminiert werden und wir erhalten die gewünschte neue Schrittweite

$$\tau_{\text{neu}} = \tau \sqrt[p+1]{\frac{tol}{err}}. \tag{8.63}$$

Falls $err \leq tol$, dann wird die mit der alten Schrittweite τ berechnete Näherung $\underline{u}_\tau(t + \tau)$ (bzw. die bei der Schätzung berechnete verbesserte Näherung $\hat{\underline{u}}_\tau(t + \tau)$) akzeptiert, andernfalls wird der Schritt verworfen und mit der neuen Schrittweite (8.63) wiederholt.

Natürlich ist das keine rigorose a posteriori Fehleranalyse. Wir haben erst den globalen Fehler durch den lokalen Fehler und dann den lokalen Fehler durch eine Schätzung ersetzt. Deshalb werden in der Praxis einige heuristische Tricks benutzt, um die Zuverlässigkeit und die Effizienz der Schrittweitensteuerung zu verbessern. Zum einen wird in der numerischen Praxis ein Sicherheitsfaktor $fac \in (0, 1)$, zum Beispiel $fac = 0.7$, eingeführt, mit dem der ursprünglich berechnete optimale Zeitschritt (8.63) reduziert wird. Zum anderen wird oftmals zwischen τ und τ_{neu} ein maximaler Vergrößerungsfaktor $facmax$ und ein minimaler Verkleinerungsfaktor $facmin$ eingeführt, um allzu dramatische Änderungen in der Schrittweite zu unterbinden. Mit diesen „Tricks" ergibt sich der folgende Algorithmus zur Schrittweitensteuerung:

1. Es wird zunächst ein Schritt mit der gegebenen Schrittweite τ durchgeführt und eine Schätzung err des lokalen Fehlers berechnet.

2. Falls $err \leq tol$, dann wird dieser Schritt akzeptiert und mit der neuen Schrittweite

$$\tau_{\text{neu}} = \tau \min \left\{ facmax, \max \left\{ facmin, fac \sqrt[p+1]{tol/err} \right\} \right\} \tag{8.64}$$

weitergerechnet.

3. Falls $err > tol$, dann wird der Schritt verworfen und noch einmal mit der neuen Schrittweite (8.64) wiederholt.

Falls $t + \tau_{\text{neu}} > T$, dann wird natürlich τ_{neu} auf $T - t$ zurückgesetzt. Viele Anwender führen auch nach einem verworfenen Schritt zwei oder mehrere erfolgreiche Schritte durch, bevor sie wieder eine Vergrößerung der neuen Schrittweite vornehmen.

In der Abbildung 8.3 haben wir am Beispiel der Satellitenbahnberechnung (siehe Beispiel 8.8, S. 585) die Wirkungsweise der Schrittweitensteuerung nach dem oben angegebenen Algorithmus dargestellt. Die Schätzung des lokalen Fehlers beruht hier auf der in diesem Abschnitt vorgestellten lokalen Extrapolationstechnik.

8.3 Mehrschrittverfahren

8.3.1 Kostruktionsprinzipien

Im Abschnitt 8.2 haben wir die Runge-Kutta-Verfahren als typische Vertreter der Einschrittverfahren kennengelernt. Zur Berechnung der neuen Näherung $\underline{u}^{(k+1)}$ werden bei diesen Verfahren die alte Näherung $\underline{u}^{(k)}$ und Werte der Vektorfunktion $\underline{f}(t_k + c_i\tau, \underline{g}_i)$ in den Zwischenpunkten

$t_k + c_i \tau$, $i = 1, \ldots, \ell$, benutzt (siehe Formel (8.24) bzw. (8.53)). Die Auswertungen der Vektorfunktion $\underline{f}$ in den Zwischenpunkten kann in einigen praktischen Anwendungen sehr aufwändig
sein. Deshalb wollen wir Verfahren konstruieren, die wie im Fall des expliziten und impliziten Euler-Verfahrens oder auch des Crank-Nicolson-Verfahrens nur Funktionsauswertungen in
den Punkten t_i benötigen, d.h. zur Berechnung der neuen Näherung $\underline{u}^{(k+1)}$ wollen wir nur Funktionsauswertungen in den Punkten t_{k+1} und t_k sowie in den $j - 1$ vorangegangenen Punkten
$t_{k-1}, t_{k-2}, \ldots, t_{k-(j-2)}$ und $t_{k-(j-1)}$ benutzen. Wenn wir uns auf Linearkombinationen der Nähe-
rungen $\underline{u}^{(i)}$ und der Vektorfunktionen $\underline{f}^{(i)} = \underline{f}(t_i, \underline{u}^{(i)})$ für $i = k - (j-1), \ldots, k+1$ beschränken,
erhalten wir *lineare Mehrschrittformeln* (genauer: j-Schrittformeln) der Gestalt

$$\alpha_0 \underline{u}^{(k-(j-1))} + \ldots + \alpha_{j-1} \underline{u}^{(k)} + \alpha_j \underline{u}^{(k+1)} = \tau \left(\beta_0 \underline{f}^{(k-(j-1))} + \ldots + \beta_j \underline{f}^{(k+1)} \right), \qquad (8.65)$$

wobei k von $j - 1$ bis $m - 1$ läuft und $\alpha_0, \ldots, \alpha_j$ sowie $\beta_0, \ldots, \beta_j$ die fest gewählten Koeffizienten
des Mehrschrittverfahrens sind. Damit wir ein echtes j-Schrittverfahren vorliegen haben, nehmen
wir an, dass α_0 und β_0 nicht gleichzeitig Null werden und dass die Mehrschrittformel durch die
Normierungsbedingung $\alpha_j = 1$ eindeutig fixiert wird. Falls $\beta_j = 0$, dann wird das Mehrschrittverfahren *explizit* genannt. Andernfalls handelt es sich um ein *implizites* Mehrschrittverfahren
und zur Bestimmung von $\underline{u}^{(k+1)}$ ist wieder ein lineares oder nichtlineares Gleichungssystem zu
lösen.

Die j-Schrittformel (8.65) benötigt für $k = j - 1$ genau die j Startwerte $\underline{u}^{(0)}, \underline{u}^{(1)}, \ldots, \underline{u}^{(j-1)}$.
Der Vektor $\underline{u}^{(0)}$ ist wieder durch den Anfangswert $\underline{u}_0$ der zu lösenden AWA (8.1) – (8.2) gegeben. Die weiteren Vektoren $\underline{u}^{(1)}, \ldots, \underline{u}^{(j-1)}$ können zum Beispiel alle mit Einschrittverfahren
entsprechender Konsistenzordnung berechnet werden. Alternativ dazu kann $\underline{u}^{(1)}$ mit einem Einschrittverfahren, $\underline{u}^{(2)}$ mit einem Zweischrittverfahren und schließlich $\underline{u}^{(j-1)}$ mit einem $(j-1)$-
Schrittverfahren berechnet werden.

Wir unterscheiden zwei grundlegende Konstruktionsprinzipien. Ohne Beschränkung der Allgemeinheit können wir diese Konstruktionsprinzipien für den skalaren Fall $N = 1$ darlegen und
lassen deshalb die Unterstreichungen als Kennzeichnung von Vektoren weg:

1. *Ausgangspunkt = Differentialgleichung:* Wir ersetzen in der Differentialgleichung

$$u'(t_{k+1}) = f(t_{k+1}, u(t_{k+1})) \qquad (8.66)$$

im Punkt t_{k+1} die gesuchte Funktion $u(t)$ durch das Lagrangesche Interpolationspolynom
$p_j(t)$ vom Grad j, das durch die $j + 1$ Stützpunkte $(t_i, u^{(i)})$ mit $i = k + 1 - j, \ldots, k + 1$ eindeutig definiert wird (siehe auch Abschnitt 3.5, S. 128). Diese Konstruktionsidee führt genau
auf die sogenannten *BDF-Verfahren*.

2. *Ausgangspunkt = Integralgleichung:* Die Integration der Differentialgleichung (8.1) über das
Intervall $[t_{k+1} - n\tau, t_{k+1}]$ ergibt die Integraldarstellung

$$u(t_{k+1}) = u(t_{k+1} - n\tau) + \int_{t_{k+1}-n\tau}^{t_{k+1}} f(s, u(s)) \, ds, \qquad (8.67)$$

aus der wir für $n = 1$ und $n = 2$ mittels Extrapolation und Interpolation des Integranden zwei
verschiedene Klassen von expliziten und impliziten linearen Mehrschrittformeln gewinnen
werden.

Adams-Formeln

Ausgangspunkt ist die Integraldarstellung (8.67) für $n = 1$. Wird der Integrand $f(s, u(s))$ in (8.67) auf $[t_k, t_{k+1}]$ durch das Lagrangesche Interpolationspolynom $p_{j-1}(t)$ vom Grad $j - 1$, das durch die j Stützpunkte $(t_i, f^{(i)})$ mit $i = k + 1 - j, \ldots, k$ eindeutig definiert wird, ersetzt (Extrapolationsquadratur), dann erhalten wir die *expliziten Adams-Formeln*, die oft auch *Adams-Bashforth-Formeln* genannt werden:

$$u^{(k+1)} = u^{(k)} + \tau \int_0^1 p_{j-1}(t_k + s\tau) \, ds = u^{(k)} + \tau \sum_{i=0}^{j-1} \gamma_i \nabla^i f^{(k)} \qquad (8.68)$$

mit $f^{(i)} = f(t_i, u^{(i)})$, der rekursiven Definition $\nabla^i = \nabla^{i-1}\nabla, \nabla^0 = I, \nabla f^{(k)} = f^{(k)} - f^{(k-1)}$ der rückwärtigen Differenzenoperationen und mit den Koeffizienten

$$\gamma_i = (-1)^i \int_0^1 \binom{-s}{i} ds, \quad \text{wobei} \quad \binom{x}{i} = \frac{x(x-1) \cdot \ldots \cdot (x-i+1)}{1 \cdot 2 \cdot \ldots \cdot i}.$$

Die Darstellung (8.68) erhalten wir sofort aus der Newton-Darstellung

$$p_{j-1}(t_k + s\tau) = \sum_{i=0}^{j-1} (-1)^i \binom{-s}{i} \nabla^i f^{(k)} \qquad (8.69)$$

des Lagrangeschen Interpolationspolynoms $p_{j-1}(t_k + s\tau)$ mit Hilfe dividierter Differenzen (siehe z.B. [DH08]). Für $j = 1, 2$ und 3 ergeben sich die folgenden Adams-Bashforth-Formeln:

$j = 1: \quad u^{(k+1)} = u^{(k)} + \tau f^{(k)} \quad$ (explizites Euler-Verfahren),

$j = 2: \quad u^{(k+1)} = u^{(k)} + \tau \left[\frac{3}{2} f^{(k)} - \frac{1}{2} f^{(k-1)} \right],$

$j = 3: \quad u^{(k+1)} = u^{(k)} + \tau \left[\frac{23}{12} f^{(k)} - \frac{16}{12} f^{(k-1)} + \frac{5}{12} f^{(k-2)} \right].$

Die Adams-Bashforth-Formeln haben folgende Eigenschaften:

1. Adams-Bashforth-Formeln sind explizite Mehrschrittformeln.

2. Die Konsistenzordnung ist gleich j (siehe Abschnitt 8.3.2).

3. Die Adams-Bashforth-Formeln sind 0-stabil (siehe Abschnitt 8.3.3).

Wird hingegen der Integrand $f(s, u(s))$ in (8.67) auf $[t_k, t_{k+1}]$ durch das Lagrangesche Interpolationspolynom $p_j(t)$ vom Grade j, das durch die $j + 1$ Stützpunkte $(t_i, f^{(i)})$ mit $i = k + 1 - j$, $\ldots, k, k + 1$ eindeutig definiert wird, ersetzt (Interpolationsquadratur), dann erhalten wir die *impliziten Adams-Formeln*, die oft auch *Adams-Moulton-Formeln* genannt werden:

$$u^{(k+1)} = u^{(k)} + \tau \int_0^1 p_j(t_k + s\tau) \, ds = u^{(k)} + \tau \sum_{i=0}^{j} \gamma_i^* \nabla^i f^{(k+1)} \qquad (8.70)$$

mit

$$\gamma_i^* = (-1)^i \int\limits_0^1 \binom{-s+1}{i} \, ds \, .$$

Die Darstellung (8.70) erhalten wir sofort aus der Newton-Darstellung (8.69) des Lagrangeschen Interpolationspolynoms $p_j(t_k + s\tau)$ mit Hilfe dividierter Differenzen. Für $j = 0$ (formal), $j = 1$ und $j = 2$ ergeben sich die folgenden Adams-Moulton-Formeln:

$j = 0$: $u^{(k+1)} = u^{(k)} + \tau f^{(k+1)}$ (implizites Euler-Verfahren),

$j = 1$: $u^{(k+1)} = u^{(k)} + \tau \left[\frac{1}{2} f^{(k+1)} + \frac{1}{2} f^{(k)} \right]$ (Crank-Nicolson-Verfahren),

$j = 2$: $u^{(k+1)} = u^{(k)} + \tau \left[\frac{5}{12} f^{(k+1)} + \frac{8}{12} f^{(k)} - \frac{1}{12} f^{(k-1)} \right]$.

Die Adams-Moulton-Formeln haben folgende Eigenschaften:

1. Adams-Moulton-Formeln sind implizite Mehrschrittformeln.
2. Die Konsistenzordnung ist gleich $j + 1$ (siehe Abschnitt 8.3.2).
3. Die Adams-Moulton-Formeln sind 0-stabil (siehe Abschnitt 8.3.3).

Nyström- und Milne-Simpson-Formeln

Den Ausgangspunkt für die Herleitung dieser Formeln bildet wieder die Integraldarstellung (8.67) aber jetzt für $n = 2$. Wird der Integrand $f(s, u(s))$ in (8.67) auf $[t_{k-1}, t_{k+1}]$ durch das Lagrangesche Interpolationspolynom $p_{j-1}(t)$ vom Grad $j - 1$, das durch die j Stützpunkte $(t_i, f^{(i)})$ mit $i = k + 1 - j, \ldots, k$ eindeutig definiert wird, ersetzt (Interpolations / Extrapolationsquadratur), dann erhalten wir die *Nyström-Formeln*:

$$u^{(k+1)} = u^{(k-1)} + \tau \int\limits_{-1}^1 p_{j-1}(t_k + s\tau) \, ds = u^{(k-1)} + \tau \sum_{i=0}^{j-1} \kappa_i \nabla^i f^{(k)} \qquad (8.71)$$

mit

$$\kappa_i = (-1)^i \int\limits_{-1}^1 \binom{-s}{i} \, ds \, .$$

Die Darstellung (8.71) erhalten wir wieder aus der Newton-Darstellung (8.69) des Lagrangeschen Interpolationspolynoms $p_{j-1}(t_k + s\tau)$ mit Hilfe dividierter Differenzen. Für $j = 1$ und 3 ergeben sich die folgenden Nyström-Formeln:

$j = 1$: $u^{(k+1)} = u^{(k-1)} + 2\tau f^{(k)}$ (explizite Mittelpunktsregel),

$j = 3$: $u^{(k+1)} = u^{(k-1)} + \tau \left[\frac{7}{3} f^{(k)} - \frac{2}{3} f^{(k-1)} + \frac{1}{3} f^{(k-2)} \right]$.

Da κ_1 gleich 0 ist, erhalten wir für $j = 2$ ebenfalls die explizite Mittelpunktsregel. Die Nyström-Formeln haben folgende Eigenschaften:

1. Nyström-Formeln sind explizite Mehrschrittformeln.

2. Die Konsistenzordnung ist gleich j (siehe Abschnitt 8.3.2).

3. Die Nyström-Formeln sind 0-stabil (siehe Abschnitt 8.3.3).

Wird hingegen der Integrand $f(s, u(s))$ in (8.67) auf $[t_{k-1}, t_{k+1}]$ durch das Lagrangesche Interpolationspolynom $p_j(t)$ vom Grad j, das durch die $j+1$ Stützpunkte $(t_i, f^{(i)})$ mit $i = k+1-j,$ $\ldots, k, k+1$ eindeutig definiert wird, ersetzt (Interpolationsquadratur), dann erhalten wir die *Milne-Simpson-Formeln*:

$$u^{(k+1)} = u^{(k-1)} + \tau \int_{-1}^{1} p_j(t_k + s\tau)\, ds = u^{(k-1)} + \tau \sum_{i=0}^{j} \kappa_i^* \nabla^i f^{(k+1)} \qquad (8.72)$$

mit

$$\kappa_i^* = (-1)^i \int_{-1}^{1} \binom{-s+1}{i} ds.$$

Die Darstellung (8.72) erhalten wir wieder sofort aus der Newton-Darstellung (8.69) des Lagrangeschen Interpolationspolynoms $p_j(t_k + s\tau)$ mit Hilfe dividierter Differenzen. Für $j = 0, 1$ und 2 ergeben sich die folgenden Milne-Simpson-Formeln:

$j = 0: \ u^{(k+1)} = u^{(k-1)} + 2\tau f^{(k+1)}$ (implizites Euler-Verfahren mit der Schrittweite 2τ),

$j = 1: \ u^{(k+1)} = u^{(k-1)} + 2\tau f^{(k)}]$ (explizite Mittelpunktsregel),

$j = 2: \ u^{(k+1)} = u^{(k-1)} + \tau \left[\frac{1}{3} f^{(k+1)} + \frac{4}{3} f^{(k)} + \frac{1}{3} f^{(k-1)} \right]$ (Simpson-Regel).

Die Milne-Simpson-Formeln haben folgende Eigenschaften:

1. Milne-Simpson-Formeln sind implizite Mehrschrittformeln.

2. Die Konsistenzordnung ist gleich $j+1$ (siehe Abschnitt 8.3.2).

3. Die Milne-Simpson-Formeln sind 0-stabil (siehe Abschnitt 8.3.3).

Die Simpson-Regel hat als Zweischrittverfahren sogar die Konsistenzordnung 4, da die Simpson-Regel Polynome dritten Grades auf dem Intervall $[t_{k-1}, t_{k+1}]$ exakt integriert (siehe Abschnitt 3.6, S. 139).

BDF-Verfahren

Der Ausgangspunkt bei der Konstruktion der BDF-Verfahren ist die Differentialgleichung (8.66) im Punkt t_{k+1}, in der wir die gesuchte Funktion $u(t)$ durch das Lagrangesche Interpolationspolynom $p_j(t)$ vom Grad j, das durch die $j+1$ Stützpunkte $(t_i, u^{(i)})$ mit $i = k+1-j, \ldots, k+1$ eindeutig definiert wird (siehe auch Abschnitt 3.5), ersetzen. Damit erhalten wir die Beziehung

$$p_j'(t_{k+1}) = f^{(k+1)} = f(t_{k+1}, u^{(k+1)}). \qquad (8.73)$$

Unter Verwendung der Newton-Darstellung (8.69) des Lagrangeschen Interpolationspolynoms p_j mit Hilfe dividierter Differenzen erhalten wir aus (8.73) sofort die *BDF* (Backward Differentiation Formulas) Verfahren (BDF-Formeln) in der Form

$$\sum_{i=0}^{j} \delta_i^* \nabla^i u^{(k+1)} = \tau f^{(k+1)}$$

mit

$$\delta_i^* = (-1)^i \frac{d}{ds} \binom{-s+1}{i} \Big|_{s=1} = \frac{1}{i} \text{ für } i \geq 1 \text{ und } \delta_0^* = 0.$$

Für $j = 1, 2, ..., 6$ ergeben sich die folgenden BDF-Verfahren:

$j = 1:\ u^{(k+1)} - u^{(k)} = \tau f^{(k+1)}$ (implizites Euler-Verfahren: A=$A(90°)$-stabil),

$j = 2:\ \frac{3}{2}u^{(k+1)} - 2u^{(k)} + \frac{1}{2}u^{(k-1)} = \tau f^{(k+1)}$ (A=$A(90°)$-stabil),

$j = 3:\ \frac{11}{6}u^{(k+1)} - 3u^{(k)} + \frac{3}{2}u^{(k-1)} - \frac{1}{3}u^{(k-2)} = \tau f^{(k+1)}$ (86,03°),

$j = 4:\ \frac{25}{12}u^{(k+1)} - 4u^{(k)} + 3u^{(k-1)} - \frac{4}{3}u^{(k-2)} + \frac{1}{4}u^{(k-3)} = \tau f^{(k+1)}$ (73,35°),

$j = 5:\ \frac{137}{60}u^{(k+1)} - 5u^{(k)} + 5u^{(k-1)} - \frac{10}{3}u^{(k-2)} + \frac{5}{4}u^{(k-3)} - \frac{1}{5}u^{(k-4)} = \tau f^{(k+1)}$ (51,84°),

$j = 6:\ \frac{49}{20}u^{(k+1)} - 6u^{(k)} + \frac{15}{2}u^{(k-1)} - \frac{20}{3}u^{(k-2)} + \frac{15}{4}u^{(k-3)} - \frac{6}{5}u^{(k-4)} + \frac{1}{6}u^{(k-5)} = \tau f^{(k+1)}$

$$(17,84°),$$

Die BDF-Verfahren haben folgende Eigenschaften:

1. BDF-Verfahren sind implizite Mehrschrittformeln.

2. Die Kosistenzordnung ist gleich j (siehe Abschnitt 8.3.2).

3. Nur für $j \leq 6$ sind die BDF-Formeln 0-stabil (siehe Abschnitt 8.3.3).

Da alle BDF-Formeln mit $j \geq 7$ nicht 0-stabil sind, werden in der Praxis nur die oben angegebenen BDF-Formeln verwendet. Diese Formeln sind allerdings auch für gewisse Klassen von steifen AWA interessant, da sie mit den in Klammern angegebenen Winkeln α wenigstens $A(\alpha)$-stabil sind (siehe Abschnitt 8.3.3, Definition 8.5, S. 613).

8.3.2 Konsistenzordnung

Die *Konsistenz* und die *Konsistenzordnung* von Mehrschrittverfahren ist genauso definiert wie im Fall der Einschrittverfahren. Wir sagen, dass ein Mehrschrittverfahren *konsistent* ist, wenn der *lokale Fehler* $\underline{d}_\tau(t + j\tau)$ für $\tau \to 0$ ebenfalls gegen Null konvergiert. Ein Mehrschrittverfahren heißt *konsistent* mit der *Konsistenzordnung* p, falls

$$\underline{d}_\tau(t + j\tau) = \underline{u}(t + j\tau) - \underline{u}_\tau(t + j\tau) = O(\tau^{p+1}) \text{ für } \tau \to 0,$$

wobei $\underline{u}(t+j\tau)$ die exakte Lösung der AWA (8.1) – (8.2) im Punkt $t+j\tau$ bezeichnet und die Näherungslösung $\underline{u}_\tau(t+j\tau)$ mit der betrachteten Mehrschrittformel und exakten Werten in den Punkten $t+i\tau$ mit $i=0,1,\ldots,j-1$ berechnet wurde, d.h. $\underline{u}_\tau(t+j\tau)$ bestimmt sich aus der Formel

$$\sum_{i=0}^{j}\alpha_i\underline{u}_\tau(t+i\tau) = \tau\sum_{i=0}^{j}\beta_i\underline{f}(t+i\tau,\underline{u}_\tau(t+i\tau)) \qquad (8.74)$$

mit den exakten Startwerten

$$\underline{u}_\tau(t+i\tau) = \underline{u}(t+i\tau), \quad i=0,1,\ldots,j-1, \qquad (8.75)$$

wobei sich für $t=t_{k-(j-1)}$ genau $t+j\tau$ zu t_{k+1} ergibt, d.h. in diesem Fall gilt $\underline{u}_\tau(t+j\tau) = \underline{u}_\tau(t_{k+1})$.

Mit Hilfe des Mittelwertsatzes der Differentialrechnung beziehungweise der Taylor-Formel gelingt es, relativ leicht überprüfbare hinreichende und notwendige Bedingungen dafür aufzuschreiben, dass eine Mehrschrittformel die Konsistenzordnung p hat. Zunächst überzeugen wir uns, dass der lokale Fehler zumindest für hinreichend kleine Schrittweiten τ die Darstellung

$$\underline{d}_\tau(t+j\tau) = [\alpha_jI - \tau\beta_j\underline{f}_u(t+j\tau,v)]^{-1}L(u;t,\tau) \qquad (8.76)$$

besitzt, wobei $\underline{f}_u$ wieder die partielle Ableitung von $\underline{f}$ nach u bezeichnet,

$$L(u;t,\tau) = \sum_{i=0}^{j}[\alpha_i\underline{u}(t+i\tau) - \tau\beta_i\underline{u}'(t+i\tau)] \qquad (8.77)$$

und $v=v(\delta)=\underline{u}_\tau(t+j\tau)+\delta(\underline{u}(t+j\tau)-\underline{u}_\tau(t+j\tau))$ mit einem gewissen $\delta\in(0,1)$ gilt. Im Fall von Systemen gewöhnlicher Differentialgleichungen ist (8.76) komponentenweise zu verstehen mit verschiedenen $\delta_n\in(0,1)$ und $v_n=v(\delta_n)$ für die verschiedenen Komponenten $n=1,\ldots,N$. Mit $\underline{f}_u$ bezeichnen wir wieder die Jakobi-Matrix. Insbesondere setzen wir also implizit voraus, dass $\underline{f}$ bezüglich des zweiten Arguments stetig differenzierbar ist. Tatsächlich, unter Verwendung der Differentialgleichung (8.1) sowie der Beziehungen (8.74) und (8.75) können wir (8.77) wie folgt umschreiben:

$$
\begin{aligned}
L(u;t,\tau) &= [\alpha_j\underline{u}(t+j\tau) - \tau\beta_j\underline{u}'(t+j\tau)] + \sum_{i=0}^{j-1}[\alpha_i\underline{u}(t+i\tau) - \tau\beta_i\underline{u}'(t+i\tau)] \\
&= [\alpha_j\underline{u}(t+j\tau) - \tau\beta_j\underline{f}(t+j\tau,\underline{u}(t+j\tau))] \\
&\quad -[\alpha_j\underline{u}_\tau(t+j\tau) - \tau\beta_j\underline{f}(t+j\tau,\underline{u}_\tau(t+j\tau))] \\
&= \alpha_j[\underline{u}(t+j\tau) - \underline{u}_\tau(t+j\tau)] - \tau\beta_j[\underline{f}(t+j\tau,\underline{u}(t+j\tau)) - \underline{f}(t+j\tau,\underline{u}_\tau(t+j\tau))] \\
&= [\alpha_jI - \tau\beta_j\underline{f}_u(t+j\tau,v)](\underline{u}(t+j\tau) - \underline{u}_\tau(t+j\tau)),
\end{aligned}
$$

wobei wir bei der letzten Umformung den Mittelwertsatz der Differentialrechnung benutzt haben. Für hinreichend kleine Schrittweiten τ folgt daraus sofort die Darstellung (8.76).

Der lokale Fehler $\underline{d}_\tau(t+j\tau)$ verhält sich folglich wie $O(L(u;t,\tau))$ für $\tau\to0$. Für explizite Mehrschrittverfahren ($\beta_j=0$) mit der Normierungsbedingung $\alpha_j=1$ gilt offenbar sogar

$\underline{d}_\tau(t+j\tau) = L(u;t,\tau)$. Mit Hilfe der Taylor-Entwicklung von $\underline{u}(t+i\tau)$ und $\underline{u}'(t+i\tau)$ können wir nun leicht die im folgenden Satz angeführten hinreichenden und notwendigen Bedingungen herleiten.

Satz 8.1 (Konsistenzordnung)

Eine Mehrschrittformel der Gestalt (8.65) besitzt genau dann die Konsistenzordnung p, falls die $p+1$ Bedingungen

$$\sum_{i=0}^{j} \alpha_i = 0 \quad \text{und} \quad \sum_{i=0}^{j} \alpha_i\, i^q = q \sum_{i=0}^{j} \beta_i\, i^{q-1}, \quad q = 1,2,\dots,p \tag{8.78}$$

gelten, wobei formal $0^0 = 1$ gesetzt wird.

Beweis: Durch Einsetzen der Taylor-Entwicklungen

$$\underline{u}(t+i\tau) = \sum_{q=0}^{p} \frac{i^q}{q!}\underline{u}^{(q)}(t)\tau^q + O(\tau^{p+1}) \quad \text{und} \quad \underline{u}'(t+i\tau) = \sum_{r=0}^{p-1} \frac{i^r}{r!}\underline{u}^{(r+1)}(t)\tau^r + O(\tau^p)$$

in (8.77) erhalten wir die Beziehungen

$$
\begin{aligned}
L(u;t,\tau) &= \sum_{i=0}^{j} [\alpha_i\,\underline{u}(t+i\tau) - \tau\beta_i\,\underline{u}'(t+i\tau)] \\
&= \underline{u}(t)\sum_{i=0}^{j}\alpha_i + \sum_{q=1}^{p} \frac{\tau^q}{q!}\underline{u}^{(q)}(t)\left[\sum_{i=0}^{j}\alpha_i\,i^q - q\sum_{i=0}^{j}\beta_i\,i^{q-1}\right] + O(\tau^{p+1}),
\end{aligned}
$$

aus denen sofort folgt, dass die Bedingungen (8.78) hinreichend und notwendig für $L(u;t,\tau) = O(\tau^{p+1})$ sind. Damit ist der Satz bewiesen. $\square$

Aus den Bedingungen (8.78) folgt, dass die Konsistenzordnung eines j–Schrittverfahrens höchstens $2j$ erreichen kann. In der Tat, den $2j+2$ frei wählbaren Koeffizienten $\alpha_0,\dots,\alpha_j$ und $\beta_0,\dots,\beta_j$ stehen neben der Normierungsbedingung (z.B. $\alpha_j = 1$, vergleiche Abschnitt 8.3.1) genau die $p+1$ linearen Gleichungsbedingungen (8.78) gegenüber. Die hinreichenden und notwendigen Konsistenzbedingungen (8.78) erlauben es nun, die Konsistenzordnung p einer konkreten linearen Mehrschrittformel durch Einsetzen der Koeffizienten einfach zu bestimmen. Um die Konsistenzordnung p der im Abschnitt 8.3.1 eingeführten Klassen von linearen Mehrschrittformeln zu bestimmen, benutzen wir die aus dem Konstruktionsprinzip folgende Tatsache, dass diese Mehrschrittverfahren für die speziellen skalaren Differentialgleichungen

$$u'(t) = q t^{q-1} \tag{8.79}$$

mit $q = 0,1,\dots,j$ (Adams-Bashforth, Nyström, BDF) beziehungsweise mit $q = 0,1,\dots,j+1$ (Adams-Moulton und Milne-Simpson) mit der exakten Startphase exakt sind. Da für (8.79) f_u gleich 0 ist und $u(t) = t^q + c$ mit einer beliebigen Konstanten c gilt, erhalten wir die Identität

$$
\begin{aligned}
0 &= [\alpha_j - 0]\,(u(t+j\tau) - u_\tau(t+j\tau)) = L(t^q + c;t,\tau) \\
&= \sum_{i=0}^{j} [\alpha_i((t+i\tau)^q + c) - \tau\beta_i q(t+i\tau)^{q-1}] \\
&= c\sum_{i=0}^{j}\alpha_i + \sum_{i=0}^{j} [\alpha_i(t+i\tau)^q - \tau\beta_i q(t+i\tau)^{q-1}],
\end{aligned}
$$

aus der wegen der Beliebigkeit der Konstanten c sofort folgt, dass $\sum_{i=0}^{j}\alpha_i = 0$ ist. Für $t = 0$ erhalten wir den zweiten Satz der Bedingungen (8.78) mit $q = 0, 1, \ldots, j$ (Adams-Bashforth, Nyström, BDF) beziehungsweise mit $q = 0, 1, \ldots, j+1$ (Adams-Moulton und Milne-Simpson), d.h. die Adams-Bashforth-, Nyström-, BDF-Formeln haben die Konsistenzordnung j, während die Adams-Moulton- und die Milne-Simpson-Formeln die Konsistenzordnung $j+1$ haben.

8.3.3 Stabilität und die Dahlquist-Barrieren

Im Abschnitt 8.2.1 haben wir exemplarisch für das explizite Euler-Verfahren gezeigt, dass sich aus der Lipschitz-Stetigkeit der Vektorfunktion f im zweiten Argument die Stabilität mit der Stabilitätskonstanten $C_S = e^{TL}$ ergibt und damit zusammen mit der Konsistenz die diskrete Konvergenz folgt. Dieses Resultat ist typisch für alle Runge-Kutta-Verfahren. Wie das folgende Beispiel zeigt, ist die Sachlage im Fall von Mehrschrittverfahren wesentlich komplizierter.

Beispiel 8.15
Das explizite Zweischrittverfahren ($j = 2$)

$$-5u^{(k-1)} + 4u^{(k)} + u^{(k+1)} = \tau\left(2f^{(k-1)} + 4f^{(k)}\right) \tag{8.80}$$

hat die für explizite Zweischrittverfahren ($\beta_2 = 0$) höchstmögliche Konsistenzordnung $p = 3$, was sofort mit Hilfe der Bedingungen (8.78) aus Satz 8.1 überprüft werden kann. Die Anwendung dieses Zweischrittverfahrens auf das einfache Testproblem

$$u'(t) = -u(t) \quad \text{für alle } t \in [0,1] \quad \text{mit der Anfangsbedingung} \quad u(0) = 1 \tag{8.81}$$

ergibt völlig unbrauchbare Resultate auch und insbesondere für $\tau \to 0$, obwohl $f(t,u) = -u$ Lipschitz-stetig mit der Lipschitz-Konstanten $L = 1$ und $T = 1$ ist. In der Abbildung 8.6 haben wir dem Zweischrittverfahren (8.80) das explizite Euler-Verfahren (8.13) gegenübergestellt. Da die Werte $\tau\lambda = -1/m$ für alle $m = 1, 2, \ldots$ im Stabilitätsbereich $S = \{z \in \mathbb{C} : |z+1| \leq 1\}$ des expliziten Euler-Verfahrens liegen, produziert das explizite Euler-Verfahren mit $O(\tau) = O(1/m)$ konvergente Lösungen (siehe linkes Bild in der Abbildung 8.6). Das rechte Bild der Abbildung 8.6 zeigt die numerischen Ergebnisse, die mit dem Zweischrittverfahren (8.80) erzielt wurden, wobei $u^{(0)}$ gleich dem Anfangswert $u(0) = 1$ gesetzt worden ist und $u^{(1)}$ mit dem expliziten Euler-Verfahren berechnet wurde. Dabei werden schon für $m = 3$ unbrauchbare Ergebnisse (negative Werte) produziert. Diese Instabilität wird für kleiner werdende Schrittweiten $\tau = 1/m$ immer drastischer. Wie das rechte Bild der Abbildung 8.7 zeigt, hat dies prinzipiell nichts mit der näherungsweisen Berechnung von $u^{(1)}$ durch das explizite Euler-Verfahren zu tun. Im rechten Bild der Abbildung 8.7 haben wir nämlich den Wert $u(\tau) = e^{-\tau}$ der exakten Lösung $u(\cdot)$ der Anfangswertaufgabe (8.81) im Punkt $t_1 = \tau$ als $u^{(1)}$ gewählt. Die Instabilität wird zwar erst ab $m = 7$ optisch sichtbar, führt aber dann auch wieder zu völlig unbrauchbaren Lösungen. Aus ästhetischen Gründen und zum direkten Vergleich haben wir auf der linken Seite der Abbildung 8.7 wieder die Ergebnisse des expliziten Euler-Verfahrens dargestellt. Die Skalierungen der Illustrationen auf der rechten Seite der Abbildungen 8.6 und 8.7 haben wir den Instabilitäten angepasst.

Um das Instabilitätsphänomen aus dem Beispiel 8.15 zu klären, ordnen wir zunächst der Mehrschrittformel (8.65) die folgenden zwei, aus den Koeffizienten gebildeten Polynome zu:

$$\rho(z) = \alpha_j z^j + \alpha_{j-1} z^{j-1} + \ldots + \alpha_0, \tag{8.82}$$

$$\sigma(z) = \beta_j z^j + \beta_{j-1} z^{j-1} + \ldots + \beta_0. \tag{8.83}$$

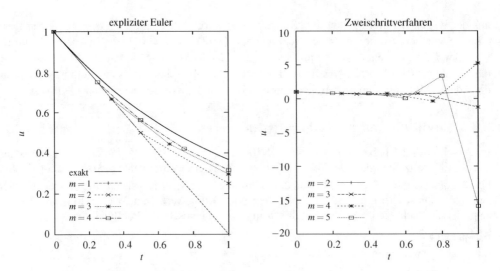

Abbildung 8.6: Expliziter Euler und Zweischrittverfahren mit inexakter Startphase

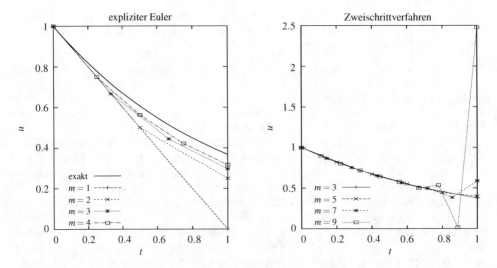

Abbildung 8.7: Expliziter Euler und Zweischrittverfahren mit exakter Startphase

Das Polynom $\rho(z)$ ist, wie wir gleich sehen werden, für das Stabilitätsphänomen verantwortlich und heißt auch *charakteristisches Polynom* des Mehrschrittverfahrens.

Wir wenden nun das Mehrschrittverfahren (8.65) auf die triviale, skalare Differentialgleichung

$$u'(t) = f(t,u) = 0 \quad \text{für alle} \quad t \in [0,T] \quad \text{mit der Anfangsbedingung} \quad u(0) = u_0$$

an und erhalten das Differenzenschema

$$\alpha_0 u^{(k-(j-1))} + \ldots + \alpha_{j-1} u^{(k)} + \alpha_j u^{(k+1)} = 0, \quad k = j-1, j, \ldots, m-1, \tag{8.84}$$

zur Bestimmung der Näherungswerte in den Gitterpunkten. Lagrange hat bereits 1792 bewiesen, dass die allgemeine Lösung der Differenzengleichung (8.84) durch die Formel

$$u^{(i)} = p_1(i)\zeta_1^i + p_2(i)\zeta_2^i + \ldots + p_\ell(i)\zeta_\ell^i \qquad (8.85)$$

gegeben ist. Dabei sind $\zeta_1, \zeta_2, \ldots, \zeta_\ell$ die Wurzeln des charakteristischen Polynoms $\rho(\cdot)$ mit den Vielfachheiten $m_1, m_2, \ldots, m_\ell$, wobei $\sum_{n=1}^{\ell} m_n = j$ gilt, und $p_n(\cdot)$ sind beliebige Polynome vom Grad $m_n - 1$ mit $n = 1, 2, \ldots, \ell$ (siehe auch Lemma 3.1 in [HNW93]). Durch die Vorgabe der j Startwerte

$$u^{(0)}, u^{(1)}, \ldots, u^{(j-1)}$$

wird die Lösung (8.85) von (8.84) eindeutig definiert. Damit Störungen $\delta^{(i)}$ in der Startphase, d.h. die Verwendung von gestörten Startwerten $u^{(i)} + \delta^{(i)}$ anstelle der vorgegebenen Startwerte $u^{(i)} = u(t_i)$, nicht zu unbeschränkten Lösungen führen, muss für jede Nullstelle ζ des charakteristischen Polynoms $\rho(\cdot)$ offenbar gelten

$$|\zeta| \leq 1, \qquad \text{falls } \zeta \text{ eine einfache Nullstelle ist und} \qquad (8.86)$$
$$|\zeta| < 1, \qquad \text{falls } \zeta \text{ eine mehrfache Nullstelle ist.} \qquad (8.87)$$

Diese Überlegungen führen auf die folgende Definition der *Null-Stabilität*, die in der Literatur manchmal auch Wurzelstabilität oder D-Stabilität genannt wird.

Definition 8.3 (Null-Stabilität)
Das Mehrschrittverfahren (8.65) heißt *0-stabil*, falls jede Nullstelle ζ des zugeordneten charakteristischen Polynoms (8.82) die Dahlquistschen Wurzelbedingungen (8.86) – (8.87) erfüllt.

Beispiel 8.16
1. Das explizite Zweischrittverfahren (8.80) ist nicht 0-stabil, da das zugeordnete charakteristische Polynom $\rho(z) = z^2 + 4z - 5$ die einfachen Wurzeln $\zeta_1 = 1$ und $\zeta_2 = -5$ hat. Das erklärt die numerische Unbrauchbarkeit dieses Zweischrittverfahrens.
2. Die Adams-Bashforth- und die Adams-Moulton-Formeln sind alle 0-stabil, da das zugeordnete charakteristische Polynom $\rho(z) = z^j - z^{j-1}$ die $(j-1)$-fache Wurzel $\zeta_1 = 0$ und die einfache Wurzel $\zeta_2 = 1$ hat.
3. Die Nyström- und die Milne-Simpson-Formeln sind ebenfalls alle 0-stabil, da das zugeordnete charakteristische Polynom $\rho(z) = z^j - z^{j-2}$ die $(j-2)$-fache Wurzel $\zeta_1 = 0$ und die einfachen Wurzeln $\zeta_2 = -1$ und $\zeta_3 = 1$ hat.
4. Die BDF-Verfahren sind für $j \leq 6$ ebenfalls 0-stabil, was zumindest numerisch direkt überprüft werden kann. Für $j \geq 7$ sind die BDF-Verfahren nicht mehr 0-stabil und somit für die numerische Praxis ohne Bedeutung. Einen relativ einfachen Beweis dieses negativen Resultats findet der interessierte Leser in [HW83].

Satz 8.2 (Die erste Dahlquist-Barriere)
Für die höchste erreichbare Konsistenzordnung p eines 0-stabilen, linearen j-Schrittverfahrens gelten die folgenden Schranken:

$$p \leq \begin{cases} j+2, & \text{falls } j \text{ gerade ist,} \\ j+1, & \text{falls } j \text{ ungerade ist,} \\ j & \text{falls } \beta_j/\alpha_j \leq 0. \end{cases}$$

Diese Schranken wurden von G. Dahlquist 1956 in seiner berühmten Arbeit [Dah56] publiziert. Den Beweis findet der interessierte Leser auch in der Monographie [HNW93]. Im Fall expliziter Mehrschrittverfahren ist $\beta_j = 0$ und folglich hat eine 0-stabile, lineare, explizite j-Schrittformel höchstens die Konsistenzordnung j. Mit den Adams-Bashforth- und den Nyström-Formeln haben wir im Abschnitt 8.3.1 schon 0-stabile, lineare, explizite j-Schrittformeln mit der höchsten Konsistenzordnung j konstruiert.

Wenn ein lineares Mehrschrittverfahren der Form (8.65) 0-stabil ist und die Konsistenzordnung p hat, dann folgt aus der Lipschitz-Stetigkeit von $f(\cdot, \cdot)$ im zweiten Argument die diskrete Konvergenz mit der Konvergenzordnung p. Der Beweis dieser Aussage kann auf den Beweis der diskreten Konvergenz von Einschrittverfahren zurückgeführt werden, da jede lineare j-Schrittformel in $\mathbb{R}^N$ auf eine äquivalente Einschrittformel im Faktorraum $\mathbb{R}^{N \times j} = \mathbb{R}^N \times \cdots \times \mathbb{R}^N$ übergeführt werden kann (siehe z.B. [HNW93]). Damit ergeben sich wieder Abschätzungen der Norm des globalen Fehlers mit τ^p und einer multiplikativen Konstanten der Form e^{TL} (vgl. Abschnitt 8.2.1).

Im Fall steifer Differentialgleichungen sind derartige Fehlerabschätzungen untauglich. Um die A-Stabilität von Mehrschrittverfahren zu untersuchen, wenden wir die Mehrschrittformel (8.65) wieder auf unser Testproblem (8.47) – (8.48) an und erhalten die Differenzengleichung

$$(\alpha_0 - \mu\beta_0)\underline{u}^{(k-(j-1))} + \ldots + (\alpha_{j-1} - \mu\beta_{j-1})\underline{u}^{(k)} + (\alpha_j - \mu\beta_j)\underline{u}^{(k+1)} = 0 \tag{8.88}$$

zur Bestimmung der Nährungslösung $\underline{u}^{(i)}$ in den Punkten t_i, wobei $\mu = \tau\lambda$ gesetzt worden ist. Die charakteristische Gleichung der Differenzengleichung (8.88) lautet somit

$$\rho(z) - \mu\sigma(z) = 0.$$

Im *Stabilitätsbereich S* werden nun wieder diejenigen Werte $\mu \in \mathbb{C}$ zusammengefasst, die stabile, d.h. beschränkte Lösungen der Differenzengleichung (8.88) zur Folge haben. Nach Lagrange ist damit der Stabilitätsbereich S des Mehrschrittverfahrens (8.65) durch die Beziehung

$$S := \{\mu \in \mathbb{C} : \text{alle Nullstellen } \zeta \text{ von } \rho(z) - \mu\sigma(z) \text{ erfüllen (8.86)} - (8.87)\}$$

gegeben, d.h. $|\zeta| \leq 1$ falls ζ einfache Nullstelle und $|\zeta| < 1$ falls ζ mehrfache Nullstelle des charakteristischen Polynoms $\rho(z) - \mu\sigma(z)$ ist. Um das Testproblem (8.47) – (8.48) mit der Mehrschrittformel (8.65) stabil lösen zu können, muss offenbar

$$\tau\lambda \in S$$

gelten. Aus der Definition des Stabilitätsbereich S folgt sofort, dass die Mehrschrittformel (8.65) genau dann 0-stabil ist, wenn $0 \in S$. Analog zur Definition 8.1 der A-Stabilität von Einschrittverfahren definieren wir nun die A-Stabilität von Mehrschrittverfahren wie folgt:

Definition 8.4 (A-Stabilität)
Das Mehrschrittverfahren (8.65) heißt *A-stabil*, falls $\mathbb{C}^- \subset S$.

G. Dahlquist hat 1963 gezeigt, dass A-stabile lineare Mehrschrittverfahren notwendigerweise einer Konsistenzordnungsbeschränkung unterliegen.

Satz 8.3 (Die zweite Dahlquist-Barriere)
Ein A-stabiles lineares Mehrschrittverfahren der Form (8.65) hat höchstens die Konsistenzordnung 2.

Einen elementaren Beweis der zweiten Dahlquist-Barriere findet der interessierte Leser im Lehrbuch [Gri77] von R. D. Grigorieff (siehe auch [DB08]). Dort wird auch bewiesen, dass unter allen A-stabilen Mehrschrittverfahren mit der Konsistenzordnung $p = 2$ die implizite Trapezregel (= Crank-Nicolson-Verfahren = Adams-Moulton-Formel für $j = 1$) den kleinsten führenden Fehlerterm besitzt. Damit sind Mehrschrittverfahren für steife Differentialgleichungen eigentlich uninteressant.

In der Praxis erfreuen sich gerade die BDF-Formeln höherer Konsistenzordnung auch zur Lösung steifer Probleme großer Beliebtheit, obwohl nur die BDF-Formeln bis zur Konsistenzordnung $p = j = 2$ A-stabil sind. Die BDF-Formeln der Konsistenzordnungen $p = j = 3,4,5,6$ sind nicht A-stabil, aber sie erfüllen eine abgeschwächte A-Stabilitätsbedingung, die zum Beispiel ausreicht, um Anfangswertproblme zu lösen, die aus der Semidiskretisierung symmetrischer parabolischer Anfangsrandwertaufgaben entstehen. In diesem Fall sind die auftretenden Werte $\mu = \tau\lambda$ immer nichtpositive reelle Zahlen, d.h. $\{\mu \in \mathbb{R} : \mu \leq 0\} \subset S$ ist offenbar eine ausreichende Stabilitätsforderung für diese Klasse von Anfangswertaufgaben.

Definition 8.5 (A(α)-Stabilität)
Das Mehrschrittverfahren (8.65) heißt *A(α)-stabil* mit einem gewissen Winkel $\alpha \in [0, \pi/2]$, falls $\{\mu = re^{i\varphi} \in \mathbb{C}^- : \pi - \alpha \leq \varphi \leq \pi + \alpha\} \subset S$.

Offenbar entspricht der A($\pi/2$)-Stabilität genau die A-Stabilität. Die BDF-Formeln der Konsistenzordnungen $p = j = 3,4,5,6$ sind alle A(α)-stabil mit den im Abschnitt 8.3.1 angegebenen Winkeln (siehe auch [DB08]).

Literaturverzeichnis

[AB84]   AXELSSON, O. und V. A. BARKER: *Finite Element Solution of Boundary Value Problems: Theory and Computation*. Academic Press, Orlando Fla., 1984.

[Ada75]   ADAMS, R. A.: *Sobolev Spaces*. Academic Press, New York, 1975.

[Ape91]   APEL, TH.: *Finite–Elemente–Methoden über lokal verfeinerten Netzen für elliptische Probleme in Gebieten mit Kanten*. Doktorarbeit, Technische Universität Chemnitz, 1991.

[Ape99]   APEL, TH.: *Anisotropic Finite Elements: Local Estimates and Applications*. Teubner-Verlag, Stuttgart, 1999.

[Arg55]   ARGYRIS, J. H.: *Energy theorems and structural analysis*. Aircraft Engineering, 27:125–154, 1955.

[Axe94]   AXELSSON, O.: *Iterative Solution Methods*. Cambridge University Press, Cambridge, 1994.

[Bab94]   BABUŠKA, I.: *Courant Element: Before and After*. In: KŘIŽEK, M., P. NEITTAAN-MÄKI und R. STENBERG (Herausgeber): *Finite Element Methods: Fifty Years of the Courant Element*, Seiten 37–51, New York–Basel–Hong Kong, 1994. Marcel Dekker, Inc.

[Bän91]   BÄNSCH, E.: *Local mesh refinement in 2 and 3 dimensions*. IMPACT Comput. Sci. Eng., 3(3):181–191, 1991.

[Ban94]   BANK, R. E.: *A Software Package for Solving Elliptic Partial Differential Equations – Users' Guide 7.0*. Frontiers in Applied Mathematics 15, SIAM, 1994.

[Bas96]   BASTIAN, B.: *Parallele adaptive Mehrgitterverfahren*. Teubner Skripten zur Numerik. B.G. Teubner Stuttgart, 1996.

[Bat81]   BATHE, K. J.: *Finite Element Procedures in Engineering Analysis*. Prentice-Hall, Englewood Cliffs, New Jersey, 1981.

[BD82]   BLUM, H. und M. DOBROWOLSKI: *On finite element methods for elliptic equations on domains with corners*. Computing, 28:53–63, 1982.

[Ben95]   BENDSØE, M. P.: *Optimization of Structural Topology, Shape and Material*. Springer, Berlin Heidelberg, 1995.

[Bey92]   BEY, J.: *Der BPX–Vorkonditionierer in 3 Dimensionen: Gitter–Verfeinerung, Parallelisierung und Simulation*. Preprint 3, Universität Heidelberg, IWR, 1992.

[BHM00]   BRIGGS, W. L., V. E. HENSON und S. F. MCCORMICK: *A Multigrid Tutorial*. SIAM, Philadelphia, 2000.

[BHWM09] BURG, K., H. HAF, F. WILLE und A. MEISTER: *Höhere Mathematik für Ingenieure*, Band 3. Vieweg+Teubner, 5. überarb. und erw. Auflage, 2009.

[BK85]   BASAR, Y. und W. B. KRÄTZIG: *Mechanik der Flächentragwerke*. Vieweg-Verlag, Braunschweig, Wiesbaden, 1985.

[BKP79]   BABUŠKA, I., R. B. KELLOGG und J. PITKÄRANTA: *Direct and inverse error estimates for finite elements with mesh refinements*. Numer. Math., 33:447–471, 1979.

[BLS05]   BACHINGER, F., U. LANGER und J. SCHÖBERL: *Numerical analysis of nonlinear multiharmonic eddy current problems*. Numerische Mathematik, 100:593–616, 2005.

[BLS06]   BACHINGER, F., U. LANGER und J. SCHÖBERL: *Efficient solvers for nonlinear time-periodic eddy current problems*. Computing and Visualization in Science, 9(4):197–207, 2006.

[Bos98]   BOSSAVIT, A.: *Computational Electromagnetism: Variational Formulations, Complementary, Edge Elements*. Academic Press, San Diego, Calif., 1998.

[BPX90]   BRAMBLE, J. H., J. E. PASCIAK und J. XU: *Parallel multilevel preconditioners*. Math. Comput., 55(191):1–22, 1990.

[BR78]   BABUŠKA, I. und W. C. RHEINBOLDT: *Error estimates for adaptive finite element computations*. SIAM J. Numer. Anal., 15(4):736–754, 1978.

[BR03]   BANGERTH, W. und R. RANNACHER: *Adaptive finite element methods for differential equations*. Birkhäuser Verlag, Basel, 2003.

[Bra82]   BRANDT, A.: *Guide to Multigrid Development*. In: HACKBUSCH, W. und U. TROTTENBERG (Herausgeber): *Multigrid Methods, Proceedings of the Conference held at Köln–Porz, 23–27,1981*, Band 960 der Reihe *Lecture Notes in Mathematics*, Seiten 220–312, 1982.

[Bra97]   BRAESS, D.: *Finite Elemente – Theorie, schnelle Löser und Anwendungen in der Elastizitätstheorie*. Springer Lehrbuch, Berlin-Heidelberg, 1997.

[BS94]   BRENNER, S. C. und L. R. SCOTT: *The Mathematical Theory of Finite Element Methods*. Springer Verlag, New York, 1994.

[BS03]   BENDSØE, M. P. und O. SIGMUND: *Topology Optimization: Theory, Methods and Applications*. Springer, Berlin, 2003.

[Bub13]   BUBNOV, N.: *The report about Professor Timoshenko's articles honoured by Zhuravsky's prize*. Sbornik Institute Putey Soobshcheniia, SPb, 81(4), 1913.

[BW85] BANK, R. E. und A. WEISER: *Some a posteriori error estimators for elliptic partial differential equations*. Math. Comput., 44(170):283–301, 1985.

[BWS11] BABUŠKA, I., J. WHITEMAN und T. STROUBOULIS: *Finite Elements: An Introduction to the Method and Error Estimation*. Oxford University Press, 2011.

[CH02] CERBE, G. und H.-J. HOFFMANN: *Einführung in die Thermodynamik. Von den Grundlagen zur technischen Anwendung*. Carl Hanser Verlag, München - Wien, 13. Auflage, 2002.

[CHB09] COTTRELL, J. A., T. J. R. HUGHES und Y. BAZILEVS: *Isogeometric Analysis: Toward Integration of CAD and FEA*. John Wiley & Sons Ltd, Chichester, 2009.

[Cia78] CIARLET, P.: *The Finite Element Method for Elliptic Problems*. North–Holland, Amsterdam, 1978.

[CL89] CIARLET, P. G. und J. L. LIONS (Herausgeber): *Handbook of Numerical Analysis*, Amsterdam, 1989. North-Holland.

[Cle75] CLEMENT, P.: *Approximation by finite element functions using local regularization*. R.A.I.R.O., 9(2):77–84, 1975.

[Cou43] COURANT, R.: *Variational methods for the solution of problems of equilibrium and vibrations*. Bulletin of American Mathematical Society, 49:1–23, January 1943.

[Dah56] DAHLQUIST, G.: *Convergence and stability in the numerical integration of ordinary differential equations*. Math. Scand., 5:33–53, 1956.

[Dan77] DANKERT, J.: *Numerische Methoden der Mechanik*. Fachbuchverlag, Leipzig, 1977.

[DB08] DEUFLHARD, P. und F. BORNEMANN: *Numerische Mathematik 2: Gewöhnliche Differentialgleichungen*. Walter de Gruyter, Berlin, New York, 3. Auflage, 2008.

[Deu04] DEUFLHARD, P.: *Newton Methods for Nonlinear Problems: Affine Invariance and Adaptive Algorithms*, Band 35 der Reihe *Springer Series in Computational Mathematics*. Springer-Verlag, Berlin, Heidelberg, 2004.

[DH08] DEUFLHARD, P. und A. HOHMANN: *Numerische Mathematik 1: Eine algorithmisch orientierte Einführung*. Walter de Gruyter, Berlin, New York, 4. Auflage, 2008.

[DHL03] DOUGLAS, C. C., G. HAASE und U. LANGER: *A Tutorial on Elliptic PDE Solvers and Their Parallelization*. Software, Environments, and Tools,. SIAM, Philadelphia, 2003.

[DL72] DUVAUT, G. und J.-L. LIONS: *Les Inéquations en Mécanique et en Physique*. DUNOD, Paris, 1972.

[DL88]   DAUTRAY, R. und J.-L. LIONS: *Mathematical Analysis and Numerical Me-thods for Science and Technology: Volume 2 Funktional and Variational Methods.* Springer–Verlag, Berlin-Heidelberg-New York, 1988.

[DL90]   DAUTRAY, R. und J.-L. LIONS: *Mathematical Analysis and Numerical Methods for Science and Technology: Volume 1 Physical Origins and Classical Methods.* Springer–Verlag, Berlin Heidelberg New York, 1990.

[dlG95]   L'ISLE, E. B. DE und P. L. GEORGE: *Optimization of tetrahedral meshes.* In: BABUŠKA, I., J. E. FLAHERTY, W. D. HENSHAW, J. E. HOPCROFT, J. E. OLI-GER und T. TEZDUYAR (Herausgeber): *Modeling, Mesh Generation, and Adaptive Numerical Methods for Partial Differential Equations,* Band 75, Seiten 97–127. Springer, New York, 1995.

[DLY89]   DEUFLHARD, P., P. LEINEN und H. YSERENTANT: *Concepts of an adaptive hier-archical finite element code.* IMPACT Comput. Sci. Eng., 1(1):3–35, 1989.

[DP80]   DORMAND, J. R. und P. J. PRINCE: *A family of embedded Runge-Kutta formulae.* J. Comp. Appl. Math., 6:19–26, 1980.

[DP81]   DORMAND, J. R. und P. J. PRINCE: *Higher order embedded Runge-Kutta formu-lae.* J. Comp. Appl. Math., 7:67–75, 1981.

[DR06]   DAHMEN, W. und A. REUSKEN: *Numerik für Ingenieure und Naturwissenschaft-ler.* Springer-Verlag, Berlin, Heidelberg, 2006.

[DW12]   DEUFLHARD, P. und M. WEISER: *Adaptive Numerical Solution of PDEs.* de Gruy-ter, Berlin, 2012.

[Els85]   ELSNER, N.: *Grundlagen der technischen Thermodynamik.* Akademie Verlag, Ber-lin, 1985.

[Fis87]   FISCHER, U.: *Finite–Elemente–Programme in der Festkörpermechanik.* Fach-buchverlag, Leipzig, 1987.

[FR91]   FARHAT, C. und F. X. ROUX: *A method of finite element tearing and inter-connecting and its parallel solution algorithm.* Internat. J. Numer. Meths. Engrg., 32:1205–1227, 1991.

[Fri62]   FRIEDRICHS, K. O.: *Finite–difference schemes for the Neumann and Dirichlet pro-blems.* Technischer Bericht, N. Y. Univ., 1962.

[Gal15]   GALERKIN, B. G.: *Series solution of some problems of elastic equilibrium of rods and plates.* Vest. Inzh. Tech., 19:897–908, 1915. (Russian).

[Gal75]   GALLAGHER, R. H.: *Finite Element Analysis: Fundamentals.* Prentice–Hall, Englewood Cliffs, New Jersey, 1975.

[GB98] GEORGE, P.-L. und H. BOROUCHAKI: *Delaunay Triangulation and Meshing: Applications to Finite Elements*. HERMES, Paris, 1998.

[Geo93] GEORGE, P. L.: *Automatic Mesh Generation*. John Wiley & Sons, 1993.

[Geo96] GEORGE, P. L.: *Automatic mesh generation and finite element computation*. In: CIARLET, P. G. und J. L. LIONS (Herausgeber): *Handbook of Numerical Analysis, Vol. IV*, Seiten 69–190. Elsevier Science B.V., 1996.

[GHS05] GOULD, N. I. M., Y. HU und J. A. SCOTT: *A numerical evaluation of sparse direct solvers for the solution of large sparse, symmetric linear systems of equations*. Technischer Bericht RAL-TR-2005-005, Council for the Central Laboratory of the Research Councils, 2005. http://www.stfc.ac.uk/cse/DL_MULTI/DL_POLY/DL_FIELD/dl-find/-ccp1gui/36276.aspx.

[GHSS05] GROSS, D., W. HAUGER, W. SCHNELL und J. SCHRÖDER: *Technische Mechanik 2: Elastostatik*. Springer-Verlag, 8., erweiterte Auflage, 2005.

[GK99] GEIGER, C. und CH. KANZOW: *Numerische Verfahren zur Lösung unrestringierter Optimierungsaufgaben*. Springer-Verlag, Berlin, Heidelberg, 1999.

[GK08] GRÄBE, H.-G. und M. KOFLER: *Mathematica 6: Einführung, Grundlagen, Beispiele*. Pearson Studium, 2008.

[GL81] GEORGE, A. und J. W. LUI: *Computer Solution of Large Sparse Positive Definite Systems*. Prentice Hall, Englewood Cliffs, New Jersey, 1981.

[GL89] GEORGE, A. und J. W. LUI: *The evolution of the minimum degree ordering algorithm*. SIAM Review, 31(1):1–19, 1989.

[GM78] GRUNDMANN, A. und H. M. MÖLLERS: *Invariant integration formulas for the n-simplex by combinatorial methods*. SIAM J. Numer.Anal., 15(2):282–290, 1978.

[Göl79] GÖLDNER, H.: *Lehrbuch Höhere Festigkeitslehre. Band 1*. Fachbuchverlag, Leipzig, 1979.

[Göl92] GÖLDNER, H.: *Lehrbuch Höhere Festigkeitslehre. Band 2*. Fachbuchverlag, Leipzig–Köln, 1992.

[GR79] GIRAULT, V. und P.-A. RAVIART: *Finite Element Approximation of the Navier–Stokes Equations*, Band 749 der Reihe *Lecture Notes in Mathematics*. Springer–Verlag, Berlin, 1979.

[GR05] GROSSMANN, CH. und H.-G. ROOS: *Numerische Behandlung partieller Differentialgleichungen*. Teubner Studienbücher Mathematik. B.G. Teubner Verlag, Wiesbaden, 2005.

[Gri77]   GRIGORIEFF, R. D.: *Numerik gewöhnlicher Differentialgleichungen 2: Mehr-schrittverfahren*. Teubner-Verlag, Stuttgart, 1977.

[Gri84]   GRIFFITHS, D. F. (Herausgeber): *The Mathematical Basis of Finite Element Me-thods*. The Clarendon Press, Oxford University Press, New York, 1984.

[Gri85]   GRISVARD, P.: *Elliptic Problems in Nonsmooth Domains*. Pitman Advanced Pu-blishing Program, Boston–London–Melbourne, 1985.

[Gri94]   GRIEBEL, M.: *Multilevelmethoden als Iterationsverfahren über Erzeugendensyste-men*. Teubner Skripten zur Numerik. B. G. Teubner Stuttgart, 1994.

[GRT10]   GÖRING, H., H.-G. ROOS und L. TOBISKA: *Die Finite–Elemente–Methode für Anfänger*. WILEY-VCH Verlag GmbH & Co. KGaA, Weinheim, 4., überarbeitete und erweiterte Auflage, 2010.

[Grü91]   GRÜNDEMANN, H.: *Randelementmethode in der Festkörpermechanik*. Fachbuch-verlag, Leipzig, 1991.

[Gus78]   GUSTAFSSON, I.: *A class of first order factorization methods*. BIT, 18:142–156, 1978.

[Gus82]   GUSTAFSSON, I.: *On modified incomplete factorization methods*. In: HINZE, J. (Herausgeber): *Numerical Integration of Differential Equations and Large Line-ar Systems*, Band 968 der Reihe *Lecture Notes in Mathematics*, Seiten 334–351. Springer–Verlag, Berlin, 1982. Proceedings of two Workshops held at the Univer-sity of Bielefeld Spring 1980.

[GW12]   GANDER, M. J. und G. WANNER: *From Euler, Ritz and Galerkin to modern com-puting*. SIAM Review, 2012. (erscheint).

[GZZZ03]   GROSCHE, G., V. ZIEGLER, E. ZEIDLER und D. ZIEGLER (Herausgeber): *Teubner-Taschenbuch der Mathematik. Teil II*. Verlag Vieweg+Teubner, 8. durch-ges. Auflage, 2003.

[Haa99]   HAASE, G.: *Parallelisierung numerischer Algorithmen für partielle Differential-gleichungen*. B.G. Teubner Stuttgart · Leipzig, 1999.

[Hac85]   HACKBUSCH, W.: *Multi–Grid Methods and Applications*, Band 4 der Reihe *Sprin-ger Series in Computational Mathematics*. Springer–Verlag, Berlin, 1985.

[Hac87]   HACKBUSCH, W.: *Theorie und Numerik elliptischer Differentialgleichungen*. Teubner Studienbücher Mathematik. Teubner–Verlag, Stuttgart, 1987.

[Hac89]   HACKBUSCH, W.: *Integralgleichungen: Theorie und Numerik*. Teubner Studien-bücher Mathematik. Teubner–Verlag, Stuttgart, 1989.

[Hac91]   HACKBUSCH, W.: *Iterative Lösung großer schwachbesetzter Gleichungssysteme*. Teubner Studienbücher Mathematik. Teubner–Verlag, Stuttgart, 1991.

[Hei87a]   HEINRICH, B.: *Finite Difference Methods on Irregular Networks*. International
            Series of Numerical Mathematics, vol. 82. Birkhäuser, Basel, 1987.

[Hei87b]   HEISE, B.: *Newton–Multigrid–Verfahren zur Berechnung elektromagnetischer
            Felder*. Diplomarbeit, Technische Universität Karl–Marx–Stadt, Sektion Mathe-
            matik, 1987.

[Hei91]   HEISE, B.: *Mehrgitter–Newton–Verfahren zur Berechnung nichtlinearer magne-
            tischer Felder*. Wissenschaftliche Schriftenreihe 4/1991, Technische Universität
            Chemnitz, 1991.

[Hei93]   HEISE, B.: *Nonlinear field calculations with Multigrid–Newton methods*. IMPACT
            Comput. Sci. Eng., 5:75–110, 1993.

[Her04]   HERMANN, M.: *Numerik gewöhnlicher Differentialgleichungen: Anfangs- und
            Randwertprobleme*. Oldenbourg Verlag, München, Wien, 2004.

[HK71]   HEBER, G. und B. KOZIK: *Physik: Eine Einführung*. BSB B.G. Teubner Verlags-
            gesellschaft, Leipzig, 1971.

[HNW93]   HAIRER, E., S. NØRSETT und G. WANNER: *Solving Ordinary Differential Equa-
            tions I: Nonstiff Problems*, Band 8 der Reihe *Springer Series in Computational Ma-
            thematics*. Springer-Verlag, Berlin, Heidelberg, Second Revised Edition Auflage,
            1993. Corrected Second Printing 2000.

[HO79]   HINTON, E. und D. R. J. OWEN: *An Introduction to Finite Element Computations*.
            Pineridge Press Limited, 1979.

[HS52]   HESTENES, M. R. und E. STIEFEL: *Methods of conjugate gradients for solving
            linear systems*. J. Res. Nat. Bur. Standards, 49:409–436, 1952.

[HW83]   HAIRER, E. und G. WANNER: *On the instability of the BDF formulas*. Computing,
            20:1206–1209, 1983.

[HW96]   HAIRER, E. und G. WANNER: *Solving Ordinary Differential Equations II: Stiff and
            Differential-Algebraic Problems*, Band 14 der Reihe *Springer Series in Computa-
            tional Mathematics*. Springer-Verlag, Berlin, Heidelberg, Second Revised Edition
            Auflage, 1996. Corrected Second Printing 2002.

[IRH97]   ISSLER, L., H. RUOSS und P. HÄFELE: *Festigkeitslehre - Grundlagen*. Springer-
            Verlag, 2. Auflage, 1997.

[JL91]   JUNG, M. und U. LANGER: *Applications of multilevel methods to practical pro-
            blems*. Surv. Math. Ind., 1:217–257, 1991.

[JLM+89]   JUNG, M., U. LANGER, A. MEYER, W. QUECK und M. SCHNEIDER: *Multigrid
            preconditioners and their applications*. In: TELSCHOW, G. (Herausgeber): *Third
            Multigrid Seminar, Biesenthal 1988*, Seiten 11–52, Berlin, 1989. Karl–Weierstraß–
            Institut. Report R–MATH–03/89.

[Joh90]   JOHNSON, C.: *Numerical Solution of Partial Differential Equations by the Finite Element Method.* Cambridge University Press, Cambridge, 1990.

[JT08]   JANY, P. und G. THIELEKE: *Thermodynamik für Ingenieure: Ein Lehr- und Arbeitsbuch für das Studium.* Vieweg+Teubner-Verlag, 7., verbesserte und ergänzte Auflage, 2008.

[Jun89]   JUNG, M.: *Eine Einführung in die Theorie und Anwendung von Mehrgitterverfahren.* Wissenschaftliche Schriftenreihe 9, Technische Universität Karl–Marx–Stadt, 1989.

[Jun93]   JUNG, M.: *On adaptive grids in multilevel methods.* In: HENGST, S. (Herausgeber): *GAMM–Seminar on Multigrid–Methods, Gosen, Germany, September 21-25, 1992*, Seiten 67–80, Berlin, 1993. IAAS. Report No. 5.

[Kač91]   KAČUR, J.: *Method of Rothe in Evolution Equations.* B.G. Teubner–Verlag, Leipzig, 1991.

[Kal07]   KALTENBACHER, M.: *Numerical Simulation of Mechatronic Sensors and Actuators.* Springer–Verlag, Berlin, Heidelberg, New York, 2nd Edition Auflage, 2007.

[KBK01]   KOFLER, M., G. BITSCH und M. KOMMA: *Maple: Einführung, Anwendung, Referenz.* Addison Wesley, 2001.

[Kea86]   KEAST, P.: *Moderate-degree tetrahedral quadrature formulas.* Comp. Meth. Appl. Mech. Engng., 55:339–348, 1986.

[Kel71]   KELLOGG, R. B.: *Singularities in interface problems.* In: HUBBARD, B. (Herausgeber): *Numerical Solution of Partial Differential Equations II*, Seiten 351–400, New York–London, 1971. Academic Press.

[Kik86]   KIKUCHI, N.: *Finite Element Methods in Mechanics.* Cambridge University Press, 1986.

[KL84]   KORNEEV, V. G. und U. LANGER: *Approximate Solution of Plastic Flow Theory Problems*, Band 69 der Reihe *Teubner–Texte zur Mathematik*. Teubner–Verlag, Leipzig, 1984.

[KLS00]   KUHN, M., U. LANGER und J. SCHÖBERL: *Scientific computing tools for 3D magnetic field problems.* In: WHITEMAN, J. R. (Herausgeber): *The Mathematics of Finite Elements and Applications X*, Seiten 239–258, Amsterdam, 2000. Elsevier.

[KN90]   KŘÍŽEK, M. und P. NEITTAANMÄKI: *Finite Element Approximation of Variational Problems and Applications.* Pitman Monographs and Surveys in Pure and Applied Mathematics 50. Longman Scientific & Technical (copublished with John Wiley & Sons, Inc.), New York, 1990.

[Kor67] KORNEEV, V. G.: *Sopostavlenie metoda konečnych elementov c variacionno–raznostnym metodom rešenija zadač teorii uprugosti*. Usv. VNIIG im. B. E. Vedeneeva, 83:286–307, 1967.

[Kor77] KORNEEV, V. G.: *Schemy Metoda Konečnych Elementov Vysokich Porjadkov Točnosti*. Izdatel'stvo Leningradskogo Universiteta, Leningrad, 1977.

[Kun99] KUNERT, G.: *A posteriori error estimation for anisotropic tetrahedral and triangular finite element meshes*. Logos Verlag, Berlin, 1999. (auch als Dissertation, Technische Universität Chemnitz erschienen).

[LL73] LANDAU, L. D. und E. M. LIFSCHITZ: *Lehrbuch der theoretischen Physik. Klassische Feldtheorie*, Band 2. Akademie–Verlag Berlin, 1973.

[LS07] LANGER, U. und O. STEINBACH: *Coupled finite and boundary element domain decomposition methods*. In: SCHANZ, M. und O. STEINBACH (Herausgeber): *Boundary Element Analysis: Mathematical Aspects and Applications*, Band 29 der Reihe *Lecture Notes in Applied and Computational Mechanics*, Seiten 61–95. Springer-Verlag, Berlin Heidelberg, 2007.

[Mer79] MERCIER, B.: *Topics in Finite Element Solution of Elliptic Problems*. Springer–Verlag, Berlin Heidelberg, 1979.

[Meu99] MEURANT, G.: *Computer Solution of Large Linear Systems*, Band 28 der Reihe *Studies in Mathematics and its Applications*. Elsevier, Amsterdam, 1999.

[Mic81] MICHLIN, S. G.: *Konstanten in einigen Ungleichungen der Analysis*, Band 35 der Reihe *Teubner–Texte zur Mathematik*. Teubner–Verlag, Leipzig, 1981.

[MM00] MEISSNER, U.F. und A. MAURIAL: *Die Methode der finiten Elemente: Eine Einführung in die Grundlagen*. Springer-Verlag, Berlin-Heidelberg-New York, 2000.

[MV01a] MEYBERG, K. und P. VACHENAUER: *Höhere Mathematik 1*. Springer–Verlag, Berlin Heidelberg New York, 6. Auflage, 2001.

[MV01b] MEYBERG, K. und P. VACHENAUER: *Höhere Mathematik 2*. Springer–Verlag, Berlin Heidelberg New York, 4. korr. Auflage, 2001.

[MW77] MITCHELL, A. R. und R. WAIT: *The Finite Element Method in Partial Differential Equations*. John Wiley & Sons, New York, 1977.

[Mys81] MYSOVSKICH, I. P.: *Interpoljazionnye Kubaturnye Formuly*. Nauka, Moskva, 1981.

[NdV78] NORRIE, D. H. und G. DE VRIES: *An Introduction to Finite Element Analysis*. Academic Press, New York San Francisco London, 1978.

[New59] NEWMARK, N. M.: *A method of computation for structural dynamics*. Journal of Engineering Mechanics, ASCE, 85:67–94, 1959.

[OBC82]   ODEN, J. T., E. B. BECKER und G. F. CAREY: *Finite Elements: An Introduction*, Band I der Reihe *The Texas Finite Element Series*. Prentice Hall, Englewood Cliffs, N. J., 1982.

[OC82a]   ODEN, J. T. und G. F. CAREY: *Finite Elements: A Second Course*, Band II der Reihe *The Texas Finite Element Series*. Prentice Hall, Englewood Cliffs, N. J., 1982.

[OC82b]   ODEN, J. T. und G. F. CAREY: *Finite Elements: Computational Aspects*, Band III der Reihe *The Texas Finite Element Series*. Prentice Hall, Englewood Cliffs, N. J., 1982.

[OC82c]   ODEN, J. T. und G. F. CAREY: *Finite Elements: Fluid Mechanics*, Band VI der Reihe *The Texas Finite Element Series*. Prentice Hall, Englewood Cliffs, N. J., 1982.

[OC82d]   ODEN, J. T. und G. F. CAREY: *Finite Elements: Mathematical Aspects*, Band IV der Reihe *The Texas Finite Element Series*. Prentice Hall, Englewood Cliffs, N. J., 1982.

[OC82e]   ODEN, J. T. und G. F. CAREY: *Finite Elements: Special Problems in Solid Mechanics*, Band V der Reihe *The Texas Finite Element Series*. Prentice Hall, Englewood Cliffs, N. J., 1982.

[Ode72]   ODEN, J. T.: *Finite Elements of Nonlinear Continua*. McGraw–Hill Book Company, 1972.

[Oga66]   OGANESJAN, L. A.: *Schodimost' raznostnych schem pri ulučšennoj approksimacii granicy*. Dokl. AN SSSR, 170(1):41–44, 1966. (In Russian).

[Ong89]   ONG, M. E. G.: *Hierarchical basis preconditioners for second order elliptic problems in three dimensions*. Technical Report 89-3, Department of Applied Mathematics, University of Washington, 1989.

[OR76]   ODEN, J. T. und J. N. REDDY: *An Introduction to the Mathematical Theory of Finite Elements*. John Wiley & Sons, New York, 1976.

[OR79]   OGANESJAN, L. A. und L. A. RUCHOVEC: *Variacionno–Raznostnye Metody Rešenija Elliptičeskich Uravnenij*. Izd. Akad. Nauk Armjanskoj SSR, Erevan, 1979.

[Osw94]   OSWALD, P.: *Multilevel Finite Element Approximation: Theory and Applications*. Teubner Skripten zur Numerik. B. G. Teubner Stuttgart, 1994.

[Pec13]   PECHSTEIN, C.: *Finite and Boundary Element Tearing and Interconnecting Solvers for Multiscale Problems*, Band 90 der Reihe *Lecture Notes in Computational Science and Engineering*. Springer-Verlag, Heidelberg, Berlin, 2013.

[Pet40]   PETROV, G. I.: *Anwendung der Galerkin Methode auf das Problem der Stabilität der Strömung einer viskoser Flüssigkeit*. Journal of Applied Mathematics and Mechanics, 4(8), 1940. In Russisch.

[PJ06]   PECHSTEIN, C. und B. JÜTTLER: *Monotonicity-preserving interproximation of B-H-curves*. J. Comp. Appl. Math., 196(1):45–57, 2006.

[Pla04]   PLATO, R.: *Numerische Mathematik kompakt*. Friedr. Vieweg & Sohn Verlag/GWV Fachverlage GmbH, Wiesbaden, 2., überarbeitete Auflage, 2004.

[QSS02a]   QUARTERONI, A., R. SACCO und F. SALERI: *Numerische Mathematik 1*. Springer-Verlag, Berlin-Heidelberg-New York, 2002.

[QSS02b]   QUARTERONI, A., R. SACCO und F. SALERI: *Numerische Mathematik 2*. Springer-Verlag, Berlin-Heidelberg-New York, 2002.

[Que93]   QUECK, W.: *FEMGP – Finite-Element-Multi-Grid-Package – Programmdokumentation und Nutzerinformation*. Report, Technische Universität Chemnitz–Zwickau, Fachbereich Mathematik, 1993.

[QV97]   QUARTERONI, A. und A. VALLI: *Numerical Approximation of Partial Differential Equations*, Band 23 der Reihe *Springer Series in Computational Mathematics*. Springer-Verlag, Berlin Heidelberg New York, 1997.

[Rau78]   RAUGEL, G.: *Résolution numérique par une méthode d'éléments finis du probléme Dirichlet pour le Laplacien dans un polygone*. C. R. Acad. Sci. Paris, Sér. A, 286(18):A791–A794, 1978.

[Rei72]   REID, K. J.: *On the construction and convergence of a finite-element solution of Laplace's equation*. J. Inst. Math. Appl., 9:1–13, 1972.

[Rit09]   RITZ, W.: *Über eine neue Methode zur Lösung gewisser Variationsprobleme der mathematischen Physik*. J. Reine und Angewandte Math., 135:1–61, 1909.

[Riv84]   RIVARA, M. C.: *Algorithms for refining triangular grids suitable for adaptive and multigrid techniques*. Int. J. Num. Meth. Eng., 20:745–756, 1984.

[Rja86]   RJASANOW, S.: *Dokumentation und theoretische Grundlagen zum Programm SOLKLZ*. Preprint 15, Technische Hochschule Karl–Marx–Stadt, 1986.

[RST08]   ROOS, H.-G., M. STYNES und L. TOBISKA: *Robust Numerical Methods for Singularly Perturbed Differential Equations. Convection-Diffusion-Reaction and Flow Problems*, Band 24 der Reihe *Springer Series in Computational Mathematics*. Springer, Heidelberg-Berlin, 2. Auflage, 2008.

[Sam84]   SAMARSKIJ, A. A.: *Theorie der Differenzenverfahren*. Teubner–Verlag, Leipzig, 1984.

[SB90]   STOER, J. und R. BULIRSCH: *Numerische Mathematik 2*.   Springer-Lehrbuch. Springer-Verlag, Berlin Heidelberg, 3. Auflage, 1990.

[SB91]   SZABÓ, B. und I. BABUŠKA: *Finite Element Analysis*. J. Wiley & Sons, New York, 1991.

[Sch]   SCHÖBERL, J.: *NGSolve*. http://www.hpfem.jku.at/ngsolve/.

[Sch51]   SCHELLBACH, K.: *Probleme der Variationsrechnung*. Journal der Reinen und Angewandten Mathematik, 41:293–363, 1851. Heft 4.

[Sch79]   SCHWETLICK, H.: *Numerische Lösung nichtlinearer Gleichungen*, Band 17 der Reihe *Mathematik für Naturwissenschaft und Technik*. Deutscher Verlag der Wissenschaften, Berlin, 1979.

[Sch80]   SCHWARZ, H.: *Methode der finiten Elemente*. Teubner–Verlag, Stuttgart, 1980.

[Sch81]   SCHWARZ, H.: *FORTRAN–Programme der Methode der finiten Elemente*. Teubner–Verlag, Stuttgart, 1981.

[Sch88]   SCHWARZ, H. R.: *Numerische Mathematik*. B.G. Teubner–Verlag, Stuttgart, 1988.

[Sch97]   SCHÖBERL, J.: *NETGEN - An advancing front 2D/3D-mesh generator based on abstract rules*. Comput. Visual. Sci., 1:41–52, 1997.

[Sch98]   SCHWAB, C.: *p- and hp- Finite Element Methods: Theory and Applications to Solid and Fluid Mechanics*. Oxford University Press, Oxford, 1998.

[Sch02]   SCHWAB, A. J.: *Begriffswelt der Feldtheorie: Elektromagnetische Felder, Maxwellsche Gleichungen, Gradient, Rotation, Divergenz*. Springer-Verlag, 6., unveränderte Auflage, 2002.

[SdBH04]   STEIN, E., R. DE BORST und J. R. T. HUGHES (Herausgeber): *Encyclopedia of Computational Mechanics*, Band 1 - 3. John Wiley & Sons, 1. Auflage, 2004.

[SF73]   STRANG, G. und G. FIX: *An Analysis of the Finite Element Method*. Prentice–Hall Inc., Englewood Cliffs, 1973.

[SG04]   SCHENK, O. und K. GÄRTNER: *Solving unsymmetric sparse systems of linear equations with PARDISO*. Journal of Future Generation Computer Systems, 20(3):475–487, 2004.

[SG06]   SCHENK, O. und K. GÄRTNER: *On fast factorization pivoting methods for symmetric indefinite systems*. Elec. Trans. Numer. Anal., 23:158–179, 2006.

[SH98]   SIMO, J. C. und T. J. R. HUGHES: *Computational Inelasticity*. Springer-Verlag, New York, Berlin, Heidelberg, 1998.

[Sha95]   SHAIDUROV, V. V.: *Multigrid Methods for Finite Elements*. Kluwer Academic Publishers, Dordrecht, 1995.

[SJ90]   STEIDTEN, T. und M. JUNG: *Das Multigrid–Programmsystem FEMGPM zur Lö-
            sung elliptischer und parabolischer Differentialgleichungen einschließlich mecha-
            nisch–thermisch gekoppelter Probleme (Version 06.90)*. Programmdokumentation,
            Technische Universität Karl–Marx–Stadt, Sektion Mathematik, 1990.

[SK91]   SCHWETLICK, H. und H. KRETZSCHMAR: *Numerische Verfahren für Naturwis-
            senschaftler und Ingenieure: Eine computerorientierte Einführung*. Fachbuchver-
            lag Leipzig, Leipzig, 1991.

[SN89a]   SAMARSKIJ, A. A. und E. S. NIKOLAJEV: *Numerical Methods for Grid Equati-
            ons. Vol. I: Direct Methods*. Birkhäuser, Basel Boston Berlin, 1989.

[SN89b]   SAMARSKIJ, A. A. und E. S. NIKOLAJEV: *Numerical Methods for Grid Equati-
            ons. Vol. II: Iterative Methods*. Birkhäuser, Basel Boston Berlin, 1989.

[SS04]   SAUTER, S. A. und C. SCHWAB: *Randelementmethoden. Analysis, Numerik und
            Implementierung schneller Algorithmen*. B.G. Teubner, Stuttgart Leipzig Wiesba-
            den, 2004.

[ST82]   STÜBEN, K. und U. TROTTENBERG: *Multigrid methods: Fundamental algo-
            rithms, model problem analysis and applications*. In: HACKBUSCH, W. und
            U. TROTTENBERG (Herausgeber): *Multigrid Methods, Proceedings of the Confe-
            rence held at Köln–Porz, November 23–27, 1981*, Band 960 der Reihe *Lecture No-
            tes in Mathematics*, Seiten 1–176, Berlin–Heidelberg–New York, 1982. Springer–
            Verlag.

[Ste03]   STEINBACH, O.: *Numerische Näherungsverfahren für elliptische Randwertproble-
            me: Finite Elemente und Randelemente*. Teubner-Verlag, Wiesbaden, 2003.

[Sto94]   STOER, J.: *Numerische Mathematik 1*. Springer-Lehrbuch. Springer-Verlag, Berlin
            Heidelberg, 7. Auflage, 1994.

[Stö05]   STÖCKER, H.: *Taschenbuch der Physik*. Verlag Harri Deutsch, Frankfurt am Main,
            5., korrigierte Auflage, 2005.

[SW05]   SCHABACK, R. und H. WENDLAND: *Numerische Mathematik*. Springer-Verlag,
            Berlin Heidelberg, 5. Auflage, 2005.

[SZ90]   SCOTT, L. R. und S. ZHANG: *Finite element interpolation of non-smooth functions
            satisfying boundary conditions*. Math. Comp., 54:483–493, 1990.

[TCMT56]   TURNER, M. J., R. W. CLOUGH, H. C. MARTIN und L. J. TOPP: *Stiffness and
            deflection analysis of complex structures*. J. Aeronaut. Sci., 23(9):805–824, 1956.

[Tho84]   THOMEÉ, V.: *Galerkin Finite Element Methods for Parabolic Problems*, Band 1054
            der Reihe *Lecture Notes in Mathematics*. Springer–Verlag, Berlin, Heidelberg, New
            York, Tokyo, 1984.

[TSW98]   THOMPSON, J. F., B. SONI und N. WEATHERILL: *Handbook of Grid Generation*. CRC Press, 1998.

[TW05]   TOSELLI, A. und O. WIDLUND: *Domain Decomposition Methods – Algorithms and Theory*, Band 34 der Reihe *Springer Series in Computational Mathematics*. Springer, Berlin, Heidelberg, 2005.

[TWM85]   THOMPSON, J. F., Z. U. A. WARSI und C. W. MASTIN: *Numerical Grid Generation (Foundations and Applications)*. North Holland, 1985.

[Ü95]   ÜBERHUBER, CH.: *Computernumerik 1 und 2*. Springer-Verlag, Berlin, Heidelberg, 1995.

[Ver96]   VERFÜRTH, R.: *A Review of A Posteriori Error Estimation and Adaptive Mesh–Refinement Techniques*. Wiley, Chichester, 1996.

[vR00]   RIENEN, U. VAN: *Numerical Methods in Computational Electrodynamics*. Springer-Verlag, Berlin, Heidelberg, 2000.

[Whi82]   WHITEMAN, J. R. (Herausgeber): *The Mathematics of Finite Elements and Applications IV*. Academic Press, London, 1982.

[Wlo82]   WLOKA, J.: *Partielle Differentialgleichungen – Sobolevräume und Randwertaufgaben*. Teubner–Verlag, Stuttgart, 1982.

[WNB+06]   WRIGGERS, P., U. NACKENHORST, S. BEUERMANN, H. SPIESS und ST. LÖHNERT: *Technische Mechanik kompakt: Starrkörperstatik, Elastostatik, Kinetik*. B.G. Teubner-Verlag, Stuttgart-Wiesbaden, 2., durchgesehene und überarbeitete Auflage, 2006.

[Wri01]   WRIGGERS, P.: *Nichtlineare Finite-Elemente-Methoden*. Springer-Verlag, Berlin, Heidelberg, 2001.

[You50]   YOUNG, D. M.: *Iterative methods for solving partial differential equations of elliptic type*. Doktorarbeit, Harvard University, 1950.

[You71]   YOUNG, D. M.: *Iterative Solution of Large Linear Systems*. Academic Press, New York – London, 1971.

[Yse86]   YSERENTANT, H.: *On the multi–level splitting of finite element spaces*. Numer. Math., 49(4):379–412, 1986.

[Zag06]   ZAGLMAYR, S.: *High Order Finite Element Methods for Electromagnetic Field Computation*. PhD thesis, Institute for Computational Mathematics, Johannes Kepler University Linz, Linz, 2006.

[Zei13]   ZEIDLER, E. (Herausgeber): *Springer-Taschenbuch der Mathematik*. Springer Spektrum, Wiesbaden, 3. Auflage, 2013. (begründet von I. N. Bronstein und K. A. Semendjaew, weitergeführt von G. Grosche, V. Ziegler und D. Ziegler).

[Žen90]   ŽENIŠEK, A.: *Nonlinear Elliptic and Evolution Problems and Their Finite Element Approximations*. Academic Press, London, 1990.

[Zha92]   ZHANG, X.: *Multilevel Schwarz methods*. Numer. Math., 63:521–539, 1992.

[Zie67]   ZIENKIEWICZ, O. C.: *The Finite Element Method in Structural and Continuum Mechanics. 1st edn*. McGraw–Hill, New York, 1967.

[Zie71]   ZIENKIEWICZ, O. C.: *The Finite Element Method in Engineering Science*. McGraw–Hill, New York, 1971.

[Zie75]   ZIENKIEWICZ, O. C.: *Die Methode der finiten Elemente*. Fachbuchverlag, Leipzig, 1975.

[Zie77]   ZIENKIEWICZ, O. C.: *The Finite Element Method, 3rd ed.* McGraw–Hill, New York, 1977.

[ZKB79]   ZIENKIEWICZ, O. C., W. D. KELLY und P. BETTES: *Marriage a la mode? The best of both worlds (Finite elements and boundary integral)*. In: GLOWINSKI, R., E. Y. RODIN und O. C. ZIENKIEWICZ (Herausgeber): *Energry methods in Finite Element Analysis*, Kapitel 5, Seiten 81–106. J. Wiley and Son, 1979.

[ZKGB81]   ZIENKIEWICZ, O. C., W. D. KELLY, J. GAGO und I. BABUSKA: *Hierarchical finite element approaches, error estimate and adaptive refinement*. In: WHITEMAN, J. R. (Herausgeber): *The Mathematics of Finite Elements and Applications IV*, Seiten 313–346. Mafelap, 1981.

[Zlá68]   ZLÁMAL, M.: *On the finite element method*. Numerische Mathematik, 12(5):394–408, 1968.

[ZM83]   ZIENKIEWICZ, O. C. und K. MORGAN: *Finite Elements and Approximation*. John Wiley & Sons, New York Chichester Brisbane Toronto Singapore, 1983.

[ZT91]   ZIENKIEWICZ, O. C. und R. L. TAYLOR: *The Finite Element Method. Volume 1: Basic Formulation and Linear Problems. Volume 2: Solid and Fluid Mechanics and Non-linearity*. McGraw–Hill Book Company, New York, 4 Auflage, 1991.

[Zul08]   ZULEHNER, W.: *Numerische Mathematik: Eine Einführung anhand von Differentialgleichungsproblemen: Band 1: Stationäre Probleme*. Mathematik Kompakt. Birkhäuser Verlag, Basel, Boston, Berlin, 2008.

[Zul11]   ZULEHNER, W.: *Numerische Mathematik: Eine Einführung anhand von Differentialgleichungsproblemen: Band 2: Instationäre Probleme*. Mathematik Kompakt. Birkhäuser Verlag, Basel, Boston, Berlin, 2011.

[ZZ87]   ZIENKIEWICZ, O. C. und J. Z. ZHU: *A simple error estimator and adaptive procedure for practical engineering analysis*. Int. J. Num. Meth. Eng., 24:337–357, 1987.

[ZZ90]   ZHU, J. Z. und O. C. ZIENKIEWICZ: *Superconvergence recovery technique and a posteriori error estimators*. Int. J. Num. Meth. Eng., 30:1321–1339, 1990.

Sachverzeichnis